U0330651

建筑结构设计资料集 5

建筑结构抗震 高层钢结构分册

本书编写组

中国建筑工业出版社

图书在版编目(CIP)数据

建筑结构设计资料集．5 建筑结构抗震 高层钢结构分册/本书编写组．—北京：中国建筑工业出版社，2009
ISBN 978-7-112-10913-5

Ⅰ．建… Ⅱ．本… Ⅲ．①建筑结构－结构设计－资料－汇编②建筑结构：抗震结构－结构设计－资料－汇编③高层建筑－钢结构－结构设计－资料－汇编 Ⅳ．TU318

中国版本图书馆CIP数据核字（2009）第055307号

本书分建筑结构抗震和高层钢结构两部分，目的在于给建筑结构设计人员提供一些有关设计方面的参考资料。建筑结构抗震包括：一些关于抗震设防的国家文件和全国地震烈度的划分；建筑震害概况；建筑场地和地基基础在地震中的反应和分析；地震对建筑物作用的计算和地震反应谱分析；建筑结构抗震概念设计和结构抗震验算等共10章。高层钢结构包括：高层钢结构用钢材的简要介绍；结构体系的详细分类和个别工程实例；框架梁、柱、支撑和剪力墙等钢构件的计算和构造；梁、柱各种节点构造和连接；型钢混凝土梁、柱、剪力墙的计算和构造，以及它们的连接；钢管混凝土结构的特性、构造要求、受压构件的组合强度、钢管混凝土柱的承载力计算，以及它的连接节点构造和计算等共9章。

* * *

责任编辑 戚大庆 赵梦梅 黎 钟 王 跃
责任设计 赵明霞
责任校对 兰曼利 陈晶晶

建筑结构设计资料集 5
建筑结构抗震 高层钢结构分册
本书编写组

*

中国建筑工业出版社出版、发行（北京西郊百万庄）
各地新华书店、建筑书店经销
北京华艺制版公司制版
北京中科印刷有限公司印刷

*

开本：880×1230毫米 1/16 印张：30¾ 字数：1230千字
2010年1月第一版 2010年1月第一次印刷
定价：**78.00**元
ISBN 978-7-112-10913-5
（18158）

出版说明

本资料集的目的，主要汇集房屋建筑结构设计需要的有关规定、数据、公式、图表、分析方法和设计经验等资料，供设计时查用和参考。编写的原则是，力求资料齐全、丰富、实用，尽力反映当前我国建筑结构设计的需要，完全以我国最新的标准、规范、规程为依据，有条件的也介绍了一些国外的新经验、新技术和新方法。本书纯属资料汇集，不作原理叙述和推导，只在必要时作一些使用介绍。

资料集共分7个分册，分别为：综合分册，地基基础分册，混凝土结构分册（含单层厂房），钢结构分册，建筑结构抗震高层钢结构分册，高层混凝土结构分册，砌体结构特种结构分册。

本书在组织编制过程中得到了浙江大学、中元国际工程设计研究院、中冶赛迪工程技术股份有限公司，中国建筑东北设计研究院、广东省建筑设计研究院、中国建筑西北设计研究院、中冶东方工程技术有限公司、上海市政工程设计研究院等单位的协助，在此一并表示感谢。

中国建筑工业出版社

前　言

本资料集是1996年开始应中国建筑工业出版社要求编写的。全书基本完成时正直2000年新版规范全面修订，根据出版社的要求，我们又作了两次修订和补充，但限于篇幅等种种原因，将其中本来计划分作两集出版且互相独立的抗震和高层钢结构的内容合并在一个分册内，编成建筑结构设计资料集的第5分册。

作为抗震和高层钢结构设计资料的内容很广泛，不但包括各种类型结构的设计规定、计算和构造方法，以及数据、公式、图表的汇集，而且包括选型、总体方案的分析与设计等等，尤其抗震与高层建筑结构设计，更需要针对概念设计提供一些整体设计和结构连接节点设计方案分析的参考资料。编写过程中我们拟努力作到这一点，但由于水平与篇幅所限，可能存在不少缺漏和欠妥之处，请读者不吝指出。

参加本书编写的有曾凡生、王敏、刘大海、杨翠如等。

编者

目　录

建筑结构抗震

高层钢结构

19 钢管混凝土杆件的连接 [1~35]

建筑结构抗震

1 国家文件

中华人民共和国防震减灾法

第一章 总 则

第一条 为了防御与减轻地震灾害，保护人民生命和财产安全，保障社会主义建设顺利进行，制定本法。

第二条 在中华人民共和国境内从事地震监测预报、地震灾害预防、地震应急、震后救灾与重建等（以下简称防震减灾）活动，适用本法。

第三条 防震减灾工作，实行预防为主、防御与救助相结合的方针。

第四条 防震减灾工作，应当纳入国民经济和社会发展计划。

第五条 国家鼓励和支持防震减灾的科学技术研究，推广先进的科学研究成果，提高防震减灾工作水平。

第六条 各级人民政府应当加强对防震减灾工作的领导，组织有关部门采取措施，做好防震减灾工作。

第七条 在国务院的领导下，国务院地震行政主管部门、经济综合主管部门、建设行政主管部门、民政部门以及其他有关部门，按照职责分工，各负其责，密切配合，共同做好防震减灾工作。

县级以上地方人民政府负责管理地震工作的部门或者机构和其他有关部门在本级人民政府的领导下，按照职责分工，各负其责，密切配合，共同做好本行政区域内的防震减灾工作。

第八条 任何单位和个人都有依法参加防震减灾活动的义务。

中国人民解放军、中国人民武装警察部队和民兵应当执行国家赋予的防震减灾任务。

第二章 地震监测预报

第九条 国家加强地震监测预报工作，鼓励、扶持地震监测预报的科学技术研究，逐步提高地震监测预报水平。

第十条 国务院地震行政主管部门负责制定全国地震监测预报方案，并组织实施。省、自治区、直辖市人民政府负责管理地震工作的部门，根据全国地震监测预报方案，负责制定本行政区域内的地震监测预报方案，并组织实施。

第十一条 国务院地震行政主管部门根据地震活动趋势，提出确定地震重点监视防御区的意见，报国务院批准。

地震重点监视防御区的县级以上地方人民政府负责管理地震工作的部门或者机构，应当加强地震监测工作，制定短期与临震预报方案，建立震情跟踪会商制度，提高地震监测预报能力。

第十二条 国务院地震行政主管部门和县级以上地方人民政府负责管理地震工作的部门或者机构，应当加强对地震活动与地震前兆的信息检测、传递、分析、处理和对可能发生地震的地点、时间和震级的预报。

第十三条 国家对地震监测台网的建设，实行统一规划，分级、分类管理。

全国地震监测台网，由国家地震监测基本台网、省级地震监测台网和市、县地震监测台网组成，其建设所需投资，按照事权和财权相统一的原则，由中央和地方财政承担。

为本单位服务的地震监测台网，由有关单位投资建设和管理，并接受所在地的县级以上地方人民政府负责管理地震工作的部门或者机构的指导。

第十四条 国家依法保护地震监测设施和地震观测环境，任何单位和个人不得危害地震监测设施和地震观测环境。地震观测环境应当按照地震监测设施周围不能有影响其工作效能的干扰源的要求划定保护范围。

本法所称地震监测设施，是指地震监测台网的监测设施、设备仪器和其他依照国务院地震行政主管部门的规定设立的地震监测设施、设备、仪器。

第十五条 新建、扩建、改建建设工程，应当避免对地震监测设施和地震观测环境造成危害；确实无法避免造成危害的，建设单位应当事先征得国务院地震行政主管部门或者其授权的县级以上地方人民政府负责管理地震工作的部门或者机构的同意，并按照国务院的规定采取相应的措施后，方可建设。

第十六条 国家对地震预报实行统一发布制度。

地震短期预报和临震预报，由省、自治区、直辖市人民政府按照国务院规定的程序发布。

任何单位或者从事地震工作的专业人员关于短期地震预测或者临震预测的意见，应当报国务院地震行政主管部门或者县级以上地方人民政府负责管理地震工作的部门或者机构按照前款规定处理，不得擅自向社会扩散。

第三章　地震灾害预防

第十七条　新建、扩建、改建建设工程，必须达到抗震设防要求。

本条第三款规定以外的建设工程，必须按照国家颁布的地震烈度区划图或者地震动参数区划图规定的抗震设防要求，进行抗震设防。

重大建设工程和可能发生严重次生灾害的建设工程，必须进行地震安全性评价；并根据地震安全性评价的结果，确定抗震设防要求，进行抗震设防。

本法所称重大建设工程，是指对社会有重大价值或者有重大影响的工程。

本法所称可能发生严重次灾害的建设工程，是指受地震破坏后可能引发水灾、火灾、爆炸、剧毒或者强腐蚀性物质大量泄漏和其他严重次生灾害的建设工程，包括水库大坝、堤防和贮油、贮气、贮存易燃易爆、剧毒或者强腐蚀性物质的设施以及其他可能发生严重次生灾害的建设工程。

核电站和核设施建设工程，受地震破坏后可能引起放射性污染的严重次生灾害，必须认真进行地震安全性评价，并依法进行严格的抗震设防。

第十八条　国务院地震行政主管部门负责制定地震烈度区划图或者地震动参数区划图，并负责对地震安全性评价结果的审定工作。

国务院建设行政主管部门负责制定各类房屋建筑及其附属设施和城市市政设施的建设工程的抗震设计规范。但是，本条第三款另有规定的除外。

国务院铁路、交通、民用航空、水利和其他有关专业主管部门负责分别制定铁路、公路、港口、码头、机场、水利工程和其他专业建设工程的抗震设计规范。

第十九条　建设工程必须按照抗震设防要求和抗震设计规范进行抗震设计，并按照抗震设计进行施工。

第二十条　已经建成的下列建筑物、构筑物、未采取抗震设防措施的，应当按照国家有关规定进行抗震性能鉴定，并采取必要的抗震加固措施：

（一）属于重大建设工程的建筑物、构筑物；

（二）可能发生严重次生灾害的建筑物、构筑物；

（三）有重大文物价值和纪念意义的建筑物、构筑物；

（四）地震重点监视防御区的建筑物、构筑物。

第二十一条　对地震可能引起的火灾、水灾、山体滑坡、放射性污染、疫情等次生灾害源，有关地方人民政府应当采取相应的有效防范措施。

第二十二条　根据震情和震害预测结果，国务院地震行政主管部门和县级以上地方人民政府负责管理地震工作的部门或者机构，应当会同同级有关部门编制防震减灾规划，报本级人民政府批准后实施。

修改防震减灾规划，应当报经原批准机关批准。

第二十三条　各级人民政府应当组织有关部门开展防震减灾知识的宣传教育，增强公民的防震减灾意识，提高公民在地震灾害中自救、互救的能力；加强对有关专业人员的培训，提高抢险救灾能力。

第二十四条　地震重点监视防御区的县级以上地方人民政府应当根据实际需要与可能，在本级财政预算和资源储备中安排适当的抗震救灾资金和物资。

第二十五条　国家鼓励单位和个人参加地震灾害保险。

第四章　地 震 应 急

第二十六条　国务院地震行政主管部门会同国务院有关部门制定国家破坏性地震应急预案，报国务院批准。

国务院有关部门应当根据国家破坏性地震应急预案，制定本部门的破坏性地震应急预案，并报国务院地震行政主管部门备案。

可能发生破坏性地震地区的县级以上地方人民政府负责管理地震工作的部门或者机构，应当会同有关部门参照国家破坏性地震应急预案，制定本行政区域内的破坏性地震应急预案，报本级人民政府批准；省、自治区和人口在一百万以上的城市的破坏性地震应急预案，还应当报国务院地震行政主管部门备案。

本法所称破坏性地震，是指造成人员伤亡和财产损失的地震灾害。

第二十七条 国家鼓励、扶持地震应急、救助技术和装备的研究开发工作。

可能发生破坏性地震地区的县级以上地方人民政府应责成有关部门进行必要的地震应急、救助装备的储备和使用训练工作。

第二十八条 破坏性地震应急预案主要包括下列内容：

（一）应急机构的组成和职责；

（二）应急通信保障；

（三）抢险救援人员的组织和资金、物资的准备；

（四）应急、救助装备的准备；

（五）灾害评估准备；

（六）应急行动方案。

第二十九条 破坏性地震临震预报发布后，有关的省、自治区、直辖市人民政府可以宣布所预报的区域进入临震应急期；有关的地方人民政府应当按照破坏性地震应急预案，组织有关部门动员社会力量，做好抢险救灾的准备工作。

第三十条 造成特大损失的严重破坏性地震发生后，国务院应当成立抗震救灾指挥机构，组织有关部门实施破坏性地震应急预案。国务院抗震救灾指挥机构的办事机构，设在国务院地震行政主管部门。

破坏性地震发生后，有关的县级以上地方人民政府应当设立抗震救灾指挥机构，组织有关部门实施破坏性地震应急预案。

本法所称严重破坏性地震，是指造成严重的人员伤亡和财产损失，使灾区丧失或者部分丧失自我恢复能力，需要国家采取相应行动的地震灾害。

第三十一条 地震灾区的各级地方人民政府应当及时将震情、灾情及其发展趋势等信息报告上一级人民政府；地震灾区的省、自治区、直辖市人民政府按照国务院有关规定向社会公告震情和灾情。

国务院地震行政管理部门或者地震灾区的省、自治区、直辖市人民政府负责管理地震工作的部门，应当及时会同有关部门对地震灾害损失进行调查、评估；灾情调查结果，应当及时报告本级人民政府。

第三十二条 严重破坏性地震发生后，为了抢险救灾并维护社会秩序，国务院或者地震灾区的省、自治区、直辖市人民政府，可以在地震灾区实行下列紧急应急措施：

（一）交通管制；

（二）对食品等基本生活必需品和药品统一发放和分配；

（三）临时征用房屋、运输工具和通信设备等；

（四）需要采取的其他紧急应急措施

第五章 震后救灾与重建

第三十三条 破坏性地震发生后地震灾区的各级地方人民政府应当组织各方面力量，抢救人员，并组织基层单位和人员开展自救和互救；非地震灾区的各级地方人民政府应当根据震情和灾情，组织和动员社会力量，对地震灾区提供救助。

严重破坏性地震发生后，国务院应当对地震灾区提供救助，责成经济综合主管部门综合协调救灾工作并会同国务院其他有关部门，统筹安排救灾资金和物资。

第三十四条 地震灾区的县级以上地方人民政府应当组织卫生、医药和其他有关部门和单位，做好伤员医疗救护和卫生防疫等工作。

第三十五条 地震灾区的县级以上地方人民政府应当组织民政和其他有关部门和单位，迅速设置避难场所和救济物资供应点，提供救济物品，妥善安排灾民生活，做好灾民的转移和安置工作。

第三十六条 地震灾区的县级以上地方人民政府应当组织交通、邮电、建设和其他有关部门和单位采取措施。尽快恢复破坏的交通、通信、供水、排水、供电、供气、输油等工程，并对次生灾害源采取紧急防护措施。

第三十七条 地震灾区的县级以上地方人民政府应当组织公安机关和其他有关部门加强治安管理和安全保卫工作，预防和打击各种犯罪活动，维护社会秩序。

第三十八条 因救灾需要，临时征用的房屋、运输工具、通信设备等，事后应当及时归还，造成损坏或者无法归还的，按照国务院有关规定给予适当补偿或者作其他处理。

第三十九条 在震后救灾中，任何单位和个人都必须遵纪守法、遵守社会公德，服从指挥，自觉维护社会秩序。

第四十条　任何单位和个人不得截留、挪用地震救灾资金和物资。

各级人民政府审计机关应当加强对地震救灾资金使用情况的审计监督。

第四十一条　地震灾区的县级以上地方人民政府应当根据震害情况和抗震设防要求，统筹规划、安排地震灾区的重建工作。

第四十二条　国家依法保护典型地震遗址、遗迹。

典型地震遗址、遗迹的保护，应当列入地震灾区的重建规划。

第六章　法律责任

第四十三条　违反本法规，有下列行为之一的，由国务院地震行政主管部门或者县级以上地方人民政府负责管理地震工作的部门或者机构，责令停止违法行为，恢复原状或者采取其他补救措施；情节严重的，可以处五千元以上十万元以下的罚款；造成损失的，依法承担民事责任；构成损失，依法承担民事责任；构成犯罪的，依法追究刑事责任：

（一）新建、扩建、改建建设工程，对地震监测设施或者地震观测环境造成危害，又未依法事先征得同意并采取相应措施的。

（二）破坏典型地震遗址、遗迹的。

第四十四条　违反本法第十七条第三款规定，有关建设单位不进行地震安全性评价的，或者不按照根据地震安全性评价结果确定的抗震设防要求进行抗震设防的，由国务院地震行政主管部门或者县级以上地方人民政府负责管理地震工作的部门或者机构，责令改正，处一万元以上十万元以下的罚款。

第四十五条　违反本法规定，有下列行为之一的，由县级以上人民政府建设行政主管部门或者其他有关专业主管部门按照职责权限责令改正，处一万元以上十万元以下的罚款：

（一）不按照抗震设计规范进行抗震设计的；

（二）不按照抗震设计进行施工的。

第四十六条　截留、挪用地震救灾资金和物资，构成犯罪的，依法追究刑事责任；尚不构成犯罪的，给予行政处分。

第四十七条　国家工作人员在防震减灾工作中滥用职权，玩忽职守，徇私舞弊，构成犯罪的，依法追究刑事责任；尚不构成犯罪的，给予行政处分。

第四十八条　本法自1998年3月1日起施行。

抗震设防区划编制工作暂行规定（试行）

一、总则

第一条　为合理地确定位于地震烈度6度以上（含6度）的城市、企业和各类远离城市的开发区（含经济技术开发区、高新技术开发区、旅游度假开发区等）范围内可能遭受的地震作用强度的分布，为城市、企业和各类开发区抗震设防和工程抗震设计提供科学依据，制定本规定。

第二条　城市抗震设防区划由城市抗震主管部门组织编制；企业抗震设防区划由企业主管部门组织编制；各类开发区的抗震设防区划由开发区所在地抗震主管部门会同有关部门组织编制。

第三条　抗震设防区划的编制范围不应小于城市、独立工矿区和开发区总体规划中规定的范围。

第四条　编制抗震设防区划时应根据城市、企业和开发区的总体布局以及地震地质、工程地质、水文地质、地形地貌、土质和土层分布状况、工程建设现状与发展趋势及历史地震影响对编制范围以内的设计地震动和场地地震效应进行综合评价和分区。

第五条　编制抗震设防区划时应充分收集现有资料，必要时可适当补充现场测试资料，以保证抗震设防区划质量。

第六条　本规定根据城市规模、远离城市规划区的企业和开发区的规模及重要性分为甲、乙、丙三种模式。

第七条　本规定规定了甲、乙、丙三种模式抗震设防区划编制的基本要求、主要内容、编制途径和成果表述等。

第八条　本规定只涉及与抗震设防区划编制有关的内容，抗震设防的其他内容可参照其他有关的标准和规定执行。

二、编制原则与要求

第九条　抗震设防区划的编制模式按以下原则确定：

省会城市、百万人口以上的城市以及远离城

市规划区的国家级开发区应按甲类模式编制。

50万以上百万以下人口的城市、国家重点抗震城市、远离城市规划区的省级及省级以下开发区和大型独立工矿区按乙类模式编制。

其他城市和独立工矿区按丙类模式编制。

第十条 抗震设防区划宜根据编制模式、资料完整性与相互匹配的程度等方面综合确定编制途径。

第十一条 设计地震分区编制途径的选择原则：

甲类模式宜选择具有不同概率水准的基岩地震动进行土层动力反应分析。

乙类模式宜采用土层动力反应分析或多途径综合评定方法进行场地定量的分析。

丙类模式可以国家标准和有关规范标准中场地抗震性能评价方法为基础进行综合分析。

第十二条 场地破坏效应分区编制途径的选择原则：

甲类模式宜采用确定性分析方法与概率分析方法相结合的途径进行综合评价，并应用若干不同的方法校核。

乙类模式宜采用至少一种以上的定量方法进行综合评价。

丙类模式宜采用与评价资料相适应的合理方法进行评价。

第十三条 抗震设防区划的控制钻孔应满足以下要求：

甲类模式一般要求每平方公里至少应有两个工程或水文地质钻孔，同时不同地貌单元或地质单元不应小于三个达到基岩或剪切波速达到大于500m/s的竖硬土层的剪切波速控制钻孔，当地质条件较为复杂时，应适当增加控制钻孔的数量；

乙类模式每平方公里至少应有一个工程或水文地质钻孔，同时不同地貌单元或地质单元不应小于两个达到基岩或剪切波速达到大于500m/s的竖硬土层的剪切波速控制钻孔；

丙类模式要求每个地貌单元或地质单元至少有一个剪切波速钻孔作为控制钻孔。

第十四条 甲类模式使用的典型土剪切模量比和阻尼比与剪应变的关系曲线应采用试验数据；其他模式宜采用试验数据，当条件不允许时，也可选择适宜的经验数据。

第十五条 设计地震动采用土层动力反应分析法确定时，基岩输入反应谱的确定宜遵循以下原则。

甲类模式应考虑区域地震环境的综合影响，采用概率水准的基岩反应谱作为输入。

其他模式基岩反应谱可根据城市、企业和开发区的设防烈度和地震环境综合确定，也可采用有关标准和规范中规定的基岩反应谱。

三、编制内容

第十六条 抗震设防区划应包括设计地震动和场地破坏效应分区以及土地利用等三方面的定量和定性综合评价结果。

第十七条 设计地震动分区及设计地震动选择应符合下列要求：

甲类模式应包括不同设防水准的设计地震动分区以及设计反应谱和设计地震波。

乙类模式应包括基本设防水准的设计地震动分区以及设计反应谱。

丙类模式应包括场地类别分区以及相应的设计地震动参数或设防烈度。

第十八条 场地破坏效应分区及评价应符合下列要求：

甲类模式应包括不同设防水准的场地破坏效应（液化、破裂、稳定性等）的分布和破坏效应程度评价结果。

乙类模式应包括基本设防水准及罕遇地震影响下的场地破坏效应分布和破坏效应程度的评价。

丙类模式应包括基本设防水准下场地破坏效应。

第十九条 土地利用规划应包括以下内容：

甲类模式应包括土地利用分区以及各类建筑在不同分区中与设计地震动相配套的设计原则、一般规定和构造要求。

乙类模式应包括土地利用分区以及各类建筑在分区中与现行抗震设计规范相对应的基本要求和构造措施。

丙类模式应包括场地抗震有利、不利或危险地段的划分及土地利用建议。

四、成果表述

第二十条 成果应以文字和图表相结合的方式来表述。成果一般包括区划正文、区划正文说明及附件等。

正文是抗震设防区划的依据，按不同模式的内容要求，用文字和必要的图表表述。正文说明是对区划正文中的主要成果、结论及主要依据的必要说明。附件主要包括基础资料、背景材料和专项报告等。

第二十一条 图表部分可分为基础图表和成果图表两部分：

成果图表应能够反映评价和分区的主要成果，表达方式应简单明了，便于技术人员使用，一般纳入区划正文。

基础图表可主要反映抗震设防区划编制过程中的各种中间结果，一般纳入附件。

成果图件一般不小于1∶25000的比例尺，基础图件的比例尺应能满足正确反映表述内容和精度的需要。

第二十二条 设计地震动的地区变化规律可根据具体情况采用适当的方式表述。

甲类模式一般宜采用地面加速度及特征周期两个参数来表述。当控制点较密时，可采用等值线形式。

乙类模式一般宜采用地面加速度或最大地震影响系数及特征周期的分区图来表述。

丙类模式一般可采用综合分区的方式来表述。

第二十三条 各类模式的设计地震动分区相对应的设计反映谱的标定宜考虑实际应用的可操作性。

第二十四条 抗震设防区划中场地破坏效应分区一般宜采用各种破坏效应单独表述的方式。

第二十五条 土地利用分区或场地选择分区宜采用多种场地效应综合分区的形式加以体现。

第二十六条 为方便应用，宜建立抗震设防区划计算机查询管理系统。

五、审批及管理

第二十七条 抗震设防区划编制完成后，应报请相应的上级抗震防灾主管部门组织有关专家评审，评审通过后按规定报相应的主管部门审批。

第二十八条 抗震设防区划审批应符合以下分级管理的要求。

甲类模式的抗震设防区划由省、自治区、直辖市建委（建设厅）预审同意后，报建设部审批。

乙、丙类模式的城市抗震设防区划由省、自治区、直辖市建委（建设厅）审批，其中乙类模式的城市抗震设防区划尚应报建设部备案。

企业抗震设防区划由有关行业主管部门审批，并报建设部备案。

第二十九条 抗震设防区划的成果和基础资料应建档长期保存。

第三十条 抗震设防区划应根据建设的发展和技术进步定期修改完善。

第三十一条 本规定由建设部负责解释。

第三十二条 本规定自颁布之日起执行。

一九九五年十二月二十七日

（建［1995］22号文通知）

中国地震动参数区划图
GB 18306—2001
Seismic ground motion parameter zonation map of China

1. 范围

本标准给出了中国地震动参数区划图及其技术要素和使用规定。

本标准适用于新建、改建、扩建一般建设工程抗震设防，以及编制社会经济发展和国土利用规划。

2. 定义

本标准采用下列定义。

2.1 地震动参数区划 seismic ground motion parameter zonanon

以地震动峰值加速度和地震动反应谱特征周期为指标，将国土划分为不同抗震设防要求的区域。

2.2 地震动峰值加速度 seismic peak ground acceleration

与地震动加速度反应谱最大值相应的水平加速度。

2.3 地震动反应谱特征周期 characteristic period of the seismic response spectrum

地震动加速度反应谱开始下降点的周期。

2.4 超越概率 probability of exceedance

某场地可能遭遇大于或等于给定的地震动参数值的概率。

2.5 抗震设防要求 requirements for seismic resistance; requirement for fortification against earthquake

建设工程抗御地震破坏的准则和在一定风险水准下抗震设计采用的地震烈度或者地震动参数。

3. 技术要素

3.1 《中国地震动峰值加速度区划图》和《中国地震动反应谱特征周期区划图》的比例尺为1∶400万。

3.2 《中国地震动峰值加速度区划图》和《中国地震动反应谱特征周期区划图》的设防水准为50年超越概率10%。

3.3 《中国地震动峰值加速度区划图》和《中国地震动反应谱特征周期区划图》的场地条件为平坦稳定的一般（中硬）场地。

3.4 《地震动反应谱特征周期调整表》采用四类场地划分。

4. 使用规定

4.1 新建、扩建、改建一般建设工程的抗震设计和已建一般建设工程的抗震鉴定与加固必须按本标准规定的抗震设防要求进行。

4.2 本标准的附录A、附录B的比例尺寸为1∶400万，不应放大使用。

4.3 下列工程或地区的抗震设防要求不应直接采用本标准，需做专门研究：

a）抗震设防要求高于本地震动参数区划图抗震设防要求的重大工程、可能发生严重次生灾害的工程、核电站和其他有特殊要求的核设施建设工程；

b）位于地震动参数区划分界线附近的新建、扩建、改建建设工程；

c）某些地震研究程度和资料详细程度较差的边远地区；

d）位于复杂工程地质条件区域的大城市、大型厂矿企业、长距离生命线工程以及新建开发区等。

附　录A
（标准的附录）
中国地震动峰值加速度区划图（见图A1，省略）

附　录B
（标准的附录）
中国地震动反应谱特征
周期区划图（见图B1，省略）

附　录C
（标准的附录）
地震动反应谱特征周期调整表（见表C1）

中国地震动反应谱特征周期调整表　　表C1

特征周期分区	场地类型划分			
	坚硬	中硬	中软	软弱
1区	0.25	0.35	0.45	0.65
2区	0.30	0.40	0.55	0.75
3区	0.35	0.45	0.65	0.90

附　录D
（提示的附录）
关于地震基本烈度向地震动参数过渡的说明

本标准直接采用地震动参数（地震动峰值加速度和地震反应谱特征周期），不再采用地震基本烈度。现行有关技术标准中涉及地震基本烈度概念的，应逐步修正。在技术标准等尚未修订（包括局部修订）之前，可以参照下述方法确定：

a）抗震设计验算直接采用本标准提供的地震动参数；

b）当涉及地基处理、构造措施或其他防震减灾措施时，地震基本烈度数值可由本标准查取地震动峰值加速度并按表D1确定，也可根据需要做更细致的划分。

地震动峰值加速度分区与地震基本烈度对照表
表D1

地震动峰值加速度分区（g）	<0.05	0.05	0.1	0.15	0.2	0.3	≥0.4
地震基本烈度值	<Ⅵ	Ⅵ	Ⅶ	Ⅶ	Ⅷ	Ⅷ	≥Ⅸ

［注］关于特征周期的说明：

GB 50011—2001规范，根据建筑工程的实际情况，将地震动反应谱特征周期，取名为“设计特征周期”，其取值根据“设计地震分组”确定。建筑工程的设计地震分为三组，对Ⅱ类场地，第一、二、三组的设计特征周期分别取为0.35s、0.40s、0.45s。

设计地震的分组在《中国地震反应谱特征周期区划图B1》基础上做下列调整：

（1）区划图B1中0.35s、0.40s的区域作为设计地震第一组；

(2) 区划图B1中0.45s的区域，多数作为设计地震第二组。

(3) 凡符合下列情况的区域作为设计地震第三组：

1) 区划图A1中峰值加速度减至1/3以下的影响区域；

2) 位于B1图中0.45s，且区划图A1中≥0.40g的峰值加速度减至1/2以下的影响区域。

GB 50011—2001规范在附录A规定了县级及县级以上城镇的中心地区（如城关区）的抗震设防烈度、设计基本地震加速度和所属的设计地震分组。

地震基本烈度10度区建筑抗震设防暂行规定

（89）建抗字第426号

我国地震基本烈度10度及以上地震区（以下简称10度区），虽然只占全国国土面积的百分之一点五左右，但这些地区仍可能进行建设，而现行《建筑抗震设计规范》(GBJ 11—89)（以下简称“抗震规范”）未做具体规定。为满足10度区抗震设计的需要，特做如下规定：

一、10度区一般是七级以上强震的震中地区，新建工程也应严加控制。必须建设时，应由省、部抗震主管部门审查、批准。

二、10度区工程建设的设防标准是：按本规定设计的建筑物，当遭遇到10度地震影响时，不致造成严重破坏以至倒塌，避免造成人员死亡。

三、10度区的重要抗震设计需要经抗震主管部门组织专家审查。

四、10度区建筑应符合以下基本要求：

1. 应特别注意选择对抗震有利的场地，避免因高烈度地区地质、地形、地貌变化而加重建筑物震害。

2. 应采取整体性和刚性好的基础，对软弱黏性土、液化土、新近填土或不均匀土层，必须处理或采取相应的措施。

3. 应严格遵守平面、立面简单，重量、刚度均匀对称等建筑布置原则。限制建筑物高度，严禁修建高层建筑。

4. 应选择合理的抗震结构体系，采用多道设防的结构，加强整体性，提高变形和耗能能力。

5. 严禁修建女儿墙、门脸等易倒塌的装饰物，应加强其他非结构构件与主体结构的锚固和联结，防止倒塌和坠落。

五、10度区建筑结构设计应符合下列要求：

1. 多层砖房总高度不应超过9m（3层），并须设置钢筋混凝土构造柱和现浇或装配整体式楼（屋）盖。

2. 钢筋混凝土的房屋应设置剪力墙，不应采用框支结构，应采用现浇或装配整体式楼（屋）盖。

六、10度区建筑物的地震作用和截面抗震验算均按“抗震规范”的有关规定执行，但水平和竖向地震影响系数最大值分别取9度时的1.5倍和1.8倍。反应谱曲线按近震时取用。

七、10度区建筑的抗震构造措施，应根据“抗震规范”的建筑物类别区别对待。可暂按9度区的构造措施采用或加强。

建 设 部

1989年9月12日

超限高层建筑工程抗震设防管理暂行规定

（1997年12月17日建设部第8次常务会议通过，1998年1月1日起施行）

第一条 加强超限高层建筑工程抗震设防的管理，提高超限高层建筑工程抗震设计的可靠性和安全性，保证超限高层建筑工程抗震设防的质量，根据《中华人民共和国建筑法》及有关法规的规定，制定本规定。

第二条 本规定适用于抗震设防区内的超限高层建筑工程的抗震设防管理。

本规定所指超限高层建筑工程是指超出现行有关技术标准所规定的适用高度、高宽比限值或体型规则性要求的高层建筑工程（以下简称超限高层建筑工程）。

第三条 国务院建设行政主管部门负责全国超限高层建筑工程抗震设防的综合管理工作。

省、自治区、直辖市人民政府建设行政主管部门负责本辖区超限高层建筑工程抗震设防的管理工作。

第四条 凡在抗震设防区进行超限高层建筑工程的建设时，超限高层建筑工程的建设单位（含中外合资、外商独资等单位）应向工程所在地的省、自治区、直辖市建设行政主管部门专项报审。

第五条 超限高层建筑工程的抗震设防审查实行分级管理。

一般超限高层建筑工程由工程所在地的省、自治区、直辖市建设行政主管部门负责组织抗震设防审查。

特殊超限高层建筑工程及审查意见难以统一、需提请上级裁定的超限高层建筑工程，由省、自治区、直辖市建设行政主管部门提出申请，由国务院建设行政主管部门负责组织抗震设防审查。

特殊超限高层建筑工程包括：体形特别复杂的建筑，规模巨大的特殊混合结构等。

第六条 省、自治区、直辖市建设行政主管部门对国务院有关主管部门申报立项的超限高层建筑工程进行抗震设防审查时，应邀请国务院有关主管部门参加。

第七条 超限高层建筑工程的抗震设防审查工作应当委托专家委员会进行，专家委员会分为国家和省、自治区、直辖市两级。专家委员会应由国内长期从事精通高层建筑工程抗震的勘察、设计、科研、教学和管理的专家组成。国家和省、自治区、直辖市两级的超限高层建筑工程抗震设防审查专家分别由国务院建设行政主管部门和省、自治区、直辖市建设行政主管部门聘任；省、自治区、直辖市专家委员会成员名单应报国务院建设行政主管部门备案。

第八条 专家委员会自接到超限高层建筑工程审查申报之日起，应当在十五日内提出书面审查意见，报组织审查的建设行政主管部门。建设行政主管部门应在十五日内进行审定。

第九条 超限高层建筑工程的抗震设防审查，包括初步设计（扩初设计）审查和施工图审查。承担超限高层建筑工程的设计单位对工程设计质量全面负责，工程项目专业负责人和勘察设计人员对其负责设计的工程项目质量承担直接责任。负责审查的专家委员会对审查的部分承担相应的审查责任。

第十条 超限高层建筑工程的抗震设防审查时需提供的材料、审查的具体要求和不同设计阶段审查的内容，详见附件。

第十一条 超限高层建筑工程的勘察、设计和施工，应由具备甲级（一级）资质且至少完成过质量良好的五栋80米以上高层建筑的勘察、设计和施工单位承担。

第十二条 超限高层建筑工程必须按经审定的有关抗震设防要求实行监理，监理应由具备甲级资质的监理单位承担。

第十三条 超限高层建筑工程经审查符合抗震设防要求，方可向有关部门申请领取建设工程规划许可证和施工许可证。

第十四条 建设单位、勘察设计单位、施工单位应严格按照审定的设计文件进行超限高层建筑工程的抗震设防。

第十五条 超限高层建筑工程的竣工验收应包括抗震设防内容；竣工验收时应有抗震设防管理部门参加。

第十六条 超限高层建筑工程抗震设防审查费用及设计中必要的试验、测试和特别要求的计算分析费用，由建设单位支付。抗震设防审查收费标准由省、自治区、直辖市建设行政主管部门与物价管理部门确定。

第十七条 建设单位违反本规定，有下列行为之一的，由省、自治区、直辖市人民政府建设行政主管部门或国务院建设行政主管部门按管理权限责令限期改正，提出警告，并可处以1万元以上5万元以下的罚款。

（一）未按第四条规定申报超限高层建筑工程抗震设防审查的；

（二）未按审定的设计文件进行抗震设防的。

第十八条 勘察设计单位、施工单位和监理单位违反本规定，未按审定的设计文件进行超限高层建筑工程的抗震设防、设计、施工和监理的，由省、自治区、直辖市建设行政主管部门责令改正，并可处以1万元以上5万元以下的罚款；情节严重、由相应资质管理部门降低其资质等级或吊销资质证书。

第十九条 负责审定的建设行政主管部门的工作人员和负责审查的专家委员会成员审查不严，造成事故的，由建设行政主管部门对其负责人员给予行政处分；玩忽职守，滥用职权，徇私舞弊，构成犯罪的，依法追究刑事责任。

第二十条 省、自治区、直辖市人民政府建设行政主管部门，可结合本地区的具体情况，制定实施细则，并报国务院建设行政主管部门备案。

对非抗震设防区超限高层建筑工程的设计审查，可参照本规定执行。

第二十一条 本规定由国务院建设行政主管部门负责解释。

第二十二条 本规定自1998年1月1日起施行。对在建和已建成的超限高层建筑工程，建设单位应按本规定的要求申报补查。对审查发现的抗震安全问题，应责成有关单位采取措施。

附录 超限高层建筑工程抗震设防审查内容

一、建设单位申报超限高层建筑工程的抗震设防审查时，应提供下列材料：

（一）设计的主要内容、技术依据、可行性论证及主要抗震措施；

（二）建筑工程的地质勘察报告（含场地抗震性能评价报告）；

（三）结构设计计算的主要结果；

（四）结构抗震薄弱部位的分析和相应措施；

（五）初步设计和施工图（建筑和结构部分）文件；

（六）设计时参照使用的国外有关抗震设计标准、工程和震害资料及计算机程序；

（七）对本规定要求进行模型抗震性能试验研究的，应提出抗震试验研究报告。

二、超限高层建筑工程的抗震设防必须符合以下基本要求：

（一）采用钢筋混凝土框架结构和抗震墙结构，其高度不得超过规范的最大适用高度，采用钢筋混凝土框架-抗震墙结构和筒体结构，9度设防时一般不得超过规范、规程的最大适用高度，8度设防时高度不得超过规范、规程的最大适用高度的20%，6度和7度设防时高度不得超过规范、规程的最大适用高度的30%；

（二）在房屋高度、高宽比和体型规则性等三个方面，不能同时不满足规范、规程的有关规定；

（三）应采用比规范、规程规定更严的抗震措施；

（四）计算分析应采用两个及两个以上符合结构实际情况的力学模型，且计算程序应经国务院建设行政主管部门鉴定认可；

（五）对房屋高度超过规范最大适用高度较多、体型特别复杂或结构类型特殊的结构，应进行小比例的整体结构模型、大比例的局部结构模型的抗震性能试验和实际结构的动力特性测试；

（六）特殊超限高层及有明显薄弱层的超限高层建筑工程，应进行结构的弹塑性时程分析。

三、初步设计、施工图审查的基本内容

初步设计（扩初设计）审查应包括建筑的抗震设防分类、抗震设防烈度（或设计地震动参数）、场地抗震性能评价、抗震概念设计、主要结构布置、建筑与结构的协调、使用的计算机程序、结构计算结果、地基基础和上部结构抗震性能评估等。

施工图审查首先应检查对初步设计（扩初设计）审查意见的执行情况，并对结构抗震构造和抗震能力进行综合审查和评定。

陕西省建设厅关于进一步明确超限高层建筑工程界定标准的通知

各设区市规划（建设）局，西安市、榆林市建委，杨凌示范区规划建设局，各级施工图审查办公室和施工图审查机构，甲、乙级建筑设计院：

为了加强超限高层建筑工程的抗震设防管理，省厅分别印发和转发了关于实施建设部令《超限高层建筑工程抗震设防管理规定》的通知（陕建发［2002］145号）和建设部《超限高层建筑工程抗震设防专项审查技术要点》（陕建发［2003］42号），使我省超限高层建筑工程抗震设防专项审查工作得以进一步展开，但因《超限高层建筑工程抗震设防专项审查技术要点》对超限高层建筑工程的界定标准规定不够详细具体，致使各市在执行过程中出现一些漏报漏审现象，甚至有的单位以“方案论证会”、“专家研讨会”等替代抗震设防专项审查。为帮助建设单位、勘察设计单位和施工图审查机构准确判定工程是否属于超限高层建筑工程，进一步做好我省超限高层建筑工程抗震设防专项审查工作，现结合我省实际，对建设部《超限高层建筑工程抗震设防专项审查技术要点》确定的超限高层建筑工程界定标准进行细化，形成更明确、更便于操作的《超高层建筑工程界定标准》，现予印发，请认真贯彻执行。具体报审程序和要求仍按陕建发［2002］145号和陕建发［2003］42号文件精神执行。

附件：《超限高层建筑工程界定标准》

陕西省建设厅

二〇〇四年一月九日

附件：超限高层建筑工程界定标准

根据建设部《超限高层建筑工程抗震设防审查技术要点》确定的超限高层工程界定标准，结合我省实际予以细化，归纳整理如下：

一、房屋高度超过以下规定的高层建筑属于超限高层建筑

（一）现浇钢筋混凝土房屋适用的最大高度（m）

表 1-1

结构类型	烈度			
	6	7	8	9
框　架	60	55	45	25
框架-抗震墙	130	120	100	50
抗震墙	140	120	100	60
部分框支抗震墙	120	100	80	不应采用
框架-核心筒	150	130	100	70
筒中筒	180	150	120	80
板柱-抗震墙	40	35	30	不应采用

注：1. 房屋高度指室外地面到主要屋面板板顶的高度（不包括局部突出屋顶部分）；
2. 框架-核心筒结构指周边稀柱框架与核心筒组成的结构；
3. 部分框支抗震墙结构指首层或底部两层框支抗震墙结构；
4. 乙类建筑可按本地区抗震设防烈度确定适用的最大高度；
5. 超过表内高度的房屋，应进行专门研究和论证，采取有效的加强措施。

（以上摘自《建筑抗震设计规范》表 6.1.1）

《建筑抗震设计规范》第 6.1.1 条还规定：平面和竖向均不规则的结构或建造于Ⅳ类场地的结构，适用的最大高度应适当降低（规范条文说明规定“一般降低 20%左右”）。

（二）钢结构房屋适用的最大高度（m）

表 1-2

结构类型	6、7度	8度	9度
框　架	110	90	50
框架-支撑（抗震墙板）	220	200	140
筒体（框筒、筒中筒、桁架筒、束筒）和巨型框架	300	260	180

注：1. 房屋高度指室外地面到主要屋面板板顶的高度（不包括局部突出屋顶部分）；
2. 超过表内高度的房屋，应进行专门研究和论证，采取有效的加强措施。

（以上摘自《建筑抗震设计规范》表 8.1.1）

《建筑抗震设计规范》第 8.1.1 条还规定：平面和竖向均不规则或建造于Ⅳ类场地的钢结构，适用的最大高度应适当降低。

（三）短肢剪力墙较多房屋适用的最大高度（m）

《高层建筑混凝土结构技术规程》相关规定：

第 7.1.2 条　高层建筑结构不应采用全部为短肢剪力墙的剪力墙结构。短肢剪力墙较多时，应布置筒体（或一般剪力墙）形成短肢剪力墙与筒体（或一般剪力墙）共同抵抗水平力的剪力墙结构，并应符合下列规定：

1. 其最大适用高度应比本规程表 4.2.2.1（A 级高度钢筋混凝土高层建筑的最大适用高度）中剪力墙结构的规定值适当降低，且 7 度和 8 度抗震设计时分别不应大于 100m 和 60m。

（2～8 条略）

第 7.1.3 条　B 级高度高层建筑和 9 度抗震设计的 A 级高度高层建筑，不应采用本规程第 7.1.2 条规定的具有较多短肢剪力墙结构。

（四）错层结构房屋适用的最大高度（m）

《高层建筑混凝土结构技术规程》相关规定：

第 10.1.3 条　7 度和 8 度抗震设计时，剪力墙结构错层高层建筑的房屋高度分别不宜大于 80m 和 60m；框架-剪力墙结构错层高层建筑的房屋高度分别不应大于 80m 和 60m。

（五）钢-混凝土混合结构房屋适用的最大高度（m）

表 1-3

结构体系	非抗震设计	抗震设防烈度			
		6	7	8	9
钢框架-钢筋混凝土筒体	210	200	160	120	70
型钢混凝土框架-钢筋混凝土筒体	240	220	190	150	70

注：1. 房屋高度指室外地面标高至主要屋面高度，不包括突出屋面的水箱、电梯机房、构架等的高度；
2. 当房屋高度超过表中数值时，结构设计应有可靠依据并采取进一步有效措施。

（摘自《高层建筑混凝土结构技术规程》表 11.1.2）

二、房屋高度不超过规定，但建筑结构布置属于《建筑抗震设计规范》、《高层建筑混凝土结构技术规程》规定的特别不规则的高层建筑属于超限高

层建筑：

（一）同时具有两项（含两项）以上平面、竖向不规则以及某项不规则程度超过规定很多的高层建筑。

《建筑抗震设计规范》相关规定：

平面不规则的类型　　表 1-4

不规则类型	定　义
扭转不规则	楼层的最大弹性水平位移（或层间位移）大于该楼层两端弹性水平位移（或层间位移）平均值的1.2倍
凹凸不规则	结构平面凹进的一侧尺寸，大于相应投影方向总尺寸的30%
楼板局部不连接	楼板的尺寸和平面刚度急剧变化，例如，有效楼板宽度小于该层楼板典型宽度的50%，或开洞面积大于该层楼面面积的30%，或较大的楼层错层。

竖向不规则的类型　　表 1-5

不规则类型	定　义
侧向刚度不规则	该层的侧向刚度小于相邻上一层的70%，或小于其上相邻三个楼层侧向刚度平均值的80%；除顶层外，局部收进的水平向尺寸大于相邻下一层的25%。
竖向抗侧力构件不连接	竖向抗侧力构件（柱、抗震墙、抗震支撑）的内力由水平转换构件（梁、桁架等）向下传递
楼层承载力突出	抗侧力结构的层间受剪力承载力小于相邻上一楼层的80%

《高层建筑混凝土结构技术规程》相关规定：

第 4.3.4 条　抗震设计的B级高度钢筋混凝土高层建筑、混合结构高层建筑及本规程第10章所指的复杂高层建筑（包括带转换层的结构、带加强层的结构、错层结构、连体结构、多塔楼结构等），其平面布置应简单、规则、减少偏心。

第 4.3.5 条　结构平面布置应减少扭转的影响。在考虑偶然偏心影响的地震作用下，楼层竖向构件最大水平位移和层间位移，A级高度高层建筑不宜大于该楼层平均值的1.2倍，不应大于该楼层平均值的1.5倍；B级高度的钢筋混凝土高层建筑、混合结构高层建筑及本规程第10章所指的复杂高层建筑不宜大于该楼层平均值的1.2倍，不应大于该楼层平均值的1.4倍。结构扭转为主的第一自振周期 T_1 与平动为主的第一自振周期 T_1 之比，A级高度高层建筑不应大于0.9，B级高度高层建筑、混合高层建筑及本规程第10章所指的复杂高层建筑不应大于0.85。

第 4.3.6 条　当楼板平面比较狭长、有较大的凹入和开洞而使楼板有较大的削弱时，应在设计中考虑楼板削弱产生的不利影响。楼板凹入或开洞尺寸不宜大于楼面开洞的一半；楼板开洞总面积不宜超过楼面面积的30%；在扣除凹入或开洞后，楼板在任一方向的最小净宽度不宜小于5m，且开洞后每一边的楼板净宽度不应小于2m。

第 4.4.4 条　抗震设计时，结构竖向抗侧力构件宜上下连续贯通。

第 4.4.5 条　抗震设计时，当结构上部楼层收进部位到室外地面的高度 H_1 与房屋高度 H 之比大于0.2时，上部楼层收进后的水平尺寸 B_1 不宜小于下部楼层水平尺寸 B 的0.75倍；当上部结构楼层相对于下部楼层外挑时，下部楼层的水平尺寸 B 不宜小于上部楼层水平尺寸 B_1 的0.9倍，且水平外挑尺寸 a 不宜大于4m。

（二）结构布置明显不规则的复杂结构和混合结构的高层建筑，主要包括：

1. 同时具有两种以上（含两种）复杂类型（带转换层、带加强层、和具有错层、连体、多塔）的高层建筑；

2. 转换层位置超过《高规》规定的高位转换的高层建筑。

《高层建筑混凝土结构技术规程》相关规定：

第 10.2.2 条　底部大空间部分框支剪力墙高层建筑结构在地面以上的大空间层数，8度时不宜超过3层，7度时不宜超过5层，6度时其层数可适当增加；底部带转换层的框架-核心筒结构和外筒为密柱框架的筒中筒结构，其转换层位置可适当提高。

3. 各部分层数、结构布置或刚度等有较大不同的错层、连体高层建筑。

《高层建筑混凝土结构技术规程》相关规定：

第 10.4.2 条　错层两侧宜采用结构布置和侧向刚度相近的结构体系。

第 10.5.1 条　连体结构各独立部分宜有相同或相近的体形、平面和刚度。宜采用双轴对称的平面形式。7度、8度抗震设计时，层数和刚度相差悬殊的建筑不宜采用连体建筑。

4. 单塔或大小不等的多塔（含双塔）位置偏置过多的大底盘（裙房）高层建筑；

《高层建筑混凝土结构技术规程》相关规定：

第10.6.1条　多塔楼建筑结构各楼的层数、平面和刚度宜接近；塔楼对底盘宜对称布置。塔楼结构与底盘结构质心的距离不宜大于底盘相应边长的20%。

第10.6.2条　抗震设计时，转换层不宜设置在底盘屋面的上层塔楼内；否则，应采取有效的抗震措施。

5. 七、八度抗震设防时厚板转换的高层建筑。

三、单跨的框架结构高层建筑

《高层建筑混凝土结构技术规程》相关规定：

第6.1.2条　抗震设计的框架结构不宜采用单跨框架。

四、《建筑抗震设计规范》暂未列入的包括各种特殊结构类型的其他建筑工程。

国家标准《建筑地震破坏等级划分标准》

第一章　总　则

第1.1条　为判别建筑的地震破坏程度、估算直接经济损失、提供抢修排险和恢复重建的技术经济依据，特制定本标准。

第1.2条　凡破坏性地震发生后，各地区、各部门必须按本标准规定，统计建筑震害和估算直接经济损失，并按本标准附表汇总。

第1.3条　本标准适用于多层砖房、钢筋混凝土框架房屋、底层框架和多层内框架砖房、单层工业厂房、单层空旷房屋、民房、烟囱、水塔等建筑的地震破坏等级划分。对装修占建筑造价总费用较高的房屋，应做专门的研究。

第1.4条　建筑地震破坏等级的划分，应符合下列基本原则：

一、对各种类型的建筑，应按不同的结构特点划分地震破坏等级。

二、确定建筑地震破坏程度时，应以承重构件的破坏程度为主。

三、建筑地震破坏程度的判别，应引入相应的数量概念。

四、建筑地震破坏等级的划分，应考虑修复的难易程度、是否可使用及直接经济损失的大小。

五、建筑地震破坏等级的划分，应以建筑直接遭受的地震破坏为依据。震前已有其他原因造成的损坏，在评定地震破坏等级时不应考虑在内。

第1.5条　建筑的地震破坏可划分为基本完好（含完好）、轻微损坏、中等破坏、严重破坏、倒塌五个等级。其划分标准如下：

一、基本完好：承重构件完好；个别非承重构件轻微损坏；附属构件有不同程度破坏。一般不需修理即可继续使用。

二、轻微损坏：个别承重构件轻微裂缝，个别非承重构件明显破坏；附属构件有不同程度的破坏；不需修理或需稍加修理，仍可继续使用。

三、中等破坏：多数承重构件轻微裂缝，部分明显裂缝；个别非承重构件严重破坏。需一般修理，采取安全措施后可适当使用。

四、严重破坏：多数承重构件严重或部分倒塌，应采取排险措施；需大修、局部拆除。

五、倒塌：多数承重构件倒塌，需拆除。

注：本标准以下各章，均略去关于使用和修理的规定。

第二章　多层砖房

第2.1条　本章适用于二层以上普通黏土砖砌体承重房屋。

第2.2条　评定多层砖房的地震破坏时，应着重检查承重墙体和屋盖，并检查非承重墙体和附属构件。

第2.3条　多层砖房的地震破坏等级应按下列标准划分：

一、基本完好：承重墙体完好，个别轻微裂缝；屋盖完好；附属构件有不同程度的破坏。

二、轻微损坏：部分承重墙体轻微裂缝；屋盖完好或轻微损坏；出屋面小建筑、楼梯间墙体明显裂缝；个别非承重构件明显破坏；附属构件开裂或倒塌。

三、中等破坏：个别承重墙严重裂缝或倒塌，部分墙体明显裂缝；个别屋盖构件塌落；个别非承重构件严重裂缝或局部酥碎。

四、严重破坏：多数承重墙体明显裂缝，部分墙体严重裂缝，局部酥碎或倒塌；部分楼、屋盖塌落；非承重墙体成片倒塌。

五、倒塌：房屋残留部分不足50%。

第三章　钢筋混凝土框架房屋

第3.1条　本章适用于钢筋混凝土框架（包括填充墙框架）房屋。

第3.2条　评定钢筋混凝土框架房屋地震破

坏时，应着重检查框架柱，并检查框架梁和墙体（填充墙）。

第3.3条 多层钢筋混凝土框架房屋的地震破坏等级应按下列标准划分：

一、基本完好：框架柱、梁完好；个别墙体与柱连接处开裂。

二、轻微损坏：个别框架柱、梁轻微裂缝；部分墙体明显裂缝；出屋面小建筑明显破坏。

三、中等破坏：部分框架柱轻微裂缝或个别柱明显裂缝；个别墙体严重裂缝或局部酥碎。

四、严重破坏：部分框架柱，主筋压屈、混凝土酥碎、崩落；部分楼层倒塌。

五、倒塌：房屋残留部分不足50%。

第四章 底层框架和多层内框架砖房

第4.1条 本章适用于底层框架和多层内框架砖房。

第4.2条 评定底层框架砖房地震破坏时，应着重检查承重墙体和底层框架柱，并检查框架梁和非承重墙体。

第4.3条 底层框架砖房的地震破坏等级应按下列标准划分：

一、基本完好：承重墙体完好，底层框架柱、梁完好；非承重墙体轻微裂缝。

二、轻微损坏：个别承重墙轻微裂缝，底层个别框架柱、梁轻微裂缝；出屋面小建筑、楼梯间墙体明显裂缝；部分非承重墙体明显裂缝。

三、中等破坏：部分承重墙体明显破坏；底层部分框架柱轻微裂缝或个别明显裂缝，个别非承重墙体严重裂缝。

四、严重破坏：多数承重墙体明显裂缝，部分严重裂缝、局部酥碎或倒塌；底层部分柱主筋压屈、混凝土酥碎、崩落；部分楼、屋盖塌落。

五、倒塌：底层倒塌或房屋残留部分不足50%。

第4.4条 评定多层内框架砖房的地震破坏时，应着重检查承重墙体，并检查内框架柱、梁和非承重墙体。

第4.5条 多层内框架砖房的地震破坏等级应按下列规定划分：

一、基本完好：承重墙体完好；内框架柱、梁完好；个别非承重墙体轻微裂缝。

二、轻微损坏：部分承重墙体轻微裂缝或个别明显裂缝；内框架柱、梁完好；出屋面小建筑明显破坏；非承重墙体明显裂缝或个别严重裂缝或局部酥碎。

三、中等破坏：部分承重墙体明显裂缝；内框架柱轻微裂缝；非承重墙体严重裂缝或局部酥碎。

四、严重破坏：多数承重墙体严重裂缝或局部倒塌；部分内框架柱主筋压屈、混凝土酥碎崩落；部分楼、屋盖塌落。

五、倒塌：多数墙体倒塌，部分内框架梁和板塌落。

第五章 单层工业厂房

第5.1条 本章适用于单层钢筋混凝土柱厂房和单层砖柱（墙垛）仓库、厂房等。

第5.2条 评定单层钢筋混凝土柱厂房的地震破坏时，应着重检查屋盖、柱及其连接，并检查天窗架，柱间支撑和墙体（围护墙）。

第5.3条 单层钢筋混凝土柱厂房的地震破坏等级应按下列标准划分：

一、基本完好：屋盖构件、柱完好；支撑完好；个别墙体轻微裂缝。

二、轻微损坏：部分屋面构件连接松动；柱完好；个别天窗架明显破坏；支撑完好；部分墙体明显裂缝或掉砖。

三、中等破坏：屋面板错位，个别塌落；部分柱轻微裂缝；部分天窗竖向支撑压屈；部分柱间支撑明显破坏；部分墙体倒塌。

四、严重破坏：部分屋架塌落；部分柱明显破坏；部分支撑压屈或节点破坏。

五、倒塌：多数屋盖塌落：多数柱折断。

第5.4条 评定单层砖柱厂房的地震破坏等级应按下列标准划分：

一、基本完好：柱完好；山墙、围护墙轻微裂缝；屋面与柱连接松动，溜瓦。

二、轻微损坏：个别柱、墙轻微裂缝；个别屋面与柱连接处位移。

三、中等破坏：部分柱、墙明显裂缝；山尖墙局部塌落；个别屋面构件塌落。

四、严重破坏：多数砖柱、墙严重裂缝或局部酥碎；部分屋盖塌落。

五、倒塌：多数柱、墙倒塌。

第六章 单层空旷房屋

第6.1条 本章适用于影剧院、俱乐部等。

第6.2条 评定单层空旷房屋地震破坏时，应着重检查大厅与前、后厅连接处和大厅与前、后厅的承重墙体，并检查舞台口悬墙、屋盖。

第6.3条 单层空旷房屋的地震破坏等级应按下列标准划分：

一、基本完好：大厅与前、后厅个别连接处墙轻微裂缝；承重墙、柱完好。

二、轻微损坏：大厅与前、后厅部分连接处墙轻微裂缝；个别承重墙、柱轻微裂缝。

三、中等破坏：大厅与前、后厅连接处墙明显裂缝；部分承重墙、柱明显裂缝、山尖墙局部塌落；舞台口承重悬墙严重裂缝。

四、严重破坏：多数承重墙、柱严重裂缝；部分屋盖塌落。

五、倒塌：房屋残留部分不足50%。

第七章 民 房

第7.1条 本章适用于未经正规设计的木柱、砖柱、土坯墙、空斗墙和砖墙承重的房屋，包括老旧的木楼板砖房等二层以下民用居住建筑。

第7.2条 评定民房的地震破坏时，应着重检查木柱、砖柱、承重墙体和屋盖，并检查非承重墙体和附属构件。

第7.3条 民房的地震破坏等级应按下列标准划分：

一、基本完好：木柱、砖柱、承重的墙体完好；屋面溜瓦；非承重墙体轻微裂缝；附属构件有不同程度破坏。

二、轻微损坏：木柱、砖柱及承重的墙体完好或部分轻微裂缝；非承重墙体多数轻微裂缝，个别明显裂缝；山墙轻微外闪或掉砖；附属构件严重裂缝或塌落。

三、中等破坏：木柱、砖柱及承重墙体多数轻微破坏或部分明显破坏；个别屋面构件塌落；非承重墙体明显破坏。

四、严重破坏：木柱倾斜，砖柱及承重墙体多数明显破坏或部分严重裂缝；承重屋架或檩条断落引起部分屋面塌落；非承重墙体多数严重裂缝或倒塌。

五、倒塌：木柱多数折断或倾倒，砖柱及承重墙体多数塌落。

第八章 烟囱和水塔

第8.1条 本章适用于普通类型的独立黏土砖烟囱和砖筒、砖柱支承水塔。

第8.2条 评定独立砖烟囱的地震破坏时，应着重检查烟囱的上部各部位。

第8.3条 砖烟囱的地震破坏等级应按下列标准划分：

一、基本完好：完好或上部轻微裂缝。

二、轻微损坏：上部轻微裂缝。

三、中等破坏：明显裂缝或轻微错位，顶部有局部剥落。

四、严重破坏：筒身断裂、严重错位或掉头。

五、倒塌：筒身折断，残留部分严重错位或酥裂。

第8.4条 评定砖支承水塔的地震破坏时，应着重检查砖筒、砖柱。

第8.5条 砖支承水塔的地震破坏等级应按下列标准划分：

一、基本完好：砖筒或柱完好。

二、轻微损坏：砖筒个别部位或个别砖柱轻微裂缝。

三、中等破坏：砖筒或部分柱明显裂缝。

四、严重破坏：筒壁严重裂缝并错位，多数砖柱严重裂缝或酥碎；水柜移位。

五、倒塌：水柜塌落。

第九章 建筑直接经济损失估算

第9.1条 建筑地震破坏的直接经济损失，应按建筑现造价并考虑其老旧程度适当折减进行计算。

第9.2条 单个建筑各破坏等级的直接经济损失，可按建筑现造价的下列百分比采用：

1. 基本完好：0%～2%，平均取1%；其中完好者取0%。

2. 轻微损坏：2%～10%，平均取6%。

3. 中等破坏：10%～30%，平均取20%。

4. 严重破坏：30%～70%，平均取50%。

5. 倒塌：70%～100%，平均取85%。

第9.3条 建筑损失的老旧程度折减系数，应按下列规定采用：

一、单个建筑的老旧程度折减系数，可取下列数值：

1. 建成10年以内者，取0.9～1.0；

2. 建成10～25年者，取0.7～0.9；

3. 建成25～50年者，取0.5～0.7；

4. 建50年以上者，取0.2～0.5；破旧危房宜取下限。

二、每类建筑的平均老旧程度折减系数，可按下列方法计算：

1. 求出不同建成年限建筑在该类建筑所占的比例；一般房屋以面积计算，烟囱、水塔以个数计算；

2. 将上述比例分别乘以相应的老旧程度折减系数，求和后得到平均的老旧程度折减系数。

第9.4条 每类建筑地震破坏的直接经济损失，可按下列方法计算：

一、将不同破坏等级的实际面积（或个数）分别乘以本章第9.2条规定的平均损失百分比，得到相应的损失面积（或个数），求和后得到总损失面积。

二、将总损失面积乘以平均单位现造价，再乘以本章第9.3条规定的平均老旧折减系数，得到该类建筑地震破坏的直接经济损失。

第9.5条 一个地区（城镇、小区、乡、村），建筑地震破坏总的直接经济损失，是该地区各类建筑地震破坏直接经济损失的总和。

第十章 附 则

第10.1条 本标准下列用语的含义是：

一、承重构件：承受竖向荷载的构件；

二、非承重构件：隔墙、填充墙、围护墙等；

三、附属构件：出屋面小烟囱、女儿墙及其他装饰构件。

第10.2条 本标准涉及破坏数量的用词：

个别：是指5%以下；

部分：是指30%以下；

多数：是指超过50%。

第10.3条 各省、自治区、直辖市和国务院有关部、委、局的抗震防灾主管部门，可结合本部门的具体情况，制定实施细则，并报建设部备案。

第10.4条 本标准自颁布之日起执行。

2 地震烈度

工程地震

一、地震成因

地震是由于某种原因引起的地面强烈运动。依其成因，可以划分为以下三种类型：

1. 火山地震

地壳某薄弱部位火山爆发，地下岩浆迅猛冲出地面时引起的地面强烈运动，称为火山地震。

火山地震虽然为数不少，但释放的能量小，影响范围和破坏程度相对来说都比较小。

2. 塌陷地震

石灰岩地区地下溶洞的崩塌或古旧矿坑的垮塌，造成近地表岩层大规模塌陷所引起的地面强烈运动，称之为塌陷地震。1954 年、1964 年和 1985 年四川自贡发生的多次地震就属于塌陷地震。

塌陷地震为数很少，而且震级小、震源浅，波及范围也小。

3. 构造地震

由于地壳构造运动使某处地下岩层的薄弱部位突然发生断裂、错动（图 2-1），引起地面的强烈运动，称之为构造地震。

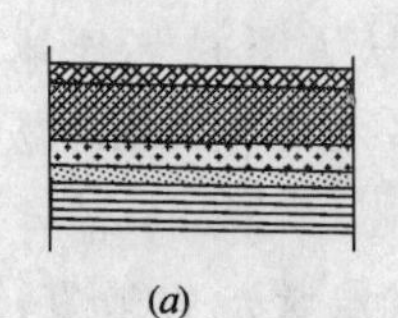
(a)

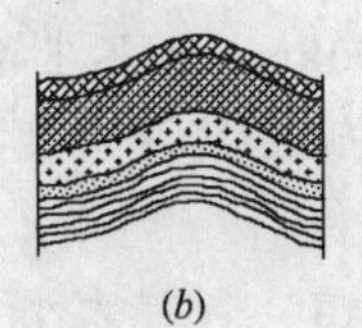
(b)

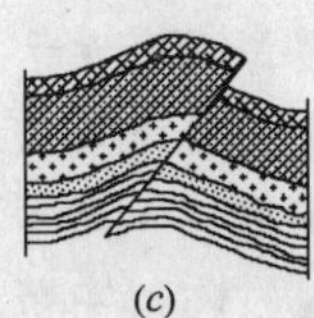
(c)

图 2-1 构造地震形成示意图

构造地震为数最多，约占世界地震总数的 99%以上；而且释放的能量巨大，波及范围甚广，破坏性很大。

地球是由地壳、地幔和地核三部分所组成。地壳很薄，平均厚度约为 40km。全球地壳可以分为欧亚、太平洋、美洲、非洲、澳洲和南极六大板块，各个板块在地幔软流层之上缓慢地漂移，以致发生相互顶撞、插入，在板块边缘引起地震，称之为板间地震。在各大板块内部，同样由于地球内部能量的积累和转移，使岩层发生变形，直至发生断裂或错动，将所积累的应变能转变为波动能，以地震波的形式传至地面，这类地震被称之为板内地震。

二、地震活动带

1. 世界地震带

就全球范围而言，地震活动主要发生在下述的两组地震带：

（1）环太平洋地震带——此地震带是沿南、北美洲西海岸北上，至阿留申群岛，后转向西南到日本列岛，再南下经我国台湾省、菲律宾，转向东南到达新几内亚和新西兰。

全球约 80% 的浅源地震、90% 的中源地震以及几乎全部深源地震，都集中发生在这一地震带。

（2）欧亚地震带——此地震带西起大西洋的亚速岛，经意大利、土耳其、伊朗、印度北部、我国西北和西南地区、缅甸，到达印度尼西亚，与环太平洋地震带相衔接。

20 世纪 60 年代以来，世界上发生的 7 级以上的大地震，如表 2-1 所示。

近 50 年世界发生的 7 级以上大地震　表 2-1

时间	地点	震级	震中烈度
1960.5.22	智利南部	8.5	11 度
1964.3.27	美国阿拉斯加	8.4	10 度
1964.6.27	日本新潟	7.5	8 度
1968.5.16	日本十胜冲	7.5～8	
1970.1.5	中国通海	7.7	10 度
1970.5.31	秘鲁北部	7.6	
1973.2.6	中国甘孜	7.9	
1975.2.4	中国海城	7.3	9 度
1976.7.28	中国唐山	7.8	11 度
1985.9.19	墨西哥城	8.1	
1988.12.7	亚美尼亚	7.1	9 度
1995.1.17	日本兵库县南部	7.2	7（日本震度划分最高级）
1999.9.21	中国台湾集集	7.6	9 度
2008.5.12	中国汶川	8.0	11 度

2. 我国地震带

我国东临环太平洋地震带，南接欧亚地震带，地震区的分布甚广。我国大陆的主要地震带有下述两条：

（1）东西地震带——东西构造带可分为南、北两条。北面一条，是沿陕西、山西、河北北部向东延伸，直至辽宁北部的千山一带。南面一条，西起帕米尔，经昆仑山、秦岭，东至大别山区。

（2）南北地震带——北起贺兰山，向南经六盘山，穿越秦岭，沿川西直至云南省东北部。

据此，我国大致可划分成六个地震活动区：

①台湾及其附近海域；②喜马拉雅山区；③南北地震带；④天山地区；⑤华北区；⑥东南沿海。

三、我国大地震

1. 20世纪以来，我国共发生6级以上破坏性地震560余起，平均每年5～6次。其中，8级以上毁坏性地震10次，其概况列于表2-2。

20世纪以来的9次M8强震统计表　　表2-2

序号	发震时间	地震名称	震级（M）
1	1902.8.22	新疆阿图什	8.3
2	1906.12.23	新疆马纳斯	8.0
3	1920.6.5	台湾花莲东南海中	8.0
4	1920.12.16	宁夏海源	8.5
5	1927.5.23	甘肃古浪	8.0
6	1931.8.11	新疆富蕴	8.0
7	1950.8.15	西藏察隅	8.5
8	1951.11.18	西藏当雄	8.0
9	1972.1.25	台湾新港东海中	8.0
10	2008.5.12	四川汶川	8.0

2. 20世纪50年代以来，我国大陆先后发生7级以上地震15次，受灾面积28万km^2，震毁房屋900多万间，伤亡人数达49万人（表2-3）。

中国大陆14次M7以上强震灾害统计表　　表2-3

序号	地震	发震时间	震级（M）	震中烈度	受灾面积（km^2）	死亡人数（人）	伤残人数（人）	倒塌房屋（间）
1	康定	1955.4.14	7.5	9度	5000	84	220	640
2	乌恰	1955.4.15	7.0	9度	16000	18	—	200
3	邢台	1966.3.22	7.2	10度	23000	7940	8610	1191600
4	渤海	1969.7.18	7.4	—	—	9	300	15290
5	通海	1970.1.5	7.7	10度	17	15600	26800	338500
6	炉霍	1973.2.6	7.9	10度	6000	2200	2740	47100
7	永善	1974.5.11	7.1	9度	2300	1640	1600	66000
8	海城	1975.2.4	7.3	9度	920	1330	4290	1113500
9	龙陵	1976.5.29	7.6	9度	—	70	280	48700
10	唐山	1976.7.28	7.8	11度	32000	242800	164900	3219200
11	松潘	1976.8.16	7.2	8度	5000	38	30	5000
12	乌恰	1985.8.23	7.4	8度	5	70	200	30000
13	耿马	1988.11.6	7.2，7.6	9度	9173	750	7750	2242800
14	丽江	1996.2.3	7.0	9度	10900	310	3710	480000
15	汶川	2008.5.12	8.0	11度	100000	87600	374177	6525000

四、震级

1. 震源

(1) 地震是地壳各个板块发生顶撞、错动、断裂等情况时所产生的振动。地震在地壳深处的发生点，称为震源。震源由地表面算起的深度，称为震源深度（图2-2）。

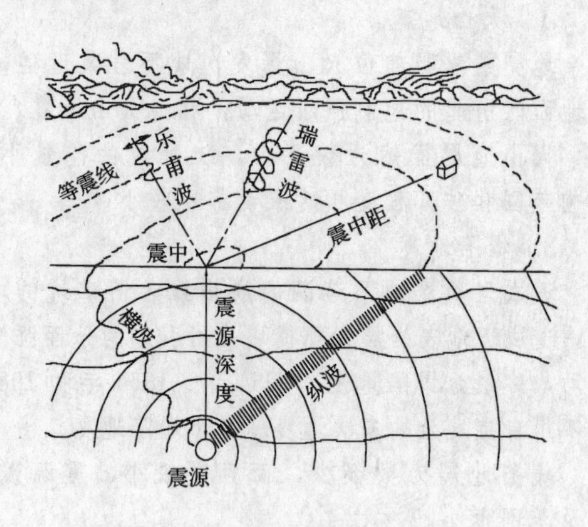

图2-2　地震术语示意图

(2) 依震源深度的不同，地震又可分为：①浅源地震——震源深度小于60km；②中源地震——震源深度为60～300km；③深源地震——震源深度大于300km。世界上绝大多数破坏性地震属浅源地震，而且震源深度多在5～20km范围内。

(3) 一般而言，同样大小（能量）的地震，震源较浅时，波及范围小，对地面建筑的破坏性大；震源较深时，波及范围广，但对地面建筑的破坏影响较弱。震源深度超过100km的地震，在地面上几乎不会引起灾害。

2. 震中

(1) 震源在地表面上的垂直投影点，称为震中。震中周围的邻近地区，称震中区。而地震灾害最严重的地区则称为"极震区"。多数情况下，震中区和极震区大体上是一致的。

(2) 一次地震的震源，是通过仪器测量到的地下深处岩层发生断裂的起始点，而岩层断裂带的中点才是该次地震能量释放的中心。因此，通过测量仪器所确定的"仪器震中"，就是地面上对应于断层破裂面起始点的那一点；而根据宏观震害调查具有最大地震烈度地点所确定的"现场震中"（宏观震中），则更靠近地震能量释放中心的地表投影点。据统计，震级$M<6$的地震，能量释放中心与断层破裂面的起点很近；但震级很大

的地震，由于断层破裂面很长，这两点相距甚远，以致“宏观震中”也就偏离“仪器震中”。

3. 震级标度

震级 M 是表示地震规模大小的一种量度，它主要是依震源处所释放能量的多少而定。目前，国际上比较通用的是里氏震级，其原始定义是美国地震学家里克特（C. F. Rickter）于1935年提出的，即

$$M=\log A \tag{2-1}$$

式中 A——是标准地震仪（周期0.8s，阻尼系数0.8，放大倍数2800）在距离震中100km处记录到的以微米（$1\mu m = 1\times10^{-6}m$）为单位的最大水平地震动位移（单振幅）。

4. 释放能量

一次地震所释放的能量E与其震级M之间存在如下对应关系：

$$\log E = 1.5M + 11.8 \tag{2-2}$$

以上公式表明，震级 M 每增大一级，地震波的振幅值增加10倍，地震所释放出的能量约增加32倍。

5. 分类

就浅源地震而言，小于2级的地震，人们感觉不到，称作微震；2～4级地震为有感地震；5、6级地震，称破坏性地震；7级地震，称毁坏性地震；8级以上地震，称毁灭性地震。世界范围内已记录到的最大地震的震级为9.3级。

五、地震烈度

1. 定义

地震烈度是指某一次地震对某一地区的地面及其上各类建筑物所造成的破坏影响的强弱程度。该次地震的震中区的烈度称为“震中烈度”。

就浅源地震而言，一次地震的震中烈度 I_0 与其震级 M 的对应关系，大致如经验公式（2-3）和表2-4所示。

$$I_0 = 1.72M - 2.6 \tag{2-3}$$

震中烈度与震级的对应关系　　表2-4

震级（M）	4.8～5.2	5.5～5.8	6～6.5	6.8～7	7.2～7.8	8～8.2	8.5
震中烈度（I_0）	6度	7度	8度	9度	10度	11度	12度

2. 评定标准

为了定量说明某一次地震对其周围各个地区所造成破坏影响的强弱程度，需要制定一个统一标准。此外，为了对某一地区工程建设进行抗震设防，也要求预测该地区在设计基准期内可能发生的地震烈度，因此，有必要对地震烈度给出物理量。

（1）以宏观震害为标准

在以往的地震烈度表中，由于缺乏地震动物理参数的实测纪录数据，烈度高低的评定，主要是以地面破坏状况及其上各类建筑物的破坏程度等宏观描述为主。例如后面所介绍的修正麦卡利烈度表。此类烈度表仅适用于某次地震发生后各地区各地段的烈度评定，不能为地震区建筑的抗震计算提供依据。

为了在地震灾害调查中统一建筑震害程度的评定标准，提高统计数字的准确性，在1970年云南通海地震调查中，胡聿贤教授提出“震害指数法”，为宏观描述赋予了量的概念：①将各类建筑的破坏程度分为Ⅰ～Ⅵ级六个等级，其震害指数 i 的级差为0.2，具体的分级标准列于表2-5；②给出一次地震中某一地区各类建筑的综合震害指数 $\bar{I}_c$ 与宏观地震烈度的对应关系（表2-6）。

建筑物的破坏程度与震害指数　　表2-5

震害等级	Ⅰ级	Ⅱ级	Ⅲ级	Ⅳ级	Ⅴ级	Ⅵ级
破坏程度	完好	细裂	轻伤	损坏	破坏	倒塌
震害指数 i	0	0.2	0.4	0.6	0.8	1.0

综合震害指数与宏观地震烈度的对应关系　　表2-6

地震烈度	6度	7度	8度	9度	10度
综合震害指数 $\bar{I}_c$	<0.1	0.1～0.3	0.3～0.5	0.5～0.7	>0.7

采用 n_i 代表某次地震中第 r 结构类型建筑物遭受 i 级破坏的房屋间数，$N_r=\sum n_i$ 代表这类结构的房屋总间数，则某次地震中第 r 结构类型建筑物的平均震害指数 I_r 按下式计算：

$$I_r=\sum i \cdot n_i / N_r \tag{2-4}$$

令 k_r 表示第 r 结构类型建筑物平均震害指数 I_r，相对于某次地震中被指定为标准结构类型建筑物平均震害指数 I_s 的修正系数，则该次地震中某一地区内各类建筑物的综合震害指数 $\bar{I}_c$ 按下式

计算：

$$\bar{I}_c=\sum k_r I_r N_r/\sum N_r \quad (2\text{-}5)$$

(2) 以地面峰值加速度为标准

工程界比较普遍地认为，地震对结构的危害程度主要取决于地面运动峰值加速度，而且地震对结构的作用是一种惯性力，利用加速度的数值更便于与其他荷载的计算联系起来。因此，目前世界各国多采用地面运动峰值加速度作为烈度的定量标准，例如后面介绍的中国地震烈度表(1999)。其规律是：烈度每增加一度，地面峰值加速度加大一倍。

(3) 以地面峰值速度为标准

随着研究工作的深入，人们发现，地震时建筑物破坏程度不仅与地面运动的峰值加速度有关，还与地面运动周期的长短有关，同样大小的地面峰值加速度、而地面运动周期长短不同的两次地震，建筑物的破坏程度不相同。但是，地面峰值速度相等的两次地震，即使他们的地面运动周期不相等，由于输入建筑物的地震能量大致相等，建筑物的破坏程度大致相同。因此，目前国际上又趋向于以地面峰值速度作为烈度的定量标准。我国的中国地震烈度表（1999）中也给出了峰值速度这一参数。

应该指出：不论是以地面峰值加速度还是峰值速度作为烈度的定量标准，都存在着一个重大缺陷，即没有能考虑强震持续时间对建筑破坏程度的影响。

3. 烈度衰减规律

(1) 等震线图

当某一次地震发生时，很大一片区域受到它的破坏影响。不过，随着距离震中的远和近，所受到的破坏影响强弱不等。一般而言，随着震中距离的增加，地震波的能量因扩散和逐渐被吸收而衰减，因而标志破坏强弱程度的地震烈度也必然随之逐渐减小。

对应于一次地震，在受到影响的区域内，按照地震烈度表可以对某一地点评定出一个烈度，具有相同烈度的各个地点的外圈包线，称为“等震线”，或称“等烈度线”。等震线图表示某一次地震的烈度分布情况，等震线一般是按烈度的整数分级画线，图上的某一度圆弧形圈线表示该烈度区的外边界。图 2-3 和图 2-4 分别为 1975 年海城地震和 1976 年唐山地震的等震线图。

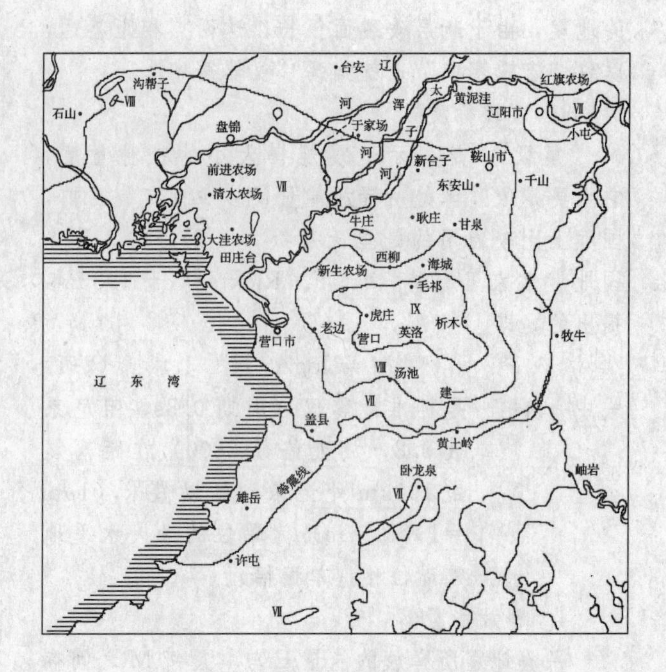

图 2-3 1975 年海城地震烈度分布图

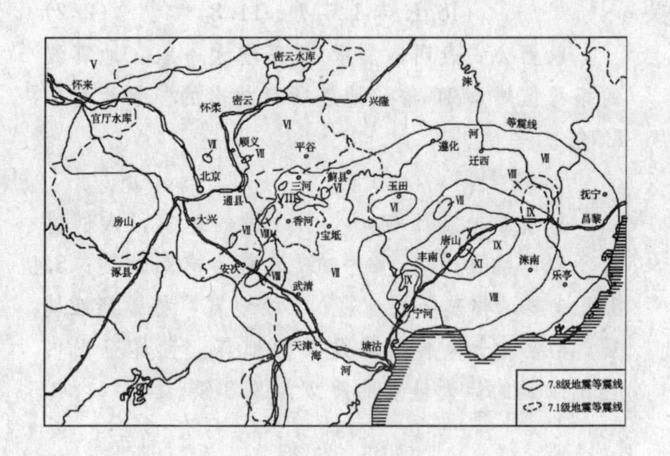

图 2-4 1976 年唐山地震烈度分布图

等震线的形状与地下构造断裂带的走向和长度密切相关，同时也与所在区域的地形、地貌等地质条件有关，多数呈不规则的椭圆形。一般情况下，等震线的度数随震中距的加大而递减。但有时由于局部地质条件和地形的影响，也会在某一烈度区内出现一小块烈度异常区，烈度增高或降低一度甚至两度。

(2) 各烈度区范围

20 世纪 50 年代以来，我国发生了十多次大地震，地震工作者均作了详细的调查，表 2-7 列出历次地震的一些主要地震参数，从中可以得到震级、震源深度、震中烈度、地震影响范围、各烈度区面积等地震参数的直观概念。

我国历次大地震的地震参数　　表 2-7

序号	发生地点	发生时间	震级	震源深度（km）	震中位置	震中烈度	等震线直径　短向/长向（km）					
							11 度	10 度区	9 度区	8 度区	7 度区	6 度区
1	新疆乌恰	1955	7.0	28	山区	9 度			35/45	55/70	105/140	230/290
2	新疆西克尔	1960	6.5	25～28	山缘地区	9 度			20/35	35/85	50/110	130/300
3	广东河源	1962		5	山缘地区	8 度						
4	宁夏灵武	1962	5.6	20	平原	7 度					15/25	35/70
5	四川自贡	1964	4.4	1～2	丘陵地区	7 度					3/4	10/14
6	乌鲁木齐	1965	6.7	40～50	山缘地区	8 度				50/90	140/170	390/（未定）
7	云南东川	1966	6.7		山区	9 度						
8	河北邢台	1966	6.8	10～15	平原	9 度			14/31	22/50	61/62	
9	河北邢台	1966	7.2	15～20	平原	10 度		15/20	35/40	80/100	160/230	
10	广东阳江	1969	6.4	5	平原	8 度				11/19	30/58	53/100
11	云南通海	1970	7.7	10	丘陵地区	10 度		7/44	17/66	34/82	75/136	
12	四川炉霍	1973	7.9		山区	10 度		4/45	10/70	19/90	42/120	
13	云南昭通	1974	7.1		山区	9 度						
14	辽宁海城	1975	7.3	12	丘陵地区	9 度			20/50	43/71	119/163	
15	河北唐山	1976	7.8	12～16	平原	11 度	5/10	13/32	31/58	71/100		
16	四川道孚	1981	6.9	10	山区	8 度				3/12	12/42	25/78
17	四川汶川	2008	8.0	10～20	山区	11 度	15/95	30/250	50/350	150/480	310/630	650/1000

六、地震现象

1. 地震前兆

（1）自然现象　大震前，小地震突然增多；极震区的井水猛涨或干涸；由于深处岩层断裂由地下传出沉闷的响声（地声）；地平线处的天空出现红色、白色或蓝色的闪光（地光）。

（2）仪器反应　测量用水准仪的气泡动荡不定；无线电信号有干扰；仪器收到高频讯号；气压、地温、地磁、重力、地壳倾度、地下氡含量出现显著变化。

（3）动物表现　家禽、家畜烦躁不安，不进圈、不吃食，甚至乱跑乱窜；穴居的蛇、鼠惊慌出洞；鱼群浮游水面。

2. 地震时的地面运动

（1）地震时，地下岩层破裂、错动所产生的强烈振动，以波动的形式从震源向各个方向传播，这就是地震波。地震波包含：①通过地球本体传播的两种“体波”——“纵波”和“横波”；②沿地球表面传播的两种“面波”——“瑞雷波”和“乐甫波”。面波是体波经地层界面多次反射形成的次生波。

（2）纵波是由震源向外传递的压缩波，质点的震动方向与波的前进方向一致，周期短，振幅小，使地面产生上下颠簸。横波是由震源向外传递的剪切波，质点的振动方向与波的前进方向相垂直，周期较长，振幅较大，引起地面前后左右摇晃。瑞雷波传播时，质点在波的前进方向与地表面的法向所组成的平面内作椭圆运动。乐甫波则仅在与波前进方向相垂直的水平方向运动（参见图 2-1）。

（3）地震波的传播，以纵波最快，横波次之，面波最慢。所以，在地震中心区，人们的感觉是，先上下颠簸，后左右摇晃，当横波或面波到达时，地面振动最强烈，产生的破坏作用也最大。在离开震中较远的地区，由于地震波在传播过程中逐渐衰减，地面晃动减弱，破坏作用也就逐渐减轻。

3. 地震后的地面变形

（1）地裂缝　强烈地震时，由于地下断层发生错动，常使上面的岩层和地面跟着产生错动，以致地面产生长达数公里的裂缝，裂缝宽度达数十厘米，裂缝左右两盘上下错动有时达到数米。少数情况下，裂缝左右两盘还出现前后错动。1966 年邢台地震，一条地面裂缝使麦田里的麦行在裂缝的两侧水平错动达十几厘米。

此外，在河湖岸边、故河道以及厚的松软土

层地区，也容易产生地表裂隙。1975 年海城地震时辽河河岸便产生地表裂隙。

(2) 喷水冒砂　在沿海或内地地下水位较高的地区，地下水往往从地裂隙涌出地面；在地下埋藏有砂层或粉土层的地区，则夹带着砂土喷出地面，形成喷水冒砂现象。

(3) 滑坡塌方　陡峭的山区，在强烈地震的摇动下，常会发生山石滚落、陡崖崩塌或山坡滑移。云南东川，1932 年地震时山体崩塌阻塞了小江；1966 年地震时，一个山头就崩塌了近八十万立方米。1971 年云南通海地震，缓坡上的一座村庄整体向下滑移了一百余米。

(4) 地面下沉　1966 年邢台地震，极震区的地面普遍下沉了十几厘米。

(5) 建筑物破坏　地震时地震动强烈的地区，房屋开裂、破坏甚至倒塌，烟囱开裂、折断，水坝出现裂缝，桥梁落架，火车铁轨弯曲，公路路面开裂、下沉。

七、地震动特性

1. 强震记录

(1) 多维分量　地震时的地面运动存在着多维分量。就直角坐标系而言，不仅有水平运动还有竖向运动；水平运动中又包含着两个正交方向的平动分量及一个旋转分量。图 2-5 为罗马尼亚地震的强震加速度记录。

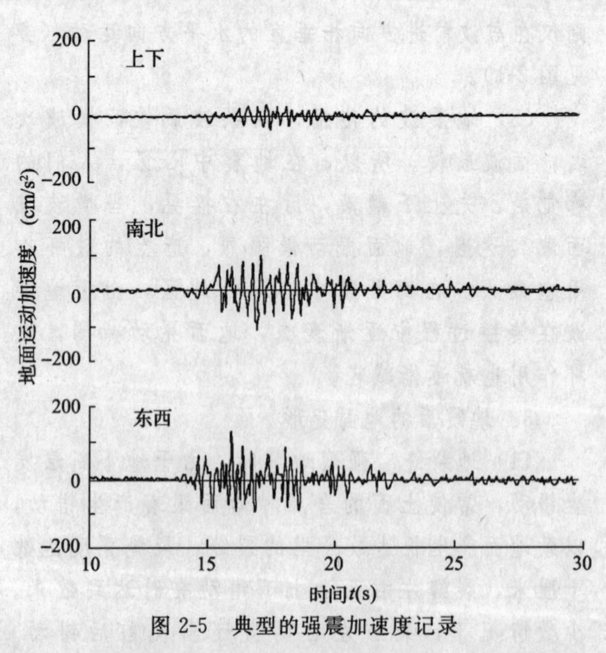

图 2-5　典型的强震加速度记录

(2) 位移、速度、加速度　要全面认识地震动的效应，需要了解地面运动的位移、速度、加速度以及地震波本身的特性。1947 年美国豪斯纳教授指出：对结构起到破坏作用的，在高频段是加速度，中频段是速度，低频段是位移。1940 年 5 月 18 日美国埃尔森屈诺 5.8 级强震记录，示于图 2-6，从中可以得到加速度、速度和位移的峰值。

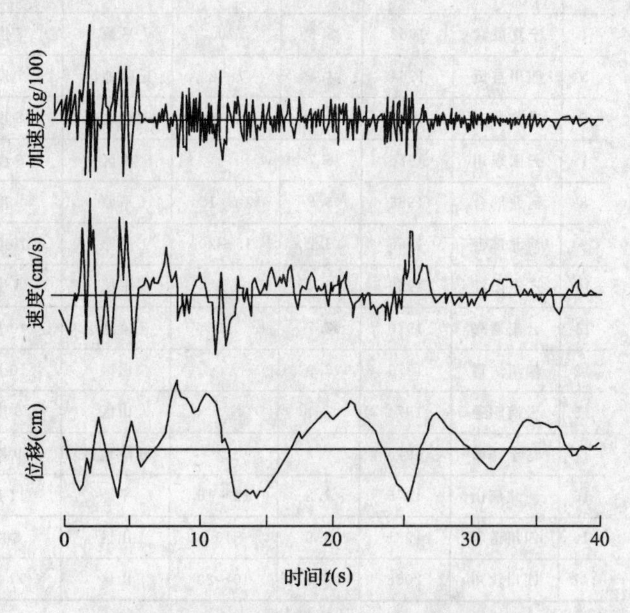

图 2-6　1940 年美国埃尔森屈诺强震记录

2. 强震三要素

地震对建筑物破坏作用的强弱，不仅取决于地震波的振幅（强度），还取决于地震波的频谱组成及其强震持续时间。因此，振幅、频谱、持时成为表征地震动的强震三要素。

(1) 振幅　地震动的振幅泛指加速度、速度或位移地震波的峰值。就加速度波而言，峰值愈大，建筑物所受到的地震作用愈大，破坏影响也就愈大。

(2) 频谱　地震动是振幅和频率都在复杂变化的随机振动。地震记录表明，每一次地震均具有不同的频谱组成。震级愈大，震中距愈远，场地土愈厚、愈松软，则地震波形中的长周期成分愈突出，高楼等长周期建筑物的破坏程度愈重。

(3) 持时　强震持续时间是导致建筑物累积破坏的重要参数。在强震作用下，结构变形越过了弹性阶段而使结构产生局部损坏，在下一个地震波的反复作用下，即使振动不加强，结构的损坏也将继续发展。强震持续时间愈长，强烈振动的反复次数愈多，结构累积破坏的后果愈严重。

表 2-8 给出若干次地震的震级、烈度、地震系数（峰值加速度比值）、强震持续时间等地震动参数。

若干次强烈地震的地震动参数　　表 2-8

项 次	年.月.日	地震名称	记录地点	震级(M)	震中距(km)	烈度	地震系数 a/g	持时(s)	备 注
1	1940.5.18	美英佩里亚尔流域	埃尔森屈诺	7.0	20	Ⅷ	0.32	30	
2	1949.4.13	美奥林匹亚	西雅图	7.1	40	Ⅷ	0.07	20～45	
3	1957.3.18	美韦内姆港	韦内姆港	4.7	7	Ⅵ	0.17	1～2	
4	1962.5.11	墨西哥	墨西哥市公园	7.0	260	Ⅵ～Ⅶ	0.049	60	
5	1962.5.19	墨西哥	墨西哥市公园	7.1	260	Ⅵ～Ⅶ	0.039	60	
6	1964.6.12	日本新潟	新潟	7.7	38	Ⅶ～Ⅷ	0.16	30	日本震度Ⅴ
7	1964.11.14	日本茨城府湾外	东海村	5.1		Ⅴ	0.22	1	日本震度Ⅲ
8	1965.12.9	墨西哥	阿卡普尔科	6.8	60	Ⅵ	0.27	8	
9	1966.4.5	日本松代	松代	5.1	4	Ⅵ	0.42	4	
10	1966.6.28	美帕克菲尔德	NO.2	5.6	0.08	Ⅶ	0.50	2～8	断层距
11	1966.8.4	日本松代	松代	4.7	2	Ⅴ	0.39	3	
12	1967.11.11	日本北海道东	钏路			Ⅵ	0.23	1	日本震度Ⅳ
13	1967.11.19	日本茨城府湾	东海村			Ⅴ	0.48	1	日本震度Ⅲ
14	1968.5.16	日本十胜冲	八户	7.9	179	Ⅶ～Ⅷ	0.23	20～30	日本震度Ⅴ
15	1968.5.16	日本十胜冲	室兰	7.9	310	Ⅵ	0.21	20～30	日本震度Ⅳ
16	1971.2.9	美圣费尔南多	帕克伊马	6.6	震中区	Ⅸ	1.25	7	
17	1972.9.4	美石谷	梅伦迪牧场	4.7	10	Ⅵ	0.69	2	无明显结构破坏；高频
18	1973.11.4	希腊洛伊卡斯	洛伊卡斯	6	25	Ⅶ	0.54	3	

八、历次地震的特有破坏现象

每一次地震，由于震源机制、频谱组成、传播介质的不同，地面运动具有各自的特点，再加上各个地区的不同地质和地形条件，不同的土壤卓越周期以及与房屋周期的比值，不同的地震或不同的烈度区内，各类建筑物的相对破坏程度是有差别的，而且有不符合一般规律之处。因此，仅根据某一次地震特有的建筑物破坏情况，直接地概括出地震规律可能是片面的。但是对异乎寻常的破坏现象作深一层的研究，很可能探索出新的因素、新的概念甚至新的规律。现将国内外历次地震中建筑物破坏的一些特有情况分述如下，供抗震设计时考虑。

（一）国内地震

1. 1955 年新疆乌恰地震的 7 度区内，山脚下一、二层的民用房屋和厂房都遭到不同程度的破坏，但山坡上的砖烟囱均无震害。而 6 度区内，个别高大空旷的砖房屋以及砖塔有轻微损坏，其他类型房屋则无明显震害。

2. 1962 年广东河源地震的 8 度区内，砖墙承重的多层房屋破坏重，而砖柱承重、轻质隔墙的多层砖木结构房屋破坏比较轻。此外，乱石墙多层房屋破坏严重，乱石墙成片倒塌；砖拱破坏率甚高。

3. 1964 年四川自贡地震的 7 度区内，新式多层砖墙承重房屋破坏重，旧式木构架民房、多层砖柱承重房屋破坏轻。

4. 1965 年新疆乌鲁木齐地震，某一 8 度区内，单层土木民房破坏很轻，而砖烟囱破坏严重，破坏率达 90%。7 度区内，多层砖房破坏重，单层厂房破坏轻；砖烟囱破坏重，砖支筒水塔破坏轻。

5. 1966 年邢台地震，6 度区内，多层砖房破坏轻，单层和多层厂房破坏重。

6. 1976 年唐山地震，天津地区的 8、9 度区内，单层厂房破坏重，旧式多层砖木结构民房破坏重；新式多层砖混结构房屋破坏轻。

（二）国外地震

1. 1885 年新西兰地震，惠灵顿城的砖房多数倒塌，冲积平原中部破坏较轻，靠近山边的地区破坏最重，反映了松软地层与岩层交界处地面运动的增强。

2. 1880 年日本横滨地震，表土比较坚实的高地上，差不多所有房屋的烟囱都被震坏，而土质松软的低地上，除山脚边的地区外，却几无损害。

3. 一般情况下房屋的震害程度随冲积土层厚度的增大而加重。但 1923 年关东大地震，东京的钢筋混凝土和钢结构房屋的破坏程度，却随冲积层厚度的增加而减轻。

4. 1946 年前苏联西天山地震，高层建筑和工厂烟囱破坏较重，而一、二层的低矮房屋却损坏轻微。反之，1952 年杜尚别地震，震源浅，震中区附近，低层建筑物的破坏程度较高层建筑为重。

5. 1952年美国克恩郡地震，当地一、二层的砖石房屋破坏较重；120公里以外的洛杉矶市，一般民房未坏，而采取了抗震措施的五、六层楼房却有几栋遭到非结构性的损坏。

6. 1954年美国荻克赛谷地震，远离震中约320公里的地方，蓄水池和水塔遭到了较严重的破坏。

7. 1957年墨西哥地震，远离震中220英里的墨西哥城，很厚的淤泥质土层上的高层建筑破坏较重。

8. 1967年前苏联塔什干地震，远离震中400英里的阿拉木图市，厚土层上的一些建筑物出乎意料地遭到破坏。

地震烈度表

一、修正麦卡利烈度表

1931年伍德和钮曼对麦卡利-肯肯尼烈度表(MCS)进行了修正，1956年里希特又进行了一次修订，形成"修正麦卡利烈度表"，简称MM烈度表（表2-9）。此表为美国、加拿大和拉丁美洲各国所采用。

修正麦卡利烈度表（MM烈度表）　表2-9

烈度	宏观震害描述
Ⅰ	无感
Ⅱ	安静的人或楼上的人有感觉
Ⅲ	吊物摆动或轻微振动
Ⅳ	振动如重型货车、门窗、碗碟响动，静止的汽车摇动
Ⅴ	户外有感，睡觉者振醒，小物体坠落，镜框移动
Ⅵ	人人有感，家具移位。损坏物包括：玻璃破碎，架上东西坠落，抹灰层裂
Ⅶ	行动和汽车中的人有感，站立者失稳，教堂鸣钟。损坏结构包括：烟囱与建筑装饰破裂，抹灰脱落，抹灰与石墙普遍开裂，土坯有倒塌
Ⅷ	行动汽车难驾驶，树枝断落，饱和土中裂缝。破坏结构包括：高架水塔、纪念塔、土坯房，结构包括砖结构、构架房（未锚固于基础的）、灌溉工程、堤坝
Ⅸ	饱和粉砂中出现"砂坑"、滑坡地裂。破坏的结构包括：无筋砖结构。严重至轻微损坏的结构包括：不良的钢筋混凝土结构、地下管道
Ⅹ	普遍滑坡与地基损坏，破坏结构包括：桥梁、隧道、一些钢筋混凝土结构。损坏结构包括：许多房屋、坝、铁轨
Ⅺ	永久地变形
Ⅻ	几乎全毁

二、中国地震烈度表

中国地震烈度表（1957）是以MM烈度表为蓝本、由谢毓寿教授领导编制的。70年代中期，在刘恢先教授主持下对该表进行了全面修订，在继承表中宏观震害描述的基础上，增加了房屋震害指数、地面运动加速度和速度等定量指标。1980年再次进行修订，新烈度表于1999年批准为国家标准，全名为《中国地震烈度表》GB/T 17742—1999，列于表2-10。

中国地震烈度表（1999）　表2-10

烈度	在地面上人的感觉	房屋震害程度		其他现象	物理参量	
		震害现象	平均震害指数		峰值加速度（m/s^2）	峰值速度（m/s）
Ⅰ	无感					
Ⅱ	室内个别静止中人有感觉					
Ⅲ	室内少数静止中人有感觉	门、窗轻微作响		悬挂物微动		
Ⅳ	室内多数人、室外少数人有感觉，少数人梦中惊醒	门、窗作响		悬挂物明显摆动，器皿作响		
Ⅴ	室内普遍、室外多数人有感觉。多数人梦中惊醒	门窗、屋顶、屋架颤动作响，灰土掉落，抹灰出现微细裂缝。有檐瓦掉落，个别屋顶烟囱掉砖		不稳定器物摇动或翻倒	0.31 (0.22～0.44)	0.03 (0.02～0.04)
Ⅵ	站立不稳，少数人惊逃户外	损坏——墙体出现裂缝，檐瓦掉落、少数屋顶烟囱裂缝、掉落	0～0.1	河岸和松软土出现裂缝，饱和砂层出现喷砂冒水；有的独立砖烟囱轻度裂缝	0.63 (0.45～0.89)	0.06 (0.05～0.09)

续表

烈度	在地面上人的感觉	房屋震害程度		其他现象	物理参量	
		震害现象	平均震害指数		峰值加速度(m/s²)	峰值速度(m/s)
Ⅶ	大多数人惊逃户外，骑自行车的人有感觉。行驶中的汽车驾乘人员有感觉	轻度破坏—局部破坏、开裂，小修或不需要修理可继续使用	0.11～0.30	河岸出现塌方；饱和砂层常见喷砂冒水，松软土地上地裂缝较多；大多数独立砖烟囱中等破坏	1.25 (0.90～1.77)	0.13 (0.10～0.18)
Ⅷ	多数人摇晃颠簸，行走困难	中等破坏—结构破坏，需要修复才能使用	0.31～0.50	干硬土上亦有裂缝；大多数独立砖烟囱严重破坏；树梢折断；房屋破坏导致人畜伤亡	2.50 (1.78～3.53)	0.25 (0.19～0.35)
Ⅸ	行动的人摔倒	严重破坏—结构严重破坏，局部倒塌，修复困难	0.51～0.70	干硬土上许多地方出现裂缝。基岩可能出现裂缝、错动；滑坡塌方常见；独立砖烟囱出现倒塌	5.00 (3.54～7.07)	0.50 (0.36～0.71)
Ⅹ	骑自行车的人会摔倒，处不稳状态的人会摔出。有抛起感	大多数倒塌	0.71～0.90	山崩和地震断裂出现，基岩上拱桥破坏；大多数独立砖烟囱从根部破坏或倒毁	10.00 (7.08～14.14)	1.00 (0.72～1.41)
Ⅺ		普遍倒塌	0.91～1.00	地震断裂延续很长；大量山崩滑坡		
Ⅻ				地面剧烈变化，山河改观		

注：1. 表中数量词：个别，为10%以下；少数，为10%～50%；多数，为50%～70%；大多数，为70%～90%；普遍，为90%以上；

2. 表中的震害指数是从各类房屋的震害调查和统计中得出的。反映破坏程度的数字指标：0，表示无震害；1，表示倒平。

三、几种地震烈度表的对照

世界主要国家都有自己的地震烈度表，前苏联地震烈度表也划分为12度，欧洲地震烈度表则划分为10度，日本气象厅地震烈度表则划分为8度，几种主要地震烈度表的对应关系列于表2-11。

几种地震烈度表的对应关系　　表 2-11

新的中国地震烈度表(1999)	美国修订的烈度表(MM)(1981)	前苏联地球物理研究所烈度表(1952)	MCK-1964烈度表	欧洲烈度表(MSC表)(1917)	欧洲 Rossi-Forel 烈度表(1873)	日本烈度表(JMA)(1952)
1	1	1	1	1	1	0
2	2	2	2	2	2	1
3	3	3	3	3	3	2
4	4	4	4	4	4	2～3
5	5	5	5	5	5～6	3
6	6	6	6	6	7	4
7	7	7	7	7	8	4～5
8	8	8	8	8	9	5
9	9	9	9	9	10	6
10	10	10	10	10	10	6
11	11	11	11	11	10	7
12	12	12	12	12	10	7

抗震设防烈度

一、术语

1. 地震基本烈度

(1) 地震基本烈度是指某一地区今后一定期限（取设计基准期为50年）内，在一般场地条件下可能普遍遭遇的超越概率为10%的地震烈度。它实质上是一个中长期地震预报问题。地震基本烈度所指的地区，是指一个县或更大范围的地区而言，因此，地震基本烈度也被称为“区域地震烈度”或“地区地震烈度”。

(2) 地震基本烈度的鉴定，是在取得足够的地震资料和地质资料的基础上，通过研究分析其活动性及地质背景之后确定的。

2. 抗震设防烈度

(1) 抗震设防烈度是指按国家规定的权限批准作为一个地区抗震设防依据的地震烈度。一般情况下，取50年内超越概率10%的地震烈度。

(2)《建筑抗震设计规范》GB 50011 第1.0.5条规定：一般情况下，抗震设防烈度可采用《中国地震动参数区划图》GB 18306 的地震基本烈度。对已编制抗震设防区划的城市，可按批准的抗震设防烈度或设计地震动参数进行抗震设防。

3. 抗震设防标准

衡量抗震设防要求高低的尺度，由抗震设防烈度或设计地震动参数及建筑抗震设防类别确定。

4. 设计基本地震加速度

(1) 设计基本地震加速度是指50年设计基准期超越概率10%的地震加速度的设计取值。

建设部于1992年颁布的《关于统一抗震设计规范地面运动加速度设计取值的通知》中规定：7度0.10g，8度0.20g，9度0.40g，10度0.80g。

(2) 国家标准《中国地震动参数区划图》GB 18306—2001 不再按地震烈度进行区划，而按地震动参数进行区划，提供了Ⅱ类场地上、50年超越概率为10%的地震动峰值加速度区划图。

(3) 抗震规范在实施上述标准时，根据该标准附录D的说明，根据地震基本烈度、设计基本地震加速度与《中国地震动峰值加速度区划图》的对应关系，于第3.2.2条给出抗震设防烈度与设计基本地震加速度取值的对应关系（表2-12）。

抗震设防烈度与设计基本地震加速度值的对应关系

表 2-12

抗震设防烈度	6度	7度		8度		9度
		一区	二区	一区	二区	
设计基本地震加速度值	0.05g	0.10g	0.15g	0.20g	0.30g	0.40g

5. 设计地震分组

(1) 国家标准《中国地震动参数区划图》GB 18306—2001 是以平坦稳定的一般（中硬土）场地上、50年超越概率10%的地震动峰值加速度和地震动反应谱特征周期为指标，将国土划分为不同抗震设防要求的区域。对于坚硬土、中软土、软弱土场地的特征周期分区，该标准的附录C给出地震动反应谱特征周期调整表。

(2) 抗震规范，根据建筑工程的实际情况，将地震动反应谱特征周期取名为“设计特征周期”，其取值根据“设计地震分组”（即特征周期分区）确定。

(3) 建筑工程的“设计地震”分为三组，以更好地体现地震震级和震中距对地震作用量值的影响。以Ⅱ类场地为例，第一、二、三组的设计特征周期，分别取0.35s、0.40s和0.45s。

二、城镇抗震设防烈度

抗震规范在附录A中规定了县级以上城镇的中心地区（如城关地区）的抗震设防烈度（地震基本烈度）、设计基本地震加速度及所属的设计地震分组（特征周期分区），现列于表2-13。

我国主要城镇

抗震设防烈度、设计基本地震加速度和设计地震分组

表 2-13

省区	抗震设防烈度	设计基本地震加速度	设计地震分组	城镇名称
首都和直辖市	8度	0.20g	第一组	北京（除昌平、门头沟外的11个市辖区），平谷，大兴，延庆，宁河，汉沽
	7度	0.15g	第一组	密云，怀柔，昌平，门头沟，天津（除汉沽、大港外的12个市辖区），蓟县，宝坻，静海
		0.10g	第一组	大港，上海（除金山外的15个市辖区），南汇，奉贤
	6度	0.05g	第一组	崇明，金山，重庆（14个市辖区），巫山，奉节，云阳，忠县，丰都，长寿，壁山，合川，铜梁，大足，荣昌，永川，江津，綦江，南川，黔江，石柱，巫溪*

续表

省区	抗震设防烈度	设计基本地震加速度	设计地震分组	城镇名称
河北省	8度	0.20g	第一组	廊坊（2个市辖区），唐山（5个市辖区），三河，大厂，香河，丰南，丰润，怀来，涿鹿
	7度	0.15g	第一组	邯郸（4个市辖区），邯郸县，文安，任丘，河间，大城，涿州，高碑店，涞水，固安，永清，玉田，迁安，卢龙，滦县，滦南，唐海，乐亭，宣化，蔚县，阳原，成安，磁县，临漳，大名，宁晋
		0.10g	第一组	石家庄（6个市辖区），保定（3个市辖区），张家口（4个市辖区），沧州（2个市辖区），衡水，邢台（2个市辖区），霸州，雄县，易县，沧县，张北，万全，怀安，兴隆，迁西，抚宁，昌黎，青县，献县，广宗，平乡，鸡泽，隆尧，新河，曲周，肥乡，馆陶，广平，高邑，内丘，邢台县，赵县，武安，涉县，赤城，涞源，定兴，容城，徐水，安新，高阳，博野，蠡县，肃宁，深泽，安平，饶阳，魏县，藁城，栾城，晋州，深州，武强，辛集，冀州，任县，柏乡，巨鹿，南和，沙河，临城，泊头，永年，崇礼，南宫*
		0.10g	第二组	秦皇岛（海港、北戴河），清苑，遵化，安国
	6度	0.05g	第一组	正定，围场，尚义，灵寿，无极，平山，鹿泉，井陉，元氏，南皮，吴桥，景县，东光
			第二组	承德（除鹰手营子外的2个市辖区），隆化，承德县，宽城，青龙，阜平，满城，顺平，唐县，望都，曲阳，定州，行唐，赞皇，黄骅，海兴，孟村，盐山，阜城，故城，清河，山海关，沽源，新乐，武邑，枣强，威县
			第三组	丰宁，滦平，鹰手营子，平泉，临西，邱县
山西省	8度	0.20g	第一组	太原（6个市辖区），临汾，忻州，祁县，平遥，古县，代县，原平，定襄，阳曲，太谷，介休，灵石，汾西，霍州，洪洞，襄汾，晋中，浮山，永济，清徐
	7度	0.15g	第一组	大同（4个市辖区），朔州（朔城区），大同县，怀仁，浑源，广灵，应县，山阴，灵丘，繁峙，五台，古交，交城，文水，汾阳，曲沃，孝义，侯马，新绛，稷山，绛县，河津，闻喜，翼城，万荣，临猗，夏县，运城，芮城，平陆，沁源*，宁武*
		0.10g	第一组	长治（2个市辖区），阳泉（3个市辖区），长治县，阳高，天镇，左云，右玉，神池，寿阳，昔阳，安泽，乡宁，垣曲，沁水，平定，和顺，黎城，潞城，壶关
			第二组	平顺，榆杜，武乡，娄烦，交口，隰县，蒲县，吉县，静乐，盂县，沁县，陵川，平鲁
	6度	0.05g	第二组	偏关，河曲，保德，兴县，临县，方山，柳林
			第三组	晋城，离石，左权，襄垣，屯留，长子，高平，阳城，泽州，五寨，岢岚，岚县，中阳，石楼，永和，大宁
内蒙古自治区	8度	0.30g	第一组	土默特右旗，达拉特旗*
		0.20g	第一组	包头（除白云矿区外的5个市辖区），呼和浩特（4个市辖区），土默特左旗，乌海（3个市辖区），杭锦后旗，磴口，宁城，托克托*
	7度	0.15g	第一组	喀喇沁旗，五原，乌拉特前旗，临河，固阳，武川，凉城，和林格尔，赤峰（红山*，元宝山区）
			第二组	阿拉善左旗
		0.10g	第一组	集水，清水河，开鲁，傲汉旗，乌特拉后旗，卓资，察右前旗，丰镇，扎兰屯，乌特拉中旗，赤峰（松山区），通辽*
			第三组	东胜，准格尔旗
	6度	0.05g	第一组	满洲里，新巴尔虎右旗，莫力达瓦旗，阿荣旗，扎赉特旗，翁牛特旗，兴和，商都，察右后旗，科左中旗，科左后旗，奈曼旗，库伦旗，乌审旗，苏尼特右旗
			第二组	达尔罕茂明安联合旗，阿拉善右旗，鄂托克旗，鄂托克前旗，白云
			第三组	伊金霍洛旗，杭锦旗，四王子旗，察右中旗

续表

省区	抗震设防烈度	设计基本地震加速度	设计地震分组	城镇名称
辽宁省	8度	0.20g	第一组	普兰店，东港
	7度	0.15g	第一组	营口（4个市辖区），丹东（3个市辖区），海城，大石桥，瓦房店，盖州，金州
		0.10g	第一组	沈阳（9个市辖区），鞍山（4个市辖区），大连（除金州外的5个市辖区），朝阳（2个市辖区），辽阳（5个市辖区），抚顺（除顺城外的3个市辖区），铁岭（2个市辖区），盘锦（2个市辖区），盘山，朝阳县，辽阳县，岫岩，铁岭县，凌源，北票，建平，开原，抚顺县，灯塔，台安，大洼，辽中
	6度	0.05g	第一组	本溪（4个市辖区），阜新（5个市辖区），锦州（3个市辖区），葫芦岛（3个市辖区），昌图，西丰，法库，彰武，铁法，阜新县，康平，新民，黑山，北宁，义县，喀喇沁，凌海，宽甸，凤城，庄河，长海，顺城
			第二组	兴城，绥中，建昌，南票
吉林省	8度	0.20g	第一组	前郭尔罗斯，松原
	7度	0.15g	第一组	大安*
		0.10g	第一组	长春（6个市辖区），吉林（除丰满外的3个市辖区），白城，乾安，舒兰，九台，永吉*
	6度	0.05g	第一组	四平（2个市辖区），辽源（2个市辖区），镇赉，洮南，延吉，汪清，图们，珲春，龙井，和龙，安图，蛟河，桦甸，梨树，磐石，东丰，辉南，梅河口，东辽，榆树，靖宇，抚松，长岭，通榆，德惠，农安，伊通，公主岭，扶余，丰满
黑龙江省	7度	0.10g	第一组	绥化，萝北，泰来
	6度	0.05g	第一组	哈尔滨（7个市辖区），齐齐哈尔（7个市辖区），大庆（5个市辖区），鹤岗（6个市辖区），牡丹江（4个市辖区），鸡西（6个市辖区），佳木斯（5个市辖区），七台河（3个市辖区），伊春（伊春区，乌马河区），鸡东，望奎，穆棱，绥芬河，东宁，宁安，五大连池，嘉荫，汤原，桦南，桦川，依兰，勃利，通河，方正，木兰，巴彦，延寿，尚志，宾县，安达，明水，绥棱，庆安，兰西，肇东，肇州，肇源，呼兰，阿城，双城，五常，讷河，北安，甘南，富裕，龙江，黑河，青冈*，海林*
江苏省	8度	0.30g	第一组	宿迁，宿豫*
		0.20g	第一组	新沂，邳州，睢宁
	7度	0.15g	第一组	扬州（3个市辖区），镇江（2个市辖区），东海，沭阳，泗洪，江都，大丰
		0.10g	第一组	南京（11个市辖区），淮安（除楚州外的3个市辖区），徐州（5个市辖区），铜山，沛县，常州（4个市辖区），泰州（2个市辖区），赣榆，泗阳，盱眙，射阳，江浦，武进，盐城，盐都，东台，海安，姜堰，如皋，如东，扬中，仪征，兴化，高邮，六合，句容，丹阳，金坛，丹徒，溧阳，溧水，昆山，太仓
			第三组	连云港（4个市辖区），灌云
	6度	0.05g	第一组	南通（2个市辖区），无锡（6个市辖区），苏州（6个市辖区），通州，宜兴，江阴，洪泽，金湖，建湖，常熟，吴江，靖江，泰兴，张家港，海门，启东，高淳，丰县
			第二组	响水，滨海，阜宁，宝应，金湖
			第三组	灌南，涟水，楚州
浙江省	7度	0.10g	第一组	岱山，嵊泗，舟山（2个市辖区）
	6度	0.05g	第一组	杭州（6个市辖区），宁波（5个市辖区），湖州，嘉兴（2个市辖区），温州（3个市辖区），绍兴，绍兴县，长兴，安吉，临安，奉化，鄞县，象山，德清，嘉善，平湖，海盐，桐乡，余杭，海宁，萧山，上虞，慈溪，余姚，瑞安，富阳，平阳，苍南，乐清，永嘉，泰顺，景宁，云和，庆元，洞头

续表

省区	抗震设防烈度	设计基本地震加速度	设计地震分组	城镇名称
安徽省	7度	0.15g	第一组	五河，泗县
		0.10g	第一组	合肥（4个市辖区），蚌埠（4个市辖区），阜阳（3个市辖区），淮南（5个市辖区），枞阳，怀远，长丰，六安（2个市辖区），灵璧，固镇，凤阳，明光，定远，肥东，肥西，舒城，庐江，桐城，霍山，涡阳，安庆（3个市辖区）*，铜陵县*
	6度	0.05g	第一组	铜陵（3个市辖区），芜湖（4个市辖区），巢湖，马鞍山（4个市辖区），滁州（2个市辖区），芜湖县，砀山，萧县，亳州，界首，太和，临泉，阜南，利辛，蒙城，凤台，寿县，颍上，霍邱，金寨，天长，来安，全椒，含山，和县，当涂，无为，繁昌，池州，岳西，潜山，太湖，怀宁，望江，东至，宿松，南陵，宣城，郎溪，广德，泾县，青阳，石台
			第二组	濉溪，淮北
			第三组	宿州
福建省	8度	0.20g	第一组	金门*
	7度	0.15g	第一组	厦门（7个市辖区），漳州（2个市辖区），晋江，石狮，龙海，长泰，漳浦，东山，诏安
			第二组	泉州（4个市辖区）
		0.10g	第一组	福州（除马尾外的4个市辖区），安溪，南靖，华安，平和，云霄
			第二组	莆田（2个市辖区），长乐，福清，莆田县，平谭，惠安，南安，马尾
	6度	0.05g	第一组	三明（2个市辖区），政和，屏南，霞浦，福鼎，福安，柘荣，寿宁，周宁，松溪，宁德，古田，罗源，沙县，尤溪，闽清，闽侯，南平，大田，漳平，龙岩，永定，泰宁，宁化，长汀，武平，建宁，将乐，明溪，清流，连城，上杭，永安，建瓯
			第二组	连江，永泰，德化，永春，仙游
江西省	7度	0.10g	第一组	寻乌，会昌
	6度	0.05g	第一组	南昌（5个市辖区），九江（2个市辖区），南昌县，进贤，余干，九江县，彭泽，湖口，星子，瑞昌，德安，都昌，武宁，修水，靖安，铜鼓，宜丰，宁都，石城，瑞金，安远，定南，龙南，全南，大余
山东省	8度	0.20g	第一组	郯城，临沭，莒南，莒县，沂水，安丘，阳谷
	7度	0.15g	第一组	临沂（3个市辖区），潍坊（4个市辖区），菏泽，东明，聊城，苍山，沂南，昌邑，昌乐，青州，临朐，诸城，五莲，长岛，蓬莱，龙口，莘县，鄄城，寿光*
		0.10g	第一组	烟台（4个市辖区），威海，枣庄（5个市辖区），淄博（除博山外的4个市辖区），平原，高唐，茌平，东阿，平阴，梁山，郓城，定陶，巨野，成武，曹县，广饶，博兴，高青，桓台，文登，沂源，蒙阴，费县，微山，禹城，冠县，莱芜（2个市辖区）*，单县*，夏津*
			第二组	东营（2个市辖区），招远，新泰，栖霞，莱州，日照，平度，高密，垦利，博山，滨州*，平邑*
	6度	0.05g	第一组	德州，宁阳，陵县，曲阜，邹城，鱼台，乳山，荣成兖州
			第二组	济南（5个市辖区），青岛（7个市辖区），泰安（2个市辖区），济宁（2个市辖区），武城，乐陵，庆云，无棣，阳信，宁津，沾化，利津，惠民，商河，临邑，济阳，齐河，邹平，章丘，泗水，莱阳，海阳，金乡，滕州，莱西，即墨
			第三组	胶南，胶州，东平，汶上，嘉祥，临清，长清，肥城

续表

省区	抗震设防烈度	设计基本地震加速度	设计地震分组	城镇名称
河南省	8度	0.20g	第一组	新乡（4个市辖区），新乡县，安阳（4个市辖区），安阳县，鹤壁（3个市辖区），原阳，延津，汤阴，淇县，卫辉，获嘉，范县，辉县
	7度	0.15g	第一组	郑州（6个市辖区），濮阳，濮阳县，长桓，封丘，修武，武陟，内黄，浚县，滑县，台前，南乐，清丰，灵宝，三门峡，陕县，林州*
		0.10g	第一组	洛阳（6个市辖区），焦作（4个市辖区），开封（5个市辖区），南阳（2个市辖区），开封县，许昌县，沁阳，博爱，孟州，孟津，巩义，偃师，济源，新密，新郑，民权，兰考，长葛，温县，荥阳，中牟，杞县*，许昌*
	6度	0.05g	第一组	商丘（2个市辖区），信阳（2个市辖区），漯河，平顶山（4个市辖区），登封，义马，虞城，夏邑，通许，尉氏，睢县，宁陵，柘城，新安，宜阳，嵩县，汝阳，伊川，禹州，郏县，宝丰，襄城，郾城，鄢陵，扶沟，太康，鹿邑，郸城，沈丘，项城，淮阳，周口，商水，上蔡，临颍，西华，西平，栾川，内乡，镇平，唐河，邓州，新野，社旗，平舆，新县，驻马店，泌阳，汝南，桐柏，淮滨，息县，正阳，遂平，光山，罗山，潢川，商城，固始，南台，舞阳*
			第二组	汝州，睢县，永城
			第三组	卢氏，洛宁，渑池
湖北省	7度	0.10g	第一组	竹溪，竹山，房县
	6度	0.05g	第一组	武汉（13个市辖区），荆州（2个市辖区），荆门，襄樊（2个市辖区），襄阳，十堰（2个市辖区），宜昌（4个市辖区），宜昌县，黄石（4个市辖区），恩施，咸宁，麻城，团风，罗田，英山，黄冈，鄂州，浠水，蕲春，黄梅，武穴，郧西，郧县，丹江口，谷城，老河口，宜城，南漳，保康，神农架，钟祥，沙洋，远安，兴山，巴东，秭归，当阳，建始，利川，公安，宣恩，咸丰，长阳，宜都，枝江，松滋，江陵，石首，监利，洪湖，孝感，应城，云梦，天门，仙桃，红安，安陆，潜江，嘉鱼，大冶，通山，赤壁，崇阳，通城，五峰*，京山*
湖南省	7度	0.15g	第一组	常德（2个市辖区）
		0.10g	第一组	岳阳（3个市辖区），岳阳县，汨罗，湘阴，临澧，澧县，津市，桃源，安乡，汉寿
	6度	0.05g	第一组	长沙（5个市辖区），长沙县，益阳（2个市辖区），张家界（2个市辖区），郴州（2个市辖区），邵阳（3个市辖区），邵阳县，泸溪，沅陵，娄底，宜章，资兴，平江，宁乡，新化，冷水江，涟源，双峰，新邵，邵东，隆回，石门，慈利，华容，南县，临湘，沅江，桃江，望城，溆浦，会同，靖州，韶山，江华，宁远，道县，临武，湘乡*，安化*，中方*，洪江*
广东省	8度	0.20g	第一组	汕头（5个市辖区），澄海，潮安，南澳，徐闻，潮州*
	7度	0.15g	第一组	揭阳，揭东，潮阳，饶平
		0.10g	第一组	广州（除花都外的9个市辖区），深圳（6个市辖区），湛江（4个市辖区），汕尾，海丰，普宁，惠来，阳江，阳东，阳西，茂名，化州，廉江，遂溪，吴川，丰顺，南海，顺德，中山，珠海，斗门，电白，雷州，佛山（2个市辖区）*，江门（2个市辖区）*，新会*，陆丰*
	6度	0.05g	第一组	韶关（3个市辖区），肇庆（2个市辖区），花都，河源，揭西，东源，梅州，东莞，清远，清新，南雄，仁化，始兴，乳源，曲江，英德，佛冈，龙门，龙川，平远，大埔，从化，梅县，兴宁，五华，紫金，陆河，增城，博罗，惠州，惠阳，惠东，三水，四会，云浮，云安，高要，高明，鹤山，封开，郁南，罗定，信宜，新兴，开平，恩平，台山，阳春，高州，翁源，连平，和平，蕉岭，新丰*

续表

省区	抗震设防烈度	设计基本地震加速度	设计地震分组	城镇名称
广西壮族自治区	7度	0.15g	第一组	灵山，田东
		0.10g	第一组	玉林，兴业，横县，北流，百色，田阳，平果，隆安，浦北，博白，乐业*
	6度	0.05g	第一组	南宁（6个市辖区），桂林（5个市辖区），柳州（5个市辖区），梧州（3个市辖区），钦州（2个市辖区），贵港（2个市辖区），防城港（2个市辖区），北海（2个市辖区），兴安，灵川，临桂，永福，鹿寨，天峨，东兰，巴马，都安，大化，马山，融安，象州，武宣，桂平，平南，上林，宾阳，武鸣，大新，扶绥，邕宁，东兴，合浦，钟山，贺州，藤县，苍梧，容县，岑溪，陆川，凤山，凌云，田林，隆林，西林，德保，靖西，那坡，天等，崇左，上思，龙州，宁明，融水，凭祥，全州
海南省	8度	0.30g	第一组	海口（3个市辖区），琼山
		0.20g	第一组	文昌，定安
	7度	0.15g	第一组	澄迈
		0.10g	第一组	临高，琼海，儋州，屯昌
	6度	0.05g	第一组	三亚，万宁，琼中，昌江，白沙，保亭，陵水，东方，乐东，通什
四川省	9度	0.40g	第一组	康定，西昌
	8度	0.30g	第一组	冕宁*
		0.20g	第一组	道孚，泸定，甘孜，炉霍，石棉，喜德，普格，宁南，德昌，理塘，茂县，汶川，宝兴
			第二组	松潘，平武，北川，都江堰
			第三组	九寨沟
	7度	0.15g	第一组	巴塘，德格，马边，雷波
			第二组	越西，雅江，九龙，木里，盐源，会东，新龙，天全，芦山，丹巴，安县，青川，江油，绵竹，什邡，彭州，理县，剑阁
			第三组	荥经，汉源，昭觉，布拖，甘洛
		0.10g	第一组	乐山（除金口河外的3个市辖区），自贡（4个市辖区），宜宾，宜宾县，峨边，沐川，屏山，得荣
			第二组	攀枝花（3个市辖区），峨嵋山，若尔盖，色达，壤塘，马尔康，石渠，白玉，盐边，米易，乡城，稻城，金口河，雅安，广元（3个市辖区），中江，德阳，罗江，绵阳（2个市辖区）
			第三组	名山，美姑，金阳，小金，会理，黑水，金川，洪雅，夹江，邛崃，蒲江，彭山，丹棱，眉山，青神，郫县，温江，大邑，崇州，成都（8个市辖区），双流，新津，金堂，广汉
	6度	0.05g	第一组	泸州（3个市辖区），内江（2个市辖区），宜汉，达州，达县，大竹，邻水，渠县，广安，华蓥，隆昌，富顺，泸县，南溪，江安，长宁，高县，珙县，兴文，叙永，古蔺，资阳，仁寿，资中，犍为，荣县，威远，通江，万源，巴中，阆中，仪陇，西充，南部，射洪，大英，乐至
			第二组	梓潼，阿坝，筠连，井研，南江，苍溪，旺苍，盐亭，三台，简阳
			第三组	红原
贵州省	7度	0.10g	第一组	望谟
			第二组	威宁
	6度	0.05g	第一组	贵阳（除白云外的5个市辖区），凯里，毕节，安顺，都匀，六盘水，黄平，福泉，贵定，麻江，清镇，龙里，平坝，纳雍，织金，水城，普定，六枝，镇宁，惠水，长顺，关岭，紫云，罗甸，兴仁，贞丰，安龙，册亨，金沙，印江，赤水，习水，思南*
			第二组	赫章，普安，晴隆，兴义
			第三组	盘县

续表

省区	抗震设防烈度	设计基本地震加速度	设计地震分组	城镇名称
云南省	9度	0.40g	第一组	寻甸，东川
			第二组	澜沧
	8度	0.30g	第一组	剑川，嵩明，宜良，丽江，鹤庆，永胜，潞西，龙陵，石屏，建水
			第二组	耿马，双江，沧源，勐海，西盟，孟连
		0.20g	第一组	石林，玉溪，大理，永善，巧家，江川，华宁，峨山，通海，洱源，宾川，弥渡，祥云，会泽，南涧
			第二组	昆明（除东川外的4个市辖区），思茅，保山，马龙，呈贡，澄江，晋宁，易门，漾濞，巍山，云县，腾冲，施甸，瑞丽，梁河，安宁，凤庆*，陇川*
			第三组	景洪，永德，镇康，临沧
	7度	0.15g	第一组	中甸，泸水，大关，新平*
			第二组	沾益，个旧，红河，元江，禄丰，双柏，开远，盈江，永平，昌宁，宁蒗，南华，楚雄，勐腊，华坪，景东*
			第三组	曲靖，弥勒，陆良，富民，禄劝，武定，兰坪，云龙，景谷，普洱
		0.10g	第一组	盐津，绥江，德钦，水富，贡山
			第二组	昭通，彝良，鲁甸，福贡，永仁，大姚，元谋，姚安，牟定，墨江，绿春，镇沅，江城，金平
			第三组	富源，师宗，泸西，蒙自，元阳，维西，宣威
	6度	0.05g	第一组	威信，镇雄，广南，富宁，西畴，麻栗坡，马关
			第二组	丘北，砚山，屏边，河口，文山
			第三组	罗平
西藏自治区	9度	0.40g	第二组	当雄，墨脱
	8度	0.30g	第一组	申扎
			第二组	米林，波密
		0.20g	第一组	普兰，聂拉木，萨嘎
			第二组	拉萨，堆龙德庆，尼木，仁布，尼玛，洛隆，隆子，错那，曲松
			第三组	那曲，林芝（八一镇），林周
	7度	0.15g	第一组	札达，吉隆，拉孜，谢通门，亚东，洛扎，昂仁
			第二组	日土，江孜，康马，白朗，扎囊，措美，桑日，加查，边坝，八宿，丁青，类乌齐，乃东，琼结，贡嘎，朗县，达孜，日喀则*，噶尔*
			第三组	南木林，班戈，浪卡子，墨竹工卡，曲水，安多，聂荣
		0.10g	第一组	改则，措勤，仲巴，定结，芒康
			第二组	昌都，定日，萨迦，岗巴，巴青，工布江达，索县，比如，嘉黎，察雅，左贡，察隅，江达，贡觉
	6度	0.05g	第一组	革吉
陕西省	8度	0.20g	第一组	西安（8个市辖区，长安区除外），渭南，华县，华阴，潼关，大荔
			第二组	陇县
	7度	0.15g	第一组	咸阳（2个市辖区及杨凌特区），宝鸡（3个市辖区），高陵，千阳，岐山，凤翔，扶风，武功，兴平，周至，眉县，三原，富平，澄城，蒲城，泾阳，礼泉，长安，户县，蓝田，韩城，合阳
			第二组	凤县，略阳
		0.10g	第一组	安康，平利，乾县，洛南
			第二组	白水，耀县，淳化，麟游，永寿，商州，铜川（2个市辖区）*，柞水*，勉县，宁强，南郑，汉中
			第三组	太白，留坝
	6度	0.05g	第一组	延安，清涧，神木，佳县，米脂，绥德，安塞，延川，延长，定边，吴旗，志丹，甘泉，富县，商南，旬阳，紫阳，镇巴，白河，岚皋，镇坪，子长*，子洲
			第二组	府谷，吴堡，洛川，黄陵，旬邑，洋县，西乡，石泉，汉阴，宁陕，城固
			第三组	宜川，黄龙，宜君，长武，彬县，佛坪，镇安，丹凤，山阳

续表

省区	抗震设防烈度	设计基本地震加速度	设计地震分组	城镇名称
甘肃省	9度	0.40g	第一组	古浪
	8度	0.30g	第一组	天水（2个市辖区），礼县
			第二组	平川区，西和
		0.20g	第一组	岩昌，肃北
			第二组	兰州（4个市辖区），成县，徽县，康县，武威，永登，天祝，景泰，靖远，陇西，武山，秦安，清水，甘谷，漳县，会宁，静宁，庄浪，张家川，通渭，华亭，陇南，文县
			第三组	两当，舟曲
	7度	0.15g	第一组	康乐，嘉峪关，玉门，酒泉，高台，临泽，肃南
			第二组	白银（白银区），永靖，岷县，东乡，和政，广河，临潭，卓尼，迭部，临洮，渭源，皋兰，崇信，榆中，定西，金昌，阿克塞，民乐，永昌，红古区
			第三组	平凉
		0.10g	第一组	张掖，合作，玛曲，金塔，积石山
			第二组	敦煌，安西，山丹，临夏，临夏县，夏河，碌曲，泾川，灵台
			第三组	民勤，镇原，环县
	6度	0.05g	第二组	华池，正宁，庆阳，合水，宁县
			第三组	西峰
青海省	8度	0.20g	第一组	玛沁
			第二组	玛多，达日
	7度	0.15g	第一组	祁连，玉树
			第二组	甘德，门源
		0.10g	第一组	乌兰，治多，称多，杂多，囊谦
			第二组	西宁（4个市辖区），同仁，共和，德令哈，海晏，湟源，湟中，平安，民和，化隆，贵德，尖扎，循化，格尔木，贵南，同德，河南，曲麻莱，久治，班玛，天峻，刚察
			第三组	大通，互助，乐都，都兰，兴海
	6度	0.05g	第二组	泽库
宁夏回族自治区	8度	0.30g	第一组	海原
		0.20g	第一组	银川（3个市辖区），石嘴山（3个市辖区），吴忠，惠农，平罗，贺兰，永宁，青铜峡，泾源，灵武，陶乐，固原，
			第二组	西吉，中卫，中宁，同心，隆德
	7度	0.15g	第三组	彭阳
	6度	0.05g	第三组	盐池
新疆维吾尔自治区	9度	0.40g	第二组	乌恰，塔什库尔干
	8度	0.30g	第二组	阿图什，喀什，疏附
		0.20g	第一组	乌鲁木齐（7个市辖区），乌鲁木齐县，温宿，阿克苏，柯坪，米泉，乌苏，特克斯，库车，巴里坤，青河，富蕴，乌什*
			第二组	尼勒克，新源，巩留，精河，奎屯，沙湾，玛纳斯，石河子，独山子
			第三组	疏勒，伽师，阿克陶，英吉沙
	7度	0.15g	第一组	库尔勒，新和，轮台，和静，焉耆，博湖，巴楚，昌吉，拜城，阜康*，木垒*
			第二组	伊宁，伊宁县，霍城，察布查尔，呼图壁
			第三组	岳普湖
		0.10g	第一组	吐鲁番，和田，和田县，昌吉，吉木萨尔，洛浦，奇台，伊吾，鄯善，托克逊，和硕，尉犁，墨玉，策勒，哈密
			第二组	克拉玛依（克拉玛依区），博乐，温泉，阿合奇，阿瓦提，沙雅
			第三组	莎车，泽普，叶城，麦盖提，皮山
	6度	0.05g	第一组	于田，哈巴河，塔城，额敏，福海，和布克赛尔，乌尔禾
			第二组	阿勒泰，托里，民丰，若羌，布尔津，吉木乃，裕民，白碱滩
			第三组	且末

续表

省区	抗震设防烈度	设计基本地震加速度	设计地震分组	城镇名称
台湾省	9度	0.40g	第一组	台中
			第二组	苗栗，云林，嘉义，花莲
	8度	0.30g	第二组	台北，桃园，台南，基隆，宜兰，台东，屏东
		0.20g	第二组	高雄，澎湖
港澳特区	7度	0.15g	第一组	香港
		0.10g	第一组	澳门

注：上角标*是指该城镇的中心位于本设防烈度区和较低设防烈度区的分界线。

建筑抗震设防分类

一、分类依据

1. 建筑抗震设防类别，是依据建筑在地震时和地震后的使用功能的重要程度来分类；并按不同的重要性提出不同的抗震安全要求，对建筑的地震作用和抗震措施，分别采取相应的抗震设计标准。

2. 建筑抗震设防类别的划分，应根据下列因素的综合分析确定：

(1) 建筑遭遇地震破坏后可能造成的人员伤亡、直接和间接经济损失及社会影响的大小。

(2) 城市的大小和地位、行业的特点、工矿企业的规模。

(3) 建筑使用功能失效后，对全局的影响范围大小、抗震救灾影响及恢复的难易程度。

(4) 建筑各区段的重要性有显著不同时，可按区段划分抗震设防类别。下部区段的类别不应低于上部区段。

(5) 不同行业的相同建筑，当所处地位及地震破坏所产生的后果和影响不同时，其抗震设防类别可不相同。

注：区段指由防震缝分开的结构单元、平面内使用功能不同的部分、或上下使用功能不同的部分。

二、建筑抗震设防类别

根据国家标准《建筑工程抗震设防分类标准》(GB 50223—2008) 的规定，建筑工程依其使用功能的重要性分为下列四种抗震设防类别：

(1) 特殊设防类——指使用上有特殊设施，涉及国家公共安全的重大建筑工程或地震时可能发生严重次生灾害等特别重大灾害后果，需要进行特殊设防的建筑。简称甲类。

(2) 重点设防类——指地震时使用功能不能中断或需尽快恢复的生命线相关建筑，以及地震时可能导致大量人员伤亡等重大灾害后果，需要提高设防标准的建筑。简称乙类。

(3) 标准设防类——指大量的除甲、乙、丁类建筑以外的按标准要求进行设防的建筑。简称丙类。

(4) 适度设防类——指使用上人员稀少且其震损不致产生次生灾害，允许在一定条件下适度降低要求的建筑。简称丁类。

三、抗震设防标准

各种抗震设防类别建筑的抗震设防标准，应符合下列要求：

1. 地震作用

(1) 甲类建筑，地震作用应按批准的地震安全性评价结果且高于本地区抗震设防烈度的要求确定。

(2) 乙类、丙类建筑，地震作用应按本地区抗震设防烈度的要求确定。

(3) 丁类建筑，一般情况下，地震作用仍应按本地区抗震设防烈度的要求确定。

(4) 抗震设防烈度为6度时，乙类、丙类、丁类建筑可不进行地震作用效应计算。

2. 抗震措施

各类抗震设防建筑的抗震措施，包括《抗震规范》第6～10章所列的一般规定（结构概念设计和构件地震内力调整等）和抗震构造措施，应符合表2-14的规定：

各类建筑抗震措施所应采取的设防烈度　　表 2-14

抗震设防类别 \ 地区抗震设防烈度	6度	7度	8度	9度
甲类建筑	7	8	9	比9度抗震设防更高的要求
乙类建筑	7	8	9	
丙类建筑	6	7	8	9
丁类建筑	6	6	7	8

注：1. 对于划为乙类的规模很小的工业建筑，当其结构改用抗震性能较好的材料且符合抗震设计规范对结构体系的要求时，允许仍按本地区抗震设防烈度的要求采取抗震措施；

2. 建筑场地为I_0类时，甲、乙类建筑仍按本地区抗震设防烈度的要求采取抗震构造措施，丙类建筑则按本地区抗震设防烈度（6度除外）降低一度的要求采取抗震构造措施；

3. 建筑场地为Ⅲ、Ⅳ类时，对设计基本地震加速度为0.15g（7度2区）和0.30g（8度2区）的地区，各类建筑宜分别按抗震设防烈度8度（0.20g）和9度（0.40g）的要求采取抗震构造措施。

四、部分行业的甲、乙类建筑

2008年颁布实施的《建筑工程抗震设防分类标准》(GB 50223—2008)，对一些行业的各类建筑，根据其使用功能的重要性，划分了抗震设防类别。现将其中划定为甲、乙类的建筑，列于表2-15，供工程设计时使用。

部分行业的建筑抗震设防类别的划分 **表 2-15**

项目	行业	抗震设防类别	建筑名称
1	医疗卫生	甲 类	(1) 三级医院中承担特别重要医疗任务的住院、医技、门诊用房； (2) 承担研究、中试和存放剧毒的高危险传染病病毒任务的疾病预防与控制中心的建筑或其区段。
		乙 类	(1) 三级医院（床位不少于500）的住院、医技、门诊用房； (2) 二级医院（床位不少于100）的住院、医技、门诊用房； (3) 具有外科手术室或急诊科的乡镇卫生院的医疗用房； (4) 县级及以上急救中心的指挥、通信、运输系统的重要建筑； (5) 县级及以上的独立采、供血机构的建筑； (6) 县、县级市及以上的疾病预防与控制中心的主要建筑，除上面甲类第（2）款规定者外。 工矿企业的医疗建筑，可比照城市的医疗建筑示例确定其抗震设防类别。
2	防灾救灾建筑	乙 类	(1) 消防车库及其值班用房； (2) 20万人口以上的城镇和县及县级市防灾应急指挥中心的主要建筑； (3) 作为应急避难场所的建筑。 工矿企业的防灾应急指挥系统建筑，可比照城市防灾应急指挥系统建筑示例确定其抗震设防类别。
3	城镇给水、排水、燃气、热力建筑	乙 类	(1) 给水建筑工程中，20万人口以上城镇和抗震设防烈度为7、8、9度的县及县级市的主要取水设施和输水管线、水质净化处理厂的主要水处理建（构）筑物、配水井、送水泵房、中控室、化验室等； (2) 排水建筑工程中，20万人口以上城镇和抗震设防烈度为7、8、9度的县及县级市的污水干管（含合流），主要污水处理厂的主要水处理建（构）筑物、进水泵房、中控室、化验室，以及城市排涝泵站、城镇主干道立交处的雨水泵房等； (3) 燃气建筑中，20万人口以上城镇、县及县级市的主要燃气厂的主厂房、贮气罐、加压泵房和压缩间、调度楼及相应的超高压和高压调压间、高压和次高压输配气管道等主要设施； (4) 热力建筑中，50万人口以上城镇的主要热力厂主厂房、调度楼、中继泵站及相应的主要设施用房。 上述各类建筑的配套供电建筑，应与主要建筑的抗震设防类别相同。 工矿企业的给水、排水、燃气、热力建筑工程，可分别比照城镇的给水、排水、燃气、热力建筑工程确定其抗震设防类别。
4	电力生产建筑、城镇供电设施	甲 类	国家和区域的电力调度中心。
		乙 类	(1) 省、自治区、直辖市的电力调度中心； (2) 火力发电厂（含核电厂的常规岛）、变电所的生产建筑： 1) 单机容量为300MW及以上或规划容量为800MW及以上的火力发电厂和地震时必须维持正常供电的重要电力设施的主厂房、电气综合楼、网控楼、调度通信楼、配电装置楼、烟囱、烟道、碎煤机室、输煤转运站和输煤栈桥、燃油和燃气机组电厂的燃料供应设施； 2) 330kV及以上的变电所和220kV及以下枢纽变电所的主控通信楼、配电装置楼、就地继电器室；330kV及以上的换流站工程中的主控通信楼、阀厅和就地继电器室； 3) 供应20万人口以上规模的城镇集中供热的热电站的主要发配电控制室及其供电、供热设施； 4) 不应中断通信设施的通信调度建筑。
5	交通运输建筑	乙 类	(1) 铁路建筑中，高速铁路、客运专线（含城际铁路）、客货共线Ⅰ、Ⅱ级干线和货运专线的铁路枢纽的行车调度、运转、通信、信号、供电、供水建筑，以及特大型站和最高聚集人数很多的大型站的客运候车楼； (2) 公路建筑中，高速公路、一级公路、一级汽车客运站和位于抗震设防烈度为7、8、9度地区的公路监控室，以及一级长途汽车站客运候车楼； (3) 水运建筑中，50万人口以上城市和位于抗震设防烈度为7、8、9度地区的水运通信和导航等重要设施的建筑、国家重要客运站、海难救助打捞等部门的重要建筑； (4) 空运建筑中，国际或国内主要干线机场中的航空站楼、大型机库，以及通信、供电、供热、供水、供气、供油的建筑。 航管楼的抗震设防标准应高于乙类（重点设防类）。

续表

项目	行业	抗震设防类别	建 筑 名 称
6	城镇交通设施	甲 类	在交通网络中占关键地位、承担交通量大的大跨度桥梁。
		乙 类	(1) 除上一款所述大跨度桥梁的、处于交通枢纽的其余桥梁； (2) 城市轨道交通的地下隧道、枢纽建筑及其供电、通风设施。
7	邮电通信广播电视建筑	甲 类	(1) 国际海缆登陆站、国家卫星通信地球站，国家级卫星地球站上行站，国际无线电台，国际出入口局。 其配套的供电、供水建筑，应与主体建筑的抗震设防类别相同；当甲类建筑的供电、供水建筑为单独建筑时，可划为乙类建筑； (2) 国家级、省级的电视调频广播发射塔建筑，当混凝土结构塔的高度大于250m或钢结构塔的高度大于300m时。
		乙 类	(1) 上面甲类第（2）款以外的国家级、省级的其余发射塔建筑； (2) 省中心和省中心以上的通信枢纽楼、邮政枢纽、长途传输一级干线枢纽站、国内卫星通信地球站、本地网通枢纽楼及通信生产楼、应急通信用房； (3) 国家级、省级广播中心、电视中心和电视调频广播发射台的主体建筑，发射总功率不小于200kW的中波和短波广播发射台、广播电视卫星地球站、国家级和省级广播电视监测台与节目传送台的机房建筑和天线支承物。
8	科学实验建筑	甲 类	研究、中试生产和存放具有高放射性物品以及剧毒的生物制品、化学制品、天然和人工细菌、病毒（如鼠疫、霍乱、伤寒和新发高危险传染病等）的建筑。
9	公共建筑居住建筑	乙 类	(1) 体育建筑中，规模分级为特大型的体育场、大型（观众座位不少于30000）、观众席容量很多的中型体育场和体育馆（含游泳馆）。 (2) 文化娱乐建筑中，大型的电影院、剧场、礼堂（座位不少于1200）、图书馆的视听室和报告厅、文化馆的观演厅和展览厅、娱乐中心建筑（各层总座位不少于1200且至少有一个大厅的座位不少于500）。 (3) 商业建筑中，人流密集的大型的多层商场（营业面积不少于10000m²）。 当商业建筑与其他建筑合建时应分别判断，并按区段确定其抗震设防类别。 (4) 博物馆和档案馆中，大型博物馆，存放国家一级文物的博物馆，特级、甲级档案馆。 (5) 会展建筑中，大型展缆馆、会展中心（容纳人数在5000人以上）。 (6) 教育建筑中，幼儿园、小学、中学的教学用房以及学生宿舍和食堂。 (7) 高层建筑中，当结构单元内经常使用人数超过8000人时。 (8) 电子信息中心的建筑中，省、部级编制和贮存重要信息的建筑。 国家级信息中心建筑的抗震设防标准应高于乙类（重点设防类）。
10	采煤、采油矿山生产建筑	乙 类	(1) 采煤生产建筑中，矿井的提升、通风、供电、供水、通信和瓦斯排放系统。 (2) 采油和天然气生产建筑中的下列建筑： 1) 大型油、气田的联合站、压缩机房、加压气站泵房、阀组间、加热炉建筑； 2) 大型计算机房和信息贮存库； 3) 油品储运系统液化气站，轻油泵房及氮气站、长输管道首末站、中间加压泵站； 4) 油、气田主要供电、供水建筑。 (3) 采矿生产建筑中的下列建筑： 1) 大型冶金矿山的风机室、排水泵房、变电室、配电室等； 2) 大型非金属矿山的提升、供水、排水、供电、通风等系统的建筑。
11	原材料生产建筑	乙 类	(1) 冶金工业、建材工业企业的生产建筑中的下列建筑： 1) 大中型冶金企业的动力系统建筑，油库及油泵房，全厂性生产管制中心、通信中心的主要建筑； 2) 大型和不容许中断生产的中型建材工业企业的动力系统建筑。 (2) 化工和石油化工生产建筑中的下列建筑： 1) 特大型、大型和中型企业的主要生产建筑以及对正常运行起关键作用的建筑； 2) 特大型、大型和中型企业的供热、供电、供气和供水建筑； 3) 特大型、大型和中型企业的通讯、生产指挥中心建筑。 (3) 轻工原材料生产建筑中，大型浆板厂和洗涤剂原料厂等大型原材料生产企业中的主要装置及其控制系统和动力系统建筑。 (4) 冶金、化工、石油化工、建材、轻工业原料生产建筑中，使用或生产过程中具有剧毒、易燃、易爆物质的厂房，当具有泄毒、爆炸或火灾危险性时。

续表

项目	行业	抗震设防类别	建筑名称
12	航空工业生产建筑	乙类	(1) 部级及部级以上的计量基准所在的建筑，记录和储存航空主要产品（如飞机、发动机等）或关键产品的信息储存（如光盘、磁盘、磁带等）所在的建筑； (2) 对航空工业发展有重要影响的整机或系统性能试验设施、关键设备所在建筑（如大型风洞及其测试间，发动机高空试车台及其动力装置及测试间，全机电磁兼容试验建筑）； (3) 存放国内少有或仅有的重要精密设备的建筑； (4) 大中型企业主要的动力系统建筑。
13	航天工业生产建筑	乙类	(1) 重要的航天工业科研楼、生产厂房和试验设施、动力系统的建筑； (2) 重要的演示、通信、计量、培训中心的建筑。
14	电子信息工业生产建筑	乙类	(1) 重要的科研中心、测试中心、试验中心的主要建筑； (2) 大型彩管、玻壳生产厂房及其动力系统； (3) 大型的集成电路、平板显示器和其他电子类生产厂房。
15	加工制造业生产建筑	乙类	(1) 纺织工业的化纤生产建筑中，具有化工性质的生产建筑，其抗震设防类别宜按本表第11项第(2)条中化工生产建筑确定； (2) 大型医药生产建筑中，具有生物制品性质的厂房及其控制系统，其抗震设防类别宜按本表第8项科学试验建筑确定； (3) 加工制造工业建筑中，生产或使用具有剧毒、易燃、易爆物质且具有火灾危险性的厂房及其控制系统的建筑； (4) 大型的机械、船舶、纺织、轻工、医药等工业企业的动力系统建筑。
16	仓库类建筑	乙类	(1) 储存易燃、易爆物质等具有火灾危险性的危险品仓库； (2) 储存高、中放射性物质或剧毒物品的仓库的抗震设防标准不应低于乙类（重点设防类）。
		丁类	一般的储存物品的价值低、人员活动少、无次生灾害的单层仓库等

3 建筑震害

多层砖房震害概况

一、震害程度

1. 总情况

未经抗震设防的多层砖房，6度区内，除女儿墙、出屋面小烟囱多数遭到严重破坏外，仅极少数房屋的主体出现轻微损伤；7度区内，少数房屋轻微损伤，并有少量房屋达到中等损坏；8度区内，多数房屋出现震害，其中半数达到中等程度以上的破坏，并有局部倒塌情况发生；9度区内，房屋普遍遭到破坏，多数达到严重程度，局部倒塌的情况也比较多，个别房屋整幢坍塌；10度以上地震区内，砖房普遍倒塌。

表3-1为我国20世纪60年代以来主要破坏性地震中，多层砖房的震害程度和震害指数统计表。表3-2为乌鲁木齐市多层砖房不同震害程度和震害指数的统计数字。

震害程度和震害指数统计表　表3-1

震害程度和震害指数＼调查情况＼地震烈度	6度		7度		8度		9度		10度以上	
	栋数	百分比	栋数	百分比	栋数	百分比	栋数	百分比	栋数	百分比
微裂（0.2）	230	45.9%	250	40.8%	141	37.2%	9	5.8%	4	0.8%
轻伤（0.4）	212	42.3%	231	37.7%	74	19.5%	14	9.1%	30	2.5%
损坏（0.6）	56	11.2%	75	12.2%	94	24.8%	38	24.7%	66	5.6%
破坏（0.8）	3	0.6%	54	8.8%	69	18.2%	83	53.9%	154	13%
倒塌（1.0）	—	—	3	0.5%	1	0.3%	10	6.5%	933	78.6%
总　计	501	100%	613	100%	379	100%	154	100%	1187	100%

注：1. 表中7度二栋，8度一栋倒塌系阳江地震由于木屋架支座腐朽严重而造成；
2. 8度以下震害程度统计，偏重于遭受震害的房屋。

乌鲁木齐市（7度）震害程度统计表　表3-2

调查情况＼震害程度和震害指数		微裂和轻伤（0.2～0.4）		损坏（0.6）		破坏（0.8）	
建筑面积（万 m^2）	百分比	建筑面积（万 m^2）	百分比	建筑面积（万 m^2）	百分比	建筑面积（万 m^2）	百分比
147.2	100%	124	84.2%	19.4	13.2%	3.8	2.6%

2. 分类统计数字

多层砖房随使用性质、砖墙间距、承重方式、楼盖类型的不同，震害程度存在着差异。

（1）表3-3为1975年海城地震中横墙承重、纵墙承重、纵横墙承重多层砖房震害程度的分类统计数字。从中可以看出，横墙承重房屋的破坏率最低，破坏程度最轻；其次是纵、横墙承重房屋；纵墙承重房屋破坏率最高，破坏程度最重。说明横墙承重方式优于纵墙承重方式。所以，《抗震规范》第7.1.7条规定：多层砌体房屋应优先采用横墙承重或纵、横墙共同承重的结构体系。

（2）表3-4为1976年唐山地震时天津市8度区内不同使用性质多层砖房的震害统计数字。从中可以看出，横墙间距较大的医院和中小学教学楼，破坏率要比横墙较密的住宅高得多。

（3）表3-5～表3-8为多层砖房按楼盖类型分类的震害统计数字。从中可以看出，唐山市10度区内的多层砖房，采用木屋盖、木楼盖的倒塌率（表3-7）高于采用钢筋混凝土楼（屋）盖的房屋；但是，现浇钢筋混凝土楼盖房屋的倒塌率与预制钢筋混凝土楼盖房屋的倒塌率（表3-8）没有明显的差别。从乌鲁木齐市7度区内多层砖房震害程度的分类统计数字中（表3-5、表3-6）还可看出，采用砖拱楼盖房屋的震害程度与采用钢筋混凝土楼盖房屋的震害程度基本相同。

（4）从表3-9中可以看出，设置钢筋混凝土构造柱的多层砖房，即使位于10度区内，也没有一栋发生整体倒塌。

海城地震不同承重方式砖房震害程度统计表 表 3-3

砖墙承重方式	地震烈度	震害程度和震害指数											
		微裂（0.2）		轻伤（0.4）		损坏（0.6）		破坏（0.8）		倒塌（1.0）		总　计	
		栋数	百分比	栋数	百分比	栋数	百分比	栋数	百分比	栋数	百分比	栋数	百分比
横墙承重	6度	7	100%	—	—	—	—	—	—	—	—	7	100%
	7度	6	60%	1	10%	3	30%	—	—	—	—	10	100%
	8度	8	40%	4	20%	4	20%	4	20%	—	—	20	100%
	9度	3	15%	9	45%	7	35%	1	5%	—	—	20	100%
纵横墙承重	6度	—	—	—	—	—	—	—	—	—	—	—	—
	7度	4	67%	2	33%	—	—	—	—	—	—	6	100%
	8度	4	28%	5	36%	5	36%	—	—	—	—	14	100%
	9度	—	—	1	5%	5	25%	13	65%	1	5%	20	100%
纵墙承重	6度	—	—	6	86%	1	14%	—	—	—	—	7	100%
	7度	11	25%	2	5%	3	7%	27	61%	1	2%	44	100%
	8度	5	17%	4	14%	9	31%	11	33%	—	—	29	100%
	9度	2	4%	4	9%	9	19%	27	57%	5	11%	47	100%

天津市住宅、医院、中小学教学楼震害程度统计表 表 3-4

建筑类型 / 调查情况 / 震害程度和震害指数	住　宅		医　院		中小学教学楼	
	栋　数	百分比	栋　数	百分比	栋　数	百分比
微裂（0.2）	29	70%	19	46%	62	40%
轻伤（0.4）	8	20%	4	10%	34	22%
损坏（0.6）	4	10%	11	27%	29	19%
破坏（0.8）	0	—	7	17%	30	19%
倒塌（1.0）	0	—	—	—	—	—
总　计	41	100%	41	100%	155	100%

注：住宅是在震害比较严重地区的典型调查。

乌鲁木齐市不同楼盖类型砖房震害程度统计 表 3-5

楼盖类型 / 调查情况 / 震害程度和震害指数	木楼盖		混凝土楼盖		砖拱楼盖	
	建筑面积（万 m^2）	百分比	建筑面积（万 m^2）	百分比	建筑面积（万 m^2）	百分比
微裂和轻伤（0.2～0.4）	47.6	86.7%	56.2	83.4%	18	84.5%
损坏（0.6）	5.6	10.2%	9.6	14.2%	2.8	13.1%
破坏（0.8）	1.7	3.1%	1.6	2.4%	0.5	2.4%
总　计	54.9	100%	67.4	100%	21.3	100%

乌鲁木齐市砖拱、砖混结构部分抽查震害程度统计 表 3-6

楼盖类型 / 调查情况 / 震害程度和震害指数	砖拱楼盖		混凝土楼盖	
	栋　数	百分比	栋　数	百分比
微裂和轻伤（0.2～0.4）	131	91%	86	90%
损坏（0.6）	10	7%	8	8%
破坏（0.8）	3	2%	2	2%
总　计	144	100%	96	100%

唐山市砖混、砖木结构震害程度统计 表 3-7

震害程度和震害指数 \ 楼盖类型 调查情况	木楼盖		混凝土楼盖	
	栋数	百分比	栋数	百分比
微裂 (0.2)	—	—	4	0.4%
轻伤 (0.4)	—	—	27	3%
损坏 (0.6)	2	1.4%	61	6.7%
破坏 (0.8)	2	1.4%	145	15.8%
倒塌 (1.0)	143	97.2%	679	74.1%
总计	147	100%	916	100%

唐山市钢筋混凝土现浇板与预制板楼（屋）盖砖房倒塌率的比较 表 3-8

楼（屋）盖类型	统计栋数	倒塌率
现浇板	158	73%
预制板	590	77%

唐山地震设置钢筋混凝土构造柱房屋的震害概况 表 3-9

工程名称	房屋层数	构造柱设置部位	震害概况
唐山市第一招待所外宾楼	5	楼梯间墙及尽端外墙转角处	有构造柱部分的墙体破坏轻，无构造柱部分的墙体倒塌或严重破坏
唐山市新华路六单位办公楼	5	中间门厅、楼梯间处，一至三层设构造柱	一至三层有构造柱的墙体裂而未倒，四、五层无构造柱的墙体倒塌
唐山市新华路二轻局办公楼	5	中部门厅设构造柱，东侧墙一至四层每层有圈梁，柱与墙有锚固钢筋	东侧一至四层墙体裂而未倒，无内柱的顶层倒塌，外柱折断
唐山 422 水泥厂办公楼	3	每开间（4.5m）的内外墙及内墙交接处均设置构造柱	内外墙体破坏严重，三层西山墙构造柱与砖墙间未设拉结钢筋，局部倒塌。设置构造柱的墙垛，砖块碎落

二、震害规律

房屋的破坏程度和破坏部位，因房屋的体形、平面布置、楼盖类型而不同，概括起来，大致存在如下的规律。

1. 不同结构房屋

(1) 木楼盖房屋，特别是采用苏式人字屋架的，上层破坏重，下层破坏轻；

(2) 混凝土楼盖房屋，下层破坏重，上层破坏轻；

(3) 筒形砖拱楼盖房屋，上层破坏重，下层破坏轻；走廊拱体破坏重，房间拱体破坏很轻；

(4) 复杂体形房屋比简单体形房屋破坏重，圈梁少的房屋比圈梁多的房屋破坏重，软弱地基和非匀质地基上的房屋比均匀坚实地基上的房屋破坏重，施工质量差的房屋比施工质量好的房屋破坏重。

2. 同一栋房屋中

(1) 塔楼、出屋面的屋顶间、小烟囱、女儿墙等，比房屋主体破坏重；

(2) 房屋四角及突出部分阳角处的墙体破坏重，该处为楼梯间时，破坏更重；

(3) 无圈梁和少圈梁的预制混凝土楼盖房屋，偏廊部位破坏重，端开间破坏重，端头为大房间时破坏更重；

(4) 顶层为大会议室时，顶层破坏重；

(5) 外走廊的横向砖砌拱圈破坏重；

(6) 同一片砖墙上，宽墙肢的剪切破坏（交叉斜裂缝）比窄墙肢重。

三、主要震害形态

各地震区内，未经抗震设防，或虽作抗震设防但抗震设计不符合标准的多层砖房，不同房屋中，各类构件曾经出现过的破坏现象，综合简述如下：

1. 不同烈度区

历次地震的不同烈度区内，多层砖房各类构件所出现的破坏现象，由于震害程度不同而存在着差异。将同一烈度区内所有砖房所发生过的震害综合在一起，计有如下的破坏现象。

(1) 6 度区

1）局部高出屋面的塔楼、楼梯间、水箱间的墙面上，出现交叉裂缝；

2）屋面小烟囱、女儿墙的根部出现水平裂缝、错动，少数整个倒塌；

3）采用瓦木屋盖的房屋，山墙有外倾现象；

4）房屋主体部分的墙面上有细微斜裂缝。

（2）7度区

1）砖墙

① 房屋主体及出屋面的屋顶间的纵墙和横墙上出现斜裂缝，最大缝宽达20mm；

② 房屋四角及凸出部分的阳角墙面上，出现纵、横两个方向的斜裂缝和出平面的错动；

③ 除现浇钢筋混凝土楼盖以外的其他各类楼盖（木、筒形砖拱、预制混凝土板）房屋，外墙向外倾斜，内外墙交接面出现上宽下窄的竖向裂缝；

④ 顶层大会议室的外纵墙，在窗间墙的上、下端出现水平通缝；

⑤ 采用瓦木屋盖的房屋，山墙向外倾斜；当为苏式人字屋架时，外纵墙顶部出现水平裂缝和外倾。

2）楼盖

① 砖壳等刚性屋盖在砖墙上发生整体水平错动达数厘米；

② 房屋端头大房间，预制板的纵向或横向接缝裂开，缝宽有达10mm；

③ 内走廊筒形砖拱在拱顶处产生通长纵向裂缝；

④ 偏走廊短向搁置的预制板由内纵墙拔出约3mm；

⑤ 砖柱外廊的横梁由横墙内拔出约10mm；

⑥ 预制大梁端头在外墙上产生水平错动；

⑦ 檩条由山墙内拔出约数厘米。

3）小构件

① 屋面小烟囱、女儿墙大量倒塌；

② 无筋砖过梁（平拱、弧拱）开裂、下坠；

③ 搁置长度为180mm的预制混凝土过梁，其端头墙面上出现竖向斜裂缝；

④ 板条抹灰平顶开裂、剥落；

⑤ 后砌隔墙的顶端和两端头侧边出现裂缝。

（3）8度区

1）砖墙

①～⑤ 同7度区，但破坏程度更重，并出现以下情况：

⑥ 外墙阳角局部崩塌；

⑦ 旧式木楼盖房屋的外纵墙成片倒塌，个别横墙承重的混凝土预制板楼盖房屋，也有同样震害发生；

⑧ 地震地面裂缝通过处，砖墙出现竖向裂缝。

2）楼盖的破坏状态，同7度区，但稍重。此外，还发生整个瓦木屋盖连同山墙向一个方向倾斜，屋架脊点处的水平位移达300mm，预制混凝土楼梯踏步板在接头处裂开。

3）小构件的破坏状态，同7度区，但破坏程度更重。

（4）9度区

砖墙、楼盖和小构件的破坏状态，同8度区，但情况更严重，并发生如下的局部倒塌和严重破坏：

① 横墙严重破坏，层间侧移有的达500mm；

② 现浇钢筋混凝土楼梯踏步板与平台梁相接处被拉断；

③ 采用瓦木屋盖或混凝土预制板屋盖的房屋，山墙或顶层端横墙倒塌，端开间的屋盖随之下落；

④ 煤渣砖等砌筑的后砌隔墙倒塌。

2. 按震害原因划分

多层砖房地震时所发生的各种破坏，虽然都是由于各该部位的强度不足造成的，但细分起来，还是可以划分为三大类：① 一些破坏，是由于构件自身的抗震强度不足造成的，可以通过抗震设计时的抗震强度验算加以防止；② 另一些破坏，是构件间的连接薄弱所致，需要通过相应的抗震措施以加强房屋的整体性来防止；③ 还有一些破坏，是建筑布置和构件选型不当所引起，可以通过合理设计来预防。下面就把各烈度区内多层砖房曾发生过的各种主要破坏现象，按其直接原因加以分类。

（1）构件承载力不足

1）纵向和横向砖墙上的斜裂缝；

2）房屋四角墙面上的双向斜裂缝；

3）顶层大会议室外纵墙的窗间墙上、下端因出平面弯曲引起的水平裂缝；

4）女儿墙、小烟囱根部的水平裂缝和错位。

（2）构件连接薄弱

1）山墙、外纵墙向外倾斜，内、外墙交接面产生竖向裂缝，檩条、预制楼板自砖墙内拔出；

2）房屋端头大房间内，大梁上的混凝土预制板缝被拉开；

3）偏走廊的短向预制板由内纵墙或外纵墙内拔出稍许；

4）外走廊横梁由横墙内拔出或出现松动；

5）预制混凝土大梁在外墙上发生水平错动；

6）后砌砌块隔墙的周边出现裂缝，严重的，墙顶发生局部倒塌；

7）预制的混凝土楼梯踏步板，在接头处被拉开。

(3) 建筑布置和结构选型不当

1）出屋面的塔楼、屋顶间、小烟囱、女儿墙破坏严重；

2）房屋四角处或平面凸出部位的楼梯间，破坏严重；

3）走廊的筒形砖拱楼板，拱顶处出现通长的纵向裂缝；

4）门窗洞口的无筋砖过梁开裂、下坠。

底层框架砖房震害概况

一、震害状况

未经抗震设防，或虽作抗震设防但抗震设计不符合标准的底层框架砖房，遭受地震后，各个构件曾经出现过的破坏现象综合简述如下：

1. 震害特点

(1) 这类房屋的震害多数发生在底层，表现为"上轻下重"；

(2) 底层的震害表现为，墙比柱重，柱比梁重；

(3) 底层为全框架的砖房，破坏程度比底层为内框架的砖房要轻；

(4) 施工质量好的，地基土比较坚实的，房屋的破坏程度相对来说要轻一些。

2. 主要震害描述

(1) 8度以下地震区

1）房屋底层（图3-1）。

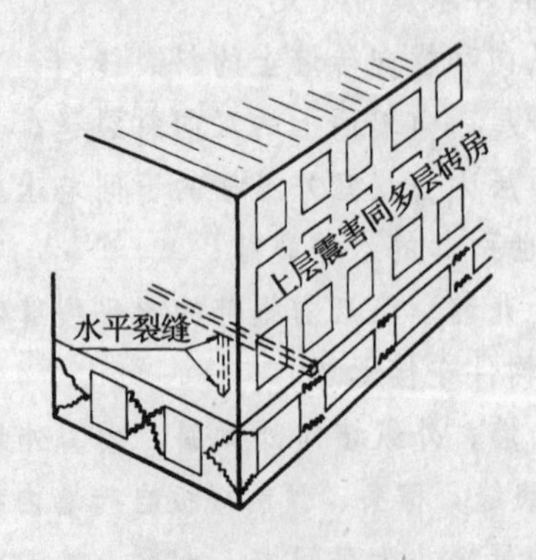

图3-1　底层的震害

① 端横墙和内横墙出现斜裂缝或交叉斜裂缝；

② 外纵墙（带或不带砖壁柱），在窗口上、下出现水平裂缝，或窗间墙上出现交叉斜裂缝，有时两种裂缝兼而有之；

③ 外墙转角处出现双向斜裂缝，严重的墙角塌落；

④ 多数钢筋混凝土柱子，在顶端、底端产生水平裂缝或局部压碎崩落；

⑤ 少数钢筋混凝土梁在支座附近出现竖向裂缝。

2）房屋上层

房屋上部各层的破坏状况与多层砖房相似，但破坏程度比房屋的底层轻得多。不少房屋几无明显震害。

(2) 9度以上地震区

1）多数情况是底层倒塌，上部几层原地坐落（图3-2）。上部几层的破坏状况，与多层砖房相似，破坏程度各异。

2）少数情况是，上部几层倒塌，底层残留。

图3-2　柔弱底层坍塌，上面几层原地坐落

二、破坏程度

过去有一段时间，由于城市规划的要求，虽然也兴建了一些底层为商店、上面几层为住宅或办公楼的底层框架砖房，但总的来说，数量还是比较少的。而且以往几次地震的高烈度区内，这类房屋很少。因此，关于这类房屋的震害统计数字是不完全的，只能作为一种大概的参考。此外，1976年的唐山地震和宁河地震，由于震源机制和宏厚的Ⅳ类场地土等因素，天津地区地面运动的波形中，长周期分量较多，因而，单层厂房等较柔的建筑物破坏程度重，多层砖房和底层框架砖房等刚性建筑的破坏程度较轻，有着明显的差异。

然而，地区烈度是根据各种类型建筑物的破坏程度综合评定的，所以，天津的8度区内，新中国成立后建造的多层砖房的破坏程度，总的来说，要比其他几次地震中多层砖房的破坏程度轻，因此，天津市8度区内底层框架砖房的破坏率也是偏低的（表3-10）。

底层框架砖房的震害程度统计数字　表3-10

震害程序（震害指数）／调查情况／地震烈度	8度（天津市）				10度（唐山市）	
	底层内框架		底层框架		底层内框架	
	栋数	百分比	栋数	百分比	栋数	百分比
微裂（0.2）	4	40%	4	57%	—	0
轻伤（0.4）	4	40%	3	43%	—	0
损坏（0.6）	2	20%	—	0	—	0
破坏（0.8）	—	0	—	0	1	17%
倒塌（1.0）	—	0	—	0	5	83%
总　计	10	100%	7	100%	6	100%

内框架砖房震害概况

内框架砖房是指外圈为砖墙承重、内部为钢筋混凝土柱子承重的混合结构多层房屋。它与多层砖房相比，能够提供较大的内部使用空间。与钢筋混凝土框架结构相比，它充分利用了外圈砖墙的竖向承载能力，从而使钢筋混凝土柱和基础的数量减少一半以上，能节省大量钢材。此外，内框架砖房所要求的施工条件也比全框架结构简单；造价也比较低。因此，很适合于小城市、村、镇的建设项目。一般多用于中小型百货商店、餐厅和轻工业厂房。一些砖混结构的多层公共建筑中，需要有较宽敞大厅的部分，如门厅、会议室、食堂等部位，也多采用内框架结构。但是内框架砖房是由砖墙和混凝土框架两类构件组成的混合结构，抗震性能较差，今后建造此类房屋时，除应采取措施增强其耐震性能外，在高烈度区还应适当限制房屋的层数。

一、震害形态

内框架砖房的破坏状况，有类似于多层砖混房屋的地方，但也反映出它内部空旷以及由两种材料构成的混合承重体系的特点。就地震时内框架砖房各个部位的破坏程度而言，顶层纵墙是最薄弱环节，其次是底层横墙。下面将内框架砖房各个构件不同部位曾经发生过的震害汇总列出。从中可以看出它的抗震薄弱环节，作为今后所应采取抗震措施的根据。

1. 砖墙

(1) 端横墙向外倾斜，窗间墙出现交叉斜裂缝；情况严重的，顶层端横墙向外倒塌，端开间屋盖塌落（图3-3）。

图3-3　端横墙倒塌，端开间屋盖下落

(2) 内横墙产生交叉或单向斜裂缝；9度以上地震区，横墙破碎坍塌，导致整个房屋倒塌。

(3) 外纵墙及砖垛在大梁底面或窗间墙的上下端产生水平裂缝，砖砌体局部压碎崩落；或者窗间墙产生交叉斜裂缝。

9度以上地震区，外纵墙倒塌，边跨梁板下落，中间混凝土柱子破坏，但仍直立。房屋残存部分呈伞状。

(4) 房屋转角处的外墙产生V形裂缝，并伴有双向错位，甚至墙角塌落（图3-4、图3-5）。

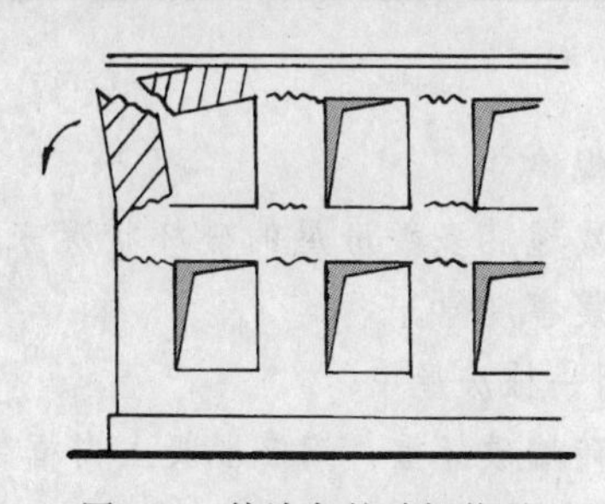

图3-4　外墙角的破坏状况

图 3-5 外墙转角的倒塌状况

2. 内框架

(1) 钢筋混凝土内柱的顶端和底部产生水平裂缝，情况严重的，该处混凝土酥碎、崩落，钢筋压曲。

(2) 钢筋混凝土大梁在靠近支座的地方产生竖向稍斜的细裂缝。

二、破坏程度

未经抗震设防的内框架砖房，遭遇地震后的破坏程度，7、8度区内，比多层砖房要重；9度以上地震区的倒毁率则低于多层砖房。各烈度区未经抗震设防的内框架砖房的震害程度大体是：6度区，少数房屋轻微损伤；7度区，半数房屋出现中等损坏；8度区，多数房屋遭到中等程度以上的破坏；9度区，多数房屋严重破坏，少数房屋倒塌；10度区，大多数房屋倒塌。

由于一次地震后，受其影响的各个地区的烈度评定，是根据地面变形、各类房屋和各类构筑物的破坏情况综合确定的。因而对于某一类型房屋来说，就不一定是高烈度区的破坏程度重于低烈度区。海城地震中，8度区内的内框架砖房的破坏率就低于7度区。

表 3-11 和表 3-12 列出海城、唐山地震内框架砖房的震害程度统计数字。

海城地震内框架砖房震害程度统计表 表 3-11

地震烈度 / 地点和数量 / 震害程度和震害指数	7度		8度		9度	
	鞍山市、辽阳市、盘锦		营口市		海城、大石桥	
	栋数	百分比	栋数	百分比	栋数	百分比
微裂 (0.2)	1	6%	3	43%	3	14%
轻伤 (0.4)	5	28%	1	14%	2	9%
损坏 (0.6)	8	41%	2	29%	4	18%
破坏 (0.8)	4	22%	1	14%	13	59%
倒塌 (1.0)						
总 计	18	100%	7	100%	22	100%

唐山地震内框架砖房震害程度统计表 表 3-12

地震烈度 / 地点和数量 / 震害程度和震害指数	7度		8度				9度		10度	
	昌黎、秦皇岛		丰润、滦县		天津市		宁河、唐山市		唐山市	
	栋数	百分比	栋数	百分比	栋数	百分比	栋数	百分比	栋数	百分比
微裂 (0.2)					13	28%				
轻伤 (0.4)	5	45%			10	22%	1	12.5%	3	6%
损坏 (0.6)	6	55%	1	20%	11	24%	2	25%	1	2%
破坏 (0.8)			1	20%	12	26%	1	12.5%	5	10%
倒塌 (1.0)			3	60%			4	50%	42	82%
总 计	11	100	5	100%	46	100%	8	100%	51	100%

三、震害规律

从历次地震多数房屋的破坏状况来看，大致有如下的震害规律。

1. 同一栋房屋中

(1) 砖墙破坏重，钢筋混凝土内框架破坏轻，其中，梁比柱更轻（表 3-13)。

(2) 就框架柱和外纵墙的平面外弯曲破坏而言，是上层比下层重。

(3) 就砖墙的剪切破坏而言，不少情况是上层轻、下层重。

横墙也有上重下轻的情况，但主要表现在楼(电）梯间和房屋转角处，以及顶层砂浆强度很低的情况。

天津市（8度区）内框架厂房震害程度统计表 表3-13

调查情况 / 震害程度和震害指数	按主要构件的破坏程度分类			
	砖墙		内框架	
	栋数	百分比	栋数	百分比
微裂（0.2）	13	28%	30	84%
轻伤（0.4）	10	22%	3	7%
损坏（0.6）	11	24%	3	7%
破坏（0.8）	12	26%	1	2%
倒塌（1.0）	—	—	—	—
总计	46	100%	46	100%

（4）当横墙间距很大时，大房间中间部位的外纵墙破坏重，两端破坏轻。

（5）同一横向轴线上，外纵墙的无筋砖垛破坏重，钢筋混凝土柱破坏轻。

（6）外墙在房屋四角处破坏重，其他部位破坏轻。

（7）宽窗间墙出现斜裂缝，很窄的窗间墙在上、下端产生水平裂缝。

表中震害程度和震害指数的分级标准如下：

微裂（0.2）——没有明显的震害或仅少数砖墙局部出现细微裂缝；

轻伤（0.4）——承重墙出现较多的宽2mm以内的裂缝，框架梁柱无明显震害；

损坏（0.6）——承重墙出现较多较宽的裂缝，框架柱或梁出现裂缝；

破坏（0.8）——承重墙出现几厘米宽的裂缝、错位，墙角崩塌，柱端混凝土崩脱；

倒塌（1.0）——大部分或全部倒塌。

2. 同一烈度区内

（1）层数多的内框架砖房的破坏程度，比层数少的破坏程度要重。

（2）单排柱内框架砖房的破坏率，比双排柱或多排柱内框架砖房的破坏率要大（表3-14、表3-15）。

（3）高烈度区内，预制内框架砖房的破坏程度和倒塌率，比现浇内框架砖房的要重、要大（表3-15）。

（4）房屋的结构布局不同时9度以上地震区内，房屋的倒塌部位与房屋的结构布置有如下的因果关系：

1）横墙间距大的，楼盖整体性不好或水平刚度小的内框架砖房，几乎都是上层倒塌；

天津市（8度区）内框架砖房震害程度统计表 表3-14

调查情况 / 震害程度和震害指数	按内框架的钢筋混凝土柱列数比较				按内框架梁柱的施工方法比较			
	单排柱		双排柱		整浇		装配	
	栋数	百分比	栋数	百分比	栋数	百分比	栋数	百分比
微裂（0.2）	2	10%	9	39%	10	31%	3	23%
轻伤（0.4）	7	35%	2	9%	5	15%	5	39%
损坏（0.6）	5	25%	6	26%	9	27%	2	15%
破坏（0.8）	6	30%	6	26%	9	27%	3	23%
倒塌（1.0）	—	—	—	—	—	—	—	—
总计	20	100	23	100	33	100	13	100

唐山市（10度区）内框架砖房震害程度统计表 表3-15

调查情况 / 震害程度和震害指数		按内框架的钢筋混凝土柱列数比较				按内框架梁柱的施工方法比较			
		单排柱		双排柱		整浇		装配	
		栋数	百分比	栋数	百分比	栋数	百分比	栋数	百分比
轻伤（0.4）		1	7%	2	9%	3	8%		
损坏（0.6）				1	5%	1	3%		
破坏（0.8）		3	20%	2	9%	4	10%	1	9%
倒塌	局部倒塌（1.0）	6	40%	10	48%	27	67%	4	36%
	倒平（1.0）	5	33%	6	29%	5	12%	6	55%
总计		15	100%	21	100%	40	100%	11	100%

2）下面各层设置内柱、顶层变成无内柱大跨度结构的上层空旷厂房，顶层普遍倒塌；

3）局部突出于屋盖且四周开窗较多的大会议室，几乎是全部倒塌；

4）底层的横墙或纵墙比上层减少较多的上刚下柔内框架砖房，多数是底层倒塌；

5）多排柱的内框架砖房，两个边跨的跨度较小时，外纵墙倒塌后的继发性破坏，比具有较大边跨房屋的破坏程度轻。前者由于边跨梁短，有时能作为悬臂梁保存下来（图3-6），后者往往是边跨梁折断塌落。

图3-6　外纵墙倒塌、边跨梁未折断

表3-16列出唐山市10度区的内框架砖房的倒塌部位分类统计数字。

唐山市（≥10度区）内框架砖房的倒塌部位分类统计表

表3-16

破坏部位	倒平	上层倒塌	底层倒塌	未倒塌
在调查总栋数中所占的比例	22%	55%	6%	17%

砖排架房屋震害概况

一、震害程度

1. 总情况

砖排架房屋是指由砖柱或带壁柱砖墙承重和抵抗侧力的单层房屋，多用于小型厂房、仓库或食堂。从多次地震的调查统计资料可以看出：单层砖柱厂房的抗震性能是比较差的；厂房的震害程度与屋盖结构类型、砌体强度、施工质量、使用和维修情况等多种因素密切相关；厂房的震害程度因场地类别和地震频谱特性的不同而有较大差异，不同地震，烈度相同的地区，单层砖柱厂房的破坏率出入较大。就多次地震总的情况而言，未作合理抗震设计的单层砖柱厂房，各烈度区破坏率的平均情况大致是：7度区为10%左右；8度区为40%左右；9度区为80%左右。倒塌率大致是，7度区为零；8度区为5%左右；9度区为30%左右。有几次地震，6度区内也有一些厂房产生一定程度的损坏。

2. 邢台地震

1969年第一机械工业部抗震办公室组织的工业建筑抗震小组，曾对1963年广东河源地震、1965年乌鲁木齐地震、1966年云南东川地震、1966年河北邢台地震和1969年云南通海地震，作了深入细致的调查，并进行了震害数字统计。对于单层砖柱厂房，共调查了205栋瓦木屋盖的砖木结构厂房和41栋钢筋混凝土屋盖的砖混结构厂房。在7度地震区内，所调查的129栋砖木结构厂房和33栋砖混结构厂房，均未发现明显的裂缝，震害程度均属“基本完好”或“轻伤”。在8度地震区内，所调查的84栋厂房中，除有2栋发生局部倒塌、5栋全部倒塌，以及少数厂房产生一些较宽裂缝外，大多数厂房属“基本完好”和“轻伤”。其中全部倒塌的5栋厂房，均存在着特殊情况。邢台倒塌的一栋是散装仓库，里面堆满了散装棉子，棉子的侧压力促进了砖墙的折断和倒塌。云南东川倒塌的4栋厂房，均是采用小型混凝土砌块砌筑的敞棚，据查看，砌块表面光滑，与砂浆的粘结力极差。以上几次地震的8度区内单层砖柱厂房的震害程度统计数字列于表3-17。

8度区砖排架房屋的震害程度统计数字　　表3-17

结构类型	地区	调查总栋数	震害程度和震害指数					
			微裂到损坏（≤0.6）		破坏（0.8）		倒塌（1.0）	
			栋数	百分比	栋数	百分比	栋数	百分比
砖木结构	乌鲁木齐	5	5	100%				
	云南东川	31	27	87%	1	3%	3	10%
	广东河源	21	21	100%				
	河北邢台	19	17	90%	1	5%	1	5%
	小计	76	70	92%	2	3%	4	5%
砖混结构	乌鲁木齐	2	2	100%				
	云南东川	4	3	75%			1	25%
	河北邢台	2	2	100%				
	小计	8	7	87%			1	13%

3. 海城地震

1975年海城地震，7、8、9度区单层砖柱厂房破坏情况的统计数字列于表3-18。从中可以看出，7度区的破坏率还是很低的；而8度区和9度区的破坏率相差不大。这主要是由于8度区（营口市一带）的场地土软弱，属Ⅳ类场地，卓越周期较长，对周期较长的单层厂房的破坏作用大，以致震害较重；而9度区的覆盖土层较薄，土质较坚实，卓越周期较短，对单层砖柱厂房的危害作用较轻。

4. 唐山地震

1976年7月唐山地震，天津市及其附近地区，由于海相沉积的软弱土层很深厚，地面卓越周期长，砖排架房屋的震害程度较一般情况稍重。表3-19列出八个厂47幢厂房破坏程度的分类统计数字。

1975年海城地震砖排架房屋的震害程度 **表3-18**

震害程度 / 烈度	微裂（0.2）		轻伤（0.4）		损坏（0.6）		破坏（0.8）		倒塌（1.0）		合计	
	栋数	百分比	栋数	百分比	栋数	百分比	栋数	百分比	栋数	百分比	栋数	百分比
7度	47	69.1%	12	17.6%	6	8.8%	2	3%	1	1.5%	68	100%
8度	42	36.6%	28	24.4%	14	12.2%	20	17.4%	11	9.4%	115	100%
9度	30	30.7%	24	24.5%	25	25.5%	17	17.3%	2	2.0%	98	100%

1976年唐山地震天津市砖排架房屋的震害程度 **表3-19**

震害程度 / 烈度	微裂（0.2）		轻伤（0.4）		损坏（0.6）		破坏（0.8）		倒塌（1.0）		合计	
	栋数	百分比	栋数	百分比	栋数	百分比	栋数	百分比	栋数	百分比	栋数	百分比
7度	2	17%	6	50%	4	33%	—	—	—	—	12	100%
8度	2	14%	4	29%	5	36%	3	21%	—	—	14	100%
9度	2	10%	2	10%	1	5%	1	5%	15	70%	21	100%

二、震害特征

单层砖排架房屋，单跨为砖墙（带或不带壁柱）承重；多跨，外圈为砖墙承重，内部为独立砖柱承重。虽然主体承重结构是砖墙，但是，因为内部空旷，横墙间距大，地震时的破坏状况，与多层砖墙承重房屋的破坏状况有所不同，有其自己的特征和规律。下面就我国近40年来多次大地震中，各烈度区内大量未经抗震设防的单层砖柱厂房的破坏情况作一综合性的概述。关于震害的具体分析以及在结构布置和构造上所应采取的对策，将在下面几节中逐一讨论。

1. 主要震害现象

（1）7度区

总的来说，破坏程度较轻，仅少数厂房（包括仓库）出现下述震害：

1）山墙外倾，檩条由墙顶拔出10～20mm，个别情况，山尖下部出现轻微水平裂缝；

2）房屋中段的外纵墙（包括壁柱）在窗台高度处出现细微水平裂缝；

3）与屋架无锚拉的外纵墙，发生轻度外倾，屋架与砖墙间的水平错位约10～20mm；

4）地震地面裂隙通过房屋处，墙体被拉裂；

5）南方地区的屋面楞摊小青瓦，有下滑现象。

（2）8度区

震害较重，不少厂房出现下述破坏现象：

1）山墙外倾，少数砖木厂房的山尖向外倒塌，端开间屋面局部塌落；

2）外纵墙在窗台高度处水平折断（极少数发生在外纵墙底部），并常伴有壁柱砖块局部压碎崩落，情况严重的，整个厂房沿横轴方向向一侧倾倒；砖木敞棚也曾发生纵向倾倒；

3）内部独立砖柱多在底部发生水平裂缝，柱顶混凝土垫块底面出现水平裂缝，少数还发生水平错位；

4）高低跨处砖柱，或是上柱水平折断，或是支承低跨屋架的柱肩产生竖向裂缝；

5）楞摊瓦屋面，木屋架沿厂房纵轴方向向一侧倾斜，屋脊处纵向水平位移有达400mm，与此同时，下弦被屋架间的竖向交叉支撑的斜杆顶弯；

6）木屋架及其气楼之间的竖向交叉支撑，或节点拉脱，或木杆件被拉断；

7）重屋盖的天窗架竖向支撑，或节点拉脱，或钢杆件被压曲；

8）地震地面裂隙通过房屋处，墙体被拉裂；

9）屋面小青瓦整片向下滑移；平瓦振乱，檐口瓦片坠落。

（3）9度区

破坏情况与8度区相类似，只是破坏程度更重、更普遍，厂房整幢倒塌的事例增多。此外，山墙和外纵墙除发生出平面的弯曲破坏外，也发生平面内的剪切破坏，窗间墙和实墙面出现很宽的交叉斜裂缝。

2. 震害特点

（1）厂房的最薄弱部位是砖排架，它的抗弯强度低，是厂房倒塌的最主要原因。无筋砖柱的破坏程度和倒塌率，与砖柱的高厚比值无明显关系。

（2）山墙和承重外纵墙（或带壁柱），主要发生以水平裂缝为代表的平面外弯曲破坏，与多层房屋砖墙以斜裂缝为主的平面内剪切破坏不同。

（3）砖木厂房，外纵墙（包括壁柱）窗台口处或下端的水平裂缝，一直延伸到离山墙仅一两个开间处。与此同时，山墙却很少出现交叉斜裂缝，说明瓦木屋盖的空间作用很差。

（4）重屋盖厂房的破坏程度，稍重于轻屋盖厂房。

（5）楞摊瓦和稀铺望板的瓦木屋盖，纵向水平刚度也很差，不能阻止木屋架的纵向整体倾斜。

（6）山墙与檩条、屋架与砖柱之间的水平错位，暴露了连接的脆弱。

单层钢筋混凝土厂房震害概况

一、震害程度

近40年来我国发生的十多次大地震中，总的来说，钢筋混凝土排架厂房表现出较好的抗震性能，与砖排架房屋相比，震害程度要轻得多。一般而言，7度区，主体结构基本上保持完好；8度区，有一定数量厂房主体结构局部损坏；9度区，主体结构破坏较重。唐山地震是个特例，天津市及其附近地区，由于土质松软以及故河道等不利因素，单层厂房的震害普遍加重，8度区就有倒塌情况发生，9度区倒塌的比例就比较大。下面就几次主要地震中，单层厂房的破坏程度概述如下。

1. 乌鲁木齐、邢台等地震

1968年为编制《京津地区单层厂房抗震鉴定标准》，由第一机械工业部抗震办公室负责组织，有中国科学院工程力学研究所、建筑工程部建筑科学研究院、第一机械工业部第一、二、八设计院等八个单位组成工业建筑抗震小组。该抗震小组对1967年以前发生的广东河源和阳江、新疆乌鲁木齐、云南东川、河北邢台和河涧等地震各烈度区内的327栋单层厂房，进行了较详细的震害调查。其中，7、8度地震区跨度在24m以内、高度在14m以下的61幢钢筋混凝土排架厂房，经受住了地震的考验，除围护墙体、竖向支撑等发生一定程度的破坏外，主体结构基本上无明显震害。在这几次地震中，钢筋混凝土排架厂房之所以表现良好，其中一个重要因素就是，这几个地区的土质较好，属Ⅰ、Ⅱ类场地，地面运动的卓越周期短于厂房的基本周期，地震期间厂房附近无喷水冒砂现象发生。

2. 海城地震

1975年2月4日的7.3级海城地震，波及范围很广，不少工业企业均遭到一定程度的破坏。据对各市县7度以上地震区内的67栋钢筋混凝土排架厂房的震害调查结果发现，由于各烈度区的场地类别不同，对各烈度区的厂房破坏程度和破坏比例带来显著影响。7度区和8度区的土质松软宏厚，属Ⅲ、Ⅳ类场地，其卓越周期接近于厂房的基本周期，而9度区的地基土质较硬，属Ⅱ、Ⅲ类场地，以致各烈度区内均有一定数量的厂房遭到一定程度的破坏。虽然，总的说来，7度区的震害程度较轻，破坏比例较小，主体结构均基本保持完好。但与以往几次地震相比较，7度区的震害还是偏重；而且7度区与8度区相比，8度区与9度区相比，震害程度和破坏率的差别，不及以往几次地震那样显著。海城地震各烈度区内钢筋混凝土排架厂房的震害程度分类统计数字列于表3-20。

海城地震钢筋混凝土排架厂房的震害程度　　表3-20

震害程度 / 地震烈度	微裂	轻伤	损坏	破坏	倒塌	合计
	幢数（百分比）	幢数（百分比）	幢数（百分比）	幢数（百分比）	幢数（百分比）	幢数（百分比）
7度	3（25%）	6（50%）	2（16.6%）	1（8.4%）	—	12（100%）
8度	7（20.6%）	19（56%）	5（14.4%）	2（6%）	1（3%）	34（100%）
9度	2（9.5%）	10（47.5%）	8（38.2%）	1（4.8%）	—	21（100%）

3. 唐山地震

(1) 唐山地区

1976 年 7 月 28 日的 7.8 级唐山地震，唐山地区的单层厂房遭到了严重破坏。仅就 10 度区的唐山冶金矿山机械厂、水泥机械厂、马家沟和唐钢耐火材料厂，422 水泥厂及唐山钢铁公司部分车间的调查资料而言，严重破坏和倒塌的厂房已占调查总数的 60%以上。所调查的厂房，多数是重屋盖的中小型厂房，跨度为 10～24m，屋架下弦标高在 16m 以下，吊车起重量一般为 30t 以下，钢筋混凝土柱多为工字形或双肢柱，屋盖采用钢筋混凝土屋架和大型屋面板，砖围护墙。共调查了 28 栋，其震害程度分类统计数字见表 3-21。

唐山 10 度区钢筋混凝土排架厂房的震害程度　　表 3-21

震害程度 / 厂房类型	微裂 幢数（百分比）	轻伤 幢数（百分比）	损坏 幢数（百分比）	破坏 幢数（百分比）	倒塌 幢数（百分比）	合计 幢数（百分比）
单跨	2（15.4%）	1（7.6%）	4（30.8%）	4（30.8%）	2（15.4%）	13（100%）
多跨	—	1（6.7%）	2（13.1%）	2（13.1%）	10（67.1%）	15（100%）
合计	2（7.1%）	2（7.1%）	6（21.4%）	6（21.4%）	12（43%）	28（100%）

(2) 天津地区

天津地区的土层为陆相、海相交替沉积地带，其厚度达千余米，土质松软，地面卓越周期长。此外，由于历史上河流多次改道，天津市、郊区，故河道广为分布。1976 年唐山地震，天津地区单层厂房的破坏程度是比较严重的，远远超过国内其他地震同等烈度区内同类结构的破坏程度，也比同一地区多层砖房等刚性建筑的破坏程度高出一度左右。据天津市第一机械工业局、第二机械工业局、冶金工业局三个局的统计，8 度区内 526 万 m^2 单层厂房中，遭到严重破坏和倒塌的达 206 万 m^2，约占调查总数的 40%；而烈度为 9 度的汉沽区，单层厂房的破坏程度更加严重，在现有的 39.6 万 m^2 单层厂房中，严重破坏和倒塌的达 36.9 万 m^2，约占调查总数的 93%。表 3-22 列出 8、9 度区内所调查的 34 栋单层钢筋混凝土排架厂房的震害程度分类统计数字。

天津地区钢筋混凝土排架厂房的震害程度　　表 3-22

震害程度 / 烈度	微裂 幢数（百分比）	轻伤 幢数（百分比）	损坏 幢数（百分比）	破坏 幢数（百分比）	倒塌 幢数（百分比）	合计 幢数（百分比）
8 度	—	1（3%）	16（53%）	11（37%）	2（7%）	30（100%）
9 度	—	2（16%）	1（8%）	5（42%）	4（34%）	12（100%）

二、主要震害现象

以往发生的多次大地震中，由于震源机制和场地条件的不同，不同地震，同等烈度区内钢筋混凝土排架厂房的震害程度并不相同。震害程度有差别，暴露出来的厂房结构薄弱环节以及它们的震害现象也就不完全相同，但大体上还是有一个界线。结构薄弱环节的薄弱程度，与该类节点在历次地震中发生震害的频度以及发生震害的对应烈度密切相关。在较低烈度区多次发现的震害，即表明该节点是最薄弱环节。为了能从不同烈度情况下厂房的震害现象中，观察分析出各种烈度时厂房的相对薄弱部位，作为采取相应抗震措施的基础，下面还是按烈度划分，分别列出不同烈度下厂房曾经发生过的主要震害现象。需要说明，这些震害现象并非一幢厂房中所发生的，而是同一烈度区内各幢厂房主要震害现象的集合。此外，这些震害现象是未经抗震设防或设防标准低于所遭遇烈度的厂房中所发生的；采取恰当的设防标准和合理的抗震设计，将使这些震害现象得到控制以至被消除。

1. 7 度区

经过正规静力设计的钢筋混凝土排架厂房具有一定的抗震潜力，一般能够经受住 7 度地震的考验。然而，静力设计时，一般情况下仅沿厂房横向进行构件强度验算，沿厂房纵向则按构造设置一些竖向支撑。因此，遭遇 7 度地震时，厂房所发生的震害就不仅限于非结构构件，沿厂房纵向布置的支撑以及地震应力很大的连接部位，也会发生一些震害。

(1) 屋盖

1）上凸式天窗两侧的竖向支撑，多数遭到破坏，或是斜杆压曲，或是支撑节点预埋件被拔出。

2）有檩屋盖的钢丝网水泥槽瓦，未设挂钩勾住檩条时，发生大面积滑脱坠落。

(2) 柱及支撑

1）不等高厂房中，高低跨柱支承低跨屋面梁的牛腿出现外斜裂缝。

2）中柱列的上柱支撑和下柱支撑，比较多地发生杆件压曲或支撑与柱的连接节点拉脱。

(3) 围护结构

1）山墙或纵墙出屋面的较高砖砌女儿墙多数倒塌；

2）高低跨处的砖砌封墙个别发生倒塌；

3）砖砌纵墙少数发生外倾；

4）高大厂房，采用预制墙梁的砖砌围护墙，少数情况上部发生倒塌。

2. 8度区

(1) 屋盖

1）少数厂房，大型屋面板由屋架上滑脱，坠落地面；

2）少数情况，靠近屋架支座的第一列大型屋面板，外侧主肋端部被拉裂；

3）钢筋混凝土屋架本身的破坏有：屋架端头顶面和底面破裂、掉角，上弦杆在第一列或第二列大型屋面板连接处附近折断，屋架端部托高屋面板的小支墩发生纵向折断；

4）上凸式天窗两侧的竖向支撑普遍破坏，少数情况，钢筋混凝土天窗架的立柱下端出现水平裂缝，个别情况，天窗架纵向折断倒塌；钢天窗架则未发生明显震害；

5）屋架间支撑，以梯形屋架端部的竖向支撑破坏较多，跨间竖间支撑和上、下弦横向支撑的斜杆发生压曲的情况较少。

(2) 柱及支撑

1）柱本身的震害有：① 柱头劈裂或酥裂；② 上柱的根部或吊车梁面高度处出现水平裂缝；③ 下柱根部出现水平裂缝；④ 变截面柱的柱肩处出现竖向裂缝；⑤ 开孔工形柱的腹板和双肢柱的平腹杆端头出现裂缝；⑥ 大柱网厂房的柱的下端发生对角破坏。

2）不等高厂房的高低跨柱，支承低跨屋架的牛腿普遍出现竖向或外斜裂缝，上柱根部出现水平裂缝；低跨有内横墙时，破坏更重。

3）未设柱间支撑的中柱列，柱根处发生纵向折断。

4）柱间支撑普遍发生斜杆压曲，节点脱焊或锚件拔出。

(3) 围护结构

1）砖砌山墙外闪、倒塌，尤其是山尖部分，倒塌率很高；

2）纵向砖墙常发生水平裂缝、外倾、局部倒塌以至连同圈梁整片倒塌；

3）高低跨处的高跨封墙外倾、倒塌的情况比较普遍，并砸坏低跨屋面；

4）围护结构采用钢筋混凝土预制墙板的，震害极轻。

3. 9度区

9度区钢筋混凝土排架厂房所发生的震害，与上述8度区所罗列的震害现象相同，但发生率更高，破坏程度更重，并导致厂房的局部倒塌以至全部倒塌。下面仅列出9度区特有的一些震害现象。

1）屋架与柱顶的连接焊缝或螺栓被剪断，屋架产生纵向或横向错位达200mm；

2）钢筋混凝土柱在下柱支撑的下节点处被剪断。

三、震害特征

钢筋混凝土排架厂房的震害具有如下特征：

1. 围护砖墙比厂房主体结构更容易遭到破坏；若采用预制钢筋混凝土墙板，墙体震害基本消失；

2. 未经合理抗震设计的厂房，厂房纵向的抗震能力低于厂房横向，而且纵向破坏容易导致厂房的倒塌；

3. 上凸式天窗不利于抗震，其两侧竖向支撑破坏后，天窗架容易发生纵向倾倒，并砸坏下面的屋架；

4. 不等高厂房的震害重于等高厂房；

5. 局部设置的嵌砌纵墙和横墙，容易引起地震力的相对集中而造成破坏；

6. 屋盖系统的破坏是造成厂房倒塌的最主要原因；

7. 大柱网厂房的柱发生斜向破坏。

高层建筑震害概况

一、房屋破坏的直接原因

根据以往地震经验，概括起来，地震期间导致高层建筑破坏的直接原因可分为以下三种情况：

1. 地震引起的山崩、滑坡、地陷、地面裂缝或错位等地面变形，对其上部建筑物的直接危害；

2. 地震引起的砂土液化、软土震陷等地基失效，对上面建筑物所造成的破坏；

3. 建筑物在地面运动激发下产生剧烈振动过程中，因结构承载力不足、变形过大、连接破坏、构件失稳或整体倾覆而破坏。

相对于低层建筑而言，高层建筑破坏和倒塌的后果就更加严重。当今，抗震科学尚处于较低水平，试验手段和技术还不能确切模拟地震对建筑的破坏作用，因而地震时建筑物的震害形态便成为探索地震破坏作用和结构震害机理最直接和最全面的大型结构试验。因此，有必要在充分吸取历次地震经验和教训的基础上，结合现代技术，在基本理论、计算方法和构造措施等多方面，研究改进高层建筑的抗震设计技术，以进一步提升高层建筑的抗震可靠度。

二、历次地震高层建筑破坏特点

高层建筑的破坏状况和震害程度，一方面取决于地震动的强度和特性；另一方面还取决于结构自身的力学性能。地震动特性受着发震机制、震源深度、震级、震中距、地形、场地等多种条件的影响；结构力学性能又受到建筑的平面布置、体形、结构材料、抗侧力体系、刚度分布等多种因素的制约。所以，每一次地震，不同类型建筑的震害程度都存在着较大的差异，高层建筑的破坏状况也各具特点。这些不同地震经验的逐步积累，将有助于加深对高层建筑地震作用和破坏机理的全面认识。下面简要介绍几次地震中高层建筑的破坏特点。

1. 1963 年南斯拉夫斯科普耶地震

采用钢筋混凝土“框架-剪力墙”结构体系的房屋，其破坏程度远低于采用“纯框架”结构体系的房屋。框-墙体系房屋，即使剪力墙未配置钢筋，震后，墙体开裂，但框架仍保持完好。

2. 1964 年日本新潟地震

地基失效导致建筑破坏是其主要特点。不少楼房因地基砂土液化而倾斜，甚至倾倒。此外，由于场地土软弱，场地自振周期较长，其上的柔性结构房屋的震害程度要比刚性结构房屋的震害程度更重。

3. 1964 年美国阿拉斯加地震

此次地震的破坏特点是，一些采用钢筋混凝土剪力墙结构体系的十几层高的楼房遭到破坏。一种情况是底层墙身出现斜向裂缝，施工缝处产生水平错动；另一种情况是，带成列洞口的外墙，窗裙墙出现斜向裂缝或交叉裂缝。不过，凡窗裙墙（洞口连梁）发生破坏的，墙肢（窗间墙）就保持完好。

4. 1967 年委内瑞拉的加拉加斯地震

水平地震作用引起的倾覆力矩造成高层建筑破坏是其主要特点。一些高楼的框架柱，被地震倾覆力矩产生的巨大附加压力所压碎。一个典型震例是，一座 11 层高的旅馆建筑，采用钢筋混凝土“框托墙”结构体系，底下三层为框架，上面各层为剪力墙。遭遇地震后，下面三层框架柱的上端均发生剪压型破坏。

5. 1968 年日本十胜冲地震

钢筋混凝土短柱的剪切破坏是其主要特点。此外，房屋震害程度随钢筋混凝土墙体配置量的增大而减轻。

6. 1971 年美国圣费南多地震

楼层刚度突变的多层建筑遭到严重破坏是这次地震的特点。一幢六层的医院主楼，采用钢筋混凝土“框托墙”结构体系，底部两层为框架，上面四层为剪力墙，第二层则设置很多砌体隔墙，上、下楼层刚度相差 10 倍以上，地震后柔弱底层严重破坏。此外，还发现配置螺旋箍筋的钢筋混凝土柱表现出极好的延性，即使在层间侧移角达到 1/6 的情况下，边柱的被螺旋箍约束的核心混凝土仍未破碎剥落。

7. 1974 年马那瓜地震

再一次证明钢筋混凝土双肢墙的窗裙墙（连梁）的屈服，对墙肢起了保护作用，从而得出，多肢墙要符合“强肢弱梁”和“强剪弱弯”的设计原则。此外，还证明高层建筑中设置一定数量的钢筋混凝土抗震墙，可以减小结构侧移，从而保护非结构部件及管线系统免遭破坏。

8. 1975 年日本大分地震

同一楼层内长、短柱并存的框架，破坏严重；沿对角线布置洞口的抗震墙破坏严重。

9. 1976 年我国唐山地震

此次地震证明，采用框架-抗震墙体系，在防止填充墙及建筑装饰的破坏方面，比框架体系优越得多。此外，在框架间嵌砌砖填充墙，柱上端因砖墙挤压而发生剪切破坏，又由于框架柱受到窗洞上下墙体的约束，因形成短柱而遭到严重破坏。

10. 1979年美国El-Centro地震

底层框架柱在埋入地面处产生破坏，说明刚性地坪对柱的约束作用不容忽视。

11. 1980年意大利地震

砌体填充隔墙的上多、下少造成框架结构柔弱底层的坍塌。一幢5层楼的旅馆，采用钢筋混凝土框架结构，2～5层是客房，砌体隔墙很多；底层是大堂和餐厅，隔墙很少。1980年地震时，底层坍塌，上部4层叠压在底层废墟上。

12. 1985年墨西哥地震

共振效应是其主要特点。自振周期与地震动卓越周期相近的高层建筑，遭到比其他建筑严重得多的破坏。此外，(1) 一些框架因梁、柱截面过小和超量配筋而发生剪、压破坏后倒塌；(2) 无梁楼盖结构，因楼板在柱周围发生弯曲挤压继而冲切破坏后倒塌；(3) 具有拐角形平面的建筑，破坏率显著增高；(4) 带大底盘的高层建筑，塔楼下部与裙房相接的楼层发生严重破坏，反映出竖向刚度突变的不良后果。

13. 1995年日本阪神地震

十多幢高层建筑的中段或底部的柔弱楼层，整层坍塌，上层原位坐落（图3-7、图3-8），是此次地震的主要破坏特点。其他一些主要震害特征有：(1) 钢结构高层建筑中，钢框架的钢柱(板厚达50mm)，多处发生水平剪断；梁与柱的连接焊缝断裂；(2) 型钢混凝土结构中，采用H型钢等实腹型骨架的柱，未见有破坏，而采用由角钢和缀板焊成格构式骨架的柱，则遭到严重破坏；高层建筑下部型钢混凝土结构向上部钢筋混凝土结构转换的过渡楼层，发生严重破坏；(3) 显著的竖向地震 ($a_v=0.45g$) 效应加剧了结构的破坏程度。

(a)

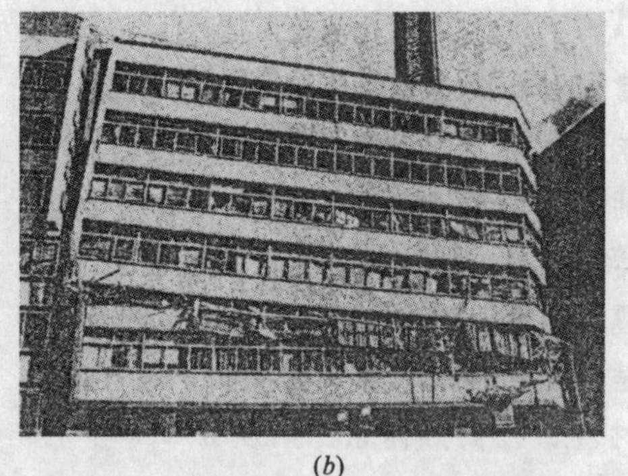
(b)

图3-7 8层楼房的中上段柔弱楼层的整层坍塌

(a) 第6层坍塌；(b) 第4层坍塌

(a)

(b)

图3-8 楼房的中下段柔弱楼层的整层坍塌

(a) 9层楼房第5层坍塌；(b) 12层楼房第5层坍塌

三、高层建筑震害规律

近几十年来世界各地发生的多次大地震中，大量高层建筑经受住了地震的考验，但也有不少楼房发生严重破坏甚至倒塌。这说明结构在地震作用下的动力反应有其特殊性，静荷载下合理的结构，在地震作用下有时就不够合理而发生破坏。有些破坏现象虽然是在个别震例中发生的，但它是一种规律性的情况，仍具有普遍意义。下面就历次地震高层建筑的破坏情况加以综合，将其中具有规律性的震害现象归纳如下，供今后工程设计时借鉴。

1. 地基方面

(1) 砂土液化引起地基不均匀沉陷，导致上部结构破坏或整体倾斜。

(2) 在具有深厚软弱冲积土层的场地上，周期较长的高层建筑的破坏率显著增高。

(3) 当高层建筑的基本周期与场地自振周期相近时，震害程度将因共振效应而加重。

2. 房屋体形方面

(1) L形等复杂平面房屋，破坏率显著增高。

(2) 带大底盘的高层建筑，塔楼在与裙房顶面相接处楼板面积突然减小的楼层，破坏程度加重。

(3) 房屋高宽比值较大且上面各层刚度很大的高层建筑，底层框架柱因地震倾覆力矩引起的巨大压力而发生剪压破坏。

(4) 防震缝处多因缝的宽度太小而发生碰撞。

3. 结构体系方面

(1) 相对于框架体系震害程度较重的情况而言，采用框-墙体系的房屋，破坏程度较轻，特别有利于保护填充墙和建筑装修免遭破坏。

(2) 采用"填墙框架"体系的房屋，在钢筋混凝土框架平面内嵌砌砖填充墙时，柱上端易发生剪切破坏；外墙框架柱在窗洞处因受窗裙墙的约束而发生短柱型剪切破坏。

(3) 采用钢筋混凝土板柱体系的房屋，或因楼板弯曲、冲切破坏，或因楼层侧移过大，导致柱顶、柱脚破坏，各层楼板坠落，重叠在地面。

(4) 采用"框托墙"体系的房屋，相对柔弱的底层，破坏程度十分严重；采用"填墙框架"体系的房屋，当底层为开敞式，框架间未砌砖墙，底层同样遭到严重破坏。

4. 刚度分布方面

(1) 采用L形、三角形等不对称平面的建筑，地震时因发生扭转振动而使震害加重。

(2) 矩形平面建筑，电梯间竖筒等抗侧力构件的布置存在偏心时，同样因发生扭转振动而使震害加重。

5. 构件形式方面

(1) 钢筋混凝土多肢剪力墙的窗裙墙（连梁）常发生斜向裂缝或交叉裂缝。

(2) 在框架结构中，绝大多数情况下，柱的破坏程度重于梁和板。

(3) 钢筋混凝土框架，若在同一楼层中出现长、短柱并存的情况，短柱破坏严重。

(4) 配置螺旋箍的钢筋混凝土柱，即使层间侧移角达到很大数值（$\Delta u/h \approx 1/7$）时，核心混凝土仍保持完好，柱仍具有较大的竖向承载能力；形成对照的是，配置方形箍的钢筋混凝土柱，箍筋绷开，核心混凝土破碎脱落。

四、受震实例

1. 国内地震受害建筑实例

我国海城、唐山地震，位于6～10度区内一些不同类型的高层建筑，遭到程度不同的损坏。各类房屋的破坏状况也各具一定的特点，对于摸清不同类型结构在地震作用下的动力反应、变形状态、内力分布、薄弱环节以及综合耐震性能，都具有一定的参考价值。此外，其中一些房屋在设计时曾进行了抗震设防，设防烈度有低于也有高于所遭遇的地震烈度。因此，它们的破坏状况对于检验建筑抗震设计规范有关条文的合理与否，也具有一定的作用。现将各烈度区内遭到破坏的一些高层建筑的结构情况和震害状况列于表3-23之中，供参考使用。

国内高层建筑震害状况 **表3-23**

序号	建筑物名称和平面尺寸（m）	高度、层数	烈度		结构特征	震害状况
			设防	遭遇		
1	营口市营口饭店 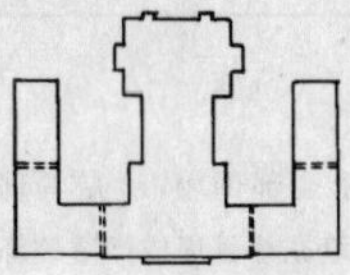	29m，地上8层	7度	8度	钢筋混凝土框架，240mm厚砖填充墙、底部3层门厅两侧设钢筋混凝土抗震墙	底层，门厅两侧钢筋混凝土墙出现交叉斜裂缝，纵向和横向内外砖填充墙普遍开裂严重，西北角底层钢筋混凝土柱上端破碎，钢筋弯曲；3层和6层框架梁出现竖向裂缝

续表

序号	建筑物名称和平面尺寸（m）	高度、层数	烈度		结构特征	震害状况
			设防	遭遇		
2	唐山新华路商业旅馆 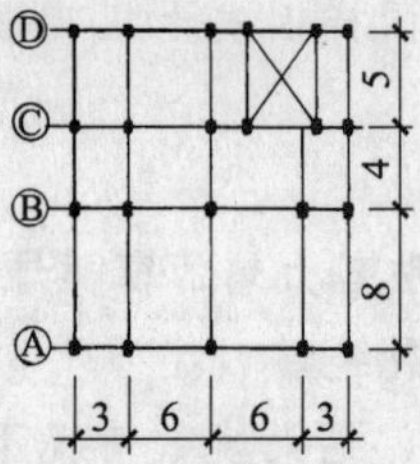 Ⓓ Ⓒ Ⓑ Ⓐ 5 4 8 3 6 6 3	28m，地下1层，地上8层，		10度	现浇钢筋混凝土框架；2层、4层及屋面为现浇钢筋混凝土楼板，其他各层楼板采用预制空心板；空心砖围护墙（采取先砌墙、后浇柱）	轴线Ⓑ5层三根中柱上端破碎，大梁下沉400mm，6～8层大梁折断；砖填充墙，5层东侧坍塌，5层以上普遍严重开裂，4层以下开裂较轻；5层以上，楼梯间严重开裂，楼梯踏步板和平台梁折断；与东侧6层楼发生碰撞（防震缝宽仅40mm）
3	唐山第一面粉厂加工车间 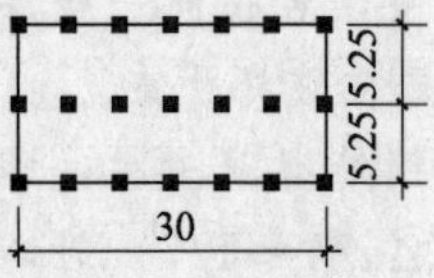 5.25 5.25 30	20m，地上5层	8度	10度	现浇钢筋混凝土框架，砖填充墙	底层柱破坏严重，混凝土酥碎，钢筋外露；2～4层柱在窗顶和窗底水平断裂；砖填充墙破坏严重，普遍出现交叉裂缝和水平缝，上层破坏较轻
4	唐山开滦煤矿第三招待所 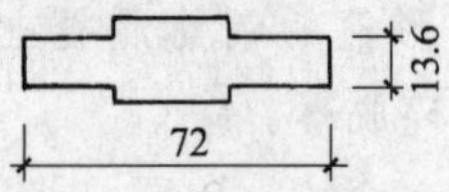 13.6 72	26m，地上8层，地下1层		10度	砖混结构，6～8层为现浇钢筋混凝土楼板，其余各层楼板采用预制空心板	全部倒塌
5	天津友谊宾馆 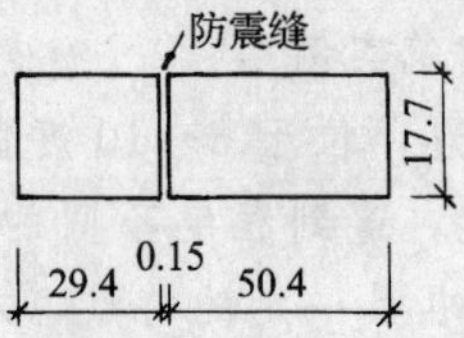 防震缝 17.7 29.4 0.15 50.4 防震缝震害： 防震缝处东西段相互碰撞，东段西山墙严重破坏，屋顶 ϕ60 通长钢管被拉断，震后屋顶处防震缝宽度变为200mm	东段：高37m，地上8层，地下1层	7度	8度	钢筋混凝土框架，空心砖填充墙；楼板采用预制多孔板及40mm厚配筋面层，有桩筏板基础	框架仅底层东南角柱节点出现斜裂缝；砖填充墙，底层和2层严重破坏，往上渐轻，6层以上无裂缝
		西段：高47m，地上11层，地下1层	7度	8度	钢筋混凝土框-墙体系，空心砖填充墙，楼板同东段；桩箱基础	1～3层钢筋混凝土墙出现细微裂缝；砖填充墙，1～4层基本完好，5层开始出现细微裂缝，往上渐加重
6	天津骨科医院 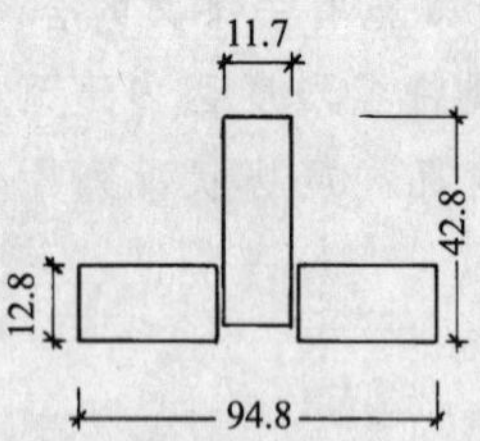 11.7 42.8 12.8 94.8	34m，地上8层		8度	装配整体式钢筋混凝土框架，空心砖填充墙，预制多孔楼板；筏板基础	主体结构无震害，楼梯间及隔墙有裂缝，3层外墙在窗下有X形裂缝，沉降缝上半部发生碰撞，外墙上有裂缝
7	天津南开大学主楼 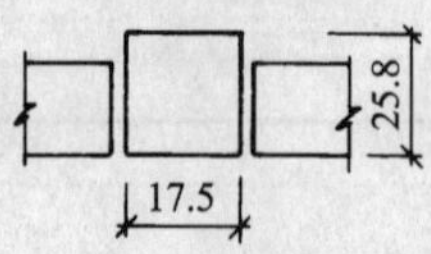 25.8 17.5	50m，地上10层，（塔楼3层）		8度	现浇钢筋混凝土框架，砖砌填充墙	7层以下基本完好；7层以上塔楼严重破坏，砖墙龟裂，窗玻璃破碎，顶层向南倾斜200mm
8	天津碱厂蒸吸塔 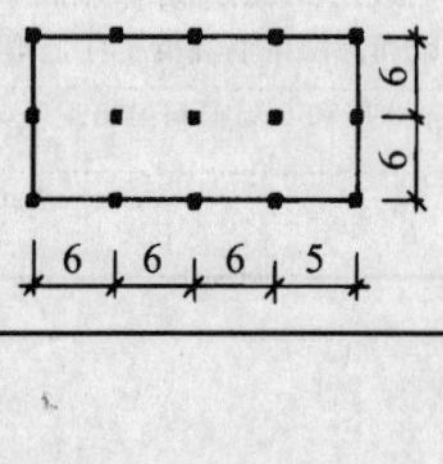 6 6 6 6 6 5	55m，地上13层		8度	现浇钢筋混凝土框架，空心砖填充墙；筏板基础	3层以上全部倒塌，2层局部倒塌；剩余部分，砖填充墙倒塌或严重破坏

续表

序号	建筑物名称和平面尺寸（m）	高度、层数	烈度		结构特征	震害状况
			设防	遭遇		
9	天津人民大楼（23.8；22.5） 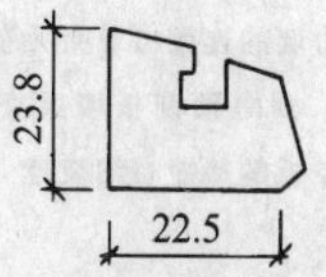	50m，地上13层		8度	现浇钢筋混凝土框架和楼板，空心砖填充墙；桩基础	主体结构基本完好，3、4层空心砖墙开裂，抹灰剥落，室内烟囱周围空心砖墙出现20mm宽的交叉裂缝
10	天津海河饭店（14.8；34.2） 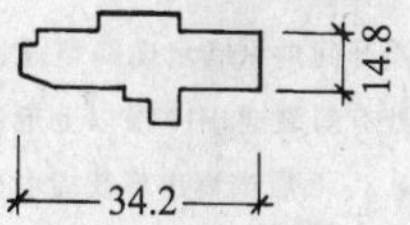	47m，地上11层		8度	现浇钢筋混凝土框架，现浇钢筋混凝土楼板，空心砖填充墙；桩基础	2～4层的隔墙出现细微裂缝，7层的隔墙开裂，粉刷剥落
11	北京民航局办公大楼（Ⅰ、Ⅱ、Ⅲ；13.2；28.8；68.4） 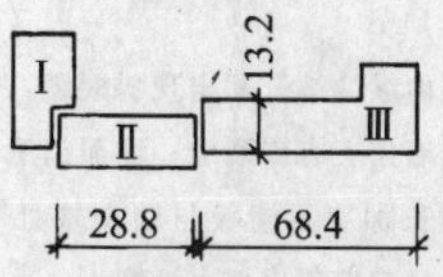	61m，地上15层	7度	6度	装配整体式钢筋混凝土框架，Ⅰ、Ⅲ段为格形基础，Ⅱ段为筏板基础；外墙为预制挂板，内墙为木渣板	主体结构无震害；外墙面个别部位面砖脱落，内墙在预制板接缝处裂开；楼梯间普遍发生水平缝；防震缝处发生碰撞，Ⅲ段9层顶部女儿墙被撞断
12	北京中医医院病房楼（5.7；12.3；76） 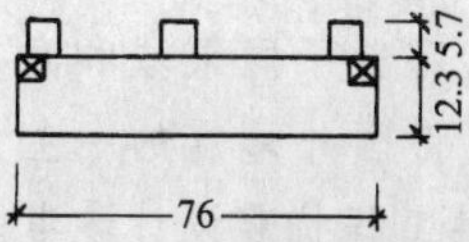	43m，地上10层，地下1层	8度	6度	装配整体式钢筋混凝土框架，箱形基础；外墙为预制钢筋混凝土挂板，内墙为焦碴空心砖加配筋带	主体结构无震害；外墙挂板与加气保温层之间裂开；3层内横墙出现交叉斜裂缝；2层楼梯间外墙加气混凝土块斜裂
13	北京饭店老楼（中楼；26.6；55.3） 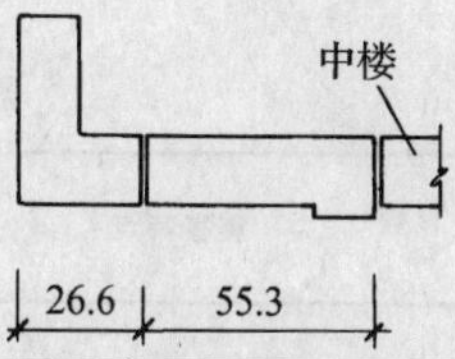	41m，地上9层，地下1层		6度	现浇钢筋混凝土框架，陶土空心砖填充墙；箱形基础	外廊柱身外包砖脱落；7、8层内纵墙破坏严重，出现多道交叉缝和水平缝；伸缩缝处发生碰撞，与中楼相接处的端墙发生局部倒塌
14	北京饭店新楼（40.2；20；79；20；0.65；20） 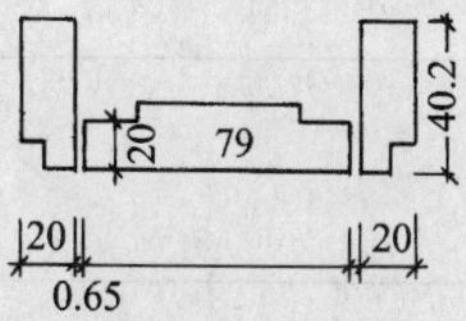	75m，地上18层，地下3层	8度	6度	现浇钢筋混凝土框-墙体系；外墙为370mm厚实心砖填充墙，内纵墙为120mm砖墙及配筋带，内横墙采用加气混凝土砌块；箱形基础	顶层内纵墙门洞过梁出现竖向裂缝，第16层，内纵墙出现水平裂缝，个别横墙产生斜裂缝；顶部几层楼梯间墙面出现水平裂缝；底层大厅大理石饰面板被挤碎
15	北京民族饭店 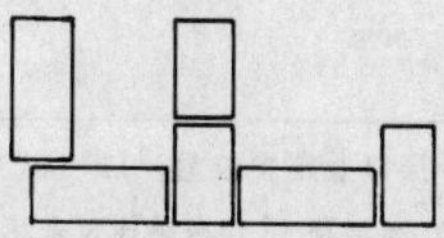	48m，地上12层，地下1层	7度	6度	装配整体式钢筋混凝土框架和抗震墙，空心砖填充墙；箱形基础	抗震墙在预制和现浇的接缝处出现细微裂缝；内隔墙有水平及斜裂缝，顶层及底部几层较严重；防震缝处发生碰撞，饰面损坏
16	北京外交公寓（17；20；33） 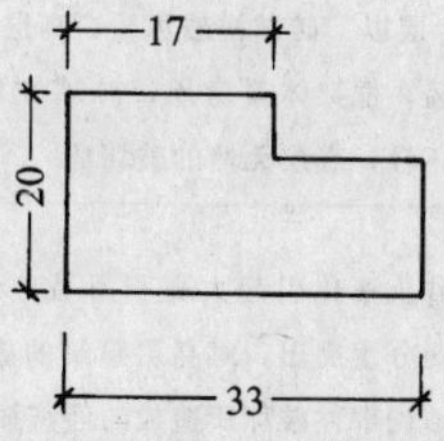	58m，地上18层，地下2层	7度	6度	装配整体式钢筋混凝土框架和抗震墙，围护墙采用预制挂板，内隔墙采用加气混凝土砌块；桩基础	外墙个别部位面砖脱落；6～8层，少数填充墙在与柱面相接处出现裂缝，相互脱开

续表

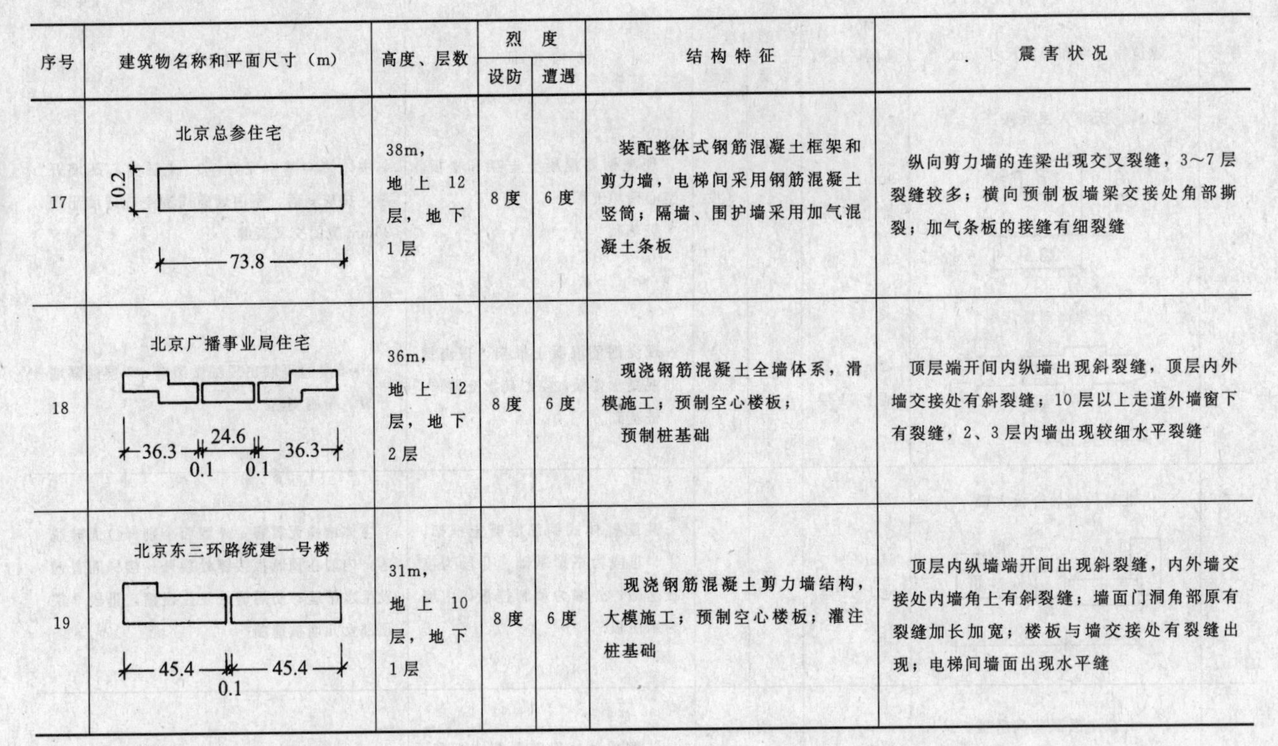

序号	建筑物名称和平面尺寸（m）	高度、层数	烈度		结构特征	震害状况
			设防	遭遇		
17	北京总参住宅 10.2 73.8	38m，地上12层，地下1层	8度	6度	装配整体式钢筋混凝土框架和剪力墙，电梯间采用钢筋混凝土竖筒；隔墙、围护墙采用加气混凝土条板	纵向剪力墙的连梁出现交叉裂缝，3～7层裂缝较多；横向预制板墙梁交接处角部撕裂；加气条板的接缝有细裂缝
18	北京广播事业局住宅 36.3　24.6　36.3 0.1　0.1	36m，地上12层，地下2层	8度	6度	现浇钢筋混凝土全墙体系，滑模施工；预制空心楼板；预制桩基础	顶层端开间内纵墙出现斜裂缝，顶层内外墙交接处有斜裂缝；10层以上走道外墙窗下有裂缝，2、3层内墙出现较细水平裂缝
19	北京东三环路统建一号楼 45.4　45.4 0.1	31m，地上10层，地下1层	8度	6度	现浇钢筋混凝土剪力墙结构，大模施工；预制空心楼板；灌注桩基础	顶层内纵墙端开间出现斜裂缝，内外墙交接处内墙角上有斜裂缝；墙面门洞角部原有裂缝加长加宽；楼板与墙交接处有裂缝出现；电梯间墙面出现水平缝

2. 国外地震高层建筑破坏概况

近几十年来国内外发生了多次大地震，每一次地震都造成大量建筑的破坏，其破坏状况除了再现其他多次地震中所共有的规律之外，也都具有一些各自的特点，从而自不同领域和角度提供了新的地震经验。下面将国外地震的一些主要情况于表3-24中列出，供工程抗震设计参考。

国外地震高层建筑破坏概况　　**表3-24**

序号	地点	时间（年，月）	震级 烈度	峰值加速度 a_{max} 地震持续时间 t_E	震害概况	震害特点
1	日本 关东	1923，9	7.9级		一座8层钢筋混凝土框架建筑倒塌	钢筋混凝土结构房屋的破坏率低于其他类型结构
2	罗马尼亚 乌兰恰地区	1940，11	7.4级		布加勒斯特一座13层钢筋混凝土框架建筑全部倒塌	
3	新西兰	1942，7			框架建筑损坏30%以上	
4	日本 福井	1948，6	7.2级	0.3g加速度持续30s以上	一座8层钢筋混凝土框架结构的百货公司倒毁	
5	墨西哥 墨西哥城	1957，7	7.6级 8度	0.1g，地震动卓越周期约为2.5s	55座8层以上建筑物中有11座钢筋混凝土建筑物遭到损坏	5层以上震害较重，11～16层破坏最重，23层及42层两幢建筑未坏，反映出地震动卓越周期对高层建筑震害的影响
6	南斯拉夫 斯科普耶市	1963，7	6级 7度	0.3g	13、14层钢筋混凝土结构楼房有震害，具有素混凝土竖筒的建筑破坏轻，砖填充墙的破坏重	4层以下砖结构破坏重，高层建筑破坏较轻；框架体系房屋，砖填充墙到底的破坏轻，底层无墙的破坏重
7	美国 阿拉斯加 安克雷奇市	1964，3	8.4级 10度	0.4g；持续时间达150s以上；地震动卓越周期为0.5s	28幢预应力钢筋混凝土建筑中有6幢倒塌，其中一幢6层后张预应力升板结构公寓大楼整幢倾倒	砂土液化引起大面积滑坡；地震动长周期分量突出，对高层建筑的破坏力大；非结构部件破坏所造成的经济损失大

续表

序号	地点	时间（年，月）	震级 烈度	峰值加速度 a_{max} 地震持续时间 t_E	震害概况	震害特点
8	日本 新潟	1964，7	7.4级 8度	0.16g，持续时间为150s	市内1530幢钢筋混凝土结构楼房，有310幢遭到破坏，其中44%是上部结构有损坏；地基失效引起建筑的破坏为数甚多，一幢4层公寓整体倾倒，一幢4层清水商店下沉1.5m，倾斜19°	砂土液化引起的震害普遍而严重，采用打入密实砂层桩基础的建筑几无震害，设置地下室的建筑震害很轻
9	委内瑞拉 加拉加斯	1967，7	6.5级 7度	Los palos区：0.08g，地震动卓越周期为1.0s	4幢10～12层钢筋混凝土建筑倒塌，31幢8～20层钢筋混凝土建筑严重破坏，15幢轻微损坏	烈度不高，但由于场地的冲积层厚度超过160m，地震动卓越周期较长，高层建筑破坏率甚高；建造在基岩和浅冲积层上的高层建筑，大多数无震害
			8度	Caraballeda区：0.13g	两幢10层、一幢13层、一幢14层建筑严重破坏，其中一幢10层建筑因第7层柱子剪断，上面3层塌落	
10	日本 十胜冲	1968，5	7.9级	0.28g，持续时间为80s	钢筋混凝土柱子破坏较多，并以短柱剪切破坏较突出	
11	美国 圣费南多	1971，2	6.6级 8度	0.2g	层数为14、38、42层的3座高层建筑受到轻微损坏；Olive-View医院的6层病房楼严重破坏，显示出刚度突变对抗震不利	在50多座建筑中取得200多个强震记录，20层以上楼房顶部最大加速度为地面加速度的1.5～2倍；很多电梯遭到破坏，非结构性损坏造成很大经济损失
12	尼加拉瓜 马那瓜	1972，12	6.5级 9度	东西向0.3g 南北向0.34g 竖向0.33g 持续时间50s	70%以上房屋倒塌，三幢现浇钢筋混凝土结构高层建筑损坏	钢筋混凝土芯筒-框架体系高层建筑的耐震性能良好；非结构部件破坏率大
13	罗马尼亚 布加勒斯特	1977，3	7.2级 8～9度	水平0.2g 竖向0.1g 持续时间为80s	33幢高层钢筋混凝土框架建筑倒塌，其中31幢为旧式建筑，两幢新式建筑都是底层为商店、上层为住宅；一幢11层钢筋混凝土全墙体系建筑倒塌；一幢4层无梁楼盖房屋倒塌	钢筋混凝土全墙体系楼房较好，破坏率较小
14	日本 宫成冲	1978，2	6.7级 7～8度		8层以下钢筋混凝土建筑破坏严重；仙台市（7度）三幢8、9层型钢混凝土结构楼房的短柱及窗间墙、窗裙墙破坏严重，未经计算的钢筋混凝土墙体发生剪切破坏	
15	日本 宫成冲	1978，6	7.5级	0.25g	3～6层钢筋混凝土纯框架结构体系的底层柱多数发生剪切破坏；6～11层框架房屋中未经计算的现浇钢筋混凝土外墙，剪切裂缝很多，但长柱很少破坏	
16	希腊 萨洛尼卡	1978，5 1978，6	5.8级 6.5级	东西向0.15g 南北向0.16g 竖向0.13g	一幢8层建筑倒塌，另两幢底层为商店的8层住宅，底层柱子发生严重剪切破坏	严重震害发生在软弱冲积层的场地上；有柔弱底层的建筑破坏重；有刚性隔墙的建筑破坏轻；未设缝的建筑震害轻
17	墨西哥 墨西哥城	1985，9	8.1级	0.2g，持续时间为60s，其中，周期为2s、加速度为0.1g的地震动持续22s	164幢6～20层房屋倒塌，无梁楼盖房屋的各层楼板坠落叠置，一些7～15层楼房仅顶部几层破坏，14层和21层钢结构大楼拦腰折断，个别楼房整体倾倒	9～15层楼房的破坏率约为13%，是5层以下建筑破坏率的10倍；地震动卓越周期引起的楼房共振效应明显；房屋竖向刚度突变处破坏严重；平面不规则建筑破坏严重

续表

序号	地点	时间（年，月）	震级烈度	峰值加速度 a_{max} 地震持续时间 t_E	震害概况	震害特点
18	前苏联亚美尼亚	1988，12	6.9级 9度		列宁纳坎城约80%的建筑物严重破坏和倒塌。50余幢9层钢筋混凝土框架建筑，12幢严重破坏，其余全部倒塌；一幢10层升板结构楼房倒塌，一幢16层升板结构楼房底层严重破坏	未设防的低层无筋砖房破坏甚轻；7度设防的9层装配式墙板建筑破坏较重；7度设防的9层预制框架建筑及10层升板建筑大多数倒塌。位于沼泽地带的建筑破坏严重
19	日本神户市	1995，1	7.2级 11度 震源深度 20km	峰值加速度：南北向0.83g 东西向0.62g 竖向0.45g 最大水平速度：V_{max}=55cm/s 地震持续时间 t_E=10s 地震动卓越周期 T_g=1.0s	（1）钢筋混凝土结构，柔弱层破坏，中间柔弱层压溃；柱因箍筋不足而破坏；钢筋气压焊接头断裂（2）钢结构，钢柱被剪断，梁柱连接焊缝断裂，钢柱底脚螺栓拔出（3）型钢混凝土结构，型钢混凝土向钢筋混凝土的转换层破坏，实腹型骨架的柱无破坏，角钢格构式骨架的柱严重破坏	（1）中间柔弱楼层整层压溃，上层原位坐落；（2）厚板（t=50mm）钢柱水平剪断；（3）不同类型结构的转换层严重破坏；（4）竖向地震效应显著；（5）$P-\Delta$效应加重柱的破坏程度

砖烟囱震害概况

砖烟囱是一种高耸构筑物，重心高，自振周期较长，高振型和竖向地震的影响比较明显。由于砖砌体的抗拉强度低，材性脆，缺乏必要的变形能力，因此砖烟囱在地震时较为敏感，强震后的破坏率比较高。与其他建筑物相比，其破坏情况更为普遍。地震后砖烟囱的震害往往成为该次地震破坏程度的主要标志。

一、震害形态

砖烟囱的震害随着地震烈度、地基情况和震中距的不同，而产生各种破坏形态，有：水平裂缝、多条环向裂缝、筒身错位、阶梯形斜裂缝、酥裂、筒身扭转、竖向裂缝、顶端破坏、掉头等，如图3-9所示。

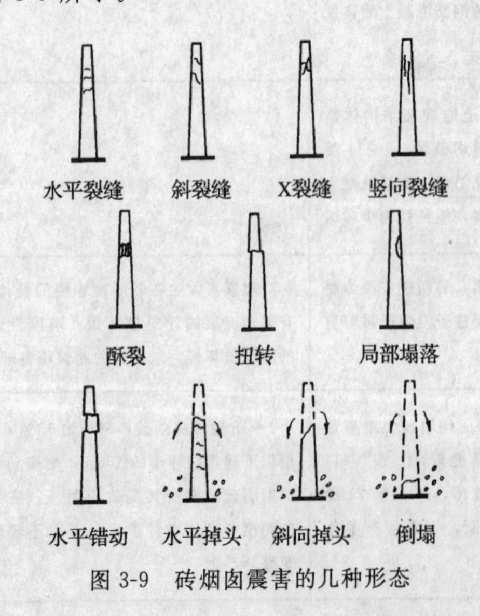

图3-9　砖烟囱震害的几种形态

1. 水平裂缝

在国内的几次地震中，砖烟囱的水平裂缝，约占破坏总数的一半，在唐山及海城地震中，更是超过一半。绝大多数水平裂缝都是通缝（图3-10）。有些水平裂缝还有砖块脱落，例如唐山地震中很多砖烟囱水平裂缝周围，发生砖块掉落。

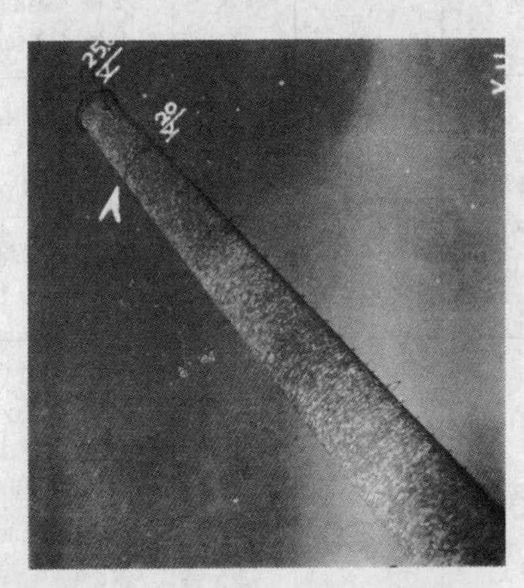

图3-10　砖烟囱上端的水平裂缝

2. 多条环向裂缝

砖烟囱在地震时出现多条环向裂缝的现象十分普遍。海城、唐山地震中，有的砖烟囱出现8条、10条甚至更多的环向裂缝。砖烟囱出现环向裂缝后有的并未掉头，有的上部掉下后，下部还有很多条环向裂缝，环向裂缝间距最小的仅几十厘米，大的达1m左右。环向裂缝一般位于烟囱的中上部，轻的为发丝裂缝，重的各裂缝处砖块掉落，裂缝下面被冲切张开。

3. 筒身错位

震后筒身折断错位，且多数为水平裂缝处发

生错位，极少数错位处为斜向裂缝。错位的部位有一处、两处，有时多达三、四处。错位多发生在筒身的中、上部，偶尔也发生在筒身的底部。

图 3-11 为 1965 年乌鲁木齐地震时，位于 8 度区内一座砖烟囱的上部，在斜向裂缝处发生水平错位的状况。

图 3-11 砖烟囱上部发生错位（8 度）

4. 斜向裂缝

历次地震中，砖烟囱出现斜向裂缝的情况与出现水平裂缝的情况，在数量上大体相等，但 1975 年海城地震和 1976 年唐山地震时，筒身出现斜向裂缝的数量，要比出现水平裂缝的数量少得多。

1966 年邢台地震时，位于 7 度区的高 27m 的砖烟囱，在标高 21m 以上的部位出现多条斜裂缝（图 3-12）。因为烟囱全高配有环箍，所以筒壁斜向裂缝的坡度比较平缓。1966 年乌鲁木齐地震时，位于 8 度区的一座工厂，共有 7 座砖烟囱，普遍出现斜向裂缝（图 3-13、图 3-14）；并有一座砖烟囱，上部折断、倒塌（图 3-14）。从图 3-13、图 3-14 中可以看出，因为这两座砖烟囱，上半段未配置环箍，所以筒壁上斜向裂缝的坡度比较陡。

图 3-12 有环箍砖烟囱的斜向裂缝，坡度较平（7 度区）

图 3-13 无环箍砖烟囱的斜向裂缝，坡度较陡（8 度区）

5. 酥裂

地震调查中，曾发现个别砖烟囱的筒壁发生局部酥裂的情况。主要原因是这些砖烟囱的砂浆强度过低。

6. 筒身断裂扭转

地震调查中，也曾发现个别砖烟囱水平断裂处，上、下筒身发生扭转错动。此外，一些圆形砖烟囱出现螺旋形裂缝，方形砖烟囱更为明显。

7. 竖向裂缝

地震区砖烟囱的筒壁出现竖向裂缝的情况非常多。据了解，这些砖烟囱没有配置环向钢筋，地震前已因温度应力而出现竖向裂缝，地震时竖向裂缝的宽度和长度进一步增大。

8. 掉头

8 度以上地震区，砖烟囱发生掉头的情况比较多，有斜向断裂后掉头的（图 3-14），也有水平断裂后掉头的（图 3-15），掉下的砖块往往均匀地散落在烟囱的四周。据调查，100 多座高度为 10～45m 的砖烟囱，砖块抛出最远的距离为 7m。另据鞍山焦化耐火材料设计院的调查统计，掉头砖烟囱的砖块抛出最远距离为 10m。从图 10-10 的烟囱破坏情况还可以看出，仅设置钢筋混凝土圈梁，而不配竖向钢筋，仍不能防止烟囱折断、掉头。

二、震害特点

1. 破坏程度

震害表明：砖烟囱的破坏程度，随烈度的高低而异，一般是烈度愈高，破坏愈重。表 3-25 列出了从 1965 年乌鲁木齐地震到 1976 年唐山地震，遭受地震烈度 6 度到 11 度的约 900 座砖烟囱的调查统计数字。

图 3-14 8 度区砖烟囱的震害（一座出现斜裂缝，一座掉头）

图 3-15 砖烟囱上端水平折断后掉头

1965～1976 年我国历次地震砖烟囱掉头或倒塌的调查统计 表 3-25

烈 度	统计总数（座）	烟囱掉头或倒塌数	
		（座）	（%）
11 度	13	13	100
10 度	144	134	94
9 度	113	63	56
8 度	54	25	46
7 度	417	112	27
6 度	159	17	11

2. 震害累积

关于地震造成的破坏，有的是一次形成，有的是多次累积形成。有的烟囱在一次地震后即破坏折断；有的在一次地震后造成严重裂缝，待再一次地震（主震后的余震）后才断裂倒塌；有的是每震一下，倒塌一部分。在震害调查中还发现，已掉头倒塌的烟囱，在其残余高度范围内仍有多道水平裂缝。

3. 地基条件的影响

震区建筑场地的地基土软弱，将使烟囱破坏率增大。如海城地震，烈度分别为 7 度、8 度的盘锦和营口等地的烟囱，由于场地土为Ⅲ类，其破坏程度比地震烈度为 9 度的大石桥且位于Ⅰ、Ⅱ类场地的烟囱还要严重（图 3-16）。

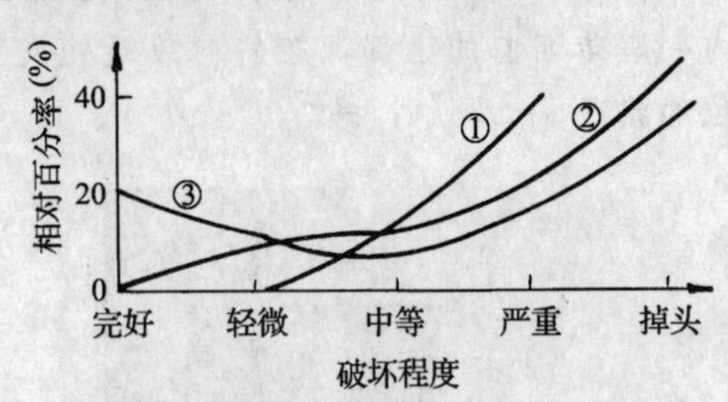

图 3-16 场地类别不同时砖烟囱的震害程度
① 盘锦市 7 度区Ⅲ类场地；② 营口市 8 度区Ⅲ类场地；③ 大石桥 9 度区Ⅱ类场地

4. 破坏高度

砖烟囱的破坏高度随烈度增高而下降。在 6、7 度区烟囱裂缝或掉头部位都在上段，如 1965 年 11 月 13 日乌鲁木齐地震，7 度区的砖烟囱破坏部位在上部 1/4 高度范围的占 95%；其余均在上部 1/3 高度。8、9 度区，烟囱破坏部位一般在中上段，如邢台地震，8 度区砖烟囱破坏部位，最低的在 0.55 烟囱高度处，烈度更高，破坏高度更低，如通海地震，曲江糖厂（10 度）高 25m 和 30m 的砖烟囱，在底部倒塌；唐山地震，10、11 度区的一些砖烟囱也都整个倒塌。

历次地震中，各烈度区砖烟囱主要破坏部位的高度，分别示于图 3-17～图 3-19。图 3-17 为西北、华北及南方地区的多次地震中，位于 7 度和 8 度区内各个砖烟囱主要破坏部位所在高度的统计；图 3-18 为 1975 年海城地震时，位于 9 度区内的海城县各个砖烟囱主要破坏部位所在高度的统计；图 3-19 则是大石桥（9 度区）各个砖烟囱破坏高度的统计。

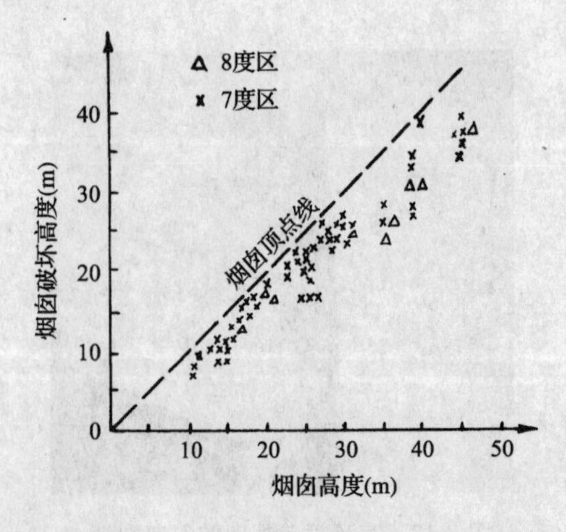

图 3-17 7、8 度区砖烟囱的破坏高度的统计

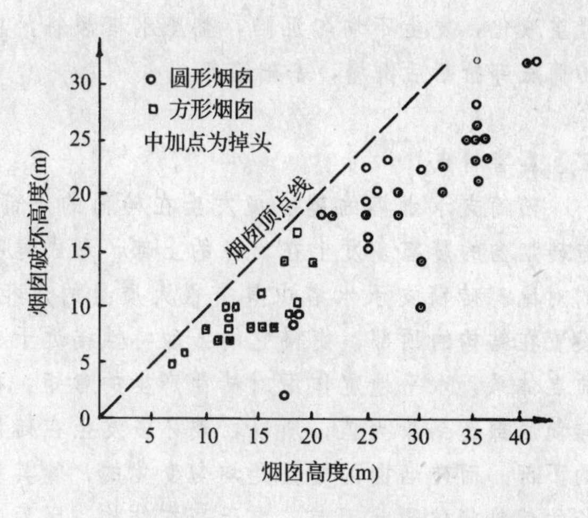

图 3-18　9 度区（一）砖烟囱的破坏高度的统计

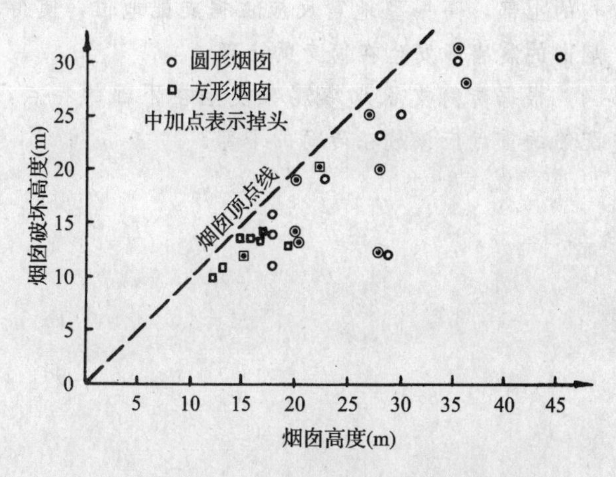

图 3-19　9 度区（二）砖烟囱的破坏高度的统计

5. 烟囱外形

砖烟囱主要破坏部位的高度，还与烟囱外形的长细比有关。一般情况是，短而粗的烟囱，断裂部位在下部；细而高的烟囱，断裂部位在上部。

三、配筋砖烟囱的抗震性能

1. 优于无筋砖烟囱

地震经验表明，配筋砖烟囱的抗震性能明显优于无筋砖烟囱。在一些地震区内，建有少量的配筋砖烟囱，遭遇地震后基本上无损坏，而同一烈度区内的无筋砖烟囱，多数出现较重的震害。

例如，1965 年乌鲁木齐地震，位于 7 度区内的新疆天山电影制片厂、农机修理厂，共有 6 座高 29～46m 的配筋砖烟囱，基本上没有震害；而邻近的一些无筋砖烟囱，大多数出现裂缝等震害。又如 1969 年的广东阳江地震，位于 7 度区内的高 19～22m 的 3 座配筋砖烟囱，没有发生震害。1975 年海城地震，一座四角包有角钢的方形砖烟囱，震后依旧完好。

2. 超烈度时有震害

1976 年唐山地震，位于 8 度区内的天津玻璃纤维厂，一座 40m 高的砖烟囱，在设计时，根据当时规定，设防烈度定为 7 度，按“（74）抗震规范”进行设计，在筒身 1/2 高度以上的筒壁内，沿周圈共配置了 18ϕ18 竖向钢筋，砖强度等级为 MU10，砂浆强度等级为 M5。震后，20m 标高以上的上半段筒身倒塌。位于 9 度区的唐山五七化肥厂锅炉房，也是按 7 度设防，一座高 32m 的砖烟囱，在 15m 标高以上的筒壁内，沿周圈配置 ϕ12 竖向钢筋，间距 500mm。震后，在靠近烟囱中部无配筋部位折断，塌落地面。此外，唐山地震时，位于 10 度区内的唐山钢厂和福利陶瓷厂，也有两座配筋砖烟囱折断、掉头。

砖筒支承水塔震害概况

一、砖筒破坏形态

砖筒支承水塔是采用砖筒来支承上面的水柜。水柜为带有坡底的钢筋混凝土圆筒形水箱；砖筒采用黏土砖砌筑，壁厚通常为 240mm 或 370mm，个别较大吨位水塔，壁厚为 490mm。砖筒内一般无配筋。

以往的各次地震中，均有一定数量的砖筒支承水塔遭到破坏。震害均发生在砖筒上，上部水柜未见有破坏迹象。据观察，砖筒的震害多发生在下部，而且多数为水平裂缝；斜向裂缝甚少，又多是水平裂缝的延伸（图 3-20*a*）。地震时，也曾发生过整个水塔倒塌的情况。图 3-20（*b*）为 1966 年邢台地震时位于 8 度区内的一座砖筒支承水塔，震后调查发现，砖筒在底层窗洞下口处出现水平通缝。

(*a*)

(*b*)

图 3-20 支承水塔的筒身裂缝

(*a*) 砖筒筒身斜裂缝；(*b*) 底层窗洞下的水平通缝

1975 年 2 月海城地震，位于 8 度区内的盘锦市二界沟，有一座砖筒支承水塔，由于砂土地基严重液化，发生不均匀沉陷，整座水塔倾斜，自砖筒底部折断后倒塌，基础翘起。

二、震害特点

砖筒支承水塔的震害多发生在砖筒的下部，与砖烟囱的震害多发生在筒身的上部，形成鲜明的对比。砖筒支承水塔中具有很大质量的水柜，设置在结构的顶部，使得它的振动特性接近于单质点体系，水平地震作用对砖筒产生的弯矩，在砖筒底部达到最大值；所以，破坏多发生在砖筒的下部。而砖烟囱的质量是均匀变化的，就其瘦长的截锥状体形状而言，属于高柔结构，因而它在地震反应中，高阶振型的影响显著，而且在结构的上部，高振型地震反应占据支配地位，使得烟囱的震害多发生在筒身的上部。

根据砖筒支承水塔震害发生在下部的特点，配筋的重点应该放在砖筒的下部。

4 场地

名词术语

1. 场地——工程群体所在地，具有相近的地震反应谱特性，其范围相当于一个厂区、居民小区、自然村或不小于1.0km^{2}面积的地域。

2. 场地类别——为适应抗震设计需要（确定设计反应谱特征周期和抗震措施），对建筑场地性质进行类别划分。决定场地类别的主要因素是场地土的软硬和覆盖层的厚薄。

3. 场地土——某一场地范围内，地表面以下20m且不深于覆盖层厚度范围内的土层。

4. 场地土类型——为确定场地类别而对场地土的软硬程度所作的分类，一般是根据场地土层的等效剪切波速的快慢将场地土划分为坚硬、中硬、中软和软弱。

5. 覆盖层厚度——由地表面至剪切波速大于500m/s的坚硬土或岩石顶面的土层厚度。

6. 活动断裂——地质历史上形成的晚更新世以来有活动、且将来有可能再度活动的地层断裂。活动断裂又分为发震断裂与非发震断裂两类。

7. 发震断裂——具有一定程度的地震活动性，其破裂属于建筑抗震设防所应考虑地震的地层断裂。全新世活动断裂中，近期（近500年来）发生过地震震级M≥5级的断裂，可定为发震断裂。

8. 非发震断裂——除发震断裂以外的断裂，在确定设防烈度或地震危险性时，并不认为它在工程设计基准期内会有活动的断裂。

9. 全新世活动断裂——在全新世地质时期（一万年）内有过地震活动或近期正在活动，在今后一百年可能继续活动的断裂。

10. 非全新世活动断裂——一万年（全新世）以前活动过、一万年以来没有发生过活动的断裂。

场地地震效应

一、小块地区烈度异常

1. 以往我国发生的多次地震，在符合地震正常衰减规律的烈度区内，往往出现一小块高一度或低一度的烈度异常区。在这些小块地区内，建筑物的破坏程度明显重于或轻于周围地区。

2. 历次地震宏观调查中，有时也发现相邻地区内的房屋，建筑结构和施工质量等情况基本相同，但震害程度却出现较大差异。

出现上述震害程度差异的主要原因，是这些小块地区的局部地形、地质及地基土质等条件不同于周围地区的缘故。

二、土质边坡

1. 1966年邢台地震、1975年海城地震和1976年唐山地震，一些河岸的土质边坡发生滑移，河岸地面出现多条平行于河流的裂隙，最远的一条裂隙到坡脚的水平距离S，对于一般黏性土坡体，约为坡高h的5倍；对于软黏土坡体，约为坡高h的10倍（图4-1）。坐落在该段河岸上的房屋，常因地面裂隙穿过而裂成数段。

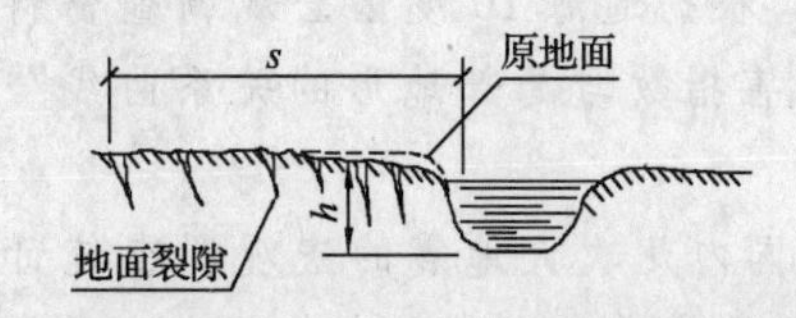

图4-1　土质边坡河岸的地面裂隙范围

2. 1970年通海地震，山脚下的一个土质缓坡，连同上面一个村庄向下滑移了一百多米，致使大量房屋倒塌。据调查，造成土坡滑移的最主要原因，是黏土层中的薄砂层和砂层透镜体下卧层在地震时发生液化，丧失剪切强度所致。

这类土质斜坡丧失稳定所造成的灾害，不能单靠加强上部结构来抗御，需要同时采取地基处理措施。

3. 上述场地属于抗震不利甚至危险地段，选择建筑场地时应尽可能地避开。

三、局部地形

1. 从国内几次大地震的宏观调查资料来看，岩质地形对烈度的影响不似非岩质地形的影响那么显著。例如通海、东川的许多很陡的岩石山坡，建筑震害未见有明显的加重；但位于高度达数十米的岩质条状山脊或孤立山包上的建筑物，由于地形的鞭端效应明显，振动加剧，震害程度加重，表现出烈度仍有增高的趋势。

2. 图4-2是条状突出山嘴使其上建筑地震反应复杂化的典型事例。1974年云南昭通地震，芦家湾大队所处地段，地形复杂，在范围不大的地区内，位于同一等高线上的房屋，震害程度相差悬殊，在条形山嘴的尖端，烈度相当于9度，稍向内则为7度，近大山处则为8度。

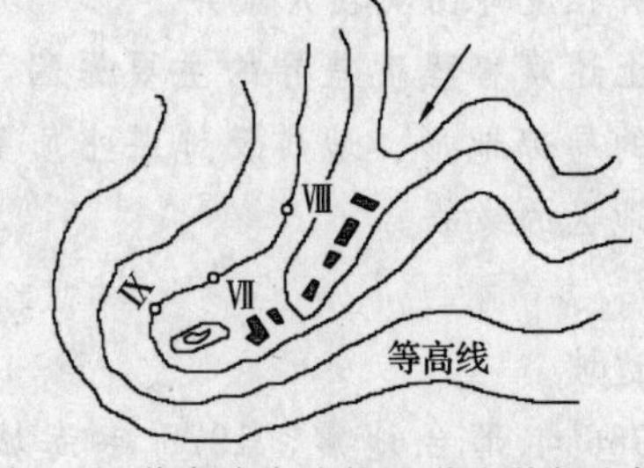

图 4-2　芦家湾大队的地形及烈度示意图

3. 就局部地形条件而言，非岩质地形对地震烈度的影响要比岩质地形的影响更为显著。通海地震的宏观调查数据表明，位于非岩质陡坡、陡坎、狭长丘陵顶部以及高差很大的狭长山梁顶部，房屋震害程度加重，地震烈度约增高一度。根据通海10度区宏观调查资料绘制的“房屋震害指数与局部地形的关系曲线”示于图4-3。

4. 国内几次大地震的宏观调查统计资料表明，位于局部突出山嘴和高耸孤立山丘（例如高度40m以上、高宽比大于1）上的建筑物所遭受的地震烈度，可能会比平坦地形上的建筑物高出0.5度到3度，破坏程度加重很多。表4-1列出我国几次大地震中，局部地形对地震烈度的影响。

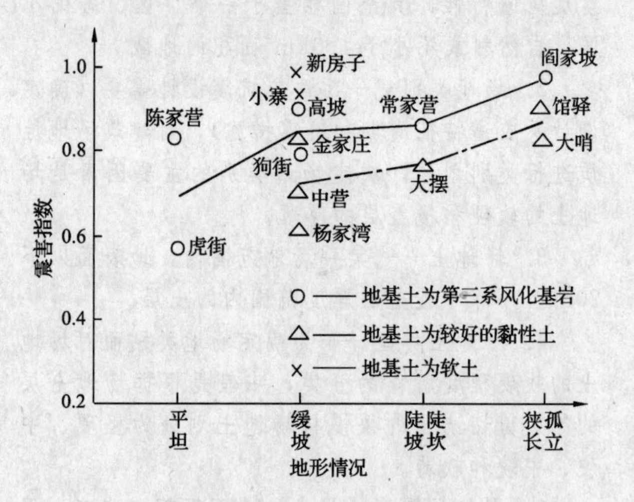

图 4-3　房屋震害指数与局部地形的关系曲线

局部突变地形对地震烈度的影响　　表 4-1

地震名称（年代）	震害差异描述	高差（m）	烈度差异
海原地震（1920，震级 M=8.5）	（1）甘谷县坐落在河谷地，冲积黄土上的姚庄，烈度为7，而相距仅2km的牛家山庄，坐落在黄土山嘴上，高出河谷100m左右，地基土与姚庄相似，烈度9度。	100	2度
	（2）天水县东柯河谷中街亭的烈度不足8度，而附近高出河谷150m左右黄土山梁上的北堡子、王家沽沱、何家堡子等村，烈度均为9度。	150	1度
东川地震（1966，M=6.5）	位于震中的狮子坡村，建在两条河谷交汇处突出山角上的房屋，倒塌率达83%，而相距仅约50m，建在洼地上的另一自然村，房屋仅受到严重破坏。		1度
邢台地震（1966，M=7.2）	宁晋上安村，位于高出平地500～100m的黄土台前缘，地震时房屋倒塌1/3以上，而附近平地上的村庄同类房屋破坏约5%。	50～100	1度
通海地震（1970，M=7.7）	（1）建水县利民乡某村位于狭长坝状山体的顶部：两边深切60m以上。该村震中距12.5km，震害指数达0.70； （2）建水县曲溪区位于平缓山坡上的王马寨，房屋倒塌率为31%，而紧邻东端位于山嘴上的大红坡，房屋倒塌率高达91%。	大于60	2度
永善—大关地震（1974，M=7.7）	卢家湾六队房屋分别位于一狭长山梁的端部，为一孤立突出的小山丘，在孤立突出最为显著的小山丘上烈度高达9度；在孤立突出较小的山梁靠近大山根部烈度就降低到8度；在孤立突出程度最小的山梁鞍部，烈度最低，仅为7度。	等高	2度
海城地震（1975，M=7.3）	他山铺某部队房屋建在山梁坡脚处，当地平缓地形的基岩上震害指数0.20，而位于山梁中、上部，高出约40m左右且地形较陡的基岩上房屋破坏较重，震害指数达0.27。	40	0.5度
唐山地震（1976，M=7.8）	迁西县景忠山顶部庙宇式建筑大多严重破坏和倒塌，烈度9度；而位于山脚周围七个村庄的烈度，普遍为6度。高差为300m	300	3度

四、不均匀地基

1. 1968年日本十胜冲地震，八户东高中一幢位于不均匀地基上的三层校舍，在建筑物两端的A点和B点（图4-4*a*）均取得了地震加速度纪录（图4-4*a*）。图中，实线表示在房屋东端A点测得的地震动加速度；虚线表示在房屋西端B点测得的地震动加速度。可以看出，位于沼泽地基上的B点，其峰值加速度约为粉质黏土上A点的2.1倍。此一实例说明，横跨在不同土质地基上的建筑物，处于对抗震很不利的工作状态。

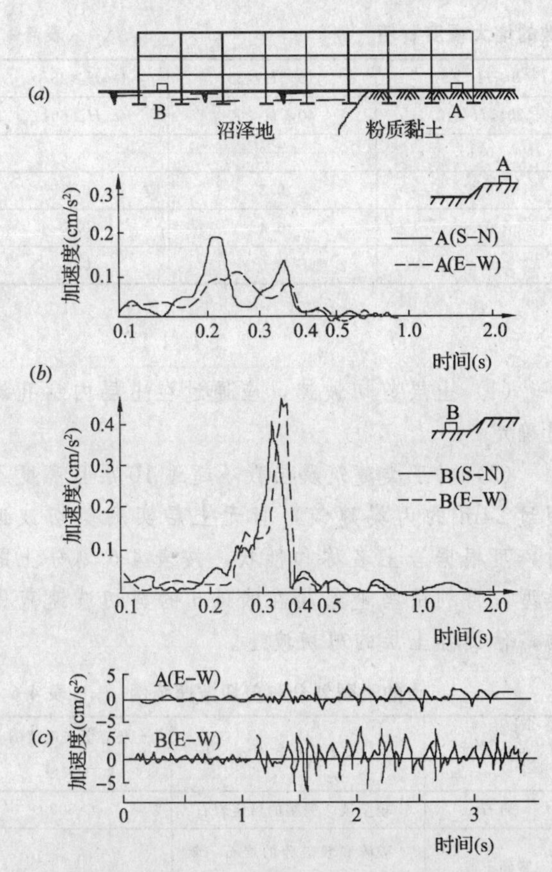

图4-4　不均匀地基上三层楼房的地震记录

（*a*）楼房纵剖面及测点位置；（*b*）（*c*）地震加速度记录

2. 事实说明，横跨在断层破碎带、半挖半填地基以及暗藏坑、塘上的建筑物，也会同样处于对抗震很不利的工作状态。

建筑场地选择

一、优选原则

1. 选择建筑场地时，应该从减小地震作用、防止地基失效的角度出发，来区分对建筑抗震有利、不利或危险的地段，尽量选择有利于建筑抗震的地段；避开不利地段；危险地段上不得建造甲、乙、丙类建筑。

2. 影响建筑抗震的三种情况是：①抗震有利地段，是指地震时地面无残余变形的较浅土层地段；②抗震不利地段，是指地震时可能产生明显地面变形或地基失效的地段；③抗震危险地段，是指地震时可能产生严重地面残余变形的地段。

二、各类地段的划分

根据抗震规范第4.1.1条的规定，表4-2列出对建筑抗震有利、不利和危险地段的划分。表中还给出各类地段地震时可能发生的震害。

有利、不利和危险地段的划分　　表4-2

地段类别	地质、地形、地貌	可能发生的震害
有利地段	（1）稳定基岩； （2）坚硬土； （3）开阔、平坦、密实、均匀的中硬土	
不利地段	（1）软弱土； （2）液化土； （3）饱和黄土	（1）土层液化或震陷引起的地下结构上浮； （2）地基、边坡失稳； （3）地基侧向扩展和流滑
	（1）条状突出的山嘴； （2）高耸孤立的山丘； （3）非均质的陡坡	（1）岩土失稳； （2）山坡和山顶地震作用加强，较坡脚高1～3度
	（1）河岸或边坡的边缘； （2）海滨； （3）故河道	（1）地裂和边坡失稳； （2）不均匀震陷
	平面分布上成因、岩性、状态明显不均匀的土层（如疏松的断层破碎带，暗埋的塘滨、沟谷和半填半挖地基）	（1）土层变化处地震作用增强且复杂； （2）不均匀震陷
危险地段	地下采空区	（1）塌陷； （2）地震反应异常
	地震时可能发生滑坡、崩塌、地陷、地裂、泥石流等及发震断裂带上可能发生地表错位的部位	（1）地表错位； （2）滑坡、地陷、地裂、崩塌、泥石流等

注：介于有利、不利地段之间的地段，可划为一般地段。

三、局部突出地形的放大作用

1. 抗震规范第4.1.8条规定：当需要在条状突出的山嘴、高耸孤立的山丘、非岩石和强风化岩石的陡坡、河岸和边坡边缘等不利地段上建造丙类及丙类以上建筑时，除保证其在地震作用下的稳定性外，尚应估计不利地段对设计地震动参数可能产生的放大作用，其水平地震影响系数最大值应乘以增大系数。其值应根据不利地段的具体情况确定，在1.1～1.6范围内采用。

2. 总体趋势

根据多次地震宏观震害和二维地震反应分析结

果，归纳出局部高突地形地震反应的总体趋向是：

(1) 距离基准面愈高，地震反应愈强烈；

(2) 距离局部高凸地形的顶部边缘愈远，地震反应愈小；

(3) 土质局部高凸地形比岩质局部高凸地形的地震反应要大；

(4) 边坡愈陡峭，顶部地震反应的放大效应愈大。

3. 放大系数的计算

取开阔、平坦地形的地震作用放大系数为1.0，则局部高凸地形的地震作用放大系数λ，可按下式计算：

$$\lambda = 1 + \xi\alpha \tag{4-1}$$

式中 ξ——附加调整系数，见表4-3；

α——地震动参数的增大幅度，按表4-4采用。

附加调整系数ξ值　表4-3

B/H	<2.5	2.5～(<5)	≥5
ξ值	1.0	0.6	0.3

注：H为台地或陡坡的高差（m）；B为建筑物至台地或陡坡边缘的最近距离。

局部高凸地形的地震动参数的增大幅度α值　表4-4

突出高度	非岩质地层	$H<5$	$5\leqslant H<15$	$15\leqslant H<25$	$H\geqslant 25$
H（m）	岩质地层	$H<20$	$20\leqslant H<40$	$40\leqslant H<60$	$H\geqslant 60$
突出台地边缘的平均坡率H/L	$H/L<30$	0	0.1	0.2	0.3
	$0.3\leqslant H/L<0.6$	0.1	0.2	0.3	0.4
	$0.6\leqslant H/L<1$	0.2	0.3	0.4	0.5
	$1\leqslant H/L$	0.3	0.4	0.5	0.6

注：1. H/L应按距离建筑的最近点考虑；

2. 本表适用于各种上地形：山包、山梁、悬崖、陡坎等。

场地分类

一、建筑场地类别

1. 划分场地类别的目的，是为了区分不同场地条件对其上建筑物所受地震作用大小的影响。

2. 场地类别划分的原则是：场地地面加速度反应谱相近者划分为一类。这样，针对同一类场地，就可采用同一个标准反应谱来确定建筑物的地震作用，以方便抗震设计。

3. 抗震规范第4.1.2条和第4.1.6条规定：

(1) 建筑场地的类别，应根据土层等效剪切波速v_{se}和场地覆盖层厚度d_o，按表4-5划分为四类。

(2) 当有可靠的剪切波速和覆盖层厚度数据，且其值处于表4-5中所列场地类别的分界线附近时，允许按插值方法，确定地震作用计算时所用的设计特征周期。

各类建筑场地的覆盖层厚度d_o（m）　表4-5

土层等效剪切波速	建筑场地类别				
v_{se}（m/s）	Ⅰ₀类	Ⅰ₁类	Ⅱ类	Ⅲ类	Ⅳ类
$v_s>800$	0				
$800\geqslant v_{se}>500$		0			
$500\geqslant v_{se}>250$		<5	≥5		
$250\geqslant v_{se}>150$		<3	3～50	>50	
$v_{se}\leqslant 150$		<3	3～15	(>15)～80	>80

二、土层剪切波速

1. 单层土

抗震规范第4.1.3条规定：

(1) 土层剪切波速，应通过在土层内钻孔测量确定；

(2) 对丁类建筑及层数不超过10层且高度不超过24m的丙类建筑，当无土层实测剪切波速时，可根据岩土名称和性状，按表4-6划分土的类型，再利用当地经验在表4-6的剪切波速范围内，估计各土层的剪切波速。

土的类型划分和剪切波速范围　表4-6

土的类型	岩土名称和性状	土层剪切波速范围 v_s（m/s）
岩石	较坚硬、完整的稳定岩石	$v_s>800$
坚硬土或软质岩石	破碎和较破碎的岩石，软和较软的岩石，密实的碎石土	$800\geqslant v_s>500$
中硬土	中密、稍密的碎石土，密实、中密的砾、粗、中砂，$f_{ak}>150$的黏性土和粉土，坚硬黄土	$500\geqslant v_s>250$
中软土	稍密的砾、粗、中砂，除松散外的细、粉砂，$f_{ak}\leqslant 150$的黏性土和粉土，$f_{ak}\geqslant 130$的填土，可塑黄土	$250\geqslant v_s>150$
软弱土	淤泥和淤泥质土，松散的砂，新近沉积的粘性土和粉土，$f_{ak}<130$的填土，新近堆积黄土和流塑黄土	$v_s\leqslant 150$

注：1. f_{ak}为地基土静承载力特征值（kPa）；2. v_s为岩土剪切波速。

2. 多层土

(1) 对于多层土，场地类别需根据“场地评定用计算深度”d_0范围内多层土的等效剪切波速v_{se}来划分。

(2) 多层土等效剪切波速的含义是：剪切波在各分层土中以不同波速穿过整个深度d_0所需的时间，与以假想的“平均”等效剪切波速穿过整个深度各层土的时间是相等的。

(3) 多层土的等效剪切波速v_{se} (m/s)，可按下列公式计算：

$$v_{se}=d_0/t \tag{4-2}$$

$$t=\sum_{i=1}^{n}(d_i/v_{si}) \tag{4-3}$$

式中 d_0——场地评定用的土层计算深度 (m)，取场地覆盖层厚度与 20m 两者中的较小值；

t——剪切波在地表与计算深度之间整个土层内的传播时间；

n——计算深度范围内土层的分层数；

d_i、v_{si}——计算深度范围内第 i 土层的厚度 (m) 和剪切波速 (m/s)。

三、场地覆盖层厚度的确定

抗震规范第 4.1.4 条规定：建筑场地覆盖层厚度的确定，应符合下列要求：

1. 一般情况下，应按地面至剪切波速大于 500m/s 的坚硬土层或岩层顶面的距离确定，且该深度以下岩层、土层的剪切波速均大于 500m/s。

2. 当地面 5m 以下存在剪切波速大于其上部各土层剪切波速的 2.5 倍的土层，且其下卧各岩土的剪切波速均不小于 400m/s 时，可按地面至该土层顶面的距离确定。

3. 剪切波速大于 500m/s 的弧石、透镜体，应视同周围土层。

4. 土层中的火山岩硬夹层，应视为刚体，其厚度应从覆盖土层中扣除。

四、场地类别对地震作用的影响

1. 从抗震规范所规定的地震反应谱——地震影响系数曲线 (参见图 6-6 和表 6-3) 可以看出：①场地类别仅对反应谱的特征周期 T_g即反应谱形状的胖瘦产生影响；②未考虑场地类别对谱加速度最大值 α_{max}的影响，这是因为这一影响比较复杂，很难用简单的场地分类方法来加以预测。

2. 1989 年美国 Loma Prieta 地震，旧金山海湾地区，位于软土层上的若干台站的强震记录反应谱，其短周期和长周期段的数值均远大于基岩上的强震记录反应谱 (图 4-5)。1989 年亚美尼亚地震和 1992 年土耳其 Ezinca 地震，也曾发生软土层对地震动强度的放大效应。这一情况值得注意。[2]

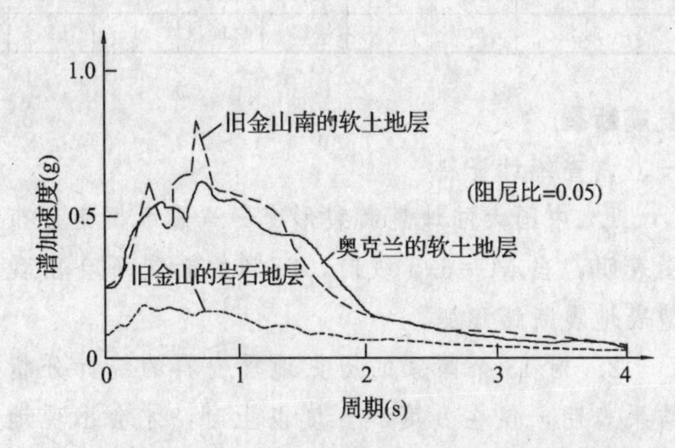

图 4-5 1989 年美国 Loma Prieta 地震时土层和基岩的谱加速度

3. 1976 年委内瑞拉地震，在加拉加斯市区，建筑物的破坏程度有明显的地区性，不同层数房屋的破坏率与地基土层厚度密切相关 (图 4-6)：①当土层厚度为 50m 时，3～5 层房屋的破坏率最高；②当土层厚度为 70m 时，5～9 层房屋的破坏率最高；③ 10 层以上房屋的破坏率，随土层厚度增加而加大，14 层以上房屋就更加显著，当冲积层的厚度大于 160m 时，破坏率达到最大值；④ 10～14 层房屋，当土层厚度大于 200m 时，破坏率就不再增长；⑤基岩上各类房屋的破坏率普遍较轻。

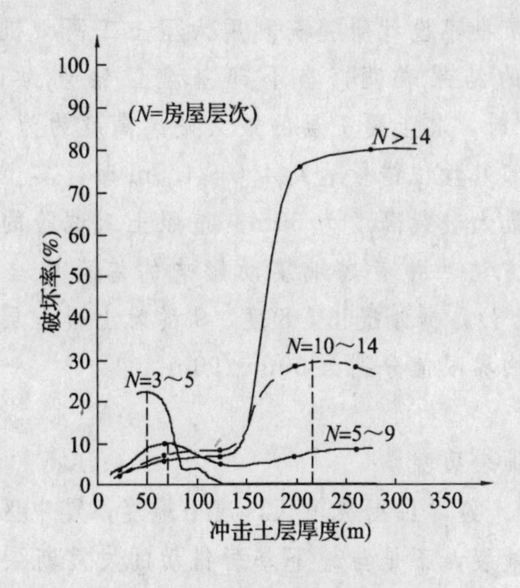

图 4-6 1967 年加拉加斯地震时不同层数房屋破坏率与土层厚度的关系

1967年委内瑞拉地震后，曾对加拉加斯市建筑物的破坏状况进行了普查，不同层数房屋破坏率与地基土冲积层厚度（到基岩）的统计数字列于表4-7。

1967年加拉加斯地震时不同层数房屋破坏率与冲积层厚度的关系 表4-7

冲积层厚度(m) / 房屋层数	0～45			45～90			90～160			160～230			230～300		
	总幢数	破坏幢数	破坏率	总幢数	破坏幢数	破坏率	总幢数	破坏幢数	破坏率	总幢数	破坏幢数	破坏率	总幢数	破坏幢数	破坏率
5～9层	230	3	3%	285	27	1%	130	7	5%	60	4	7%	70	6	9%
10～14层	148	3	2%	124	9	7%	62	5	8%	31	9	29%	48	14	29%
14～24层	90	3	3%	17	1	6%	15	1	7%	8	6	75%	15	12	80%

发震断裂

一、调查统计资料

1. 中国大陆地震断裂形变——震级概率分布图表明，当M＝6.5级时，95%的断裂不会出现地表地震断错形变。

2. 对13个国家的历史地震资料的统计分析结果表明，仅在8度和8度以上时，才会出现地表地裂。

据此可以断定，在地震烈度为8度及8度以上时，才需考虑地表位错对工程建设的影响。

二、隐伏发震断裂对地面建筑的影响

1. 隐伏断裂是指埋藏在覆盖土层下面的岩层断裂。

2. 根据我国49次地震的调查资料，当震级M＝6.0～6.9时，地表位错量的平均值为1.7m（水平）和0.7m（竖向）；当震级M＝7.0～7.9时，地表位错量的平均值为3.9m（水平）和2.1m（竖向）。

3. 关于基岩以上的覆盖土层有多厚、是什么土层，地面建筑方可不考虑隐状断裂的错动影响。北京市勘察设计研究院利用大型土工离心机模拟实验的结果表明，当下部基盘位错量为1.0～3.0m时，其上覆土层的最大破裂高度约为20m；当下部基盘位错量达到4.0～4.5m时，其上覆土层的最大破裂高度为30m。按照土工试验的常规取值方法，并考虑地震动影响的综合安全系数（取为3），据此提出，8度、9度时上覆土层安全厚度的界限值分别为60m、90m。

三、地表裂隙

1. 经详细勘察确认，唐山地震，震中区的很多条地裂，不是与地下基岩错动的发震断裂直接相关的直通地表的构造地裂，而是由于地面振动，地面应力形成的地表裂隙，仅分布于地面以下3.0m左右范围内，下部土层并未错断。

2. 多次地震调查表明，对于具有一定埋深的正规建筑，地表裂隙不是中断就是绕开建筑物，对建筑本身没有多大影响。

四、地裂带宽度

1. 地震时发震断裂在地表形成的地裂带宽度存在如下规律：①震级愈大，地裂带愈宽；②倾滑型大于走滑型；③平原地区大于基岩出露区。

2. 地震地表地裂一般分布在一个相当宽的条带范围内，常呈雁列、平行、共轭或不规则等形式，除了一条相对位错大、延伸长的主地裂外，其两侧常分布一些位错较小、延伸较短的分支或次级地裂。根据统计分析资料给出的断错形变宽度的概率指数列于表4-8。

我国地震地表地裂断错形变最大宽度的概率指数

表4-8

断错形变宽度（m）	概率指数
<100	0.5
100～300	0.4
300～500	0.2
>500	0.05

3. 研究分析结果指出：对建筑物影响较大的是与发震断裂直接相关的直通地表的较窄地裂，其外围与发震断裂间接相关的、各种应力造成的地裂，对正规建筑影响不大。

4. 综合上述情况，避让主断裂的距离宜为：8度时，乙类、丙类建筑分别为300m和200m；9度时，乙类、丙类建筑分别为500m和300m。

五、规范规定

《抗震规范》第4.1.7条规定：场地内存在发震断裂时，应对断裂的工程影响进行评价，并应符合下列要求：

1. 对符合下列规定之一的情况，可忽略发震断裂错动对地面建筑的影响：

(1) 抗震设防烈度小于8度；

(2) 非全新世活动断裂；

(3) 抗震设防烈度为8度和9度时，隐伏断裂的土层覆盖厚度分别大于60m和90m。

2. 对不符合本条第1款规定的情况，应避开主断裂带。其避让距离不宜小于表4-9对发震断裂最小避让距离的规定。

发震断裂的最小避让距离（m）　　表4-9

建筑抗震设防类别		甲类	乙类	丙类	丁类
设防烈度	8度	专门研究	300	200	—
	9度	专门研究	500	300	—

5 地基和基础

天然地基

一、地基震害

1. 1962～1971年间邢台、通海等8次强地震，建筑地基震害的事例及其发生原因，列于表5-1。由于这几次地震多发生在内地的山区、丘陵和平原，所以地基震害中不均匀地基所占比重较大。

1962～1971年间8次地震时天然地基的震害

表5-1

地基震害原因	场地实际烈度				受害建筑幢数	所占比例
	6度	7度	8度	9度		
土层液化	—	6	—	6	12	28%
软土震陷	3	—	1	1	5①	12%
不均匀地基	5	10	2	2	19②	44%
杂填土沟边	1	2	—	—	3	7%
原因不明	—	—	—	—	4	9%

①软土地基震害的5例中，有4例在静力下已有破坏，震后加重；

②不均匀地基的19例震害中，有7例在静力下已有破坏，震后加重。

2. 1975年和1976年的海城、唐山地震，地基震害造成建筑破坏的事例及其发生原因，列于表5-2。由于此两次地震发生在沿海地区，液化和软土震陷所占比例较大。

海城、唐山地震时天然地基的震害　　表5-2

地基震害原因	场地实际烈度					受害建筑幢数	所占比例
	6度	7度	8度	9度	10度		
土层液化	—	4	10	4	2	20	45%
软土震陷	—	14	4		—	9	20%
填土地基	1	1	2	—	1	5	12%
不均匀地基	—	1	1	1	—	3	7%
其他	—	—	2	1	4	7	16%

3. 国外资料

(1) 1990年菲律宾地震，7.8级，产生大范围液化，液化层深10m，多达7400幢2～5层建筑遭到破坏，液化震陷量为0.5～1.5m。

(2) 1995年日本阪神地震，神户市海滨及两个人工岛普遍液化，液化深度达－19～－20m，众多港口设施和建筑遭到破坏，不少桩基也遭到破坏。此次地震液化的特点是，地基侧向扩展现象突出，并出现了砾石液化问题。

(3) 1985年墨西哥地震，在场地和地基方面有两个问题比较突出：①软土场地的卓越周期约为2s，与十几层高楼的自振周期相接近，以致近百幢高楼因发生类共振而破坏。②墨西哥城的地基为火山灰堆积层，大多数5～15层楼房均采用摩擦桩基。此次地震，不少桩基产生不均匀沉降和倾斜，甚至倾覆。

某14层高楼的桩基，产生3m多的震陷。支承于28m长桩上的某高楼，震前有0.25m的均匀下沉，地震使它产生0.5m左右的不均匀下沉，以致大楼倾斜率达3.3%，上部框架结构严重破坏。某9层高楼，地下一层，箱基，桩长22m，大楼重心与桩基平面形心存在1.4m的偏心，地震使该楼整体倾倒。

(4) 1999年我国台湾7.3级地震，地基大面积液化，台北、台中市多处地基下沉，导致建筑倒塌。台北市一大型建筑，4层以下陷入地下。云林县某15层楼房，1～3层陷入地下。台中市巴黎大厦12层楼群中有两幢倾斜。

(5) 1990年土耳其地震，Adapagari市中心区普遍发生地基震陷、倾斜以及建筑周围地面隆起。采用筏基的某4层楼房，位于土层液化区边界处，地基为砂砾，震后楼房整体倾斜达60度。某5层钢筋混凝土框架楼房，地基液化，四周地面隆起，楼房下沉、倾斜，底层柱顶严重破坏。

4. 地基震害特点

(1) 破坏率小——地基震害的实例相对较少。1962～1971年间的8次地震，地基失效的实例仅有43起，而房屋上部结构的破坏多达万例。1976年唐山地震，对7～11度区内中软到软弱场地上的房屋震害调查结果表明，上部结构破坏的为224例，而发生明显地基基础震害的仅7例，占3%。

(2) 原因明确——地基破坏的主要原因为砂土液化、软土弱化和不均匀地基差异沉降。

(3) 地区性强——唐山地震时，地基震害主要集中在天津市的海河故道区和汉沽、新港、北塘等软土区。

二、抗震承载力

1. 计算原则

(1) 地基和基础的抗震验算，采用“拟静力法”，即假定地震作用如同静力。

(2) 一般仅考虑水平方向的地震作用，个别情况才计算竖向地震作用。

(3) 验算天然地基基础时，应采用地震作用效应标准组合计算基底压力。

(4) 地基抗震承载力，应取地基承载力特征值乘以地基抗震承载力调整系数。

2. 地基抗震承载力

《抗震规范》第4.2.3条规定，进行天然地基基础抗震验算时，地基土抗震承载力应按下式计算：

$$f_{aE}=\zeta_a f_a \tag{5-1}$$

式中　f_{aE}——调整后的地基土抗震承载力设计值；

ζ_a——地基土抗震承载力调整系数，按表5-3采用；

f_a——深度、宽度修正后的地基土静承载力设计值（地基承载力特征值），按GB 50007《建筑地基基础设计规范》第5.2.4条确定。

地基土抗震承载力调整系数ζ_a　　表5-3

岩土名称和性状	ζ_a
岩石，密实的碎石土，密实的砾、粗、中砂，$f_{ak}\geqslant$300kPa的黏性土和粉土	1.5
中密、稍密的碎石土，中密和稍密的砾、粗、中砂，密实和中密的细、粉砂，150kPa$\leqslant f_{ak}<$300kPa的黏性土和粉土，坚硬黄土	1.3
稍密的细、粉砂，100kPa$\leqslant f_{ak}<$150kPa的黏性土和粉土，可塑黄土	1.1
淤泥，淤泥质土，松散的砂，杂填土，新近堆积黄土及流塑黄土	1.0

3. 地基竖向承载力验算

(1) 验算天然地基地震作用下的竖向承载力时，按地震作用效应标准组合时的基础底面平均压力和边缘最大压力，应符合下列各式要求：

$$p\leqslant f_{aE} \tag{5-2}$$

$$p_{max}\leqslant 1.2f_{aE} \tag{5-3}$$

式中　p——基础底面地震作用效应标准组合的平均压力；

p_{max}——基础底面边缘地震作用效应标准组合的最大压力。

(2) 高宽比大于4的高层建筑，在地震作用下基础底面不宜出现拉应力；其他建筑，基础底面与地基土之间零应力区面积，不应超过基础底面面积的15%。

软土地基

一、软土震陷机理

软土是指天然孔隙比大于或等于1.0且天然含水量大于液限的细粒土，包括淤泥、淤泥质土、泥炭、泥炭质土等。地震时软土地基由于受到下列因素的作用而产生震陷：

1. 土粒粘着水膜中水分子的规则排列，因振动引起的反复剪切而遭到破坏，从而降低了软土的抗剪强度。

2. 土粒的往复运动，使软土的加固粘着力遭到破坏，土的强度降低。

3. 土体原有静剪应力加上地震引起的动剪应力，总值加大，从而使软土中的塑性区增大，塑性变形增加。

4. 振动使土体中的孔隙水和气体排出，体积减小。

二、震陷实例

1. 1976年唐山地震，天津市软土地区三、四层楼房普遍产生较大的震陷。例如，天津的汉沽、新港、北塘的地基土为海相沉积淤泥质土层，其孔隙比在1.3以上，含水量大于45%，承载力很低，一般为60～80kPa。在建筑物自重作用下，震前房屋已下沉300～500mm，唐山地震时产生很大震陷和倾斜。例如天津建港村三层砖混结构住宅群，采用条形基础，震前沉降量为230～410mm，地震时的突然沉陷量为40～150mm。又如天津新港望海楼三、四层砖混结构建筑群，震前沉降量为200～380mm，地震时的突然沉陷量为140～240mm（表5-4）。

天津市软土地基上三、四层楼房的沉陷量　　表5-4

建筑物名称	建筑物情况	地基情况	震前沉降(mm)	震陷值(mm)	备注
天津建港村4号楼	三层，住宅，条基	软土	230	110	多数
7号楼		容许承载力	420	70	建筑
8号楼		40～60kPa	390	70	震前
10号楼			340	40	固结
12号楼			345	50	沉降
14号楼			410	150	未完
七中			380	55	成
天津新港望海楼建筑群	住宅	允许承载力为55kPa	200	140	
3号楼	三层，筏基，埋深0.6m		220	170	
4号楼	三层，筏基，埋深0.6m		230	144	
7号楼	三层，筏基，埋深0.6m		380	244	
15号楼	四层，筏基，埋深0.6m	允许承载力60kPa	230	240	
17号楼	四层，筏基，埋深0.6m		300	150	
20号楼	四层，筏基，埋深0.6m				
塘沽食用油库四个罐		吹填土	平均1440mm倾斜62mm	20mm，倾斜增至250mm	

2. 根据调查统计资料，表5-5列出1976年唐山地震时，天津市不同软土地基上采用不同类型基础砖混楼房的平均震陷量。

3. 从表5-5中的数据可以看出：①软土的震陷量与地基承载力密切相关；②承载力特征值在80～90kPa及以上的一般性软土，当地震烈度为8度到9度时，对不同类型基础，其平均震陷量为4.8～33.8mm；③淤泥和淤泥质土，则为66～150mm。

天津市不同软土地基、不同类型基础砖混楼房的震陷量

表5-5

地基土性	基本承载力（kPa）	基础类型	平均震陷（mm）	备注
一般性软土	120～140	条基	7.6	天津市区
		筏基	8.6	
		桩基	1.9	
上有杂填土的一般性软土	80～90	条基	5.7	天津市区
		筏基	33.8	
		桩基	4.8	
淤泥和淤泥质软土	40～50	条基	66.8	塘沽新港区
		筏基	150.5	
		桩基		

三、软土震陷的判别

地基中软弱黏性土层的震陷判别，可采用下列方法。饱和粉质黏土震陷的危害性和抗震陷措施应根据沉降和横向变形大小等因素综合研究确定。

1. 塑性指数小于15的饱和粉质黏土，当满足下列条件之一时应判为震陷性软土：

$$W_S \geqslant 0.9W_L \quad (5\text{-}4)$$

$$I_L \geqslant 0.75 \quad (5\text{-}5)$$

式中 W_S——天然饱和含水量；

W_L——液限含水量，采用液、塑限联合测定法测定；

I_L——液性指数。

2. 无侧限抗压强度小于50kPa。

3. 标准贯入锤击数不大于4。

4. 灵敏度不小于4。

四、不考虑软土震陷影响的条件

抗震设计时，遇到表5-6中所列的情况，可不考虑地基下卧软土层震陷对地面建筑的影响。

不考虑软土震陷影响的条件 **表5-6**

设防烈度＼条件	静承载力（kPa）	上覆非软弱土层厚度（m）	软弱土层厚度（m）	平均剪切波速（m/s）	动静强度比
8度	>30	>10	<10	>120	>0.75
9度	>100	>15	<2	>150	>1.0

五、抗软土震陷措施

为防止地基软土震陷对地面建筑的危害，首要的是做好基础静力设计，并综合考虑上部结构、基础和地基，适当采取下列措施：

1. 上部结构要做到对称、均衡，具有足够的竖向刚度；合理地设置沉降缝，减少房屋长高比；避免采用对不均匀沉降敏感的结构类型。

2. 采用整体性强、竖向刚度大的基础型式，如箱基、筏基。

3. 设置地下室或半地下室，以减小基础底面压应力。

4. 确定合适的基础埋置深度。当软弱黏土层有较好的覆盖土层时，多层民用建筑宜采取浅埋基础，使基础底面以下存有足够厚度的非软土层。

5. 必要时应采用桩基或采用加密或换土法等地基加固处理措施。

不均匀地基

一、不均匀地基的类型

不均匀地基是指平面分布上成因、岩性或状态明显不同的地基，例如：

1. 故河道、暗藏沟坑边缘地带。

2. 边坡的半挖半填地段。

3. 建筑物的一端或一侧的地基内存在局部的或不均匀的可液化土层。

4. 地下采空区、防空洞或隧道。

5. 一幢建筑物的地基存在下述情况：①部分为基岩，部分为非岩质土层；②部分为老土，部分为新填土；③土层厚薄差别很大；④大块孤石或局部软土等。

二、震害特点

1. 静载和地震时均产生不均匀沉降，不均匀沉降多发生在平面上软硬土层交界处附近或土层厚度变化处。

2. 有崩塌、失稳、下陷或沿倾斜岩层面滑移的可能。

3. 地震波在土层界面处的反射与折射，使土层的交接面附近地震反应增强和复杂化，使横跨其上的建筑物的震害加重。

三、防治措施

1. 采取不同的基础埋深和桩长，将基础坐落在相同岩性的土层上。

2. 采用沉降缝将较长建筑分隔成较短的独立单元，并使每个单元具有较强的整体性和竖向刚度。

液化土地基

一、液化机理

1. 液化是指物体由固态转变为液态的一种现象。

2. 饱和水的砂土和粉土，地震时土中孔隙水压就会急剧上升，当孔隙水压上升到等于土粒间的有效压力时，土粒因处于失重而呈悬浮状态，整个土体变成可以随水流动的混浊液。

二、液化危害的表现形式

1. 喷水冒砂——地震时液化土层孔隙水压形成的水头高出地面时，水和砂就会一齐涌出地面，建筑物基础因地基水土流失而下沉或不均匀下沉。

2. 地基失效——砂土液化时孔隙水压上升，土中有效应力减小，使土的抗剪强度大幅度降低，地基承载力减小，基础下沉。下沉量通常达数十厘米，甚至达到2～3m。

3. 液化侧向扩展——液化土层多属河流中、下游的冲积层，在地质成因上就使液化土层面具有走向河心的倾斜，地震时上覆倾斜土层自重的水平分力和水平地震力，一旦超过液化土层降低了的抗剪强度，上覆土层就会随同液化土层一起流向河心。此种现象多发生于地面倾斜度>5°的平缓岸坡或海滨。液化侧扩的范围多发生在距河边100～200m，黄河、辽河等大河流的下流，可达500m。

液化侧扩的发生率虽然比液化地基失效要少，但对河岸边、海边和故河道地段上建筑物的危害甚大。

三、地基土液化危害实例

1976年唐山地震，滨海地区地基土发生大面积液化，基础产生较大幅度的沉陷，致使建筑物受到较严重的破坏。表5-7列出天津市等地区一些建筑物的实测液化震陷量。

唐山地震建筑物地基土液化的实测震陷量　　表5-7

建筑名称	结构状况	地基土状况	液化震陷量
天津毛条厂	单层厂房	$H_1=3.5$m，$H_2=5$m	80～220mm
天津上古林石化18栋住宅	多层、砖混	$H_1=2.4$m，$H_2=4.3$m	200～380mm
开滦范各庄选煤厂	厂　房	喷　冒	200～700mm
吕家坨托儿所锅炉房	框架，筏基	喷　冒	187mm（倾斜20°）
徐家楼矿井塔	塔架，高5.0m	$H_1=2$m，$H_2=8$m	200～290mm
天津第一机床厂	单层厂房	$H_1\approx5$m，$H_2\approx5$m	75～300mm
天津医院	多层框架	$H_1=6.5$m，$H_2=8$m	30～40mm
天津气象台塔楼	多　层	$H_1=4$m，$H_2=1.5$m	12～29mm
天津化工厂盐水罐	容积50m³	液化深度-14m	不均匀沉降500mm，倾斜8°
同厂，苯储罐	直径1.5m，高13m，筏基	液化深度-14m	不均匀沉降500mm，倾斜6°
通县西集土粮仓	单　层	$H_1=4$m，$H_2=10$m	60mm
通县王庄农舍	单　层	$H_1=3.5$m，$H_2=3.7$m	～1000mm
邯郸电厂	厂　房	液化粉土	～100mm
营口高家农场草堆	高3m	液化砂土	～2000mm
营口田庄台选纸厂座吊		液化砂土	竖向40，水平位移900mm
营口新生农场水塔	高30m		～1000mm
营口东风排灌站三个闸门	混凝土结构	液化砂土	闸门间相互不均匀沉降690mm
天津大沽化工厂合成车间	多层厂房	液化砂土	沉降差100mm
天津吴咀煤厂	单层厂房	$H_1=4$m，$H_2=1$m	<6mm
天津7201油库8个5000m³罐	钢罐，地震时无油	液化喷冒	100～200mm

注：H_1——上覆非液化层厚；H_2——液化层厚。

四、液化判别

1. 不液化土

《抗震规范》第 4.3.3 条规定：饱和的砂土、粉土（不含黄土），当符合下列条件之一时，可初步判别为不液化土或可不考虑液化影响：

(1) 地质年代为第四纪晚更新世（Q_3）及其以前的土层，当设防烈度为 7 度或 8 度时，可判为不液化土。

(2) 粉土的黏粒（粒径小于 0.005mm 的颗粒）含量百分率，7、8、9 度分别不小于 10、13 和 16 时，可判为不液化土。

2. 不考虑液化影响

《抗震规范》第 4.3.3 条规定：浅埋天然地基的建筑，当上覆盖非液化土层厚度和地下水位深度符合下列条件之一时，可不考虑下卧土层液化对建筑物的影响。

$$d_u > d_o + d_b - 2 \quad (5\text{-}6)$$

$$d_w > d_o + d_b - 3 \quad (5\text{-}7)$$

$$d_u + d_w > 1.5d_o + 2d_b - 4.5 \quad (5\text{-}8)$$

式中 d_w——地下水位深度（m），宜按设计基准期内年平均最高水位采用，也可按近期内年最高水位采用；

d_u——上覆盖非液化土层厚度（m），计算时宜将其中的淤泥和淤泥质土层扣除；

d_b——基础埋置深度（m），不超过 2m 时应采用 2m；

d_o——液化土特征深度（m），按表 5-8 取值。

液化土特征深度 d_o（m）　　表 5-8

土的类别＼设防烈度	7 度	8 度	9 度
饱和粉土	6	7	8
饱和砂土	7	8	9

3. 液化土

地面下 20m 深度范围内存在饱和砂土、饱和粉土时，应进行液化判别。

(1) 《抗震规范》第 4.3.4 条规定：当饱和砂土、粉土的初步判别认为需进一步进行液化判别时，应采用“标准贯入试验判别法”判别地面下 15m 深度范围内土的液化；当采用桩基或埋深大于 5m 的深基础时，尚应判别 15～20m 深度范围内土的液化。

(2) 当饱和土实测“标准贯入锤击数”N（未经杆长修正）小于液化判别“标准贯入锤击数”临界值 N_{cr} 时，应判为液化土。

在地面下 20m 深度范围内，液化判别“标准贯入锤击数”临界值 N_{cr} 可按下式计算：

$$N_{cr} = N_o\ [0.6\ln(d_s) - 0.1d_w + 0.5]\ \sqrt{3/\rho_c} \quad (5\text{-}9)$$

式中 N_o——液化判别“标准贯入锤击数”基准值，按表 5-9 取值；

d_s——饱和土标准贯入点深度（m）；

d_w——地下水位深度（m）；

ρ_c——黏粒含量百分率，当小于 3 或为砂土时，取 $\rho_c = 3$。

液化判别“标准贯入锤击数”基准值 N_o　　表 5-9

抗震设防烈度		7 度		8 度		9 度
设计基本地震加速度		0.1g	0.15g	0.2g	0.3g	0.4g
设计地震分组	第一组	5	7	9	2	16
	第二组	6	8	11	14	17
	第三组	7	10	13	16	19

五、液化危害等级

1. 经过判别确定为地震时可能液化的土层，应预估液化土对工程可能带来的危害。一般情况是，液化层的土质愈松，土层愈厚，埋深愈浅，地震愈强，则液化危害等级愈高，对地面建筑的危害性愈大。

2.《抗震规范》第 4.3.5 条规定：对存在液化土层的地基，应探明各液化土层的深度和厚度，并根据每个钻孔的标准贯入锤击数，按式（5-10）计算每个钻孔的液化指数 I_{lE}，并按表 5-10 综合划定地基的液化等级。

$$I_{lE} = \eta \sum_{i=1}^{n} \left(1 - \frac{N_i}{N_{cri}}\right) d_i W_i \quad (5\text{-}10)$$

式中 N_i、N_{cri}——分别为液化层中第 i 个标贯点的实测锤击数（未经杆长修正）和临界锤击数，当实测值大于临界值时应取临界值的数值；

n——在判别深度范围内，每一个钻孔内标准贯入试验点的总数；

d_i——i 点所代表的土层厚度（m），可采用与该标准贯入试验点相邻的上、下两个标准贯入试验点深度差的一半，但上界不高于地下水位深度，下界不深于液化深度；

W_i——第 i 土层单位土层厚度的层位影响权函数值（单位为

m^{-1})。当该土层中点的深度不大于 5m 时，应取 10；等于 20m 时，应取零值；5～20m 时，应按线性内插法取值；

η——液化敏感指数，一般建筑，取 1.0；对液化沉陷敏感的建筑，取 1.1。

地基液化等级与液化指数的对应关系　　表 5-10

液化等级	轻　微	中　等	严　重
液化指数 I_{lE}	$0<I_{lE}\leqslant 6$	$6<I_{lE}\leqslant 18$	$I_{lE}>18$

六、建筑实际震害与液化指数的关系

海城、唐山地震，共有 31 幢建筑受到地基液化的危害。根据这些建筑的地基土层柱状图，对这 31 幢建筑地基进行了液化指数 I_{lE} 的计算，并将这些计算结果与建筑物震害状况，一并列于表 5-11。

从表 5-11 中的对比情况可以看出，I_{lE} 数值的大小与场地喷水冒砂及建筑破坏的严重程度，存在着明显的对应关系：液化指数小，场地喷水冒砂量就少，建筑所受到的危害就轻；液化指数大，场地喷水冒砂量就多，建筑破坏程度就重。

受震建筑实例地基液化指数与震害程度的对应关系　　表 5-11

序号	场地名称	地震烈度	土类	液化指数	场地喷水冒砂情况	由液化引起的工程震害
1	天津吴咀煤厂	8	粉土	0.59	地面有喷水冒砂	建筑物无破坏
2	芦台二招及粮食-库	9	粉土	1.52	有 4～5 个喷孔，轻微液化	房屋无震害
3	九龙山	7	砂土	1.63	仅水塘洼地偶有喷水冒砂，场地未液化	（场地无房屋）
4	天津小刘庄冶金试验厂	8	砂土	1.65	轻微喷水冒砂	房屋无震害
5	昌黎七里海	7	砂土	1.75	仅洼处喷水冒砂	无房屋
6	四十二中食堂前	8	砂土	2.61	门前喷水冒砂，不严重	无
7	乐亭棉油加工厂后院	8	砂土	2.90	局部点喷	无
8	芦台水产公司	9	粉土	3.19	喷水冒砂较多	
9	天津大王庄石油站	8	砂土	3.60	有轻微喷水冒砂	油罐下沉
10	军粮城-塘沽公路	8	粉土	3.68	喷水冒砂不严重	无房屋
11	盘锦辽化主厂房	7	砂土	4	厂区喷孔 32 个	散装库 K-16 基础的空心桩中喷砂，造粒塔柱基完好
12	天津詹庄子村里	8	粉土	4.04	轻微喷水冒砂	无
13	天津上古林生活区	8	粉土	4.90	场地普遍喷水冒砂，建筑物附近有地裂	10 余栋 3～4 层住宅产生 20mm 左右的沉降和倾斜；多数房屋震后修复使用；房屋四周喷水冒砂，室内未喷水冒砂
14	滦县余庄坨	9	砂土	5.17	喷砂严重，数米一孔，水井淤塞	桥头路基下沉 500mm，桥梁破坏严重
15	通县西集粮仓	8	砂土	5.82	单孔喷砂 $2m^3$ 左右	土圆仓下沉 600mm
16	营口玻璃纤维二厂办公楼（2 层）	8	砂土	5.95	地裂，纵向穿过房屋，喷砂，外墙的地基向河心滑动	地裂，缝宽 150mm，将房屋山墙拉开
17	柏各庄化肥厂	8	砂土	8.34	满地喷水冒砂，水深 200～300mm	办公室墙角下沉 600mm，合成车间下沉 600～700mm，室内地坪隆起，合成塔架倾斜，房屋下沉
18	天津 605 所	8	砂土	8.41	地面喷水冒砂严重	基础下沉，柱倾斜，上部结构破坏重
19	钱家营工业广场	9	砂土	8.46	喷水冒砂严重，全场数百个喷孔，水深及膝，水头高 2m	液化层是基础的持力层，西部的变电所（3 层），震后窗口与地面平；柱基不均匀沉降；房屋不均匀下沉 500～700mm
20	通县王庄知青宿舍	8	砂土	9.07	严重液化，单孔喷砂量 $1.5m^3$ 左右	农村房屋因严重不均匀沉降，导致墙体开裂，多数不能使用

续表

序号	场地名称	地震烈度	土类	液化指数	场地喷水冒砂情况	由液化引起的工程震害
21	天津初轧厂	8	粉土	9.78	厂区普遍喷水冒砂	轧钢车间吊车不能行使，铁皮坑下沉约200mm，扩建部分（桩基）与天然地基上老厂房连接处出现260mm高差，桩基无震害
22	天津铁路疗养所	8	粉土	11.05	喷水冒砂，地裂缝发育	基础下沉，门前柏油马路隆起
23	天津42中教学楼	8	粉土	11.23	操场有喷水冒砂	3层砖混结构无震害
24	吕家坨煤矿泥沉淀池（西侧）	9	砂土	12.4	严重喷水冒砂点甚多，串珠状排列，砂堆直径1～2m	500m的沉淀池产生3道断裂，水平错位100～140mm，从中冒砂，池身沉降差400mm，面积5.7m×7m的锅炉房，因喷水冒砂倾斜达20°
25	通县耿楼	9	砂土	13.23	喷水冒砂点密布，但砂堆不大	民房下沉1m，房屋破坏严重
26	营口造纸厂俱乐部	8	砂土	14.4	多处喷水冒砂，地裂缝多条	地裂穿过房屋，造成严重破坏，舞台下喷水冒砂拱起800mm，开裂；基础水平位移使正厅与观众厅错位170mm
27	营口饭店	8	砂土	15.38	普遍喷水冒砂	筏基，埋深3～4m，无震害，沉降缝处错位
28	天津二钢制氧车间	8	粉土	15.49	东部和制氧车间喷水冒砂最重，水深及脚踝以上，水头约1m，主厂房外有40～50处喷水冒砂	主厂房（天然地基）吊车轨道沉降差1.5m，堆积的废钢陷入土中；柱子内倾，牛腿处拉裂；露天栈桥吊车不能开动，制氧车间及空分塔下的桩基与地坪间出现100mm的错位，地坪下滑，桩基无震害，制氧机下800mm厚的混凝土碎裂，下沉200mm；制氧车间厂房（桩基）无震害
29	天津毛条厂	8	粉土	17.62	全厂喷孔3000多个，东部多道地裂，中部、东部喷水冒砂最重，裸露地面喷孔尤多	因古河道产生的地裂使建筑物受害最重，地裂通过的房屋大多倒塌，选毛车间的柱子都产生不均匀沉降（160～220mm），地基滑动，车间柱子周围有喷孔，墙体裂缝
30	天津通用机械厂	8	粉土	29.53	严重喷水冒砂区达2.1公顷，全厂喷孔120个	建筑物多为天然地基，液化引起的震害严重，车间最大不均匀沉降360mm，理化楼116mm，二车间120mm；车间地坪普遍隆起
31	丰南宣庄	9	砂土	33.62	严重喷水冒砂	单层砖房因不均匀沉降而裂缝，缝宽达100mm以上，房屋倒塌一半

注：1. 轻微喷水冒砂，指的是场地有零星喷孔，影响范围小，基本不改变场地地表形态；
2. 中等喷水冒砂或一般喷水冒砂，喷水冒砂点较多，喷砂覆盖的面积占总面积的20%以上；
3. 严重喷水冒砂，喷冒点密布或喷砂量大，严重地面下沉，显著地改变了原地表的状态。

七、抗液化措施

1. 抗液化措施选择

建筑抗液化措施，应根据建筑的抗震设防类别、地基的液化危害等级，结合具体情况综合确定。

《抗震规范》第4.3.6条规定：当液化砂土层、粉土层较平坦且均匀时，宜按表5-12选用地基抗液化措施；尚可计入上部结构重力荷载对液化危害的影响，根据液化震陷量的估计，适当调整抗液化措施。

不宜将未经处理的液化土层作为天然地基持力层。

建筑抗液化措施　表5-12

建筑抗震设防类别	地基的液化危害等级		
	轻微	中等	严重
乙类	部分消除液化沉陷，或对基础和上部结构处理	全部消除液化沉陷，或部分消除液化沉陷且对基础和上部结构处理	全部消除液化沉陷
丙类	基础和上部结构处理，亦可不采取措施	基础和上部结构处理，或更高要求的措施	全部消除液化沉陷，或部分消除液化沉陷且对基础上部结构处理
丁类	可不采取措施	可不采取措施	基础和上部结构处理，或其他经济的措施

2. 全部消除地基液化沉陷的措施

《抗震规范》第4.3.7条规定：全部消除地基液化沉陷的措施，应符合下列要求：

(1) 用非液化土替换全部液化土层。

(2) 采用加密法（如振冲、振动加密、挤密碎石桩、强夯等）加固时，应处理至液化深度下界；振冲或挤密碎石桩加固后，桩间土的标准贯入锤击数，不宜小于按式（5-9）确定的液化判别标准贯入锤击数临界值。

(3) 采用加密法或换土法处理时，在基础边缘以外的处理宽度，应超过基础底面下处理深度的1/2，且不小于基础宽度的1/5。

(4) 采用深基础时，基础底面应埋入液化深度以下的稳定土层中，其埋入深度不应小于0.5m。

(5) 采用桩基时，桩端伸入液化深度以下稳定土层中的长度（不包括桩尖部分），应按计算确定，且对碎石土、砾、粗、中砂，坚硬黏性土和密实粉土，尚不应小于0.5m；对其他非岩石土，尚不宜小于1.5m。

3. 部分消除地基液化沉陷的措施

《抗震规范》第4.3.8条规定，部分消除地基液化沉陷的措施，应符合下列要求：

(1) 处理深度应使处理后的地基液化指数减少，其值不宜大于5；大面积筏基、箱基的中心区域，处理后的液化指数可比上述规定降低1.0；对独立基础和条形基础，尚不应小于基础底面下液化土特征深度和基础宽度的较大值。

注：中心区域指位于基础外边界以内沿长宽方向距外边界大于相应方向1/4长度的区域。

(2) 采用振冲或挤密碎石桩加固后，桩间土的标准贯入锤击数，不宜小于按式（5-9）确定的液化判别标准贯入锤击数临界值。

(3) 采用加密法或换土法处理时，在基础边缘以外的处理宽度，应超过基础底面下处理深度的1/2，且不小于基础宽度的1/5。

4. 减轻液化影响的措施

《抗震规范》第4.3.9条规定，减轻液化影响的基础和上部结构处理，可综合采取下列各项措施：

(1) 选择合适的基础埋置深度。

(2) 调整基础底面面积，减小基础偏心。

(3) 加强基础的整体性和刚度，如采用箱基、筏基或钢筋混凝土交叉条形基础，增设基础圈梁等。

(4) 减轻荷载，增强上部结构的整体刚度和均匀对称性，避免采用对不均匀沉降敏感的结构类型。

(5) 合理设置沉降缝，控制建筑的长高比在2～3以内。

(6) 管道穿过建筑处，应根据预估沉陷量，预留足够尺寸或采取柔性接头等。

八、液化地基加固方法

1. 液化地基加固的主要目的，是防止地震时地基发生液化；提高地基承载力是次要的、附带的。

2. 地基防液化处理方法有多种，表5-13列出一些常用的方法，供工程设计时参考。这些方法也是在静载作用下的地基加固常用方法，具体的设计和施工操作要点，见行业标准JGJ 79—2002《建筑地基处理技术规范》。

液化地基加固常用方法 表5-13

原理	方法名称	有效深度	效 果	污染问题	在我国应用情况
加密	振冲法	一般15m以内	N值提高到15～20	有排泥水及水平振动	应用广泛，但因城市环保要求日高，今后可能在应用上受限制
	挤密砂石桩	一般小于18m～20m	N值提高到20～30	有竖向振动	同上
	爆破		相对密度可提高至70%～80%	巨大冲击	常用于水工结构的地基处理
	强夯加密	10m以内	细砂以上的粗粒砂中应用效果好	巨大冲击	常用，但环保要求高的场所不宜用
	振夯	2～3m	易行	无	浅层加密
	碾压	0.5m	可以很密	无	浅层加密
置换	换土	3m以内	易行	无	浅层处理
	强夯置换	可达15m	对可液化粉土施行	振动	已用于高速公路，厂房、机场、油罐等液化地基处理，同时有加密效果
土性改良	灌浆加固	由钻孔深度定		无	用于已有建筑
	深层搅拌	一般20m以内	易行，但宜布置成格栅式	无	有应用于城市，代替振冲与挤密桩，但设计不规范

续表

原理	方法名称	有效深度	效　果	污染问题	在我国应用情况
抑制孔压增长	排水桩法	一般15m以内	需经计算确定桩距	无	已用于既有建筑液化地基加固
	压盖法	5～6m以内	需经计算确定桩距	无	已用于既有建筑液化地基加固
抑制喷冒	覆盖法	5～6m以内	需经计算确定桩距	无	已用于既有建筑液化地基加固
降低水位	井点降水	降低水位～5m	取决于土的渗透性	对周围建筑可能有影响	需长期降水，或至少在临震预报时降水，国外有应用先例
	深层降水	降低水位15m以上	取决于土的渗透性	对周围建筑可能有影响	需长期降水，或至少在临震预报时降水，国外有应用先例
抑制剪应变	地下墙或板桩		墙需刚性，方有效果	无	国外有应用，国内情况不明

九、不宜建造永久建筑地段

《建筑抗震设计规范》第4.3.10条规定，液化等级为中等液化和严重液化的故河道、现代河滨、海滨，当有液化侧向扩展或流滑可能时，在距常时水线100m以内，不宜建造永久性建筑；否则，应进行抗滑动验算、采取防土体滑动措施或结构抗裂措施。

桩基础

一、桩基的抗震效果

根据海城、唐山地震的宏观调查，桩基的抗震效果及桩身的震害程度，与建筑物的结构类型及作用于桩基上的荷载性质密切相关。以水平荷载和水平地震作用为主的高承台桩基，震害发生率比较高，震害程度也比较严重。天津新港19个万吨级泊位码头的700对叉桩，震害率达32.3%，承台的破坏率达43.9%。然而，以竖向荷载为主的一般工业与民用建筑的低承台桩基，不仅桩基自身的震害很少、很轻，而且对上部建筑物起着很好的抗震保护效果。当然，以往建造的桩基没有考虑抗震的特点，也发生了一些震害，这是需要认真总结经验的。

1. 非液化土中的桩基

(1) 沉降量小

海城、唐山地震后，冶金部建筑研究总院、天津大学、天津市建筑设计院等单位，先后调查了百余处非液化场地上（包括有震陷软土地基）采用桩基础的建筑物的震害状况，其中大部分是单层和多层厂房、6层以下的办公楼、教学楼和宿舍，也包括一些高层建筑。这些建筑物，除个别建筑在设计时考虑了7度地震外，绝大多数均未作抗震设防。但遭遇7～9度地震后，桩基的状况普遍良好，地震期间产生的沉降量很小。据不完全统计，沉降仅1～8mm。例如天津宾馆，为1mm；天津人民食品厂，为8mm；大津石化总厂塔型结构，为6mm。此外，上部结构的破坏程度也比天然地基上的同类建筑物轻得多。例如8度区的人民食品厂，由于采用了桩基础，厂房的破坏程度很轻；而周围天然地基上的房屋，破坏程度均很重。9度区的天津化工厂，凡采用桩基础的建筑物，震害均很轻，桩基的沉降量很小；而邻近采用筏基础的建筑物，震陷达400mm以上，破坏较重。

(2) 桩基震害

据统计，位于非液化场地并采用低承台桩基础的102座建筑物当中，桩基发生震害的仅有三座，而这三座建筑物中有两座在地震发生时仅完成了桩基础，而且均位于有震陷软土地基上，震后调查发现，由于软土震陷，桩承台底面与土表面之间脱空100mm以上。102座建筑物中，上部结构产生震害的有7座，占总数的7%。这102座建筑物的震害分类统计数字，见表5-14。

桩基础建筑物的震害分类统计数字　表5-14

建筑类别＼震害部分	总座数	上部结构 座数	上部结构 破坏率	桩基础 座数	桩基础 破坏率
民用建筑	18	1	5.6%	0	0
冷　库	5	0	0	0	0
工业建筑	62*	2	3.2%	2*	3.2%
仓　库	3*	0	0	1*	30%
烟囱、水塔设备基础	14	4	28.6%	0	0
合计	102	7	7%	3	3%

注：* 其中各有一座建筑物在地震前仅完成了桩基础。

2. 液化土中的桩基

(1) 抗震效果好

从海城和唐山地震的经验得知，液化场地内，桩基础的抗震效果也是比较好的。冶金部建筑研究总院等单位，调查收集到的液化场地内的23座桩基础建筑物的震后状况，列于表5-15。从表中描述可以看出，尽管这些建筑物绝大多数在设计时未考虑抗震设防，大多数桩基的震沉量不大，而且上部结构破坏轻微，表现了液化土中的桩基同样具有良好的抗震效果。如果进一步总结少数桩基的震害原因，采取相应的抗震构造，提高桩基的抗震能力，桩基将成为建筑物抗地基液化的良好措施。

可液化土中桩基震害调查表　　表5-15

序号	工程名称	烈度	液化层情况	桩基情况	附近震害	桩基抗震效果
1	盘锦辽河化肥厂造粒塔	7	粉细砂，液化深度15m	400mm×400mm预制桩，共187根，其中有48根斜桩	附近大面积喷冒	良好，有数根桩沿桩周喷冒
2	天津第一炼钢厂平炉车间	8	地下4～12m为液化粉土与粉砂	桩长18m	车间外喷冒严重，车间内无喷冒	厂房良好，吊车运行正常
3	天津碱厂空压机基础	8			厂房未打桩，附近喷冒严重	桩基下沉少，设备基础与地坪错开15～20cm
4	辽河跨河电塔基础	8	地表下3～15m为饱和松散粉砂	四根桩长12m中间一根桩长18m	地面下沉约1m，喷冒孔到处可见	桩及上部结构均无破坏
5	田庄台跨河电塔基础	8	砂及粉土，液化深度估计12～15m	仅一根灌注桩长26m，伸入地下24m	四根桩之间有地裂缝通过，周围喷冒	横梁结点有裂缝，桩与土间有缝隙，桩本身完好
6	天津工程机械厂锻锤基础	8	地下3～11m为粉土及粉砂，液化深度约11m	桩深入土中11.2m，在粉土中	厂房不均匀下沉，地面喷冒严重	1t锤平移4cm，下沉9.83cm；3t锤平移7cm，上浮5.94cm
7	天津工程机械厂空压机及水塔	8	同上	空压机下桩深11m，水塔下桩深13.5m	同上	空压机上抬11cm，水塔倾斜17cm（<1°）
8	天津中板厂成品栈桥	8	地表2m以下为粉土，厚7～8m	桩长15m，截面为400×400	基础旁喷冒，堆积钢材下沉，地面荷载约80kN/m²	基本良好，吊车尚可开动
9	天津第三炼钢厂露天栈桥	8	－3.5m以下为粉土，厚2.5～5m	桩长16m	地面喷冒，钢锭沉入土中	震前柱子即有内倾，震后有不均匀沉降，但调整后仍可使用
10	天津一机床厂锻工车间	8	粉土及粉砂深度为5～12m，液化深度约10m	柱基下4～6根桩，入土深度13m	附近有喷水冒砂，但不严重	良好
11	天津一机床厂水塔	8	同上	桩长15m，深入稳定土2.5～3m	附近喷冒严重	良好
12	天津一机床厂锅炉房及烟囱	8	同上	桩长9m，入土深度11m，共65根桩	同上	良好
13	天津第二炼钢厂3200氧压机	8	粉土，10m以上为可液化层	垂直桩80根，斜桩26根，桩长9m	基础四周喷冒	良好，桩基与地坪错开，地坪相对下沉数厘米
14	天津第二炼钢厂氧气站厂房及3200空分塔	8	同上	柱下，桩长12m空分塔下，长14m，基底深2.5m	同上	良好，桩基与地坪相对错位十余厘米
15	天津初轧厂轧钢车间（扩建）	8	4.8～9.8m深处为粉土层	柱下，桩长12m；轧机下，16m	附近喷冒孔甚多	良好，桩基与原天然地基相对下沉26cm
16	天津中板厂原料栈桥	8	地表2m以下为粉土，厚7～8m	桩长15m，灌注桩，地面荷载200kN/m²	大面积喷冒，地裂，基础位移	桩基内倾、60cm长的栈桥不能使用
17	天津张贵庄大型板材住宅	9	－2.7m以上为粉土层	单排三角形预制桩，入土深度9.5m	附近临空面，震后填塞	良好

续表

序号	工程名称	烈度	液化层情况	桩基情况	附近震害	桩基抗震效果
18	塘沽新港水产公司仓库	9	粉土，深度小于10m	室内桩基旁喷出物高20～50cm	附近喷冒严重	良好
19	塘沽散装糖库成品库（上部结构尚未建）	9	粉土层，液化深度11m以上	单排三角形预制桩，长者18m，短者9m	附近液化严重	18m桩折断，原因：9m桩，长度不够，地震下沉，将长桩拉断
20	塘沽散装糖库（刚打完桩）	9	同上，该仓库与成品库相邻	18m长预制桩	喷水冒砂，地裂穿过房屋	良好
21	糖油进口公司塘沽五层冷库	9	粉土及粉砂	单独基础，木桩长20m	喷冒严重，铁轨变形，桩基与站台沉降50～60cm	良好，地面下沉的原因除液化外可能有震陷
22	大沽化工厂氯甲烷车间（刚打完承台垫层）	9	同上	柱下两根灌注桩Φ500，长22m	厂房平面变成菱形，四个角点位移	承台垫层被顶穿，9根桩沿周边严重喷冒
23	汉沽天津化工厂氯化苯厂房（多层）	9		长13.5m的木桩	全厂区喷冒严重	震后厂房基本完好，沿桩身有喷冒

(2) 震害分析

表5-15中的4起桩基失效事例，各有其特殊情况，现分述如下：

1) 震例6和震例7的天津工程机械厂，锻锤基础、空压机基础之所以上浮和平移，水塔之所以倾斜，是因为地面下3～11m为饱和粉土液化层，而这些设备基础下的桩较短，未能穿过液化土层而伸入稳定土层内足够深度所致。

2) 震例16的天津中板厂，原料栈桥之所以倾斜破坏，主要是由于地面堆载太重，达200kN/m²；使地基在液化过程中发生侧向挤出，造成灌注桩侧向弯曲折断，桩基向内倾斜。

3) 震例19的塘沽散装糖库成品库，地震时上部结构尚未修建，桩承台周围的回填土也尚未回填。单独柱基下原设计为两根18m长桩，施工时，一根正常就位，另一根入土12m折断，乃补打两根9m长桩。然而该场地的液化深度估计为15m，短桩丧失承载能力，沉入土中，基础向一侧倾斜，造成长桩折断。

4) 震例22大沽化工厂氯甲烷车间，地震前桩承台垫层刚打完，其余未建，因而各桩之间缺少基础梁将其连为整体，地震时的地基液化和地面变形造成桩的移位，垫层破裂，桩周围喷冒。

上述震害调查还表明：①在地震动持续期间，液化土可能还保留部分支承力，那是因为喷水冒砂要比地震滞后，在地震动持续期间内浅层土的支承力尚未完全丧失的缘故；②液化土上的房屋由于惯性力所造成的损害较少，说明了液化的减震作用。

二、桩基的震害

1. 一般情况

(1) 地震时造成桩基破坏的直接原因，以地基变形（土体位移）居多；由上部结构地震力引起的桩基破坏占少数。

地震作用下的土体位移主要是：①滑坡；②挡土墙后填土失稳；③土层液化；④软土震陷；⑤地面堆载影响。

(2) 钢筋混凝土桩的破坏，以桩头的剪压或弯曲破坏为主，桩身中段断裂的情况较少。

桩头的破坏形态有：①剪断；②钢筋由承台内拔出；③桩头与承台相对位移；④桩头处承台混凝土碎裂。

2. 非液化土中的桩

非液化土中的桩的破坏部位和形态有如下几种情况。

(1) 上部结构地震力引起的桩-承台连接处以及桩身顶部的破坏，其破坏形态有：①桩身顶端的多道环向水平裂缝；②桩头因发生压剪破坏而碎裂。

(2) 桩身在软、硬土层界面处因弯矩或剪力过大而折断。

(3) 地震时软土因“触变”使桩侧摩阻力减小，致使桩的轴向承载力不足而发生震陷。

(4) 地震时桩基附近的地面堆载、土坡、挡墙等的土体失稳，波及建筑物下的桩基，桩身因受到侧向挤压、弯矩增大而折断。

3. 液化土中的桩

(1) 建筑物周围喷水冒砂，地基土体因其中液化土流失而下沉，导致承台与地基土顶面脱空。此时，桩头往往发生剪切破坏，或者桩基发生不均匀下沉。

(2) 当地基为多层土时，地震时液化土以及与其他土层间的相对剪切位移很大，使桩身在液化土层范围内或其上、下界面附近因剪、弯作用而断裂。

(3) 桩因长度不足未能伸入下卧非液化土层内足够深度，甚至悬搁于液化土层中，桩基因竖向承载力不足而下沉和倾斜。

(4) 地面很重堆载使地基内的液化土层失稳，土体侧移推挤桩身，使之折断，导致桩基下沉、倾斜。

4. 有侧扩的液化土层中的桩

除发生上面第3、(1)～(4)款所述的各种震害外，更因液化土层侧向流动时土的推力，使桩基在下述部位产生更严重的破坏。

(1) 桩身在液化土层中部和底部处折断或发生剪切破坏；

(2) 桩头连接部位发生破坏；

(3) 桩身折断使桩基和上部结构产生不均匀沉陷；

(4) 高层建筑因重心水平位移而产生较大的附加弯矩。

5. 震害的启示

(1) 液化土层中、特别是有侧扩的液化土层中的桩，地震时的破坏率还是比较大的。

(2) 尽管桩身发生破坏，其后果多半是造成上部结构沉降、倾斜、开裂和水平位移，造成房屋倒塌的情况是极少见的。

(3) 桩顶-承台的常用连接方式（桩顶埋入承台50～100mm，竖筋按抗拉要求锚入承台）虽不能视为刚接，但地震时桩顶仍产生较大弯矩，因此，抗震设计时应确保桩顶具有足够的抗拉、抗弯和抗剪强度。

(4) 地震时桩顶受到很大水平力的作用，为使承台侧面回填土能够分担部分水平力，限制基础的位移和转动，承台周边回填土的密实度应得到保证，其干容重（干重度）应不小于16kN/m³，必要时应采用级配砂石或灰土代替不合格的过湿黏性土分层回填。

三、桩基设计基本要求

1. 桩基选型

(1) 同一结构单元中，桩的材料、长度、截面和桩顶标高宜相同，当桩的长度不等时，各桩端宜支承在同一土层上或抗震性能基本相同的土层上。

(2) 同一结构单元中，桩的类型宜相同。不宜部分采用端承桩，另一部分采用摩擦桩；不宜部分采用预制桩，另一部分采用灌注桩；不宜部分采用扩底桩，另一部分采用非扩底桩。

(3) 优先采用预应力或非预应力混凝土预制桩，也可采用配筋的混凝土灌注桩；当技术经济合理时，也可采用钢管桩或H型钢桩。

(4) 优先采用长桩。当承台底面标高上下的土层为软弱土或液化土时，抗震设防烈度为7～9度地区，不宜采用桩端未嵌固于稳定岩层中的短桩。

长桩是指桩长不小 $4/\alpha$ 的桩；短桩是指桩长小于 $2.5/\alpha$ 的桩。α 为桩身水平变形系数，按行业标准《建筑桩基技术规范》第5.4.5条确定。

(5) 一般宜采用竖直桩。当竖直桩不能满足抗震要求且施工条件允许时，也可在适当部位布置少量的斜桩。例如在高层建筑抗震墙或单层厂房柱间支撑桩基承台的两端。

(6) 桩顶与承台的连接宜按刚接要求设计。

(7) 宜采用低承台桩基，即将桩基承台设置在地面以下。

2. 桩的布置

(1) 桩的中心距

行业标准JGJ 94—2008《建筑桩基技术规范》第3.3.3条规定：

1) 基桩的最小中心距应符合表5-16的规定：

基桩的最小中心距　　表5-16

土类与成桩工艺		排数不少于3排且桩数不少于9根的摩擦型桩基	其他情况
非挤土灌注桩		3.0d	3.0d
部分挤土桩	非饱和土、饱和非黏性土	3.5d	3.0d
	饱和黏性土	4.0d	3.5d

续表

土类与成桩工艺		排数不少于3排且桩数不少于9根的摩擦型桩基	其他情况
挤土桩	非饱和土、饱和非黏性土	4.0d	3.5d
	饱和黏性土	4.5d	4.0d
钻、挖孔扩底桩		2D或D+2.0m（当D>2m）	1.5D或D+1.5m（当D>2m）
沉管夯扩、钻孔挤扩桩	非饱和土、饱和非黏性土	2.2D且4.0d	2.0D且3.5d
	饱和黏性土	2.5D且4.5d	2.2D且4.0d

注：1. d——圆桩设计直径或方桩设计边长，D——扩大端设计直径；
2. 当纵横向桩距不相等时，其最小中心距应满足"其他情况"一栏的规定；
3. 当为端承桩时，非挤土灌注桩的"其他情况"一栏可减小至2.5d。

2）对于大面积桩群，尤其是挤土桩，桩的最小中心距宜按表5-16所列数值适当加大。

3）扩底灌注桩除应符合表5-16的要求外，尚应满足表5-17的规定。

灌注桩扩底端最小中心距　　表5-17

成桩方法	最小中心距
钻、挖孔灌注桩	1.5D 或 D+1m（当D>2m时）
沉管夯扩灌注桩	2.0D

注：D——桩的扩大端设计直径。

（2）排列基桩时，宜使桩群承载力合力点与竖向永久荷载合力作用点相重合，并使桩基受水平力和力矩较大方向具有较大的抗弯截面模量。

（3）对于桩箱基础、剪力墙结构桩筏（含平板和梁板式承台）基础，宜将桩布置于墙下；对于带梁（肋）桩筏基础，宜将桩布置于梁或肋之下；对于大直径桩，宜采用一柱一桩。

（4）对于框架一核心筒结构的桩筏基础，应按荷载分布考虑相互影响，将桩相对集中布置于核心筒和柱下；外围框架柱宜采用复合桩基，有合适桩端持力层时，桩长宜减小。

（5）作用于承台的水平力，宜通过桩群平面刚心（即各根桩身截面刚度EI的中心），避免或减少承台受扭。

（6）在不能设置基础系梁的方向（如单层厂房跨度方向），单独桩基不宜设置单桩，条形基础不宜设置单排桩，否则，应在该方向增设基础系梁。

（7）独立桩基承台，宜沿两个主轴方向设置基础系梁，系梁按拉压杆设计。其轴力可采用桩基竖向承载力设计值的1/10。

（8）一般应选择较硬土层作为桩端持力层。桩端全截面进入持力层的深度，对于黏性土、粉土，不宜小于2d；砂土，不宜小于1.5d；碎石类土，不宜小于1.0d。当存在软弱下卧层时，桩端以下硬持力层厚度不宜小于3d。

当硬持力层较厚且施工条件允许时，桩端全截面进入持力层的深度，宜达到桩端阻力的临界深度。

四、特殊条件下的桩基

行业标准JGJ 94—2008《建筑桩基技术规范》第3.4.1条至第3.4.6条，对特殊条件下的桩基作出如下的原则规定：

1. 软土地区的桩基

（1）软土中的桩基，宜选择中、低压缩性的黏性土、粉土、中密和密实的砂类土以及碎石类土，作为桩端持力层；对于一级建筑的基桩，不宜采用桩端置于软弱土层上的摩擦桩。

（2）桩周软土因自重固结、场地填土、地面大面积堆载、降低地下水位等、大面积挤土沉桩原因而产生的沉降，大于基桩的沉降时，应视具体工程情况，考虑桩侧负摩阻力对基桩承载力的影响。

（3）采用挤土桩和部分挤土桩时，应考虑沉桩（管）挤土效应对邻近桩、建筑物、道路和地下管线等产生的不利影响。

（4）先成桩、后开挖基坑时，必须考虑基坑挖土顺序、坑边土体侧移对桩的影响。

（5）在高灵敏度的厚层淤泥中，不宜采用大片密集沉管灌注桩。

2. 湿陷性黄土地区的桩基

（1）基桩应穿透湿陷性黄土层，桩端应支承在压缩性较低的黏性土、粉尘层，或支承在中密、密实的砂土、碎石类土层中。

（2）在湿陷性黄土地基中，设计等级为甲、乙级建筑桩基的单桩极限承载力，宜以浸水载荷试验为主要依据。

（3）自重湿陷性黄土地基中的单桩极限承载力，应根据工程具体情况分析计算桩侧负摩阻力的影响。

3. 坡地、岸边上的桩基

（1）建筑桩基与边坡应保持一定的水平距离，

建筑场地内的边坡必须是完全稳定的边坡，当有崩塌、滑坡等不良地质现象存在时，应按照国家标准 GB 50330《建筑边坡工程技术规范》有关条款进行整治，确保其稳定性。

(2) 对建于坡地、岸边的桩基，不得将桩支承于边坡潜在的滑动体上。桩端进入潜在滑裂面以下稳定岩土层内的深度，应能保证桩基的稳定。

(3) 不宜采用挤土桩。

(4) 当有水平荷载时，应验算坡地在最不利荷载组合下桩基的整体稳定和基桩水平承载力。

(5) 利用倾斜地层作为桩端持力层时，应确保坡面的稳定性。

4. 存在负摩阻力的桩基

可能出现负摩阻力的桩基设计原则应符合下列规定：

(1) 对于填土建筑场地，宜先填土并保证填土的密实性，软土场地填土前应采取预设塑料排水板等措施，待填土地基沉降基本稳定后方可成桩；

(2) 对于有地面大面积堆载的建筑物，应采取减小地面沉降对建筑物桩基影响的措施；

(3) 对于自重湿陷性黄土地基，可采用强夯、挤密土桩等先行处理，消除上部或全部土的自重湿陷；对于欠固结土宜采取先期排水预压等措施；

(4) 对于挤土沉桩，应采取消减超孔隙水压力、控制沉桩速率等措施；

(5) 对于中性点以上的桩身可对表面进行处理，以减少负摩阻力。

5. 抗拔桩基

抗拔桩基的设计原则应符合下列规定：

(1) 应根据环境类别及水、土对钢筋的腐蚀、钢筋种类对腐蚀的敏感性和荷载作用时间等因素确定抗拔桩的裂缝控制等级；

(2) 对于严格要求不出现裂缝的一级裂缝控制等级，桩身应设置预应力筋；对于一般要求不出现裂缝的二级裂缝控制等级，桩身宜设置预应力筋；

(3) 对于三级裂缝控制等级，应进行桩身裂缝宽度计算；

(4) 当基桩抗拔承载力要求较高时，可采用桩侧后注浆、扩底等技术措施。

五、抗震设防的桩基

行业标准 JGJ 94—2008《建筑桩基技术规范》第 3.4.6 条和第 4.2.5 条规定，抗震设防地区的桩基应按下列原则设计。

1. 桩进入液化土层以下稳定土层的长度（不包括桩尖部分）应按计算确定；对于碎石土，砾、粗、中砂，密实粉土，坚硬黏性土，尚不应小于（2～3）d，对其他非岩石土尚不宜小于（4～5）d；

2. 承台和地下室侧墙周围应采用灰土、级配砂石、压实性较好的素土回填，并分层夯实，也可采用素混凝土回填；

3. 当承台周围为可液化土或地基承载力特征值小于 40kPa（或不排水抗剪强度小于 15kPa）的软土，且桩基水平承载力不满足计算要求时，可将承台外每侧 1/2 承台边长范围内的土进行加固；

4. 对于存在液化侧向扩展的地段，距常时水线 100m 范围内的桩基，尚应验算桩基在土流动时侧向力作用下的稳定性。

5. 对于一、二级抗震等级的柱，纵向主筋锚固长度应乘以 1.15 的系数；对于三级抗震等级的柱，纵向主筋锚固长度应乘以 1.05 的系数。

6. 对建于可能因地震引起上部土层滑移的地段上的桩基，应考虑滑移土体对桩产生的附加水平力。

7. 为提高桩基对地震作用的水平抗力，可考虑采取下列措施：

①加强刚性地坪；②加大承台埋置深度；③在承台底面铺碎石垫层或设置防滑趾；④在承台之间设置联系梁。

8. 有抗震要求的柱下独立桩基承台，纵、横方向均宜设置联系梁，联系梁顶面宜与承台顶面位于同一标高。联系梁宽度不宜小于 250mm，其截面高度可取承台中心距的 1/10～1/15，且不宜小于 400mm。联系梁的配筋应按计算确定，但不宜小于 4Φ12。

9. 当不能对液化土层进行地基抗液化处理时，承台应作为高承台桩基计算，桩下端伸入液化深度下界以下稳定土层内的深度，不宜小于 $4/\alpha$。α 为桩身水平变形系数，按行业标准《建筑桩基技术规范》第 5.4.5 条确定。

六、桩基抗震构造要求

国家标准 GB 50191—93《构筑物抗震设计规范》第 4.5.6 条至第 4.5.9 条对桩基抗震构造作出如下规定。

1. 桩基抗震构造等级

桩基的抗震构造等级，根据建筑抗震设防烈度和建筑抗震设防类别，按表5-18确定。

桩基抗震构造等级　　表5-18

设防烈度＼建筑抗震设防类别	甲类	乙类	丙类	丁类
7度	B	C	C	C
8度	B	B	C	C
9度	A	A	B	C

注：桩基抗震构造等级以A级最严格，C级相当于静力设计要求。

2. 构造要求

(1) 各个级别桩基的抗震构造要求，列于表5-19。

各级桩基的抗震构造要求　　表5-19

桩基等级	桩基构造要求
C级	满足一般静力设计的构造要求： (1) 承台四周回填土应分层夯实。 (2) 桩顶嵌入承台内不应小于100mm。 (3) 桩的纵向钢筋锚入承台不宜小于30倍钢筋直径。 (4) 混凝土强度等级不应低于：预制桩C30；灌注桩一般C15，水下灌注或为大直径灌注桩（桩身直径不小于800mm）C20；承台C15。 (5) 混凝土桩纵向钢筋配筋率不宜小于：预制桩0.8%，灌注桩0.4%且不少于6根，大直径灌注桩0.4%且不少于8根，钢筋直径均不小于Φ10。 (6) 灌注桩纵向钢筋长度，从承台底面算起不应小于$4/\alpha$（对硬土约相当于7倍桩径，软土14倍桩径，另加受拉钢筋锚固长度，下同）当遇下列情况之一时，应通长配筋： 1) 当桩长小于$4/\alpha$时； 2) 当为不利地基（指液化土、软弱黏性土、新近填土、不均匀地基等，下同）时； 3) 有抗滑、抗拔或抗拉要求时； 4) 端承桩； 5) 大直径灌注桩在承台底面$4/\alpha$以下，纵向钢筋可减少50%伸至桩底，但不少于8根。
B级	除满足C级要求外，还需满足下列各项： (1) 灌注桩 1) 桩顶10倍桩径范围内配纵筋。当桩径为300～600mm时最小配筋率为0.65%～0.4%； 2) 箍筋：桩顶600mm长度内，直径不小于6mm，间距≤100mm。宜用螺旋箍或焊接环箍。 (2) 预制桩 1) 纵筋配筋率≥1%； 2) 箍筋：在桩顶1.6m长度内，直径不小于6mm，间距≤100mm； 3) 接桩时应采用钢板焊接。 (3) 纵筋锚入承台的长度应满足抗拉要求。 (4) 钢管桩顶部填充混凝土时应配纵向钢筋不少于混凝土截面的1%；锚固要求与(3)同
A级	除满足B级构造要求外，尚需满足下列各条要求： (1) 灌注桩 箍筋：桩顶下1.2m长度内，间距≤80mm且≯8倍纵向钢筋直径，当桩径≤500mm时，箍筋直径≥8mm，对其他桩径，不小于10mm。 (2) 预制桩 1) 纵筋配筋率不小于1.2%； 2) 箍筋：桩顶下1.6m长度内的间距≤100mm，直径不小于8mm。 (3) 钢管桩，桩头与承台连接按受拉设计，拉力值可取桩竖向承载力的1/10

(2) 美国ATC-3建议：剪切波速比小于0.6的软、硬土层界面上下1.2m范围内，桩身箍筋的数量与间距应不低于桩顶。

(3) 行业标准《冶金建筑抗震设计规范》(1997) 还作出以下规定：

1) 混凝土预制桩应采用钢板焊接接头或法兰盘接头（对预应力管桩），不得采用硫磺胶泥接头。

2) 承台板中的纵向钢筋网应位于桩顶以上200mm，桩嵌入承台内的长度不小于100mm。

3) 设防烈度为8度或9度时，钢管桩在桩顶1m且不小于45倍纵向钢筋直径范围内，用钢筋混凝土填实，纵筋的配筋率不小于混凝土截面的1%，伸入承台内的锚固长度为40倍钢筋直径。

4) 设防烈度为8度或9度时，钢筋混凝土桩纵筋伸入承台的最小锚固长度为40倍纵筋直径。

七、桩基抗震承载力验算

1. 桩基不验算范围

国家标准GB 50011—2010《建筑抗震设计规范》第4.4.1条规定：承受竖向荷载为主的低承台桩基，当地面下无液化土层，且桩承台周围无淤泥、淤泥质土或地基承载力特征值不大于100kPa的填土时，下列建筑可不进行桩基抗震承载力验算。

(1)《抗震规范》规定可不进行上部结构抗震验算的建筑；

(2) 砌体结构房屋；

(3) 7度和8度时的下列建筑：

1) 一般的单层厂房和单层空旷房屋；

2) 不超过8层且高度在24m以下的一般民用框架房屋；

3) 基础荷载与第2) 项相当的多层框架厂房和多层混凝土抗震墙房屋。

2. 非液化土中的桩基

(1) 计算原则

1）验算桩基抗震承载力时，应采用地震作用效应和荷载效应标准组合。

2）《抗震规范》第 4.4.2 条规定，非液化土层中的低承台桩基的抗震验算，应符合下列规定：

a. 单桩的竖向和水平向抗震承载力特征值，可均比非抗震设计时提高 25％。

b. 当承台周围的回填土夯实至干密度不小于 GB 50007《建筑地基基础设计规范》对填土的要求时，可由承台正面填土与桩共同承担水平地震作用，但不应计入承台底面与地基土之间的摩擦力。

（2）验算公式

对应于一个承台群桩中心的轴心竖向力作用下

$$N_E \leqslant 1.25R_a \qquad (5\text{-}11)$$

对应于一个承台群桩中心的偏心竖向力作用下

$$N_E \leqslant 1.25R_a \qquad N_{E,max} \leqslant 1.5R_a \qquad (5\text{-}12)$$

$$N_E = \frac{F+G}{n}, \quad N_{E,max} = \frac{F+G}{n} \pm \frac{M_x y_{max}}{\sum y_i^2} \pm \frac{M_y x_{max}}{\sum x_i^2}$$

式中 N_E——地震作用效应标准组合时，一根桩顶处的平均轴向压力；

$N_{E,max}$——地震作用效应标准组合时，一个承台最外边一根桩桩顶处的最大轴向压力；

R_a——单桩的静载竖向承载力特征值，按国家标准 GB 50007《建筑地基基础设计规范》第 8.5.5 条确定；

F——上部结构作用于一个桩基承台顶面的竖向压力；

G——一个承台（含基础）的自重及其上的土重；

n——一个承台下的桩的数量；

M_x、M_y——相应于地震作用效应标准组合时，作用于承台底面通过桩群形心的 x、y 轴的力矩；

x_i、y_i——一个承台下第 i 根桩至 y 轴、x 轴的距离；

x_{max}、y_{max}——承台最外边一根桩至 y 轴、x 轴的距离。

3. 液化土中的桩基

（1）《抗震规范》第 4.4.3 条规定，存在液化土层的低承台桩基的抗震验算，应符合下列要求：

1）承台埋深较浅时，不宜计入承台周围土的抗力或刚性地坪对水平地震力的分担作用。

2）当桩基承台底面上、下分别存在厚度不小于 1.5m、1.0m 的非液化土层或非软弱土层时，可按下列二种情况分别进行桩的抗震验算，并按不利情况设计：

a. 桩承受全部地震作用，桩承载力按上一款非液化土中的桩基的方法进行抗震验算，此时，液化土的桩周摩阻力及桩水平抗力，均应乘以表 5-20 的折减系数。

土层液化影响折减系数 ψ_1 值　　表 5-20

$\lambda_N = N_i / N_{cri}$	$\lambda_N \leqslant 0.6$		$(>0.6) < \lambda_N \leqslant 0.8$		$(>0.8) < \lambda_N \leqslant 1.0$	
土层深度 d_s（m）	≤10	$10 < d_s \leqslant 20$	≤10	$10 < d_s \leqslant 20$	≤10	$10 < d_s \leqslant 20$
折减系数 ψ_1 值	0	0.33	0.33	0.67	0.67	1.0

注：N_i——第 i 层土的标准贯入锤击数实测值；

N_{cri}——第 i 层土的液化判别“标准贯入锤击数”临界值，按公式（5-9）计算。

b. 水平地震作用按水平地震作用系数最大值的 10％确定，此时，单桩的竖向和水平向抗震承载力特征值，可均比非抗震设计时提高 25％，但应扣除液化土层的全部桩周摩阻力及桩承台下 2m 深度范围内非液化土的桩周摩阻力。

3）打入式预制桩及其他挤土桩，当平均桩距为 2.5～4 倍桩径，且桩数不少于 5×5 时，可计入打桩对土的加密作用及桩身对液化土变形限制的有利影响。

当打桩后桩间土的标准贯入锤击数值达到不液化的要求时，单桩承载力可不折减，但对桩尖持力层作强度校核时，桩群外侧的应力扩散角应取为零。

打桩后桩间土的标准贯入锤击数，宜由试验确定，也可按下式计算：

$$N_1 = N_P + 100\rho(1 - e^{-0.3N_P}) \qquad (5\text{-}13)$$

式中 N_1——打桩后桩间土的标准贯入锤击数；

ρ——打入式预制桩的面积置换率；

N_P——打桩前土的标准贯入锤击数。

（2）震害调查表明：①无软土夹层的非液化土中的桩基，其破坏部位主要发生桩的顶部；②有软土或液化土夹层的土层中的桩基，地震时不同土层的相对剪切运动，将使桩身在软、硬土层界面处受到很大的弯矩和剪力，其量值与上部结构水平摆动在桩顶引起的弯矩和剪力处于同一量级。

因此，《抗震规范》第 4.4.5 条规定：液化土中桩的配筋范围，应自桩顶至液化深度以下符合全部消除液化沉陷所要求的深度，其纵向钢筋数量应与桩顶部相同，箍筋也应加密。

（3）《抗震规范》第 4.4.6 条规定：在“有液化侧向扩展”的地段，距常时水线 100m 范围内的桩基，除应满足上述第（1）、（2）款的规定外，尚应考虑土体流动时的侧向作用力，且承受侧向推力的面积应按边桩外缘间的宽度计算。

6 地震反应谱

单质点系地震反应

一、运动方程

设有一个弹性单质点系，在基础支承处受到震动加速度 $\ddot{x}_g(t)$ 的作用（图 6-1），结构产生侧移，质点 m 的相对侧移和绝对侧移分别为 x 和 (x_g+x)，质点的绝对加速度为 $(\ddot{x}_g+\ddot{x})$，作用于质点 m 上的惯性力为 $F=-m(\ddot{x}_g+\ddot{x})$，结构的弹性恢复力为 $K=-kx$，结构的阻尼力为 $D=-C\dot{x}$，因为这些力的方向均与质点 m 的运动方向相反，所以均带负号。

从结构动力学知：$F+K+D=0$

由此得单质点系的运动方程为：

$$-m(\ddot{x}_g+\ddot{x})-C\dot{x}-kx=0$$

即

$$\ddot{x}+2\zeta\omega\dot{x}+\omega^2x=-\ddot{x}_g \tag{6-1}$$

式中 ζ——结构的阻尼比，式中，$\zeta\omega=C/2m$，一般结构，$\zeta\ll1$；

ω——结构的自振圆频率，$\omega=\sqrt{k/m}$。

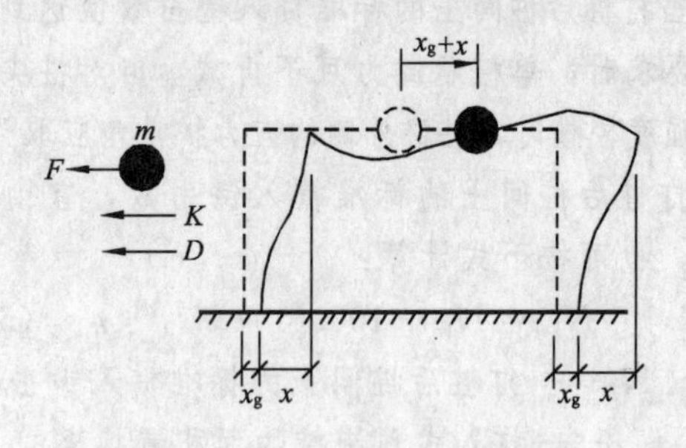

图 6-1 单质点系的地震反应

二、加速度反应

因为地震动时程曲线 $\ddot{x}_g(t)$ 极不规则，无法运用一个解析式来表示，所以式 (6-1) 只能通过数值计算求解。对于弹性结构，微分方程 (6-1) 的积分，可以根据叠加原理写成杜哈美 (Duhamel) 积分形式：

$$x(t)=-\frac{1}{\omega}\int_0^t\ddot{x}_g(\tau)e^{-\zeta\omega(t-\tau)}\sin\omega'(t-\tau)\mathrm{d}\tau \tag{6-2}$$

$$\omega'=\omega\sqrt{1-\zeta^2} \tag{6-3}$$

式中，ω、ω'分别为无阻尼和有阻尼结构的自振圆频率，当阻尼比 ζ 很小时，$\omega\approx\omega'$，弹性单质点系在地震动 $\ddot{x}_g(t)$ 作用下的相对位移反应 $x(t)$、相对速度反应 $\dot{x}_g(t)$ 和绝对加速度反应 $[\ddot{x}_g(t)+\ddot{x}(t)]$ 分别为

$$\left.\begin{aligned}x(t)&=-\frac{1}{\omega}\int_0^t\ddot{x}_g(\tau)e^{-\zeta\omega(t-\tau)}\sin\omega(t-\tau)\mathrm{d}\tau\\ \dot{x}(t)&=-\int_0^t\ddot{x}_g(\tau)e^{-\zeta\omega(t-\tau)}\cos\omega(t-\tau)\mathrm{d}\tau\\ \ddot{x}_g(t)+\ddot{x}(t)&=\omega\int_0^t\ddot{x}_g(\tau)e^{-\zeta\omega(t-\tau)}\sin\omega(t-\tau)\mathrm{d}\tau\end{aligned}\right\} \tag{6-4}$$

计算式 (6-4) 的积分，目前是采用数值积分，最常用的是“纽马克线性加速度法”或“威尔逊 θ 法”。

反应谱

一、定义

具有一定阻尼的弹性单质点系，在给定的地震动加速度的作用下，所产生的相对位移、相对速度或绝对加速度最大反应随结构自振周期而变化的曲线，称之为位移、速度或加速度反应谱。

形象地说，假设有 N 个依次排列的自振周期 T_i ($i=1, 2, \cdots, N$) 各不相同而具有相同阻尼比 ζ 的一组单质点系，在某一给定的地震动时程 $\ddot{x}_g(t)$ 的作用下，各个单质点系的绝对加速度最大反应 $A=S_a(T_i, \zeta)$ 所形成的一条曲线（图 6-2），就是加速度反应谱。

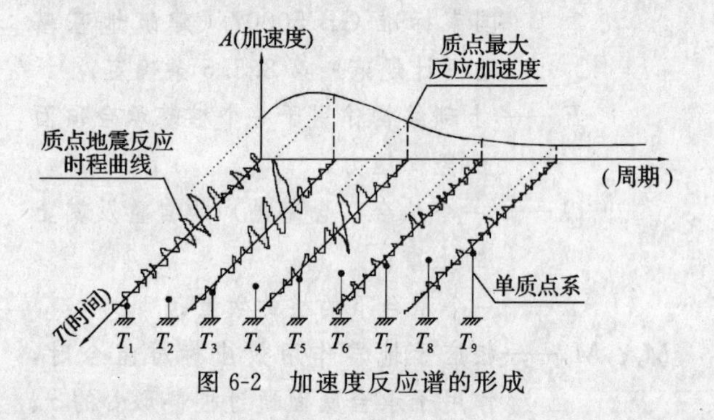

图 6-2 加速度反应谱的形成

二、反应谱特性

1. 加速度反应谱具有下列几种特性：

(1) 地震反应谱是一条具有多个峰点的曲线，一般情况下有一个很突出的主峰，有时第二主峰也相当明显。

(2) 自振周期等于零 ($T=0$) 的绝对刚性结构，其相对位移、相对速度、相对加速度反应均等于零；其绝对加速度最大反应 A 则等于地面运动最大加速度 a，即 $A=a=|\ddot{x}_g(t)|_{\max}$。

(3) 自振周期趋近于无穷大 ($T\approx\infty$) 的极限柔性结构，质点与地面之间的联系很弱，地面发生运动时，质点处于不动状态，其相对位移反应、相对速度反应和相对加速度反应的最大值，

均分别等于地面运动的最大位移、速度和加速度；而绝对加速度反应则等于零，即 $A=0$。

(4) 自振周期为中等大小的中频结构，其绝对加速度最大反应 A 的数值与自振周期 T 的大小成反比，即 $A\backsim(1/T^k)$（图 6-2）。

(5) 场地条件、震级大小、震中距远近，对反应谱的形状及其特征周期有较大影响。

(6) 结构阻尼比对反应谱数值的影响很大，很小的阻尼（例如 $\zeta=0.02$）就可以使无阻尼反应谱的峰值减小一半，并且可以削平反应谱上的许多峰值，使反应谱成为比较平滑的曲线（图 6-3）；但当结构阻尼比较大时（例如 $\zeta\geqslant0.1$），若再将结构阻尼比增大或减小 0.02，它对反应谱形状的影响则相对较小。

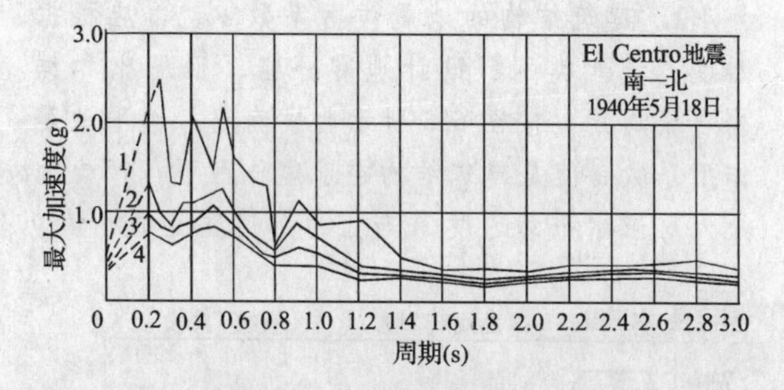

图 6-3　1940 年美国 El Centro 地震的加速度反应谱
（曲线 1，$\zeta=0$；曲线 2，$\zeta=0.02$；曲线 3，$\zeta=0.05$；曲线 4，$\zeta=0.1$）

2. 速度反应谱具有下列几种特性：

(1) 速度反应谱比位移反应谱和加速度反应谱更有规律。对于有阻尼结构，当结构自振周期大于地震动的周期时，速度反应谱的曲线趋近于常数，更适合用于结构抗震设计。

(2) 地震时输入结构的地震能量与速度反应谱的关系更直接，它约等于 $\frac{1}{2}mv^2$。因此，可以从能量输入与能量吸收、消耗的观点来进行结构抗震设计，同时利用结构材料的塑性变形来吸收输入的地震能量。

3. 反应谱的高频段，主要决定于地震动最大加速度 a；中频段，决定于地震动最大速度 v；低频段，决定于地震动最大位移 d。

设计反应谱

一、加速度反应谱的形状

1. 目前世界各国关于建筑抗震设计多采用反应谱分析法，把地震动对结构的作用视作水平力和竖向力，需要利用加速度反应谱来确定作用于结构上的地震力。

2. 加速度反应谱的形状取决于地震时的地面运动加速度记录，由于地震动的随机性，即使地震烈度相等，各次的地面运动加速度记录的振幅、频谱和持时均存在着差别，由此计算出的加速度反应谱也存在着差别。

3. 据分析，显著影响加速度反应谱形状的主要因素是：①场地条件；②震极大小；③震中距远近。

四种不同场地条件（包括场地土类别和覆盖层厚度）的加速度反应谱的形状示于图 6-4，从中可以看出，场地土层愈软弱，谱曲线主峰的位置愈向右移。

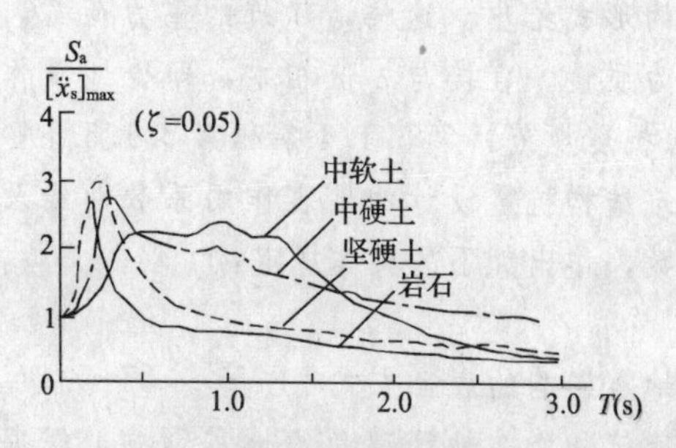

图 6-4　不同场地条件的反应谱形状

图 6-5 绘出三种不同震级（M）和震中距（R）的加速度反应谱，从中可以看出，震级愈大、震中距愈远，谱曲线主峰的位置愈向右移。理论研究指出，震级大的地震，地面运动的长周期分量愈多，随着震中距的加大，高频振动分量逐步衰减，长周期振动分量更加突出。

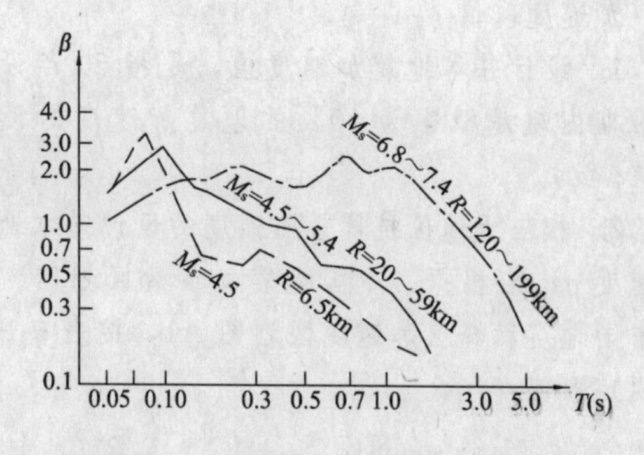

图 6-5　不同震级和震中距的反应谱形状

二、标准反应谱

进行结构抗震设计时，依据的是在设计基准期内建筑场地最可能遇到的地震反应谱曲线。由于地震动的随机性，需要根据国内外已经记录到的许多条地震加速度记录所绘制的反应谱，按照场地条件和震中距远近加以分类归纳，然后进行统计分析，求出“平均”反应谱，或取其包线，称之为标准反应谱。

三、设计反应谱

根据统计分析得出的标准反应谱，是一条具有一个主峰和多个次峰的非平滑曲线，为了方便使用，对标准反应谱进行平滑化处理，从而得到用于结构抗震设计的设计反应谱。

《规范》反应谱

国家标准 GB 50011《建筑抗震设计规范》的地震反应谱，没有直接采用加速度反应谱曲线，而是以无量纲的地震作用系数（地震影响系数）α 曲线的形式给出。这样，建筑的重力荷载，无须转换为质量，直接与 α 值相乘，即得地震作用数值。《抗震规范》第 5.1.4 条和第 5.1.5 条，对用于建筑结构抗震设计的地震作用系数曲线及其相关参数，作出如下的具体规定：

一、地震影响的表征方式

建筑物所在地区遭受的地震影响，根据条件采用下列方式之一来表征：

1. 相应于地区抗震设防烈度的设计基本地震加速度值和场地反应谱特征周期值。

2. 城市抗震设防区划所提供的地震动参数（如地面运动加速度峰值、反应谱值或地震作用系数曲线）。

二、加速度取值

1. 设计基本地震加速度值，是指 50 年设计基准期内超越概率为 10% 的地震加速度的设计取值。

2. 相应于地区抗震设防烈度的设计基本地震加速度 a，应根据《中国地震动参数区划图》中的中国地震动峰值加速度区划图 A1，按表 6-1 中的规定取值：

设计基本地震加速度值 a　　表 6-1

抗震设防烈度	6 度	7 度		8 度		9 度
		1 区	2 区	1 区	2 区	
设计基本地震加速度值 a	$0.05g$	$0.10g$	$0.15g$	$0.20g$	$0.30g$	$0.40g$

注：g 为重力加速度，$g=981\text{cm/s}^2=981\text{gal}$（伽）

三、特征周期

1. 设计特征周期 T_g 简称特征周期，是指反映地震震级、震中距和场地类别等因素的反应谱特征周期值。

2. 反应谱特征周期的数值，既取决于场地类别，还取决于建筑物所在地的特征周期分区（设计地震分组），即与所遭遇地震的震级和震中距密切相关。

3. 我国《抗震规范》对加速度反应谱的特征周期所规定的数值，按下列三种情况加以区分：①场地类别；②考虑震级和震中距的影响，以《中国地震动反应谱特征周期区划图 B1》为基础所作的建筑工程的设计地震分组；③多遇地震烈度或罕遇地震烈度。特征周期的取值见表 6-3。

四、地震作用系数（地震影响系数）

1. 建筑结构的地震作用系数 α 值，应根据烈度、场地类别、设计地震分组、阻尼比和结构自振周期，按图 6-6 所示曲线确定。水平地震作用系数 α 值是建筑结构在地震作用下，产生的最大反应水平加速度 A 与重力加速度 g 的比值。

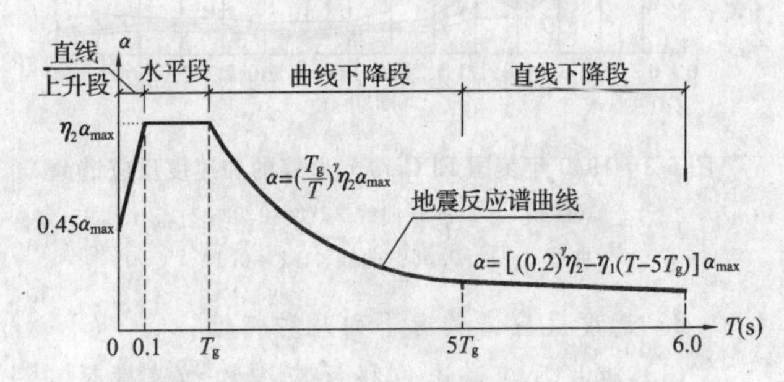

图 6-6　地震作用系数（地震影响系数）曲线

2. 图 6-6 竖坐标轴上的 $0.45\alpha_{max}$，是基底嵌固、自振周期为零的绝对刚性结构的地震作用系数 α 值，它等于该刚体在地震作用下的最大反应加速度 A 与重力加速度 g 的比值。由于刚体在地震作用下不产生弹性变形，其最大反应加速度 A 等于地震峰值加速度 a，地震作用动力放大系数 $\beta=A/a=1$。研究结果表明，具有阻尼比 $\zeta=0.05$（阻尼调整系数 $\eta_2=1$）的弹性结构，当自振周期 $T=0.1\sim T_g$（s）时，由于结构在地震作用下的弹性变形和共振效应，动力放大系数 β 达到最大值 2.25，结构的最大反应加速度 $A_{max}=\beta\cdot\alpha=2.25\alpha$。若如图 6-6 所示，将其相应的地震作用系数 $\alpha=A_{max}/g=2.25a/g$ 定为 $1.0\alpha_{max}$，则上述刚体的地震作用系数（地震影响系数）等于

$$\alpha=a/g=\frac{1}{2.25}\alpha_{max}=0.45\alpha_{max} \quad (6\text{-}5)$$

3. 图 6-6 所示曲线上的水平地震作用系数最

大值 $\eta_2\alpha_{\max}$，按表 6-2 的规定取值，η_2 为阻尼调整系数，按下式计算：当计算值小于 0.55 时，应取 $\eta_2=0.55$。

$$\eta_2=1+\frac{0.05-\zeta}{0.08+1.6\zeta} \tag{6-6}$$

式中 ζ——结构的临界阻尼比，分别情况按下列规定取值：①多遇地震下的钢结构，12 层以下，取 0.035：超过 12 层，取 0.02；②罕遇地震下的钢结构，取 0.05；③“钢-混凝土”混合结构，取 0.04；④型钢混凝土结构，取 0.04；⑤钢管混凝土结构，取 0.035；⑥钢筋混凝土结构，取 0.05。

4. 当结构的阻尼比 $\zeta=0.05$、$\eta_2=1.0$ 时，水平地震作用系数最大值 $\eta_2\alpha_{\max}$，具有如下的近似关系式：

$$\eta_2\alpha_{\max}=\alpha_{\max}=A_{\max}/g=\beta a_c/g=\beta\cdot\bar{c}\cdot a/g \tag{6-7}$$

$$\alpha_{\max}=2.25\times0.35a/g\approx0.8a/g \tag{6-8}$$

式中 a——相应于地区抗震设防烈度的设计基本地震加速度，见表 6-1；

g——重力加速度，$g=981$gal（伽），1gal（伽）$=1\text{cm/s}^2$；

$\bar{c}$——基本烈度转化为多遇烈度时各类结构地震反应加速度值的平均折减系数，取 $\bar{c}=0.35$；

β——结构地震反应加速度的动力放大系数，根据研究结果，取 $\beta=2.25$；它相当于图 6-6 中 $\eta_2=1$ 时竖坐标轴上的（$\eta_2\alpha_{\max}/0.45\alpha_{\max}$）；

a_c——多遇烈度地震加速度时程曲线的最大值（cm/s²）。

5. 表 6-2 中所列的多遇、罕遇烈度地震时程峰值加速度 a_c 和 $\tilde{a}$，是对结构进行相应的弹性、弹塑性时程分析时所应采用的地震加速度时程曲线的最大峰值。它相当于图 6-6 中竖座标轴上的水平地震作用系数基本值 $0.45\alpha_{\max}$ 乘以 g，即

$$a_c\text{ 或 }\tilde{a}=(0.45\alpha_{\max})\cdot g=0.45\times\alpha_{\max}\times981=440\alpha_{\max}(\text{cm/s}^2) \tag{6-9}$$

水平地震作用系数（地震影响系数）最大值（$\eta_2\alpha_{\max}$） **表 6-2**

抗震设防烈度						6 度	7 度		8 度		9 度
							1 区	2 区	1 区	2 区	
设计基本地震加速度值 a						$0.05g$	$0.1g$	$0.15g$	$0.2g$	$0.3g$	$0.4g$
地震时程峰值加速度（cm/s²）	多遇地震 a_c					18	35	55	70	110	140
	罕遇地震 $\tilde{a}$					—	220	310	400	510	620
水平地震影响系数最大值（$\eta_2\alpha_{\max}$）	多遇地震	$\zeta=$	0.05	$\eta_2=$	1.0	0.04	0.08	0.12	0.16	0.24	0.32
			0.04		1.08	0.043	0.086	0.13	0.17	0.26	0.35
			0.03		1.18	0.047	0.094	0.14	0.19	0.28	0.38
			0.02		1.32	0.053	0.11	0.16	0.21	0.32	0.42
			0.01		1.52	0.061	0.12	0.18	0.24	0.36	0.49
	罕遇地震	$\zeta=$	0.05	$\eta_2=$	1.0	0.28	0.50	0.72	0.90	1.20	1.40
			0.04		1.08	—	0.54	0.78	0.97	1.30	1.51
			0.03		1.18	—	0.59	0.85	1.06	1.42	1.65
			0.02		1.32	—	0.66	0.95	1.19	1.58	1.85
			0.01		1.52	—	0.76	1.09	1.37	1.82	2.13

五、α 曲线形状参数的计算

1. 设计特征周期 T_g 值（图 6-6），根据场地类别、设计地震组别及地震影响强弱，按表 6-3 确定。我国主要城镇（县级及县级以上城镇）中心地区的抗震设防烈度、设计基本地震加速度值和所属的设计地震分组，按《抗震规范》附录 A 采用（见第二章表 2-13）。

地震作用系数 α 曲线的设计特征周期 T_g 值（s）

表 6-3

地震影响 \ 设计地震分组 \ 场地类别		I_0类	I类	Ⅱ类	Ⅲ类	Ⅳ类
6～9度多遇地震 6、7度罕遇地震	第一组	0.20	0.25	0.35	0.45	0.65
	第二组	0.25	0.3	0.4	0.55	0.75
	第三组	0.30	0.35	0.45	0.65	0.9
8、9度罕遇地震	第一组	0.25	0.3	0.4	0.5	0.7
	第二组	0.30	0.35	0.45	0.6	0.8
	第三组	0.35	0.4	0.5	0.7	0.95

2. α 曲线（图 6-6）的曲线下降段（$T=T_g\sim5T_g$）的衰减指数 γ 和直线下降段（$T=5T_g\sim6s$）的下降斜率调整系数 η_1，分别按下列公式计算，或按表 6-4 规定取值。当 η_1 的计算值小于 0 时，取 $\eta_1=0$。

$$\gamma=0.9+\frac{0.05-\zeta}{0.3+6\zeta} \tag{6-10}$$

$$\eta_1=0.02+\frac{0.05-\zeta}{4+32\zeta},\text{取 }\eta_1\geqslant0 \tag{6-11}$$

式中 ζ——结构的临界阻尼比，其取值见式（6-6）的符号说明。

α 曲线下降段衰减指数 γ 和倾斜段斜率 η_1

表 6-4

结构阻尼比 ζ	0.05	0.04	0.03	0.02	0.01
γ	0.9	0.91	0.93	0.95	0.97
η_1	0.02	0.021	0.023	0.024	0.025

3. 建筑所在地段的场地类别，应根据土层等效剪切波速和场地覆盖土层厚度，按表 6-5 的规定划分。当有可靠的剪切波速和覆盖土层厚度，且其数值处于表 6-5 所列场地类别的分界线附近时，允许按插值方法确定地震作用计算所用的设计特征周期。

各类建筑场地的覆盖土层厚度（m） 表 6-5

等效剪切波速（m/s） \ 场地类别	I_0类	I_1类	Ⅱ类	Ⅲ类	Ⅳ类
$v_s>800$	0				
$800\geqslant v_s>500$		0			
$500\geqslant v_{se}>250$		<5	≥5		
$250\geqslant v_{se}>150$		<3	3～50	>50	
$v_{se}<150$		<3	3～15	(>50) ～80	>80

弹塑性反应谱

一、结构的弹塑性性质

1. 结构的一般性设计，是认为结构在风、重力等荷载作用下处于弹性工作状态。而地震是罕见的自然灾害，属偶然性荷载，要求结构在强烈地震作用下仍处于弹性阶段是不经济的，也是不现实的。目前国际上均允许地震时结构进入塑性变形阶段，并根据建筑的重要性及震害后果，分别规定其侧移限值，以控制各类建筑在不同地震烈度时的损坏程度。

2. 受荷结构在其构件屈服之前是处于线性弹性和非线性弹性的阶段，因为尚未产生塑性变形，卸载时也不会存在残留变形，因而，在加载、卸载、再加载、……全过程中，恢复力与位移之间虽然不一定成比例，但仍然保持着单值函数关系（图 6-7），图中，恢复力-位移曲线的斜率称之为结构刚度，或称弹性系数。

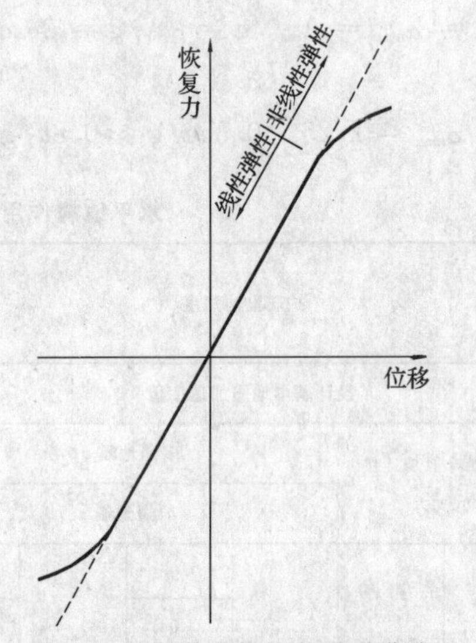

图 6-7 弹性体的恢复力-位移曲线

为了简化分析，一般都不考虑结构弹性阶段的非线性影响，而统称为弹性体。

3. 建筑结构绝大多数均属弹塑性体，当荷载逐步增大，结构变形超过结构的弹性极限时，即进入塑性变形阶段。卸荷后，已产生的塑性变形作为残留变形而存在，结构位移不再退回零点，再次加载时，残留变形作为二次加载时结构新位移的起点而叠加到结构新的位移之中。因此，弹塑性结构因荷载和位移较大而越过弹性极限后，往复荷载作用下的结构恢复力 S 与位移 Δ 之间，不再保持单值函数关系。与某一位移 Δ 相对应的恢复力 S，不仅与当次的位移有关，同时也与此前所经历的位移和恢复力的状态有关。

图 6-8 (*a*) 表示弹塑性结构的最简单的恢复力模型，图中，运用“包络面积”相等的原则，采取两段直线来逼近结构的实际变形曲线。当结构位移 Δ 位于弹性级限 Δ_y 以内时，结构刚度等于 *K*，当超过此极限时，结构刚度将降低为 K'。当 $K'=0$ 时，即是所谓的理想弹塑性结构（图 6-8*b*）。

在图 6-8 (*b*) 中，当卸荷时，结构刚度又回复到 *K*，但出现了残留变形。当施加的反向荷载达到弹性极限时，结构又一次进入塑性变形阶段。往复荷载的每一次循环，结构位移依次按此一规律变化。如此，弹塑性结构将沿顺时针方向形成多个环状曲线或折线，通常称之为滞回环线（参见图 7-35）。

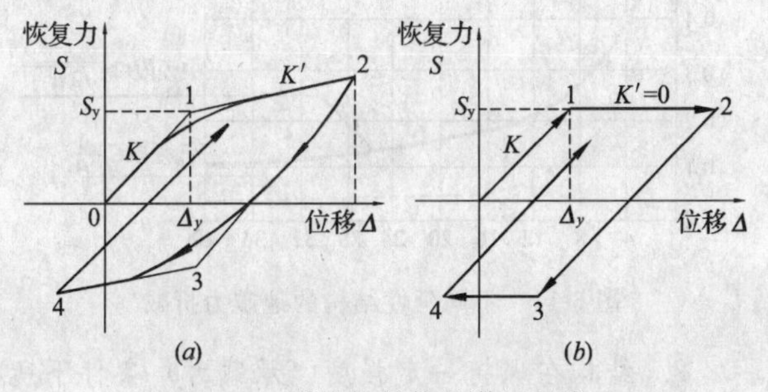

图 6-8 弹塑性结构的滞回环线
(*a*) 一般弹塑性结构；(*b*) 理想弹塑性结构

二、结构延性

20 世纪 60 年代美国纽马克教授提出，采用结构延性这个简单概念来概括结构超过弹性阶段的抗震能力，延性的大小是结构抗震能力强弱的重要标志，结构在保持一定强度（承载力）条件下所能提供的最大延性系数，就是衡量结构变形能力的指标。他指出：在建筑抗震设计时，结构除了应具备足够的强度和刚度之外，还必须重视提高结构的延性，并提出运用延性系数将弹性地震反应谱转换为弹塑性地震反应谱的具体方法。

三、理想弹塑性单质点系的地震反应谱

1. 对于弹性单质点系，当阻尼比 ζ 给定时，根据一次地震的加速度记录（时程曲线），可以计算出一条反应谱。

对于弹塑性单质点系，除了结构的刚度和阻尼以外，又增加一个新的参数，那就是屈服极限 Δy。这样，对于不同的屈服极限，可以计算出不同的反应谱。

2. 现以美国 1940 年 El Centro 地震为例，采用延性系数 μ 作为参数，μ 定义为结构允许的最大相对位移反应 Δ_{max} 与屈服位移 Δ_y 的比值，即 $\mu=\Delta_{max}/\Delta_y$。μ 值愈大，表示结构容许产生的塑性变形愈大。

假如已知相应于不同屈服位移 Δ_y 的反应谱，经过简单的变换，就可以得到以 μ 作为参数的加速度反应谱（图 6-9）。图中 μ=1 的曲线就是弹性结构反应谱。从图中几条曲线可以看出，随着延性系数的增大，地震作用（荷载）有所减小。由此可以断定，如果容许结构地震时产生较大的塑性变形，作用于结构上的地震作用（荷载）将会减小很多。

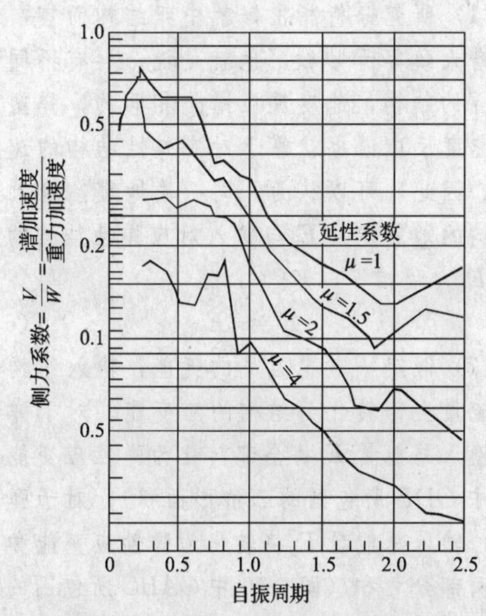

图 6-9 美国 1940 年 El Centro 地震的弹塑性反应谱

四、弹塑性结构地震力

1. 低频结构（频率 $f<2H_z$）

弹性结构的地震力 $F_e=K\Delta_{max}$ (6-12)

弹塑性结构的最大地震力 F_p 不能超过其屈服荷载 F_y（图 6-10），即

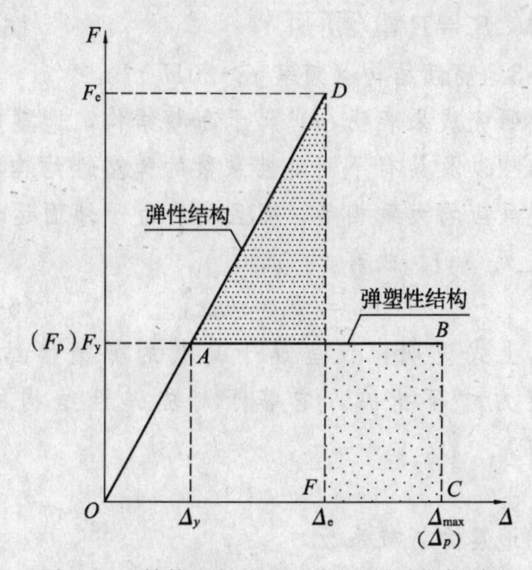

图 6-10 结构塑性变形引起的地震力折减

$$F_p = F_y = K\Delta_y = K\Delta_{max}/\mu \quad (6\text{-}13)$$

因为低频弹塑性结构的最大位移 $(\Delta_{max})_p$ 与对应弹性结构的最大位移 $(\Delta_{max})_e$ 近似相等，即 $(\Delta_{max})_p \approx (\Delta_{max})_e$，故式（6-13）可改写为

$$F_p = F_e/\mu \quad (6\text{-}14)$$

上式说明，对于低频结构，若容许它在地震时产生较大的塑性变形 $\Delta_p = (\mu-1)\Delta_y$，则作用于弹塑性结构上的地震力 F_p 可以折减到对应弹性结构地震力 F_e 的 $1/\mu$，

2. 中频结构（频率 $f=2\sim6H_z$）

(1) 研究分析指出，就中频结构而言，速度反应谱大致等于常数，也就是说，具有不同延性系数 μ 的结构，速度反应谱是相同的，弹塑性结构的速度反应谱也就等于对应弹性结构的速度反应谱。因此，可以认为，同一次地震，输入弹塑性结构的地震能量 E_p 与输入对应弹性结构的地震能量 E_e 大致相等，即

$$E_p \approx E_e \quad (6\text{-}15)$$

(2) 假定不考虑阻尼的耗能，输入结构的地震总能量全部转化为结构的应变能。对于弹性结构，输入总能量 E_e 将全部转化为弹性应变能（图 6-10 中 ODF 所包围的三角形面积）；对于弹塑性结构，输入总能量 E_p 将转化为弹性应变能和塑性耗能两部分之和（图 6-10 中 $OABC$ 所包围的梯形面积）。

由式（6-15）可得：

$\Delta\,\overline{ODF} = \Box\overline{OABC}$

即 $\frac{1}{2}F_e\Delta_e = F_y\Delta_p - \frac{1}{2}F_y\Delta_y = \frac{1}{2}F_p(2\Delta_p - \Delta_y)$

令 $\Delta_p = \mu\Delta_y$，$\Delta_e = (F_e/F_p)\Delta_y$，代入上式，得：

$F_e^2 = F_p^2(2\mu-1)$，

故有 $F_p = F_e/\sqrt{2\mu-1} \quad (6\text{-}16)$

3. 高频结构（频率 $f>20H_z$）

研究成果表明，当属于高频结构，地震时弹性结构以及具有不同延性系数的弹塑性结构，加速度反应均大致相等，而且均趋近于地面运动加速度 $\ddot{x}_g(t)$。故有

$$F_P = F_e \approx m\ddot{x}_{g,max} \quad (6\text{-}17)$$

上式说明，仅当属于高频的弹塑性结构，地震力才不折减，它等于对应弹性结构的地震力。

五、地震力折减系数

1. 以上论述表明，地震力折减系数的取值依结构性能而定，故在抗震设计中将它定名为结构特性系数 C。

对于具有不同延性系数的高、中、低频结构，结构特性系数 C 的取值，示于图 6-11。图中布有网点的部位，表示从中频结构向高频结构过渡的相当宽的区间，相应的结构特性系数 C 的取值范围为 $(1/\sqrt{2\mu-1})\sim1.0$。

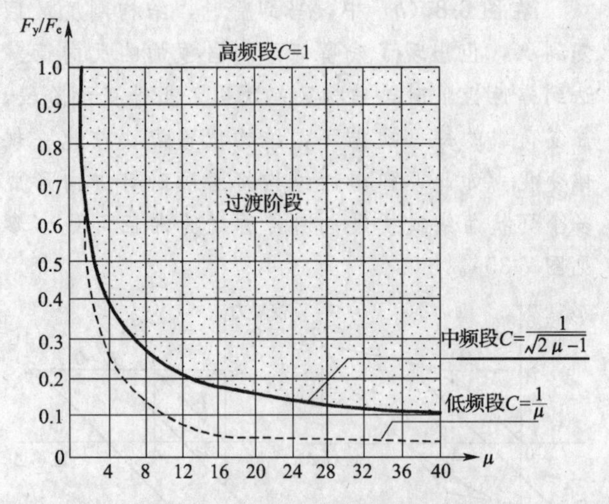

图 6-11 不同延性结构的地震力折减

2. 结构在保持一定强度（承载力）条件下所具有的最大延性系数，是衡量结构变形能力的重要指标。结构的延性，通常与结构的材料性质、构件类型及节点构造等因素密切相关，一般结构的延性系数 μ 的数值为2～10。

3. 由于大多数结构的侧向振动均属于低频或中频，因此采取适当措施来提高结构的延性，容许地震时结构能够产生较大的塑性变形，而不致影响结构的安全和使用功能，就可以利用结构的较大塑性变形，来吸收和耗散更多的输入结构的地震能量，从而可以采取较小的设计地震力，实现经济的抗震设计。

六、规范应用

我国的 1964、1974 和 1978《建筑抗震设计规范》，以及新颁布的 CECS 100：2004《建筑工程抗震性态设计通则》，就是采用弹塑性反应谱的概念，所规定的地震作用并非真实的地震荷载，而是采用了弹性计算的形式，但隐含结构反应的非线性（通过延性系数 μ 来表示），从而将弹性结构反应的真实地震作用予以折减，折减系数取 $1/\sqrt{2\mu-1}$ 到 $1/\mu$，其平均值约为 0.33。

按折减后的地震作用计算出来的结构内力

（地震作用效应），与弹塑性结构的非线性反应相对应，但是计算出来的结构变形则减小了$\sqrt{2\mu-1}$倍或μ倍，平均约减小了3倍。因此，进行结构侧移计算时，应先将地震作用乘以$\sqrt{2\mu-1}$或μ，或除以（78）规范中所规定的结构特性系数C。

当今的美国、日本规范以及后面要介绍的国际标准ISO 3010，关于地震作用的计算仍均采用弹塑性反应谱的概念。

反应谱理论

一、原理

1. 地震反应谱，是单自由度体系在给定地震加速度时程作用下的最大加速度反应随自振周期变化的曲线。

2. 反应谱理论就是：建筑结构可以简化为多自由度体系；多自由度体系的地震反应，可以按照结构的自振振型分解为多个广义单自由度体系的反应，再进行遇合。每个单自由度体系的最大地震反应可以从反应谱求得。

3. 反应谱分析法，考虑了结构的动力特性（自振周期、振型和阻尼）以及它与地震动特性之间的共振效应等动力关系，但在结构抗震设计中，它仍然把地震惯性力按静力来对待，因而它只能是准动力分析法。

结构的强度和变形能力是决定结构抗震安全的、必须同时考虑的两个重要因素。结构内力主要取决于地震动的振幅和频谱特性，而结构非线形（塑性）变形还取决于地震动的持续时间。地震反应谱虽已考虑了振幅和频谱两个要素，但没有考虑持时的影响，作为抗震分析方法，是一个比较大的缺陷。研究表明，对于存在刚度退化或强度劣化的结构，地震动持时对结构变形的影响是显著的。

二、基本假定

1. 结构的地震反应是弹性的，可以采用叠加原理进行多个振型的遇合。

2. 结构的基础是刚性的，所有支承处的地震动完全相同，不考虑基础与地基土之间的相互作用。

3. 结构的最不利的地震反应等于结构的最大地震反应，不考虑最大值可能多次出现的累积效应。

4. 地震动过程是平稳随机过程。

三、运动方程

地震动$\ddot{x}_g(t)$作用下多质点系（图6-12）的运动方程为

$$[m]\{\ddot{x}(t)\}+[C]\{\dot{x}(t)\}+[K]\{x(t)\}=-[m][I]\ddot{x}_g(t) \tag{6-18}$$

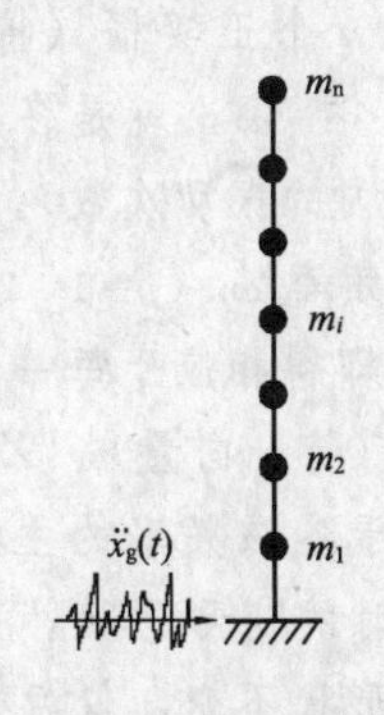

图6-12　多层建筑计算简图——多质点系

简写为

$$[m]\{\ddot{x}\}+[C]\{\dot{x}\}+[K]\{x\}=-[m][I]\ddot{x}_g \tag{6-19}$$

式中　$[m]$、$[C]$、$[K]$、$[I]$——分别为多质点系的质量矩阵、阻尼矩阵、刚度矩阵和单位矩阵；

$\{\ddot{x}\}$、$\{\dot{x}\}$、$\{x\}$——分别为多质点系各质点的相对加速度列向量、相对速度列向量和相对位移列向量；

$\ddot{x}_g$——地震时地面运动加速度。

四、振型和频率

式（6-19）所表示的结构动力反应，决定于外部干扰（$\ddot{x}_g$）和结构自身动力特性，而结构的自振振型和频率则仅决定于结构自身的动力特性。

令式（6-19）中的$[C]=0$、$\ddot{x}_g=0$，则得多质点系的无阻尼自由振动方程：

$$[m]\{\ddot{x}\}+[K]\{x\}=0 \tag{6-20}$$

假定多质点系的各个质点作同频率、同相位的简谐振动，

令　$x_i(t)=X_i\sin(\omega t+\varphi)$，

$\ddot{x}_i(t)=-\omega^2X_i\sin(\omega t+\varphi)(i=1,2,\cdots\cdots,n)$

代入式（6-20），并消去$\sin(\omega t+\varphi)$，得

$$([K]-\omega^2[m])\{X\}=0 \tag{6-21}$$

若多质点系处于振动状态，体系各质点的振幅 X_1、X_2、……、X_n就不可能全等于零。所以，式（6-21）要成立，必须是

$$[K]-\omega^2[m]=0 \quad (6\text{-}22)$$

上式称之为结构的特征方程，也称频率方程。解之，即得 ω^2 的 n 个正实根（特征值），其平方根 ω_j（$j=1，2，……，n$），就是多质点系的 n 个自振圆频率（2π 秒内的振动次数）。

将解得的各频率 ω_j（$j=1，2，……，n$）逐一代入式（6-21），即得相应于每一频率 ω_j的体系各质点相对振幅值（特征向量）$\{X_j\}$，它所形成的曲线，称为相应于各该频率的主振型，即多质点系作 j 振型振动时的变形形状，而且在整个振动过程中，振型的形状不变，仅幅值随时间而有大小变化，也就是说，每一振型的形状随时间而比例缩小或比例放大。因此，多质点系按 j 振型振动时，可以视作形状如同 j 振型的广义单自由度体系在振动。

多质点系的 j 振型自振周期 $T_j=2\pi/\omega_j$，其中，第一振型 $\{X_1\}$ 及其自振周期 T_1，又分别称之为基本振型和基本周期。第二振型以上的各阶振型 $\{X_j\}$（$j=2，3，……，n$）又称高阶振型或高振型。

五、振型的形状

对于刚性楼盖和柔性楼盖多层建筑的抗震分析，均采用“串联质点系”计算简图（图 6-12）。各阶振型（图 6-13）均为一条竖向曲线，其形状具有如下规律：①除竖杆根部为零点外，振型曲线为零点的数目等于振型序号数减 1，若加上竖杆根部的零点，振型曲线上的零点数恰好等于振型序号数；②基本振型（图 6-13a）全部为正；第二振型（图 6-13b），上段为负，下段为正；③第三振型（图 6-13c），上段和下段为正，中段为负；④以后，振型序号每增加一号，振型的正、负变号增加一次。

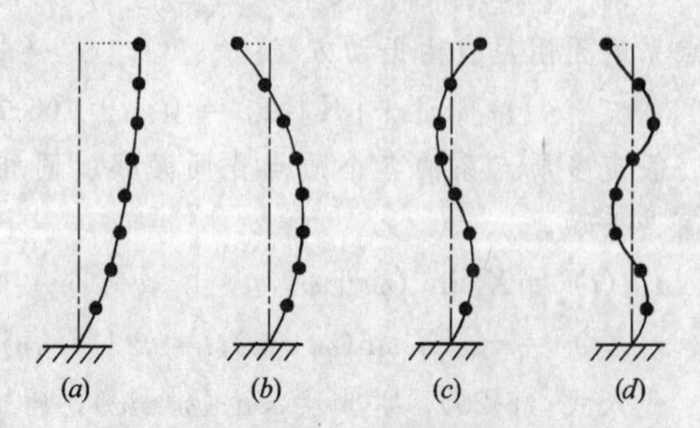

图 6-13　串联质点系的振型曲线形状

六、振型的正交性

弹性的多质点系作自由振动时，因为各阶振型的振动频率均互不相等，任意两个不同振型之间存在着正交性。其物理意义就是：多质点系按某一振型振动时，它的动能和位能不会转移到别的振型上去，亦即多质点系按某一振型的振动不会激起其他振型的振动。

1. 关于质量矩阵的正交性

设体系按第 j 振型振动时，各质点振幅为 X_{ji}，所引起的各质点惯性力为 $m_i\omega_j^2X_{ji}$（图 6-14a）；体系按第 k 振型振动时，各质点振幅为 X_{ki}，所引起的各质点惯性为 $m_i\omega_j^2X_{ki}$（图 6-14a）

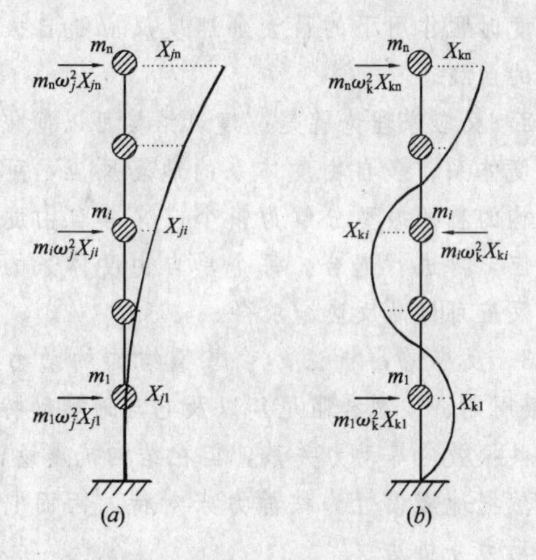

图 6-14　多质点系主振型的正交性

（a）体系按 j 振型振动；（b）体系按 k 振型振动

用图 6-14（a）中的 j 振型惯性力，对图 6-14（b）中的 k 振型的虚位移作功，得

$$E_{kj}=m_1\omega_j^2X_{j1}X_{k1}+m_2\omega_j^2X_{j2}X_{k2}+\cdots+m_i\omega_j^2X_{ji}X_{ki}+\cdots+m_n\omega_j^2X_{jn}X_{kn}$$

用图 6-14（b）中的 k 振型惯性力，对图 6-14（a）中的 j 振型的虚位移作功，得

$$E_{jk}=m_1\omega_k^2X_{k1}X_{j1}+m_2\omega_k^2X_{k2}X_{j2}+\cdots+m_i\omega_k^2X_{ki}X_{ji}+\cdots+m_n\omega_k^2X_{kn}X_{jn}$$

根据功的互等定理，$E_{kj}=E_{jk}$，整理后得

$$(\omega_j^2-\omega_k^2)(m_1X_{j1}X_{k1}+m_2X_{j2}X_{k2}+\cdots+m_iX_{ji}X_{ki}+\cdots+m_nX_{jn}X_{kn})=0$$

因为 $\omega_j\neq\omega_k$，$\omega_j^2-\omega_k^2\neq0$，故有

$$m_1X_{j1}X_{k1}+m_2X_{j2}X_{k2}+\cdots+m_iX_{ji}X_{ki}+\cdots+m_nX_{jn}X_{kn}=0 \quad (6\text{-}23)$$

式（6-23）的矩阵表达式为

$$\{X_J\}^T[m]\{X_k\}=0 \quad (j\neq k) \quad (6\text{-}24)$$

式（6-24）就是多自由度体系的任何两个不同振型关于质量矩阵的正交性质。

当$k=j$时，$\{X_j\}^{\mathrm{T}}[m]\{X_j\}$则是一个常数，令它等于$\overline{m}_j$，通常称之为第$j$振型的广义质量，故有

$$\overline{m}_j=\{X_j\}^{\mathrm{T}}[m]\{X_j\} \tag{6-25}$$

因为$\omega_{\mathrm{k}}^2[m]\{X_{\mathrm{k}}\}$表示体系作第$k$振型自由振动时所引起的各质点惯性力，这些惯性力在另一j振型$\{X_j\}$上所作的功为$\omega_{\mathrm{k}}^2\{X_j\}^{\mathrm{T}}[m]\{X_{\mathrm{k}}\}$，由式（6-24）得知，此功应等于零。说明$k$振型的动能不会转移到$j$振型上去，从而证明，体系按某一振型振动时不会激起该体系其他振型的振动。所以，多自由度体系的各个振型是独立无关的。

2. 关于刚度矩阵的正交性

体系第k振型的频率ω_{k}和振型向量$\{X_{\mathrm{k}}\}$应能满足方程式（6-21），将他们代入并移项，得：

$$[K]\{X_{\mathrm{k}}\}=\omega_{\mathrm{k}}^2[m]\{X_{\mathrm{k}}\} \tag{6-26}$$

等式两边各左乘以$\{X_j\}^{\mathrm{T}}$，得

$$\{X_j\}^{\mathrm{T}}[K]\{X_{\mathrm{k}}\}=\omega_{\mathrm{k}}^2\{X_j\}^{\mathrm{T}}[m]\{X_{\mathrm{k}}\} \tag{6-27}$$

将式（6-24）代入上式，得

$$\{X_j\}^{\mathrm{T}}[K]\{X_{\mathrm{k}}\}=0 \qquad (j\neq k) \tag{6-28}$$

式（6-28）就是多自由度体系的任何两个不同振型关于刚度矩阵的正交性质。

当$k=j$时，$\{X_j\}^{\mathrm{T}}[K]\{X_{\mathrm{k}}\}$也等于一个常数，令它等于$\overline{K}_j$，通常称之为第$j$振型的广义刚度，故有

$$\overline{K}_j=\{X_j\}^{\mathrm{T}}[K]\{X_j\} \tag{6-29}$$

因为$[K]\{X_{\mathrm{k}}\}$表示第k振型在体系各质点处所引起的弹性恢复力，$\{X_j\}^{\mathrm{T}}[K]\{X_{\mathrm{k}}\}$则表示该弹性恢复力在第$j$振型上所做的功。由于它等于零，说明第$k$振型的位能不会转移到第$j$振型上去。这就从另一个角度再一次证明，体系按某一振型振动时不会激起该体系其他振型的振动。

七、振型分解

1. 振动方程按振型分解

式（6-18）是采取几何坐标$x_i(t)$来描述地震动作用下多质点系的质点位移的振动方程，由于质点相互间的刚度耦联，刚度矩阵为非对角矩阵，因而它是一组由n个微分方程形成的微分方程组。

前面已经证明，结构的自振振型是完全正交系，所以结构的任何反应都可以采用振型来展开，相对位移矢量$x_i(t)$当然也可以采用振型$[X]$来展开，即

$$\{x\}=[X]\{q\} \tag{6-30}$$

式中 $\{q\}$——振型幅值的广义坐标矢量的列向量；

$$\{q\}=[q_1\quad q_2\quad \cdots\quad q_j\quad \cdots\quad q_n]^{\mathrm{T}}$$

$[X]$——多质点系的振型矩阵，此处，它是广义坐标向量$\{q\}$对几何坐标向量$\{x\}$的变换矩阵。

$$[X]=[\{X_1\}\ \{X_2\}\ \cdots\ \{X_j\}\ \cdots\ \{X_n\}]$$

$$=\begin{bmatrix} X_{11} & X_{21}\cdots & X_{j1}\cdots & X_{n1}\\ X_{12} & X_{22}\cdots & X_{j2}\cdots & X_{n2}\\ \vdots & \vdots & \vdots & \vdots\\ X_{1i} & X_{2i}\cdots & X_{ji}\cdots & X_{ni}\\ \vdots & \vdots & \vdots & \vdots\\ X_{1n} & X_{2n}\cdots & X_{jn}\cdots & X_{nn} \end{bmatrix}$$

式（6-30）的物理意义是，体系在地震作用下的相对位移$x_i(t)$采取体系自由振动的n个振型的线性遇合来表示（图6-15）。把以n个振型幅值为基底的广义坐标$q_j(t)$（$j=1, 2, \cdots n$），作为体系相对位移的新坐标，通过振型矩阵$[X]$进行坐标变换，将振动方程组中描述质点位移的几何坐标$x_i(t)$，转换为新的广义坐标$q_j(t)$。这样，便把求解$x_i(t)$的微分方程组（式6-19），转化为求解以$q_j(t)$为未知量的n个独立的微分方程式（式6-31），从而使求解多自由度体系的振动问题，简化为n个广义单自由度体系的振动问题。

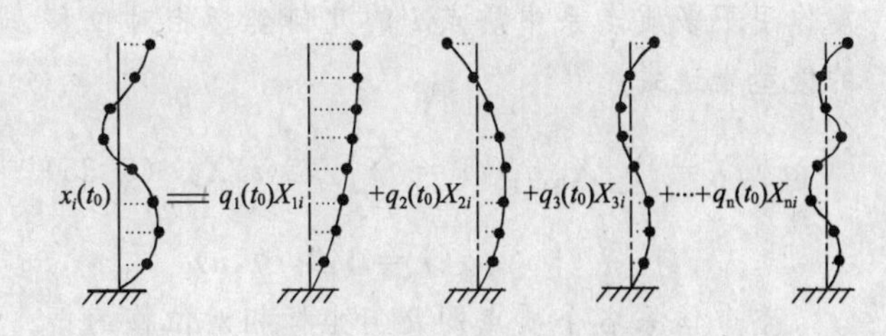

图6-15 结构位移按振型分解

将式（6-30）代入式（6-19），并以$[X]^{\mathrm{T}}$左乘等号两边各项，得

$$[X]^{\mathrm{T}}[m][X]\{\ddot{q}\}+[X]^{\mathrm{T}}[C][X]\{\dot{q}\}+[X]^{\mathrm{T}}[K][X]\{q\}=-[X]^{\mathrm{T}}[m][I]\ddot{x}_g$$

根据式（6-24）、式（6-28）所示的振型正交性，并将它与式（6-25）、式（6-29）一并代入上式并展开，便得到以q_j未知量的n个独立的二阶微分方程：

$$\bar{m}_j\ddot{q}_j(t)+(\alpha_1\bar{m}_j+\alpha_2\bar{K}_j)\dot{q}_j(t)+\bar{K}_jq_j(t)$$
$$=-\ddot{x}_g(t)\sum_{i=1}^{n}m_iX_{ji} \quad (6\text{-}31)$$
$$(j=1,2,\cdots,n)$$

以 $\bar{m}_j$ 遍除式（6-31）等号两边，并令 $\omega_j^2=\bar{K}_j/\bar{m}_j$，$2\zeta_j=\frac{\alpha_1}{\omega_j}+\alpha_2\omega_j$ 得

$$\ddot{q}_j(t)+2\zeta_j\omega_j\dot{q}_j(t)+\omega_j^2q_j(t)=-\gamma_j\ddot{x}_g(t) \quad (6\text{-}32)$$
$$(j=1,2,\cdots,n)$$

$$\gamma_j=\frac{\sum_{i=1}^{n}m_iX_{ji}}{\bar{m}_j}=\frac{\sum_{i=1}^{n}m_iX_{ji}}{\sum_{i=1}^{n}m_iX_{ji}^2} \quad (6\text{-}33)$$

式中 ω_j、ζ_j、γ_j——第 j 振型的振动圆频率，临界阻尼比和振型参与系数。

可以看出，公式（6-32）的每一个方程中仅含有一个未知量 $q_j(t)$。到此，原来的微分方程组就已分解为 n 个独立的微分方程式。比较式（6-32）与式（6-1）可以看出，式（6-32）与单质点系在地震作用下的振动微分方程基本相同，不同点仅在于，方程（6-1）中的 ζ 换为 ζ_j，ω 换为 ω_j，同时等号右边多了一个系数 γ_j。所以，式（6-32）的解，可以比照式（6-1）的解——式（6-4），写出：

$$q_j(t)=\gamma_j\delta_j(t)$$
$$=-\frac{\gamma_j}{\omega_j}\int_0^t\ddot{x}_g(\tau)e^{-\zeta_j\omega_j(t-\tau)}\sin\omega_j(t-\tau)\mathrm{d}\tau \quad (6\text{-}34)$$

将式（6-34）代入式（6-30），并展开，得地震作用下多质点系中质点 i 的几何坐标相对位移的振型表达式：

$$x_i(t)=\sum_{j=1}^{n}X_{ji}\,q_j(t)=\sum_{j=1}^{n}\gamma_j\delta_j(t)X_{ji} \quad (6\text{-}35)$$
$$(j=1,2,\cdots,n)$$

整个体系各个质点的几何坐标相对位移的振型表达式为：

$$\{x\}=\sum_{j=1}^{n}\gamma_j\delta_j(t)\{X_j\} \quad (6\text{-}36)$$

式中 $\delta_j(t)$——圆频率为 ω_j、阻尼比为 ζ_j 的有阻尼单质点振子在地震动 $\ddot{x}_g(t)$ 作用下的相对水平位移，令其最大值 $|\delta_j(t)|_{\max}=\Delta_j$。

2. 振型参与系数的物理意义

从式（6-19）中可以看出，多质点系第 i 质点上的地震作用（即外荷载）为 $-m_i\ddot{x}_g(t)$，也就是说，对于每一个质点，单位质量上所受到的外荷载均为 $\ddot{x}_g(t)$。所以，就整个体系各个部位的单位质量而言，外荷载的数值是相同的，即沿结构高度方向是均匀分布的。因为我们已经将质点的位移 $x_i(t)$ 用振型的线性组合来表达（式 6-30），质点上所受的外荷载自然也应该相对应地用振型的线性组合来表达。故将第 i 质点单位质量上的地震作用 $\ddot{x}_g(t)$ 按振型分解为有限项之和，即

$$\ddot{x}_g(t)=\ddot{x}_g(t)\times1=\ddot{x}_g(t)\sum_{j=1}^{n}\gamma_jX_{ji}$$

或写为
$$1=\sum_{j=1}^{n}\gamma_jX_{ji} \quad (6\text{-}37)$$

它说明，振型参与系数 γ_j 就是第 j 振型在单位质量地震作用中所占的分量。

将式（6-37）等号两边均乘以 m_iX_{ki} 并对 i 求和，然后，根据振型的正交性，当 $j\neq k$ 时，$\sum_{i=1}^{n}m_iX_{ji}X_{ki}=0$，上式右边仅剩下 $k=j$ 的项．整理后得：

$$\sum_{i=1}^{n}m_iX_{ji}=\sum_{i=1}^{n}\gamma_jm_iX_{ji}^2$$

$$\gamma_j=\frac{\sum_{i=1}^{n}m_iX_{ji}}{\sum_{i=1}^{n}m_iX_{ji}^2} \quad (6\text{-}38)$$

对比式（6-33）和式（6-38），可以看出，两者完全相同，是一回事。

八、振型遇合

式（6-30）既是结构动力反应的分解式，也是结构动力反应的合成式。利用振型分解原理，将耦合的运动方程组，转化为 n 个解耦的等效广义单自由度方程来分别求解，然后再将结构的各振型反应叠加起来，获得结构的总动力反应，这就是振型叠加法，也就是振型遇合。

1. 振型遇合法则

对于多质点系，在给定地震反应谱之后，与单质点系利用反应谱来计算结构最大地震反应一样，可以利用它的 n 个等效的广义单自由度体系的自振周期 T_j 和阻尼比 ζ_j，分别计算出结构“相对位移”等反应量的各振型地震反应的最大值。因为同一反应量的各振型反应最大值并不在同一时刻发生，而且有正有负，所以，需要运用一定的“遇合法则”，对各振型反应最大值（即结构的振型地震作用效应）进行遇合，以求得结构实际

地震反应的最大值，即结构的构件内力、侧移等最大地震作用效应。

求出结构第 j 振型的各质点的地震作用后，就可按照一般力学方法计算出此一组荷载下的结构各杆件第 j 振型地震作用效应（内力或变形）。根据式（6-35），在整个地震过程中，各杆件的实际地震作用效应 $S(t)$ 等于各振型地震作用效应 $S_j(t)$ 之和，即

$$S(t)=\sum_{j=1}^{n}S_j(t)=\sum_{j=1}^{n}\gamma_j\delta_j(t)\Phi_j \quad (6\text{-}39)$$

式中 $\delta_j(t)$——圆频率为 ω_j、阻尼比为 ζ_j 的有阻尼单质点振子在地震动 $\ddot{x}_g(t)$ 作用下的相对水平位移，令其最大值 $|\delta_j(t)|_{max}=\Delta_j$；

Φ_j——结构按 j 振型发生变形时杆件的截面内力或相对变位。

由于式（6-39）中的 $\delta_j(t)$ 是时间随机函数，按照式（6-39）来求算工程设计所需要的总反应 $S(t)$ 的最大值是困难的。这个振型遇合问题可以籍助统计理论来解决。

根据地震反应谱曲线的概念，各振型地震作用效应的最大值可取为

$$S_j=\gamma_j\Delta_j\Phi_j \quad (6\text{-}40)$$

需要指出，振型遇合法则仅适用于线弹性多质点系，因为只有线弹性结构才能运用叠加原理。

2. 计算公式

(1) 结构主要振型的周期均相隔较远时

当多质点系各阶自振频率符合下列条件式，或者相邻振型的周期差距大于15%时，则可认为体系的各个自振频率相隔较远。

$$k<j,\quad \omega_k<\frac{0.2}{0.2+\zeta_k+\zeta_j}\omega_j \quad (6\text{-}41)$$

式中 ω_k、ω_j——多质点系第 k、j 振型的自振圆频率；

ζ_k、ζ_j——多质点系第 k、j 振型的阻尼比。

假定地面运动为平稳随机过程，当体系各阶自振频率符合式（6-41）条件式，即可认定振型反应互不相关，振型互相关系数等于零，则 $S(t)$ 的最大值可按下式估算：

$$S_{Ek}=\sqrt{\sum_{j=1}^{m}S_j^2} \quad (6\text{-}42)$$

式中 S_j——杆件的 j 振型地震内力（剪力 V_j、弯矩 M_j 或轴向力 N_j）或 j 振型相对侧移；

m——遇合的振型数，对于串联质点系，取 $m=3\sim5$；对于并联质点系或串并联质点系，取 $m=7\sim9$。

这就是目前各国规范中普遍采用的“平方和的平方根”法则（SRSS法）。理论计算和实测结果表明，对一般对称结构的平动（平移振动或平变振动）分析，上述振型遇合法则的计算结果，与精确的时程分析法相比，误差不大，用于工程设计是能够满足工程精度要求的。

(2) 结构主要振型的周期很接近时

对偏心结构的“平移—扭转”或“平变—扭转”耦联振动分析，由于结构各个自振频率会出现很接近的情况，上述遇合法则将给出不容忽视的较大误差，就应该改用“全部二次项法”（CQC法）。在该遇合法则的公式中，除各振型地震内力的自身平方项外，还包括相近频率之间的耦联振型项。

杆件的最大地震内力（剪力 V、弯矩 M 或轴力 N）或最大相对侧移为

$$S_{Ek}=\sqrt{\sum_{k=1}^{m}\sum_{j=1}^{m}\rho_{kj}S_kS_j} \quad (6\text{-}43)$$

式中 S_k、S_j——分别为结构 k 振型、j 振型地震内力或相对侧移；

m——遇合的振型数，可取前9～15个振型；

ρ_{kj}——结构 k 振型与 j 振型的耦联系数；

$$\rho_{kj}=\frac{8\sqrt{\zeta_j\zeta_k}(\zeta_j+\lambda_T\zeta_k)\lambda_T^{1.5}}{(1-\lambda_T^2)^2+4\zeta_j\zeta_k(1+\lambda_T^2)\lambda_T+4(\zeta_j^2+\zeta_k^2)\lambda_T^2}$$

λ_T——k 振型与 j 振型的自振周期比值。

3. 遇合振型数

根据广义坐标的时间特性，在不同的时刻，同一振型反应对结构总振动的贡献的大小是不一样的。一般说来，由于高振型的振幅依次低于较低振型的振幅，因此在结构的整个振动过程中，较低自振频率的几个振型所作的贡献较大，在不同时刻，前几个低阶振型的振动将在总振动中依次占据主导地位。因此，采用振型叠加法求解线弹性性结构的地震反应时，首先要确定选取前多少个振型参与叠加，从而在结构的两个正交方向均获得至少90%实际质量的组合振型参与质量。

对于较低的、动力自由度较少的一般性建筑，一般仅取前1～3个振型即可满足要求。对于动力

自由度较多的高层建筑，宜取前5～6个振型；对于伴有扭转振动的复杂体形高层建筑，则宜选取前9～15个振型。

4. 不能遇合振型地震作用

应该指出，如果按照上述法则先遇合质点振型地震作用，然后一次计算杆件的地震内力，工作量虽然小得多，但结果是不对的。因为每一振型地震作用相当于作用于一个广义单自由度体系上的一组地震作用，而且除基本振型地震作用全部为正值外，其他各高阶振型地震作用则是部分为正值、部分为负值。分别先对每个质点的各振型地震作用进行遇合，然后一次计算杆件地震内力，就会由于遇合过程中负值平方后变为正值，使各楼层地震剪力以至杆件地震内力或变形被不适当地夸大。所以，振型遇合只能对每一振型成组地震作用分别引起的结构各杆件地震内力或变形进行遇合，而不能拆散为对质点各振型地震作用的遇合。

7 水平地震作用的计算

反应谱分析法

所谓地震作用，就是地震动使结构质量产生的惯性力。根据动力学原理，地震作用 F_E 等于结构质量 m 与其绝对加速度 a 的乘积，即

$$F_E = ma$$

反应谱分析法，是通过地震反应谱考虑了地震时结构动力特性（自振周期、振型和阻尼）所产生的共振效应；但是，在设计中它仍然把地震惯性力当作“静力”作用于结构之上，因而它只能属于准动力分析法。

一、底部剪力法

底部剪力法是计算规则结构水平地震作用的简化方法。按照弹性地震反应谱理论，结构底部总地震剪力与等效单质点系的水平地震作用相等。据此，可以确定结构的总水平地震作用及其沿高度的分布形式。

1. 工程需要

底部剪力法是反应谱分析法中的一种近似方法，便于设计者手算。它是应工程设计的需要而提出来的。尽管目前电算方法已经普及，然而，在高层建筑的方案设计阶段，探索各种建筑体形以及相应结构体系时，需要快速确定地震作用的数值，估计结构承载力和变形是否满足要求，以及确定构件截面尺寸。此外，利用电算程序对高层建筑进行结构抗震分析时，设计人填好数据表后，很快就拿到计算结果，然而，设计者对程序的内容并不太了解，对电算结果正确性的判断单靠经验有时会感到困难，利用简便的手算方法对电算结果进行总体校核是有用的，有时也是必要的。

2. 简化途径

某些多自由度体系的结构，地震作用下的振动是以基本振型为主，或者高振型虽占有较大比重，但它的瞬时侧移形状可以采用一个既定的曲线、图形和某一规律来描述。此类仅按唯一形状发生侧向挠曲的结构，由于各部位相对侧移的比值在任何时刻都是相同的，即不同时刻结构各点的侧移以同一比例放大或缩小，犹如一个“刚体”作单自由度运动，从而使原来的多自由度体系变成了广义单自由度体系。对于这类结构，任何瞬间，只要知道结构上某一点的位移，其他各点的位移应能根据其固定的分布规律唯一地确定。所以，在确定这类结构的水平地震作用时，可以根据其基本周期来确定其总水平地震作用，然后再按照某一分布规律来确定结构各部位水平地震作用的数值。这一思路为多自由度体系抗震分析的简化奠定了基础，从而引导出“底部剪力法”。

3. 适用范围

抗震规范第 5.1.2 条规定：高度不超过 40m，以剪切变形为主、且质量和抗推刚度（侧向刚度）沿高度分布比较均匀的结构，以及近似于单质点体系的结构，其抗震计算可采用底部剪力法。

4. 计算公式

高层建筑采用底部剪力法进行结构抗震设计时，结构的水平地震作用标准值（图 7-1），可按下列公式计算：

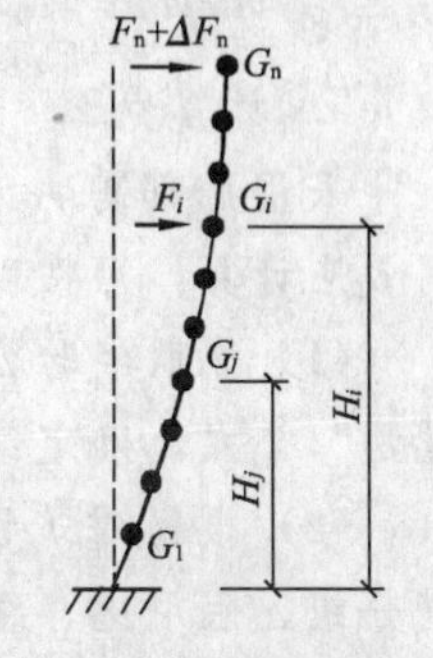

图 7-1 结构水平地震作用

结构底部水平地震剪力（结构总水平地震作用）标准值为

$$F_{Ek} = \alpha_1 G_{eq} \tag{7-1}$$

质点 i 的水平地震作用标准值为

$$F_i = \frac{G_i H_i}{\sum_{j=1}^{n} G_j H_j} F_{Ek}(1-\delta_n) \tag{7-2}$$

$$(i = 1,2,\cdots,n)$$

顶部附加水平地震作用

$$\Delta F_n = \delta_n F_{Ek} \tag{7-3}$$

式中 α_1——相应于结构基本自振周期 T_1 的水平地震作用系数值，应根据烈度、设计地震分组、阻尼比、场地类别和基本自振周期按图 6-6 采用；

G_{eq}——结构等效总重力荷载，$G_{eq} = C_e \sum_{i=1}^{n} G_i$，$C_e$ 为等效质量系数，对于多层建筑，取 $C_e = 0.85$；式中，n 为体系的质点数，即多层建筑的总层数；

G_i、G_j——分别为集中于质点 i、j 的重力荷载代表值；

H_i、H_j——分别为质点 i、j（即第 i、j 层楼盖）的计算高度；

δ_n——顶部（即多层建筑的屋盖）附加地震作用系数，当 $T_1 > 1.4T_g$ 时，对于钢筋混凝土结构多层建筑，δ_n 按

表 7-1 选用，对于钢结构多层建筑，$\delta_n=0.05+1/(8+T_1)$；

T_g——地震作用系数 α 曲线上的设计特征周期，根据场地类别、设计地震组别及地震影响强弱，按表 6-3 确定。

顶部附加地震作用系数 δ_n　　表 7-1

特征周期 T_g (s)	$T_1>1.4T_g$	$T_1\leqslant1.4T_g$
≤0.35	$0.08T_1+0.07$	
(>0.35)～0.55	$0.08T_1+0.01$	0.00
>0.55	$0.08T_1-0.02$	

注：T_1 为结构基本自振周期。

5. 计算步骤

采用底部剪力法对多层建筑进行结构地震作用效应计算，可按以下步骤进行：

(1) 按照经验公式或下面第 8 项所述的"能量法"公式，确定结构的基本自振周期 T_1；

(2) 根据建筑设防烈度、场地类别、设计地震分组、阻尼比、结构基本周期 T_1，查图 6-6 所示的反应谱，得地震作用系数 α_1；

(3) 按式 (7-1) 到式 (7-3) 确定作用于屋盖和各层楼盖高度处的水平地震作用标准值 F_i；

(4) 计算整个结构在各 F_i 同时作用下各构件和杆件截面中引起的地震作用效应（剪力、弯矩和轴力）；

(5) 将地震作用效应与其他荷载效应组合，进行构件承载力验算；

(6) 计算整个结构在各 F_i 同时作用下各楼层的层间弹性侧移角，并检查是否超过《抗震规范》所规定的限值；对于设防烈度为 7～9 度、楼层屈服强度系数小于 0.5 的框架体系，应进一步进行罕遇烈度地震（大震）作用下薄弱层和薄弱部位的弹塑性变形验算。

6. 等效质量系数

在式 (7-1) 中，确定结构底部水平地震剪力 F_{Ek} 时，不采用结构总重力荷载 $\sum_{i=1}^{n}G_i$，而是采用结构等效总重力荷载 G_{eq}，即 $G_{eq}=C_e\sum_{i=1}^{n}G_i$。为什么要乘以 C_e，下面作一简要说明。

(1) 概念

采用底部剪力法来确定多质点系的水平地震作用时，需要将它视作广义单自由度体系，并转换为等效的单质点系（图 7-2）。转换的原则是，使两者的基本周期 T_1 和结构底部水平地震剪力 F_{Ek} 相等。

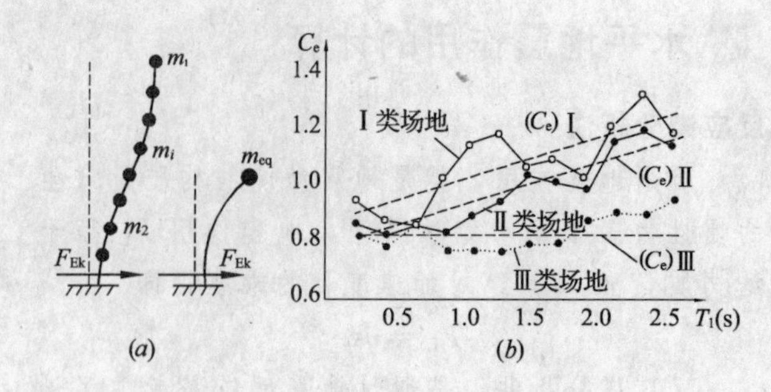

图 7-2　多质点系的等效质量系数
(a) 计算简图；(b) C_e-T_1 关系曲线

由于多质点系存在着高振型地震反应，而高振型地震作用对于各个质点来说并非沿着同一方向，而是有正有负。由此引起的结构底部剪力，比各质点地震作用绝对值之和要小。所以，欲使等效单质点系的底部地震剪力能够与所代表的多质点系底部剪力相等，对应单质点系的等效质量 m_{eq} 就应该小于多质点系的总质量，即等于总质量乘以小于 1.0 的等效质量系数 C_e，即 $m_{eq}=C_e\sum_{i=1}^{n}m_i$。

(2) 数值的计算

一个多质点系的结构底部地震剪力可以表示为

$$V_0(t)=\sum_{i=1}^{n}m_i a_i(t) \tag{7-4}$$

式中　m_i——多质点系中第 i 质点的质量，$m_i=G_i/g$；

$a_i(t)$——t 时刻第 i 质点的加速度。

进行结构抗震设计时，一般取

$$F_{Ek}=|V_0(t)|_{max} \tag{7-5}$$

采用底部剪力法确定多质点系的水平地震作用时，F_{Ek} 按式 (7-1) 计算，其结果应与式 (7-5) 相等，故有

$$\alpha_1 G_{eq}=\alpha_1 C_e\sum_{i=1}^{n}G_i=|V_0(t)|_{max}$$

即

$$C_e=|V_0(t)|_{max}/\alpha_1\sum_{i=1}^{n}G_i \tag{7-6}$$

根据Ⅰ～Ⅳ类场地上记录到的 31 条不同的地震记录，针对基本周期 T_1 为 0.2～2.85s 的4～15层建筑，采用时程分析法一共计算出 400 多个地震反应。将计算出的每一个最大底部剪力，按公式 (7-6) 计算出一个等效质量系数 C_e。每一个结构的 31 个不同地震反应计算出 31 个 C_e值，取其平均值绘制 C_e-T_1 关系曲线，示于图 7-2 (b)。从图中几条曲线可以看出：①Ⅲ类场地上的结构，等效质量系数与结构基本周期无明显关系；②Ⅰ

类和Ⅱ类场地上的结构，C_e随T_1的增长而加大；③当$T_1<0.75$s时，C_e可以不考虑周期和场地的影响。

根据图7-2（*b*）中C_e的规律和数值，对于基本周期小于0.75s的多层建筑，采用《抗震规范》底部剪力法确定水平地震作用时，等效质量系数C_e可以近似地取其平均值0.85。对于基本周期大于0.75s的多层建筑，Ⅰ、Ⅱ类场地，等效质量系数C_e按下式确定，但不大于1.0；Ⅲ、Ⅳ类场地，C_e仍取0.85。

$$\left.\begin{aligned}&\text{Ⅰ类场地}\quad C_e=0.14T_1+0.88\\&\text{Ⅱ类场地}\quad C_e=0.14T_1+0.79\end{aligned}\right\}\tag{7-7}$$

7. 顶部附加地震作用

(1) 倒三角形分布的问题

《抗震规范》(GB 50011—2001) 中的底部剪力法，关于水平地震作用沿结构高度的分布，采取的是大体上按倒三角形分布的规律。即结构底部地震剪力确定之后，各质点m_i处的水平地震作用按下式计算：

$$F_i=\left(G_iH_i\Big/\sum_{j=1}^{n}G_jH_j\right)F_{Ek}\tag{7-8}$$

经检验，按式(7-8)计算出的结构上部水平地震剪力，小于按振型分析法和时程分析法的计算结果，特别是对那些周期较长的结构，结果相差更大。此外，地震的宏观震害经验也表明，一些多层和高层建筑，上部楼层的震害比按式(7-8)进行验算的结果更严重一些。

(2) 改进办法

根据上述4～15层建筑的400多个时程分析计算结果，沿结构高度按等间距划分的8个水平截面取值，得相对剪力分布和结构周期之间的关系，它具有以下四点规律：①在0.63H（H为结构高度）以下，水平剪力分布与结构的周期无明显关系；②在0.63H以上，剪力值随结构周期的增长而加大；③Ⅰ类场地上的结构，其上部剪力的增加幅度一般比Ⅱ、Ⅲ、Ⅳ类场地上的结构都大；④0.63H以上的结构剪力分布，基本上符合“剪力随结构周期按线性比例增长”的规律；⑤按倒三角形分布规律计算出的结构上部楼层剪力偏小。

根据以上计算结果，对于结构基本周期$T_1>1.4T_g$的高层建筑，各楼盖高度处的水平地震作用，应在部分底部剪力按“倒三角形规律分布”的基础上，再于屋盖高度处附加一个水平地震作用ΔF_n。即按前述的式(7-2)和式(7-3)来确定各楼盖高度处的水平地震作用。

8. 基本周期的计算

采用底部剪力法确定多层建筑水平地震作用时，需要能够较快地计算出结构的基本自振周期。目前常用的近似计算公式有如下几种：

(1) 估算公式

以脉动实测数据为基础，忽略房屋宽度和层高的影响，给出的房屋基本周期的估算公式，列于表7-2。表中N为房屋总层数。

房屋基本自振周期T_1的估算公式　　表7-2

结构类型	结构体系	基本周期T_1
钢筋混凝土结构	框架	(0.08～0.10) N
	框架-抗震墙，框架-筒体	(0.06～0.08) N
	抗震墙，筒中筒	(0.04～0.05) N
钢-混凝土混合结构		(0.06～0.08) N
高层钢结构		(0.08～0.12) N

(2) 经验公式

根据脉动或激振下房屋基本自振周期的实测统计数据，乘以增大系数1.2～1.5，所得基本周期T_1的计算公式，列于表7-3。

房屋基本自振周期T_1的经验公式　　表7-3

房屋高度（m）	结构基本情况	基本周期T_1
<25m	有较多填充墙的框架结构旅馆、办公楼	$0.22+0.35H/\sqrt[3]{B}$
<50m	钢筋混凝土“框架-抗震墙”结构	$0.33+0.00069H^2/\sqrt[3]{B}$
<50m	规则的钢筋混凝土抗震墙结构	$0.04+0.038H/\sqrt[3]{B}$
<35m	化工、煤炭系统钢筋混凝土框架结构厂房	$0.29+0.0015H^{2.5}/\sqrt[3]{B}$

注：H、B分别为房屋的总高度和总宽度。

(3) 顶点位移法

对于质量、刚度沿高度分布比较均匀的钢筋混凝土结构高层建筑，当采用框架体系、框-墙体系或现浇全墙体系时，其基本自振周期T_1可按下式计算。

$$T_1=1.7\alpha_0\sqrt{\Delta_T}\tag{7-9}$$

式中　Δ_T——整个结构在以“集中于各楼盖高度处”的重力荷载标准值G_i（i=1，2，…n）当作一组水平力作用时所求得的结构顶点侧移（m）；

α_0——考虑非承重砖墙影响的折减系数，按以下情况取值：框架体系，α_0=

0.6～0.7；框-墙体系，$\alpha_0=0.7\sim0.8$；全墙体系（现浇），$\alpha_0=1.0$。

(4) 能量法

一个结构体系自由振动时，如果体系中的能量损失忽略不计，体系中的总能量将始终保持不变。据此，体系的最大动能将等于该体系的最大应变位能。利用这一能量守恒原理来计算结构的自振频率，通常称之为“能量法”，或称瑞利(Raylaigh) 法。其特点是，利用静力学的方法解决了动力学的问题，方便而实用。

利用能量法导得的多层建筑基本自振周期的计算公式为：

$$T_1=2\alpha_0\sqrt{\sum_{i=1}^{n}G_i\Delta_i^2\Big/\sum_{i=1}^{n}G_i\Delta_i} \tag{7-10}$$

式中 G_i——集中于第 i 楼盖高度处的上、下各半个楼层的重力荷载代表值；

Δ_i——整个结构在以各 G_i ($i=1, 2, \cdots, n$) 作为一组水平集中力同时作用时，所计算出的第 i 楼盖高度处的侧移 (m)。

9. 弹性变形的计算

在高层建筑的初步设计阶段，为了判别拟采用的结构体系和构件截面是否恰当，除利用简便的底部剪力法进行小震下的构件承载力验算外，同样需要一个简便方法来检验小震下的结构弹性变形。下面利用单质点系弹性位移公式，来推导出一个用于估算高层建筑顶点侧移的简便公式。在施工图设计阶段，也可以利用此方法来判别计算机结果是否有差错。

(1) 单质点系

多遇烈度（小震）水平地震作用下，单质点系顶点（即质点所在位置）的弹性相对侧移 Δ，按下列公式计算。

$$\Delta=F_{Ek}/K=\alpha G/K$$

由 $T=2\pi\sqrt{m/K}=2\pi\sqrt{G/gK}$，得 $K=4\pi^2/gT^2$

故有 $$\Delta=\frac{\alpha gT^2}{4\pi^2}=0.025\alpha gT^2 \tag{7-11}$$

式中 F_{Ek}——多遇烈度地震时的水平地震作用标准值；

K——单质点系的抗推刚度（侧向刚度）；

m、G——质点的质量和重力荷载代表值，$G=mg$；

α——相应于单质点系自振周期 T 的水平地震作用系数。

(2) 多质点系

根据振型分解反应谱法，多遇烈度地震时多质点系顶点的弹性相对侧移 Δ_n，按下式确定。

$$\Delta_n=\sqrt{\Delta_{1n}^2+\Delta_{2n}^2+\Delta_{3n}^2}=\Delta_{1n}\sqrt{1+\left(\frac{\Delta_{2n}}{\Delta_{1n}}\right)^2+\left(\frac{\Delta_{3n}}{\Delta_{1n}}\right)^2}=\zeta\Delta_{1n} \tag{7-12}$$

式中 ζ——高振型影响系数，根据计算经验，$\zeta\approx1.05$；

Δ_{1n}——多质点系的基本振型顶点侧移，参照式 (7-11) 得

$$\Delta_{1n}=\gamma_1X_{1n}\Delta\approx0.025\alpha_1gT_1^2\gamma_1X_{1n} \tag{7-13}$$

X_{1i}、X_{1n}——基本振型第 i 质点和第 n 质点的相对侧移；

γ_1——基本振型参与系数，

$$\gamma_1=\sum_i G_iX_{1i}\Big/\sum_i G_iX_{1i}^2 \tag{7-14}$$

为确定 Δ_{1n}，假设基本振型分别为一次曲线、二次曲线和三次曲线，对于各种不同总层数 (n) 的房屋，其 γ_1X_{1n} 的计算值列于表 7-4。

多质点基本振型的 γ_1X_{1n} 值　　表 7-4

基本振型 \ 房屋总层数	10	15	20	25	30	40	50	60
一次曲线	1.43	1.45	1.46	1.47	1.48	1.48	1.49	1.49
二次曲线	1.52	1.57	1.59	1.60	1.61	1.63	1.63	1.64
三次曲线	1.53	1.59	1.63	1.65	1.67	1.69	1.70	1.71

从表 7-4 中可以看出，γ_1X_{1n} 值具有相当稳定的特性。作为一种近似计算，对于高层建筑，可取 $\gamma_1X_{1n}=1.6$。将此一数值与 $\zeta=1.05$ 以及式 (7-13) 一并代入式 (7-12)，得

$$\Delta_n=0.042\alpha_1gT_1^2 \tag{7-15}$$

式中 α_1——相应于多质点系基本自振周期 T_1 的水平地震作用系数，由图 6-6 和表 6-2 到表 6-5 查得。

二、振型分解反应谱法

1. 计算原理

振型分解反应谱法是利用单自由度体系反应谱和振型分解原理，解决多自由度体系地震反应的计算方法。由于它考虑了结构的动力特性，除了很不规则和不均匀的结构外，都能给出比较满意的结果；而且它能够解决其他方法难以解决的半刚性（弹性）楼盖空间结构的计算，因而成为

当前确定结构地震反应的主导方法。

振型分解法的计算原理可以概括为如下五点：

(1) 具有连续分布质量的多层柔性或刚性楼盖房屋（平面结构）和半刚性楼盖房屋（立体结构），可以分别转化为离散的串联质点系（图7-3*a*）和串并联质点系（图7-3*b*）。

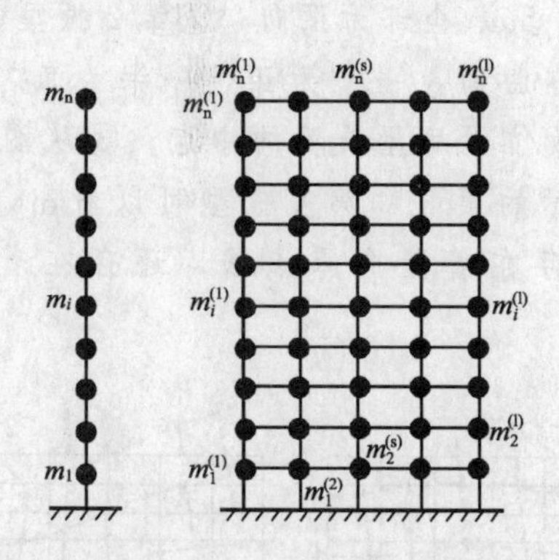

图7-3　连续分布质量结构的离散化

(*a*) 串联质点系；(*b*) 串并联质点系

(2) 水平荷载下多质点系的一组相对侧移 $\{x_i(t)\}$，可以采用多质点系自由振动 n 个振型的 n 组幅值（$\{X_{ji}\}$，$j=1, 2, \cdots, n$）的线性组合（图7-4）来表示，即

$$\{x_i(t)\}=q_1(t)\{X_{1i}\}+q_2(t)\{X_{2i}\}+\cdots+q_j(t)\{X_{ji}\}+\cdots+q_n(t)\{X_{ni}\} \quad (7\text{-}16)$$

式中，$q_1(t)$，$q_2(t)$，…，$q_j(t)$，…称为广义坐标，是一组待定常数；符号中的下角标"j"为多质点系的振型序号。

(3) 多质点体系按某一振型振动时，它的动能和位能不会转移到另一振型上去，就是说，体系按某一振型振动时不会激起该体系其他振型的振动，即各个振型是相互独立无关的。

(4) 体系按某一振型振动时，任何时刻各质点相对侧移的比例关系不变，即体系的整个侧移状态不变，随时间仅作比例放大或比例缩小，任何时刻体系各质点的侧移值 $\{X_{ji}(t)\}$ 等于各该质点振型幅值 $\{X_{ji}\}$ 乘以一个小于1.0的系数 c（式7-17）。因而体系按某一振型振动时可以视作一个广义单自由度体系的振动。

$$\{x_{ji}(t)\}=c\{X_{ji}\} \quad (7\text{-}17)$$

(5) 分别采用相当于各个广义单自由度体系的各个振型的周期，查反应谱即可求得体系的各振型最大地震反应，然后按照适当的遇合法则，即得多质点体系的最大地震反应。

2. 计算步骤

采用振型分解反应谱法确定结构地震作用效应（内力或变形）时，其设计步骤如下：

(1) 根据结构特征选择平面结构或空间结构力学模型，及相应的串联质点系、多层刚片系或串并联质点系振动模型；

(2) 建立质点系或刚片系的无阻尼自由振动方程并解之，得质点系或刚片系的各阶振型 $\{X_{ji}\}$ 和周期 T_j；

(3) 取前若干个较长的周期 T_1，T_2，…，T_m，按照建筑设防烈度、设计地震分组、场地类别，分别查反应谱（图6-6），得相应于前若干个振型的地震作用系数 α_1，α_2，…，α_m；

(4) 计算出前若干个振型的振型参与系数 γ_1，γ_2，…γ_m；

(5) 分别计算出多质点系（或刚片系）前若干个振型地震作用 F_{ji}：

$$F_{ji}=\alpha_j\gamma_jX_{ji}G_i \quad (i=1, 2, \cdots, n;\ j=1, 2, \cdots, m)$$

(6) 分别计算出前若干个振型地震作用下的结构内力和变形；

(7) 按照一定法则进行结构振型地震内力和变形的遇合，得结构各构件（或杆件）的地震内力和变形；

(8) 将构件（或杆件）地震内力与其他荷载内力组合，进行截面设计。

3. 结构动力特征对的计算

欲求结构的自振振型和频率，需先建立其相应的多质点系（或刚片系）的无阻尼自由振动方程：

$$[m]\{\ddot{x}_i(t)\}+[K]\{x_i(t)\}=0 \quad (7\text{-}18)$$

式中　$[m]$——多质点系的质量矩阵或多层刚片系的广义质量矩阵；

$[K]$——多质点系（或刚片系）的抗推刚度矩阵；

$\{x_i(t)\}$、$\{\ddot{x}_i(t)\}$——分别为各质点（或刚片）的瞬时侧移和瞬时加速度列向量。

假定体系的各质点作同频率、同相位的简谐振动，则第 i 质点于 t 时刻的瞬时侧移和瞬时加速度可以写为：

$$\left.\begin{aligned}x_i(t)&=X_i\sin(\omega t+\varphi)\\ \ddot{x}_i(t)&=-\omega^2X_i\sin(\omega t+\varphi),\ (i=1, 2, \cdots, n)\end{aligned}\right\}(a)$$

其矩阵形式为

$$\left.\begin{aligned}\{x(t)\}&=\{X\}\sin(\omega t+\varphi)\\ \{\ddot{x}(t)\}&=-\omega^2\{X\}\sin(\omega t+\varphi)\end{aligned}\right\}(b)$$

式中　X_i——多质点系作自由振动时第 i 质点的

侧移的幅值；

ω——多质点系的自由振动圆频率；

φ——多质点系自由振动时的初始相位角。

将式（b）代入式（7-18），消去 $\sin(\omega t+\varphi)$，并移项后得

$$[K]\{X\}=\omega^2[m]\{X\} \quad (c)$$

为使式（c）所表示的广义特征值问题转化为标准特征值问题，用 $[K]$ 的逆阵 $[K]^{-1}$"前乘"式（c）的等号两边，等号两边再同除以 ω^2，并令 $\lambda=1/\omega^2$，得

$$[K]^{-1}[m]\{X\}=\lambda\{X\} \quad (d)$$

利用电子计算机解上述特征方程式，多采用雅可比法、迭代法或 QR 法，求出全部或前若干个特征对（一个特征值及其相应的特征列向量称为一个特征对）。其中，特征向量 $\{X_j\}$ 就是第 j 振型，特征值 $\lambda_j=1/\omega_j^2$。第 j 振型的周期 $T_j=2\pi\sqrt{\lambda_j}$。

4. 振型的形状

(1) 刚性楼盖多层建筑

采用现浇钢筋混凝土楼板的体型规则的多层建筑，由于楼盖的水平刚度很大，可以采用刚片假定，在确定结构动力特性时，可以采用串联质点系（图 7-4a），其各阶振型均为单根曲线。若主体结构采用框架体系，结构属剪切型，其各阶振型曲线的形状如图 7-4 中的虚线所示。若主体结构采用框-墙体系或现浇全墙体系，则结构属于剪弯型或弯曲型，其各阶振型曲线的形状如图7-4中的实线所示。从中可以看出，剪切型、剪弯型和弯曲型振型曲线都有这样一个规律：振型序号恰好等于该振型曲线上数值为零的点数（包括结构底部的零点）。

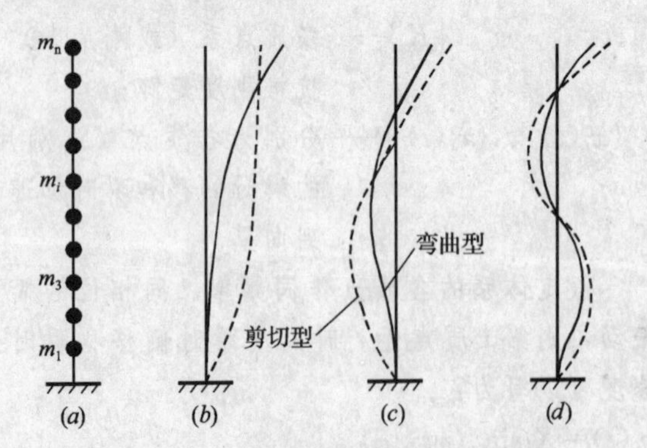

图 7-4 刚性楼盖高层建筑的振型曲线

（a）串联质点系；（b）基本振型；（c）第 2 振型；（d）第 3 振型

(2) 半刚性楼盖多层建筑

采用钢筋混凝土预制楼板的多层建筑以及体型复杂的多层建筑，需要考虑地震作用下各层楼盖所产生的水平变形，确定结构动力特性时，宜采用串并联质点系（图 7-3b）。一幢 8 层框-墙体系楼房的前 4 阶空间振型如图 7-5 所示。可以看出，各阶振型均为双向曲面，沿水平和竖向均呈曲线状，而且具有如下的规律：①基本振型（图 7-5a）全部为正向；②第 2 振型（图7-5b）为反对称曲面，一半为正，一半为负，竖向零点线大致位于房屋长度的中点；③从图（c）和（d）所示的第 3 和第 4 振型可以看出，高阶振型不仅存在着竖向零点线，还存在着水平零点线。

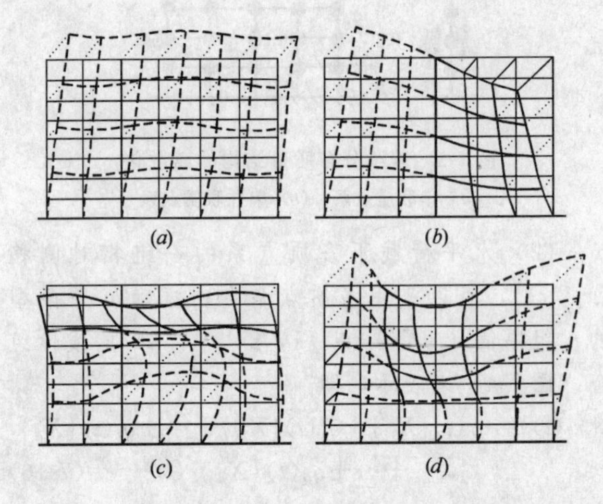

图 7-5 8 层框-墙体系半刚性楼盖楼房的前四阶两维振型

（a）基本振型；（b）第 2 振型；（c）第 3 振型；（d）第 4 振型

5. 振型参与系数

(1) 物理意义

前面已经说过，高层建筑地震位移反应是按照振型分解原理被分解为若干个振型的线性遇合。为求得各个振型的最大位移反应，就需要知道引起结构按某一振型振动的那一部分外荷载，即对应于该振型的那一部分水平地震作用。

从地震作用下的结构振动方程可以看出，多质点系中第 i 质点所受到的作为外荷载的水平地震作用为 $-m_i\ddot{x}_g(t)$，也就是说，对于体系中的每一个质点，不论其所在位置，单位质量上所受到的外荷载均为 $-\ddot{x}_g(t)$。j 振型的振型参与系数 γ_j 就是这个均匀分布的水平地震作用 $-\ddot{x}_g(t)$ 分配到第 j 振型上的比例。也可以说，振型参与系数 γ_j 就是 j 振型在单位质量地震作用中所占的份额。如图 7-6 所示，等号左边的矩形图形，表示作用于沿高度各个单位质量上的均匀分布的水平地震作用，它相当于等号右边表示各阶振型的曲线图

形分别乘以各该振型的振型参与系数 γ_j 之后的叠加值，即

$$\{1\}=\sum_{j=1}^{n}\gamma_j\{X_j\} \tag{7-19}$$

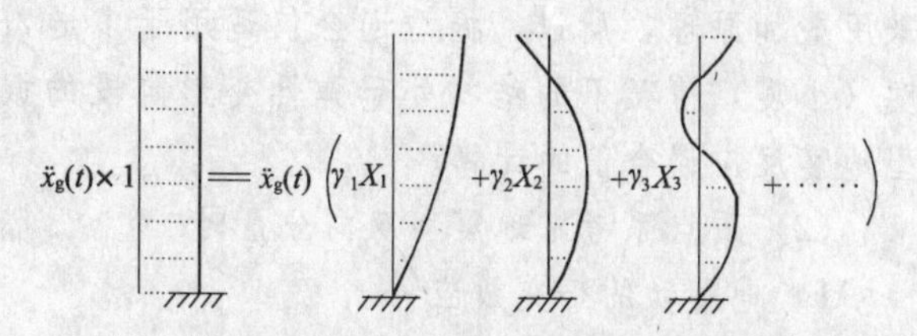

图 7-6 单位质量水平地震作用按振型分解

（2）计算公式

1）串联质点系和串并联质点系

根据上面所说的道理，以图 7-4（a）所示的串联质点系为例，把由地震引起的作用于各质点单位质量上的水平外荷载 $-\ddot{x}_g(t)$ 按振型分解为有限项之和，即

$$\ddot{x}_g(t)=\ddot{x}_g(t)\times 1=\ddot{x}_g(t)\sum_{j=1}^{n}\gamma_j X_{ji}$$

或写为 $$1=\sum_{j=1}^{n}\gamma_j X_{ji}\quad(i=1,2,\cdots n) \tag{7-20}$$

将式（7-20）等号两边均乘以 $\sum m_i X_{ki}$，并对 i 求和，得

$$\sum_{i=1}^{n}m_i X_{ki}=\sum_{i=1}^{n}\sum_{j=1}^{n}\gamma_j m_i X_{ki}X_{ji}$$

根据振型的正交性，当 $j\neq k$ 时，$\sum_{i=1}^{n}m_i X_{ji}X_{ki}=0$，上式右边仅剩下 $k=j$ 的项，故上式变为

$$\sum_{i=1}^{n}m_i X_{ji}=\sum_{i=1}^{n}\gamma_j m_i X_{ji}^2$$

等式两边均乘以重力加速度 g，则有

$$\gamma_j=\sum_{i=1}^{n}G_i X_{ji}\Big/\sum_{i=1}^{n}G_i X_{ji}^2 \tag{7-21}$$

式中 G_i——集中于质点 i 的重力荷载代表值；

X_{ji}——j 振型第 i 质点的水平相对位移。

2）串联刚片系

串联刚片系（图 7-7a）作为偏心结构多层刚性楼盖建筑的振动模型，每层刚片具有两个正交的水平位移和一个转角，共三个自由度。因为结构存在着偏心，即使在地震动单向平动分量作用下，也会发生扭转振动，沿刚片的三个自由度方向均产生位移（图 7-7b）。然而，地震动仅沿结构的一个平移方向对刚片质量产生作为外荷载的水平惯性力，作用于各刚片单位质量上的水平地震力 $-\ddot{x}_g(t)$ （仅考虑 x 方向地震时）或 $-\ddot{y}_g(t)$（仅考虑 y 方向地震时），仅需按结构振型的 x 方向或 y 方向分量，分解为有限项之和。所以，串联刚片系的振型参与系数与串联质点系的不一样，分子只有地震动作用方向的一个振型分量，而分母却包括所有 3 个振型分量。下面列出抗震规范关于偏心结构考虑扭转的 j 振型参与系数 γ_{tj} 的计算式。

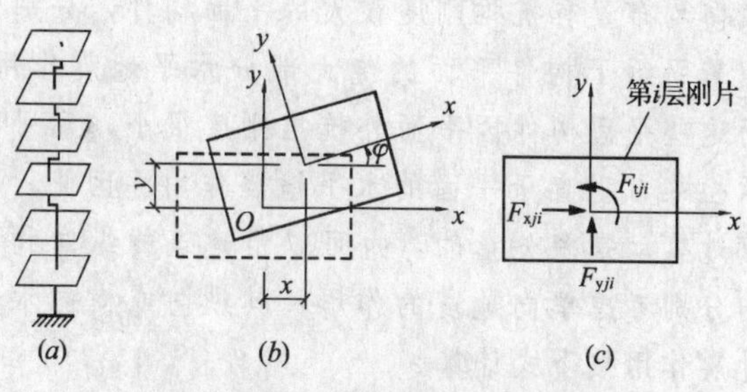

图 7-7 偏心结构高层建筑振动模型

（a）串联刚片系；（b）刚片的 3 个位移分量；（c）刚片的水平地震作用

当仅考虑 x 方向地震输入时

$$\gamma_{xj}=\sum_{i=1}^{n}X_{ji}G_i\Big/\sum_{i=1}^{n}(X_{ji}^2+Y_{ji}^2+\Phi_{ji}^2 r_i^2)G_i \tag{7-22}$$

当仅考虑 y 方向地震输入时

$$\gamma_{yj}=\sum_{i=1}^{n}Y_{ji}G_i\Big/\sum_{i=1}^{n}(X_{ji}^2+Y_{ji}^2+\Phi_{ji}^2 r_i^2)G_i \tag{7-23}$$

当考虑与 x 方向夹角为 θ 的地震输入时

$$\gamma_{tj}=\gamma_{xj}\cos\theta+\gamma_{yj}\sin\theta$$

式中 X_{ji}、Y_{ji}——分别为 j 振型中第 i 层刚片质心在 x、y 方向的水平相对侧移；

ϕ_{ji}——j 振型中第 i 层刚片的水平相对扭转角；

r_i——第 i 层刚片的转动半径，可取第 i 层刚片绕质心的转动惯量除以该层质量的商的正二次方根；

G_i——集中于第 i 层刚片质心处的重力荷载代表值；

γ_{xj}、γ_{yj}——分别为由式（7-22）和式（7-23）求得的振型参与系数；

θ——地震作用方向与 x 方向的夹角。

6. 水平地震作用效应

（1）质点系仅考虑单向地震时

1）水平地震作用

抗震规范（GB 50011）规定：一般情况下，可在建筑结构的两个主轴方向分别考虑水平地震作用并进行抗震验算，各方向的水平地震作用应全部由该方向抗侧力构件承担。

就多层建筑而言，绝大多数结构体系如框-墙体系、框-撑体系、全墙体系等，沿建筑的纵向和横向均布置有抗推刚度很大的平面构件，分别承担着平行于构件平面的绝大部分水平地震作用，而这些平面构件因平面外抗推刚度很小，几乎不承担来自垂直于平面的水平地震作用。因此，尽管地震动是多分量的，也可以沿建筑的纵向和横向分别考虑单向地震的作用。其纵向或横向水平地震作用按下式计算。

对于串联质点系或串并联质点系，结构 j 振型第 i 质点的水平地震作用标准值为

$$F_{ji}=\alpha_j\gamma_j X_{ji}G_i \quad (7\text{-}24a)$$

或

$$F_{ji}=\alpha_j\gamma_j Y_{ji}G_i \quad (7\text{-}24b)$$

$(i=1，2，\cdots，n；j=1，2，\cdots，m)$

式中 α_j——相应于 j 振型自振周期的地震作用系数，按图 6-6 确定；

γ_j、X_{ji}、Y_{ji}、G_i——见式（7-21）。

2）振型地震作用效应的遇合

按式（7-24）计算出作用于结构上的一组 j 振型水平地震作用，用这一组力进行结构分析，即得结构中构件或杆件的 j 振型地震作用效应。然而，这是结构的 j 振型最大地震反应。因为结构的各振型最大地震反应并不发生在同一时刻，所以结构的真实地震反应并不是各振型最大地震反应值的叠加，而是各主要振型地震作用效应的遇合值之和。由于地震动的随机特性，振型地震反应的遇合问题只能采用随机过程理论来解决。

结构的各自振频率相隔较远时，振型之间的相关性可以忽略不计，则结构地震作用效应的均方差等于各振型作用效应均方差的平方和的平方根，故有

$$S=\sqrt{\sum S_j^2} \quad (7\text{-}25)$$

式中 S——结构水平地震作用效应（弯矩、剪力、轴向力和变形）；

S_j——j 振型水平地震作用使结构构件产生的作用效应（内力或变形）。

式（7-25）就是抗震规范（GB 50011—2001）中的振型遇合公式。一般情况下，仅需组合前 3 个振型。当高层建筑的基本自振周期大于 1.5s 或房屋高宽比值大于 5 时，宜采用前 5 个振型进行遇合。确定参与遇合的振型数的原则是，使振型参与质量不小于结构总质量的 90%。

需要指出，只有在线性（弹性）结构中才能采用叠加原理，所以，振型遇合仅适用于多遇烈度（小震）情况下的结构处于弹性变形阶段的振型地震反应遇合值的计算。

（2）质点系考虑地震动双向分量时

1）地震动的正交效应

在化工、冶金企业中，有采用空框架的多层厂房。其中多数柱既是横向框架中的一员，又是纵向框架中的一员，在地震动双向分量同时作用下，将发生双向弯曲。此一地震动正交效应在构件设计中应该得到考虑。

国内外很多强震记录均表明，地震动在两个正交的水平方向同时存在着加速度运动，而且统计数字表明，两个正交方向最大加速度的比值为 1∶0.85，即副分量方向最大地面加速度等于主分量方向最大地面加速度的 85%。如果认为地震两个正交方向的加速度运动是相互独立无关的，那末两个正交方向的效应就可以采用“平方和的平方根”法则加以遇合。

《美国加州侧力规范》（1998）以及《美国统一建筑规范》（1998 年送审稿）均作出如下规定：需考虑地震动的正交效应时，构件设计可取一个方向地震效应的 100% 加上其垂直方向地震效应的 30%；另一种办法就是我国抗震规范（GB 50011）第 5.2.3 条公式（5.2.3-7）所规定的：把两个正交方向的效应按照“平方和的平方根”法则进行遇合，并取两者中的较大值，即

$$S_{Ek}=\sqrt{S_x^2+(0.85S_y)^2}$$

或

$$S_{Ek}=\sqrt{S_y^2+(0.85S_x)^2} \quad (7\text{-}26)$$

式中 S_x——仅考虑 x 向单向水平地震动分量时的结构地震作用效应（内力或变形）；

S_y——仅考虑 y 向单向水平地震动分量时的结构地震作用效应（内力或变形）。

2）计算步骤

对于需要考虑地震动正交效应的结构，可以按照上述的方法和式（7-24）、式（7-25），沿建筑物的两个主轴方向分别进行振型地震作用的计算和振型地震作用效应的遇合，然后按式（7-26）

计算，或取一个方向地震作用效应的100%加上另一方向地震作用效应的30%，作为构件或杆件的双向内力进行截面设计。

(3) 单向偏心结构

1) 水平地震作用计算公式

单层、多层和高层建筑结构存在偏心时，地震动的水平平移分量也会使结构产生扭转振动。当各层为现浇钢筋混凝土楼板刚性楼盖时，整个结构可以采用"串联刚片系"（图 7-7*a*）作为结构动力分析的振动模型，每一层刚片代表一层楼盖。此时，每层刚片具有两个正交的水平位移和一个转角，共三个自由度，因而在地震动的作用下，每层刚片受到三个方向的水平地震作用。抗震规范（GB 50011）第 5.2.3 条，对于 j 振型第 i 层刚片质心处的三个水平地震作用标准值（图 7-7*c*）给出如下的计算公式：

$$\left.\begin{array}{ll}x\text{方向地震力} & F_{xji}=\alpha_j\gamma_{tj}X_{ji}G_i \\ y\text{方向地震力} & F_{yji}=\alpha_j\gamma_{tj}Y_{ji}G_i \\ \text{转角方向力矩} & F_{tji}=\alpha_j\gamma_{tj}r_i^2\Phi_{ji}G_i\end{array}\right\} \tag{7-27}$$

$(i=1,\ 2,\ \cdots,\ n;\ j=1,\ 2,\ \cdots,\ m)$

式中 X_{ji}、Y_{ji}——分别为 j 振型 i 层刚片质心处沿 x、y 方向的水平相对位移；

Φ_{ji}——j 振型 i 层刚片的相对扭转角；

r_i——i 层刚片的转动半径，可取 i 层刚片绕质心的转动惯量除以该层刚片质量的商的正二次方根；

γ_{tj}——计入扭转振动的 j 振型参与系数，按公式（7-22）或式（7-23）确定；

α_j——相应于结构 j 振型自振周期的地震作用系数。

2) 单向偏心结构振动特性

一般而言，当结构仅沿 x 轴或 y 轴存在单向偏心（图 7-8 中 *a* 或 *c*），而且结构中没有斜向平面构件时，结构沿 x 方向的抗推刚度和沿 y 方向的抗推刚度互不耦联。此种情况下，对于仅 x 方向存在偏心的结构（图 7-8*a*），具有如下振动特性：

a. x 方向地震引起的惯性力既穿过质心又穿过刚心（图 7-8*a*），不会产生扭转振动；仅 y 方向地震才会激起结构的扭转振动（图 7-8*b*）。

b. 结构作自由振动时，x 方向的平移振动与 y 方向的平移加扭转振动，相互独立，互不耦联。

c. 结构自由振动的各阶振型不是都含有三个振型分量，其中，以 y 方向振动为主的振型，仅含 y 方向平移和绕竖轴转动两个振型分量，而 x 方向平移的振型分量全为零；以 x 方向振动为主的振型，仅含 x 方向平移的振型分量，而 y 方向平移和绕竖轴转动两个振型分量全等于零。

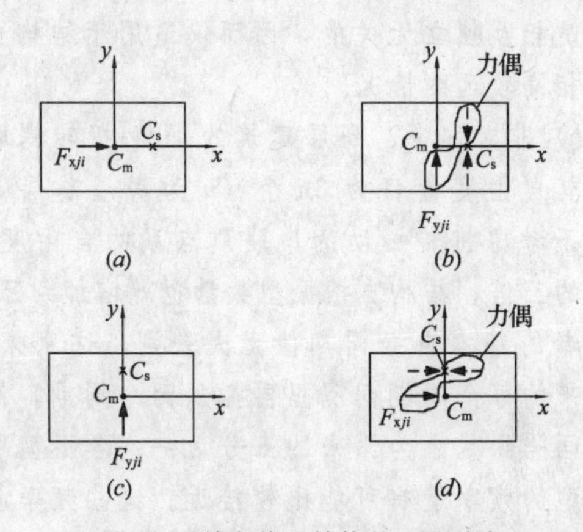

图 7-8 单向偏心结构的 i 层刚片

（*a*）x 方向偏心结构；（*b*）y 方向地震；（*c*）y 方向偏心结构；（*d*）x 方向地震

d. 仅考虑 y 方向地震输入时，结构各阶自振振型中以 y 方向振动为主的振型，x 方向平移的振型分量 X_{ji} 等于零，从式（7-24*a*）可以看出，此振型的 x 方向地震力等于零。

e. 再者，仅考虑 y 方向地震输入时，从式（7-23）可以看出，振型参与系数 γ_{tj} 的分子项仅含有振型的 y 方向平移分量。然而，结构各阶自振振型中的以 x 方向振动为主的振型，由于其中的 y 方向平移分量全为零，所以，此等振型的振型参与系数等于零，相应于此等振型的水平地震作用 F_{xji}、F_{yji}、F_{tji} 全为零。也就是说，此等以 x 方向振动为主的振型，对于结构地震作用效应不产生影响，属于无效振型。

f. 根据上面第 *d* 款和第 *e* 款，仅沿 x 轴存在单向偏心的结构（图 7-8*a*），当仅考虑 y 方向地震时，各振型的 x 方向水平地震作用均等于零，表明 y 方向地震不会引起结构沿 x 方向的平移振动。

对于此类多、高层建筑，除了考虑 y 方向的地震输入进行扭转振动分析外（x 方向平移未知量可以省略），还应考虑 x 方向地震输入，进行结构 x 方向平移振动分析。

g. 当多、高层建筑结构仅沿 y 轴方向存在单向偏心时（图 7-8*c*），其振动特性与上述的仅沿 x 轴方向偏心的结构振动特性完全相似，不再赘述。

3）振型遇合

a. 遇合方法

a）式（7-25）所示的地震作用效应按“平方和的平方根”法则进行遇合的方法，是基于视输入地震为平稳随机过程，并假定各振型地震反应之间是相互独立无关的，因而仅适用于结构自振周期相隔较远的情况。

b）非对称多、高层建筑的平移-扭转耦联振动，其自由度数目为 $3n$ 个（n 为房屋总层数），等于不考虑扭转振动的串联质点系的自由度（n 个）的三倍，结构自振振型数量也就增加到三倍，而两者的基本自振周期值无大差别。这意味着，在原来的每个周期间隔里再插入两个周期，使周期的间隔约减小为原来的三分之一。各振型中某些振型的频率就有可能比较接近。这些频率相近振型的地震作用效应之间存在着相关性。因此，对偏心结构的振型地震作用效应进行遇合时，不能无视此一相关性，若继续采用“平方和的平方根”（SRSS）遇合法则，就会带来较大误差。对于这种情况，应该用“全部二次项法”（CQC 法）。从其计算公式（7-28）中可以看出，除各振型地震作用效应的自身平方项外，还包括相近频率之间的互交振型项。此振型遇合方法已为我国抗震规范所采纳。

b. 计算公式

抗震规范（GB 50011）规定，考虑扭转的地震作用效应 S，应按下列公式确定：

$$S_{\mathrm{Ek}}=\sqrt{\sum_{j=1}^{m}\sum_{k=1}^{m}\rho_{jk}S_{j}S_{\mathrm{k}}} \tag{7-28}$$

$$\rho_{jk}=\frac{8\zeta_{j}\zeta_{\mathrm{k}}(\zeta_{j}+\lambda_{\mathrm{T}}\zeta_{\mathrm{k}})\lambda_{\mathrm{T}}^{1.5}}{(1-\lambda_{\mathrm{T}}^{2})^{2}+4\zeta_{j}\zeta_{\mathrm{k}}(1+\lambda_{\mathrm{T}}^{2})\lambda_{\mathrm{T}}+4(\zeta_{j}^{2}+\zeta_{\mathrm{k}}^{2})\lambda_{\mathrm{T}}^{2}} \tag{7-29}$$

式中 S_j、S_{k}——分别为 j、k 振型地震作用产生的结构地震作用效应，可取前 9～15 个振型；

ρ_{jk}——j 振型与 k 振型的耦联系数；

λ_{T}——k 振型与 j 振型的自振周期比，$\lambda_{\mathrm{T}}=T_{\mathrm{k}}/T_{j}$，此处 $k>j$，即较短周期 T_{k} 与较长周期 T_j 的比值；

ζ_j、ζ_{k}——分别为 j、k 振型的结构阻尼比。

c. 关于振型耦联系数

式（7-29）所示的振型耦联系数 ρ_{jk}，随两个振型周期差距的加大，即两者比值的减小而迅速衰减，ρ_{jk} 与 λ_{T} 的对应关系列于表 7-5。从中可以看出，当比值小于 0.7 时，不同振型效应相关性的影响已可忽略不计。此外，仅前若干个较长周期振型的效应相关性需要考虑；更高阶振型由于自身的影响已较小，它们之间的效应相关性可以不再考虑。

λ_{T} 为不同数值时 ρ_{jk} 值的变化　　表 7-5

λ_{T}	≤0.4	0.5	0.6	0.7	0.8	0.9	1.0
ρ_{jk}	≈0	0.019	0.034	0.071	0.166	0.47	1.0

d. 振型遇合数

高层建筑的基本周期较长，多在 1.0s 以上，仅考虑前 3 个振型已稍嫌不足。如果前三个振型恰好各代表以 x 方向、y 方向和 φ 方向振动为主的振型时，取前 3 个振型就相当于平移振动结构仅取前 1 个振型，显然是不妥的。更何况多、高层建筑的平移-扭转耦联振动中，由于扭转分量的影响，各振型的贡献并不完全遵守随频率增高而递减的规律。例如，第 4 振型的某一分量有可能大于第 2 振型。第 6 振型某一分量有可能大于第 3 振型。根据目前已有的计算经验，对于基本周期在 2s 以下和大于 2s 的结构，宜分别取前 9 个振型和前 15 个振型进行遇合，以确保两个正交方向均获得至少 90%实际质量的组合振型参与质量。

（4）双向偏心结构

不规则的多、高层建筑往往在纵、横两个方面均存在着结构偏心，结构的各阶自振振型均含有 x、y 和 φ 方向的位移分量，即 X_{ji}、Y_{ji} 和 Φ_{ji} 均有数值而不等于零。所以，按式（7-27）计算，各阶振型的 x、y 和 φ 方向的地震力 F_{xji}、F_{yji} 和 F_{tji} 均有数值。

地震动存在着多分量，对于特别不规则的高层建筑，结构在两个方向的偏心距均较大时，任一方向地震都会激起较强烈的扭转振动。为确切反映地震时结构的实际振动性状，确定各振型水平地震作用时，宜考虑地震动沿两个正交方向的加速度分量的同时作用。

三、弹性屋盖单层厂房横向空间分析

1. 计算原则

（1）区段两端均有刚性山墙的等高、不等高厂房，对称于横轴，纵向偏心也不大，可以认为厂房的横向刚度与纵向刚度不耦联，进行厂房的横向抗震分析时，仅考虑沿厂房横轴的单向地面运动的作用。

(2) 单层厂房通常采用的钢筋混凝土无檩或有檩屋盖，沿水平方向具有一定的强度、刚度和整体性，其平面内的变形属性，既不是刚性，也不是柔性，而属于弹性范畴，即习称的半刚性屋盖。厂房受到地震作用时，应考虑排架、刚性山墙（贴砌砖墙等）和钢筋混凝土无檩（或有檩）屋盖均参与工作，共同组成空间抗侧力体系。

(3) 采用基于弹性反应谱理论的振型分解法，进行空间结构的地震内力分析，计算结构处于弹性工作阶段大变形状态下的自振周期和振型，不考虑诸如柔性接头钢筋混凝土挂板等弱连接构件的刚度。

(4) 对具有无限自由度的连续分布质量结构，作近似地等效处理，转化为有限自由度的多质点体系。

(5) 确定厂房自振特性时，考虑屋架端部与柱顶弹性嵌固作用以及纵向贴砌砖墙对排架抗推刚度的影响。

(6) 计算构件地震内力时，考虑"砖围护墙微裂引起的刚度退化"对地震作用分配的影响。

(7) 确定厂房自振特性以及构件地震内力时，考虑吊车桥的质量，并将它作为移动式质点，计算它对排架柱等构件的最不利影响。

(8) 目前Ⅱ形天窗所采用的带斜杆天窗架，沿厂房横向的抗推刚度远大于排架刚度，因而在厂房的横向抗震分析中，天窗部分的质量不必另设质点，可以合并到屋盖处的质点中。

2. 力学模型

钢筋混凝土无檩和有檩屋盖的水平刚度有限，属弹性屋盖（半刚性屋盖）范畴。单层厂房地震调查资料表明，厂房防震缝区段两端均有贴砌砖墙等与厂房紧密连结的刚性山墙时，厂房中段构件的震害要比山墙附近的重，表明山墙作为厂房空间结构的一部分参与了抗震。机械工业部第一设计研究院的厂房整体模型试验，也证实了屋盖和山墙在厂房空间体系中所发挥的作用。为了正确描述地震期间此类厂房的实际振动性状，合理确定构件的地震内力，进行厂房的横向抗震分析时，有必要采用图7-9所示的空间结构力学模型。

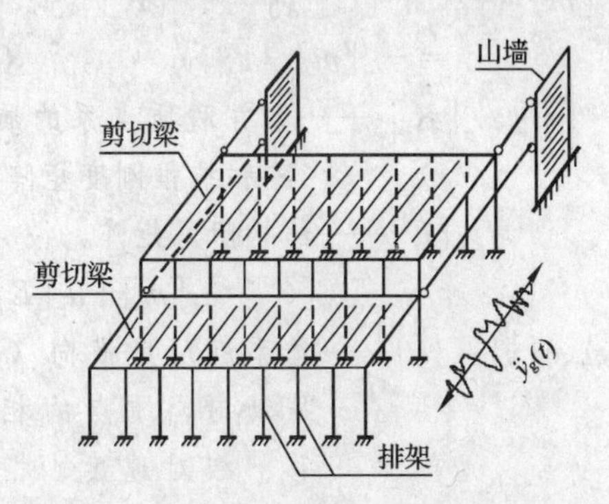

图7-9 不等高厂房横向分析力学模型图

3. 计算简图

为了简化计算，将结构的连续分布质量按排架相对集中为多个质点，使整个结构转化为双向串并联质点系（图7-10）。由于空间结构包含较多数量的柱，为使整个结构的自由度不致太多，在满足工程设计精度要求的前提下，将边柱柱身的质点数减少到4个，沿柱高分布质量较小的一般中柱，除对吊车桥另设一移动式质点外，仅需在上下柱变截面处设一个质点，并与边柱柱顶处的质点、低跨屋盖质点，合并为一个质点；高低跨柱，再于上柱中点处另设一个质点。对于某些柱列有抽柱或各柱列柱距不同等情况，不必像单排架分析那样取计算单元并合并为标准排架；而按其自己排架形式设置质点。

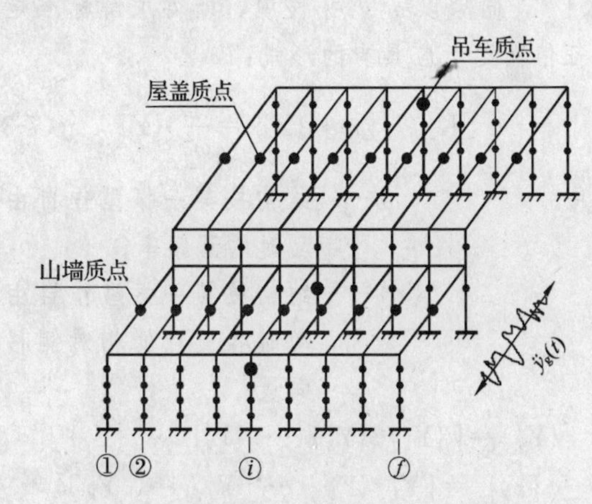

图7-10 不等高厂房横向分析计算简图

关于吊车，因为是就整个厂房进行分析，全部吊车桥架均应计算在内，每台吊车桥架设一个质点，并作为在各排架柱之间移动的质点。此外，还应考虑每跨一台吊车桥架位于同一榀排架处的最不利情况。

4. 振动方程式

对称等高、不等高厂房在地震作用下的振动微分方程式的矩阵缩写形式为：

$$[m]\{\ddot{y}\}+[C]\{\dot{y}\}+[K]\{y\}=-[m]\{1\}\ddot{y}_g \quad (7\text{-}30)$$

式中 $[m]$、$[K]$——串并联质点系的质量矩阵和抗推刚度矩阵；

$[C]$——结构阻尼矩阵，$[C]=\alpha_1[m]+\alpha_2[K]$；

$\{y\}$、$\{\dot{y}\}$、$\{\ddot{y}\}$——体系沿厂房横向（y 轴）振动时，质点的相对位移、相对速度、相对加速度列向量；

$\ddot{y}_g$——地震动沿厂房横向（y 轴）的平动加速度分量；

$\{1\}$——单位列向量。

因为采用基于弹性反应谱理论的振型分解法，利用地震反应谱确定地震影响系数以及计算质点地震作用时，仅需要空间结构的自由振动周期和振型。因此，不必直接求解振动微分方程式，而代之以建立结构的自由振动方程式，并将它转变为空间结构动力矩阵的标准特征值问题进行求解，得厂房的各阶自振周期和振型。等高、不等高厂房横向对称空间结构的自由振动振幅方程式为

$$-\omega^2[m]\{Y\}+[K]\{Y\}=0 \quad (7\text{-}31)$$

对上式各项，均左乘以 $[K]$ 的逆阵 $[K]^{-1}$，同除以 ω^2，并移项，即得求解标准矩阵特征值问题所应具有的形式：

$$[K]^{-1}[m]\{Y\}=\frac{1}{\omega^2}\{Y\} \quad (7\text{-}32)$$

式中 ω——结构按某一振型作自由振动时的圆频率；

$\{Y\}$——结构按某一振型作自由振动时各质点的相对侧移列向量；

$$\{Y\}=[\{Y_1\}\ \{Y_2\}\ \cdots\ \{Y_i\}\ \cdots\ \{Y_f\}]^{\mathrm{T}}$$

$$\{Y_i\}=[Y_1\ \ Y_2\ \ \cdots\ \ Y_s\ \ \cdots\ \ Y_n]^{\mathrm{T}}$$

$\{Y_i\}$——第 i 榀排架各质点的相对侧移列向量；

$[m]$——空间结构多质点系的质量矩阵，式中，f 为组成空间结构的排架总榀数（含山墙），n 为一榀排架的质点数；符号 diag［…］表示对角方阵；

$$[m]=\mathrm{diag}\,[[m_1]\ [m_2]\ \cdots\ [m_i]\ \cdots\ [m_f]]$$

$$[m_i]=\mathrm{diag}\,[m_1\ \ m_2\ \ \cdots\ \ m_s\ \ \cdots\ \ m_n]$$

$[m_i]$——第 i 榀排架的质量矩阵，注意其质点的编号顺序，应与各质点侧移编号顺序相同；

$[K]$——空间结构多质点系的抗推刚度矩阵，由竖构件（排架，含山墙）抗推刚度矩阵 $[\overline{K}]$ 和水平构件（屋盖）平面内剪切刚度矩阵 $[k]$ 叠加而成，$[K]=[\overline{K}]+[k]$；

$[\overline{K}]$——由各榀排架（含山墙）各个竖构件抗推刚度子矩阵 $[K_i]$ 形成的对角阵，$[\overline{K}]=\mathrm{diag}\,[[K_1]\ [K_2]\ \cdots\ [K_i]\ \cdots\ [K_{f-1}]\ [K_f]]$；

$[K_1]$、$[K_f]$——分别为厂房两端的带山墙排架的抗推刚度子矩阵，因为山墙是剪切型构件，故为三对角阵；

$[K_2]$，…，$[K_{f-1}]$——分别为各榀排架的抗推刚度子矩阵，因排架柱为弯剪杆件，故各榀排架子矩阵均为满阵。

当各柱列的柱距均相同时，一般情况下，各榀排架均相同。如果有吊车桥架质点的柱和无吊车桥架质点的柱，杆件单元的分段取相同数量，则有

$$[K_2]=[K_3]=\cdots=[K_{f-1}]$$

当遇有抽柱情况，或者中柱列的柱距不同于边柱列时，各榀排架将被分为主排架和副排架两种类型，每一类型排架将具有相同的抗推刚度子矩阵。

排架的抗推刚度子矩阵，由排架的总刚度矩阵中分离得到。即从包括力矩、转角、侧力、侧移在内的单元刚度矩阵所组成的排架总刚度矩阵中，消去力矩和转角，所得的仅包含侧力和侧移对应关系的矩阵。在形成排架总刚度矩阵以前，一定要按照“编码法”的规则，将排架各单元节点转角未知量的编号排在前，侧移未知量的编号排在后，柱顶侧移的编号排在最后。这不仅有利于排架抗推刚度的形成，并使由屋盖刚度引起各

排架的耦联刚度子矩阵比较整齐。为方便说明，以减少了质点数的不等高排架为例（图 7-11），标明“编码法”所需要的杆单元，节点位移，单元刚度元素的编码。图 7-11 中，1～8 为转角编号，9～14 为侧移编号。

$[k]$ 为由各开间屋盖等效水平剪切刚度引起各排架侧移耦联的刚度子矩阵 $[k_i]$ 所形成的三对角方阵。

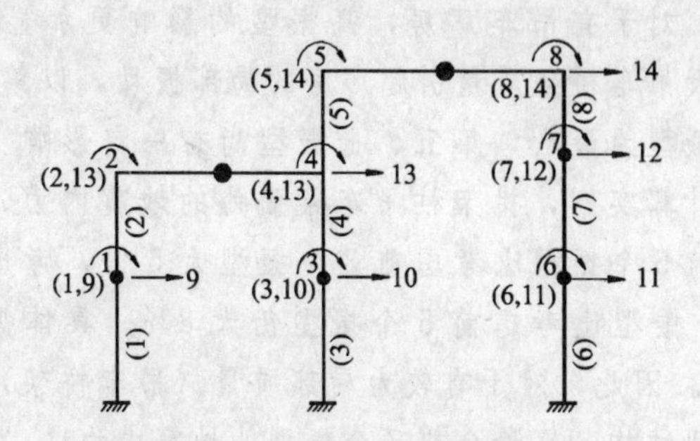

图 7-11 不等高排架的编码

$$[k]=\begin{bmatrix} [k_1] & -[k_1] & & & & & \\ -[k_1] & [k_1]+[k_2] & -[k_2] & & & 0 & \\ & \cdots & \cdots & \cdots & & & \\ & & -[k_{i-1}] & [k_{i-1}]+[k_i] & [k_i] & & \\ & & & \cdots & \cdots & \cdots & \\ & 0 & & -[k_{f-2}] & [k_{f-2}]+[k_{f-1}] & -[k_{f-1}] & \\ & & & & -[k_{f-1}] & [k_{f-1}] & \end{bmatrix}_{n\times n}$$

$$[k_i]=diag\,[0\ \ 0\ \ \cdots\ \ 0\ \ k_i^{(1)}\ \ k_i^{(2)}\ \ \cdots\ \ k_i^{r}\ \ \cdots\ \ k_i^{h}]_{n\times n}$$

$$(i=1,\ 2,\ \cdots,\ f-1)$$

$$K_i^r=\bar{k}\,\frac{\sum L^r}{a_i}\qquad (r=1,\ 2,\ \cdots,\ h)$$

h 为排架的各层不同高度屋盖的总数目，$\sum L^r$ 为第 r 层屋盖各跨度之和，即第 r 层屋盖的总宽度，a_i 为第 i 开间的柱距，$\bar{k}$ 为单位面积屋盖沿厂房横向的等效水平剪切刚度基本值，f 为排架（包括有山墙的排架）的榀数，n 为一榀排架中的质点数。

一般情况下，各榀排架（包括主排架和副排架）的间距相同，则有

$$k_1^r=k_2^r=\cdots=k_i^r=\cdots=k_{f-1}^r,$$

$$[k_1]=[k_2]=\cdots=[k_i]=\cdots=[k_{f-1}]$$

5. 周期和振型

(1) 遇合振型数

经验表明，对于刚性楼盖的多层房屋，取“串联质点系”简图（图 7-3*a*），采用振型分解法进行构件地震内力分析时，由于其各阶振型均为单向曲线，一般情况下，取前三个振型即可获得较满意的结果。对于弹性屋盖（半刚性屋盖）房屋，由于地震时屋盖将产生水平变形，需要采取“串并联质点系”计算简图（图 7-3*b*）。其振型为一个曲面，即沿水平和竖向均为曲线，而且以水平方向为主（图 7-12）。对称结构的二、四、六等双数振型均为反对称振型，振型参与系数等于零，属于无效振型，因而取前三个、五个、七个振型，实际上其有效振型分别为二个、三个、四个。实例计算表明，对质量分布均匀的对称空间结构，宜取前五个振型地震内力进行遇合。表 7-6 列出取不同遇合振型数时山墙和中央排架地震内力值，以及与基本振型内力的比值。

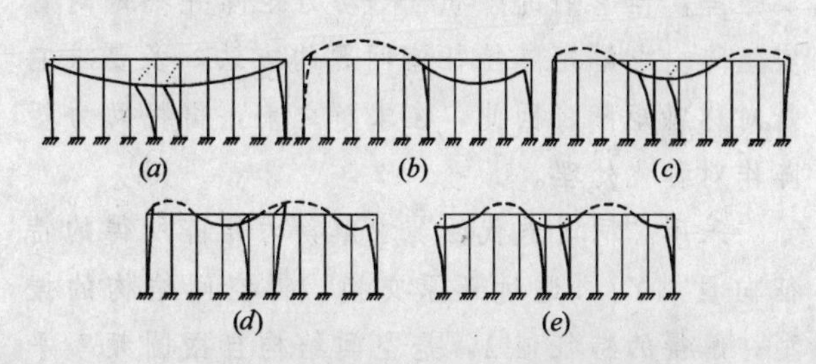

图 7-12 等高单层厂房的横向空间振型

(*a*) 基本振型；(*b*) 第二振型；(*c*) 第三振型；(*d*) 第四振型；(*e*) 第五振型

各种多振型遇合地震内力及其与基本振型内力的比较

表 7-6

遇合振型数 / 构件地震内力	1		3		5		7	
	数值	百分比	数值	百分比	数值	百分比	数值	百分比
山墙底部剪力 (kN)	194.7	100%	205.3	105%	208.3	107%	208.7	107%
中央排架柱底弯矩 (kN·m)	249.9	100%	249.9	100%	250.4	100%	250.4	100%

对于有吊车厂房，高振型的影响更加显著。较大吊车桥架质量引起厂房的局部振动，以第三、四振型为最大，第五、七振型尚有一定影响。某一计算实例，排架柱吊车梁面处的地震内力，考虑前5个振型比考虑前3个振型大5倍，考虑前7个振型比考虑前5个振型仍大8%。具体见表7-7。因此，对于有较大局部质量（吊车桥架）的空间结构，宜遇合前7个振型的地震内力。

不同振型数的遇合地震内力　　表 7-7

遇合振型数	3个振型	5个振型	7个振型
中央排架柱吊车梁面处地震弯矩（kN·m）	2.36	13.88	14.98

（2）计算方法

求解矩阵特征值的方法很多，使用较广泛的是雅可比法标准程序。它的功能是一次给出全部振型及其特征值。但是多跨不等高厂房空间结构的自由度很多，常在100个以上。而我们仅需要它的前几个振型，采用雅可比法将浪费一些机时，采用“同时迭代法”一次得出所需要的前几个振型，将是经济有效的。

空间结构的质量矩阵和柔度矩阵虽均为对称实矩阵，但它们的乘积——动力矩阵并不是对称实矩阵。求解矩阵特征值问题的方法，多要求它是对称实矩阵。因此，在求解之前，需将动力矩阵作对称化处理。

采用“同时迭代法”求解动力矩阵所得的特征向量$\{Y\}$，通过还原交换，得空间结构的振型；解得的特征值λ，是空间结构自振圆频率平方的倒数，进行简单运算，即得结构第j振型的周期：

$$T_j=\frac{2\pi}{\omega_j}=2\pi\sqrt{\lambda_j} \tag{7-33}$$

6. 质点地震作用

结构在地震作用下的振动，被看成是结构按各个振型单独振动的遇合，而且将结构每个振型的振动看作广义单自由度体系的振动，从而可以利用各振型周期查地震反应谱得该振型的地震影响系数α_j，并按下列公式计算出各该振型的质点地震作用。

作用于各质点的振型水平地震作用为

$$[F_{ji}]=g\,[m_i]\,[Y_{ji}]\,[\alpha_j]\,[\gamma_j] \tag{7-34}$$

作用于各质点的前7个振型水平地震作用为

$$\begin{bmatrix}F_{11} & F_{21} & \cdots & F_{71}\\ F_{12} & F_{22} & \cdots & F_{72}\\ \vdots & \vdots & \cdots & \vdots\\ F_{1N} & F_{2N} & \cdots & F_{7N}\end{bmatrix}=g\begin{bmatrix}m_1 & & & 0\\ & m_2 & & \\ & & \ddots & \\ 0 & & & m_N\end{bmatrix}\begin{bmatrix}Y_{11} & Y_{21} & \cdots & Y_{71}\\ Y_{12} & Y_{22} & \cdots & Y_{72}\\ \vdots & \vdots & \cdots & \vdots\\ Y_{1N} & Y_{2N} & \cdots & Y_{7N}\end{bmatrix}\begin{bmatrix}\alpha_1 & & & 0\\ & \alpha_2 & & \\ & & \ddots & \\ 0 & & & \alpha_7\end{bmatrix}\begin{bmatrix}\gamma_1 & & & 0\\ & \gamma_2 & & \\ & & \ddots & \\ 0 & & & \gamma_7\end{bmatrix}$$

式中　F_{ji}——作用于i质点的j振型水平地震作用；

m_i——第i质点的质量；

Y_{ji}——空间结构按j振型振动时i质点的相对侧移；

α_j、γ_j——第j振型的地震作用系数和振型参与系数，γ_j的计算见式（7-21），此处，$j=1，2，\cdots，7$；

N——空间结构的总质点数，$N=n\cdot f$。

7. 空间结构节点侧移

由于存在着屋盖的空间作用，各质点的地震作用不是直接作用于排架分离体上的力，而是作用于空间结构各节点上的力。因此，不能直接采取质点地震作用来计算排架地震内力；而应先计算空间结构分别在各阶振型的质点地震力作用下的节点侧移，从中得到第i榀排架（分离体）的各阶振型节点（即各质点所在位置）侧移，继而求出作用于第i榀排架柱各杆单元节点的各振型广义力（弯矩和剪力），从而可求得排架柱各截面的各阶振型地震内力。

空间结构在各阶振型质点地震作用分别单独作用下的节点侧移$[U_{ji}]$由下式求得

$$[U_{ji}]=[\delta]\,[F_{ji}] \tag{7-35}$$

空间结构前5个或前7个振型的节点侧移为

$$\begin{bmatrix}U_{11} & U_{21} & \cdots & U_{71}\\ U_{12} & U_{22} & \cdots & U_{72}\\ \vdots & \vdots & & \vdots\\ U_{1N} & U_{2N} & \cdots & U_{7N}\end{bmatrix}=\begin{bmatrix}\delta_{11} & \delta_{21} & \cdots & \delta_{1N}\\ \delta_{21} & \delta_{22} & \cdots & \delta_{2N}\\ \vdots & \vdots & & \vdots\\ \delta_{N1} & \delta_{N2} & \cdots & \delta_{NN}\end{bmatrix}\begin{bmatrix}F_{11} & F_{21} & \cdots & F_{71}\\ F_{12} & F_{22} & \cdots & F_{72}\\ \vdots & \vdots & & \vdots\\ F_{1N} & F_{2N} & \cdots & F_{7N}\end{bmatrix} \tag{7-36}$$

式中 U_{ji}——空间结构在 j 振型水平地震作用下 i 质点的侧移，此处，$j=1, 2, \cdots, 7$；

$[\delta]$——空间结构侧向柔度矩阵，等于空间结构抗推（侧向）刚度矩阵的逆阵，即

$$[\delta]=[K]^{-1}。$$

8. 作用于排架分离体上的水平地震力

从式（7-36）左端空间结构节点侧移矩阵中，取出第 k 榀最不利排架的各振型节点侧移，形成第 k 榀排架的节点侧移矩阵 $[U_k]$，用此一矩阵右乘第 k 榀排架抗推刚度矩阵 $[K_k]$，得各振型地震作用在第 k 榀排架（分离体）诸节点处引起的水平地震力所形成的矩阵，即第 k 榀排架的节点侧力矩阵：

$$[F_k]=[K_k][U_k] \tag{7-37}$$

9. 排架节点广义位移

厂房空间结构在振型地震作用下，在排架各杆单元节点处仅引起侧向力，而不引起力矩，因而各振型地震作用下，排架节点广义力矩阵 $[\overline{F}_k]$ 中的力矩子矩阵 $[M_k]$ 为零。

第 k 榀排架各杆单元节点的广义力矩阵为

$$[\overline{F}_k]=\begin{bmatrix}[M_k]\\ [F_k]\end{bmatrix}=\begin{bmatrix}[0]\\ [F_k]\end{bmatrix} \tag{7-38}$$

第 k 榀排架各振型节点广义位移矩阵为

$$[\overline{U}_k]=[\Delta_k][\overline{F}_k]=\begin{bmatrix}[\Delta_{\theta M}] & [\Delta_{\theta F}]\\ [\Delta_{uM}] & [\Delta_{uF}]\end{bmatrix}\begin{bmatrix}[0]\\ [F_k]\end{bmatrix} \tag{7-39}$$

式中 $[\Delta_k]$——第 k 榀排架总柔度矩阵，等于第 k 榀排架总刚度矩阵的逆阵，

$$[\Delta_k]=[K_k]^{-1}。$$

10. 排架柱截面地震内力

按式（7-39）计算出的排架节点广义位移矩阵中，包含各节点的转角 θ 和侧移 u，它就是排架柱各杆单元两端的转角和侧移。从中逐个地成对取出各杆单元两端的 j 振型转角和侧移，形成 4 阶的位移列向量，若取 5 个或 7 个振型时，则组成 4×5 或 4×7 阶单元位移矩阵 $[U^s]$。采用此矩阵右乘该杆单元不计杆轴方向变形的 4 阶单元刚度矩阵 $[K^s]$，即得杆单元两端的各振型地震内力。它就是排架柱在该杆单元两端节点处截面的各阶振型地震弯矩 M 和地震剪力 V。

排架柱在第 s 杆单元两端节点 a、b 处截面的前 7 阶振型地震内力（M 和 V），按下式计算：

$$[S_j^s]=[K^s][U^s] \tag{7-40}$$

即

$$\begin{bmatrix}M_{1a}^s & M_{2a}^s & \cdots & M_{7a}^s\\ M_{1b}^s & M_{2b}^s & \cdots & M_{7b}^s\\ V_{1a}^s & V_{2a}^s & \cdots & V_{7a}^s\\ V_{1b}^s & V_{2b}^s & \cdots & V_{7b}^s\end{bmatrix}=[K^s]\begin{bmatrix}\theta_{1a}^s & \theta_{2a}^s & \cdots & \theta_{7a}^s\\ \theta_{1b}^s & \theta_{2b}^s & \cdots & \theta_{7b}^s\\ u_{1a}^s & u_{2b}^s & \cdots & u_{7a}^s\\ u_{1b}^s & u_{2b}^s & \cdots & u_{7b}^s\end{bmatrix} \tag{7-41}$$

各截面的前 7 阶振型地震内力，按“平方和的平方根”法则式（7-25）进行遇合，即得排架柱各该截面的设计地震弯矩和剪力。

四、弹性楼盖高层建筑抗震空间分析

1. 空间结构力学特征

(1) 结构模型

对于刚性楼盖多、高层建筑的抗震分析，可以将其结构体系中的各榀竖构件合并为一榀竖构件，即将原来的空间结构压缩成为一个平面结构，采取“串联质点系”计算简图（图 7-3a）来进行振动分析。然而，对于采用弹性（半刚性）楼盖的多、高层建筑，由于水平地震作用下结构体系中的屋盖和各层楼盖（或者某一层楼盖）会产生水平变形，各榀竖构件的侧移将不相等，进行结构振动分析时，不能将它们合并为一个平面结构，而应该留在各自的原来位置，由具有弹性的各层楼盖将它们连成一个空间结构。例如，对于建筑平面如图 7-13（a）所示的高层框-墙体系楼房，应该采用如图 7-13（b）所示具有两维空间力学特性的结构模型。

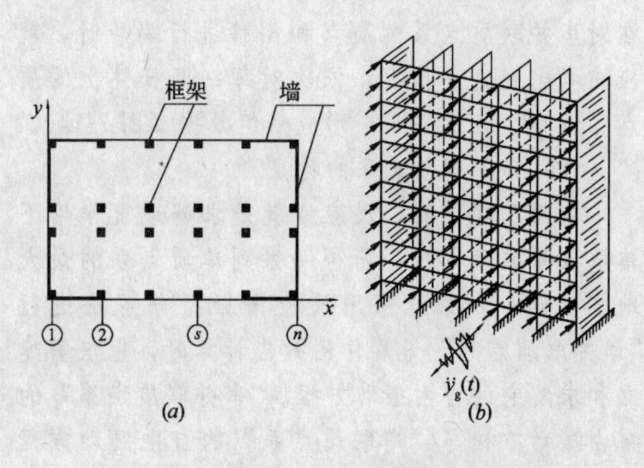

图 7-13 半刚性楼盖高层框-墙体系楼房

（a）建筑平面；（b）空间结构力学模型

(2) 振动模型

为便于采用数值解法进行两维空间结构的地震反应分析，对于具有连续分布质量的空间结构，同样要作离散化处理。对应于图 7-13 (*b*) 所示的两维空间结构模型，其离散化的横向 (*Y* 轴方向) 振动模型 (计算简图) 为图 7-14 (*a*) 所示的“串并联质点系”。对于各轴线层数不等的阶梯形楼房，其两维空间结构的横向振动模型 (或称计算简图)，如图 7-14*b* 所示。

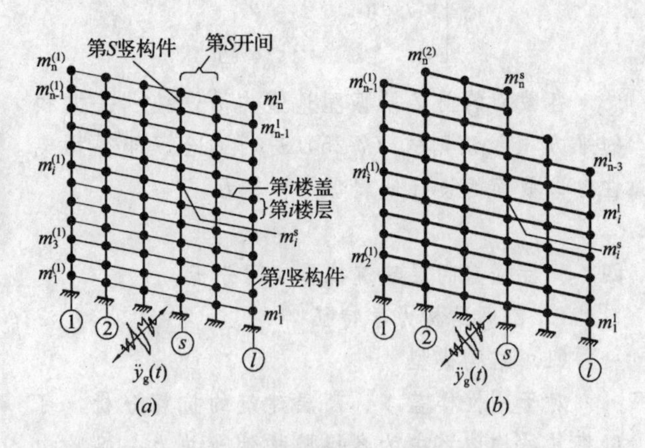

图 7-14 两维空间结构的振动模型

(*a*) 简单体形楼房；(*b*) 阶梯形楼房

2. 质点系振动方程

(1) 质点编号

采用反应谱振型分解法进行结构抗震分析时，结构地震反应可采取结构前若干个振型地震作用效应的遇合。

串并联质点系在 *j* 振型水平地震作用下，第 *s* 竖杆 (即结构体系中第 *s* 榀竖构件) 所分担的水平地震作用，是根据多质点系整体协调变形状态中第 *s* 竖杆的相对侧移反求得之。如果在结构侧移列向量中，第 *s* 竖杆上的各质点侧移能以子矩阵的形式成组出现，计算过程就比较简单。所以，在对串并联质点系的质点和侧移进行编号时，就应该考虑到这一情况，依次对每一竖杆件上的质点和位移，连续编号，形成一组数据 (图 7-14)。

(2) 串并联质点系的特点

前面已经谈到，反应谱就是求解地震作用下单质点系振动方程，所得一系列单质点系的最大地震反应。所以，采用反应谱振型分解法进行“串并联质点系”地震作用效应计算时，也仅需建立和求解它的自由振动方程。“串并联质点系”的自由振动方程与“串联质点系”的自由振动方程相比较，具有如下特点：

1) 质点数

串并联质点系中每一根竖杆 (代表一榀竖构件，框架或抗震墙) 上的质点数，等于房屋总层数 *n*；整个结构体系的质点数 *N*，等于竖杆数 *l* (即同方向竖构件的榀数) 乘以房屋总层数 *n*，即 $N=nl$ (图 7-14*a*)。

2) 自由度

代表两维空间结构的串并联质点系，作垂直其平面的单向自由振动时，每个质点具有一个独立的侧移，所以，整个质点系的自由度等于体系的质点数，即具有 $N=nl$ 个自由度。

3) 恢复力

处于侧向振动状态的串并联质点系，其中每一个质点所受到的恢复力，不仅取决于该质点所在竖杆上各质点的侧移，还受到该质点所在水平杆上其他各质点侧移的影响。受影响的范围与竖杆、水平杆所代表的竖构件和楼盖的变形性质有关。

a. 双向剪切杆

若质点所在竖杆，代表的是不考虑杆件竖向变形的框架；质点所在的水平杆，代表的是视作等效剪切梁的装配式钢筋混凝土楼盖，即质点所在的竖杆和水平杆均为剪切杆 (图 7-15*a*)。那么，该质点 (图中的黑圆点) 所受到的恢复力，除自身侧移外，仅受到上下、左右各一个质点 (图中的圆圈) 侧移的影响，其他质点的侧移对它不产生影响。

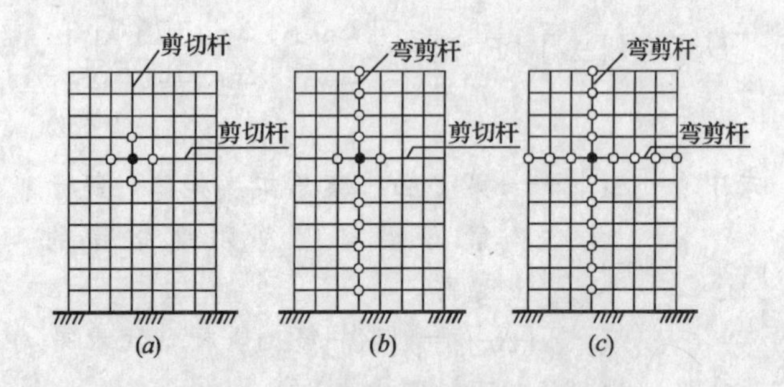

图 7-15 某一质点恢复力所受到其他质点侧移影响的范围

(*a*) 双向剪切杆；(*b*) 单向弯剪杆；(*c*) 双向弯剪杆

b. 单向弯剪杆

若质点所在的竖杆，代表的是属于弯剪型构件的抗震墙，水平杆仍代表剪切型的装配式钢筋混凝土楼盖 (图 7-15*b*)。则该质点 (图中的黑圆点) 的恢复力，受到其他质点 (图中的圆圈) 侧移影响的范围，水平方向仍为左右各一个质点，竖向则扩张到所在竖杆的全部质点。

c. 双向弯剪杆

若质点所在竖杆和水平杆分别代表抗震墙和

现浇钢筋混凝土楼板，即均属弯剪型杆件（图7-15c）。则某一质点（图中的黑圆点）恢复力所受到的其他质点侧移影响的范围，将进一步扩张到该质点所在竖杆和水平杆上的所有质点（图中的圆圈）。

4）刚度矩阵

由于串并联质点系中每个质点的恢复力，受到竖向杆件和水平杆件两个方向上的质点侧移的影响，所以，串并联质点系的抗推刚度矩阵 $[\overline{K}]$，由两部分组成：①同方向各榀框架、抗震墙或支撑等竖构件的抗推刚度子矩阵所拼装成的竖杆抗推刚度矩阵 $[K]$；②由屋盖和各层楼盖的抗推刚度子矩阵所拼装成的水平杆抗推刚度矩阵 $[k]$，即 $[\overline{K}]=[K]+[k]$。

（3）自由振动方程

1）简单体形楼房

图7-14a所示的串并联质点系，受到垂直于其平面的瞬时力或初位移的干扰，作自由振动时，其无阻尼自由振动微分方程具有如下的形式：

$$[m]\{\ddot{y}(t)\}+[\overline{K}]\{y(t)\}=0 \quad (7\text{-}42)$$

式中 $\{y(t)\}$、$\{\ddot{y}(t)\}$——分别为质点系的瞬时相对侧移和瞬时相对加速度列向量，分别由各竖杆的侧移或加速度“子列向量”所组成。

$$\{y(t)\}=[\{y^{(1)}(t)\}^{\mathrm{T}}\ \{y^{(2)}(t)\}^{\mathrm{T}}\ \cdots\ \{y^{(s)}(t)\}^{\mathrm{T}}\ \cdots\ \{y^{(l)}(t)\}^{\mathrm{T}}]^{\mathrm{T}}$$

$$\{\ddot{y}(t)\}=[\{\ddot{y}^{(1)}(t)\}^{\mathrm{T}}\ \{\ddot{y}^{(2)}(t)\}^{\mathrm{T}}\ \cdots\ \{\ddot{y}^{(s)}(t)\}^{\mathrm{T}}\ \cdots\ \{\ddot{y}^{(l)}(t)\}^{\mathrm{T}}]^{\mathrm{T}}$$

$\{y^{(s)}(t)\}$——质点系中第 s 竖杆（代表第 s 榀框架或抗震墙）上各质点瞬时侧移所组成的子列向量；

$$\{y^{(s)}(t)\}=[y_1^{(s)}(t)\ \ y_2^{(s)}(t)\ \cdots\ y_i^{(s)}(t)^{\mathrm{T}}\ \cdots\ y_n^{(s)}(t)]^{\mathrm{T}}$$

$[m]$——质点系的质量矩阵，是由各竖杆质量子矩阵 $[m^{(s)}]$ 所形成的对角方阵；$[m^{(s)}]$ 为第 s 竖杆上各质点质量所形成的对角方阵，其中元素 $m_i^{(s)}=G_i^{(s)}/g$，g 为重力加速度，$G_i^{(s)}$ 为集中于第 s 轴线第 i 层楼盖处的左右各半开间、上下各半层的重力荷载代表值；

$$[m]=\begin{bmatrix}[m^{(1)}] & & & & & 0\\ & [m^{(2)}] & & & & \\ & & \ddots & & & \\ & & & [m^{(s)}] & & \\ & & & & \ddots & \\ 0 & & & & & [m^{(l)}]\end{bmatrix}_{N\times N} \quad (N=n\cdot l)$$

$$[m^{(s)}]=\begin{bmatrix}m_1^{(s)} & & & & & 0\\ & m_2^{(s)} & & & & \\ & & \ddots & & & \\ & & & m_i^{(s)} & & \\ & & & & \ddots & \\ 0 & & & & & m_n^{(s)}\end{bmatrix}_{n\times n}$$

$[\overline{K}]$——质点系的抗推刚度矩阵，等于竖杆的抗推刚度矩阵 $[K]$ 与水平杆的抗推刚度矩阵 $[k]$ 之和，即

$$[\overline{K}]=[K]+[k] \quad (7\text{-}43)$$

$[\overline{K}]$——由各根竖杆抗推刚度子矩阵 $[K^{(s)}]$ 所组成的对角方阵，$[K^{(s)}]$ 为第 s 竖杆在各质点处的抗推刚度系数所形成的子矩阵。

$$[K]=\begin{bmatrix}[K^{(1)}] & & & & & 0\\ & [K^{(2)}] & & & & \\ & & \ddots & & & \\ & & & [K^{(s)}] & & \\ & & & & \ddots & \\ 0 & & & & & [K^{(l)}]\end{bmatrix}_{N\times N}$$

$$[K^{(s)}]=\begin{bmatrix}K_{11}^{(s)} & K_{12}^{(s)} & \cdots & K_{1i}^{(s)} & \cdots & K_{1n}^{(s)}\\ K_{21}^{(s)} & K_{22}^{(s)} & \cdots & K_{2i}^{(s)} & \cdots & K_{2n}^{(s)}\\ \vdots & \vdots & \vdots & \vdots & \vdots & \vdots\\ K_{i1}^{(s)} & K_{i2}^{(s)} & \cdots & K_{ii}^{(s)} & \cdots & K_{in}^{(s)}\\ \vdots & \vdots & \vdots & \vdots & \vdots & \vdots\\ K_{n1}^{(s)} & K_{n2}^{(s)} & \cdots & K_{ni}^{(s)} & \cdots & K_{nn}^{(s)}\end{bmatrix}_{n\times n}$$

$[k]$——水平杆抗推刚度矩阵，是由各水平杆（代表各层楼盖）抗推刚度引起的各竖杆相互间的耦合刚度子矩阵 $[k^{s,t}]$ 所形成的矩阵（$s=1, 2, \cdots, l$；$t=1, 2, \cdots, l$）；$[k^{s,t}]$ 为第 s 竖杆上各质点处的各水平杆抗推刚度系数 $k_i^{s,t}$（$i=1, 2, \cdots, n$）所形成的对角方阵。$k_i^{s,t}$ 是第 i 楼盖处第 t 竖杆质点 m_i^t 产生单位侧移时在第 s 竖杆质点 m_i^s 处引起的水平反力。

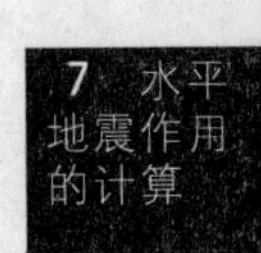

$$[k]=\begin{bmatrix}[k^{1,1}] & [k^{1,2}] & \cdots & [k^{1,t}] & \cdots & [k^{1,l}]\\ [k^{2,1}] & [k^{2,2}] & \cdots & [k^{2,t}] & \cdots & [k^{2,l}]\\ \vdots & \vdots & \vdots & \vdots & \vdots & \vdots\\ [k^{s,1}] & [k^{s,2}] & \cdots & [k^{s,t}] & \cdots & [k^{s,l}]\\ \vdots & \vdots & \vdots & \vdots & \vdots & \vdots\\ [k^{l,1}] & [k^{l,2}] & \cdots & [k^{l,t}] & \cdots & [k^{l,l}]\end{bmatrix}_{N\times N} \tag{7-44}$$

$$[k^{s,t}]=\begin{bmatrix}k_1^{s,t} & & & & 0\\ & k_2^{s,t} & & & \\ & & \ddots & & \\ & & & k_i^{s,t} & \\ & & & & \ddots \\ 0 & & & & & k_n^{s,t}\end{bmatrix}_{n\times n}\quad (s,t=1,2\cdots,l)$$

当多、高层建筑的屋盖和各层楼盖均采用剪切型的装配式钢筋混凝土楼板时，上面所示的水平杆抗推刚度的矩阵 $[k]_{N\times N}$ 将变成三对角阵。

2) 阶梯形楼房

对于图 7-14b 所示的阶梯形“串并联质点系”，自由振动方程也如式（7-42）所示。式中，质点系的侧移列向量、质量矩阵和刚度矩阵也具有相同的形式。差异仅在于竖杆的子矩阵和子列向量的阶数不同。对于图 7-14a，各竖杆的质量子矩阵 $[m^{(s)}]$ 和刚度子矩阵 $[K^{(s)}]$ 的阶数均为 $n\times n$；侧移子列向量 $\{y^{(s)}\}$ 的阶数均为 $n\times 1$。对于图 7-14b，各竖杆的子矩阵和子列向量的阶数互不相等，分别等于各自竖杆上的质点数（即所在轴线的总层数）。例如，第①竖杆上的质点数为 $(n-1)$，则第①竖杆的质量子矩阵 $[m^{(1)}]$ 和刚度子矩阵 $[K^{(1)}]$ 的阶数均为 $(n-1)\times(n-1)$，侧移子列向量 $\{y^{(1)}\}$ 的阶数为 $(n-1)\times 1$；第②竖杆的质量子矩阵 $[m^{(2)}]$ 和刚度子矩阵 $[K^{(2)}]$ 的阶数均为 $n\times n$，侧移子列向量 $\{y^{(2)}\}$ 的阶数为 $n\times 1$；其余类推。同理，反映水平杆抗推刚度的各竖杆耦合刚度子矩阵的阶数也各不相同。

因为在半刚性楼盖空间结构的结构体系抗推刚度矩阵中，各竖构件的抗推刚度子矩阵 $[K^{(s)}]$，在结构刚度矩阵中是依次排列的，并不相互叠加。所以各竖构件的抗推刚度子矩阵不必均扩充为 $n\times n$ 阶矩阵。

3. 振型和周期的计算

按照式（7-18）的式（a）到式（d）的推导过程，由式（7-42）得，以振型 $\{Y\}$ 表示的串并联质点系自由振动的标准特征值方程：

$$[\bar{K}]^{-1}\ [m]\ \{Y\}=\lambda\ \{Y\} \tag{7-45}$$

对式（7-45）中的动力矩阵 $[\bar{K}]^{-1}\ [m]$ 进行对称化处理，即可利用雅可比法等标准电算程序求解，并作一定转换后，求得串并联质点系即原结构体系的各阶两维空间振型 $\{Y_j\}$ 和相应周期 T_j，$j=1, 2, 3, \cdots$。第 j 振型具有如下形式：

$$\{Y_j\}=[\{Y_j^{(1)}\}^{\mathrm T}\{Y_j^{(2)}\}^{\mathrm T}\cdots\{Y_j^{(s)}\}^{\mathrm T}\cdots\{Y_j^{(l)}\}^{\mathrm T}]^{\mathrm T} \tag{7-46}$$

式中 $\{Y_j^{(s)}\}$ ——质点系中第 s 竖杆上各质点的 j 振型相对侧移列向量，

$$\{Y_j^{(s)}\}=[Y_{j1}^{(s)}\quad Y_{j2}^{(s)}\quad\cdots\quad Y_{ji}^{(s)}\quad\cdots\quad Y_{jn}^{(s)}]^{\mathrm T} \tag{7-47}$$

图 7-16 和图 7-17 分别表示 10 层和 30 层框-墙体系楼房的前四阶的两维空间振型曲线。从中可以看出，考虑楼盖水平变形后，楼房的各阶两维振型，沿竖向和水平两个方向均呈现曲线形状。

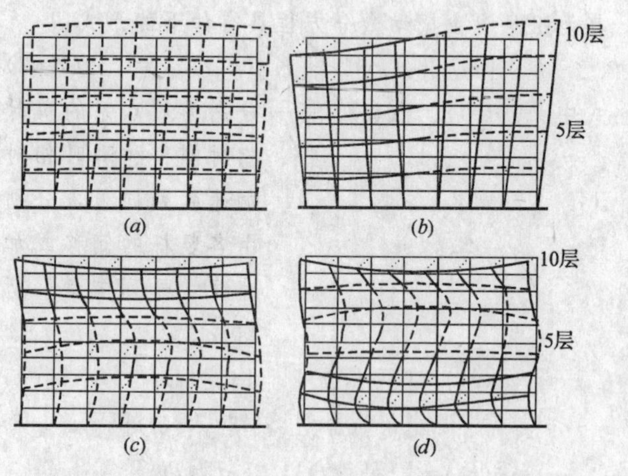

图 7-16　10 层框-墙体系楼房的前四阶两维振型曲线
（a）基本振型；（b）第 2 振型；
（c）第 3 振型；（d）第 4 振型

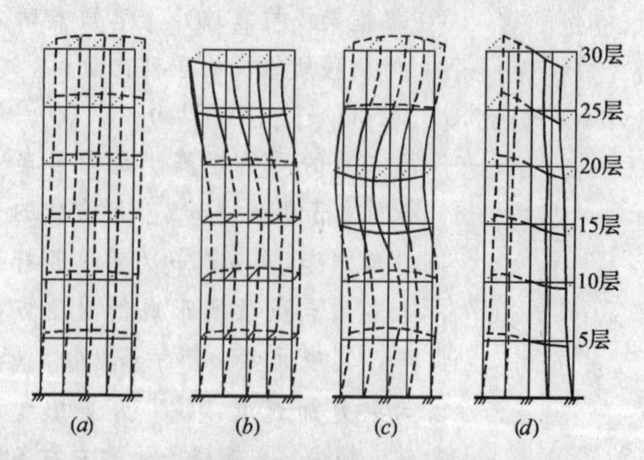

图 7-17　30 层框-墙楼房的前四阶两维振型曲线
（a）基本振型；（b）第 2 振型；
（c）第 3 振型；（d）第 4 振型

4. 水平地震作用

(1) 质点系的 j 振型水平地震作用

根据反应谱理论和振型分解原理，对于半刚性楼盖空间结构，可以先分别求出结构前若干个振型地震作用各自引起的构件振型地震作用效应，再按一定法则进行遇合，即得地震作用下各构件的最不利受力状态和最不利变形状态。

对于代表半刚性楼盖空间结构的串并联质点系，作用于各质点上的前 m 个振型水平地震作用标准值 $[P_j]_{N\times m}$，按下式计算。

$$[P_j]_{N\times m}=[\{P_1\}\ \{P_2\}\cdots\{P_j\}\cdots\{P_m\}]=g\ [m]_{N\times N}\ [Y]_{N\times m}\ [\alpha]_{m\times m}\ [\Gamma]_{m\times m} \tag{7-48}$$

即

$$\begin{bmatrix}\{P_1^{(1)}\} & \{P_2^{(1)}\} & \cdots & \{P_j^{(1)}\} & \cdots & \{P_m^{(1)}\}\\ \{P_1^{(2)}\} & \{P_2^{(2)}\} & \cdots & \{P_j^{(2)}\} & \cdots & \{P_m^{(2)}\}\\ \vdots & \vdots & \vdots & \vdots & \vdots & \vdots\\ \{P_1^{(s)}\} & \{P_2^{(s)}\} & \cdots & \{P_j^{(s)}\} & \cdots & \{P_m^{(s)}\}\\ \vdots & \vdots & \vdots & \vdots & \vdots & \vdots\\ \{P_1^{(l)}\} & \{P_2^{(l)}\} & \cdots & \{P_j^{(l)}\} & \cdots & \{P_m^{(l)}\}\end{bmatrix}_{N\times m}$$

$$=g\begin{bmatrix}[m^{(1)}] & & & & & 0\\ & [m^{(2)}] & & & & \\ & & \ddots & & & \\ & & & [m^{(s)}] & & \\ & & & & \ddots & \\ 0 & & & & & [m^{(l)}]\end{bmatrix}_{N\times m}$$

$$\times\begin{bmatrix}\{Y_1^{(1)}\} & \{Y_2^{(1)}\} & \cdots & \{Y_m^{(1)}\}\\ \{Y_1^{(2)}\} & \{Y_2^{(2)}\} & \cdots & \{Y_m^{(2)}\}\\ \vdots & \vdots & \vdots & \vdots\\ \{Y_1^{(s)}\} & \{Y_2^{(s)}\} & \cdots & \{Y_m^{(s)}\}\\ \vdots & \vdots & \vdots & \vdots\\ \{Y_1^{(l)}\} & \{Y_2^{(l)}\} & \cdots & \{Y_m^{(l)}\}\end{bmatrix}_{N\times m}$$

$$\begin{bmatrix}a_1 & & & 0\\ & a_2 & & \\ & & \ddots & \\ 0 & & & a_m\end{bmatrix}_{m\times m}\times\begin{bmatrix}\gamma_1 & & & 0\\ & \gamma_2 & & \\ & & \ddots & \\ 0 & & & \gamma_m\end{bmatrix}_{m\times m} \tag{7-49}$$

式中 α_j——结构 j 振型地震作用系数，采用 j 振型周期 T_j 查图 6-6；

γ_j——j 振型参与系数，按下式计算，

$$\gamma_j=\sum_{i=1}^{n}\sum_{s=1}^{l}G_i^{(s)}Y_{ji}^{(s)}\Big/\sum_{i=1}^{n}\sum_{s=1}^{l}G_i^{(s)}(Y_{ji}^{(s)})^2 \tag{7-50}$$

(2) 质点系的 j 振型地震侧移

按式 (7-48) 计算出的 j 振型各质点水平地震作用，是作用于串并联质点系各节点（竖杆与水平杆的交点）上的地震力，即作用于两维空间结构上的地震力。欲求经过结构空间工作而分配到各榀竖构件分离体（即单独竖杆）上的 j 振型地震作用，需先求出串并联质点系在 j 振型各质点水平地震作用下所产生的 j 振型侧移。因为各竖构件（即各竖杆）的 j 振型地震侧移，就是各竖构件作为分离体时的侧移。所以，可以利用它来反求作用于各竖构件分离体上的 j 振型水平地震作用。

质点系在前 m 阶振型水平地震作用分别单独作用下，所产生的前 m 个振型地震侧移，按下式计算：

$$[\Delta]_{N\times m}=[\overline{K}]^{-1}_{N\times N}\ [P]_{N\times m}$$

即

$$[\{\Delta_1\}\ \{\Delta_2\}\cdots\{\Delta_j\}\cdots\{\Delta_m\}]=[\overline{K}]^{-1}\ [\{P_1\}\ \{P_2\}\cdots\{P_j\}\cdots\{P_m\}] \tag{7-51}$$

式中 $\{P_j\}$——作用于质点系各质点上的 j 振型水平地震作用；

$\{\Delta_j\}$——质点系在 $\{P_j\}$ 单独作用下所产生的两维的相对侧移；

$$\{\Delta_j\}=[\{\Delta_j^{(1)}\}^{\mathrm{T}}\ \{\Delta_j^{(2)}\}^{\mathrm{T}}\cdots\{\Delta_j^{(s)}\}^{\mathrm{T}}\cdots\{\Delta_j^{(l)}\}^{\mathrm{T}}]^{\mathrm{T}} \tag{7-52}$$

$\{\Delta_j^{(s)}\}$——质点系中第 s 杆的 j 振型地震侧移列向量，

$$\{\Delta_j^{(s)}\}=[\Delta_{j1}^{(s)}\quad\Delta_{j2}^{(s)}\quad\cdots\quad\Delta_{ji}^{(s)}\quad\cdots\quad\Delta_{jn}^{(s)}]^{\mathrm{T}} \tag{7-53}$$

$[\overline{K}]^{-1}$——按式 (7-43) 确定的质点系抗推刚度矩阵 $[\overline{K}]$ 的逆矩阵，即串并联质点系的侧移柔度矩阵 $[\delta]$。

(3) 竖构件的 j 振型地震作用

整个空间结构（即串并联质点系）在 j 振型水平地震作用下，第 s 榀框架或抗震墙等竖构件（即串并联质点系中的第 s 竖杆）作为分离体时，所受到的 j 振型水平地震作用标准值 $\{F_j^{(s)}\}$，并不等于式 (7-49) 中的 $\{P_j^{(s)}\}$，而应按下式计算：

$$\{F_j^{(s)}\}=[K^{(s)}]\{\Delta_j^{s}\} \tag{7-54}$$

式中 $[K^{(s)}]$——第 s 榀竖构件（框架或抗震墙）的抗推刚度矩阵，即式 (7-43) 中竖杆抗推刚度矩阵 $[K]$ 中的子矩阵；

$\{\Delta_j^{(s)}\}$——见式 (7-53)，它是从式 (7-51) 所计算出的 j 振型侧移列向量

$\{\Delta_j\}$ 中取出。

5. 竖构件承载力验算

(1) 竖构件地震内力

按式 (7-54) 计算出作用于第 s 榀竖构件(框架或抗震墙)分离体上的 j 振型水平地震作用 $\{F_j^{(s)}\}$ 之后，采用这一组力施加到框架或抗震墙上进行结构静力分析，即得构件中各杆件或杆段的验算截面的 j 振型地震内力（剪力、弯矩、轴向力）。一般方法是，先利用框架或抗震墙的构件总刚度矩阵，再采用框架梁、柱或抗震墙墙段杆件的单元刚度矩阵，求出构件中各杆件或杆段两端的 j 振型地震内力 ($j=1, 2, \cdots, 7$)。然后，按照式 (7-25) 取前 7 个振型地震内力进行遇合，即得构件各杆件截面地震内力标准值。

(2) 截面承载力验算

先将构件截面地震内力与重力等对应荷载和作用所引起的构件截面内力进行组合，然后再进行截面抗震强度验算。

6. 结构变形检验

(1) 结构地震侧移

从式 (7-51) 中取出串并联质点系的前 7 个振型地震侧移 $\{\Delta_1\}$，…，$\{\Delta_7\}$，按照公式 (7-25) 进行遇合，即得多遇烈度地震（小震）作用下的串并联质点系的弹性侧移，即小震作用下空间结构体系的两维侧移 $\{\Delta\}$。对于电算程序，$\{\Delta\}$ 的计算可采取下列算式：

令 $$\{\Delta^2\}_{N\times1}=\sum_{j=1}^{7}(\{\Delta_j\}_{N\times1}[1]_{1\times N})\{\Delta_j\}_{N\times1}$$

则 $$\{\Delta\}=\{\sqrt{\Delta^2}\} \tag{7-55}$$

(2) 构件的弹性侧移角

在水平地震作用下，半刚性楼盖的高层建筑由于屋盖和各层楼盖产生水平变形，每榀竖构件的侧移值均不相等，因而需要检验每榀竖构件的弹性侧移角。不过，一般来说，对于抗震墙，以水平负载最大的一片抗震墙（即左右两边抗震墙的距离之和为最大值的那片抗震墙），地震侧移可能最大。因此，仅需检验此片抗震墙在多遇烈度地震（小震）作用下的弹性侧移角是否超过《抗震规范》对框-墙体系所规定的变形限值。对于框架，以抗震墙间距最大的区段内中央一榀框架的地震侧移值为最大，若此榀框架的弹性位移角，不超过规范对框-墙体系（装修要求高的公共建筑）或框架体系（其他情况建筑）所规定的变形限值，说明结构刚度已符合要求，不必再对其余各榀框架的变形进行检验。

五、非对称单层厂房横向平变-扭转振动分析

非对称的弹性（半刚性）屋盖单层厂房的平变-扭转耦联振动分析（“平变”为水平变形的简称），其基本原理与刚片系平移-扭转耦联振动分析一样。所不同的是，由于屋盖会产生水平变形，质量不能再全部集中到质心一点，而是按排架分别集中为多个质点。屋盖水平变形还使同一高度屋盖各质点的线加速度不相等，即使坐标原点定在质心，质量矩阵也是一种对角线外有非零元素的耦合矩阵，刚度矩阵因偏心结构的平动（平移加水平变形）与扭转相耦联，依旧是耦合型刚度矩阵。下面仅列出计算过程中的主要公式，其推导和证明参见刚性屋盖平移-扭转振动分析中的相应公式。

1. 力学模型

对唐山等多次地震的调查中均发现：单层厂房以横向破坏为主时，靠近山墙的排架破坏轻，远离山墙的排架破坏重；仅一端有山墙的厂房区段，伸缩缝附近柱子的破坏程度远比其它柱子为重。此等现象表明：①屋盖发挥空间作用的同时，也产生了显著的水平变形；②存在着扭转振动；③山墙在厂房空间工作中发挥了作用。为在厂房横向抗震分析中反映上述三要素，正确描述厂房的实际振动性状，使抗震分析结果符合震害规律，应采取图 7-18 所示的非对称空间结构力学模型。每层（同一高度）屋盖均视为一根水平的等效剪切梁，山墙和排架为横向抗推构件，纵向柱列、柱间支撑和纵墙为纵向抗推构件。

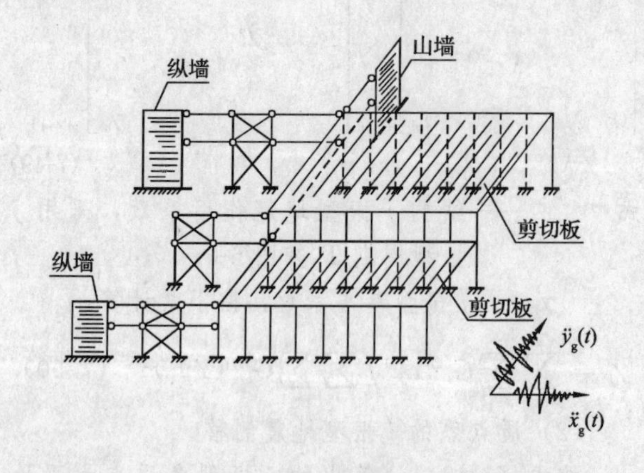

图 7-18 非对称厂房空间结构力学模型

2. 计算简图

为了计算上的方便，将整个厂房的连续分布质量离散化为相对集中的“串并联质点系”（图 7-19）。各层屋盖及其上下支承结构的质量，分片划归到各榀排架，在各屋盖高度处形成质点。

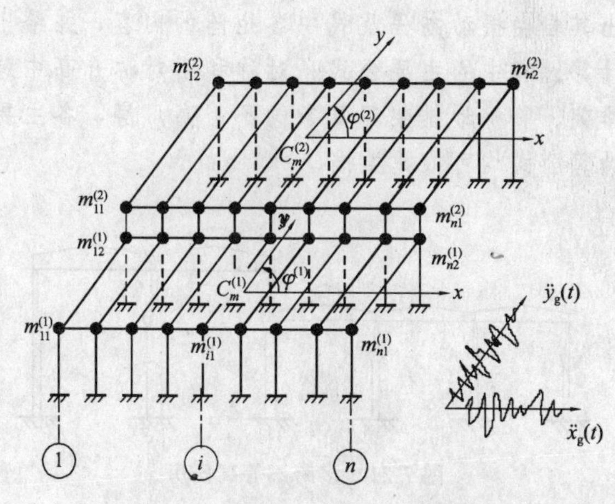

图 7-19 非对称厂房横向计算简图

对称结构的单向平动（平移加水平变形），自由度等于质点数。非对称结构的单向平变-扭转振动，除每个质点具有一个自由度外，每层屋盖还具有一个整体转动自由度，体系的总自由度，等于质点数加屋盖层数。

3. 计算原则

一般工业与民用建筑的抗震设防标准是，遭遇 7 度和 7 度以上地震时，允许结构进入非弹性变形阶段。利用地震反应谱进行结构的抗震分析，是以结构的弹性地震反应为基础，再根据结构的延性来求得结构弹塑性地震反应的近似值。因而确定结构的自振特性时，应采用结构的弹性刚度；确定构件侧移以及地震作用在各构件间的分配时，则考虑砖山墙开裂后的刚度退化的影响。

4. 计算步骤

弹性屋盖非对称空间结构的地震内力分析，由于结构的扭转振动以及屋盖的水平变形，同一高度各质点的侧移不相等，求得某振型的质点地震作用后，不能像刚性屋盖对称结构那样，按各竖构件侧移刚度比例分配；而应进一步求出空间结构在该振型地震力和扭矩作用下各质点的相对侧移值，再根据各竖构件的侧移值，反求作用于各榀排架分离体上的该振型水平地震力，再计算各榀排架的地震作用效应。地震反应分析全过程的计算步骤如下：

（1）由柱的杆段单元刚度矩阵组成的排架总刚度矩阵中，消去与所求侧移无关的未知量，得排架的侧移刚度矩阵；确定山墙各计算点的侧移刚度系数；计算各层屋盖一个柱距宽度的水平刚度。

（2）建立空间结构的平动、扭转的质量子矩阵和刚度子矩阵，及平动与扭转的耦合质量子矩阵和耦合刚度子矩阵，并总成为空间结构平变-扭转耦联振动的广义质量矩阵和广义刚度矩阵。

（3）建立空间结构在沿厂房横向初位移激发下的平变-扭转二维平面运动的自由振动方程及其动力矩阵。

（4）求解动力矩阵的特征值和特征向量，得结构的全部或前七个二维振型和自振圆频率，进而计算出相应的自振周期和各振型的二维振型参与系数。

（5）利用地震反应谱分别计算出在厂房横向地面平动分量作用下的各振型质点地震作用。

（6）求出空间结构分别在各振型质点水平地震力和地震扭矩单独作用下的平动（平移及水平变形）位移和转角。

（7）由空间结构的各振型广义位移矩阵中，挑选出山墙和排架的平动加转动的合成侧移向量，乘以该构件的侧移刚度矩阵，反求作用于各该构件分离体上的各振型水平地震力。

（8）计算山墙、排架各控制设计截面的振型地震内力，然后采用“全部二次项”法（CQC 法）进行前 7 阶振型地震内力的遇合。

（9）将地震作用效应与相对应的重力等荷载效应组合，进行截面强度验算。

5. 运动方程

单层厂房在横向地面平动分量作用下，刚性屋盖仅作平移运动时，各点的线加速度相等，惯性力的合力通过质心，对质心不产生力矩；弹性（半刚性）屋盖因发生水平变形，各点的线加速度不相等，非对称结构的屋盖水平变形对质心而言是不对称的，各点的线加速度既不相等，又不对称于质心，因而惯性力的合力不通过质心，对质心将产生力矩（图 7-20*a*）。同样，由于弹性屋盖的质量不再全部集中于质心，各分散质点离质心 C_m（坐标原点）均有一定距离，整个屋盖绕质心的转动也会引起质点的线惯性力（图 7-20*b*）。

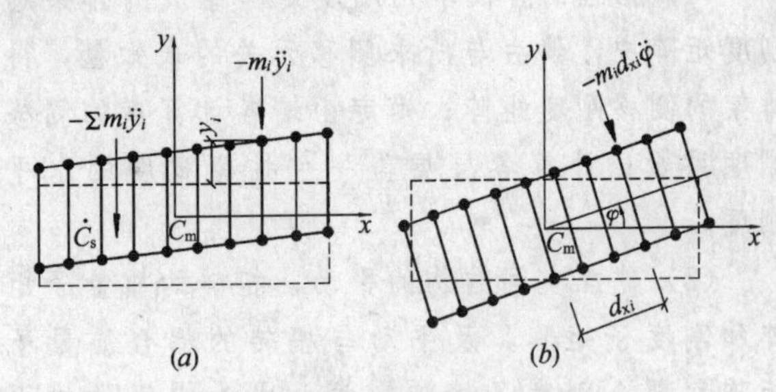

图 7-20　质点的线加速度

(a) 屋盖平动；(b) 屋盖转动

多质点系在 y、φ 二维地面运动分量作用下，结构阻尼另行考虑时，作用于第 i 榀排架第 r 屋盖处质点 m_i^r 的力有惯性力和恢复力。惯性力由下面三部分组成：①地面运动 y 方向的平动分量 $\ddot{y}_g$ 引起的惯性力 $-m_i^r(\ddot{y}_i^r+\ddot{y}_g)$；②地面运动旋转分量直接引起的惯性力 $-m_i^r d_{xi}^r \ddot{\varphi}_g$；③由于结构存在偏心，地面平动分量和旋转分量使第 r 屋盖产生整体转动所引起的惯性力 $-m_i^r d_{xi}^r \ddot{\varphi}^r$。

作用于质点 m_i^r 上的恢复力由下面三项组成：①由于屋盖平移和水平变形，第 i 榀排架处各层屋盖侧移 y_i^t 对该榀排架第 r 屋盖处质点 m_i^r 引起的排架恢复力之和 $-\sum_{t=1}^{h}K_{yi}^{r,t}y_i^t$；②各层屋盖转动引起的排架侧移对 m_i^r 质点所产生的排架恢复力之和 $-\sum_{t=1}^{h}K_{yi}^{r,t}d_{xi}^t\varphi^t$；③位于第 r 屋盖上的质点，因该层屋盖水平变形对 m_i^r 质点产生的屋盖恢复力 $-k_{i-1}^r(y_i^r-y_{i-1}^r)-k_i^r(y_i^r-y_{i+1}^r)$。

根据达朗贝尔原理，有阻尼非对称单层厂房地震作用下的横向振动微分方程组的矩阵表达式为：

$$[m]\{\ddot{U}(t)\}+[C]\{\dot{U}(t)\}+[K]\{U(t)\}=-[m]\{\ddot{U}_g(t)\} \tag{7-56}$$

式中　$\{\ddot{U}_g(t)\}$——地面运动广义加速度列向量；同时考虑地面平动和旋转分量时

$$\{\ddot{U}_g(t)\}=\begin{bmatrix}\{1\}_{nh} & 0\\ 0 & \{1\}_h\end{bmatrix}\begin{bmatrix}\ddot{y}_g(t)\\ \ddot{\varphi}_g(t)\end{bmatrix} \tag{7-57}$$

仅考虑地面平动分量时

$$\{\ddot{U}_g(t)\}=\{1\}_{nh}\ddot{y}_g(t) \tag{7-58}$$

n——排架（包括山墙所在排架）的总榀数；

h——不同高度的屋盖数，序号自前往后顺序编排。

6. 自由振动方程

采用反应谱理论进行抗震分析时，由于地震影响系数 α 中已包含阻尼影响，使式（7-56）的求解问题，转化为厂房无阻尼自由振动方程式的求解。为便于说明，下面以具有两个高度屋盖的一端有山墙多跨不等高单层厂房（图 7-21）为例，采取图 7-22 所示的凝聚多质点系，作为横向平变-扭转振动分析的计算简图，以各层屋盖处换算质量的质心，作为各该层屋盖的坐标原点，列出其自由振动方程及式中各矩阵的内容，并给出计算过程中的主要公式。对称和不对称升高中跨排架、阶梯形排架等复杂的不等高厂房，各主要计算公式均可依此类推。

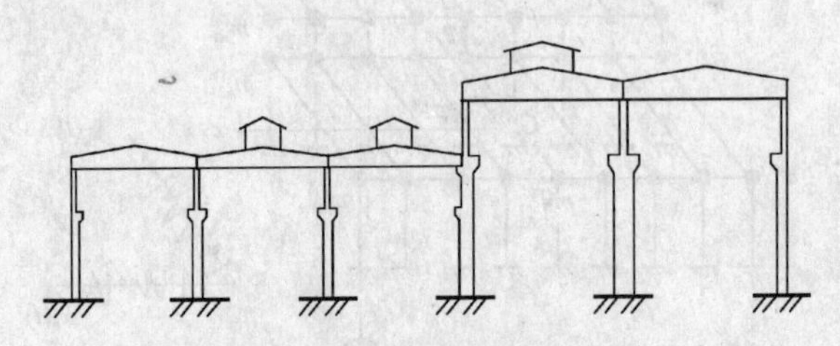

图 7-21　多跨不等高厂房

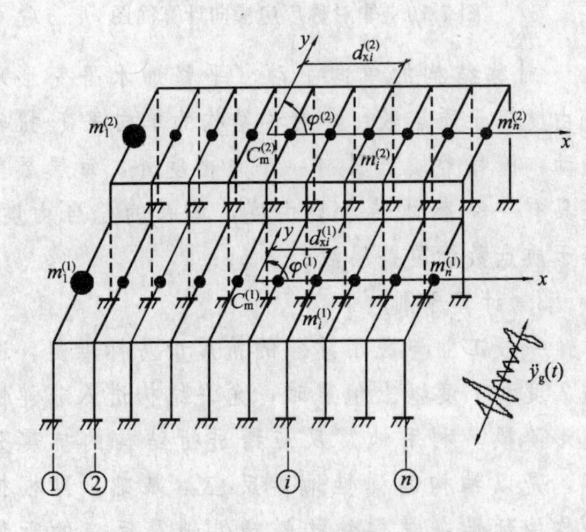

图 7-22　横向变-扭振动计算简图

弹性屋盖非对称单层厂房的无阻尼自由振动方程：

$$[m]\{\ddot{u}(t)\}+[K]\{u(t)\}=0 \tag{7-59}$$

式中　$\{u(t)\}$——广义瞬时位移列向量，即以时间 t 为变量的瞬时位移，

$$\{u(t)\}=[y_1^{(1)}\ y_2^{(1)}\ \cdots\ y_i^{(1)}\ \cdots\ y_n^{(1)}\ \vdots\ y_1^{(2)}\ y_2^{(2)}\ \cdots\ y_i^{(2)}\ \cdots\ y_n^{(2)}\ \vdots\ \varphi^{(1)}\ \ \varphi^{(2)}]^T$$

$[m]$——广义质量矩阵，其中，$[m_{yy}]$ 为平动质量子矩阵，$[m_{\varphi\varphi}]$ 为转动惯量子矩阵，$[m_{y\varphi}]$ 和 $[m_{\varphi y}]$ 为平动-转动耦合质量子矩阵，

$$[m]=\begin{bmatrix}[m_{yy}] & [m_{y\varphi}]\\ [m_{\varphi y}] & [m_{\varphi\varphi}]\end{bmatrix}_{N\times N(N=2n+2)} \tag{7-60}$$

$[m_{yy}]=\text{diag}\ [m_1^{(1)}\ \ m_2^{(1)}\ \cdots\ m_i^{(1)}\ \cdots\ m_n^{(1)}\ \vdots\ m_1^{(2)}\ \ m_2^{(2)}\ \cdots\ m_i^{(2)}\ \cdots\ m_n^{(2)}]$

$[m_{\varphi\varphi}]=\text{diag}\ [J^{(1)}\ \ J^{(2)}]$

式中 J^r——换算到 r 层屋盖处质量绕本层屋盖质心的转动惯量，n 为排架的总榀数（包括山墙处排架）。

$$[m_{\varphi y}]=\text{diag}\ [\{d_x^{(1)}\}^T\ [m^{(1)}]\ \ \{d_x^{(2)}\}^T\ [m^{(2)}]]=\begin{bmatrix} d_{x1}^{(1)}m_1^{(1)}\ d_{x2}^{(1)}m_2^{(1)}\cdots d_{xn}^{(1)}m_n^{(1)} & 0\quad 0\ \cdots\ 0 \\ 0\quad 0\ \cdots\ 0 & d_{x1}^{(2)}m_1^{(2)}\ d_{x2}^{(2)}m_2^{(2)}\cdots d_{xn}^{(2)}m_n^{(2)} \end{bmatrix} \tag{7-61}$$

$$\{d_x^r\}=[d_{x1}^r\ \ d_{x2}^r\ \ \cdots\ \ d_{xi}^r\ \ \cdots\ \ d_{xn}^r]^T$$

$$[m_{y\varphi}]=[m_{\varphi y}]^T;$$

式中 d_{xi}^r——第 r 屋盖质心 c_m^r 至第 i 榀排架的垂直距离，$r=1, 2, \cdots, h$；h 为厂房不同高度屋盖的总层数，此处 $h=2$；

$[K]$——空间结构广义抗推刚度矩阵，

$$[K]=\begin{bmatrix}[K_{yy}] & [K_{y\varphi}] \\ [K_{\varphi y}] & [K_{\varphi\varphi}]\end{bmatrix}_{N\times N}\quad (N=n\cdot h+h=2n+2) \tag{7-62}$$

式中 $[K_{yy}]$——空间结构横向平动刚度子矩阵，

$[K_{yy}]=[K_y]+[k_y]$

$[K_y]$——竖构件（排架或带山墙排架）沿厂房横向（y 轴方向）的抗推刚度矩阵，

$$[K_y]=\begin{bmatrix}[K_y^{1,1}] & [K_y^{1,2}] \\ [K_y^2] & [K_y^{2,2}]\end{bmatrix},$$

$[K_y^{r,t}]=\text{diag}\ [K_{y1}^{r,t}\ \ K_{y2}^{r,t}\ \ K_{y3}^{r,t}\ \cdots\ K_{yi}^{r,t}\ \ K_{yn}^{r,t}]$ $(r=1, 2;\ t=1, 2)$

$K_{yi}^{r,t}$——第 i 榀排架沿 y 轴方向的抗推刚度矩阵 $[K_{yi}]$ 中的有关元素，

$$[K_{yi}]=\begin{bmatrix}K_{yi}^{1,1} & K_{yi}^{1,2} \\ K_{yi}^{2,1} & K_{yi}^{2,2}\end{bmatrix}\quad (i=1, 2, \cdots, n) \tag{7-63}$$

$[k_y]$——水平构件（各层屋盖）沿厂房横向（y 轴方向）的抗推刚度矩阵；

$$[k_y]=\begin{bmatrix}[k_y^{1,1}] & 0 \\ 0 & [k_y^{2,2}]\end{bmatrix}$$

$$[k_y^{r,r}]=\begin{bmatrix} k^r & -k^r & & & \\ -k^r & 2k^r & -k^r & 0 & \\ & \cdots & \cdots & \cdots & \\ & 0 & -k^r & 2k^r & -k^r \\ & & & -k^r & k^r \end{bmatrix}_{n\times n} \tag{7-64}$$

式中 k^r——第 r 层屋盖一个柱距宽度（a）的等效水平剪切刚度，其计算式中的 $\bar{k}$ 为单位面积屋盖的等效剪切刚度基本值，L_s^r 为第 r 层屋盖下第 s 跨的跨度，

$$k^r=\bar{k}\frac{\sum_s L_s^r}{a}$$

$[K_{\varphi\varphi}]$——空间结构扭转刚度子矩阵，其中元素 $K_\varphi^{r,t}$ 为第 r 层屋盖扭转刚度系数，即第 r 层屋盖因第 t 层屋盖单位转动而引起的恢复力矩，

$$[K_{\varphi\varphi}]=\begin{bmatrix}K_\varphi^{1,1} & K_\varphi^{1,2} \\ K_\varphi^{2,1} & K_\varphi^{2,2}\end{bmatrix} \tag{7-65}$$

$K_\varphi^{r,t}=\{d_x^r\}^T\ [K_y^{r,t}]\ \{d_x^t\}+\{d_y^r\}^T\ [K_x^{r,t}]\ \{d_y^t\}$ $(r, t=1, 2)$

对于图 7-23 所示两跨不等高厂房，则有：

$$[K_x^{r,r}]=\text{diag}\ [K_{x1}^{r,r}\ \ K_{x2}^{r,r}\ \cdots\ K_{xs}^{r,r}\ \cdots\ K_{xf}^{r,r}]\ (r=1, 2) \tag{7-66}$$

$$[K_x^{1,2}]=\begin{bmatrix}0 & 0 \\ K_{xf}^{1,2} & 0\end{bmatrix}$$

$$[K_x^{1,2}]=\begin{bmatrix}0 & K_{x1}^{2,1} \\ 0 & 0\end{bmatrix}$$

$\{d_x^r\}=[d_{x1}^r\ \ d_{x2}^r\ \cdots\ d_{xi}^r\ \cdots\ d_{xn}^r]^T$

$\{d_y^r\}=[d_{y1}^r\ \ d_{y2}^r\ \cdots\ d_{ys}^r\ \cdots\ d_{yf}^r]^T$

$K_{xs}^{r,r}$ 为第 r 屋盖下第 s 纵向柱列沿 x 轴方向的抗推刚度系数（图 7-23），d_{ys}^r 或 d_{ys}^t 为第 r 或第 t 屋盖质心至各该屋盖下第 s 纵向柱列的垂直距离，f 为第 r 屋盖下的纵向柱列总列数。

$[K_{\varphi y}]$、$[K_{y\varphi}]$——空间结构平动-扭转耦合刚度子矩阵，

$$[K_{\varphi y}]=\begin{bmatrix}\{d_x^{(1)}\}^T\ [K_y^{1,1}] & \{d_x^{(1)}\}^T\ [K_y^{1,2}] \\ \{d_x^{(2)}\}^T\ [K_y^{2,1}] & \{d_x^{(2)}\}^T\ [K_y^{2,2}]\end{bmatrix}=$$

$$\begin{bmatrix} d_{x1}^{(1)}K_1^{1,1}\ d_{x2}^{(1)}K_2^{1,1}\cdots d_{xn}^{(1)}K_n^{1,1} & d_{x1}^{(1)}K_1^{1,2}\ d_{x2}^{(1)}K_2^{1,2}\cdots d_{xn}^{(1)}K_n^{1,2} \\ d_{x1}^{(2)}K_1^{2,1}\ d_{x2}^{(2)}K_2^{2,1}\cdots d_{xn}^{(2)}K_n^{2,1} & d_{x1}^{(2)}K_1^{2,2}\ d_{x2}^{(2)}K_2^{2,2}\cdots d_{xn}^{(2)}K_n^{2,2} \end{bmatrix} \tag{7-67}$$

$$[K_{y\varphi}]=[K_{\varphi y}]^T \tag{7-68}$$

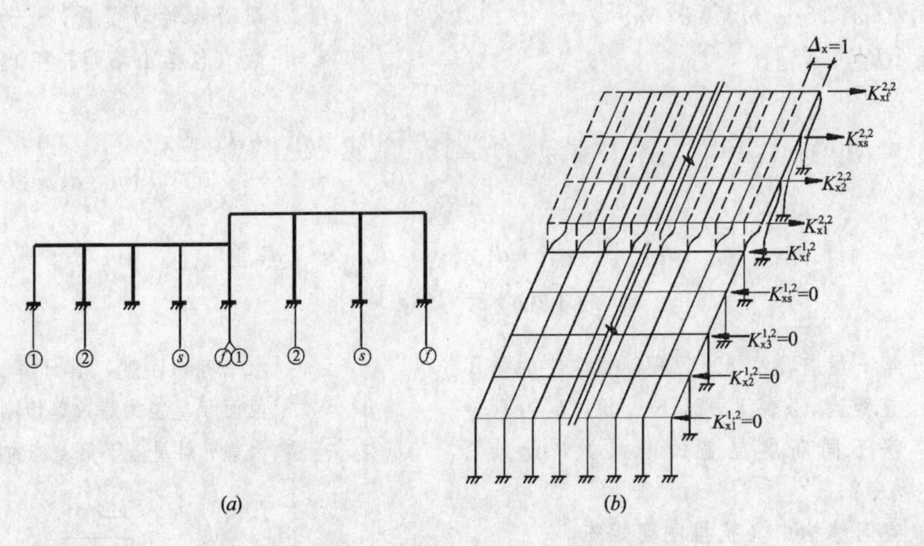

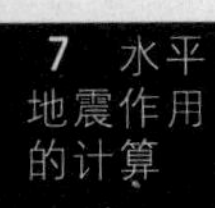

图 7-23 不等高厂房计算简图

(a) 厂房横剖面；(b) 纵向柱列抗推刚度系数

7. 周期和振型

式 (7-59) 是以广义瞬时位移为未知量的自由振动方程，假定其运动方式为简谐运动，按照式 (7-18) 中式 (a) 到式 (d) 的推导，得求解串并联质点系自由振动标准特征值问题的方程：

$$[K]^{-1}[m]\{U\}=\lambda\{U\} \qquad (7\text{-}69)$$

式中 $\{U\}$ ——结构按某一振型作自由振动时，各质点广义相对位移幅值列向量，

$$\{U\}=[\{Y\}^{T}\ \{\Phi\}^{T}]^{T}$$
$$=[Y_1^{(1)}\ Y_2^{(1)}\ \cdots\ Y_i^{(1)}\ \cdots\ Y_n^{(1)} \mid Y_1^{(2)}\ Y_2^{(2)}\ \cdots\ Y_i^{(2)}\ \cdots\ Y_n^{(2)} \mid \Phi^{(1)}\ \Phi^{(2)}]^{T}$$

上式已成为实矩阵的广义特征值问题。解之，即得空间结构的频率和振型。迭代法标准程序可以完成上述运算，但所费机时太多。“雅可比法”标准程序只能计算对称实矩阵的特征值问题。而弹性屋盖空间结构剪-扭振动方程中的广义质量矩阵为非对角方阵，不能运用简单方法使动力矩阵转变为对称矩阵。根据我们的计算经验，对于单向偏心弹性屋盖空间结构的剪-扭振动分析，采用“乔莱斯基变换”或“质量特征值法”（见 R. W. Clough，J. Penzien：结构动力学，科学出版社，1981)，对动力矩阵进行对称化处理是有效的。此外，“QRVE 法”适用范围广泛，解题能力更强，更迅速。

因为结构的振动，既有平动（平移十水平变形），又有扭转，所以它的振型是二维的，具有如下的形式：

$$[A]=\begin{bmatrix}Y_j\\ \Phi_j\end{bmatrix}=\begin{bmatrix}\{Y_1\} & \{Y_2\} & \cdots & \{Y_j\} & \cdots & \{Y_n\}\\ \{\Phi_1\} & \{\Phi_2\} & \cdots & \{\Phi_j\} & \cdots & \{\Phi_n\}\end{bmatrix}_{N\times N} \qquad (7\text{-}70)$$

式中 $\{Y_j\}$——第 j 振型中的平动（平移加水平变形）分量列向量；

$\{\Phi_j\}$——第 j 振型中的扭转分量列向量。

图 7-24 绘出一端有山墙的单跨厂房的前 3 阶振型。可以看出，非对称单层厂房的各阶振型均是非对称的，而且扭转分量显著。其中，实线表示弹性（半刚性）屋盖单层厂房考虑扭转振动时的空间振型，另外，还给出不考虑扭转振动的空间振型（图中的虚线所示)。尽管扭转振动对厂房伸缩缝处最不利排架的影响是显著的，但与刚性屋盖非对称厂房相比较，扭转影响又减弱很多。这是因为振型中的平动分量，刚性屋盖仅发生平移，基数小；弹性屋盖则包含平移和水平变形两项，基数大，因而两类屋盖厂房的各阶振型，扭转分量与平动分量的比值相差较大。

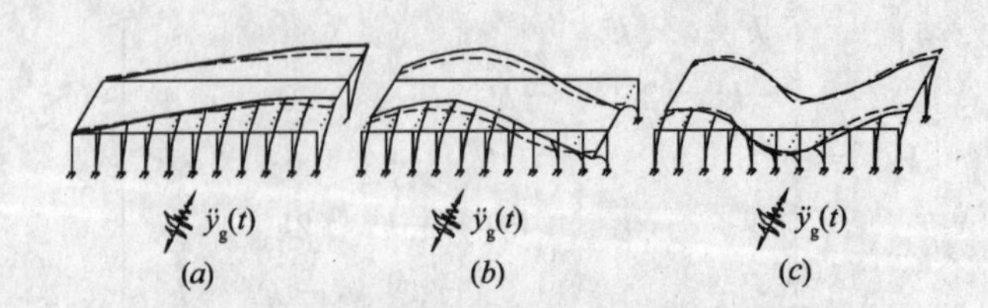

图 7-24 弹性屋盖非对称单跨厂房的前三阶空间振型

(a) 基本振型；(b) 第二振型；(c) 第三振型

8．振型参与系数

非对称单层厂房在地面运动水平分量作用下，由于存在着与厂房平动相耦联的扭转振动，其振型参与系数与对称厂房仅发生平动时的振型参与系数不同。当结构仅作单向平动及扭转振动时，对应于每个二维振型，存在着平动和扭转两个振型参与系数。

利用电子计算机进行结构振动分析，解出结构的全部振型时，可以通过全振型 $[A]$ 的求逆，一次求得空间结构各振型的振型参与系数。

$$[\Gamma]=\begin{bmatrix}\gamma_{1y} & \gamma_{1\varphi}\\ \vdots & \vdots\\ \gamma_{jy} & \gamma_{j\varphi}\\ \vdots & \vdots\\ \gamma_{Ny} & \gamma_{N\varphi}\end{bmatrix}_{N\times 2}=[A]^{-1}\begin{bmatrix}\{1\}_{nh} & 0\\ 0 & \{1\}_h\end{bmatrix}_{N\times 2} \quad (N=nh+h) \tag{7-71}$$

在空间结构的平变-扭转振动弹性地震反应分析中，也可利用振型正交关系，逐一求出所需前 m 个振型的振型参与系数。

$$[\gamma_{jy} \quad \gamma_{j\varphi}]=\frac{\{A_j\}^{\mathrm{T}}[m]\begin{bmatrix}\{1\}_{nh} & 0\\ 0 & \{1\}_h\end{bmatrix}}{\{A_j\}^{\mathrm{T}}[m]\{A_j\}} \quad (j=1,2\cdots,m) \tag{7-72}$$

式中 $\{A_j\}$——第 j 振型列向量

$$\{A_j\}=[\{Y_j\}^{\mathrm{T}} \ \{\Phi_j\}^{\mathrm{T}}]^{\mathrm{T}}=[Y_{j1}^{(1)} \ Y_{j2}^{(1)} \cdots Y_{ji}^{(1)} \cdots Y_{jn}^{(1)} \vdots Y_{j1}^{(2)} \ Y_{j2}^{(2)} \cdots Y_{ji}^{(2)} \cdots Y_{jn}^{(2)} \vdots \Phi^{(1)} \ \Phi^{(2)}]^{\mathrm{T}} \tag{7-73}$$

下面以等高厂房和具有两个高度的不等高厂房为例，分别列出在沿厂房横向地震动的平动分量作用下的 j 振型参与系数 γ_{jy} 的数字表达式。

等高厂房

$$\gamma_{jy}=\frac{\sum_{i=1}^{n}m_i(Y_{ji}+d_{xi}\Phi_j)}{\sum_{i=1}^{n}m_i((Y_{ji})^2+2d_{xi}Y_{ji}\Phi_j)+J\Phi_j^2} \tag{7-74}$$

不等高厂房

$$\gamma_{jy}=\frac{\sum_{i=1}^{n}m_i^{(1)}(Y_{ji}^{(1)}+d_{xj}^{(1)}\Phi_j^{(1)})+\sum_{i=1}^{n}m_i^{(2)}(Y_{ji}^{(2)}+d_{ji}^{(2)}+d_{xi}^{(2)}\Phi_j^{(2)})}{\sum_{i=1}^{n}m_i^{(1)}((Y_{ji}^{(1)})^2+2d_{xi}^{(1)}Y_{ji}^{(1)}\Phi_j^{(1)})+\sum_{i=1}^{n}m_i^{(2)}((Y_{ji}^{(2)})^2+2d_{xi}^{(2)}Y_{ji}^{(2)}\Phi_j^{(2)})+J^{(1)}(\Phi^{(1)})^2+J^{(2)}(\Phi^{(2)})^2} \tag{7-75}$$

目前，由于地面运动旋转分量地震反应谱尚未达到实用阶段，工程抗震设计中均不考虑地面运动旋转分量对结构的作用，因而扭转振型参与系数 $\gamma_{j\varphi}$ 属于无效系数，故不再列出其计算式。对于升高中跨和阶形排架等具有三个高度屋盖的厂房，平动振型参与系数 γ_{jy} 的具体计算式可按式(7-72)，并比照式（7-75）写出。

9．水平地震作用

弹性（半刚性）屋盖空间结构的平变-扭转耦联振动，各个振型也是相互独立的，因而在振动分析过程中，仍可运用振型分解原理。结构的地震反应可看成前若干个振型地震反应的遇合，结合地震反应谱的使用，并将结构各个振型的振动当作周期相等的广义单自由度体系的振动，能够比较简单地得到结构的地震反应。下面列出计算式的具体内容。

质点的 j 振型水平地震作用（质点水平地震力和绕各层屋盖质心的水平地震力矩）为

$$\begin{bmatrix}\{F_{jy}\}\\ \{M_j\}\end{bmatrix}=g\alpha_{jy}\gamma_{jy}[m]\begin{bmatrix}\{Y_j\}\\ \{\Phi_j\}\end{bmatrix} \tag{7-76}$$

式中 $\{F_{jy}\}$、$\{M_j\}$——分别为 j 振型质点水平地震力和绕各层屋盖质心水平地震力矩（扭矩）列向量，

$$\{F_{jy}\}=[F_{j1}^{(1)} \ F_{j2}^{(1)} \cdots F_{ji}^{(1)} \cdots F_{jn}^{(1)} \vdots F_{j1}^{(2)} \ F_{j2}^{(2)} \cdots F_{ji}^{(2)} \cdots F_{jn}^{(2)}]^{\mathrm{T}}$$

$$\{M_j\}=[M_j^{(1)} \ M_j^{(2)}]^{\mathrm{T}}$$

α_{jy}——相应于空间结构第 j 振型 y 方向平动分量的地震作用系数，根据 j 振型周期查图6-6。

若计算过程中已求出空间结构的全部振型，则可按下式一次计算出全部振型的水平地震作用。

$$\begin{bmatrix}[F_y]\\ [M]\end{bmatrix}_{N\times N}=g[m][A][\alpha_y][\gamma_y] \tag{7-77}$$

式中 $[\alpha_y]$、$[\gamma_y]$——分别为 y 方向平动分量地震作用系数和振型参与系数的对角方阵

$$[\alpha_y]=\mathrm{diag}[\alpha_{1y} \quad \alpha_{2y} \cdots \alpha_{jy} \cdots \alpha_{Ny}]$$

$$[\gamma_y]=\mathrm{diag}[\gamma_{1y} \quad \gamma_{2y} \cdots \gamma_{jy} \cdots \gamma_{Ny}]$$

10. 广义位移

空间结构分别在各振型的"水平地震力和扭矩"的单独作用下，质点的平动位移和各层屋盖的角位移，等于"水平地震作用"矩阵右乘空间结构的广义柔度矩阵。空间结构的全振型广义位移矩阵为

$$\begin{bmatrix}[y]\\ [\varphi]\end{bmatrix}=\begin{bmatrix}\{y_1\}_{nh} & \{y_2\} & \cdots & \{y_j\} & \cdots & \{y_N\}\\ \{\varphi_1\}_{nh} & \{\varphi_2\} & \cdots & \{\varphi_j\} & \cdots & \{\varphi_N\}\end{bmatrix}$$

$$=[K]^{-1}\begin{bmatrix}[F_y]\\ [M]\end{bmatrix}_{N\times N} \tag{7-78}$$

式中 $\{y_j\}$——j 振型质点平动位移列向量，

$\{y_j\}=[y_{j1}^{(1)}\ \ y_{j2}^{(1)}\ \cdots\ y_{ji}^{(1)}\ \cdots\ y_{jn}^{(1)}\ \vdots\ y_{j1}^{(2)}\ \ y_{j2}^{(2)}\ \cdots\ y_{ji}^{(2)}\ \cdots\ y_{ji}^{(2)}]^{\mathrm{T}}$

$\{\varphi_j\}$——j 振型各层屋盖的转角列向量，

$\{\varphi_j\}=[\varphi_j^{(1)}\ \ \varphi_j^{(2)}]^{\mathrm{T}}$

$[K]^{-1}$——空间结构广义柔度矩阵。若山墙为贴砌砖墙，应考虑地震时砖墙开裂、刚度降低对结构广义位移和地震作用分配的影响，将空间结构广义刚度矩阵中的砖墙抗推刚度元素，当烈度为7、8、9度时，分别乘以0.4、0.2、0.1，建立新的广义刚度矩阵，然后求逆得空间结构的广义柔度矩阵。

11. 排架侧移

在 j 振型地震作用下，第 i 榀排架的侧移，等于空间结构平动引起的侧移加上转动引起的侧移，它可由空间结构广义位移矩阵中的相应元素计算得之。

由式(7-78)所示平动位移子矩阵 $[y]$ 中，挑选出第 i 榀排架各振型平动位移 y_{ji}^{r}，组成新的平动位移子矩阵 $[y_i]$；并取出广义位移矩阵中的转动位移子矩阵 $[\varphi]$，即可按下式计算出第 i 榀排架各振型侧移 $[\Delta_i]$。

$$[\Delta_i]=[y_i]+[d_{xi}][\varphi] \tag{7-79}$$

式中 $[\Delta_i]=\begin{bmatrix}\Delta_{1i}^{(1)} & \cdots & \Delta_{ji}^{(1)} & \cdots & \Delta_{Ni}^{(1)}\\ \Delta_{1i}^{(2)} & \cdots & \Delta_{ji}^{(2)} & \cdots & \Delta_{Ni}^{(2)}\end{bmatrix}$

$[y_i]=\begin{bmatrix}y_{1i}^{(1)} & \cdots & y_{ji}^{(1)} & \cdots & y_{Ni}^{(1)}\\ y_{1i}^{(2)} & \cdots & y_{ji}^{(2)} & \cdots & y_{Ni}^{(2)}\end{bmatrix}$

$[d_{xi}]=\begin{bmatrix}d_{xi}^{(1)} & 0\\ 0 & d_{xi}^{(2)}\end{bmatrix}$

$[\varphi_i]=\begin{bmatrix}\varphi_i^{(1)} & \cdots & \varphi_j^{(1)} & \cdots & \varphi_N^{(1)}\\ \varphi_i^{(2)} & \cdots & \varphi_j^{(2)} & \cdots & \varphi_N^{(2)}\end{bmatrix}$

12. 排架振型地震力

沿厂房横向作用于第 i 榀排架分离体上的 j 振型水平地震力列向量 $\{F_{ji}\}$，等于第 i 榀排架抗推刚度矩阵 $[K_i]$ 左乘第 i 榀排架的 j 振型侧移列向量 $\{\Delta_{ji}\}$。第 i 榀排架各振型水平地震力组成的排架侧力矩阵为

$$[F_i]=\begin{bmatrix}F_{1i}^{(1)} & F_{2i}^{(1)} & \cdots & F_{ji}^{(1)} & \cdots & F_{Ni}^{(1)}\\ F_{1i}^{(2)} & F_{2i}^{(2)} & \cdots & F_{ji}^{(2)} & \cdots & F_{Ni}^{(2)}\end{bmatrix}$$

$$=[K_i][\Delta_i] \tag{7-80}$$

13. 排架柱地震作用效应

对排架进行各阶振型地震侧力分别单独作用下的排架分析，得各控制设计截面的各阶振型地震内力（弯矩和剪力），再按照既定法则（CQC法）进行振型遇合，得排架柱各截面设计地震内力，然后与有效重力等荷载下的柱截面内力组合，进行截面强度验算。

六、高层偏心结构平变-扭转振动分析

1. 结构振动模型

(1) 立体质点系

楼盖为刚性的高层偏心结构，地震作用下所发生的平移-扭转耦联振动，可以分解为三个方向的振动：①x 方向平移；②y 方向平移；③φ 方向水平转动。各位移分量的特征是：在平移分量中，同一层楼盖上各点的侧移是相等的；在转动分量中，同一层楼盖上各点的转角是相同的。串联刚片系（图7-7a）能充分反映这类结构振动时的上述位移特征，所以作为这类结构抗震分析用的振动模型是合适的。

弹性（半刚性）楼盖的高层偏心结构，在地震作用下所发生的平变-扭转耦联振动，虽然同样可以分解为 x 方向位移、y 方向位移和 φ 方向转角。然而，在振动过程中，由于各层楼盖沿 x 方向或 y 方向，或两个方向均产生剪切型或剪弯型水平变形，同一层楼盖上各点的转角实际上是不相同的。而串联刚片系作扭转振动时，同一层刚片上各点的转角是相同的，与上述位移特征不一致。所以，对于弹性（半刚性）楼盖高层偏心结构，不能再采用串联刚片系作为抗震分析用的振动模型，应该改用"双向串并联质点系"即立体质点系（图7-25）作为结构抗震分析的振动模型。对于仅存在单向偏心的高层建筑，也可以采用图7-14所示的"串并联质点系"作为振动模型（计算简图）。因为单向偏心结构沿无偏心方向的

差异平移振动，与有偏心方向的平变-扭转振动相互独立无关，互不耦联，所以，两个方向也可分别进行抗震分析。

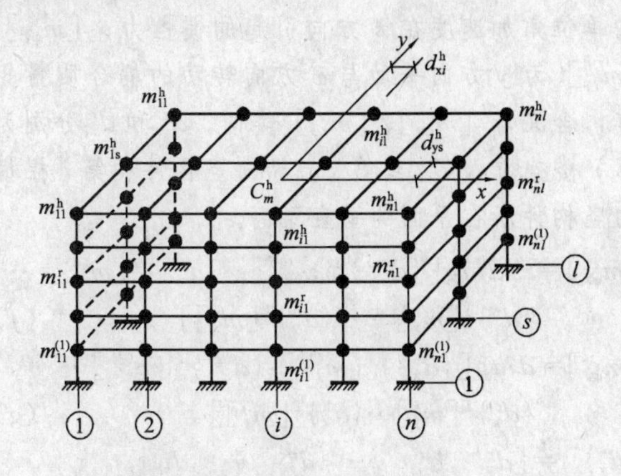

图 7-25 弹性楼盖高层偏心结构空间分析的振动模型

(2) 水平变形和扭转是相容的

“串联质点系”（图 7-3a）之所以不能作为偏心高层结构的振动模型，是因为我们假定“质点”自身没有转动惯量，地震作用下，也不产生自身转动，自身也不会产生惯性力矩，但是这些都是就质点自身而言。然而，在立体质点系（图7-25）或串并联质点系（图 7-3b）中，同一水平层的所有质点，由于纵、横向水平杆的连系，对于绕质点系的各该层质心处竖轴来说，每个质点不仅会转动并具有转动惯量，而且也形成惯性力矩。

半刚性楼盖高层偏心结构在扭转振动过程中，各层楼盖的平移、水平变形和整体转动是同时发生的，三个位移分量的综合结果，使同一层楼盖上各个点的实际转角，在每一时刻都是互不相同的。然而，结构动力理论告诉我们，对结构进行弹性振动反应分析时，可以运用迭加原理。就是说，对于结构的平变-扭转耦联振动，可以先将它分解为各层楼盖的平移、水平变形和整体转动三种位移分量，并认为是先后分别发生，然后再合成。因为各层楼盖在水平荷载作用下产生的水平变形达到极限平衡状态后，整个楼盖就可视为刚片作整体转动。所以，结构在水平荷载作用下所发生的平变-扭转耦联振动，当它达到最大变形状态时，结构的相对侧移，可以采用结构中各层楼盖的平移、水平变形和刚体转动三种位移来合成，这样，在扣除各质点因楼盖水平变形所引起的差异侧移（平变）的因素后，同一水平层的所有质点围绕该层质心处竖轴就仅具有同一个转角。

(3)“质点系”杆件的属性

在立体质点系（图 7-25）中，各竖杆，沿横向，代表框架、抗震墙等横向竖构件；沿纵向，则代表框架、抗震墙等纵向竖构件。质点系中的水平杆，分别代表各层楼盖的各开间和各跨度的楼板，纵向水平杆反映各开间楼板沿房屋横向的水平剪弯刚度或等效剪切刚度；横向水平杆反映各跨度楼板沿房屋纵向的水平剪弯刚度或等效剪切刚度。此外，各水平杆沿杆轴方向又假定为刚性杆，不产生轴向变形，以反映楼盖沿纵、横方向的不可压缩性。所以，质点系中的各竖杆，沿纵、横方向均为弯剪杆；质点系中的各水平杆，沿杆轴方向是刚性杆，垂直于杆轴方向为剪弯杆或等效剪切杆。

(4) 质点系的自由度

立体质点系中的每一个质点 m_{si}^{r}，代表所处第 r 楼盖在下述范围内的总质量：①第 i 横轴线左右各半个开间；②第 s 纵轴线前后各半跨；③第 r 楼盖上、下各半层。

由于质点系中的各水平杆沿杆轴方向为刚杆，所以，在质点系的振动过程中，同一水平杆上的各个质点，沿杆轴方向的位移是相等的。就是说，同一根横向水平杆上的各个质点，具有同一个横向位移，所以，只有一个横向自由度；同一根纵向水平杆上的各个质点，具有同一个纵向位移，也就只有一个纵向自由度。此外，根据前面将楼盖的位移先分解为水平变形和整体转动，然后再合成的概念，每一层纵、横向水平杆上的全部质点，在质点系的扭转振动中发生整体转动时，具有同一个转角，从而共同拥有一个转动自由度。所以，立体质点系的自由度 N，不等于质点系中的总质点数，而是等于横向水平杆数加纵向水平杆数，再加楼层数，即 $N \neq lnh$，$N=(l+n+1)h$。式中，l 为高层建筑纵向竖构件的总榀数，n 为横向竖构件的总榀数，h 为房屋总层数。

2. 结构平变-扭转振动方程

(1) 自由振动方程

图 7-25 所示的立体质点系，分别以每层楼盖高度处一组质点的质心，作为各该层 XOY 坐标系的原点时，在地震动双向平移分量作用下的振动微分方程，以及无阻尼自由振动的振幅方程，采用矩阵方式表达时，它们分别为

$$[m]\{\ddot{u}(t)\}+[C]\{\dot{u}(t)\}+[K]\{u(t)\}=-[m]\{\ddot{u}_g(t)\} \tag{7-81}$$

$$-\omega^2[m]\{U\}+[K]\{U\}=0 \quad (7\text{-}82)$$

式中 $\{\ddot{u}_g(t)\}$——地震动加速度列向量，若不计地震动的转动加速度分量 $\ddot{\varphi}_g(t)$ 时，即令 $\ddot{\varphi}_g(t)=0$，则有

$$\{\ddot{u}_g(t)\}=\begin{Bmatrix}\{\ddot{x}_g(t)\}\\\{\ddot{y}_g(t)\}\\\{\ddot{\varphi}_g(t)\}\end{Bmatrix}=\begin{bmatrix}\{1\}_{lh} & & 0\\ & \{1\}_{nh} & \\ 0 & & \{1\}_h\end{bmatrix}\begin{Bmatrix}\ddot{x}_g(t)\\\ddot{y}_g(t)\\0\end{Bmatrix}$$

$\{u(t)\}$、$\{\dot{u}(t)\}$、$\{\ddot{u}(t)\}$——立体质点系中的各质点的瞬时广义相对位移、速度、加速度列向量，

$$\{u(t)\}=[\{x\}^T\ \{y\}^T\ \{\varphi\}^T]^T$$
$$=[\{x^{(1)}\}^T\cdots\ \{x^r\}^T\cdots\ \{x^h\}^T\ \vdots\ \{y^{(1)}\}^T\cdots\ \{y^r\}^T\cdots\ \{y^h\}^T\ \vdots\ \varphi^{(1)}\cdots\varphi^r\cdots\varphi^h]^T$$

$\{U\}$——立体质点系按某一振型自由振动时，各质点的广义相对位移幅值列向量，

$$\{U\}=[\{X\}^T\ \{Y\}^T\ \{\Phi\}^T]^T$$
$$=[\{X^{(1)}\}^T\ \cdots\ \{X^r\}^T\ \cdots\ \{X^h\}^T\ \vdots\ \{Y^{(1)}\}^T\cdots\ \{Y^r\}^T\ \cdots\ \{Y^h\}^T\ \vdots\ \Phi^{(1)}\ \cdots\ \Phi^r\ \cdots\ \Phi^h]^T$$

$$\{X^r\}=[X_1^r\ \ X_2^r\ \ \cdots\ \ X_s^r\ \ \cdots\ \ X_l^r]^T,$$
$$\{Y^r\}=[Y_1^r\ \ Y_2^r\ \ \cdots\ \ Y_i^r\ \ \cdots\ \ Y_n^r]^T$$

(2) 质量矩阵

$[m]$——立体质点系的广义质量矩阵，其中，$[m_x]$、$[m_y]$ 分别为 x 方向和 y 方向平动的质量子矩阵，$[m_\varphi]$ 为各层楼盖沿自身平面转动的惯性矩所形成的转动惯量子矩阵。符号 $diag[\cdots]$ 表示对角矩阵。

$$[m]=\begin{bmatrix}[m_x] & 0 & [m_{x\varphi}]\\ 0 & [m_y] & [m_{y\varphi}]\\ [m_{\varphi x}] & [m_{\varphi y}] & [m_\varphi]\end{bmatrix} \quad (7\text{-}83)$$

$$[m_x]=diag[[m_x^{(1)}]\ [m_x^{(2)}]\ \cdots\ [m_x^r]\ \cdots\ [m_x^h]] \quad (a)$$

$$[m_x^r]=diag[m_{x1}^r\ m_{x2}^r\ \cdots\ m_{xs}^r\ \cdots\ m_{xl}^r],\quad m_{xs}^r=\sum_{i=1}^{l}m_{is}^r \quad (b)$$

$$[m_y]=diag[[m_y^{(1)}]\ [m_y^{(2)}]\ \cdots\ [m_y^r]\ \cdots\ [m_y^h]] \quad (c)$$

$$[m_y^r]=diag[m_{y1}^r\ m_{y2}^r\ \cdots\ m_{yi}^r\ \cdots\ m_{yn}^r],\quad m_{yi}^r=\sum_{s=1}^{l}m_{is}^r \quad (d)$$

$$[m_\varphi]=diag[J^{(1)}\ J^{(2)}\ \cdots\ J^r\ \cdots\ J^h] \quad (e)$$

$[m_{\varphi x}]$、$[m_{x\varphi}]$ 为立体质点系中每一层质点（即各层楼盖）沿 x 方向平动与沿自身平面按 φ 方向转动的耦合质量矩阵，它们分别表示 x 方向单位线加速度在 φ 方向引起的惯性力矩，和 φ 方向单位角加速度在 x 方向引起的惯性力；$[m_{\varphi y}]$、$[m_{y\varphi}]$ 为 y 方向平动与 φ 方向转动的耦合质量矩阵，含义与 $[m_{\varphi x}]$、$[m_{x\varphi}]$ 类同。d_{ys}^r 和 d_{xi}^r 分别为第 r 楼盖质心 C_m^r 到第 s 榀纵向竖构件和第 i 榀横向竖构件所在平面的垂直距离。

$$[m_{\varphi x}]=-diag[\{d_y^{(1)}\}^T[m_x^{(1)}]\ \ \{d_y^{(2)}\}^T[m_x^{(2)}]\cdots\ \{d_y^r\}^T[m_x^r]\cdots\{d_y^h\}^T[m_x^h]] \quad (f)$$

$$[m_{\varphi y}]=diag[\{d_x^{(1)}\}^T[m_y^{(1)}]\ \{d_x^{(2)}\}^T[m_y^{(2)}]\cdots\ \{d_x^r\}^T[m_y^r]\cdots\{d_x^h\}^T[m_y^h]] \quad (g)$$

$$\{d_y^r\}^T=[d_{y1}^r\ \ d_{y2}^r\ \ \cdots\ \ d_{ys}^r\ \ \cdots\ \ d_{yl}^r],$$
$$\{d_x^r\}^T=[d_{x1}^r\ \ d_{x2}^r\ \ \cdots\ \ d_{xi}^r\ \ \cdots\ \ d_{xn}^r] \quad (h)$$

$$[m_{x\varphi}]=[m_{\varphi x}]^T,\ [m_{y\varphi}]=[m_{\varphi y}]^T \quad (i)$$

(3) 刚度矩阵

$[K]$——立体质点系的广义刚度矩阵，其中，$[K_{xx}]$ 和 $[K_{yy}]$ 分别为质点系沿 x 方向和 y 方向平动的抗推刚度矩阵，$[K_x]$ 和 $[K_y]$ 分别为质点系中竖杆沿 x 方向（即结构中纵向竖构件）和沿 y 方向（即结构中横向竖构件）的抗推刚度矩阵，$[k_x]$ 和 $[k_y]$ 分别为质点系中横向水平杆（即楼盖沿房屋纵向）和纵向水平杆（即楼盖沿房屋横向）沿自身水平面的抗推刚度矩阵；$[K_{\varphi\varphi}]$ 为立体质点系中每一层质点（即各层楼盖）沿所在平面转动的抗扭刚度矩阵，其中元素 $K_\varphi^{r,t}$ 为 t 楼盖沿水平面转动一个单位角（φ=1rad）时，在第 r 楼盖处引起的恢复力矩。

$$[K]=\begin{bmatrix}[K_{xx}] & [0] & [K_{x\varphi}]\\ [0] & [K_{yy}] & [K_{y\varphi}]\\ [K_{\varphi x}] & [K_{\varphi y}] & [K_{\varphi\varphi}]\end{bmatrix} \quad (7\text{-}84)$$

$$[K_{xx}]=[K_x]+[k_x],\ [K_{yy}]=[K_y]+[k_y] \quad (a)$$

1）竖构件抗推刚度子矩阵

$$[K_x]=\begin{bmatrix}[K_x^{1,1}] & [K_x^{1,2}] & \cdots & [K_x^{1,t}] & \cdots & [K_x^{1,h}]\\ [K_x^{2,1}] & [K_x^{2,2}] & \cdots & [K_x^{2,t}] & \cdots & [K_x^{2,h}]\\ \vdots & \vdots & \vdots & \vdots & \vdots & \vdots\\ [K_x^{r,1}] & [K_x^{r,2}] & \cdots & [K_x^{r,t}] & \cdots & [K_x^{r,h}]\\ \vdots & \vdots & \vdots & \vdots & \vdots & \vdots\\ [K_x^{h,1}] & [K_x^{h,2}] & \cdots & [K_x^{h,t}] & \cdots & [K_x^{h,h}]\end{bmatrix}_{lh\times lh} \quad (b)$$

$$[K_x^{r,t}] = diag\ [K_{x1}^{r,t}\ K_{x2}^{r,t}\ \cdots\ K_{xs}^{r,t}\ \cdots\ K_{xl}^{r,t}] \quad (c)$$
$$(r,\ t=1,\ 2,\ \cdots,\ h)$$

$$[K_y]=\begin{bmatrix} [K_y^{1,1}] & [K_y^{1,2}] & \cdots & [K_y^{1,t}] & \cdots & [K_y^{1,h}] \\ [K_y^{2,1}] & [K_y^{2,2}] & \cdots & [K_y^{2,t}] & \cdots & [K_y^{2,h}] \\ \vdots & \vdots & \vdots & \vdots & \vdots & \vdots \\ [K_y^{r,1}] & [K_y^{r,2}] & \cdots & [K_y^{r,t}] & \cdots & [K_y^{r,h}] \\ \vdots & \vdots & \vdots & \vdots & \vdots & \vdots \\ [K_y^{h,1}] & [K_y^{h,2}] & \cdots & [K_y^{h,t}] & \cdots & [K_y^{h,h}] \end{bmatrix}_{m\times m} \quad (d)$$

$$[K_y^{r,t}] = diag\ [K_{y1}^{r,t}\ K_{y2}^{r,t}\ \cdots\ K_{yi}^{r,t}\ \cdots\ K_{yn}^{r,t}] \quad (e)$$

$$[k_x] = diag[\ [k_x^{(1)}]\ \ [k_x^{(2)}]\ \cdots\ [k_x^{r}]\ \cdots\ [k_x^{h}]] \quad (f)$$

$$[k_y] = diag[\ [k_y^{(1)}]\ \ [k_y^{(2)}]\ \cdots\ [k_y^{r}]\ \cdots\ [k_y^{h}]] \quad (g)$$

2）水平构件抗推刚度子矩阵

$[k_x^r]$、$[k_y^r]$ 分别为第 r 楼盖沿 x 方向和 y 方向的平面内抗推刚度矩阵，

3）抗扭刚度子矩阵

$$[K_{\varphi\varphi}]=\begin{bmatrix} [K_\varphi^{1,1}] & [K_\varphi^{1,2}] & \cdots & [K_\varphi^{1,t}] & \cdots & [K_\varphi^{1,h}] \\ [K_\varphi^{2,1}] & [K_\varphi^{2,2}] & \cdots & [K_\varphi^{2,t}] & \cdots & [K_\varphi^{2,h}] \\ \vdots & \vdots & \vdots & \vdots & \vdots & \vdots \\ [K_\varphi^{r,1}] & [K_\varphi^{r,2}] & \cdots & [K_\varphi^{r,t}] & \cdots & [K_\varphi^{r,h}] \\ \vdots & \vdots & \vdots & \vdots & \vdots & \vdots \\ [K_\varphi^{h,1}] & [K_\varphi^{h,2}] & \cdots & [K_\varphi^{h,t}] & \cdots & [K_\varphi^{h,h}] \end{bmatrix} \quad (7\text{-}85)$$

$$K_\varphi^{r,t} = \{d_x^r\}^T[K_y^{r,t}]\{d_x^t\} + \{d_y^r\}^T[K_x^{r,t}]\{d_y^t\} \quad (a)$$
$$(r,t=1,2,\cdots,h)$$

4）平动-扭转耦合刚度子矩阵

$[K_{\varphi x}]$、$[K_{x\varphi}]$ 为立体质点系中每一层质点（即各层楼盖）沿 x 方向平动与沿自身平面按 φ 方向转动的耦合刚度矩阵，它们分别表示 x 方向单位线位移在 φ 方向引起的恢复力矩，和 φ 方向单位转角在 x 方向引起的恢复力；$[K_{\varphi y}]$、$[K_{y\varphi}]$ 为立体质点系中每一层质点沿 y 方向平动与沿自身平面按 φ 方向转动的耦合刚度矩阵，含义与前类同。

$$[K_{\varphi x}] = (-1)\begin{bmatrix} \{d_y^{(1)}\}^T[K_x^{1,1}] & \{d_y^{(1)}\}^T[K_x^{1,2}] & \cdots & \{d_y^{(1)}\}^T[K_x^{1,t}] & \cdots & \{d_y^{(1)}\}^T[K_x^{1,h}] \\ \{d_y^{(2)}\}^T[K_x^{2,1}] & \{d_y^{(2)}\}^T[K_x^{2,2}] & \cdots & \{d_y^{(2)}\}^T[K_x^{2,t}] & \cdots & \{d_y^{(2)}\}^T[K_x^{2,h}] \\ \vdots & \vdots & & \vdots & & \vdots \\ \{d_y^{r}\}^T[K_x^{r,1}] & \{d_y^{r}\}^T[K_x^{r,2}] & \cdots & \{d_y^{r}\}^T[K_x^{r,t}] & \cdots & \{d_y^{r}\}^T[K_x^{r,h}] \\ \vdots & \vdots & & \vdots & & \vdots \\ \{d_y^{h}\}^T[K_x^{h,1}] & \{d_y^{h}\}^T[K_x^{h,2}] & \cdots & \{d_y^{h}\}^T[K_x^{h,t}] & \cdots & \{d_y^{h}\}^T[K_x^{h,h}] \end{bmatrix} \quad (b)$$

$$[K_{\varphi y}] = \begin{bmatrix} \{d_x^{(1)}\}^T[K_y^{1,1}] & \{d_x^{(1)}\}^T[K_y^{1,2}] & \cdots & \{d_x^{(1)}\}^T[K_y^{1,t}] & \cdots & \{d_x^{(1)}\}^T[K_y^{1,h}] \\ \{d_x^{(2)}\}^T[K_y^{2,1}] & \{d_x^{(2)}\}^T[K_y^{2,2}] & \cdots & \{d_x^{(2)}\}^T[K_y^{2,t}] & \cdots & \{d_x^{(2)}\}^T[K_y^{2,h}] \\ \vdots & \vdots & & \vdots & & \vdots \\ \{d_x^{r}\}^T[K_y^{r,1}] & \{d_x^{r}\}^T[K_y^{r,2}] & \cdots & \{d_x^{r}\}^T[K_y^{r,t}] & \cdots & \{d_x^{r}\}^T[K_y^{r,h}] \\ \vdots & \vdots & & \vdots & & \vdots \\ \{d_x^{h}\}^T[K_y^{h,1}] & \{d_x^{h}\}^T[K_y^{h,2}] & \cdots & \{d_x^{h}\}^T[K_y^{h,t}] & \cdots & \{d_x^{h}\}^T[K_y^{h,h}] \end{bmatrix} \quad (c)$$

$$[K_{x\varphi}] = [K_{\varphi x}]^T, \qquad [K_{y\varphi}] = [K_{\varphi y}]^T \quad (d)$$

3. 周期和振型

(1) 计算方法

刚性楼盖高层结构的平移振动分析和平移-扭转耦联振动分析，以及半刚性楼盖高层空间结构的差异平移振动分析，动力矩阵中的两个矩阵，总有一个矩阵是对角阵，因而很容易实现动力矩阵的对称化；而半刚性楼盖高层空间结构的平变-扭转耦联振动，动力矩阵中的两个矩阵均为非对角阵，用一般简单方法就不能解决动力矩阵的对称化。在参考文献［9］第六章第四节中所介绍的质量特征值法和乔莱斯基变换法，可供应用。该文献中所介绍的QR方法，不要求动力矩阵进行对称化处理，即可求解半刚性楼盖高层空间结构平变-扭转三维振动的特征值和特征向量，实用且方便。

(2) 振型表达方式

用矩阵形式表达的半刚性楼盖高层偏心结构的全振型为

$$[A]=[\{A_1\}\ \{A_2\}\ \cdots\ \{A_j\}\ \cdots\ \{A_N\}] = \begin{bmatrix} \{X_1\} & \{X_2\} & \cdots & \{X_j\} & \cdots & \{X_N\} \\ \{X_1\} & \{X_2\} & \cdots & \{X_j\} & \cdots & \{X_N\} \\ \{\Phi_1\} & \{\Phi_2\} & \cdots & \{\Phi_j\} & \cdots & \{\Phi_N\} \end{bmatrix} \quad (7\text{-}86)$$

$$\{X_j\} = [X_{j1}^{(1)}\ X_{j2}^{(1)}\ \cdots\ X_{js}^{(1)}\ \cdots\ X_{jl}^{(1)} \mid \cdots\ X_{j1}^{r}$$

$X_{j2}^{r} \cdots X_{js}^{r} \cdots X_{jl}^{r} \mid \cdots X_{j1}^{h} X_{j2}^{h} \cdots X_{js}^{h} \cdots X_{jl}^{h}]^{T}$

$\{Y_j\} = [Y_{j1}^{(1)} \; Y_{j2}^{(1)} \cdots Y_{ji}^{(1)} \cdots Y_{jn}^{(1)} \mid \cdots Y_{j1}^{r} \; Y_{j2}^{r} \cdots Y_{ji}^{r} \cdots Y_{jn}^{r} \mid \cdots Y_{j1}^{h} \; Y_{j2}^{h} \cdots Y_{ji}^{h} \cdots Y_{jn}^{h}]^{T}$

$\{\Phi_j\} = [\Phi_j^{(1)} \; \Phi_j^{(2)} \cdots \Phi_j^{r} \cdots \Phi_j^{h}]^{T}$

x 方向地震输入或 y 方向地震输入，第 j 振型参与系数 γ_{jx} 或 γ_{jy} 分别按下式计算。

$$\gamma_{jx} = \frac{\{X_j\}^T[m_{xx}]\{1\}_{th} + \{\Phi_j\}^T[m_{\varphi x}]\{1\}_h}{\{A_j\}^T[m]\{A_j\}}$$

$$\gamma_{jy} = \frac{\{Y_j\}^T[m_{yy}]\{1\}_{nh} + \{\Phi_j\}^T[m_{\varphi y}]\{1\}_h}{\{A_j\}^T[m]\{A_j\}}$$

4. 质点的水平地震作用

对半刚性楼盖高层偏心结构，即使是单方向地震动输入的情况下，在其平变-扭转耦联振动中，由于楼盖的整体转动，垂直于地震作用方向的竖构件也将产生一定的侧移。双向地震动输入时，这一侧移将与另一方向地震动输入所引起的竖构件侧移相叠加，从而使构件处于更不利的受力和变形状态。所以，对于偏心结构特别是双向偏心结构，应该考虑双向地震动分量同时输入在竖构件中所引起的正交效应。方法是，先分别计算 x 方向和 y 方向地震动输入所引起的构件内力和变形，然后进行遇合，求得构件的最大地震内力和变形。

x 方向和 y 方向地震动输入时，振型参与系数不同，因此，两种情况下立体质点系的 j 振型广义水平地震作用，应分别按下列公式计算。

仅考虑 x 方向地震时

$$\begin{Bmatrix}\{P_{jx}\}\\\{P_{jy}\}\\\{M_j\}\end{Bmatrix} = g\alpha_j\gamma_{jx}\,[m]\begin{Bmatrix}\{X_j\}\\\{Y_j\}\\\{\Phi_j\}\end{Bmatrix} \quad (7\text{-}87)$$

仅考虑 y 方向地震时

$$\begin{Bmatrix}\{P_{jx}\}\\\{P_{jy}\}\\\{M_j\}\end{Bmatrix} = g\alpha_j\gamma_{jy}\,[m]\begin{Bmatrix}\{X_j\}\\\{Y_j\}\\\{\Phi_j\}\end{Bmatrix} \quad (7\text{-}88)$$

式中 $\{P_{jx}\}$、$\{P_{jy}\}$——分别作用于立体质点系中各纵向质点 m_{xs}^{r} 上的纵向水平地震作用和各横向质点 m_{yi}^{r} 上的横向水平地震作用；

$\{M_j\}$——作用于立体质点系中每层质点总质心处的水平地震扭矩。

x 方向或 y 方向地震动输入两种情况的全振型广义水平地震作用分别为

$$[P]_x = g\,[m]\,[A]\,[\alpha]\,[\Gamma_x] \quad (7\text{-}89)$$

或

$$[P]_y = g\,[m]\,[A]\,[\alpha]\,[\Gamma_y] \quad (7\text{-}90)$$

式中 $[\alpha]$、$[\Gamma_x]$、$[\Gamma_y]$ 分别为地震作用系数、x 方向、y 方向地震动输入时的振型参与系数所形成的对角方阵，

$[\alpha] = \text{diag}\,[\alpha_1 \;\; \alpha_2 \;\; \cdots \;\; \alpha_j \;\; \cdots \;\; \alpha_N]$

$[\Gamma_x] = \text{diag}\,[\gamma_{1x} \;\; \gamma_{2x} \;\; \cdots \;\; \gamma_{jx} \;\; \cdots \;\; \gamma_{Nx}]$

$[\Gamma_y] = \text{diag}\,[\gamma_{1y} \;\; \gamma_{2y} \;\; \cdots \;\; \gamma_{jy} \;\; \cdots \;\; \gamma_{Ny}]$

5. 竖构件地震作用效应

框架、抗震墙和竖向支撑等竖构件分离体上的 j 振型水平地震作用，等于用该竖构件的抗推刚度子矩阵，"前乘"立体质点系在 j 振型地震力和地震扭矩共同作用下，所引起的代表该构件的竖杆的相对侧移列向量。竖构件的设计用地震内力，则等于该竖构件分别在 x 方向地震动输入和 y 方向地震动输入时，各前若干个振型地震内力的遇合。

(1) 立体质点系的振型广义位移

立体质点系在 x 方向地震动输入或 y 方向地震动输入时，各质点的前 m 个振型广义位移为

$$\begin{bmatrix}[\delta_x]\\ [\delta_y]\\ [\delta_\varphi]\end{bmatrix} = \begin{bmatrix}\{\delta_{1x}\} & \cdots & \{\delta_{jx}\} & \cdots & \{\delta_{mx}\}\\ \{\delta_{1y}\} & \cdots & \{\delta_{jy}\} & \cdots & \{\delta_{my}\}\\ \{\delta_{1\varphi}\} & \cdots & \{\delta_{j\varphi}\} & \cdots & \{\delta_{m\varphi}\}\end{bmatrix} = [K]^{-1}\begin{bmatrix}\{P_{1x}\} & \cdots & \{P_{jx}\} & \cdots & \{P_{mx}\}\\ \{P_{1y}\} & \cdots & \{P_{jy}\} & \cdots & \{P_{my}\}\\ \{M_1\} & \cdots & \{M_j\} & \cdots & \{M_m\}\end{bmatrix} \quad (7\text{-}91)$$

$\{\delta_{jx}\} = [\delta_{jx1}^{(1)} \cdots \delta_{jxs}^{(1)} \cdots \delta_{jxl}^{(1)} \mid \delta_{jx1}^{(2)} \cdots \delta_{jxs}^{(2)} \cdots \delta_{jxl}^{(2)} \mid \cdots \mid \delta_{jx1}^{r} \cdots \delta_{jxs}^{r} \cdots \delta_{jxl}^{r} \mid \cdots \mid \delta_{jx1}^{h} \cdots \delta_{jxs}^{h} \cdots \delta_{jxl}^{h}]^{T}$

$\{\delta_{jy}\} = [\delta_{jy1}^{(1)} \cdots \delta_{jyi}^{(1)} \cdots \delta_{jyn}^{(1)} \mid \delta_{jy1}^{(2)} \cdots \delta_{jyi}^{(2)} \cdots \delta_{jyn}^{(2)} \mid \cdots \mid \delta_{jy1}^{r} \cdots \delta_{jyi}^{r} \cdots \delta_{jyn}^{r} \mid \cdots \mid \delta_{jy1}^{h} \cdots \delta_{jyi}^{h} \cdots \delta_{jyn}^{h}]^{T}$

$\{\delta_{j\varphi}\} = [\delta_{j\varphi}^{(1)} \; \delta_{j\varphi}^{(2)} \cdots \delta_{j\varphi}^{r} \cdots \delta_{j\varphi}^{h}]^{T}$

(2) 竖构件相对侧移

1) 楼房的纵向竖构件

由立体质点系在地震动 x 方向输入或 y 方向输入时的平动侧移子矩阵 $[\delta_x]$ 中，挑选出第 s 纵向竖构件的各振型平动侧移 δ_{jxs}^{r}，组成第 s 纵向竖构件的振型平动位移矩阵 $[\delta_{xs}]$，再加上楼盖

转动引起的相对侧移，即得第 s 竖构件在 x 方向或 y 方向地震输入时各前 m 个（一般取 $m=15$）振型相对侧移：

$$[\Delta_{xs}] = [\delta_{xs}] - [d_{ys}][\delta_{\varphi}] \quad (7\text{-}92)$$

式中

$$[\delta_{xs}] = \begin{bmatrix} \delta_{1xs}^{(1)} & \delta_{2xs}^{(1)} & \cdots & \delta_{jxs}^{(1)} & \cdots & \delta_{mxs}^{(1)} \\ \delta_{1xs}^{(2)} & \delta_{2xs}^{(2)} & \cdots & \delta_{jxs}^{(2)} & \cdots & \delta_{mxs}^{(2)} \\ \cdots & \cdots & \cdots & \cdots & \cdots & \cdots \\ \delta_{1xs}^{h} & \delta_{2xs}^{h} & \cdots & \delta_{jxs}^{h} & \cdots & \delta_{mxs}^{h} \end{bmatrix}$$

$$[d_{ys}] = diag\,[d_{ys}^{(1)} \quad d_{ys}^{(2)} \quad \cdots \quad d_{ys}^{r} \quad \cdots \quad d_{ys}^{h}]$$

2）楼房的横向竖构件

楼房第 i 横向竖构件的前 15 阶振型相对侧移为

$$[\Delta_{yi}] = [\delta_{yi}] + [d_{xi}][\delta_{\varphi}],$$
$$[d_{xi}] = diag\,[d_{xi}^{(1)} \; d_{xi}^{(2)} \; \cdots \; d_{xi}^{r} \; \cdots \; d_{xi}^{h}] \quad (7\text{-}93)$$

（3）竖构件的振型地震力

沿 x 方向或 y 方向地震动输入时，作用于第 s 纵向竖构件或第 i 横向竖构件分离体上的各前 15 阶振型水平地震力分别为

$$[F_{xs}] = [K_{xs}][\Delta_{xs}], [F_{yi}] = [K_{yi}][\Delta_{yi}] \quad (7\text{-}94)$$

式中 $[K_{xs}]$、$[K_{yi}]$——第 s 纵向竖构件或第 i 横向竖构件的抗推刚度子矩阵。

（4）竖构件承载力验算

具体计算方法，可参见第 10 章第［2］节第一、1、款所论述的方法。

（5）竖构件变形检验

计算步骤可参见第 10 章［2］节第一、2、款所论述的方法。

6. 刚性和半刚性楼盖计算结果的比较

对于装配式钢筋混凝土楼盖的高层偏心结构，采用刚性楼盖假定的平移-扭转耦联振动分析方法，与采用按照楼盖实际刚度进行平变-扭转耦联振动分析，两者计算结果的对比，具有如下几点规律。

（1）平变-扭转振动分析方法计算出的各阶自振周期，都比平移-扭转振动分析方法计算出的各阶自振周期加长。

（2）对于竖构件的内力和变形，考虑楼盖实际的有限水平刚度后，扭转振动的影响，均比采取刚性楼盖假定时的扭转振动影响减弱较多。

（3）按照楼盖实际水平刚度进行结构平变-扭转地震反应分析，楼盖水平变形和扭转的综合结果，使竖构件的内力和变形，比按刚性楼盖假定的计算结果要大。

七、框排架厂房双向输入抗震分析

1. 双向地震动输入

火力发电厂的主厂房多采用框排架结构（图 7-26a），因厂房内常设置多台发电机组，其长度往往超过 100m，需要在厂房中段沿厂房横向设置伸缩缝，致使厂房区段的一端开口，一端为山墙，就厂房结构的一个独立单元而言，山墙一端刚度大，开口一端刚度小，形成横向不对称结构；而框排架厂房沿纵向一般又都是非对称结构。对于这种双向偏心结构，由于结构的纵向振动与横向振动相互耦联，应该考虑地震动的双向输入，对结构进行地震动双向平动分量同时输入下的“水平变形-扭转”耦联振动分析，而不宜再按一般厂房那样，沿结构的纵向和横向分别考虑单向地震动分量作用下的抗震分析。

一些较大规模的选矿厂主厂房（图 7-26b）同样属于这类双向偏心结构。阶梯形厂房沿厂房纵向本来就是非对称结构；厂房因长度较大而需要设置横向伸缩缝，一个独立结构单元也就因为一端开口、一端为刚性山墙而造成横向偏心。对于这类厂房，当然也应考虑地震动双向平动分量同时作用下的扭转振动分析。

图 7-26 框排架结构

（a）火力发电厂主厂房；（b）选矿厂主厂房

2. 力学模型

在地震动双向平动分量同时作用下，双向偏心结构的振动包含下述三种分量：①各层楼盖、屋盖的纵向平移和横向平移；②各层楼盖、屋盖的纵向水平变形和横向水平变形；③各层楼盖、屋盖沿水平面的非同步转动。空间结构在这种振动状态下，结构中的纵向竖构件、横向竖构件以及各层楼盖、屋盖作为纵、横向水平构件，都充分地发挥了作用。除了框架、排架柱、竖向钢支撑、纵向或横向钢筋混凝土墙是主要的纵、横向

抗侧力构件外，纵向刚性围护墙和刚性山墙也成为各自方向的抗侧力构件，各层楼盖和屋盖则作为水平双向剪切板，承担着纵向和横向水平地震力分别在各片纵向竖构件和横向竖构件之间进行重分配的任务。现以较简单的双跨框排架结构火电厂房为例，绘出其在双向地面平动分量作用下进行结构扭转振动分析用的力学模型，并示于图7-27。

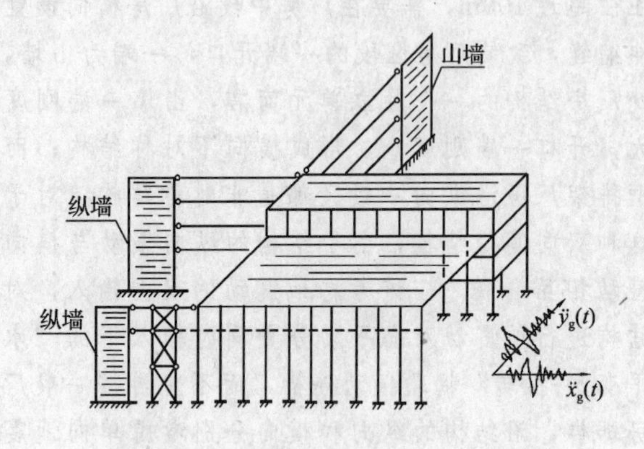

图 7-27 双向偏心框排架结构力学模型

3. 振动模型

对双向偏心结构进行扭转振动地震反应分析时，若采用矩阵位移法利用电算程序计算时，仍以把结构连续分布质量相对集中为多个质点，形成立体质点系作为振动模型，较为便捷。地震动双向输入时空间结构扭转振动的方程比较复杂，为便于理解，对于单层跨，将每根排架柱的柱身质量，按照动能和内力相等的原则全部集中到柱顶形成一个质点；对于多层跨，则是将每榀框架的质量相对集中到各个梁柱节点处形成质点；从而将整个结构转化为一个三维的立体质点系（图7-28）。

4. 质点系的自由度

为了简化计算，假定立体质点系中的各根水平杆和竖杆，仅产生垂直于杆轴方向的变形，而不产生轴向变形。于是，①各个质点的竖向变位均等于零，即质点系的竖向自由度等于零；②同一根水平杆上的几个质点，沿杆轴方向的变位相等，即具有同一个独立的线位移未知量，故只有一个自由度。根据上述假定，沿厂房横向，质点系具有 nh 个独立的线位线；沿厂房纵向，质点系具有 f 个独立的线位移；此外代表某层楼盖（或屋盖）的位于同一高度的各根纵、横向水平杆上的质点，沿水平面作整体转动时具有同一个角位移，即具有一个转动自由度，位于 h 个不同高度的楼（屋）盖，具有 h 个转动自由度。所以，在地震动双向平动分量同时作用下，立体质点系的总自由度为 $N=f+(n+1)h$。式中，f 为厂房各纵向柱列与各层楼盖屋盖的联结点的数目，它也等于一榀框排架的梁-柱节点数；n 为厂房一个独立结构单元内的框排架的总榀数；h 为位于不同高度的楼盖和屋盖的总层数，例如，图7-28 (*a*)所示的质点系，其自由度 $N=9+(9+1)\times4=49$；图 7-28 (*b*) 所示质点系的自由度为 $N=17+(9+1)\times6=77$。

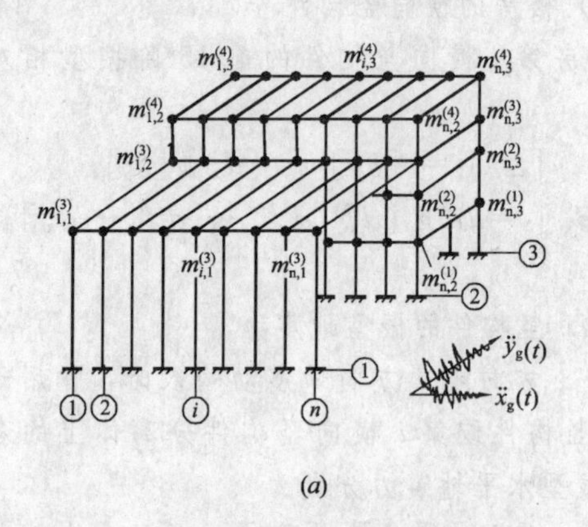

(*a*)

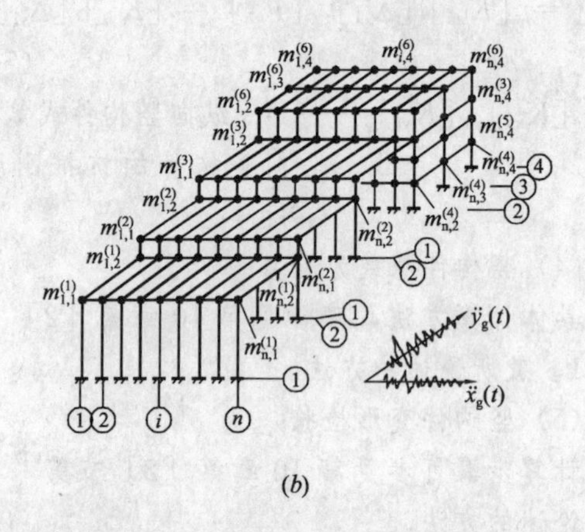

(*b*)

图 7-28 双向地震输入时空间结构扭转反应分析的振动模型

(*a*) 火力发电厂主厂房；(*b*) 矿山选矿厂主厂房

5. 自由振动方程

在地震动双向平动分量作用下，双向偏心空间结构作三维平面运动时，其纵向平动与横向平动是耦联的，纵、横向平动与扭转振动也是互相耦联的。但是，当结构属弹性体时，刚性楼盖空间结构的平移-扭转振动或半刚性楼盖空间结构的平变-扭转振动，其各阶空间振型是互不耦联的，振型分解和叠加原理依旧适用。所以，双向偏心结构的地震反应分析仍可采用反应谱振型分解法，也就是说，不必建立和直接求解结构在地面运动作用下的振动微分方程式，而代之以求解结构自由振动方程的特征值和特征向量，变换成振型和周期后，即可利用地震反应谱，求得结构的地震反应。下面仍以图 7-28（a）所示的比较简单的火电厂房为例，列出其按三维平面运动作自由振动时的振幅方程式。

$$-\omega^2 [m]\{U\}+[K]\{U\}=0 \quad (7\text{-}95)$$

式中 ω——质点系按某一振型振动时的圆频率；

$\{U\}$——质点系按某一振型振动时的广义相对位移幅值列向量，其中，$X_2^{(2)}$ 表示第②柱列在第 2 层楼盖处的纵向侧移，$Y_i^{(3)}$ 为第 i 榀框排架在第 3 层屋盖处的横向侧移，$\Phi^{(4)}$ 为第 4 层楼盖（屋盖）的水平转角。

$$\{U\}=[\{X\}^{\mathrm T}\ \{Y\}^{\mathrm T}\ \{\Phi\}^{\mathrm T}]^{\mathrm T}$$

$$\{X\}^{\mathrm T}=[X_2^{(1)}\ \ X_3^{(1)} \mid X_2^{(2)}\ \ X_3^{(2)} \mid X_1^{(3)}\ \ X_2^{(3)}\ \ X_3^{(3)} \mid X_2^{(4)}\ \ X_3^{(4)}]$$

$$\{Y\}^{\mathrm T}=[Y_1^{(1)}\ \cdots\ Y_i^{(1)}\ \cdots\ Y_n^{(1)} \mid Y_1^{(2)}\ \cdots\ Y_i^{(2)}\ \cdots\ Y_n^{(2)} \mid Y_1^{(3)}\ \cdots\ Y_i^{(3)}\ \cdots\ Y_n^{(3)} \mid Y_1^{(4)}\ \cdots\ Y_i^{(4)}\ \cdots\ Y_n^{(4)}]$$

$$\{\Phi\}^{\mathrm T}=[\Phi^{(1)}\ \ \Phi^{(2)}\ \ \Phi^{(3)}\ \ \Phi^{(4)}]$$

（1）质量矩阵

$[m]$——为质点系的广义质量矩阵，其中，$[m_{xx}]$、$[m_{yy}]$ 分别为 x 方向、y 方向平动质量子矩阵，$[m_{\varphi\varphi}]$ 为沿水平面的转动惯量子矩阵，$[m_{x\varphi}]$、$[m_{\varphi x}]$ 为平动与转动耦合质量子矩阵。

$$[m]=\begin{bmatrix}[m_{xx}] & 0 & [m_{x\varphi}]\\ [0] & [m_{yy}] & [m_{y\varphi}]\\ [m_{\varphi x}] & [m_{\varphi y}] & [m_{\varphi\varphi}]\end{bmatrix} \quad (7\text{-}96)$$

$$[m_{xx}]=\mathrm{diag}[[m_x^{(1)}]\ \ [m_x^{(2)}]\ \ [m_x^{(3)}]\ \ [m_x^{(4)}]]=\mathrm{diag}[m_{x2}^{(1)}\ \ m_{x3}^{(1)} \mid m_{x2}^{(2)}\ \ m_{x3}^{(2)} \mid m_{x1}^{(3)}\ \ m_{x2}^{(3)}\ \ m_{x3}^{(3)} \mid m_{x2}^{(4)}\ \ m_{x3}^{(4)}]$$

$$[m_{yy}]=\mathrm{diag}[[m_y^{(1)}]\ \ [m_y^{(2)}]\ \ [m_y^{(3)}]\ \ [m_y^{(4)}]]=\mathrm{diag}[m_{y1}^{(1)}\ \cdots\ m_{yi}^{(1)}\ \cdots\ m_{yn}^{(1)} \mid m_{y1}^{(2)}\ \cdots\ m_{yi}^{(2)}\ \cdots\ m_{yn}^{(2)} \mid m_{y1}^{(3)}\ \cdots\ m_{yi}^{(3)}\ \cdots\ m_{yn}^{(3)} \mid m_{y1}^{(4)}\ \cdots\ m_{yi}^{(4)}\ \cdots\ m_{yn}^{(4)}]$$

$$[m_{\varphi\varphi}]=\mathrm{diag}[J^{(1)}\ \ J^{(2)}\ \ J^{(3)}\ \ J^{(4)}]$$

$$[m_{\varphi x}]=\mathrm{diag}[\{d_y^{(1)}\}^{\mathrm T}[m_x^{(1)}]\ \ \{d_y^{(1)}\}^{\mathrm T}[m_x^{(2)}]\ \ \{d_y^{(3)}\}^{\mathrm T}[m_x^{(3)}]\ \ \{d_y^{(4)}\}^{\mathrm T}[m_x^{(4)}]]$$

$$[m_{\varphi y}]=\mathrm{diag}[\{d_x^{(1)}\}^{\mathrm T}[m_y^{(1)}]\ \ \{d_x^{(2)}\}^{\mathrm T}[m_y^{(2)}]\ \ \{d_x^{(3)}\}^{\mathrm T}[m_y^{(3)}]\ \ \{d_x^{(4)}\}^{\mathrm T}[m_y^{(4)}]]$$

$$[m_{x\varphi}]=[m_{\varphi x}]^{\mathrm T},\ [m_{y\varphi}]=[m_{\varphi y}]^{\mathrm T}$$

上列各矩阵中的元素或子矩阵所包含的内容，举例表示如下：

$$m_{x2}^{(1)}=m_{12}^{(1)}+m_{22}^{(1)}+\cdots+m_{i2}^{(1)}+\cdots+m_{n2}^{(1)}$$

$$m_{yi}^{(1)}=m_{i2}^{(1)}+m_{i3}^{(1)},$$

$$m_{yi}^{(3)}=m_{i1}^{(3)}+m_{i2}^{(3)}+m_{i3}^{(3)},\ (i=1,2,\cdots,n)$$

$$\{d_y^{(1)}\}^{\mathrm T}[m_x^{(1)}]=[d_{y1}^{(1)}m_{x2}^{(1)}\ \ -d_{y2}^{(1)}m_{x3}^{(1)}]$$

$$\{d_y^{(3)}\}^{\mathrm T}[m_x^{(3)}]=[d_{y1}^{(3)}m_{x1}^{(3)}\ \ -d_{y2}^{(3)}m_{x2}^{(3)}-d_{y3}^{(3)}m_{x3}^{(3)}]$$

$$\{d_x^{(1)}\}^{\mathrm T}[m_y^{(1)}]=[-d_{x1}^{(1)}m_{y1}^{(1)}\ \ -d_{x2}^{(1)}m_{y2}^{(1)}\ \cdots\ d_{xi}^{(1)}m_{yi}^{(1)}\ \cdots\ d_{xn}^{(1)}m_{yn}^{(1)}]$$

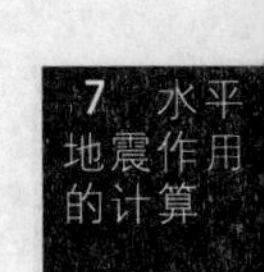

（2）刚度矩阵

$[K]$ 为空间结构的广义抗推刚度矩阵，其中，$[K_{xx}]$、$[K_{yy}]$、$[K_{\varphi\varphi}]$ 分别为结构纵向平动（楼盖平移加楼盖水平变形）、横向平动、水平扭转时的抗推刚度子矩阵；$[K_{x\varphi}]$、$[K_{y\varphi}]$ 分别为结构纵向平动、横向平动与水平扭转的耦合刚度子矩阵；$[K_{\varphi x}]$、$[K_{\varphi y}]$ 分别为结构水平扭转与结构纵向平动、横向平动的耦合刚度子矩阵，

$$[K]=\begin{bmatrix}[K_{xx}] & [0] & [K_{x\varphi}]\\ [0] & [K_{yy}] & [K_{y\varphi}]\\ [K_{\varphi x}] & [K_{\varphi y}] & [K_{\varphi\varphi}]\end{bmatrix} \quad (7\text{-}97)$$

$$[K_{xx}]=[K_x]+[k_x]$$

$$[K_{yy}]=[K_y]+[k_y]$$

$[K_x]$、$[K_y]$ 分别为空间结构的纵向竖构件抗推刚度矩阵或横向竖构件抗推刚度矩阵；$[k_x]$、$[k_y]$ 分别为空间结构中水平构件（楼盖、屋盖）沿厂房纵向或横向的抗推刚度矩阵。$[K_x]$、$[K_y]$ 又是分别由厂房纵向各柱列（包括框架、排架柱、竖向支撑和纵墙等）、厂房横向各榀框排架（含山墙、横墙等）抗推刚度作为子矩阵所形成的矩阵。

1）厂房纵向抗推刚度子矩阵

$$[K_x]=\begin{bmatrix}[K_x^{1,1}] & [K_x^{1,2}] & [K_x^{1,3}] & [K_x^{1,4}]\\ [K_x^{2,1}] & [K_x^{2,2}] & [K_x^{2,3}] & [K_x^{2,4}]\\ [K_x^{3,1}] & [K_x^{3,2}] & [K_x^{3,3}] & [K_x^{3,4}]\\ [K_x^{4,1}] & [K_x^{4,2}] & [K_x^{4,3}] & [K_x^{4,4}]\end{bmatrix} \quad (7\text{-}98)$$

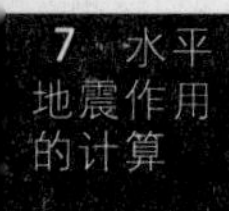

即

$$[K_{\mathrm{x}}]=\left[\begin{array}{cc:cc:c:cc:cc}
K_{\mathrm{x2}}^{1,1} & 0 & K_{\mathrm{x2}}^{1,2} & 0 & 0 & K_{\mathrm{x2}}^{1,3} & 0 & K_{\mathrm{x2}}^{1,4} & 0\\
0 & K_{\mathrm{x3}}^{1,1} & 0 & K_{\mathrm{x3}}^{1,2} & 0 & 0 & K_{\mathrm{x3}}^{1,3} & 0 & K_{\mathrm{x3}}^{1,4}\\ \hdashline
K_{\mathrm{x2}}^{2,1} & 0 & K_{\mathrm{x2}}^{2,2} & 0 & 0 & K_{\mathrm{x2}}^{2,3} & 0 & K_{\mathrm{x2}}^{2,4} & 0\\
0 & K_{\mathrm{x3}}^{2,1} & 0 & K_{\mathrm{x3}}^{2,2} & 0 & 0 & K_{\mathrm{x3}}^{2,3} & 0 & K_{\mathrm{x3}}^{2,4}\\ \hdashline
0 & 0 & 0 & 0 & K_{\mathrm{x1}}^{3,3} & 0 & 0 & 0 & 0\\
K_{\mathrm{x2}}^{3,1} & 0 & K_{\mathrm{x2}}^{3,2} & 0 & 0 & K_{\mathrm{x2}}^{3,3} & 0 & K_{\mathrm{x2}}^{3,4} & 0\\
0 & K_{\mathrm{x3}}^{3,1} & 0 & K_{\mathrm{x3}}^{3,2} & 0 & 0 & K_{\mathrm{x3}}^{3,3} & 0 & K_{\mathrm{x3}}^{3,4}\\ \hdashline
K_{\mathrm{x2}}^{4,1} & 0 & K_{\mathrm{x2}}^{4,2} & 0 & 0 & K_{\mathrm{x2}}^{4,3} & 0 & K_{\mathrm{x2}}^{4,4} & 0\\
0 & K_{\mathrm{x3}}^{4,1} & 0 & K_{\mathrm{x3}}^{4,2} & 0 & 0 & K_{\mathrm{x3}}^{4,3} & 0 & K_{\mathrm{x3}}^{4,4}
\end{array}\right]$$

$$[k_{\mathrm{x}}]=\left[\begin{array}{cc:cc:ccc:cc}
k_{\mathrm{x22}}^{(1)} & k_{\mathrm{x23}}^{(1)} & 0 & & & 0 & & 0 & \\
k_{\mathrm{x32}}^{(1)} & k_{\mathrm{x33}}^{(1)} & & & & & & & \\ \hdashline
0 & & k_{\mathrm{x22}}^{(2)} & k_{\mathrm{x23}}^{(2)} & & 0 & & 0 & \\
 & & k_{\mathrm{x32}}^{(2)} & k_{\mathrm{x33}}^{(2)} & & & & & \\ \hdashline
 & & & & k_{\mathrm{x11}}^{(3)} & k_{\mathrm{x12}}^{(3)} & k_{\mathrm{x13}}^{(3)} & & \\
0 & & & & k_{\mathrm{x21}}^{(3)} & k_{\mathrm{x22}}^{(3)} & k_{\mathrm{x23}}^{(3)} & 0 & \\
 & & & & k_{\mathrm{x31}}^{(3)} & k_{\mathrm{x32}}^{(3)} & k_{\mathrm{x33}}^{(3)} & & \\ \hdashline
 & & & & & & & k_{\mathrm{x22}}^{(4)} & k_{\mathrm{x23}}^{(4)}\\
0 & & & & & 0 & & k_{\mathrm{x32}}^{(4)} & k_{\mathrm{x33}}^{(4)}
\end{array}\right]$$

2）厂房横向抗推刚度子矩阵

$$[K_{\mathrm{y}}]=\begin{bmatrix}[K_{\mathrm{y}}^{1,1}] & [K_{\mathrm{y}}^{1,2}] & [K_{\mathrm{y}}^{1,3}] & [K_{\mathrm{y}}^{1,4}]\\ [K_{\mathrm{y}}^{2,1}] & [K_{\mathrm{y}}^{2,2}] & [K_{\mathrm{y}}^{2,3}] & [K_{\mathrm{y}}^{2,4}]\\ [K_{\mathrm{y}}^{3,1}] & [K_{\mathrm{y}}^{3,2}] & [K_{\mathrm{y}}^{3,3}] & [K_{\mathrm{y}}^{3,4}]\\ [K_{\mathrm{y}}^{4,1}] & [K_{\mathrm{y}}^{4,2}] & [K_{\mathrm{y}}^{4,3}] & [K_{\mathrm{y}}^{4,4}]\end{bmatrix} \tag{7-99}$$

$$[K_{\mathrm{y}}^{r,t}]=\mathrm{diag}\,[K_{\mathrm{y1}}^{r,t}\ K_{\mathrm{y2}}^{r,t}\ K_{\mathrm{y3}}^{r,t}\ \cdots\ K_{\mathrm{y}i}^{r,t}\ K_{\mathrm{y}n}^{r,t}]$$

$(r=1，2，3，4；t=1，2，3，4)$

$$[k_{\mathrm{y}}]=\mathrm{diag}[\,[k_{\mathrm{y}}^{1,1}]\ \ [k_{\mathrm{y}}^{2,2}]\ \ [k_{\mathrm{y}}^{3,3}]\ \ [k_{\mathrm{y}}^{4,4}]\,]$$

$$[k_{\mathrm{y}}^{r,r}]=\begin{bmatrix}k_{\mathrm{y11}}^{(r)} & k_{\mathrm{y12}}^{(r)} & k_{\mathrm{y13}}^{(r)} & \cdots & k_{\mathrm{y1}i}^{(r)} & \cdots & k_{\mathrm{y1}n}^{(r)}\\ k_{\mathrm{y21}}^{(r)} & k_{\mathrm{y22}}^{(r)} & k_{\mathrm{y23}}^{(r)} & \cdots & k_{\mathrm{y2}i}^{(r)} & \cdots & k_{\mathrm{y2}n}^{(r)}\\ \vdots & \vdots & \vdots & & \vdots & & \vdots\\ k_{\mathrm{y}i1}^{(r)} & k_{\mathrm{y}i2}^{(r)} & k_{\mathrm{y}i3}^{(r)} & \cdots & k_{\mathrm{y}ii}^{(r)} & \cdots & k_{\mathrm{y}in}^{(r)}\\ \vdots & \vdots & \vdots & & \vdots & & \vdots\\ k_{\mathrm{y}n1}^{(r)} & k_{\mathrm{y}n2}^{(r)} & k_{\mathrm{y}n3}^{(r)} & \cdots & k_{\mathrm{y}ni}^{(r)} & \cdots & k_{\mathrm{y}nn}^{(r)}\end{bmatrix}$$

$(r=1，2，3，4)$

3）抗扭刚度子矩阵

对于图 7-28（a）所示的代表火力发电厂主厂房双向地震输入时振动模型的立体质点系，空间结构的抗扭刚度矩阵［$K_{\varphi\varphi}$］和平动与扭转耦合刚度矩阵［$K_{\mathrm{x}\varphi}$］、［$K_{\mathrm{y}\varphi}$］、［$K_{\varphi\mathrm{x}}$］、［$K_{\varphi\mathrm{y}}$］，各矩阵的元素排列如下面所示。其中的元素 $K_{\varphi}^{r,t}$ 为仅使空间结构中的第 t 层楼（屋）盖水平转动一个单位角，并保持其他各层楼盖和屋盖不动时，需在第 r 层楼（屋）盖处施加的水平力矩，此处，$r=1，2，3，4；t=1，2，3，4$。

$$[K_{\varphi\varphi}]=\begin{bmatrix}K_{\varphi}^{1,1} & K_{\varphi}^{1,2} & K_{\varphi}^{1,3} & K_{\varphi}^{1,4}\\ K_{\varphi}^{2,1} & K_{\varphi}^{2,2} & K_{\varphi}^{2,3} & K_{\varphi}^{2,4}\\ K_{\varphi}^{3,1} & K_{\varphi}^{3,2} & K_{\varphi}^{3,3} & K_{\varphi}^{3,4}\\ K_{\varphi}^{4,1} & K_{\varphi}^{4,2} & K_{\varphi}^{4,3} & K_{\varphi}^{4,4}\end{bmatrix} \tag{7-100}$$

$$[K_{\varphi}^{r,t}]=\{d_{\mathrm{x}}^{(r)}\}^{\mathrm{T}}\,[K_{\mathrm{y}}^{r,t}]\,\{d_{\mathrm{x}}^{(t)}\}+\{d_{\mathrm{y}}^{(r)}\}^{\mathrm{T}}\,[K_{\mathrm{x}}^{r,t}]\,\{d_{\mathrm{y}}^{(t)}\}\quad (r,\ t=1,\ 2,\ 3,\ 4)$$

$$\{d_{\mathrm{x}}^{(r)}\}^{\mathrm{T}}=[-d_{\mathrm{x1}}^{(r)}\ \ -d_{\mathrm{x2}}^{(r)}\ \ -d_{\mathrm{x3}}^{(r)}\ \ -d_{\mathrm{x}i}^{(r)}\ \ -d_{\mathrm{x}n}^{(r)}]\quad (r=1,\ 2,\ 3,\ 4)$$

$$\{d_{\mathrm{y}}^{(r)}\}^{\mathrm{T}}=[d_{\mathrm{y2}}^{(r)}\ \ -d_{\mathrm{y3}}^{(2)}]\quad (r=1,\ 2\text{ 或 }4);$$

$$\{d_{\mathrm{y}}^{(r)}\}^{\mathrm{T}}=[d_{\mathrm{y1}}^{(r)}\ \ -d_{\mathrm{y2}}^{(r)}\ \ -d_{\mathrm{y3}}^{(r)}]\quad (r=3)$$

$$[K_{\varphi\mathrm{x}}]=\begin{bmatrix}\{d_{\mathrm{y}}^{(1)}\}^{\mathrm{T}}[K_{\mathrm{x}}^{1,1}] & \{d_{\mathrm{y}}^{(1)}\}^{\mathrm{T}}[K_{\mathrm{x}}^{1,2}] & \{d_{\mathrm{y}}^{(1)}\}^{\mathrm{T}}[K_{\mathrm{x}}^{1,3}] & \{d_{\mathrm{y}}^{(1)}\}^{\mathrm{T}}[K_{\mathrm{x}}^{1,4}]\\ \{d_{\mathrm{y}}^{(2)}\}^{\mathrm{T}}[K_{\mathrm{x}}^{2,1}] & \{d_{\mathrm{y}}^{(2)}\}^{\mathrm{T}}[K_{\mathrm{x}}^{2,2}] & \{d_{\mathrm{y}}^{(2)}\}^{\mathrm{T}}[K_{\mathrm{x}}^{2,3}] & \{d_{\mathrm{y}}^{(2)}\}^{\mathrm{T}}[K_{\mathrm{x}}^{2,4}]\\ \{d_{\mathrm{y}}^{(3)}\}^{\mathrm{T}}[K_{\mathrm{x}}^{3,1}] & \{d_{\mathrm{y}}^{(3)}\}^{\mathrm{T}}[K_{\mathrm{x}}^{3,2}] & \{d_{\mathrm{y}}^{(3)}\}^{\mathrm{T}}[K_{\mathrm{x}}^{3,3}] & \{d_{\mathrm{y}}^{(3)}\}^{\mathrm{T}}[K_{\mathrm{x}}^{3,4}]\\ \{d_{\mathrm{y}}^{(4)}\}^{\mathrm{T}}[K_{\mathrm{x}}^{4,1}] & \{d_{\mathrm{y}}^{(4)}\}^{\mathrm{T}}[K_{\mathrm{x}}^{4,2}] & \{d_{\mathrm{y}}^{(4)}\}^{\mathrm{T}}[K_{\mathrm{x}}^{3,4}] & \{d_{\mathrm{y}}^{(4)}\}^{\mathrm{T}}[K_{\mathrm{x}}^{4,4}]\end{bmatrix}$$

$$[K_{\varphi y}]=\begin{bmatrix}\{d_x^{(1)}\}^T[K_y^{1,1}] & \{d_x^{(1)}\}^T[K_y^{1,2}] & \{d_x^{(1)}\}^T[K_y^{1,3}] & \{d_x^{(1)}\}^T[K_y^{1,1}]\\ \{d_x^{(2)}\}^T[K_y^{2,1}] & \{d_x^{(2)}\}^T[K_y^{2,2}] & \{d_x^{(2)}\}^T[K_y^{2,3}] & \{d_x^{(2)}\}^T[K_y^{2,4}]\\ \{d_x^{(3)}\}^T[K_y^{3,1}] & \{d_x^{(3)}\}^T[K_y^{3,2}] & \{d_x^{(3)}\}^T[K_y^{3,3}] & \{d_x^{(3)}\}^T[K_y^{3,4}]\\ \{d_x^{(4)}\}^T[K_y^{4,1}] & \{d_x^{(4)}\}^T[K_y^{4,2}] & \{d_x^{(4)}\}^T[K_y^{4,3}] & \{d_x^{(4)}\}^T[K_y^{4,4}]\end{bmatrix}$$

$$[K_{x\varphi}]=[K_{\varphi x}]^T,\ [K_{y\varphi}]=[K_{\varphi y}]^T$$

上面各矩阵中，$[K_y^{r,t}]$ 为仅使第 t 层楼（屋）盖沿厂房横向（y 方向）产生单位平移，并保持其它各层楼盖和屋盖在原位不动时，需在各榀框排架与第 r 层楼（屋）盖相交处施加的一组横向（y 方向）水平力 $K_{yi}^{r,t}$（$i=1, 2, \cdots, n$）所排列成的对角方阵。

$$K_{yi}^{r,t}=\mathrm{diag}\left[K_{y1}^{r,t}\quad K_{y2}^{r,t}\quad K_{y3}^{r,t}\quad \cdots\quad K_{yi}^{r,t}\quad \cdots\quad K_{yn}^{r,t}\right]$$

$[K_x^{r,t}]$ 为仅使第 t 层楼（屋）盖沿厂房纵向（x 方向）产生单位平移，并保持其他各层楼盖和屋盖在原位不动时，需在框架和排架的各个纵向柱列与第 r 层楼（屋）盖相交处施加的一组纵向（x 方向）水平力 $K_{xs}^{r,t}$（$s=1, 2, \cdots, f$）所排列成的对角方阵。对于图 7-28（a）所示的立体质点系，当 $r=1$，2 或 4 时，$f=2$；当 $r=3$ 时，$f=3$。

$$[K_{xs}^{r,t}]=\mathrm{diag}[K_{x1}^{r,t}\quad K_{x2}^{r,t}\quad K_{x3}^{r,t}\quad \cdots\quad K_{xs}^{r,t}\quad \cdots\quad K_{xf}^{r,t}]$$

$d_{xi}^{(r)}$ 和 $d_{ys}^{(r)}$ 分别为第 r 层楼（屋）盖质心 $C_m^{(r)}$ 至第 i 榀横向框排架或第 s 列纵向柱列所在平面的垂直距离。

6. 振型参与系数的计算

(1) 振动方程的解

双向偏心空间结构的三维平面运动，虽然其平动与扭转振动相互耦联，但对弹性结构来说，其各阶空间振型并不耦联，振型分解和叠加原理仍然适用。所以，非对称框排架结构厂房在地震动双向平动分量同时输入时的构件地震作用效应的计算，仍然可以利用 N 个广义单自由度体系（其周期分别与立体质点系的前 N 阶周期相同）的最大地震反应，按一定法则进行遇合得之。

(2) 周期和振型

将式 (7-95) 转化为式 (7-45) 所示的动力矩阵特征值解的标准形式，解之，即得立体质点系的各阶振型和周期。立体质点系的各阶三维空间振型的向量矩阵为：

$$[A]=[\{A_1\}\quad \{A_2\}\quad \{A_3\}\quad \cdots\quad \{A_j\}\quad \cdots\quad \{A_N\}]=\begin{bmatrix}\{X_1\} & \{X_2\} & \{X_3\} & \cdots & \{X_j\} & \cdots & \{X_N\}\\ \{Y_1\} & \{Y_2\} & \{Y_3\} & \cdots & \{Y_j\} & \cdots & \{Y_N\}\\ \{\Phi_1\} & \{\Phi_2\} & \{\Phi_3\} & \cdots & \{\Phi_j\} & \cdots & \{\Phi_N\}\end{bmatrix}_{(N=f+nh+h)} \tag{7-101}$$

(3) 振型参与系数

地震动双向平动分量作用下，立体质点系的振型参与系数矩阵 $[\Gamma]$ 按下式计算。

$$\begin{bmatrix}\{1\}_f & & 0\\ & \{1\}_{nh} & \\ 0 & & \{1\}_h\end{bmatrix}=[A][\Gamma] \tag{7-102}$$

即

$$[\Gamma]=[A]^{-1}\begin{bmatrix}\{1\}_f & & 0\\ & \{1\}_{nh} & \\ 0 & & \{1\}_h\end{bmatrix} \tag{7-103}$$

$[\Gamma]$ 是由立体质点系 N 个振型的 x 方向、y 方向、φ 方向分量的振型参与系数所组成的矩阵，其内容如下所示。

$$[\Gamma]=[\{\gamma_x\}\ \{\gamma_y\}\ \{\gamma_\varphi\}]=\begin{bmatrix}\gamma_{1x} & \gamma_{1y} & \gamma_{1\varphi}\\ \gamma_{2x} & \gamma_{2y} & \gamma_{2\varphi}\\ \vdots & \vdots & \vdots\\ \gamma_{jx} & \gamma_{jy} & \gamma_{j\varphi}\\ \vdots & \vdots & \vdots\\ \gamma_{Nx} & \gamma_{Ny} & \gamma_{N\varphi}\end{bmatrix}_{N\times 3} \tag{7-104}$$

$(N=f+nh+h)$

地震时，地面运动除 x 方向、y 方向平动分量外，确实具有沿水平方向的旋转分量。由于地面运动旋转分量对结构的作用，尚无具体的实用计算方法，故现阶段，在工程设计中，暂不考虑地面旋转分量对结构的作用效应。因此，式 (7-104) 中的扭转振型参与系数 $\{\gamma_\varphi\}$ 属于无效系数，计算结构地震作用效应时可弃之不用。

7. 质点地震作用

对于双向偏心结构，应分别验算地震动“主分量”平行于厂房纵轴或横轴两种情况，并考虑每种情况之中，“副分量”方向可为正或为负，然后取其最不利遇合。此外，双向偏心结构作三维平面运动时，纵向振动与横向振动相互耦联，x方向地震动引起结构某阶振型的振动周期，与y方向地震动引起结构同阶振型的振动周期具有相同数值，即具有一个统一的周期。根据本章第[1]节第二、6、(2)款的论述，若地震动“主分量”方向的第j振型地震作用系数为α_j，则地震动“副分量”方向的第j振型地震作用系数为$0.3\alpha_j$。所以，地震动双向输入时，立体质点系的各振型广义水平地震作用$[F]$应按下列公式计算。

1）地震动“主分量”平行于厂房纵轴x轴时

$$[F]=g[m][A][\alpha]([\Gamma_x]\pm 0.3[\Gamma_y]) \tag{7-105}$$

2）地震动“主分量”平行于厂房横轴y轴时

$$[F]=g[m][A][\alpha]([\Gamma_y]\pm 0.3[\Gamma_x]) \tag{7-106}$$

$$[F]=\begin{bmatrix}\{F_{1x}\} & \{F_{2x}\} & \{F_{3x}\} & \cdots & \{F_{jx}\} & \cdots & \{F_{Nx}\}\\ \{F_{1y}\} & \{F_{2y}\} & \{F_{3y}\} & \cdots & \{F_{jy}\} & \cdots & \{F_{Ny}\}\\ \{M_1\} & \{M_2\} & \{M_3\} & \cdots & \{M_j\} & \cdots & \{M_N\}\end{bmatrix}$$

式中　$[\alpha]$、$[\Gamma_x]$、$[\Gamma_y]$分别为地震作用系数、x方向分量振型参与系数、y方向分量振型参与系数的对角方阵

$$[\alpha]=\mathrm{diag}[\alpha_1\quad \alpha_2\quad \alpha_3\quad \cdots\quad \alpha_j\quad \cdots\quad \alpha_N]$$

$$[\Gamma_x]=\mathrm{diag}[\gamma_{1x}\quad \gamma_{2x}\quad \gamma_{3x}\quad \cdots\quad \gamma_{jx}\quad \cdots\quad \gamma_{Nx}]$$

$$[\Gamma_y]=\mathrm{diag}[\gamma_{1y}\quad \gamma_{2y}\quad \gamma_{3y}\quad \cdots\quad \gamma_{jy}\quad \cdots\quad \gamma_{Ny}]$$

8. 结构位移和构件侧移

按式(7-105)和式(7-106)计算出的广义水平地震作用，是作用于整个空间结构之上的广义水平力（力和扭矩），通过各层楼（屋）盖的空间工作进行重分配后，才能得到作用于各榀框排架和各片纵向柱列之上的地震力。然而，由于地震时各层楼（屋）盖发生转动以及在纵、横两个方向产生的水平变形，使得在同一层楼盖高度处，各榀框排架或各纵向柱列的侧移并不相等，因而作用于整个空间结构之上的水平地震作用，不能简单地按各竖构件抗推刚度的大小，比例分配到各榀框排架或各纵向柱列。需要先计算出空间结构分别在各振型地震作用的单独作用下所产生的广义位移，接着逐一计算出各阶振型状态下各榀框排架和各柱列因空间结构纵、横向平动加扭转所引起的合成侧移列向量，并用它“后乘”各该竖构件的抗推刚度子矩阵，即得作用于各竖构件作为分离体时所受到的各阶振型的水平地震作用。

(1) 空间结构广义位移

立体质点系在各阶振型质点地震作用分别作用下所产生的各阶振型广义位移矩阵$[\Delta]$，按下式计算：

$$[\Delta]=\begin{bmatrix}[\Delta_x]\\ [\Delta_y]\\ [\Delta_\varphi]\end{bmatrix}=[K]^{-1}[F] \tag{7-107}$$

式中，$[\Delta_x]$、$[\Delta_y]$、$[\Delta_\varphi]$分别为空间结构各层楼（屋）盖的各阶振型纵向平动（平移加楼盖水平变形）位移、横向平动位移和各层楼盖水平转动位移（转角）子矩阵。

(2) 框排架侧移

由式(7-107)广义位移矩阵的横向平动位移子矩阵$[\Delta_y]$之中，挑选出第i榀框排架的各阶振型的平动位移，组成新的平动位移矩阵$[\Delta_{yi}]$，再从广义位移矩阵中取出水平转动位移子矩阵$[\Delta_\varphi]$，便可按下式计算出第i榀框排架的各阶振型侧移所排列成的矩阵$[\Delta_i]$。

$$[\Delta_i]=[\Delta_{yi}]+[d_{xi}][\Delta_\varphi] \tag{7-108}$$

式中　$[d_{xi}]$——各层楼（屋）盖的质心C_m^r到第i榀框排架所在平面的垂直距离所排成的对角方阵。

$$[d_{xi}]=\mathrm{diag}[d_{xi}^{(1)}\quad d_{xi}^{(2)}\quad d_{xi}^{(3)}\quad \cdots\quad d_{xi}^{(r)}\quad \cdots\quad d_{xi}^{(h)}]$$

(3) 纵向柱列侧移

由式(7-107)广义位移矩阵的纵向平动位移子矩阵$[\Delta_x]$之中，挑选出第s纵向柱列各阶振型的平动位移，组成新的平动位移矩阵$[\Delta_{xs}]$，再从广义位移矩阵中取出水平转动位移子矩阵$[\Delta_\varphi]$，然后按下式计算，即得第s纵向柱列的各阶振型侧移所排列成的矩阵$[\Delta_s]$。

$$[\Delta_s]=[\Delta_{xs}]+[d_{ys}][\Delta_\varphi] \tag{7-109}$$

式中，$[d_{ys}]$为各层楼（屋）盖的质心C_m^r到第s纵向柱列所在平面的垂直距离所排成的对角方阵。

$$[d_{ys}]=\mathrm{diag}[d_{ys}^{(1)}\quad d_{ys}^{(2)}\quad d_{ys}^{(3)}\quad \cdots\quad d_{ys}^{(r)}\quad \cdots\quad d_{ys}^{(h)}]$$

9. 构件水平地震力

沿厂房横向作用于各榀框排架或山墙等竖构件分离体上的各振型水平地震力，以及沿厂房纵向作用于各纵向柱列的柱、竖向支撑或纵墙等竖构件分离体之上的各振型水平地震力，均等于各该竖构件的抗推刚度子矩阵“左乘”各自的侧移矩阵。

（1）厂房横向竖构件

第 i 榀框排架的各阶振型水平地震力为

$$[F_i]=[K_i][\Delta_i]\quad(i=1,2,\cdots,i,\cdots,n)\tag{7-110}$$

山墙的各振型水平地震力为

$$[F_w]=[K_w][\Delta_1]\tag{7-111}$$

式中 $[K_i]$、$[K_w]$——分别为第 i 榀框排架和山墙的抗推刚度子矩阵；

$[\Delta_i]$、$[\Delta_1]$——按式（7-108）计算出的第 i 榀框排架和山墙的各阶振型侧移矩阵。

（2）厂房纵向竖构件

位于第 s 纵向柱列的纵向框架、单柱、竖向支撑或纵墙，作为分离体所承担的各振型纵向水平地震力，分别按下列公式计算：

纵向框架 $[F_f]=[K_f][\Delta_s]$ （7-112）

单　　柱 $[F_c]=K_c[\Delta_s]$ （7-113）

竖向支撑 $[F_B]=[K_B][\Delta_s]$ （7-114）

纵　　墙 $[F_w]=[K_w][\Delta_s]$

（$s=1,2,\cdots$或 f） （7-115）

式中 $[K_f]$、$[K_B]$、$[K_w]$——分别为一榀纵向框架，一片竖向支撑或一片纵墙的抗推刚度子矩阵；

K_c——一根排架柱沿厂房纵向的抗推刚度；

$[\Delta_s]$——按式（7-109）计算出的空间结构第 s 纵向柱列的各阶振型侧移矩阵。

10. 构件抗震承载力验算

（1）构件地震内力

针对每一个横向和纵向竖构件，先逐一计算出前9阶～15阶振型地震力分别作用下的构件各截面地震内力，然后按第6章第［6］节的式（6-43）进行振型地震内力的遇合，得各截面的地震内力设计值。

（2）承载力验算

按抗震规范公式（5.4.1），采用构件各截面的设计地震内力（弯矩、剪力和轴力），与各种重力荷载代表值作用下的相应截面内力进行组合，再按抗震规范公式（5.4.2）进行截面承载力验算。

时程分析法

一、基本计算方法

时程分析法又称动力分析法。它是将地震加速度时程曲线按时段进行数值化后，输入结构的振动微分方程，采用逐步积分法进行结构动力反应分析，由初始状态开始，一步一步积分求解结构振动方程，计算出结构在整个强震时域中的振动状态全过程，给出各个时刻结构各杆件的内力和变形，从强度和变形两个方面来检验结构的安全和抗震可靠度。

时程分析法，切实考虑了地震动的振幅、频谱和持时三要素，把地震动对结构的作用真正当成一个振动历程，而不是像反应谱分析法那样视作一个施加于结构上的等效静力，从而成为完全的动力分析方法。

1. 设计理论

动力抗震设计理论包括下述四方面内容：

（1）地震动输入——根据建筑所在场地的地震环境（震级、震中距）和场地分类，给出具有概率含意的加速度时程曲线。

（2）结构模型——与反应谱分析法等其他方法仅考虑结构总体模型不同，要求给出结构每一构件或杆件的动力模型（包括非线性恢复力特性），构件的动力特性则是根据构件实验确定的。

（3）分析方法——动力反应的全过程在结构弹性反应阶段，一般是采用频域分析或振型分解后的逐步积分；在非线性反应阶段，采取在时域中进行逐步积分，从而能够考虑每个构件的瞬时非线性特性，以及结构P-Δ效应。

（4）设计原则——要考虑到建筑多种使用状态和安全的概率保证。在弹性反应阶段，考虑结构强度极限；在非线性反应阶段，考虑结构变形极限、能量消耗和损伤积累，以体现“小震不坏、中震易修、大震不倒”的要求。

2. 设计步骤

采用时程分析法进行结构地震反应分析时，其设计步骤大体如下：

（1）按照建筑场址的场地条件、设防烈度、设计地震分组、近震或远震等因素，选取若干条具有不同特性的典型强震加速度时程曲线，作为设计用的地震波输入。

(2) 根据结构体系的力学特性、地震反应内容要求以及计算机储量，建立合理的结构振动模型。

(3) 根据结构材料特性、构件类型和受力状态，选择恰当的结构恢复力模型，并确定相应于结构（或杆件）开裂、屈服和极限位移等特征点的恢复力特性参数，以及恢复力特性曲线各折线段的刚度数值。

(4) 建立结构在地震作用下的振动微分方程。

(5) 采用逐步积分法求解振动方程，得结构地震反应的全过程。

(6) 必要时也可利用小震（多遇烈度）下的结构弹性反应所计算出的构件和杆件最大地震内力，与其他荷载内力组合，进行截面设计。

(7) 采用容许变形限值来检验中震（基本烈度）和大震（罕遇烈度）下结构弹塑性反应所计算出的结构层间侧移角，判别是否符合要求。

下面用一个框图（图 7-29）来概括地表示利用时程分析法确定结构地震反应的计算全过程。

3. 基本方程及其解法

多、高层结构在地震作用下的振动微分方程

$$[m]\{\ddot{x}\}+[C]\{\dot{x}\}+[K]\{x\}=-[m]\{1\}\ddot{x}_g \tag{7-116}$$

式中 $[m]$——结构的质量矩阵；

$[C]$——结构的阻尼矩阵；

$[K]$——结构的抗推刚度矩阵；

$\{x\}$、$\{\dot{x}\}$、$\{\ddot{x}\}$——分别为结构的相对位移、速度、加速度列向量；

$\{1\}\ \ddot{x}_g$——输入的地震波加速度列向量。

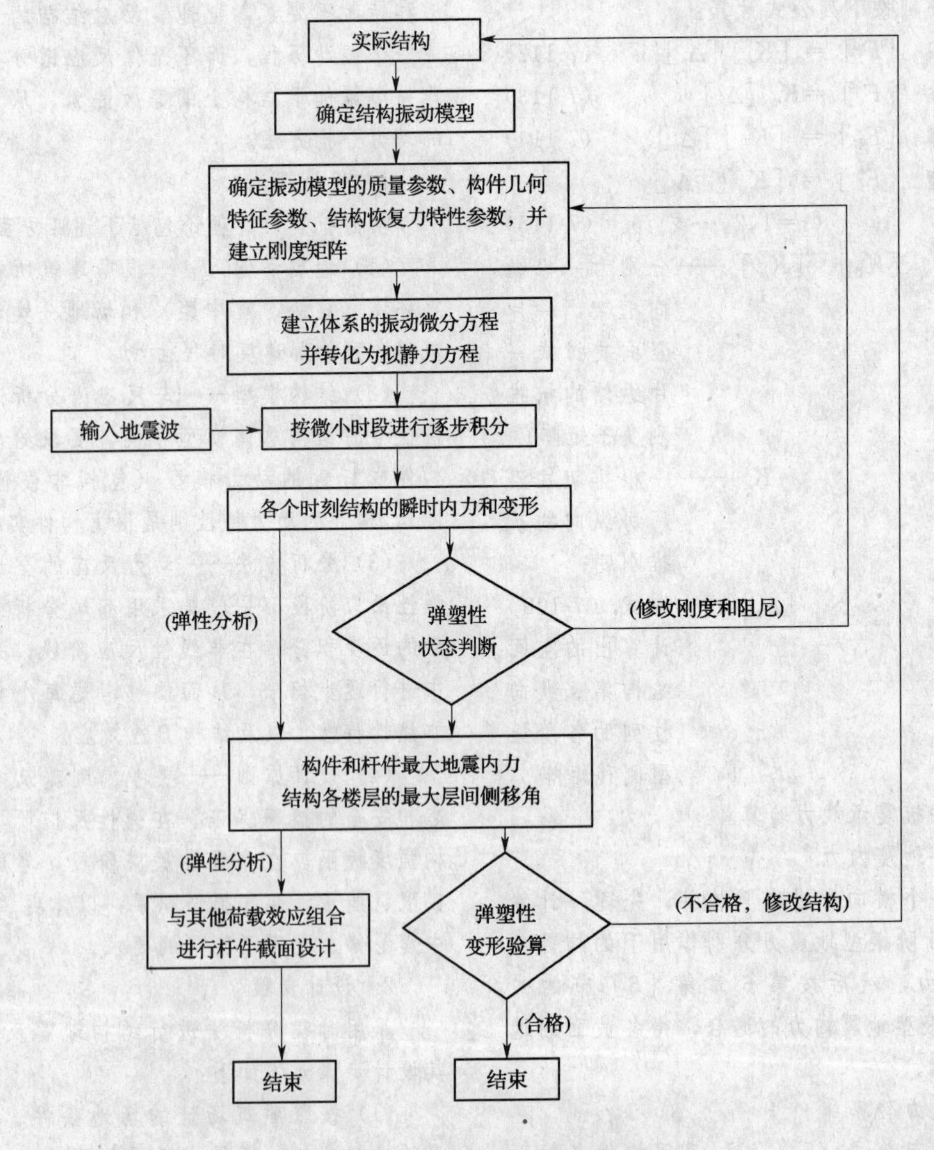

图 7-29 结构时程分析的全过程

地震地面运动加速度记录波形是一个复杂的时间函数，方程的求解要利用逐步计算的数值方法。将地震作用时间划分成许多微小的时段 Δt，基本运动方程改写为 i 时刻至 $i+1$ 时刻的半增量微分方程：

$$[m]\{\ddot{x}\}_{i+1}+[C]_i^{i+1}\{\Delta\dot{x}\}_i^{i+1}+[K]_i^{i+1}\{\Delta x\}_i^{i+1}+\{Q\}_i=-[m]\{\ddot{x}_g\}_{i+1} \tag{7-117}$$

$$\{Q\}_i=\{Q\}_{i-1}+[K]_{i-1}^i\{\Delta x\}_{i-1}^i+[C]_{i-1}^i\{\Delta\dot{x}\}_{i-1}^i$$

$$\{Q\}_0=0$$

然后，借助于不同的近似处理，把 $\{\Delta\ddot{x}\}$、$\{\Delta\dot{x}\}$ 等均用 $\{\Delta x\}$ 表示，获得拟静力方程：

$$[K^*]_i^{i+1}\ \{\Delta x\}_i^{i+1}=\{\Delta p^*\}_i^{i+1} \tag{7-118}$$

求出 $\{\Delta x\}_i^{i+1}$ 后，就可得到 $i+1$ 时刻的位移、速度、加速度及相应的内力和变形，并作为下一步计算的初值，一步一步地求出全部结果——结构内力和变形随时间变化的全过程。

4. 常用的拟静力方程

时程分析法的几种常用的拟静力方程列于表 7-8，供工程设计时使用。

时程分析法的常用拟静力方程表　　表 7-8

方法	计算公式
中点加速度法	$[K^*]_i^{i+1}\ \{\Delta x\}_i^{i+1}=\{\Delta P^*\}_i^{i+1}$ $[K^*]_i^{i+1}=[K]_i^{i+1}+\frac{4}{\Delta t^2}[m]+\frac{2}{\Delta t}[C]_i^{i+1}$ $\{\Delta P^*\}_i^{i+1}=-[m]\{\ddot{x}_g\}_{i+1}+\left(\frac{4}{\Delta t}[m]+2[C]_i^{i+1}\right)\{\dot{x}\}_i+[m]\{\ddot{x}\}_i-\{Q\}_i$ $\{x\}_{i+1}=\{x\}_i+\{\Delta x\}_i^{i+1}$ $\{\dot{x}\}_{i+1}=\frac{2}{\Delta t}\{\Delta x\}_i^{i+1}-\{\dot{x}\}_i$ $\{\ddot{x}\}_{i+1}=\frac{4}{\Delta t^2}\{\Delta x\}_i^{i+1}-\frac{4}{\Delta t}\{\dot{x}\}_i-\{\ddot{x}\}_i$
威尔逊θ法	$[K^*]_i^{i+1}\ \{\Delta x_\tau\}=\{\Delta P^*\}_i^{i+1}\qquad(\tau=\theta\Delta t，\theta=1.4)$ $[K^*]_i^{i+1}=[K]_i^{i+1}+\frac{6}{\tau^2}[m]+\frac{3}{\tau}[C]_i^{i+1}$ $\{\Delta P^*\}_i^{i+1}=-[m]\left(\{\ddot{x}_g\}_{i+1}+(\theta-1)\{\Delta\ddot{x}_g\}_{i+1}^{i+2}-\frac{6}{\tau}\{\dot{x}\}_i-2\{\ddot{x}\}_i\right)+[C]_i^{i+1}\left(3\{\dot{x}\}_i+\frac{\tau}{2}\{\ddot{x}\}_i\right)-\{Q\}_i$ $\{\Delta\ddot{x}_\tau\}=\frac{6}{\tau^2}\{\Delta x_\tau\}-\frac{6}{\tau}\{\ddot{x}\}_i-3\{\ddot{x}\}_i$ $\{x\}_{i+1}=\{x\}_i+\Delta t\{\dot{x}\}_i+\frac{\Delta t^2}{2}\{\ddot{x}\}_i+\frac{\Delta t^2}{6\theta}\{\Delta\ddot{x}_\tau\}$ $\{\dot{x}\}_{i+1}=\{\dot{x}\}_i+\Delta t\{\ddot{x}\}_i+\frac{\Delta t}{2\theta}\{\Delta\ddot{x}_\tau\}$ $\{\ddot{x}\}_{i+1}=\{\ddot{x}\}_i+\frac{1}{\theta}\{\Delta\ddot{x}_\tau\}$
β法	$[K^*]_i^{i+1}\ [\Delta x]_i^{i+1}=\{\Delta P^*\}_i^{i+1}$ $[K^*]_i^{i+1}=[K]_i^{i+1}+\frac{1}{\beta\Delta t^2}[m]+\frac{1}{2\beta\Delta t}[C]_i^{i+1}$ $\{\Delta P*\}_i^{i+1}=-[m]\left(\{\ddot{x}_g\}_{i+1}-\frac{1}{\beta\Delta t}\{\dot{x}\}_i-\frac{1}{2\beta}\{\ddot{x}\}_i\right)+[C]\left(\frac{1}{2\beta}\{\dot{x}\}_i-(1-\frac{1}{4\beta})\Delta t\{\ddot{x}\}_i\right)$ $\{x\}_{i+1}=\{x\}_i+\{\Delta x\}_i^{i+1}$ $\{\dot{x}\}_{i+1}=\frac{1}{2\beta\Delta t}\{\Delta x\}_i^{i+1}+(1-\frac{1}{2\beta})\{\dot{x}\}_i+(1-\frac{1}{4\beta})\Delta t\{\ddot{x}\}_i$ $\{\ddot{x}\}_{i+1}=\frac{1}{\beta\Delta t^2}\{\Delta x\}_i^{i+1}-\frac{1}{\beta\Delta t}\{\dot{x}\}_i+(1-\frac{1}{2\beta})\{\ddot{x}\}_i$ $\frac{1}{8}\leqslant\beta\leqslant\frac{1}{4}$； $\beta=\frac{1}{4}$，即中点加速度法；$\beta=\frac{1}{6}$，即线性加速度法。

5. 地震波的选取

(1) 波的条数

由于地震的不确定性，很难预测建筑物会遇到什么样的地震波。以往大量的计算结果表明，结构对不同地震波的反应，差别很大。为了充分估计未来地震作用下的最大反应，以确保结构的安全，采用时程分析法对高层建筑进行抗震设计时，有必要选取2～3条典型的、具有不同特性的实际强震记录和一条人工模拟的加速度时程曲线作为设计用地震波，分别对结构进行弹塑性反应计算，然后取其平均值或最大值作为构件截面设计依据。

(2) 波的形状

输入的地震波，应优先选取与建筑所在场地的地震地质环境（场地类别和设计地震分组）相近似场地上所取得的实际强震记录（加速度时程曲线）。所选用的强震记录的卓越周期应接近于建筑所在场地的自振周期，其峰值加速度宜大于100Gal。此外，波的性质还应与建筑场地所需考虑的震级、震中距（近震或远震）相对应。

若采用人工模拟的加速度时程曲线时，波的幅值、频谱特性和持时应符合设计条件；波的性质应在统计意义上与反应谱法相协调，即该人工地震波的反应谱要与《抗震规范》对应于建筑所在场地类别的反应谱曲线大体一致，尤其是特征周期 T_g 要尽可能相接近。

国内外进行高层建筑时程分析时所经常采用的几条实际强震记录列于表 7-9，供工程设计时参考选用。

(3) 波的强度

几条著名的实际强震记录　　表 7-9

地震波名称	记录时间	震级	震中距(km)	场地类别	峰值加速度(Gal)①	峰值速度(Kine)②	卓越周期(s)
El Centro (NS)	1940.5	6.3	11.5	Ⅱ	341.7	35.9	0.55
Taft (EW)	1952.7	7.7	55	Ⅱ	175.9	17.3	0.44
新　泻 (EW)	1964.6	7.7			155		0.5
宁　河 (EW)	1976.11	6.9			146.7		0.9
Hachinohe (NS)					225	34.1	
Bucharest (NS)	1977.3	7.2			190		1.0
仙　台 (NS)	1978.6	7.4			258		0.7

①1Gal=0.01m/s^2；　②1Kine=0.01m/s。

现有的实际强震记录，其峰值加速度多半与建筑所在场地的基本烈度不相对应，因而不能直接应用，需要按照建筑物的设防烈度对波的强度进行全面调整。

1）调整方法

调整地震波强度的方法有二：

a. 以加速度为标准，即采用相应于建筑设防烈度的峰值加速度基准值与强震记录峰值加速度的比值，对整个加速度时程曲线的振幅进行全面调整，作为设计用加速度波；

b. 以速度为标准，即采用相应于建筑设防烈度的峰值速度基准值与强震记录峰值速度的比值，对整个加速度时程曲线的振幅进行全面调整，作为设计用加速度波。

大量时程分析结果表明，对于长周期成分较丰富的地震波，地震强度以加速度为标准进行调幅时，结构对不同波形的反应离散性较大；以速度为标准进行调幅时，结构对不同波形的反应离散性较小。

2）基准值

相应于建筑抗震设防三个水准（小震、中震、大震）的地震动时程的峰值加速度基准值和峰值速度基准值列于表 7-10，供工程设计时按照设防烈度对输入地震波（加速度时程曲线）进行强度（振幅）调整。

地震波强度基准值　　表 7-10

设防烈度＼设防水准		峰值加速度 (Gal)			峰值速度 (Kine)		
		小震	中震	大震	小震	中震	大震
7 度	1 区	35	100	220		10	20
	2 区	55	150	310			
8 度	1 区	70	200	400		20	35
	2 区	110	300	510			
9 度		140	400	620			

3）强度调整

将所选用地震加速度记录的峰值，调整到与建筑场地“设防地震动水准”相应的设计加速度峰值，并以此为基准，对整个地震动加速度记录进行全面的调幅，即得时程分析用的设计地震动加速度记录。

(4) 波的持时

地震动加速度时程曲线 $\ddot{x}_g(t)$ 不是一个确定的函数，而是一系列随时间变化的随机脉冲，振型和频率变化频繁而且无一定规律。因此，不能根据 $\ddot{x}_g(t)$ 波形采用解析方法直接求解结构振动方程，必须将地震波按照时段 Δt（时间步长）进行数值化，然后按一个个时段对结构基本振动方程进行直接积分，从而计算出各时段分点的“质点系”位移、速度和加速度。一般常取时段 Δt=0.01～0.02s，即对地震记录的每一秒钟，需要解振动方程 50 次到 100 次，可见计算工作量是很大的。所以，持续时间不能取得过长。但取短了，计算误差又会太大。

对基本周期 T_1=2.2s、阻尼比 ξ=5％的 20 层楼房，采用 El-Centro 地震波进行弹塑性时程分析，持时 t 分别取地震波的前 4s、前 8s 和前 12s 所计算出的结构侧移曲线，示于图 7-30。可以看出，取 t=4s 时，顶点侧移竟偏小 25％。目前，一般是从一条地震波中截取 8～12s 最有代表性的强震段，最长不超过 15s，作为输入地震波。对于超高层建筑，地震波的持续时间还不宜小于建筑结构基本自振周期 T_1 的 5 倍。

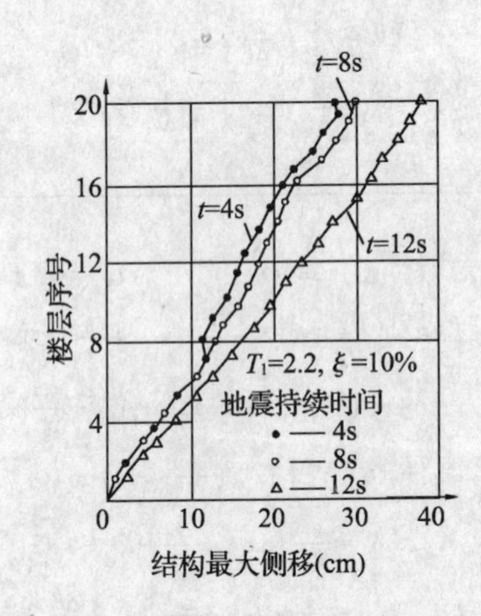

图 7-30　地震持时对结构侧移的影响

二、弹性时程分析法

1. 原理和特点

(1) 弹性时程分析法，是利用逐步积分的数值法，直接求解微分方程式（7-116）。方法是，首先将地震动时域划分为足够小的许多"时间步长"Δt，从地震动 $\ddot{x}_g(t)$ 作用于结构体系时 $(t=0)$，结构处于初始的静止条件（$x_{t=0}=\dot{x}_{t=0}=0$）下开始，按积分步长 Δt，根据前一"时间步长"末已经求得的结构反应 $\ddot{x}_t$、$\dot{x}_t$ 和 x_t，作为本步长计算时的初始条件，与已知的本时间步长的地震动输入 $\ddot{x}_g(t+\Delta t)$，通过式（7-117）所示的半增量微分方程，求得本时间步长末端的结构反应 $\ddot{x}_{t+\Delta t}$、$\dot{x}_{t+\Delta t}$ 和 $x_{t+\Delta t}$，如此循环，逐步地计算出整个地震动时域内结构体系的地震反应 $\ddot{x}_{(t)}$、$\dot{x}_{(t)}$ 和 $x(t)$。

（2）弹性时程分析法的特点是：认定结构在整个地震动过程中始终处于弹性变形阶段，而不进入塑性变形状态。结构振动方程式（7-116）中的刚度矩阵［K］和阻尼矩阵［C］，采用结构弹性变形阶段的数值，并在整个计算过程中保持不变。计算结果给出的是，结构在整个地震动时域内的弹性变形，因而，此方法仅适用于多遇烈度地震作用下的结构弹性反应分析。

2. 应用范围

《抗震规范》第 5.1.2 条规定：特别不规则的建筑、甲类建筑和表 7-11 所列高度范围内的高层建筑，应采用（弹性）时程分析法进行多遇（烈度）地震下的补充计算。

采用（弹性）时程分析法的房屋高度范围

表 7-11

抗震设防烈度	场地类别	房屋高度范围（m）
7 度	Ⅰ～Ⅳ类场地	＞100
8 度	Ⅰ、Ⅱ类场地	＞100
	Ⅲ、Ⅳ类场地	＞80
9 度	Ⅰ～Ⅳ类场地	＞60

3. 加速度时程曲线

《抗震规范》第 5.1.2 条规定：

（1）采用时程分析法时，应按建筑场地类别和设计地震分组，选用不少于二组的实际强震记录和一组人工模拟的加速度时程曲线，其平均地震影响系数曲线应与振型分解反应谱法所采用的地震影响系数曲线在统计意义上相符。

（2）地震加速度时程曲线的最大值按表 7-12 采用。

4. 计算模型

时程分析所用地震加速度时程的最大值（cm/s^2）

表 7-12

设防烈度 / 地震影响	6 度	7 度		8 度		9 度
		1 区	2 区	1 区	2 区	
多遇烈度地震（弹性时程分析）	18	35	55	70	110	140
偶遇烈度地震（弹塑性时程分析）	50	100	150	200	300	400
罕遇烈度地震（弹塑性时程分析）	120	220	310	400	510	620

（1）弹性时程分析可采用与反应谱法相同的计算模型；从平面结构的层模型以至复杂结构的三维空间杆系模型，计算可在采用反应谱法时建立的抗推（侧向）刚度矩阵和质量矩阵的基础上进行，不必重新输入结构的基本参数。

（2）鉴于计算结果的工程判断以模型的层间剪力和变形为主，通常以等效层模型为主要的分析模型。该模型的组成如表 7-13 所示。

弹性时程分析的计算模型　　表 7-13

项目	主要特点
质量矩阵	由集中于楼盖、屋盖处的重力荷载代表值对应的质量、转动惯量组成的对角矩阵
刚度矩阵	以楼层等效抗推刚度形成的三对角矩阵；等效抗推刚度 K_i 取反应谱法求得的层间地震剪力 V_e 除以层间的位移 Δu_e，即 $K_i=V_e(i)/\Delta u_e(i)$
阻尼矩阵	对阻尼均匀的结构，使用瑞雷阻尼矩阵 C $C=aM+bK$ $\begin{Bmatrix} a \\ b \end{Bmatrix}=\frac{2\zeta}{\omega_1+\omega_n}\begin{Bmatrix} \omega_1+\omega_n \\ 1 \end{Bmatrix}$
M	总质量矩阵
K	总刚度矩阵
ω_1	基本自振圆频率
ω_n	必须考虑的最高振型 n 的圆频率
ζ	结构阻尼比，对阻尼性质不均匀的结构，例如当结构为部分钢结构，部分为混凝土结构，或安装有大型消能装置，或考虑"地基土-结构"相互作用时，通过反映构件阻尼特性的单元阻尼矩阵，建立非经典阻尼的总阻尼矩阵

5. 计算结果的工程判断

（1）根据《抗震规范》第 5.1.2 条的规定，对结构进行多遇烈度地震下的弹性时程分析，是对振型分解反应谱分析法的补充计算，应与反应谱分析法的计算结果相协调，并按表 7-14 的要求予以修正。

弹性时程分析法与反应谱分析法计算结果的比较与修正

表 7-14

项目	内容要求
总剪力判断	每条时程曲线计算所得结构底部剪力，均不应小于振型分解反应谱法计算结果的 65%。多条时程曲线计算所得结构底部剪力的平均值，不应小于振型分解反应谱法计算结果的 80%；当小于 80%时，所有内力（层间剪力和各构件的内力）都按同一比例增大，使时程分析法的底部剪力达到 80%
位移判断	当计算模型未能充分考虑填充墙等非结构部件的影响时，与采用反应谱法时相似，对所获得的位移等，也要求乘以相应的经验系数
比较和修正	多条加速度波的计算结果，取各条同一层间的剪力和变形在不同时刻的最大值的平均值，以结构的楼层剪力和层间变形为主要控制指标，对时程分析法的结果和反应谱法的结果加以比较、分析，适当调整反应谱法的计算结果
调整方法举例	以设防烈度为设计依据时，可有三种调整方法：1）若两种方法的结构底部剪力大致相当，各楼层的层间剪力可直接取两种方法的较大值；2）若两种方法的结构底部剪力差异较大，可先将时程分析法的全部计算结果按比例调整，使两种方法的结构底部剪力大致相当，然后，各楼层的层间剪力再取两种方法的较大值；3）只对层间变形较大的楼层适当增加配筋或改变构件尺寸

（2）当使用三维空间杆系模型时，建议对钢筋混凝土构件，使用三组波中的每组与重力荷载代表值联合作用下，计算出的主筋配筋量的平均值，与反应谱法计算的配筋量相比较，取较大值；对钢结构构件，使用三组波中的每组与重力荷载代表值联合作用下计算的最大应力的平均值，与反应谱法计算的应力值相比较，取较大值。

三、弹塑性时程分析法

1. 结构弹塑性地震反应

（1）强烈地震作用下，结构将进入塑性（非线性）变形阶段，其地震反应具有如下特点：①结构刚度降低，阻尼加大，结构变形增长加剧；②变形和强度成为决定结构安全的两个重要因素，过大的变形将使结构严重破坏甚至变成机动体系而倒塌；③由于结构各部位的最大地震反应并不出现在同一时刻，抗侧力结构体系各构件、杆件的强度储备也不尽相同，部分杆件将先达到屈服极限，先行进入非线性变形阶段，整个结构的动力特性发生变化，从而使结构地震反应发生改变；④结构中相对柔弱的楼层，因发生塑性变形集中效应，层间侧移急剧增长；⑤结构进入塑性阶段后，共振效应加强，结构变形进一步增大；⑥地震动持续时间延长，结构变形持续增长，破坏程度加重，存在刚度退化、强度劣化的结构，地震动持时的延长对结构变形的影响更加显著。事实证明，只有弹塑性时程分析法才能比较如实地反映上述各种情况。

（2）在多遇烈度地震作用下结构处于弹性状态时，构件（或楼层）的刚度始终不变；当结构在强烈地震作用下由弹性进入塑性阶段后，构件（或楼层）的刚度，要按照结构恢复力特性曲线上的所在位置取值，其数值在振动过程中不断发生变化。

2. 弹塑性时程分析法的特点

（1）弹塑性时程分析法，是对结构在地震动时域内进行从弹性变形到塑性变形的全过程地震反应分析，给出结构各构件或杆件每一时刻的内力和变形，并给出结构各杆件先后屈服的顺序，柔弱楼层的塑性变形集中量值，地震动持时对结构变形和破坏程度的累积效应，以及结构可能发生的屈服机制和倒塌机制。

（2）与弹性时程分析法不同，在计算过程中，结构振动方程中的刚度矩阵 $[K]$ 和阻尼矩阵 $[C]$，不再是常数，而是取结构不同时刻地震反应相对位移 $[x]$ 和相对速度 $[\dot{x}]$ 的函数，每一时刻具有不同的数值，因而每一时间步长的数值均需运用增值法重新计算。

（3）弹塑性时程分析法真正全面地考虑了地震动时程的振幅、频谱与持时三要素，切实考虑了结构的振动破坏机制以及地震动持续时间对结构变形和破坏程度的累积效应，因而能够比较真实地给出整个地震动时域各个时刻的结构内力和变形，是强烈地震作用下高层建筑比较可靠的抗震分析方法。

3. 应用范围

《抗震规范》第 5.5.2 条和第 5.5.3 条规定：下列结构可采用静力弹塑性分析方法或弹塑性时程分析法，对结构进行罕遇烈度地震作用下薄（柔）弱层的弹塑性变形验算。

（1）下列结构应进行弹塑性变形验算：

1）7～9 度时楼层屈服强度系数小于 0.5 的钢筋混凝土框架结构；

2）高度大于 150m 的结构；

3）甲类建筑和 9 度时乙类建筑中的钢筋混凝土结构和钢结构；

4）采用隔震和消能减震设计的结构；

5）8 度Ⅲ、Ⅳ类场地和 9 度时，高大的单层钢筋混凝土柱厂房的横向排架；

6）形状不规则的地下建筑结构和地下空间综合体，如地铁枢纽站、采用多层框架结构的地下换乘站。

(2) 下列结构宜进行弹塑性变形验算:

1) 表 7-11 所列高度范围且属于表 10-3 所列竖向不规则类型的高层建筑结构;

2) 7 度Ⅲ、Ⅳ类场地和 8 度时乙类建筑中的钢筋混凝土结构和钢结构;

3) 板柱-抗震墙结构和底部框架砖房;

4) 高度不大于 150m 的其他高层钢结构。

4. 振动模型

采用时程分析法进行高层建筑结构地震反应分析时,需要根据结构特征、计算目标和计算机容量,确定结构的振动模型。其基本原则仍然是:1. 能确切地反应结构的变形性质;2. 计算简单方便。目前常用的振动模型大体上可以分为以下三类。

(1) 层模型

1) 特点

层模型是以一个楼层为基本单元,将整个结构(图 7-31a)各竖构件合并为一根竖杆,用结构的楼层等效剪切刚度作为竖杆的层间刚度;并将全部建筑质量就近分别集中于各层楼盖处作为一个质点,从而形成"串联质点系"振动模型(图 7-31b)。层模型的特点是:①自由度数目等于结构的总层数(错层结构例外),自由度较少;②层弹性刚度以及层弹塑性恢复力特性比较容易确定;③计算工作量少。

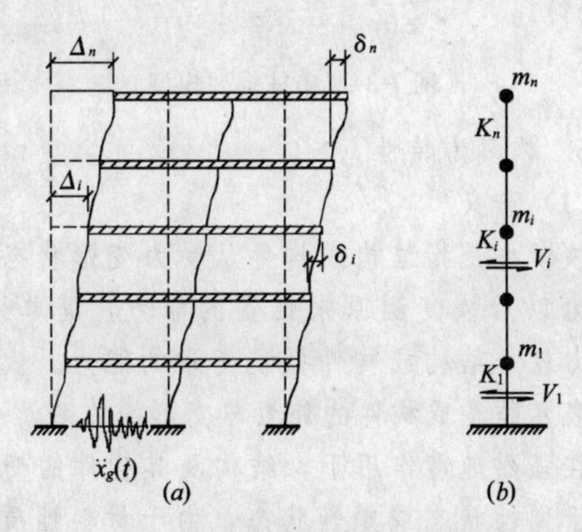

图 7-31 结构弹塑性分析用的层模型

(a) 结构简图及侧移;(b) 振动模型

采用层模型进行结构弹塑性时程分析,能够扼要地为工程设计提供结构弹塑性变形阶段的楼层剪力和层间位移状态全过程,实用简便,是当前实际工程中应用最为广泛的方法。

2) 类型

层模型又可进一步分为剪切层模型和弯剪层模型。

a. 剪切层模型

剪切层模型所作的基本假定有:①结构中水平杆件的刚度为无穷大,不产生竖向剪弯变形;②结构中的竖杆件在水平荷载作用下不产生轴向变形;③不考虑上、下楼层之间力和变形的相互影响。就是说,地震时各层楼盖仅产生水平相对位移,不发生倾斜式转动,也不产生任何竖向变形。模型的层刚度仅决定于本楼层中各竖杆件的剪弯刚度。剪切层模型最适合用于强梁弱柱型框架之类的结构体系。

b. 弯剪层模型

弯剪层模型与剪切层模型不同之处,仅在于取消其所作的三项基本假定,在确定层刚度时,考虑框架梁的变形以及上、下层之间的相互影响。此种模型适用于强柱弱梁型框架,也可用于框-墙、框-撑等结构体系。

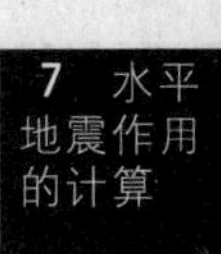

3) 层间刚度的计算

对于两种类型的层模型,均可利用反应谱振型分析法的计算结果来计算层间刚度,第 i 楼层的层间刚度 K_i 等于振型遇合后的第 i 楼层水平剪力 V_i 除以第 i 楼层的层间侧移 δ_i(图 7-31),即 $K_i=V_i/\delta_i$。对于强梁弱柱型框架,也可利用 D 值法确定结构的层间刚度。

(2) 杆模型

1) 特点

杆模型是以结构中的梁、柱等杆件作为弹塑性分析的基本单元。方法是:将整个结构转变为一榀等效的平面框架,全部质量分别集中到各个框架节点处,在每个节点处形成一个质点(图 7-32a)。每一个节点均具有水平位移、竖向位移和节点转动三个位移未知量(静力自由度),整个杆模型共有 $3n$ 个静力自由度(n 为总节点数)。不过,一般情况下,每一楼层仍仅考虑一个"侧移"动力自由度,每个质点考虑一个竖向动力自由度;质点不存在转动的动力自由度,所以,杆模型的动力自由度要比静力自由度少,它等于质点数加楼层数。因此建立杆模型的刚度矩阵时,应先将与动力自由度无关的位移未知量消去。

杆模型比较适用于强柱弱梁型框架或混合型框架,图 7-32a 为框架体系的杆模型。对于框-墙体系,其中的实体抗震墙和大开洞抗震墙均可采用线形杆件来代表,大开洞抗震墙(图 7-32b)可以转化为带刚域框架(图 7-32c),从而形成杆模型。

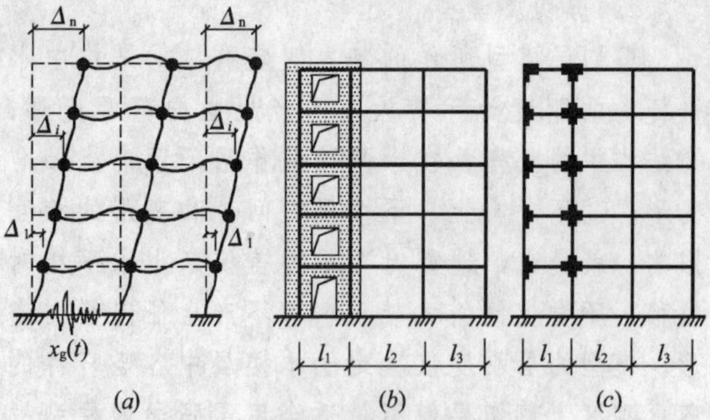

图 7-32 结构弹塑性分析用的杆模型

(a) 框架体系；(b) 框-墙体系结构简图；

(c) 带刚域框架杆模型

2) 弹塑性杆件的计算模型

作为杆模型的框架，其变形性质取决于各杆件的变形性质。目前，对于弹塑性杆件的计算模型可分为三种：①Giberson 单分量模型，采用在杆件两端各设置一个等效弹簧的单杆（图 7-33*a*），来反映杆件的弹塑性变形性质；②Clough 双分量模型，采用两根平行的杆件来代表，其中一根分杆表述杆件的弹性变形性质，另一分杆反映杆件屈服后的弹塑性变形性质（图 7-33*b*）；③青山博之三分量模型，假设杆件由三根不同性质的分杆组成，分别反映杆件的弹性性质、混凝土开裂和钢筋屈服等性质（图 7-33*c*）。改进的单分量模型，仅利用杆端的塑性转角即可刻画出杆件的弹塑性变形性质，而且杆件两端的弹塑性特征参数是互相独立的，在不同的约束条件和不同的弹塑性状态下，均有相同的单元刚度矩阵表达式。

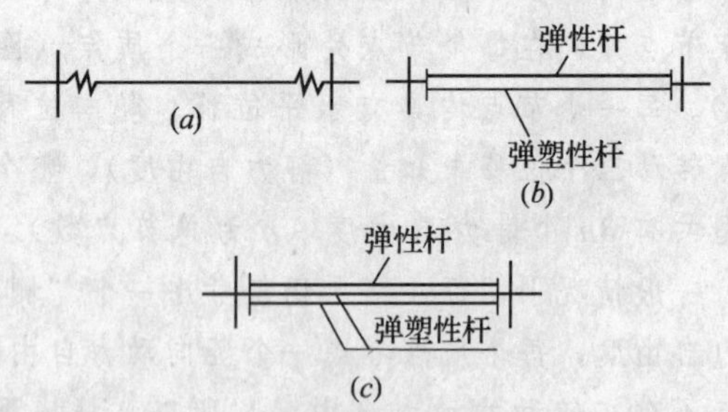

图 7-33 弹塑性杆件的计算模型

(a) 单分量模型；(b) 双分量模型；

(c) 三分量模型

3) 计算功能

采用杆模型进行框架体系和框-墙体系的弹塑性时程分析，可以较细致地求得结构各杆件、各部位的内力和变形状态，并可求出地震过程中各杆件进入开裂和屈服状态的先后次序。

尽管在确定杆件弹塑性单元刚度和结构总刚度时，目前已可采用改进的单分量杆件模型，仅需杆端塑性转角一个状态参数即可描述杆件及结构的弹塑性状态，使计算程序得到简化。然而，与层模型相比较，计算机时仍然长得多。

(3) 单柱框架模型

对于强柱型框架和框-墙体系等弯剪型结构，若采用剪切型层模型，由于对结构变形特性的描述不够贴切，计算误差较大。对于框架体系，杆模型虽然能给出比较细致的结果，但计算工作量很大；而单柱框架模型（图 7-34）保留了杆模型的计算特点，仍以杆件为基本计算单元，能够考虑结构的整体弯曲变形。由于节点数仅相当于杆模型的几分之一，计算机时又可以大大减少。采用单柱框架模型进行结构的弹塑性时程分析，所给出的层间侧移反应、楼层剪力反应以及杆件破坏状态，与杆模型的计算结果比较接近，基本上能满足工程设计的精度要求。

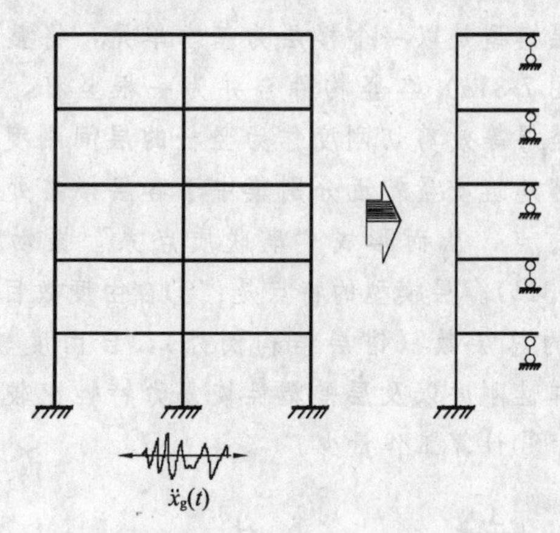

图 7-34 单柱框架模型

5. 恢复力特性

(1) 含义

恢复力是指结构或构件从受力变形状态下除去外力以后恢复到原来位置的能力，简单地说，恢复力就是结构或构件抵抗变形的能力。恢复力特性表示结构或构件的外力与变形的关系。

在强烈地震作用下，结构及其构件的变形反复处于弹性状态或塑性状态。由于材料性质、受力方式及构件类型的不同，恢复力特性是复杂的。必须通过大量试验研究，作出“恢复力-变形”的关系曲线，再将它加以简化，得出能用数学方式表达的便于应用的模型。此种实用化的模型，一般称为恢复力模型。恢复力模型概括了结构或构件的刚度、强度、延性、吸能等多方面力学特性，它是结构弹塑性动力反应分析的重要依据。

(2) 杆件滞回环线

直接对实际结构进行恢复力特性测定的试验

是极其困难的，一般是以结构中常用的梁、柱、墙体等典型杆件，典型节点，或者进一步以框架层间单元作为试验对象，制作出恢复力模型，然后组合成分析用的结构恢复力模型。

地震作用下结构变形具有如下特点：①是一个循环往复的过程，但循环次数不多（十几次到几十次）；②变形速度较慢；③变形量值较大。所以，结构地震破坏实质上是一种少（低）周疲劳破坏。为模拟结构地震破坏的特征，构件试验多采用往复静力加载或模拟地震的动力加载。图 7-35a 和 b 分别表示钢筋混凝土弯曲杆和剪切杆的恢复力-变形曲线，称为滞回环线。从中可以看出，弯曲杆滞回环线呈弓形，比较胖；剪切杆滞回环线呈反 S 形，比较瘦。然而，各种钢筋混凝土杆件的滞回环线均具有如下共同性质：

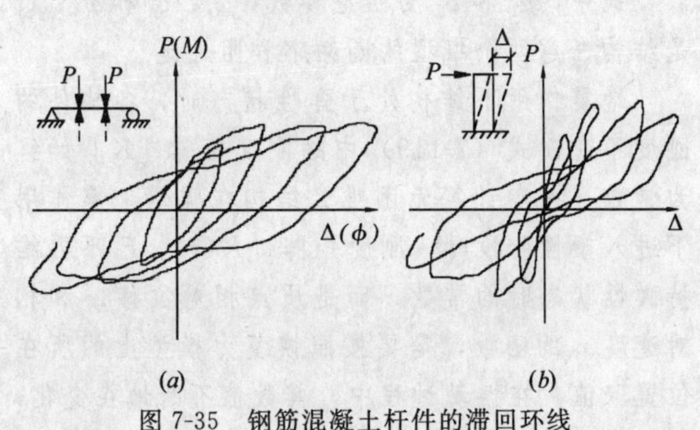

图 7-35　钢筋混凝土杆件的滞回环线

(a) 弯曲杆；(b) 剪切杆

1）加载初期呈直线，表明杆件处于线性弹性状态；随着荷载增加，混凝土开裂，曲线出现明显转折，曲线坡度（表示杆件刚度）减小；荷载继续加大，钢筋达到屈服时，出现滑移现象，曲线趋于水平，刚度接近于零。

2）从加载转变为卸载时，曲线坡度与初始加载时相比略有下降，下降程度随该次循环最大位移的增大而加剧；当荷载卸至零荷载时，存在明显的残余变形。

3）在往复加载过程中，滞回环线所包围的面积（代表耗散能量的多少）随着变形幅值的增加而加大。

4）在稳态循环（每次加载循环的位移幅值相同）时，各循环的滞回环线几乎相同，但在非稳态循环（每一循环都增加位移幅值）时，每当荷载反向，曲线都有指向前半个循环的最大值的趋势，即曲线变得更为平缓，表现出刚度退化。

5）把各次滞回环线反转点的轨迹连成的曲线，称为"骨架曲线"。它是各次滞回环线峰点的包络线。骨架曲线对称于坐标原点，其形状与一次加载的恢复力-变形曲线很相似。

(3) 恢复力模型

对于杆件试验所得的骨架曲线，考虑开裂点、屈服点、屈服前后刚度变化以及刚度退化等特征，用分段线性化的方法将它简化为多段折线，即得供工程计算使用的恢复力模型。

恢复力模型的纵坐标和横坐标分别表示力（S）和变形（δ）。针对不同杆件，它可以是力-位移（F-Δ），弯矩-转角（M-θ），弯矩-曲率（M-φ），剪力-变形角（V-γ），或应力-应变（σ-ε）等关系曲线。

恢复力模型，按单向加载时的分段数目以及刚度变化情况，又可分为以下几种类型：

1）双线型

图 7-36（a）为理想弹塑性双线型模型，图 7-36（b）为硬化双线型模型。双线型恢复力模型需要屈服力 S_y、刚度 k_1 和 k_2 三个参数来确定。S_y 和 δ_y 可由试验数据或经验公式确定。$k_1=S_y/\delta_y$，k_2 值则根据最大恢复力和相应变形确定。

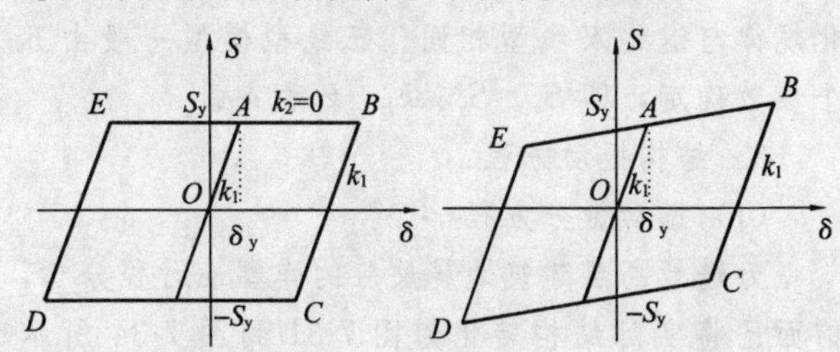

图 7-36　双线性恢复力模型

(a) 理想弹塑性模型；(b) 硬化双线型

2）退化双线型

为考虑钢筋混凝土构件的刚度退化性质，Clough 提出一种退化双线型模型（图 7-37）。其特点是：①在前一次循环之后再加载时，刚度的降低与前一次循环的最大变形有关；②屈服以后卸载时的斜线，与第一次加载时的直线平行；③反向加载时的直线指向前一次循环的最大变形点。此类模型的确定也只需要上述的三个参数。

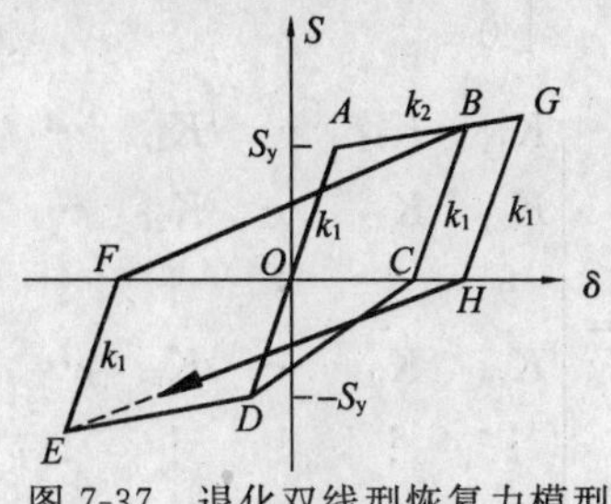

图 7-37　退化双线型恢复力模型

3）三线型模型

为了反映钢筋混凝土结构或杆件的开裂、屈服过程，在双线型模型的屈服点之前再增加一个开裂点，便形成三线型恢复力模型。图 7-38（a）为日本武藤清提出的滑移退化三线型模型；图 7-38（b）为我国大连工学院提出的硬化退化三线型模型。

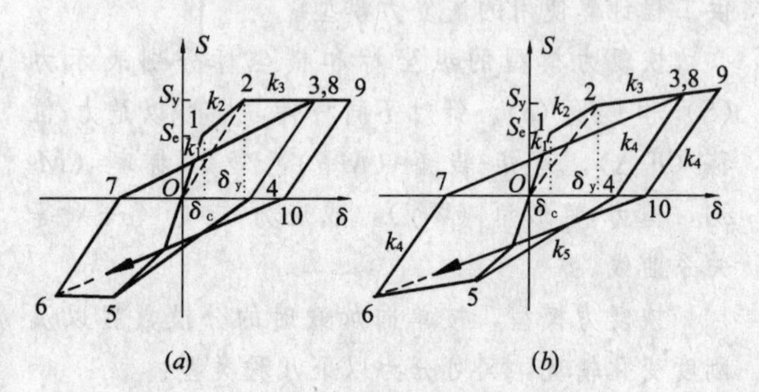

图 7-38　三线型恢复力模型

（a）滑移退化型；（b）硬化退化型

上述两种模型中，1 号点是开裂点，S_c 和 δ_c 分别为开裂力和相应变形；2 号点和 5 号点代表屈服点；屈服以后的卸荷直线$\overline{3-4}$和$\overline{9-10}$与割线$\overline{0-2}$平行，k_4 称为割线刚度，$k_4=\alpha_q k_1$。其余的变化规律与退化双线型相同。三线型模型一般由五个参数确定，即 S_c、S_y、k_1、k_2 和 k_3。

6. 结构振动方程

（1）振动微分方程

为进行高层建筑地震反应的弹塑性时程分析，前面已将实际结构转化为图 7-31 到图 7-34 所示的振动模型，其多质点系在地震作用下的振动微分方程可以写为

$$[m]\{\ddot{x}\}+[C]\{\dot{x}\}+[K]\{x\}=-[m]\{\ddot{x}_g\} \tag{7-119}$$

式中　$[m]$、$[K]$ ——多质点系的质量矩阵和 t 时刻的刚度矩阵，

$$[m]=\begin{bmatrix} m_1 & & & & & 0 \\ & m_2 & & & & \\ & & \ddots & & & \\ & & & m_i & & \\ & & & & \ddots & \\ 0 & & & & & m_n \end{bmatrix}$$

$$[K]=\begin{bmatrix} K_{11} & K_{12} & \cdots & K_{1i} & \cdots & K_{1n} \\ K_{21} & K_{22} & \cdots & K_{2i} & \cdots & K_{2n} \\ \vdots & \vdots & \vdots & \vdots & \vdots & \vdots \\ K_{i1} & K_{i2} & \cdots & K_{ii} & \cdots & K_{in} \\ \vdots & \vdots & \vdots & \vdots & \vdots & \vdots \\ K_{n1} & K_{n2} & \cdots & K_{ni} & \cdots & K_{nn} \end{bmatrix}$$

$\{x\}$、$\{\dot{x}\}$、$\{\ddot{x}\}$ ——分别为各质点在 t 时刻的相对位移、相对速度、相对加速度所组成的列向量，

$$\{x\}=\{x(t)\}=[x_1(t)\ x_2(t)\ \cdots\ x_i(t)\ \cdots\ x_n(t)]^T$$

$$\{\dot{x}\}=\{\dot{x}(t)\}=[\dot{x}_1(t)\ \dot{x}_2(t)\ \cdots\ \dot{x}_i(t)\ \cdots\ \dot{x}_n(t)]^T$$

$$\{\ddot{x}\}=\{\ddot{x}(t)\}=[\ddot{x}_1(t)\ \ddot{x}_2(t)\ \cdots\ \ddot{x}_i(t)\ \cdots\ \ddot{x}_n(t)]^T$$

$\{\ddot{x}_g\}$ ——沿 x 方向输入的地震动水平加速度时程曲线，

$$\{\ddot{x}_g\}=\{\ddot{x}_g(t)\}=[\ddot{x}_g(t)\ \ddot{x}_g(t)\ \cdots\ \ddot{x}_g(t)\ \cdots\ \ddot{x}_g(t)]^T$$

$[C]$ ——t 时刻多质点系的阻尼矩阵，

$$[C]=[C(t)]=\alpha_1[m]+a_2[K(t)]$$

$$\alpha_1=2\omega_j\omega_k\ (\omega_j\zeta_k-\omega_k\zeta_j)\ /\ (\omega_j^2-\omega_k^2)$$

$$\alpha_2=2\ (\omega_j\zeta_j-\omega_k\zeta_k)\ /\ (\omega_j^2-\omega_k^2)$$

式中，α_1 和 α_2 为阻尼参数，ω_j、ζ_j 和 ω_k、ζ_k 是结构任意两个振型的圆频率和阻尼比。

地震作用下结构处于弹性状态时，各构件的刚度不变，式（7-119）中的刚度矩阵［K］始终为常数，按步计算无困难。结构在强烈地震作用下进入塑性阶段时，刚度矩阵［$K(t)$］已不再维持弹性状态时的常数，而是质点相对位移 x 和相对速度 $\dot{x}$ 的函数，需要按照恢复力模型上的所在位置取值，在振动过程中，其数值不断地在变化，每一步都需要重新计算。所以，在求解微分方程式（7-119）时，也可以先将它转化为全增量微分方程或半增量微分方程，然后采用拟静力方法去求解。

（2）全增量方程

假定式（7-119）为 t_i 时刻多质点系的振动微分方程，经过一个微小时段 Δt 之后，于 t_{i+1} 时刻多质点系振动微分方程则为

$$[m]\{\ddot{x}+\Delta\ddot{x}\}+[C(t+\Delta t)]\{\dot{x}+\Delta\dot{x}\}+[K(t+\Delta t)]\{x+\Delta x\}=-[m]\{\ddot{x}_g+\Delta\ddot{x}_g\} \tag{7-120}$$

设结构在 t_i 时刻和 t_{i+1} 时刻的位移均落在恢复力模型的同一直线段上，则［K］和［C］在这一时段内均为常数，$[K(t)]=[K(t+\Delta t)]=[K]_i$，$[C(t)]=[C(t+\Delta t)]=[C]_i$，那末，用式（7-120）去减式（7-119），即得多质点系在 t_i 到 t_{i+1} 时段的全增量微分方程：

$$[m]\ \{\Delta\ddot{x}\}_{i,i+1}+\ [C]_i\ \{\Delta\dot{x}\}_{i,i+1}+\ [K]_i\ \{\Delta x\}_{i,i+1}=-\ [m]\ \{\Delta\ddot{x}_g\}_{i,i+1} \tag{7-121a}$$

或简写为

$$[m]\{\Delta\ddot{x}\}+[C]\{\Delta\dot{x}\}+[K]\{\Delta x\}=-[m]\{\Delta\ddot{x}_g\} \tag{7-121b}$$

式中　$[C]_i$、$[K]_i$——t_i时刻的结构阻尼矩阵和结构刚度矩阵；

$\{\Delta x\}_{i,i+1}$、$\{\Delta\dot{x}\}_{i,i+1}$、$\{\Delta\ddot{x}\}_{i,i+1}$——第$i+1$时段（$t_i$到$t_{i+1}$）内各质点相对位移、相对速度和相对加速度的增量所组成的列向量；

$\{\Delta\ddot{x}_g\}_{i,i+1}$——第$i+1$时段内地面运动加速度增量的列向量。

(3) 半增量方程

当采用半增量形式时，式（7-119）可改写为

$$[m]\{\ddot{x}\}_{i+1}+[C]_i\{\Delta\dot{x}\}_{i,i+1}+[K]_i\{\Delta x\}_{i,i+1}+[F]_i=-[m]\{\ddot{x}_g\}_{i+1} \quad (7\text{-}122)$$

$$\{F\}_i=\{F\}_{i-1}+[C]_{i-1}\{\Delta\dot{x}\}_{i-1,i}+[K]_{i-1}\{\Delta \mathrm{x}\}_{i-1,i}$$

$$\{F\}_0=0 \quad (i=0,1,2\cdots,i,i+1,\cdots)$$

式中　$\{\ddot{x}\}_{i+1}$、$\{\ddot{x}_g\}_{i+1}$——分别为t_{i+1}时刻各质点相对加速度和地面运动加速度列向量；

$[C]_{i-1}$、$[K]_{i-1}$——t_{i-1}时刻结构的阻尼矩阵和刚度矩阵；

$[C]_i$、$[K]_i$——t_i时刻结构的阻尼矩阵和刚度矩阵；

$\{\Delta x\}_{i,i-1}$、$\{\Delta\dot{x}\}_{i,i-1}$——在第$t_i$时段（$t_{i-1}$到$t_i$）内，各质点相对位移、相对速度的增量所组成的列向量；

$\{\Delta x\}_{i,i+1}$、$\{\Delta\dot{x}\}_{i,i+1}$——在第$i+1$时段（$t_i$到$t_{i+1}$）内，各质点相对位移、相对速度的增量所组成的列向量。

7. 逐步积分法

(1) 方法和步骤

对于结构振动微分方程式（7-119）～式（7-122），一般均采用数值解法，而且多采用逐步积分法。比较常用的逐步积分法有：线性加速度法，威尔逊θ法，中点加速度法，纽马克β法和龙格-库塔法等。这些方法的计算步骤均为：

1）将整个地震动时程划分为一系列的微小时段，每一时段的长度称为步长，记为Δt。一般均采取等步长，特殊情况也有采取变步长的。Δt取值越小，计算精度越高，但计算工作量也越大。对于高层建筑，通常取$\Delta t=0.01\sim0.02$s，即每秒钟划分为50～100步。

2）对于实际地震动加速度记录，经过零线调整等一些必要的处理后，按照时段Δt进行数值化。

3）在每一个微小时段Δt内，把m、$C(t)$、$K(t)$及$\ddot{x}_g(t)$均视为常数。

4）利用第$i+1$时段（从t_i时刻到t_{i+1}时刻）的前端值x_i、$\dot{x}_i$、$\ddot{x}_i$，来求该时段的末端值x_{i+1}、$\dot{x}_{i+1}$和$\ddot{x}_{i+1}$。

由第一时段（从t_0时刻到t_1时刻）开始，利用第一时段起点（$i=0$处）的前端值x_0、$\dot{x}_0$、$\ddot{x}_0$，来计算第一时段终点（$i=1$处）的末端值x_1、$\dot{x}_1$、$\ddot{x}_1$，然后又将此等末端值作为第二时段的前端值（$i=1$处），求第二时段的末端值（$i=2$处）x_2、$\dot{x}_2$和$\ddot{x}_2$。循序渐进地对每一时段重复上述步骤，即得整个时程的结构地震反应。

在结构地震反应分析中，对于$i=0$处的初始值，一般均取$x_0=\dot{x}_0=\ddot{x}_0=0$，有时也以静荷载下的反应作为初始值。

(2) 线性加速度法

1959年纽马克提出一个通用的逐步积分的数值解法，其基本假定是：地震作用下质点的加速度反应，在任一微小时段Δt内，均呈线性变化（图7-39），故称为线性加速度法。因为此方法具有代表性，故作较详细的阐述。为了便于理解，先从单自由度体系谈起。

1）单自由度体系

a. t_{i+1}时刻与t_i时刻反应的关系式

设已求出t_i时刻质点的相对位移x_i、相对速度$\dot{x}_i$和相对加速度$\ddot{x}_i$，用它来计算经过Δt后，在t_{i+1}时刻的位移x_{i+1}、速度$\dot{x}_{i+1}$和加速度$\ddot{x}_{i+1}$。

因为在时段Δt内的加速度$\ddot{x}$为线性变化，所以，在时段Δt内任一时刻τ的加速度$\ddot{x}(\tau)$可由图7-39得：

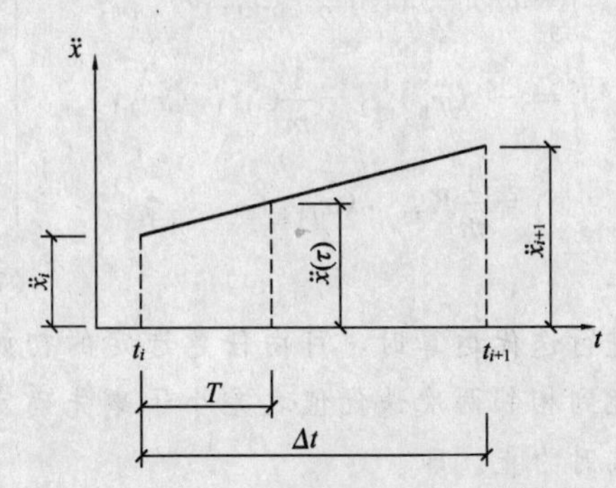

图7-39　时段Δt内的加速度变化

$$\ddot{x}(\tau)=\ddot{x}_i+\frac{\ddot{x}_{i+1}-\ddot{x}_i}{\Delta t}\tau \quad (a)$$

将式（a）对τ积分，得

$$\dot{x}(\tau)=\dot{x}_i+\ddot{x}_i\tau+\frac{\ddot{x}_{i+1}-\ddot{x}_i}{\Delta t}\cdot\frac{\tau^2}{2} \quad (b)$$

再对式（b）积分，得

$$x(\tau)=x_i+\dot{x}_i\tau+\ddot{x}_i\frac{\tau^2}{2}+\frac{\ddot{x}_{i+1}-\ddot{x}_i}{\Delta t}\cdot\frac{\tau^3}{6} \quad (c)$$

对于式（b）、式（c），令其中的$\tau=\Delta t$，即得

$$\left.\begin{aligned}\dot{x}_{i+1}&=\dot{x}_i+\frac{\Delta t}{2}\ddot{x}_i+\frac{\Delta t}{2}\ddot{x}_{i+1}\\ x_{i+1}&=x_i+\Delta t\dot{x}_i+\frac{\Delta t}{3}\ddot{x}_i+\frac{\Delta t^2}{6}\ddot{x}_{i+1}\end{aligned}\right\} \quad (7\text{-}123)$$

t_{i+1}时刻的质点加速度$\ddot{x}_{i+1}$，可由地震作用下单自由度体系的振动微分方程求得，

$$m\ddot{x}(t)+C(t)\dot{x}(t)+K(t)x(t)=-m\ddot{x}_g(t)$$

$$\ddot{x}_{i+1}=-(\ddot{x}_g)_{i+1}-\frac{1}{m}C_{i+1}\dot{x}_{i+1}-\frac{1}{m}K_{i+1}x_{i+1} \quad (7\text{-}124)$$

式中，$K(t)$和$C(t)$分别为体系的抗推刚度和阻尼。

式（7-123）和式（7-124）已给出t_{i+1}时刻质点地震反应（x_{i+1}、$\dot{x}_{i+1}$和$\ddot{x}_{i+1}$）与t_i时刻质点地震反应（x_i、$\dot{x}_i$和$\ddot{x}_i$）之间的关系式，要解出t_{i+1}时刻各反应值，还需进一步作一些变换。下面介绍两种常用方法。

b. 迭代法

迭代法，是对最先用到的未知量，根据经验和判断先假定一个初始值，然后通过一次又一次地代入方程，进行运算，逐步修正，直到获得较正确的数值为止。下面以第$i+1$时段为例，写出迭代运算的公式。

按照式（7-123）和式（7-124），可以直接写出t_{i+1}时刻质点地震反应的第（$s+1$）次迭代值，

$$\left.\begin{aligned}(x_{i+1})_{s+1}&=x_i+\Delta t\dot{x}_i+\frac{\Delta t^2}{3}\ddot{x}_i+\frac{\Delta t^2}{6}(\ddot{x}_{i+1})_s\\ (\dot{x}_{i+1})_{s+1}&=\dot{x}_i+\frac{\Delta t}{2}\ddot{x}_i+\frac{\Delta t}{2}(\ddot{x}_{i+1})_s\\ (\ddot{x}_{i+1})_{s+1}&=-(\ddot{x}_g)_{i+1}-\frac{1}{m}C_{i+1}(\dot{x}_{i+1})_{s+1}\\ &\quad-\frac{1}{m}K_{i+1}(x_{i+1})_{s+1}\end{aligned}\right\} \quad (7\text{-}125)$$

进行迭代运算时，可由任意选定的初始值开始，直到相邻两次迭代值之差小于事先确定的精度要求时为止。即

$$|(\ddot{x}_{i+1})_{s+1}-(\ddot{x}_{i+1})_s|\leqslant\varepsilon \quad (7\text{-}126)$$

式中，ε为按照计算精度要求而事先确定的一个极小的正数。为了减少迭代运算的次数，按式（7-125）作第一次计算（$s=0$）时，$\ddot{x}_{i+1}$的初始值$(\ddot{x}_{i+1})_0$，一般按下式计算：

$$(\ddot{x}_{i+1})_0=2\ddot{x}_i-\ddot{x}_{i-1} \quad (7\text{-}127)$$

c. 增量法

所谓增量法，就是先求出第$i+1$时段（Δt）内的增量$\Delta x_{i,i+1}$、$\Delta\dot{x}_{i,i+1}$和$\Delta\ddot{x}_{i,i+1}$，然后与该时段的前端值x_i、$\dot{x}_i$和$\ddot{x}_i$相加，即得第$i+1$时段的末端值。下面列出其基本方法和步骤：

地震作用下的单自由度体系，在第$i+1$时段的前端t_i时刻和末端t_{i+1}（$=t_i+\Delta t$）时刻的振动微分方程分别为：

$$m\ddot{x}(t_i)+C(t_i)\dot{x}(t_i)+K(t_i)x(t_i)=-m\ddot{x}_g(t_i) \quad (7\text{-}128)$$

$$m\ddot{x}(t_i+\Delta t)+C(t_i+\Delta t)\dot{x}(t_i+\Delta t)+K(t_i+\Delta t)x(t_i+\Delta t)=-m\ddot{x}_g(t_i+\Delta t) \quad (7\text{-}129)$$

以式（7-129）减去式（7-128），并设$C(t_i+\Delta t)=C(t_i)=C_i$，$K(t+\Delta t)=K(t_i)=K_i$，则得第$i+1$时段（$t_i$时刻到$t_{i+1}$时刻）内的增量方程为

$$m\Delta\ddot{x}_{i,i+1}+C_i\Delta\dot{x}_{i,i+1}+K_i\Delta x_{i,i+1}=-m(\Delta\ddot{x}_g)_{i,i+1} \quad (7\text{-}130)$$

式中 $\Delta\ddot{x}_{i,i+1}=\ddot{x}(t_i+\Delta t)-\ddot{x}(t_i)$

即 $\Delta\ddot{x}_{i,i+1}=\ddot{x}_{i+1}-\ddot{x}_i \quad (a)$

$\Delta\dot{x}_{i,i+1}=\dot{x}(t_i+\Delta t)-\dot{x}(t_i)$

$\Delta\dot{x}_{i,i+1}=\dot{x}_{i+1}-\dot{x}_i \quad (b)$

$\Delta x_{i,i+1}=x(t_i+\Delta t)-x(t_i)$

$\Delta x_{i,i+1}=x_{i+1}-x_i \quad (c)$

$(\Delta\ddot{x}_g)_{i,i+1}=\ddot{x}_g(t_i+\Delta t)-\ddot{x}_g(t_i)$

$(\Delta\ddot{x}_g)_{i,i+1}=(\ddot{x}_g)_{i+1}-(\ddot{x}_g)_i \quad (d)$

利用式（7-123）和式（a），式（b）和式（c）可改写为

$$\begin{aligned}\Delta\dot{x}_{i,i+1}&=\frac{\Delta t}{2}\ddot{x}_i+\frac{\Delta t}{2}\ddot{x}_{i+1}=\frac{\Delta t}{2}\ddot{x}_i+\frac{\Delta t}{2}(\ddot{x}_{i+1}-\ddot{x}_i)+\frac{\Delta t}{2}\ddot{x}_i\\ &=\Delta t\ddot{x}_i+\frac{\Delta t}{2}\Delta\ddot{x}_{i,i+1}\end{aligned} \quad (e)$$

$$\begin{aligned}\Delta x_{i,i+1}&=\Delta t\dot{x}_i+\frac{\Delta t^2}{3}\ddot{x}_i+\frac{\Delta t^2}{6}\ddot{x}_{i+1}\\ &=\Delta t\dot{x}_i+\frac{\Delta t^2}{3}\ddot{x}_i+\frac{\Delta t^2}{6}(\ddot{x}_{i+1}-\ddot{x}_i)+\frac{\Delta t^2}{6}\ddot{x}_i\\ &=\Delta t\dot{x}_i+\frac{\Delta t^2}{2}\ddot{x}_i+\frac{\Delta t^2}{6}\ddot{x}_{i,i+1}\end{aligned} \quad (f)$$

为方便计，以$\Delta x_{i,i+1}$作为基本变量，由式（f）中解出$\Delta\ddot{x}_{i,i+1}$，

$$\Delta\dot{x}_{i,i+1}=\frac{6}{\Delta t^2}\left(\Delta x_{i,i+1}-\Delta t\dot{x}_i-\frac{\Delta t^2}{2}\ddot{x}_i\right) \quad (g)$$

将式（g）代入式（e），得

$$\Delta\dot{x}_{i,i+1}=\frac{3}{\Delta t}\left(\Delta x_{i,i+1}-\Delta t\dot{x}_i-\frac{\Delta t^2}{6}\ddot{x}_i\right) \quad (7\text{-}131)$$

将式（g）和式（7-131）同时代入式（7-130），并整理得：

$$\Delta x_{i,i+1}=\Delta F_{i,i+1}^{*}/K_i^{*} \qquad (7\text{-}132)$$

式中 $$\Delta F_{i,i+1}^{*}=-m\left((\Delta\ddot{x}_g)_{i,i+1}-\frac{6}{\Delta t}\dot{x}_i-3\ddot{x}_i\right)+C_i\left(3\dot{x}_i+\frac{\Delta t}{2}\ddot{x}_i\right)$$

$$K_i^{*}=K_i+\frac{6}{\Delta t^2}m+\frac{3}{\Delta t}C_i$$

按式（7-132）计算出 $\Delta x_{i,i+1}$ 后，再利用从式（7-130）和式（7-124）导得的下列公式，即可求出 t_{i+1}（$=t_i+\Delta t$）时刻的质点相对位移、相对速度和相对加速度：

$$\left.\begin{aligned}x_{i+1}&=x_i+\Delta x_{i,i+1}\\ \dot{x}_{i+1}&=\dot{x}_i+\Delta\dot{x}_{i,i+1}=-2\dot{x}_i-\frac{\Delta t}{2}\ddot{x}_i+\frac{3}{\Delta t}\Delta x_{i,i+1}\\ \ddot{x}_{i+1}&=-(\ddot{x}_g)_{i+1}-\frac{1}{m}(C_{i+1}\dot{x}_{i+1}+K_{i+1}x_{i+1})\end{aligned}\right\} \qquad (7\text{-}133)$$

需要指出，之所以不利用式（g）计算出 $\Delta\ddot{x}_{i,i+1}$ 并加上 $\ddot{x}_i$ 即可方便地求得 $\ddot{x}_{i+1}$，而是每个时段都又一次地直接从振动方程来计算 $\ddot{x}_{i+1}$，原因是通过在每一时段都用所求得的反应值来满足振动方程，可以消除误差积累。这一点对数值解法是很重要的。

从式（7-132）还可看出，增量法在形式上完全与静力方程类同，第 $i+1$ 时段的质点位移增量 $\Delta x_{i,i+1}$，等于换算的荷载增量 $\Delta F_{i,i+1}^{*}$ 除以换算刚度 K_i^{*}，故此法又称拟静力法。

2）多质点系

对于多质点系，计算方法和步骤与单自由度体系相同，计算公式也可以从单自由度体系的相应公式引伸而得。下面将其主要计算公式罗列如下：

地震作用下弹塑性多质点系的振动微分方程为

$$[m]\{\ddot{x}\}+[C]\{\dot{x}\}+[K]\{x\}=-[m]\{\ddot{x}_g\}$$

或写为

$$\{\ddot{x}\}+[\widetilde{C}]\{\dot{x}\}+[\widetilde{K}]\{x\}=-\{\ddot{x}_g\} \qquad (7\text{-}134)$$

式中 $[\widetilde{C}]=[m]^{-1}[C]$，$[\widetilde{K}]=[m]^{-1}[K]$

t_{i+1} 时刻（第 $i+1$ 时段的末端）各质点相对加速度 $\{\ddot{x}\}_{i+1}$ 可由式（7-134）改写得到：

$$\{\ddot{x}_{i+1}\}=-\{\ddot{x}_{g,i+1}\}-[\widetilde{C}]\{\dot{x}_{i+1}\}-[\widetilde{K}]\{x_{i+1}\} \qquad (7\text{-}135)$$

因为假定在时段 Δt 内 $\{\ddot{x}\}$ 为线性变化，对照式（7-123），可以写出第 $i+1$ 时段末端 t_{i+1} 时刻的位移和速度列向量：

$$\left.\begin{aligned}\{\dot{x}_{i+1}\}&=\{\dot{x}_i\}+\frac{\Delta t}{2}\{\ddot{x}_i\}+\frac{\Delta t}{2}\{\ddot{x}_{i+1}\}\\ \{x_{i+1}\}&=\{x_i\}+\Delta t\{\dot{x}_i\}+\frac{\Delta t}{3}\{\ddot{x}_i\}+\frac{\Delta t_i^2}{6}\{\ddot{x}_{i+1}\}\end{aligned}\right\} \qquad (7\text{-}136)$$

式（7-135）和式（7-136）已给出利用第 $i+1$ 时段的前端地震反应值，来求算第 $i+1$ 时段末端地震反应值的联立方程组，下面介绍两种具体的求解方法。

a. 迭代法

根据式（7-135）和式（7-136），可以直接写出如下的 t_{i+1} 时刻各质点地震反应的迭代运算公式。第一次迭代运算时，先参照式（7-127）确定 $s=0$ 时 $\{\ddot{x}_{i+1}\}$ 的初始值（$\{\ddot{x}_{i+1}\}$）$_0$，再按下式计算出第一次迭代值，以后依 $s=1$，2，…，逐次按下式进行迭代计算，直至满足精度要求为止。

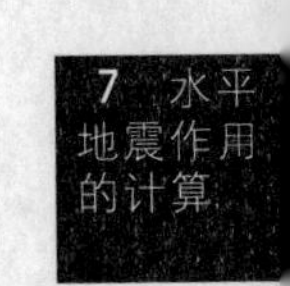

$$\left.\begin{aligned}(\{x_{i+1}\})_{s+1}&=\{x_i\}+\Delta t\{\dot{x}_i\}+\frac{\Delta t}{3}\{\ddot{x}_i\}+\frac{\Delta t^2}{6}(\{\ddot{x}_{i+1}\})_s\\ (\{\dot{x}_{i+1}\})_{s+1}&=\{\ddot{x}_i\}\frac{\Delta t}{2}+\{\dot{x}_i\}+\frac{\Delta t}{2}\{\ddot{x}_{i+1}\})_s\\ (\{\ddot{x}_{i+1}\})_{s+1}&=-\{\ddot{x}_{g,i+1}\}-[\widetilde{C}](\{\dot{x}_{i+1}\})_{s+1}-[\widetilde{K}](\{x_{i+1}\})_{s+1}\end{aligned}\right\} \qquad (7\text{-}137)$$

其计算步骤是：①根据计算精度要求确定一个极小的正数 ε，作为每一时刻质点地震反应前后两次迭代值的允许误差；②从第一时段开始，先假定其前端 t_0 时刻（即 $i=0$）各质点反应值等于零，即（$\{x\}$）$_0=0$、（$\{\dot{x}\}$）$_0=0$ 和（$\{\ddot{x}\}$）$_0=0$，按式（7-137）并依 $s=1$，2，…，进行若干次迭代运算，计算出第一时段末端 t_1 时刻（即 $i=1$）各质点反应值（$\{x\}$）$_1$、（$\{\dot{x}\}$）$_1$ 和（$\{\ddot{x}\}$）$_1$，直至前后两次迭代计算结果之差小于 ε；③取（$\{x\}$）$_1$、（$\{\dot{x}\}$）$_1$ 和（$\{\ddot{x}\}$）$_1$ 作为第二时段的前端值，重复以上运算，计算出第二时段末端 t_2 时刻（即 $i=2$）各质点反应值（$\{x\}$）$_2$、（$\{\dot{x}\}$）$_2$ 和（$\{\ddot{x}\}$）$_2$；④重复以上步骤，计算出第3，4，…，n 等各时段末端的各质点反应值，直至整个地震持续时间的终结，即得整个时程的结构地震反应。

b. 增量法

计算原理与单自由度体系相同。下面直接列出按时段进行运算的各项公式，其推导过程可参见单自由度体系的相应部分。

从 t_i 时刻到 t_{i+1} 时刻的第 $i+1$ 时段内的增量方程为

$$\{\Delta\ddot{x}_{i,i+1}\}+[\widetilde{C}_i]\{\Delta\dot{x}_{i,i+1}\}+[\widetilde{K}_i]\{\Delta x_{i,i+1}\}=-\{\Delta\ddot{x}_{g,i,i+1}\}$$

在第 $i+1$ 时段内各质点的位移增量为

$$[\Delta x_{i,i+1}]=[K_i^*]^{-1}\{\Delta F_{i,i+1}^*\} \qquad (7\text{-}138)$$

式中 $[K_i^*]=[\widetilde{K}_i]+\dfrac{6}{\Delta t^2}[I]+\dfrac{3}{\Delta t}[\widetilde{C}_i]$

$$[I]=\mathrm{diag}[1\quad 1\quad \cdots\quad 1]$$

$$\{\Delta F_{i,i+1}^*\}=-\{\Delta\ddot{x}_{g,i,i+1}\}+\frac{6}{\Delta t}\{\dot{x}_i\}+[\widetilde{C}_i]\left(3\{\dot{x}_i\}+\frac{\Delta t}{2}\{\ddot{x}_i\}\right)+3\{\ddot{x}_i\}$$

在第 $i+1$ 时段内各质点的速度增量为

$$\{\Delta\dot{x}_{i,i+1}\}=\frac{3}{\Delta t}\left(\{\Delta x_{i,i+1}\}-\Delta t\{\dot{x}_i\}-\frac{\Delta t^2}{6}\{\ddot{x}_i\}\right) \qquad (7\text{-}139)$$

由式（7-138）和式（7-139）计算出增量 $\{\Delta x_{i,i+1}\}$ 和 $\{\Delta\dot{x}_{i,i+1}\}$ 后，即可按下列三式计算出第 $i+1$ 时段末端（t_{i+1} 时刻）各质点的相对位移、速度和加速度。

$$\left.\begin{aligned}\{x_{i+1}\}&=\{x_i\}+\{\Delta x_{i,i+1}\}\\ \{\dot{x}_{i+1}\}&=\{\dot{x}_i\}+\{\Delta\dot{x}_{i,i+1}\}\\ \{\ddot{x}_{i+1}\}&=-\{\ddot{x}_{g,i+1}\}-[\widetilde{C}_{i+1}]\{\dot{x}_{i+1}\}-[\widetilde{K}_{i+1}]\{x_{i+1}\}\end{aligned}\right\} \qquad (7\text{-}140)$$

从 $i=0$ 开始，令 $i=0,1,2,\cdots,n$，一个时段、一个时段地按式（7-140）分别计算出各个时段末端各质点的相对位移、速度和加速度，即得多质点系整个时程地震反应。

(3) 威尔逊 θ 法

1) 原理

上述的线性加速度法是有条件稳定的方法。当 $\Delta t/T$ 过大时（T 为结构主要周期），结构反应经常出现振荡现象，使"正确解"处于一个步长的始末之间。已经证明，线性加速度法的收敛条件是 $\Delta t/T\leqslant 0.389$；稳定条件是 $\Delta t/T\leqslant 0.551$。

为了得到无条件稳定的线性加速度法，威尔逊教授于 1966 年提出了一个简单而有效的方法，被称为威尔逊 θ 法。其基本要点是：①假定在 $\theta\Delta t$ 的加长时段内，体系的加速度反应是按线性变化的（图 7-40）；②将 Δt 延伸到 $\theta\Delta t$，按上述增量法求出对应于 $\theta\Delta t$ 的增量 $\Delta\ddot{x}_\tau$，然后除以 θ，从而得到对应于 Δt 的增量 $\Delta\ddot{x}$。其余步骤则与前述的一般线性加速度法相同。

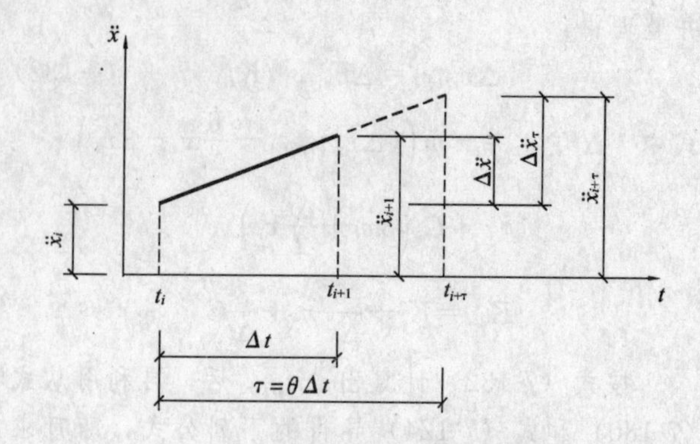

图 7-40 威尔逊 θ 法的基本假定

当 $\theta\geqslant 1.37$ 时，此方法是无条件稳定的。然而，当 θ 的取值过大时，会出现较大的计算误差。所以，θ 值一般只取略大于 1.37，通常取 $\theta=1.4$。

2) 计算步骤

对于地震动持续时间内的每一个微小时段 Δt，从第一时段开始到最后一个时段，逐一地重复以下计算步骤，即得结构地震反应的全过程。下面以第 $i+1$ 时段（t_i 时刻到 t_{i+1} 时刻）为例：

a. 计算 $\tau=\theta\Delta t$ 的加长时段内各质点的位移增量 $\{\Delta x_\tau\}$；

b. 先利用 $\{\Delta x_\tau\}$ 计算出加长时段内的加速度增量 $\{\Delta\ddot{x}_\tau\}$，再除以 θ，得 Δt 正常时段内的加速度增量 $\{\Delta\ddot{x}_{i,i+1}\}$；

c. 进一步计算出第 $i+1$ 正常时段 Δt 内的位移增量 $\{\Delta x\}$ 和速度增量 $\{\Delta\dot{x}\}$；

d. 再以各质点在第 $i+1$ 时段前端（t_i 时刻）地震反应为基础，分别加上增量 $\{\Delta x\}$ 和 $\{\Delta\dot{x}\}$，得第 $i+1$ 时段末端（t_{i+1} 时刻）各质点的相对位移 $\{x_{i+1}\}$ 和相对速度 $\{\dot{x}_{i+1}\}$；

e. 最后将 $\{x_{i+1}\}$ 和 $\{\dot{x}_{i+1}\}$ 代入多质点系振动方程，求得第 $i+1$ 时段末端各质点的相对加速度 $\{\ddot{x}_{i+1}\}$。

3) 计算公式

仍以第 $i+1$ 时段为例，列出各项计算公式。

a. 在以 τ 表示的加长时段内各质点的位移增量为

$$\{\Delta x_\tau\}=[K_\tau^*]^{-1}\{\Delta F_\tau^*\} \qquad (7\text{-}141)$$

式中 $[K_\tau^*]=[\widetilde{K}_i]+\dfrac{6}{\tau^2}[I]+\dfrac{3}{\tau}[\widetilde{C}_i]$

$$\{\Delta F_\tau^*\}=\{\Delta F_\tau\}+\frac{6}{\tau}\{\dot{x}_i\}+3\{\ddot{x}_i\}+[\widetilde{C}]\left(3\{\dot{x}_i\}+\frac{\tau}{2}\{\ddot{x}_i\}\right)$$

$$\{\Delta F_\tau\} = -\{\ddot{x}_{g,i+\tau}\} + \{\ddot{x}_{g,i}\},$$

（下角标 $i+\tau$ 表示 $t_i+\tau$ 时刻）

b. 正常时段 Δt 内的加速度增量为

$$\{\Delta\ddot{x}_{i,i+1}\} = \frac{1}{\theta}\{\Delta\ddot{x}_\tau\} = \frac{6}{\theta\tau^2}\left(\{\Delta x_\tau\} - \tau\{\dot{x}_i\} - \frac{\tau^2}{2}\{\ddot{x}_i\}\right) \tag{7-142}$$

c. 正常时段 Δt 内的位移增量 $\{\Delta x\}$ 和速度增量 $\{\Delta\dot{x}\}$，分别按式（7-138）和式（7-139）计算。

d. 第 $i+1$ 时段末端（t_{i+1} 时刻），各质点的相对位移 $\{x_{i+1}\}$、相对速度 $\{\dot{x}_{i+1}\}$ 和相对加速度 $\{\ddot{x}_{i+1}\}$ 按式（7-137）计算。

8. 变形检验

（1）检验变形的目的

结构抗震设防的目标是：①小震（多遇烈度）作用下，主体结构处于弹性变形阶段，不发生破坏；非结构部件可能发生轻微的损伤；②中震（基本烈度）作用下，主体结构进入非弹性变形阶段，但结构的非弹性变形和可能发生的损伤，控制在易于修复的范围内；③大震（罕遇烈度）作用下，结构的非弹性变形要小于容许极限变形，防止倒塌。

结构抗震验算的目的，一方面是检验小震时结构承载力和变形是否保持在弹性范围内；另一方面就是检验结构的变形在中震时是否低于允许损坏变形限值，在大震时离开可能倒塌的极限变形是否还有一段安全距离。

强烈地震作用下，一般结构的弹塑性反应状态是：地震力小于结构屈服强度时，结构处于弹性状态；当地震力达到结构屈服强度后，结构进入塑性变形阶段，结构靠发展塑性变形来吸收地震能量，抗御地震，不再有强度检验标准可循。所以，说到底，结构的抗震验算主要是结构弹塑性阶段的变形验算，检验结构变形是否符合要求。这就是说，变形是控制结构抗震设计的关键因素。提高结构屈服强度，固然可以延缓结构进入塑性阶段的进程，然而采取措施提高结构的变形能力，使结构能经受较大变形而不破坏，更能提高结构的抗倒塌能力，两者不可偏废。

（2）结构变形的度量

目前，结构变形验算主要是对地震作用下结构层间变形的控制，还不是对各个构件或杆件变形的控制。世界各国现行规范基本上都是如此规定。

对于钢筋混凝土框架，由于节点域基本上能保持在弹性阶段内，层间侧移角是该层各梁、柱弹塑性变形的综合反映，基本上能够衡量梁和柱的破坏程度。对一批工程实例的弹塑性地震反应计算表明，最危险楼层的层间最大侧移角，一般均大于同一楼层中最危险杆件的侧移角。此外，在框架体系之类的剪切型结构中，各楼层的层间侧移基本上是各自独立的。所以，采用层间侧移角作为框架的变形验算指标是合理的。

在全墙体系和框-墙体系等弯剪型结构中，各楼层的层间侧移，因受到竖向构件弯曲变形所引起的楼板倾角积累的影响，不复存在层间侧移的独立性。结构上部各楼层的层间位移角，不能正确反映各该楼层中杆件的破坏程度。不过，震害状况表明，此类结构的破坏主要集中在抗震墙的底部。因而，采用层间侧移角来衡量最危险的底部各楼层的破坏程度，仍然是有意义的。当然，在变形限值上应考虑实际情况予以适当调整。

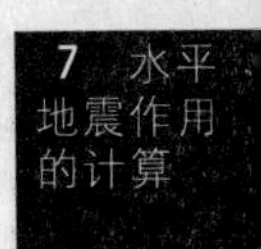

此外，基础转动和构件轴向变形引起的层间侧移，也同样不能反映上部结构中构件的破坏程度，在结构抗震变形验算时应予以注意。

（3）结构的容许弹塑性变形

1）根据国内外试验资料和震害经验，并参考世界各国抗震规范的取值，在强烈地震作用下，钢筋混凝土结构的弹塑性层间侧移角不宜大于表 7-15 中所列的容许限值。完全符合"四强四弱"抗震设计原则（强节弱杆、强柱弱梁、强剪弱弯、强压弱拉）的结构，取上限值，其他情况取下限值。

强烈地震作用下结构弹塑性层间侧移角的容许限值

表 7-15

结构类型	设防烈度（基本烈度）		罕遇烈度	
	下限值	上限值	下限值	上限值
框架体系，填墙框架体系	1/200	1/150	1/100	1/50
框-墙体系，全墙体系	1/300	1/250	1/200	1/100

2）《抗震规范》第 5.5.5 条规定：结构薄弱层（部位）弹塑性层间位移应符合下式要求：

$$\Delta u_p \leqslant [\theta_p]h$$

式中 $[\theta_p]$——弹塑性层间位移角限值，可按表 7-16 采用；对钢筋混凝土框架结构，当轴压比小于 0.40 时，可提高 10%；当柱子全高的箍筋构造比本规范表 6.3.12 条规定的最小配箍特征值大 30%时，可提高 20%，但累计不超过25%；

h——薄弱层楼层高度或单层厂房上柱高度。

弹塑性层间位移角限值　表7-16

结构类型	$[\theta_p]$
单层钢筋混凝土柱排架	1/30
钢筋混凝土框架	1/50
底部框架砖房中的框架-抗震墙	1/100
钢筋混凝土框架-抗震墙、板柱-抗震墙、框架-核心筒	1/100
钢筋混凝土抗震墙、筒中筒	1/120
多、高层钢结构	1/50

静力弹塑性分析法

静力弹塑性分析法，又称静力非线性分析法(Nonlinear Static Procedure)；在美国则被称为过(超)推分析法(Push-over Analysis)。它是近年来在国外得到广泛应用的评估结构抗震能力的一种新的实用方法。

一、背景

1. 在强烈地震作用下，结构将越过弹性变形极限，进入塑性阶段。目前的静力弹性分析法，不能有效地计算结构弹塑性地震反应全过程的内力和侧移。

2. 弹塑性时程分析法虽然能够计算出结构地震反应全过程各个时刻的结构内力和变形状态，给出结构各个构件开裂和屈服的顺序，指明结构发生塑性变形集中的部位，从而判明结构的屈服机制、薄弱环节及可能发生的破坏类型。因而此方法被公认为结构动力弹塑性分析的最可靠方法。但是，时程分析法的分析技术复杂，计算工作量大，耗费机时多，数据处理难度大，输入地震动及构件恢复力模型存在不确定性，因而很难在实际工程设计中推广应用。

3. 现实需要一种简便的能够近似估算强地震作用下结构弹塑性反应全过程的实用方法，于是过推分析法应运而生。

二、原理

1. 过推分析法的原理是，以地震弹性反应谱为基础，将结构转化为等效的广义单自由度体系，采用符合地震惯性力竖向分布规律的一组水平推力，静态、单调地施加到结构计算模型上，并逐步加大这一组推力，使结构越过弹性变形极限，其中某些杆件相继分批屈服，进入塑性；并及时修正变化了的结构刚度，调整推力，直至整个结构达到预期的侧移限值，或者变成机动体系，从而计算出强烈地震作用下结构弹塑性反应全过程的构件内力和变形，判别结构构件的破坏形态。

2. 因为作用到结构计算模型上的一组推力，是静态地、单调地增加，而不是循环加载，所以不能考虑地震多次往复作用下的结构刚度退化。

3. 与动力弹塑性分析法相比较，静力弹塑性分析法可以提供比较稳定的计算结果，减少分析结果的偶然性，而且计算工作量减少很多。

三、计算步骤

1. 将实际结构离散化，建立结构的计算模型，标出几何尺寸、物理参数以及构件和节点编号。

2. 确定结构各单元的恢复力模型，给出各构件的M—φ(截面弯矩—截面曲率)关系曲线，求出各构件的塑性承载力。

3. 求出竖向荷载(重力荷载代表值)作用下的结构构件内力，以期与水平荷载作用下的结构构件内力实行效应组合。

4. 求出结构的基本自振周期T_1和抗推刚度K。

5. 确定结构的目标侧移(容许侧移限值)。

6. 选择恰当的水平荷载(推力)竖向分布形式，并将此组推力分别施加于各楼层的质心处(图7-41)。一般情况下可采用下列的分布形式：

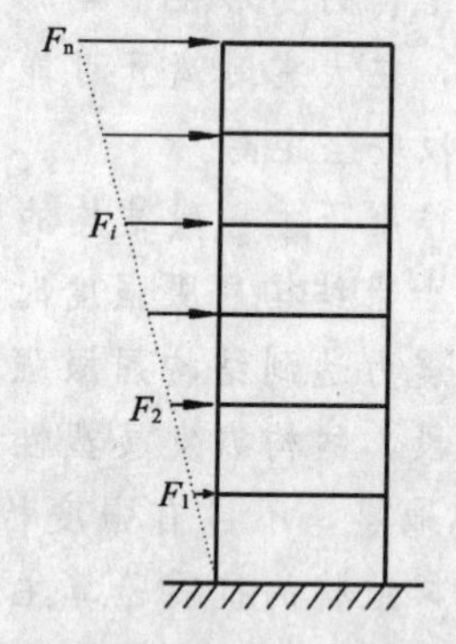

图7-41　过推分析法加载方式

(1) 对于地震反应以基本振型为主的结构

$$F_i=\frac{W_i(h_i)^k}{\sum_{r=1}^{n}W_r(h_r)^k}V_0 \quad (7\text{-}143)$$

$$\text{当}\quad\left.\begin{aligned}&T_1\leqslant0.5\text{s}, && k=1.0\\&0.5\text{s}<T_1<2.5\text{s}, && k=1.0+\frac{T_1-0.5}{2.5-0.5}\\&T_1\geqslant2.5\text{s}, && k=2.0\end{aligned}\right\} \quad (7\text{-}144)$$

式中　n——结构的总层数；

F_i——作用于结构第 i 楼层质心处的水平荷载；

W_r、W_i——结构第 r、i 楼层的重力荷载代表值；

h_r、h_i——结构第 r、i 层楼面距离地面的高度；

V_0——结构的基底地震剪力；

T_1——结构的基本自振周期。

(2) 对于高阶振型在结构地震反应中具有重要影响的结构

已知加载前一步的结构周期和振型，根据振型分解反应谱法的“平方和的平方根”法则(SRSS)，计算结构各楼层的水平地震剪力，并进一步反算出作用于各层楼盖处的水平地震作用 F_i，作为结构的下一步水平荷载。

$$F_{ij} = \alpha_j \gamma_j X_{ij} W_i \qquad V_{ij} = \sum_{r=i}^{n} F_{rj} \tag{7-145}$$

$$V_i = \sqrt{\sum_{j=1}^{3} V_{ij}} \qquad F_i = V_i - V_{i+1} \tag{7-146}$$

式中 α_j、γ_j、X_{ij}——分别为结构第 j 振型的水平地震作用系数、振型参与系数、第 i 层楼盖处相对侧移；

W_i——相对集中于第 i 层楼盖处的重力荷载代表值；

F_{ij}、F_{rj}——分别为作用于结构第 i、r 层楼盖处的 j 振型水平地震作用；

V_{ij}、V_i——结构第 i 楼层的 j 振型水平地震剪力和前三个振型遇合的水平地震剪力；

V_{i+1}——结构第 $i+1$ 楼层的前三个振型遇合的水平地震剪力；

F_i——作用于结构第 i 层楼盖处的考虑了高阶振型影响的水平地震作用；

n——结构的总层数。

7. 逐级加大按第 6 步确定的一组推力，并与第 3 步的竖向荷载构件内力组合后，恰使一根或一批杆件屈服，进入塑性。

8. 将杆件屈服端改设成塑性铰，对于失去承载力的柱、支撑杆件、剪力墙，应从结构中删除，重新计算结构的抗推刚度和自振周期。再对“新”结构施加一定量级的推力，使又一批杆件屈服或退出工作。

9. 不断地重复第 8 步，一直到结构的侧移达到预先设定的容许侧移限值，或者结构因塑性铰过多而变成机动体系。

10. 记录结构在各个阶段“新”结构的基本自振周期和对应的结构底部剪力与结构重力荷载代表值的比值——剪重比（相当于地震影响系数），形成一条结构反应曲线，同时将相应于建筑所在场地的不同烈度的各条地震反应谱曲线绘在一起（图 7-42）。若结构反应曲线穿过某条反应谱，即与之相交，则表明该结构能够抵抗那条反应谱曲线所对应的地震烈度。

此时，再将计算出的结构各个阶段“新”结构的基本自振周期及其对应的结构层间侧移，叠绘在同一幅图上（图 7-42），从所形成的结构层间侧移曲线上可以看出，分别相应于结构抗震设防烈度的多遇、基本、罕遇烈度时的结构层间侧移是否满足规范要求。

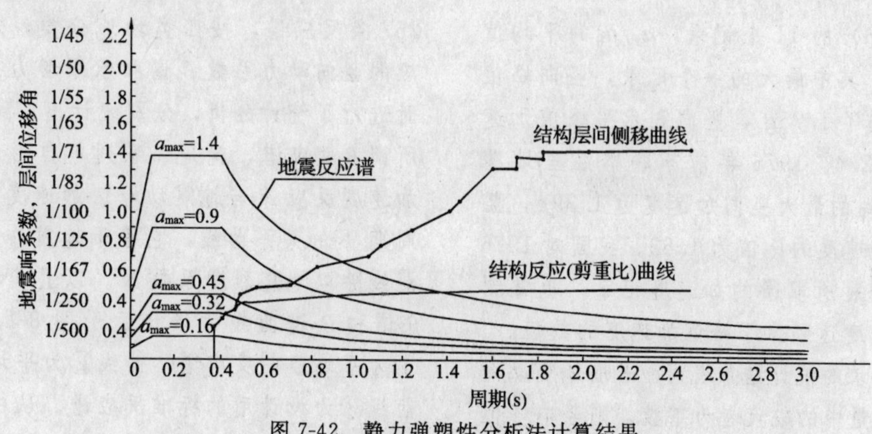

图 7-42 静力弹塑性分析法计算结果

8 竖向地震作用的计算

竖向地震反应谱

一、地震动竖向分量

1. 震害现象

地震宏观现象表明，在高烈度地震区，地震动竖向加速度分量对建筑破坏状态和破坏程度的影响是明显的。唐山地震，一些砖烟囱的上半段，产生8道、10道甚至更多道环形水平通缝，间距为1m左右。还有一座砖烟囱，上部的中间一段倒塌坠地，而顶端一小段却落入烟囱残留下半段的上口。冶金部鞍山焦化耐火设计院对唐山地震框架结构破坏状况的调查统计指出，多层框架的震害程度是上重、下轻。此外，据反映，强烈地震时人们的感受是，先上下颠簸、后左右摇晃。地震时，设备上跳移位的现象也时有发生。唐山地震时，9度区内徐家楼的一座重约100吨的变压器，跳出轨外0.4m，依旧站立；陡河电厂重150吨的主变压器也跳出轨外，未倒；附近，还有一节火车车厢跳起后，站立于轨道之外。

2. 地震记录

地震时地面运动是多分量的。近30多年来，国内外已取得了大量的强震记录，每次地震记录又都取得了地震动的三个平动分量，即两个水平分量和一个竖向分量。图2-7所示的罗马尼尼亚地震的加速度时程曲线，就是一个典型的三分量强震记录。从中可以看出，其水平峰值加速度a_h为190Gal，而竖向峰值加速度a_v达到了100Gal，两者的比值$a_v/a_h=0.53$。近些年来，还获得了竖向峰值加速度a_v达到甚至超过水平峰值加速度a_h的地震记录。最突出的一个例子就是，1979年美国帝国山谷地震（Imperial Valley）所获得的30个记录，a_v/a_h的平均值为0.77；靠近断层（距离约为10km）的11个记录，a_v/a_h的平均值则达到了1.12；其中最大的一个记录，竖向峰值加速度a_v更达到了1.75g，竖向和水平峰值加速度的比值高达2.4。1976年前苏联格兹里地震（Газли），记录到的最大竖向加速度为1.39g，竖向和水平峰值加速度的比值为1.63。我国对1976年唐山地震的余震所取得的加速度记录，也常测到竖向峰值加速度达到水平峰值加速度的数值。

大量地震记录的统计结果表明，若取地震动两个水平加速度分量中的较大者为基数，则竖向峰值加速度a_v与水平峰值加速度a_h的比值为1/2～2/3。正因为地震动的竖向加速度分量达到了如此大的数值，国内外学者对结构竖向地震反应的研究日益重视，不少国家的抗震设计规范中都对此作出具体规定。自1964年以来，我国建筑抗震设计规范，对结构竖向地震作用的计算也都曾作出过具体规定。

二、竖向反应谱的特性

1. 竖向谱的研究成果

美国Housner根据地震动竖向和水平峰值加速度比值为1/2这一事实，认为竖向地震反应谱可取水平地震反应谱的1/2。1975年Hall等人认为，竖向反应谱和水平反应谱可采取相同的动力放大系数β。Hall和Newmark研究指出，将竖向和水平峰值加速度的比值的平均值，再加上一个统计均方差，具有84.1%的保证概率，竖向反应谱的数值可以取水平反应谱的2/3。这些学者通过研究认为，竖向地震反应谱的形状与水平地震反应谱的形状是相似的，两种标准化反应谱的形状和动力放大系数，均可相互替代或共用。

国家地震局工程力学研究所和哈尔滨建筑工程学院，对竖向地震反应谱进行了卓有成效的研究。他们为了弄清竖向地震反应谱的主要特征，研究的内容包括：①竖向反应谱与水平反应谱的比较；②竖向反应谱的谱值与震级、震中距、场地条件的关系；③标准化竖向反应谱β_v-T统计曲线的确定。在研究过程中，一共收集了203条美国地震、14条日本地震和40条中国地震的竖向反应谱。统计分析时，均采用换算的标准化竖向加速度反应谱，即β_v-T曲线；临界阻尼比ζ均为0.05，与水平反应谱所取临界阻尼比的数值相同。

2. 竖向谱与水平谱的比较

哈尔滨建筑工程学院等单位将所收集到的257条反应谱，按四类场地分类，对结构地震反应的竖向动力系数β_v谱和水平动力系数β_h谱，同时进行了统计分析，分别统计出四组平均反应谱。所谓β反应谱，就是一系列单自由度体系的最大加速度反应A与地震动峰值加速度a的比值，与周期T的关系曲线，它等于地震作用系数α谱的曲线除以地震烈度系数K。以Ⅱ类场地为例，其β_v谱和β_h谱曲线的形状示于图8-1。图中，曲线①为平均竖向反应谱，曲线②为平均水平反应谱，曲线③为设计用的标准反应谱。从中可以看出：

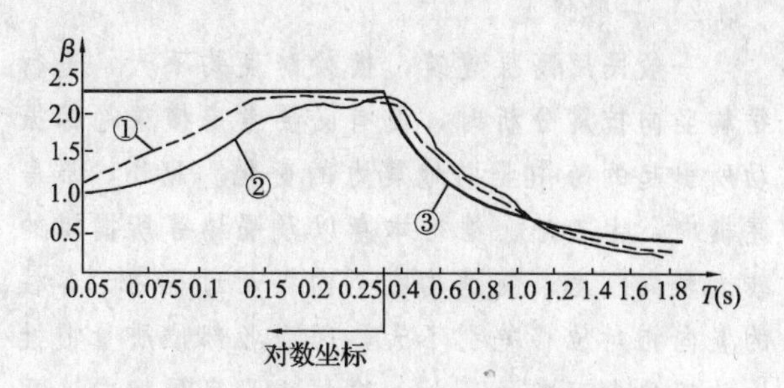

图 8-1　竖向反应谱与水平反应谱的比较

(1) 竖向谱与水平谱具有相同的规律性，场地类别同是决定谱形状的重要参数，两种谱曲线的变化趋势和形状十分接近；

(2) 竖向谱的卓越周期 T_{gv} 比水平谱的卓越周期 T_{gh} 稍短，约短 0.03～0.05s；

(3) 竖向谱的峰值 $\beta_{v,max}$ 与水平谱的峰值 $\beta_{h,max}$ 差不多；

(4) 在短周期区段（$T<0.2$s），竖向谱的 β_v 值比水平谱的 β_h 值约大 20%。

三、竖向地震作用系数曲线

1. 设计用竖向 β 谱

根据前面的对比分析可以看出，竖向动力系数 β_v 的平均反应谱，与水平动力系数 β_h 的平均反应谱十分相近。虽然在短周期段，竖向谱值偏高，但设计用的标准反应谱已将短周期段的 β 值取同于峰值 β_{max}，即将周期小于 T_g 的一段 β 曲线改用水平线。因此，用于工程设计的竖向 β_v 谱曲线，可以与水平 β_h 谱曲线采用同一条曲线来表达。

2. 设计用竖向 α 谱

竖向地震作用系数反应谱（α_v-T 曲线），与水平谱（等于水平地震烈度系数 K_h 乘以水平动力系数 β_h）一样，也是等于竖向地震烈度系数 K_v 与竖向动力系数 β_v 的乘积。既然竖向动力系数 β_v 与水平动力系数 β_h 在数值上相等，而且竖向地震烈度系数 K_v 和水平地震烈度系数 K_h，对应于每一烈度又都是常数；那末，各种烈度情况下，竖向地震作用系数反应谱与水平地震作用系数反应谱（α_h-T 曲线）是两条相似曲线，两者之间仅相差一个比例常数。所以，只要对各种烈度分别给出竖向地震作用系数最大值 $\alpha_{v,max}$ 的具体数值，以置换水平地震作用系数最大值 $\alpha_{h,max}$，两者就可共同使用一条曲线。

《抗震规范》(GB 50011) 对建筑结构所规定的竖向地震作用系数反应谱，也采用对水平地震作用系数所规定的曲线（图 6-6），但竖坐标的竖向地震作用系数最大值，取水平地震作用系数最大值的 65%，即 $\alpha_{v,max}=0.65\alpha_{h,max}$。此外，因为地震动竖向加速度分量在震中区附近具有较大数值，随着震中距的加大，衰减的速度大于水平地震作用系数，所以，一般不考虑远震的情况。

3. 竖向地震作用系数最大值 $\alpha_{v,max}$

根据强震记录统计数据，在相同地震烈度情况下，地震动的竖向峰值加速度 a_v 约等于水平峰值加速度 a_h 的 65%，结构地震反应的竖向动力系数 β_v 又等于水平动力系数 β_h。所以《抗震规范》(GB 50011) 第 5.3.1 条规定，对于各种设防烈度，竖向地震作用系数最大值 $\alpha_{v,max}$，均取水平地震作用系数最大值 $\alpha_{h,max}$ 的 65%。各种设防烈度多遇地震的竖向地震作用系数最大值列于表 8-1。

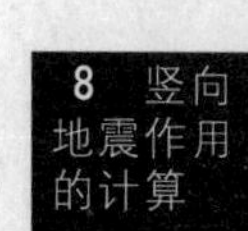

竖向地震作用系数最大值 $\alpha_{v,max}$　　表 8-1

地震影响（抗震设防烈度）	7 度	8 度	9 度
$\alpha_{v,max}$（多遇烈度地震）	0.05 (0.08)	0.10 (0.16)	0.21

注：括号中数值分别用于设计基本地震加速度为 0.15g 和 0.30g 的地区。

有一个问题值得探讨。高层建筑的竖向振动，其基本自振周期均在 0.1～0.2s 之间，第二振型周期更降到 0.05s 以下，接近于高频振动。抗震研究成果指出，高频结构弹塑性地震反应所受到的地震作用的量值，几乎等于对应的弹性结构地震反应。按照以往的抗震设计概念，结构特性系数（结构弹塑性引起的地震作用折减系数）接近 1.0。所以，确定高层建筑竖向地震作用时，是否应该直接采用相应于基本烈度（中震）的竖向地震作用系数最大值 $\alpha_{v,max}$（即取表 8-1 中数值的三倍），值得考虑。

高层建筑竖向抗震分析

一、振型分解反应谱法

1. 结构竖向振动模型

采用数值解法进行高层建筑竖向抗震分析时，对具有连续分布质量的结构，同样需要将它离散化为具有相对集中质量的多质点系。质量集中的原则，仍然是依据结构体系中构件和杆件的竖向刚度和变形性质。

(1) 房屋纵向

一般来说，沿房屋纵向，因为开间尺寸较小，纵梁截面高度与跨度的比值较大，在竖向地震作用下，跨中振动幅值很小，跨中的竖向位移与支座竖向位移差别不大，可以不作为一个独立位移来对待。此外，沿房屋纵向，各榀横向竖构件所负担的重力荷载，差别不大；纵向围护墙又提供了较大的竖向刚度。结构竖向振动时，各榀横向竖构件的相对位移，差别并不很大。为了简化计算，通常都是将各榀横向构件，合并为一榀总的横向竖构件，再进一步离散化为多质点系。情况复杂的结构，另当别论。

(2) 房屋横向

1) 跨度较大时

高层工业建筑，跨度较大，楼面负荷较重，当地震动竖向加速度引起结构竖向振动时，跨中竖向相对位移将大于支座相对位移，跨中的振动加速度以及跨中单位质量所产生的惯性力，都将大于支座的加速度和惯性力。对于此种情况，除了在梁柱节点处设置一个质点外，还需要在跨中设置一个质点（图 8-2*a*）。

高层民用建筑，有时在顶层设置舞厅等大空间厅堂。由于屋顶横梁跨度大，地震时横梁的局部振动将使跨中的竖向相对位移和相对加速度增大，惯性力随之增大。为了较确切地计算出结构各部位所受到的地震力，较大跨度横梁的中点也应该增设一个质点（图 8-2*b*）。

当考虑结构的几何非线性时，结构在地震作用下所发生的竖向振动将与水平振动相互耦联，各柱因受力状态（压力或拉力）和变形状态（压缩或拉伸）不同，各具有一个独立的竖向位移，在每一个框架梁、柱节点处就应该设置一个质点。整个结构体系的竖向抗震分析模型就应采用如图 8-2*b* 所示的“串并联质点系”。

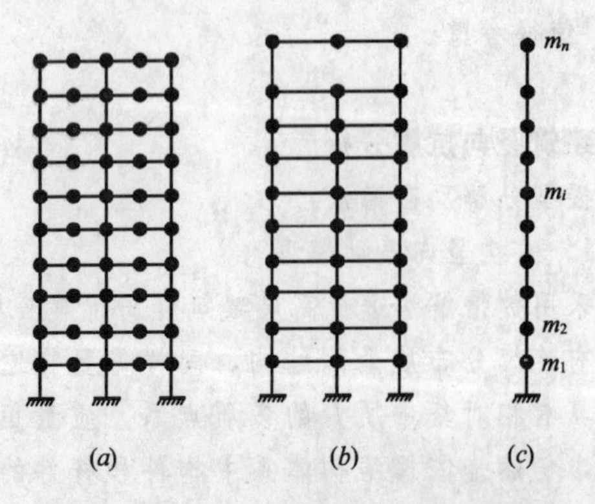

图 8-2　高层结构竖向抗震分析的振动模型

(*a*) 工业建筑；(*b*) 大跨度顶层；(*c*) 一般建筑

2) 一般情况

一般民用高层建筑，横梁跨度均不大，进行结构竖向抗震分析时，没有必要考虑横梁局部振动所引起的跨中竖向地震力的变化。此外，沿房屋横向，由基础、结构本身以及隔墙等所提供的较大竖向刚度，使结构在竖向振动过程中，各柱的竖向相对位移差别不大，因而各部位质量惯性力的变化也可略去不计。这样，沿房屋横向，同一高度的所有质量又可合并为一个质点，整个结构体系就可以采用串联质点系（图 8-2*c*）作为竖向抗震分析的振动模型。

(3) 质点系的自由度

仅考虑竖向地震时，结构各部位仅作上下振动，每个质点只有一个独立的竖向位移，所以，整个质点系的自由度等于质点系的质点数。

2. 地震时结构振动方程

(1) 水平和竖向地震同时输入时

地震动具有多分量，高层结构在地震动水平分量和竖向分量同时作用下，水平振动与竖向振动将因结构的几何非线性而相互耦联。当采用类似于图 8-2b 所示的串并联质点系作为结构振动模型时，质点系的振动方程为

$$[m]\{\ddot{x}\}+[C]_{\mathrm{H}}\{\dot{x}\}+([K]_{\mathrm{H}}+[K]_{\mathrm{G}})\{x\}=-[m]\{1\}\ddot{x}_{\mathrm{g}} \tag{8-1}$$

式中　$\{x\}$——质点系的质点水平相对位移列向量；

$[m]$——质点系的质量矩阵；

$[C]_{\mathrm{H}}$——质点系的水平振动阻尼矩阵；

$[K]_{\mathrm{H}}$——质点系的抗推刚度矩阵；

$[K]_{\mathrm{G}}$——几何刚度矩阵，其中，轴向力 N_i 的式 (8-2) 含竖向地震动的影响，z_i 为竖向地震动所引起的质点 m_i 的竖向相对位移，L_i 为第 i 杆单元的长度，EA_i 为第 i 杆单元的轴向刚度，

$$N_i=\frac{EA_i}{L_i}(z_i-z_{i-1})-gm_i \tag{8-2}$$

(2) 仅考虑竖向地震时

高层结构在地震动竖向加速度分量 $\ddot{z}_{\mathrm{g}}$ 作用下，当采用图 8-2c 所示串联质点系作为结构振动模型时，其振动微分方程为

$$[m]\{\ddot{z}\}+[C]_{\mathrm{V}}\{\dot{z}\}+[K]_{\mathrm{V}}\{z\}=-[m]\{1\}\ddot{z}_{\mathrm{g}} \tag{8-3}$$

式中　$\{z\}$——质点系的质点竖向相对位移列向量；

$[m]$、$[K]_V$——质点系的质量矩阵和竖向刚度矩阵；

$[C]_V$——结构竖向振动阻尼矩阵，取

$$[C]_V=[m][\Phi][E][\Phi]^T[m] \quad (8\text{-}4)$$

$[\Phi]$、$[E]$——质点系的振型矩阵和特征矩阵，ξ 为结构阻尼比，一般取 $\xi=0.05$；p_i 为 i 振型频率，

$$[E]=2\xi\begin{bmatrix} p_1/m_1 & & & & & \\ & p_2/m_2 & & & 0 & \\ & & \ddots & & & \\ & & & p_i/m_i & & \\ & 0 & & & \ddots & \\ & & & & & p_n/m_n \end{bmatrix}$$

3. 自由振动方程

采用反应谱振型分解法进行高层建筑竖向抗震分析时，因为竖向地震反应谱已求解了一系列单质点系在地震作用下的振动微分方程，给出各种周期单自由度结构的最大竖向地震反应，所以，不必再去求解结构地震时的振动微分方程。仅需通过求解结构的自由振动方程，得结构竖向自由振动的前几个振型和周期，然后查竖向地震反应谱，进一步运算得结构前几个振型地震作用效应，按照一定法则进行遇合，即得结构的最大竖向地震反应。

现以图 8-3 所示的"串联质点系"结构竖向振动模型为例，质点系的无阻尼自由振动微分方程和自由振动振幅方程分别为

$$[m]\{\ddot{z}\}+[K]_V\{z\}=0 \quad (8\text{-}5)$$

$$-\omega^2[m]\{Z\}+[K]_V\{Z\}=0 \quad (8\text{-}6)$$

式中 $\{z\}$、$\{\ddot{z}\}$——串联质点系各质点瞬时竖向相对位移（图 8-3）和相对加速度列向量，$\{z\}=[z_1\ \ z_2\ \ \cdots\ \ z_i\ \ \cdots\ \ z_n]^T$

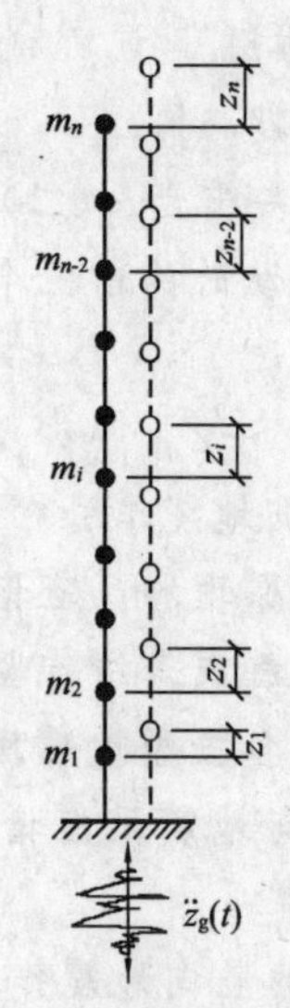

图 8-3 串联质点系竖向振动相对位移

ω——质点系按某振型作自由振动时的圆频率；

$\{Z\}$——质点系按某振型作自由振动时的竖向相对位移列向量；$\{Z\}=[Z_1\ \ Z_2\ \ \cdots\ \ Z_i\ \ \cdots\ \ Z_n]^T$

$[m]$、$[K]_V$——质点系的质量矩阵和竖向刚度矩阵［式（8-7）］，其中，m_i 为第 i 质点的质量，$m_i=G_i/g$，G_i 为整幢建筑第 i 楼盖及其上下各半层的重力荷载代表值，g 为重力加速度；K_i 为第 i 楼层所有竖杆件的轴向刚度之和，$K_i=EA_i/L_i=\sum\limits_k EA_{ik}/L_i$，$L_i$ 为第 i 楼层高度，A_{ik} 为第 i 楼层第 k 竖杆件的水平截面面积，E 为杆件材料（混凝土或钢）受压或受拉时的弹性模量（分别见 GB 50010—2002 和 GB 50017—2003）。

$$[m]=\mathrm{diag}[m_1\ \ m_2\ \ \cdots\ \ m_i\ \ \cdots\ \ m_n]$$

$$[K]_V=\begin{bmatrix} K_1 & & & & & & & \\ -K_1 & K_2 & & & & 0 & & \\ & -K_2 & K_3 & & & & & \\ & & \ddots & \ddots & & & & \\ & & & -K_{i-1} & K_i & & & \\ & 0 & & & \ddots & \ddots & & \\ & & & & & -K_{n-2} & K_{n-1} & \\ & & & & & & -K_{n-1} & K_n \end{bmatrix} \quad (8\text{-}7)$$

4. 竖向地震作用

(1) 振型和周期

参照第七章第一节六、(二) 段，计算出串联质点系竖向自由振动时的前三个振型 $\{Z_j\}$ 和周期 T_j。

$$\{Z_j\}=[Z_{j1}\quad Z_{j2}\quad \cdots Z_{ji}\quad \cdots\quad Z_{jn}]^{T}(j=1,2,3)$$

(2) j 振型竖向地震作用

按照振型分解原理和反应谱理论，结构竖向地震反应同样可以看成是结构竖向各振型地震反应的遇合。结构的各振型地震反应，可以利用各振型周期 T_j 查竖向地震反应谱得地震作用系数 α_{vj} 后，计算得之。

j 振型 i 质点的竖向地震作用标准值 F_{ji}，按下列公式确定：

$$F_{ji}=\alpha_{vj}\gamma_j Z_{ji}G_i\ (i=1,2,\cdots,k,\cdots,n;j=1,2,3) \tag{8-8}$$

$$\gamma_j=\sum_{i=1}^{n}Z_{ji}G_i\Big/\sum_{i=1}^{n}Z_{ji}^2G_i$$

式中 α_{vj}——相应于结构 j 振型周期 T_j 的竖向地震作用系数，根据场地类别、设计地震分组和 T_j 由图 6-6 和表 6-3 查得，但 $\alpha_{v,max}$ 按建筑设防烈度查表 8-1 得之；

Z_{ji}——结构 j 振型 i 质点的竖向相对位移；

γ_j——竖向地震输入时结构的 j 振型参与系数；

G_i——整幢建筑第 i 楼盖及其上、下各半层的重力荷载代表值。

5. 竖杆地震内力

(1) 竖杆振型地震内力

按式 (8-8) 计算出的 F_{ji}，是作用于整幢建筑第 i 楼盖处的 j 振型竖向地震作用。j 振型竖向地震作用对第 i 楼层所有竖杆引起的竖向地震作用效应（总拉力或总压力）N_{ji}，以及第 s 竖杆所受到的拉力或压力 N_{jis}，分别按下列公式计算

$$N_{ji}=\sum_{k=i}^{n}F_{jk}\qquad N_{jis}=N_{ji}\widetilde{G}_{is}/\widetilde{G}_i \tag{8-9}$$

$$\widetilde{G}_{is}=\sum_{k=i}^{n}G_{ks}\qquad \widetilde{G}_i=\sum_{k=i}^{n}G_k \tag{8-10}$$

式中 G_{ks}、G_k——分别为第 k 楼层第 s 竖杆和全部竖杆所负担的本楼层重力荷载代表值；

$\widetilde{G}_{is}$、$\widetilde{G}_i$——分别为第 i 楼层第 s 竖杆和全部竖杆所负担的本层以上各楼层的总重力荷载代表值。

(2) 竖杆地震轴力

竖杆地震轴力等于竖杆各振型地震轴力的遇合。一般情况下，是采取“平方和的平方根”法则（SRSS 法），遇合结构的前三个竖向振型地震作用引起的杆件轴力。第 i 楼层中第 s 竖杆的地震轴力 N_{is}（拉力或压力）按下式计算。

$$N_{is}=\sqrt{N_{1is}^2+N_{2is}^2+N_{3is}^2}\qquad (i=1,2,\cdots n) \tag{8-11}$$

式中 N_{1is}、N_{2is}、N_{3is}——分别为第 i 楼层中第 s 竖杆的第 1、第 2、第 3 振型地震轴力。

6. 竖杆承载力验算

(1) 荷载效应组合

地震动的水平分量和竖向分量是同时发生的，所以同时作用于高层建筑。然而，第 7 章所计算出的构件地震作用效应是最大水平地震作用效应，本章所计算出的构件地震作用效应是最大竖向地震作用效应。这两个作用效应的最大值不可能在同一时刻发生，其最可能的遇合值，一般约等于水平和竖向最大地震作用效应按照“平方和的平方根”法则遇合所得的数值。

《抗震规范》（GB 50011—2001）第 5.4.1 条对水平和竖向地震作用效应遇合值的计算中作出了具体的规定：进行构件地震作用效应遇合时，水平地震作用分项系数 γ_{Eh} 取 1.3，竖向地震作用分项系数 γ_{Ev} 取 0.5。

同时考虑水平和竖向地震作用时，结构构件的地震作用效应和其他荷载效应的基本组合，应按第 10 章式（10-15）和表 10-5 确定。应该注意，竖向地震作用可能向上、向下，在进行效应组合时，应分别考虑竖向地震对竖构件所引起的拉力和压力两种情况。当考虑竖向地震作用向上时，在荷载效应的基本组合中，重力荷载分项系数 γ_G 应取 1.0。

(2) 截面抗震验算

对各构件截面的水平、竖向地震作用效应以及相应的其他荷载效应实行基本组合后，再按第 10 章式（10-16）进行多遇烈度下的构件承载力验算。

实例分析结果表明，竖向地震作用对框架柱和抗震墙的轴向受压承载力、偏心受压承载力和斜截面受剪承载力的验算，均将产生明显的影响。

二、竖向抗震计算结果

从定性角度看，对高层建筑在考虑水平地震

作用的同时还应考虑竖向地震作用。然而，竖向地震影响到底有多大，构件竖向地震内力沿高度分布的状况如何，需要通过工程实例的具体计算来摸清。下面列举几例高层框架体系和全墙体系竖向抗震分析的计算结果。

1. 杆件竖向地震内力

(1) 全墙体系

对于采用钢筋混凝土全墙体系的高层建筑，挑选一幢18层电视大楼和一幢18层住宅，采用El Centro波和天津波，进行结构竖向地震反应分析。计算出的墙身竖向地震应力σ_v，重力荷载应力σ_g，以及两者的比值σ_v/σ_g，列于表8-2。从表中数字可以看出：①墙身竖向地震应力σ_v，以及与重力荷载应力的比值σ_v/σ_g，均沿高度往上逐渐增大；②地震烈度为8度强的情况下，抗震墙底部的应力比值σ_v/σ_g约为0.3～0.7，抗震墙上部的应力比值σ_v/σ_g达到甚至超过1.0。上述数据说明，竖向地震对全墙体系高层建筑在承载力方面的影响也是显著的。

剪力墙竖向地震应力（kPa）　　**表 8-2**

建筑名称	输入地震波	墙身应力	楼层序号										
			1	3	5	7	9	11	13	15	16	17	18
18层电视大楼	El-Centro波	σ_v	1128	1080	1011	918	819	693	502	339	224	139	45
		σ_g	3642	3150	2760	2377	1995	1612	1109	727	476	293	93
		σ_v/σ_g	0.31	0.34	0.37	0.39	0.41	0.43	0.45	0.47	0.47	0.47	0.43
	天津波	σ_v	1558	1513	1424	1319	1178	985	722	477	313	199	64
		σ_g	3642	3150	2760	2377	1995	1012	1109	727	476	293	93
		σ_v/σ_g	0.43	0.43	0.52	0.55	0.59	0.61	0.65	0.66	0.66	0.68	0.69
18层住宅	El-Centro波	σ_v	1397	1368	1196	1092	909	745	567	384	289	189	84
		σ_g	3422	2861	2499	2137	1775	1413	1051	690	509	328	147
		σ_v/σ_g	0.41	0.48	0.48	0.51	0.51	0.53	0.54	0.56	0.57	0.57	0.57
	天津波	σ_v	2477	2298	2107	1900	1652	1365	1046	707	521	333	152
		σ_g	3422	2861	2499	2137	1775	1413	1051	690	509	328	147
		σ_v/σ_g	0.71	0.81	0.84	0.89	0.93	0.97	0.99	1.02	1.02	1.02	1.04

(2) 框架体系

对框架体系建筑，选取了一幢10层框架、一幢11层框架和一幢15层框架，分别采用El-Centro波、天津波和反应谱振型分解法，对结构进行竖向地震反应分析。地震烈度相当于8度强。因为需要计算竖向地震对柱所引起的轴力N_v，以及在梁跨中点所引起的弯矩M_v，所以采用图8-4所示的"串并联质点系"作为结构振动模型。

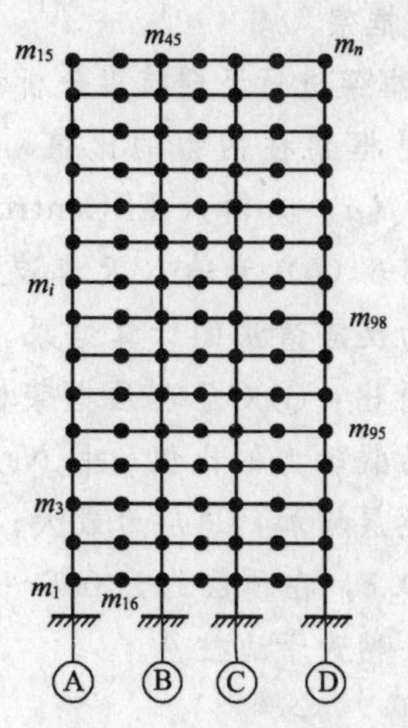

图 8-4　框架竖向抗震分析的振动模型

1) 11层框架

对11层框架进行竖向抗震分析与重力荷载分析，两者计算结果的比值μ，示于图8-5。其中，图8-6 (*a*) 为输入El-Centro地震波的计算结果；图8-6 (*b*) 为输入天津波的计算结果；图8-5 (*c*) 为反应谱法的计算结果。从各图形中的几条曲线可以看出：①竖向抗震分析所得各层框架柱的轴力N_v与重力荷载产生的轴力N_g的比值$\mu = N_v/N_g$（图中实线），在底层，大致为0.4～0.6，在顶层，大致为0.6～0.9；②内柱B的轴力比N_v/N_g略大于边柱A；③关于框架各层梁的跨中弯矩，竖向地震弯矩M_v与重力弯矩M_g的比值$\mu = M_v/M_g$（图中的虚线），在底层，大致为0.15～0.4，在顶层，大致为0.6～1.0；④中跨梁$\overline{BC}$的弯矩比M_v/M_g略大于边跨梁$\overline{AB}$的弯矩比。

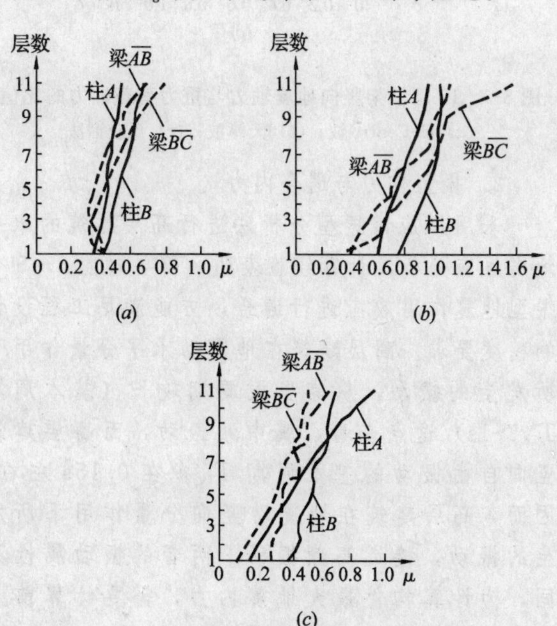

图 8-5　11层框架竖向地震反应计算结果

(*a*) El-Centro波；(*b*) 天津波；(*c*) 反应谱法

2）15 层框架

对 15 层框架进行竖向抗震分析和重力荷载下的分析，所得框架柱内力的比值 μ 示于图 8-6。其中，图 8-6（*a*）为输入 El-Centro 地震波的计算结果，图 8-6（*b*）为输入天津波的计算结果，图 8-6（*c*）为反应谱法的计算结果。从图中的各条曲线可以看出：①对于各层框架柱，竖向地震轴力与重力荷载轴力的比值 $\mu = N_v/N_g$，也是底层小，往上逐层增加，顶层为最大；②轴力比 μ，在底层约为 0.3，在顶层约为 0.6～0.8；③内柱 B 的轴力比 μ 稍大于边柱 A。

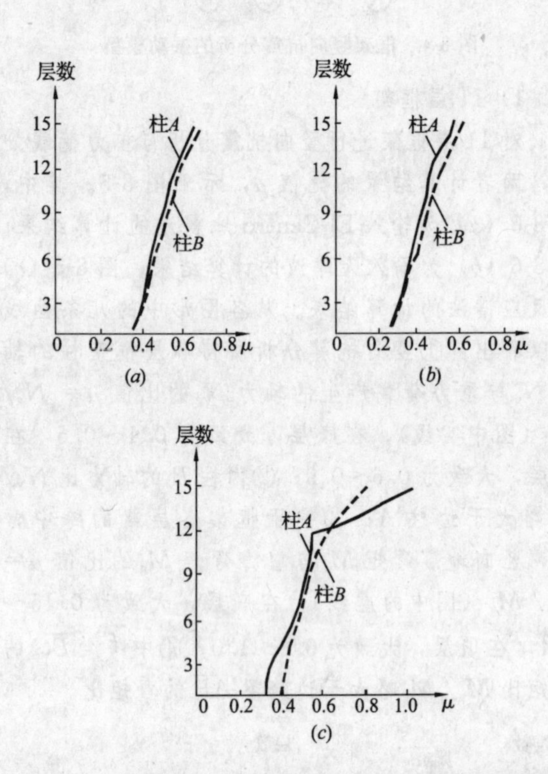

图 8-6　15 层框架竖向地震轴力与重力荷载轴力的比值
（*a*）El-Centro 波；（*b*）天津波；（*c*）反应谱法

2. 振型内力与遇合内力

采用反应谱振型分析法进行高层建筑的水平地震反应分析，计算经验表明，需要对前 3～5 个振型地震作用效应进行遇合，方能满足工程设计的精度要求。高层建筑在地震动水平分量作用下所发生的振动，从其自振周期较长（基本周期 $T_{1h}>1s$）这点来看，属中频振动，而高层建筑竖向自由振动的基本周期 T_{1v} 多在 0.15s 左右，因而，高层建筑在地震动竖向分量作用下所发生的振动，接近高频振动。两者的振动属性不同，为计算构件最大地震内力，需要计算前几个振型地震内力来进行遇合，有可能不一样，为了弄清竖向地震反应分析时以遇合前几个振型为最恰当，以及为提供简化计算方法创造条件，下面列出几个高层建筑实例竖向抗震分析的计算结果。

（1）全墙体系

对于钢筋混凝土全墙体系高层建筑，挑选了一幢 18 层电视大楼、一幢 18 层住宅和一幢 30 层住宅，采用反应谱振型分析法进行竖向抗震分析。对于 18 层电视大楼、18 层住宅，计算出的墙身前五个振型竖向应力 σ_{vj} 以及遇合竖向应力 σ_v，列于表 8-3 和表 8-4。对于 30 层住宅，计算出的墙身前五个振型竖向内力 N_{vj} 以及遇合竖向内力 N_v，列于表 8-5。在三个表中，最后一栏又都列出仅考虑基本振型时，与遇合应力的误差。

18 层电视大楼剪力墙竖向各振型应力 σ_{vj} 与遇合应力 σ_v（kPa）　　表 8-3

振型周期(s) / 竖向应力 / 楼层序号	$T_1=$ 0.142 σ_{v1}	$T_2=$ 0.047 σ_{v2}	$T_3=$ 0.029 σ_{v3}	$T_4=$ 0.020 σ_{v4}	$T_5=$ 0.016 σ_{v5}	遇合应力 σ_v	$\frac{\sigma_v-\sigma_{v1}}{\sigma_v}$
18	54.4	13.3	−6.9	4.1	−3.2	56.7	0.04
16	275.9	64.4	−30.0	15.4	−9.2	285.5	0.03
14	519.8	106.4	−37.2	9.7	−1.2	523.0	0.02
12	757.3	120.4	−17.7	−9.4	9.3	767.1	0.01
10	966.1	105.7	11.8	−17.2	0.6	972.0	—
8	1125	68.7	31.0	−4.8	−8.4	1127.0	—
6	1257	16.5	32.4	12.9	−2.8	1257.0	—
4	1360	−39.4	16.1	17.5	7.6	1360.7	—
2	1447	−97.5	−14.9	−0.1	3.7	1450.4	—
1	1482	−123.7	−32.5	−15.8	−7.1	1487.8	—

18 层住宅剪力墙竖向各振型应力 σ_{vj} 与遇合应力 σ_v（kPa）　　表 8-4

振型周期(s) / 竖向应力 / 楼层序号	$T_1=$ 0.113 σ_{v1}	$T_2=$ 0.039 σ_{v2}	$T_3=$ 0.023 σ_{v3}	$T_4=$ 0.016 σ_{v4}	$T_5=$ 0.013 σ_{v5}	遇合应力 σ_v	$\frac{\sigma_v-\sigma_{v1}}{\sigma_v}$
18	87.4	21.0	−11.1	7.6	−5.6	91.0	0.04
16	299.6	67.5	−31.0	16.9	−8.8	309.3	0.03
14	503.5	96.3	−31.3	0.6	3.7	515.3	0.02
12	693.5	106.3	−11.9	11.5	9.6	701.9	0.01
10	864.1	89.7	15.0	−16.2	−1.6	869.0	0.01
8	1013	54.2	33.6	−3.7	−10.7	1015	—
6	1138	7.7	33.8	12.5	−3.0	1138	—
4	1235	−40.3	15.4	16.0	9.4	1236	—
2	1302	−80.1	−11.5	3.2	7.0	1305	—
1	1131	−88.0	−27.3	−11.1	−5.6	1135	—

30 层住宅剪力墙竖向各振型内力 N_{vj} 与遇合内力 N_v (kN)　　表 8-5

振型周期(s) 内力 楼层序号	$T_1=0.160$ N_{v1}	$T_2=0.055$ N_{v2}	T_3 N_{v3}	T_4 N_{v4}	T_5 N_{v5}	N_v	$\frac{N_v-N_{v1}}{N_v}$
30	2036	573	−228	97	−47	2130	0.044
28	6999	1908	−713	274	−115	7295	0.041
25	14240	3459	−1006	227	−20	14690	0.031
22	21040	4129	−633	−104	1130	21450	0.019
19	27060	3840	1313	−324	47	27500	0.01
16	32740	2700	820	−188	−100	32860	—
13	37350	963	1035	155	−77	37380	—
10	40960	−986	653	327	76	40960	—
7	43590	−2749	−78	173	116	43670	—
4	45220	−3994	−771	−145	−16	45400	—
1	45850	−4506	−1095	−333	−129	46080	—

从上述三个表中的数字可以看出：①高层建筑竖向振动的周期很短，基本周期在 0.15s 左右，第二振型周期更减小为 0.05s 左右；②仅考虑基本振型时，只是顶部几层存在少量误差，而且误差值均在 5% 以下，说明基本振型起主要作用；③在基本振型中，所有楼层的竖向应力均为同号，在高阶振型中，部分楼层的应力为正号，部分楼层的应力为负号，而且应力变化的次数恰好与振型的阶数相同。

(2) 框架体系

1) 10 层框架

采用反应谱振型分析法和图 8-2 (a) 所示的串并联质点系振动模型（计算简图），对 10 层钢筋混凝土框架进行竖向抗震分析，计算出梁和柱的前五个振型地震弯矩 M_{vj} 和轴力 N_{vj}，并按 SRSS 法进行遇合，得竖向地震作用下梁的跨中遇合弯矩 M_v 和柱的遇合轴力 N_v。对于各楼层边柱 A 和中柱 B，基本振型轴力 N_{v1} 与遇合轴力 N_v 的比值 N_{v1}/N_v，列于表 8-6。对于各楼层边跨梁和中跨梁的跨中弯矩，计算出的基本振型弯矩 M_{v1} 与遇合弯矩 M_v 的比值 M_{v1}/M_v，列于表 8-7。

10 层框架 N_{v1}/N_v 比值　　表 8-6

楼层序号	1	2	3	4	5	6	7	8	9	10
A 柱	0.998	0.997	0.998	0.998	0.999	0.998	0.999	0.996	0.996	0.996
B 柱	0.999	0.999	0.999	0.999	0.999	0.999	0.999	0.999	0.999	0.999

10 层框架 M_{v1}/M_v 比值　　表 8-7

楼层序号	1	2	3	4	5	6	7	8	9	10
边跨梁	0.989	0.962	0.943	0.989	0.969	0.995	0.951	0.952	0.969	0.916
中跨梁	0.991	0.926	0.992	0.992	0.996	0.799	0.874	0.921	0.852	0.814

从表中数字可以看出：①就框架柱的地震轴力而言，基本振型的误差仅是 0.3%；②就框架梁的跨中弯矩而言，基本振型的最大误差约为 18%。

2) 15 层框架

采用反应谱振型分析法和图 8-2b 所示的串并联质点系振动模型，对 15 层钢筋混凝土框架进行竖向地震反应分析，计算出框架各楼层边柱 A 和中柱 B 的前五个振型地震轴力 N_{vj} 及其遇合地震轴力 N_v。将边柱和中柱基本振型地震轴力与遇合轴力的比值 N_{v1}/N_v，列于表 8-8，从表中数字可以看出，若取基本振型地震轴力作为设计用竖向地震轴力时，最大误差也不超过 2%。

15 层框架 N_{v1}/N_v 比值　　表 8-8

楼层序号	1	2	3	4	5	6	7	8	9	10	11	12	13	14	15
左柱	0.994	0.995	0.994	0.995	0.995	0.995	0.994	0.998	0.995	0.998	0.997	0.996	0.995	0.982	0.980
右柱	0.993	0.994	0.994	0.995	0.998	0.997	0.998	0.998	0.998	0.998	0.997	0.994	0.986	0.990	0.994

根据以上两幢工程实例的计算结果可以认为，对于 30 层以下高层建筑，若不考虑梁的局部振动，进行竖向地震反应计算时，仅取基本振型，即可满足工程设计精度要求。至于更多层数建筑的竖向抗震分析，取前三个振型地震内力进行遇合，也定能满足要求。

3. 特点和规律

根据若干工程实例的计算结果，高层建筑竖向地震反应与水平地震反应相比较，具有如下特点和规律：

(1) 高层建筑竖向自振周期仅为水平自振周期的 1/10～1/15 左右，竖向振动接近于高频振动。

(2) 30 层以下高层建筑，竖向地震作用效应仅需要考虑基本振型，而水平地震作用效应需要考虑前3～5个振型地震作用效应的遇合。

(3) 高层建筑竖向自振振型的形状与水平自振振型的形状是相似的，两者各振型的正负号变化规律是相同的。竖向振型与水平振型一样，基本振型均全部为正号，第二振型都是一半为正，一半为负，其他各振型的正负号变化次数也都与振型的阶数相同（表8-3或表8-4）。

(4) 高层建筑中各部位竖向地震作用的大小，基本上与各部位所在高度成正比，以底层为最小，顶层为最大，中间楼层大体上按线性规律变化。

(5) 仅考虑竖向地震时，构件竖向地震内力与重力荷载内力的比值μ，在同一幢建筑物内，沿高度由下往上逐渐增大；在不同层数房屋中，顶层的比值μ，也随房屋总层数的增多而加大。若将底层的比值μ定为1，则不同层数房屋的顶层比值μ的相对值如表8-9中所示。

构件竖向地震内力与重力荷载内力的比值μ

表 8-9

房屋总层数	8	10	15	20	25	30
底层	1.0	1.0	1.0	1.0	1.0	1.0
顶层	1.78	1.82	1.88	1.90	1.92	1.94

(6) 当地震烈度为8度强时，高层建筑顶部几层的竖向地震内力，有可能达到甚至超过重力荷载内力，说明考虑竖向地震作用是必要的。

(7) 确定水平地震引起的构件最不利受力状态时，需要考虑地震动水平分量自左向右及自右向左两种情况；确定构件竖向地震的最不利受力状态时，也需要考虑地震动竖向分量向下或向上两种情况，即对竖向各振型地震作用要考虑全部变号的情况。此外，还应根据杆件承载力验算时增重不利或减重不利，重力荷载分项系数分别取1.2或1.0。

三、简化计算方法

1. 简化的依据

根据对若干幢钢筋混凝土全墙体系和框架体系高层建筑竖向地震反应分析的计算结果，有关抗震计算方法方面，具有如下的规律性：

(1) 30层以下高层建筑，构件竖向地震作用效应几乎全部取决于竖向基本振型，所以，不必计算竖向高阶振型地震作用效应；

(2) 钢筋混凝土全墙体系和框架体系高层建筑，竖向基本振型接近于一条以结构底部为零点的斜向直线；

(3) 30层以下高层建筑，竖向基本周期均在0.1～0.2s之间，所以，竖向地震作用系数α_{v1}应取最大值$\alpha_{v,max}$。

2. 计算公式

(1) 公式的推导

1) 计算假定

根据上述关于竖向地震作用效应的规律，采取如下两点计算假定，作为简化计算方法的基础。

a. 取竖向基本振型（即第一振型）地震作用效应作为结构的竖向地震作用效应；

b. 基本振型各质点的竖向相对位移Z_{1i}（图8-7*a*）与质点i所在高度H_i成正比，即取$Z_{1i}=H_i$。

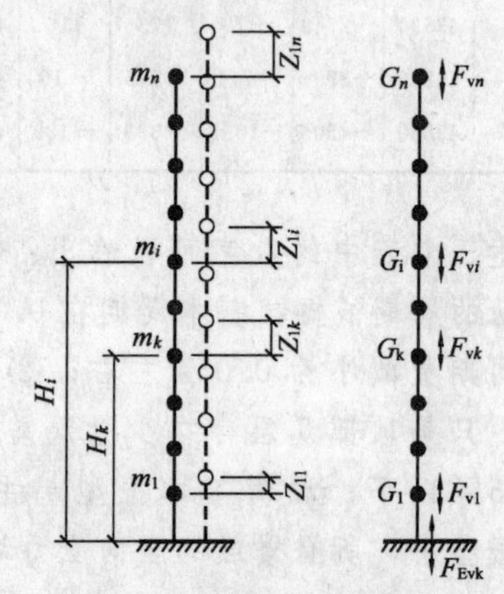

图8-7 结构竖向地震反应

(*a*) 基本振型相对位移；(*b*) 竖向地震作用

2) 计算公式

a. 质点竖向地震作用

根据上述计算假定，第i质点的竖向地震作用为

$$F_{vi}=\alpha_{v1}\gamma_1 G_i H_i \tag{8-12}$$

式中 α_{v1}——相应于竖向基本振型周期的竖向地震作用系数；

γ_1——竖向基本振型参与系数；

G_i、H_i——分别为第i质点的重力荷载代表值和i质点到结构底部的高度。

竖向地震在结构底部引起的（总）竖向地震轴力F_{Evk}，等于图8-7所示串联质点系所有质点处竖向地震作用之和，即

$$F_{Evk}=\sum_{i=1}^{n}F_{vi}=\alpha_{v1}\gamma_1\sum_{i=1}^{n}G_iH_i \quad (a)$$

由式（*a*）得 $\alpha_{v1}\gamma_1=F_{Evk}/\sum_{i=1}^{n}G_iH_i$ (*b*)

将式（*b*）代入式（8-12）得

$$F_{vi}=\frac{G_iH_i}{\sum_{k=1}^{n}G_kH_k}F_{Evk} \quad (c)$$

b. 等效质量系数

根据 $Z_{1i}=H_i$ 的假定，竖向基本振型参与系数为

$$\gamma_1=\sum_{i=1}^{n}G_iH_i/\sum_{i=1}^{n}G_iH_i^2 \qquad (d)$$

将式（*d*）代入式（*a*），得

$$F_{\mathrm{Evk}}=\alpha_{\mathrm{v1}}\frac{\left(\sum_{i=1}^{n}G_iH_i\right)^2}{\sum_{i=1}^{n}G_iH_i^2}=\alpha_{\mathrm{v1}}G_{\mathrm{eq}} \qquad (e)$$

式中　G_{eq}——确定竖向地震作用的结构等效总重力荷载，$G_{\mathrm{eq}}=C_{\mathrm{m}}\sum_{i=1}^{n}G_i$；$C_{\mathrm{m}}$ 为等效质量系数，《建筑抗震设计规范》最新稿第 5.3.1 条规定，取 $C_{\mathrm{m}}=0.75$。

（2）规范公式

《建筑抗震设计规范》最新稿第 5.3.1 条规定：9 度时的高层建筑，其竖向地震作用标准值（图 8-7*b*）应按下列公式确定；楼层的竖向地震作用效应，可按各构件承受的重力荷载代表值的比例分配，并宜乘以增大系数 1.5。

$$F_{\mathrm{Evk}}=\alpha_{\mathrm{v,max}}G_{\mathrm{eq}} \qquad (8\text{-}13)$$

$$F_{\mathrm{v}i}=\frac{G_iH_i}{\sum_j G_jH_j}F_{\mathrm{Evk}} \qquad (8\text{-}14)$$

式中　F_{Evk}——结构总竖向地震作用标准值；

$F_{\mathrm{v}i}$——质点 i 的竖向地震作用标准值；

$\alpha_{\mathrm{v,max}}$——竖向地震作用系数的最大值，可取水平地震作用系数最大值 $\alpha_{\mathrm{h,max}}$（即 $\alpha_{\max}$）的 65%（表8-1）；

G_{eq}——结构等效总重力荷载，可取结构总重力荷载代表值的 75%。

厂房屋盖竖向地震反应

强烈地震时，极震区内浮搁于地面上的刚硬物体被抛离地面的现象，国内外均早有报导，并受到了人们的重视。在某些烈度表中，它已被用作评定地震烈度的一项宏观指标。1966 年 3 月 8 日 6.7 级和 3 月 22 日 7.2 级邢台地震，1976 年 7 月 28 日 7.8 级唐山地震，极震区内均有很多人亲自感受到强烈的竖向振动，并明显地分辨出先上下颠簸、后左右摇晃。地震时出现竖向地面运动，显然与震源机制相关，它表明成因断层的倾角较大且具有可观的倾滑分量。这一点从邢台和唐山地震后，地面主破裂带发生 1m 以上的竖向错动得到证实。断层相继发生的几次大规模应力降落，每一次都将使断层面发生一个加速运动并尾随一个减速运动。在极震区，断层每一加速和减速运动的竖向分量，就会引起地面的一次上下颠动。地震时物体上抛现象表明地面竖向加速度已超过 1*g*。

海城、唐山地震后，通过震害调查和分析，一些人提出，在震中区，竖向地震可能是造成某些结构严重破坏的主要原因。我国历届抗震设计规范，对大跨结构以及自重为主的结构，均规定应考虑竖向地震作用的影响。《建筑抗震设计规范》最新稿更明确规定，高层建筑、长悬臂结构、平板型网架和跨度大于 24m 的屋架，均应计算竖向地震作用的影响。

一、网架结构力学模型

1. 网架计算原则

（1）平板型网架的力学模型可假定为空间铰接杆系结构，忽略节点刚度的影响，不计次应力对杆件内力所引起的变化。

（2）网架分析宜采用空间桁架位移法，它就是以节点三个线位移为未知数的铰接空间杆系结构的位移法，它适合于用矩阵形式表达、利用电子计算机运算的分析方法。

（3）网架结构的支承条件对网架的计算结果有较大影响，支座节点在几个方向有约束或弹性连接，要根据支承结构的刚度和支座节点的连接构造来确定。

（4）为了简化计算，节省机时，采用空间桁架位移法进行网架分析时，应尽量利用结构的对称条件，并在对称面上增设相应的约束。例如平面为矩形的双轴对称网架结构，坐标原点可定于上弦平面的形心，在竖向对称荷载作用下，仅须计算网架的四分之一。

在对称面上的网架节点，其反对称位移 u（或 v）应为零，计算时应在相应方向予以约束。由于网架结构的静力分析属于小挠度理论范畴，因此，被对称面切断的单根杆件在三个方向予以约束。对称面通过交叉腹杆或人字腹杆交点时，在两个水平方向予以约束。这纯粹是一种结构分析的处理手法，使被切割取出的网架部分成为几何不变体系，而对网架的计算结果是没有影响的。

（5）网架中压杆的计算长度，应根据节点的

构造，取几何长度乘以小于1的系数。根据国内外的理论和试验研究，①对螺栓球节点，因杆两端接近铰接，计算长度取几何长度（即节点到节点的距离）；②对空心球节点，弦杆计算长度取几何长度（l）减去球直径，相当于$0.9l$，腹杆计算长度取$0.75l$；③对于板节点，按钢结构设计规范中关于一般平面桁架的规定取值。

(6) 网架杆件的长细比过大，容易产生附加挠度，导致二阶应力的产生，对杆件受力不利，而且地震时易被压曲。因而，网架的压杆（包括网架在水平或竖向地震作用下发生应力变号的杆件），容许长细比宜取180，拉杆仍取400。但对支座附近的拉杆，由于边界条件复杂，分析结果不一定准确，即使在地震等各类荷载作用下并未发生应力变号，杆件最大计算长细比仍以不大于300为妥。

2. 网架抗震计算简图

平板型网架是高次超静定的空间结构，其动力特性比较复杂。网架在竖向地震作用下的杆件内力分布规律，与静力荷载下的杆件内力分布规律不同。考虑竖向地震作用后，静内力小的部位杆件，内力增长的比例反而大。对于单层厂房中采用柱支承的矩形多点支承网架，在水平地震作用下的内力分布更为复杂，它与支承条件密切相关，总的来说，网架在与柱相接的区域内，杆件内力增长较多，甚至有变号情况发生。因此，进行网架的合理抗震分析，是确保网架安全的重要步骤之一。

为了简化计算，采取空间铰接杆系模型进行网架的振动分析时，应将网架屋盖离散化为多质点系。因为网架的有效重力荷载主要来自屋面，所以可将网架所负载的全部质量，分别集中于网架上弦的各个节点，形成网格多质点系（图8-8）。

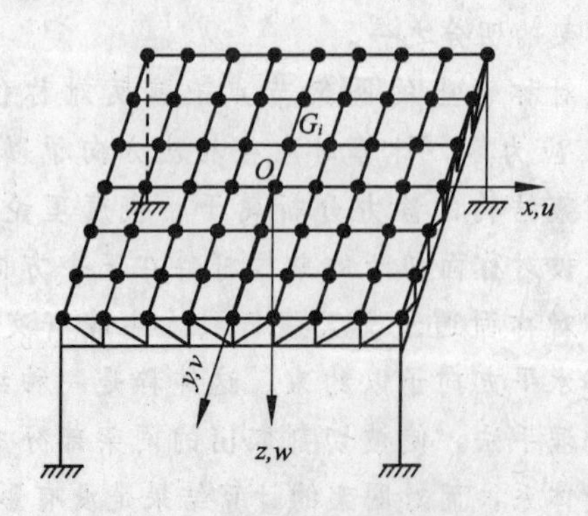

图8-8 网架抗震计算简图

二、网架竖向自振特性

1. 脉动实测周期

哈尔滨工人体育馆比赛厅的平面尺寸为50.4m×61.6m，屋盖采用正交斜放网架。周边由40根钢筋混凝土柱支承。屋面为钢檩条上铺铝板。采用脉动法对网架进行了量测，并运用日本金井清提出的周期频度法进行分析，得到网架前四个竖向振型的周期，列于表8-10。

网架竖向自振周期 表8-10

竖向振型	第一	第二	第三	第四
周期实测值(s)	0.32～0.4	0.23～0.27	0.18～0.22	0.12～0.15

2. 竖向振型

竖向振型是网架本身的竖向振动特性。单跨网架的竖向振型，与矩形简支板的竖向振型很相似，支承条件的改变对它的影响很小。图8-9绘出四柱支承的单跨正交正放网架的前四个振型的形状，从中可以看出，第一振型沿x轴和y轴均为无反弯点对称曲线；第二振型沿x轴为反对称曲线，沿y轴为无反弯点对称曲线；第三振型等于第二振型沿水平面转90度；第四振型沿x轴为具有两个反弯点的正对称曲线，沿y轴为无反弯点的对称曲线。

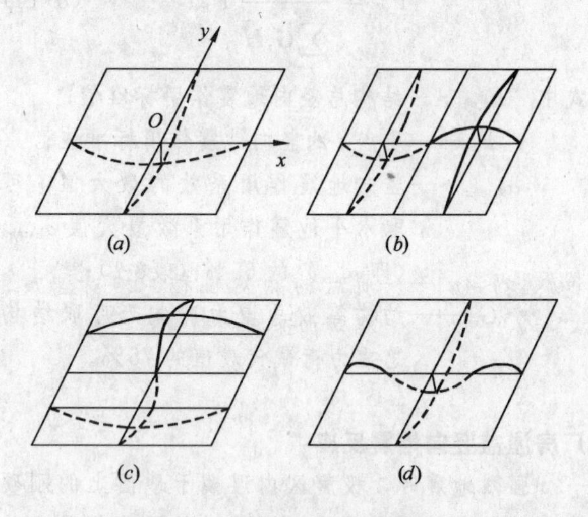

图8-9 网架前四个竖向振型

(a) 基本振型；(b) 第二振型；(c) 第三振型；(d) 第四振型

三、竖向地震反应分析

1. 三维振动分析

地震时的地面运动是多分量的。试验研究指出，网架结构，特别是四支点网架结构，在竖向或水平地震作用下某些部位杆件的内力将出现较大幅度的变化。因此，对于网架，应进行三向地震输入下的三维振动总体分析（图 8-8）。

(1) 运动方程

三向地震作用下网架的三维振动微分方程为

$$[M]\{\ddot{u}\}+[C]\{\dot{u}\}+[K]\{u\}=-[m][\ddot{u}_g] \quad (8\text{-}15)$$

式中 $[M]$——总质量矩阵，其中的 $[m_x]$、$[m_y]$、$[m_z]$ 为 x 向、y 向、z 向质量子矩阵，它们均等于 $[m]$，故有

$$[M]_{N\times N}=\text{diag}[[m_x]\ [m_y]\ [M_z]]=\text{diag}[[m]\ [m]\ [m]] \quad (8\text{-}16)$$

$$[m]=\text{diag}[m_1\ \ m_2\ \cdots\ m_i\ \cdots\ m_n]$$

m_i为第 i 节点处的集中质量，n 为网架的可动节点总数，N 为网架的自由度，$N=3n$；

$[K]$——总刚度矩阵，其中的 $[K_x]$、$[K_y]$、$[K_z]$ 为 x 向、y 向、z 向的 $n\times n$ 阶刚度子矩阵，$[K_{xy}]$、$[K_{xz}]$、$[K_{yz}]$ 为 xy 向、xz 向、yz 向耦合刚度子矩阵，

$$[K]=\begin{bmatrix}[K_x] & [K_{xy}] & [K_{xz}]\\ [K_{yx}] & [K_y] & [K_{yz}]\\ [K_{zx}] & [K_{zy}] & [K_z]\end{bmatrix} \quad (8\text{-}17)$$

$$[K_{xy}]=[K_{yx}],\ [K_{zx}]=[K_{xz}],\ [K_{zy}]=[K_{yz}]$$

$[C]$——结构阻尼矩阵，

$$[C]=\alpha_0\ [M]+\alpha_1\ [K]$$

$\{u\}$、$\{\dot{u}\}$、$\{\ddot{u}\}$——质点的相对位移、相对速度、相对加速度列向量；

$$\{u\}=[x_1\ \ x_2\ \cdots\ x_i\ \cdots\ x_n\ \vdots\ y_1\ \cdots\ y_i\ \cdots\ y_n\ \vdots\ z_1\ \cdots\ z_i\ \cdots\ z_n]^{\mathrm{T}} \quad (8\text{-}18)$$

$$\{\dot{u}\}=[\dot{x}_1\ \ \dot{x}_2\ \cdots\ \dot{x}_i\ \cdots\ \dot{x}_n\ \vdots\ \dot{y}_1\ \cdots\ \dot{y}_i\ \cdots\ \dot{y}_n\ \vdots\ \dot{z}_1\ \cdots\ \dot{z}_i\ \cdots\ \dot{z}_n]^{\mathrm{T}}$$

$$\{\ddot{u}\}=[\ddot{x}_1\ \ \ddot{x}_2\ \cdots\ \ddot{x}_i\ \cdots\ \ddot{x}_n\ \vdots\ \ddot{y}_1\ \cdots\ \ddot{y}_i\ \cdots\ \ddot{y}_n\ \vdots\ \ddot{z}_1\ \cdots\ \ddot{z}_i\ \cdots\ \ddot{z}_n]^{\mathrm{T}}$$

$\ddot{u}_g$——三维地面运动加速度所形成的矩阵，

$$\ddot{u}_g=\begin{bmatrix}\{1\}_n & & 0\\ & \{1\}_n & \\ 0 & & \{1\}_n\end{bmatrix}\begin{Bmatrix}\ddot{x}_g\\ \ddot{y}_g\\ \ddot{z}_g\end{Bmatrix} \quad (8\text{-}19)$$

(2) 反应谱解法

利用地震反应谱计算网架的地震反应时，可以避免直接求解运动微分方程式（8-15），而将它转化为网架自由振动方程的解。运用求解标准特征值问题的方法，计算出网架的各阶振型和周期。继之，即可利用地震反应谱计算出水平和竖向地震作用。其主要计算步骤如下：

1) 解如下的网架无阻尼三维自由振动振幅方程，得网架的各阶三维振型矩阵 $[A]$ 及周期列向量 $\{T\}$，

$$[M]\{\ddot{U}\}+[K]\{U\}=0 \quad (8\text{-}20)$$

$[A]$ 为各阶振型列向量的集合，$[A]$ 和 $\{T\}$ 具有如下的形式：

$$[A]=[\{A_1\}\ \ \{A_2\}\ \cdots\ \{A_j\}\ \cdots\ \{A_N\}]=\begin{bmatrix}\{X_1\} & \{X_2\} & \cdots & \{X_j\} & \cdots & \{X_N\}\\ \{Y_1\} & \{Y_2\} & \cdots & \{Y_j\} & \cdots & \{Y_N\}\\ \{Z_1\} & \{Z_2\} & \cdots & \{Z_j\} & \cdots & \{Z_N\}\end{bmatrix} \quad (8\text{-}21)$$

$$\{X_j\}=[X_{j1}\ \ X_{j2}\ \cdots\ X_{ji}\ \cdots\ X_{jn}]^{\mathrm{T}}$$

$$\{Y_j\}=[Y_{j1}\ \ Y_{j2}\ \cdots\ Y_{ji}\ \cdots\ Y_{jn}]^{\mathrm{T}}$$

$$\{Z_j\}=[Z_{j1}\ \ Z_{j2}\ \cdots\ Z_{ji}\ \cdots\ Z_{jn}]^{\mathrm{T}}$$

$$\{T\}=[T_1\ \ T_2\ \cdots\ T_j\ \cdots\ T_n]^{\mathrm{T}}$$

2) 计算振型参与系数　采用电算法并一次解出网架的全部三维振型时，可以通过全振型 $[A]$ 的逆阵，左乘 $N\times3$ 阶单位矩阵，一次求得空间结构各振型的振型参与系数，即

$$[\Gamma]=[\{\gamma_x\}\ \ \{\gamma_y\}\ \ \{\gamma_z\}]=\begin{bmatrix}\gamma_{1x} & \gamma_{1y} & \gamma_{1z}\\ \cdots & \cdots & \cdots\\ \gamma_{jx} & \gamma_{jy} & \gamma_{jz}\\ \cdots & \cdots & \cdots\\ \gamma_{Nx} & \gamma_{Ny} & \gamma_{Nz}\end{bmatrix}=[A]^{-1}\begin{bmatrix}\{1\}_n & & 0\\ & \{1\}_n & \\ 0 & & \{1\}_n\end{bmatrix} \quad (8\text{-}22)$$

各阶振型的振型参与系数，也可利用振型正交关系逐一求出，第 j 振型的振型参与系数的计算式为

$$[\gamma_{jx}\ \ \gamma_{jy}\ \ \gamma_{jz}]=\frac{\{A_j\}^{\mathrm{T}}[M]\begin{bmatrix}\{1\}_n & & 0\\ & \{1\}_n & \\ 0 & & \{1\}_n\end{bmatrix}}{\{A_j\}^{\mathrm{T}}[M]\{A_j\}} \quad (8\text{-}23)$$

$$\gamma_{jx}=\frac{\{X_j\}^{\mathrm{T}}[M]\{1\}_n}{\overline{m}_j},\quad \gamma_{jy}=\frac{\{Y_j\}^{\mathrm{T}}[M]\{1\}_n}{\overline{m}_j}$$

$$\gamma_{jz}=\frac{\{Z_j\}^{\mathrm{T}}[M]\{1\}_n}{\overline{m}_j}=\frac{\sum m_i Z_{ji}}{\overline{m}_j}$$

$\overline{m}_j = \{X_j\}^T[M]\{X_j\} + \{Y_j\}^T[M]\{Y_j\} + \{Z_j\}^T[M]\{Z_j\} = \sum m_i X_{ji}^2 + \sum m_i Y_{ji}^2 + \sum m_i Z_{ji}^2$

3）质点地震作用　网架在沿三个坐标轴的地面运动线加速度分量的同时作用下，对质点在三个方向所引起的 j 振型地震作用为

$$\{F_j\} = \begin{bmatrix}\{F_{jx}\}\\\{F_{jy}\}\\\{F_{jz}\}\end{bmatrix} = g(\alpha_{jx}\gamma_{jx} \pm \alpha_{jy}\gamma_{jy} \pm \alpha_{jz}\gamma_{jz})[M]\begin{bmatrix}\{X_j\}\\\{Y_j\}\\\{Z_j\}\end{bmatrix} \tag{8-24}$$

若将荷载分项系数 γ_E 和组合系数 ψ_E 一并计入，则有：

a. 以水平作用为主，且地面运动主分量方向平行于 x 轴时，取

$\alpha_{jx} = 1.3\alpha_j$，$\alpha_{jy} = 1.3 \times 0.3\alpha_j$，

$\alpha_{jz} = 0.5\alpha_{vj} = 0.5 \times 0.65\alpha_j$

b. 以竖向地震作用为主时，取

$\alpha_{jx} = 0.5\alpha_j$，$\alpha_{jy} = 0.5 \times 0.3\alpha_j$，

$\alpha_{jz} = 1.3 \times 0.65\alpha_j$

式（8-24）改写为

以水平地震作用为主，且地面运动主分量方向平行于 x 轴时，

$$\{F_j\} = g\alpha_j(1.3\gamma_{jx} + 0.39\gamma_{jy} \pm 0.33\gamma_{jz})[M]\begin{bmatrix}\{X_j\}\\\{Y_j\}\\\{Z_j\}\end{bmatrix}$$

以竖向地震作用为主时

$$\{F_j\} = g\alpha_j(0.5\gamma_{jx} + 0.15\gamma_{jy} \pm 0.85\gamma_{jz})[M]\begin{bmatrix}\{X_j\}\\\{Y_j\}\\\{Z_j\}\end{bmatrix}$$

网架各质点的全部振型三向地震作用分量所形成的矩阵为：

以水平地震作用为主，且地面运动主分量方向平行于 x 轴时

$$[F] = g[M][A][\alpha](1.3[\Gamma_x] + 0.39[\Gamma_y] \pm 0.33[\Gamma_z]) \tag{8-25}$$

以竖向地震作用为主时

$$[F] = g[M][A][\alpha](0.5[\Gamma_x] + 0.15[\Gamma_y] \pm 0.85[\Gamma_z]) \tag{8-26}$$

式中　$[\alpha]$、$[\Gamma_x]$、$[\Gamma_y]$、$[\Gamma_z]$ ——分别为地震作用系数和 x、y、z 方向振型参与系数分量的对角阵，

$[\alpha] = \mathrm{diag}[\alpha_1\ \alpha_2\ \cdots\ \alpha_j\ \cdots\ \alpha_N]$

$[\Gamma_x] = \mathrm{diag}[\gamma_{1x}\ \gamma_{2x}\ \cdots\ \gamma_{jx}\ \cdots\ \gamma_{Nx}]$

$[\Gamma_y]$、$[\Gamma_z]$ 等于将 $[\Gamma_x]$ 中各元素的下标 x 换为 y 或 z。

4）杆件地震内力　先分别计算出网架在前若干个振型三向地震作用单独引起的杆件地震内力，然后叠加，得杆件的遇合地震内力；并与相应有效重力荷载下的杆件内力进行组合，进行杆件抗震强度验算。

2. 一维振动分析

多数网架，竖向刚度和水平刚度是不耦联的。虽然也可以采用前述的三维振动分析方法进行计算，但由于自由度多，计算工作量较大。对于这类网架，可以将竖向地震作用和水平地震作用分开计算。下面着重讨论网架在竖向地震作用下的计算方法。

（1）振动方程

竖向地震作用下，网架的一维振动微分方程和无阻尼自由振动微分方程分别为

$$[m]\{\ddot{z}\} + [C]\{\dot{z}\} + [K]\{z\} = -[m]\ddot{z}_g \tag{8-27}$$

$$[m]\{\ddot{z}\} + [K]\{z\} = 0 \tag{8-28}$$

式中　$[m]$ ——质量矩阵，为网架各质点质量所形成的对角方阵，

$[m] = \mathrm{diag}[m_1\ \ m_2\ \ \cdots\ \ m_i\ \ \cdots\ \ m_n]$

$[K]$ ——网架的竖向刚度矩阵；

$\{z\}$、$\{\ddot{z}\}$ ——相对于地面的网架节点的竖向位移和竖向加速度列向量；

$[z] = [z_1\ \ z_2\ \ \cdots\ \ z_i\ \ \cdots\ \ z_n]$

$[\ddot{z}] = [\ddot{z}_1\ \ \ddot{z}_2\ \ \cdots\ \ \ddot{z}_i\ \ \cdots\ \ \ddot{z}_n]$

（2）周期和振型

建立网架竖向振动的动力矩阵 $[K]^{-1}[m]$，求解其方程的特征值，得网架竖向振动的自振周期和振型，进而求得各振型的振型参与系数。

（3）竖向地震作用效应

取网架竖向振动的前 3～5 个周期，查地震反应谱（图 6-6），得相应的 3～5 个地震作用系数。然后，按下式计算出前 3～5 个振型的各质点竖向地震作用 F_{ji}，并进一步计算出网架分别在每一振型竖向地震作用单独影响下所引起的杆件内力。最后，将前 3～5 个振型地震内力按照“平方和的平方根”振型组合法则，求得杆件的组合地震内力。将地震内力与有效重力荷载杆件内力组合，即可进行杆件的抗震强度验算。

第 j 振型第 i 质点的竖向地震作用为

$$F_{ji} = \alpha_{vj}\gamma_j Z_{ji} G_i = 0.65\alpha_j\gamma_j Z_{ji} G_i \tag{8-29}$$

$$(i = 1,2,\cdots,n;\ j = 1,2,\cdots 5)$$

式中　α_{vj} ——竖向地震作用系数；

α_j——由图 6-6 所示水平地震反应谱，并按设计地震第一组取特征周期值，查得相应于网架竖向周期 T_j 的水平地震作用系数，式（8-29）中的系数 0.65 为地震动竖向加速度分量峰值与水平加速度分量峰值的比值，即 $a_{v,\max}=0.65a_{\max}$；

Z_{ji}——网架 j 振型 i 质点的竖向相对位移；

γ_j——网架 j 振型的参与系数，

$$\gamma_j=\frac{\sum_{i=1}^{n}G_iZ_{ji}}{\sum_{i=1}^{n}G_iZ_{ji}^2} \quad (8\text{-}30)$$

G_i——集中于网架第 i 节点的有效重力荷载。

四、竖向地震作用效应的近似计算

计算网架结构的竖向地震反应，如按照上面所述，进行动力分析，结果虽较精确，但计算比较麻烦。考虑到网架地震内力毕竟还是以基本振型为主，作为一种近似，仅考虑基本振型地震内力，或者根据一些实际工程的振动分析结果，概括给出一个竖向地震作用系数，对于具体工程设计也是可行的。

1. 能量法

(1) 竖向基本振型

为了避免较复杂的动力分析，取网架在有效重力荷载作用下的静力竖向位移曲线，作为网架竖向基本振型的近似值。计算经验表明，如此处理，误差不大。

(2) 竖向基本周期

有了基本振型，即可按下列的能量法公式计算网架竖向振动的基本周期 T_1：

$$T_1=\frac{2\pi}{\sqrt{g}}\sqrt{\frac{\sum_{i=1}^{n}G_iw_i^2}{\sum_{i=1}^{n}G_iw_i}} \quad (8\text{-}31)$$

式中 G_i——集中于质点 i 的重力荷载代表值（图 8-8）；

w_i——网架在所有质点重力荷载作用下，质点 i 的静力竖向位移曲线。

(3) 质点竖向地震作用

假定竖向地震作用以基本振型为主，略去高振型影响，并假定基本振型与网架在屋面静载下的竖向位移曲线相似，则第 i 质点的竖向地震作用为

$$F_i=0.65\alpha_1\gamma_1w_iG_i(i=1,2,\cdots n) \quad (8\text{-}32)$$

式中 α_1——以网架竖向基本周期 T_1 查水平地震反应谱（图 6-6）并按设计地震第一组取特征周期值，所得的地震作用系数；

γ_1——基本振型参与系数。

$$\gamma_1=\frac{\sum_{i=1}^{n}G_iw_i}{\sum_{i=1}^{n}G_iw_i^2} \quad (8\text{-}33)$$

(4) 竖向地震作用效应

采取按式（8-32）计算出的各质点竖向地震作用 F_i 当作一组静力，同时作用于网架上，计算得到的杆件内力就是杆件地震内力，与有效重力荷载内力组合，进行杆件的强度验算。

2. 系数法

(1)《建筑抗震设计规范》（GB 50011）第 5.3.2 条和第 5.3.3 条规定，对平板型网架屋盖、跨度大于 24m 的屋架以及长悬臂结构，竖向地震作用标准值 F_v 可按下式计算：

$$F_v=\xi_vG_E \quad (8\text{-}34)$$

式中 G_E——网架构件及其所承受重力荷载的代表值，结构自重及恒荷载，取标准值的 100%；雪荷载，取 50%；屋面积灰荷载，取 50%；屋面活荷载，不考虑；

ξ_v——竖向地震作用系数，按表 8-11 取值。

竖向地震作用系数 ξ_v　　表 8-11

构件类别	设防烈度	场地类别		
		Ⅰ类	Ⅱ类	Ⅲ、Ⅳ类
钢屋架（跨度大于 24m）平板型网架	8度	不考虑（0.10）	0.08（0.12）	0.1（0.15）
	9度	0.15	0.15	0.2
钢筋混凝土屋架（跨度大于 24m）	8度	0.10（0.15）	0.13（0.19）	0.13（0.19）
	9度	0.20	0.25	0.25
长悬臂（<40m）结构	8度	0.1（0.15）		
	9度	0.2		

注：括号内数值用于设计基本地震加速度为 0.3g 的地区。

(2) 由于网架各节点的竖向地震作用在数值上均与网架各节点的有效重力荷载成同一比例，因而不必重新计算网架由于竖向地震作用引起的杆件地震内力。可以将网架在有效重力荷载下的杆件内力乘以竖向地震作用系数 ξ_v 得之。

9 结构抗震概念设计

地震影响的不确定性

抗震概念设计的要求是，在选择建筑结构方案和采取抗震措施时，要考虑地震及其影响的不确定性，使选择的建筑结构方案、细部构造具备较强的抗震能力。

一、未来地震的时间、空间和强度，是现有科学水平难以正确预估的。抗震设防的依据是一个地区的设防烈度，由于可供统计分析的历史地震资料有限，以及地震地质背景不够清楚，在一个地区发生超过设防烈度的地震是可能的。近30多年来，我国发生的大地震有不少是超过了原定的基本烈度，因此，设计时要慎重考虑罕遇地震下结构防倒塌的能力。

二、一个建筑场地的地面运动特性也是不确定的。美国的研究者对埃尔森特罗台站的15次地震记录的研究表明，不同震源所引起的地震动加速度反应谱差别很大；日本的研究者对将淇港湾技术研究所42个台站的222条水平分量记录的反应谱进行了分类统计，结果发现，同一台站上，不同震级、不同方位的地震得到的反应谱形状，有半数比较一致，半数相当离散或非常离散。实际上，一个场地的地面运动，是从震源传来的地震波达到所在地区的基岩面，并输入土层后的一种输出（或反应）。场地土层又是一个非线性系统，随着输入的地震强度不同，滤波作用也不同。因此，一个场地地面运动的性质，随震源机制、震级大小、震中距和传播途径中土层性质而不同，不是恒定不变的。

三、不同性质的地面运动对建筑的破坏作用不同。著名的帕克尔德地震记录，具有单独的一个很大的加速度脉冲，但对建筑的打击力量却不大；1971年圣弗尔南多地震在柯依玛坝记录到的台震记录，在第3s附近有加速度为0.6g的脉冲，相应的速度增量为155cm/s，在第7s附近有加速度为1.25g的脉冲，相应的速度增量为62cm/s，根据这个地面运动推算橄榄景医疗中心附近的地面运动，进行医院主楼的非线性时程分析，结果表明，建筑的破坏是前一个加速度脉冲造成。1985年墨西哥地震在墨西哥城软土上记录到的强震记录，则具有主要周期为2～3s的反应谱，墨西哥城六至十层建筑的破坏，主要由于建筑在这个频带范围内的选择性共振的结果。

1994年美国北岭地震，靠近地震断裂与距离断裂稍远一点的建筑，破坏程度不同。

1999年台湾集集地震，同一地裂缝两边，上盘的建筑同下盘的建筑破坏程度差别很大。

四、地震的震级大小和震中远近，对地面运动和结构的反应有重要的影响。一般来说，震级大、震源破裂的尺度大，地震波的周期长，而且地震波的传播距离远，地震动的持续时间长，其结果是对远距离的较柔性的建筑影响大。

五、建筑的地震破坏，具有积累的性质。近年来在地震模拟振动台上进行的砌体结构和钢筋混凝土构件的试验表明，砌体结构在较大的加速度峰值的地震波输入时产生裂缝，并在反复多次输入地震作用的情况下，砌体由裂缝到散落以至倒塌；混凝土构件在反复多次输入地震波作用下，由混凝土开裂、钢筋屈服发展到混凝土碎裂，钢筋断裂。实际地震震害也可见到类似的震害积累情况。

减少地震能量输入

一、薄的场地覆盖层

1. 国内外多次大地震的经验表明：就高层建筑而言，位于厚覆盖土层场地上的，震害重；薄覆盖土层上的，震害轻；直接坐落在基岩上的，震害更轻。

2. 委内瑞拉1967年的加拉加斯6.4级地震，H. B. Seed教授的建筑震害调查统计数字表明：当场地的覆盖土层厚度超过160ft时，10层以上楼房的破坏率显著增高，10～14层楼房的破坏率，约为薄土层上的3倍；14层以上楼房，破坏率的相对比值更上升到8倍（图9-1）。

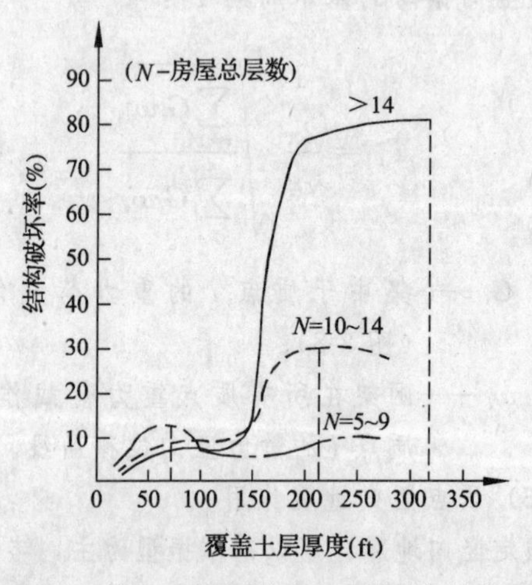

图9-1 楼房破坏率与覆盖土层厚度的关系

二、坚实场地土

1. 大量地震调查数据表明：与软弱场地土相比较，密实、坚硬场地土的振动刚度大，地震动参数（加速度、速度、位移）的数值较小，其上的高层建筑，地震输入能量少，震害轻。

2. 1985年9月墨西哥8.1级地震，离震中约400km的墨西哥市，受到了强烈振动，深厚、软弱土层上的高层建筑，大量遭到严重破坏。

3. 表9-1列出不同场地上记录到的地震动参数。可以看出：与硬土相比较，古湖床软土的地震动加速度，约增大4倍。

墨西哥市区不同场地土的地震动参数　表9-1

场地土类别	地震动卓越周期(s)	水平地震动参数			结构反应加速度(g)
		加速度(g)	速度(cm/s)	位移(cm)	
岩石	＜0.5	0.03	9	6	0.12
硬土	＜1.0	0.04	10	9	0.10
软、硬土过渡区	1	0.11	12	7	0.16
软土①（古湖床）	2	0.20	61	21	1.02
软土②（古湖床）	3～4	0.14	40	22	0.43

注：软土①为高层建筑震害最严重地区，土的剪切波速 $v_s=20\sim50$m/s；软土②为Texcoco湖附近。

4. 上述事实说明，位于软土上的自振周期较长的高层建筑，地震输入能量要比位于硬土上时大得多。

三、错开地震动卓越周期

1. 多次地震调查统计表明，建筑物自振周期若接近于地震动卓越（主导）周期，震害程度就会因共振效应而显著加重。

2. 一个场地的地震动卓越周期，是震源机制、传播介质和场地条件的综合结果。场地覆盖土层越厚、越软，卓越周期则越长。

3. 罗马尼亚1977年地震，布加勒斯特市地震动卓越周期，东西向为1.0s，南北向为1.4s，该市自振周期为0.8～1.2s的高层建筑，破坏严重，甚至倒塌；而该市自振周期为2.0s的25层洲际旅馆，震害极轻。

4. 1985年墨西哥地震，该市软土地区的地震记录，峰值加速度为0.2g；周期为2s、加速度为0.1g的强震，循环了11次，持续时间为22s（图9-2）。据此计算出的反应谱（图9-3中的实线），峰值位于2s处，比1940E1 Centro反应谱和美国ATC反应谱的特征周期0.6s和0.65s，约大3倍；峰值加速度约大1.5倍。

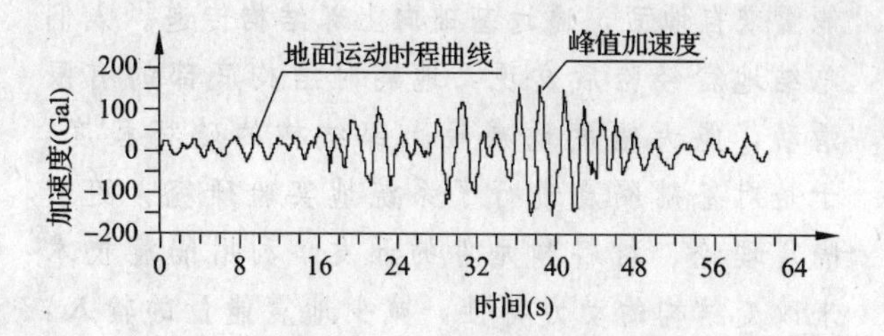

图9-2　深厚软土上的地震加速度记录

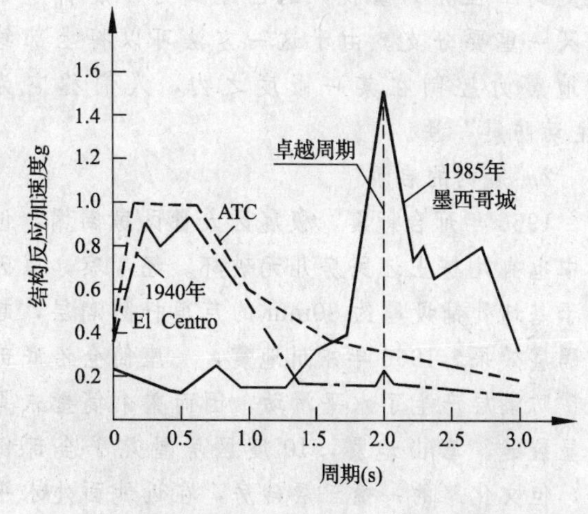

图9-3　墨西哥地震反应谱与ATC反应谱的比较

震后调查发现，结构开裂后周期接近2s的120幢9～20层楼房，倒塌或濒临倒塌；而8层以下房屋，破坏甚轻；市内一幢42层、高181m、自振周期为3.9s的拉丁美洲大厦，几无震害。

四、采取隔震措施

1. 抗震与隔震

为防止地震对建筑的危害，传统的方法是采用抗震结构体系，依据结构的承载力和变形能力，来耗散地震能量，使结构免于倒塌。但由于它是一种“被动防震”法，就不免存在以下不足之处：①由于地震的不确定性，实际地震力有时超出设计地震力较多，从而使抗震设计失效；②地震力不是常值，它是随结构承载力和刚度的增加而加大，在高烈度区，单靠结构的承载力和刚度来抗御地震，是不经济的；③结构损坏后，不但造成重大经济损失，而且修复工作十分困难；④随着生产、办公、生活的日益现代化，楼内仪器设备的价值有时远远超过建筑物本身的造价，良好的抗震设计，即使保住了建筑物本身，但剧烈的振动将使仪器设备中断工作，甚至遭到破坏，造成巨大经济损失。

地震对建筑的破坏作用，是由于地面运动激发起建筑的强烈振动所造成的，也就是说，破坏能量来自地面，通过基础向上部结构传递。人们总结地震经验后发现，地震时结构底部的有限滑动，能大幅度地减轻上部结构的破坏程度，于是对基础隔震进行了系统地实验研究。随着隔震理论、材料和元件的开发，利用隔震技术来改变结构的动力特性，减少地震能量的输入，减小结构地震反应，以达到防震的目的，越来越受到工程界的重视，这已经成为防震科学中的又一重要分支。由于这一方法可以将上部结构地震力控制在某一限度之内，人们称它为“主动防震”法。

2. 震例的启示

1966年邢台地震，极震区大量民房倒塌，但其中也有几栋土坯民房几无破坏。经考察，原因在于基墙处铺设厚约30mm的芦苇杆防潮层，起了隔震效果。1966年东川地震，一座筒仓沿底部油毡防潮层产生了水平滑动，因而整个筒壁未见明显裂缝。唐山地震，10度区房屋几乎全部倒平，但文化路的一幢三层砖房，在近地面处水平错动约100mm，从而保全了上部结构。唐山陡河电站，两台400t/h锅炉悬吊在多层钢筋混凝土框架上，震后主体结构破坏很轻；而附近其他结构，破坏严重。

3. 几种隔震方案

基于可动概念的基础隔震方案很多，主要有以下几种：

(1) 软垫式隔震

1) 减震原理

隔震，意即隔离地震。在建筑物基础与上部结构之间设置由隔离器、阻尼器等所组成的隔震层，隔离地震能量向上部结构的传递，减少输入到上部结构的地震能量，削减上部结构的地震反应，以达到预期的防震要求。地震期间，隔震结构的震动和变形均可被控制在较轻微的水平，从而可使建筑物的安全得到更可靠的保证。

软垫式隔震，是在房屋结构底部设置若干个“带铅芯的钢板橡胶块”隔震装置（图9-4），使整个房屋坐落在软垫层上。与传统结构（图9-5*a*）相比较，在结构底部设置软垫式隔震装置的楼房（图9-5*b*），遭遇地震时，楼房底面与地面之间产生相对水平位移，房屋自振周期加长，主要变形都发生在软垫块处，上部结构层间侧移变得很小，从而保护结构免遭破坏。

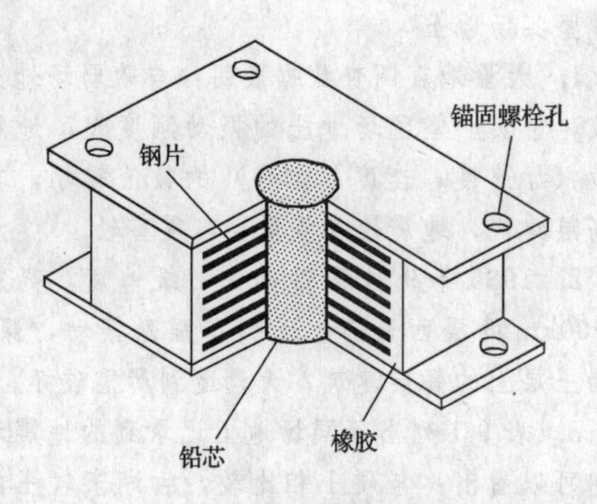

图9-4 铅芯橡胶隔震垫层

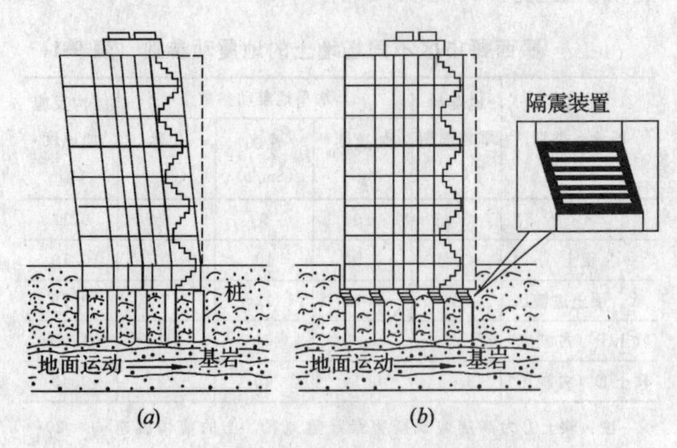

图9-5 地震作用下的房屋侧移

(*a*) 传统结构；(*b*) 隔震结构

2) 实验建筑

日本鹿岛建设技术研究所最近建造了一幢音响实验楼。该楼共三层，高10.9m，长30.45m，宽12.45m。在上部结构与基础之间共设置了18个隔震装置——叠层橡胶基垫，以减少来自外部的地震动和环境振动的影响，保证该实验楼中有关音响、振动方面先进技术研究工作的顺利进行。叠层橡胶基垫在承受楼房全部重力荷载的情况下，能够而且允许产生较大的水平变位，以达到隔震的目的。该实验楼在水平方向的固有频率设计为0.5Hz。图9-6为该实验楼在输入El Centro1940年NS波以后的最大反应加速度实测值。图9-6(*a*)、(*b*)分别为输入波的峰值加速度取250Gal和510Gal时的实测值，图中实线表示采取隔震措施后的最大反应加速度，虚线表示常规的基础固定时的最大反应加速度。可以看出，采取隔震措施后：①地板处的反应加速度约减小为地面加速度的一半；②屋面处和地板处的反应加速度趋于相等；③屋面处的反应加速度仅为传统结构的1/4～1/5；④随着地震动加速度的增大，隔震效果愈显著，反应加速度减小得愈多。

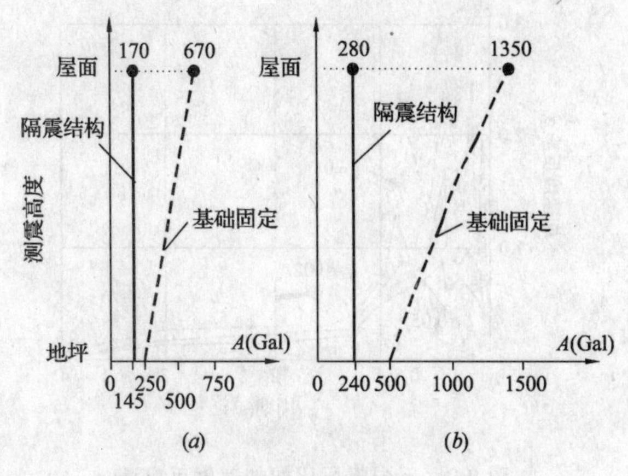

图 9-6 基础隔震试验楼的反应加速度

(a) 输入地震波 a_{max}=250Gal；(b) a_{max}=510Gal

3) 实际地震检验效果

日本建成的另一幢采取基础隔震的试验性3层楼房，经受了实际地震的检验，效果良好。1987年2月6日福岛县冲地震，地面峰值加速度为40.5Gal，传统结构房屋的最大加速度为155.1Gal，而采取软垫隔震措施的试验性楼房，最大反应加速度仅为31.8Gal，后者仅为前者的1/5，地震反应减小了80%。

法国曾对20层楼房进行了结构模型振动台试验，结果表明，房屋底部设置"钢板橡胶叠层"垫块后，地震力降至无隔震措施楼房的1/8。

(2) 滑移式隔震

在房屋结构底面处设置钢板、钢珠、钢球、石墨、砂粒等材料形成的滑移层或滚动层（图9-7），使建筑物遭遇地震时在该处发生较大位移的滑动，达到隔震的目的。原苏联克里米亚最近建成一座以椭圆形钢球作滚动装置的7层钢筋混凝土结构试验楼，经实测，自振周期达到3s，比常规结构加长4倍。日本大林组技术研究所设计出一种由3层钢板夹石墨的隔震装置，并应用于京滨钢铁厂一座高18.4m、重350000kN的焦炉基础上。

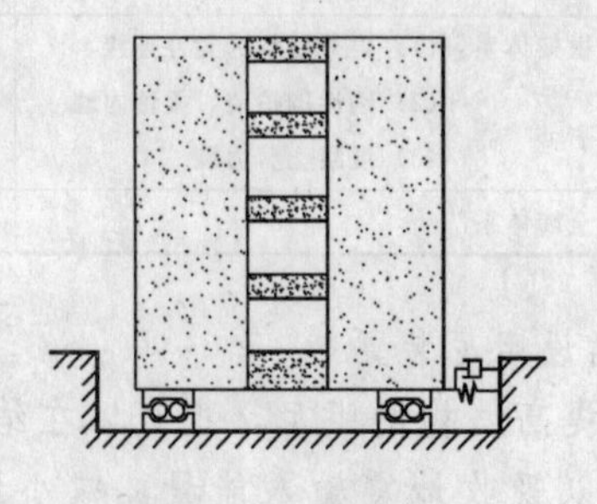

图 9-7 滑移式隔震建筑

(3) 摆动式隔震

原苏联塞瓦斯托波尔建成两幢试验性8层楼房，基础支承在两端呈球面状的可摆动短柱群上。日本松下清夫对同类装置的试验结果证实，其隔震效率在60%以上，日本东京理科大学17层办公教学楼，就是一幢由松下研究室设计的一种摆动式隔震大楼。该楼在地下层采用双柱网，允许内柱在一定限度内摆动，并采用圆型钢簧作阻尼器。新西兰奥克兰的一幢12层楼房，采用套筒桩隔震体系，桩长12m，插入一圆形套筒内，允许侧向位移达150mm，结构基本周期约2s。此种摆动隔震方式实质上是柔性底层概念的改进和引申。

(4) 悬吊式隔震

这一隔震方式的构思是，将整个建筑悬吊在支架下面，避免地震的直接冲击，从而大幅度减小建筑物所受到的地震惯性力。法国的一幢高层学生宿舍，每三层作为一个单元，悬挂在三个巨大的门式钢架上，使动力反应减小50%～72%。德国慕尼黑BMW公司高96m的19层办公楼，整个建筑通过四根直径为90cm的预应力钢筋混凝土吊杆，悬挂在钢筋混凝土芯筒之上。图9-8为悬吊式结构几种可行的建筑方案。

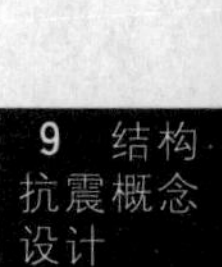

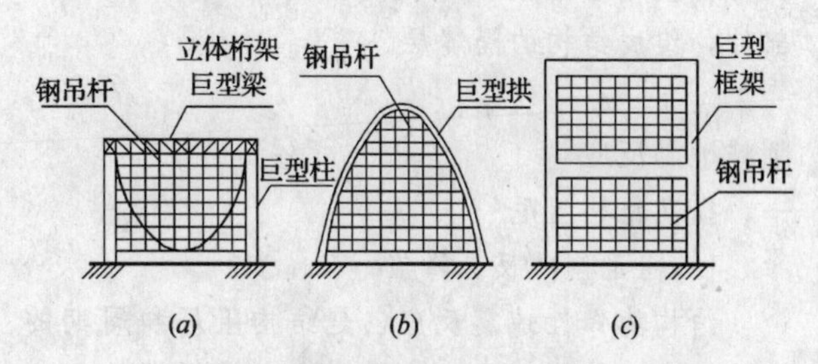

图 9-8 悬吊式结构方案

4. 基础隔震设计

(1) 使用范围

基础隔震建筑适用于以下使用性质的房屋：

1) 医院、银行、保险、通讯、警察、消防、电力等重要建筑；

2) 首脑机关、指挥中心以及放置贵重设备、物品的房屋；

3) 图书馆和纪念性建筑；

4) 重要的工业与民用建筑。

(2) 隔震建筑设计特点

1) 比较适合用于不隔震时基本周期小于1.0s的低层和多层建筑。根据《抗震规范》修订简介（七），隔震建筑的层数、高度宜不超过表9-2规定的限值。

隔震建筑的高度和层数限值 表 9-2

结构类型		房屋高度（m）	层数
砌体结构		按非隔震建筑降一度的限值采用	
钢筋混凝土结构	框架体系	30	10
	框架-抗震墙体系	40	12
	抗震墙体系	40	12

2）根据剪切型结构和橡胶隔震支座抗拉性能差的特点，房屋高宽比宜不超过表 9-3 规定的限值。

隔震建筑的房屋高宽比限值 表 9-3

设防烈度	6 度	7 度	8 度	9 度
房屋高宽比	2.5	2.5	2.5	2.0

3）基础隔震比较适合用于坚硬、中硬场地土上的建筑，不适合用于软弱场地土上的建筑。因为软弱场地滤掉了地震波的中高频分量，基础隔震使结构周期加长，只能增大而不是减小其地震反应。因此，《抗震规范》第 12.1.3 条规定：隔震房屋的建筑场地宜为Ⅰ、Ⅱ、Ⅲ类。

4）隔震设计应根据预期的水平向减震系数和位移控制要求，选择适当的隔震支座（含阻尼器）及为抵抗地基微振动与风荷载而提供初始刚度的部件，组成结构的隔震层。

削减地震反应

一、提高结构阻尼

1. 阻尼削减反应峰值

结构的弹性地震反应，是结构阻尼和周期的函数，它随结构阻尼比的增大和自振周期的加长而减小。结构阻尼对于削减最大共振反应极为有效。采用 1940 年 El Centro 地震记录（地面峰值加速度为 0.33g），针对不同结构阻尼比计算出的弹性加速度反应谱示于图 9-9。从中可以看出，对于一个周期为 0.8s 的单自由度结构，当阻尼比 $\zeta=0.02$ 时，最大加速度反应为 $1.65g$，与 $0.33g$ 相比较，放大率为 5.0；当阻尼比 $\zeta=0.05$ 时，最大加速度反应减小到 $0.8g$，放大率减小为 2.4。多自由度结构的情况也是类似的。对于一幢 30 层楼房，假如遭受 1.5 倍 El Centro 地面运动，进行弹性动力分析结果表明，当结构阻尼比 ζ 由 0.02 增加到 0.05 时，各楼层的最大水平地震剪力约减小 23%（图 9-10）。以上事例说明，提高结构的阻尼比，可以削减地震作用，减小楼层地震剪力。

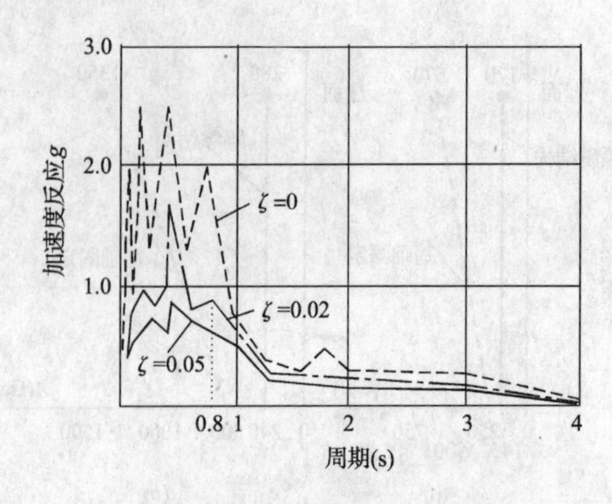

图 9-9 不同阻尼比的加速度反应谱

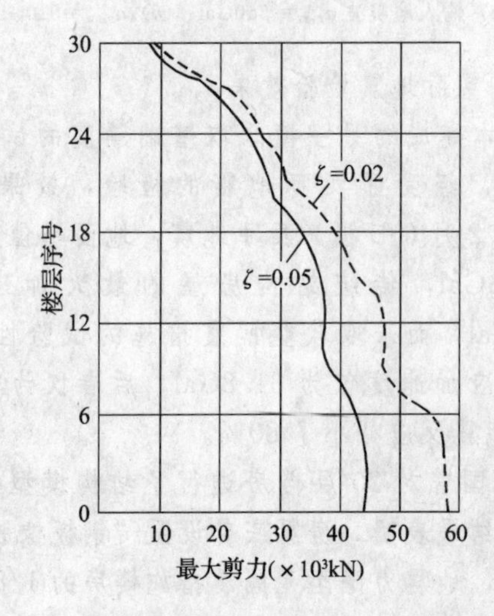

图 9-10 30 层楼房不同阻尼比时的水平地震剪力

2. 采用阻尼大的结构

结构阻尼是随所用材料、结构类型、地基土质和振动性质而变化。不同结构的阻尼比标准值列于表 9-4。设计高层建筑时，应结合其他条件并参考表 9-4，选用具有较大阻尼的结构类别和体系。

几类结构的阻尼比 ζ 标准值 表 9-4

结构类型	阻尼比 ζ（%）
焊接钢框架体系，内外墙均为柔性连接	2
焊接或栓接钢框架体系：（1）刚性围护墙，柔性内墙	5
（2）混凝土剪力墙	7
钢筋混凝土框架体系：（1）内外墙均为柔性连接	5
（2）刚性围护墙，柔性内墙	7
（3）混凝土剪力墙	10
钢筋混凝土全墙体系	10

3. 增设阻尼装置

为了提高结构的阻尼，也可以在结构上设置阻尼器，以吸收地震输入能量，减小结构变形。纽约高 411m 的 110 层世界贸易中心塔楼，为了减少风振侧移，在每层楼板处安装100个黏弹性阻尼器。阻尼器由三块钢板夹以聚丙烯黏弹性材料所组成。阻尼器固定在外柱与楼板桁架下弦端杆之间（图9-11）。在强风作用下结构发生变形时，夹在钢板之间的黏性材料受剪而耗能，从而减小楼房的振动加速度和侧移。

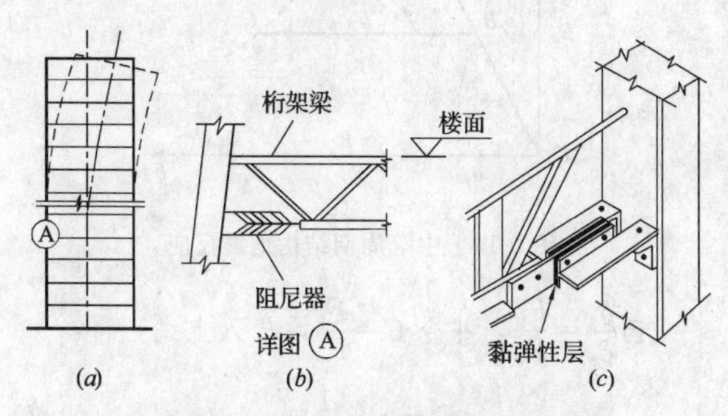

图9-11 黏弹性阻尼器

(a) 结构剖面示意；(b) 阻尼器位置；(c) 阻尼器构造

为高层建筑提供附加阻尼的另一途径，是利用主体结构与刚性挂板之间特殊连接装置的非弹性性能和摩擦。国外研究指出，采取这一措施后，可以使阻尼比仅为2%的抗弯钢框架，有效黏滞阻尼比增加到8%或更多，从而使底部地震剪力和顶点侧移降低50%。

二、采用高延性构件

一座建筑耐震与否，主要取决于结构所能吸收的地震能量，它等于结构承载力与变形能力的乘积。这就是说，结构抗震能力是由承载力和变形能力两者共同决定的。承载力较低但具有很大延性的结构，所能吸收的能量多，虽然较早出现损坏，但能经受住较大的变形，避免倒塌。仅有较高强度而无塑性变形能力的脆性结构，吸收的能量少，一旦遭遇超过设计水平的地震时，很容易因脆性破坏而突然倒塌（图9-12）。美国Vertero教授在提倡概念设计时，特别强调了结构延性的重要意义。

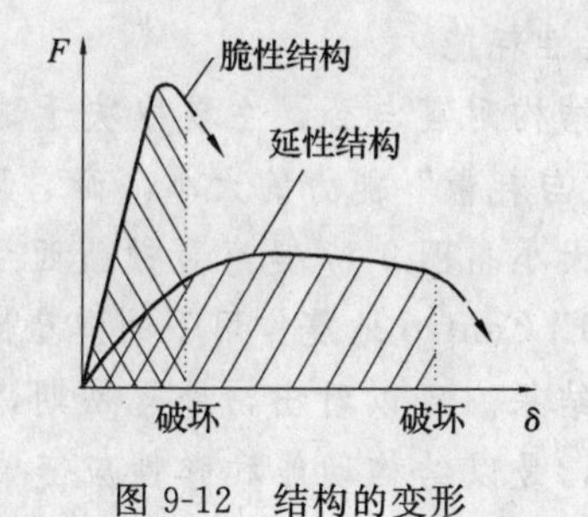

图9-12 结构的变形

1. 延性的定义

一个构件或结构的延性μ，一般用其最大允许变形δ_p与屈服变形δ_y的比值来确定。变形可以是线位移、转角或层间侧移，其相应的延性，称之为线位移延性、角位移延性和相对位移延性。结构延性的一般表达式为

$$\mu = \delta_p / \delta_y \tag{9-1}$$

对于实测的荷载-变形曲线，如何确定其屈服变形和最大允许变形，国内外尚无统一标准，一般倾向于：取对应的理想弹塑性结构开始屈服时的变形δ_y，作为屈服变形；取实际结构极限荷载时或下降10%时的变形（δ_p或δ'_p）作为最大允许变形（图9-13）。

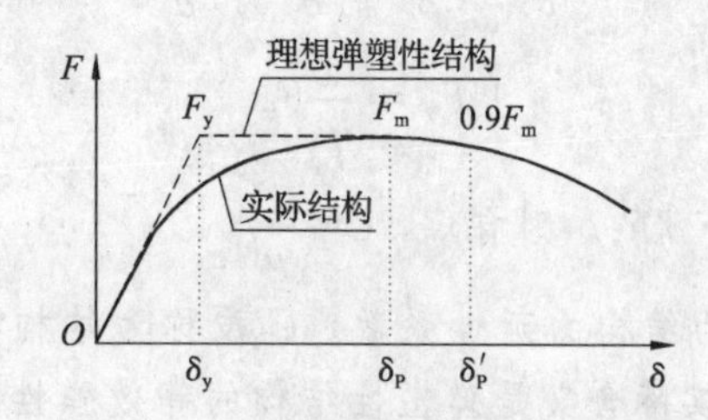

图9-13 屈服变形和最大允许变形

2. 延性的作用

结构地震反应的大小与材料特性有关。随着地震作用的增强，作用于弹性结构的地震力，随结构承载力和变形的增长而加大，没有一个限值；而作用于弹塑性结构的地震力，一旦达到结构屈服抗力就不再增长，仅结构变形继续发展。弹性地震反应分析的着眼点是强度（承载力），用加大强度来提高结构的抗震能力。弹塑性地震反应分析的着眼点是变形能力，当地震力达到结构屈服抗力以后，利用结构塑性变形的发展来消耗地震能量。所以，仅仅提高结构的屈服抗力，只能推迟结构进入塑性阶段；而增加结构的延性，不仅能削减地震反应，而且提高了结构抗御强烈地震的能力。

3. 延性与地震力

对于地震区的建筑，为了防止突然倒塌，要求其结构具有一定的延性。除了这一起码要求外，从经济观点出发，还希望结构具有更大的延性。因为延性越大，不仅结构的变形能力越大，抗倒塌能力越强，而且作用于结构上的等效弹性地震作用也越小，较小的构件截面即可满足要求。关于这一点，需要从结构的弹性地震反应和弹塑性地震反应的比较来加以说明。对大量单自由度体系的分析结果表明，弹塑性结构与对应的弹性结

构（刚度、阻尼相同，但无屈服点）的地震反应之间，存在着如下的关系。

(1) 长周期结构

地震作用下，弹塑性结构的最大侧移与对应弹性结构的最大侧移大致相等，均等于δ_e，（图9-14）。因为假想的弹性结构没有屈服点，所以，它的荷载-变形曲线由O点沿着直线上升到A点，所承受的最大水平地震力为F_e。而实际的弹塑性结构为其强度所限，当地震作用增长到F_y时，结构发生屈服，荷载不再上升，荷载-变形曲线随之由B点折向C点。由于A点的位移δ_e，等于C点的位移δ_p，故有

$$\frac{F_y}{F_e}=\frac{\delta_y}{\delta_e}=\frac{\delta_y}{\delta_p}=\frac{1}{\mu}$$

$$F_y=\frac{1}{\mu}F_e$$

令$C=F_y/F_e$，则有 $$C=\frac{1}{\mu} \tag{9-2}$$

μ为结构的延性系数。C被称为结构特性系数，其实际含义是弹塑性结构的等效弹性地震作用折减系数。

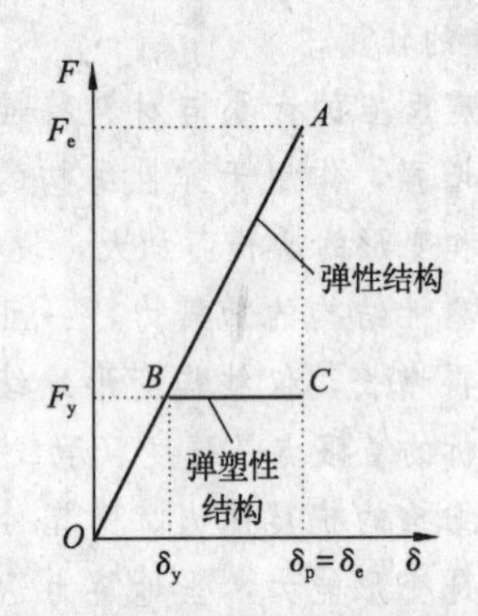

图 9-14　长周期结构地震反应

(2) 中等周期结构

地震作用下，弹塑性结构所吸收的地震能量，与对应弹性结构所吸收的能量大致相等。从图9-15所示的荷载与变形关系曲线可以看出，弹性结构达到最大位移δ_e时所吸收的地震能量，可由三角形面积△OAE来代表；弹塑性结构达到最大允许位移δ_p时所吸收的能量，等于梯形面积⏢$OBCD$。故有

$$F_y\left(\delta_p-\frac{1}{2}\delta_y\right)=\frac{1}{2}F_e\delta_e$$

等式两边同乘以$2/\delta_y$，并引入$\mu=\delta_p/\delta_y$，故有

$$F_y(2\mu-1)=F_e\frac{\delta_e}{\delta_y}$$

$$\frac{F_y}{F_e}\cdot\frac{\delta_y}{\delta_e}=\frac{1}{2\mu-1}$$

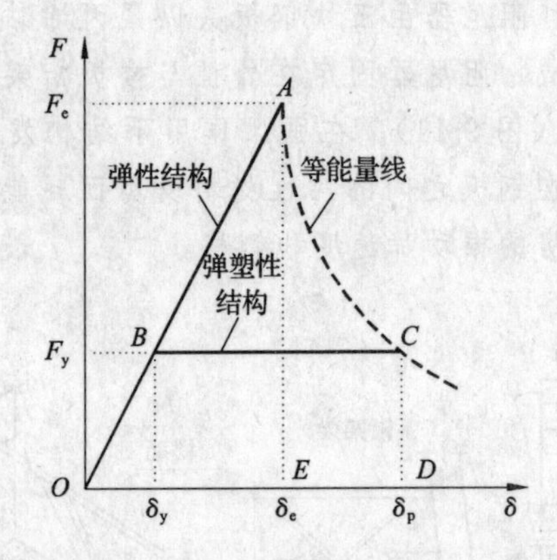

图 9-15　中等周期结构地震反应

因$\frac{\delta_y}{\delta_e}=\frac{F_y}{F_e}$，并令$C=\frac{F_y}{F_e}$，代入上式，得：

$$C=\frac{1}{\sqrt{2\mu-1}} \tag{9-3}$$

式（9-2）和式（9-3）给出具有长周期和中等周期弹塑性结构的地震作用折减系数（即结构特性系数）C。C值随结构延性μ值增大而迅速减小的衰减曲线示于图9-16。从中可以看出，增大结构延性，可以显著减少所需承担的地震作用。一般高层建筑属中等周期结构范畴，结构延性系数多为4～8。所以，作用于结构上的等效弹性地震作用折减系数C约为0.26～0.38。

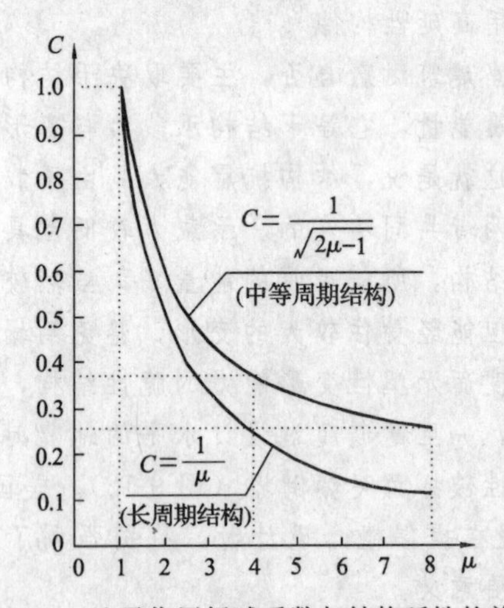

图 9-16　地震作用折减系数与结构延性的关系

4. 延性耗能

一个结构耐震与否，主要取决于这个结构的“能量吸收与耗散”能力的大小，而它又取决于结构延性的大小。图9-17是惠灵顿新西兰银行大楼在1.5倍El Centro地震作用下的弹塑性地震反应时程分析结果。可以看出，地震初期，结构所吸收的能量，是以结构动能和弹性应变能的方式暂

时储存于结构内；三秒钟后，由于结构在强震的持续作用下，许多部位相继屈服，于是结构以阻尼和非弹性变形能的方式吸收并耗散输入结构的地震能量，当地震延续至六秒钟时，通过阻尼和塑性变形所耗散的能量，已占结构吸能总量的60%。结构之所以能够耗散这样多的能量，经受强震考验而不坏，是由于结构的良好延性所提供的保证。如果该建筑是个延性系数等于1的脆性结构，即使具有同等的屈服强度，也会在地震3秒钟后开始破坏直至倒塌。

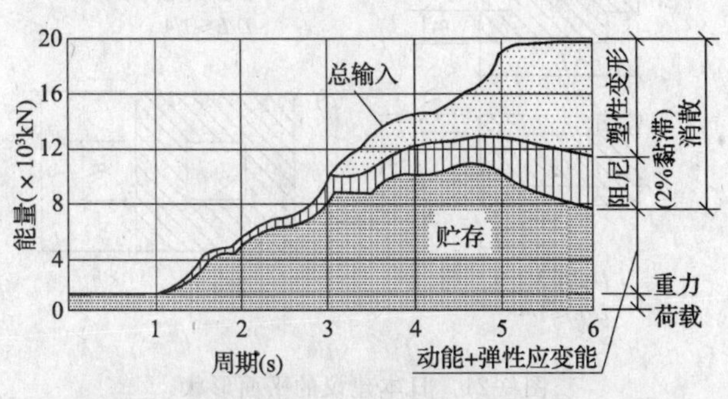

图 9-17　新西兰银行大楼地震能量耗散时程图

三、附设耗能装置

传统的抗震设计方法，是依靠结构构件的延性来耗散地震能量。它具有一个明显的缺点：结构遭遇一次强烈地震时，结构构件在利用它的延性和自身变形耗散地震能量的同时，构件本身也遭到损坏。一种新的抗震概念是把结构承担重力之类荷载的功能与耗散地震能量的功能分开，让结构主要是承担竖向荷载，而输入结构的地震能量则由安装到结构上的特殊耗能装置来吸收。由于耗能装置吸收、耗散了大部分地震能量，并减小了结构的侧移，从而有效地保护了结构，使它不再受到损害。

目前开发的耗能装置，其机构是利用U形带钢的错动，短钢柱的扭转或短钢梁的弯曲来耗能。把以这类机构为基础的特殊装置，安装到结构产生相对运动的两个表面之间，或安装到框架的斜撑杆件中。J. M. Kelly 的试验研究结果表明，软钢的塑性扭转是一种十分有效的耗能机构，当塑性应变为3%～12%时，每一个循环可以耗散的能量约为$50\times10^6 J/m^3$，使用寿命可达1000次循环。

日本住友建设公司最近研制出吸收地震能量的“控震墙”。控震墙是由3层或5层10mm厚的钢板组成。以3层型的控震墙为例（图9-18），其构造是，中间一层钢板，上端固定在上一层楼板大梁的底面，下端悬空；两侧的钢板，下端固定在下一层楼板面上，上端自由。然后在3层钢板中间的空隙内，注入强黏性高分子树脂。当高层建筑在地震作用下发生变形时，树脂利用它的黏弹性阻尼，限制钢板错动，并吸收大量能量，从而能使结构侧移减小60%以上。

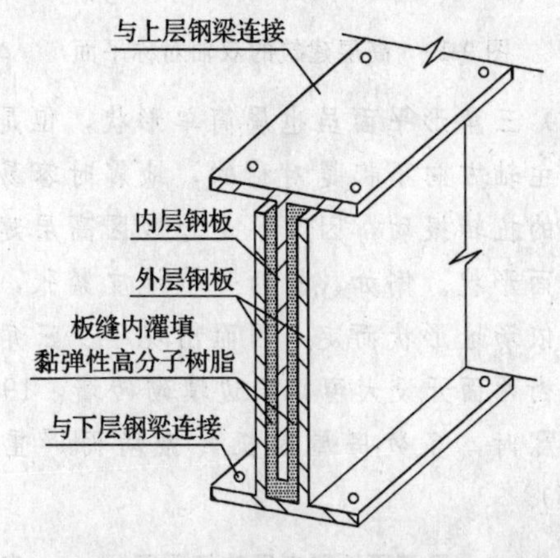

图 9-18　高效吸能的“控震墙”

简单的房屋体形

一幢房屋的动力性能基本上取决于它的建筑布局和结构布置。建筑布局简单合理，结构布置符合抗震原则，就从根本上保证房屋具有良好的耐震性能。反之，建筑布局奇特、复杂，结构布置存在薄弱环节，即使进行精细的地震反应分析，在构造上采取补强措施，也不一定能达到减轻震害的预期目的。

国内外多次地震中均有不少震例表明，凡是房屋体形不规则，平面上凸出凹进，立面上高低错落，破坏程度就比较严重；房屋体形简单整齐的，震害都比较轻。当然，这不能完全归咎于复杂的体形。抗震设计水平不高，没有真正认清地震的破坏作用，把握住结构的破坏机理，也是原因之一。随着抗震科学水平的不断提高，特别是隔震吸能技术的完善，复杂体形建筑经受大震而不坏也是能做到的。然而，在现阶段，由于计算技术还远未达到完善的地步，设计高层建筑时，还是以采用简单体形为好。

一、平面要简单

1. 平面形状与震害

(1) 地震区的高层建筑，平面以方形、矩形、圆形为好；正六边形、正八边形、椭圆形、扇形也可以（图9-19）。

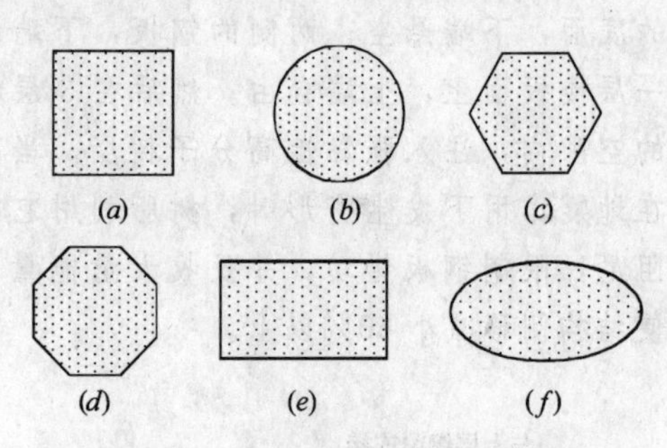

图 9-19　高层建筑的双轴对称平面

(2) 三角形平面虽也属简单形状，但是，由于它沿主轴方向不都是对称的，地震时容易激发起较强的扭转振动，因而不是地震区高层建筑的理想平面形状。例如，墨西哥城地皮紧张，房屋平面多依场址形状而定，因而出现不少三角形建筑，临街两面开设大窗，底边填砌砖墙，1985 年 9 月地震时，多数房屋因扭转振动而严重破坏（表 9-5）。

墨西哥地震房屋破坏原因　　表 9-5

建筑特征	破坏率（%）
拐角形建筑	42
刚度明显不对称	15
底层柔弱	8
碰撞	15

(3) 带有较长翼缘的 L 形、T 形、十字形、U 形、H 形、Y 形平面也不宜采用。因为此等平面的较长翼缘，地震时容易因发生图 9-20 所示的差异侧移而加重震害。

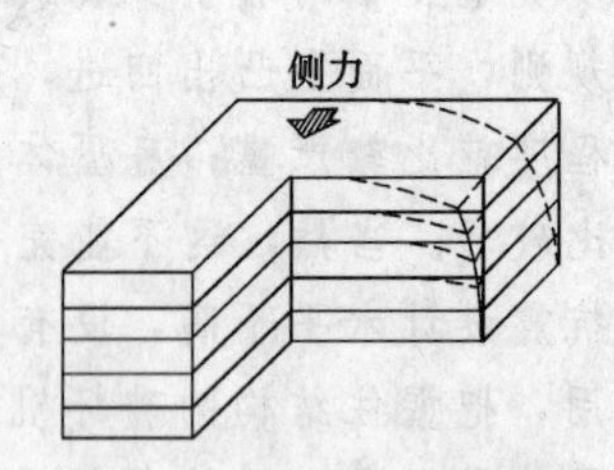

图 9-20　L 形建筑的差异侧移

(4) 1985 年 9 月墨西哥地震后，墨西哥"国家重建委员会首都地区规范与施工规程分会"所提供的报告，对房屋破坏原因进行了分析，有关房屋体形方面的分类统计数字摘于表 9-5。可以看出，拐角形建筑的破坏率还是很高的，达到 42%。

2. 关于建筑平面的设计规定

(1) 事实上，由于城市规划、建筑艺术和使用功能等多方面的要求，高层建筑不可能都设计成方形或者圆形。日本建设省 1982 年颁布的由日本建筑中心编制的《高层建筑抗震设计指南》，对于高层建筑的平面，建议采用图 9-21 中所示的几种形状。认为采用此等平面的楼房，地震时扭转振动较弱。

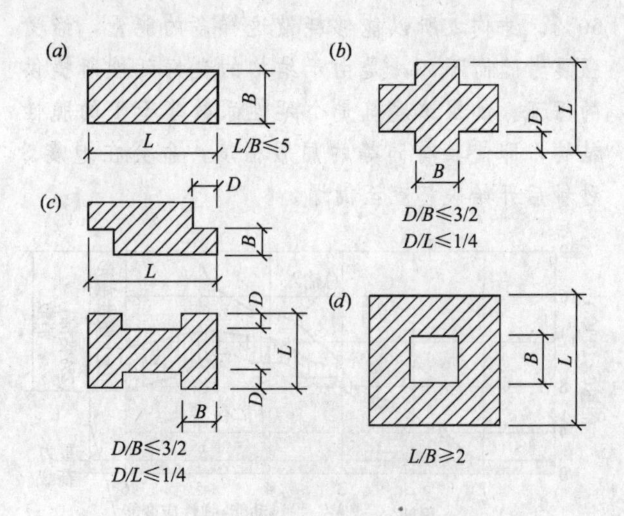

图 9-21　日本建议的平面形状

(2) 我国《高层建筑混凝土结构技术规程》(JGJ 3—2002)（简称《高层规程》），也对地震区高层建筑的平面形状作出明确规定。对不同烈度区内高层建筑平面所提出的要求，如图 9-22 和表 9-6 所示。并提出对于此等平面的凹角处，应采取加强措施。同时指出，当平面突出部分的尺寸 $l/b \leqslant 1$、$l/B_{max} \leqslant 0.3$，且质量和刚度在平面上的分布基本均匀对称时，可以认为属于平面比较规则的建筑。

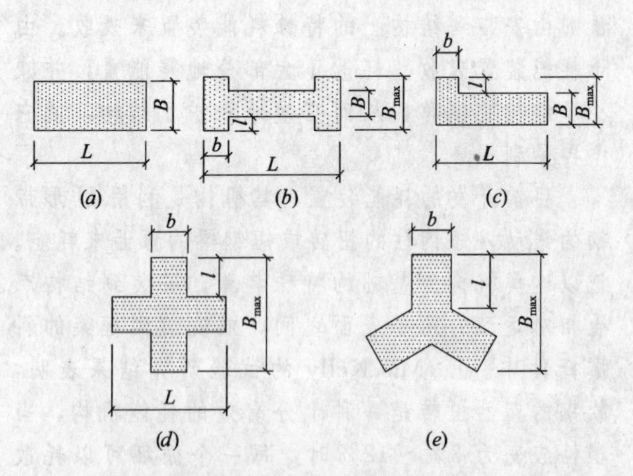

图 9-22　关于平面形状的要求

高层建筑平面形状的尺寸限值　　表 9-6

设防烈度	L/B	l/B_{max}	l/b
6 度，7 度	≤6.0	≤0.35	≤2.0
8 度，9 度	≤5.0	≤0.30	≤1.5

二、立面变化要均匀

1. 建筑立面设计原则

地震区高层建筑的立面也要求采用矩形、梯形、三角形等均匀变化的几何形状（图 9-23），尽量避免采用图 9-24 所示的带有突然变化的阶梯形立面。因为立面形状的突然变化，必然带来质量和抗推刚度的剧烈变化，地震时，该突变部位就会因剧烈振动或塑性变形集中效应而加重破坏。这一点可以从下面震例中看出。

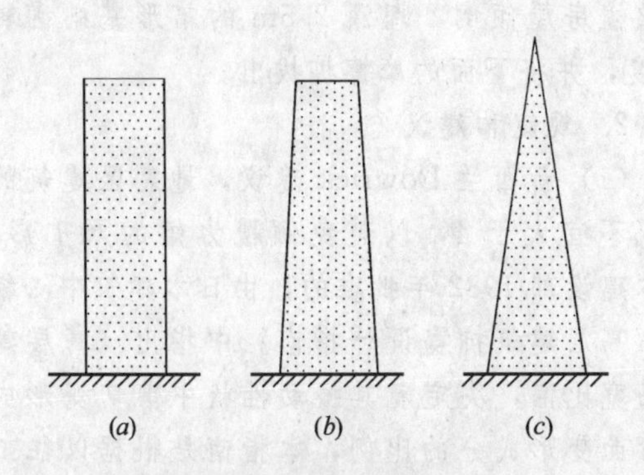

图 9-23 良好的建筑立面

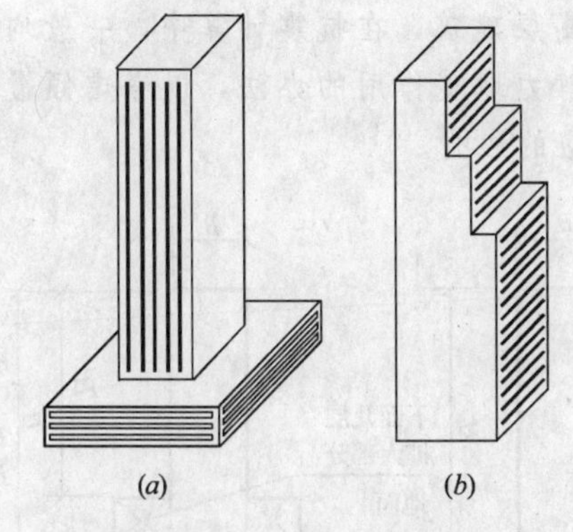

图 9-24 不利的建筑立面

(a) 大底盘建筑；(b) 阶梯形建筑

2. 立面形状与震害

(1) 倒梯形建筑

出于建筑风格的需要，一种时尚的下部向内收进的倒梯形建筑（图 9-25），在地震区使用就更不合适。因为这种倒梯形建筑，在质量分布、刚度分布和强度分布上均与抗震设计原则相背离：①上部质量大，下部质量小，重心偏高，倾覆力矩增大；②上部刚度大，下部刚度小，进一步增大了底层的相对柔弱程度；③由上而下，楼层剪力是逐层递增，而楼层受剪承载力是逐层递减；④P-Δ 效应比一般建筑严重。1960 年摩洛哥阿加迪尔地震，一座倒置的阶梯形建筑，上部几层全部坍塌（图 9-26）。

图 9-25 倒置阶梯形建筑

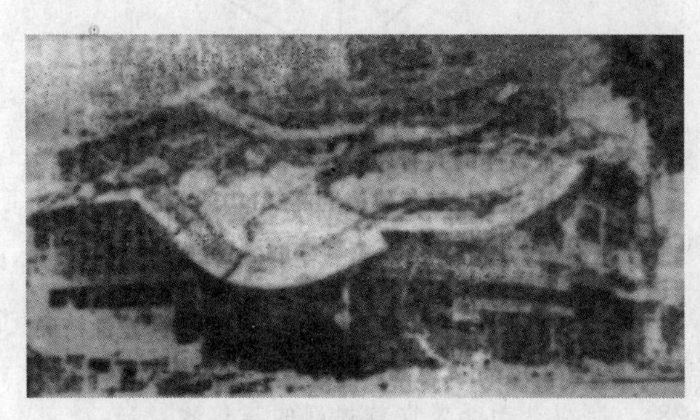

图 9-26 倒梯形建筑的倒塌

(2) 大底盘建筑

1985 年 9 月墨西哥地震，一些如图 9-24a 所示的大底盘高层建筑，由于低层裙房与高层主楼相连，没有设缝，体形突变引起刚度突变，使主楼底部接近裙房屋面的楼层变成相对柔弱的楼层，地震时因塑性变形集中效应而产生过大层间侧移，导致严重破坏。然而，目前我国的高层建筑正倾向于采用整体式基础，在高层主楼与低层裙房之间既不设沉降缝，也很少设伸缩缝，目的是为了避免在门厅中出现建筑装修上不易处理的变形缝和可能的差异沉降。在地震区是否还要继续采用这种建筑形式，对其利弊值得进一步探讨和权衡。鉴于墨西哥的严重震害，应该慎用。必须采用时，应进行弹塑性时程分析，计算出地震时各楼层的实际弹塑性层间侧移，找出薄弱楼层，并采取相应的加强措施。需要进一步指出，大底盘式建筑，如果裙房不与主楼对称，对抗震就更加不利。因为地震时将引起较强烈的扭转振动，在设计中要认真对待。

3. 关于建筑立面的设计规定

(1) 阶梯形建筑由于收进所带来的不利影响，其严重程度取决于建筑各个部分的相对比例和绝对尺寸，以及对称与否。美国《统一建筑规范》关于此种型式建筑的规定是：对于阶梯形楼房，上一楼层的平面尺寸，每一方向都不少于下一楼层相应尺寸的75%（图9-27），可看作是收进影响不大的建筑形式。

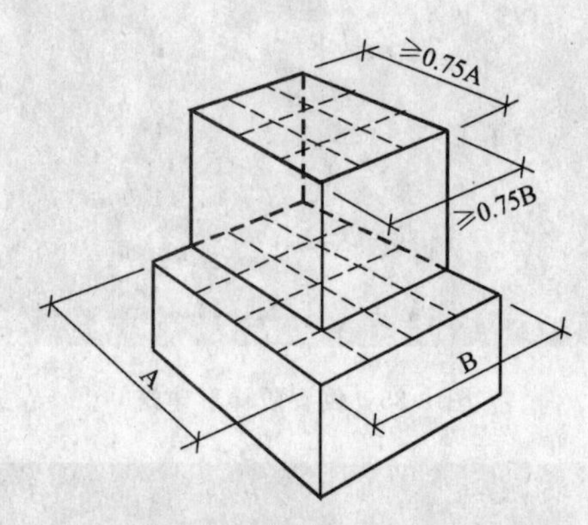

图9-27 美国《建筑规范》的规定

（2）我国《高层规程》关于建筑立面形式作出如下规定：对于有抗震设防要求的建筑物，建筑的竖向体形应力求规则、均匀，避免有过大的外挑和内收；当立面收进部分的尺寸比值，符合$B_1/B_2 \geqslant 0.75$、$B_3/B_4 \leqslant 1.1$要求的建筑物（图9-28），可以认为是竖向较规则的建筑物。

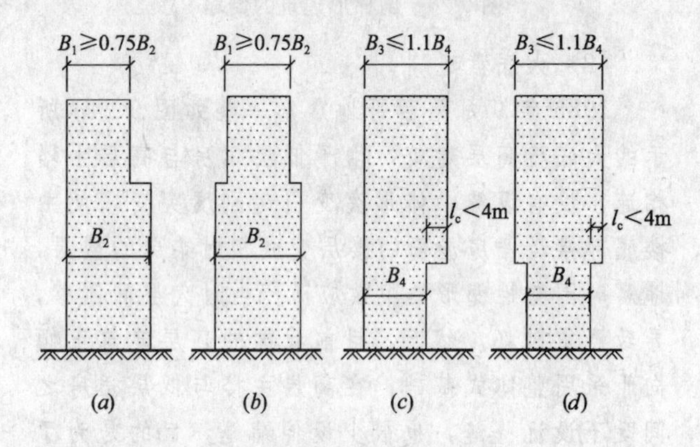

图9-28 楼房竖向的收进和外挑尺寸

三、不大的房屋高宽比

1. 倾覆力矩引起的破坏

（1）在建筑地震反应中，建筑的尺寸比例，比起绝对尺寸更为重要。对高层建筑来说，在抗震设计中，房屋的高宽比值，是一个比单一高层尺寸更需慎重考虑的问题。因为建筑的高宽比越大，即建筑越瘦高，地震作用下的侧移越大，地震引起的倾覆作用越严重。巨大的倾覆力矩在柱中和基础中所引起的压力和拉力比较难于处理。

（2）1967年委内瑞拉的加拉加斯地震，曾发生明显由于倾覆力矩引起破坏的震例。该市一幢11层旅馆，底部三层为框架结构，以上各层为剪力墙结构，底部三层的框架柱，由于倾覆力矩引起的巨大压力使轴压比达到很大数值，延性降低，柱头均发生剪压破坏。另一幢18层框架结构的Caromay公寓，地上各层均有砖填充墙，地下室空旷。由于上部砖墙增加了刚度，加大了的倾覆力矩，在地下室柱中引起很大轴力，造成地下室很多柱子在中段被压碎，钢筋弯曲呈灯笼状。

（3）1985年墨西哥地震，墨西哥市内一幢9层钢筋混凝土结构，因地震时产生的倾覆力矩，使整幢房屋倾倒，埋深2.5m的箱形基础翻转了45度，并将下面的摩擦桩拔出。

2. 规定和建议

（1）新西兰Dowrick建议，地震区建筑的高宽比不宜大于4，以避免倾覆力矩的严重影响。日本建设部1982年批准的，由日本建筑中心编制的《高层建筑抗震设计指南》中指出：高层建筑的高宽比值，决定着其振动性状中剪切变形成分和弯曲变形成分的比例，本指南是根据以往工程实例编制的，是以通常的高宽比小于4的建筑物为对象的（图9-29）。在日本，对于高宽比值大于4的高层建筑，在抗震计算中，一般均采取加大等效静力地震作用的办法，以考虑倾覆效应和P-Δ效应的影响。

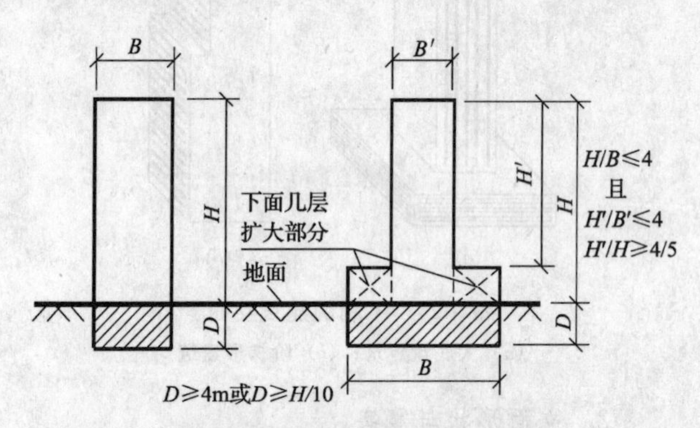

图9-29 日本对高宽比值的规定

（2）我国对房屋高宽比的要求是按结构体系和地震烈度区分的。《高层规程》和《抗震规范》分别对钢筋混凝土结构和民用钢结构高层建筑的最大高宽比作出规定，分别见表9-7和表9-8。

钢筋混凝土高层建筑的高宽比限值 表9-7

结构体系	A级高度的高层建筑			B级高度的高层建筑	
	6度、7度	8度	9度	6度、7度	8度
框架、板柱-剪力墙	4	3	2		
框架-剪力墙	5	4	3	7	6
剪力墙	6	5	4		
筒中筒、框架-核心筒	6	5	4		

钢结构民用房屋的最大高宽比　　表 9-8

设防烈度	6 度、7 度	8 度	9 度
最大高宽比	6.5	6.0	5.5

四、防震缝的合理设置

1. 相邻房屋的碰撞

在国内外历次地震中，曾一再发生相邻建筑物碰撞的事例。究其原因，主要是相邻建筑物之间或一座建筑物相邻单元之间的缝隙，不符合防震缝的要求。或是未考虑抗震，或是构造不当，或是对地震时的实际侧移估计不足，防震缝宽度偏小。

天津友谊宾馆，东段 8 层，高 37.4m，西段为 11 层，高 47.3m，东西段之间防震缝的宽度为 150mm。1976 年唐山地震时，该宾馆位于 8 度区内，东西段发生相互碰撞，防震缝顶部的砖砌封墙震坏后，一些砖块落入缝内，卡在东西段上部设备层大梁之间，导致大梁在持续的振动中被挤断。位于 6 度区的北京市，也有一些高层建筑在防震缝处发生互撞现象，例如 14 层的民航大楼和 9 层的北京饭店西楼，防震缝处的女儿墙和外贴假砖柱被撞坏。1985 年墨西哥地震，相邻建筑物发生互撞的情况占 40%，其中因碰撞而造成倒塌的占 15%（表 9-5）。宏观调查还发现，当相邻建筑物的楼层高度不同，发生互撞时，一侧房屋的楼板撞击另一侧房屋的柱子，有时将柱子撞断，使房屋局部倒塌或濒临倒塌，后果是十分严重的。此外，建造在软土或液化地基上的房屋，地基不均匀沉陷引起的楼房倾斜，更加大了互撞的可能性和破坏的严重程度。图 9-30 为墨西哥地震中高层建筑互撞所造成的破坏。

图 9-30　相邻房屋互撞造成的破坏

2. 什么情况需要设防震缝

高层建筑往往由于防震缝设计或施工不当以及地基不均匀沉陷等原因，地震时防震缝两侧的建筑物有时发生相互碰撞情况。此外，高层建筑设置防震缝后，给建筑、结构和设备设计带来一定困难，基础防水也不容易处理。因此，近年来国内一些高层建筑，通过调整平面形状和尺寸，并在构造上以及施工时采取一些措施，尽可能不设伸缩缝、沉降缝和防震缝。不过，遇到下列情况，还应设置防震缝，将整个建筑划分成若干个简单的独立单元。

(1) 平面形状或立面形状不符合规范要求而又未在计算和构造上采取相应措施时；

(2) 房屋长度超过规范所规定的伸缩缝最大间距，又无条件采取特殊措施而必需设置伸缩缝时；

(3) 地基土质不均匀，房屋各部分的预计沉降量（包括地震时的沉陷）相差过大，必须设置沉降缝时；

(4) 房屋各部分的质量或结构抗推刚度大小悬殊时。

3. 防震缝的宽度

(1) 防震缝的宽度，一般不宜小于两侧房屋在较低房屋屋盖高度处的垂直防震缝方向的弹塑性侧移值之和。在计算地震引起的结构侧移时，应注意以下两点：①基本烈度下的弹塑性侧移，约等于按《抗震规范》小震时地震作用计算出的结构弹性侧移的三倍；②还应加上平时和地震时地基不均匀沉陷和基础转动引起的侧移。防震缝宽度的计算公式见式 (10-1)。

(2) 钢筋混凝土结构房屋的防震缝最小宽度，应符合《抗震规范》第 6.1.4 条所作的如下规定：

1) 框架体系房屋高度在 15m 以下时，为 70mm；房屋高度超过 15m，6 度、7 度、8 度和 9 度时，相应每增高 5m、4m、3m 和 2m，宜加宽 20mm；

2) 框-墙体系房屋，防震缝的宽度取第 1) 项规定数值的 70%；

3) 全墙体系房屋的防震缝宽度，取第 1) 项规定值的 50%，且不小于 70mm。

需要说明，对于抗震设防烈度为 6 度及以上的房屋，所有伸缩缝和沉降缝，均应符合防震缝的要求。

(3) 钢结构房屋的防震缝最小宽度，不应小于第 (2) 款对相应钢筋混凝土结构房屋规定值的

1.5倍。

合理的结构布置

一、结构力求对称

1. 非对称结构的扭转效应

对称结构在地面运动平动分量作用下，一般仅发生平移振动，各构件的侧移量相等，水平地震力按构件刚度分配，因而各构件受力比较均匀。而非对称结构，由于刚心偏在一边，质心与刚心不重合，即使在地面运动平动分量作用下，也会激起扭转振动。其结果是，远离刚心的刚度较小的构件，由于侧移量加大很多，所分担的水平地震剪力也显著增大，很容易因超出允许抗力和变形极限而发生严重破坏，甚至导致整个结构因一侧构件失效而倒塌。

图9-31*a*为单层非对称结构在地震作用下的扭转振动示意图。在该单层结构中，A框架的抗推刚度大于B框架。假设该结构在地震作用下仅发生平移而不产生扭转，A框架和B框架的侧移值相同，均等于δ_{AB}（图9-31*b*）。那么，A框架和B框架所吸收的地震能量，与各自的刚度和吸能能力成比例，两榀框架的震害程度也就大致相同。事实上，该结构因质量分布大体对称而刚度分布不对称，质心和刚心偏离一段距离，地震作用将引起水平力矩M，使结构发生扭转，A框架的合成侧移减小，B框架的合成侧移加大。本该由A框架吸收的一部分地震能量E_A，因其侧移由δ_{AB}减小到δ_A，乃转移给B框架（图9-31*c*），加重了B框架的能量负担，也就加重了B框架的破坏程度。

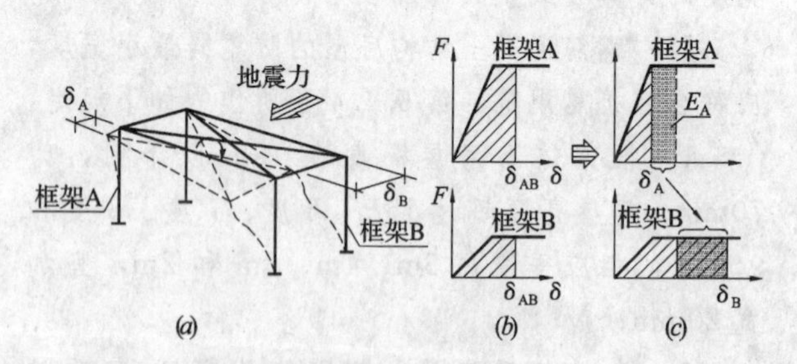

图9-31 地震时非对称结构的扭转
（*a*）扭转使侧移大小不等；（*b*）结构平移时的能量耗散；（*c*）扭转引起的能量转移

2. 扭转震例

（1）国外震例

1）1978年日本Miyagiken-Oki地震中，一幢楼房因底层结构不对称而遭到严重破坏。该楼房底层未砌山墙的一端，框架远离刚心，地震时，该框架因扭转引起的过大层间侧移而折断。1985年墨西哥地震中，也有一些高层建筑因发生扭转而破坏。一幢楼房，两面临街，全部为大玻璃窗；背街的两面，框架内用砖墙填实，刚度增大很多，造成结构偏心，地震时发生扭转而破坏（图9-32）。

图9-32 扭转引起的柱破坏

2）美国阿拉斯加地震中，五层框-墙结构的Penney大楼，由于剪力墙的布置不对称，因结构偏心而发生扭转，大块预制板坠落，部分梁柱折断，楼层局部倒塌。1972年尼加拉瓜的马那瓜地震，位于市中心的两幢相邻高层建筑的震害对比，有力地说明结构偏心会带来多么大的危害。15层的中央银行，有一层地下室，采用框架体系，两个钢筋混凝土电梯井和两个楼梯间均集中布置在平面右端，同时，右端山墙还砌有填充墙（图9-33），造成很大偏心。地震时的强烈扭转振动，造成较严重的破坏，一些框架节点损坏，个别柱子屈服，围护墙等非结构部件破坏严重，修复费用高达房屋原造价的80%。另一幢是18层的美洲银行，有两层地下室，采用对称布置的钢筋混凝土芯筒。地震后，仅3～17层连梁上有细微裂缝，几乎没有其他非结构部件的损坏。

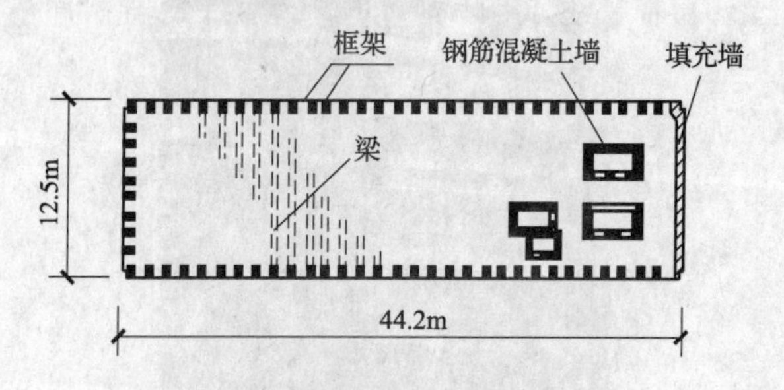

图9-33 马那瓜中央银行结构平面

（2）国内震例

天津754厂11号车间，为高25.3m的5层钢筋混凝土框架体系，全长109m，房屋两端的楼梯间采用490mm厚的砖承重墙，刚度很大；房屋长度的中央设双柱伸缩缝，将房屋分成两个独立区段（图9-34）。就一个独立区段而言，因为伸缩缝处是开口的，无填充砖隔墙，结构偏心很大。1976年唐山地震时，由于强烈扭转振动，靠近房屋的伸缩缝一端，第2层有11根中柱严重破坏，柱身出现很宽的X形裂缝。

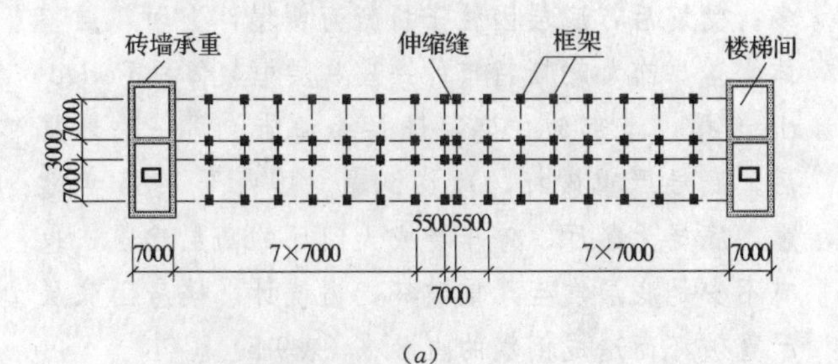

(*a*)

(*b*)

图9-34　754厂11号厂房

(*a*) 结构平面；(*b*) 中柱的剪切破坏

3. 抗侧力构件的合理布置

(1) 芯筒位置要居中和对称

以上事例说明，尽管房屋平面简单而对称，若结构布置不对称，同样会造成结构偏心，地震时还是会因发生扭转振动而使震害加重。因此，在结构布置时，应特别注意具有很大抗推刚度的钢筋混凝土墙体和钢筋混凝土芯筒的位置，力求在平面上对称，不能像图9-35中的（*a*）和（*b*）那样偏置于房屋的一端；也不宜像（*c*）图中那样将钢筋混凝土竖筒凸出于建筑主体之外，增加地震力分析和细部构造上的困难。

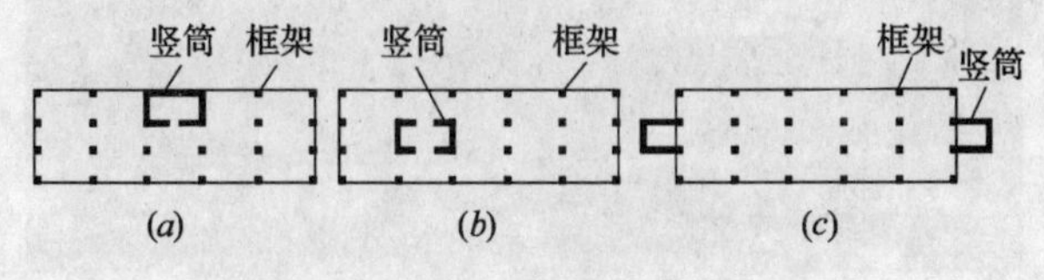

图9-35　不利于抗震的结构布置

(2) 抗震墙沿房屋周边布置

对于高层建筑，即使结构布置是对称的，由于质量分布很难做到均匀对称，质心和刚心的偏离在所难免。更何况地面运动不仅仅是平动，还伴有转动分量，地震时出现扭转振动是可能的。当建筑层数很多时，上面各层偏心引起的扭转效应对下层的积累，更对下面几层不利。所以，进行结构布置时，除了要求各个方向对称外，还希望能具有较大的整体抗扭刚度。因此，图9-36*a*、*b*所示的抗震墙沿房屋周边布置的方案，就优于图9-36*c*、*d*所示在房屋内部布置的方案。此外，前者比后者还具有较大的抗倾覆能力。

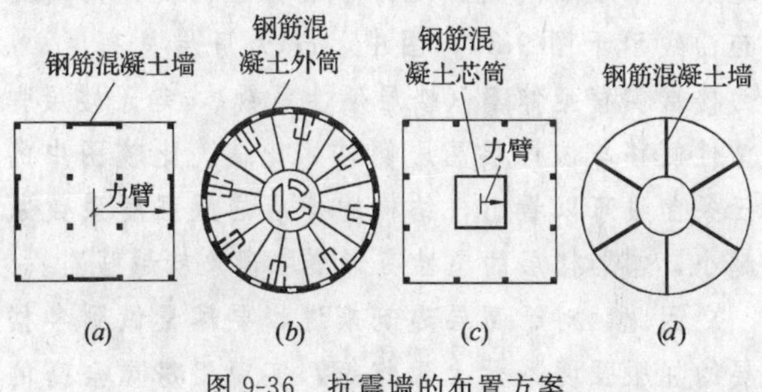

图9-36　抗震墙的布置方案

二、结构竖向要等强

1. 楼层屈服强度系数

(1) 定义

对于高层建筑，楼层屈服强度是指按该楼层各构件的截面、实际配筋和材料标准强度计算得出的抗力标准值；楼层屈服强度系数ξ_y则是楼层受剪承载力标准值（屈服剪力）与结构弹性地震反应楼层剪力的比值。若高层建筑各楼层屈服强度系数ξ_y大致相等（注意，不是指各楼层屈服强度大致相等），地震作用下各楼层的侧移将是均匀变化的（图9-37*a*），整个建筑将因各楼层抗震可靠度大致相等而具有较好的耐震性能。如果高层建筑中的主要抗侧力构件在某一楼层中断，该楼层的屈服强度系数将远小于其他楼层，在地震作用下，此柔弱楼层的层间侧移δ_i将因塑性变形集中而骤然增大（图9-37*b*），破坏程度加重，并进而危及该层以上各楼层，甚至整个建筑的安全。

(2) 非等强结构的变形集中

中国地震局工程力学研究所曾对高层建筑进行大量的弹塑性地震反应时程分析。计算结果表明，对于楼层强度非均匀分布的高层结构，尽管弹性反应时各楼层层间侧移差别不大，而结构的弹塑性地震反应，其中的柔弱楼层，却产生了最大层间侧移，表现出塑性变形集中效应，且塑性

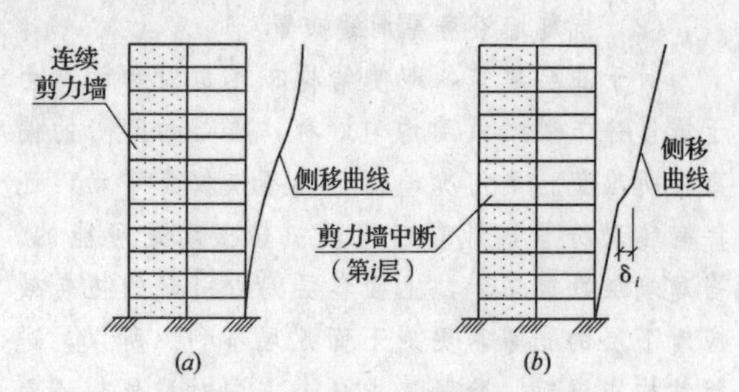

图 9-37 高层建筑地震侧移曲线图

（a）竖向等强结构；（b）竖向非等强结构

变形集中的程度与结构楼层屈服强度系数 ξ_y 的大小成反比。半高处存在着柔弱楼层的高层建筑，地震作用下层间侧移延伸率沿房屋高度方向的分布曲线示于图 9-38。图中，H 为房屋总高度；μ 为楼层侧移延伸率（楼层延性系数），等于楼层弹塑性侧移与该楼层屈服侧移的比值。比较图中的三条曲线可以看出，结构的楼层屈服强度系数 ξ_y 越小，柔弱楼层的塑性变形集中现象就越强烈。

因此，对于高层建筑来说，要尽量做到各楼层的屈服强度系数大致相等，实现沿房屋全高的等强度设计。

2. 避免出现柔弱底层

(1) 柔弱底层的结构特点

近来新建的高层建筑，不少都采取开敞的底层。还有一些高层建筑，底部几层因设置门厅、餐厅或商场等需要大空间，上部的抗震墙或竖向支撑到此被中止，而采取框架体系。也就是说，上部各层为全墙体系或框-墙体系，而底层或底部两三层则为框架体系，整个结构属“框托墙”体系。这种体系的特点是，上部楼层抗推刚度大，下部楼层抗推刚度小，在楼房底层或底部两三层形成柔弱层。地震检验结果指出，这种体系很不利于抗震。

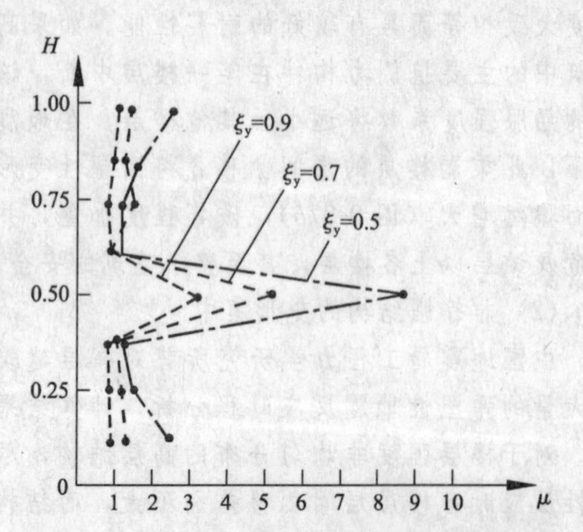

图 9-38 非等强结构弹塑性地震反应层间侧移

(2) 柔弱底层的震害

1) 南斯拉夫斯科普耶市十月街的一幢五层楼房，上面各层为住宅，隔墙较多；底层为商店，无隔墙，且正面全为玻璃门窗。1963 年地震后，上面各层几无震害，而底层严重歪斜。1976 年罗马尼亚地震，普鲁耶什有一幢 4 层框架体系房屋，底层为咖啡馆，无隔墙；上面几层为住宅，砖隔墙较多。受震后，底层因柱子折断而倒塌，上面几层整体坐落。布加勒斯特市的一座 9 层框架体系 Podgoria 大楼，上部为住宅，底层为商店，同一次地震后，底层严重破坏，濒临倒塌。墨西哥 1985 年地震，底层为餐厅、停车场或大门厅的高层建筑，也有不少是底层发生严重破坏，据统计，楼房因底层严重破坏而造成倒塌的占 8%（表9-5）。

2) 1971 年美国圣费南多地震，Olive-View 医院位于 9 度区，主楼遭到严重破坏。虽然它不是高层建筑，但它是柔弱底层建筑的典型震例，其教训是值得借鉴的。该主楼是 6 层钢筋混凝土结构，剖面如图 9-39 所示。3 层以上为框-墙体系，底层和 2 层为框架体系，但 2 层有较多砖隔墙。上、下层的抗推刚度相差约 10 倍。地震后，上面几层震害很轻，而底层严重偏斜，纵向侧移达 600mm（图 9-40），横向侧移约 600mm，角柱酥碎（图 9-41）。这说明此种“框托墙”体系很不利于抗震。

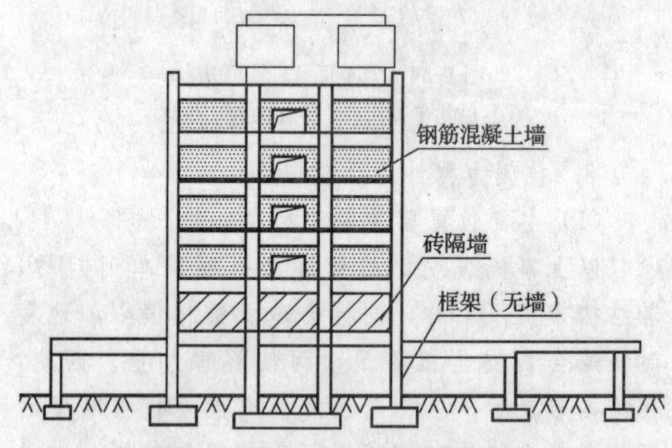

图 9-39 Olive-View 医院主楼剖面

图 9-40 柔弱底层的纵向侧移

图 9-41　柔弱底层的横向侧移和角柱破坏状况

(3) 柔弱底层的破坏机理

带柔弱底层的多层和高层建筑，之所以底层会发生如此严重的破坏，从图 9-42 的地震能量输入和吸收示意图中可以看出一个大概：图 9-42 (*a*) 图为等强度结构，各楼层的屈服强度系数大体相同，因而地震作用下的各楼层层间侧移大致相等，所吸收的地震能量沿高度分布比较均匀，各层的输入能量和吸收能量处于稳定平衡；图 9-42 (*b*) 图为带有柔弱底层的多层建筑，由于底层的刚度和强度均较低，底层的屈服强度系数 ξ_y 比上面各层小得多，因而地震作用下房屋的侧移大部分集中于底层，上面各层的层间侧移减小。本该由上面各层吸收的地震能量，很大一部分转移到底层，以致底层需要吸收的能量超过其最大允许变形所能吸收的能量，其结果是底层严重破坏甚至倒塌。

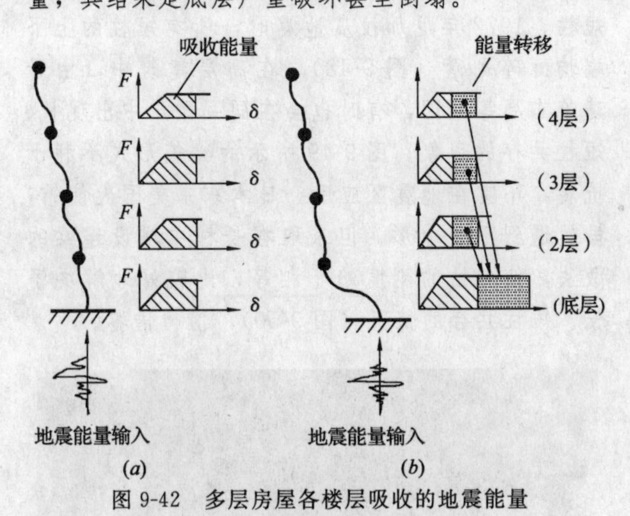

图 9-42　多层房屋各楼层吸收的地震能量

(*a*) 等强度结构；(*b*) 柔弱底层

(4) 柔弱底层的补强措施

要改善带有柔弱底层的高层建筑的抗震性能，只有对柔弱底层采取补强措施。对于采用全墙体系或框-墙体系的高层建筑，当底层因使用功能的需要必须提供大空间时，应参照图 9-43 所示的工程实例（某电讯大楼底层平面），在房屋两端设置由纵、横墙形成的钢筋混凝土筒体，必要时还应采用加厚筒壁的办法，使底层的抗推刚度，不小于 2 层抗推刚度的 1/3（6 度）或 1/2（7 度或 8 度），并使基本烈度下的底层屈服强度系数 ξ_y 不小于 0.5；与此同时，还应加厚转换层的现浇楼板，使其在传力过程中不产生较大的水平变形。9 度时，不宜再采用“框托墙”体系，宜将所有抗震墙直落基础。若高层建筑的底部若干层需要提供大空间时，可以参考上述措施，增强该若干楼层的刚度和强度，以及增大转换层现浇楼板的厚度。

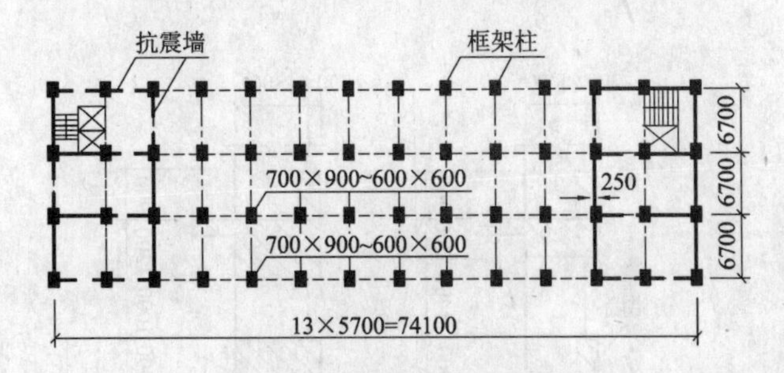

图 9-43　柔弱底层的补强

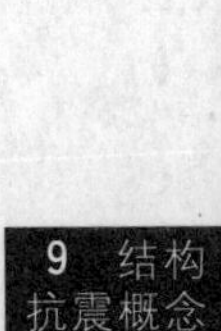

3. 承力竖向构件不得中断和突变

(1) 竖向构件设置原则

地震区的高层建筑，抗震墙和框架柱都承担着较大的地震剪力和倾覆力矩，如果因为布置局部大空间或设备层等原因，在中间楼层处被截断，就会因承力构件的不连续，导致传力路线曲折迂回，甚至造成传力路线的不明确，出现抗震薄弱环节。此外，抗震墙和柱截面的突变，也会因刚度和强度的剧烈变化，带来变形集中和应力剧增等不利影响。所以，在确定结构方案时，要保持承力构件的连续；墙、柱截面每边尺寸的加大或减小，一次不得超过 25%。

(2) 实例分析

广东国际大厦，地面以上 63 层，高 196m，采用现浇钢筋混凝土筒中筒结构。内筒由墙体组成，外筒由框架组成，平面接近正方形（图 9-44）。为了提高框筒的竖向刚度，减小外框筒的剪力滞后效应，利用第 23、42 和 61 层的三个设备层，将周圈窗裙梁的截面加大（图 9-45）。这样，外框筒在设备层处的剪切刚度就远远大于标准层，出现刚度突变。其结果使风载（或地震）剪力在内外筒之间的分配也出现突变，图 9-46 为内筒和外筒所承担的横向风剪力。可以看出，每个设备层的上下 3 层，外框筒的剪力均大幅度增加；内墙筒剪力则大幅度减少，甚至变为负值。极其明显地表明构件刚度突变所带来的不利影响。

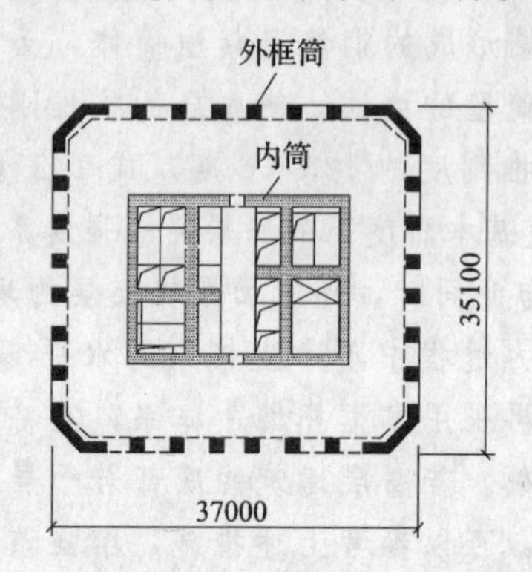

图 9-44 广东国际大厦结构平面

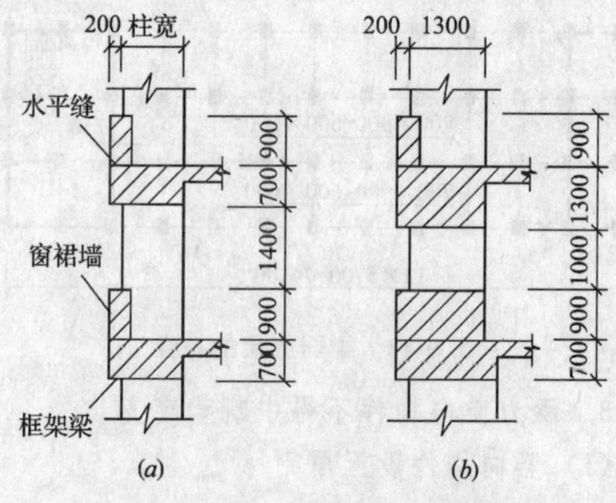

图 9-45 外框筒窗裙梁截面

(*a*) 标准层；(*b*) 设备层

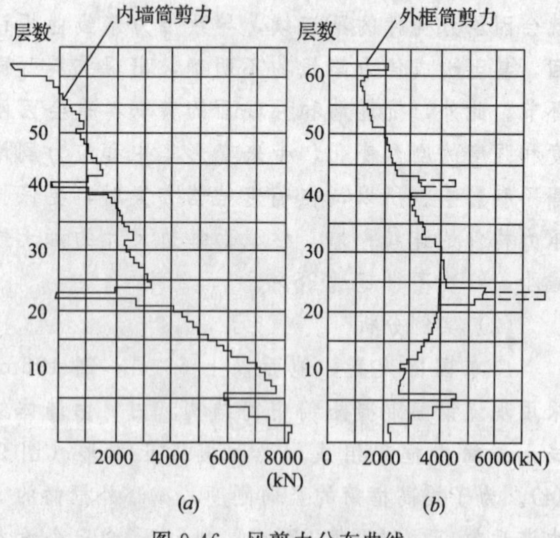

图 9-46 风剪力分布曲线

(*a*) 内墙筒；(*b*) 外框筒

4. 顶层大厅的改善措施

在高层建筑中，往往将需要开阔空间的舞厅、宴会厅设在顶层。由于顶层为大跨度结构，中柱被取消，屋架与框架外柱变成铰接，以致顶层的抗推刚度比下层的抗推刚度减小很多。为了避免楼层刚度沿高度方向的突变，防止鞭鞘效应的增强，减小在顶层出现的塑性变形集中，最好在大厅的两端设置一定数量的抗震墙（图 9-47*a*），并延伸到基础。如果原来采用的就是框-墙体系，大厅部位的剪力墙若全部在楼板处截断后（图 9-47*b*），楼层刚度的变化就更加剧烈。遇到这种情况，应该将大厅正下方的抗震墙沿高度方向逐渐减少，同时将大厅两端的抗震墙一直延伸到屋面。

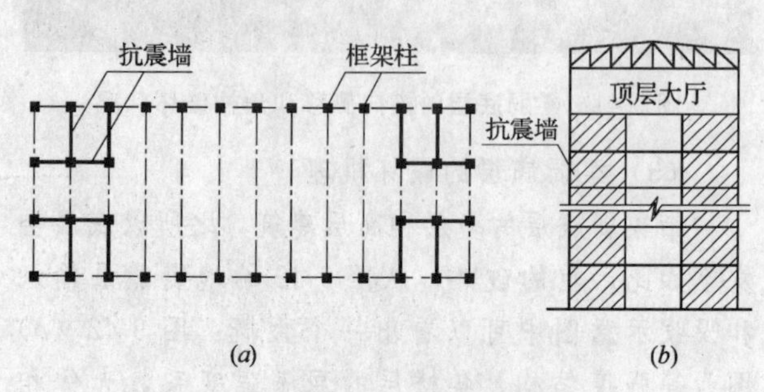

图 9-47 顶层设置大厅时的结构布置

(*a*) 结构平面；(*b*) 结构剖面

5. 同一楼层各柱要等刚度

同一楼层的框架柱，应该具有大致相同的刚度、强度和延性，否则，地震时很容易因受力大小悬殊而被各个击破，形成各根框架柱先后依次破坏的现象。历次地震中都曾发生过一些这样的震例。

1967 年委内瑞拉地震，一座商场，就因为在同一楼层中长短柱共存，短柱破坏严重。马那瓜露天体育看台，也是因为在同一楼层中有长柱和短柱，1972 年尼加拉瓜地震时，所有短柱的上下端均酥碎剥落（图 9-48）。在高层建筑中，由于建筑布局等原因，有时也会在同一楼层中出现长、短柱共存的现象。图 9-49 所示的建筑形式不利于抗震，不宜在地震区应用。日本东京美国大使馆，虽然遇到不利地形，但采取在长柱中增设连梁的做法，使各柱的刚度趋于相等，比较好地解决了长、短柱共存的情况（图 9-50），值得借鉴。

图 9-48 长短柱共存时短柱的破坏状况

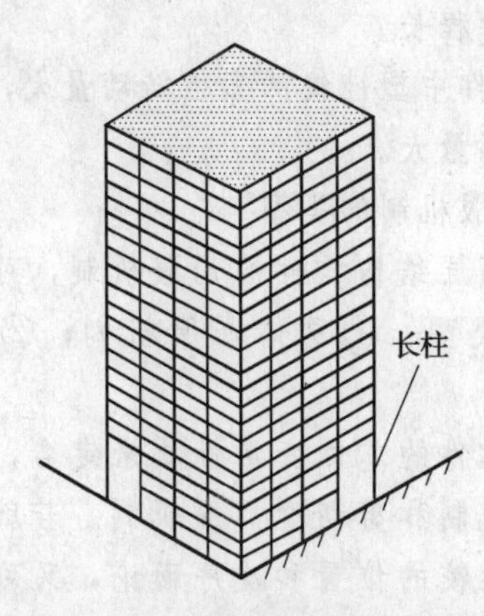

图 9-49 不利于抗震的建筑形式

图 9-50 消除长、短柱共存的措施

还有一种情况值得注意，就是在采用纯框架结构的高层建筑中，如果将楼梯踏步斜梁和平台梁直接与框架柱相连，就会使该柱变成短柱，地震时容易发生剪切破坏。遇到这一情况，一是另立小柱，使斜梁和平台梁与框架柱脱开；二是加密柱的箍筋，以提高短柱的受剪承载力和结构延性。

抗侧力结构的优化

一、结构体系基本要求

1. 具有明确的计算简图、合理的地震力传递途径。

2. 具有多道抗震防线，避免因部分结构或构件破坏，而导致整个结构体系丧失整体稳定和继续承载的能力。

3. 具备必要的水平承载力、良好的侧向变形能力和较大的吸收、消耗地震能量的能力。

4. 沿房屋高度，具有合理的抗推刚度和水平承载力分布，避免因个别楼层的局部削弱或突变，形成柔弱楼层或部位，引起过大的应力集中或塑性变形集中。

5. 避免结构发生整体失稳。钢结构构件还应合理控制截面尺寸，避免局部失稳。

6. 结构在两个主轴方向的动力特性宜相近。

二、抗侧力构件耐震性能

1. 钢构件的设计，应符合“三强”耐震设计准则，即“强节弱杆、强柱弱梁、强焊弱钢”。钢筋混凝土构件的设计，应符合“四强”耐震设计准则，即“强节弱杆、强柱弱梁、强剪弱弯、强压弱拉”。

(1) 对于框架、支撑等杆系构件，使节点的承载力高于杆件的承载力，防止节点的破坏先于杆件的破坏，是确保构件整体性的必要条件。然而，对于钢框架，节点又不可过强，应允许地震时梁-柱节点域的板件能产生一定量的剪切屈服变形，以提高整个框架的延性。

(2)“强柱弱梁”型框架，易于实现构件总体屈服机制，而“弱柱强梁”型框架则易发生构件楼层屈服机制。此外，地震时构件的坍塌，最终原因是由于其杆件受地震作用损伤后承重能力低于所承担的重力荷载。一般情况下，框架梁仅承担本楼层的重力荷载，而框架柱则需承担本层以上很多楼层的重力荷载，强柱有利于提高框架的防倒塌能力。

(3) 杆件焊缝的延性，一般均低于被连接板件的钢材延性，“强焊缝、弱钢材”，即焊缝的承载力高于被连接钢材板件的承载力，可以使杆件的屈服截面避开焊缝而位于钢板件之中，从而提高杆件以至整个构件的延性。

(4) 钢筋混凝土杆件的剪切破坏，是以杆件斜截面的混凝土受拉开裂为表征（图 9-34*b*），属脆性破坏，消耗能量少。杆件的弯曲破坏，是以杆件横截面受拉区钢筋屈服，出现横向裂缝为表征，属延性破坏，消耗能量多。要求“强剪弱弯”就是为了实现杆件的延性破坏，避免脆性破坏，以吸收、消耗更多的地震能量。

(5) 钢筋混凝土杆件的抗弯，靠的是混凝土受压、钢筋受拉来平衡外力，然而两者的力学性能差别很大，混凝土从受压到压碎，变形量很小，属脆性破坏。而钢筋受拉，从屈服到拉断，变形过程很长，表现出极好的延性。因此，进行钢筋混凝土杆件的截面设计时，应符合“强压弱拉”原则，使受拉钢筋的屈服先于受压区混凝土的压碎。

2. 水平地震作用下，构件可能出现塑性铰的部位，应具有足够的转动能力和耗能容量。

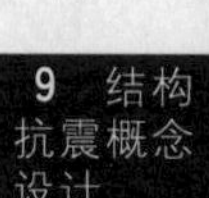

3. 竖向钢支撑在侧力作用下，应防止支撑斜杆发生出平面屈曲，以避免往复地震力作用下斜杆反复屈曲所引起的刚度退化和强度劣化。

4. 螺栓连接的延性等耐震性能优于焊缝连接。高烈度地震区的钢结构，重要的杆件接头和节点宜采用螺栓连接。

三、结构超静定次数（赘余度）要多

1. 防倒塌是建筑遭遇罕遇地震烈度时的最低设防标准。房屋不倒塌，就可以避免人员大量伤亡。

2. 正交杆系抗侧力构件，仅当其各个节点或某一楼层全部节点出现塑性铰破坏而变成机动构架后，建筑才会倒塌。具有很多赘余度的结构体系中，一个或多个赘余杆件的失效，结构体系仍能保持其整体性和稳定性，并能继续抵抗地震作用，尽管其效能有所减小。结构的超静定次数（赘余度）越多，能够依次形成的塑性铰数量就越多，结构进入倒塌的过程就越长。

3. 在一定烈度和场地条件下，输入某一结构的地震能量大体上是一个定量。地震作用下，结构每出现一个塑性铰，即可吸收和耗散一定数量的地震输入能量。整个结构在变成机动构架之前，能够出现的塑性铰越多，耗散地震能量也就越多，就更能经受住较强地震而不倒塌。说明，超静定次数越多的结构，抗震可靠度也就越高。

四、耐震的结构屈服机制

1. 最佳破坏机制

(1) 结构实现最佳破坏机制的特征是：水平地震作用下，结构各杆端陆续出现塑性铰的过程中，在承载力基本保持稳定的条件下，结构持续变形而不倒塌，最大限度地吸收和耗散地震输入能量。

(2) 控制塑性铰在结构各构件和各杆件中出现的先后顺序，对防止结构倒塌有着重要影响。结构最佳破坏机制的判别条件是：

1) 结构的塑性发展，宜从次要构件开始，或从主要构件的次要杆件（或部位）开始，最后才在主要构件上出现塑性铰，从而构成多道抗震防线。

2) 构件的塑性铰，首先出现在各水平杆件的端部，最后才在竖向杆件上发生。

3) 结构中所形成的塑性铰的数量多，塑性变形发展的过程长。

4) 构件中塑性铰的塑性转动量大，整个结构的塑性变形量大。

2. 屈服机制的类型

(1) 高层结构构件的屈服机制，可以划归为两个基本类型：①总体屈服机制；②楼层屈服机制。

若按构件的总体变形性质来定名，可称为弯曲型屈服机制和剪切型屈服机制。若就构件中杆件出现塑性铰的位置和次序而论，又可分为柱铰机制和梁铰机制。

(2) 总体屈服机制，是指构件在侧力作用下，全部水平杆件的屈服均先于竖向杆件，最后才是竖杆底端的屈服。

可能发生总体屈服机制的高层结构，有强柱型框架（图 9-51*a*）和强剪型支撑（图 9-51*b*、*c*）。

(3) 楼层屈服机制，是指构件在侧力作用下，竖杆件的屈服先于水平杆件，从而导致某一楼层或某几个楼层发生侧向整体屈服。

可能发生楼层屈服机制的高层结构，有弱柱型框架（图 9-52*a*、*b*）和弱剪型支撑（图 9-52*c*）。

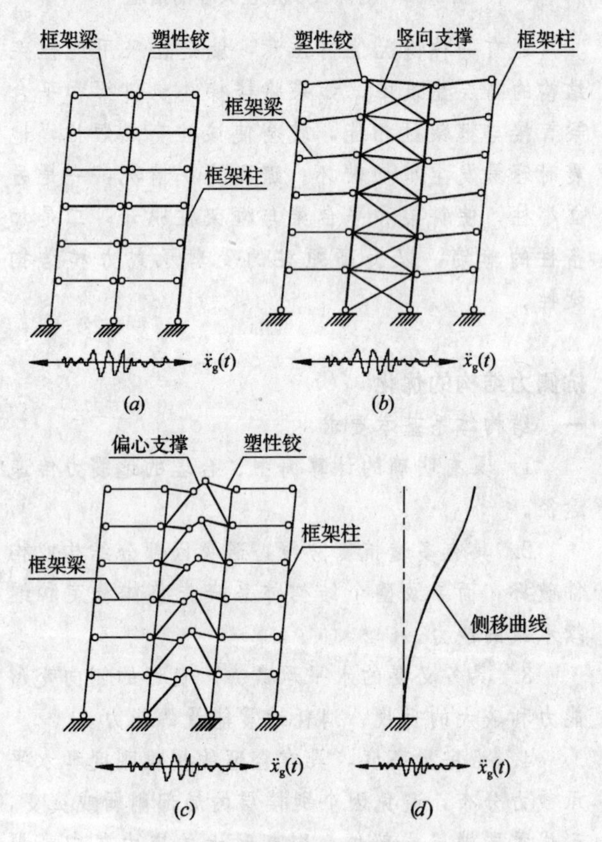

图 9-51 抗侧力构件的总体屈服机制

(*a*) 强柱型框架；(*b*) 强剪型中心支撑；(*c*) 强剪型偏心支撑；(*d*) 侧移曲线

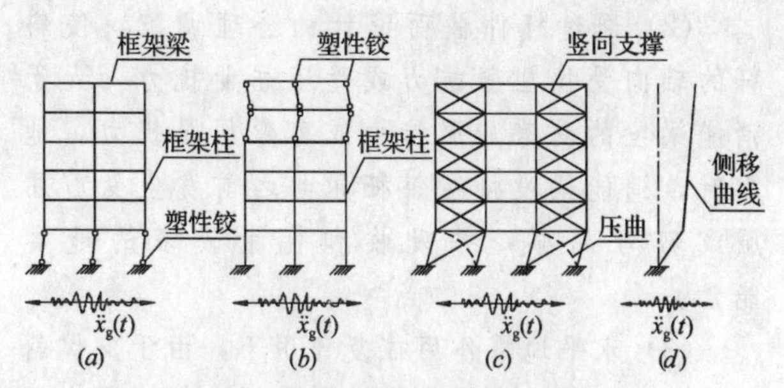

图 9-52 抗侧力构件的楼层屈服机制

(*a*) 框架底层屈服；(*b*) 框架顶层屈服；(*c*) 支撑底层屈服；(*d*) 侧移曲线

3. 总体屈服机制的优点

结构的总体屈服机制是耐震性能最佳的破坏机制。与楼层屈服机制相比较，其优点是：

(1) 结构在侧力作用下临近倒塌之前，可能产生的塑性铰的数量要多很多。

(2) 总体屈服机制构件的层间侧移，沿竖向分布比较均匀（图 9-51*d*）；而楼层屈服机制构件的层间侧移，沿高度方向呈非均匀分布，柔弱楼层的层间侧移因塑性变形集中而增大若干倍（图 9-52*d*）。

五、非单一传力路线

1. 一般情况的静定结构竖向支撑，传力路线单一（图 9-53*a*）。水平地震作用下，一根斜杆的杆身或节点破坏后，整个结构就将因传力路线中断而失效。

2. 超静定的X形支撑（图 9-53*b*）或成对布置的单斜杆支撑（图 9-53*c*），超负荷工作时，一个方向斜杆失稳破坏后，其水平地震剪力可以绕道通过另一方向斜杆传至基础。整个结构仍不失为具有一定抗震能力的稳定体系。

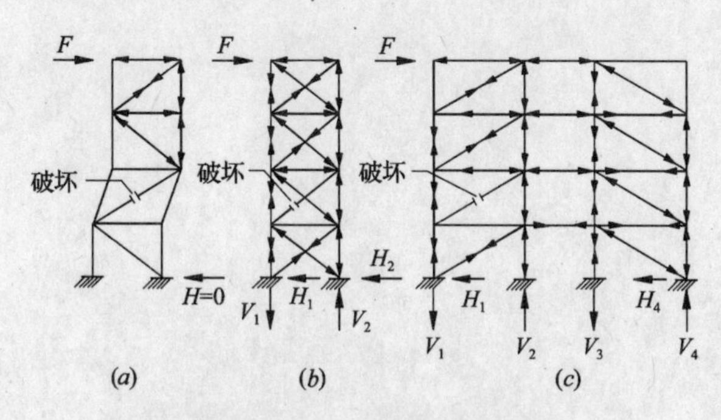

图 9-53 竖向支撑的传力路线

(*a*) 单斜杆支撑；(*b*) X形支撑；(*c*) 成对单斜杆支撑

六、多道抗震防线

1. 国内外多次地震的调查发现，采用纯框架之类单一结构系统的楼房，其倒塌率远高于采用框-撑、框-墙、填墙框架等双重结构体系楼房。除了由于后者水平承载力高于前者外，更重要的是，前者仅具有一道抗震防线，而后者具有两道或三道抗震防线。

2. 地震时建筑场地的地震动，能造成建筑物破坏的强震波（加速度 $a \geqslant 0.05g$）持续时间，有时达到十几秒或更长，其频率或是单一的或是变化的。

3. 仅有一道抗震防线的单一结构体系，在前半段强震波冲击下发生破坏，特别是因共振而破坏，后续的强震波就有可能促使楼房倒塌。

4. 具有两道以上抗震防线的双重或多重结构体系，当强震波持续时间较长时，第一道防线的抗侧力构件先期破坏后，第二、三道防线的抗侧力构件随即接替。特别是，第一道防线构件是因结构共振而破坏，第二、三道防线构件接替后，楼房自振周期改变，错开地震动卓越周期，共振现象得以缓解，从而防止破坏程度加重。

5. 具备多道抗震防线的结构体系有：框-撑体系、框架-抗震墙体系、筒体-框架体系和筒中筒体系等（图 9-54），单就竖向支撑而言，X形支撑就比单斜杆支撑多一道防线。

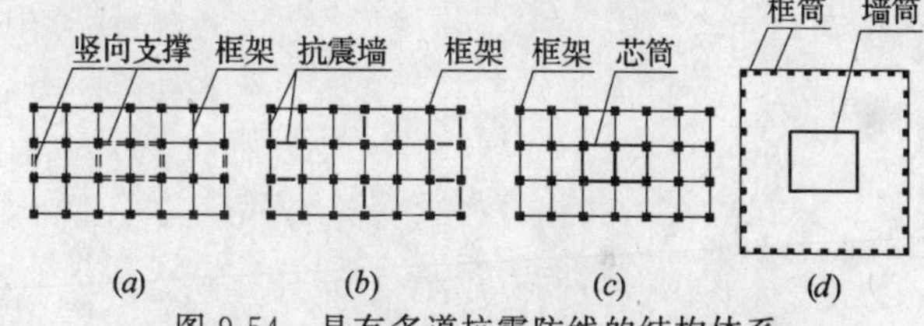

图 9-54 具有多道抗震防线的结构体系

(*a*) 框架-支撑体系；(*b*) 框架-抗震墙体系；(*c*) 筒体-框架体系；(*d*) 筒中筒体系

七、采用偏心支撑

1. 中心支撑的缺点

(1) 传统的中心支撑（轴交支撑），支撑斜杆、梁、柱的轴心线交汇于一点，构成几何不变的三角形杆系（图 9-55）。此种构件在水平地震作用下所产生的侧移，是由各杆件的轴向拉伸或压缩引起的。

(2) 高层建筑所采用的中心支撑，其钢斜杆的长细比一般均大于40，受压屈曲时的欧拉临界荷载小于其轴向压缩时的抗力，遭遇强烈地震时，支撑斜杆将发生出平面屈曲。地震反向后变为受拉时，斜杆由挠曲状态突然绷直，其动力效应将使杆件所受拉力增大。

(3) 试验表明，长细比 $\lambda > 40$ 的钢杆件，在往复荷载作用下反复受拉、受压时，其刚度和稳定性承载力显著降低，降低幅度与杆件长细比和荷载循环次数成正比。

(4) 中心支撑在地震作用下，因为斜杆的受压屈曲、刚度退化和强度劣化，耐震性能差，抗震可靠度低，不宜用于设防烈度高于7度的高层建筑。

2. 偏心支撑的优点

(1) 偏心支撑（偏交支撑）是将斜杆与梁的交点从节点中心（或柱轴线）移开一小段距离，形成一个消能梁段（图9-55）。

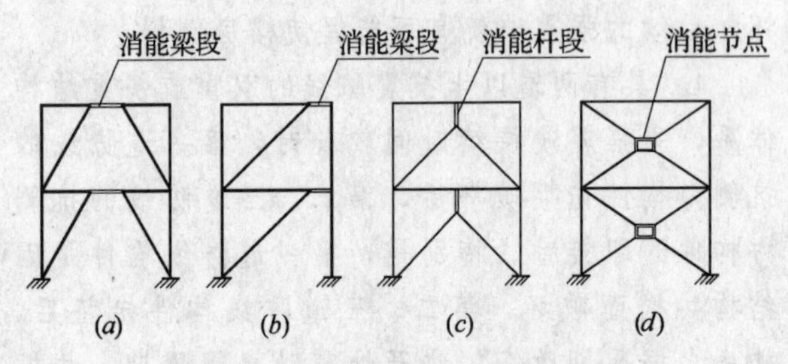

图9-55 偏心支撑的几种常用形式

(2) 通过杆件截面设计的合理调配，使斜杆的轴向受拉屈服抗力或受压屈曲抗力，大于消能梁段的受剪屈服抗力或剪弯屈服抗力。地震时，消能梁段将在斜杆屈曲之前发生受剪屈服或剪弯屈服，并吸收和耗散较多的地震能量。

(3) 水平地震作用往复作用下，由于支撑斜杆不会发生出平面屈曲，竖向支撑也就不再出现刚度退化和强度劣化，结构滞回曲线饱满而稳定，构件延性系数得以大幅度地提高。

(4) 设置消能梁段后，支撑从原来的以斜杆轴向变形吸能为主，转变为以钢梁剪切变形或剪弯变形吸能为主，因而能够吸收和耗散大得多的地震输入能量。

10 结构抗震验算

结构分析

一、结构抗震计算原则

1. 地震多遇烈度

(1) 建筑结构应进行多遇烈度地震作用下的内力和变形计算，目的在于检验构件的承载力和结构的层间侧移。此时，可假定结构构件处于弹性工作状态，并可采用线性静力方法或线性动力方法，计算构件的内力和变形。

(2) 应根据楼盖、屋盖的实际水平刚度和平面内变形性态，确定为刚性、半刚性（弹性）或柔性的横隔板，以及半刚性横隔板是属剪切型还是弯剪型。再按抗侧力体系的布置，确定抗侧力构件相互间的共同工作，并进行各构件的地震内力分析。

(3) 结构符合下列各项条件时，可按平面结构模型进行抗震分析：①平、立面形状规则；②质量和侧向刚度分布接近对称；③楼盖和屋盖可视为刚性横隔板或柔性横隔板。其他情况，则应按空间结构模型进行地震作用下的结构内力分析。

(4) 钢结构高楼，以及高宽比值较大的钢筋混凝土、混合结构或型钢混凝土结构高楼，当结构在地震作用下的重力附加弯矩大于初始弯矩的10%，进行结构地震反应分析时，应计入重力二阶效应（P-Δ 效应）对构件内力和侧移的影响。

重力附加弯矩是指任一楼层以上全部重力荷载与该楼层地震层间位移的乘积；初始弯矩则是指该楼层地震剪力与楼层层高的乘积。

(5) 抗推（侧向）刚度沿竖向分布基本均匀的钢筋混凝土框架-抗震墙结构和框架-核心筒结构，任一楼层框架部分按侧向刚度分配的地震剪力应乘以不小于1.15的增大系数，且不应小于结构底部总地震剪力的20%和按框架-抗震墙结构、框架-核心筒结构侧向刚度分配的框架部分各楼层地震剪力中最大值1.5倍两者的较小值。

(6) 工程实践指出，水平荷载作用下，高层钢框架的节点域剪切变形将使框架侧移增大10%～20%，因此，规范规定：高度超过12层且采用H形截面柱的钢框架（中心支撑框架除外），宜计入梁-柱节点域剪切变形对结构侧移的影响。

(7) 钢结构框架-支撑体系在地震作用下的内力和变形分析，支撑斜杆的端部可视为铰接。框架部分按计算所得的地震剪力应乘以调整系数，使各榀框架所承担的设计地震剪力之和，不小于整个结构体系底部总地震剪力的25%或框架部分地震剪力最大值1.8倍两者的较小值。

(8) 中心支撑钢框架的斜杆轴线偏离梁柱轴线交点不超过支撑斜杆的宽度时，仍可按中心支撑框架分析，但应计及由此产生的附加弯矩。

(9) 在内力和位移计算中，钢筋混凝土框架-剪力墙或剪力墙结构中的连梁刚度可予以折减，折减系数不宜小于0.5。

(10) 设置少量抗震墙的框架结构，其框架部分的地震作用效应，宜采用框架模型和框架-抗震墙两种模型的计算结果的较大者。

2. 地震罕遇烈度

(1) 结构在罕遇烈度地震作用下柔弱层的弹塑性变形验算，应符合下列要求。

1) 下列结构应进行弹塑性变形验算：

a. 8度Ⅲ、Ⅳ类场地和9度时，高大的单层钢筋混凝土柱厂房的横向排架；

b. 7～9度时楼层屈服强度系数小于0.5的钢筋混凝土框架结构；

楼层屈服强度系数为按构件实际配筋和材料强度标准值计算的楼层受剪承载力与按罕遇地震作用标准值计算的楼层弹性地震剪力的比值。

c. 高度大于150m的结构；

d. 甲类建筑和9度时乙类建筑中的钢筋混凝土结构和钢结构；

e. 采用隔震和消能减震设计的结构；

f. 形状不规则的地下建筑结构和地下空间综合体。

2) 下列结构宜进行弹塑性变形验算：

a. 表10-1所列高度范围且属于表10-3所列竖向不规则类型的高层建筑结构；

b. 7度Ⅲ、Ⅳ类场地和8度时乙类建筑中的钢筋混凝土结构和钢结构；

c. 板柱-抗震墙结构和底部框架砖房；

d. 高度不大于150m的其他高层钢结构。

宜进行弹塑性变形验算的房屋高度范围

表 10-1

设防烈度、场地类别	房屋高度范围（m）
7度，8度Ⅰ、Ⅱ类场地	>100
8度Ⅲ、Ⅳ类场地	>80
9度	>60

(2) 根据结构的特点，可采用静力弹塑性分析方法或弹塑性时程分析方法。

(3) 静力弹塑性分析法，是目前比较实用的简化弹塑性分析技术，计算工作量比动力非线性分析法要小，但使用上有一定的局限性，而且计算结果需要凭经验判断。

静力弹塑性分析法，是采用沿结构高度按一定形式分布的、模拟地震的等效侧力，作用于结构上，并从小到大逐步增加侧力的强度，使结构由弹性工作状态逐步进入弹塑性工作状态，最终达到并超过规定的弹塑性位移。

(4) 动力非线性分析法，即弹塑性时程分析法，是比较严格的、难度较大的分析方法，需要较好的计算机软件和确切的经验判断，才能获得有用的结果。

二、计算机软件

运用计算机进行结构抗震分析时，其计算软件应符合下列要求：

1. 计算模型的建立，结构的简化处理，应符合地震作用下结构的实际工作状况。

2. 计算软件的技术条件，应符合《建筑抗震设计规范》、《高层建筑混凝土结构技术规程》和《高层民用建筑钢结构技术规程》的各项规定，并应阐明其简化处理和特殊处理的内容和依据。

3. 对特别不规则结构进行多遇地震作用下的内力和变形计算时，应采用不少于两个不同力学模型的计算程序，并对其计算结果进行分析比较。

4. 运用计算机所得的各项计算结果，应经过分析、判断，确认其合理、有效后，方可用于工程设计。

三、结构平面不规则

1. 多、高层建筑的结构平面设计和抗侧力构件的布置，应尽量做到简单、规则、对称、连续，以获得良好的抗震性能。

2. 对于平面不规则结构，应根据整个结构的空间变形特性，选用合适的计算模型和结构分析方法。表10-2列出几种平面不规则结构，以及进行水平地震作用和构件内力计算时，所应采用的计算模型和结构分析方法。

3. 体形复杂、平立面特别不规则的建筑结构，可按实际需要在适当部位设置防震缝，形成多个较规则的抗侧力结构单元。防震缝两侧的上部结构完全分开。沿街成排建筑的间隙也应符合防震缝要求。抗震规范第8.1.4条规定，高层钢结构的防震缝宽度应不小于相应钢筋混凝土结构体系房屋的1.5倍。

结构平面不规则的类型　　表10-2

不规则类型		具体情况	水平地震作用计算和结构内力分析	
A型	扭转不规则（图10-1）	在规定的水平力作用下，楼层的最大弹性侧移（或层间侧移），大于该楼层两端弹性侧移（或层间侧移）平均值的1.2倍，即 $\delta_2 > 1.2(\delta_1+\delta_2)/2$。（但不应超过1.5倍）	考虑扭转影响	
B型	凹凸不规则（图10-2）	结构平面凹进的一侧尺寸，大于相应投影方向总尺寸的30%	①采用符合楼板平面内实际刚度变化的计算模型；②结构不对称时，还应考虑扭转影响	应采用空间结构计算模型
C型	楼板有突变或局部不连续（图10-3）	楼板的尺寸和平面刚度急剧变化，例如：①局部楼板有效宽度小于该层楼板典型宽度的50%；②楼板开洞面积大于该层楼面面积的30%；③较大的楼板错层		

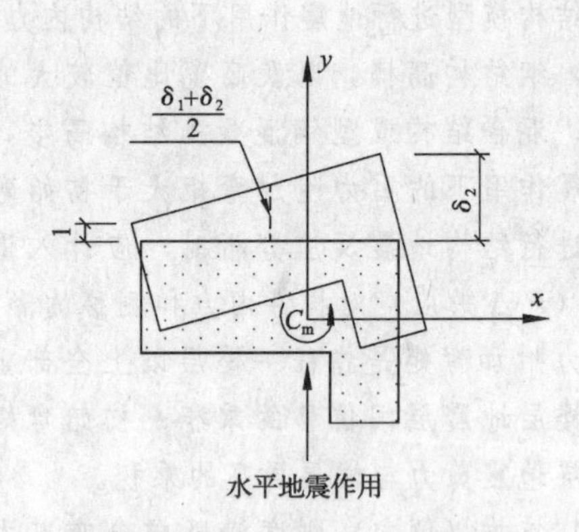

图10-1　结构平面扭转不规则

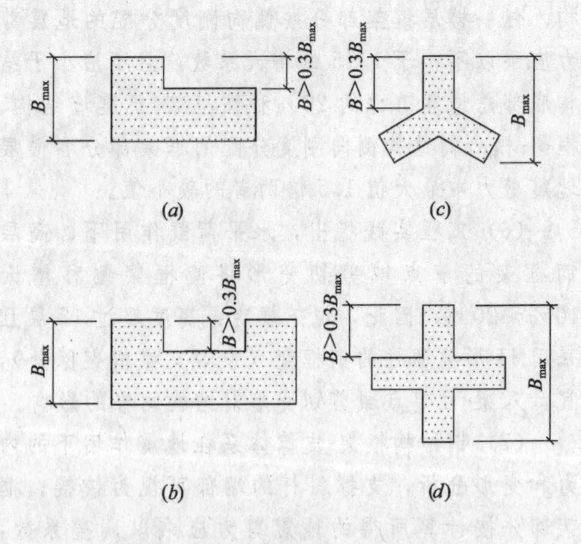

图10-2　建筑平面凹凸不规则

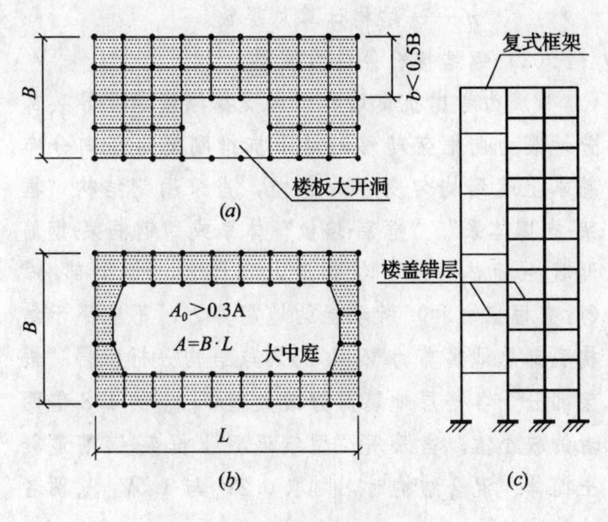

图 10-3　建筑楼板有突变

4. 研究成果表明，在同一地震作用下，结构的实际弹塑性侧移值 u_p，大致等于对应的理想弹性结构的弹性侧移值 $\bar{u}_e$。因为抗震规范规定的多遇烈度比抗震设防烈度低一度半，所以抗震设防烈度作用下结构的实际（弹塑性）侧移值 u_p，大致等于多遇烈度地震作用下结构弹性侧移值 u_e 的3倍，即 $u_p \approx 3u_e$。因此建筑结构的防震缝宽度 Δ，宜不小于按下式计算所得的数值：

$$\begin{aligned}\Delta &= 0.8(u_P^A + u_P^B) + 30 \\ &= 0.8(3u_e^A + 3u_e^B) + 30 \\ &= 2.4(u_e^A + u_e^B) + 30(\text{mm}) \qquad (10\text{-}1)\end{aligned}$$

式中　u_e^A——防震缝左侧较低建筑“A”结构顶点的弹性侧移计算值；

u_e^B——防震缝右侧较高建筑“B”位于建筑“A”结构顶点同一标高处的弹性侧移计算值；

系数 0.8——地震过程中建筑“A”和“B”侧移最大值的遇合系数。

四、结构竖向不规则

1. 高层建筑的立面和竖剖面，应尽量做到简单、规则、均匀、连续。结构的抗推（侧向）刚度，沿高度方向应均匀变化；竖向抗侧力构件的截面尺寸和材料强度等级，自下而上应逐渐减小，避免抗侧力构件的抗推（侧向）刚度和水平承载力出现突变。

2. 对于表 10-3 中所列举的几类竖向不规则结构，其水平地震作用计算、结构内力分析方法以及构件内力调整，应符合表中的要求。

结构竖向不规则的类型　　表 10-3

不规则类型		具体情况	水平地震作用计算和结构内力分析	
A型	有柔软层（图 10-4）	1. 某楼层侧向刚度 K_i 小于：①上一层刚度 K_{i+1} 的 70%；②其上相邻三层刚度平均值的 80%； 2. 除顶层外，局部收进的水平向尺寸大于相邻下一层的 25%		①采用空间结构计算模型；②结构柔、弱层地震剪力乘以 1.15；③必要时，进行弹塑性变形分析
B型	有薄弱层（图 10-5）	某楼层全部抗侧力构件（柱、墙、支撑等）按实际截面和材料强度标准值计算所得的总受剪承载力，小于相邻上一楼层的 80%	薄弱层的受剪承载力，应不小于相邻上一楼层的 65%	
C型	竖向抗侧力构件不连续（图 10-6）	抗侧力构件（柱、抗震墙、竖向支撑）的内力，经由水平转换构件（梁、桁架等）向下传递	竖向抗侧力构件传递给水平转换构件的地震内力应乘以系数 1.25～1.5	

注：$K_i = V_i/\Delta u_i$，V_i、Δu_i 分别为第 i 楼层的水平剪力和层间侧移。

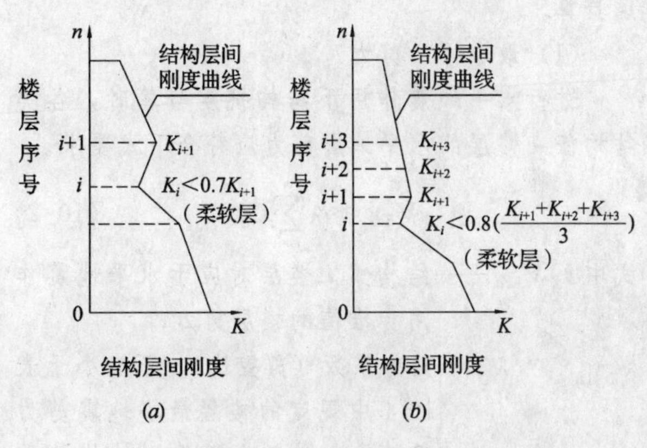

图 10-4　结构有柔软层

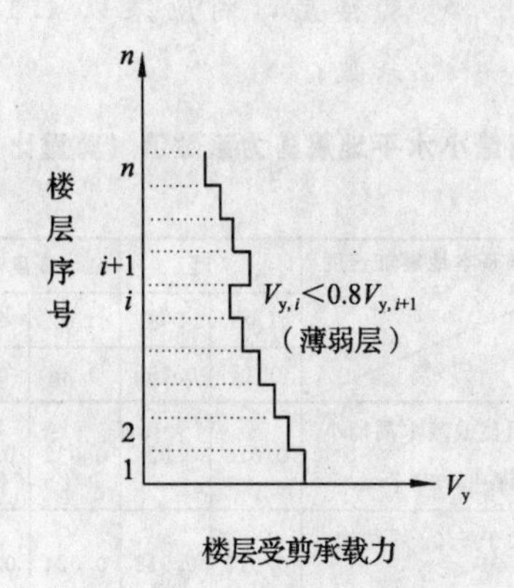

图 10-5　结构有薄弱层

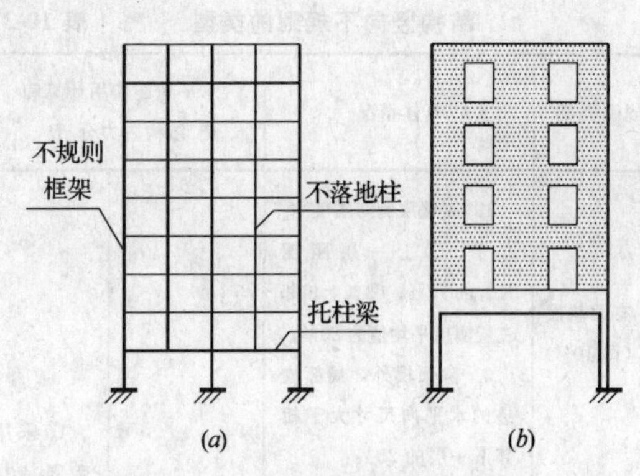

图 10-6　抗侧力构件竖向不连续

3. 平面和竖向均属于不规则的建筑结构，其水平地震作用计算和内力调整，应同时符合表10-2和表10-3的要求。

抗震验算

一、第一阶段抗震设计

建筑结构第一阶段抗震设计，应对结构进行多遇烈度地震作用下的承载力和弹性变形验算。

1. 承载力验算

《抗震规范》第5.1.6条规定：6度时建造于Ⅳ类场地上较高的高层建筑，7度和7度以上的建筑结构，应进行多遇烈度地震作用下的截面抗震验算。

（1）最小楼层剪力

进行水平地震作用下结构抗震验算时，各类结构任一楼层的水平地震剪力应符合下式要求。

$$V_{\mathrm{EK}i} > \lambda \sum_{j=i}^{n} G_j \qquad (10\text{-}2)$$

式中　$V_{\mathrm{EK}i}$——结构第 i 楼层对应于水平地震作用标准值的楼层剪力；

λ——剪力系数（剪重比），不应小于表10-4中规定的楼层最小地震剪力系数值，对竖向不规则结构的柔弱楼层，尚应乘以1.15的增大系数；

楼层最小水平地震剪力系数值（剪重比）λ

表 10-4

烈度和基本地震加速度 / 结构类别	7度		8度		9度
	1区	2区	1区	2区	
	0.1g	0.15g	0.2g	0.3g	0.4g
扭转效应明显或基本周期小于3.5s的结构，$\lambda=0.2\alpha_{\max}$	0.016	0.024	0.032	0.048	0.064
基本周期大于5.0s的结构，$\lambda=0.15\alpha_{\max}$	0.012	0.018	0.024	0.032	0.040

注：基本周期介于3.5s和5.0s之间的结构，可按表中数值插入取值。

G_j——第 j 楼层的重力荷载代表值；

n——结构计算总层数。

（2）钢结构杆件内力调整

1）为考虑抗震墙和竖向支撑刚度退化导致部分地震力向框架转移，对于抗推刚度沿竖向分布基本上达到均匀变化的高楼，当采用钢结构"框架-支撑体系"、"框架-墙板"体系或"钢框架-钢筋混凝土筒体"混合结构时，各楼层"框架部分"（所有框架之和）所承担的地震剪力，不应小于结构底部总地震剪力 V_0 的25%与结构分析所得"框架部分"各楼层地震剪力最大值 $V_{\mathrm{f,max}}$ 的1.8倍两者的较小值。当采用"型钢混凝土框架-钢筋混凝土筒体"混合结构时，则取 $0.2V_0$ 与 $1.5V_{\mathrm{f,max}}$ 两者的较小值。

2）抗震设计时人字形和V字形中心支撑斜杆的组合内力设计值，应乘以增大系数，其值可采用1.5。

3）抗震设计时偏心支撑框架各杆件的内力设计值，应按下列要求调整：

a. 支撑斜杆的轴力设计值，应取与支撑斜杆相连接的消能梁段达到屈服受剪承载力时的支撑斜杆轴力乘以增大系数，增大系数的取值为：8度以下（含8度），不小于1.4；9度时，不小于1.5。

b. 位于消能梁段同一跨的框架梁的内力设计值，应采取消能梁段达到屈服受剪承载力时的框架梁内力乘以增大系数，增大系数的取值为：8度及以下，不小于1.5，9度时，不小于1.6。

c. 框架柱的内力设计值，应取消能梁段达到屈服受剪承载力时的柱内力乘以增大系数1.5（8度及以下）或1.6（9度）。

4）钢结构转换层下的钢框架柱，地震内力应乘以增大系数，其值可采用1.5。

5）对钢框架梁，可不按柱轴线处的内力而按梁端内力设计。

（3）钢筋混凝土结构内力调整

1）一、二、三级框架的梁柱节点处，除框架顶层和柱轴压比小于0.15者及框支梁与框支柱的节点外，柱端组合的弯矩设计值应符合下式要求：

$$\sum M_{\mathrm{c}} = \eta_{\mathrm{c}} \sum M_{\mathrm{b}} \qquad (10\text{-}3)$$

框架结构及9度时的框架尚应符合

$$\sum M_{\mathrm{c}} = \eta_{\mathrm{ca}} \sum M_{\mathrm{bua}} \qquad (10\text{-}4)$$

式中　$\sum M_{\mathrm{c}}$——节点上下柱端截面顺时针或反时针方向组合的弯矩设计值之和，上下柱端的弯矩设计值，可按弹性分析分配；

$\sum M_{b}$——节点左右梁端截面反时针或顺时针方向组合的弯矩设计值之和，一级框架节点左右梁端均为负弯矩时，绝对值较小的弯矩应取零；

$\sum M_{bua}$——节点左右梁端截面反时针或顺时针方向实配的正截面抗震受弯承载力所对应的弯矩值之和，根据实配钢筋面积（计入受压筋）和材料强度标准值确定；

η_{c}——柱端弯矩增大系数，一级取1.4，二级取1.2，三级取1.1；

η_{ca}——框架结构柱端弯矩实配增大系数，一级取1.2，二级取1.1，三级取1.05。

当反弯点不在柱的层高范围内时，柱端截面组合的弯矩设计值可直接乘以上述柱端弯矩增大系数。

2）一、二、三级框架结构的底层，柱下端截面组合的弯矩设计值，应分别乘以增大系数1.5、1.25和1.15。底层柱纵向钢筋宜按上、下端的不利情况配置。

注：底层指无地下室的基础以上或地下室以上的第一层。

3）一、二、三级的框架梁和抗震墙中"跨高比"大于2.5的连梁，其梁端截面组合的剪力设计值应按下式调整：

$$V=\eta_{vb}(M_{b}^{l}+M_{b}^{r})/l_{n}+V_{Gb} \quad (10\text{-}5)$$

一级框架结构及9度时尚应符合

$$V=1.1(M_{bua}^{l}+M_{bua}^{r})/l_{n}+V_{Gb} \quad (10\text{-}6)$$

式中 V——梁端截面组合的剪力设计值；

l_{n}——梁的净跨；

V_{Gb}——梁在重力荷载代表值（9度时高层建筑还应包括竖向地震作用标准值）作用下，按简支梁分析的梁端截面剪力设计值；

M_{b}^{l}、M_{b}^{r}——分别为梁左右端截面反时针或顺时针方向组合的弯矩设计值，一级框架两端弯矩均为负弯矩时，绝对值较小的弯矩应取零；

M_{bua}^{l}、M_{bua}^{r}——分别为梁左右端截面反时针或顺时针方向实配的正截面抗震受弯承载力所对应的弯矩值，根据实配钢筋面积（计入受压筋）和材料强度标准值确定；

η_{vb}——梁端剪力增大系数，一级取1.3，二级取1.2，三级取1.1。

4）一、二、三级的框架柱和框支柱组合的剪力设计值应按下式调整：

$$V=\eta_{vc}(M_{c}^{b}+M_{c}^{t})/H_{n} \quad (10\text{-}7)$$

框架结构及9度时的框架尚应符合

$$V=\eta_{vca}(M_{cua}^{b}+M_{cua}^{t})/H_{n} \quad (10\text{-}8)$$

式中 V——柱端截面组合的剪力设计值；框支柱的剪力设计值尚应符合本条第9）款的规定；

H_{n}——柱的净高；

M_{c}^{t}、M_{c}^{b}——分别为柱的上、下端顺时针或反时针方向截面组合的弯矩设计值，应符合本条第1）、2）款的规定；框支柱的弯矩设计值尚应符合本条第9）款的规定；

M_{cua}^{t}、M_{cua}^{b}——分别为偏心受压柱的上、下端顺时针或反时针方向实配的正截面抗震受弯承载力所对应的弯矩值，根据实配钢筋面积、材料强度标准值和轴压力等确定；

η_{vc}——柱剪力增大系数，一级取1.4，二级取1.2，三级取1.1；

η_{vca}——柱剪力实配增大系数，一级取1.15，二级取1.1，三级取1.05。

5）一、二、三级框架的角柱，经本条第1）、2）、4）和9）款调整后的组合弯矩设计值、剪力设计值，尚应乘以不小于1.10的增大系数。

6）抗震墙各墙肢截面组合的弯矩设计值，应按下列规定采用：

a. 一级抗震墙的底部加强部位及其上一层，应按墙肢底部截面组合弯矩设计值采用；其他部位，墙肢截面的组合弯矩设计值应乘以增大系数，其值可采用1.2。

b. 部分框支抗震墙结构的落地抗震墙墙肢不宜出现小偏心受拉。

c. 双肢抗震墙中，墙肢不宜出现小偏心受拉；当任一墙肢为大偏心受拉时，另一墙肢的剪力设计值、弯矩设计值应乘以增大系数1.25。

7）一、二、三级的抗震墙底部加强部位，其截面组合的剪力设计值应按下式调整：

$$V=\eta_{vw}V_{w} \quad (10\text{-}9)$$

9度时尚应符合

$$V=1.1\frac{M_{wua}}{M_{w}}V_{w} \quad (10\text{-}10)$$

式中 V——抗震墙底部加强部位截面组合的剪力设计值；

V_w——抗震墙底部加强部位截面组合的剪力计算值；

M_{wua}——抗震墙底部截面实配的抗震受弯承载力所对应的弯矩值，根据实配纵向钢筋面积、材料强度标准值和轴力等计算；有翼墙时应计入墙两侧各一倍翼墙厚度范围内的纵向钢筋；

M_w——抗震墙底部截面组合的弯矩设计值；

η_{vw}——抗震墙剪力增大系数，一级为1.6，二级为1.4，三级为1.2。

8）钢筋混凝土结构的梁、柱、抗震墙和连梁，其截面组合的剪力设计值应符合下列要求：

"跨高比"大于2.5的梁和连梁及"剪跨比"（指受剪"跨高比"）大于2的柱和抗震墙：

$$V \leqslant \frac{1}{\gamma_{RE}}(0.2 f_c b h_0) \quad (10\text{-}11)$$

跨高比不大于2.5的连梁、剪跨比不大于2的柱和抗震墙、部分框支抗震墙结构的框支柱和框支梁以及落地抗震墙的底部加强部位：

$$V \leqslant \frac{1}{\gamma_{RE}}(0.15 f_c b h_0) \quad (10\text{-}12)$$

剪跨比应按下式计算：

$$\lambda = M^c/(V^c h_0) \quad (10\text{-}13)$$

式中 λ——剪跨比，应按柱端或墙端截面组合的弯矩计算值 M^c、对应的截面组合剪力计算值 V^c 及截面有效高度 h_0 确定，并取上、下端计算结果的较大值；反弯点位于柱高中部的框架柱，可按柱净高与2倍柱截面高度之比计算；

V——按本条第4）、5）、7）、9）款等规定调整后的柱端或墙截面组合的剪力设计值；

f_c——混凝土轴心抗压强度设计值；

b——梁、柱截面宽度或抗震墙墙肢截面宽度，圆形截面柱可按面积相等的方形截面计算；

h_0——截面有效高度，抗震墙可取墙肢长度。

9）部分框支抗震墙结构的框支柱尚应满足下列要求：

a. 框支柱承受的最小地震剪力，当框支柱的数量不少于10根时，柱承受的地震剪力之和不应小于该楼层地震剪力的20%；当少于10根时，每根柱承受的地震剪力不应小于该楼层地震剪力的2%。

b. 一、二级框支柱由地震作用引起的附加轴力应分别乘以增大系数1.5、1.2；计算轴压比时，该附加轴力可不乘以增大系数。

c. 一、二级框支柱的顶层柱上端和底层柱下端，其组合的弯矩设计值应分别乘以增大系数1.5和1.25，框支柱的中间节点应满足本条第1）款的要求。

d. 框支梁中线宜与框支柱中线重合。

10）部分框支抗震墙结构的一级落地抗震墙底部加强部位尚应满足下列要求：

a. 验算抗震墙受剪承载力时不宜计入混凝土的受剪作用，若需计入混凝土的受剪作用，则墙肢在边缘构件以外的部位在两排钢筋间应设置直径不小于8mm的拉结筋，且水平和竖向间距分别不大于该方向分布筋间距两倍和400mm的较小值。

b. 无地下室且墙肢底部截面出现偏心受拉时，宜在墙肢的底截面另设交叉防滑斜筋，防滑斜筋承担的拉力可按墙肢底截面处剪力设计值的30%采用。

11）一级抗震墙的施工缝截面受剪承载力，应采用下式验算：

$$V_{wj} \leqslant \frac{1}{\gamma_{RE}}(0.6 f_y A_s + 0.8N) \quad (10\text{-}14)$$

式中 V_{wj}——抗震墙施工缝处组合的剪力设计值；

f_y——竖向钢筋抗拉强度设计值；

A_s——施工缝处抗震墙的竖向分布钢筋、竖向插筋和边缘构件（不包括边缘构件以外的两侧翼墙）纵向钢筋的总截面面积；

N——施工缝处不利组合的轴向力设计值，压力取正值，拉力取负值。

（4）荷载效应组合

建筑结构构件的地震作用效应与重力荷载、风荷载效应进行基本组合时，结构构件的组合内力（剪力、弯矩和轴向力）设计值S，应按下式计算：

$$S = \gamma_G S_{GE} + \gamma_{Eh} S_{Ehk} + \gamma_{Ev} S_{Evk} + \Psi_w \gamma_w S_{wk} \quad (10\text{-}15)$$

式中 S_{GE}、S_{Ehk}、S_{Evk}、S_{wk}——分别为重力荷载代表值、水平地震作用标准值、竖向地震作用标准值、风荷载标准值所产生的效应值；

γ_G、γ_{Eh}、γ_{Ev}、γ_w——分别为重力荷载、水平地震作用、竖向地震作用、风荷载的分项系数，见表10-5；

Ψ_w——风荷载的组合值系数，一般结构，取 $\Psi_w = 0$；风荷载起控制作用的高层建筑，取 $\Psi_w = 0.2$。

荷载和作用的分项系数　　表 10-5

组合的荷载项目		重力荷载 γ_G	水平地震作用 γ_{Eh}	竖向地震作用 γ_{EV}	风荷载 γ_w	运用条件
1组	重力荷载，水平地震作用	1.2	1.3	0	0	各类建筑
2组	重力荷载，竖向地震作用	1.2	0	1.3	0	
3组	重力荷载，水平、竖向地震作用（水平地震为主）	1.2	1.3	0.5	0	9度高层建筑；8、9度长悬臂结构
4组	重力荷载，风荷载，水平地震作用	1.2	1.3	0	1.4	60m以上高层建筑
5组	重力荷载，风荷载，水平、竖向地震作用（竖向地震为主）	1.2	0.5	1.3	1.4	9度60m以上高层建筑；8、9度长悬臂结构

注：当重力荷载效应对构件承载力有利时，取 $\gamma_G \leqslant 1.0$。

(5) 构件截面设计

1) 进行结构构件的截面设计时，构件的组合内力（剪力、弯矩和轴向力）设计值 S，应满足下列的承载力条件式：

$$S \leqslant R/\gamma_{RE} \tag{10-16}$$

式中　R——结构构件的承载力设计值；

γ_{RE}——承载力抗震调整系数。

2) 各类结构的构件承载力抗震调整系数，根据其受力状态，按表10-6的规定取值。钢管混凝土构件的承载力抗震调整系数 γ_{RE}，可参照表10-6中型钢混凝土一栏的数值采用。

承载力抗震调整系数 γ_{RE}　　表 10-6

构件材料	构件类别		受力破坏状态	γ_{RE}
钢	梁，柱，支撑，节点板件，螺栓，焊缝		强度破坏	0.75
	柱、支撑		屈曲稳定	0.80
砌体	两端均有构造柱、芯柱的抗震墙		受剪	0.9
	其他抗震墙		受剪	1.0
钢筋混凝土 型钢混凝土	梁		受弯	0.75
	柱	轴压比<0.15	偏压	0.75
		轴压比≥0.15		0.80
	抗震墙		偏压	0.85
	各类构件及框架节点		受剪、偏拉	0.85

注：当仅考虑竖向地震作用时，各类结构构件的承载力抗震调整系数均取1.0。

2. 变形验算

(1) 计算规定

1) 高层建筑的各类结构，均应验算其在多遇烈度地震作用下的弹性变形。

2)《抗震规范》第5.5.1条和第8.2.3条规定，计算结构在多遇烈度地震作用下的弹性层间侧移时，应符合下列各项要求：

a. 计算结构的弹性侧移时，应采用多遇烈度地震作用的标准值。

b. 表10-5所列各项荷载和作用的分项系数，均应采取1.0。

c. 对于钢筋混凝土和型钢混凝土构件，截面刚度可采用弹性刚度。

d. 除结构平移振动产生的侧移外，还应考虑结构平面不对称产生扭转所引起的水平相对位移。

e. 高层钢框架的节点域剪切变形对框架侧移的影响较大，通常可达10%～20%。因此，对于高度超过12层且采用H形截面柱的钢框架（中心支撑框架除外），计算框架侧移时宜计入梁-柱节点域腹板剪切变形的影响。对于箱形柱，因有两块腹板，而且每块腹板的厚度均比H形柱腹板更厚，节点域剪切变形对框架侧移的影响较小，可以略去不计。

f. 对于抗推（侧向）刚度较小的高层建筑，当结构在地震作用下的重力附加弯矩大于初始弯矩的10%时，还应计入二阶效应（P-Δ 效应）所产生的附加侧移。

g. 一般情况下，取结构的实际侧移，并不从中扣除结构整体弯曲变形所产生的侧移分量。但对高度超过150m或高宽比 $H/B>6$、以弯曲变形为主的高层建筑，可以从层间侧移中扣除结

构整体弯曲变形所产生的楼层水平相对侧移值；或者按表10-7注②放宽侧移角限值。

(2) 侧移验算

1) 高层建筑的每一楼层，其结构平面内各构件最大的弹性层间侧移 Δu_e，应满足下述条件式：

$$\Delta u_e \leqslant h\left[\vartheta_e\right] \tag{10-17}$$

式中 h——所验算楼层的层高；

$[\vartheta_e]$——结构弹性层间侧移角的限值，按表10-7采用。

2) 《高层民用建筑钢结构技术规程》第5.5.2条规定：结构平面端部构件的最大侧移，不得超过该楼层质心侧移的1.3倍。

3) 对于钢筋混凝土结构，是以构件（框架柱、抗震墙等）开裂时的层间侧移角，作为多遇烈度地震作用下结构弹性层间侧移角的限值。

4) GB 50011—2001《建筑抗震设计规范》第5.5.1条、JGJ 38—2001《型钢混凝土组合结构技术规程》第4.2.7条和JGJ 3—2002《高层建筑混凝土结构技术规程》第11.1.4条规定：多、高层钢结构、型钢混凝土结构及钢-混凝土混合结构，在地震作用下，按弹性方法计算的最大层间侧移 Δu_e 与层高 h 的比值 $\Delta u_e/h$，不宜超过表10-7规定的限值 $[\vartheta_e]$。

结构弹性层间侧移角限值 $[\vartheta_e]$ 表10-7

结构类别	结构体系	$[\vartheta_e]$
多、高层钢结构钢管混凝土结构	各种结构体系	1/300
钢筋混凝土结构 “钢-混凝土”混合结构 型钢混凝土结构	钢筋混凝土框架、型钢混凝土框架	1/550
	钢筋混凝土框架-抗震墙、板柱-抗震墙、框架-核心筒	1/800②
	钢框架-混凝土抗震墙，钢框架-混凝土筒体①	
	钢筋混凝土抗震墙、筒中筒	1/1000②
	钢框筒-混凝土核心筒①	
	钢筋混凝土框支层、型钢混凝土框支层	1/1000

①钢框架包括型钢混凝土框架；钢框筒包括型钢混凝土框筒；

②仅用于房屋高度 $H \leqslant 150$m；当 $H \geqslant 250$m，$[\vartheta_e]=1/500$；当 150m $< H <$ 250m，取线性插值。

(3) 按多遇烈度进行结构抗震验算的说明

1) 抗震规范规定：建筑按地区的地震基本烈度设防，结构的抗震验算采用多遇烈度地震作用系数。有人提出这样问题：① 基本烈度地震加速度值约为多遇烈度地震加速度值的3倍，按地震多遇烈度对结构强度和变形验算合格后，如何证明建筑物遭遇地震基本烈度时是安全的；② 针对不同重要性建筑，抗风设计分别取重现期为50年、100年的最大风荷载，水工结构也是分别以50年、100年甚至500年一遇的最大洪水为防御目标，而抗震设计却统一采用多遇烈度作为验算用基本数据；③ 50年设计基准期内地震多遇烈度的超越概率为63%，以具有如此大的超越概率的地震烈度作为抗震验算依据，有何实际意义；④ 钢结构的地震作用取值反比钢筋混凝土结构大得较多；⑤ 对不同安全等级的建筑结构，非抗震设计时，荷载效应值需乘以不同的重要性系数，而抗震设计却无此规定；⑥ 日、美《抗震规范》和ISO国际标准《地震作用》，都是取基本烈度地震作用下考虑结构延性影响的等效地震力作为设计数据，而我国则是取多遇烈度地震作用下的结构弹性反应地震力。下面就此作一些说明。

2) 地震基本烈度是一个地区未来50年（建筑设计基准期）内可能发生的最大地震烈度，超越概率为10%，重现期为475年。对于这种很难遇到的地震作用，让结构仍处于弹性工作状态是不经济的，也是不必要的；此时，让结构进入弹塑性状态，变形大一些，建筑可能出现轻度损伤，不需修理或经一般修理即可继续使用，这样的尺度应该是恰当的。

3) 建筑的耐震性能和变形能力是随结构材料和结构体系的不同而有高低。结构的延性和容许变形限值，从小到大，就材料方面而言，依次是砌体、钢筋混凝土和钢结构；结构体系方面，依次是全墙、框-墙、框筒、支撑筒和框架体系。基于不同结构在各自容许变形限值范围内所能消耗的能量不小于地震输入能量的原则，假定结构阻尼比相等时，不同延性结构地震反应的等效地震力，是大小不等的（图10-7），它与对应的纯弹性结构地震反应的等效地震力的比值，称之为结构特性系数 C。这种考虑结构总体弹塑性对结构地震反应影响的概念，以及对不同延性结构等效地震力给予不同调整系数的方法，是我国抗震科学奠基人刘恢先教授于1960年在国际上首先提出的。我国(64)、(74)、(78)《抗震规范》采用了这一设计方法，它与当今世界《抗震规范》的主流是一致的。

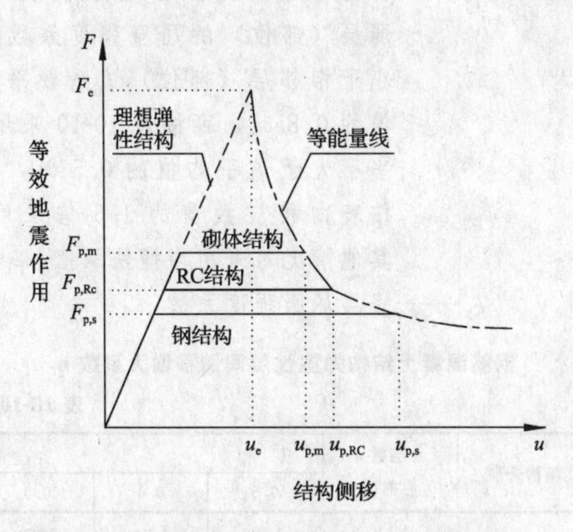

图 10-7 不同延性结构地震反应的等效地震力

4）我国现行《抗震规范》的基本设计理念并没有变，仅是变换了一种表达方式，把结构弹塑性变形对地震反应等效地震力的折减，转换为地震烈度的降低。各类建筑结构等效地震力的折减系数（结构特性系数 C）的平均值约为 0.35，根据烈度增高或降低一度，地震力加大或减小一倍的规律，折减 0.35 倍就相当于烈度降低一度半，于是，按基本烈度地震动参数进行弹塑性结构在弹性极限（屈服点）状态下的承载力验算，就转换成按多遇烈度地震动参数对结构进行弹性分析和抗震验算，但抗震构造措施仍按原基本烈度确定。不同延性结构等效地震力的差异，则是在不同材料结构构件承载力抗震调整系数的不同取值中得到反映。

二、第二阶段抗震设计

1. 计算方法

(1) 罕遇烈度地震作用下，结构柔弱层（部位）的弹塑性变形计算，一般情况下，宜采用三维的静力弹塑性分析方法（例如 Push-over 方法），或弹塑性时程分析法。

(2) 总层数不超过 12 层且层刚度无突变的钢筋混凝土框架结构，单层钢筋混凝土柱厂房，可采用下面第 4 款的简化计算方法。

(3) 总层数不超过 20 层、且楼层侧向刚度无突变的钢框架结构和钢支撑-框架结构，柔弱层的弹塑性侧移，可采用下面第 5 款所述的简化计算方法。

2. 侧移验算

(1) 高层建筑结构中若存在着柔弱层或薄弱部位，在强烈地震作用下，结构柔弱层的弹塑性变形将会因塑性变形集中效应而变得更大。

(2) 1995 年日本阪神地震和 1999 年台湾地震时，一些高层建筑中、下部的柔弱楼层整层坍塌，上一楼层叠压至下一楼层（图 10-8 和图 10-9）。

图 10-8 日本阪神地震时 12 层楼房第 5 层（柔弱层）坍塌

图 10-9 台湾地震时 9 层楼房的底层（柔弱层）坍塌

(3) 根据震害经验和试验研究成果，确定以梁、柱、墙等构件及其节点的变形达到临近于破坏时的极限层间侧移角，作为防止结构遭受罕遇烈度地震时发生倒塌的结构弹塑性层间侧移角的限值。

(4) 罕遇烈度地震作用下，结构柔弱层（部位）的弹塑性层间侧移 Δu_P，应满足下式要求：

$$\Delta u_p \leqslant h[\vartheta_P] \qquad (10\text{-}18)$$

式中 h——结构柔弱层的楼层高度或单层厂房的上柱高度；

$[\vartheta_P]$——弹塑性层间侧移角限值，按表 10-8 的规定取值。

3. 侧移延性比限值

(1) 结构的层间侧移延性比限值，是指结构的容许最大层间侧移与其弹性极限侧移（屈服侧移）的比值。

结构弹塑性层间侧移角限值 $[\vartheta_P]$ 表 10-8

结构类别	结构体系	$[\vartheta_p]$
多、高层钢结构 钢管混凝土结构	各种结构体系	1/50
钢筋混凝土结构 "钢-混凝土"混合结构 型钢混凝土结构	框架①	1/50
	板柱-抗震墙 框架-抗震墙、框架-核心筒	1/100
	全抗震墙、筒中筒	1/120
底部框架砖房中的框架-抗震墙		1/100

① 轴压比小于 0.4 的钢筋混凝土框架柱和型钢混凝土框架柱，$[\vartheta_p]$ 可比表中数值提高 10%；当柱子全高的箍筋构造，比《抗震规范》表 6.3.12 条规定的最小配箍特征值大 30%时，可提高 20%，但累计不超过 25%。

(2) JGJ 99—98《高层民用建筑钢结构技术规程》第 5.5.3 条规定：高层建筑钢结构的层间侧移延性比 μ，不得大于表 10-9 的规定。

钢结构的层间侧移延性比限值 表 10-9

结构体系	层间侧移延性比
钢框架	3.5
偏心支撑框架	3.0
中心支撑框架	2.5
有混凝土剪力墙的钢框架	2.0

4. 钢筋混凝土结构弹塑性侧移简化计算方法

《抗震规范》第 5.5.4 条规定，结构薄弱层（部位）弹塑性层间侧移的简化计算，宜符合下列要求：

(1) 结构薄弱层（部位）的位置可按下列情况确定：

1) 楼层屈服强度系数沿高度分布均匀的结构，可取底层；

2) 楼层屈服强度系数沿高度分布不均匀的结构，可取该系数最小的楼层（部位）和相对较小的楼层，一般不超过2～3处；

3) 单层厂房，可取上柱。

(2) 弹塑性层间侧移可按下列公式计算：

$$\Delta u_P = \eta_P \Delta u_e \tag{10-19}$$

或

$$\Delta u_P = \mu \Delta u_y = \frac{\eta_P}{\xi_y} \Delta u_y \tag{10-20}$$

式中 Δu_P——弹塑性层间侧移；

Δu_y——层间屈服侧移；

μ——楼层延性系数；

Δu_e——罕遇地震作用下按弹性分析的层间侧移；

η_P——弹塑性层间侧移增大系数，当柔弱层（部位）的屈服强度系数不小于相邻层（部位）该系数平均值的 0.8 时，可按表 10-10 采用。当不大于该平均值的 0.5 时，可按表内相应数值的 1.5 倍采用；其他情况可采用内插法取值；

ξ_y——楼层屈服强度系数。

钢筋混凝土结构弹塑性层间侧移增大系数 η_P 表 10-10

结构类型	总层数 n 或部位	ξ_y		
		0.5	0.4	0.3
多层均匀框架结构	2～4	1.30	1.40	1.60
	5～7	1.50	1.65	1.80
	8～12	1.80	2.00	2.20
单层厂房	上柱	1.30	1.60	2.00

5. 钢结构弹塑性侧移简化计算方法

(1) 柔弱层位置的确定

1) 楼层屈服强度系数 ξ_y 沿高度分布均匀的结构，可取底层。

2) 楼层屈服强度系数 ξ_y 沿高度非均匀分布的结构，可取 ξ_y 值最小的楼层（部位）和相对较小的楼层，但一般不多于2～3处。

(2) 适用范围

楼层侧向刚度无突变的、20 层以下的钢框架结构和支撑钢框架结构，当无条件采用静力弹塑性分析方法或弹塑性时程分析时，可参考下面方法进行罕遇地震作用下结构柔弱层弹塑性变形的估算。

(3) 计算公式

罕遇烈度地震作用下，钢结构高层建筑的柔弱层弹塑性层间侧移 Δu_P，可按公式（10-19）或式（10-20）计算：

(4) η_p 的确定

1) 钢框架、支撑框架结构柔弱层（部位）的弹塑性侧移增大系数 η_p 的数值，取决于下述三个因素：① 柔弱层的楼层屈服强度系数 ξ_y；② R_S 的数值；③ 柔弱层与相邻楼层的屈服强度系数的比值。

2) R_S 的含义是：支撑框架结构柔弱层的支撑部分抗侧移承载力与框架部分抗侧移承载力的比值。当采用纯框架结构时，$R_S=0$。

3) η_p 的取值

a. 当结构柔弱层（部位）的屈服强度系数 ξ_y 不小于相邻楼层（部位）屈服强度系数平均值 $(\xi_y)_{ave}$ 的 0.8 时，即 $\xi_y/(\xi_y)_{ave} \geqslant 0.8$ 时，η_p 可按表 10-11 取值；

b. 当 $\xi_y/(\xi_y)_{ave} \leqslant 0.5$ 时，取 10-11 相应数值的 1.5 倍；

c. 当 $0.5 < \xi_y/(\xi_y)_{ave} < 0.8$ 时，按上述两种情况采用内插法取值。

钢结构柔弱层弹塑性层间侧移的增大系数 η_p 表 10-11

R_s / ξ_y / 总层数	$R_s=0$				$R_s=1$				$R_s=2$				$R_s=3$				$R_s=4$			
	0.6	0.5	0.4	0.3	0.6	0.5	0.4	0.3	0.6	0.5	0.4	0.3	0.6	0.5	0.4	0.3	0.6	0.5	0.4	0.3
5	1.05	1.06	1.07	1.19	1.49	1.62	1.70	2.09	1.61	1.80	1.95	2.62	1.68	1.86	2.16	—	1.68	1.86	2.32	—
10	1.11	1.14	1.17	1.20	1.35	1.44	1.48	1.80	1.29	1.39	1.55	1.80	1.25	1.31	1.68	—	1.25	1.30	1.67	—
15	1.13	1.16	1.20	1.27	1.23	1.32	1.45	1.80	1.21	1.22	1.25	1.80	1.20	1.20	1.25	1.80	1.20	1.20	1.25	1.80
20	1.13	1.16	1.20	1.27	1.11	1.15	1.25	1.80	1.10	1.12	1.25	1.80	1.10	1.12	1.25	1.80	1.10	1.12	1.25	1.80

附录1 《建筑抗震设计规范》与《建筑工程抗震性态设计通则》的比较

由中国地震局工程力学研究所、中国建筑科学研究院工程抗震研究所和哈尔滨工业大学共同主编的《建筑工程抗震性态设计通则》(CECS160：2004)（简称《通则》），经中国工程建设标准化协会批准，已在全国试行。《通则》吸取了近20年来世界各地的大地震经验、教训和最新抗震科研成果，提出了新的抗震设计概念，给出了更加合理的抗震设计方法，为修订我国国家标准《建筑抗震设计规范》(GB 50011—2001)（简称《规范》）打下了坚实的基础，提供了较完整的资料。

一、抗震设防目标

（一）抗震性态设计

抗震性态设计是近些年来地震工程方面的一项重要研究成果。它把以往采用的单一设防目标，改进为多级设防目标，针对各种不同使用性质和重要性的建筑加以区别对待，并根据不同的地震强度，分别规定出不同的性态水平和震害程度，从而使一个地区遭受某一强度地震袭击时，某些使用性质或重要建筑的使用功能得到保障，在地震期间和地震后仍能按照需要继续发挥作用。

传统的抗震设计思想是，经过抗震设计的房屋，遭遇强烈地震时，容许出现一定程度的损坏，但应确保使用者的生命安全。然而，随着工业的发展和社会的进步，教育、文化、体育、商业、通讯、信息等非居住性建筑大量兴建，其中不少建筑属于高档装修或安装有贵重设备，地震时结构的损坏虽然并未危及使用者的生命，但却影响社会的正常活动并造成巨大的经济损失。美国发生的7.1级北岭地震和日本6.9级阪神地震，人员死亡均不过几十人，但却造成数百亿美元的经济损失，给社会带来很大的经济负担。此等震例明确提示我们，抗震设防的目标仅限于减少人员伤亡是不够的，还应认真对待地震造成的巨大经济损失，以及建筑使用功能中断给社会正常活动带来的危害。因此，针对可能遭遇的不同强度的地震，应该区别不同使用性质和重要性的各类建筑，分别规定出不同的性态水平，或者说规定出不同的震害程序。这就是“抗震性态设计”或者说“震害控制设计”产生的必然根源。

（二）《通则》的规定

《通则》根据近年来国际地震工程界公认的“抗震性态设计”原则，将不同使用性质和重要性的建筑，按其使用性质划分为Ⅰ，Ⅱ，Ⅲ，Ⅳ四种类别，并针对三种“设防地震动水平”，分别规定出不同的最低抗震性态要求以及相应的建筑震害程度（表1），使地震期间和地震后各类建筑所应履行的使用功能得到充分的保障，从而实现以下各项目标：1）人员伤亡很少；2）震前抗震投资和震后资产损失的综合经济效益最佳；3）确保震期和震后的必要社会活动照常进行；4）地震引起的次生灾害最小。

（三）与《规范》的比较

《规范》第1.0.1条规定，“按本规范进行抗震设计的建筑，其抗震设防目标是：当遭受低于本地区抗震设防烈度的多遇地震影响时，一般不受损坏或不需修理可继续使用；当遭受相当于本地区抗震设防烈度的地震影响时，可能损坏，经一般修理或不需修理仍可继续使用；当遭受高于本地区抗震设防烈度的地震影响时，不致倒塌或发生危及生命的严重破坏”。

显然，《规范》的抗震设防目标是单一的，与表1相比显得过于粗略，《通则》则进一步进行了细化，以便在“减轻建筑的地震破坏，避免人员伤亡，减少经济损失”的同时，保证某些公用和重要建筑的业务运转等使用功能得以维持，必要的社会活动得以继续。

各类建筑的最低抗震性态要求　　表1

设防地震动水平			建筑使用性质类别			
地震烈度	地震烈度重现期	50年超越概率	Ⅳ类	Ⅲ类	Ⅱ类	Ⅰ类
多遇地震	50年	63%	功能不受影响（完好）	功能不受影响（完好）	功能不受影响（微裂）	主要功能可以恢复（损坏，可修复）
偶遇地震（基本烈度）	475年	10%	功能不受影响（微裂）	主要功能不受影响（轻伤，易修复）	主要功能可以恢复（损坏，可修复）	功能部分丧失生命安全（破坏）
罕遇地震	975年	5%	主要功能不受影响（轻伤，易修复）	主要功能可以恢复（损坏，可修复）	功能部分丧失生命安全（破坏）	功能丧失倒塌

水平地震作用系数 α 时，采用的不是抗震设防烈度的 k 值，而是 k 值的 0.35 倍，即虚拟的多遇烈度地震的 k' 值。

（四）与《规范》的比较

1. 综上所述，《通则》和《国际标准》在计算结构地震作用时，均采用相应于抗震设防烈度的设计基本地震加速度值 k，惟独《规范》采用的是多遇烈度地震的地震加速度值 k'（$=0.35k$），两者相差约 3 倍。

2. 《规范》第 1.0.5 条规定：一般情况下，抗震设防烈度可采用《中国地震动参数区划图》（GB 18306—2001）的地震基本烈度，或与《规范》设计基本地震加速度值 k（表 4）对应的烈度值。然而，规范第 5.2.1 条的式（5）和表 5，是按照多遇烈度地震（比基本烈度低一度半）的地震作用系数来计算水平地震作用，并以此来验算结构的抗震承载力和结构侧移，前后有矛盾。再者，按多遇地震验算结构强度合格后，怎么能够证明结构遭遇基本烈度时（地震力相差 3 倍）也是安全的。

3. 欧、美、日等世界主要国家均采用 50 年超越概率 10% 的地震烈度进行结构抗震设计，而《规范》第 5.1.6 条却采用 50 年超越概率为 63% 的多遇烈度进行结构抗震验算，与主流抗震原则不一致，更何况按超越概率大到 63% 的地震来进行结构承载力的验算，又有何实际意义。

四、结构特性系数

（一）结构弹塑性地震反应

1. 结构的弹塑性性质

建筑结构绝大多数属于弹塑性结构，在风、重力等常遇荷载作用下，要求结构处于弹性工作状态，是经济合理的。然而地震是罕见的自然灾害，属偶然荷载，要求结构在强烈地震作用下仍处于弹性阶段是不经济的，也是不必要的。允许结构进入塑性阶段，产生一定的受到控制的塑性变形，是当今世界抗震设计的主流思想，而且符合在满足地震期间社会基本需求前提下抗震设计费用与震后修复费用总投资最少的经济规则。

2. 结构延性

20 世纪 60 年代美国 Newmark 教育提出，采用“结构延性”这个简单概念来概括结构超过弹性阶段的抗震能力。延性的大小是结构抗震能力强弱的重要标志，结构在保持一定承载力的条件下所能提供的最大延性系数，就是衡量结构变形能力的指标。他指出，在建筑抗震设计时，结构除了应具备足够的强度和刚度以外，还必须重视提高结构的延性，并提出了运用延性系数将弹性地震反应谱转换为弹塑性地震反应谱的具体方法。

3. 弹塑性反应谱

对于弹塑性单质点系，当阻尼比 ζ 给定时，根据一次地震加速度记录，针对不同的结构屈服位移 Δ_y，以延性系数 μ 作为参数，可以计算出多条不同的地震反应谱（图 1）。从中可以看出，随着延性系数的增大，地震作用逐步减小，其数值等于弹性地震反应乘以折减系数 C。

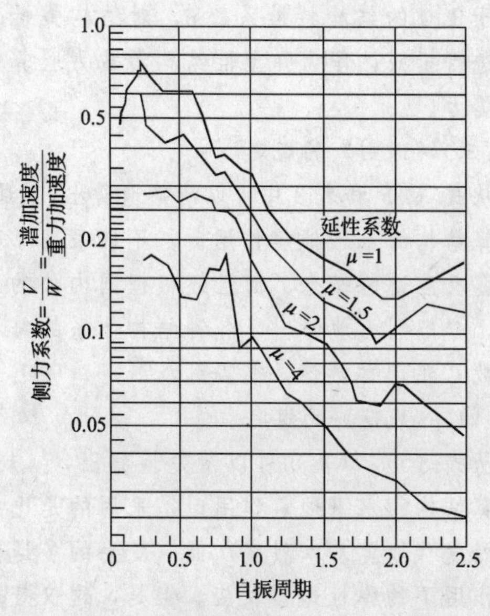

图 1　美国 1940 年 El Centro 地震的弹塑性反应谱

4. 地震作用折减系数

地震作用折减系数的取值，依结构性能而定，故定名为结构特性系数 C。对于具有不同延性系数的高、中、低频结构，C 的取值见图 2。

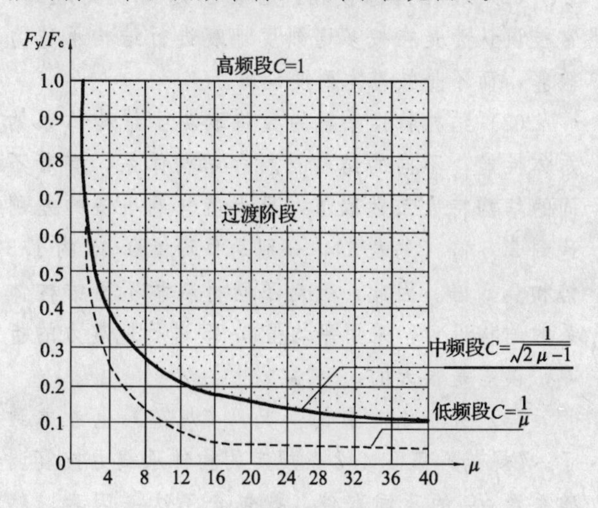

图 2　不同延性结构的地震力折减

由于大多数结构的侧向振动均属于低频或中频，因此采取适当措施来提高结构的延性，容许地震时结构产生较大的塑性变形，而不致影响结构的安全和使用功能，就可以利用结构的较大塑性变形来吸收和耗散更多的输入给结构的地震能量，从而可以采用较小的设计地震力，实现经济的抗震设计。

（二）《国际标准》的规定

从式（1）中符号δ（相当于结构特性系数C）的说明可以看出，《国际标准》对于结构地震作用的计算，就是运用弹塑性地震反应谱的概念，采用小于1.0的结构特性系数δ，对结构弹性地震作用进行折减，作为弹塑性结构承载力验算的设计地震力。

（三）《通则》的规定

从式（2）和表3中可以清楚地看出，《通则》在计算结构的水平地震作用时，不仅采用了弹塑性地震反应谱的概念，而且还根据国内外的工程经验，分门别类地给出了各种结构体系的结构特性系数C的具体数值，很实用。

（四）《规范》的规定

从式（5）和表5可以清楚地看出，《规范》在计算结构的水平地震作用时，采用的是比抗震设防烈度（地震基本烈度）低一度半的多遇烈度地震作用下的弹性地震反应。但是，这仅是表面现象，实质上，它是承认并隐含着弹塑性反应谱的概念，方法是利用结构特性系数的平均值$\overline{C}=0.35$将抗震设防烈度下的结构弹塑性反应，转化为多遇烈度地震作用下的结构弹性反应。虽然总体上是正确的，但也带来了如下的副作用：

（1）设计概念模糊，容易引起错误的理解，常被误认为是在按多遇烈度地震进行结构承载力验算，而不是按基本烈度设防。

（2）结构特性系数的数值取决于结构体系的总体性能，不同的结构材料和结构体系，有着不同的结构特性系数取值，最大值与最小值的差别达到2.5倍（见表3），分别是平均值0.35的1.3倍和0.5倍。因此，针对不同材料和不同结构体系的结构设计，采用平均值0.35进行地震力的折减，误差是很大的。

（3）关于上一款的情况，《规范》也考虑到了。《规范》第5.4.2条规定的构件承载力抗震调整系数γ_{RE}的不同取值，就包含了这一因素。然而，梁、柱、墙之类构件存在于多种结构体系中，当他们处于不同结构体系之中时，结构特性系数C的取值应该是不同的。然而《规范》给出的抗震调整系数，对于梁、柱和墙均为同一个数值，其误差是显而易见的。

（五）与《规范》的比较

《通则》在计算结构地震作用时采用了结构特性系数C，概念是正确的，方法是实用的，数据是可靠的，而且与现行《国际标准》和世界主要国家抗震设计规范的方法一致，应该予以肯定。《规范》的设计概念模糊，方法欠妥，具体数值有待修正。

五、结构地震侧移

（一）研究成果

早在30年前，美国学者Newmark就曾指出，结构的最大弹塑性地震侧移u，可以合理地利用相同地震加速度作用下的弹性结构的侧移来估算，即取$u=u_e/C$，式中，u_e是取折减后的地震作用按弹性分析方法计算出的结构侧移，C是结构特性系数（地震作用折减系数）。美国SEAOC1966规范的附录C，则进一步建议在上式等号右边乘以系数0.7，即取$u=0.7u_e/C$。

（二）《通则》的规定

《通则》在美国SEAOC规范建议的基础上，考虑各种结构体系的变形特性，针对不同的结构体系，分别给出按折减地震力计算出的结构弹性侧移的放大系数（表3），作为抗震设防烈度地震作用下的结构实际弹塑性侧移的近似值。

（三）《规范》的规定

《规范》第5.5.1条规定，对各类结构应进行多遇烈度地震作用下的抗震变形验算，其楼层内的最大弹性层间侧移角应不超过《规范》表5.5.1的规定限值。《规范》中没有给出抗震设防烈度（地震基本烈度）下结构实际弹塑性侧移值的计算要求和方法。于是带来了以下四个问题：1）容易造成结构的地震侧移就是那样小的误解；2）无法正确判断建筑的震害程度；3）无法正确地计算相邻两建筑物之间的防震缝宽度；4）无法正确计算结构的$P\text{-}\Delta$效应，计算值仅为实际值的1/3。

（四）与《规范》的比较

《通则》给出了抗震设防烈度下结构实际弹塑性侧移的计算值，而《规范》给出的是虚拟的多遇烈度下的结构弹性侧移值。《通则》的规定较好地解决了上面5.3节所述的《规范》所存在的几个问题。

六、竖向地震作用

（一）研究成果

高层建筑的竖向振动，其基本自振周期均在0.1～0.2s之间，第二振型的周期更降到0.05s以下，接近于高频振动。抗震研究成果指出，地震作用下，高频结构弹塑性地震反应所受到的地震作用的量值，几乎等于对应的弹性结构所受到的地震作用的量值。也就是说，对于高频弹塑性结构，计算竖向地震作用时，结构特性系数C应该取等于1.0。

（二）《通则》的规定

《通则》第6.4.2条规定，抗震设计C，D，E类的高耸简体结构和高层建筑，当设计地震加速度不小于$0.2g$时，结构的总竖向地震作用标准值F_{Evk}，应按下列公式计算：

$$F_{Evk}=\alpha_{v,max}G_{eq} \quad (8)$$

式中：$\alpha_{v,max}$为竖向地震加速度反应谱的最大值，可取式（4）所示的相应水平地震加速度反应谱的最大值的65%；G_{eq}可取其重力荷载代表值的75%。

（三）《规范》的规定

《规范》第5.3.1条规定：9度时的高层建筑，结构总竖向地震作用标准值F_{Evk}应按下列公式确定，楼层的竖向地震作用效应，可按各构件承受的重力荷载代表值的比例分配，并宜乘以增大系数1.5：

$$F_{Evk}=\alpha_{v,max}G_{eq} \quad (9)$$

式中：$\alpha_{v,max}$为竖向地震作用系数的最大值，可取水平地震作用系数最大值（表5）的65%；G_{eq}可取其重力荷载代表值的75%。

（四）两者的比较

1. 式（8）与式（9）虽然在形式上完全一样，但是在式（8）中，$\alpha_{v,max}$是按抗震设防烈度（地震基本烈度）取值，参见式（2），（4）和表2；而式（9）中的$\alpha_{v,max}$则是按表5的多遇烈度取值，两者的计算结果相差约3倍。尽管《规范》第5.3.1条后半段规定，宜乘以增大系数1.5，其最终结果仍仅为式（8）的1/2，偏小50%，更何况这个增大系数1.5的来历不明。究其原因主要有以下两点：1）高层建筑的竖向振动属高频振动，结构特性系数不是0.35，而是1.0；2）结构竖向地震作用不能按多遇烈度计算，只有地震烈度达到8度及以上时，地震动竖向分量才比较强烈，才需要在结构承载力验算中加以考虑，而抗震设防烈度为8度和9度时，其相应的多遇烈度仅为6度半和7度半，竖向地震加速度较小，可以略去不计。

2.《通则》对于甲、乙、丙类建筑，竖向地震作用的取值是不相同的（见式（4）和表2）；而《规范》则不分建筑的重要性采取同一数值，不仅不合理，也与《规范》第3.1.3条的设计原则相矛盾。

七、建筑抗震设计类别

（一）设计原则

根据表1的规定，使用性质不同的建筑，遭遇地震时，震害程度的控制水平和使用功能的保持水平，应该有所不同。重要建筑的震害程度应该轻一些，使用功能应能正常运转，一般建筑的震害程度可以重一些，使用功能将会受到一定影响。这就要求，不仅使重要建筑的设计地震力要比一般建筑大一些，而且在抗震构造措施方面，重要建筑也应比一般建筑的要求更严格一些。此外，抗震构造措施还应随地震烈度的高低而有严、宽之分。所以，需要针对不同使用性质的建筑，再根据其所受到的地震烈度的高低，即设计地震加速度A值的大小进行抗震设计类别的划分。

（二）《通则》的规定

《通则》第3.1.4条规定：建筑的抗震设计类别，应根据设计地震动参数和建筑使用性质类别的要求，按表6确定。

抗震设计类别　　表6

设计地震加速度值A（g）（TMJ年超越概率为10%）	建筑使用性质分类			
	Ⅰ	Ⅱ	Ⅲ	Ⅳ
$A\leqslant0.05$	A	A	A	B
$0.05<A\leqslant0.10$	A	B	B	C
$0.10<A\leqslant0.20$	A	C	C	D
$0.20<A\leqslant0.30$	B	C	D	E
$0.30<A\leqslant0.40$	B	D	E	E

注：$A>0.40g$的情况应作专门研究；抗震设计类别E为最高抗震设计标准；抗震设计类别的应用，相应章节有具体规定。

（三）《规范》的规定

《规范》第6.1.2条规定：多层和高层钢筋混凝土房屋，应根据烈度、结构类型和房屋高度，采用不同的抗震等级，并应符合相应的计算和构造措施要求：丙类建筑的抗震等级应按表6.1.2确定；甲、乙类建筑应提高一度、丁类建筑应降低一度后，按表6.1.2确定。

（四）两者的比较

《通则》针对钢结构、钢筋混凝土结构、钢-

混凝土组合结构、砌体结构等各种结构类型的房屋，均按照地震烈度和建筑使用性质类别双因素，来确定建筑的抗震设计类别。然后，再针对不同的建筑抗震设计类别，分别规定出不同的抗震构造措施。

《规范》则仅对多、高层钢筋混凝土房屋给出类似的规定，而对钢结构、组合结构和砌体结构，均仅根据地震烈度单一因素分别给出抗震构造措施。

相比之下，《通则》的规定就显得更加全面、合理。

八、房屋最大适用高度

（一）设计原则

房屋遭遇一定烈度地震时的抗震可靠度，取决于结构的承载能力和变形能力。因此，房屋的最大适用高度取决于：1）地震烈度的高低；2）结构体系的抗震防线的道数；3）结构体系的赘余度（超静定次数）的多少；4）结构承载力的增强潜力的大小；5）结构体系变形能力的大小；6）关系到不用建筑使用性质类别的震害程度控制水平的高低。

（二）《通则》的规定

《通则》第7.1.5，8.1.5，9.1.5和10.1.5条分别对钢结构、钢筋混凝土结构、钢-混凝土组合结构和砌体结构，根据不同种类结构体系和建筑抗震设计类别双因素，给出各种房屋的最大适用高度，其中建筑抗震设计类别的划分，又考虑了抗震设防烈度和建筑使用性质类别两个因素。所以《通则》对各类房屋所规定的最大适用高度，已经考虑了结构体系种类、地震烈度高低和建筑使用性质类别三个因素，是全面的、合理的。现将《通则》中对钢筋混凝土结构所规定的房屋最大适用高度列于表7，供比较之用。

钢筋混凝土结构最大适用高度（m） 表7

结构体系	抗震设计类别				
	A	B	C	D	E
框架	同非抗震设计	60	50	30	25
框架-抗震墙		130	110	70	60
落地抗震墙		140	120	70	60
局部框支抗震墙		110	90	—	—
板柱-抗震墙	60	50	40	—	—
框架-核心筒体	同非抗震设计	160	130	90	80
筒中筒		200	160	100	90

（三）《规范》的规定

《规范》第8.1.1，6.1.1和7.1.2条，分别对钢结构、钢筋混凝土结构和砌体结构房屋，规定了房屋的最大适用高度。以现浇钢筋混凝土房屋为例列于表8，它适用于丙类建筑。

现浇钢筋混凝土房屋适用的最大高度（m） 表8

结构类别	烈度			
	6度	7度	8度	9度
框架	60	55	45	25
框架-抗震墙	130	120	100	50
抗震墙	140	120	100	60
部分框支抗震墙	120	100	80	不应采用
框架-核心筒	150	130	100	70
筒中筒	180	150	120	80
板柱-抗震墙	40	35	30	不应采用

注：乙类建筑可按本地区抗震设防烈度确定适用的最大高度。

（四）两者的比较

从表8中可以看出，《规范》在确定房屋的最大适用高度时，仅考虑了结构体系类别和抗震设防烈度两个因素。与《通则》的规定相比较，缺少了建筑使用性质类别这一重要因素，也就是说，不论是重要的还是一般的建筑，《规范》规定的房屋最大适用高度是相同的，其后果是，乙类和丙类建筑的震后破坏程度是一样的。很清楚，这一规定违背了《规范》第3.1.1条对乙、丙类建筑震害程度不同要求的规定，显然是不妥和需要改正的。

九、建议

国家设计规范的技术水平关系到全国工程建设项目的安全与经济，如能不断总结经验，及时修改完善，其社会效益和经济效益是可观的，不可低估。

《建筑抗震设计规范》（GBJ 11—89）于1989年颁布施行后，规范编制组继续不断地汲取国内外抗震科研新成果，于1993年3月完成了规范的全面修订，及时地提高了全国建筑工程的抗震设计水平。

《建筑抗震设计规范》（GB 50011—2001）颁布施行以来已四年有余。在此期间，《通则》编制组在总结国内外最新研究成果和工程实践经验的基础上，完成了《建筑工程抗震性态设计通则》（CECS160：2004），在很多关键性问题上取得了

突破性的进展。为了将这些成果及时地应用到全国各项建筑工程上，以全面提高我国建筑工程的抗震设计水平，造福于全国人民，有必要尽快修订《建筑抗震设计规范》。

参考文献

[1] 建筑抗震设计规范（GB 50011—2001）[S]. 北京：中国建筑工业出版社，2001.

[2] 建筑工程抗震性态设计通则（CECS160：2004）[S]. 北京：中国计划出版社，2004.

[3] 谢礼立.《建筑工程抗震性态设计通则》的特点[J]. 工程建设标准化，2004，(6).

[4] 谢礼立. 抗震性态设计和基于性态的抗震设防[J]. 工程建设标准化，2004，(5).

附录2　半刚性楼盖房屋的抗震空间分析

一、结构侧向振动模型

单层、多层和高层房屋均为各类竖向构件与楼、屋盖等水平构件所组成的空间结构。其中，竖向构件依其侧向变形属性可划分为剪切型构件、弯曲型构件或剪弯型构件；屋盖或楼盖依其材料、构成及其平面内刚度的大小划分为刚性、半刚性或柔性横隔板。分别由柔性、刚性或半刚性楼、屋盖所组成的空间结构，因三类楼盖的平面内刚度不同，三类空间结构作侧向自由振动时的各阶振型以及在水平地震作用下的结构侧向变形的曲线形状也就差别很大，前两类为竖向一维曲线，而后一类则为竖向二维曲线（即竖向曲面）。

《建筑抗震设计规范》（GB 50011）（简称抗震规范）第3.6.4条规定："结构抗震分析时，应按照楼、屋盖在平面内变形情况确定为刚性、半刚性和柔性的横隔板，再按抗侧力体系的布置确定抗侧力构件间的共同工作并进行各构件间的地震内力分析。"规范第3.6.5条又规定："质量和侧向刚度分布接近对称且楼、屋盖可视为刚性横隔板的结构，可采用平面结构模型进行抗震分析。其他情况，应采用空间结构模型进行抗震分析。"

（一）半刚性楼盖空间结构

由多榀竖构件与装配式钢筋混凝土楼板等半刚性楼、屋盖组成的对称或非对称空间结构，因为各层楼（屋）盖的平面内抗推刚度为有限值，整个结构作侧向自由振动或在水平地震作用下作强迫振动时，各层楼（屋）盖在作平移振动、整体转动的同时还产生水平变形，以致各榀竖构件的侧移值不相同，整个结构的各阶振型不再是竖向一维曲线，而呈现为竖向二维曲线，即竖向曲面（图1）。这表明半刚性楼盖空间结构的每一振型中，各榀竖构件的侧向位移（水平相对位移 X_{ji}）曲线是各不相同的。抗震规范第5.2.2条所给出的关于结构 j 振型 i 质点的水平地震作用标准值 F_{ji} 为：

$$F_{ji}=\alpha_j\gamma_jX_{ji}G_i\quad(i=1,2,\cdots,n;j=1,2,\cdots,m)\tag{1}$$

式中 α_j 为相应于 j 振型自振周期的地震作用系数，γ_j 为 j 振型的参与系数，X_{ji} 为 j 振型 i 质点的水平相对位移，G_i 为集中于质点 i 的重力荷载代表值。

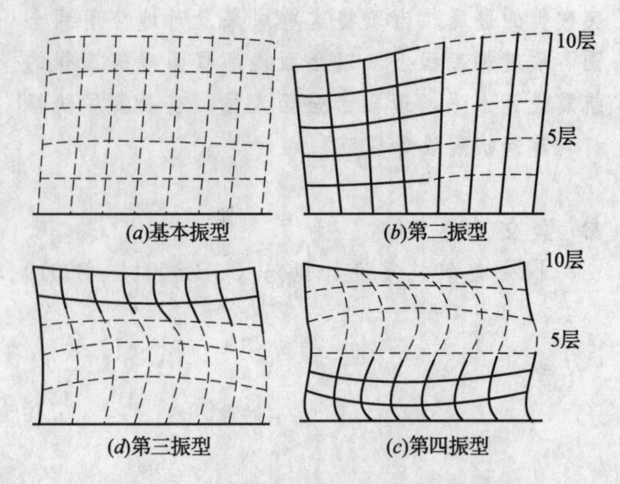

图1　半刚性楼盖空间结构的二维振型

可以看出，F_{ji} 数值的大小与质点 i 所在位置处的 j 振型水平相对位移（振型幅值）X_{ji} 成正比，这就指明在同一标高处各榀竖向构件单位质量引起的水平地震作用因各自的振型幅值不同而不相等。所以，不能再采用抗震规范的串联质点系作为确定结构水平地震作用量值的计算简图（侧向振动模型）；对于对称的、单向偏心或双向偏心的半刚性楼（屋）盖空间结构，当仅作单向地震输入时，应采用串并联质点系（图2）；当进行双向地震同时输入时，则应采用双向串并联质点系，或称立体质点系（见图11）。

同理，地震时半刚性楼（屋）盖的水平变形还对整个结构各质点地震作用和楼层地震剪力在各榀竖构件之间的分配产生显著影响。此种受力状态也只有通过采用串并联质点系计算简图进行结构空间抗震分析才能得到正确结果。

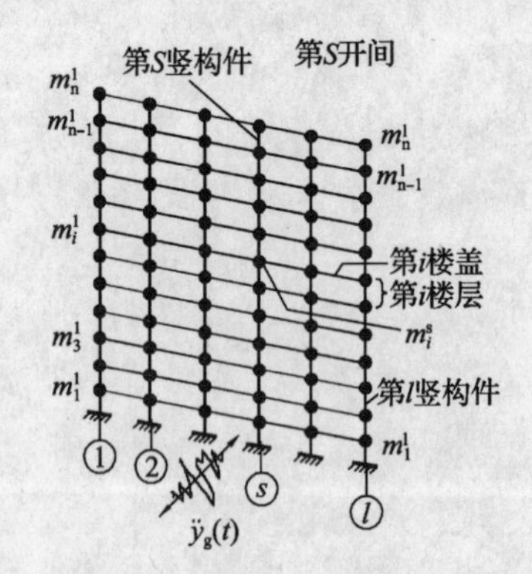

图2　串并联质点系

（二）对抗震规范的建议

我国的单层、多层和高层工业与民用建筑，其屋盖和楼盖的平面内刚度既有属于柔性的、刚性的，也有属于半刚性的。然而，抗震规范GB 50011仅给出适用于计算柔性和刚性楼盖建筑水平地震作用的串联质点系计算简图。此次规范修订，建议增加串并联质点系和双向串并联质点系计算简图，以合理确定半刚性楼盖空间结构、阶梯形厂房以及山形门架跨变结构等类建筑的水平地震作用及其作用效应。

二、楼（屋）盖水平刚度

严格地说，各种类型楼（屋）盖在其平面内都不是绝对刚性的，当房屋受到水平地震作用时，都会产生或大或小的水平变形。不过，当楼（屋）盖水平变形的量值很小，对水平地震力在各榀竖构件之间的分配所产生的影响很小而可以忽略不计时，就可以假定为刚性楼盖。否则，就应该采用楼（屋）盖的实际抗推刚度来进行结构的抗震空间分析。下面列出几类屋盖和楼盖的平面内抗推刚度的实测值和理论计算值。

（一）装配式屋盖

1. 大型板屋盖

(1) 实测值　清华大学在进行“单层厂房整体空间作用的研究”的课题时，曾对五幢大型屋面板的单层钢筋混凝土厂房进行了强拉变形实测。一个10kN水平力施加于厂房中央排架（轴⑥）的柱顶，用百分表量测到的厂房各榀排架的柱顶侧移曲线见图3。经过计算，五幢厂房单位面积屋盖的水平等效剪切刚度基本值$\bar{k}$见表1。

大型板屋盖的水平剪切刚度基本值$\bar{k}$（kN）　表1

厂房编号	厂房A	厂房B	厂房C	厂房D	厂房E
$\bar{k}$（kN）	18.500	18.000	23.400	29.000	22.800

(2) 计算值　机械工业部第一设计研究院在“单层厂房模型整体抗震性能研究”课题中，也曾对大型屋面板屋盖的水平刚度进行了理论计算，所得单位面积屋盖的水平等效剪切刚度基本值$\bar{k}$=28.950kN。

(3) 工程设计取值　根据一定数量的厂房实测、模型试验和理论计算等数据，大型屋面板屋盖的水平等效剪切刚度基本值$\bar{k}$可取2×10^4kN。

2. 有檩屋盖

(1) 实测值　清华大学在进行科研专题“单层厂房整体空间作用的研究”时，还对10幢钢筋混凝土有檩屋盖厂房进行了强拉变形实测，在厂房中央排架的柱顶，施加一个10kN水平集中力，并记录下用百分表测量到的各榀排架的柱顶侧移。据此计算出的各幢厂房单位面积屋盖的水平等效剪切刚度基本值$\bar{k}$见表2。

钢筋混凝土有檩屋盖的水平剪切刚度基本值$\bar{k}$　表2

厂房编号	厂房a	厂房b	厂房c	厂房d	厂房e
$\bar{k}$（kN）	9100	8400	7200	4100	9200

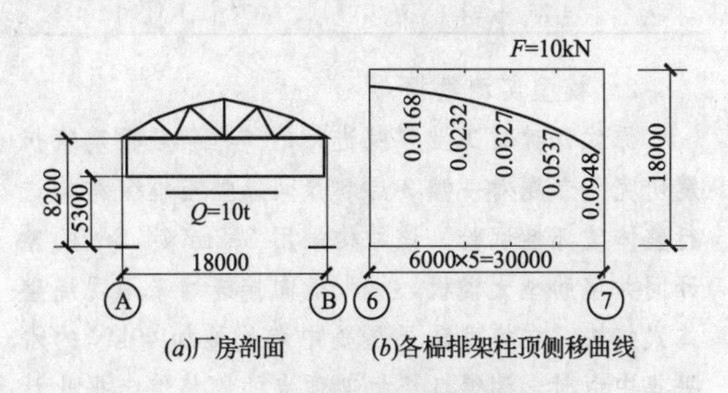

(a)厂房剖面　(b)各榀排架柱顶侧移曲线

图3　厂房的强拉变形实测曲线

(2) 工程设计取值　对钢筋混凝土有檩屋盖单层厂房，工程设计时，单位面积屋盖的水平等效剪切刚度基本值$\bar{k}$可取6×10^3kN。

（二）房屋实测振型

中国科学院工程力学研究所对多层内框架房屋进行了空间振型的实测工作，地面脉动情况下，测得的房屋基本振型是一个竖向二维曲线（即竖向曲面），此一空间振型不仅沿房屋竖向是一条曲线（图4*b*），沿水平方向也是一条曲线（图4*a*），而且房屋空间振型在各层楼盖处的水平曲线，当房屋两端横墙处的振幅定为1.0时，则房屋纵向中点处的振幅在数值上约等于横墙间距L与房屋进深宽度B的比值L/B（图4*a*）。此情况说明，即使由地面微弱振动（脉动）激起的房屋空间振型，屋盖和各层楼盖也产生了显著的水平变形。

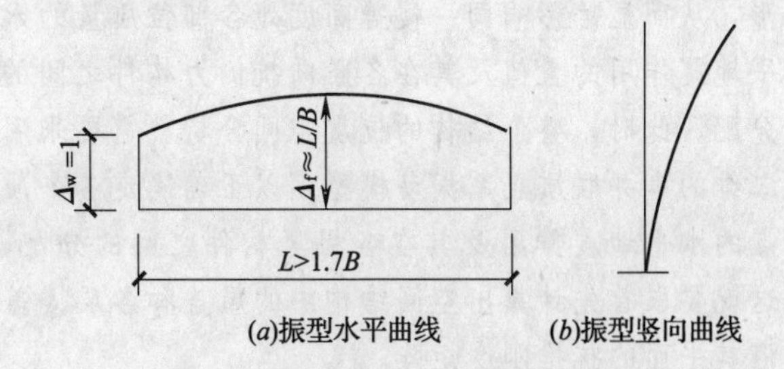

(a)振型水平曲线　(b)振型竖向曲线

图4　多层内框架的实测基本振型

1. 房屋实测数据

原哈尔滨建筑工程学院进行的“多层房屋空间工作”的专题研究中，曾对11幢采用装配式钢筋混凝土楼盖的多层厂房进行了强推变形实测。对每一幢房屋分别在每屋楼盖长度中点处施加10kN的水平集中力，并实测得整幢房屋各层楼盖和屋盖处的水平位移曲线，据此计算出的单位面积楼盖的水平等效剪切刚度基本值$\bar{k}$见表3。

装配式钢筋混凝土楼盖的 $\bar{k}$（10^5kN） 表3

厂房名称	营口仪器厂	镇江辅机厂	镇江罐头厂	镇江铸铁厂	扬州仪器厂	镇江印染厂
$\bar{k}$	1.26	1.1	1.03	2.47	1.11	1.2

2. 模型实测数据

原武汉建材工业学院进行的“框架轻板建筑抗震研究”专题对一幢3层5开间原型空框架结构进行整体破坏性试验。该结构采用3.2m×4.5m的整开间井字肋型大楼板，纵、横向接缝均采用现浇整体式接头。在模型顶层屋盖中点处施加40kN的水平集中力时，测得各榀框架顶点的侧移值，据此计算出的各开间的单位面积楼盖的水平等效剪切刚度基本值的平均值约为0.95×10^5kN。

3. 工程设计取值

对于装配式钢筋混凝土楼盖，其单位面积楼盖的水平等效剪切刚度基本值 $\bar{k}$ 可取1×10^5kN。

沿房屋横向，第 i 层楼盖的第 s 开间楼板的水平等效剪切刚度为

$$K_s^i = \bar{k}B_s/d_s \tag{2}$$

式中 B_s，d_s 分别为第 i 层楼盖第 s 开间的房屋宽度和开间尺寸。

（三）现浇板楼盖

采用现浇钢筋混凝土楼、屋盖的多层和高层建筑，通常是假定楼板平面内的刚度为无限大，但当楼板平面尺寸狭长、局部变窄或开有大面积洞口，以及抗震墙间距超过（抗震规范）表6.1.6规定的限值时，地震作用下楼板将会产生较大的水平变形，从而显著影响同一楼盖高度处各部位质量的水平地震作用的量值及其在各竖向抗侧力构件之间的分配。此时，整个结构的抗震空间分析就需要采用二维的串并联质点系振动模型，以正确确定各个质点的水平地震作用及其在各榀竖构件之间的分配，这就要求首先计算出空间结构中的屋盖和各层楼盖沿其平面的抗推刚度矩阵。

1. 楼盖单元刚度矩阵

当考虑楼盖的水平剪切和弯曲变形时，房屋第 i 层楼盖第 s 开间（或区段）楼板，即第 s 杆单元，沿其自身杆件坐标系（图5）的平衡方程为：

$$\begin{Bmatrix}\{V\}\\\{M\}\end{Bmatrix}=[S]\begin{Bmatrix}\{y\}\\\{Q\}\end{Bmatrix} \tag{3}$$

式中：$\{V\}$，$\{M\}$ 分别为第 s 杆单元两端的剪力和弯矩列向量；$\{y\}$，$\{Q\}$ 分别为第 s 杆单元两端的侧移和转角列向量；$[S]$ 为第 s 杆单元的单元刚度矩阵。

$$\{V\}=[V_1\quad V_2]^{\mathrm{T}},\quad \{M\}=[M_1\quad M_2]^{\mathrm{T}}$$

$$\{y\}=[y_1\quad y_2]^{\mathrm{T}},\quad \{Q\}=[Q_1\quad Q_2]^{\mathrm{T}}$$

$$[S]=\begin{bmatrix}[S_{\mathrm{Vy}}][S_{\mathrm{VQ}}]\\ [S_{\mathrm{My}}][S_{\mathrm{MQ}}]\end{bmatrix}$$

$$=\frac{EI}{1-\alpha}\begin{bmatrix}12/L^3 & & & \text{对称}\\ -12/L^3 & 12/L^3 & & \\ 6/L^2 & -6/L^2 & (4+\alpha)/L & \\ 6/L^2 & -6/L^2 & (2-\alpha)/L & (4+\alpha)/L\end{bmatrix} \tag{4}$$

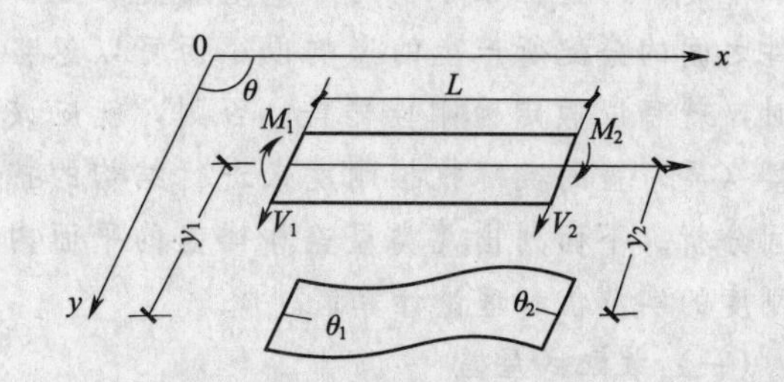

图5 杆件坐标系下第 s 开间楼板两端的力和位移

其中，α 为第 s 开间（或区段）楼板横截面的剪变形系数，$\alpha=12EI/GA_{\mathrm{V}}L^2$；$E$，$G$ 分别为楼板混凝土的弹性模量和剪变模量，$G=0.4E$；L 为第 s 开间（或区段）楼板的区段长度；I 为第 s 开间（或区段）楼板的横截面惯性矩；A_{V} 为第 s 开间（或区段）楼板的抗剪等效截面面积，$A_{\mathrm{V}}=A/1.2$，A 为楼板全截面面积，1.2为剪应力不均匀分布系数。

2. 楼盖总刚度矩阵

联系第 i 层楼盖各杆单元节点（即各开间楼板相接处）的节点力与节点位移（图6）的关系矩阵称为第 i 层楼盖的总刚度矩阵 $[S_{\mathrm{T}}]$，它是由各开间楼板的单元刚度矩阵 $[S]$ 组装布成。第 i 层楼盖的总刚度矩阵的分块形式为：

$$[S]=\begin{bmatrix}[S_{\mathrm{Fy}}][S_{\mathrm{MQ}}]\\ [S_{\mathrm{Fy}}][S_{\mathrm{MQ}}]\end{bmatrix} \tag{5}$$

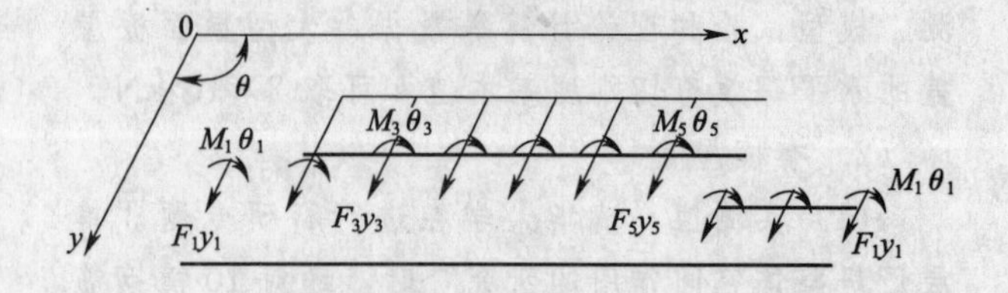

图6 第 i 楼盖各杆单元节点处的力和位移

3. 楼盖抗推刚度矩阵

为简化结构抗震分析，将多层、高层建筑具有连续分布质量的空间结构离散化为串并联质点系。此时，水平地震对结构的作用仅对质点引起惯性

力，而不引起惯性力矩，也就是说，仅在各层楼盖各轴线处（即代表各开间楼盖的各杆单元的节点处）引起水平惯性力 $\{F\}$，而不引起节点惯性力矩，即 $\{M\}=0$。所以，结构分析中需要的是楼盖的抗推刚度矩阵，即联系楼盖各节点水平力与各节点水平位移的关系矩阵。是采用块消去法从楼盖总刚度矩阵中消去 M-Q，M-y，F-Q 的关系式，得到仅存 F-y 单一对应关系的独立矩阵。第 i 层楼盖平面内抗推刚度矩阵 $[K_i]$ 的计算式为：

$$[K_i]=[S_{Fy}]-[S_{FQ}][S_{MQ}]^{-1}[S_{My}] \quad (6)$$

三、单层厂房横向空间分析

（一）振动模型

采用装配式钢筋混凝土无檩或有檩屋盖的单层厂房和仓库是由多榀排架、山墙和屋盖组成的空间结构。进行厂房横向抗震分析时，为简化计算，将具有连续分布质量的空间结构离散化为多质点系，即将各个开间的屋盖质量和墙、柱质量，按照动能相等原则，分别集中到各榀排架柱与各层屋盖的连接处成为一个质点，对于等高或不等高单层厂房，分别形成并联质点系（图7）或串并联质点系（图8）。

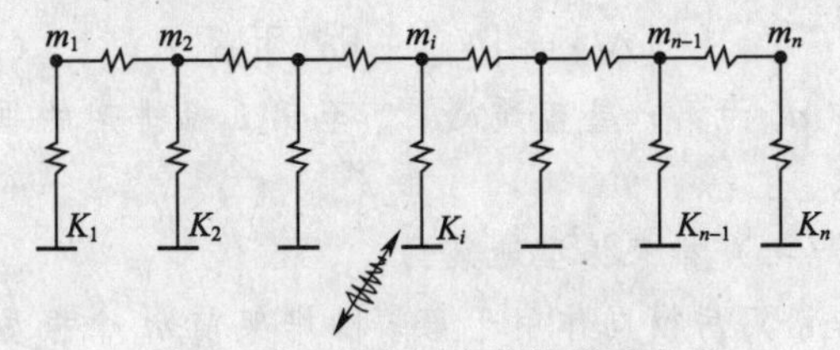

图7 用于等高厂房的并联质点系

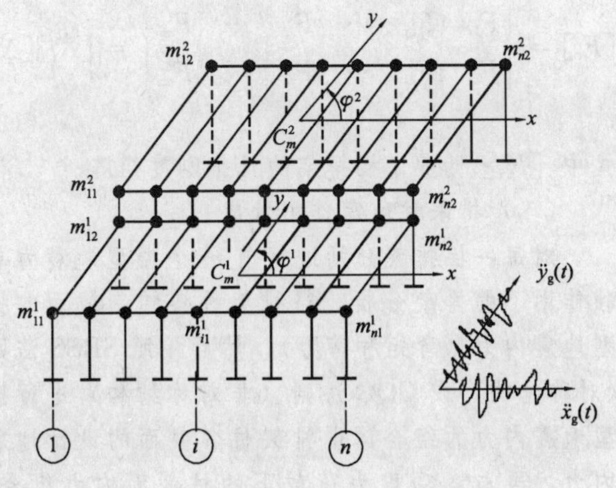

图8 用于不等高厂房的串并联质点系

（二）振动方程式

采用反应谱法进行结构抗震分析，利用地震反应谱，转化为求解结构的无阻尼自由振动方程。以图8的串并联质点系为例。

对称结构作单向平动（平移加水平变形）时，其自由度等于质点总数。非对称结构作单向“变-扭”振动（平移加水平变形和整体转动）时，除每一质点具有一个自由度外，每层屋盖还有一个整体水平转动自由度，总自由度等于质点数加屋盖层数。以质点相对位移幅值表示的空间结构自由振动方程为：

$$-\omega^2[m]\{X\}+[K]\{X\}=0 \quad (7)$$

式中：ω 为结构按某一振型作自由振动时的圆频率；

$\{X\}$ 为结构按某一振型作自由振动时各质点的广义相对位移幅值列向量，对称结构 $\{X\}=[X_1^1\ X_2^1\ \cdots\ X_n^1 \ \vdots\ X_1^2\ X_2^2\ \cdots\ X_n^2]^T$，非对称结构 $\{X\}=[X_1^1\ X_2^1\ \cdots\ X_n^1\ \vdots\ X_1^2\ X_2^2\ \cdots\ X_n^2\ \vdots\ \varphi^1\ \varphi^2]^T$；

$[m]$ 为广义质量矩阵。

对称结构 $[m]=[m_{xx}]_{N\times N}$，$N=2n$，非对称结构

$$[m]=\begin{bmatrix}[m_{xx}] & [m_{x\varphi}]\\ [m_{\varphi x}] & [S_{\varphi\varphi}]\end{bmatrix}_{N\times N} \quad (N=2n+2)$$

其中，$[m_{xx}]$ 为平动质量子矩阵，$[m_{\varphi\varphi}]$ 为转动惯量子矩阵，$[m_{x\varphi}]$ 和 $[m_{\varphi x}]$ 为平动-转动耦合质量子矩阵，

$[m_{xx}]=\mathrm{diag}[m_1^1\quad m_2^1\cdots m_n^1, \vdots, m_1^2\quad m_2^2\quad\cdots\quad m_n^2]$

$[m_{\varphi\varphi}]=\mathrm{diag}[J^1\quad J^2]$

式（7）中 $[K]$ 为广义抗推刚度（侧向刚度）矩阵，对于对称结构：$[K]=[K_{xx}]$；对于非对称结构：

$$[K]=\begin{bmatrix}[K_{xx}] & [K_{x\varphi}]\\ [k_{\varphi x}] & [k_{\varphi\varphi}]\end{bmatrix}$$

$$[K_{xx}]=[K_x]+[k_x]$$

$$=\begin{bmatrix}[K_x^{1,1}] & [K_x^{1,2}]\\ [K_x^{2,1}] & [K_x^{2,2}]\end{bmatrix}+\begin{bmatrix}[k_x^{1,1}] & 0\\ 0 & [k_x^{2,2}]\end{bmatrix}$$

$$[K_{\varphi\varphi}]=\begin{bmatrix}[K_\varphi^{1,1}] & [K_\varphi^{1,2}]\\ [K_\varphi^{2,1}] & [k_\varphi^{2,2}]\end{bmatrix}$$

其中 $[K_{xx}]$ 为结构横向平动刚度子矩阵，$[K_{\varphi\varphi}]$ 为水平转动刚度子矩阵，$[K_{x\varphi}]$ 和 $[K_{\varphi x}]$ 为平动一转动耦合刚度子矩阵。在 $[K_{xx}]$ 的计算式中，$[K_x]$ 和 $[k_x]$ 分别为厂房的竖构件（各榀排架或带山墙排架）和水平构件（各层屋盖）沿厂房横向的抗推刚度矩阵。

（三）周期和振型

求解式（7）即得空间结构前 m 个振型的圆频率 $[\omega]_m$ 和振型 $[\omega]_{N\times m}$。对称结构：$[A]_{n\times m}=$

$[\{X_1\} \cdots \{X_j\} \cdots \{X_m\}]_{N\times m}$；非对称结构：

$$[A]_{n\times m}=[\{A_1\} \ \cdots \ \{A_j\} \ \cdots \ \{A_m\}]_{N\times m}$$

$$=\begin{bmatrix}\{X_1\} & \cdots & \{X_j\} & \cdots & \{X_m\} \\ \{\Phi_1\} & \cdots & \{\Phi_j\} & \cdots & \{\Phi_m\}\end{bmatrix}_{N\times m}$$

式中，$\{X_j\}$ 为第 j 振型中的平动分量列向量；$\{\Phi_j\}$ 为第 j 振型中的转动分量列向量。

利用振型正交关系，逐一求出所需前 m 个振型的振型参与系数 $[\gamma_j]$。对称结构

$$\gamma_j=\sum_{i=1}^{N} m_i X_{ji} / \sum_{i=1}^{N} m_i X_{ji}^2$$

非对称结构

$$[\gamma_j]=[\gamma_{jx} \quad \gamma_{j\varphi}]=\frac{\{A_j\}^T[m]\begin{bmatrix}\{1\}_{nh} & 0 \\ 0 & \{1\}_n\end{bmatrix}}{\{A_j\}^T[m]\{A_j\}}$$

式中 h 为单层厂房中不同高度屋盖的层数，$j=1$，2，…，m。

目前，工程抗震设计时均不考虑地面旋转分量对结构的作用，因而扭转振型参与系数 $\gamma_{j\varphi}$ 为无效系数。

图 9 为对称等高单层厂房的并联质点系（图 7）的前 5 个振型，从中可以看出，在每一振型中，半刚性屋盖的水平变形均比较大，表明地震时各榀排架的侧移量是不相等的。

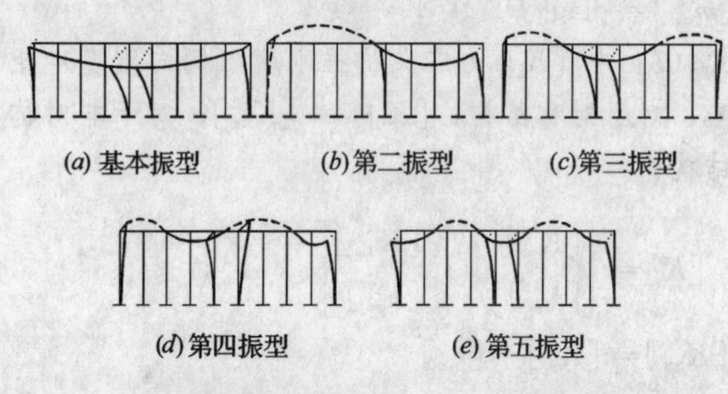

图 9 串并联质点系前五阶振型

（四）水平地震作用

结构振型 j 的质点水平地震作用 $[F_j]$ 的算式为

$$[F_j]=\begin{bmatrix}\{F_{jx}\} \\ \{M_j\}\end{bmatrix}=g\alpha_{jx}\gamma_{jx}[m]\begin{bmatrix}\{X_j\} \\ \{\Phi_j\}\end{bmatrix}$$

$$(j=1,2,\cdots,m) \qquad (8)$$

式中，α_{jx} 为相应于第 j 振型 x 方向平动分量的地震作用系数，$\{F_{jx}\}$ 为结构 j 振型的质点水平地震力列向量，$\{M_j\}$ 为结构 j 振型的绕各层屋盖质心的水平地震力矩列向量。当为对称结构时，$\{\Phi_j\}=0$，$\{M_j\}=0$。

若计算中已求出空间结构的全部振型 $[A]$，则可按下式一次计算出全部振型的水平地震作用：

$$[F]=\begin{bmatrix}\{F_x\} \\ \{M\}\end{bmatrix}_{N\times N}=g[m][A][\alpha_x][\gamma_x] \qquad (9)$$

（五）广义位移

非对称空间结构分别在各振型的质点地震力和地震力矩的单独作用下，各质点的平动位移和各层屋盖的转动位移（转角）按下式计算：

$$\begin{bmatrix}[x] \\ [\varphi]\end{bmatrix}=\begin{bmatrix}\{x_1\}_{nh} & \{x_2\} & \cdots & \{x_j\} & \cdots & \{x_N\} \\ \{\varphi_1\}_h & \{\varphi_2\} & \cdots & \{\varphi_j\} & \cdots & \{\varphi_N\}\end{bmatrix}$$

$$=[K]^{-1}\begin{bmatrix}[F_x] \\ [M]\end{bmatrix}_{N\times N} \qquad (10)$$

式中，$\{x_j\}$ 为质点系 j 振型的质点平动位移（平移加水平变形）列向量，$\{\varphi_j\}$ 为质点系 j 振型的各层屋盖水平转动位移列向量。为非对称结构时，$[M]=0$，$[\varphi]=0$。

（六）排架振型侧移

从式（10）所示平动位移子矩阵 $[X]$ 中，挑选出第 i 榀排架前 m 个振型的平动位移 x_{ij}^r（$r=1$，2，$j=1$，2，…，m）重新排列，组成第 i 榀排架前 m 个振型的平动位移矩阵 $[x_i]$，并取出广义位移矩阵中的转动位移子矩阵 $[\varphi]$，即可按下式计算出第 i 榀排架前 m 个振型的实际地震侧移 $[\Delta_i]$：

$$[\Delta_i]=[x_i]+[d_{xi}^r][\varphi] \qquad (11)$$

式中 d_{xi}^r 为第 r 屋盖质心 C_m^r 至第 i 榀排架的垂直距离。

（七）排架振型地震力

沿厂房横向作用于第 i 榀排架前 m 个振型水平地震力所组成的排架侧力矩阵为：

$$[F_i]=\begin{bmatrix}F_{1i}^1 & F_{2i}^1 & \cdots & F_{ji}^1 & \cdots & F_{mi}^1 \\ F_{1i}^2 & F_{2i}^2 & \cdots & F_{ji}^2 & \cdots & F_{mi}^2\end{bmatrix}=[K_i][\Delta_i] \qquad (12)$$

式中 $[K_i]$ 为第 i 榀排架的抗推刚度矩阵。

（八）排架柱地震作用效应

对每一榀排架分别进行前 m 个振型地震力单独作用下的排架分析，得排架柱各控制截面的振型地震内力（弯矩和剪力），然后按照 SRSS 法则（对称结构）或 CQC 法则（非对称结构）进行振型地震内力的组合，得排架柱各截面的设计地震内力，再与各项重力荷载下的柱截面内力组合，进行截面强度验算。

四、多、高层建筑

（一）振动模型

为便于采用数值解法进行二维空间结构的地

震反应分析，具有连续分布质量的多、高层建筑同样要作离散化处理。对于对称的多、高层建筑，其离散化的侧向振动模型可采用串并联质点系。仅存在单向偏心的多、高层建筑，因为沿无偏心方向的差异平移振动与有偏心方向的变形—扭转耦联振动是独立无关的，互不耦联，因而两个方向可分别进行抗震分析，均可采用串并联质点系振动模型。若需要考虑双向地震同时输入时，也可利用两个方向单独分析所得的构件地震作用效应，按抗震规范公式（5.2.3-7）进行组合。当楼房各开间的层数不相同时，可采用图10所示的阶梯形串并联质点系。

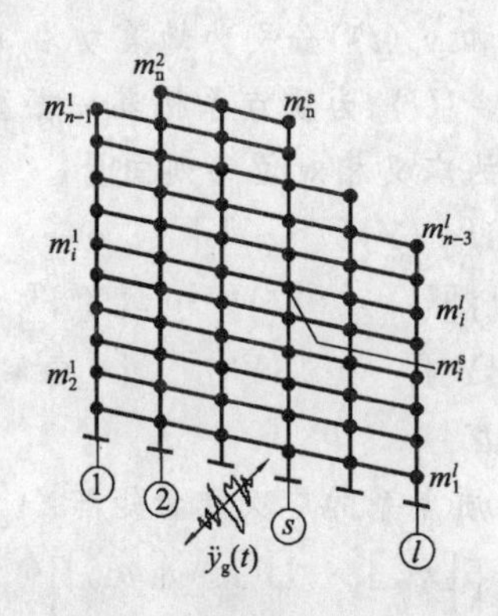

图10 阶梯形串并联质点系

（二）振动方程

对于图10所示的串并联质点系，以质点相对位移幅值表示的无阻尼自由振动方程式为：

$$-\omega^2[m]\{U\}+[K]\{U\}=0 \tag{13}$$

式中：ω为结构按某一振型作自由振动时的圆频率；$\{U\}$为质点系按某一振型作自由振动时各质点的广义相对位移幅值列向量，对称结构$\{U\}=\{X\}=[\{X^1\}^T\ \{X^2\}^T\cdots\{X^r\}^T\cdots\{X^h\}^T]^T$，单向偏心结构：

$$\{U\}=[\{X\}^T\ \ \{\varphi\}^T]^T$$
$$=[\{X^1\}^T\ \ \{X^2\}^T\ \cdots\ \{X^r\}^T\ \cdots\ \{X^h\}^T\ \vdots\ \varphi^1\ \ \varphi^2\ \cdots\ \varphi^r\ \cdots\ \varphi^h]^T$$

式中，$\{X\}$为质点平动位移列向量，$\{\varphi\}$为楼盖转动位移列向量，$[m]$为质点系的广义质量矩阵，对称结构$[m]=[m_x]$，单向偏心结构：

$$[m]=\begin{bmatrix}[m_x] & [m_{x\varphi}]\\ [m_{\varphi x}] & [m_\varphi]\end{bmatrix}$$

$$[m_x]=\mathrm{diag}[[m^1]\ \ [m^2]\ \cdots\ [m^r]\ \cdots\ [m^h]]$$

$$[m_\varphi]=\mathrm{diag}[J^1\ \ J^2\ \cdots\ J^r\ \cdots\ J^h]$$

式中，$[m_x]$为X方向平动的质量子矩阵，$[m_\varphi]$为各层楼盖沿自身平面众多的惯性矩所形成的转动惯量子矩阵，$[m_{x\varphi}]$和$[m_{\varphi x}]$为串并联质点系中同一高度（即各层楼盖）各质点沿X方向平动与沿自身平面转动的耦合质量子矩阵，$[K]$为质点系的广义刚度矩阵，对称结构$[K]=[K_{xx}]$，单向偏心结构：

$$[K]=\begin{bmatrix}[K_{xx}] & [K_{x\varphi}]\\ [K_{\varphi x}] & [K_{\varphi\varphi}]\end{bmatrix}$$

$$[K_{xx}]=[K_x]+[k_x]$$

其中，$[K_{xx}]$为质点沿X方向平动的抗推刚度子矩阵，$[K_x]$为质点系中各竖杆沿X方向的抗推刚度子矩阵，$[k_x]$为质点系中各水平杆（即各层楼盖）沿X方向的抗推刚度子矩阵；$[K_{\varphi\varphi}]$为质点系中同一高度各质点（即各层楼盖）沿自身平面转动时的抗扭刚度子矩阵；$[K_{x\varphi}]$和$[K_{\varphi x}]$为同一高度各质点（即各层楼盖）沿X向平动与沿自身平面转动的耦合刚度子矩阵。

（三）周期、振型和水平地震作用

空间结构自由振动时前m个振型$[A]_{N\times m}$和$\{T\}_m$，以及质点系前m个振型的广义水平地震作用$[F]_{N\times m}$的计算方法，与第3.3和第3.4节的相同。

（四）质点系的振型广义位移

上一节计算出的j振型各质点水平地震作用是作用于串并联质点系各个节点（竖杆与水平杆的交点）上的地震力，即作用于二维空间结构上的地震力。欲求作用于各榀竖构件分离体（即单独竖杆件）上的j振型水平地震力，需先求出串并联质点系中j振型广义水平地震作用（即各质点水平地震作用和各层楼盖水平地震力矩）共同作用下所产生的j振型侧移，其中各竖杆的j振型地震侧移就是各竖向构件作为分离体时的侧移，因而可以利用它来反求作用于各竖构件分离体上的j振型水平地震力。质点系在前m个振型广义水平地震作用分别单独作用下，所产生的前m个振型广义位移$[\delta]_{N\times m}$，按下式计算：

$$[\delta]_{N\times m}=\begin{bmatrix}[\delta_x]\\ [\delta_\varphi]\end{bmatrix}=[K]^{-1}[F]=[K]^{-1}\begin{bmatrix}[F_x]\\ [M]\end{bmatrix} \tag{14}$$

式中$[\delta_x]$为质点系前m个振型的质点平动位移（平移加水平变形）矩阵，$[\delta_\varphi]$为质点系前m个振型的各水平杆（各层楼盖）水平转动位移矩阵。

（五）竖向构件相对侧移

由质点系的质点平动位移子矩阵$[\delta_x]$中，挑选出第s竖向构件的前m个振型的平动位移，

组成第 s 竖向构件的前 m 个振型的平动位移矩阵，再加上前 m 个振型各水平杆（各层楼盖）整体水平转动引起的第 s 竖向杆的相对侧移，即得第 s 竖向构件前 m 个振型的相对侧移 $[\Delta_{xs}]$：

$$[\Delta_{xs}]=[\delta_{xs}]+[d_{ys}][\delta_{\varphi}] \quad (15)$$

$$[d_{ys}]=\mathrm{diag}[d_{ys}^{1} \quad d_{ys}^{2}\cdots \quad d_{ys}^{r}\cdots \quad d_{ys}^{h}]$$

式中 d_{ys}^{r} 为第 r 层楼盖质心至第 s 竖向构件所在平面的垂直距离。

（六）竖向构件地震作用效应

作用于第 s 竖向构件分离体上的前 m 个振型水平地震力 $[F_s]$ 等于第 s 竖向构件的抗推刚度矩阵 $[K_s]$ 左乘其前 m 个振型的相对侧移矩阵 $[\Delta_{xs}]$，然后分别求出第 s 竖向构件各根杆件的前 m 个振型地震作用效应（轴力、弯矩和剪力），然后按照 SRSS 法则（对称结构）或 CQC 法则（偏心结构）进行各杆件各控制设计截面的振型地震作用效应的耦合，得各截面的设计地震内力，再与各项重力荷载的各截面设计内力组合，进行截面承载力验算。

五、双向偏心结构

（一）振动模型

结构存在双向偏心的半刚性楼盖多、高层建筑，在外界干扰下做自由振动或强迫振动时，其沿 x、y 方向的纵向振动和横向振动是相互耦联的，结构的每一阶振型均包含结构的纵向位移、横向位移和转动位移，其抗震分析需要同时考虑双向水平地震的作用，从而要求其振动模型采用能够反映楼盖纵、横向水平变形和整体转动的双向串并联质点系（或称立体质点系，如图 11 所示）。质点系的自由度 N 不等于质点系中的总质点数，而是 $N=(n+l+1)h$，n 为楼房中横向总榀数，l 为纵向总榀数，h 为楼房总层数。

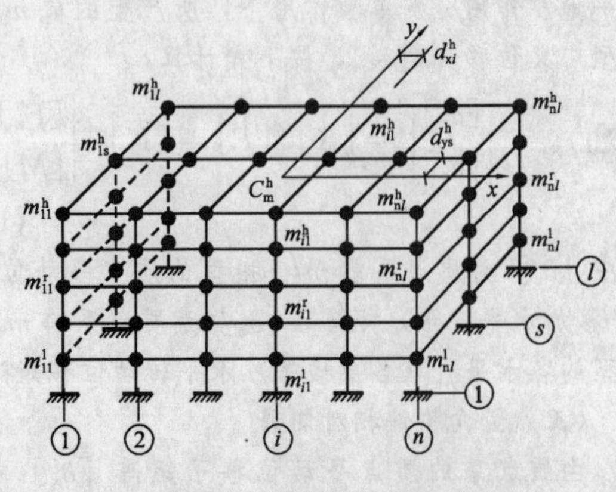

图 11　双向串并联质点系

（二）振动方程式

对于图 11 所示的双向串并联质点系，在地震动双向平移分量作用的振动微分方程式，以及以质点相对位移幅值表示的无阻尼自由振动方程式分别为：

$$[m]\{\ddot{u}(t)\}+[c]\{\dot{u}(t)\}+[K]\{u(t)\}=-[m]\{\ddot{u}_g(t)\} \quad (16)$$

$$-\omega[m]\{U\}+[K]\{U\}=0 \quad (17)$$

式中 $[K]$ 为质点系考虑双向振动的广义刚度矩阵，$\{\ddot{u}_g(t)\}$ 为地震动加速度列向量：

$$\ddot{u}_g(t)=\begin{bmatrix}\{1\}_{lh} & & 0\\ & \{1\}_{nh} & \\ 0 & & \{1\}_h\end{bmatrix}\begin{Bmatrix}\ddot{x}_g(t)\\ \ddot{y}_g(t)\\ 0\end{Bmatrix}$$

其中 $\ddot{x}_g(t)$ 和 $\ddot{y}_g(t)$ 分别为地震动沿 x 和 y 方向的平动分量，$\{U\}$ 为质点系按某一振型作自由振动时各质点的广义相对位移列向量：

$$\{U\}=[\{X\}^{\mathrm T} \quad \{Y\}^{\mathrm T} \quad \{\varphi\}^{\mathrm T}]^{\mathrm T}=[\{X^1\}^{\mathrm T}\cdots\{X^r\}^{\mathrm T}\cdots\{X^h\}^{\mathrm T} \mid \{Y^1\}^{\mathrm T}\cdots\{Y^r\}^{\mathrm T}\cdots\{Y^h\}^{\mathrm T} \mid \Phi^1\cdots\Phi^r\cdots\Phi^h]^{\mathrm T}$$

$[m]$ 为质点系的广义质量矩阵：

$$[m]=\begin{bmatrix}[m_{x}] & [0] & [m_{x\varphi}]\\ [0] & [m_{y}] & [m_{y\varphi}]\\ [m_{\varphi x}] & [m_{\varphi y}] & [m_{\varphi}]\end{bmatrix}$$

其中 $[m_x]$，$[m_y]$ 分别为质点系沿 x 方向和 y 方向平动的质量子矩阵，$[m_\varphi]$ 为各层楼盖沿自身平面转动的惯性矩所形成的转动惯量子矩阵，$[m_{x\varphi}][m_{\varphi x}]$ 和 $[m_{y\varphi}]$，$[m_{\varphi y}]$ 分别为质点系中每一层质点（即各层楼盖）沿 x 方向平动或沿 y 方向平动与沿自身平面按 φ 方向转动的耦合质量子矩阵。

（三）周期和振型

求解式 (17)，即得空间结构的各阶振型及其周期，用矩阵形式表达的双向偏心空间结构的全振型为：

$$[A]=[\{A_1\} \quad \{A_2\} \quad \cdots \quad \{A_j\} \quad \cdots \quad \{A_N\}]_{N\times N}=\begin{bmatrix}\{X_1\} & \{X_2\} & \cdots & \{X_j\} & \cdots & \{X_N\}\\ \{Y_1\} & \{Y_2\} & \cdots & \{Y_j\} & \cdots & \{Y_N\}\\ \{\Phi_1\} & \{\Phi_2\} & \cdots & \{\Phi_j\} & \cdots & \{\Phi_N\}\end{bmatrix}_{N\times N} \quad (18)$$

x 方向或 y 方向输入地震时，第 j 振型参与系数 γ_{jx} 或 γ_{jy} 分别按下式计算：

$$\gamma_{jx}=\frac{\{X_j\}^{\mathrm T}[m_{xx}]\{1\}_{lh}+\{\Phi_j\}^{\mathrm T}[m_{\varphi x}]\{1\}_h}{\{A_j\}^{\mathrm T}[m]\{A_j\}}$$

$$\gamma_{jy}=\frac{\{Y_j\}^{\mathrm T}[m_{yy}]\{1\}_{nh}+\{\Phi_j\}^{\mathrm T}[m_{\varphi y}]\{1\}_h}{\{A_j\}^{\mathrm T}[m]\{A_j\}} \quad (19)$$

(20)

（四）质点的各振型水平地震作用

对于双向地震输入的双向偏心结构，应该分别验算地面运动主分量方向分别平行于房屋横轴和纵轴两种情况，并考虑每种情况下副分量方向可以为正或为负，取其最不利组合。因为质量和刚度相互耦联的双向偏心结构作三维振动时，具有统一的周期，沿 x 和 y 向的自振周期相同，地震主分量的地震影响系数为 α_j，则地震副分量方向的地震影响系数为 $0.3\alpha_j$。所以，对于进行双向水平变形-扭转耦联振动（简称双向变-扭振动）地震反应分析的双向串并联质点系，质点的各振型广义水平地震作用 $[F]$ 当地震动主分量方向平行于房屋横轴时为：

$$[F]=\begin{bmatrix}[F_x]\\ [F_y]\\ [M]\end{bmatrix}=\begin{bmatrix}\{F_{1x}\} & \{F_{2y}\} & \cdots & \{F_{jx}\} & \cdots & \{F_{Nx}\}\\ \{F_{1y}\} & \{F_{2y}\} & \cdots & \{F_{jy}\} & \cdots & \{F_{Ny}\}\\ \{M_1\} & \{M_2\} & \cdots & \{M_j\} & \cdots & \{M_N\}\end{bmatrix}=g[m][A][\alpha]([\Gamma_y]\pm 0.3[\Gamma_x]) \tag{21}$$

当地震动主分量方向平行于房屋纵轴时

$$[F]=g[m][A][\alpha]([\Gamma_x]\pm 0.3[\Gamma_y]) \tag{22}$$

式中 $[\alpha]$，$[\Gamma_x]$，$[\Gamma_y]$ 分别为地震作用系数，x 方向，y 方向分量振型参与系数的对角方阵。

（五）竖向构件的振型相对侧移

按式（22）计算得到的质点振型地震作用是作用于整个空间结构上的力，由于各层楼盖的转动和纵、横方向水平变形，各榀竖构件的侧移值不相等，各振型质点地震作用不能简单地按各榀竖构件的抗推刚度比例分配，而要先计算出空间结构的各振型广义位移，然后计算出各榀竖向构件因各层楼盖的平移、转动和纵、横向水平变形所产生的合成侧移。质点系在前 m 个振型广义水平地震作用分别单独作用下，所产生的前 m 个振型广义位移 $[\delta]_{N\times m}$ 按下式计算：

$$[\delta]_{N\times m}=\begin{bmatrix}[\delta_x]\\ [\delta_y]\\ [\delta_\varphi]\end{bmatrix}_{N\times m}=[K]^{-1}\begin{bmatrix}[F_x]\\ [F_y]\\ [M]\end{bmatrix}_{N\times m} \tag{23}$$

式中，$[\delta_x]$ 为质点系前 m 个振型的质点 x 方向平动位移（平移加水平变形）矩阵，$[\delta_y]$ 为质点系前 m 个振型的质点 y 方向平动位移矩阵，$[\delta_\varphi]$ 为质点系前 m 个振型的各层楼盖水平转动位移矩阵。

空间结构第 s 纵向竖构件的前 m 个振型的相对侧移为：

$$[\Delta_{xs}]=[\delta_{xs}]-[d_{ys}][\delta_\varphi] \tag{24}$$

$$[d_{ys}]=\mathrm{diag}[d_{ys}^1\quad d_{ys}^2\ \cdots\ d_{ys}^r\ \cdots\ d_{ys}^h]$$

空间结构第 i 横向竖构件的前 m 个振型相对侧移为：

$$[\Delta_{yi}]=[\delta_{yi}]-[d_{xi}][\delta_\varphi] \tag{25}$$

$$[d_{xi}]=\mathrm{diag}[d_{xi}^1\quad d_{xi}^2\ \cdots\ d_{xi}^r\ \cdots\ d_{xi}^h]$$

式中 d_{ys}^r，d_{xi}^r 分别为第 r 楼盖质心到第 s 纵向竖构件和第 i 横向竖构件所在平面的垂直距离。

（六）竖构件的振型地震力

作用于第 s 纵向竖构件或第 i 横向竖构件分离体上各节点的前 m 个振型的水平地震力分别为：

$$[F_{xs}]=[K_{xs}][\Delta_{xs}] \tag{26}$$

$$[F_{yi}]=[K_{yi}][\Delta_{yi}] \tag{27}$$

式中 $[K_{xs}]$，$[K_{yi}]$ 分别为第 s 纵向竖构件和第 i 横向竖构件的抗推刚度矩阵。

（七）竖构件承载力验算

采用上节计算出的 $[F_{xs}]$ 或 $[F_{yi}]$，分别计算出各榀纵、横向竖构件的前 m 个振型的地震作用效应，然后，按 CQC 法则进行耦合，得竖构件各杆件控制截面的设计地震内力，并与相应荷载下的杆件截面内力组合，进行承载力验算。

六、算例

一单跨砖柱厂房（图 12*a*），跨度为 15m，柱距为 6m，厂房长度为 48m。砖柱采用 MU10 砖，M5 砂浆，C20 混凝土砌筑的组合砖砌体。屋盖采用钢筋混凝土大型屋面板、薄腹梁。屋盖横向等效剪切刚度基本值取 $\bar{k}=2\times10^4$kN。屋盖自重为 3kN/m²。雪荷载为 0.3kN/m²。设防烈度为 8 度，Ⅱ类场地。按空间分析法进行横向抗震计算。计算简图（厂房横向振动模型）取 9 个质点的并联质点系，见图 12（*b*），图中轴①和⑨为山墙，轴②～⑧为排架。

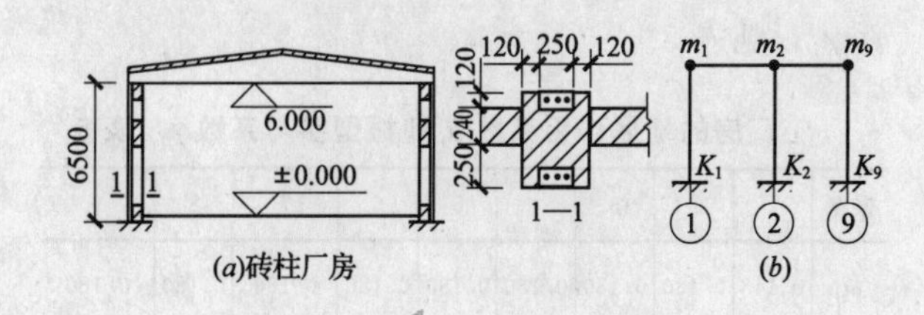

图 12 算例剖面及计算简图

半刚性楼盖房屋的抗震空间分析[9]

（一）各榀排架的质量和构件抗推刚度

1. 集中到各榀排架柱顶处的质量

计算周期时，$m_1=m_9=45.6$t，$m_2=m_3=\cdots=m_8=35.8$t。计算地震作用时，$\overline{m}_1=\overline{m}_9=64.8$t，$\overline{m}_2=\overline{m}_3=\cdots=\overline{m}_8=44.6$t。

2. 构件刚度

山墙弹性抗推刚度 $K_1=K_9=112540$kN/m，非弹性抗推刚度 $CK_1=CK_9=22510$kN/m，排架的抗推刚度 $K_2=K_3=\cdots=K_8=2780$kN/m。

一个柱距（开间）屋盖的水平等效剪切刚度：

$$k_2=k_3=\cdots=k_8=\frac{15}{6}k=\frac{15}{6}\times 20000$$

$$=5\times 10^4\text{kN/m}。$$

结构刚度矩阵为：

$$[K]=[K']+[k]$$

$$=\begin{bmatrix} 162540 & -50000 & & & \\ -50000 & 102780 & -50000 & & 0 \\ & -50000 & 102780 & -50000 & \\ & & \cdots & \cdots & \\ & 0 & & -50000 & 162540 \end{bmatrix}$$

式中 $[K']=\text{diag}[K_1 \quad K_2 \quad \cdots \quad K_9]$。

（二）厂房自振特性

求解动力矩阵方程的特征值，得厂房横向的前 9 阶自振周期分别为 0.399，0.232，0.165，0.131，0.112，0.100，0.092，0.087，0.085s。进而可求得厂房横向空间结构自由振动的二维振型，表 4 仅列出前四阶二维振型的幅值 $[Y_{ji}]$。

厂房横向的前四阶空间振型的幅值　　表 4

轴线		①	②	③	④	⑤	⑥	⑦	⑧	⑨
振型	1	0.163	0.493	0.763	0.939	1.000	0.939	0.763	0.493	0.163
	2	0.339	0.876	1.000	0.654	0.000	−0.654	−1.000	−0.876	−0.339
	3	0.521	1.000	0.490	−0.505	−1.000	−0.505	0.490	1.000	0.521
	4	−0.735	−0.841	0.399	1.000	0.000	−1.000	−0.399	0.841	0.731

根据厂房的自振周期和振型，得相应于厂房横向前 9 阶周期的地震作用系数 α_j 和振型参与系数 γ_j，见表 5。

厂房的地震作用系数 α_j 和振型参与系数 γ_j　表 5

振型	1	2	3	4	5	6	7	8	9
α_j	0.143	0.180	0.180	0.180	0.180	0.180	0.180	0.180	0.180
γ_j	1.296	0	0.490	0	0.341	0	−0.219	0	0.073

根据 α_i，γ_j，振型 Y_{ji} 和确定地震作用时的质量 $\overline{m}_i$，由下式可确定并联质点的 9 个质点的各个振型水平地震作用。

$$[F_{ji}]=g[\overline{m}][Y_{ji}][\alpha_j][\gamma_j]$$

重新建立地震时山墙开裂后厂房进入第二变形阶段时的空间结构非弹性抗推刚度 $[\overline{K}]$，$[\overline{K}]=[K'']+[k]$，其中 $[K'']=\text{diag}[22510 \quad 2780 \quad 2780 \quad 2780 \quad 2780 \quad 2780 \quad 2780 \quad 2780 \quad 22510]$

采用 $\{F_j\}$ 振型质点地震作用列向量 $\{F_j\}$，分别后乘空间结构的弹性和非弹性抗推刚度矩阵，分别得结构第一和第二变形阶段的侧移列向量 $\{\Delta_j\}$ 和 $\{\Delta'_j\}$。下面列出基本振型侧移列向量：

$$\{\Delta_1\}=10^{-2}\times[0.151 \quad 0.452 \quad 0.698 \quad 0.859 \quad 0.915 \quad 0.859 \quad 0.698 \quad 0.452 \quad 0.151]^T$$

$$\{\Delta'_1\}=10^{-2}\times[0.548 \quad 0.782 \quad 0.982 \quad 1.115 \quad 1.162 \quad 1.115 \quad 0.982 \quad 0.782 \quad 0.548]^T$$

从 $\{\Delta_j\}$ 中取出山墙和排架的侧移 Δ_{ji} 和 Δ_{j9}，从 $\{\Delta'_j\}$ 中取出各榀排架的侧移 Δ_{ji}（$i=2$，3，…，8），分别乘以山墙和排架的抗推刚度，得作用于山墙或排架分离体上的水平地震作用。轴①～⑤的基本振型水平地震作用分别为 170，21.7，27.2，30.9，32.2kN。

采取 9 个振型地震作用效应进行组合，可得山墙地震剪力 $V=179$kN，轴②～⑤排架柱底截面地震弯矩 M 分别为 74.5，91.8，103.4，108kN・m。

七、结语

由半刚性楼（屋）盖组成的对称或非对称空间结构，各层楼（屋）盖的平面内抗推刚度为有限值，楼（屋）盖在作平移振动、整体转动时还产生水平变形，宜采用串并联质点系计算结构的整体和局部反应。基于结构振动方程推导了半刚性楼盖结构的刚度矩阵，给出了半刚性楼盖结构的抗震空间分析方法。算例分析表明，采用串并联质点系的空间抗震分析方法，结构的基本振型侧移量明显大于弹性分析的结果。

参考文献

[1] 刘大海，钟锡根，杨翠如. 房屋抗震设

计［M］. 西安：陕西科学技术出版社，1995.

［2］刘大海，杨翠如，钟锡根. 空旷房屋抗震设计［M］. 北京：地震出版社，1990.

［3］刘大海，杨翠如，钟锡根. 高层建筑抗震设计［M］. 北京：中国建筑工业出版社，1993.

［4］刘大海，杨翠如. 厂房抗震设计［M］. 北京：中国建筑工业出版社，1997.

附录3 双重结构体系抗震分析

双重结构体系不同于单一结构体系，它是由弯曲型和剪切型两类不同侧向变形属性的抗侧力构件组成的结构体系。目前工程中采用的有框架-抗震墙体系、框架-支撑体系、框架-核心筒体系、框架-多筒体系、筒中筒体系等。

双重结构体系在水平地震作用下，不仅因为弯曲型构件和剪切型构件的侧向位移曲线差别较大，更主要的是两者的弹性侧向位移角的极限值相差数倍。在地震动的持续作用下，整个结构由弹性变形阶段逐步进入非弹性或弹塑性变形阶段后，由于抗震墙、竖向支撑的刚度退化，按弹性刚度分配所承担的地震力将部分地转移给框架，使框架承担的地震剪力大增。转移量的大小取决于工程中抗震墙与框架的相对数量以及结构侧移量的大小，不是定值。

现行的"一阶段计算法"，是按结构弹性刚度进行抗震墙与框架的地震力进行分配的，但考虑抗震墙刚度退化影响时，是按照规范规定采取定值，即各楼层框架所承担的地震剪力均不应小于结构底部总地震剪力的20%。这一粗略的估算方法存在较大误差，有时导致结构偏于不安全。

两阶段计算法是分别对结构的弹性变形阶段和非弹性变形阶段进行结构抗震分析，第一阶段，采用抗震墙和框架的弹性刚度计算地震时程中抗震墙所承担的最大地震力；第二阶段，根据结构非弹性侧移确定的抗震墙退化了的非弹性刚度，计算出框架各楼层实际承担的地震剪力。

一、结构特征

（一）动力自由度

高层建筑采用双重结构体系时，尽管在结构体系中有着两种类型竖构件，它们在水平荷载下单独工作时的变形形态存在着较大差异，但由于各层楼盖具有强大的水平刚度，犹如连接两类竖构件的水平刚杆，在共同承受水平荷载时，迫使他们的侧向变形趋于一致。在水平地震作用下，整个结构体系中各榀竖构件，在每层楼盖高度处都只有一个共同的待定侧移未知量。也就是说，整个结构体系在每层楼盖处只有一个动力自由度。所以，双重结构体系可以像单一结构体系那样，采用串联质点系作为结构抗震分析用的振动模型（图1）。

（二）构件刚度退化不同步

钢筋混凝土抗震墙的特点是：1. 抗推刚度大；2. 弹性变形极限值很小；3. 非弹性刚度衰减率大。轴交支撑（中心支撑）属轴力杆系，刚度大，但由于其杆件的长细比值较大，受压时易发生侧向弹性失稳（侧向屈曲），轴压刚度衰减，因而也具有类似于上述抗震墙的特点。钢框架和钢筋混凝土框架则具有较大的弹性极限变形角。所以，对于由上述两类构件组成的框-墙体系和框-撑体系，进行结构抗震分析时，应该考虑地震时程中抗震墙或钢支撑越过弹性变形极限值以后，抗推刚度严重退化所引起的框架剪力增值。

二、一阶段计算法

目前，一些设计部门按照抗震规范的设计原则，对于框-墙、框-撑、芯筒-框架、筒中筒等双重结构体系的抗震分析，依旧视同框架体系、全墙体系等单一结构体系，采用一阶段计算法，按结构弹性阶段进行构件地震内力的计算。下面扼要阐述对称结构"一阶段计算法"的主要内容和计算步骤。

（一）基本假定

1. 仅考虑水平地震作用，并沿建筑物纵向和横向两个主轴方向分别进行抗震验算。各方向的水平地震作用全部由该方向抗侧力构件共同承担。

2. 假定屋盖和各层楼盖沿水平方向的抗推刚度极大，地震时楼盖的水平变形略去不计。因此，对于水平荷载，空间结构可以简化为平面结构。

3. 不考虑结构的扭转振动，也不考虑水平构件的轴向变形，因而整个结构在每层楼盖高度处仅有一个侧移自由度。

（二）抗震分析模型

1. 结构模型

将结构体系中沿同一方向布置的同类竖构件，分别合并为一根总的竖构件，再将不同类型的总竖构件，利用代表各层楼盖的刚性水平杆连成平面结构的并联体。例如，对于框-墙体系，将沿房屋横向或纵向布置的各片抗震墙和各榀框架，分别合并为一片总抗震墙和一榀总框架，再于每层楼盖高度处，各用一根刚性水平杆将两者连为框-墙并联体（图1*a*）。对于芯筒-框架体系和筒中筒体系，也是按照同样办法形成如图1（*a*）所示的并联体。对于框-撑体系，同样是分别合并为总竖向支撑和总框架，并连成如图1（*b*）所示的并联体。

2. 振动模型

为了便于采用数值分析方法进行结构地震反应计算，应将结构的分布质量离散化为质点系。因为前面基本假定中已提出按平面结构进行振动分析，故可采用质点数等于房屋楼层数的串联质点系（图

1c）作为水平荷载作用下的结构振动模型。

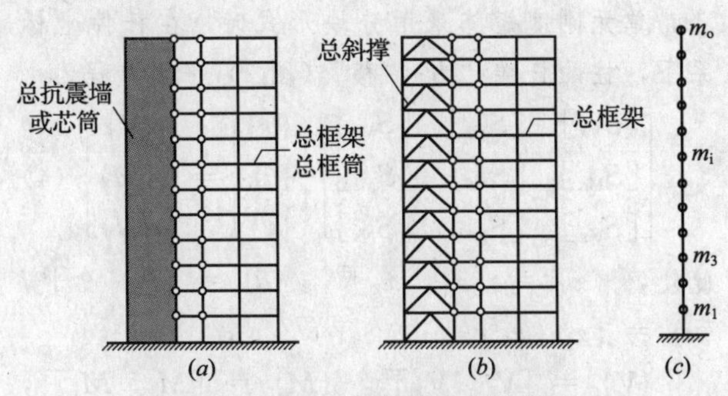

图1 双重体系及其侧向振动模型

(a) 框-墙体系、筒-框体系或筒中筒体系；
(b) 框-撑体系；(c) 串联质点系

3. 数学模型

地震时，高层建筑的基础随地面而运动，迫使上部结构作强迫振动。欲求结构的地震作用效应，理应求解地震作用下的结构振动方程。然而，反应谱理论已经完成了地震作用下一系列单自由度体系振动方程的解，并绘制成地震反应谱。因此，利用反应谱振型分解法计算结构地震内力和变形时，仅需求解结构的无阻尼自由振动方程，解得结构的各阶振型及其振动周期后，查地震反应谱，即可计算出作用于结构的地震作用数值。

由于双重结构体系所采用的侧向振动模型与单一结构体系相同，所以，以串联质点系作为振动模型的双重结构体系在水平地震作用下的振动微分方程也可以采用式（1）的数学表达式。其中，质量矩阵 $[m]$，内容与单一体系相同；刚度矩阵 $[K]$ 则是结构体系中同方向各类竖构件抗推刚度之和。对于框-墙体系，它等于总框架的抗推刚度矩阵 $[K_f]$ 加总抗震墙的抗推刚度矩阵 $[K_w]$；对于框-撑体系，它等于总支撑的抗推刚度矩阵 $[K_b]$ 加 $[K_f]$；对于芯筒-框架体系，它等于芯筒的抗推刚度矩阵 $[K_c]$ 加 $[K_f]$；对墙筒-框筒体系，它等于墙筒的抗推刚度矩阵 $[K_{wt}]$ 加框筒的抗推刚度矩阵 $[K_{ft}]$。

$$[m]\{\ddot{x}(t)\}+[C]\{\dot{x}(t)\}+[K]\{x(t)\}=-[m]\{1\}\ddot{x}_g(t) \quad (1)$$

（三）抗推刚度矩阵的形成

就图1（c）所示的结构振动模型而言，水平地震作用对质点仅引起同方向的水平惯性力，不引起惯性力矩或其他方向惯性力。所以，进行结构抗震分析时，需要的是结构抗推刚度矩阵（侧向刚度矩阵），即描述结构“侧力-侧移”单一对应关系的刚度系数所组成的方阵。

框架、全墙等结构体系是由框架或抗震墙等竖构件所组成，框架和抗震墙又是由梁、柱、墙段、墙肢和裙墙等杆件所组成。所以，欲求整个结构体系的抗推刚度矩阵，就需要先计算出各榀竖构件中各杆件的单元刚度矩阵，然后组装成各榀竖构件的总刚度矩阵，再合并成结构体系的总刚度矩阵，最后再从中解出结构体系（即多质点系）的抗推刚度矩阵。抗推刚度矩阵也称侧向刚度矩阵。

1. 杆件单元刚度矩阵

(1) 定义

仅使杆件的一端产生某一单位位移（侧移、转角或伸缩）而需在杆件两端施加的力（剪力、弯矩或轴力）的数值，称为刚度系数。由杆件两端的一组刚度系数所组成的矩阵，称为杆件的单元刚度矩阵。所以，单元刚度矩阵 $[S]$ 是杆端位移列向量 $\{D\}$ 与杆端内力列向量 $\{P\}$ 之间的关系矩阵。故有

$$[S]\{D\}=\{P\} \quad (2)$$

若将杆端的力和位移按性质分为三组，则单元刚度矩阵又可写成如下采用子矩阵表达的分块形式，各个子矩阵的含义和内容分别见下面各类杆件的单元刚度矩阵。

$$\begin{bmatrix}[S_{11}] & [S_{12}] & [S_{13}]\\ [S_{21}] & [S_{22}] & [S_{23}]\\ [S_{31}] & [S_{32}] & [S_{33}]\end{bmatrix}\begin{Bmatrix}\{D_1\}\\ \{D_2\}\\ \{D_3\}\end{Bmatrix}=\begin{Bmatrix}\{P_1\}\\ \{P_2\}\\ \{P_3\}\end{Bmatrix} \quad (3)$$

(2) 杆端未知量的编号顺序

为了能够方便地从结构体系的总刚度矩阵中求解出结构体系的抗推刚度矩阵，对结构各节点的侧移、转角和竖向位移等未知量进行编号时，需将结构的侧移未知量集中排在最前面，然后再排转角未知量和竖向位移未知量。在建立杆件的单元刚度时，两个杆端的位移未知量最好也按这个顺序进行编号，不必再沿用通常方法先编排一个杆端的三个位移未知量，再编排另一杆端的三个位移未知量。对于杆端位移未知量，按照上述顺序编号，就可以使杆件的单元刚度矩阵按块划分为 V-x（剪力-位移）、M-θ（弯矩-转角）和 N-z（轴力-轴向变形）三种子矩阵。在组装构件的总刚度矩阵时，可以将同类子矩阵直接排列和叠加，不过分打乱原来的矩阵排列。

(3) 柱的单元刚度矩阵

1) 力和位移的编号和正向

高层建筑中的框架，由于水平地震作用产生的楼层剪力和倾覆力矩，在柱中引起剪力、弯矩和轴力，使柱端产生侧移、转角和轴向变形。所以，柱的单元刚度矩阵要反映这三对力和变形的关系。根据上述杆端位移未知量的编号原则，由

下而上，杆端剪力和侧移的编号均为 1 和 2，杆端弯矩和转角的编号均为 3 和 4，杆端轴力和轴向变形的编号均为 5 和 6（图 2）。杆端内力和位移的正号方向与坐标系的正号方向相一致。即，剪力和侧移，以向右为正；弯矩和转角，以顺时针方向为正；轴力和轴向变形，以向下为正。

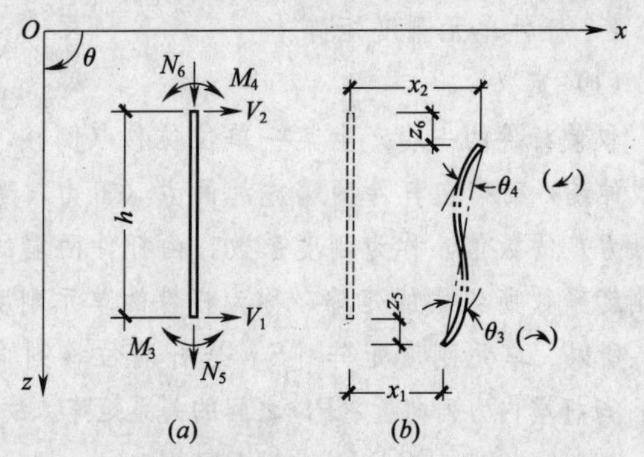

图 2 杆件坐标系下的杆端内力和位移
(a) 杆端内力和编号；(b) 节点位移和编号

2) 表达式

单元刚度矩阵采用分块形式时，在杆件坐标系下，柱的杆端"力-位移"（图 2）平衡方程为

$$\begin{bmatrix} [S_{\mathrm{Vx}}] & [S_{\mathrm{V\theta}}] & [S_{\mathrm{Vz}}] \\ [S_{\mathrm{Mx}}] & [S_{\mathrm{M\theta}}] & [S_{\mathrm{Mz}}] \\ [S_{\mathrm{Nx}}] & [S_{\mathrm{N\theta}}] & [S_{\mathrm{Nz}}] \end{bmatrix} \begin{Bmatrix} \{x\} \\ \{\theta\} \\ \{z\} \end{Bmatrix} = \begin{Bmatrix} \{V\} \\ \{M\} \\ \{N\} \end{Bmatrix} \tag{4}$$

此处，$\{x\} = [x_1 \quad x_2]^{\mathrm{T}}$，$\{\theta\} = [\theta_3 \quad \theta_4]^{\mathrm{T}}$，$\{z\} = [z_5 \quad z_6]^{\mathrm{T}}$

$\{V\} = [V_1 \quad V_2]^{\mathrm{T}}$，$\{M\} = [M_3 \quad M_4]^{\mathrm{T}}$，$\{N\} = [N_5 \quad N_6]^{\mathrm{T}}$

假设柱的杆件长度为 h（在高层建筑中，h 为楼层高度），截面面积为 A，截面惯性矩为 I，材料弹性模量为 E（也代表混凝土的 E_{c}），则在杆件坐标系下，柱的单元刚度矩阵的各元素可以具体地写成如下形式。矩阵中，粗虚线以上的"上三角"部分的元素与"下三角"部分相对称。

$$[S] = \begin{array}{c} \\ (V_1) \\ (V_2) \\ (M_3) \\ (M_4) \\ (N_5) \\ (N_6) \end{array} \begin{array}{c} \begin{array}{cccccc} (x_1) & (x_2) & (\theta_3) & (\theta_4) & (z_5) & (z_6) \end{array} \\ \begin{bmatrix} \frac{12EI}{h_3} & & & & & \\ -\frac{12EI}{h_3} & -\frac{12EI}{h^3} & & (对称) & & \\ \frac{6EI}{h^2} & -\frac{6EI}{h^2} & \frac{4EI}{h} & & & \\ \frac{6EI}{h^2} & -\frac{6EI}{h^2} & \frac{2EI}{h} & \frac{4EI}{h} & & \\ 0 & 0 & 0 & 0 & \frac{EA}{h} & \\ 0 & 0 & 0 & 0 & -\frac{EA}{h} & \frac{EA}{h} \end{bmatrix} \end{array} \tag{5}$$

3) 支撑斜腹杆的单元刚度矩阵对于轴交支撑（中心支撑），因假定各杆件节点均为铰接，所以各杆件仅考虑承受轴向力，其斜腹杆的单元刚度矩阵仅相当于式（5）中的最后两阶矩阵。即

$$[S] = \begin{bmatrix} \frac{EA}{l} & -\frac{EA}{l} \\ -\frac{EA}{l} & \frac{EA}{l} \end{bmatrix}$$

式中 l——支撑斜腹杆的长度。

(4) 梁的单元刚度矩阵

框架中的梁，一般均不考虑轴向变形，即 $x_1 = x_2 = x$（相当于图 2 中的 $z_5 = z_6$），可以略去不计。这样，对应于杆端的四个位移 z_1、z_2、θ_3 和 θ_4（图 3），梁的单元刚度矩阵将变为：

$$[S] = \begin{array}{c} \\ (V_1) \\ (V_2) \\ (M_3) \\ (M_4) \end{array} \begin{array}{c} \begin{array}{cccc} (z_1) & (z_2) & (\theta_3) & (\theta_4) \end{array} \\ \begin{bmatrix} \frac{12EI}{l^3} & & & \\ -\frac{12EI}{l^3} & \frac{12EI}{l^3} & (对称) & \\ \frac{6EI}{l^2} & -\frac{6EI}{l^2} & \frac{4EI}{l} & \\ \frac{6EI}{l^2} & -\frac{6EI}{l^2} & \frac{2EI}{l} & \frac{4EI}{l} \end{bmatrix} \end{array} \tag{6}$$

式中，l为梁的跨度，其余符号同式（5）。

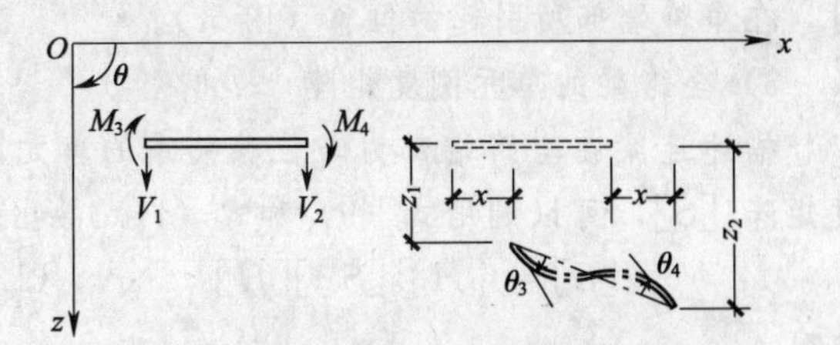

图3 杆件坐标系下的梁端内力和位移

（5）墙肢的单元刚度矩阵

采用有限元法进行结构分析时，对于单肢墙（无洞墙或小洞墙），常按楼层高度划分为若干墙段；对于多肢墙（即大洞墙），则按层高和墙肢中心线将它划分为墙段和窗裙梁（剪跨比值较小时称窗裙墙或窗台墙）。由于墙肢（或墙段）平面内的高宽比值较小，侧力作用下墙肢的弯曲变形急剧减小，墙肢的剪切变形在总变形中所占的份额上升到较大比例，不容忽视。当考虑墙肢的剪切变形时，对于图4中所示的墙肢，在杆件坐标系下的单元刚度矩阵具有如下的形式。其中，关于杆件的长度、截面面积、截面惯性矩和材料弹性模量所采用的符号，均与式（5）相同。

$$[S]=\begin{array}{c} \\ (V_1)\\(V_2)\\(M_3)\\(M_4)\\(N_5)\\(N_6)\end{array}\begin{array}{c}\begin{matrix}(x_1) & (x_2) & (\theta_3) & (\theta_4) & (z_5) & (z_6)\end{matrix}\\ \begin{bmatrix} \frac{12EI}{(1+\alpha)h^3} & & & & & \\ -\frac{12EI}{(1+\alpha)h^3} & \frac{12EI}{(1+\alpha)h^3} & & \text{(对称)} & & \\ \frac{6EI}{(1+\alpha)h^2} & -\frac{6EI}{(1+\alpha)h^2} & \frac{(4+\alpha)EI}{(1+\alpha)h} & & & \\ \frac{6EI}{(1+\alpha)h^2} & -\frac{6EI}{(1+\alpha)h^2} & \frac{(2-\alpha)EI}{(1+\alpha)h} & \frac{(4+\alpha)EI}{(1+\alpha)h} & & \\ 0 & 0 & 0 & 0 & \frac{EA}{h} & \\ 0 & 0 & 0 & 0 & -\frac{EA}{h} & \frac{EA}{h} \end{bmatrix}\end{array} \tag{7}$$

剪变形系数

$$\alpha=\frac{12EI}{GA_r h^2} \tag{8}$$

式中 G——墙肢材料的剪变模量，对于混凝土，$G_c=0.4E_c$；对于钢材，$G=0.38E$；

A_r——墙肢的受剪等效截面面积，它等于墙肢全截面面积A考虑剪应力不均匀分布影响进行折减后的截面面积，对于矩形截面，$A_r=A/1.2$；对于工字形截面，A_r等于腹板的截面面积。

某些情况下，对于结构中的单肢墙，仅需计入水平荷载作用下的墙身平面内弯曲变形和剪切变形。当其水平截面中和轴处不产生轴向变形时，墙肢的单元刚度矩阵仅取式（7）的前四阶元素。

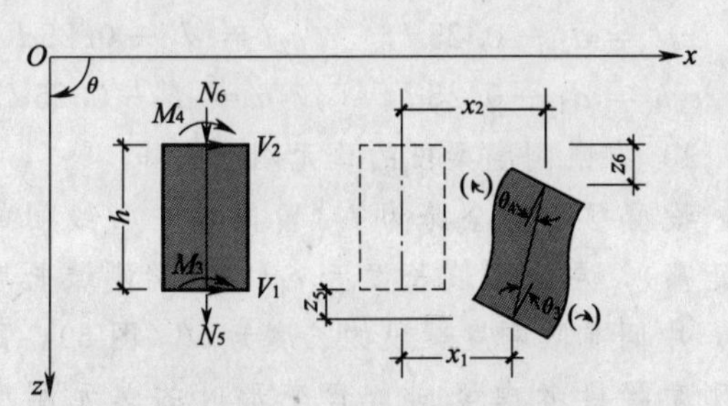

图4 杆件坐标系下墙肢两端的内力和位移
（图中的力和位移均为正向）

（6）连梁的单元刚度矩阵

对位于同一轴线上的抗震墙与框架之间的连梁，两片以上单肢抗震墙之间的连梁，当高跨比（截面高度与梁净跨度的比值）小于0.125时，可不考虑剪切变形。但是，由于抗震墙墙肢的宽度较大，梁的计算跨度取墙肢中心线之间的跨度时（图5a），连梁在墙肢内的一段（实际上是墙肢的一部分），竖向剪弯刚度极大，可以不考虑此梁段在荷载作用下所产生的竖向剪弯变形，将连梁两端的$\overline{AA'}$和$\overline{BB'}$段视为刚域（图5b）。

1）净跨梁的单元刚度矩阵

描述连梁净跨端部的力与位移关系的单元刚度矩阵$[S^*]$，等于将式（5）中的l换为cl，即

$$[S^*]=\begin{bmatrix} \frac{12EI}{c^3l^3} & & & \\ -\frac{12EI}{c^3l^3} & \frac{12EI}{c^3l^3} & \text{(对称)} & \\ \frac{6EI}{c^2l^2} & -\frac{6EI}{c^2l^2} & \frac{4EI}{cl} & \\ \frac{6EI}{c^2l^2} & -\frac{6EI}{c^2l^2} & \frac{2EI}{cl} & \frac{4EI}{cl} \end{bmatrix} \tag{9}$$

2）全跨与净跨的位移关系式

连梁全跨端部的位移列向量$\{D\}$与净跨端

部的位移列向量 $\{D^*\}$ 之间，具有如下关系式：

$$\{D^*\} = [H]\{D\} \tag{10}$$

$$[H] = \begin{bmatrix} 1 & 0 & c_1 l & 0 \\ 0 & 1 & 0 & -c_2 l \\ 0 & 0 & 1 & 0 \\ 0 & 0 & 0 & 1 \end{bmatrix} \tag{11}$$

在式 (11) 的 $[H]$ 中，第一列和第三列的元素，分别表示由于全跨端部 $z_1=1$ 和 $M_3=1$ 时，在净跨端部所引起的位移（图 5c）。

3）全跨梁的单元刚度矩阵

描述连梁在全跨端部力与位移关系的单元刚度矩阵 $[S]$，可以利用式 (9) 和式 (11) 导出。

$$[S] = [H]^{\mathrm{T}}[S^*][H] \tag{12}$$

故有

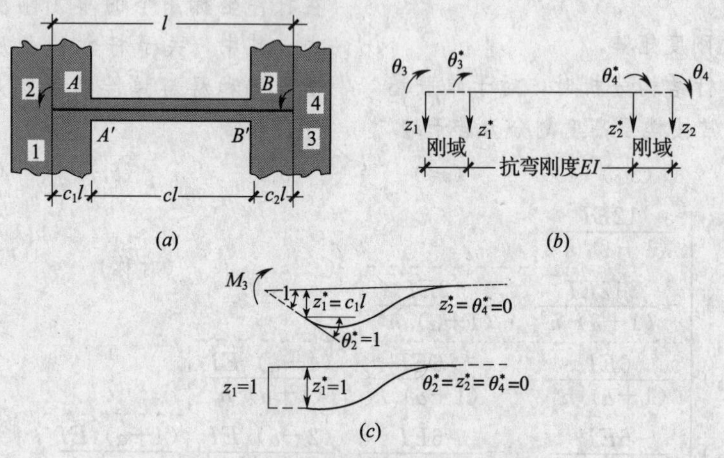

图 5　两片单肢抗震墙之间的连梁

(a) 结构简图；(b) 计算简图；(c) $M_3=1$ 和 $z_1=1$ 时连梁的变形状态

$$[S] = \begin{bmatrix} \frac{12EI}{c^3l^3} & & & \text{（对称）} \\ -\frac{12EI}{c^3l^3} & \frac{12EI}{c^3l^3} & & \\ \frac{6EI}{c^2l^2}+\frac{12c_1EI}{c^3l^2} & -\frac{6EI}{c^2l^2}-\frac{12c_1EI}{c^3l^2} & \frac{4EI}{cl}+\frac{12c_1EI}{c^2l}+\frac{12c_1^2EI}{c^3l} & \\ \frac{6EI}{c^2l^2}+\frac{12c_2EI}{c^3l^2} & -\frac{6EI}{c^2l^2}+\frac{12c_2EI}{c^3l^2} & \frac{2EI}{cl}+\frac{(6c_1+6c_2)EI}{c^2l}+\frac{12c_1c_2EI}{c^3l} & \frac{4EI}{cl}+\frac{12c_2EI}{c^2l}+\frac{12c_2^2EI}{c^3l} \end{bmatrix} \tag{13}$$

(7) 窗裙梁（窗裙墙）的单元刚度矩阵

水平荷载作用下的钢筋混凝土全墙体系，带窗洞外墙的窗裙梁（图 6），由于截面高度较大，竖向剪切变形在其总变形中占有较大比例，不容忽视。此外，由于窗间墙的墙肢宽度较大，取墙肢中线作为计算轴线时，窗裙梁的计算跨度按轴线间尺寸取值，在墙肢内的梁段将因竖向弯剪刚度极大，可视作刚域。又由于窗裙梁的截面高度也较大，窗裙梁与窗间墙的相对刚度比值较大，所以，它又不同于截面高度较小的连梁，刚域长度要比窗间墙的一半宽度稍小。

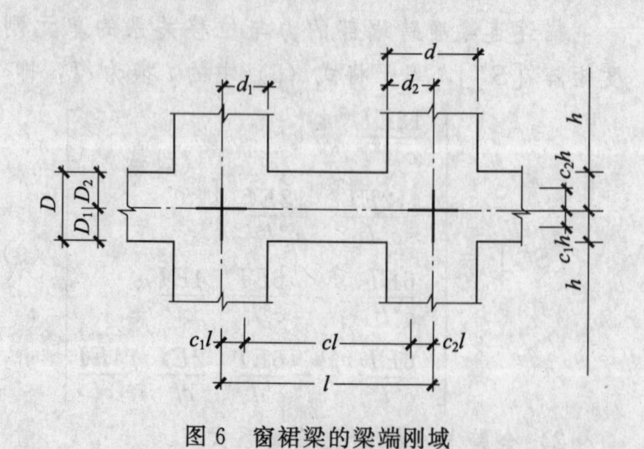

图 6　窗裙梁的梁端刚域

刚域的长度按下式计算：

$$c_1 l = d_1 - 0.25d, \qquad c_2 l = d_2 - 0.25d$$

$$c_1 h = d_1 - 0.25d, \qquad c_2 h = d_2 - 0.25d$$

1）有限刚度梁段的单元刚度矩阵

设窗裙梁的全跨为 l（窗间墙中心线间的水平距离），左端刚域长度为 $c_1 l$，右端刚域长度为 $c_2 l$，中间有限刚度梁段的长度为 cl（图 6），则有限刚度梁段考虑竖向剪弯变形时的单元刚度矩阵为：

$$[S^*]=\frac{EI}{1+\alpha}\begin{bmatrix}\frac{12}{c^3l^3} & & & (对称)\\ -\frac{12}{c^3l^3} & \frac{12}{c^3l^3} & & \\ \frac{6}{c^2l^2} & -\frac{6}{c^2l^2} & \frac{4+\alpha}{cl} & \\ \frac{6}{c^2l^2} & -\frac{6}{c^2l^2} & \frac{2-\alpha}{cl} & \frac{4+\alpha}{cl}\end{bmatrix} \tag{14}$$

2）全跨梁的单元刚度矩阵

当计入梁的剪切变形，窗裙梁考虑两端刚域时，相当于全跨梁的单元刚度矩阵 $[S]$，可从式（12）导得：

$$[S]=\frac{EI}{1+\alpha}\begin{bmatrix}\frac{12}{c^3l^3} & & & (对称)\\ -\frac{12}{c^3l^3} & \frac{12}{c^3l^3} & & \\ \frac{6}{c^2l^2}+\frac{12c_1}{c^3l^2} & -\frac{6}{c^2l^2}-\frac{12c_1}{c^3l^2} & \frac{4+\alpha}{cl}+\frac{12c_1}{c^2l}+\frac{12c_1^2}{c^3l} & \\ \frac{6}{c^2l^2}+\frac{12c_2}{c^3l^2} & -\frac{6}{c^2l^2}-\frac{12c_2}{c^3l^2} & \frac{2-\alpha}{cl}+\frac{6c_1+6c_2}{c^2l}+\frac{12c_1c_2}{c^3l} & \frac{4+\alpha}{cl}+\frac{12c_2}{c^2l}+\frac{12c_2^2}{c^3l}\end{bmatrix} \tag{15}$$

（8）带刚域墙肢（图 6）的单元刚度矩阵

当不考虑墙肢的轴向变形时，单元刚度矩阵可借用式（15）。若需要考虑轴向变形时，则应以式（15）为基础，参考式（8），增加以轴向变形项 EA/h 为元素的两阶子矩阵，并扩大矩阵为六阶。

2. 构件总刚度矩阵

（1）定义

抗震墙、框架等竖构件是由墙段、梁、柱等杆件所组成，杆件的交汇处或杆件的分段处称为节点。水平荷载下，平面构件中每一个节点一般具有三个位移，即水平位移、竖向位移和转角（图 7*a*）。图中各位移的方向均与坐标轴的正向相同，故均为正值。构件中所有节点分别仅产生单位广义位移时，在各节点处所需施加的外力所组成的方阵，称为构件总刚度矩阵。在矩阵位移法的“力-位移”平衡方程组式（16）中，由各个位移前面的系数所组成的方阵 $[S_T]$，就是该构件的总刚度矩阵。它由构件中各个杆件的单元刚度矩阵组装而成。

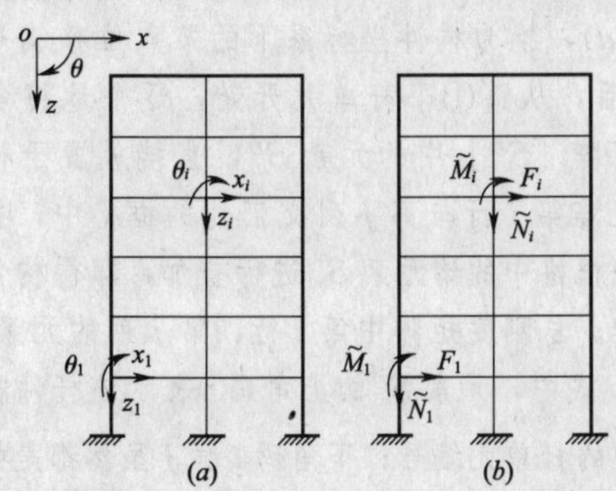

图 7 框架总刚度矩阵的基本未知量
（*a*）节点位移；（*b*）节点外力

$$[S_T]\{D\}=\{\widetilde{P}\} \tag{16}$$

式中 $\{D\}$——构件中各节点广义位移列向量（图 7*a*）

$$\{D\}=[x_1\ x_2\ \cdots\ x_n \mid \theta_1\ \theta_2\ \cdots\ \theta_n \mid z_1\ z_2\ \cdots z_n]^T$$

$\{\widetilde{P}\}$——构件中各节点广义力列向量（图 7*b*）

$$\{\widetilde{P}\}=[F_1\ F_2\ \cdots\ F_n \mid \widetilde{M}_1\ \widetilde{M}_2\ \cdots\ \widetilde{M}_n \mid \widetilde{N}_1\ \widetilde{N}_2\ \cdots \widetilde{N}_n]^T$$

（2）坐标系的转换

构件坐标系（或称结构坐标系）是用来标志构件中各杆件轴线几何位置和节点位移方向的坐标系统，一般取其一个坐标轴平行于构件中主要杆件的轴线。若构件中某一杆件的轴线与构件坐标系的坐标轴不相平行时，则表明该杆件的杆件坐标系与构件坐标系不平行，该杆件的单元刚度矩阵就需要经过坐标转换后，才能用来拼装构件总刚度矩阵。高层建筑中广泛采用的框架、框筒和抗震墙，都是由梁、柱、墙肢等杆件相互正交所组成的，没有斜交杆件。所以，杆件坐标轴的方向一般均可安排与构件坐标轴的方向相一致，杆件单元刚度矩阵无需进行坐标转换，就可直接用来拼装构件总刚度矩阵。

（3）位移未知量的编号

尽管构件中各节点位移未知量可以按任意顺序编号，并不影响结构分析结果。但是，编号顺序选得适当，可以减少计算机的存储量，并可简化电算程序。根据以往经验，位移未知量的编号顺序宜遵守下列原则：

1）因为地震动水平分量仅对集中于构件各杆

件节点处的质点引起水平惯性力，并不引起惯性力矩，竖向杆件轴向变形引起的质点竖向惯性力也可略去不计，因而水平地震作用下结构振动模型（图 1c）的“力-位移”平衡方程中，基本位移未知量只是各质点的侧移，进行结构分析时，也就只需要结构体系中各竖构件的抗推刚度矩阵（或称侧向刚度矩阵）。为从构件总刚度矩阵中方便地分离出构件抗推刚度矩阵，对于竖构件各节点的位移，应该由下而上先集中编排各节点水平位移未知量，然后集中编排各节点角位移未知量，最后编排各节点竖向位移未知量（图 8）。

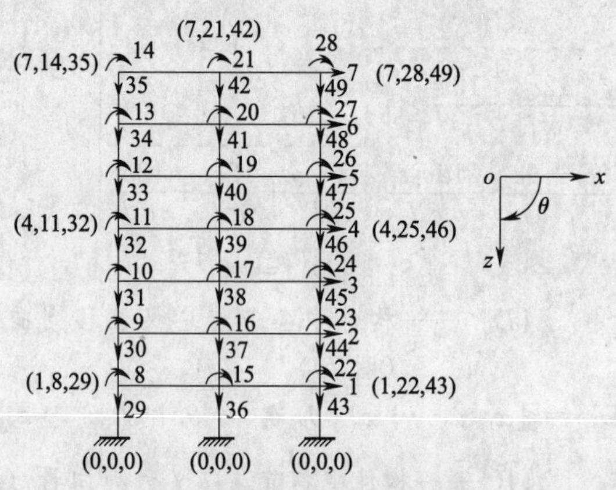

图 8 构件节点位移的编号

2）应使相邻节点的位移编号尽量靠近，这样安排可以使平衡方程中距主系数较远的副系数都等于零，总刚度矩阵中的非零元素集中于主对角线附近，形成带状分布。

3）因为原则上每个节点有三个位移，为使计算机仅需按位移编号进行运算（不必区别是线位移还是角位移），在每个节点和支座处写上三个编码，其顺序是侧移、转角和竖位移。当构件的支座处杆端或某节点处不发生某个位移和转角时，则对应于该位移的编号写为零。

（4）构件总刚度矩阵的拼装

1）位移在构件坐标系中的编号

为了较详细地阐明运算过程中的每一步骤，并使建立的总刚度矩阵不过分庞大，以便于写出，现以单跨双层框架为例（图 9）。该构件计有 6 个杆单元，其编号为①～⑥。四个自由节点（有独立位移的杆单元节点）和两个支座共有 10 个基本位移，两个侧移的编号为 1、2，其相应符号为 x_1、x_2；四个节点转角的编号为 3～6，其相应符号为 θ_3～θ_6；四个节点竖向位移的编号为 7～10，其相应符号为 z_7～z_{10}。根据对 10 个基本位移的编号，两个支座和四个节点处的各三个位移的编码为（0，0，0），（1，3，7），…，（2，6，10）。

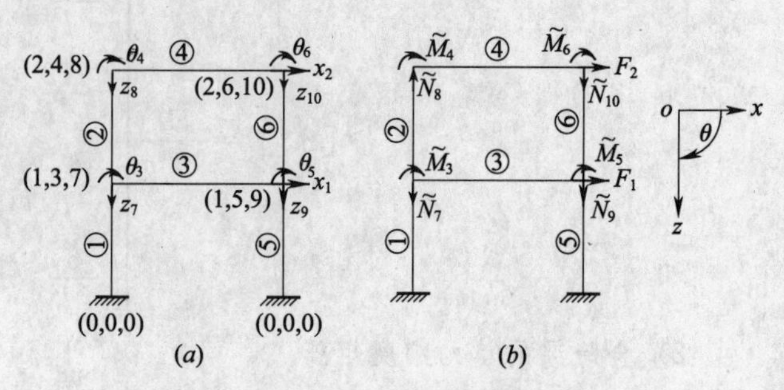

图 9 两层框架总刚度矩阵的基本未知量

（a）节点位移；（b）节点力

构件中的杆件一般不需编号，此处，为了说明总刚度矩阵的组装过程，对构件中的杆单元按顺序编号为①，②，③，……。

2）构件平衡方程

两层框架的力-位移平衡方程为

$$[S_T]\{D\}=\{\widetilde{P}\}$$

其分块形式的矩阵表达式为

$$\begin{bmatrix}[S_{Fx}] & [S_{F\theta}] & [S_{Fz}]\\ [S_{Mx}] & [S_{M\theta}] & [S_{Mz}]\\ [S_{Nx}] & [S_{N\theta}] & [S_{Nz}]\end{bmatrix}\begin{Bmatrix}\{x\}\\ \{\theta\}\\ \{z\}\end{Bmatrix}=\begin{Bmatrix}\{F\}\\ \{\widetilde{M}\}\\ \{\widetilde{N}\}\end{Bmatrix} \tag{17}$$

式中 $[S_T]$——框架的总刚度矩阵；

$\{D\}$——框架的节点基本位移（图 9a）列向量，

$$\{D\}=[x_1\quad x_2\ \vdots\ \theta_2^3\quad \theta_4\quad \theta_5\quad \theta_6\ \vdots\ z_7\quad z_8\quad z_9\quad z_{10}]^T$$

$\{\widetilde{P}\}$——作用于框架节点的广义力（图 9b）列向量，

$$\{\widetilde{P}\}=[F_1\quad F_2\ \vdots\ \widetilde{M}_3\quad \widetilde{M}_4\quad \widetilde{M}_5\quad \widetilde{M}_6\ \vdots\ \widetilde{N}_7\quad \widetilde{N}_8\quad \widetilde{N}_9\quad \widetilde{N}_{10}]^T$$

3）编码法概述

构件总刚度矩阵是由构件中各杆件的单元刚度矩阵，在构件坐标系下对其杆端位移重新编号后，采取“对号入座、同号叠加”的编码法自动形成。即将每个杆单元在杆件坐标系下的杆端位移编号（图 10a），换为构件坐标系下的节点位移编号（图 10b）后，从第①个杆单元开始，逐个地将各单元刚度矩阵 $[S^{ⓡ}]$ 中的元素 $S_{ij}^{ⓡ}$，直接放置于构件总刚度矩阵第 i 行与第 j 列交汇处的框格中，并将放入各个框格中的诸元素 $S_{ij}^{ⓡ}$ 进行叠加，即得构件总刚度矩阵。总刚度矩阵中第 i 行、第 j 列的元素 $S_{ij}=\sum_r S_{ij}^{ⓡ}$；式中，元素 $S_{ij}^{ⓡ}$ 的上角码ⓡ表示该杆件在框架构件中的杆单元编号；下角码 i 和 j 虽然都是按照构件中杆单元节点位移的编号确定的，但其实际含义是：j 表示引起编号为 i 的节点力的节点位移编号。

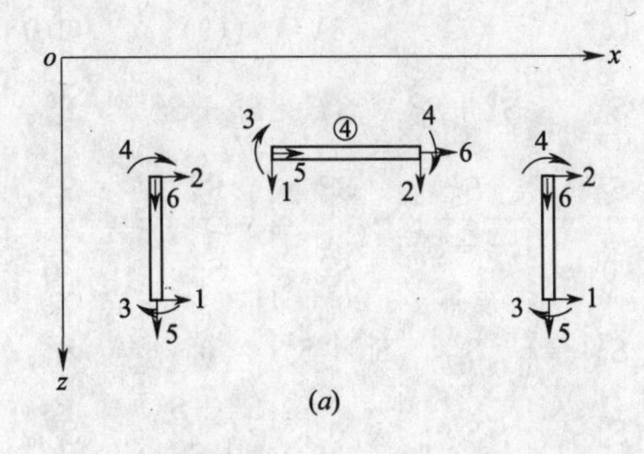

(a)

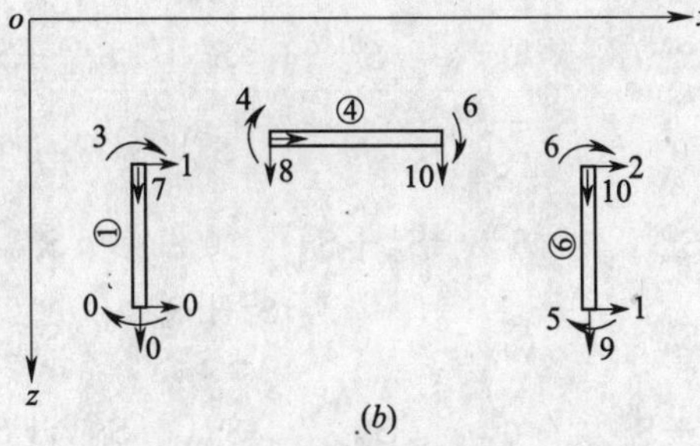

(b)

图 10　杆端位移的编号

(a) 杆件坐标系；(b) 构件坐标系

4) 示例——框架的总刚度矩阵

图 9 所示的两层框架，相应于框架中的杆单元编号为①、②、⑤、⑥的四根柱；式（5）所示单元刚度矩阵中的各元素，其下角码采用构件坐标系中节点位移编号表示时，具有如下的形式：

$$[S^{①}]=\begin{array}{c|cccccc} & (0) & (1) & (0) & (3) & (0) & (7) \\ \hline (0) & 0 & 0 & 0 & 0 & 0 & 0 \\ (1) & 0 & S_{11}^{①} & 0 & S_{13}^{①} & 0 & S_{17}^{①} \\ (0) & 0 & 0 & 0 & 0 & 0 & 0 \\ (3) & 0 & S_{31}^{①} & 0 & S_{33}^{①} & 0 & S_{37}^{①} \\ (0) & 0 & 0 & 0 & 0 & 0 & 0 \\ (7) & 0 & S_{71}^{①} & 0 & S_{73}^{①} & 0 & S_{77}^{①} \end{array}$$

$$[S^{②}]=\begin{array}{c|cccccc} & (1) & (2) & (3) & (4) & (7) & (8) \\ \hline (1) & S_{11}^{②} & S_{12}^{②} & S_{13}^{②} & S_{14}^{②} & S_{17}^{②} & S_{18}^{②} \\ (2) & S_{21}^{②} & S_{22}^{②} & S_{23}^{②} & S_{24}^{②} & S_{27}^{②} & S_{28}^{②} \\ (3) & S_{31}^{②} & S_{32}^{②} & S_{33}^{②} & S_{34}^{②} & S_{37}^{②} & S_{38}^{②} \\ (4) & S_{41}^{②} & S_{42}^{②} & S_{43}^{②} & S_{44}^{②} & S_{47}^{②} & S_{48}^{②} \\ (7) & S_{71}^{②} & S_{72}^{②} & S_{73}^{②} & S_{74}^{②} & S_{77}^{②} & S_{78}^{②} \\ (8) & S_{81}^{②} & S_{82}^{②} & S_{83}^{②} & S_{84}^{②} & S_{87}^{②} & S_{88}^{②} \end{array}$$

$$[S^{⑤}]=\begin{array}{c|cccccc} & (0) & (1) & (0) & (5) & (0) & (9) \\ \hline (0) & 0 & 0 & 0 & 0 & 0 & 0 \\ (1) & 0 & S_{11}^{⑤} & 0 & S_{15}^{⑤} & 0 & S_{19}^{⑤} \\ (0) & 0 & 0 & 0 & 0 & 0 & 0 \\ (5) & 0 & S_{31}^{⑤} & 0 & S_{55}^{⑤} & 0 & S_{59}^{⑤} \\ (0) & 0 & 0 & 0 & 0 & 0 & 0 \\ (9) & 0 & S_{91}^{⑤} & 0 & S_{95}^{⑤} & 0 & S_{99}^{⑤} \end{array}$$

$$[S^{⑥}]=\begin{array}{c|cccccc} & (1) & (2) & (5) & (6) & (9) & (10) \\ \hline (1) & S_{11}^{⑥} & S_{12}^{⑥} & S_{15}^{⑥} & S_{16}^{⑥} & S_{19}^{⑥} & S_{1,10}^{⑥} \\ (2) & S_{21}^{⑥} & S_{22}^{⑥} & S_{25}^{⑥} & S_{26}^{⑥} & S_{29}^{⑥} & S_{2,10}^{⑥} \\ (5) & S_{51}^{⑥} & S_{52}^{⑥} & S_{55}^{⑥} & S_{56}^{⑥} & S_{59}^{⑥} & S_{5,10}^{⑥} \\ (6) & S_{61}^{⑥} & S_{62}^{⑥} & S_{65}^{⑥} & S_{66}^{⑥} & S_{69}^{⑥} & S_{6,10}^{⑥} \\ (9) & S_{91}^{⑥} & S_{92}^{⑥} & S_{95}^{⑥} & S_{96}^{⑥} & S_{99}^{⑥} & S_{9,10}^{⑥} \\ (10) & S_{10,1}^{⑥} & S_{10,2}^{⑥} & S_{10,5}^{⑥} & S_{10,6}^{⑥} & S_{10,9}^{⑥} & S_{10,10}^{⑥} \end{array}$$

相应于框架中的杆单元编号为③和④的两根梁，式（6）所示单元刚度矩阵中的各元素，其下角码采用构件坐标系中节点位移编号表示时，具有如下的形式：

$$[S^{③}]=\begin{array}{c|cccc} & (3) & (5) & (7) & (9) \\ \hline (3) & S_{33}^{③} & S_{35}^{③} & S_{37}^{③} & S_{39}^{③} \\ (5) & S_{53}^{③} & S_{55}^{③} & S_{57}^{③} & S_{59}^{③} \\ (7) & S_{73}^{③} & S_{75}^{③} & S_{77}^{③} & S_{79}^{③} \\ (9) & S_{93}^{③} & S_{95}^{③} & S_{97}^{③} & S_{99}^{③} \end{array}$$

$$[S^{④}]=\begin{array}{c|cccc} & (4) & (6) & (8) & (10) \\ \hline (4) & S_{44}^{④} & S_{46}^{④} & S_{48}^{④} & S_{4,10}^{④} \\ (6) & S_{64}^{④} & S_{66}^{④} & S_{68}^{④} & S_{6,10}^{④} \\ (8) & S_{84}^{④} & S_{86}^{④} & S_{88}^{④} & S_{8,10}^{④} \\ (10) & S_{10,4}^{④} & S_{10,6}^{④} & S_{10,8}^{④} & S_{10,10}^{④} \end{array}$$

上述 $[S^{①}]$ ～ $[S^{⑥}]$ 各杆单元刚度矩阵中的各个元素 $[S_{ij}^{(r)}]$，按照它在上面各式中的位置，取式（5）或式（6）中相应位置的元素$\left(\text{例如}\ \dfrac{12EI}{h^3}\text{等}\right)$，依其下角码（$i$、$j$）的编号，按“对号入座，同号叠加”的原则，放入由构件坐标系中位移未知量编号为行（i）和列（j）的矩阵框格内，即形成两层框架的总刚度矩阵。就实际含义而言，i 是图 9（b）中节点力的编号，j 才是图 9（a）中节点位移的编号。

图 9 所示两层框架的构件总刚度矩阵中各元素的组成，如式（18）所示。

(5) 抗震墙的总刚度矩阵

前面介绍了框架总刚度矩阵的组装。单肢墙，有连梁的并列墙，带窗洞的多肢墙，总刚度矩阵的组装方法与框架基本相同。稍有不同的是：

1) 单肢墙中线处各楼层墙段的节点无竖向位移，仅有水平位移和转角位移（图 11a），在组装总刚度矩阵时，仅取式（8）所示的墙肢单元刚度矩阵中的前四阶元素，略去表示轴向变形的后两阶元素。

2) 对于有连梁的联肢墙，采用墙片中线作为连梁计算跨度时（图 11b），组装并列墙的总刚度矩阵时，连梁的单元刚度矩阵，应参照图 5 和式（13）考虑梁端刚域的影响。

$$
[S_T]=\begin{array}{c} \\ i=(1)\\(2)\\(3)\\(4)\\(5)\\(6)\\(7)\\(8)\\(9)\\(10)\end{array}
\begin{array}{cccccccccc}
j=(1) & (2) & (3) & (4) & (5) & (6) & (7) & (8) & (9) & (10)
\end{array}
$$

$$
\left[\begin{array}{cc:cccc:cccc}
S_{11}^{\textcircled{1}}+S_{11}^{\textcircled{2}}+S_{11}^{\textcircled{5}}+S_{11}^{\textcircled{6}} & S_{12}^{\textcircled{2}}+S_{12}^{\textcircled{6}} & S_{13}^{\textcircled{1}}+S_{13}^{\textcircled{2}} & S_{14}^{\textcircled{2}} & S_{15}^{\textcircled{5}}+S_{15}^{\textcircled{6}} & S_{16}^{\textcircled{6}} & S_{17}^{\textcircled{1}}+S_{17}^{\textcircled{2}} & S_{18}^{\textcircled{2}} & S_{19}^{\textcircled{5}}+S_{19}^{\textcircled{6}} & S_{1,10}^{\textcircled{6}} \\
S_{21}^{\textcircled{2}}+S_{21}^{\textcircled{6}} & S_{22}^{\textcircled{2}}+S_{22}^{\textcircled{6}} & S_{23}^{\textcircled{2}} & S_{24}^{\textcircled{2}} & S_{25}^{\textcircled{6}} & S_{26}^{\textcircled{6}} & S_{27}^{\textcircled{2}} & S_{28}^{\textcircled{2}} & S_{29}^{\textcircled{6}} & S_{2,10}^{\textcircled{6}} \\ \hdashline
S_{31}^{\textcircled{1}}+S_{31}^{\textcircled{2}} & S_{32}^{\textcircled{2}} & S_{33}^{\textcircled{1}}+S_{33}^{\textcircled{2}}+S_{33}^{\textcircled{3}} & S_{34}^{\textcircled{2}} & S_{35}^{\textcircled{3}} & 0 & S_{37}^{\textcircled{1}}+S_{37}^{\textcircled{2}}+S_{37}^{\textcircled{3}} & S_{38}^{\textcircled{2}} & S_{39}^{\textcircled{3}} & 0 \\
S_{41}^{\textcircled{2}} & S_{42}^{\textcircled{2}} & S_{43}^{\textcircled{2}} & S_{44}^{\textcircled{2}}+S_{44}^{\textcircled{4}} & 0 & S_{46}^{\textcircled{4}} & S_{47}^{\textcircled{2}} & S_{48}^{\textcircled{2}}+S_{48}^{\textcircled{4}} & 0 & S_{4,10}^{\textcircled{4}} \\
S_{51}^{\textcircled{5}}+S_{51}^{\textcircled{6}} & S_{52}^{\textcircled{6}} & S_{53}^{\textcircled{3}} & 0 & S_{55}^{\textcircled{3}}+S_{55}^{\textcircled{5}}+S_{55}^{\textcircled{6}} & S_{56}^{\textcircled{6}} & S_{57}^{\textcircled{3}} & 0 & S_{59}^{\textcircled{3}}+S_{59}^{\textcircled{5}}+S_{59}^{\textcircled{6}} & S_{5,10}^{\textcircled{6}} \\
S_{61}^{\textcircled{6}} & S_{62}^{\textcircled{6}} & 0 & S_{64}^{\textcircled{4}} & S_{65}^{\textcircled{6}} & S_{66}^{\textcircled{4}} & 0 & S_{68}^{\textcircled{4}} & S_{69}^{\textcircled{6}} & S_{6,10}^{\textcircled{4}}+S_{6,10}^{\textcircled{6}} \\ \hdashline
S_{71}^{\textcircled{1}}+S_{71}^{\textcircled{2}} & S_{72}^{\textcircled{2}} & S_{73}^{\textcircled{1}}+S_{73}^{\textcircled{2}}+S_{73}^{\textcircled{3}} & S_{74}^{\textcircled{2}} & S_{75}^{\textcircled{3}} & 0 & S_{77}^{\textcircled{1}}+S_{77}^{\textcircled{2}}+S_{77}^{\textcircled{3}} & S_{78}^{\textcircled{2}} & S_{79}^{\textcircled{3}} & 0 \\
S_{81}^{\textcircled{2}} & S_{82}^{\textcircled{2}} & S_{83}^{\textcircled{2}} & S_{84}^{\textcircled{2}}+S_{84}^{\textcircled{4}} & 0 & S_{86}^{\textcircled{4}} & S_{87}^{\textcircled{2}} & S_{88}^{\textcircled{2}}+S_{88}^{\textcircled{4}} & 0 & S_{8,10}^{\textcircled{4}} \\
S_{91}^{\textcircled{5}}+S_{91}^{\textcircled{6}} & S_{92}^{\textcircled{6}} & S_{93}^{\textcircled{3}} & 0 & S_{95}^{\textcircled{3}}+S_{95}^{\textcircled{5}}+S_{95}^{\textcircled{6}} & S_{96}^{\textcircled{6}} & S_{97}^{\textcircled{3}} & 0 & S_{99}^{\textcircled{3}}+S_{99}^{\textcircled{5}}+S_{99}^{\textcircled{6}} & S_{9,10}^{\textcircled{6}} \\
S_{10,1}^{\textcircled{6}} & S_{10,2}^{\textcircled{6}} & 0 & S_{10,4}^{\textcircled{4}} & S_{10,5}^{\textcircled{6}} & S_{10,6}^{\textcircled{4}}+S_{10,6}^{\textcircled{6}} & 0 & S_{10,8}^{\textcircled{4}} & S_{10,9}^{\textcircled{6}} & S_{10,10}^{\textcircled{4}}+S_{10,10}^{\textcircled{6}}
\end{array}\right] \tag{18}
$$

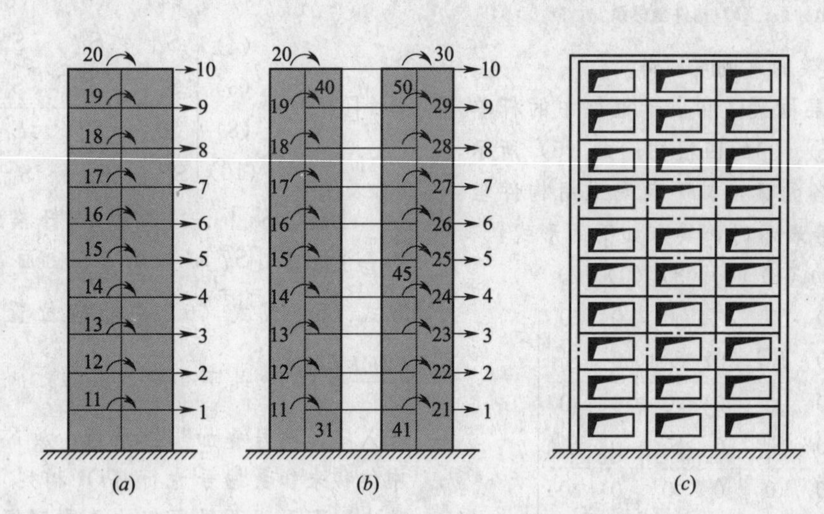

图 11　抗震墙各墙段节点的基本位移

(a) 单肢墙；(b) 联肢墙；(c) 多肢墙

3) 对于具有较高截面窗裙梁（窗裙墙）的带窗洞墙片（图 11*c*），计算窗裙梁和墙肢的单元刚度矩阵时，均应参照式（15）和式（8）考虑端部刚域的影响。

(6) 竖向支撑的总刚度矩阵

对于竖向轴交支撑（中心支撑），由于其中斜腹杆的杆体坐标系与构件坐标系不一致，需要先对斜腹杆的单元刚度矩阵进行坐标转换后，再向构件总刚度矩阵的框格内装填。

3. 构件抗推刚度矩阵

(1) 定义

竖构件的抗推刚度矩阵（侧向刚度矩阵）$[K]_s$ 是联系构件的侧力 $\{F\}$ 与侧移 $\{x\}$ 单一对应关系的矩阵（式 19）。它是依次使构件某一

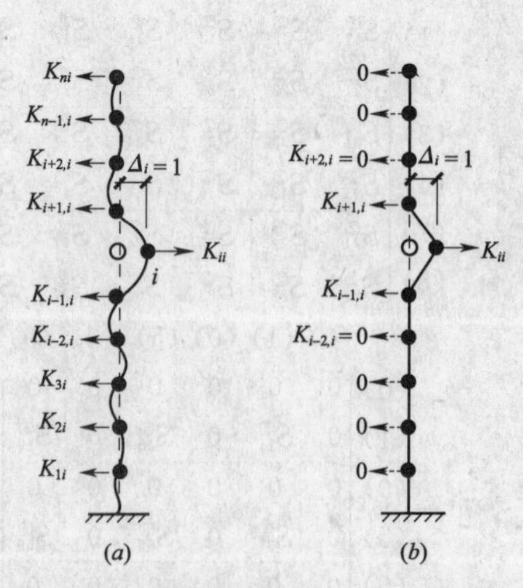

图 12　竖构件中仅 $\Delta_i=1$ 时的一组刚度系数 K_{ki}

(a) 弯曲型构件；(b) 剪切型构件

楼层节点产生单位侧移，而其他各楼层节点不发生侧移（转角不约束）时，在各楼层节点处所需施加的一组侧力（刚度系数）所形成的方阵。图12表示竖构件仅 i 节点（相当于第 i 楼盖处）产生单位侧移 $\Delta_i=1$ 时，在各节点处所需施加的一组力 K_{ki} ($k=1, 2, \cdots, i, \cdots, n$)，即 $\Delta_i=1$ 时的一组刚度系数。

$$\{F\}=[K]_s\{x\} \tag{19}$$

在式（17）所表示的构件总刚度矩阵中，虽然也含有联系构件侧力与侧移的刚度子矩阵 $[S_{Fx}]$，但它并不是构件的抗推刚度矩阵，两者之间有着较大的差异。从式（17）和式（18）可以看出，构件的节点侧移 x 与节点转角 θ 和节点竖向位移 z 之间存在着耦联关系，所以，总刚度矩阵中的刚度子矩阵 $[S_{Fx}]$ 不是反映侧力与侧移单一对应关系的独立矩阵。只有从构件总刚度矩阵 $[S_T]$ 中，消去侧力和侧移与其他广义力和广义位移之间的耦联关系，才能求得构件的抗推刚度矩阵。

(2) 块消去法

为了便于从构件总刚度矩阵中求得构件的抗推刚度矩阵，应将总刚度矩阵改写为：

$$[S_T]=\begin{bmatrix}[S_{Fx}] & [S_{F\theta}] & [S_{Fz}]\\ [S_{Mx}] & [S_{M\theta}] & [S_{Mz}]\\ [S_{Nx}] & [S_{N\theta}] & [S_{Nz}]\end{bmatrix}=\begin{bmatrix}[S_{Fx}] & [S_{F\overline{D}}]\\ [S_{\overline{P}x}] & [S_{\overline{P}\overline{D}}]\end{bmatrix} \tag{20}$$

式中 $[S_{Fx}]$——联系侧力与侧移的刚度子矩阵；

$[S_{\overline{P}\overline{D}}]$——联系除侧力和侧移以外广义力和广义位移的刚度子矩阵；

$[S_{F\overline{D}}]$——联系侧力与除侧移以外广义位移的刚度子矩阵；

$[S_{\overline{P}x}]$——联系除侧力以外广义力与侧移的刚度子矩阵。

水平地震作用下，图7所示的框架，包括所有节点广义力和广义位移在内的平衡方程按式（16）计算。即

$$[S_T]\{D\}=\{\widetilde{P}\} \tag{21}$$

或写为

$$\begin{bmatrix}[S_{Fx}] & [S_{F\overline{D}}]\\ [S_{\overline{P}x}] & [S_{\overline{P}\overline{D}}]\end{bmatrix}\begin{Bmatrix}\{x\}\\ \{\overline{D}\}\end{Bmatrix}=\begin{Bmatrix}\{F\}\\ \{\overline{P}\}\end{Bmatrix} \tag{a}$$

式中 $\{F\}$——框架的节点侧力列向量；

$\{F\}=[F_1\ F_2\cdots F_i\cdots F_n]^T$

$\{\overline{P}\}$——除侧力以外的框架节点广义力列向量；

$\{\overline{P}\}=[\widetilde{M}_1\ \widetilde{M}_2\cdots\widetilde{M}_i\cdots\widetilde{M}_n \mid \widetilde{N}_1\ \widetilde{N}_2\cdots\widetilde{N}_i\cdots\widetilde{N}_n]^T$

$\{x\}$——框架的节点水平位移（侧移）列向量，$\{x\}=[x_1\ \ x_2\cdots\ \ x_i\ \cdots\ x_n]^T$；

$\{\overline{D}\}$——除水平位移（侧移）以外的框架节点广义位移列向量。

因为水平地震作用对节点处的质点仅引起水平惯性力，不引起惯性力矩和其他方向的惯性力，所以，$\{\overline{P}\}=0$。将 $\{\overline{P}\}=0$ 代入式 (a)，并将式 (a) 展开，得联立方程式：

$$[S_{Fx}]\{x\}+[S_{F\overline{D}}]\{\overline{D}\}=\{F\} \tag{b}$$

$$[S_{\overline{P}x}]\{x\}+[S_{\overline{P}\overline{D}}]\{\overline{D}\}=\{0\} \tag{c}$$

由式 (c)，$\{\overline{D}\}=-[S_{\overline{P}\overline{D}}]^{-1}[S_{\overline{P}x}]\{x\}$，代入式 ($b$) 得，

$$([S_{Fx}]-[S_{F\overline{D}}][S_{\overline{P}\overline{D}}]^{-1}[S_{\overline{P}x}])\{x\}=\{F\} \tag{d}$$

或写为 $$[K]_s\{x\}=\{F\} \tag{e}$$

式中 $$[K]_s=[S_{Fx}]-[S_{F\overline{D}}][S_{\overline{P}\overline{D}}]^{-1}[S_{\overline{P}x}] \tag{22}$$

从式 (e) 可以看出，$[K]_s$ 已是联系构件侧力 $\{F\}$ 与侧移 $\{x\}$ 单一对应关系的独立矩阵，所以 $[K]_s$ 就是第 s 竖构件的抗推刚度矩阵。

(3) 逆矩阵法

利用对构件总刚度矩阵 $[S_T]$ 进行求逆，也可方便地求得构件的抗推刚度矩阵。可以证明，在构件总刚度矩阵的逆矩阵 $[S_T]^{-1}$ 中的子矩阵 $[\delta_{xF}]$，就是构件在侧力作用下的柔度矩阵，取出 $[\delta_{xF}]$，并对它求逆，即得构件的抗推刚度矩阵 $[K]_s$。对式（21）等号两边各乘以 $[S_T]^{-1}$，得

$$[S_T]^{-1}[S_T]\{D\}=[S_T]^{-1}\{\widetilde{P}\}$$

即 $$\{D\}=[S_T]^{-1}\{\widetilde{P}\} \tag{a}$$

将式 (a) 写成分块式子矩阵，得：

$$\begin{Bmatrix}\{x\}\\ \{\overline{D}\}\end{Bmatrix}=\begin{bmatrix}[\delta_{xF}][\delta_{x\overline{P}}]\\ [\delta_{\overline{D}F}][\delta_{\overline{D}\overline{P}}]\end{bmatrix}\begin{Bmatrix}\{F\}\\ \{\overline{P}\}\end{Bmatrix} \tag{b}$$

展开式 (b)，并将 $\{\widetilde{P}\}=0$ 代入，得：

$$\{x\}=[\delta_{xF}]\{F\} \tag{c}$$

$$\{\overline{D}\}=[\delta_{\overline{D}F}]\{F\} \tag{d}$$

从式 (c) 中可以清楚地看出，$[\delta_{xF}]$ 就是构件的侧移柔度矩阵，故其逆矩阵 $[\delta_{xF}]^{-1}$ 就是构件的抗推刚度矩阵，即

$$[K]_s=[\delta_{xF}]^{-1} \tag{23}$$

4. 结构抗推刚度矩阵

不论是弯曲型还是剪切型竖构件，其抗推刚度矩阵（侧向刚度矩阵）都是由竖构件在各楼盖处的刚度系数所组成。所以，不必先分别求出结

构体系中总框架的抗推刚度矩阵和总抗震墙或总竖向支撑的抗推刚度矩阵，然后再叠加为整个结构体系的抗推刚度矩阵；而可以将结构体系中所有各类竖构件的抗推刚度矩阵 $[K]_s$ 进行叠加，一次求得结构体系的总抗推刚度矩阵（侧向刚度矩阵）$[K]$。即

$$[K]=\sum_{s}[K]_s \tag{24}$$

（1）简单立面楼房

正如本节第三小节所述，对于采用单一结构体系的刚性楼盖高层建筑，进行纵向或横向地震反应分析时，是将同方向的各榀竖构件（框架或抗震墙）合并为一榀总的竖构件，即变成一榀总框架或一片总抗震墙，然后利用"串联质点系"振动模型，进行结构抗震分析。所以，在计算出各榀构件的抗推刚度矩阵 $[K]_s$ 之后，进行叠加，以求得总框架或总抗震墙的抗推刚度矩阵 $[K]$。即

$$[K]=\sum_{s}[K]_s \tag{25}$$

式中 $[K]_s$——沿房屋横向、纵向布置的第 s 榀框架或第 s 片抗震墙或第 s 片竖向支撑的抗推刚度矩阵。

（2）阶梯形楼房

对于阶梯形楼房，由于各榀框架或抗震墙的总层数不相同，抗推刚度矩阵（侧向刚度矩阵）的阶数不相等。在组装整个结构体系的抗推刚度矩阵时，需要以层数最多（n 层）的框架或抗震墙的抗推刚度矩阵阶数（$n\times n$）为标准，将其他层数较少的框架和抗震墙的抗推刚度矩阵扩充为 $n\times n$ 阶。扩充的办法是，将不足的行和列元素用零填充。例如，对于总层数为 a 的框架，为组装结构体系抗推刚度矩阵而扩充了的抗推刚度矩阵，具有如下的形式：

$$[K]_s=\begin{bmatrix} K_{11} & K_{12} & \cdots & K_{1i} & \cdots & K_{1a} & 0 & \cdots & 0 \\ K_{21} & K_{22} & \cdots & K_{2i} & \cdots & K_{2a} & 0 & \cdots & 0 \\ \vdots & \vdots & \vdots & \vdots & \vdots & \vdots & \vdots & \vdots & \vdots \\ K_{i1} & K_{i2} & \cdots & K_{ii} & \cdots & K_{ia} & 0 & \cdots & 0 \\ \vdots & \vdots & \vdots & \vdots & \vdots & \vdots & \vdots & \vdots & \vdots \\ K_{a1} & K_{a2} & \cdots & K_{ai} & \cdots & K_{aa} & 0 & \cdots & 0 \\ 0 & 0 & \cdots & 0 & \cdots & 0 & 0 & \cdots & 0 \\ \vdots & \vdots & \vdots & \vdots & \vdots & \vdots & \vdots & \vdots & \vdots \\ 0 & 0 & \cdots & 0 & \cdots & 0 & 0 & \cdots & 0 \end{bmatrix}_{n\times n} \tag{26}$$

（四）振型和周期

1. 自由振动方程

采用反应谱振型分解法进行结构地震反应分析时，无需再求解式（1）的振动微分方程组，只需通过解多质点系的无阻尼自由振动方程，求出结构的各阶振型和周期，查反应谱，即可得到结构的最大地震反应。其缘由是：（1）反应谱理论通过求解地震作用下单自由度体系的振动微分方程，已经给出了各种自振周期单自由度体系的最大地震反应；（2）振型分解原理已经论证，水平荷载下的结构变形可以采用结构多个振型的线性遇合来逼近；（3）多质点系的最大地震反应，可以采用相当于多质点系前若干振型的等效广义单自由度体系最大地震反应的遇合；（4）一般结构具有不大的阻尼比，其各个振型和周期与无阻尼时的结构振型和周期基本相同，因而可以采用无阻尼结构来取代实际结构。

图1c 所示串联质点系的无阻尼自由振动方程为

$$(m)\{\ddot{x}(t)\}+[K]\{x(t)\}=0 \tag{27}$$

式中 $[m]$、$[K]$——分别为串联质点系的质量矩阵和抗推刚度矩阵；

$\{x(t)\}$、$\{\ddot{x}(t)\}$——分别为串联质点系中各质点的瞬时侧移列向量和瞬时加速度列向量。

质量矩阵 $[m]$ 中的元素 m_i 为"串联质点系"振动模型中第 i 质点的质量，$m_i=G_i/g$。g 为重力加速度，G_i 为集中于质点 i 的重力荷载代表值，即高层建筑中第 i 楼盖及其上、下各半个楼层的重力荷载代表值。对于结构和建筑部件的自重，取其标准值；对于楼面可变荷载，取其标准值乘以表1中所列的组合值系数。

可变荷载的组合值系数　　表1

可变荷载种类			组合值系数
雪荷载			0.5
屋面活荷载（上人屋面）			0.5
楼面活荷载	按实际情况采用时		1.0
	按等效均布荷载考虑时	藏书库、档案库	0.8
		其他民用建筑	0.5

2. 自由振动方程的解

假设串联质点系作自由振动时，其中各个质点作同频率、同相位的简谐振动，则第 i 质点的瞬时位移可以写为

$$x_i(t)=X_i\sin(\omega t+\varphi) \tag{a}$$

$$(i=1,2,\cdots,n)$$

式中 ω，φ——质点系按某振型作自由振动时的圆频率和初始相位角；

X_i——质点系按某振型作自由振动时第 i 质点相对侧移。

将式（a）对时间 t 微分两次，得

$$\ddot{x}_i(t)=-\omega^2 X_i \sin(\omega t+\varphi) \quad (b)$$

按照式（a）和式（b），串联质点系中各质点的瞬时位移和瞬时加速度列向量分别为

$$\left.\begin{array}{l}\{x(t)\}=\{X\}\sin(\omega t+\varphi)\\ \{\ddot{x}(t)\}=-\omega^2\{X\}\sin(\omega t+\varphi)\end{array}\right\} \quad (c)$$

将式（c）代入式（27），并消去 sin（$\omega t+\varphi$），得以振型侧移 $\{X\}$ 表示的串联质点系自由振动方程：

$$([K]-\omega^2[m])\{X\}=0 \quad (28)$$

质点系发生振动时，质点系中各质点的相对侧移 X_1，X_2，…，X_n 就不可能全等于零。所以，若式（28）成立，其中各侧移的系数所组成的行列式必等于零，从而得到以 ω^2 为未知量的频率方程（特征值方程），解之，即得 ω^2 的 n 个正实根（特征值）。将求得的 n 个自振圆频率（ω_1，ω_2，…，ω_n），逐一代入式（28），即得多质点系的各个振型。

上述采取解特征值方程的办法来计算结构的自振频率和振型，只是一个理论方法。工程设计中，电算程序常采用雅可比法等方法来求解。这就要求先将式（28）所表示的广义特征值问题，转化为标准特征值问题。

对式（28）的各项，均“前乘”以 $[K]^{-1}$，并同除以 ω^2，移项，并令 $\lambda=1/\omega^2$，得

$$[K]^{-1}[m]\{X\}=\lambda\{X\} \quad (29)$$

3. 动力矩阵的对称化

当采用雅可比法标准程序求解结构自振振型和周期时，因为它仅适用于求解实对称方阵，所以，需要先将动力矩阵 $[K]^{-1}$ $[m]$ 作对称化处理。此处，$[m]$ 为对角阵，故可按下述方法实现动力矩阵的对称化。

令 $[\Delta]=[K]^{-1}$，则式（29）可改写为

$$[\Delta][m]^{\frac{1}{2}}[m]^{\frac{1}{2}}\{X\}=\lambda\{X\} \quad (a)$$

以 $[m]^{\frac{1}{2}}$ “前乘”等式两边，得

$$[m]^{\frac{1}{2}}[\Delta][m]^{\frac{1}{2}}[m]^{\frac{1}{2}}\{X\}=\lambda[m]^{\frac{1}{2}}\{X\} \quad (b)$$

令 $[V]=[m]^{\frac{1}{2}}[\Delta][m]^{\frac{1}{2}}$，$\{U\}=[m]^{\frac{1}{2}}\{X\}$ （c）

则式（b）变为 $[V]\{U\}=\lambda\{U\}$ （30）

可以证明，$[V]$ 已是实对称矩阵，可以采用雅可比法等标准程序求得其特征值和特征向量。不过，式（29）中的 $[K]^{-1}$ $[m]$，与式（30）中的 $[V]$，具有相同的特征值 λ_j，但特征向量不同。在解出式（30）的特征向量 $\{U\}$ 之后，回代到式（c），即得原方程式（29）的特征向量 $\{X\}=[m]^{-\frac{1}{2}}\{U\}$，也就是多质点系的振型。

结构第 j 振型为 $\{X_j\}=[X_{j1}\ X_{j2}\cdots X_{ji}\cdots X_{jn}]^{\mathrm{T}}$

结构第 j 振型的周期为 $T_i=\dfrac{2\pi}{\omega}=2\pi\sqrt{\lambda_j}$

（五）水平地震作用

1. 结构的 j 振型地震作用

按照振型分解原理和反应谱理论，结构地震反应可看成是结构各振型地震反应的遇合，并可将结构每个振型的振动视为广义单自由度体系的振动。所以，不存在作用于结构上的“总”水平地震作用，而只有作用于结构上的各振型水平地震作用。因而，可以利用结构各阶振型的周期，分别查地震反应谱，求得各该振型的地震影响系数 α_j，进而求出结构的 j 振型地震作用。根据抗震规范（GBJ 50011—2001）第5.2.2条，作用于整个结构体系上的 j 振型 i 质点的水平地震作用标准值，按下列公式确定：

$$F_{ji}=\alpha_j\gamma_j X_{ji}G_i \quad (i=1,2\cdots,n;j=1,2,\cdots,m) \quad (31)$$

$$\gamma_i=\sum_{i=1}^{n}X_{ji}G_i\Big/\sum_{i=1}^{n}X_{ji}^2G_i \quad (32)$$

式中 F_{ji}——结构第 j 振型 i 质点的水平地震作用标准值；

α_j——相应于结构第 j 振型自振周期 T_j 的地震影响系数，根据地震烈度、场地类别、设计地震分组、结构自振周期和结构阻尼比，由《建筑抗震设计规范》图5.1.5查得；

X_{ji}——结构第 j 振型 i 质点的水平相对位移；

γ_j——结构第 j 振型的参与系数。

在电算程序中，采用矩阵形式表达时，质点系前 m 个振型的水平地震作用标准值 $[F]_{n\times m}$，按下式计算。

$$[F]_{n\times m}=g[m]_{n\times n}[X]_{n\times m}[\alpha]_{m\times m}[\Gamma]_{m\times m} \quad (33)$$

即

$$\begin{bmatrix} F_{11} & F_{21} & \cdots & F_{j1} & \cdots & F_{m1} \\ F_{12} & F_{22} & \cdots & F_{j2} & \cdots & F_{m2} \\ \vdots & \vdots & \cdots & \vdots & \vdots & \vdots \\ F_{1i} & F_{2i} & \cdots & F_{ji} & \cdots & F_{mi} \\ \vdots & \vdots & \cdots & \vdots & \cdots & \vdots \\ F_{1n} & F_{2n} & \cdots & F_{jn} & \cdots & F_{mn} \end{bmatrix}$$

$$= g \begin{bmatrix} m_1 & & & & 0 \\ & m_2 & & & \\ & & \ddots & & \\ & & & m_i & \\ 0 & & & & \ddots \\ & & & & & m_n \end{bmatrix} \begin{bmatrix} X_{11} & X_{21} & \cdots & X_{j1} & \cdots & X_{m1} \\ X_{12} & X_{22} & \cdots & X_{j2} & \cdots & X_{m2} \\ \vdots & \vdots & \vdots & \vdots & \vdots & \vdots \\ X_{1i} & X_{2i} & \vdots & X_{ji} & \cdots & X_{mi} \\ \vdots & \vdots & \cdots & \vdots & \cdots & \vdots \\ X_{1n} & X_{2n} & \cdots & X_{jn} & \cdots & X_{mn} \end{bmatrix}$$

$$\times \begin{bmatrix} \alpha_1 & & & & 0 \\ & \alpha_2 & & & \\ & & \ddots & & \\ & & & \alpha_j & \\ 0 & & & & \ddots \\ & & & & & \alpha_m \end{bmatrix} \begin{bmatrix} \gamma_1 & & & & 0 \\ & \gamma_2 & & & \\ & & \ddots & & \\ & & & \gamma_j & \\ 0 & & & & \ddots \\ & & & & & \gamma_m \end{bmatrix}$$

图13表示出作为刚性楼盖房屋振动模型的串联质点系的前5阶振型的水平地震作用的概貌和方向。

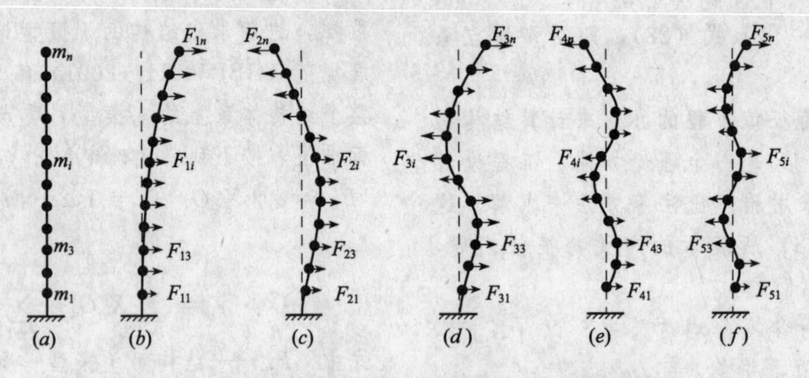

图13 刚性楼盖房屋前5阶振型的水平地震作用

(a) 串联质点系；(b) 基本振型；(c) 第2振型；(d) 第3振型；(e) 第4振型；(f) 第5振型

2. 结构 j 振型地震侧移

(1) 计算侧移的必要性

1) 单一结构体系

按式（31）计算出的结构 j 振型水平地震作用，就是作用于总框架或总抗震墙上的 j 振型地震作用。在框架体系中，由于框架在水平荷载下属剪切型构件，其各层的层位移仅取决于本楼层的水平剪力，与其他楼层剪力的大小无关，层位移具有独立性，框架也就具有独立的楼层抗推刚度。所以，对于框架体系，作用于总框架上的 j 振型地震作用，可以通过 j 振型地震作用产生的各楼层水平剪力，按各榀框架的楼层抗推刚度比例分配，得各榀框架的 j 振型楼层地震剪力，从而进一步计算出框架各杆件 j 振型地震内力。

然而，在全墙体系中，由于现浇钢筋混凝土墙在水平荷载下属于弯曲型或弯剪型构件，各楼层侧移不仅取决于本楼层水平荷载，其他楼层水平荷载也对它产生显著影响，抗震墙也就不存在独立的楼层抗推刚度。所以，对于体系中各片抗震墙的型式和截面变化不完全相同的情况，作用于总抗震墙上的 j 振型地震作用，不可能通过各片抗震墙的“刚度”（EI）直接分配到各片墙上；需要先求出总抗震墙在其 j 振型地震作用下的侧移。在刚性楼盖假定的前提下，它也是每片抗震墙的 j 振型地震侧移。采用这个 j 振型地震侧移列向量“后乘”每片墙的抗推刚度矩阵，即得作用于每片墙上各楼盖处的 j 振型水平地震作用标准值。随后就可计算出每片抗需墙各个截面的 j

振型地震内力（剪力和弯矩）。

2）双重结构体系

对于框-墙体系之类的双重体系，由于存在两类不同侧向变形特性的构件，作用于整个结构体系上的j振型水平地震作用，不能直接按构件抗推刚度比例分配。一般方法是采用力法方程来求解分别作用于总框架和总抗震墙的水平地震作用。以图14所示的框-墙体系为例，设作用于结构体系上的水平荷载为j振型地震作用$\{F_{ji}\}$，总框架与总抗震墙之间各刚性连杆的一组内力为$\{N_i\}$。由于各层楼盖的协调作用，总框架与总抗震墙的侧移趋于一致，故有下列平衡方程。

$$[K_w]^{-1}(\{F_{ji}\}-\{N_i\})=[K_f]^{-1}\{N_i\} \quad (34)$$

式中 $[K_w]^{-1}$——总抗震墙的侧移柔度矩阵，等于总抗震墙抗推刚度矩阵$[K_w]$的逆矩阵；

$[K_f]^{-1}$——总框架的侧移柔度矩阵，等于总框架抗推刚度矩阵$[K_f]$的逆矩阵。

式（34）是以$\{N_i\}$为一组未知量的联立方程组，解后即得$\{N_i\}$。从图14中可以看出，$\{N_i\}$就是分配给总框架上的j振型水平地震作用，$(\{F_{ji}\}-\{N_i\})$就是分配给总抗震墙上的j振型水平地震作用。然后，再分别按各框架抗推刚度和各抗震墙抗推刚度比例分配到各榀框架和各片抗震墙。

然而，采用矩阵位移法进行结构抗震分析时，不必再求解以一组刚性连杆内力为未知量的联立方程组，可以利用结构侧移直接求得分配到各竖构件上的j振型地震作用。方法是：先求出结构体系在j振型水平地震作用下的侧移，然后利用结构的j振型侧移，来反求作用于各榀框架和各片抗震墙上的j振型水平地震作用。因为有各层刚性楼盖的协调作用，各榀竖构件的侧移都等于结构体系的j振型地震侧移。

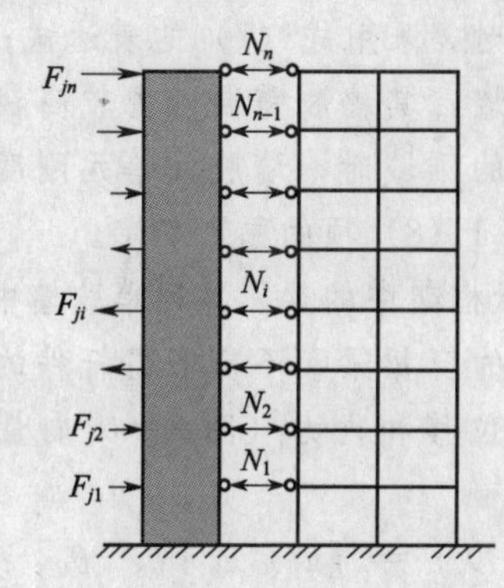

图14 框-墙并联体系的连杆内力

此外，对于各类结构体系，抗震规范（GB 50011—2001）第5.5.1条规定，应进行多遇地震作用下的结构抗震变形验算。也需要计算出框架和抗震墙在地震作用下的弹性层的间侧移。

所以，不论是框架体系还是全墙体系，以及框-墙体系或框-撑体系等双重结构体系，都需要先计算出多遇地震作用下结构的各振型地震侧移。而且利用结构的j振型侧移，来反求作用于各榀框架、抗震墙或竖向支撑体系上的j振型地震作用也是方便的。

(2) 计算公式

水平地震作用下的结构侧移，等于水平地震作用列向量“后乘”结构体系的侧移柔度矩阵。整个结构体系的j振型地震侧移为

$$\{\Delta_j\}=[K]^{-1}\{F_j\} \quad (35)$$

式中 $\{F_j\}$——作用于整个结构体系上的j振型水平地震作用标准值，按式（3）计算，

$$\{F_j\}=[F_{j1} \quad F_{j2} \quad \cdots \quad F_{ji} \quad \cdots \quad F_{jn}]^T$$

$[K]^{-1}$——结构体系的侧移柔度矩阵（单位水平力分别作用于某层楼盖处引起的各层楼盖侧移所形成的方阵），它等于式（24）结构抗推刚度矩阵的逆矩阵。

3. 竖构件的j振型地震作用

在刚性楼盖房屋中，按式（35）计算出的结构j振型地震侧移，就是每榀框架、每片抗震墙或每榀竖向支撑等竖构件的j振型地震侧移。结构理论力学告诉我们，对于弹性结构以及处于线弹性变形阶段的弹塑性结构，结构位移与外力成线性比例关系。所以，当已知结构在外荷载作用下引起其中某构件的侧移时，就可以利用已知侧移反求该构件作为分离体时所受到的外荷载。对于框架体系中的各榀框架和全墙体系中的各片抗震墙，以及框-墙体系或框-撑体系中的各榀框架、各片剪力墙或各榀竖向支撑，都可以利用前面步骤所求得的框架、抗震墙或竖向支撑的j振型地震侧移，来反求作用于各榀框架、各片抗震墙或各榀竖向支撑上的j振型地震作用。

作用于第s榀框架、第s片抗震墙或第s榀竖向支撑上的j振型水平地震作用标准值为

$$\{F_j\}_s=[K]_s\{\Delta_j\} \quad (36)$$

式中 $\{\Delta_j\}$——第s榀框架、第s片抗震墙或第s榀竖向支撑的j振型地震

侧移，按式（35）计算；

$[K]_s$——按式（22）或式（23）计算出的第 s 榀框架、第 s 片抗震墙或第 s 榀竖向支撑的抗推刚度矩阵。

（六）杆件地震内力

1. 振型遇合原则

对于采用框架体系、全墙体系、框-墙体系或框-撑体系的高层建筑，抗震承载力验算的对象是梁、柱、墙肢、裙梁、墙段或支撑杆件。这些杆件的地震内力S，等于各振型地震作用引起的最大内力，即按式（37）进行遇合所得的内力值。所以，对各榀竖构件，应该先分别计算出各振型地震内力，然后再进行遇合。

应该强调指出，振型遇合是指对构件地震作用效应进行遇合，而不是对构件地震作用进行遇合。如果先对框架各楼盖处的各振型水平地震作用进行遇合，然后利用所得的遇合地震作用，一次计算出各杆件地震内力，计算工作量虽然小得多，但计算结果是不对的。因为构件的各振型水平地震作用，都是作用于该构件按各该振型振动的广义单自由度体系上的一组水平荷载，是成组出现的。而且，除基本振型地震作用全部为正值外，其他各高阶振型地震作用，都是部分为正值、部分为负值。若分别先对每层楼盖处的各振型地震作用进行遇合，再计算杆件地震内力，就会因为在遇合过程中负值的平方变为正值，从而使楼层地震剪力以至杆件地震内力不合理地被夸大。所以，振型遇合只能是各振型成组地震作用分别引起的各杆件地震内力的遇合，而不能拆散为质点各振型地震作用的遇合。

$$S=\sqrt{\Sigma S_j^2} \tag{37}$$

式中 S_j——j 振型水平地震作用引起的杆件地震内力。

2. j 振型地震内力

（1）杆端 j 振型位移

构件在荷载作用下，其中各杆的内力决定于各该杆端的位移（即杆端节点的位移）。计算 j 振型水平地震作用下的构件节点位移（侧移、转角和竖向位移）时，可以将水平地震作用视为外荷载，从构件的"力-位移"平衡方程中求得。

采用构件（框架或抗震墙）总刚度矩阵的逆矩阵 $[S_T]^{-1}$，"前乘"式（16）等号两边，得框架或抗震墙各节点广义位移列向量的表达式：

$$\{D\}=[S_T]^{-1}\{\widetilde{P}\} \tag{38}$$

式中 $\{\widetilde{P}\}$——构件的节点广义力（即外荷载）列向量。

$$\{\widetilde{P}\}=[\{F\}^T\{\widetilde{M}\}^T\{\widetilde{N}\}^T]^T$$

因水平地震对构件仅引起节点水平惯性力，而不引起节点惯性力矩和节点竖向惯性力，因此，在外荷载列向量 $\{\widetilde{P}\}$ 中，$\{F\}=\{F_{ji}\}$，$\{\widetilde{M}\}=0$，$\{\widetilde{N}\}=0$。代入式（38）中，即得 j 振型地震作用下的构件节点位移 $\{D_{ji}\}$。

$$\{D_{ji}\}=\begin{Bmatrix}\{x_{ji}\}\\\{\theta_{ji}\}\\\{z_{ji}\}\end{Bmatrix}=[S_T]^{-1}\begin{Bmatrix}\{F_{ji}\}\\\{0\}\\\{0\}\end{Bmatrix} \tag{39}$$

（2）杆端 j 振型内力

有了构件中的各节点位移，就有了构件中各杆件的杆端位移；有了杆端位移，就可以利用杆件的"力-位移"平衡方程，来计算各杆端的内力。

杆件的"力-位移"平衡方程为

$$[S]\{D_j\}=\{P_j\} \tag{40}$$

式中 $\{D_j\}$——j 振型地震作用下的杆端广义位移列向量，由式（39）的位移列向量中的相应位置处取出；

$[S]$——杆件的单元刚度矩阵；

$\{P_j\}$——杆端的 j 振型地震内力（剪力、弯矩和轴力）。

1）对于框架中的柱、多肢墙中的墙肢，需要考虑杆件的轴向变形时，杆端位移和杆端内力（图2）列向量具有如下形式：

$$\begin{aligned}\{D_j\}&=[x_1\quad x_2\mid\theta_3\quad\theta_4\mid z_5\quad z_6]^T\\\{P_j\}&=[V_1\quad V_2\mid M_3\quad M_4\mid N_5\quad N_6]^T\end{aligned} \tag{41}$$

关于单元刚度矩阵 $[S]$，对于框架中的柱，取式（5）的表达式；对于由并列单肢墙和连梁组成的多肢墙，以及一片墙中按楼层划分的墙段，不考虑刚域时，采用式（7）的表达式；对于图6所示的带洞墙，其墙肢需要考虑较高截面窗裙梁对墙肢引起的刚域时，墙肢的单元刚度矩阵按本节第（三）、1（8）项的原则确定。

2）对于框架中的梁、并列单肢墙中的连梁以及多洞墙上的窗裙梁，不需考虑杆件的轴向变形时，梁端的位移和内力（图3）列向量具有如下形式：

$$\{D_j\}=[z_1\quad z_2\mid\theta_3\quad\theta_4]^T$$

$$\{P_j\}=[V_1\quad V_2\mid M_3\quad M_4]^T$$

关于单元刚度矩阵 [S]，则分别情况采取式(6)、式（13）和式（15)。

3. 杆端地震内力

沿房屋横向或纵向进行结构抗震验算时，按照式（37)，对于基本周期小于1.5s的高层建筑，框架的梁、柱端部，抗震墙的墙肢和窗裙梁端部，地震剪力V、弯矩M和轴向N，均取结构同方向前3个振型相应值的遇合；对于基本周期大于1.5s或房屋高宽比大于5的高层建筑，取结构同方向前5个振型相应值的遇合。当编制计算机标准程序时，干脆都取前5个或更多振型的遇合。

$$V=\sqrt{\sum_{j=1}^{5}V_j^2};M=\sqrt{\sum_{j=1}^{5}M_j^2};N=\sqrt{\sum_{j=1}^{5}N_j^2} \tag{42}$$

式中，V_j、M_j 和 N_j 分别为按式（41）或（42）计算出的杆端 j 振型地震剪力、弯矩和轴向力。

(七) 结构地震侧移

1) j 振型地震侧移

确定作用于各榀竖构件上的 j 振型水平地震作用，需要用到结构的 j 振型地震侧移。此外，还需要采用 j 振型地震侧移来计算结构侧移，以进行结构的抗震变形验算。整个结构体系由于 j 振型水平地震作用所引起的侧移 $\{\Delta_j\}$，可以利用结构的侧移柔度矩阵，按下式计算。

$$\{\Delta_j\}=[K]^{-1}\{F_j\} \tag{43}$$

式中 $[K]^{-1}$——结构体系的侧移柔度矩阵，等于按式（24）计算得的结构体系抗推刚度矩阵的逆矩阵；

$\{F_j\}$——按照式（33）计算出的结构体系前 m 个振型水平地震作用标准值的矩阵中的第 j 列元素。

2) 遇合地震侧移

抗震规范（GB 50011—2001）第5.5.1条规定，对于框架、抗震墙、框架-抗震墙、框架-支撑等各种结构体系（包括框支层)，应进行多遇地震作用下的结构抗震变形验算。多遇地震作用下结构第 i 楼盖处的相对侧移 Δ_i，等于结构横向或纵向的前 m 阶振型地震侧移 Δ_{ji}（$j=1$，2，…，m）按下式进行遇合。

$$\Delta=\sqrt{\Delta_{1i}^2+\Delta_{2i}^2+\Delta_{3i}^2+\cdots+\Delta_{mi}^2}\ (i=1,2,\cdots,n) \tag{44}$$

式中，Δ_{1i}，…，Δ_{mi}，等于按式（44）计算出的前 m 阶振型地震作用 $\{F_j\}$ 分别单独引起的高层建筑第 i 楼盖处的相对侧移。

3) 结构变形验算

采用框-墙、框-撑等双重结构体系的多高层建筑，按式（44）所得结构相对侧移所计算出的多遇地震（小震）作用下第 i 楼层的弹性层间侧移角 θ_i，不得大于《建筑抗震设计规范》表5.5.1中的限值。否则，应修改设计。

(八) 构件地震内力

1) 构件的 j 振型地震作用

对于框-墙体系、框-撑体系、芯筒-框架体系及筒中筒体系，第 s 榀竖构件（框架、抗震墙、支撑、芯筒或框筒）所受到的 j 振型水平地震作用标准值为

$$\{F_j\}_s=[K]_s\{\Delta_j\} \tag{45}$$

式中 $[K]_s$——按照附录第 [2] 节第五、(四)项公式（22）或（23）计算得的结构体系中第 s 榀竖构件（框架、抗震墙、支撑、芯筒或框筒）的抗推刚度矩阵；

$\{\Delta_j\}$——由式（43）计算得的结构 j 振型地震侧移。

2) 杆件 j 振型地震内力

杆件 j 振型地震内力的计算步骤是：(1) 利用构件总刚度矩阵的逆矩阵，计算出 j 振型地震作用下构件中各节点的广义位移（侧移、转角和竖向位移)；(2) 利用杆件的单元刚度矩阵及节点广义位移计算出杆端 j 振型地震内力。

框架、抗震墙或芯筒（墙筒）等构件中各节点的广义位移列向量，可按式（38）计算；接着利用节点位移作为杆端位移，按照式（40）计算出 j 振型地震作用下的杆件（框架的梁和柱、抗震墙或墙筒按楼层划分的墙段）端部地震内力（剪力、弯矩和轴力)。

3) 杆端地震内力

目前，我国的高层建筑一般不超过70层，当楼盖为刚性时，对称结构的自由度将等于楼房的总层数，即在70个以下。进行结构地震作用效应遇合，取同方向前5个振型和取前9个振型，对计算机时的长短几乎没有影响。所以，不必区分楼房基本周期是否超过1.5s，计算杆件端部地震内力时，一律按照式（42）取前5个或更多振型地震内力的遇合。

现以20层框-墙体系楼房为例，采用振型分析法进行结构地震内力计算，分别按房屋横向前3、5、7个振型进行遇合，钢框架和钢筋混凝土

抗震墙底部的剪力值，以及与基本振型地震剪力值的比较，列于表2。据计算，该楼房的基本周期为1.84s。从表中数字可以看到几种不同振型数组合结果的计算误差。

各种多振型遇合地震内力与基本振型地震内力的比较

表2

遇合振型数 / 构件地震内力	1		3		5		7	
	数值	百分比	数值	百分比	数值	百分比	数值	百分比
抗震墙底部剪力(kN)	1250	100%	1990	159%	2030	162%	2030	162%
框架柱底剪力(kN)	25.2	100%	32.1	127%	32.4	128%	32.4	128%

4）框架剪力控制值

抗震规范（GB 50011—2001）第6.2.13条规定：规则的框架-抗震墙结构中，任一层框架部分按框架和抗震墙协同工作分析的地震剪力，不应小于结构底部总地震剪力的20%或框架部分各层按协同工作分析的地震剪力最大值1.5倍二者的较小值。

上述规定，主要是考虑到框架-抗震墙结构体系在强烈地震中，墙体因开裂而发生刚度退化，引起框架和抗震墙之间的塑性内力重分布，需要对由框架和抗震墙弹性阶段协同工作分析所得的框架地震内力进行调整。不过，这项规定是比较粗略的，而且不少情况是偏于不安全一边。正确方法应该是根据抗震墙的试验数据，确定各变形阶段抗震墙和框架的实际刚度，进行各变形阶段水平地震力的分配，以求得地震过程中抗震墙和框架的最不利受力状态，即各自受到的最大水平地震作用的确切数值。后面将对这一“两阶段计算法”作进一步地阐述。

（九）构件截面承载力验算

1）几种主要荷载

进行构件截面承载力验算，应采取以下几种荷载或作用所引起的构件内力进行组合：① 水平地震作用；② 引起地震作用的相应重力荷载；③ 风荷载；④ 设防烈度为9度时，还应考虑竖向地震作用。

规范规定，进行上述组合时，各项荷载或作用的内力，均应分别乘以荷载分项系数和有关的作用效应调整系数。荷载分项系数，是在荷载代表值、材料性能和其他基本变量的标准值为既定的前提下，根据规定的可靠指标所确定的。作用效应调整系数，则是考虑结构或某部位的具体情况与典型结构计算模型之间，以及塑性内力分布与弹性内力分布之间的差异，所确定的系数。

2）荷载效应的基本组合

进行构件截面抗震承载力验算，构件的地震作用效应和其他荷载效应的基本组合，应按抗震规范式（5.4.1）计算。

3）截面抗震验算

对于框架、支撑和框筒的杆件截面以及抗震墙、芯筒的水平截面，按抗震规范式（5.4.1）计算出的各项内力（弯矩、剪力和轴力），再乘以承载力抗震调整系数，应不大于结构构件的承载力设计值。其数学表达式见抗震规范式（5.4.2），各类构件的承载力抗震调整系数见抗震规范表5.4.2。

三、两阶段计算法

用于双重结构体系抗震分析的两阶段计算法，或称二次计算法，是确定地震时程中结构处于弹性变形状态（第一变形阶段）和进入非弹性变形状态（第二变形阶段）时，框架和剪力墙（或竖向支撑）在不同阶段分别受到的最大水平地震力。

采用框架与剪力墙（或竖向支撑）两类侧向变形属性构件所组成的双重结构体系，因为两类竖构件的弹性变形界限值和抗推刚度退化起始时刻均有较大差别，地震初期两者同处于弹性变形阶段；随着地震的持续作用，结构变形不断增大，抗震墙或竖向支撑首先越过自身的弹性变形极限，进入非弹性变形阶段；仅当结构侧移达到较大数值时，框架方进入非弹性变形阶段。以上各个时段，框架和抗震墙的抗推刚度的比值是变化的，各自分配到的地震力也是变化的，要计算出框架和抗震墙（或竖向支撑）分别受到的最大地震力，就需要采用两阶段计算法进行结构抗震分析。

（一）变形阶段与地震力

1. 三个水准的结构变形状态

抗震规范（GB 50011—2001）关于建筑抗震设防标准的规定是：按本规范进行抗震设计的建筑，当遭受低于本地区抗震设防烈度的多遇地震影响时，一般不受损坏或不需修理即可继续使用；当遭受相当于本地区抗震设防烈度的地震影响时，可能损坏，经一般修理或不需修理仍可继续使用；当遭受高于本地区抗震设防烈度的预估的罕遇地震影响时，不致倒塌或发生危及生命的严重破坏。

上述条文与各地震烈度水准相应的抗震设防目标是：一般情况下，遭遇第一水准烈度（多遇烈度）时，建筑处于正常使用状态，从结构抗震分析角度来看，可以视为弹性体系，采用弹性反应谱进行弹性分析；遭遇第二水准烈度（基本烈度）时，结构进入非弹性工作阶段，但非弹性变形或结构体系的损坏程度被控制在可修复的范围内；遭遇第三水准烈度（预估的罕遇烈度）时，结构有较大的非弹性变形，但应控制在规定值范围内，以免倒塌。

2. 结构的承载力和延性保证

抗震规范规定采用二次设计来实现上述三个水准烈度的设防目标。第一次设计是承载力验算，取第一水准烈度的地震动参数计算结构的弹性地震作用标准值和相应的地震作用效应，进行结构构件的截面承载力验算，使结构具有必要的强度可靠度；与此同时，通过概念设计和抗震构造措施，使结构具有足够的延性，来满足第二水准烈度的设防目标。第二次设计是弹塑性变形验算，对象是有明显柔弱层的不规则结构、地震时易倒塌的结构以及有特殊要求的建筑，办法是控制结构薄弱部位的弹塑性层间侧移角，以达到防倒塌的目的，实现第三水准烈度的设防目标。

3. 基本烈度的等效水平地震力

对于具有一定延性的弹塑性结构来说，若把它视为理想的弹塑性体（图15），那末，按第一水准地震动参数确定的水平地震作用所计算出的地震作用效应，加上荷载分项系数、作用效应调整系数以及承载力抗震调整系数的综合结果，其等效水平地震力的量值，大体上等于结构的实际屈服抗力 F_y、也就大体上相当于理想弹塑性结构在基本烈度下所受到的最大水平地震力，而且随着结构的屈服及塑性变形的发展，在整个强震持续过程中，结构所受到的水平地震力也将大体上维持在这个水平。

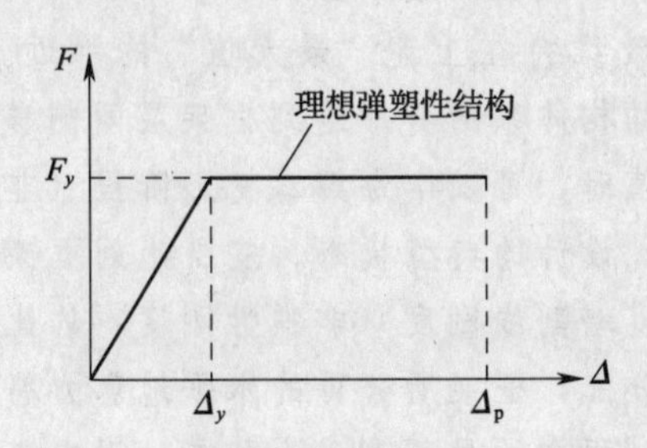

图15 理想弹塑性体的水平地震作用

（二）双重结构体系的抗震特点

1. 弹性极限变形角不同

框-墙结构体系的高层建筑，其抗侧力体系是由框架和抗震墙两类具有不同变形特性的竖构件所组成。构件试验结果表明，两者变形角的弹性极限值相差很远。钢筋混凝土墙体的线弹性极限变形角均为1/3500，准弹性极限变形角约为1/2000。而钢筋混凝土框架的弹性层间侧移角极限值可达1/500，钢框架就更大一些。

2. 刚度悬殊

钢或钢筋混凝土框架属弯曲杆系。在水平力作用下，框架中的杆件（梁和柱）以弯曲变形为主，靠梁和柱的抗弯刚度来为框架提供抗推刚度，因而抗推刚度甚小。而钢支撑是属于轴力杆系，在水平力作用下，其中各杆件主要是承受轴力，由于杆件抵抗轴向变形的刚度远大于杆件的抗弯刚度，因而支撑具有比框架大得多的抗推刚度。抗震墙属于平面构件，由于它的长条形水平截面具有较大的抗剪截面面积和截面惯性矩，直接为抗震墙提供了很大的抗推刚度。芯筒属于立体构件，抗推刚度更大。所以，由这类构件与框架所组成的双重结构体系，在地震初期，由于其中抗震墙、钢支撑或芯筒的初始弹性刚度，约为钢或钢筋混凝土框架的10～20倍，因而它们将承担整个结构的绝大部分水平地震力。

3. 地震力分配比例的变化

地震初期，整个结构体系处于弹性变形阶段时，水平地震力是按照体系中各榀竖构件的初始弹性刚度比例分配，因而抗震墙、支撑或芯筒承担了绝大部分地震力，吸收了较多的地震输入能量，在持续的地震作用下，这类构件的变形不断增长，在越过各自的弹性变形、极限值以后，随着非弹性变形的逐步加大，抗震墙的墙面出现裂缝，支撑的腹杆发生侧向挠曲（屈曲），抗推刚度乃发生较大幅度的下降。而此时，框架基本上处于弹性变形阶段以内，抗推刚度下降幅度甚小。框架与抗震墙（或支撑）相对刚度的比值随之大幅度上升，框架按实际刚度分配得的水平地震力也就大幅度增加。双重体系在非弹性变形阶段发生的内力重分布情况，关系到框架以至整个结构体系的安全，应该在抗震设计中得到考虑。所以，对于双重体系，需要根据结构体系中各榀竖构件分别处于弹性和非弹性变形状态分阶段进行分析，以分别求出体系中框架和抗震墙等两类构件的最不利受力状态。

4. 震例

分别于1965年、1975年和1976年发生的乌鲁木齐、海城、唐山地震中，在7度和8度地震区内的营口饭店、天津友谊宾馆等几幢高层钢筋混凝土结构框-墙体系房屋中，抗震墙在底部两层多出现细微以至较宽的斜裂缝和水平裂缝，而框架除在房屋转角处被砖填充墙顶裂的个别情况外，未发现明显裂缝。上述情况说明，这些房屋在7、8度地震作用下，钢筋混凝土抗震墙已经进入非弹性变形阶段，而框架基本上仍处在弹性变形阶段内。

（三）分析方法的选择

1. 时程分析法

为了解在地震动持续时间内结构变形和内力变化的全过程，摸清结构进入非弹性变形阶段后的内力和变化状态，特别是要探明结构中柔弱楼层和其他薄弱环节的塑性变形集中效应，一般均采用时程分析法。然而，时程法也存在着一定的局限性：(1) 由于地震的随机性和不确定性，采用3～4条地震波进行结构地震反应分析，不可能概括或逼近结构未来的实际地震反应，在定量上没有把握；(2) 时程分析法每一个Δt时段就要解一次方程组，每秒钟一般分为50～100个时段，整个时程约解500～1000次方程，计算工作量是很大的。因而对于采用双重体系的结构，一般也只能采用层模型，即每一楼层采用一条骨架曲线来综合反应整个双重体系（框架加抗震墙）的层恢复力特性。目前，对于一般高层建筑的工程设计，还不太可能采用对框架和抗震墙分别规定骨架曲线的杆模型，因而时程分析法也不能计算出抗震墙进入非弹性变形阶段、框架仍处于弹性变形阶段时框架最不利受力状态时的地震作用力和地震作用效应。

2. 反应谱振型分析法

反应谱是根据国内外大量地震记录分别计算出的单质点系最大地震反应的统计平均值绘制成的。从统计理论角度来看，它能较确切地给出结构在其使用期内遭遇地震的最大反应，相对而言，在定量上是比较可靠的。缺点是：它仅能笼统地给出结构考虑整体弹塑性性质后的最大地震反应。目前通用的反应谱分析法是“一阶段设计法”，对于框架体系、全墙体系等单一体系的结构是适用的。对于框-墙、框-撑之类的双重体系，它仅能给出相对刚度较大的抗震墙或斜撑的最不利受力状态，而不能给出结构体系进入非弹性阶段后框架的最不利受力状态。改进的办法是，对于双重体系，采用“两阶段设计法”。它可以进一步给出结构分别处于弹性和弹塑性阶段时各类构件的最不利受力状态。

两阶段计算法的提出，使反应谱分析法也能较确切地给出双重结构体系中各类构件在整个地震过程中的最大反应，实现了弹塑性时程分析法的某些效果，提高了反应谱理论的合理性和实用性。

（四）两阶段计算法的原理

1. 地震作用取值

利用反应谱理论进行结构抗震设计，是假定结构为理想弹塑性体（图15）。因而，强烈地震作用下结构处于弹性变形阶段以及进入塑性变形阶段时，水平地震作用均取相同数值。

2. 考虑刚度退化引起的内力重分布

对于由抗震墙和框架等两类变形属性构件所组成的双重结构体系，进行第一变形阶段（即弹性变形阶段）设计时，取各类构件的弹性刚度进行水平地震作用的分配。此刻，由于抗震墙、支撑或芯筒的刚度远大于钢框架或钢筋混凝土框架，它们作为抗震主力，充当第一道抗震防线，将分得整个建筑的大部分甚至绝大部分水平地震力，这是抗震墙、支撑或芯筒在地震时程中的最大和最不利受力状态；而此时框架由于变形值很小，尚处于低应力状态，因而不是框架的最不利受力状态。随着地震动的持续作用，结构变形不断增加，抗震墙、支撑或芯筒越过自身的弹性变形极限值以后，刚度不断退化，水平地震力在抗震墙和框架之间实行再分配，抗震墙原来所承担的水平地震力，将部分地转移给框架。当结构体系的变形达到框架层间侧移角的弹性极限值时，框架与抗震墙的相对刚度比值将达到“最大值”。以后，若结构变形继续增大，随着框架刚度的降低以及抗震墙刚度的进一步退化，两者相对刚度的比值大致维持在上述“最大值”的附近。所以，当整个结构体系的变形达到框架层间侧移角的弹性极限值时，可以作为第二变形阶段（非弹性变形阶段）设计的典型状态。按照此刻框架弹性刚度与抗震墙割线刚度（非弹性刚度）的比值进行地震力分配，框架所分得的水平地震力将是框架在地震时程中的最不利受力状态，用它来进行框架杆件截面设计或承载力验算，将使作为重要承重构件的框架，具有必要的和足够的抗震可靠度。

3. 确保框架的承载力

在框-墙、框-撑、芯筒-框架等双重体系中，钢或钢筋混凝土框架都是重要的承重构件，它的破坏或者竖向承载能力的过度降低，都会危及房屋的安全，对于层数很多的高层建筑，尤为突出。为使结构体系中的框架，在基本烈度时发生较大变形的情况下，仍保有足够的承载能力，采取“两阶段设计法”是合理的，也是必要的。

（五）抗震墙的割线刚度

1. 弹塑性变形的确定

（1）弹塑性结构的侧移等于对应纯弹性结构的侧移。

钢筋混凝土抗震墙刚度退化的多少，取决于地震作用下其自身弹塑性变形的大小。虽然反应谱振型分析法不能直接计算出结构的弹塑性侧移，但是一些抗震研究成果表明：按照线弹性结构确定的反应谱，对于非线性弹塑性结构振动状态的估计，仍然是有意义的。利用抗震规范（GB 50011—2001）规定的水平地震作用，也可以计算出结构顶点最大弹塑性侧移的近似值。

美国 Clough，Hudson 和 Jennings 先后于 1965 年和 1968 年都提出这样一条经验法则：地震作用下，一个滞回非线性结构所产生的最大弹塑性侧移，大致等于一个始终保持弹性状态的结构所产生的最大侧移。他们对一幢 20 层楼房作相同地震输入时，进行全弹性和弹塑性动力反应分析的对比，计算结果示于图 16。图中，带圆圈的曲线，表示全弹性结构的侧移；带黑点的曲线，表示弹塑性结构的侧移。从中可以看出，两种结构的最大侧移基本上相同，弹塑性结构的顶点侧移略大于全弹性结构的顶点侧移。美国 Newmark 的研究结果也表明：具有一定阻尼和不太长周期的结构，在地震作用下，弹塑性结构最大相对侧移 u_p 与对应弹性结构最大相对侧移 u_e 的比值，

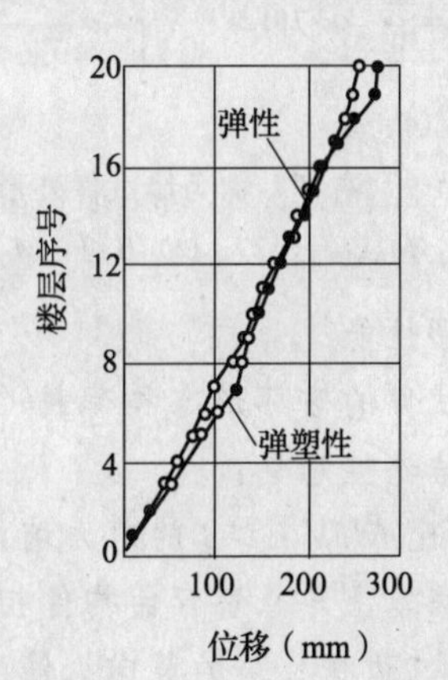

图 16　某 20 层楼房弹性和弹塑性地震反应侧移的比较

大致在 1.0 的上下波动（图 17）。美国 T. Y. Lin 联合顾问工程师事务所，在他们的《高层建筑抗震设计准则的研究》中有这样一段话：非线性结构由于地震引起的侧向位移，与同一地震所引起的完全弹性反应的侧向位移的大小相接近。

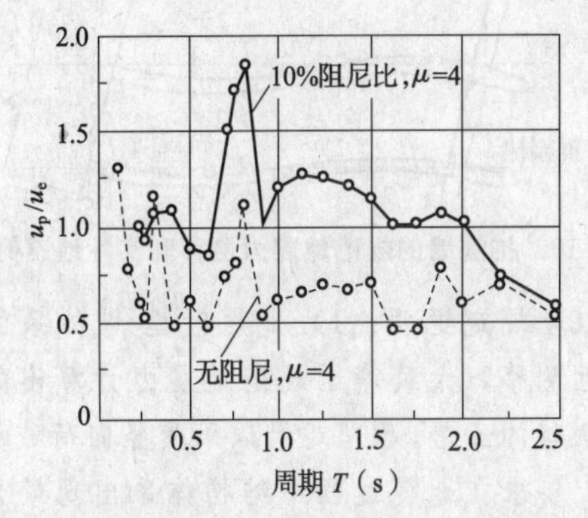

图 17　弹塑性结构与弹性结构最大相对侧移的比较

（2）基本烈度下的侧移等于小震侧移的三倍。

综上所述，可以得出这样的结论：在基本烈度地震作用下，一般结构弹塑性地震反应的侧移值，大致等于对应理想弹性结构地震反应的侧移值。我国抗震规范规定，基本烈度（中震）的地震动参数大致等于多遇烈度（小震）地震动参数的三倍。那末，在基本烈度的地震作用下，理想弹性结构的侧移值，应该等于该结构按小震参数计算出的弹性侧移值的三倍。所以，当结构遭遇相当于基本烈度的地震时，其实际侧移值（弹塑性侧移），大致等于按抗震规范规定的地震影响系数（小震参数）计算出的结构弹性侧移值的三倍。

（3）美国规范的规定：

美国加里福尼亚州《侧力规范》关于框-墙体系的结构刚度和变形，有如下一段规定：在强烈地震作用下，作为主要抗侧力构件的抗震墙，将进入非弹性变形状态，实际产生的侧移 Δ，将几倍于按规范水平地震作用计算出的弹性侧移 δ_e（图 18）。系数 $3/k$ 可以作为上述两种侧移的比值，即 $\Delta=(3/k)\delta_e$。对于以承受竖向荷载为主的框架柱，设计时，应该使它适应这种最大弹塑性侧移而不丧失其竖向承载能力，以确保框架柱具有足够的抗震可靠度。其中，k 为该规范关于确定地震作用的结构类型系数，其取值范围为 0.67～1.33，对于框-墙体系，$k=1.0$。美国加里福尼亚州《侧力规范》（1988）中也明确指出：对于设计上不要求成为抗侧力体系主力构件的框架，在经受等于规范水平地震作用所引起弹性侧移大约三倍（即 $3R_w/8$，对于钢筋混凝土双重体系，

$R_w=9$）的侧移时，仍应具有足够的承受竖向荷载的能力，同时还应考虑 $P-\Delta$ 效应对它的影响。

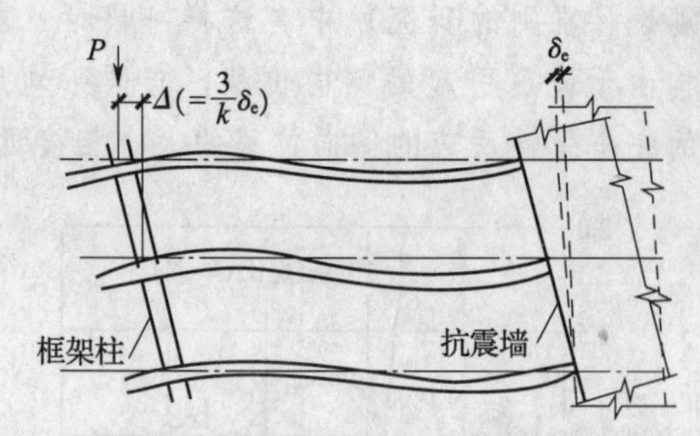

图 18　抗震墙的规范地震力侧移和实际地震侧移

以上规定说明：1）地震时框-墙体系的结构弹塑性侧移，大致等于规范地震力计算出的结构弹性侧移的三倍；2）对于以承受竖向荷载为主的框架，要求在地震过程中结构体系出现最大弹塑性侧移的情况下，仍具有足够的承重能力和必要的抗震可靠度。

2.“无框”剪力墙试验数据

美国、日本和我国对钢筋混凝土墙体所进行的侧力破坏试验结果表明，墙体上弯曲裂缝的出现先于剪切裂缝。日本小池键仁等对三层抗震墙模型（图 19*a*）进行了侧力破坏试验，当顶点的水平集中力加载到 80kN 时，抗震墙下端出现弯曲型的水平裂缝；当水平集中荷载加大到 110kN 时，抗震墙在底层和二层同时出现剪切型的斜裂缝。抗震墙模型的荷载-变形曲线示于图 19*b*。从中可以看出，弯曲裂缝出现以前，即层间侧移角小于 1/3000 时，抗震墙基本上处于线弹性变形阶段；层间位移角超过 1/2000 以后，变形增长速率加剧，刚度迅速下降；层间侧移角达到 1/500 时，其割线刚度约等于其初始弹性刚度的 29%。抗震墙各个变形阶段的割线刚度与初始弹性刚度的比值，即刚度降低系数列于表 3。

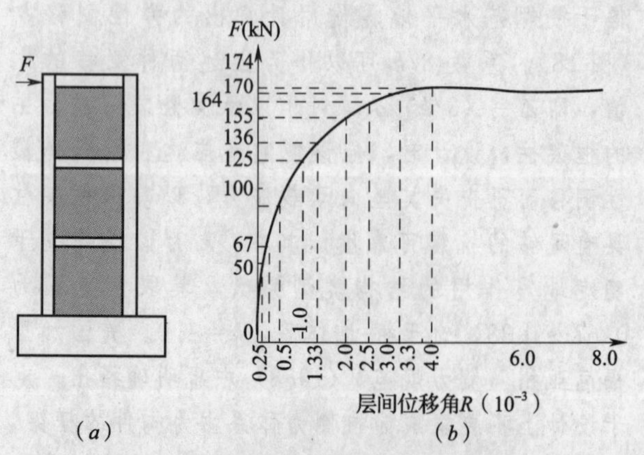

图 19　钢筋混凝土抗震墙的侧力试验

（*a*）抗震墙试验模型；（*b*）荷载-变形曲线

钢筋混凝土抗震墙各变形阶段的刚度降低系数 C_w

表 3

层间弹塑性侧移角（δ/h）	1/4000	1/2000	1/1000	1/750	1/500	1/400	1/300	1/250
割线刚度/初始弹性刚度	100%	74.6%	46.6%	38%	28.9%	24.5%	19.2%	16.2%
刚度降低系数 C_w	1.0	0.75	0.47	0.38	0.29	0.25	0.19	0.16

此外，美国《混凝土工程手册》第 12 章“抗震结构”中，也给出了钢筋混凝土抗震墙在单调水平荷载作用下的荷载-变形曲线，及往复水平荷载作用下的荷载-变形曲线，与上述的日本试验结果十分相近。

3.“有框”剪力墙试验数据

（1）试验概况

为满足高层建筑设计的需要，北京市建筑设计研究院对具有较大剪跨比的“有框”剪力墙的强度和变形性能进行了试验研究。试件分两组，一组试件的剪跨比 $M/Vh=3.37$，另一组为 2.23。此处，试件的剪跨比大体上等于试件的高宽比 H/h，H 为试件的总高度，h 为试件的宽度即试件水平截面的高度（长度），V 为试件水平剪力，即在试件顶部施加的水平力荷载。试件外形尺寸如图 20 所示。

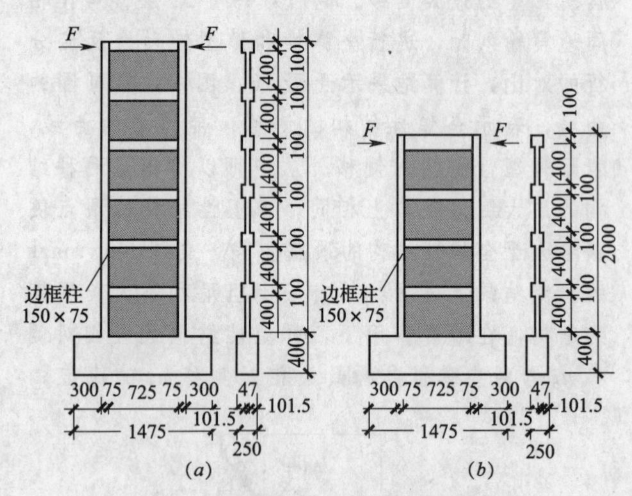

图 20　“有框”剪力墙试件外形尺寸

（*a*）A 组，$M/Vh=3.37$；（*b*）B 组，$M/Vh=2.23$

（2）变形性能

根据各试件的破坏形态和荷载-位移曲线，得出以下几点结论性意见：

1）剪跨比 $M/Vh>3$ 的剪力墙，其破坏特征和裂缝形态基本上与悬臂弯曲构件相似。

2）增加“边框柱”的竖向钢筋配筋率，就能减缓滞回曲线卸载刚度的退化，耗能面积也会相应增加。为保证剪力墙底部有一定高度的塑性区，边框柱的竖向配筋率宜大于1.2%。

3）竖向荷载加速了滞回曲线卸载刚度的退化，较大的竖向荷载使滞回曲线捏拢，耗能面积减小。为防止“边框柱”混凝土过早地被压碎，轴压比 σ/f_a 宜控制在0.5以下。

4）裂缝的开展和分布状况对耗能面积有着明显的影响。分布的裂缝要比集中开展的裂缝更有利于扩大剪力墙的塑性区域。集中开展的裂缝特别是剪切裂缝，由于裂缝处混凝土骨料丧失咬合作用，造成剪力墙强度下降和刚度退化。

5）带边框剪力墙的层间横梁能有效地控制裂缝的开展和延伸，有利于减缓墙体的刚度退化，并可提高剪力墙的极限强度。

6）滞回曲线瞬时刚度改变的特征主要反映在非弹性阶段。加载时，裂缝的破裂面张开，抗推刚度低；直到反向荷载使裂缝闭合后，抗推刚度增大。继续加载，裂缝又开展，刚度又降低；卸载时，裂缝闭合的过程，恰恰是卸载刚度退化的过程。

7）非弹性阶段剪力墙的刚度退化与剪跨比有关，剪跨比越小，刚度退化越快。

以 K_0 表示弹性阶段剪力墙的刚度值，K_i 表示各加载时段剪力墙的刚度值，则刚度退化系数 β_i 可以表达为

$$\beta_i=K_i/K_0 \tag{46}$$

两组剪力墙试件的刚度退化与变形关系曲线示于图21。可以看出，各条关系曲线均按指数规律下降，“剪跨比”小的试件，刚度退化速率明显地比“剪跨比”大的试件更快。其原因主要是受裂缝形态和开展的影响。

8）带边框剪力墙具有较好的延性，10个试件的位移延性系数 μ_Δ 约在7～9之间。

（六）支撑的非线性刚度

1. 压杆屈曲后的恢复力特性

（1）考虑非线性状态的必要性

在结构静力设计中，对于斜撑之类的轴心受压杆件，均以其轴向变形达到极限弹性变形时的抗压强度（即欧拉荷载）作为杆件的极限抗压强度，并认为压杆当其荷载达到此一限值时就濒临破坏，不考虑也不允许杆件进入受压屈曲后的非线性变形阶段。然而，高层钢结构在地震作用下必然要进入非线性阶段，这是《抗震规范》根据安全、经济标准所规定的抗震设防目标。因此，进行高层钢结构设计时，必须考虑支撑杆件受压屈曲后所造成的影响。

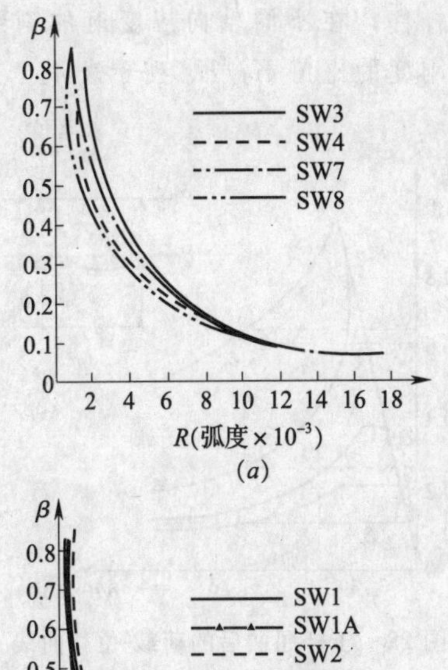

(a)

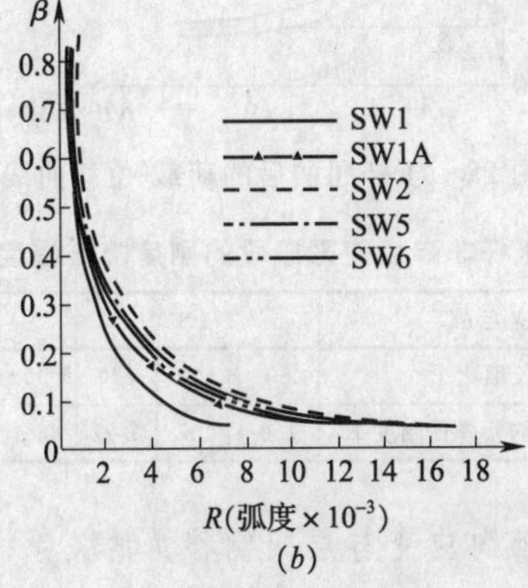

(b)

图21 有框剪力墙的刚度退化与变形关系曲线

(a) 剪跨比 $M/Vh=3.37$；(b) 剪跨比 $M/Vh=2.23$

（2）挠曲引起的轴向变形

根据建筑抗震设防标准的防倒塌设计准则以及防止建筑部件的破坏，对于高层建筑钢结构在地震作用下的变形，一般控制其层间位移角在1/200左右。这一变形控制值远远超出斜撑腹杆的弹性稳定的变形极限值。因此，当结构变形达到上述数值时，支撑内受压腹杆的轴向变形中，除了弹性和塑性轴向压缩变形 δ_e 和 δ_p 之外，还包含杆件侧向挠曲所引起的轴向压缩变形 δ_b，而且在这些变形分量中，侧向挠曲引起的轴向压缩变形占有很大比例。单调荷载下四种长细比的轴心受压钢杆，越过弹性极限变形后的荷载-位移曲线示于图22。图中，P_y 为压杆的屈服轴力，$P_y=A\sigma_y$，σ_y 为屈服应力。从中可以看出，较小长细比（$\lambda=50$）的杆件，其轴向变形中是以弹性和塑性轴向压缩（$\delta_e+\delta_p$）为主，侧向挠曲引起的轴向缩短 δ_b 仅占20%左右。随着长细比的增大，挠曲变形 δ_b 所占比例越来越大，当 $\lambda=200$ 时，δ_b 在总变形中所占比例达到80%以上。

（3）刚度的降低幅度

压杆进入非弹性变形阶段后，刚度降低的幅度也是比较大的，而且下降幅度随着杆件轴向应变和杆件长细比的增大而加大。单调荷载下不同

长细比的杆件，在不同轴向应变时的割线刚度与初始弹性刚度的比值 K_1/K_0 列于表4。

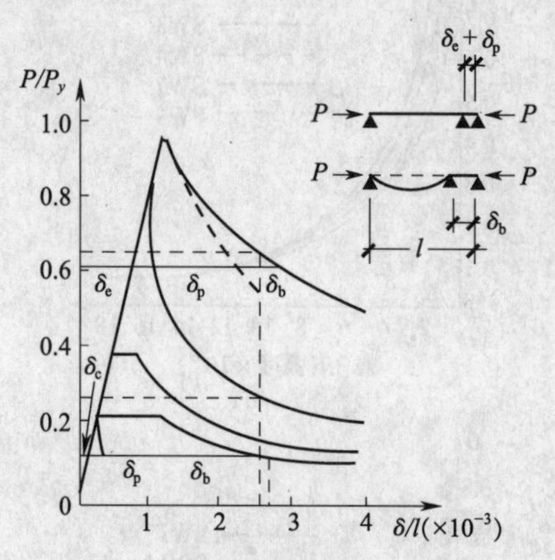

图22 压杆屈曲后的荷载-位移曲线

压杆非弹性变形阶段的刚度降低幅度 表4

轴向应变 δ/l	1/1000			1/400		
杆件长细比 λ	50	100	200	50	100	200
割线刚度 K_1/初始弹性刚度 K_0	1.0	0.7	0.27	0.3	0.13	0.06

(4) 轴向应变与层间侧移角的关系

关于支撑腹杆的轴向应变与层间侧移角数值之间的对应关系，可从图23的示例中看出一个大概。由几何关系得：

$$\delta=\Delta/\sqrt{2},\ l=\sqrt{2}h$$

故有 $$\Delta/h=\sqrt{2}\delta/(l/\sqrt{2})=2\delta/l \quad (47)$$

按照式(47)所示的几何关系，轴向应变 $\delta/l=1/1000$ 和 $1/400$ 时，分别相当于层间侧移角 $\Delta/h=1/500$ 和 $1/200$。

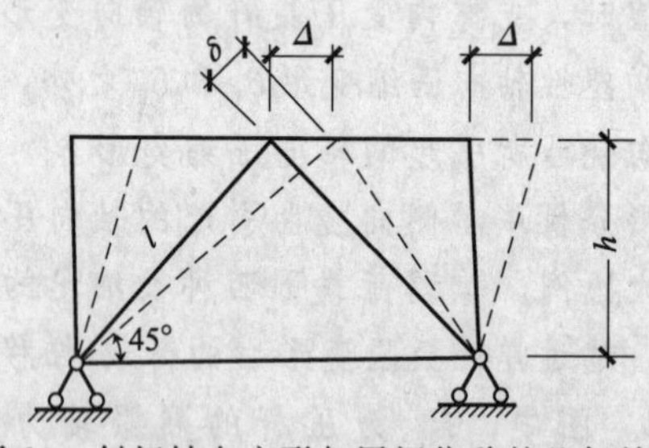

图23 斜杆轴向变形与层间位移的几何关系

2. X形支撑的荷载-位移曲线

单调水平荷载作用下，杆件长细比 $\lambda=50/\sqrt{f}\sim200/\sqrt{f}$ 范围内的半刚性X形支撑，其弹性和非弹性变形阶段的荷载-位移曲线的形状示于图24。上式中，f 为支撑腹杆钢材的标准强度（tf/cm^2）。从图中的虚线可以看出，当支撑越过其线弹性极限变形 Δ_y 之后，压杆因发生侧向屈曲，强度逐步下降，拉杆则因钢材硬化，一直保持着上升的趋势，但也失去了原有的线弹性。拉杆和压杆的抗力之和，即整个支撑的抗力，在弹性极限变形之后呈曲线下降。所以，支撑进入非弹性变形阶段后，其割线刚度的降低幅度和速率均比较大。

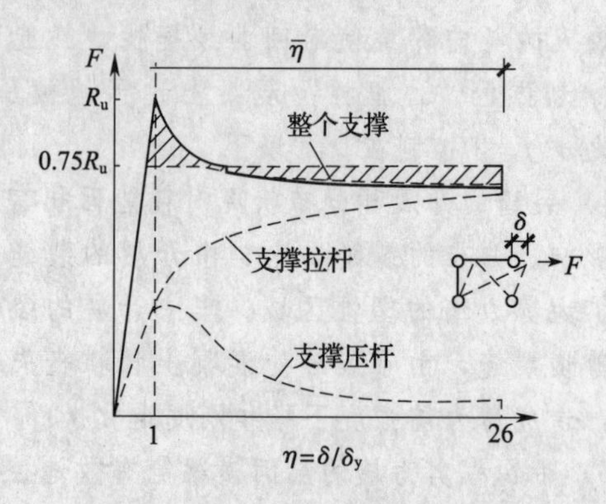

图24 X形支撑的荷载-位线曲线

若按照吸收能量相等（图中用斜线表示的面积）的原则，将图24所示支撑转换为理想弹塑性结构时，则其屈服强度可取等于 $0.75R_u$，R_u 为支撑的最大弹性抗力。

3. 钢杆的滞回特性

地震时地面往复运动引起的结构振动，相当于对结构施加低周往复水平荷载。因此，在结构抗震设计中，应该考虑支撑在往复荷载作用下的滞回特性。长细比 $\lambda=120$ 和 $\lambda=40$ 的钢杆件，在往复轴力加载下的滞回曲线示于图25。从中可以看出，在多次重复荷载作用下，长细比大的杆件，受拉承载力基本上不降低，受压承载力随着荷载循环次数的增加而逐步下降，而且下降幅度较大；

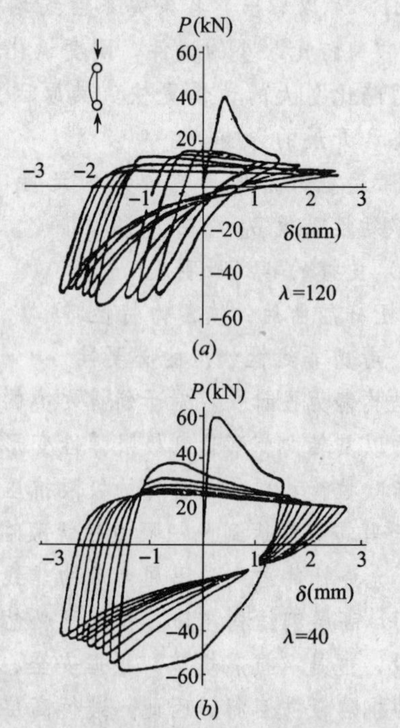

图25 低周往复水平荷载下钢杆的滞回曲线

长细比小的杆件，受拉承载力有一定程度的减小，而受压承载力的下降幅度则较小。此外，从图中还可看出，长细比大的杆件，滞回环线较瘦，所包围的面积较小；长细比小的杆件，滞回环线较胖，所包围的面积较大。这说明，长细比小的杆件所能耗散的地震能量，显然比长细比大的杆件多得多。

4. 荷载循环次数对压杆抗力的影响

为了探明荷载不同循环次数对杆件承载能力的影响幅度，对杆件试验的全过程进行了记录。不同长细比的钢杆，在每一次大变位往复荷载作用下的最终抗力，示于图26。从中可以看出：

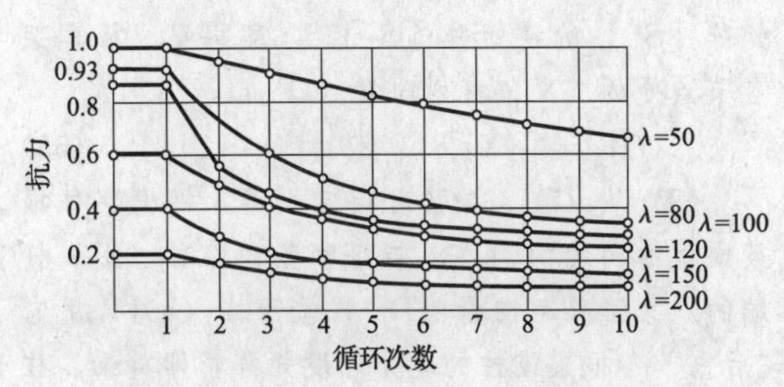

图26 压杆抗力与荷载循环次数的关系曲线

(1) 钢杆的受压承载力随着循环次数的增加而逐步降低。

(2) 与第一次加载时的承载力相比较，第10次循环荷载下承载力的降低幅度，随着杆件长细比的增大而减小，长细比分别为50、100和150的杆件，第10次加载与第一次加载时的承载力的比值分别为0.63、0.41和0.38。

(3) 与杆件全截面材料屈服强度 $\sigma_y A$ 相比较，第10次往复荷载下的受压承载力，当杆件长细比为50、100、150和200时，分别等于63%、25%、15%和11%。说明随着杆件长细比的增大，承载力下降的幅度则更大。

5. 压杆的设计刚度

(1) 确定结构周期或支撑地震力时

从图22可以看出，钢杆受压时所产生的轴向变形 $\delta=\delta_e+\delta_p+\delta_b$。在弹性变形阶段，$\delta_p=0$，$\delta=\delta_e+\delta_b$。根据刚度定义，杆件轴压刚度等于使杆件产生单位轴向变形（即 $\delta=1$）所需施加的轴力，即杆件在发生单位轴向变形时所能提供的抗力，其大小决定于杆件的轴向应力，轴向应力又决定于杆件轴向应变。若杆件的长细比值较大，受压时，杆件在其截面压应力 σ 尚未达到屈服应力 σ_y 以前，就会发生侧向挠曲，使压杆不能充分发挥其受压强度。杆件所能提供的抗力 P，与杆件全截面达到屈服应力 σ_y 时所能提供的最大抗力 P_y 的比值 P/P_y，约等于 σ/σ_y，又约等于 δ_e/δ。《钢结构设计规范》中对轴心受压构件所规定的稳定系数 φ，就相当于 P/P_y。所以，作为一种近似计算，当确定结构的振型和周期时，以及确定结构体系中支撑所需承担的水平地震作用时，对于斜撑中的压杆，建立单元刚度矩阵时，轴向弹性刚度 K 可取等于 φK_0，其中 K_0 为杆件不考虑侧向挠曲按全截面确定的轴向弹性刚度（EA）。

(2) 确定框架地震力时

水平荷载作用下，钢支撑的层间弹性位移角的极限值远小于钢框架。基本烈度地震作用下的框-撑体系，结构将进入弹塑性变形阶段，层间侧移角远远超过钢支撑的弹性变形极限值，但不一定达到或超过钢框架的弹性变形极限值。由于此一时刻正是钢框架处于最不利的受力状态，抗震分析的目的之一，就是要根据此刻支撑和框架的相对刚度来求得框架实际分担的水平地震力。根据以上论述，为确定此一时刻支撑的割线刚度，重新建立支撑中压杆的单元刚度矩阵时，应根据此刻结构的实际侧移（层间侧移角），参考式47和表4确定对压杆轴向刚度的折减系数。

(七) 框架的荷载-位移曲线

中国建筑科学研究院工程抗震研究所、北京工业大学、西安冶金建筑学院等单位所进行的钢筋混凝土框架模型试验表明，水平荷载作用下，框架大约在层间侧移角 $\theta=1/230$ 时出现初裂；$\theta=1/120$ 左右时进入屈服状态。从框架模型的侧力-变形曲线（图27）可以看出，层间侧移角小于1/500的一段，结构基本上处于线弹性变形阶段。层间侧移角超过1/500时，框架由准弹性过渡到弹塑性变形阶段，抗推刚度开始逐步下降，但衰减的速率很慢。此外，新西兰R. Park所进行的框架模型试验也指出，层间侧移角小于1/400时，钢筋混凝土框架基本上处于线弹性阶段。

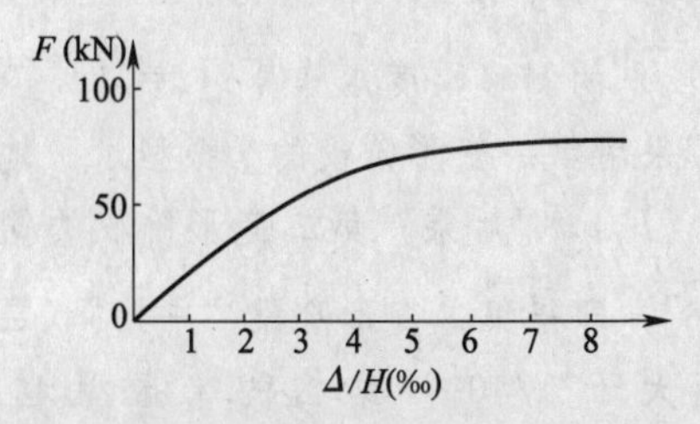

图27 钢筋混凝土框架的侧力-变形曲线

(八) 计算步骤

1. 按照本附录第［2］节第一～三款，建立起整个结构体系弹性阶段的抗推刚度矩阵（侧向刚度矩阵）；并按照第四和第五款，计算出作用于结构体系中各片抗震墙或竖向支撑的前3～5个振型水平地震作用，并进一步计算出抗震墙或支撑杆件各振型地震内力，再按式（37）进行遇合，得抗震墙或斜撑的杆件最大地震内力。

2. 对于框-墙体系，按上述第七款中式（44）计算出的各楼盖相对侧移 Δ_i，计算出各楼层的层间弹性侧移角 θ_i，然后采用层间弹性侧移角的三倍即 $3\theta_i$（大于1/400时取1/400），作为结构实际的层间弹塑性位移角 δ/h，由表3查得抗震墙各楼层墙肢（或墙段）的刚度降低系数 $(C_w)_i$；

用 $(C_w)_i$ 乘各楼层墙肢（或墙段）的单元刚度矩阵，得各楼层墙肢的非弹性单元刚度矩阵，再参照第二节（三）2（4）款和式（18）进一步组成各片抗震墙的非弹性总刚度矩阵，然后按照本附录第二节第（三）3（2）或（3）款的块消去法或逆矩阵法，求得各片抗震墙的非弹性抗推刚度矩阵 $[\widetilde{K}_w]_s$。

对于框-撑体系，按照前面第（六）款中的方法确定竖向支撑斜腹杆的刚度折减系数，重新建立支撑各杆件的非弹性单元刚度矩阵，进一步组成各片竖向支撑的非弹性总刚度矩阵，并解得各片竖向支撑的非弹性抗推刚度矩阵 $[\widetilde{K}_b]_s$。

3. 将框-墙体系中各榀框架原来的弹性抗推刚度矩阵 $[K_f]_s$ 与各片抗震墙新建立的非弹性抗推刚度矩阵 $[\widetilde{K}_w]_s$ 叠加，即得整个结构体系进入非弹性变形阶段（第二变形阶段）时的抗推刚度矩阵 $[\widetilde{K}]$。

$$[\widetilde{K}]=\sum[K_f]_s+\sum[\widetilde{K}_w]_s \quad (48)$$

同理，可得基本烈度地震作用下框-撑体系进入非弹性变形阶段（第二变形阶段）时的抗推刚度矩阵 $[\widetilde{K}]$。

$$[\widetilde{K}]=\sum[K_f]_s+\sum[\widetilde{K}_b]_s \quad (49)$$

4. 对 $[\widetilde{K}]$ 求逆，得结构非弹性阶段（第二变形阶段）的侧移柔度矩阵 $[\widetilde{\delta}]=[\widetilde{K}]^{-1}$。

5. 采用第一变形阶段的 j 振型水平地震作用列向量 $\{F_j\}$，“后乘”第二变形阶段的侧移柔度矩阵 $[\widetilde{\delta}]$，即得第二变形阶段“中期”（层间侧移角取不大于1/400）结构的 j 振型地震侧移 $\{\widetilde{\Delta}_j\}$，

$$\{\widetilde{\Delta}_j\}=[\widetilde{\delta}]\{F_j\} \quad (50)$$

6. 框架的 j 振型地震作用

框-墙体系或框-撑体系中第 s 榀框架所受到的 j 振型水平地震作用标准值 $\{F_j\}$，等于第二变形阶段结构的 j 振型地震侧移列向量 $\{\widetilde{\Delta}_j\}$，“后乘”第 s 榀框架的弹性抗推刚度矩阵，即

$$\{F_j\}_s=[K_f]_s\{\widetilde{\Delta}_j\} \quad (51)$$

7. 框架各杆件 j 振型地震内力

(1) 采用 $\{F_j\}_s$、$\{0\}$ 和 $\{0\}$ 分别取代节点广义力列向量 $\{\widetilde{P}\}$ 中的 $\{F\}$、$\{\widetilde{M}\}$ 和 $\{\widetilde{N}\}$，形成作用于第 s 榀框架各节点上的广义力列向量 $\{\widetilde{P}\}_s$，即

$$\{\widetilde{P}\}_s=[\{F_j\}_s^T \quad \{0\}^T \quad \{0\}^T]^T \quad (52)$$

(2) 采用 $\{\widetilde{P}\}_s$，“后乘”第 s 榀框架总刚度矩阵 $[S_T]_s$ 的逆矩阵 $[S_T]_s^{-1}$，即得第 s 榀框架各节点处的广义位移列向量 $\{D\}_s$，

$$\{D\}_s=[\{X\}_s^T \quad \{\theta\}_s^T \quad \{Z\}_s^T]^T \quad (53)$$

(3) 从 $\{D\}_s$ 中取出相应于第 s 榀框架每根梁或柱的两端的侧移、转角和竖向位移，形成杆端的广义位移列向量 $\{D_j\}$，按照式（40），用它“后乘”各根梁或柱的单元刚度矩阵，即得梁、柱端部的 j 振型地震剪力、弯矩和轴力。

8. 框架梁、柱地震内力

框架各层梁、柱端部的最大地震剪力、弯矩和轴力，等于整个结构体系同一方向前五个振型地震剪力、弯矩和轴力分别按式（42）进行遇合所得的数值。

四、两阶段计算简化法

对于采用单一体系或双重体系的高层建筑，现有电算程序都是按照结构弹性变形阶段相对刚度来确定构件地震内力。要使计算结果能确切反映双重体系进入非弹性变形阶段时，抗震墙或支撑刚度退化所引起的框架剪力增值，可以按照两阶段设计法，在现有电算程序中增加“结构非弹性刚度及相应地震力分配”的一段程序。为了方便工程设计，下面再介绍一种简化方法，即直接利用现有程序的计算结果，采用以两阶段计算法大量实例计算结果归纳出的修正系数，加以调整，也能较好地反映双重体系非弹性变形阶段的构件内力实际情况。

（一）参数的选择

要提供一个简化方法，首先要对关系到计算结果的各种影响因素进行试算、比较和筛选，以便找出最主要的因素作为简化方法的参数。

在高层框-墙体系中，由于建筑平面布置的不

同要求，抗震墙的数量有多有少，间距有大有小，地震烈度也因建筑地点不同而有高有低。此外，一些建筑由于使用高级装修材料，对层间侧移控制也较严。因此，基本烈度地震作用下，高层框-墙体系的结构实际层间侧移角有较大幅度的变动，其范围可能是1/800～1/200。为了摸清各种情况下抗震墙刚度退化对框架内力的影响程度，有必要从几个方面来进行分析。

1. 抗震墙间距的影响

抗震墙间距的大小体现抗震墙数量的多少。在结构体系中，由于抗震墙数量不同，抗震墙刚度退化对框架剪力增值的影响程度会有多大变化？对多种情况的计算结果表明，差别不大。在实际工程设计中，不必将抗震墙间距作为一个因素来考虑。现以14层楼房为例，层高为3 m，抗震墙刚度折减系数取0.3，抗震墙间距从18 m变化到42 m，厚度不变，在考虑与不考虑抗震墙刚度退化的两种情况下，框架各楼层地震剪力的比值（V/V_0），即抗震墙刚度退化引起框架楼层地震剪力增值的倍数，列于表5。从中可以看出，抗震墙间距从最小到最大，框架楼层剪力比值仅相差10%左右。实际工程中，由于抗震墙的厚度将随间距的扩大而增厚，表中地震剪力比值的差别还会进一步缩小。

不同抗震墙间距时框架楼层地震剪力比值（V/V_0）的变化　　表5

抗震墙间距（m）		18	30	36	42
楼层序号	14	2.49	2.32	2.19	2.17
	13	2.55	2.39	2.26	2.23
	12	2.59	2.45	2.32	2.30
	11	2.63	2.49	2.37	2.34
	10	2.66	2.52	2.40	2.38
	9	2.69	2.55	2.43	2.40
	8	2.71	2.57	2.46	2.43
	7	2.73	2.60	2.48	2.46
	6	2.76	2.63	2.52	2.49
	5	2.80*	2.67*	2.56*	2.54*
	4	2.78	2.66	2.55	2.53
	3	2.83	2.71	2.60	2.58
	2	2.86	2.76	2.66	2.65
	底层	3.03	2.96	2.89	2.86

注：*表示框架最大剪力所在楼层的地震剪力的比值。

2. 房屋总层数不同时

侧力作用下，抗震墙是弯曲型构件，随着楼房层数的增多，抗震墙增高后，顶部侧移将因弯曲变形增长而加大较多；框架属剪切型构件，则会因楼层增多、剪力增大，下部的侧移增长较多。因为框架和抗震墙处在同一框-墙体系之中，楼房层数不同，框架和抗震墙各自变形形态的差异或大或小，需要通过楼盖进行变形协调的程度也就不同。这一变化对抗震墙刚度退化的效应有多大影响，也需要加以研究。分析中，从8层楼房开始，逐一算到20层楼房，抗震墙刚度折减系数均取0.3，在考虑与不考虑抗震墙刚度退化的两种情况下，各楼层地震剪力的比值（V/V_0）列于表6。从表中数字可以看出，楼房总层数不同时，框架楼层地震剪力比值仅相差2%，20层楼房框架最大地震剪力所在楼层的剪力比值为2.53，与8层楼房相应楼层的剪力比值2.7相比较，仅相差6%。以上结果说明，房屋总层数对剪力比值（V/V_0）的影响，也可略去不计。

楼房总层数不同时框架楼层地震剪力比值（V/V_0）的变化　　表6

房屋总层数		8	10	12	14	16	18	20
楼层序号	20							2.42
	19							2.47
	18						2.43	2.52
	17						2.48	2.55
	16					2.44	2.53	2.56
	15					2.49	2.56	2.57
	14				2.32	2.54	2.58	2.58
	13				2.39	2.57	2.59	2.58
	12			2.35	2.45	2.59	2.60	2.57
	11			2.40	2.49	2.62	2.61	2.58
	10		2.39	2.46	2.52	2.77	2.61	2.53*
	9		2.45	2.50	2.55	2.65	2.62	2.54
	8	2.46	2.51	2.54	2.57	2.66	2.58*	2.55
	7	2.53	2.56	2.58	2.60	2.68	2.60	2.57
	6	2.59	2.61	2.61	2.63	2.65*	2.62	2.60
	5	2.65	2.65	2.65*	2.67*	2.67	2.64	2.62
	4	2.70*	2.70*	2.69	2.66	2.71	2.68	2.66
	3	2.76	2.75	2.74	2.71	2.75	2.72	2.71
	2	2.82	2.81	2.80	2.76	2.80	2.78	2.77
	底层	3.01	3.01	3.01	2.96	2.99	2.98	2.97

注：* 表示框架最大剪力所在楼层的地震剪力比值。

3. 层间侧移角不同时

(1) 钢筋混凝土结构

不同情况的楼房，结构的实际侧移值有大有小，抗震墙的刚度折减系数随之不同。墙体刚度折减系数的不同取值，对考虑与不考虑抗震墙刚度退化两种情况下框架剪力比值（V/V_0）的影响程度到底会有多大？现以16层钢筋混凝土框-墙体系楼房为例，按照结构各种不同的层间侧移角，对抗震墙取不同的刚度折减系数，其各项计算结果列于表7。从中可以看出，框架各楼层地震剪力比值，几乎随刚度折减系数的减小按反比例迅速增长。说明结构的层间侧移角是决定框架楼层地震剪力比值（V/V_0）大小的最主要因素。此外，还可看出，框架剪力增值的倍数，以底层为最大，向上逐层减小，顶层的数值最小。

钢筋混凝土框-墙体系楼房刚度折减系数对剪力比值（V/V_0）的影响　　表7

刚度折减系数 C_w		0.5	0.4	0.3	0.2
楼层序号	16	1.73	2.03	2.44	3.03
	15	1.75	2.06	2.49	3.17
	14	1.76	2.08	2.54	3.26
	13	1.77	2.10	2.57	3.33
	12	1.78	2.11	2.59	3.37
	11	1.79	2.12	2.62	3.40
	10	1.79	2.25	2.77	3.44
	9	1.80	2.14	2.65	3.46
	8	1.80	2.15	2.66	3.49
	7	1.81	2.16	2.68	3.54
	6	1.80*	2.15*	2.65*	3.47*
	5	1.81	2.16	2.67	3.52
	4	1.82	2.18	2.71	3.58
	3	1.83	2.20	2.75	3.67
	2	1.85	2.22	2.80	3.78
	1	1.90	2.32	2.99	4.22

注：*表示框架最大剪力所在楼层的地震剪力比值。

(2) 混凝土-钢结构

采用钢筋混凝土抗震墙与钢框架组成的混凝土-钢结构双重体系，由于它综合了钢和混凝土的各自优点，克服了钢或混凝土单一材料结构的缺点，已成为高层建筑中极有发展前途的结构类型。它与全钢结构相比，具有提高刚度、增强抗剪、节省钢材、简化施工、降低造价、减少防火处理等优点；与钢筋混凝土结构相比，它又具有减轻自重、减少基础费用、增加使用面积、扩大使用空间、加快建设速度等优点。然而，在混凝土-钢结构的框-墙体系中，由于钢框架的截面尺寸较小，受剪承载力较低，$P\text{-}\Delta$ 效应对结构稳定性的影响较大，更难承受计算误差所带来的较大剪力增值。因此，仔细考虑钢筋混凝土抗震墙刚度退化对钢框架所引起的楼层剪力增值，更显得必要。

现以采用混凝土-钢结构的20层框-墙体系楼房为例，根据不同的层间侧移角，对体系中钢筋混凝土抗震墙确定相应的刚度折减系数，按照两阶段设计的矩阵位移法进行对比计算，不同变形条件所得到的考虑与不考虑刚度退化两种情况下的钢框架楼层地震剪力比值（V/V_0）的具体数值，列于表8。从中可以看出，刚度退化引起剪力增值的幅度是很大的，必须在工程设计中加以考虑。

混凝土钢结构20层楼房不同刚度折减系数引起的钢框架剪力比值（V/V_0）　　表8

刚度折减系数 C_w		0.7	0.6	0.5	0.4	0.3	0.2
楼层序号	20	1.25	1.37	1.50	1.66	1.84	2.05
	19	1.26	1.38	1.52	1.69	1.90	2.16
	18	1.26	1.38	1.53	1.70	1.91	2.18
	17	1.27	1.39	1.54	1.72	1.94	2.24
	16	1.27	1.39	1.55	1.73	1.97	2.29
	15	1.27	1.40	1.56	1.75	2.00	2.34
	14	1.28	1.41	1.57	1.77	2.03	2.39
	13	1.28	1.42	1.58	1.79	2.07	2.46
	12	1.29	1.43	1.60	1.82	2.11	2.53
	11	1.30	1.44	1.62	1.85	2.17	2.64
	10	1.30	1.45	1.63	1.88	2.21	2.72
	9	1.31	1.46	1.65	1.90	2.25	2.80
	8	1.31	1.47	1.66	1.93	2.30	2.89
	7	1.32	1.48	1.68	1.96	2.35	2.99
	6	1.33	1.49	1.70	1.99	2.41	3.10
	5	1.33	1.50	1.72	2.02	2.46	3.21
	4	1.34	1.51	1.74	2.05	2.52	3.32
	3	1.35	1.52	1.76	2.09	2.59	3.45
	2	1.35	1.54	1.78	2.12	2.65	3.57
	1	1.39	1.60	1.89	2.30	2.97	4.24

(二) 简化方法

1. 概述

针对建筑平面为矩形的8～30层钢筋混凝土框-墙体系房屋，按两种抗震墙布置方案，间距为18～42m的五种抗震墙间距，7、8、9三种设防烈度，共计690种不同情况，采用本节所述的两阶段计算法和习用的一阶段计算法进行对比计算，所得考虑与不考虑抗震墙刚度退化影响的计算结果，有着较好的和简单的对应关系。这就为提供简化方法创造了条件。而且表明，可以利用现有的弹性刚度一阶段计算法电算程序的结果，乘以修正系数 ψ，作为正规的两阶段计算法的近似值。从而有利于尽快在工程设计中推广应用。

2. 修正系数 ψ

根据690种不同情况的对比计算结果，对于钢筋混凝土框-墙体系楼房，采用层间侧移角 θ 作为参数，归纳整理出的考虑抗震墙刚度退化引起的框架楼层地震剪力的增大倍数，即修正系数 ψ，列于表9。

钢筋混凝土框-墙体系楼房的框架楼层地震剪力修正系数　　表9

非弹性层间侧移角 θ_i		1/1000	1/750	1/500	1/300
刚度折减系数 C_w		0.5	0.4	0.3	0.2
楼层	顶　层	1.7	2.0	2.4	3.0
	下一层	1.8	2.1	2.5	3.2
	中间层（包括最大剪力的楼层）	1.8	2.2	2.6	3.5
	第二层	1.8	2.3	2.8	3.8
	底　层	1.9	2.4	3.0	4.2

3. 计算方法

对目前采用的协同工作电算程序（即按弹性刚度的一阶段计算法）所计算出的框架楼层地震剪力 V_k，采用小震作用下结构弹性层间侧移角 θ_e 的三倍，即 $3\theta_e$（大于 1/400，取 1/400）作为基本烈度下结构的非弹性层间侧移角 θ_i，查表9，得各楼层的修正系数 ψ，用它乘以 V_k。ψV_k 就是用于梁、柱截面设计的框架各楼层地震剪力。抗震墙地震作用和内力则仍按该程序电算结果采用。

在框-墙体系中，框架和抗震墙在协调侧向变形时，由于框架各楼层的剪力有大有小，而且最大楼层剪力往往位于楼房中间楼层处，以致楼房下部各楼层的框架剪力有时反而小于上部楼层的剪力。为使楼房下面几层框架柱的截面和配筋，不致小于上层柱的截面和配筋，以保证框架具有必要的抗震可靠度，可以继续沿用抗震规范第6.2.13条所规定的“框架-抗震墙结构，任一楼层框架部分（即总框架）的地震剪力，不应小于结构分析的框架部分各楼层地震剪力中最大值的1.5倍”的形式，而将该规定中的 $1.5V_{k,max}$ 换为 $\psi V_{k,max}$，其中，$V_{k,max}$ 为框架部分最大“楼层地震剪力”。

参 考 文 献

[1]《建筑抗震设计规范》(GB 50011—2001). 北京：中国建筑工业出版社，2002

[2] 胡聿贤. 地震工程学. 北京：地震出版社，1988

[3] 沈聚敏，周锡元，高小旺，刘晶波. 抗震工程学. 北京：中国建筑工业出版社，2000

[4] 姚谦峰，苏三庆. 地震工程. 西安：陕西科学技术出版社，2001

[5] 龚思礼主编. 建筑抗震设计手册（第二版）. 北京：中国建筑工业出版社，2002

[6] 刘大海，钟锡根，杨翠如. 房屋抗震设计. 西安：陕西科学技术出版社，1985

[7] 刘大海，杨翠如. 高层建筑结构方案优选. 北京：中国建筑工业出版社，1996

[8] 刘大海，杨翠如，钟锡根. 高楼结构概念与系统. 台北：科技图书股份有限公司（台湾），1996

[9] 刘大海，杨翠如. 高层建筑抗震设计. 台北：淑馨出版社（台湾），1997

[10] 刘大海，杨翠如. 厂房抗震设计. 北京：中国建筑工业出版社，1997

[11] 刘大海，杨翠如. 陶晞暝. 建筑抗震构造手册（第二版）. 北京：中国建筑工业出版社，2005

[12] 刘大海，杨翠如. 空旷房屋抗震设计. 北京：地震出版社，1991

高层钢结构

11 结构材料

结构钢

一、钢材性能

1. 通用要求

为保证承重结构的承载能力及防止在一定条件下出现脆性破坏，高层建筑中的承重构件和承力构件（竖向支撑等），其钢材牌号和材性的选定，应符合行业标准YB 4104—2000《高层建筑结构用钢板》的规定，并应符合下列要求：

(1) 考虑结构的重要性、荷载特征、结构类型、连接方法、钢材厚度、环境温度和构件所处部位等情况的不同要求；

(2) 钢材的抗拉强度、伸长率、屈服强度、强屈比、冷弯试验、冲击韧性等各项指标合格；

(3) 硫、磷的含量低于限值。

2. 焊接结构附加要求

(1) 含碳量

1) 钢材的含碳量不应超过焊接性能所规定的限值。

2) Q235-D级钢，含碳量小于0.17%，硫、磷含量小于0.035%，可焊性较好。

(2) 断面收缩率

1) 厚度较大的钢板，在轧制过程中存在着各向异性。由于在杆件的板件连接处常形成较强的约束，焊接时容易引起钢板的层状撕裂，因此，要求钢板的断面收缩率不小于某一规定值。JGJ 81—2002《建筑钢结构焊接技术规程》规定，板件厚度$t \geqslant 40$mm时应采用厚度方向性能钢板。

2) 采用焊缝连接的梁-柱节点和支撑节点，节点的约束较强。当钢板厚度等于或大于40mm，并承受沿板厚方向的拉力作用时（包括强约束节点因焊缝收缩引起的拉应力），为防止钢材的层状撕裂，而采用Z向钢时，应附加“受拉试件板厚方向截面收缩率”不小于Z15级规定的要求。

3) 根据国家标准GB/T 5313《厚度方向性能钢板》的规定，Z向性能级别为Z15级的钢板性能应符合下列要求：① 截面收缩率ψ_z，单个试样值和三个试样平均值，应分别不小于10%和15%；② 硫的含量（熔炼分析）不大于0.01%。过多的硫化物在钢板热压过程中会形成平行于钢板表面的、可视为微裂缝的非金属薄片夹层，降低板厚方向的抗拉强度。

(3) 钢材的冷弯性能必须符合要求。

3. 抗震结构附加要求

(1) 钢材的“强屈比”应不小于1.2，抗震设防烈度为8度和8度以上时，则不应小于1.5，以确保结构具有足够的安全储备。强屈比是指钢材的极限抗拉强度实测值f_u与屈服强度实测值f_{ay}的比值。

(2) 钢材的拉伸试验应具有明显的屈服台阶。

(3) 钢材的伸长率应大于20%（标距50mm），以保证构件具有足够的塑性变形能力。

(4) 钢材应具有能保持足够延性的良好可焊性。

(5) 抗震类别为甲类或乙类的高层建筑钢结构，钢材的屈服强度平均值不宜超过其规定值（标准值）的10%，以免构件的塑性铰位置发生不符合“强柱弱梁”等设计要求的转移。

(6) 钢材的冲击韧性必须得到保证。

(7) 抗震设防高层建筑中仅承受重力荷载的钢构件，上述各项要求可适当放宽。

4. 特殊构件附加要求

(1) 处于外露环境、且对大气腐蚀有特殊要求的承重和承力钢构件，宜采用耐候钢（耐大气腐蚀能力约为碳素钢的4～8倍），其质量要求应符合现行国家标准GB 4172《焊接结构用耐候钢》的规定。

(2) 处于低温环境下的承重和承力钢构件，其钢材性能尚应符合“避免低温冷脆”的要求；对在−40℃以下要求保证冲击韧性的钢材，则应选用相应钢材牌号的E级钢。

(3) 重要的受拉或受弯的焊接结构以及需要验算疲劳的焊接结构，其钢材的低温性能应符合表11-1的要求。这是因为脆断主要发生在受拉区，危险性较大。所以，对受拉或受弯的焊接构件所使用钢材的质量要求，比对受压（含压弯）构件的质量要求更高。

重要焊接结构钢材的低温性能　　表11-1

室外气温 / 钢材牌号	(−10℃)～(−20℃)	低于(−20℃)
Q235	0℃冲击韧性合格保证	−20℃冲击韧性合格保证
Q345、Q390、Q420	−20℃冲击韧性合格保证	−40℃冲击韧性合格保证

二、国产钢材

（一）牌号表示法

1. 钢的牌号（例如 Q235-A·F）由如下四部分按顺序组成：① 代表屈服强度的字母“Q”；② 屈服强度值，如 235 等；③ 质量等级符号，A、B、C、D、E 等；④ 脱氧方法符号，如 F（沸腾钢）、b（半镇静钢）、Z（镇静钢）和 TZ（特殊镇静钢）。

2. 在牌号组成表示方法中，“Z”和“TZ”符号予以省略。

3. 行业标准 YB 4104—2000《高层建筑结构用钢板》的规定，高层建筑结构用钢板的牌号表示为 Q345GJC，它是由以下四部分按顺序组成：① 表示屈服点的汉语拼音字母“Q”；② 屈服点数值；③ 代表高层建筑的汉语拼音字母“GJ”；④ 质量等级符号“C、D、E”。对于厚度方向性能钢板，则在质量等级符号之前加上厚度方向性能级别“Z15、Z25、Z35”，例如 Q345GJZ15C。

（二）钢材牌号

1. 选用原则

高层建筑钢结构，应根据其构件的重要性和焊接要求，选用不同等级的钢材。

2. 适用钢材

(1) YB 4104—2000 规定，高层建筑钢结构的钢材，宜采用 Q235（原 3 号钢）C、D、E 等级的碳素结构钢，或采用 Q345（包括原 16Mn 钢）C、D、E 等级的低合金高强度结构钢。

据测算，在钢结构高楼中，采用 Q345 钢比采用 Q235 钢约能节省钢材 15%。

(2) 重要的焊接构件宜采用碳、硫、磷含量较低的 C、D、E 级碳素结构钢和 D、E 级低合金结构钢。

(3) 屈服强度超过350N/mm²的高强度钢材，要经过充分研究，证明其性能符合要求后，方可在抗震设防的高层建筑钢结构中应用。若用于型钢混凝土构件中，为使型钢芯柱的屈服应变小于混凝土压碎时的应变，钢材的强度设计值不应超过350N/mm²。

(4) 上海宝钢集团近期开发生产的耐火耐候钢，其耐候性为普通钢的2～8 倍，其耐火性达到 600℃高温时钢材屈服强度降低幅度不超过 30%；而价格仅比普通钢贵 10%。有条件时，工程中应优先采用耐火耐候钢，以提高结构的安全性和耐久性。

3. 不适用钢材

(1) Q235-A 级钢和 Q345-A 级钢，因为不保证冷弯性能、冲击韧性以及焊接要求的低含碳量，所以不能用于高层建筑中的主要承重和承力构件。

(2) Q390 钢（原 15MnV）及其桥梁钢，其伸长率小于 20%，不宜用于高层建筑钢结构。

4. 下列情况的承重构件和承力构件（竖向支撑等），不宜采用 Q235 沸腾钢。

(1) 非焊接结构

室外空气温度等于或低于－20℃的直接承受动力荷载且需要验算疲劳的结构。

(2) 焊接结构

1) 直接承受动力荷载或振动荷载且需要验算疲劳的结构。

2) 室外空气温度低于－20℃时的下列结构：① 承受静力荷载的受拉或受弯（拉应力较大）的重要承重结构；② 直接承受动力荷载或振动荷载但可不验算疲劳的结构。

3) 室外空气温度等于或低于－30℃的所有承重结构。

注：① 室外空气温度是指现行国家标准《采暖通风和空气调节设计规范》中所列出的最低日平均气温。
② 对采暖房屋内的结构，可按该值提高 10℃采用。

5. 国家标准

(1) Q235 钢的质量标准，应符合我国现行国家标准 GB 700《碳素结构钢》和 GB/T 699—1999《优质碳素结构钢》的规定。

(2) Q345 钢、Q390 钢和 Q420 钢的质量标准，应符合我国现行国家标准GB/T 1591《低合金高强度结构钢》的规定。

(3) 高层建筑钢结构的钢材应符合行业标准 YB 4104—2000《高层建筑结构用钢板》的规定。

(4) 当焊接承重结构为防止钢材的层状撕裂而采用 Z 向钢时，其材质应符合现行国家标准 GB/T 5313《厚度方向性能钢板》的规定。

（三）钢材强度

1. 高层建筑钢结构所采用的国产钢材，按照GB 50017—2002 和JGJ 99—98 的规定，其强度设计值（材料强度标准值除以抗力分项系数）应根据计算截面的钢材厚度或直径，按表 11-2 规定取值。

国产钢材的设计用强度值（N/mm²）　表 11-2

钢材			极限抗拉强度最小值 f_u	屈服强度（强度标准值）f_y	强度设计值		
牌号	组别	厚度或直径（mm）			抗拉、抗压和抗弯 f	抗剪 f_v	端面承压（刨平顶紧）f_{ce}
Q235 钢	一组	≤16	375	235	215	125	325
	二组	>16～40		225	205	120	
	三组	>40～60		215	200	115	
	四组	>60～100		205	190	110	
Q345 钢	一组	≤16	470	345	310	180	400
	二组	>16～35		325	295	170	
	三组	>35～50		295	265	155	
	四组	>50～100		275	250	145	
Q390 钢	一组	≤16		390	350	205	415
	二组	>16～35		375	335	190	
	三组	>35～50		350	315	180	
	四组	>50～100		330	295	170	
Q420 钢	一组	≤16			380	220	440
	二组	>16～35			360	210	
	三组	>35～50			340	195	
	四组	>50～100			325	185	

注：表中厚度系指计算点的钢材厚度，对轴心受拉和轴心受压构件，系指截面中较厚板件的厚度。

2. 钢铸件的强度设计值应按表 11-3 中的规定采用。

钢铸件的强度设计值（N/mm²）　表 11-3

钢号	抗拉、抗压和抗弯 f	抗剪 f_v	端面承压（刨平顶紧）f_{ce}
ZG 200-400	155	90	260
ZG 230-450	180	105	290
ZG 270-500	210	120	325
ZG 310-570	240	140	370

（四）钢材物理性能

钢材和钢铸件的物理性能指标应按表 11-4 所列数值采用。

钢材和钢铸件的物理性能指标　表 11-4

弹性模量 E_s（N/mm²）	剪变模量 G（N/mm²）	线膨胀系数 α（以每℃计）	质量密度 ρ（kg/m³）
2.06×10^5	0.79×10^5	12×10^{-6}	7850

（五）耐火耐候钢

当有充分技术经济依据，承重钢结构需按抗火设计方法（见上海 DG/TJ 08—008—2000《建筑钢结构防火技术规程》）设计时，其钢材宜选用耐火钢。表 11-5 列出武钢生产的高性能耐火耐候 *Z* 向钢的力学性能，供参考。

高性能耐火耐候 *Z* 向钢的力学性能　表 11-5

牌号	交货状态	板厚（mm）	屈服点 σ_s（MPa）	抗拉强度 σ_b（MPa）	伸长率 σ_5（%）	600℃时屈服点 σ_s^t（MPa）	冲击功 0℃A_{KV}（J）	冷弯 180°	厚度方向断面收缩率 ϕ（%）
WGJ510C2	热轧或正火＋回火	≤16	≥325	≥510	≥19	≥217	≥47	$d=a$	≥35%
		>16～36	≥315	≥490		≥210		$d=3a$	
		>36～60	≥305	≥470	≥19	≥204			

注：d 为弯心直径，a 为钢材厚度。

钢板连接件

一、焊接材料

（一）选用原则

1. 选用的焊条或焊丝的型号应与被焊接的主体金属（杆件母材）相匹配，即要求焊接后的焊缝强度不低于主体金属强度。

（1）一般情况下，E43××型焊条用于焊接 Q235 号钢，E50××型焊条用于焊接 Q345 号钢。

（2）直接承受动力荷载或振动荷载且需要验算疲劳的结构，以及要求抗震设防的高层建筑钢结构，宜采用塑性、冲击韧性均较好的碱性焊条（低氢型焊条）。

2. 手工焊接用焊条的质量，应符合现行国家标准GB/T 5117—95《碳钢焊条》或 GB/T 5118—95《低合金钢焊条》的规定。

3. 自动焊接或半自动焊接采用的焊丝和焊剂，应分别符合下列现行国家标准

（1）GB/T 14957—94《熔化焊用钢丝》；

（2）GB/T 14958—94《气体保护焊用钢丝》；

（3）GB/T 8110—95《气体保护电弧焊用碳钢、低合金钢焊丝》；

（4）GB/T 5293《埋弧焊用碳钢焊丝和焊剂》；

（5）GB/T 12470《低合金钢埋弧焊用焊剂》的规定。

（二）焊条型号分类

1. 焊条型号是根据熔敷金属力学性能、药皮

类型、焊接方位和焊接电流种类进行分类的。

2. 焊条直径的基本尺寸有1.6、2.0、2.5、3.2、4.0、5.0、5.6、6.0、6.4、8.0mm等规格。

3. 焊条型号示例

(1) 碳钢焊条有E43系列和E50系列。以E4315为例，各个字符的含义如下图所示。

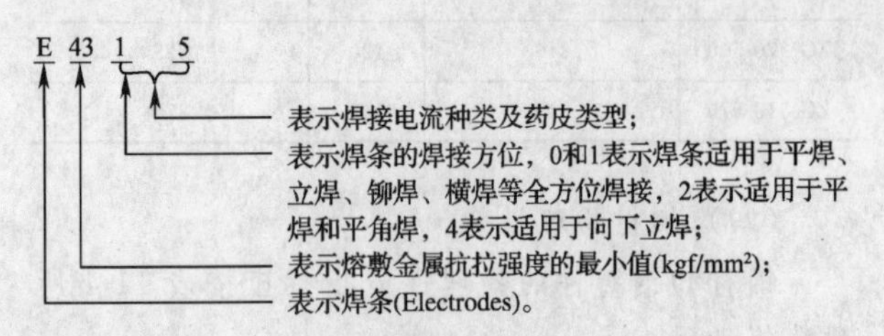

(2) 低合金钢焊条有E50系列、E55系列、E60系列、E70系列等。以E5018-A1为例，各个字符的含义如下图所示。

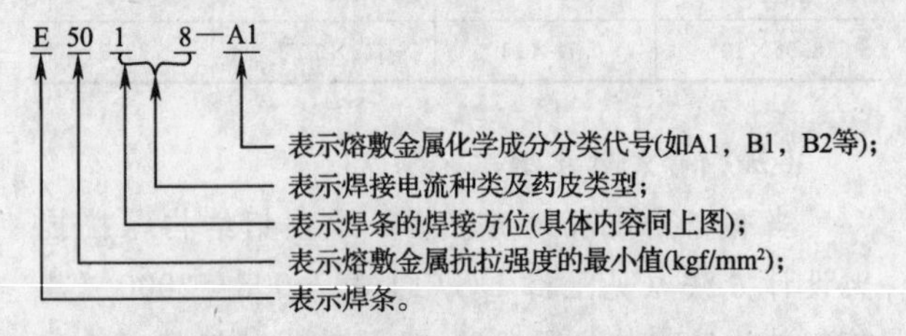

(三) 焊丝型号分类

1. 焊丝按其化学成分及采用熔化极气体保护电弧焊时熔敷金属的力学性能分类。

2. 焊丝的直径有0.5、0.6、0.8、1.0、1.2、1.4、1.6、2.0、2.5、3.0、3.2mm等规格。

3. 焊丝型号示例

碳钢焊丝和低合金钢焊丝的型号有ER50系列、ER55系列、ER62系列、ER69系列等。以ER55-B2-Mn为例，各个字符的含义如下图所示：

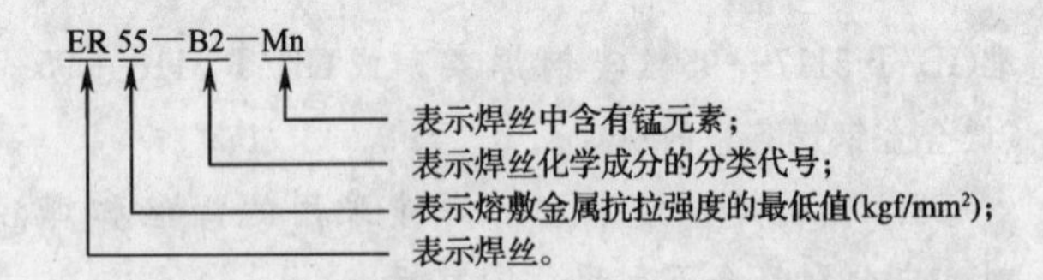

(四) 焊缝强度设计值

1. 按照GB 50017—2003《钢结构设计规范》和JGJ 99—98《高层民用建筑钢结构技术规程》的规定，焊缝的强度设计值应按表11-6的规定采用。

2. 各型焊条（焊丝）熔敷金属的强度均高于被连接钢材的强度，对接焊缝的极限抗拉强度是根据钢材的极限抗拉强度最小值 f_u（表11-2）确定的。

焊缝的设计用强度值（N/mm²） **表11-6**

焊接方法和焊条型号	构件钢材 牌号	构件钢材 厚度或直径（mm）	对接焊缝极限抗拉强度最小值 f_u	对接焊缝强度设计值 抗压 f_c^w	抗拉 f_t^w 焊缝质量等级 一级、二级	抗拉 f_t^w 焊缝质量等级 三级	抗剪 f_v^w	角焊缝强度设计值 抗拉、抗压和抗剪 f_f^w
自动焊、半自动焊、E43型焊条的手工焊	Q235钢	≤16	375	215	215	185	125	160
		>16～40		205	205	175	120	
		>40～60		200	200	170	115	
		>60～100		190	190	160	110	
自动焊、半自动焊、E50型焊条的手工焊	Q345钢	≤16	470	310	310	265	180	200
		>16～35		295	295	250	170	
		>35～50		265	265	225	155	
		>50～100		250	250	210	145	
自动焊、半自动焊、E55型焊条的手工焊	Q390钢	≤16		350	350	300	205	220
		>16～35		335	335	285	190	
		>35～50		315	315	270	180	
		>50～100		295	295	250	170	
自动焊、半自动焊、E55型焊条的手工焊	Q420钢	≤16		380	380	320	220	220
		>16～35		360	360	305	210	
		>35～50		340	340	290	195	
		>50～100		325	325	275	185	

注：1. 自动焊和半自动焊所采用的焊丝和焊剂，应保证其熔敷金属的力学性能不低于国家标准GB/T 5293《埋弧焊用碳钢焊丝和焊剂》和GB/T 12470《低合金钢埋弧焊用焊剂》中的相关规定；
2. 焊缝质量等级，应符合现行国家标准GB 50205《钢结构工程施工质量验收规范》的规定；
3. 对接焊缝在受压区的抗弯强度设计值取 f_c^w，在受拉区的抗弯强度设计值取 f_t^w；
4. 无衬板的单面施焊对接焊缝，其强度设计值取表中数值乘以折减系数0.85；
5. 表中厚度系指计算点的钢材厚度，对轴心受拉和轴心受压构件，系指截面中较厚板件的厚度。

二、高强度螺栓

(一) 螺栓类型

我国有两种“高强度螺栓连接副”。性能都是可靠的，在设计中可以通用。其国家标准分别是：

1. GB/T 1228 ～1231—1991《钢结构用高强度大六角头螺栓、大六角头螺母、垫圈与技术条件》；

2. GB/T 3632 ～3633—1995《钢结构用扭剪型高强度螺栓连接副与技术条件》。

(二) 性能等级

1. 常用的高强度螺栓的性能等级有下列两

种：① 8.8级，仅用于大六角头高强度螺栓；② 10.9级，用于扭剪型高强度螺栓和大六角头高强度螺栓。

2. 高强度螺栓的表示方法是采用螺栓杆强度级别：其性能等级中，位于小数点之前的一位或两位数字，表示热处理后的抗拉强度；小数点及其后面数字表示"屈强比"。例如，8.8级表示螺栓杆的抗拉强度$\sigma_b \geqslant 800N/mm^2$，且"屈强比"为0.8。

（三）公称应力截面积

高强度螺栓各种螺纹规格d（螺纹大径）的公称应力截面积A_e（螺纹小径处的有效截面面积），按表11-7采用。

高强度螺栓的有效截面面积 A_e　　表 11-7

螺栓直径 d（mm）	M16	M20	(M22)	M24	(M27)	M30
螺栓有效直径 d_e（mm）	14.1	17.7	19.7	21.2	24.2	26.7
螺距 p（mm）	2	2.5	2.5	3	3	3.5
有效截面面积 A_e（mm^2）	157	245	303	353	459	561

注：括号内的规格为第二选择系列。

（四）强度设计值

按照国家标准GB 50017—2003《钢结构设计规范》的规定，螺栓连接的强度设计值，应取表11-8中规定的数值。

螺栓连接的强度设计值（N/mm^2）　　表 11-8

部件类别	钢材牌号或螺栓性能等级	普通螺栓						锚栓	承压型连接高强度螺栓	
		C级螺栓			A级、B级螺栓					
		抗拉 f_t^b	抗剪 f_v^b	承压 f_c^b	抗拉 f_t^b	抗剪 f_v^b	承压 f_c^b	抗拉 f_t^a	抗剪 f_v^b	承压 f_c^b
普通螺栓	4.6级、4.8级	170	140	—	—	—	—	—	—	—
	5.6级	—	—	—	210	190	—	—	—	—
	8.8级	—	—	—	400	320	—	—	—	—
锚栓	Q235钢	—	—	—	—	—	—	140	—	—
	Q345钢	—	—	—	—	—	—	180	—	—
承压型连接高强度螺栓	8.8级	—	—	—	—	—	—	—	250	—
	10.9级	—	—	—	—	—	—	—	310	—
构　件	Q235钢	—	—	305	—	—	405	—	—	470
	Q345钢	—	—	385	—	—	510	—	—	590
	Q390钢	—	—	400	—	—	530	—	—	615
	Q420钢	—	—	425	—	—	560	—	—	655

注：1. A级螺栓用于$d \leqslant 24mm$和$l \leqslant 10d$或$l \leqslant 150mm$（按较小值）的螺栓；B级螺栓用于$d > 24mm$或$l > 10d$或$l > 150mm$（按较小值）的螺栓，d为公称直径，l为螺杆公称长度；

2. A、B级螺栓孔的精度和孔壁表面粗糙度，C级螺栓孔的允许偏差和孔壁表面粗糙度，均应符合现行国家标准GB 50205—2001《钢结构工程施工质量验收规范》的要求。

三、圆柱头栓钉

圆柱头栓钉过去称圆柱头焊钉，是一个带圆头的实心钢杆；在钉头埋嵌焊丝，起拉弧作用，需采用专用焊机焊接，并配置焊接瓷环。

（一）规格

1. 国家标准GB/T 10433—1989《圆柱头焊钉》，规定了公称直径为6～22mm共7种规格的圆柱头焊钉（栓钉）。

2. 高层建筑钢结构及组合楼盖中常用的栓钉规格有三种，直径为16、19和22mm。行业标准YB 9082—1997《钢骨混凝土结构设计规程》规定：宜选用直径为19mm和22mm的栓钉，长度不应小于4倍直径。

（二）用途

1. 圆柱头栓钉适用于各类钢结构的抗剪件、埋设件和锚固件。

2. 圆柱头栓钉与钢梁焊接时，应在所焊的母材上设置焊接瓷环，以保证焊接质量。焊接瓷环根据焊接条件分为下列两种类型：① B1型，用于栓钉直接焊于钢梁、钢柱上；② B2型，用于栓钉穿透压型钢板后焊于钢梁上。

（三）材料质量

1. 栓钉宜采用镇静钢制作。

2. 栓钉钢材的机械性能应符合表11-9的要求。

栓钉钢材的机械性能　　表 11-9

屈服点 f_y（N/mm^2）	极限抗拉强度 f_u（N/mm^2）	伸长率 δ_5（%）
≥240	410～520	≥20

（四）栓钉尺寸

圆柱头栓钉的标准外形尺寸如图11-1和表11-10所示。

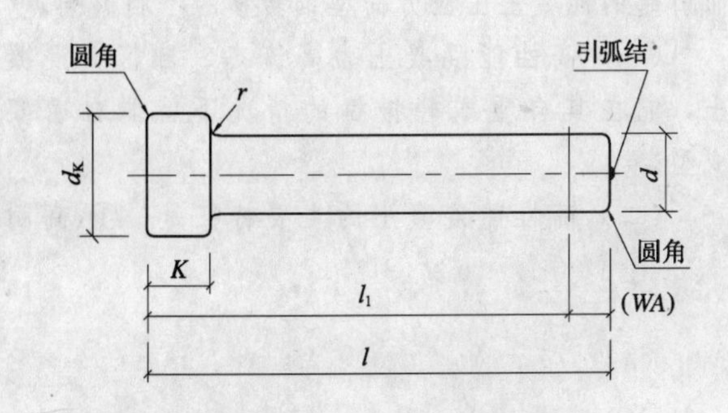

图11-1　圆柱头栓钉的外形尺寸

圆柱头栓钉规格和尺寸（mm） 表 11-10

公称直径	13	16	19	22
栓钉杆直径 d	13	16	19	22
大头直径 d_K	22	29	32	35
大头厚度（最小值）K	10	10	12	12
熔化长度(参考值)WA	4	5	5	6
公称（熔后）长度 l_1	80、100、120		80、100、120、130、150、170、200*	

* $l_1=200$ 仅用于 $\phi22$ 栓钉。

（五）标记示例

按照国家标准 GB 1237 规定的标记方法，公称直径 $d=19$mm、公称长度 $l_1=120$mm的圆柱头栓钉，标记为：

栓钉 GB/T 10433 19×120

四、锚栓

（一）锚栓通常用作钢柱柱脚与钢筋混凝土基础之间的锚固连接件，主要承受柱脚的拔力和剪力。

（二）锚栓因其直径较大，一般采用未经加工的圆钢制成。因用量较少，直径和长度又随工程而异，是一种非标准件。

（三）锚栓宜采用 Q235 或 Q345 等塑性性能较好的钢材制作，不宜采用更高强度钢材。用于钢柱外露式柱脚的锚栓通常采用双螺母，以防松动。

（四）锚栓的抗拉强度设计值 f_t^a 按表 11-8 的规定采用。

高性能混凝土

高层型钢混凝土构件和钢管混凝土构件，宜采用高性能混凝土（High Performance Concrete）取代普通混凝土，以减少因混凝土的收缩和徐变而引起的混凝土压应力向型钢转移的不利影响。

（一）高性能混凝土为高流态、自密实混凝土，它在其自重或轻振捣的情况下就能自密实成型。

（二）高性能混凝土的主要特征是：① 高耐久性（设计使用年限大于 100 年）；② 低含碱量（≤3kg/m³）；③ 高强度；④ 高密实度；⑤ 高抗渗性；⑥ 流动性好；⑦ 体积稳定性强。

（三）普通混凝土的耐久性不高（设计使用年限约 50 年）的原因是：① 水泥颗粒因直径不够小，颗粒之间存在空隙，密实度不高；② 水灰比大，以致“水泥石”存在毛细管孔隙；③“水泥石”与骨料之间存在着高孔隙率的氢氧化钙界面结构。

大量工程调查研究表明：在高碱混凝土中，碱与骨料中的某些成分发生碱集料反应，导致混凝土膨胀、开裂，造成构件破坏，缩短结构使用寿命。

（四）要提高混凝土的性能，配制成高性能混凝土，应采取下列措施：

1. 选用低碱优质硅酸盐水泥和非碱活性砂、石等骨料，混凝土中的碱含量不得超过 3kg/m³。

2. 添加超细矿物掺和料（粒径＜10μm）。超细矿粉能填充水泥颗粒之间的空隙，参与胶凝材料的水化反应，提高混凝土的密实度；并使骨料周边的氢氧化钙通过与火山灰反应而消失，生成 C-S-H 凝胶，改善“水泥石”与骨料之间的界面结构，从而提高混凝土的抗渗性和耐久性。

3. 采用低硫酸钠的高效减水剂，使混凝土的水灰比降到 0.38 以下，以减少“水泥石”中的毛细管孔隙及混凝土中骨料与水泥石之间的界面缝隙，进一步提高混凝土的密实度、抗渗性和流动性。

4. 掺入控制坍落度损失的添加剂，使混凝土在 90min 内无坍落度损失，保持坍落度在 18cm 以上，以便于混凝土的泵送施工。

5. 采用无氯、无碱外加剂（早强剂、防冻剂等）。混凝土中的氯离子含量不得超过水泥重量的 0.06%。

6. 粗骨料的粒径不大于 25mm，其压碎指标不超过 5%。

7. 混凝土构件在拆模后，应立即对其表面喷涂养护剂，以取代浇水养护。

12 结构体系

高楼的结构体系是由抗侧力构件和承重构件所组成，并按抗侧力构件的类型及其组合进行分类。由多榀纵、横向框架组成的结构体系，称为框架体系；由纵、横向剪力墙组成的结构体系，称为剪力墙体系；由多榀纵、横向框架和竖向支撑所组成的结构体系，称为框架一支撑体系；由内墙筒和外框筒所组成的结构体系，称为筒中筒体系。

再者，由同一侧向变形属性（剪切型、弯曲型或弯剪型）的各榀抗侧力构件所组成的结构体系，例如，框架体系、剪力墙体系、框筒体系等，属于单一结构体系（Simple structural system）；由剪切型和弯曲型两种侧向变形属性的抗侧力构件共同组成的结构体系，例如，框架一支撑体系、框架一剪力墙体系、芯筒一框架体系等，属于双重结构体系（Dual stuctural system），或称双重抗侧力体系。

框架体系

一、结构体系的组成

1. 框架体系，是指沿房屋的纵向和横向，均采用钢框架作为主要承重构件和抗侧力构件所组成的单一结构体系，或称单一抗侧力体系。

2. 钢框架是由水平杆件（钢梁）和竖向杆件（钢柱）正交、刚性连接所形成的构件，它既能承重，又能抵抗侧力。

3. 框架的杆件类型少，构造简单，施工周期短，对于层数不太多的楼房，框架体系是一种应用较多的结构体系。

4. 北京市1987年建成的长富宫大厦，地下两层，地上26层，高94m，层高为3.3m，抗震设防烈度为8度。就是采用钢框架体系，柱网尺寸为8m×9.8m。

二、结构特征

（一）受力状态

1. 框架体系是现代高楼结构中最早出现的结构体系。它巧妙地利用各层楼盖大梁与柱的刚性连接，改变了悬臂柱的受力状态。

2. 以8层楼房为例，在侧力作用下，独立柱或铰接框架柱的自由悬臂高度等于房屋总高度 H（图13-1a）；刚接框架柱的悬臂段高度则锐减为 $H/16$，即层高的一半（图12-1b）。柱底端的最大弯矩 M 也由 $FH/2$ 减小为 $Fh_i/2$，缩小到原来的1/8。

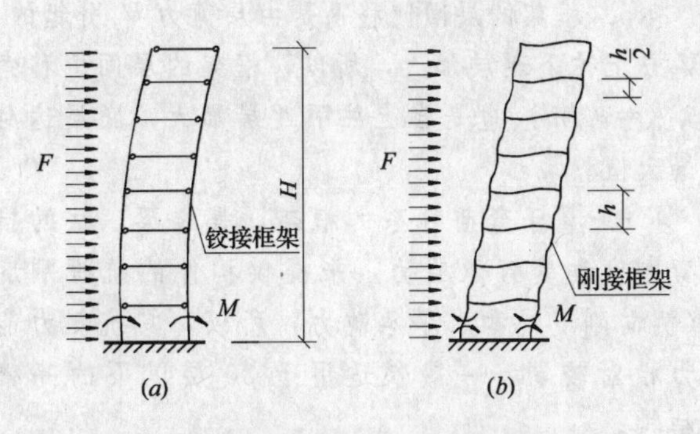

图12-1 水平荷载下高楼结构的受力状态

（a）铰接框架；（b）刚接框架

（二）变形特点

1. 侧力作用下的框架，所有杆件（梁、柱）均承受剪力和弯矩，从而使各杆件均发生垂直于杆轴方向的变形，而且以弯曲变形为主，剪切变形甚小。所以，在杆系构件的分类上，框架属于弯曲杆系。

2. 框架在侧力作用下所产生的侧移 Δ（图12-2a）是由两部分所组成：

（1）倾覆力矩 M_i 使框架发生整体弯曲（近侧柱受拉伸长、远侧柱受压缩短）所产生的侧移 Δ_b（图12-2b）；

（2）各层水平剪力 V_i 使该楼层柱和梁弯曲，导致框架整体剪切变形所产生的侧移 Δ_S（图12-3c）。

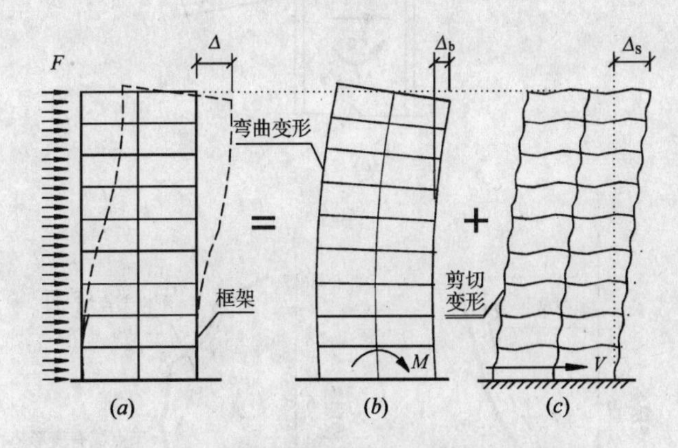

图12-2 水平荷载下框架的侧移及其组成

（a）总变形；（b）整体弯曲变形；（c）整体剪切变形

3. 对于高度在60m以下的多跨框架，在侧力引起的侧移 Δ 中，框架整体弯曲变形 Δ_b 约占15%；框架整体剪切变形 Δ_S 约占85%。

4. 尽管框架的侧移 Δ 主要是由于梁、柱弯曲变形引起的，但由此产生的框架整体侧向变形 Δ_S 的曲线形状则是剪切型。所以，就框架整体的侧移曲线而论，框架属于剪切型抗侧力构件。

5. 框架的层间侧移 δ_i 是由层剪力 V_i 引起的，V_i 自上往下逐层加大，所以，框架的层间侧移角 θ_i（$=\delta_i/h_i$）也是自上往下逐层加大，底层达到最大值。

6. 属于弯曲杆系的框架，是靠梁、柱的抗弯刚度和受弯承载力，来提供构件的抗推刚度（侧向刚度）和水平承载力，所以，其抗侧力能力相对较弱，一般仅适用于30层以下的高楼结构。

（三）节点域变形

1. 水平荷载作用下，框架因梁-柱节点的腹板较薄，节点域将产生较大的剪切变形（图12-3*a*），从而使框架侧移增大。

2. 图12-3（*b*）、（*c*）给出水平荷载下10层三跨钢框架的计算结果，其中，虚线为节点域采取刚性假定，实线表示考虑了节点域变形。可以看出，不考虑节点域变形，计算误差达15%左右。

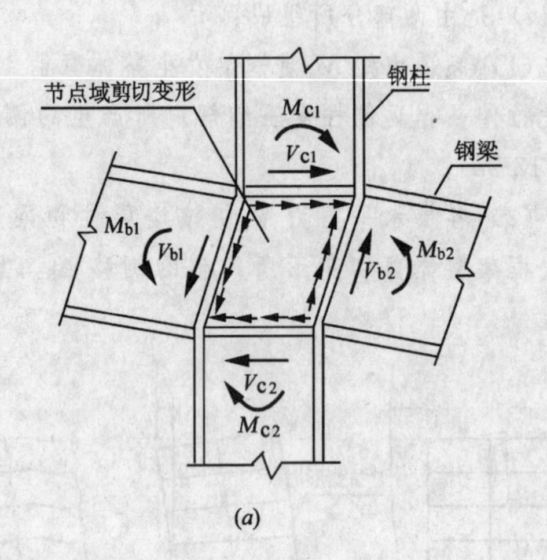

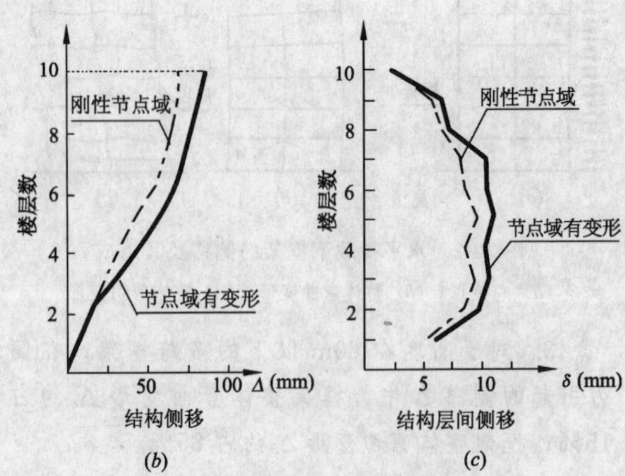

图12-3 节点域变形对框架侧移的影响

（*a*）钢框架节点域的剪切变形；

（*b*）框架侧移曲线；（*c*）层间侧移曲线

（四）P-Δ 效应

1. 水平荷载作用下，钢框架因截面尺寸较小，侧移值较大，其上的重力等竖向荷载作用于几何形状发生显著变化的结构上，使杆件内力和结构侧移进一步增大，称之为 *P*-Δ 效应，或称重力二阶效应。

2. 研究结果表明：*P*-Δ 效应的大小，主要取决于房屋总层数、柱的轴压比和杆件长细比；*P*-Δ 效应严重时，还会危及框架的总体稳定。

3. 一组算例的分析结果指出：*P*-Δ 效应将使高层钢框架的极限承载力降低10%～40%。图12-4为10层钢框架的荷载-侧移曲线，虚线表示未考虑 *P*-Δ 效应的一阶弹塑性分析结果，实线表示考虑了 *P*-Δ 效应的二阶协调分析结果。

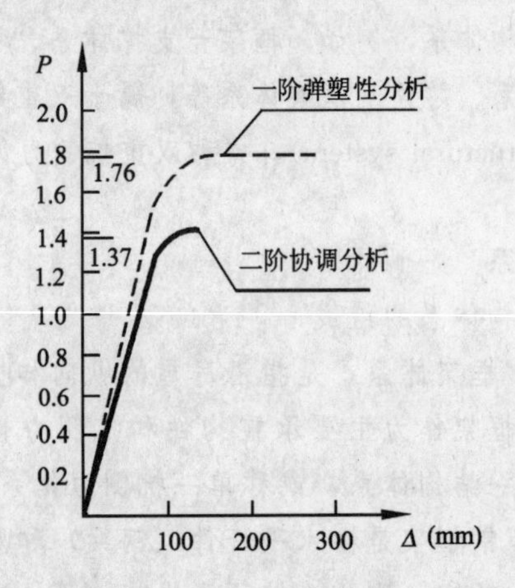

图12-4 10层钢框架的荷载-侧移曲线

4.《钢结构规范》和《抗震规范》规定：当结构在水平荷载作用下的重力附加弯矩大于初始弯矩的10%时，应计入重力二阶效应的影响。重力附加弯矩是指任一楼层以上全部重力荷载与该楼层地震层间侧移的乘积，初始弯矩是指该楼层地震剪力与层高的乘积。

（五）底层塑性变形集中

1. 建筑震害和分析结果指出：强烈地震作用下，高层建筑中的相对柔弱楼层，其层间侧移将因在该楼层发生的塑性变形集中效应而成倍增大。

2. 钢框架自身的各楼层抗推刚度（侧向钢度）大体上是均匀变化的，然而，相对于地下室或基础的巨大抗推刚度，框架底层的刚度显得很弱，从地下结构到底层框架，形成一个刚度突变。

3. 位于地震区的采用钢框架结构体系的高楼，为减缓结构底层的刚度突变，以缓解强烈地震时框架底层的塑性变形集中效应，底层或底部两层宜采取加强措施或设计成型钢混凝土结构过渡层。

三、框架设计要点

（一）构件设计

1. 采用钢框架体系（纯框架结构）的楼房，沿房屋的纵向和横向，均应采用刚接框架。

2. 要求抗震设防的楼房，纵向框架与横向框架的共用柱，应考虑两个正交方向地震动分量的同时作用，按双向受弯进行截面设计。

3. 框架梁、柱的截面设计，应符合“强柱弱梁”耐震设计准则。

4. 层数较多的框架的底层或底部两层，宜采用型钢混凝土结构，作为上部钢框架与地下混凝土结构之间的过渡层。

5. 楼房外转角处的框架柱，其受力状态具有如下特点：

(1) 竖向荷载作用下，角柱受到横向框架梁和纵向框架梁刚接引起的双向弯矩；

(2) 在横向或纵向侧力作用下，倾覆力矩对角柱产生的轴向压力或拉力，均为最大值；围护墙刚度吸引来的较大倾覆力矩进一步加大角柱的轴向压（拉）力，地震时，此一现象尤为严重。

(3) 双向地震动分量对角柱的同时作用，将引起双向剪力、双向弯矩以及双向地震倾覆力矩引起的附加轴力。

(4) 不论是由于结构偏心，还是由于地震动的相位差或转动分量，所引起的结构扭转振动，角柱的相对侧移与其他框架柱相比较都是最大的。

（二）杆件截面

1. 框架的一般柱，通常采用热轧或焊接宽翼缘H型钢，并使其强轴（较大惯性矩）对应于柱弯矩较大或柱计算长度较大的方向；纵、横向框架的共用柱，特别是角柱，宜采用热轧或焊接矩形（含方形）钢管。抗震设防框架，为抵御纵、横向大致相等的水平地震作用，宜采用方形钢管柱。若因条件限制必须采用H型钢柱时，可将柱的强轴方向一半对应于房屋纵向，一半对应于房屋横向。

2. 框架梁，一般情况下宜采用热轧窄翼缘H型钢或焊接工字形截面；不宜采用热轧工字钢，因为其曲线形变厚度翼缘不适应焊接坡口的加工及焊接垫板的设置。大跨度梁，承受扭矩的梁，以及要求具有很大抗弯刚度的框架梁，宜采用焊接箱形截面。

（三）梁-柱节点

1. 一般情况下，框架节点宜采用“柱贯通型”；仅当钢梁采用箱形截面、柱采用矩形钢管时，方可采用“梁贯通型”。

2. 梁与柱的连接，宜采用栓-焊混合连接。即，梁上、下翼缘与柱的连接，采用焊接；梁腹板与柱的连接，采用高强度螺栓摩擦型连接。

3. 当框架节点域腹板的剪切变形，使框架侧移超出规定限值时，宜采取措施加厚节点域的腹板。

4. 对于抗震设防框架，为防止梁端焊缝开裂的常见震害，宜采取措施削减梁端焊缝热影响区以外的梁上、下翼缘的截面面积（弧形变宽度），以实现“强连接、弱杆件”耐震设计准则。

（四）P-Δ 效应计算

1. 抗震设防高楼的钢框架体系，当按规范地震力计算得的框架弹性侧移角大于1/600时，宜考虑 P-Δ 效应对框架内力和侧移的影响。

2. 计算框架的 P-Δ 效应时，应采取设防烈度地震作用下框架的实际弹塑性侧移，一般情况下，其数值可近似地取规范地震力计算得的弹性侧移的三倍。

框架-墙板体系

一、结构体系的组成

1. 以框架体系为基础，沿房屋的纵向、横向或其他主轴方向，布置一定数量的预制墙板。

2. 预制墙板可以是带纵、横加劲肋的钢板剪力墙，或是采用内藏人字形钢板支撑的预制钢筋混凝土墙板，也可以是预制的带竖缝或水平缝的钢筋混凝土墙板。

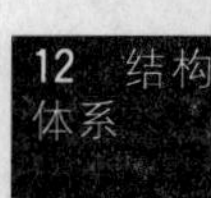

3. 预制墙板嵌置于钢框架的梁、柱所形成的框格内，一般应从结构底部到顶层连续布置。

4. 为使墙板仅承受水平剪力而不承担重力荷载，墙板四周与钢框架梁、柱之间留有缝隙，仅有数处与钢梁连接。

5. 日本东京1971年建成京王广场饭店，地下3层，地上47层，高170m，柱网尺寸为2.8m×11.4m。采用框架-墙板体系。

二、结构受力特点

1. 整个建筑的竖向荷载全部由钢框架承担，预制墙板仅承担楼层水平剪力，不承担重力等竖向荷载。

2. 水平荷载引起的楼层水平剪力，由钢框架和墙板共同承担，并按两类构件的层间抗推刚度（侧向刚度）比例分配。一般情况下，水平剪力主要由墙板承担。

3. 水平荷载引起的倾覆力矩，由钢框架和钢框架-墙板组合体来承担。

4. 由于墙板具有较强的抗推强度和受剪承载力，在风或地震作用下，框架-墙板体系的侧移比框架体系减小很多，因而可用于层数更多的楼房。

5. 具有特殊构造的带竖缝钢筋混凝土墙板，其延性比普通现浇钢筋混凝土墙体大数倍，因而能与钢框架更协调地同步工作。

框-撑体系

一、轴力杆系

1. 由水平杆件、竖向杆件和斜向杆件共同组成的几何不变三角杆系的构架，称为轴力杆系构件。

2. 在水平位置立放，用以承担竖向荷载的轴力杆系构件，称为桁架（图 12-5*a*）。

3. 沿高度方向布置，用以承担水平荷载的轴力杆系构件，称为竖向支撑，简称支撑（图 12-5*b*）。

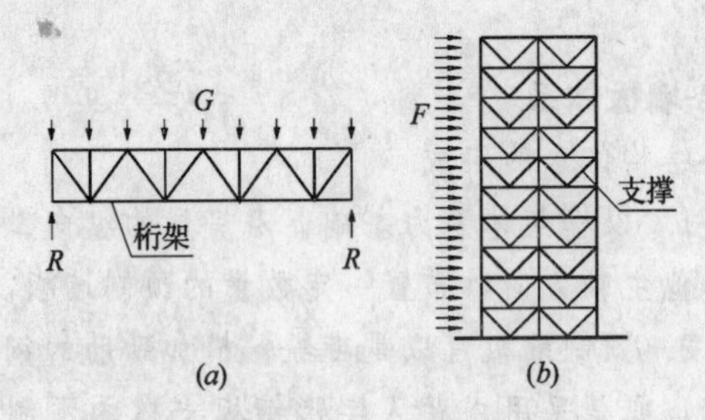

图 12-5　几何不变的轴力杆系构件

（*a*）桁架；（*b*）支撑

二、结构体系的组成

1. 以框架体系为基础，沿房屋纵向、横向或其他主轴方向，根据侧力的大小布置一定数量的竖向支撑所组成的结构体系，称为框架-支撑体系，简称框-撑体系（图 12-6）。

2. 竖向支撑可采用中心支撑（轴交支撑）或偏心支撑（偏交支撑）。抗风以及抗震设防烈度为 7 度及以下时，可采用中心支撑；8 度及以上时，宜采用偏心支撑。

3. 支撑斜杆两端与框架梁、柱的连接，尽管在结构计算简图中假定为铰接，但实际构造仍多采取刚性连接，仅极少数工程（上海金茂大厦等）采用钢销连接的铰接构造。

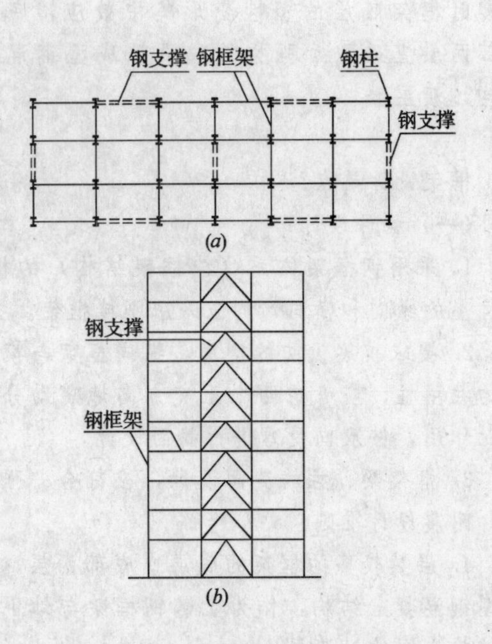

图 12-6　钢结构高楼的框架-支撑体系

（*a*）结构平面；（*b*）结构剖面

三、支撑变形特点

1. 支撑在水平荷载作用下所产生的侧移，主要是由于其中各杆件的轴向拉伸或压缩变形引起的；与框架侧移是由杆件弯、剪变形所引起的情况相比较，其量值要小得多，表明竖向支撑的抗推刚度要比框架大得多。

2. 支撑侧移主要是由水平荷载倾覆力矩使支撑整体弯曲产生的，支撑的一侧拉伸、一侧压缩，导致楼面的倾斜转动，由下到上逐层积累，使支撑侧移曲线的层间侧移角 θ（$\theta=\delta/h$），由下而上逐层增大；式中 δ 为层间侧移，h 为层高。

3. 水平荷载下竖向支撑的侧移 Δ（图 12-7*a*）由两部分组成：

（1）在倾覆力矩 M_i 作用下，竖向支撑整体弯曲所产生的侧移 Δ_b（图 12-7*b*）；

（2）在水平剪力 V_i 作用下，竖向支撑整体受剪所产生的侧移 Δ_s（图 12-7*c*）。

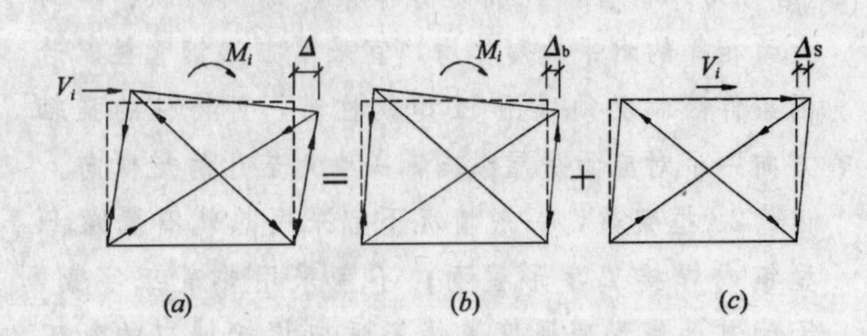

图 12-7　竖向支撑一个节间的侧向变形

（*a*）支撑侧移；（*b*）整体弯曲变形；（*c*）整体剪切变形

4. 与框架体系不同，高层建筑竖向支撑的侧移Δ（图 12-8a），以弯曲型侧移分量Δ_b（图 12-8b）为主，剪切型侧移分量Δ_s（图 12-8c）所占比例较小。所以，竖向支撑基本上属于弯曲型抗侧力构件。

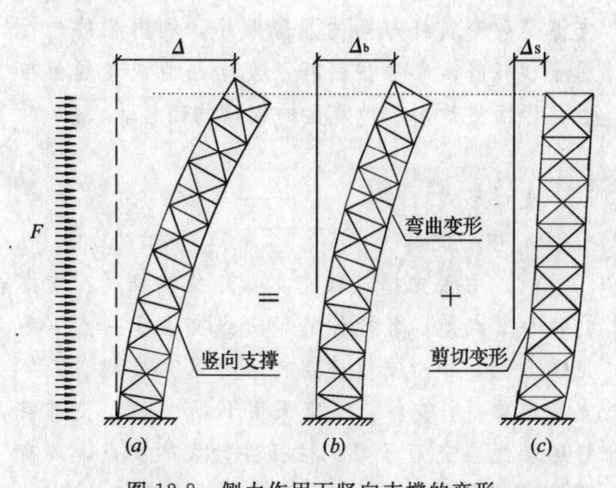

图 12-8 侧力作用下竖向支撑的变形

（a）支撑的侧移；（b）弯曲侧移分量；（c）剪切侧移分量

四、支撑的帽桁架

1. 于框架的一个跨间内设置的单片竖向支撑，在侧力作用下的受力状态类似于悬臂杆（图 12-8）。

2. 以 24 层、84m 高的楼房为例，在同一轴线上两个分开的跨间内各设置一片竖向支撑（图 12-9a），由于连接两片竖向支撑的各层横梁，相对于支撑而言，其抗弯刚度甚小，近似于铰接，因而两片支撑均独自受力，其受力状态和侧移曲线均接近于图 12-8 所示的单片支撑。

3. 在上述两片支撑的顶部用帽桁架连接（图 12-9b），由于帽桁架的较大竖向抗弯刚度，将原来的两根“悬臂杆”转换为单层刚架，抗推刚度显著增大，顶点侧移由原来的 218mm 减小为 173mm，减幅达 21%（表 12-1，图 12-10）。

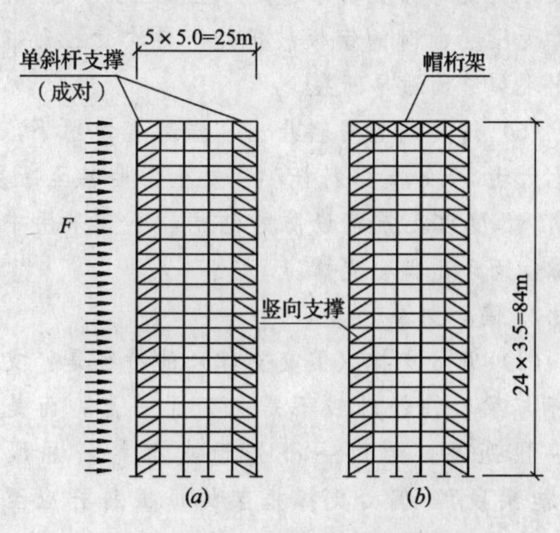

图 12-9 竖向支撑的布置

（a）两片独立支撑；（b）增设帽桁架

水平荷载下 24 层楼房两种支撑布置方案的侧移值

表 12-1

楼层序号	两片独立支撑的侧移（mm）	增设帽桁架后的侧移（mm）	侧移减小比例
24	218	173	21%
20	169	146	14%
16	122	110	10%
12	78	72	8%
8	40	38	5%
4	12.1	11.6	4%
室内地坪	0	0	0

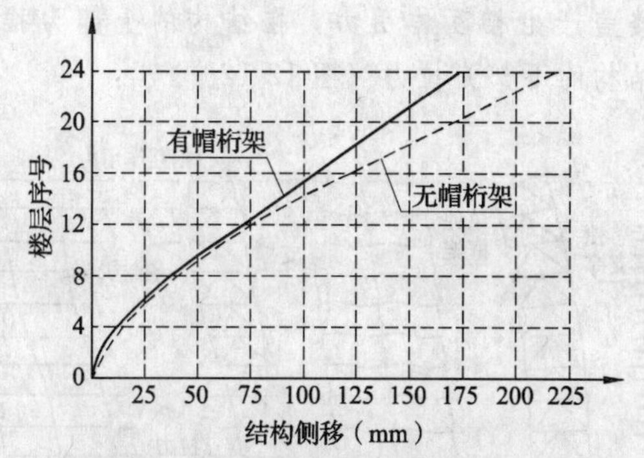

图 12-10 两种支撑布置方案的侧移曲线

五、框-撑体系的侧移

1. 图 12-6 所示的框架-支撑体系，沿房屋的横向或纵向，各榀框架和各片竖向支撑由各层楼板连接，形成一个空间结构。

2. 在风或地震等水平荷载作用下，当楼板可视为刚性横隔板时，在结构不发生扭转振动的情况下，沿房屋横向或纵向，各榀框架和各片竖向支撑的侧移值相同，可用刚性连杆将框架与支撑连为如图 12-11a 所示的并联体，其侧移曲线属剪弯型，如图 12-11b 所示。

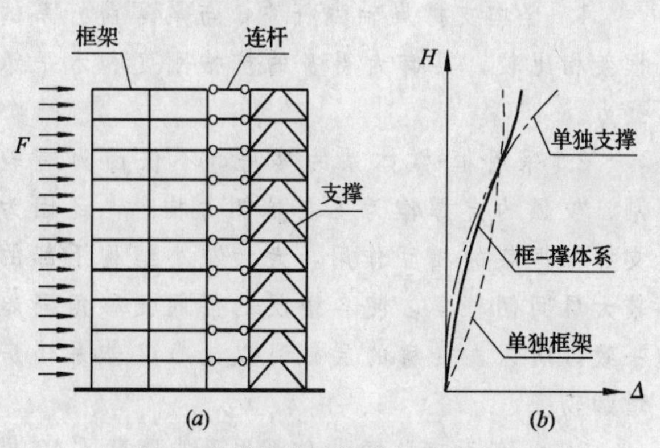

图 12-11 水平荷载下框-撑体系的变形特点

（a）框架-支撑并联体；（b）侧移曲线

3. 图 12-11 (*b*) 中还绘出框架和竖向支撑分别单独工作时的侧移曲线，从中可以看出，框-撑体系的侧移曲线，在结构的下半部，层间侧移角要比单独框架（相当于框架体系）减小很多。

六、框架与支撑的变形协调和相互作用

1. 水平荷载作用下，框架属剪切型构件，支撑近似于弯曲型构件，通过刚性连杆（刚性楼盖）的协调，使两者的侧向变形趋于一致。

2. 水平荷载作用下，在结构的下部，单独支撑的侧移量小（图 12-12*a*），单独框架的侧移量大（图 12-12*b*）；在结构的上部，正好相反。各层楼盖为使两者侧移协调一致，支撑与框架之间通过楼盖产生相互作用力，在结构的上部为推力，在结构的下部为拉力（图 12-12*c*）。

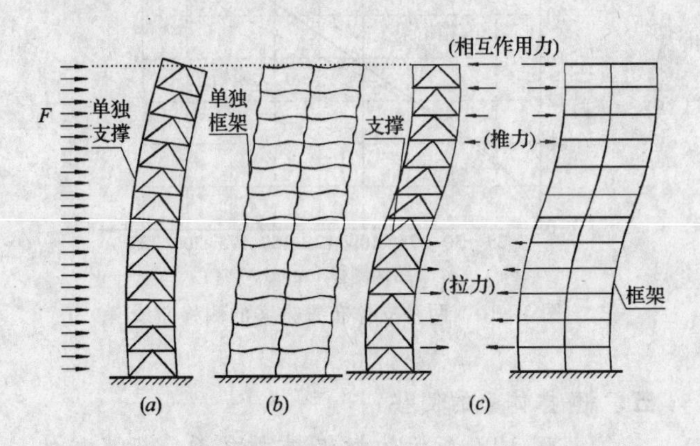

图 12-12 框-撑体系中支撑与框架的相互作用力

(*a*) 单独支撑侧向变形；(*b*) 单独框架侧向变形；

(*c*) 框架-支撑并联体的相互作用力

3. 框架与支撑相互作用的结果，使整个结构体系顶部的侧移值减小，同时使结构下半部的层间侧移角减小。

七、房屋高度

1. 竖向支撑属轴力杆系，与属弯曲杆系的框架相比较，具有大得多的抗推刚度和水平承载力。

2. 采用框-撑体系的楼房，不仅因为有较刚、较强的支撑作为主要抗侧力构件，还因为支撑与框架的相互作用，大大减小结构下部的较大层间侧移角，使各楼层的层间侧移角渐趋一致。所以，楼房的层数可以比框架体系楼房增加较多。

3. 一般而言，框-撑体系用于非地震区 40 层以下的楼房，是不会超出经济、有效的范畴，地震区不超过 12 层的楼房，可采用中心支撑；超过 12 层的楼房，8、9 度时宜采用偏心支撑等消能支撑，但顶层可采用中心支撑[4]。

4. 中心支撑在水平地震作用下的主要缺点，是其斜杆反复受压屈曲后承载力急剧下降。偏心支撑是改变斜杆与梁的屈服顺序，利用梁的先行屈服和耗能，来保护斜杆不发生屈曲或者屈曲在后，因而更适用于地震区的钢结构高楼。

八、支撑形式

1. 中心支撑

(1) 中心支撑（轴交支撑）的特征是：支撑的每个节点处，各杆件的轴心线交汇于一点（参见图 5-8），中心支撑框架宜采用 X 形支撑、人字支撑或单斜杆支撑，不宜采用 K 形支撑；支撑斜杆的轴线应交汇于梁、柱杆件轴线的交点，确有困难时，偏离中心的距离不应超过支撑杆件宽度，并应计入由此产生的附加弯矩[4]。

(2) X 形、人字形等中心支撑，具有很大的抗推刚度和水平承载力，用于高楼抗风是十分有效的。此外，用于抵抗 7 度以下地震也是可行的。

(3) 构件试验数据表明：轴心受压钢杆件，当其长细比大于 40 时，因发生侧向挠曲，其受压欧拉临界荷载小于其轴向压缩变形荷载，减小的幅度与杆件长细比成正比。

(4) 往复荷载下大变形试验情况表明：① 支撑斜杆反复受压、受拉时，其受压刚度和承载力将进一步下降；②下降的幅度与往复荷载循环次数成正比；③ 斜杆从压曲状态骤然拉直时的绷紧效应，将使杆件及端部连接产生超应力；④ 支撑斜件受压屈曲时的钢板皱折处，再次受拉时，将因出现裂缝而过早断裂。

(5) 地震调查资料指出，强地震作用下，长细比大于 50 的支撑斜杆，常发生压曲甚至断裂。说明，8 度以上抗震设防的结构，不宜采用中心支撑，而改用偏心支撑。

2. 偏心支撑

(1) 偏心支撑（偏交支撑）的特征是：支撑斜杆与梁、柱的轴线不是交汇于一点，而是偏离一段距离，形成一个先于支撑斜杆屈服的“消能梁段”，偏心支撑框架的每根斜杆应至少有一端与框架梁连接，并在斜杆与梁交点至柱之间或至同一跨内另一斜杆与梁交点之间，形

成消能梁段。

(2) 偏心支撑有以下几种类型：① 单斜杆的一端或两端形成消能梁段（图 12-13a）；② 八字形支撑上端形成消能梁段（图 12-13b）；③ 人字形支撑上端形成竖向消能杆段（图 12-13c）；④ X 形支撑中心节点形成一个消能板域（图 12-13d）或水平消能杆段（图 12-13e）；⑤ X 形支撑中心节点采用弯曲型消能内框（图 12-13f）。

(3) 设计偏心支撑时，应使斜杆受压承载力不小于消能梁段达到屈服强度时斜杆轴力的 1.6 倍，遭遇强烈地震时，斜杆因受到消能梁段先行屈服及其塑性变形的保护，始终保持平直状态，避免了反复压曲、拉伸引起的刚度退化和强度劣化，而且提高了支撑乃至整个结构的延性。试验结果表明，消能梁段钢材受剪屈服后经过塑性应变硬化的极限受剪承载力，约为其屈服受剪承载力的 1.6 倍。

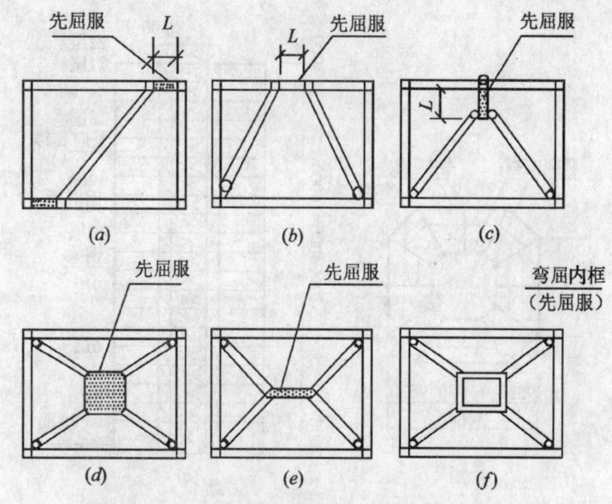

图 12-13　几种偏心支撑一个节间的构造示意

(4) 强烈地震作用下，框-撑体系将越过弹性阶段，进入弹塑性变形阶段，偏心支撑的塑性变形，主要发生在各个消能梁段。几种偏心支撑的变形状态如图 12-14 所示。

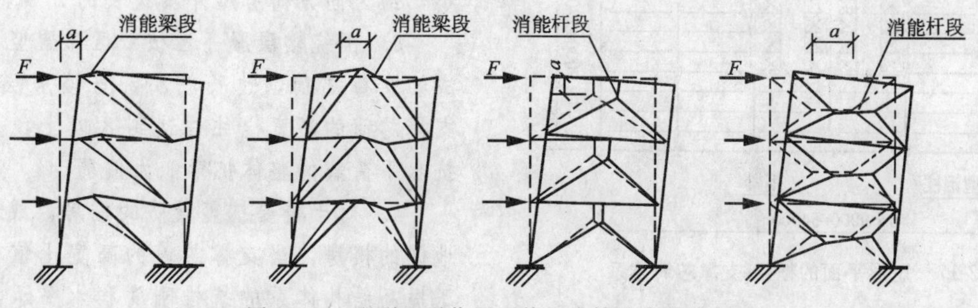

图 12-14　强烈地震作用下偏心支撑的变形状态

(5) 对图 12-15 所示 40 层楼房的偏心支撑框架，采用峰值加速度为 0.5g 的 El Centro (1940) 地震波进行地震反应分析，计算出的结构顶点侧移时程曲线，在第 6s 时刻的最大值为 973mm。据此计算，在超过 9 度的强烈地震作用下，结构顶点侧移角仅为 1/163，表明偏心支撑同样具有较强的抗推刚度。

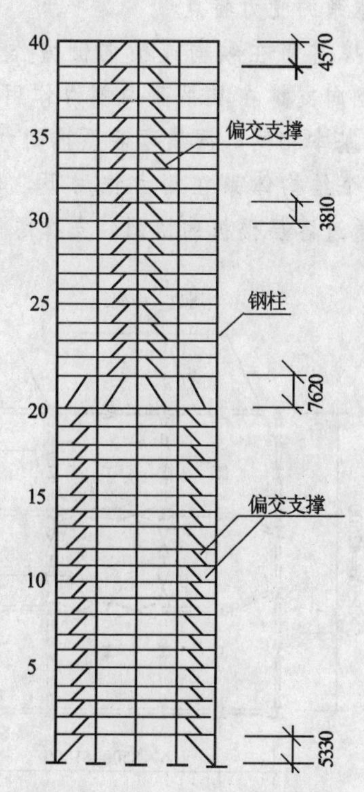

图 12-15　40 层楼房的偏心支撑

框架-支撑芯筒体系

一、结构体系的组成

1. 高楼为矩形、圆形、多边形等较规则平面时，为实现建筑使用功能的合理分区，多采用核心式建筑平面布局。结构方面则随之将各片竖向支撑沿核心区的周边布置（图 12-16），从而形成一个抗侧力立体构件——支撑芯筒。

2. 楼层平面核心区以外部位及楼层平面外圈，均采用刚接框架（图 12-17）。

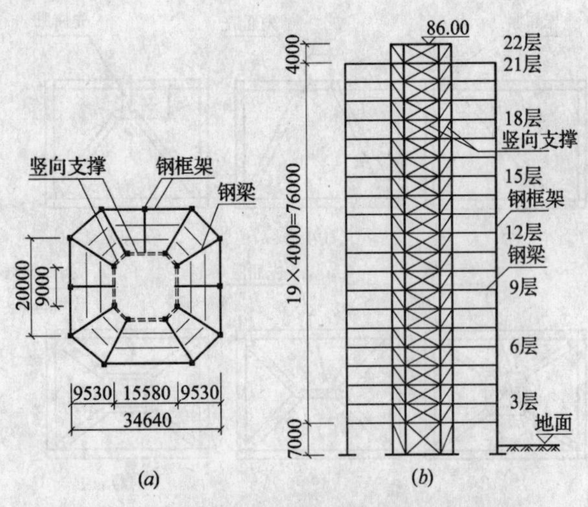

图 12-16　框架-支撑芯筒体系高楼的结构布置

（a）结构平面；（b）结构立面

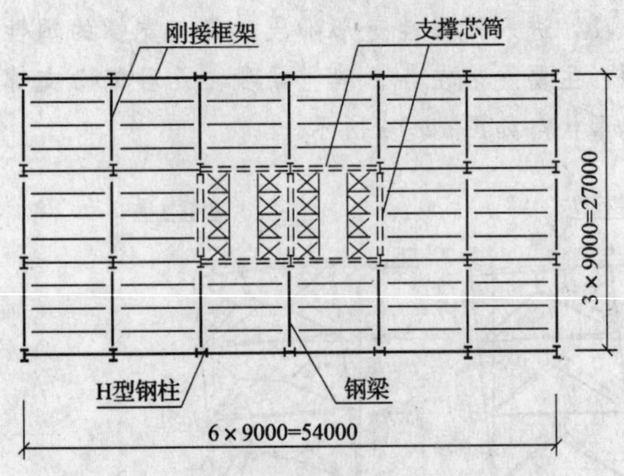

图 12-17　矩形平面的框架-支撑芯筒体系

二、结构体系的受力特点

1. 支撑芯筒在纵向或横向侧力作用下的变形，均与竖向支撑在其平面内侧力作用下的变形（图 12-8）基本相同，同属弯曲型抗侧力构件。

2. 整个结构体系在侧力作用下，与框-撑体系一样，通过各层楼板的协调，支撑芯筒与框架的侧移趋于一致（图 12-11）；支撑芯筒与框架之间的相互作用力也大致如图 12-12c 所示。

3. 与框-撑体系一样，在结构的下半部，框架-支撑芯筒体系的层间侧移角要比框架体系减小很多。

三、房屋高度

框架-支撑芯筒体系的抗推刚度和水平承载力，均与框-撑体系相当，因此，所适用的最大房屋高度也就与框-撑体系差不多。

支撑芯筒＋刚臂体系

一、结构体系的组成

1. “框架-支撑芯筒＋刚臂”结构体系简称“支撑芯筒＋刚臂”体系，是由框架与增设刚臂的支撑芯筒所组成的结构体系。

2. 建筑平面采取核心式布置方案的高楼，集中布置于平面核心区的服务性公用面积，在楼层建筑面积中所占比例不大，因而核心区的边长较小，约为同方向房屋外圈边长的 2/5。

3. 围绕楼层服务性核心区布置竖向支撑所形成的支撑芯筒，边长较小，当楼房层数较多时，支撑芯筒的高宽比往往达到 8 以上，支撑芯筒抵抗水平荷载的整体抗弯能力偏弱。

4. 对于需要抗震设防的楼房，或者位于台风地区的楼房，当支撑芯筒的高宽比值较大时，为了提高结构体系的抗推刚度和水平承载力，沿房屋横向、纵向或其他合适方向，顺各片竖向支撑所在平面，在结构顶层及每隔 15 层左右的设备层或避难层，设置贯通房屋全宽的、一层或两层楼高的外伸臂钢桁架——刚臂（图 12-18），从而使楼房外圈钢柱参与结构整体抗弯，与支撑芯筒共同承担水平荷载引起的倾覆力矩，以减小结构侧移。

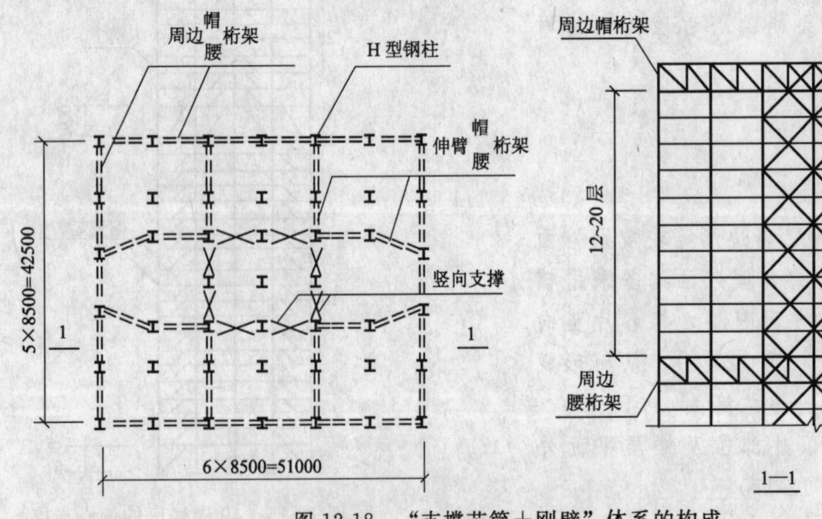

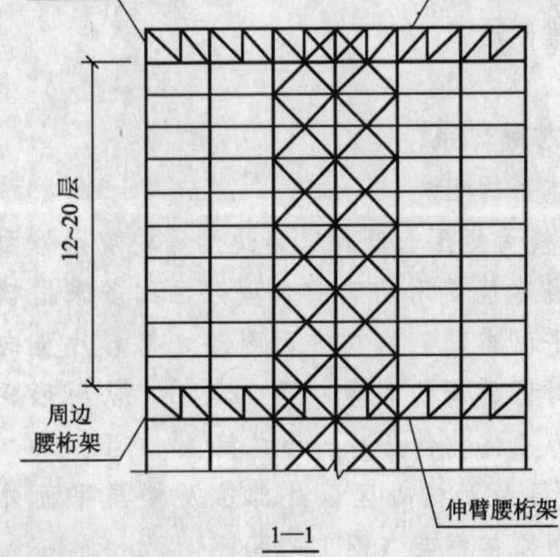

图 12-18　“支撑芯筒＋刚壁”体系的构成

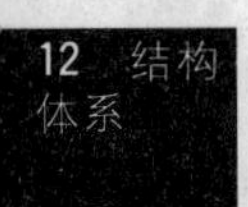

5. 在设置刚臂的楼层，沿周边框架再设置一层（或两层）楼高的周边桁架，使未与刚臂直接相连的外圈各根钢柱，也能充分地参与支撑芯筒的整体抗弯，将进一步提高支撑芯筒-刚臂体系抵抗倾覆力矩的能力。

6. 图 12-19 为美国纽约 42 层 ETW 大楼的结构体系简图，它是以支撑芯筒为基础，于顶层（第 38 层）和第 15 层，顺纵、横向竖向支撑平面各设置一道刚性伸臂桁架，并沿楼面周边框架设置一道周边桁架。

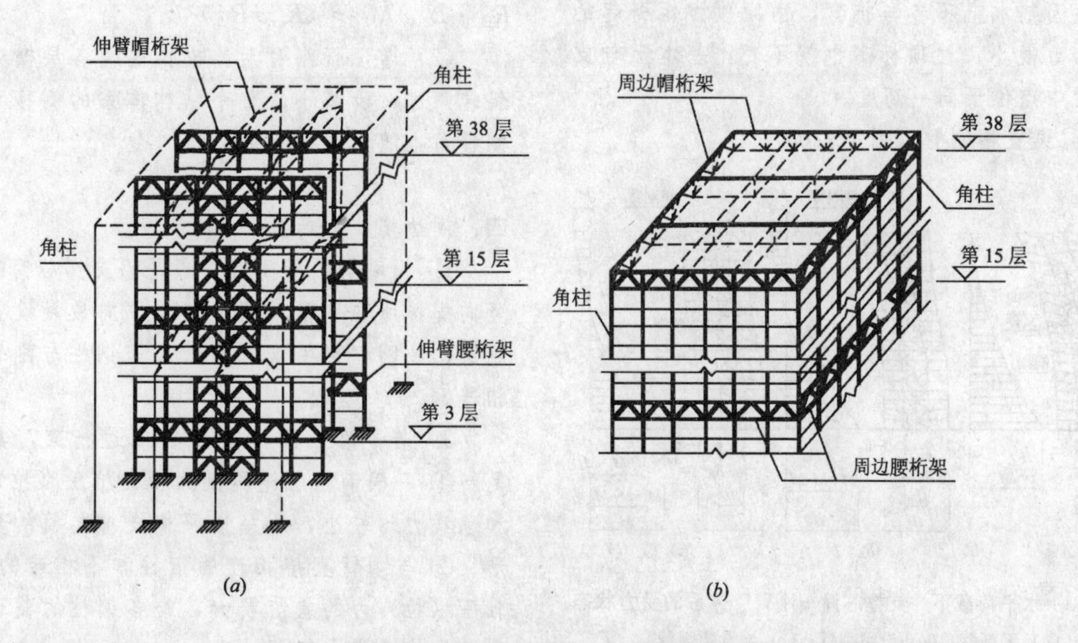

图 12-19 纽约 42 层 ETW 大楼的“支撑芯筒-刚臂”体系

(a) 竖向支撑和伸臂桁架；(b) 周边桁架

二、刚臂的效果

1. 等效高宽比的减小

(1) 水平荷载作用下，支撑芯筒整体受弯，近侧竖杆拉伸，远侧竖杆压缩，使支撑芯筒各层水平截面向一侧倾斜，各层刚臂也随之倾斜转动，迫使外柱拉伸或压缩。

(2) 由于外圈钢柱，通过各道刚臂和周边桁架作为支撑芯筒的一部分，参与支撑芯筒的整体抗弯，从而加大了支撑芯筒作为抗侧力构件时的等效宽度，支撑芯筒的等效高宽比值得以减小。

2. 支撑弯矩的减小

(1) 由于外柱参与结构整体抗弯，近侧外柱的拉力与远侧外柱的压力形成一个反力矩，通过刚臂作用于支撑芯筒，从而减少了支撑芯筒所需承受的倾覆力矩。

(2) 支撑芯筒所受倾覆力矩的减小幅度，与刚臂的竖向抗弯刚度和道数成正比，一般而言，帽刚臂所起的作用较显著。

3. 侧移值的减小

(1) 水平荷载作用下，属弯曲型构件的支撑芯筒，其侧移是由竖杆件拉伸、压缩变形导致各水平截面倾斜转动产生的。

(2) 设置刚臂后，外柱参与工作，使支撑芯筒各水平截面的倾斜度减小，支撑侧移也随之减小，减小幅度一般为 20%～30%。

4. 竖杆拉力的减小

(1) 未设置刚臂的框架-支撑体系，楼房水平荷载产生的倾覆力矩全部由支撑芯筒承担，支撑竖杆（钢柱）的拉力很大，以致与基础连接的地脚螺栓数量太多，给螺栓的排列和构造带来困难。

(2) 增设刚臂后，钢柱拉力减小，地脚螺栓数量减少，缓解了构造上的困难。

(3) 上海的 44 层锦江饭店分馆，在框-撑体系的基础上，于第 7 层的设备层和第 23 层的避难层，增设刚臂后，使支撑芯筒钢柱的轴向拉力，由 16500kN 减小为 13300kN，下降了 20%。

三、有、无刚臂的比较

1. 无刚臂时（图 12-20*a*）

(1) 连接支撑芯筒与外圈钢柱的各层钢梁跨度大，截面小，抗弯刚度弱。当整个结构体系受到水平荷载作用时，外柱基本上不参与结构体系的整体抗弯，支撑芯筒几乎承担了全部的倾覆力矩。

(2) 支撑芯筒在各楼层处倾覆力矩的作用下，沿全高发生弯曲变形，近侧柱受拉伸长，远侧柱受压缩短，使支撑的各楼层横梁向一侧倾斜，而且往上逐层积累，顶层横梁的倾斜度达到最大值，但各层横梁的中点处仍维持原来的标高不变。左、右外柱因基本上不参与抗弯，由倾覆力矩引起的附加轴力很小，柱顶标高也就不变，基本上与支撑横梁中点位于同一高度。

2. 设置帽刚臂（图 12-20*b*）。

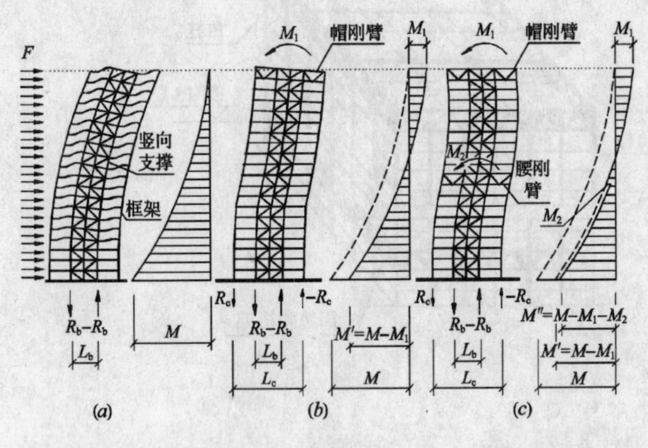

图 12-20　水平荷载下“支撑芯筒+刚臂”体系的受力状态

(*a*) 无刚臂；(*b*) 设帽刚臂；(*c*) 增设腰刚臂

(1) 横贯房屋全宽的帽刚臂（伸臂桁架），竖向抗弯刚度很大。在水平荷载作用下，当支撑芯筒发生弯曲变形，导致支撑横梁连同帽刚臂发生倾斜转动时，迫使左、右侧外柱分别发生拉伸和压缩，其反力 R_c 与（$-R_c$）形成的反力矩 M_1，又反过来通过刚臂施加于支撑芯筒，从而使支撑芯筒各个水平截面所受到的倾覆力矩值减小为 $M'=M-M_1$。此处，$M_1 \approx R_c L_c$。

(2) 随着支撑芯筒所承担力矩的减小，支撑竖杆拉力约减小 20%，这将有利于地脚螺栓的合理布置。

(3) 由于外柱参与结构的整个受弯，支撑芯筒各层横梁的倾斜转角，以及由此引起的结构侧移显著减小。

(4) 一个极端情况是：假设刚臂的竖向抗剪、抗变刚度以及外柱的轴向抗压（拉）刚度特别大，当整个结构体系即使遭遇很大水平荷载、产生侧向变形时，支撑芯筒顶层横梁和帽刚臂仍能保持水平状态，结构顶点侧移将比无刚壁时减小 50%。实际工程，减小量一般为20%～30%。

3. 增设腰刚臂（图 12-20*c*）

(1) 除帽刚臂外，在结构半高处再增设一道腰刚臂（伸臂桁架），支撑芯筒所需承担的倾覆力矩将进一步减小。

1) 腰刚臂以上各层，支撑芯筒所需承担的力矩减小为 $M'=M-M_1$；

2) 腰刚臂以下各层，支撑芯筒所需承担的力矩更减小为 $M''=M-M_1-M_2$，此处，$M_1 \approx R_{c1} \cdot L_c$，$M_2 \approx (R_c-R_{c1}) L_c$。

(2) 增设腰刚臂后，支撑芯筒各层横梁的倾斜转角进一步减小，整个结构体系的侧移和层间侧移角也随之进一步减小。

四、周边桁架的功能

1. 帽刚臂、腰刚臂一般是沿支撑芯筒的各片竖向支撑所在平面布置，每个方向最多设置 4 片刚臂，外圈框架中仅有少数几根钢柱与刚臂直接相连。

2. 若不沿外圈框架设置周边桁架，其状况是：① 一根钢柱所能提供的轴向抗压（拉）刚度和承载力均较小，不足以平衡支撑芯筒的弯曲变形；② 与刚臂直接相连的钢柱和不相连的钢柱，轴压（拉）力的差值较大，给各钢柱的截面设计和连接构造带来麻烦。

3. 在设置刚臂的楼层，沿外圈框架设置一层楼高的周边帽桁架或腰桁架（图 12-16*b*），其结果将是：① 与刚臂相连和不相连的外圈钢柱，均参与结构的整体抗弯，增大了刚臂的功效；② 充分协调外圈各根钢柱的附加轴力和变形，做到受力均匀，变形一致，并简化了钢柱的截面设计和连接构造。

框筒体系

一、框筒的出现

1. 20 世纪 70 年代初，随着城市建设的发展，一批80～100 层的楼房应运而生，前面所述的框架、框-撑、框架-支撑芯筒和支撑芯筒+刚臂等结构体系已不满足要求。

2. 工程经验表明，解决问题的途径只能是：

(1) 为提高抗侧力构件的效能，采用立体构件取代平面构件。

(2) 为减小结构的高宽比，将抗侧力体系的主要构件从建筑平面中部移向周边，使抗侧力体系的有效宽度达到最大值。

(3) 将承重构件与抗侧力构件合而为一，以加大抗侧力构件所承担的重力荷载，避免抗侧力体系中的竖构件出现过大拉力。

3. 循着上述思路，结合壁式框架或开洞墙筒的受力特点和变形状态，对楼房的外圈框架加以改性，演化出一种新型的抗侧力立体构件——框架筒体，简称框筒。

二、框筒的构成

1. 框筒是由三片以上“密柱深梁型”框架所围成的抗侧力立体构件（图 12-21）。平行于侧力方向的框架称为腹板框架，与之垂直的称为翼缘框架。

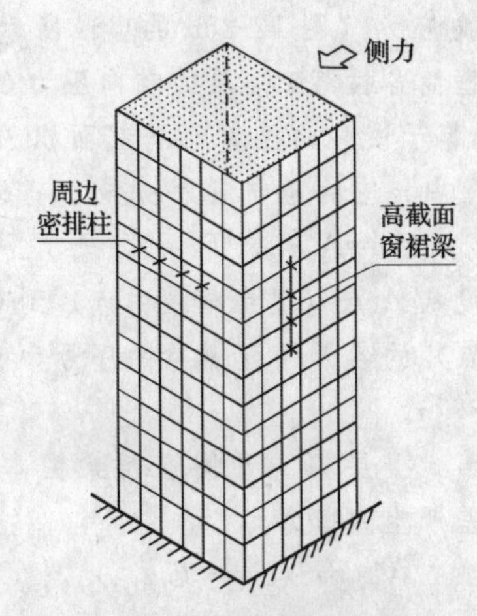

图 12-21 框筒构成示意图

2. 密柱是指框筒采取密排钢柱、柱的中心距一般为3～4.5m。柱的强轴方向应位于所在框架平面内，以增强框筒的抗剪刚度和受剪承载力。

3. 深梁是指较高截面的实腹式窗裙梁，截面高度一般取0.9～1.5m，使钢梁具有很大的抗弯刚度，以减小框筒的剪力滞后效应。

4. 框筒的平面尺寸应满足长宽比不大于1.5，最多不大于2的要求。

5. 钢框筒的立面开洞率一般取30%左右。过大，则不能充分发挥立体构件的性能；太小，虽然有利于减小框筒的剪力滞后效应，但是，除了影响建筑使用功能外，还有可能因为钢墙面较大，增加不必要的用钢量。

6. 框筒沿各个方向的高宽比值均不应小于4，否则，框筒就不能充分发挥其抗侧力立体构件的性能。

三、框筒体系的组成和受力特点

1. 框筒体系是由建筑平面外缘的周边框筒和内部承重框架所组成。图 12-22（*a*）和（*b*）分别为采用框筒体系的多伦多市第一银行塔楼和波士顿市办公大楼的结构平面。

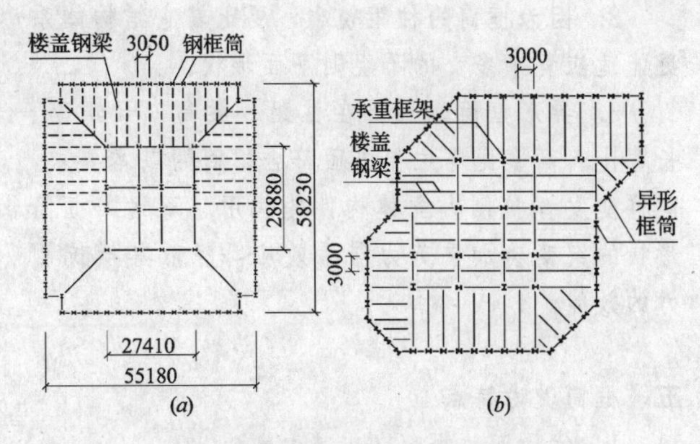

图 12-22 典型的框筒体系结构平面

（*a*）加拿大多伦多市第一银行塔楼；

（*b*）美国波士顿市办公大楼

2. 作用于楼房的水平荷载，全部由框筒承担；各楼层的重力荷载，则是按荷载从属面积比例分配给内部承重框架和周边框筒。

3. 因为周边框筒承担了全部侧力，楼层内部毋须设置支撑等抗侧力构件，柱网不必正交，承重钢柱可随意布置，柱距可以加大，从而提供较大的灵活使用空间。

4. 侧力作用下的框筒，楼层水平剪力由平行于侧力的两片腹板框架承担，倾覆力矩则由平行和垂直于侧力的各片腹板框架和翼缘框架共同承担。

四、异形框筒

1. 对于不规则建筑平面的高楼，同样可以采用框筒体系，图 12-23 给出几种不规则平面采用框筒的结构布置示例。

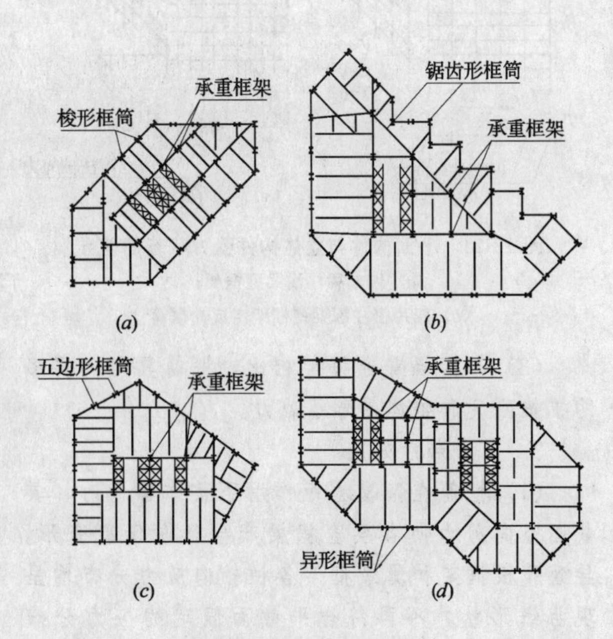

图 12-23 几种不规则建筑平面的框筒体系结构布置

2. 因为框筒的柱距较小，要比其它结构体系更能适应复杂多变的不规则平面形状。

3. 异形框筒，只要在柱距、梁高、开洞率、长宽比、高宽比等主要方面符合框筒的基本要求，同样能发挥抗侧力立体构件的作用。不过，框筒形状的突变会加重剪力滞后效应，降低其抵抗侧力的效能。

五、框筒受力特点

1. 优于四片框架

(1) 四榀 普通（稀柱浅梁型）框架围成的方形结构（图 12-24*a*），仍维持其抗侧力平面构件的特性。在水平荷载作用下，仅平行于荷载方向的两榀框架承担剪力和倾覆力矩，垂直于荷载方向的两榀框架并不参与工作。

(2) 由四片密柱深梁型框架组成的框筒，已变成抗侧力立体构件（图 12-24*b*）。不论水平荷载来自何方向，其四片框架均同时参与工作，水平剪力由平行于荷载方向的腹板框架承担；倾覆力矩则由腹板框架及与之垂直的翼缘框架共同承担。当框筒的立面开孔率很小，略去其剪力滞后效应时，框筒各柱的轴力分布图形如图 12-24*b* 所示。

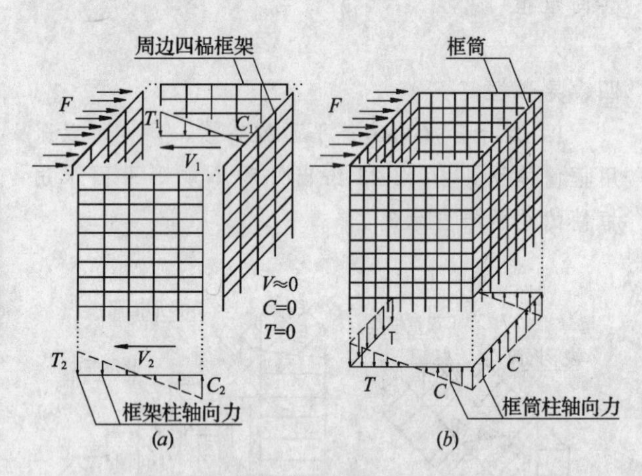

图 12-24 平面构件与立体构件受力状态的差异
(*a*) 四榀稀柱浅梁型框架；
(*b*) 四片密柱深梁型框架组成的框筒

(3) 与四榀普通框架相比，框筒具有大得多的抗推刚度和整体受弯承载力。

2. 剪力滞后效应

(1) 框筒在倾覆力矩作用下整体弯曲时，其截面竖向剪力使各层窗裙梁产生竖向弯剪变形，导致腹板框架和翼缘框架各柱轴向应力分布均呈现曲线形状，不再符合平截面假定的应力分布（直线分布）规律，称之为剪力滞后效应（Shear lag effect）。

(2) 剪力滞后效应将削弱框筒作为抗侧力立体构件的效能。改善框筒空间工作性能的最有效措施，首推加大各层窗裙梁的截面惯性矩和线刚度。

3. 矩形框筒受力状态

(1) 倾覆力矩作用下的框筒，由于各层窗裙梁竖向剪弯刚度有限引发的剪力滞后效应，使腹板框架和翼缘框架角区各柱的轴向应力（图 12-25*a*），大于实腹墙筒的竖向应力（平截面假定）；两者的中央部位各柱的轴向应力，小于实腹墙筒竖向应力（图 12-25*a* 的虚线所示）。

(2) 框筒各柱第 *i* 楼层的轴向压力 C_{is} 或轴向拉力 T_{is}，等于该柱的换算水平截面积 A_{is} 乘以图 12-25 (*a*) 中相应的竖向应力 σ_{cs} 或 σ_{ts}，即

$$C_{is}=A_{is}\sigma_{cs}，T_{is}=A_{ss}\sigma_{cs} \quad (12\text{-}1)$$

(3) 设从 *A* 点（翼缘框架中点）到 *C* 点（腹板框架中点）的各开间窗裙梁的序号为 $s=1，2，\cdots，r，\cdots，n$。

(4) 第 *i* 楼层第 *s* 开间窗裙梁由本开间上、下柱轴力差产生的剪力为

$$V_{i,s}=(C_{i,s}-C_{i+1,s}) \quad (12\text{-}2)$$

或

$$V_{i,s}=(T_{i,s}-T_{i+1,s}) \quad (12\text{-}3)$$

(5) 由 *A* 点到 *C* 点，$V_{i,s}$ 逐开间积累，便形成第 *r* 开间窗裙梁的实际剪力 $V_{i,r}$（图 12-25*b*）。

$$V_{i,r}=\sum{}_{s=1}^{r}V_{i,s}=\sum{}_{s=1}^{r}(C_{i,s}-C_{i+1,s}) \quad (12\text{-}4)$$

或

$$V_{i,r}=\sum{}_{s=1}^{r}(T_{i,s}-T_{i+1,s}) \quad (12\text{-}5)$$

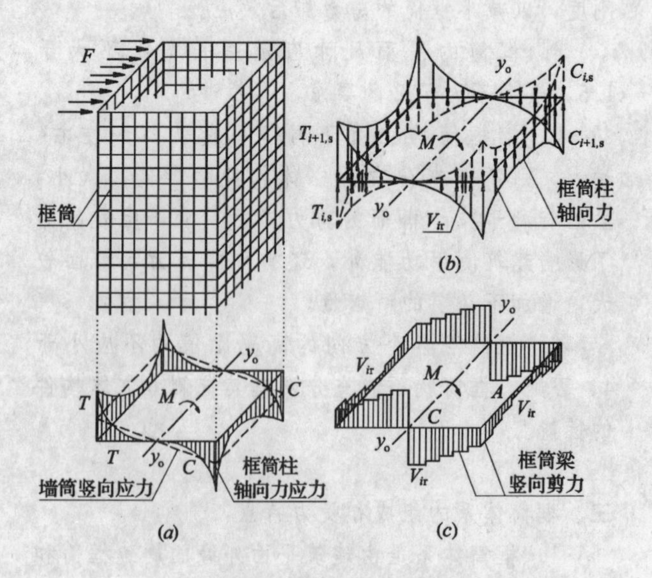

图 12-25 倾覆力矩作用下矩形框筒的受力状态
(*a*) 竖向应力分布曲线；(*b*) 窗裙梁竖向剪力的产生；
(*c*) 窗裙梁竖向剪力分布曲线

(6) 第 i 楼层各开间窗裙梁的竖向剪力 $V_{i,r}$ 分布曲线，见图 12-25c。

(7) 剪力 $V_{i,r}$ 使第 i 楼层各开间窗裙梁产生竖向变位 δ，其曲线近似于半个波的正弦曲线（图 12-26b），并迫使各开间的柱产生相应的竖向应变 ε，ε 的分布曲线形状与 δ 曲线的形状相似。

(8) 窗裙梁竖向变形所引起的各柱竖向应变 ε（在图 12-26c 中采用 δ 代为表示），与框筒整体弯曲时各柱的竖向应变（ε_c 或 ε_t）方向相反，两者相减后所得的压应变值 ε'_c（$=\varepsilon_c-\varepsilon$）和拉应变值 ε'_t（$=\varepsilon_t-\varepsilon$），就是考虑剪力滞后效应后框筒柱的实际应变值（图 12-26c）。将它乘以弹性模量后，即得框筒柱的实际应力值。

(9) 若将图 12-26c 中带密线条图形的曲线状底线，转变为水平直线，框筒柱的实际应变分布图形，就会相似于图 12-25a 中考虑剪力滞后效应后的框筒柱轴向应力图形。

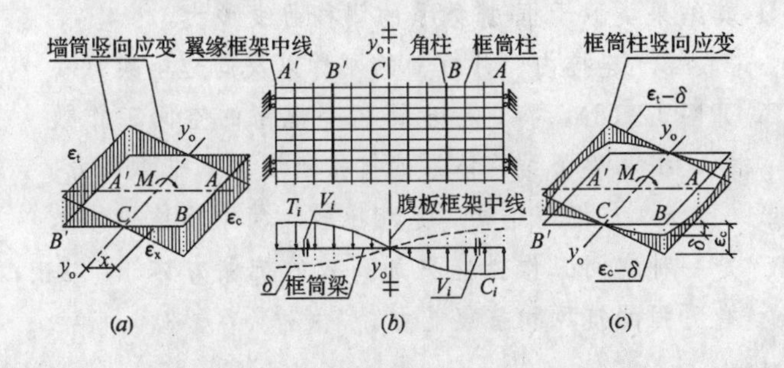

图 12-26　矩形框筒的剪力滞后效应

(a) 实腹墙筒的应变；(b) 框筒梁的竖向变形；(c) 框筒柱的轴向应变

4. 圆形框筒与矩形框筒的比较

(1) 圆形实体墙筒和圆形框筒在倾覆力矩作用下的竖向应变，分别示于图 12-27 的（a）和（c）；图 12-27（b）为引起圆形框筒剪力滞后效应的窗裙梁竖向变形。

(2) 圆形框筒各柱的轴向应力分布图形，与图 12-27（c）中用密线表示的（$\varepsilon_t-\delta$）和（$\varepsilon_c-\delta$）竖向应变图形相似。表明各柱的轴向应力，随该柱到中和轴距离的加大，按正弦曲线缓慢而均匀地增长，剪力滞后效应相对较弱。

(3) 从图 12-25（a）可以看出，矩形框筒各柱的轴向应力分布很不均匀，角柱的应力特别大，表现出强烈的剪力滞后效应。

(4) 上述情况说明，在抗风和抗震方面，圆形框筒的性能优于矩形框筒。

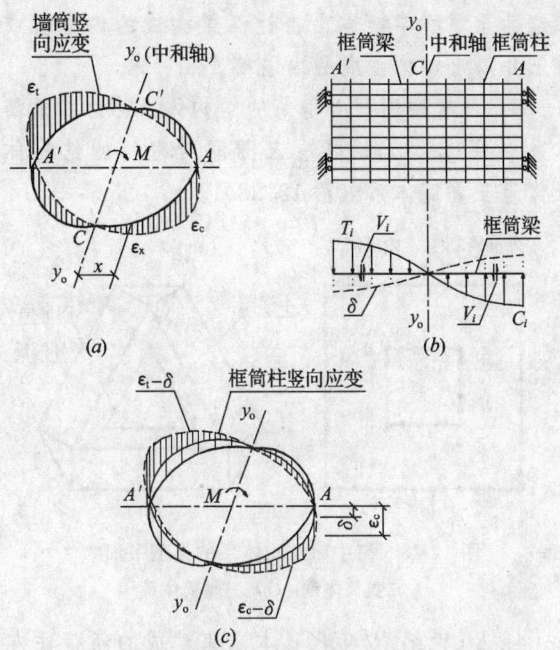

图 12-27　圆形框筒整体弯曲时的竖向应力分布

(a)圆形墙筒的竖向应变；(b)窗裙梁的竖向变形；(c)圆形框筒柱的轴向应变

六、框筒设计要点

1. 框筒平面的边长不应超过 45m，矩形框筒平面的长宽比也不宜大于 1.5；否则，框筒将因剪力滞后效应过于严重，而不能充分发挥其立体构件的功效。

2. 框筒的高宽比不应小于 4，过于矮胖就不能形成有效的抗侧力立体构件。

3. 框筒应采取密排柱，柱的中心距一般为 3～4.5mm。

4. 框筒应采用截面较高的实腹式窗裙梁，以确保框筒各层钢梁具有足够的竖向抗弯刚度。一般情况下，窗裙梁的截面高度取 0.9～1.5m。

5. 钢框筒的立面开洞率一般取 30%左右。太大，剪力滞后效应过于严重而不能构成有效的抗侧力立体构件；过小，则耗用钢材较多，不经济。

6. 钢柱的强轴方向（H 形柱的腹板方向）应位于所在框架的平面内，以增强框筒的抗剪刚度和受剪承载力。

筒中筒体系

一、结构体系的组成

1. 由两圈以上的同心筒体（框筒、墙筒、支撑筒等）所组成的结构体系，称为筒中筒体系。

2. 相对于框筒体系，筒中筒体系在结构布置方面的不同点，就是利用建筑采取核心式布置方式时楼面中心部位服务性面积的可封闭性，将该部位的承重框架换成由密柱深梁构成的内框筒或由三片以上墙体围成的内墙筒。

3. 具有两圈同心框筒的结构体系称为二重筒体系（图 12-28*a*）；具有三圈同心框筒的结构体系称为三重筒体系（图 12-28*b*）。

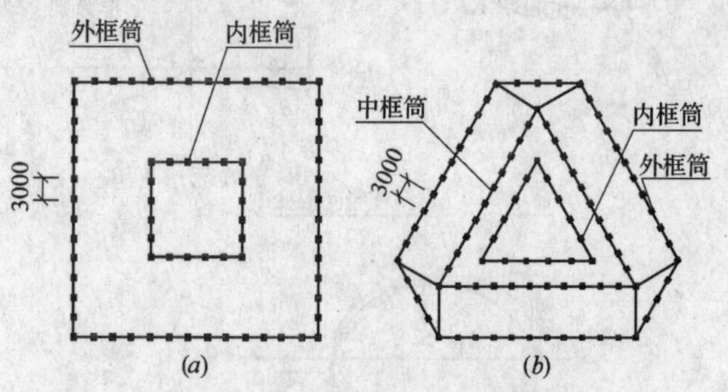

图 12-28　筒中筒结构体系的典型平面

（*a*）二重筒体系；（*b*）三重筒体系

4. 20 世纪 70 年代日本东京建成的新宿住友大厦，为了抗御 9 度地震，就是采用图 12-28*b* 所示的受剪、受弯承载力均很强的三重筒结构体系。

5. 日本东京市于 1979 年建成的新宿行政大楼，地下 5 层，地上 54 层，高 223m。采用钢结构筒中筒体系，内、外框筒的平面尺寸分别为 45m×11.2m 和 63 m×42m；内、外框筒的柱距均为 3m（图 12-29）。

6. 为了进一步提高筒中筒体系的抗侧力效能，可以在结构顶层以及每隔 15 层左右的设备层或避难层，由内筒伸出几道纵、横向桁架（刚臂），与外筒钢柱相连，并于各该楼层沿外框筒增设周边桁架（图 12-29*b*），使外框筒翼缘框架中央各柱，在抵抗倾覆力矩时发挥更大作用，以弥补因外框筒剪力滞后效应所带来的损失。

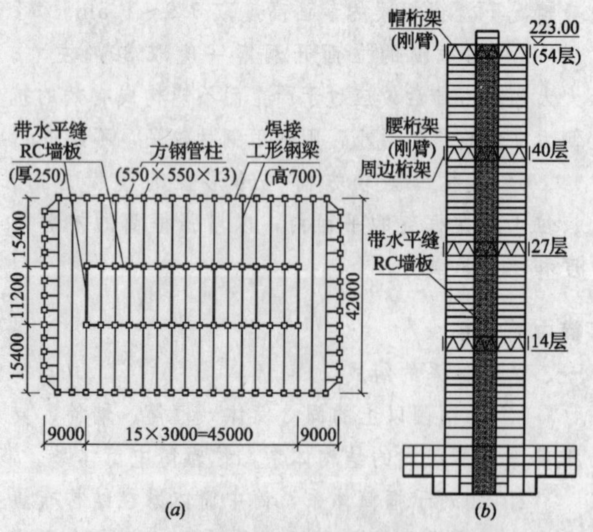

图 12-29　东京新宿行政大厦的筒中筒体系

（*a*）典型层结构平面；（*b*）结构横剖面

7. 上海国际贸易中心大楼，地下两层，地上 35 层，另有屋顶小塔楼两层，总高度为 140m，采用钢结构筒中筒体系，内、外框筒的平面尺寸分别为 25.6m×16m 和 50m×40.4m，内框筒外框筒框架所在平面内的柱距均为 3.2m。

二、结构特性

1. 内框筒的平面尺寸较小，水平荷载作用下，剪力滞后效应较弱，更能充分发挥作为立体构件的效能。

2. 水平荷载作用下内框筒单独工作时的侧移中，主要是框筒整体弯曲所产生的侧移，框筒整体剪切变形产生的侧移所占比例甚小，因而内框筒更接近于弯曲型抗侧力立体构件。

3. 外框筒的平面尺寸较大，剪力滞后效应较强，整体剪切变形在框筒侧移中所占的比例较大，所以，外框筒属于弯剪型抗侧力立体构件。

4. 连接内、外框筒的各层楼盖，作为刚性横隔板，使内、外框筒协同工作，侧移趋于一致。其结果类似于框-撑体系的侧移曲线形状。

5. 连接内、外框筒的刚臂以及周边桁架（参见图 12-18），将进一步提高外框筒的空间工作效能，提高整个结构体系的抗推刚度和水平承载力。

6. 与框筒结构体系相比较，筒中筒结构体系是一种空间工作性能更加高效的抗侧力体系，具有更强的抗风和抗震能力。

三、结构体系的受力特点

1. 高楼在风、地震等水平荷载作用下，内、外框筒通过各层楼盖的联系，将共同承担作用于整个结构的水平剪力和倾覆力矩。

2. 在结构力学特性方面，与框筒体系相比较，筒中筒体系不仅仅因为增加了一个内筒而提高了结构的抗推刚度和水平承载力，而且还在以下几方面取得好处：

（1）内框筒与外框筒配合使用时，由于弯曲型构件与剪弯型构件侧向变形的相互协调，对于减小结构顶点侧移和结构下半部的最大层间侧移角，都是有利的。

（2）可以利用楼房顶层以及每隔若干层的设备层或避难层，沿内框筒的纵、横向框架所在平面，设置向外伸出的刚性桁架（刚臂），加强内、外筒的连接，使外框筒的翼缘框架中段各柱，在结构整体抗弯中发挥更大作用，以弥补因外框筒剪力滞后效应所带来的损失。从而，进一步提高整个结构体系的抗倾覆能力。

(3) 筒中筒体系是一个比框筒体系更强、更有效的抗侧力体系，可用于高烈度地震区的层数更多的楼房。

支撑框筒体系

一、支撑框筒的产生

1. 框筒体系虽然是用于超高层建筑的一种经济有效的抗侧力体系，然而，它的空间工作性能要求其柱距不大于4.5m，与一些建筑的使用功能和立面效果相矛盾。

2. 某些建筑为了提供开阔的视野和明朗的外观，要求外圈结构采用较大柱距和较矮的窗裙梁。为使这类稀柱浅梁框筒也能充分发挥抗侧力立体构件空间工作的效能，借鉴桁架的力学概念，增设大型支撑，形成支撑框筒，简单而巧妙地克服了剪力滞后效应。

二、结构体系的组成

1. 支撑框筒体系是框筒体系的一个分支，它是由建筑周边的支撑框筒与楼面内部的承重框架所组成。它的结构平面布置与框筒体系的平面布置相同。

2. 支撑框筒是在“稀柱浅梁型”框筒的几个立面上增设大型支撑，支撑斜杆轴线与水平面的夹角，一般为45度左右。相邻立面上的支撑斜杆在框筒转角处与角柱相交于同一点，使整个结构成为空间几何不变体系，并保证支撑传力路线的连续性。

3. 根据受力特点，建筑外圈的支撑框筒可以划分为“主构件”和“次构件”两部分。图12-30(*b*)表示支撑框筒的一个典型区段。在每一个区段中，主构件包括支撑斜杆、角柱和主楼层的窗裙梁（图中的粗实线）；次构件包括周边的各根中间柱和介于主楼层之间的各层窗裙梁（图中的细实线）。

三、结构受力特点

1. 作用于整个楼房的水平荷载所引起的水平剪力和倾覆力矩，全部由建筑周边的支撑框筒承担；建筑的重力荷载由内部的承重框架和周边的支撑框筒按各构件的荷载从属面积比例分担。

2. 支撑框筒在水平荷载作用下发生整体弯曲时，本来应该由框筒各层窗裙梁承担的竖向剪力（图12-30*a*），绝大部分改由支撑斜杆来承担（图12-30*b*）。

3. 因为框筒的各层窗裙梁不再因受剪而发生竖向剪弯变形，支撑又具有几何不变性，基本上消除了一般框筒的剪力滞后现象，从而能更加充分地发挥抗侧力立体构件的空间工作效能。

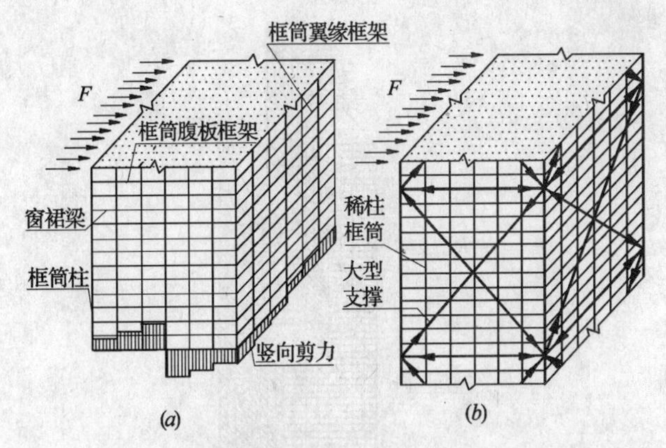

图12-30　水平荷载作用下支撑框筒的受力状态

(*a*) 框筒的竖向剪力分布；(*b*) 支撑杆件内力

4. 在支撑框筒中，主构件承担全部水平荷载，并将它转化为杆件的轴向力传递至基础；次构件的各层窗裙梁，支承于主构件上，仅需承担重力荷载，不参与抵抗水平荷载。

5. 在水平荷载作用下，框筒是依靠其各根钢柱剪弯刚度提供的抗剪能力来抵抗水平剪力，依靠其各层窗裙梁竖向剪弯刚度提供的竖向抗剪能力来抵抗倾覆力矩引起的竖向剪力，因而水平和竖向剪切变形均较大，后者还导致框筒的较大剪力滞后效应。

6. 支撑框筒则不同，是靠支撑斜杆的轴向刚度所提供的轴向承载力来抵抗水平剪力和竖向剪力。而杆件的轴向刚度远大于杆件的剪弯刚度。所以，水平荷载下的支撑框筒，其水平和竖向剪切变形均很小，支撑框筒的剪力滞后效应也就很弱，支撑框筒就更接近于完全的抗侧力立体构件，各柱的轴力分布更接近于实墙筒体的直线分布（参见下面工程实例——汉考克大厦的支撑框筒各柱轴力分布图）。

7. 属于三角形杆系的支撑具有几何不变性，支撑框筒有着很大的水平和竖向抗剪刚度，水平荷载下整个结构体系所产生的侧移中，支撑框筒整体弯曲变形产生的侧移约占80%以上，而支撑框筒整体剪切变形所产生的侧移，仅占20%以下。

四、支撑框筒束体系

1. 支撑框筒的抗推刚度大，用钢量少，具有良好的经济指标，而且对柱距又无严格限制，是用于高楼的一种经济有效的结构体系。

2. 当房屋层数很多，平面尺寸较大，需要采用框筒束之类结构体系时，可优先考虑支撑框筒束体系（图12-31）。

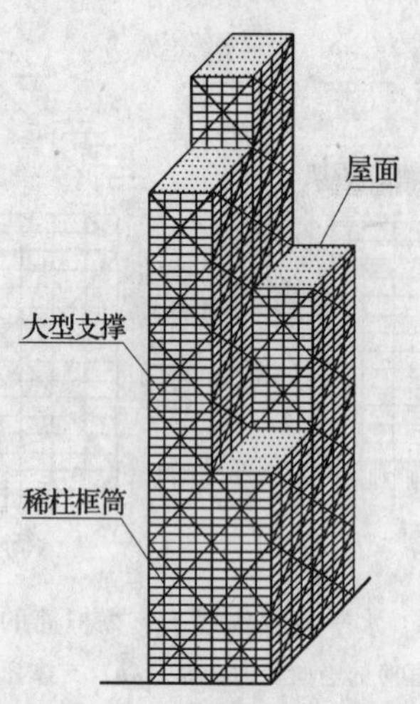

图 12-31　支撑框筒束的概貌

框筒束体系

一、适用条件

1. 单一框筒用于圆形、正方形建筑平面时最有效。当为矩形平面且边长比大于 1.5 时，以及建筑平面的边长超过 45m 时，由于剪力滞后效应严重，不宜再采用单一框筒。

2. 建筑平面很复杂或者平面形状的突变，都会显著降低单一框筒的空间工作效能。

3. 对于上述几种情况，均应改用框筒束结构体系。图 12-32 表示两种情况的平面为两个错位半圆的框筒束体系。

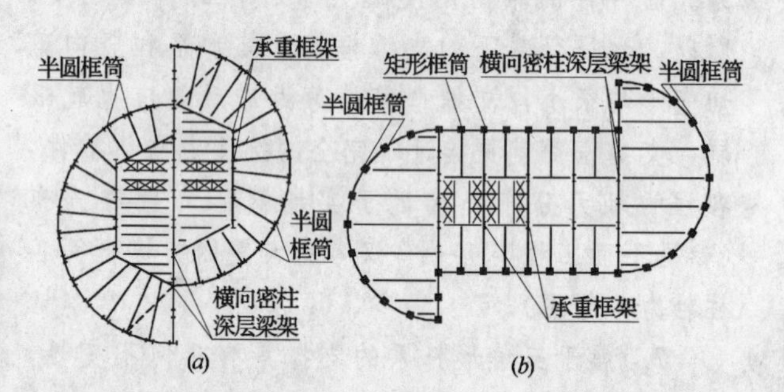

图 12-32　复杂建筑平面的框筒束体系

二、结构体系的组成

1. 框筒束体系是由两个以上框筒连为一体形成的框筒束及其内部的承重框架共同组成的结构体系。

2. 框筒束是以一个平面尺寸较大的周边框筒为基础，然后根据结构受力要求，再在其内部沿纵向或横向，或纵、横两个方向设置一片以上的“腹板框架”。“腹板框架”可以是密柱深梁型框架、竖向支撑或稀柱浅梁型框架内嵌置预制墙板；也可以是三者并用的组合体。

3. 框筒束的每一个框筒单元（子框筒），其平面形状可以是方形、矩形、三角形、梯形、半圆形、弧形或其他任何形状。由这些框筒单元所拼接成的框筒束，其平面形状可以是规则的或不规则的（图 12-33），以适应建筑场地形状、周围环境和建筑布置要求。

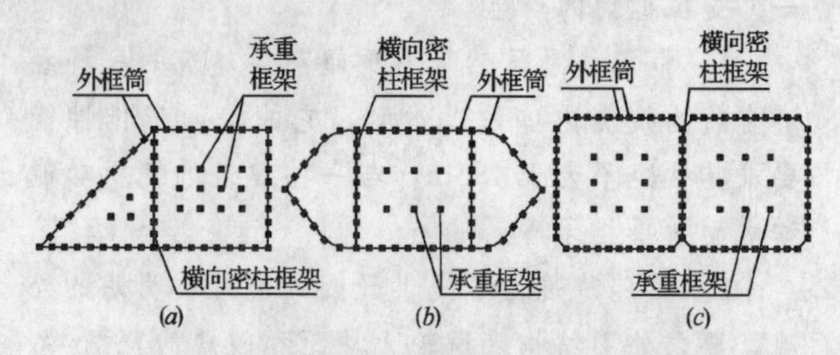

图 12-33　采用框筒束结构体系的工程实例

(*a*) 洛杉矶克劳柯大厦；(*b*) 旧金山 345 号大厦；(*c*) 新西兰凯塞设计公司大厦

4. 框筒束的任何一个框筒单元，可以根据各层楼面面积的实际需要，在任何高度处中止，而不会影响整个结构体系的完整性。

5. 为了减小框筒束的剪力滞后效应，也可在楼房顶层以及每隔约 15 层的设备层或避难层，沿框筒束的各榀内、外框架，设置一或两个楼层高度的桁架，形成刚性环梁。

三、框筒束的受力特点

水平荷载下框筒束的受力状态有如下特点：

1. 水平荷载下的框筒束，水平剪力由平行于剪力方向的各榀内、外腹板框架承担，倾覆力矩则由各榀腹板框架和翼缘框架共同承担。

2. 框筒束各个框筒单元（子框筒）内部的框架柱，仅承担其荷载从属面积范围内的竖向荷载。除抗震设防烈度为 9 度的高层钢结构房屋需要考虑竖向地震作用外，通常情况下，竖向荷载仅是重力荷载。

3. 柱的轴向应力分布

(1) 最典型的框筒束体系是美国芝加哥市的西尔斯塔楼，结构平面如图 12-34*a* 所示。其框筒束是由九个子框筒所组成，H 形柱截面的强轴方向位于各片框架平面内。由于每个子框筒的边长较小，仅为 23m，所以剪力滞后效应甚弱，框筒各柱的轴向压应力和拉应力的分布（图 12-34*b*），比较接近于实腹墙筒的应力分布（图 12-34*b*），从图中可以看出，应力分布曲线的弯曲度甚小。

(2) 框筒束的内、外翼缘框架和内、外腹板框架中的各柱，其轴压（拉）应力与该柱到中和轴的距离大致成正比，外圈翼缘框架的轴向应力大，内部翼缘框架的应力小，前者约为后者的三倍。

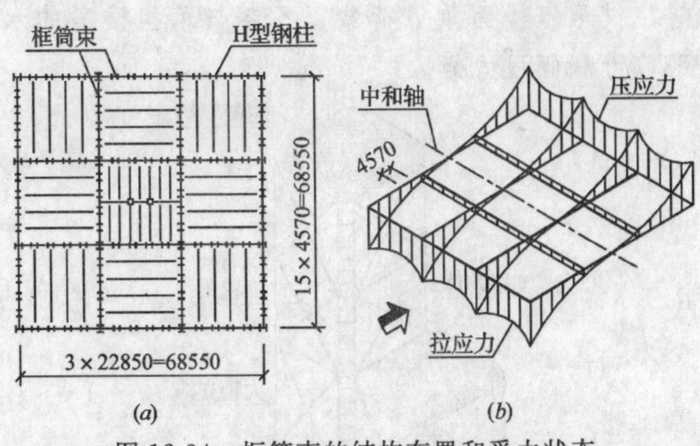

图 12-34　框筒束的结构布置和受力状态
（a）结构平面与柱截面强轴方向；（b）各柱轴向应力分布曲线

(3) 倾覆力矩使框筒束腹板框架、翼缘框架的各层窗裙梁中产生竖向剪力，若窗裙梁的截面高度较小而产生较大的竖向剪弯变形时，将导致框筒束的剪力滞后效应，使各根框架柱的轴力大小呈曲线分布，而不再与各根框架柱到整个框筒束水平截面中和轴的距离成正比。

4. 柱的剪力

(1) 与水平荷载方向相垂直的外圈和内部翼缘框架中的各柱，基本上仅承受轴向力，而不承担楼层水平剪力；但柱的强轴顺垂直于所在框架平面方向布置时的情况除外。

(2) 与水平荷载方向平行的外圈腹板框架和内部腹板框架中的各柱，除承受轴力外，还按其层间刚度比例分担楼层水平剪力及由此引起的柱端弯矩。

5. 柱截面方位

(1) 当框筒柱采用 H 形截面钢柱时，因其截面特性存在着强轴和弱轴，两个主轴方向的截面惯性矩和受剪、受弯承载力差别较大。

(2) 为提高框筒束中腹板框架的层间抗推刚度和受剪承载力，H 形柱的腹板应顺框架所在平面的方向布置（图 12-34*a*）。

(3) 考虑到风或地震可能沿另一主轴方向作用，翼缘框架和腹板框架的位置将互换，所以，框筒束中的各柱，其 H 形截面的腹板均应顺框架所在平面的方向布置。

四、设计要点

1. 框筒束中每个子框筒的边长不应超过 45m。

2. 采用框筒束体系的楼房，房屋的高宽比不应小于 4。

3. 采用密柱深梁型框架组成的框筒束，钢柱沿框架所在平面的中心距不宜大于 4.5m。

4. 窗裙梁应采用腹式工形梁，截面高度一般取 0.9～1.5m。

5. 框筒柱若采用具有强、弱轴的 H 形、矩形截面钢柱时，应将柱的强轴方向（H 形柱的腹板方向）置于所在框架平面内（图 12-34a）。

6. 外圈框筒内部的纵、横向腹板框架，部分或全部采用竖向支撑代换时，该支撑应具有同等的抗推刚度和水平承载力。

7. 框筒束中的某个或某几个子框筒，在楼房某中间楼层中止时，应于各该子框筒顶层的所在楼层，沿框筒束的各榀框架设置一层楼高的钢桁架，形成一道刚性环梁。

支撑筒体系

一、结构体系的组成

1. 在建筑平面周边的每一个立面上，设置横跨整个面宽的大型 X 形支撑（图 12-35*a*）或大型人字形支撑（图 12-35*b*）。

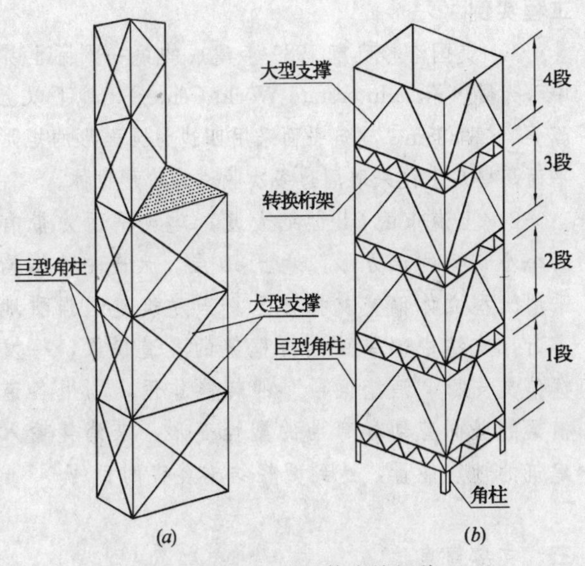

图 12-35　大型立体支撑概貌
（a）X 形支撑；（b）人字形支撑

2. 相邻两个立面上的支撑斜杆相交于角柱上的同一点，使建筑周边各个立面上的支撑共同组成一个大型立体支撑，从而形成一个支撑筒。

3. 在大型立体支撑的节间区段内设置“次框架”，以承担该区段内若干楼层的重力荷载。

4. 大型支撑的水平杆既要承担支撑斜杆传来的巨大拉力或压力，还可能被安排承托上面几层“次框架”的重力荷载，一般是采用桁架式杆件。

5. 在楼房内部设置次一级的空间支撑，以承担各楼层内部的楼面荷载。内部空间支撑的杆件布置，应能将楼面重力荷载以最短路线直接传递至建筑周边大型立体支撑的角柱。

6. 角柱是大型立体支撑的竖向杆件，为使角柱具有足够的压力来平衡水平荷载倾覆力矩对角柱产生的拉力，应尽可能使楼房的全部重力荷载分别集中到各根角柱。

7. 某些情况，也有在楼面内部设置一般钢框架来承担各楼层内部的重力荷载。

二、结构受力特点

1. 建筑周边的大型立体支撑（支撑筒），承担楼房水平荷载产生的全部水平剪力和倾覆力矩。

2. 楼层水平剪力由大型立体支撑中平行于水平荷载方向的斜杆承担，水平荷载产生的倾覆力矩由支撑中的各根角柱承担。

3. 楼房内部空间支撑和次框架，仅分段承担各楼层的楼面重力荷载，不参与承担水平剪力和倾覆力矩。

工程实例

1. 美国洛杉矶市 1989 年建成的第一洲际世界中心大厦（First Interstate World Center），地下以上 77 层，高 338m。建筑平面采用四边为圆弧形的矩形平面，楼房上段采取周边多次收进的阶形锥体。

2. 上海市的 21 世纪大厦，建筑平面为带有一个小切角的正方形，地上 50 层。大厦主体结构采用大型立体偏交支撑体系。当建筑遭遇强烈地震时，支撑中部单跨刚接框架的各道横梁，将发挥偏交支撑“消能梁段”的耗能作用，利用各道横梁的竖向剪切和弯曲的塑性变形，来消耗输入建筑的地震能量，达到减轻结构震害的目的。

三、支撑筒束

1. 对于层数很多、平面尺寸较大的高楼，以及建筑平面形状比较复杂的高楼，可采用并联大型立体支撑体系，或称支撑筒束。

2. 支撑筒束是由两个以上的支撑筒并联而成。图 12-36 表示由三个方形支撑筒并联而成的平面为 L 形的支撑筒束。

3. 支撑筒束中的每一个子支撑筒的平面可以是三角形、方形、矩形、六边形等形状。

4. 根据建筑使用面积、功能、体形或外观的要求，每一个子支撑筒均可在任意高度处中止，而不影响整个结构体系的完整性。

5. 水平荷载所引起的水平剪力和倾覆力矩，全部由支撑筒束中各个子支撑筒的周边大型支撑承担。

6. 各个子支撑筒的内部空间支撑和区段次框架，仅承担楼面重力荷载，不参与承担楼房的水平剪力和倾覆力矩。

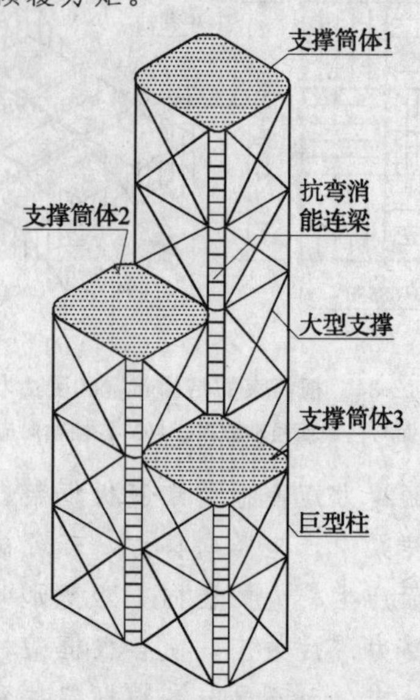

图 12-36 L形建筑平面“支撑筒束”的概貌

巨型框架体系

一、建筑新要求

1. 节能在高楼设计中已得到越来越多地重视，建筑平面正在向大尺寸发展。为了模拟自然环境，改善内部使用条件，需要每隔若干楼层设置一个大尺度的与外部相通的内庭园。

2. 现代建筑对内部使用空间提出了更高的标准，楼内用于展览、文娱宴会等活动场所，已提出无柱大空间的要求。

3. 建筑体量的扩大，使高楼所受到的风力大幅度地增加，结构侧移和振动加速度也随之增大，对建筑的使用条件带来不利影响。为了改善这一状况，常在楼房上半部开设一个横穿房屋全宽的大洞，也要求结构作相应变革。

4. 为了适应建筑新趋势，满足上述各项要求，巨型框架体系应运而生。

二、结构体系的组成

1. 巨型框架体系是以沿建筑平面周边布置的大跨度巨型框架（主框架）为结构主体、再在其间设置普通的小型框架（次框架）所组成的结构体系。

2. 巨型框架，可以说是把一般框架按照模型相似原理比例放大而成。与一般框架的梁和均为实腹截面杆件的情况不同，巨型框架的梁和柱均是具有较大截面尺寸的空心、空腹的立体杆件。巨型柱，一般是立体支撑柱，通常是采用 4 片一个开间宽的竖向支撑所围成的小型支撑筒；巨型梁，通常是采用4片一层楼高的桁架所围成的立体桁架梁。

3. 巨型框架的巨型柱，其纵、横向跨度是根据建筑使用空间的要求而定。巨型框架的“梁”通常是每隔12～15个楼层设置一道。

4. 巨型框架依其杆件形式可划分为以下三种基本类型：

(1) 支撑型　巨型框架的“柱”，是由四片竖向支撑围成的小尺度支撑筒；巨型框架的“梁”，是由两榀竖向桁架和两榀水平桁架围成的立体桁架（图12-37*a*）。

(2) 斜杆型　此类巨型框架，“梁”和“柱”均是由四片斜格式多重腹杆桁架所围成的立体杆件（图12-37*b*）。

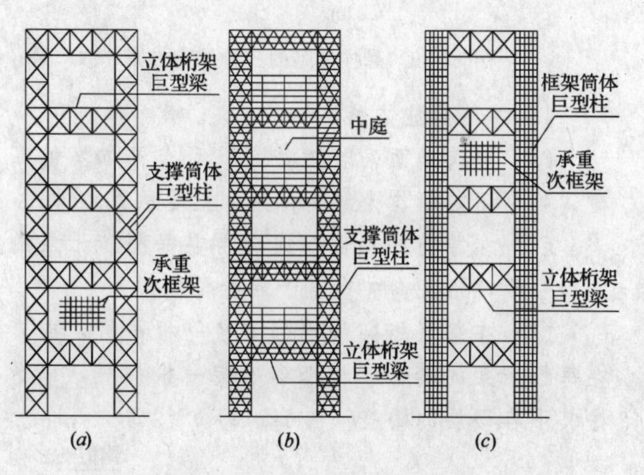

图12-37　巨型框架的三种基本形式

(*a*) 支撑型；(*b*) 斜杆型；(*c*) 框筒型

(3) 框筒型　巨型框架的“柱”，是由密柱深梁围成的小尺度框筒；“梁”则是采用由两榀竖向桁架和两榀水平桁架所围成的立体桁架（图12-37*c*）。

5. 搁置在巨型框架“梁”上、承受若干楼层重力荷载的小框架（次框架），是由通常的宽翼缘H型钢实腹柱和窄翼缘H型钢实腹梁所组成。

三、结构受力特点

1. 作用于楼房上的水平荷载所产生的水平剪力和倾覆力矩，全部由巨型框架承担。

2. 在局部范围内设置的次框架，仅承担所辖范围的楼层重力荷载和局部水平荷载。

3. 巨型框架的“梁”和“柱”，还要承担其上的次框架所传束的重力荷载和局部水平荷载。

4. 巨型框架的侧移，是以其巨型梁、巨型柱弯曲变形所产生的巨型框架整体剪切变形为主，巨型框架由于倾覆力矩产生的整体弯曲变形所占比例较小。

5. 水平荷载作用下的巨型框架，其受力状态与一般框架相似，是依靠巨型柱和巨型梁的剪弯刚度和受弯承载力，将上部结构的荷载传递至基础。

四、钢结构“巨型框架体系”工程实例

（一）东京市政厅大厦

(1) 日本东京市政厅大厦，地上，48层，高243m，采用钢结构巨型框架体系，图12-38为该大厦的结构平面和剖面。

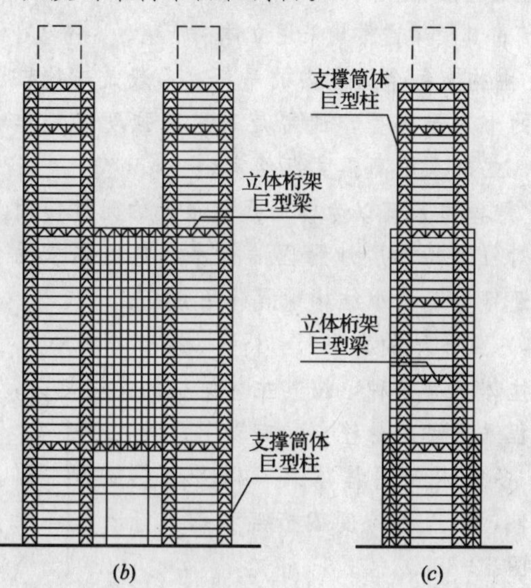

图12-38　采用巨型框架体系的东京市政厅大厦

(*a*) 结构平面；(*b*) 结构纵剖面；(*c*) 结构横剖面

(2) 主体结构是由8根巨型柱与6道巨型梁所组成的多跨巨型框架体系，承担着纵、横向水平荷载所产生的全部水平剪力和倾覆力矩。

(3) 巨型柱是由4根角柱与4片竖向支撑围成的、边长为6.4m的支撑竖筒，巨型梁则是由两榀竖向放置桁架与两榀水平放置桁架所围成的立体桁架。

(4) 在巨型框架各个节间的区段内，设置小框架或大跨度钢梁，分别承担所在节间区段内若干楼层的重力荷载和局部水平荷载，并把它传递到巨型框架。

(5) 东京市的地震烈度大致相当于我国地震烈度表中的8度强。此一巨型框架体系成功地应用于高烈度区内200m以上的高楼，足见其良好的耐震性能和强大的抗震能力。

(二) 高雄市银行大厦

(1) 位于地震区的台湾省高雄市银行大厦，地上82层，高331m。在大楼立面中部开设一个横穿房屋全宽的透空大洞。

(2) 该大厦也是采用钢结构巨型框架体系。巨型框架的柱同样是由4根钢柱与4片竖向支撑组成的小型支撑竖筒，框架梁则是由两榀立放桁架和两榀平放桁架围成的立体桁架。

悬挂体系

一、悬挂体系综述

(一) 结构体系的组成

1. 悬挂体系是利用钢吊杆将大楼的各层楼盖，分段悬挂在主构架各层横梁上所组成的结构体系。层数较少的大跨度结构，一般是将各层楼盖通过吊杆悬挂在主构架的顶部钢桁架上。

2. 主构架一般是采用巨型钢框架，其立柱可以是类似竖放空腹桁架的立体刚接框架，也可以是小型支撑筒；其横梁通常均采用立体钢桁架。

3. 主构架每个区段内的吊杆，一般是吊挂该区段内的十几层楼盖，通常是采用高强度钢制作的钢杆，或者采用高强度钢丝束。

4. 悬挂体系可以为楼面提供很大的无柱使用空间。对位于高烈度地震区的楼房，悬挂体系的使用，还可显著减小结构地震作用效应。

(二) 主体结构类型

悬挂体系有多种，按其主体结构的类型划分，已建工程采用过的悬挂方式有以下几种：

1. 多筒-桁架悬挂体系　以多个竖筒为主要承力构件，利用大跨度钢桁架和钢吊杆悬挂各层楼盖（图12-39*a*）。

2. 大拱悬挂体系　主体结构为钢筋混凝土大拱，在大拱上安装吊杆，悬挂各层楼盖（图12-40*b*）。

3. 巨型框架悬挂体系　以巨型框架为结构主体，承受整个楼房的全部侧力和重力荷载，各层楼盖分段悬挂在巨型框架的大梁上（图12-39*c*）。此结构体系与巨型框架体系的区别在于：采用受拉吊杆取代承压的次框架柱。

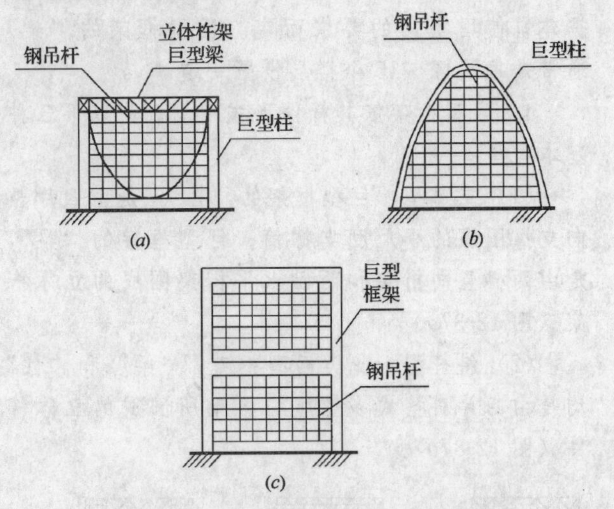

图12-39　悬挂体系的三种结构方案

4. 芯筒悬挂体系

(1) 建筑楼面采取核心式平面布置方案的高楼，可利用芯筒作为结构体系的主要承力构件；

(2) 在芯筒的顶部，或者再在每隔若干层的芯筒中段，沿径向伸出若干榀悬臂桁架；

(3) 在每榀桁架的端部安装一根吊杆，或者在每榀桁架的端部和根部各安装一根吊杆，以悬挂其下各楼层的楼盖（图12-40）。

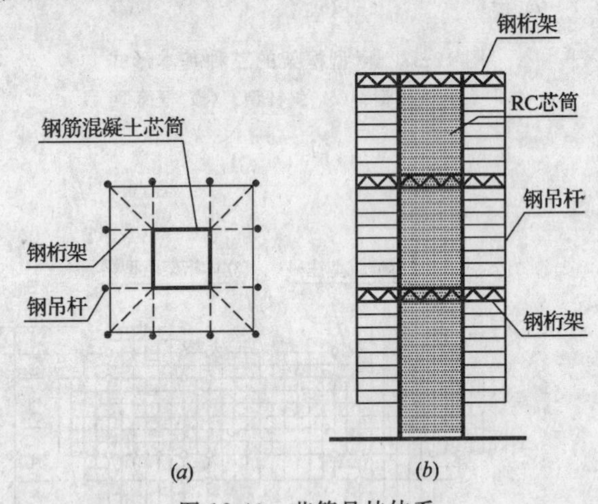

图12-40　芯筒悬挂体系

(4) 西班牙马德里市的托斯科隆大厦(Torres colon)，就是采用这种悬挂体系。

(5) 德国慕尼黑市的BMW公司办公大楼，1972年建成，地面以上共22层，也是采用芯筒悬挂体系。

5. 钢构架悬挂体系

(1) 图12-41所示的香港汇丰银行大楼，1985年建成，地面以上43层，高175m，采用钢构架悬挂体系。

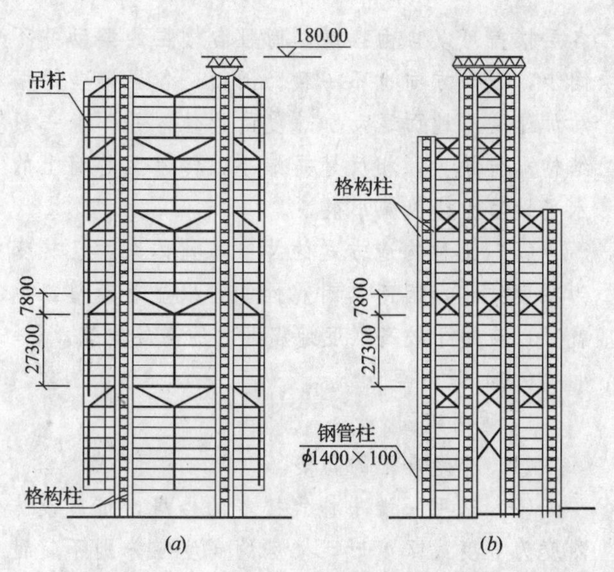

图 12-41　汇丰银行大楼的悬挂结构体系

(a) 结构纵剖面；(b) 结构横剖面

(2) 悬挂体系的主构件，由8根“格构柱”和5道纵、横向桁架梁所组成，各道桁架梁之间的4～7层楼盖，通过吊杆悬挂在上一层的桁架梁上。

(三) 结构特征

1. 悬挂体系是指，采用吊杆将高楼的各层楼盖悬挂在主构架上，或分段悬挂到主构架的各道横梁或悬臂上，所形成的结构体系。

2. 主构架承担高楼的全部水平荷载和竖向荷载，并将它直接传至基础；吊杆则仅承担其所辖范围内若干楼层的重力荷载，各楼层的风力或地震力则通过柔性连接传至主构架。

3. 钢材是匀质材料，具有很高的而且几乎相等的抗拉和抗压强度。然而，长细比稍大的受压钢杆件，就会因屈曲或侧向失稳而不能充分发挥钢材的抗压强度，受拉钢杆件因无失稳问题而能充分发挥材料的高强度。悬挂体系正好实现了这一设计概念而成为一种经济、高效的结构体系。

4. 悬挂体系中，除主构架落地外，其余部分均可不落地，为实现建筑底层的全开敞空间，创造了条件。

5. 位于地震区的高楼，采用悬挂体系，还可大幅度地减小地震力。例如，法国的一幢高层学生宿舍，每三层作为一个单元，悬挂在巨大的门式钢架上，据测算，动力反应减小50%以上。

6. 为防止因主构架横梁挠曲和吊杆受拉伸长而造成楼面过渡倾斜，影响正常使用，可采取横梁起拱、吊杆预加应力等措施来解决。

(四) 构件设计

1. 吊杆

(1) 每根吊杆都吊挂几层、十几层、甚至更多楼层的楼盖，承受着很大的轴向拉力，所以，吊杆一般均采用高强钢制作的钢杆，或采用高强钢丝束。个别工程也有采用预应力钢筋混凝土吊杆。

(2) 为了克服吊杆在高应力状态下的过量弹性伸长造成楼面倾斜，除了通过拉伸变形计算，在吊杆长度上进行调整外，也有采取对吊杆施加预应力的办法来解决。

2. 楼盖梁

(1) 当高楼结构采用芯筒悬挂体系时，各层楼盖一般是由楼板、径向梁和环向梁所组成。

(2) 各层楼盖的径向梁，外端均是吊挂在外圈的吊杆上；内端，一般是搁置在芯筒上，需要抗震设防的结构，则吊挂在楼面内圈的吊杆上，楼盖内圈与芯筒之间安装黏弹性阻尼器，从而形成悬吊隔震体系。

二、芯筒悬挂体系

(一) 结构体系的组成

1. 基本构架

(1) 混合结构“芯筒悬挂体系”，是由钢筋混凝土芯筒、悬臂钢桁架、钢吊杆及各层楼盖所组成。

(2) 作为钢吊杆支承的悬臂钢桁架是沿楼层的径向布置，通常是在结构顶层或者在每隔若干层的楼层内，设置一组悬臂钢桁架。

2. 芯筒

(1) 竖向芯筒是整个结构惟一的抗推构件和承压构件，为了提供足够的抗推刚度及受压、受弯承载力，芯筒通常是采用钢筋混凝土墙筒。

(2) 芯筒的平面形状可以是方形、矩形、圆形、椭圆形、多边形或花瓣形等。为使各个方面悬臂桁架的悬挑长度大致相等，以达到简化构件的目标，芯筒的平面形状应与楼面形状呈几何相似。

(3) 芯筒应延伸至地面以下一定深度，并锚入环形基础或整片基础内。基础底面埋深应符合要求，必要时应作抗倾覆验算。

3. 吊杆

(1) 每根吊杆都吊挂十几层甚至更多楼层的楼盖，承受着很大的轴向拉力，所以，吊杆一般均采用高强钢制作的钢杆或高强钢丝束。

(2) 为了克服吊杆在高应力状态下的过量弹性伸长所造成的楼面倾斜，除了通过拉伸变形计算以调整吊杆长度外，也可采取对吊杆施加预应力的办法来解决。

4. 径向梁

各层楼盖通常是由楼板、径向钢梁、环向钢

梁所组成，径向钢梁的支承方式可分为以下两种：

(1) 一端吊挂式——各层楼盖的径向梁，一端吊挂在楼面外圈的吊杆上（或搁置在由吊杆悬挂的外圈环梁上）；另一端搁置在钢筋混凝土芯筒的筒壁上。

(2) 两端吊挂式——各层楼盖的径向梁，一端吊挂在楼面外圈的吊杆上，或搁置在由外圈吊杆悬挂的外环梁上；另一端则与芯筒脱开，吊挂在楼面内圈的吊杆上，或搁置在由内圈吊杆悬挂的内环梁上。

(二) 结构变形特性

1. 在芯筒悬挂体系中，悬壁桁架、楼盖梁板属水平构件，对结构抗推刚度（侧向刚度）基本上不产生影响；吊杆虽属竖向构件，但它是柔性杆，一般均假定它无侧向刚度。

2. 结构体系中，惟一对结构抗推刚度起作用的是芯筒。整个结构的侧向变形属性完全取决于钢筋混凝土芯筒。在水平荷载作用下，芯筒是弯剪型立体构件，所以，芯筒悬挂体系的侧向变形属弯剪型。

(三) 耐震性能

1. 一端吊挂式楼盖

(1) 此种支承方式的楼盖，其内圈是固定在芯筒上。地震时，各层楼盖与芯筒一起振动，各楼层的水平地震力也就全部传至芯筒。也就是说，芯筒承担了整座大楼的地震作用。所以，芯筒悬挂体系只有一道抗震防线。

(2) 采用芯筒悬挂体系的楼房，其建筑体形多为鸡腿式建筑，与一般楼房相比较，重心偏高。此外，芯筒属弯剪型构件，各阶振型曲线接近于弯曲型，与一般楼房的剪切型或剪弯型振型曲线相比较，水平地震作用的合力位置进一步偏高，地震倾覆力矩也进一步增大。

(3) 与采用一般结构体系的相同高度楼房相比较，芯筒悬挂体系楼房的耐震性能要差一些。所以，芯筒悬挂体系仅适用于非地震区和较低烈度地震区的高层建筑。

2. 两端吊挂式楼盖

(1) 此种支承方式的楼盖，由于各层楼盖的重力荷载通过内、外两圈吊杆全部传递至顶层及某几个楼层的悬臂钢桁架上，楼盖内圈与芯筒可以完全脱开，并可按照设计要求，在楼盖内环梁与钢筋混凝土芯筒之间安装多个黏弹性阻尼器，从而形成悬吊隔震体系。

(2) 因为内、外圈吊杆均是柔性杆，地震时，各层楼盖可以自由摆动，而且各楼层的摆动并不同步，摆动方向也不一致。因而，各层楼盖的振动加速度与地面运动加速度的比值，并不像一般结构那样放大，相反地是缩小，传递至芯筒上的水平地震力得以减小很多。

(3) 此种构造方式的芯筒悬挂体系，已转变为减震结构，因而其耐震性能得以显著改善，也就可以应用于较高烈度地震区内的高层建筑。

(四) 设计要点

1. 适用范围

(1) 非地震区的高楼。

(2) 采用一端吊挂式楼盖的楼房，抗震设防烈度为6度或7度时，楼房的高度应分别不超过80m和60m。

(3) 采用两端吊挂式楼盖的楼房，也可用于较高烈度地震区，楼房高度也可适当加大，但应尽量采取增设阻尼器等减震措施。

2. 主体结构

(1) 需作抗震设防的楼房，有条件时，各层楼盖应采用两端吊挂式方案。

(2) 位于地震区的采用两端吊挂式楼盖的高楼，宜采用多层悬挂方案，除顶层设置悬臂桁架外，宜每隔不多于15层增设一层悬臂桁架，即每层悬臂桁架所吊挂的楼盖不多于20层。

(3) 采用一端吊挂式楼盖的楼房，其钢筋混凝土芯筒的高宽比，宜分别不大于8（非地震区）、6（6度设防）或5（7度设防）。

(4) 采用两端吊挂式楼盖的楼房，各种抗震设防烈度时，芯筒的高宽比值，均可比上述限值适当放宽，但任何情况均不得大于8。

3. 芯筒构造要求

(1) 筒壁应双侧双向配筋，每侧钢筋网的环向和竖向配筋率，宜分别不小于0.25%和0.4%。

(2) 筒壁厚度大于350mm时，应配置3层以上的钢筋网，各片钢筋网之间的横向间距不应大于300mm。

(3) 筒壁内、外两层钢筋网之间应设置水平拉筋，直径不应小于$\phi 6$，水平和竖向间距均不应大于500mm；拉筋两端弯钩的弯转角取135°，弯钩端头的直线段不小于$10d$。拉筋两端的弯钩应同时钩住环向和竖向钢筋。

(4) 芯筒底段的筒壁，应少开洞，开小洞，而且洞口周边应采取加厚的钢筋混凝土边框或型钢混凝土边框来补强。

（5）混凝土的强度等级不宜低于C40。

三、多筒悬挂体系

（一）结构体系的组成

1. 混合结构“多筒悬挂体系”，是由多个钢筋混凝土筒体、钢梁（桁架）、吊杆所组成的悬挂体系。

2. 钢筋混凝土筒体一般是布置在楼层平面的四个角部，各筒体之间搁置大跨度钢桁架，通过钢吊杆或预应力钢丝束混凝土吊杆，悬挂其下若干楼层的楼盖，从而为其下楼面提供很大的无柱使用空间。

（二）结构受力特点

1. 多个钢筋混凝土筒体是整个结构体系中用来承重并抵抗水平荷载的主力构件。

2. 每隔若干楼层设置的钢桁架，若与钢筋混凝土筒体刚性连接，则纵向、横向立体钢桁架与楼层平面四角的钢筋混凝土筒体组成一个立体的混合结构巨型框架，从而进一步增强整个结构体系的抗推刚度和水平承载力。

多筒钢梁体系

（一）结构体系的组成

1. 混合结构“多筒-钢梁”体系，是由三个以上钢筋混凝土筒体（圆筒或方筒）作为竖构件、各楼层大跨度钢梁（或桁架）作为水平构件所组成的结构体系。

2. 多筒-钢梁体系适用于层数不是很多、楼面使用面积要求宽阔无柱空间的高层建筑。

3. 楼面结构也可以采取每若干楼层悬挂于横跨钢筋混凝土筒体的钢桁架上。若构造得当，采用悬挂结构还有利于减小高楼的地震作用。

（二）结构受力特点

1. 多个钢筋混凝土筒体与横跨其间的大型钢梁所组成的立体框架，承担着大楼的全部重力荷载和水平荷载。

2. 大型钢梁之间布置型钢次梁，承托各层现浇钢筋混凝土组合楼板。

抗剪幕墙框筒体系

一、结构特征

1. 抗剪幕墙框筒体系，或称受力蒙皮结构，它是将高楼的围护部件（幕墙）与承力结构合而为一，充分调动空间结构潜力的一种高效抗侧力体系。

2. 由建筑周边的密柱浅梁型框筒及与之牢固连接的受力钢板幕墙形成的钢板框筒，与楼面内部较大跨度的承重用框架，共同组成的结构体系，称之为抗剪幕墙框筒体系。建筑周边框架的梁和柱，作为幕墙钢板的水平和竖向加劲肋，框架柱承压、抗拉，钢板抗剪，从而形成比较完美的空间结构体系。美国匹兹堡市于1983年建成的梅隆银行大厦，地面以上54层，高222m，就是采用框筒加钢板幕墙的抗剪幕墙框筒体系。

3. 一般高楼的幕墙，仅起到防风、防雨、防寒、隔热等防护作用，仅是一种围护部件。然而，墙板作为平面构件时具有很强的抗剪能力，采用饰面钢板作为幕墙，则兼有防护和承力两种功能。

4. 由钢板幕墙与周边框架构成的“钢板框筒”，在倾覆力矩作用下引起的竖向剪力由钢板承担，框筒梁不必再做成高截面的深梁；框筒柱，不仅要承担倾覆力矩引起的轴压力和轴拉力，还要用作钢板幕墙的竖向加劲肋，柱距不宜太大，仍以3m左右为好。

5. 承力幕墙兼有抗风、防雨、隔热、防寒、受力和装饰等功能，通常是采用多性能复合饰面钢板。

二、构件受力状态

1. 钢板框筒是具有极强空间工作效能的抗侧力立体构件，高楼水平荷载产生的水平剪力和倾覆力矩，全部由钢板框筒承担；高楼的重力荷载则由外圈钢板框筒和楼面内部承重框架按各自的荷载从属面积比例分担。

2. 幕墙钢板有外圈钢框架的梁、柱作为水平和竖向加劲肋，只要连接构造合理，钢板承受剪力时不会发生侧向失稳。

3. 幕墙钢板既要承受楼层水平剪力，又要承担钢板框筒在倾覆力矩作用下引起的竖向剪力，其受力和变形状态如图12-42所示。

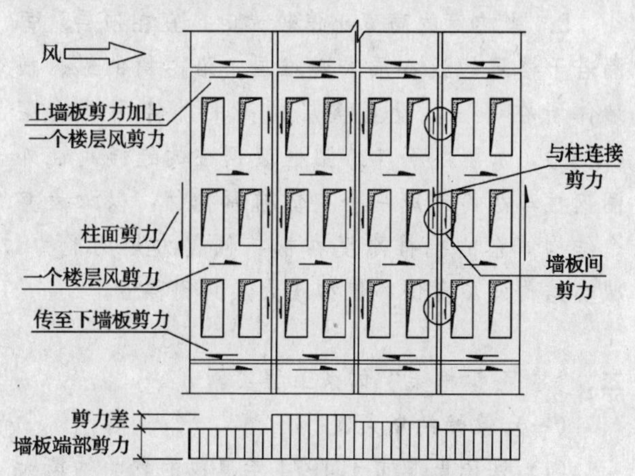

图12-42　钢板幕墙一个区段的受力和变形状态

4. 外圈钢板框筒的柱，仅承受楼房重力荷载和倾覆力矩引起的轴力，不承担楼层水平剪力；楼层窗裙梁仅承担所在楼层重力荷载产生的剪力和弯矩，不承担倾覆力矩引起的竖向剪力。所以，梁和柱的截面尺寸均较小。

5. 幕墙钢板与框筒的梁和柱的连接节点，需要分别承担楼房水平荷载引起的楼层水平剪力和倾覆力矩产生的竖向剪力。

芯筒-框架体系

一、结构体系的组成

"混凝土芯筒-钢框架"结构体系简称"芯筒-框架"体系，它是由楼面中央的型钢混凝土或钢筋混凝土芯筒与楼面周边布置的一圈或两圈钢框架所组成的混合结构体系。芯筒-框架结构体系适用于建筑平面比较规则而且采取核心式建筑布置方案的高层建筑。

（一）竖构件

1. 当高楼的楼层平面采用核心式建筑布置方案，沿楼面中心部位的服务性面积周边设置钢筋混凝土墙体所形成的芯筒，是一个立体构件，在各个方向均具有较大的抗推刚度。

2. 混凝土芯筒是结构体系中的主要或惟一的抗侧力竖向构件。当楼面外圈为刚接框架时，芯筒承担着作用于整座楼房的水平荷载的大部分，小部分由钢框架承担。当楼面外圈为铰接框架时，芯筒则承担楼房的全部水平荷载。

（二）水平构件

1. 进行楼面构件布置时，应恰当安排各层楼盖的梁和板的走向，以便让尽可能多的楼面重力荷载直接传递到芯筒，加大其筒壁的竖向压应力，以提高芯筒的受剪承载力和抵抗倾覆力矩的能力。

2. 当芯筒的高宽比值较大时，宜在顶层及每隔若干楼层的设备层或避难层，沿芯筒的纵、横墙体所在平面，设置整层楼高的外伸刚性桁架(刚臂)，加强芯筒与外圈框架钢柱的连接，让外圈钢柱与芯筒连成一个整体抗弯构件，以加大整个结构体系的抗推刚度和抵抗倾覆力矩的能力，减小结构的顶点侧移值和最大层间侧移值。

二、"芯筒-钢框架"体系工程实例

（一）蒙帕纳斯大厦

(1) 法国巴黎市于1974年建成的蒙帕纳斯大厦（Main Mantparnasse），地面以上59层，高209m。大楼建筑平面近似于橄榄形，外轮廓尺寸为61.8m×37.9m。大楼典型楼层的层高为3.41m。

(2) 大楼主体结构属"混凝土芯筒-钢框架"体系。楼面中心部位设置一个现浇钢筋混凝土芯筒，其平面尺寸，42层以下，为37.3m×14.2m；43层以上，为21.5m×14.2m。在楼面周边布置26根钢柱，间距为5.73m。芯筒与外排钢柱之间、跨度为11m的使用楼面，设置工字形钢梁。大楼的典型楼层结构平面如图12-43所示。

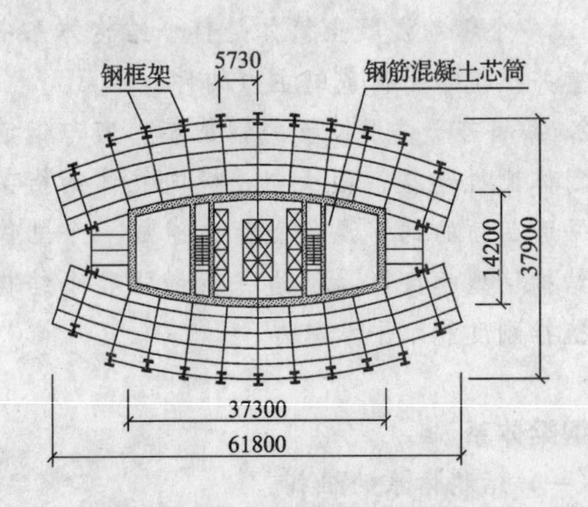

图12-43　蒙帕纳斯大厦的典型层结构平面

(3) 大楼混凝土芯筒的宽度已超过房屋宽度的1/3，最宽处达14.2m，而且担负着各层楼盖一半以上的重力荷载，因而芯筒具有较大的抗推刚度和较强的抗倾覆能力。设计中，利用芯筒承担整座大楼的绝大部分水平荷载，让外圈框架钢柱主要是承担各楼层重力荷载，从而使钢柱截面尺寸达到最小值，减少了钢材用量。

（二）大连世界贸易大厦

1. 工程概况

(1) 大连世界贸易大厦主楼，地下4层，基础埋深－21.1m；地上51层，屋面高202m，建筑总高度为243m。建筑面积为10万m^2。大厦按7度进行抗震设防，建筑场地为Ⅱ类。

(2) 主楼采用"钢-混凝土"混合结构，楼层平面的结构轴线尺寸为38.4m×39.3m，房层高宽比为5.1。

2. 抗侧力体系

(1) 主楼采用"混凝土芯筒-钢框架"结构体系，芯筒平面尺寸为18.2m×13.3m，芯筒高度比为14.5。

(2) 为提高结构体系的抗推刚度，于第30

层和45层，沿芯筒纵、横墙体，各设置一道一层楼高的伸臂钢桁架（刚臂）和外圈钢桁架（环梁），将外圈钢柱与芯筒连为一体，参与整体抗弯。

芯筒-翼柱体系

一、结构特征

（一）结构体系的组成

1. “混凝土芯筒-巨型翼柱”混合结构体系简称“芯筒-翼柱”体系，它是由楼面中央的型钢混凝土或钢筋混凝土芯筒与楼面外围的钢管混凝土或型钢混凝土巨型翼柱所组成的结构体系。

2. 芯筒通过各层楼盖大梁以及每隔若干楼层由芯筒外伸的一到两层楼高的刚性大梁，与外围巨型翼柱相连，形成一个整体的抗侧力构件。

3. 大楼外围每边的两个巨型翼柱，通过各层楼盖边梁相互连接，形成一个空腹桁架式构件。某些情况下，为了使大楼平行于水平荷载方向的一侧巨柱，也参与抵抗倾覆力矩，在大楼每一侧的两根巨柱之间增设竖向支撑。

4. 各层楼盖的现浇混凝土组合楼板，作为刚性横隔板，将芯筒与外圈各根巨型翼柱连接成为具有空间工作性能的大型立体构件。

（二）结构受力特点

1. 在筒中筒结构体系中，芯筒与外圈框筒之间虽有各层楼盖联系，但楼盖仅能协调内、外筒的侧移，使之趋于一致；并不能将内、外筒连接成为一个大型的整体抗弯构件。在水平荷载作用下，芯筒和框筒依旧是各自独立受弯的立体构件。芯筒由于高宽比值较大，抗弯能力较弱；框筒由于存在剪力滞后效应，整体抗弯能力也未能得到充分发挥。除非在内、外筒之间设置刚臂，情况才会得到改善。

2. 在“芯筒-翼柱”结构体系中，其巨型翼柱相当于将筒中筒体系中的外圈框筒柱相对集中而成。由于巨柱大体上位于芯筒纵、横墙体的延长线上，并通过多道刚性大梁与芯筒连为一体，构成一个等于房屋全宽的整体受弯构件，而且其巨柱又位于该构件中和轴的最远处，能提供最大的力臂，从而充分发挥其巨大截面在抵抗倾覆力矩中所起的作用。

3. 作用于大楼的水平荷载，主要由同方向的巨柱-芯筒联合体承担，大楼的竖向荷载则由各根巨型翼柱和芯筒分担。

4. 在倾覆力矩作用下，近端和远端巨型翼柱将分别承受很大的拉力和压力，其中型钢芯柱的选型及接头，除尽量增强柱的受压承载力外，还应具有足够的受拉承载力。

二、工程实例

（一）米格林-拜特勒大厦——“芯筒-翼柱”体系。其结构体系：

（1）美国芝加哥市拟建的米格林-拜特勒大厦，地上108层。建筑平面采用正方形，平面外轮廓尺寸由底部的54.9m×54.9m逐渐缩小至顶部的26m×26m。大厦顶部居住楼层的标高为453m，楼顶设备层的标高为483m，塔尖最高处为610m。

（2）大厦采用型钢混凝土“芯筒-翼柱”体系，由以下构件组成：① 钢筋混凝土芯筒，平面尺寸为19m×19m；② 建筑外缘的八根型钢混凝土巨型翼柱；③ 各层楼盖处用以连接芯筒四角与巨型翼柱的八根现浇钢筋混凝土大梁；④ 第16层、第56层、第91层处由芯筒外伸的三道各两层楼高的刚性伸臂大梁，与巨型翼柱相连；⑤ 各层楼盖处用以连接同一侧两根巨柱的窗裙梁，与跨中两根钢柱共同形成竖向空腹桁架。⑥ 连接芯筒与巨型翼柱、组成整个结构体系的各层楼板。图12-44为大厦的典型层结构平面。

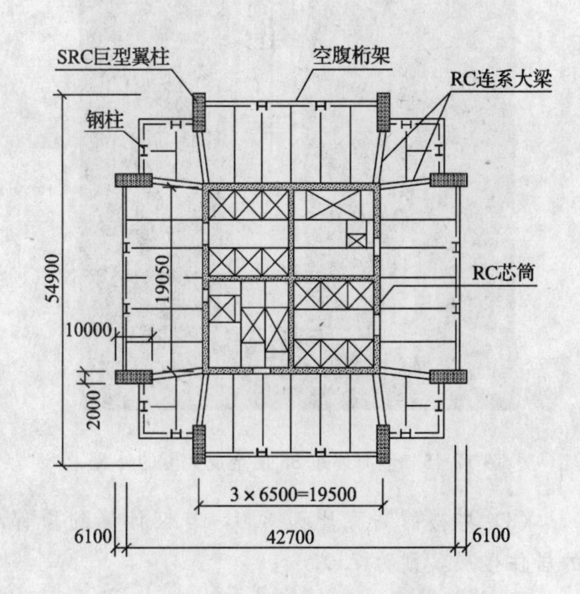

图12-44　米格林-拜特勒大厦结构平面

(3) 为使芯筒更充分地发挥立体构件的空间工作性能，具有更强的抗推刚度和抗侧力能力，在芯筒内部设置了十字形隔墙。

(4) 大厦每个侧面的两根巨型翼柱与各层楼盖外墙托梁所组成的空腹桁架，具有以下三项功能：① 参与抗抵水平荷载；② 提高结构体系的抗扭能力；③ 将楼盖重力荷载更多地传至翼柱，以平衡倾覆力矩所引起的拉力。

(二) 金茂大厦

1. 建筑概况

(1) 金茂大厦位于上海浦东新区陆家嘴金融贸易区，由塔楼和裙房组成。塔楼，地下3层；地上88层，结构顶部高度为383m，建筑总高度为421m。其下段52层，用于办公；上段35层，用作五星级宾馆客房；第88层为观光层；地下3层，用以停放900辆汽车和1000辆自行车。用作塔楼旅馆客房部的53层到87层，设置一个通高的、有顶部自然采光的中庭。

(2) 塔楼平面呈八边形，外轮廓尺寸为52.7m×52.7m，立面呈宝塔形，总建筑面积为$28\times10^4m^2$。图12-45为该塔楼的外观。

图12-45 上海浦东88层金茂大厦的外观

(3) 塔楼的高宽比为8.0，若仅计算到顶部的居住楼层，则为7.0。

2. 结构体系

(1) 塔楼主体结构采用型钢混凝土“芯筒-巨柱”体系，由以下几部分组成：① 由基础底板向上延伸到第87层的钢筋混凝土芯筒，平面尺寸为27m×27m，筒内纵、横墙体按井字形布置；② 楼面四边的位于芯筒内墙轴线上的8根型钢混凝土巨型翼柱；③ 位于楼面四角的8根型钢巨柱；④ 在第24～26层、第51～53层、第85～88层，顺芯筒内墙轴线各设置一榀两层或三层楼高的伸臂钢桁架，用以连接芯筒与巨型翼柱，使翼柱参与抵抗倾覆力矩；⑤ 作为结构水平刚片的各层楼盖；⑥ 用于支承和锚固所有竖构件的八边形基础筏板及其下的ϕ910钢管桩。

(2) 为了增大结构的抗推刚度和受剪承载力，在由基础底板伸至第87层的芯筒内部，于第52层以下，增设按井字形布置的钢筋混凝土腹板墙体。塔楼旅馆区段和办公区段的典型层结构平面，示于图12-46 (*a*)、(*b*)；塔楼的结构剖面如图12-46 (*c*) 所示。

(3) 用作强风地区特高楼房的主体结构，为了获得足够的抗推刚度、较大的阻尼比、较小的风振加速度，采用型钢混凝土结构比钢结构更有效、更经济。

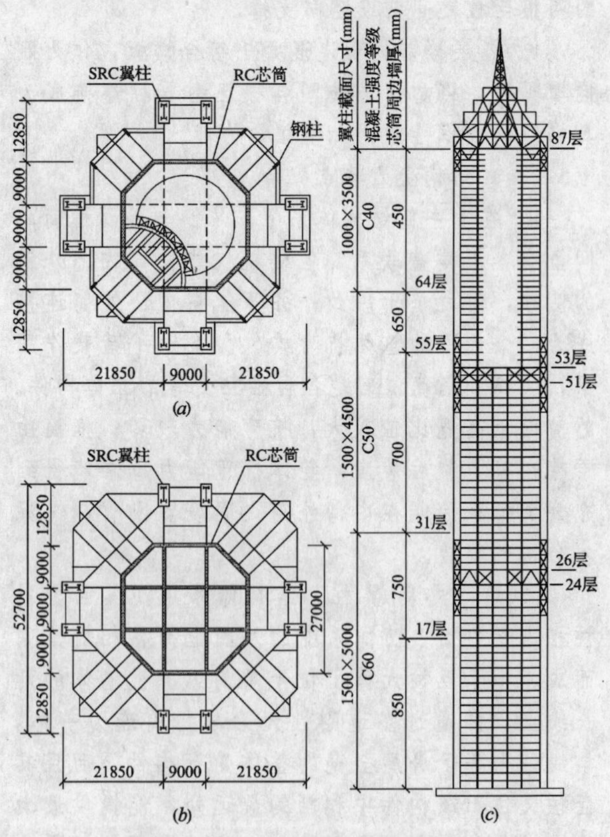

图12-46 金茂大厦塔楼结构简图

(*a*) 第53～87层结构平面；

(*b*) 52层以下结构平面；(*c*) 结构剖面

支撑芯筒-翼柱体系

一、结构体系的组成

1. 沿楼面核心区周边设置由4片型钢竖向支撑组成的支撑芯筒；另在楼面周边与芯筒各片支撑平面的延长线相交处，设置钢的或钢管混凝土的巨型翼柱；再每隔几层沿各片支撑所在平面设置型钢伸臂桁架，将支撑芯筒与外圈翼柱连成巨型“框架”，作为塔楼的抗侧力构件，承担侧力引起的水平剪力和倾覆力矩。

2. 与“筒中筒”体系相比较，因为把沿楼面周边布置的各根钢柱集中到支撑芯筒所在平面的延长线上形成大截面翼柱，在水平荷载倾覆力矩作用下，翼柱直接参与受压或受拉，不存在因剪力滞后效应而削弱其贡献。两对边的巨型翼柱又有着最大的力偶臂，从而使整个结构具有最大的抗推刚度和整体受弯承载力。

3. 各楼层重力荷载分别通过各榀小型次框架传递到各根钢柱上。

4. 因为结构周边仅设置几根巨型翼柱，结构的抗扭刚度较弱。必要时，可在每边的翼柱之间增设竖向支撑，以提高周边构件的抗推刚度，进而增强结构整体的抗扭刚度。

二、工程实例——国际金融中心大厦

（一）建筑概况

1. 台湾省台北市国际金融中心大厦，由塔楼和裙楼组成。塔楼，地上101层，尖塔顶端高度为508m；塔楼主体为91层，高390.6m，其上建有小塔楼10层，屋顶标高为448m，成为当今世界最高建筑之一。

2. 塔楼用作金融机构办公室；裙楼，地上6层，用作商场；全部连通的地下室，共5层，用作商场和停车场。

（二）结构体系

1. 塔楼采用钢结构“支撑芯筒—翼柱”体系。在楼面核心部位设置两圈共16根方钢管柱，并沿外圈钢柱周边以及内、外圈每对钢柱之间设置竖向支撑，形成支撑芯筒（图12-47）。

2. 在楼面周边与支撑芯筒所在平面引长线的交点处设置8根大截面矩形钢管翼柱，并顺支撑芯筒的4个边，每隔8层设置一层楼高的伸臂桁架与各根翼柱相连，构成巨型“框架”，以承担水平荷载。

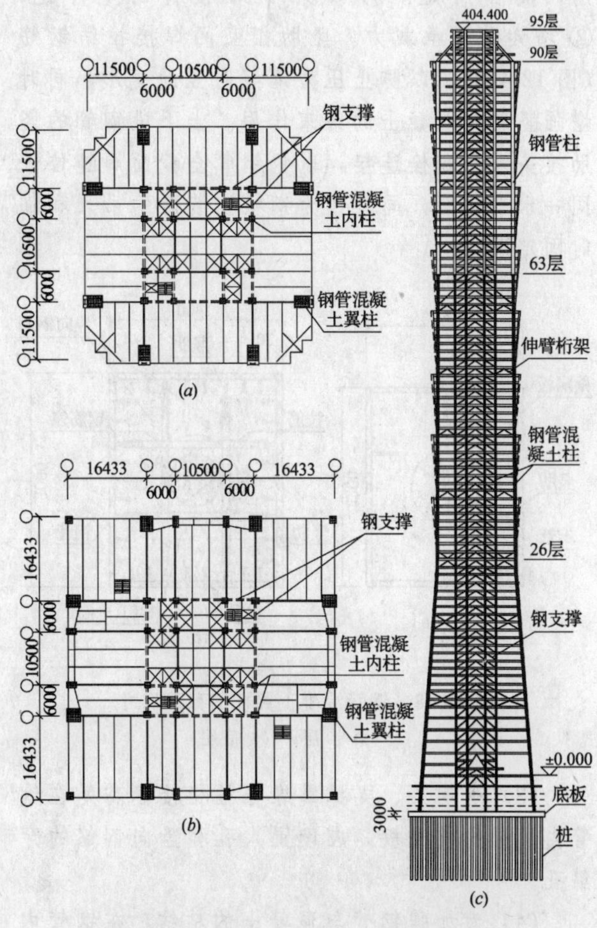

图12-47 台北101层国际金融中心大厦

(a) 第29层结构平面；(b) 第3层结构平面；(c) 结构剖面

3. 为提高结构的承载力和抗推刚度，62层以下，各根内、外钢管柱内均灌筑强度为10000psi（700kgf/cm^2）即C70级高强、高性能混凝土。

4. 塔楼结构的高宽比为6.2，基本自振周期为5.9s。风和地震作用下的结构最大层间侧移角分别为3/1000和4.1/1000。均小于5/1000的容许值。

5. 重现期为半年的强风作用下，塔楼的风振加速度达到6.2cm/sec^2，超过容许值（5cm/sec^2），故于87～92层之间设置球形调质阻尼器。

（三）翼柱截面设计

(1) 巨型钢管混凝土翼柱的截面尺寸，底层为2.4m×3.0m（图12-48*b*）；40层以上，截面尺寸分5段逐渐缩小，截面边长每次减少200mm，到第90层，翼柱的截面尺寸减小为1.6m×2.0m（图12-48*a*）。每一次变化截面尺寸的变截面过渡段均为一个楼层高度。翼柱钢管的钢板厚度由底层的70mm分4次减小到顶层的50mm。

(2) 钢管的每侧壁板设置2～3片竖向加劲

肋，其作用是：① 减小钢柱板件的宽厚比；② 增大受压承载力。竖肋相互间焊接拉结钢筋（图 12-48*b*），以防止压力灌浆时竖肋变形，同时增强竖肋对混凝土的约束作用。上下段钢管的竖肋接头采用螺栓连接，以免钢管全截面焊缝位于同一水平截面，同时作为钢柱安装时的吊点和临时固定用。

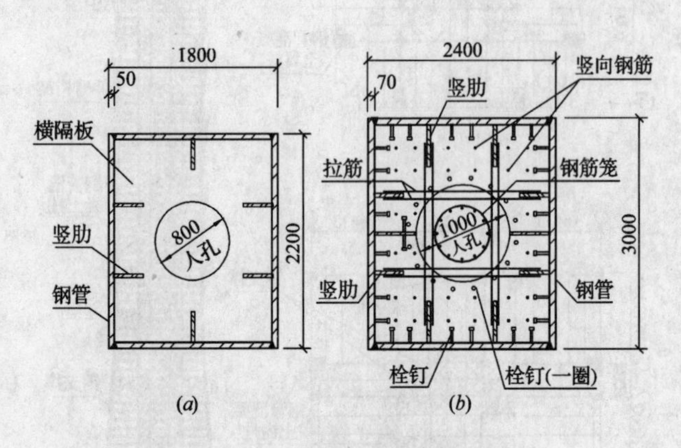

图 12-48 钢管混凝土翼柱的截面尺寸
（*a*）第 90 层；（*b*）底层

（3）于钢梁、支撑翼缘与柱相接标高处在钢管内设置的横隔板，应设置人孔和竖向钢筋的穿筋孔。

（4）为加强钢管与混凝土的粘结，在钢管内壁设置栓钉。

大型支撑体系

（一）结构体系的组成

1. 混合结构"大型支撑体系"，是由高楼建筑平面周边的大型支撑及楼面内部承重钢框架所组成的结构体系。

2. 大楼周边每一个立面的大型支撑是单列支撑，其节间高度通常跨越 10 个左右楼层。支撑的斜杆、水平杆和支撑平面内的次框架，采用钢杆件；支撑两侧的竖杆，则采用钢筋混凝土或型钢混凝土大截面柱。

3. 整个大楼的水平荷载几乎全部由大型支撑承担。

（二）工程实例——西南银行大楼

1. 美国休斯敦市的西南银行大楼（Bank of Southwest），建筑平面为正方形，底部平面尺寸为 55m×55m。该大楼地下 4 层，地面以上 78 层，高 372m。房屋高宽比为 7。建筑使用功能要求大楼角部具有开阔的视野。

2. 主体结构采用混合结构"大型支撑体系"。沿大楼每一个立面布置一列大型竖向支撑，每片支撑是由两根巨大截面的型钢混凝土边柱和巨柱之间的大型人字形钢支撑所组成。支撑节间内再设置小型钢框架（次结构），以承担局部楼层的水平荷载和重力荷载。图 12-49 为该大楼的典型层结构平面和结构立面。

3. 整个大楼水平荷载引起的楼层剪力和倾覆力矩，全部由建筑外圈的大型支撑承担。大型支撑每一节间的高度为 9 个楼层，支撑斜杆除承担水平荷载外，还担负着将各楼层重力荷载传递给巨型边柱，用以平衡由倾覆力矩引起的向上拉力。型钢混凝土边柱的截面尺寸，由底部的 6m×2.9m，逐渐缩小至顶部的 1.6m×1.37m，结构下部边柱所灌注的混凝土强度等级为 C70。

4. 在建筑内部，设置由钢柱、钢梁组成的钢框架，以承担各楼层内部的重力荷载。各层楼板采用以肋高 50mm 的压型钢板为底模，再在其上浇筑 63mm 厚的轻质混凝土。

5. 各层楼盖均采用在压型钢板上现浇钢筋混凝土楼板，与纵、横钢梁共同组成"钢-混凝土"组合楼盖，形成结构体系中的刚性横隔板，以连接各抗侧力构件共同工作，并协调各构件的侧向变形。

6. 结构的基本自振周期为 7.0s。风荷载作用下结构顶点的侧移和侧移角分别为 1170mm 和 1/320。

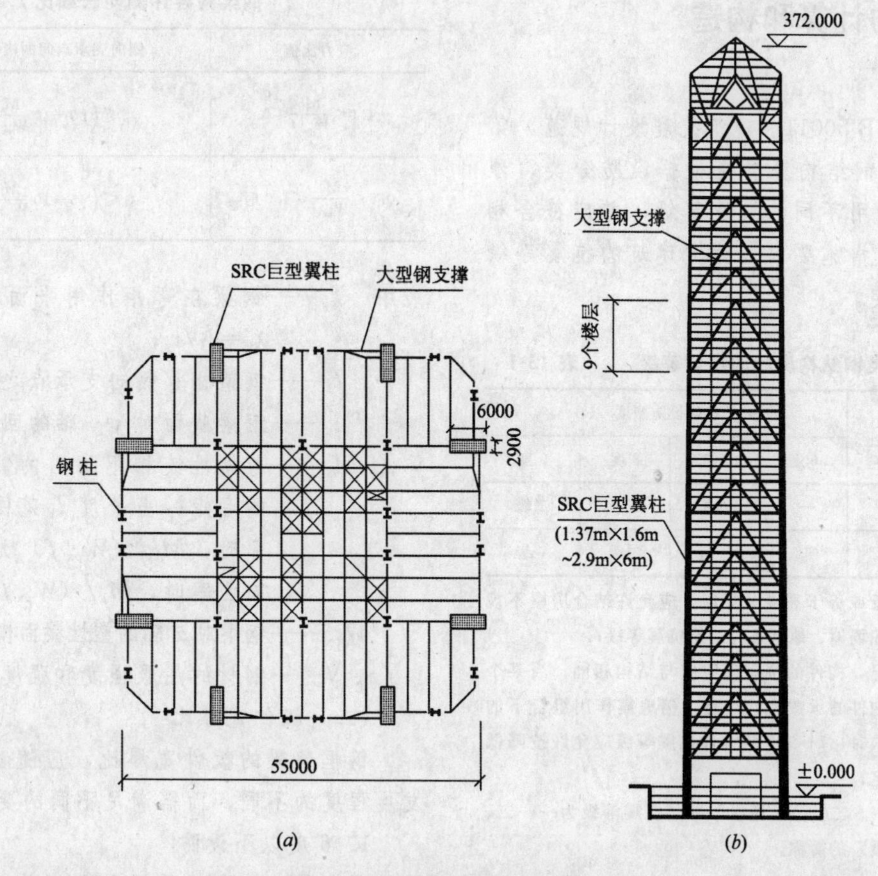

图 12-49 美国休斯顿西南银行大楼

(a) 典型结构平面；(b) 结构立面

13 钢构件的计算和构造

抗震等级

国家标准 GB 50011《建筑抗震设计规范》第8.1.3条规定，钢结构房屋应根据设防分类、烈度和房屋高度采用不同的抗震等级，并应符合相应的计算和构造措施要求。丙类建筑的抗震等级应按表13-1确定。

丙类钢结构房屋的抗震等级　　表 13-1

房屋高度	抗震设防烈度			
	6度	7度	8度	9度
≤50m	—	四级	三级	二级
>50m	四级	三级	二级	一级

注：1　高度接近或等于高度分界时，应允许结合房屋不规则程度和场地、地基条件确定抗震等级；

2　一般情况，构件的抗震等级应与结构相同；当某个部位各构件的承载力均满足2倍地震作用组合下的内力要求时，7～9度的构件抗震等级应允许按降低一度确定；

3　本表"一、二、三、四级"即"抗震等级为一、二、三、四级"的简称。

框架梁

一、构造要求

（一）梁截面尺寸

1. 变截面框架梁的截面变化，宜改变梁翼缘的宽度和厚度，而保持梁的腹板高度不变。

2. 当梁的上翼缘采用抗剪连接件与组合楼板连接时，可不验算组合梁的整体稳定，但仍应根据条件在其下翼缘设置隅撑；

（二）梁的侧向长细比

1. 为充分发挥钢梁的最大承载力，通常是通过刚性楼板或侧向支撑系统来保证梁的整体稳定性。

2. 框架梁端部以及梁的集中荷载作用点等可能出现塑性铰的部位，梁的受压翼缘应设置侧向支承。

3. 按7度及以上抗震设防的结构，框架梁端塑性铰弯矩可能反向，钢梁上、下翼缘交替受压，因此，要求在可能出现塑性铰的部位，梁的上、下翼缘均应设置侧向支承。

4. 上述第2、3款的两种情况，梁在相邻侧向支承点之间的侧向长细比λ_y应符合GB 50017—2002《钢结构设计规范》第9章关于塑性设计的有关规定，且应符合表13-2的要求。

钢梁的容许侧向长细比 λ_y　　表 13-2

应力比值	侧向支承点间的构件长细比 λ_y
$-1.0\leqslant\frac{M_1}{W_{px}f}\leqslant0.5$	$\lambda_y\leqslant\left(60-40\frac{M_1}{W_{px}f}\right)\sqrt{\frac{235}{f_{ay}}}$
$0.5\leqslant\frac{M_1}{W_{px}f}\leqslant1.0$ 时	$\lambda_y\leqslant\left(45-10\frac{M_1}{W_{px}f}\right)\sqrt{\frac{235}{f_{ay}}}$

表中　λ_y——钢梁在弯矩作用平面外的长细比，$\lambda_y=l_1/i_y$；

l_1——钢梁相邻侧向支承点之间的距离；

i_y——钢梁截面对 y-y 轴的回转半径；

M_1——与塑性铰相距为 l_1 的侧向支承点处的弯矩；当长度 l_1 范围内为同向曲率时，$M_1/(W_{px}f)$ 为正；当为反向曲率时，$M_1/(W_{px}f)$ 为负；

W_{px}——钢梁对 x 轴的塑性截面模量（抵抗矩）；

f_{ay}、f——钢材的屈服强度和强度设计值。

（三）板件宽厚比

钢框架梁的板件宽厚比，应随截面塑性变形发展程度的不同，而需满足不同的要求。

1. 6度以下设防

非抗震设计和抗震设防烈度为6度的高层建筑，工字形和箱形截面钢梁，受压翼缘的自由外伸宽度 b_1 与其厚度 t_f 的比值、腹板截面高度 h_0 与其厚度 t_w 的比值，以及箱形截面钢梁受压翼缘在两腹板之间的宽度 b_0 与其厚度 t_f 的比值（图13-1），均应符合表13-3按房屋抗震等级划分所规定的板件宽厚比限值。

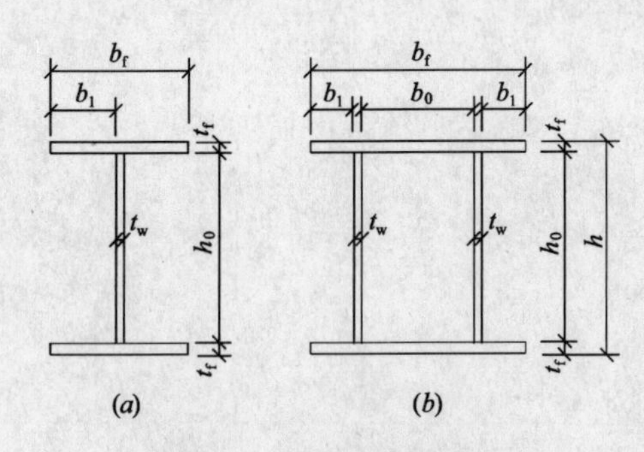

图 13-1　钢梁的截面形式

(a) 工字形截面；(b) 箱形截面

框架梁的板件宽厚比限值　　表 13-3

板件名称	抗震等级			
	一级	二级	三级	四级
工字形截面和箱形截面的翼缘外伸部分	9	9	10	11

续表

板件名称	抗震等级			
	一级	二级	三级	四级
箱形截面的翼缘在两腹板之间部分	30	30	32	36
工字形截面和箱形截面的腹板	$72-120\frac{N_b}{Af}$	$72-100\frac{N_b}{Af}$	$80-110\frac{N_b}{Af}$	$85-120\frac{N_b}{Af}$

注：1. 表列数值适用于 Q235 钢，采用其他牌号钢材时，应乘以 $\sqrt{235/f_{ay}}$；

2. 工字形梁和箱形梁的腹板宽厚比，对一、二、三、四级分别不宜大于（60、65、70、75）$\sqrt{235/f_{ay}}$；

3. 梁轴向力 N_b 小于 $0.08Af$ 时，宜按 $0.08Af$ 计算；

4. N_b 为梁的轴向力，A 为梁的截面面积，f 为钢材的抗压强度设计值；

5. 翼缘板自由外伸宽度 b_1 的取值为：对焊接构件，取腹板边至翼缘板边缘的距离；对轧制构件，取内圆弧起点至翼缘板边缘的距离。

2. 7度以上设防

(1) 抗震设防烈度为7度及以上的高层建筑，抗侧力框架梁可能出现塑性铰的区段，在形成塑性铰之后，应仍具有较大的转动能力；因此，板件的宽厚比应从严控制，一般不应超过表 13-2 中按房屋总层数划分所规定的限值。

(2) 框架-支撑（中心支撑或偏心支撑）结构体系中的框架，当房屋高度未超过 100m 且框架部分所承担的水平地震作用不大于结构底部总地震剪力的25%，8、9度时框架梁的板件宽厚比限值可按降低一度的要求采用。

3. 兼作支撑横杆的梁

兼作支撑系统横杆的梁，在受弯的同时还承受轴向力。按7度及以上抗震设防的钢框架，梁端部有可能出现塑性铰，腹板的宽厚比则应符合压弯构件塑性设计的要求，即应符合表 13-4 的规定。

钢梁腹板的宽厚比限值　　表 13-4

截面形式	轴力比值	腹板宽厚比
（工字形截面、箱形截面，t_w、h_0）	$\frac{N_b}{Af}<0.37$	$\frac{h_0}{t_w}\leqslant\left(72-100\frac{N}{Af}\right)\sqrt{\frac{235}{f_{ay}}}$
	$\frac{N_b}{Af}\geqslant0.37$	$\frac{h_0}{t_w}\leqslant35\sqrt{\frac{235}{f_{ay}}}$

式中　N_b——钢梁的轴心压力；

A——钢梁的毛截面面积；

f_{ay}、f——钢材的屈服强度和抗压强度设计值，取第 11 章表 11-2 中规定的数值。

(四) 焊接梁

1. 焊接梁的翼缘一般是用一层钢板作成；当大跨度钢梁的翼缘采用两层钢板时，外层钢板与内层钢板厚度之比宜为0.5～1.0。

2. 梁翼缘的外层钢板不沿梁通长设置时，其理论截断点处的外伸长度 l_1 应符合下列要求。

(1) 端部有正面角焊缝

当 $h_f\geqslant0.75t$ 时　　$l_1\geqslant b$　　(13-1)

当 $h_f<0.75t$ 时　　$l_1\geqslant1.5b$　(13-2)

(2) 端部无正面角焊缝时　　$l_1\geqslant2b$　　(13-3)

式中　h_f——侧面角焊缝和正面角焊缝的焊脚尺寸；

b、t——分别为梁翼缘外层钢板的宽度和厚度。

3. 焊接梁的横向加劲肋，在与翼缘板相接处应切成斜角，斜角的宽度取 $b_s/3$，但不大于40mm；斜角的高度取 $b_s/2$，但不大于60mm（图13-2）。b_s为横向加劲肋的宽度。

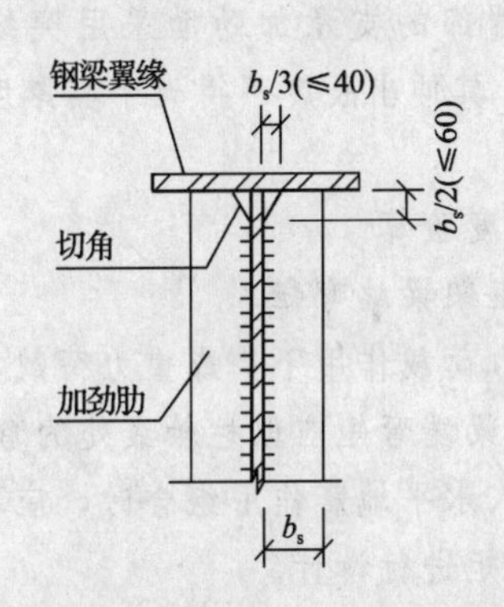

图 13-2　焊接梁横向加劲肋的切角

(五) 栓接梁

1. 采用高强度螺栓摩擦型连接拼合的大跨度钢梁，其翼缘板不宜超过三层。

2. 梁翼缘的外层钢板不沿梁通长设置时，其理论截断点处的外伸长度内的高强度螺栓数目，应按该层钢板 1/2 净截面面积的承载力进行计算。

3. 梁翼缘角钢截面面积不宜少于整个翼缘截面面积的30%，当采用最大型号的角钢仍不能满足此项要求时，可增设腋板（图 13-3）。此时，角钢与腋板截面面积之和不应少于翼缘总截面面积的30%。

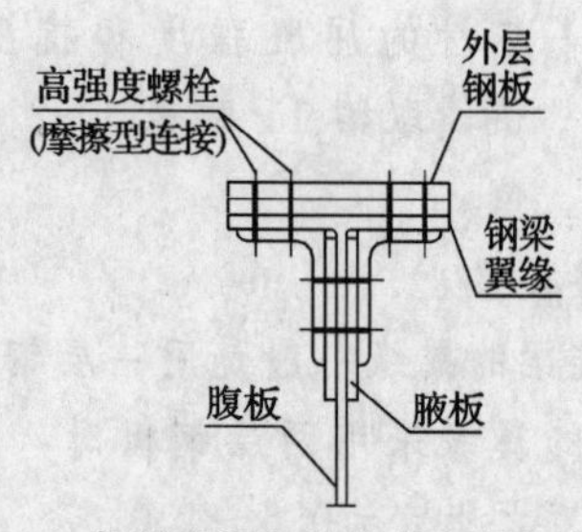

图 13-3 高强度螺栓连接的钢梁翼缘截面

（六）梁的支座

1. 梁的端部支承加劲肋的下端，按端面承压强度设计值进行计算时，应刨平顶紧（图 13-4）。

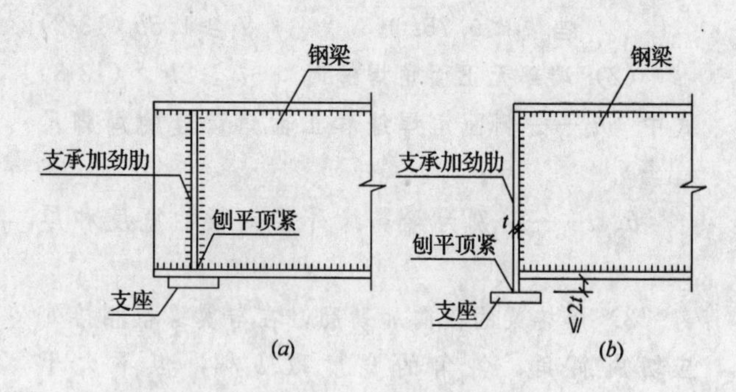

图 13-4 钢梁的支座

(a) 平板支座；(b) 突缘板支座

2. 梁端部的支承加劲肋采用突缘加劲板时(图13-4b)，其伸出长度不得大于其厚度的 2 倍。

二、钢梁强度验算

（一）框架梁端弯矩

1. 重力荷载作用下，或重力荷载与风荷载组合作用下，梁端弯矩应取柱轴线处的弯矩值。

2. 计入水平地震作用组合时，应取柱面处的梁端截面弯矩进行设计。

（二）单向受弯

在主平面内受弯的实腹钢梁，当不考虑腹板屈曲后强度时，其抗弯强度应按下列公式验算：

非抗震设计 $$\frac{M}{\gamma_x W_{nx}} \leqslant f/\gamma_0 \tag{13-4}$$

抗震设计 $$\frac{M_X}{\gamma_x W_{nx}} \leqslant f/\gamma_{RE} \tag{13-5}$$

（三）双向受弯

实腹钢梁在两个主轴方向同时受弯时，当不考虑腹板屈曲后强度时，其抗弯强度应按下列公式验算。

非抗震设计 $$\frac{M_x}{\gamma_x W_{nx}} + \frac{M_y}{\gamma_y W_{ny}} \leqslant f/\gamma_0 \tag{13-6}$$

抗震设计 $$\frac{M_x}{\gamma_x W_{nx}} + \frac{M_y}{\gamma_y W_{ny}} \leqslant f/\gamma_{RE} \tag{13-7}$$

式中 M_x、M_y——绕 x 轴（强轴）和 y 轴（弱轴）的弯矩；

W_{nx}、W_{ny}——对 x 轴和 y 轴的净截面模量（抵抗矩）；

γ_x、γ_y——截面塑性发展系数，当梁截面的翼缘与腹板面积比 $b_f t_f / h_0 t_w \leqslant 1$ 时，按表 13-5 的规定取值；实验表明，塑性设计不能用于出现交变塑性变形的构件，当构件截面交替发生受拉屈服和受压屈服，会使材料产生低周疲劳破坏，所以，抗震设计时，应取$\gamma_x = \gamma_y = 1.0$；

f——钢材的抗弯强度设计值；

γ_0——结构重要性系数，GB 50153—2008 附录 A 表 A.1.7 规定：对安全等级为一级、二级（或设计年限≥100 年、=50 年）的结构构件，分别取 $\gamma_0 = 1.1$ 和 $\gamma_0 = 1.0$；

γ_{RE}——钢梁承载力抗震调整系数，取 $\gamma_{RE} = 0.75$。

钢梁截面局部进入塑性时的截面塑性发展系数

表 13-5

截面塑性发展系数	非抗震设计			抗震设计
	工字形截面	箱形截面	需要计算疲劳	
γ_x	1.05	1.05	1.0	1.0
γ_y	1.20	1.05	1.0	1.0

注：当钢梁受压翼缘外伸板件的宽厚比在 $13\sqrt{235/f_{ay}}$ 至 $15\sqrt{135/f_{ay}}$之间时，应取 $\gamma_x = 1.0$。式中，f_{ay}为所用牌号钢材的屈服强度。

（四）腹板抗剪

1. 在主平面内受弯的实腹钢梁，不考虑腹板屈曲后强度时，其抗剪强度应按下式验算：

非抗震设计 $$\tau = \frac{VS}{It_w} \leqslant f_V/\gamma_0 \tag{13-8a}$$

抗震设计 $$\tau = \frac{VS}{It_w} \leqslant f_V/\gamma_{RE} \tag{13-8b}$$

2. 框架梁端部截面的抗剪强度，应按下式验算：

非抗震设计 $$\tau = \frac{V}{A_{wn}} \leqslant f_V/\gamma_0 \tag{13-9a}$$

抗震设计 $$\tau = \frac{V}{A_{wn}} \leqslant f_V/\gamma_{RE} \tag{13-9b}$$

式中 V——验算截面处沿腹板平面作用的剪力；

S——计算剪应力处以上毛截面对中和轴的面积矩；

I——毛截面对中和轴的惯性矩；

t_w——腹板厚度；

A_{wn}——腹板扣除扇形切口和各螺栓孔后的受剪净截面面积；

f_V——钢材的抗剪强度设计值；

γ_{RE}——受剪承载力抗震调整系数，取 $\gamma_{RE}=0.75$。

（五）托柱梁

当在多遇地震作用下进行构件承载力的验算时，考虑倾覆力矩对传力不连续部位的增值效应，托柱梁的内力应乘以增大系数，增大系数的取值不得小于1.5（《高钢规程》第6.1.7条）。

三、钢梁整体稳定

（一）不验算范围

一般情况下，应对钢梁的整体稳定性进行验算。但若分别符合下列三种情况之一时，可不验算钢梁的整体稳定性：

1. 刚性铺板

(1) 在梁的受压翼缘上，密铺且与其牢固相连、能阻止梁受压翼缘侧向位移的刚性铺板。

(2) 钢板、各种钢筋混凝土板、在压型钢板上现浇混凝土的楼板，均可视为刚性铺板。

(3) 仅在梁上铺设压型钢板而不浇灌混凝土的楼板，必须具有充分依据时，方可视为刚性铺板。

(4) 德国关于压型钢板的规定

单纯压型钢板做成的铺板，必须在平面内具有相当的抗剪刚度时，才能视为刚性铺板。关于这一要求，德国DIN18800－Ⅱ的规定是：

$$K\geqslant\left(EI_W\frac{\pi^2}{l_1^2}+GI_t+EI_y\frac{\pi^2}{l_1^2}\frac{h^2}{4}\right)\frac{70}{h^2}\tag{13-10}$$

式中　K——压型钢板每个波槽均与梁相连接时面板内的抗剪刚度，即 $K=V/\gamma$（图13-5），K 值通过构件试验结果确定；

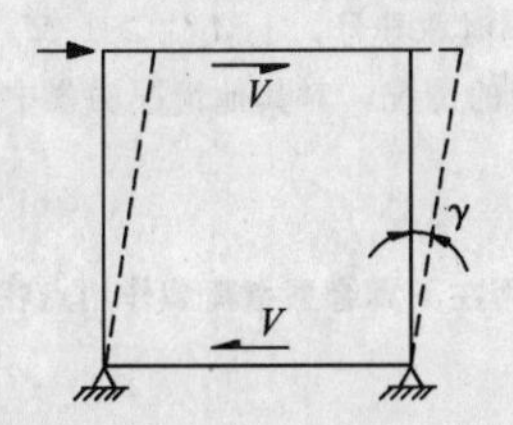

图13-5　压型钢板平面内抗剪刚度

I_w、I_t、I_y——钢梁的翘曲常数、自由扭转常数和绕弱轴的惯性矩；

l_1、h——分别为钢梁的自由长度和截面高度。

2. 非抗震设防或按6度抗震设防时

(1) 简支钢梁受压翼缘的长宽比，即其侧向自由长度 l_1 与其宽度 b_f（工形截面）或 b_0（箱形截面）的比值 l_1/b_f 或 l_1/b_0（图13-1），不超过表13-6所规定的数值时，可不进行钢梁整体稳定性的验算。

简支实腹钢梁不需验算整体稳定性的最大长宽比

表13-6

钢号	工字形截面（含H型钢）梁 l_1/b_1			箱形截面梁 l_1/b_0
	跨中无侧向支承点		跨中受压翼缘有侧向支承点	
	荷载作用于上翼缘	荷载作用于下翼缘	荷载作用于任何部位	
Q235	13	20	16	95
Q345	10.5	16.5	13	65
Q390	10	15.5	12.5	57
Q420	9.5	15	12	

注：采用其他钢号的梁，最大 l_1/b_1 值应取Q235相应值乘以 $\sqrt{235/f_{ay}}$（工形梁）或 $235/f_{ay}$（箱形梁）

对于箱形截面简支梁，其截面尺寸（图13-1）还应满足 $h/b_0\leqslant6$ 的要求。

(2) 钢梁的支座处，应采取构造措施以防止梁端截面的扭转。

(3) 跨中无侧向支承点的梁，l_1 为梁的跨度；跨中有侧向支承点的梁，l_1 为受压翼缘侧向支承点间的距离（梁的支座处可视为侧向支承点）。

3. 按7度及以上抗震设防时

(1) 钢梁的侧向长细比符合本节第一、（二）、4款的要求时，可不验算梁的整体稳定性。

(2)《抗震规范》第8.2.4条规定：钢框架梁的上翼缘采用抗剪连接件与组合楼板连接时，可不验算地震作用下的整体稳定。

（二）验算公式

当钢梁支座处采取必要的构造措施，能阻止梁端截面发生扭转时，钢梁的整体稳定性可按下列公式验算。

1. 单向受弯

在最大刚度主平面内单向受弯的实腹钢梁，其整体稳定性应按下式验算：

非抗震设计　$$\frac{M_x}{\varphi_b W_x}\leqslant f/\gamma_0\tag{13-11}$$

抗震设计　$$\frac{M_x}{\varphi_b W_x}\leqslant f/\gamma_{RE}\tag{13-12}$$

2. 双向受弯

在两个主平面内受弯的工字形截面（含H型钢）实腹钢梁，其整体稳定性应按下式验算：

非抗震设计 $$\frac{M_x}{\varphi_b W_x}+\frac{M_y}{\gamma_y W_y}\leqslant f/\gamma_0 \qquad (13\text{-}13)$$

抗震设计 $$\frac{M_x}{\varphi_b W_x}+\frac{M_y}{\gamma_y W_y}\leqslant f/\gamma_{RE} \qquad (13\text{-}14)$$

式中 M_x、M_y——绕 x 轴（强轴）和 y 轴（弱轴）作用的最大弯矩；

W_x、W_y——按受压纤维确定的对 x 轴和对 y 轴的钢梁毛截面模量（抵抗矩）；

φ_b——绕强轴弯曲所确定的钢梁整体稳定系数，按公式（13-15）计算。有两种情况需要修正：①当按公式（13-15）计算得的 φ_b 值大于0.6时，改按公式13-17计算出相应的 φ'_b 来取代 φ_b；②当钢梁端部仅以腹板与柱（或主梁）相连时，φ_b 或 φ'_b（当 $\varphi'_b>0.6$ 时）应乘以降低系数0.85；

γ_y——钢梁截面塑性发展系数，按表13-4的规定取值；

f——钢材的抗弯强度设计值；

γ_0——结构重要性系数，结构安全等级为一级时，$\gamma_0=1.1$；其他情况，$\gamma_0=1.0$；

γ_{RE}——承载力抗震调整系数，取 $\gamma_{RE}=0.75$。

3. 整体稳定系数 φ_b 的计算

(1) 工字形等截面简支梁

a. 轧制H型钢（窄、中、宽翼缘）简支梁和焊接工字形（图13-3）等截面简支梁，其整体稳定系数 φ_b 应按下式计算：

$$\varphi_b=\beta_b\frac{4320}{\lambda_y^2}\cdot\frac{Ah}{W_x}\left[\sqrt{1+\left(\frac{\lambda_y t_1}{4.4h}\right)^2}+\eta_b\right]\frac{235}{f_y} \qquad (13\text{-}15)$$

$$\lambda_y=l_1/i_y \qquad (13\text{-}16)$$

式中 β_b——梁整体稳定的等效弯矩系数，按表13-6的规定取值；

λ_y——梁在侧向支承点之间的梁段对截面弱轴 y—y 的长细比；

l_1——受压翼缘侧向支承点之间的距离（梁的支座处可视为侧向支承点）；

工字形截面简支梁的整体稳定等效弯矩系数 β_b 　　　**表13-7**

项次	侧向支承	荷　载		$\xi=\frac{l_1 t_1}{b_1 h}$ $\xi\leqslant2.0$	$\xi>2.0$	适用范围
1	跨中无侧向支承	均布荷载作用在	上翼缘	$0.69+0.13\xi$	0.95	图13-6（*a*）、（*b*）的截面
2			下翼缘	$1.73-0.20\xi$	1.33	
3		集中荷载作用在	上翼缘	$0.73+0.18\xi$	1.09	
4			下翼缘	$2.23-0.28\xi$	1.67	
5	跨度中点有一个侧向支承点	均布荷载作用在	上翼缘	1.15		图13-6的所有截面
6			下翼缘	1.40		
7		集中荷载作用在截面高度上任意位置		1.75		
8	跨中有不少于两个等距离侧向支承点	任意荷载作用在	上翼缘	1.20		
9			下翼缘	1.40		
10	梁端有弯矩，但跨中无荷载作用			$1.75-1.05\left(\frac{M_2}{M_1}\right)+0.3\left(\frac{M_2}{M_1}\right)^2$，但$\leqslant2.3$		

注：1. $\xi=\frac{l_1 t_1}{b_1 h}$参数，其中 b_1 和 l_1 见表13-6及其说明；
2. M_1、M_2 为梁的端弯矩，使梁产生同向曲率时 M_1 和 M_2 取同号，产生反向曲率时取异号，$|M_1|\geqslant|M_2|$；
3. 表中项次3、4和7的集中荷载是指一个或少数几个集中荷载位于跨中央附近的情况，对其他情况的集中荷载，应按表中项次1、2、5、6内的数值采用；
4. 表中项次8、9的 β_b，当集中荷载作用在侧向支承点处时，取 $\beta_b=1.20$；
5. 荷载作用在上翼缘系指荷载作用点在翼缘表面，方向指向截面形心，荷载作用在下翼缘系指荷载作用点在翼缘表面，方向背向截面形心；
6. 对 $\alpha_b>0.8$ 的加强受压翼缘工字形截面，下列情况的 β_b 值应乘以相应的系数：
项次1　当 $\xi\leqslant1.0$ 时　　0.95
项次3　当 $\xi\leqslant0.5$ 时　　0.90
　　　　当 $0.5<\xi\leqslant1.0$ 时　　0.95

i_y——梁毛截面绕 y 轴的截面回转半径；

A——梁的毛截面面积；

h、t_1——梁截面的全高和受压翼缘厚度；

η_b——梁截面的不对称影响系数：

双轴对称工字形截面（图 13-6a），包括轧制 H 型钢，$\eta_b=0$；

单轴对称工字形截面（图 13-6b、c），

加强（增宽）受压翼缘 $\eta_b=0.8\ (2\alpha_b-1)$，

加强（增宽）受拉翼缘 $\eta_b=2\alpha_b-1$，

$\alpha_b=I_1/\ (I_1+I_2)$；

I_1、I_2——分别为受压翼缘和受拉翼缘对 y 轴的惯性矩；

f_a——钢材的屈服强度。

b. 当按公式（13-15）计算得的 φ_b 值大于 0.6 时，应采用按下式计算得的 φ'_b 值，取代 φ_b 值，

$$\varphi'_b=1.07-\frac{0.282}{\varphi_b}\leqslant 1.0 \qquad (13\text{-}17)$$

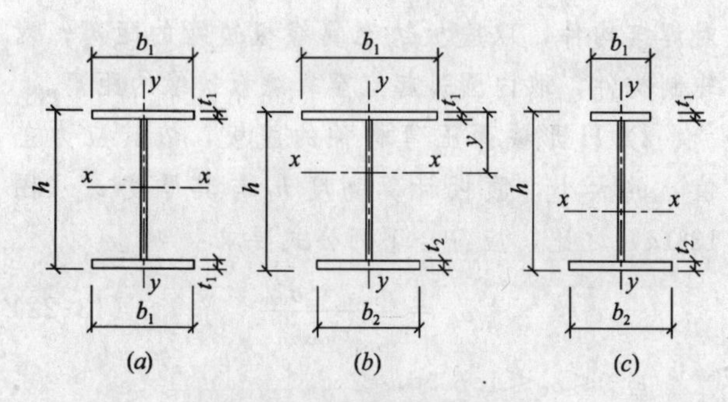

图 13-6 焊接工字形截面

(a) 双轴对称工字形截面；

(b) 加强受压翼缘的工字形截面；

(c) 加强受拉翼缘的工字形截面

(2) 工字形等截面悬臂梁

a. 双轴对称工字形（含轧制 H 型钢）等截面悬臂梁的整体稳定系数 φ_b 可按式（13-15）和式（13-16）计算；但式中的等效弯矩系数 β_b 应按表 13-7 取值，l_1 则为悬臂梁的悬伸长度。

b. 当按式（13-15）计算得的 φ_b 值大于 0.6 时，也应采用按式（13-17）计算得的相应的 φ'_b 值，取代 φ_b 值。

c. 表 13-8 是按支承端为固定的情况确定，当用于由邻跨延伸出来的伸臂梁时，应采用必要的构造措施来加强支承处截面的抗扭能力。

(3) 整体稳定系数 φ_b 的近似计算

均匀弯曲的工字形截面受弯构件，$\lambda_y\leqslant 120\sqrt{235/f_{ay}}$ 时，其整体稳定系数 φ_b 可按下列近似公式计算：

双轴对称工字形等截面（含 H 型钢）悬臂梁等效弯矩系数 β_b　　表 13-8

荷载形式与作用点		$\xi=\frac{l_1 t}{bh}$		
		$0.6\leqslant\xi\leqslant1.24$	$1.24<\xi\leqslant1.96$	$1.96<\xi\leqslant3.1$
一个集中荷载作用于自由端的	上翼缘	$0.21+0.67\xi$	$0.72+0.26\xi$	$1.17+0.03\xi$
	下翼缘	$2.94-0.65\xi$	$2.64-0.4\xi$	$2.15-0.15\xi$
均布荷载作用于上翼缘		$0.62+0.82\xi$	$1.25+0.31\xi$	$1.66+0.1\xi$

a. 双轴对称截面（含 H 型钢）

$$\varphi_b=1.07-\frac{\lambda_y^2}{44000}\cdot\frac{f_{ay}}{235} \qquad (13\text{-}18)$$

b. 单轴对称截面

$$\varphi_b=1.07-\frac{W_x}{2(\alpha_b+0.1)Ah}\cdot\frac{\lambda_y^2}{14000}\cdot\frac{f_{ay}}{235} \qquad (13\text{-}19)$$

式中，符号 W_x、λ_y、f_a、α_b、A、h 分别见公式（13-13）、式（13-15）和式（13-16）。

当按公式（13-18）、（13-19）算得的 φ_b 值大于 1.0 时，取 $\varphi_b=1.0$。

框架柱

一、构造要求

（一）截面形状

1. 当柱仅沿一个方向与梁刚性连接的框架柱，宜采用 H 形截面，并将柱腹板置于刚接框架平面内。

2. 当柱在相互垂直的两个方向均与梁刚性连接的框架柱，宜采用箱形截面，在梁翼缘连接处设置隔板。隔板采用电渣焊时，壁板厚度不应小于 16mm，小于此限时宜采用贯通式隔板。

3. 箱形柱宜采用焊接柱，其角部的拼装焊缝，应采用部分熔透的 V 形或 U 形焊缝，焊缝厚度不应小于板厚（t）的 1/3，且不应小于14mm；对于抗震设防结构，焊缝厚度则不应小于板厚（t）的 1/2（图 13-7a）。

实际工程中，未作抗震设防的深圳发展中心大厦，箱形柱焊缝厚度取 $t/3$；上海希尔顿酒店，取 $t/4+3$mm；按 8 度抗震设防的北京京城大厦，取 $t/2$。

4. 当钢梁与柱刚性连接时，H 形柱翼缘与腹板的连接焊缝和箱形柱的角部拼装焊缝，在钢梁上、下翼缘的上、下各500mm的区段内，应采用坡口全熔透焊缝（图 13-7b），以保证地震时该范围柱段进入塑性状态时不破坏。

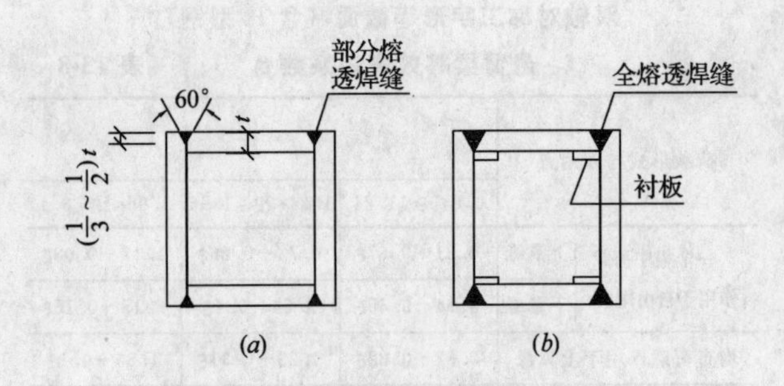

图 13-7 焊接箱形柱的角部拼装焊缝

(a) 柱身截面；(b) 梁—柱节点段截面

5. 十字形柱可采用厚钢板拼装焊接而成（图13-8a），或者采用一个H型钢和两个剖分T型钢拼焊而成（图13-8b）。其拼装焊缝均应采用部分熔透的K形剖口焊缝，每边焊接深度不应小于板厚的1/3。

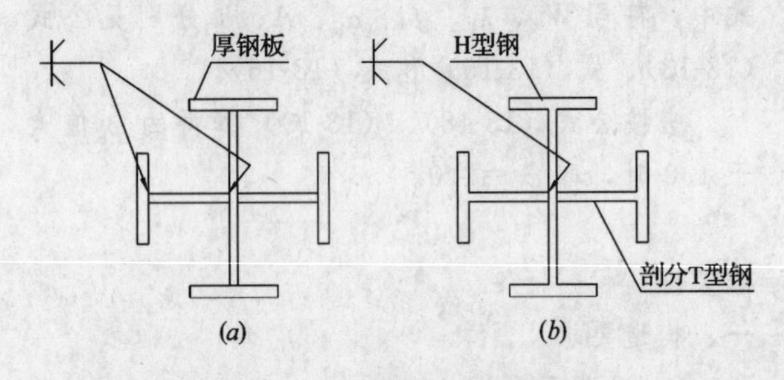

图 13-8 十字形柱的拼装焊缝

(a) 用钢板拼焊；(b) 用H型钢和T型钢拼焊

（二）长细比

1. 非抗震设防和6度抗震设防的结构，钢框架柱的长细比 λ 不应大于 $120\sqrt{235/f_{ay}}$。

2. 钢框架对地震竖向分量比较敏感，为确保高层钢结构的整体稳定，有必要从严控制框架柱的长细比。

3. 对抗震设防结构，为使框架柱具有足够的延性和稳定性，柱的长细比应符合表13-9按房屋总层数划分所规定的限值。

钢框架柱的长细比（λ）的限值　　表 13-9

抗震设防烈度	6 度		7 度		8 度		9 度	
房屋高度	≤50m	>50m	≤50m	>50m	≤50m	>50m	≤50m	>50m
长细比 λ	120	120	120	80	120	60	100	60

注：表列数值适用于Q235钢，采用其他牌号钢材时，应乘以 $\sqrt{235/f_{ay}}$，f_{ay} 为钢材的屈服强度。

4. 框架-支撑（中心支撑或偏心支撑）结构体系中的框架，当房屋高度未超过100m且框架部分所承担的水平地震剪力不大于结构底部总地震剪力的25%，8、9度时框架柱的长细比限值可按降低一度的要求采用。

（三）板件宽厚比

为防止压弯构件的局部失稳，板件的宽厚比应满足下列要求。

1. 非抗震设防和6度抗震设防（房屋高度≤50m）

(1) 圆管截面的受压构件，其外径与壁厚之比不应超过100 $(235/f_{ay})$。

(2) H形截面

1) 框架柱的翼缘板，自由外伸宽度 b_1 与其厚度 t_f（图13-1a）之比，应满足下列要求：

一般情况
$$\frac{b_1}{t_f}\leqslant 13\sqrt{\frac{235}{f_{ay}}} \tag{13-20}$$

当强度和稳定计算中取 $\gamma_x=1.0$ 时
$$\frac{b_1}{t_f}\leqslant 15\sqrt{\frac{235}{f_{ay}}} \tag{13-21}$$

上式中，翼缘板自由外伸宽度 b_1 的取值为：对焊接构件，取腹板边至翼缘板边缘的距离；对轧制构件，取内圆弧起点至翼缘板边缘的距离。

2) H形截面压弯构件的腹板，依其应力差值 α_0 的大小，腹板计算高度 h_0 与其厚度 t_w（图13-1a）之比，应符合下列公式要求：

$$\alpha_0=\frac{\sigma_{max}-\sigma_{min}}{\sigma_{max}} \tag{13-22}$$

当 $0\leqslant\alpha_0\leqslant1.6$ 时，

$$\frac{h_o}{t_w}\leqslant(16\alpha_0+0.5\lambda+25)\sqrt{\frac{235}{f_{ay}}} \tag{13-23}$$

当 $1.6<\alpha_0\leqslant2.0$ 时，

$$\frac{h_o}{t_w}\leqslant(48\alpha_0+0.5\lambda-26.2)\sqrt{\frac{235}{f_{ay}}} \tag{13-24}$$

式中 σ_{max}——腹板计算高度边缘的最大压应力，计算时不考虑构件的稳定系数和截面塑性发展系数；

σ_{min}——腹板计算高度另一边缘相应的应力，压应力取正值，拉应力取负值；

λ——构件在弯矩作用平面内的长细比，当 $\lambda<30$ 时，取 $\lambda=30$；当 $\lambda>100$ 时，取 $\lambda=100$。

(3) 箱形截面

1) 在箱形截面的压弯构件中，受压翼缘的宽厚比 b_0/t_f（图13-1b）应符合第一节表13-2的要求。

2) 箱形截面压弯构件的腹板计算高度 h_0 与

其厚度 t_w（图 13-1b）之比，不应超过公式（13-23）或式（13-24）右侧乘以 0.8 之后的限值。当此值小于 $40\sqrt{235/f_{ay}}$时，应采用 $40\sqrt{235/f_{ay}}$。

（4）H 形和箱形截面的压弯构件，当其腹板的高厚比 h_0/t_w不满足公式（13-23）和式（13-24）以及上面第（3）款的要求时，应按照本章第三节第一、（二）、4 款的要求采取补强措施。

（5）大型实腹式柱，在受有较大水平力处及运送单元的端部，应设置横隔板，横隔板的间距不得大于柱截面较大宽度的 9 倍，且不应大于 8m。

2. 抗震设防烈度为 6 度（房屋高度＞50m）及 7 度以上时

（1）框架柱的板件宽厚比不应超过表 13-10 中按房屋总层数划分所规定的限值。

（2）对抗震设防框架的一项基本要求是符合强柱弱梁原则。地震时，框架梁首先屈服，形成塑性铰，要求有较高的转动能力；而柱仅在后期有少量出现塑性铰，需要的转动能力较低，所以，框架柱的板件宽厚比限值（表 13-10）比梁（表 13-3）适当放宽。

钢框架柱的板件宽厚比限值　　表 13-10

板件名称	抗震等级			
	一级	二级	三级	四级
工字形截面的翼缘外伸部分	10	11	12	13
工字形截面的腹板	43	45	48	52
箱形截面的壁板	33	36	38	40

注：表列数值适用于 $f_{ay}=235\text{N/mm}^2$的 Q235 钢，当材料为其他钢号时，应乘以 $\sqrt{235/f_{ay}}$。

（3）框架-支撑（中心支撑或偏心支撑）结构体系中的框架，当房屋高度未超过 100m 且框架部分（总框架）所承担的水平地震作用不大于结构底部总地震剪力的 25%，8、9 度时框架柱的板件宽厚比限值，可按降低一度的要求采用。

（4）对于因建筑功能布局等要求所形成的“弱柱强梁型”框架，为使其钢柱能耐受较大侧移而不发生局部失稳，板件宽厚比宜比表 13-10 规定的限值控制得更小一些。

（5）当箱形柱（方形或矩形钢管柱）的板件宽厚比超出限值时，也可采取在管内加焊纵向加劲肋等措施，以满足要求。

（四）节点域

1. 在柱与梁的连接处，应在柱上对应于梁上、下翼缘的位置处设置横向加劲肋。

2. 按 7 度及以上抗震设防的结构，H 形截面柱和箱形截面柱的腹板，在节点域范围的稳定性，应符合下式要求：

$$t_{wc}\geqslant\frac{1}{90}(h_{0b}+h_{0c}) \tag{13-25}$$

式中　t_{wc}——梁-柱节点域的柱腹板厚度，当柱为箱形截面时，仍取一块腹板的厚度；

h_{0b}、h_{0c}——分别为梁截面和柱截面的腹板高度。

二、强度验算

（一）框架柱

弯矩作用于主平面内的压弯构件和拉弯构件，考虑其截面局部发展塑性变形（截面每侧的塑性发展深度控制在截面高度的 15% 以内），其强度（截面承载力）应按下列公式验算：

1. 非抗震设计

$$\frac{N}{A_n}\pm\frac{M_x}{\gamma_x W_{nx}}\pm\frac{M_y}{\gamma_y W_{ny}}\leqslant\frac{f}{\gamma_0} \tag{13-26}$$

2. 抗震设计

$$\frac{N}{A_n}\pm\frac{M_x}{\gamma_x W_{nx}}\pm\frac{M_y}{\gamma_y W_{ny}}\leqslant\frac{f}{\gamma_{RE}} \tag{13-27}$$

式中　N——验算截面的轴心压力或轴心拉力；

A_n——验算截面的净截面面积；

M_x、M_y——验算截面处绕强轴 $x-x$ 和弱轴 $y-y$ 的弯矩；

W_{nx}、W_{ny}——验算截面绕强轴和弱轴的净截面模量（抵抗矩）；

γ_x、γ_y——与截面模量相对应的截面塑性发展系数，按表 13-11 的规定取值；

f——钢材的抗压、抗拉强度设计值；

γ_0——结构重要性系数，结构安全等级为一、二级时，分别取 1.1 和 1.0；

γ_{RE}——结构构件承载力的抗震调整系数，取 $\gamma_{RE}=0.75$。

（二）托墙柱

在多遇地震作用下进行构件承载力的计算时，承托钢筋混凝土抗震墙的钢框架柱，由地震作用产生的内力，应乘以增大系数，增大系数可取 1.5。

（三）柱端塑性受弯承载力

1. 为了实现强柱弱梁的设计概念，使塑性铰首先出现在框架的梁端而不是柱端，抗震设防框架的任一节点处，交汇于该节点的各柱端塑性铰弯矩之和，宜大于交汇于该节点的、位于验算平面内的各梁端塑性铰弯矩之和。即应满足公式（13-28）或式（13-29）的要求。

钢柱截面局部进入塑性时的截面塑性发展系数 γ_x、γ_y　　表 13-11

项次	截面形状	非抗震设计		抗震设计	
		γ_x	γ_y	γ_x	γ_y
1	H形	1.05	1.2		
2	箱形，十字形	1.05	1.05	1.0	1.0
3	圆管	1.15	1.15		

注：1. 当压弯构件受压翼缘的自由外伸宽度与其厚度之比介于$13\sqrt{235/f_{ay}}$到$15\sqrt{235/f_{ay}}$之间时，应取$\gamma_x=1.0$；

2. 需要验算疲劳的拉弯、压弯构件，宜取$\gamma_x=\gamma_y=1.0$。

$$\sum W_{pc}\left(f_{yc}-\frac{N}{A_c}\right)\geqslant\eta\sum W_{pb}f_{yb}\qquad(13\text{-}28)$$

梁端扩大、加盖板或采用 RBS（骨形）的梁与柱连接时

$$\sum W_{pc}\left(f_{yc}-\frac{N}{A_c}\right)\geqslant\sum\ (\eta W'_{pb}f_{yb}+M_r)\qquad(13\text{-}29)$$

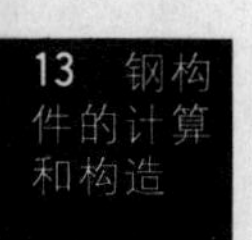

式中　M_{pc}、M_{pb}——分别为验算平面内交汇于框架某节点的某一柱端和某一梁端的塑性受弯承载力，计算M_{pc}时应计入轴力N的影响；

$M_{pb}=W_{pb}f_{yb}$；当$N/A_cf_{yc}>0.13$时，$M_{pc}=1.15W_{pc}(f_{yc}-\sigma_N)$；

W_{pc}、W_{pb}——分别为验算平面内交汇于框架节点的某柱端和某梁端的塑性截面模量（抵抗矩）；

f_{yc}、f_{yb}——分别为柱和梁的钢材屈服强度；

N——按设计地震作用组合计算出的柱轴向压力设计值；

A_c——框架柱的截面面积；

η——强柱系数，三级取 1.05，二级取 1.10，一级取 1.15；

M_v——梁塑性铰剪力对柱面产生的附加弯矩，$M_v=V_px$；

V_p——塑性铰剪力；

x——塑性铰至柱面的距离，RBS 连接取（0.5～0.7）b_f＋（0.65～0.85）$h_b/2$（其中，b_f和h_b）分别为梁翼缘宽度和梁截面高度）；梁端扩大型和加盖板时，取净跨的 1/10 和梁高二者的较大值。

2. 属于下列情况之一时，可不按上式进行验算：①当该楼层柱的受剪承载力比上一楼层柱的受剪承载力高出 25%；②柱轴向力设计值与柱全截面面积和钢材抗压强度设计值乘积的比值$N/A_cf\leqslant0.4$；③作为轴心受压构件在 2 倍地震力作用下的稳定性得到保证时。

（四）强烈地震

在强烈地震作用下，不可能出现塑性铰的部分，当不满足公式（13-28）、式（13-29）的要求时，则需控制柱的轴压比。此时，框架柱应满足下列条件式：

$$N\leqslant0.6A_cf/\gamma_{RE}\qquad(13\text{-}30)$$

式中　f、γ_{RE}和A_c的含义分别见公式（13-27）和式（13-29）。

三、构件稳定性

（一）单向受弯

弯矩作用于对称轴平面内（绕x轴）的实腹式压弯构件，其稳定性（构件承载力）应按下列规定验算：

1. 弯矩作用平面内的稳定性

(1) 验算公式

非抗震设计

$$\frac{N}{\varphi_xA}+\frac{\beta_{mx}M_x}{\gamma_xW_{1x}\left(1-0.8\dfrac{N}{N'_{Ex}}\right)}\leqslant f/\gamma_0\ (13\text{-}31)$$

抗震设计

$$\frac{N}{\varphi_x A}+\frac{\beta_{mx}M_x}{\gamma_x W_{1x}\left(1-0.8\frac{N}{N'_{Ex}}\right)}\leqslant f/\gamma_{RE}$$

(13-32)

式中 N——所验算构件段范围内的轴心压力；

φ_x——弯矩作用平面内的轴心受压构件稳定系数，应根据构件的长细比、钢材屈服强度及依《钢结构设计规范》表 5.1.2-1、表 5.1.2-2 的截面分类，按规范附录 C 采用；

A——构件的毛截面面积；

M_x——所验算构件段范围内的最大弯矩；

N'_{Ex}——参数，$N'_{Ex}=\pi^2EA/1.1\lambda_x^2$

E——钢材的弹性模量；

λ_x——构件对 x 轴的长细比；

W_{1x}——在弯矩作用平面内对较大受压纤维的毛截面模量（抵抗矩）；

β_{mx}——等效弯矩系数，按下面第（2）款的各项规定取值。

（2）等效弯矩系数

框架柱的等效系数 β_{mx} 应分别情况按下列规定取值：

1）无横向荷载作用时

$$\beta_{mx}=0.65+0.35\frac{M_2}{M_1} \quad (13\text{-}33)$$

式中，M_1 和 M_2 为柱端弯矩，使构件产生同向曲率（无反弯点）时，取同号；使构件产生反向曲率（有反弯点）时，取异号。此处，$|M_1|\geqslant|M_2|$。

2）有端弯矩和横向荷载同时作用时

（a）使构件产生同向曲率时，$\beta_{mx}=1.0$；

（b）使构件产生反向曲率时，$\beta_{mx}=0.85$。

3）无端弯矩但有横向荷载作用时，$\beta_{mx}=1.0$

4）分析内力时未考虑二阶效应的无支撑纯框架和弱支撑框架柱，应取 $\beta_{mx}=1.0$。

2. 弯矩作用平面外的稳定性

（1）验算公式

非抗震设计 $$\frac{N}{\varphi_y A}+\eta\frac{\beta_{tx}M_x}{\varphi_b W_{1x}}\leqslant f/\gamma_o$$

(13-34)

抗震设计 $$\frac{N}{\varphi_y A}+\eta\frac{\beta_{tx}M_x}{\varphi_b W_{1x}}\leqslant f/\gamma_{RE} \quad (13\text{-}35)$$

式中 φ_y——弯矩作用平面外的轴心受压构件稳定系数，应根据构件的长细比、钢材屈服强度及依《钢结构设计规范》表 5.1.2-1、表 5.1.2-2 的截面分类，按规范附录 C 采用。

φ_b——均匀弯曲的受弯构件整体稳定系数，对箱形截面，可取 $\varphi_b=1.0$；对双轴对称的工字形（含 H 型钢）截面，$\varphi_b=1.07-\frac{\lambda_y^2}{44000}\cdot\frac{f_{ay}}{235}$

η——截面影响系数，箱形截面，$\eta=0.7$；其他截面 $\eta=1.0$；

β_{tx}——等效弯矩系数，按下面第（2）款的各项规定取值；

N、A、M_x、W_{1x}、f、γ_o、γ_{RE} 等符号的含义，分别见公式（13-32）及公式（13-27）。

（2）等效弯矩系数

等效弯矩系数 β_{tx} 应分别情况按下列规定取值。

1）在弯矩作用平面外有支承的构件，应根据两相邻支承点间构件段内的荷载和内力情况确定：

a. 所考虑构件段内无横向荷载作用时

$$\beta_{tx}=0.65+0.35\frac{M_2}{M_1} \quad (13\text{-}36)$$

式中，M_1 和 M_2 是在弯矩作用平面内的端弯矩，使构件段产生同向曲率时，取同号；产生反向曲率时，取异号。此处，$|M_1|\geqslant|M_2|$。

b. 所考虑构件段内有端弯矩和横向荷载同时作用时

（a）使构件段产生同向曲率时，$\beta_{tx}=1.0$；

（b）使构件段产生反向曲率时，$\beta_{tx}=0.85$。

c. 所考虑构件段内，无端弯矩，但有横向荷载作用时

$$\beta_{tx}=1.0$$

2）弯矩作用平面外为悬臂的构件

$$\beta_{tx}=1.0$$

（二）双向受弯

双向弯矩作用于两个主平面内的双轴对称实腹式工字钢（含 H 型钢）和箱形（闭口）截面的压弯构件，其稳定性（构件承载力）应按下列公式验算：

1. 非抗震设计

$$\left.\begin{aligned}&\frac{N}{\varphi_x A}+\frac{\beta_{mx}M_x}{\gamma_x W_x\left(1-0.8\frac{N}{N'_{Ex}}\right)}+\eta\frac{\beta_{ty}M_y}{\varphi_{by}W_y}\leqslant\frac{f}{\gamma_o}\\&\frac{N}{\varphi_y A}+\eta\frac{\beta_{tx}M_x}{\varphi_{bx}W_x}+\frac{\beta_{my}M_y}{\gamma_y W_y\left(1-0.8\frac{N}{N'_{Ey}}\right)}\leqslant\frac{f}{\gamma_o}\end{aligned}\right\}$$

(13-37)

2. 抗震设计

$$\left.\begin{aligned}\frac{N}{\varphi_x A}+\frac{\beta_{mx}M_x}{\gamma_x W_{1x}\left(1-0.8\frac{N}{N_{Ex}}\right)}+\eta\frac{\beta_{ty}M_y}{\varphi_{by}W_{1y}}\leqslant\frac{f}{\gamma_{RE}}\\ \frac{N}{\varphi_y A}+\eta\frac{\beta_{tx}M_x}{\varphi_{bx}W_{1x}}+\frac{\beta_{my}M_y}{\gamma_y W_{1y}\left(1-0.8\frac{N}{N_{Ey}}\right)}\leqslant\frac{f}{\gamma_{RE}}\end{aligned}\right\}\tag{13-38}$$

式中 φ_x、φ_y——对强轴 $x-x$ 和弱轴 $y-y$ 的轴心受压构件稳定系数，应根据构件的长细比、钢材屈服强度及依《钢结构设计规范》表 5.1.2-1、表 5.1.2-2 的截面分类，按规范附录 C 采用；

φ_{bx}、φ_{by}——均匀弯曲的受弯构件整体稳定性系数：对箱形截面，可取 $\varphi_{bx}=\varphi_{by}=1.0$；对双轴对称的工字形（含 H 型钢）截面，

$\varphi_{bx}=1.07-\dfrac{\lambda_y^2}{44000}\cdot\dfrac{f_y}{235}$，

$\varphi_{by}=1.0$；

M_x、M_y——所验算构件段范围内对强轴（x 轴）和弱轴（y 轴）的最大弯矩；

N'_{Ex}、N'_{Ey}——考虑抗力分项系数 γ_R 的欧拉临界力，$N'_{Ex}=\pi^2EA/1.1\lambda_x^2$，$N'_{Ey}=\pi^2EA/1.1\lambda_y^2$；

γ_R——抗力分项系数，对 Q235 钢，$\gamma_R=1.09$；对 Q345、Q390 和 Q420 钢，$\gamma_R=1.11$；

W_x、W_y——对强轴和对弱轴的毛截面模量（抵抗矩）；

β_{mx}、β_{my}——等效弯矩系数，应按本节第三、（一）、1、（2）款关于弯矩作用平面内稳定计算的有关规定采用；

β_{tx}、β_{ty}——等效弯矩系数，应按本节第三、（一）、2、（2）款关于弯矩作用平面外稳定计算的有关规定采用。

（三）柱的计算长度

1. 多层和高层框架的等截面柱，在框架平面内的计算长度，等于该层柱的高度乘以计算长度系数 μ。

2. 柱的计算长度系数 μ，应根据不同情况分别按下列规定计算。

（1）重力作用下的稳定性验算时

当验算框架柱在重力作用下的稳定性时，柱的计算长度系数 μ 应按下列规定计算：

1）无支撑纯框架

a. 对于纯框架结构体系，当采用一阶弹性分析方法计算框架内力时，框架柱的计算长度系数 μ 按《钢结构设计规范》附录 D 表 D-2 的规定取值；

b. 当采用二阶弹性分析方法计算框架内力、且在每层柱顶附加考虑假想水平力 H_{ni} 时，有侧移框架柱的计算长度系数 $\mu=1.0$。

假想水平力 H_{ni} 按下式计算：

$$H_{ni}=\frac{\alpha_y Q_i}{250}\sqrt{0.2+\frac{1}{n_s}}\tag{13-39}$$

式中 Q_i——第 i 楼层的总重力荷载设计值；

n_s——框架总层数，当 $\sqrt{0.2+1/n_s}>1$ 时，取此根号值为 1.0；

α_y——钢材强度影响系数，其值：Q235 钢为 1.0；Q345 钢为 1.1；Q390 钢为 1.1。

2）强支撑框架

框架结构中设置竖向支撑、剪力墙或筒体，且层间侧移刚度 $S_b\geqslant3\ (1.2\sum N_b-\sum N_o)$ 时，框架柱的计算长度系数 μ 应按《钢结构设计规范》附录 D 表 D-1 的规定取值。

3）弱支撑框架

a. 弱支撑框架是指框架中的支撑结构（竖向支撑、剪力墙、竖向筒体等）的侧移刚度 S_b 符合下列条件式的框架。

$$S_b<3(1.2\sum N_{bi}-\sum N_{oi})\tag{13-40}$$

式中 $\sum N_{bi}$、$\sum N_{oi}$——分别为第 i 楼层所有框架柱按无侧移框架柱和按有侧移框架柱计算长度系数算得的轴压杆的稳定承载力之和。

b. 框架柱的轴压杆稳定系数 φ 按下式计算：

$$\varphi=\varphi_0+(\varphi_1-\varphi_0)\frac{S_b}{3(1.2\sum N_{bi}-\sum N_{0i})}\tag{13-41}$$

式中，φ_1 和 φ_0 分别是框架柱按无侧移和有侧移框架确定的柱计算长度系数所算得的轴心压杆稳定系数。

（2）重力和风（或地震）作用下的稳定性验算时

a. 对于纯框架体系，当层间侧移标准值不超过层高的1/250时，柱的计算长度系数介于无侧移和有侧移两种情况之间，因此，可取$\mu=1.0$。

b. 对于有竖向支撑（或剪力墙）的结构，当层间侧移小于层高的1/1000时（相当于安装垂直度允许误差），侧移影响可以忽略，柱的计算长度系数μ可以按无侧移的情况确定，即按《钢结构设计规范》附录D表D-1的规定取值。

中心支撑

一、构造要求

（一）支撑形式

1. 高层建筑钢结构的中心支撑（轴交支撑）宜采用：X形斜杆（图13-9*a*）、单斜杆（13-9*b*）、人字形斜杆（图13-9*c*）、V形斜杆（图13-9*d*）等形式。

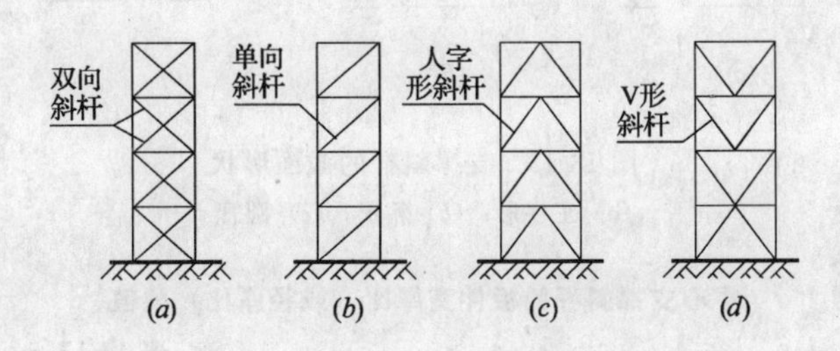

图13-9　中心支撑的类型

(*a*) X形斜杆；(*b*) 单斜杆；(*c*) 人字形斜杆；(*d*) V型斜杆

2. 当采用仅能受拉的单斜杆支撑时，应在两个对应跨度设置对称的两组单斜杆支撑（图13-10），且使每层中不同方向斜杆的截面面积在水平方向的投影面积，相差不大于10%，以保证结构在两个方向具有大致相同的抗侧力能力。

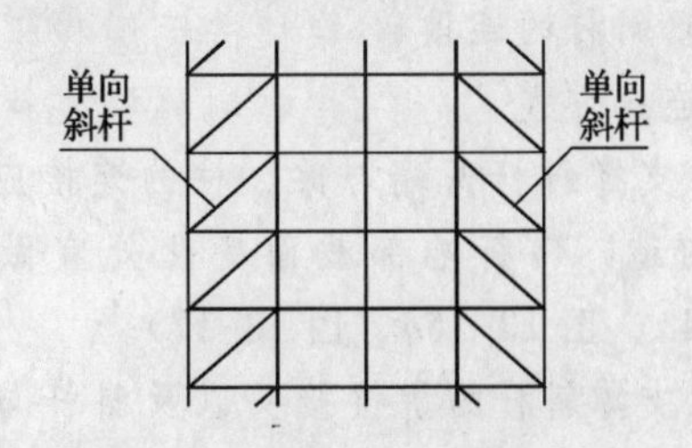

图13-10　单斜杆支撑的对称布置

3. K形支撑系统，在地震作用下，可能因受压斜杆屈曲或受拉斜杆屈服而产生较大的侧向变形，使柱中部侧向受力而发生屈曲。因此，抗震设防的结构，不得采用K形斜杆支撑（图13-11）。

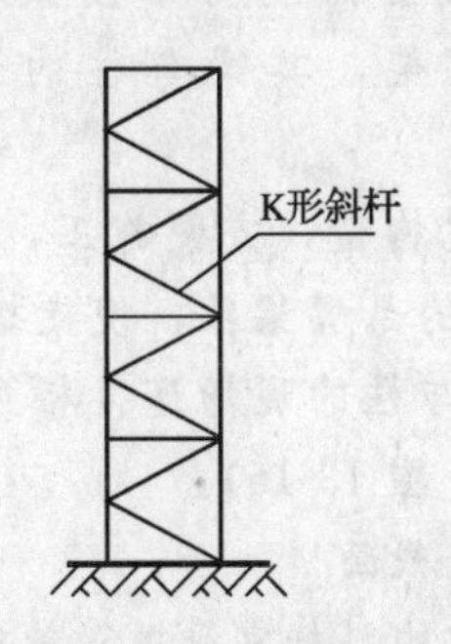

图13-11　K形斜杆支撑

4. 中心支撑斜杆的轴线，原则上应交汇于框架梁、柱轴线的交点，有困难时，斜杆轴线偏离梁、柱轴线交点的距离，不应超过斜杆的截面宽度。

5. 人字形、V形支撑的中间节点，两个方向斜杆的轴线应与梁轴线交汇于一点。

6. 沿竖向连续布置的支撑，其地面以下部分宜采取剪力墙的形式延伸至基础。

7. 在抗震设防的结构中，支撑斜杆两端与框架梁、柱的连接在构造上应采取刚接。

8. 按8度及以上抗震设防的结构，宜采用带有消能装置的中心支撑（图13-12），此时，支撑斜杆的承载力应为消能装置屈服或滑动时承载力的1.5倍。图13-12（*a*）为安装黏弹性阻尼器的V形支撑；图13-12（*b*）为联结双片竖向支撑的带阻尼器的单斜杆支撑。

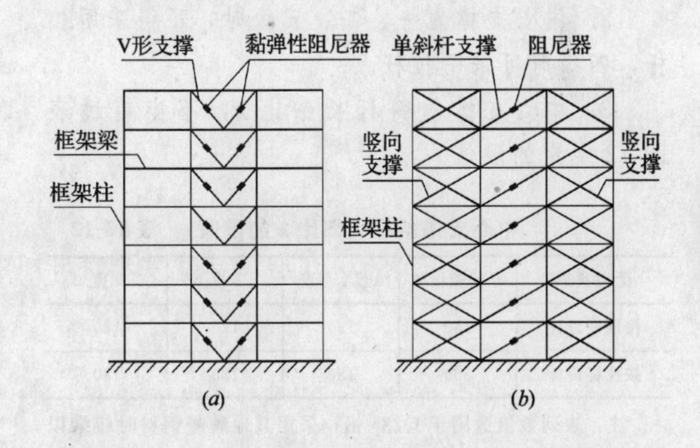

图13-12　钢框架带有安装阻尼器的竖向支撑

(*a*) V形支撑；(*b*) 单斜杆支撑

（二）带支撑框架

1. 人字形支撑和V形支撑的横梁，其跨中部位在与支撑斜杆连接处，应保持整根连续通过，并应在连接处设置水平侧向撑杆；梁在该支承点与梁端支承点之间的侧向长细比λ_y应符合表6-1的规定。

2. 抗震设防烈度为7度及以上时，设置中心支撑的框架，其梁与柱的连接不得采用铰接。

3. 为简化构造，方便施工，梁-柱节点宜带有在工厂焊接的悬臂梁段，使支撑斜杆与框架的现场连接和梁与柱的现场连接相互错开（参见后面的图13-14、图13-16）。

（三）斜杆截面

1. 钢支撑的斜杆宜采用双轴对称截面，最好采用轧制宽翼缘H型钢制作。

2. 设防烈度为8、9度时，若支撑斜杆采用焊接工字形截面，其翼缘与腹杆的连接宜采取全熔透连续焊缝。

3. 试验结果表明，由双角钢组装的T形截面支撑斜杆，绕截面对称轴失稳时，其滞回性能和耗能容量将因杆件弯扭屈曲及单肢屈曲而急剧下降。因此，双角钢组合的T形截面，不宜用于设防烈度为7度及以上的中心支撑杆件。

（四）斜杆长细比

1. 支撑系统在地震作用下的滞回特性，主要取决于其斜杆的受压性能。支撑斜杆的长细比λ较大时，滞回圈（滞回曲线所围成的面积）较小，所能吸收的能量较少。因此，抗震设防烈度较高的结构，支撑斜杆的长细比应该控制得小一些。

2. 中心支撑为一、二、三级时，不得采用拉杆，四级时可采用拉杆。

3. 中心支撑的斜杆长细比λ，不应超过表13-12规定的限值。

中心支撑斜杆长细比λ的限值　　表13-12

受力状态	非抗震设防	6度、7度	8度	9度
按压杆设计	150	120	120	120
按拉杆设计	300	180	180	180

注：表列数值适用于Q235钢，采用其他牌号钢材时应乘以$\sqrt{235/f_{ay}}$。

4. 抗震设防结构中的人字形支撑和V形支撑，其斜杆的长细比不宜超过$80\sqrt{235/f_{ay}}$。

5. 试验表明，仅当支撑斜杆的长细比小于$40\sqrt{235/f_{ay}}$时，才能避免反复拉、压作用下承载力的显著降低。

6. 按7度及以上抗震设防的结构，当支撑采用由填板连接的双肢组合杆件时，单肢在填板间的长细比，不应大于杆件最大长细比的1/2，且不应大于40。

（五）斜杆的板件宽厚比

1. 支撑斜杆中板件的局部失稳，将显著降低支撑斜杆的承载力和耗能容量，试验表明，为确保支撑斜杆具有足够的抗震能力，其板件宽厚比应该比塑性设计的要求控制得更小一些。

2. 结合美国1994年和日本1995年钢结构震害资料，支撑斜杆的板件（图13-13）宽厚比或径厚比，不应超过表13-13中按房屋总层数划分所规定的限值。

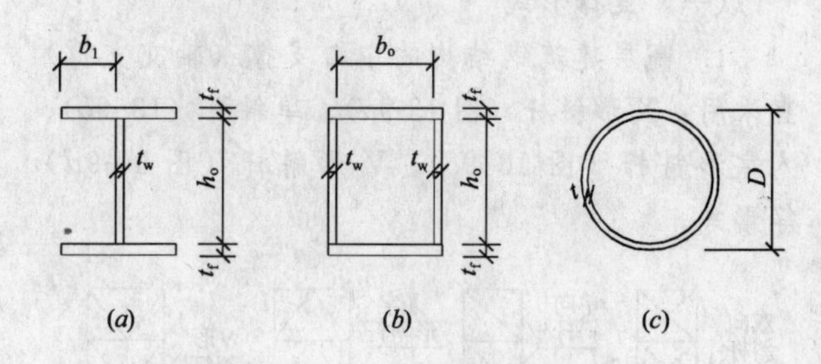

图13-13　支撑斜杆的截面形状

(a) 工字形；(b) 箱形；(c) 圆管

中心支撑斜杆的板件宽厚比（或径厚比）限值

表13-13

板件名称	抗震等级			
	一级	二级	三级	四级
翼缘外伸部分	8	9	10	13
工字形截面腹板	25	26	27	33
箱形截面壁板	18	20	25	30
圆管外径与壁厚比	38	40	40	42

注：表列数值适用于Q235钢，其他钢号应乘以$\sqrt{235/f_{ay}}$（工形、箱形截面）或$235/f_{ay}$（圆管）；

（六）斜杆的连接

1. 连接方式

(1) 支撑斜杆两端与梁、柱的连接应采取刚性连接构造，斜杆端部截面变化处宜做成圆弧（图13-14*a*、图13-16*a*、图13-17）。

(2) 支撑斜杆的拼接接头以及斜杆与框架的工地连接，均应采用高强度螺栓摩擦型连接，杆件一端的螺栓不得少于3个（图13-14～图13-17）。

(3) 必要时，上述连接也可采用焊接，但需采用全熔透对接焊缝。

(4) 当支撑斜杆采用节点板连接时，构造上应采取措施防止节点板侧向屈曲。

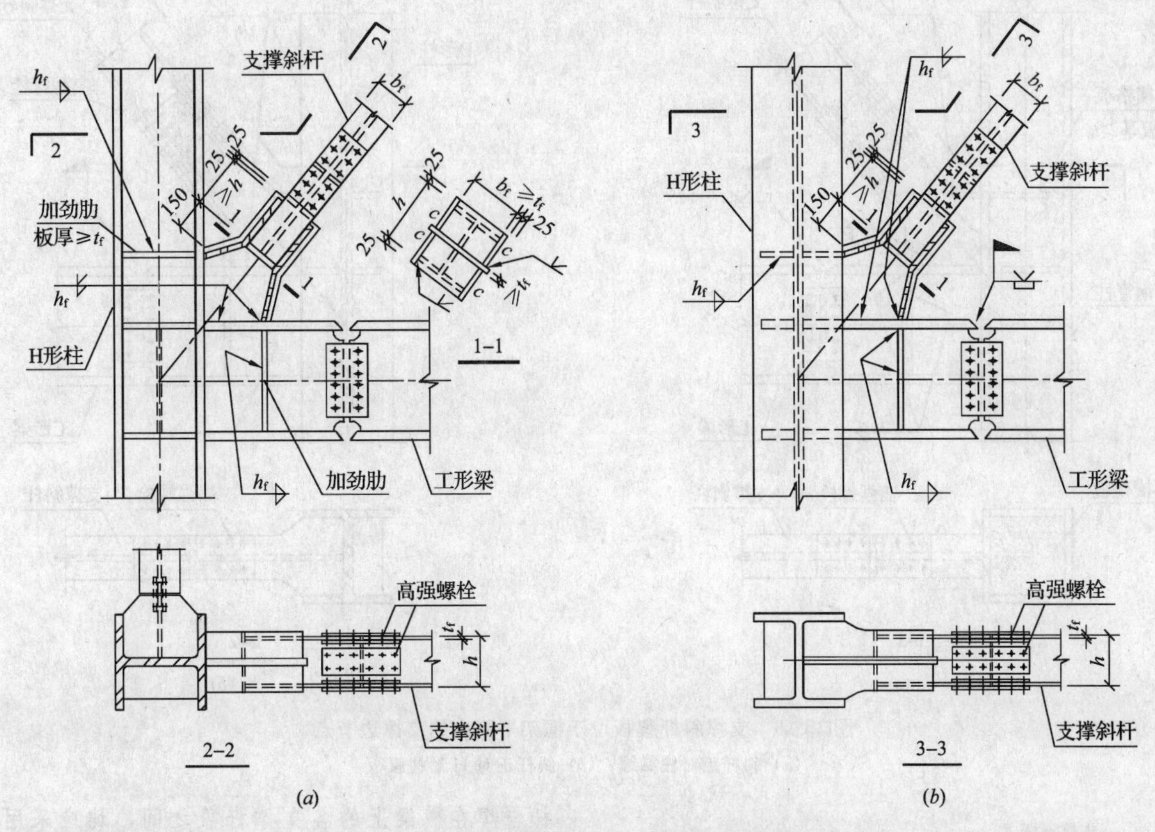

图 13-14 支撑斜杆翼缘位于框架平面内的支撑边节点
(a) 斜杆正对 H 形柱翼缘；(b) 斜杆正对 H 形柱腹板

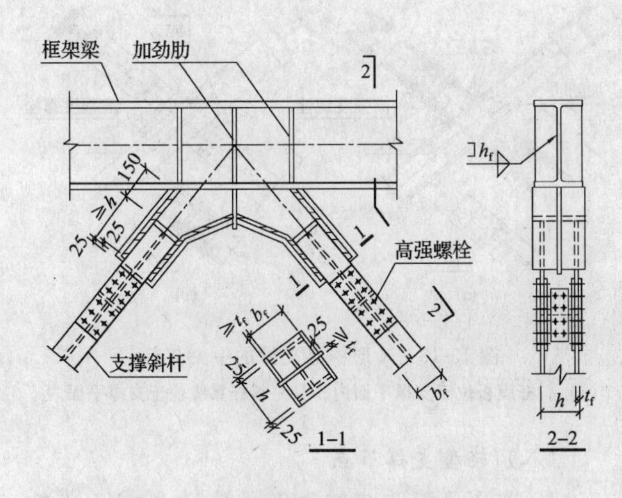

图 13-15 支撑斜杆翼缘位于框架平面内的人字形支撑中节点

(5) 图 13-14a 中，支撑斜杆翼缘位于框架平面内，斜杆的出平面刚度比较大，但节点构造复杂。节点板仅有一块，平行于梁、柱腹板，然而支撑斜杆的内力大部分作用在翼缘内，因此，需要增设两片与斜杆翼缘相连接的侧板 c，以便把斜杆翼缘内力直接传到梁、柱上。为了方便坡口焊，侧板 c 分为 4 块。从剖面 1-1 还可以看出，节点板需要开槽，使支撑斜杆能够延伸到节点板范围内。

(6) 为简化节点构造，方便施工，支撑框架的梁-柱节点宜带有在工厂焊接的悬臂梁段，使支撑斜杆与框架的现场连接和框架梁与柱的连接部位相互错开。

2. 支撑节点加劲肋

(1) H 形柱、工字形梁在与支撑斜杆翼缘的连接处，应分别设置水平加劲肋（图 13-14a）和横向加劲肋（图 13-14b、图 13-15）。

(2) 对于箱形柱，应在与支撑斜杆翼缘连接的对应位置设置水平隔板（图 13-16a）。

(3) 图 13-14a 和图 13-16 (a) 表示支撑斜杆正对 H 形柱或箱形柱翼缘并直接与柱翼缘连接的构造细部，图13-14 (b)和图 13-16 (b) 则表示支撑斜杆正对 H 形柱腹板的连接构造。

(4) 柱的水平隔板和梁的横向加劲肋，应分别按承受支撑斜杆轴向力对柱或梁产生的水平或竖向分力计算。

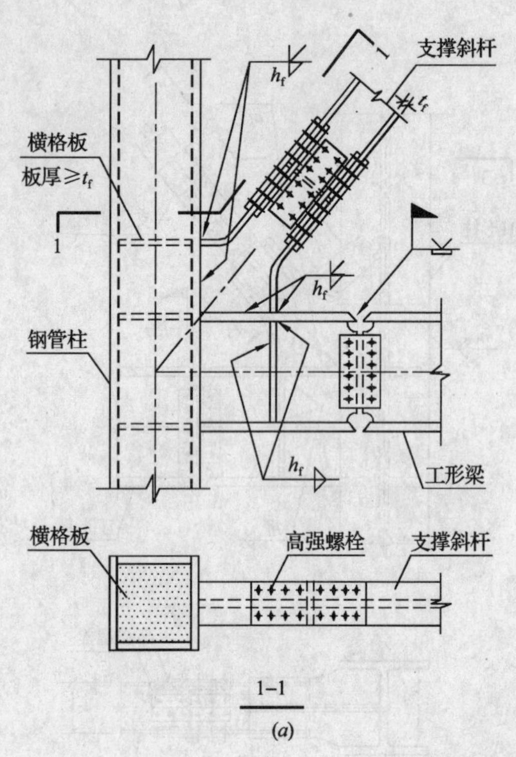

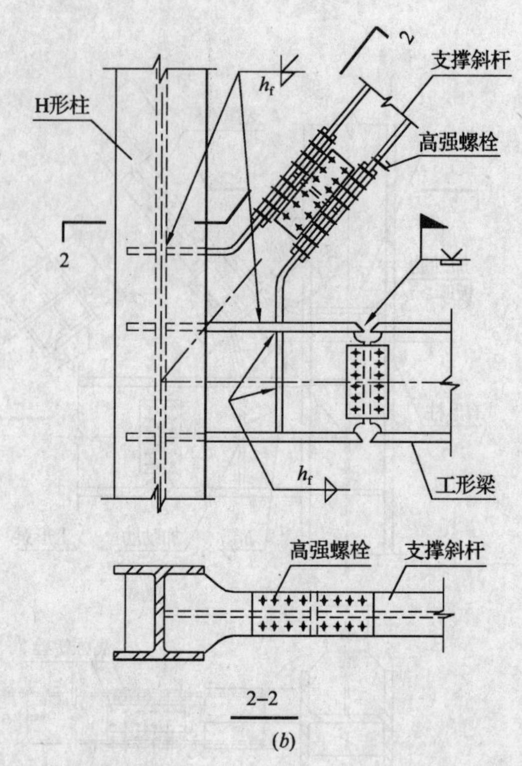

图 13-16 支撑斜杆腹板位于框架平面内的支撑边节点

(*a*) 斜杆正对柱翼缘；(*b*) 斜杆正对 H 形柱腹板

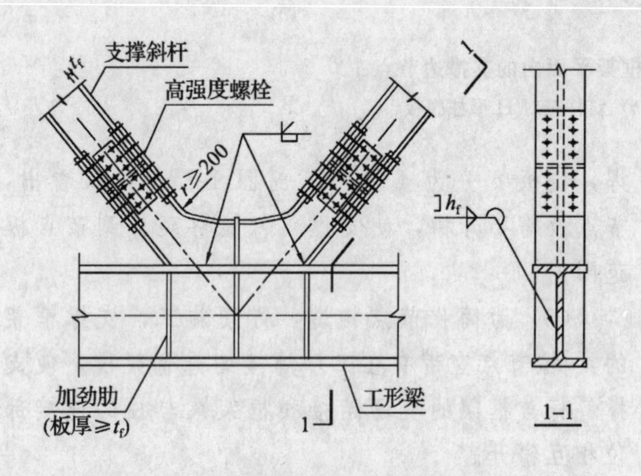

图 13-17 支撑斜杆腹板位于框架平面内的 V 形支撑中节点

注：以上各图中，加注"三角旗"符号的焊缝为现场（工地）焊缝，无"三角旗"符号的焊缝为工厂焊缝。

（七）支撑中间节点

1. X 形中心支撑的中央节点宜做成在平面外具有较大抗弯刚度的"连续通过型"节点，以提高支撑斜杆出平面的稳定性。图 13-18（*a*）和（*b*）分别为斜杆的腹板或翼缘位于支撑平面内的节点构造，一个方向斜杆与焊在另一方向斜杆中点处的杆段之间，采用高强度螺栓摩擦型连接。

2. 对于跨层的 X 形中心支撑，因为其中央节点处有楼层横梁连续通过，上、下层的支撑斜杆与焊在横梁上的各支撑杆段之间，均应采用高强度螺栓摩擦型连接（图 13-19）。

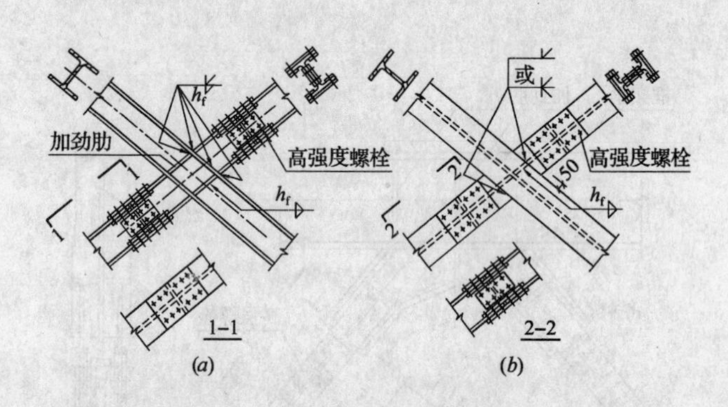

图 13-18 X 形中心支撑的中央节点

(*a*) 斜杆腹板位于支撑平面内；(*b*) 斜杆翼缘位于支撑平面内

（八）轻型支撑节点

1. 以 X 形竖向支撑为例（图 13-20*a*），当支撑斜杆受力较小时，可采用由双角钢或双槽钢拼合成的截面。

2. 支撑边节点可采用单片节点板（连接板），直接与柱翼缘焊接（图 13-20*b*）。

3. 支撑斜杆的中央节点也可采用单片节点板，先与一个方向的斜杆焊接，拼装时，再与另一方向的两段斜杆采用高强度螺栓连接（图 13-20*c*）。不过，一个方向的斜杆在交叉点断开，将使它的出平面刚度减小较多。

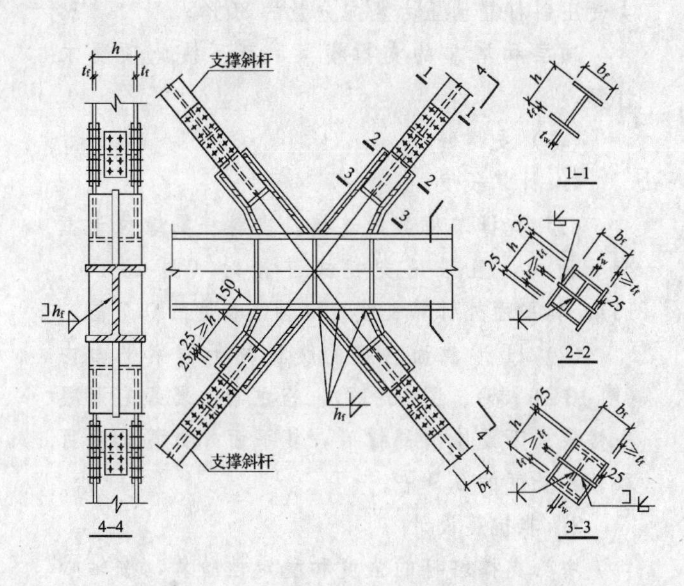

图 13-19 跨层 X 形中心支撑的中央节点

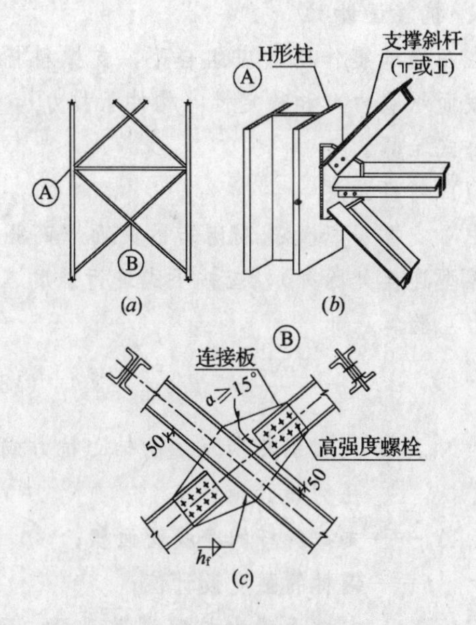

图 13-20 轻型 X 形支撑的节点构造

(*a*) 支撑简图；(*b*) 边节点；(*c*) 中央节点

（九）斜杆截面方位

因为支撑斜杆平面外的计算长度较大，设计时宜将斜杆截面的强轴置于支撑平面内，若斜杆采用 H 形截面，宜将其翼缘平行于支撑所在平面。

（十）梁的侧向支承

1. 框架梁跨中与人字形支撑或 V 形支撑连接处，应设置侧向撑杆。

2. 框架梁在该侧向撑杆支承点与梁端支承点之间的侧向长细比 λ_y 以及支承力，应符合 GB 50017《钢结构设计规范》关于塑性设计的规定，即应符合本章第一节表 13-2 的规定。

二、杆件内力

（一）内力分析

1. 中心支撑的斜杆可按两端铰接杆件进行支撑框架结构的内力分析，不论其两端与框架的连接是铰接还是刚接。

2. 非抗震设计的中心支撑，当采用 X 形支撑或成对的单斜杆支撑时，其斜杆可按仅承受拉力设计，也可按既能受拉、又能受压设计。

3. 当支撑斜杆轴线偏离梁与柱轴线交点不超过斜杆的截面宽度时，仍可按中心支撑框架分析，但节点设计应计入偏心产生的附加弯矩的影响。

4. 在计算中心支撑的斜杆内力时，应计及施工过程逐层加载情况下，各受力构件变形对斜杆内力的影响。一般宜在该楼层以上的永久荷载加足后，再拧紧或焊牢支撑斜杆的连接。

（二）地震作用

1. 研究指出，人字形和 V 形支撑斜杆受压屈曲后，将使框架横梁产生较大竖向变形，从而使整个体系的抗剪能力降低。因此，有必要将地震作用引起的斜杆内力乘以增大系数，以提高支撑的承载力。

2.《抗震规范》第 8.2.3 条和《高钢规程》第 6.4.5 条规定，在多遇烈度地震作用下，人字形和 V 形支撑斜杆的组合内力设计值应乘以增大系数 1.5，X 形支撑和单斜杆支撑的斜杆内力则应乘以增大系数 1.3，以提高支撑斜杆的承载力。

（三）附加剪力

1. 在重力和水平力（风荷载或多遇地震）作用下，支撑除作为竖向桁架的斜杆承受水平荷载引起的剪力外，还需承受结构因重力荷载在侧移状态下产生附加弯曲而引起的附加剪力（$P-\Delta$ 效应）。其中，还应包括楼层安装初始倾斜率及其他不利因素的影响。

楼层附加剪力 V_i 可按下式计算：

$$V_i = 1.2\frac{\Delta u_i}{h_i}\sum G_i \qquad (13\text{-}42)$$

式中 h_i——所验算楼层的层高；

$\sum G_i$——所验算楼层以上的全部重力荷载；

Δu_i——所验算楼层的层间侧移，抗震设计时，Δu_i 宜取多遇地震作用产生的弹性层间侧移 Δu_e 的 3 倍，作为结构实际弹塑性层间侧移 Δu_P 的近似值。

2. 人字形支撑和 V 形支撑，尚应考虑支撑所在跨钢梁传来的楼面竖向荷载以及钢梁挠度对支撑斜杆内力的影响。

（四）附加压应力

1. 对于X形支撑、单斜杆支撑、人字形支撑和V形支撑的斜杆，尚应计入重力作用下柱的弹性压缩变形在斜杆中所引起的附加压应力。斜杆附加压应力$\Delta\sigma_{br}$可按下列公式计算：

(1) X形支撑的斜杆

$$\Delta\sigma_{br}=\frac{\sigma_c}{\left(\frac{l_{br}}{h}\right)^2+\frac{h}{l_{br}}\cdot\frac{A_{br}}{A_c}+2\frac{b^3}{l_{br}h^2}\cdot\frac{A_{br}}{A_b}} \tag{13-43}$$

(2) 人字形或V形支撑的斜杆

$$\Delta\sigma_{br}=\frac{\sigma_c}{\left(\frac{l_{br}}{h}\right)^2+\frac{b^3}{24l_{br}}\cdot\frac{A_{br}}{I_b}} \tag{13-44}$$

式中 σ_c——斜杆端部连接固定后，该楼层柱在以上各楼层增加的恒荷载和活荷载所产生的压应力；

l_{br}——支撑斜杆的长度；

b、I_b、h——分别为支撑所在跨钢梁的长度、绕水平主轴惯性矩和楼层高度；

A_{br}、A_c、A_b——分别为所验算楼层的支撑斜杆、支撑所在跨的柱和梁的截面面积。

2. 为了减少斜杆的附加应力，应尽可能在各楼层大部分永久荷载施加完毕后，再固定支撑斜杆端部的连接。

有条件时，还可对支撑斜杆施加预拉力，以抵消附加应力的不利影响。

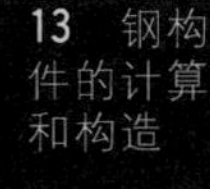

三、杆件承载力

（一）支撑框架的梁和柱

1. 与斜杆一起组成支撑系统的框架梁、柱及其连接，应具有承受支撑斜杆所传来内力的能力。

2. 研究成果指出，强烈地震作用下，人字形和V形支撑的斜杆受压屈曲后，其承载力将下降，使横梁在支撑中间节点连接处，分别产生向下或向上的不平衡集中力，导致横梁下凹或上凸，并使横梁两端出现塑性铰。

3. 计算人字形和V形支撑系统中框架梁的截面时，除应承受支撑斜杆所传来的内力外，尚应满足在不考虑斜杆对框架梁起支点作用的情况下，按简支梁验算重力荷载和支撑受压斜杆屈曲后所产生不平衡力作用下的承载力。规范规定，此不平衡集中力可取支撑受拉斜杆的竖向分量减去受压斜杆屈曲压力竖向分量的30%。

顶层和塔屋的支撑横梁，可不按此项要求计算。

（二）支撑斜杆

1. 计算长度

(1) 支撑与框架的连接，当斜杆翼缘位于框架平面内，且采用支托式连接时（图13-14*a*、15），其平面外计算长度可取轴线长度的0.7倍。

(2) H形截面斜杆的腹板位于框架平面内（图13-16（*b*）、图13-17），当主梁上翼缘有混凝土楼板、下翼缘有隅撑时，其平面外计算长度可取轴线长度的0.9倍。

2. 非抗震设计

中心支撑斜杆的强度和稳定性验算，按轴心受压构件进行。

3. 抗震设计

在多遇地震作用效应组合下，支撑斜杆的强度（截面承载力）和稳定性（构件承载力），应按下列公式验算。

(1) 斜杆强度

中心支撑斜杆受孔洞削弱的截面（高强度螺栓摩擦型连接处除外），应按下式进行强度（截面承载力）验算：

$$\sigma=\frac{N_{br}}{A_n}\leqslant f/\gamma_{RE} \tag{13-45}$$

式中 N_{br}——支撑斜杆所承受的轴心拉力或轴心压力设计值；

A_n——支撑斜杆的净截面面积；

f——钢材的强度设计值；

γ_{RE}——支撑承载力抗震调整系数，取$\gamma_{RE}=0.75$。

(2) 斜杆稳定性

1) 钢支撑震害及结构试验表明，支撑斜杆在地震作用下反复受拉、受压，斜杆发生屈曲后，侧向挠曲很大，当斜杆转为受拉时，并不能完全拉直，以致再次受压时，刚度和承载力均出现大幅度的降低。试验还表明，随着杆件长细比的增大，此种刚度退化、强度劣化的现象就愈严重。因此，进行地震作用下支撑斜杆的承载力验算时，应该充分考虑这一变形特性。

2) 中心支撑的斜杆，应按下式验算其在多遇地震作用效应组合下的受压（稳定性）承载力：

$$\frac{N_{br,c}}{\varphi A_{br}}\leqslant\psi\frac{f}{\gamma_{RE}} \tag{13-46}$$

$$\psi=\frac{1}{1+0.35\lambda_n} \quad (13\text{-}47)$$

$$\lambda_n=\frac{\lambda}{\pi}\sqrt{\frac{f_{ay}}{E}} \quad (13\text{-}48)$$

式中 $N_{br,c}$——支撑斜杆所承受的轴向压力设计值；

A_{br}——支撑斜杆的毛截面面积；

φ——轴心受压杆件的稳定系数；

ψ——循环荷载下杆件多次失稳引起的钢材设计强度降低系数。对于Q235钢，ψ的数值参见表13-14；

λ、λ_n——分别为支撑斜杆的长细比和正则化（归一化）长细比；

f、f_{ay}、E——支撑斜杆钢材的强度设计值、屈服强度和弹性模量。

Q235钢强度降低系数 ψ　　表13-14

杆件长细比 λ	50	70	90	120
ψ值	0.84	0.79	0.75	0.69

四、支撑连接的承载力验算

（一）斜杆连接承载力

1. 支撑斜杆的拼接接头以及斜杆与梁、柱连接部位的承载力，应大于支撑斜杆的承载力。

2. 抗震设防的高层建筑钢框架，支撑斜杆的拼接接头以及与框架梁、柱的连接节点宜采用螺栓连接，其各个环节（含节点板）各种受力状态下顺斜杆轴线方向的极限承载力 N_{ubr}，均应不小于斜杆净截面屈服承载力的 α 倍，即

$$N_{ubr}\geqslant\alpha A_n f_{ay} \quad (13\text{-}49)$$

式中 N_{ubr}——按连接材料极限抗拉强度最小值计算出的支撑连接（螺栓连接或节点板连接）在支撑斜杆轴线方向的极限承载力，按第14章公式(14-24)～式(14-27)计算；

A_n——支撑斜杆的净截面面积；

f_{ay}——支撑斜杆的钢材屈服强度；

α——抗震设计时支撑连接和斜杆拼接的连接系数，《抗震规范》第8.2.9条规定按表13-15取值。

支撑连接和斜杆拼接的连接系数 α　表13-15

母材牌号	焊接	螺栓连接
Q235	1.25	1.30
Q345	1.20	1.25
Q345GJ	1.15	1.20

注：1 屈服强度高于Q345的钢材，按Q345的规定采用；
2 屈服强度高于Q345GJ的GJ钢材，按Q345GJ的规定采用。

3. 支撑斜杆的高强度螺栓连接，应验算下列各项内容：

(1) 连接螺栓的最大受剪承载力；

(2) 支撑板件或节点板的挤穿(挤压剪切)抗力；

(3) 节点板净截面的最大受拉承载力；

(4) 节点板与构件连接焊缝的最大承载力。

4. 支撑斜杆的高强度螺栓摩擦型连接的强度，应按下列公式验算：

非抗震设计　$\sigma=\left(1-0.5\frac{n_1}{n}\right)\frac{N_{br}}{A_n}\leqslant f/\gamma_0$ (13-50)

抗震设计　$\sigma=\left(1-0.5\frac{n_1}{n}\right)\frac{N_{br}}{A_n}\leqslant f/\gamma_{RE}$ (13-51)

式中 n——斜杆接头处，斜杆一端的高强度螺栓数目；

n_1——所验算截面（最外排螺栓处）的高强度螺栓数目。

（二）连接部位极限承载力的计算

分别按下列四种受力状态计算出的支撑斜杆节点处螺栓连接或焊缝连接的极限承载力 $(N_{ubr})_1$、$(N_{ubr})_2$、$(N_{ubr})_3$、$(N_{ubr})_4$、均应满足公式(13-49)的要求。

1. 连接螺栓群的极限受剪承载力 $(N_{ubr})_1$ 应取下列二式分别计算出的螺栓极限受剪承载力和对应板件极限承压力两者的较小值：

$$(N_{ubr})_1=0.58mn_vA_e^bf_u^b \quad (13\text{-}52a)$$

$$(N_{ubr})_1=md\sum tf_{cu}^b \quad (13\text{-}52b)$$

式中 m——支撑斜杆拼接接头一端或支撑斜杆与框架连接节点一侧的螺栓总数；

n_v——连接部位一个螺栓的受剪面数目；

A_e^b——螺栓螺纹处的有效截面面积；

f_u、f_u^b——分别为构件母材和螺栓钢材的极限抗拉强度最小值，见第一章表1-2；

d——螺栓杆直径；

$\sum t$——同一受力方向的钢板厚度之和；

f_{cu}^b——螺栓连接板的极限承压强度，取$1.5f_u$；

系数0.58——原哈尔滨建筑工程学院所进行的高强度螺栓极限抗剪强度试验结果表明，螺栓剪切破坏强度与极限抗拉强度之比大于0.59，设计取值偏于安全地采用0.58。

2. 螺栓连接处，支撑杆件或节点板受螺栓挤压时的剪切抗力 $(N_{ubr})_2$，应按下式计算：

$$(N_{ubr})_2 = \frac{1}{\sqrt{3}}(m \cdot e \cdot t \cdot f_u) \quad (13\text{-}53)$$

式中　e——力作用方向螺栓的端距，当 e 大于螺栓之间的净距 a 时，取 $e=a$；

t——支撑杆件或节点板的厚度；

f_u——支撑杆件或节点板的钢材极限抗拉强度最小值，见第 11 章表 11-2。

3. 节点板的受拉承载力 $(N_{ubr})_3$ 应按下式计算：

$$(N_{ubr})_3 = A_e f_u \quad (13\text{-}54)$$

$$A_e = \frac{2}{\sqrt{3}} l_1 t_g - A_d \quad (13\text{-}55)$$

式中　A_e——节点板的有效截面面积。等于以前端螺栓为顶点、通过末端螺栓并垂直于支撑轴线的垂线上截取底边的正三角形中，底边长度范围内节点板的净截面面积（图13-21）；

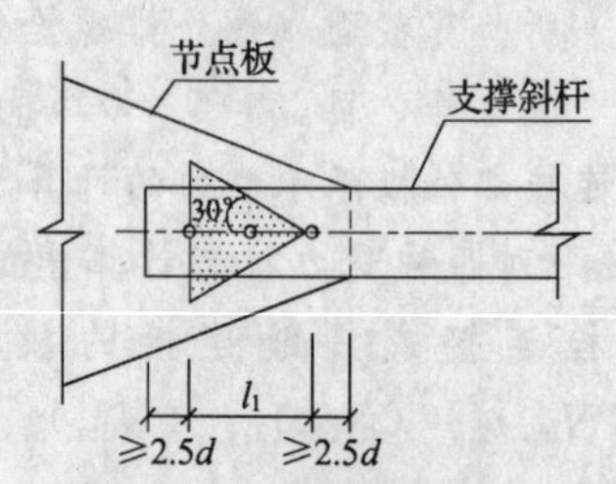

图 13-21　支撑杆件的连接节点

l_1——等边三角形的高度；

t_g——节点板的厚度；

A_d——有效长度范围内螺栓孔的削弱面积。

4. 节点板与框架梁、柱等构件连接焊缝的承载力 $(N_{ubr})_4$，应按下式计算：

$$(N_{ubr})_4 = \frac{1}{\sqrt{3}} A_w f_u^w \quad (13\text{-}56)$$

式中　A_w——焊缝的有效截面面积；

f_u^w——焊缝的极限抗拉强度最小值，见第 11 章表 11-4。

偏心支撑

按 8 度及以上抗震设防的高层建筑钢结构，当采用框架-支撑体系时，宜选用偏心支撑（偏交支撑）来取代中心支撑（轴交支撑），作为整个结构体系的主要抗侧力构件。

一、支撑特点

（一）支撑形式

1. 高层建筑钢结构中的偏心支撑（偏交支撑），有以下五种形式：①八字形支撑（图 13-22a）；②单斜杆支撑（图 13-22b）；③A 字形支撑（图 13-22c）；④人字形支撑（图 13-22d）；⑤V 形支撑（图 13-22e）。

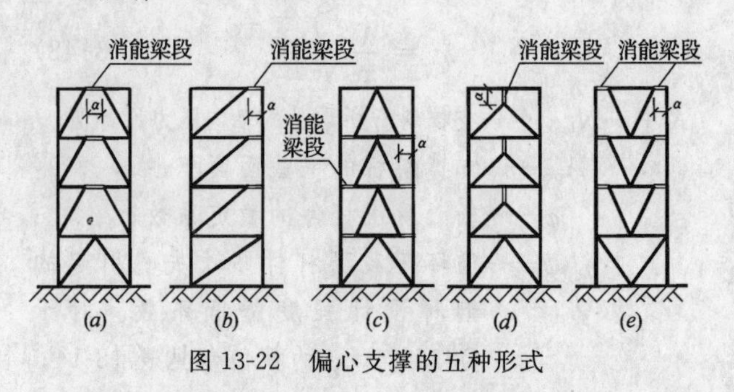

图 13-22　偏心支撑的五种形式

2. 支撑的每根斜杆，应至少有一端与框架横梁相连，而且使斜杆轴线与横梁轴线的交点，偏离梁、柱轴线交点或另一斜杆轴线与横梁轴线交点一段距离，形成消能梁段（图 13-22 中用双细线表示的梁段）。

3. 每根斜杆只能在一端与消能梁段相连。倘若斜杆的两端均与消能梁段相连，地震时一端的消能梁段屈服时，而另一端的消能梁段可能不屈服，从而降低支撑的承载力和消能容量。

4. 为使偏心支撑框架具有较大的抗推刚度，并使消能梁段能承受较大剪力，一般宜采用较短的消能梁段。当采用 A 形或 V 形支撑时，消能梁段长度 a 可取 $0.15L$，L 是支撑所在跨度的框架梁长度。支撑斜杆的倾角通常取35～50 度，过小，就会使消能梁段的轴力增大，节点构造复杂。

5. 总层数超过 12 层的 8、9 度抗震设防钢结构宜采用偏心支撑框架，但顶层框架梁可不设置消能梁段，即在顶层改用中心支撑。此外，当结构底层的弹性承载力等于或大于其余各层承载力的 1.5 倍时，底层也可采用中心支撑。

6. 沿竖向连续布置的偏心支撑，在底层，宜改用中心支撑；在地下室，宜改用剪力墙的形式延伸至基础。

7. 若竖向钢支撑埋置于钢筋混凝土墙体内，其杆件不必再验算受压稳定性承载力。

（二）支撑性能

1. 偏心支撑，处于弹性阶段时的抗推刚度（侧向刚度），接近于中心支撑，进入弹塑性阶段时，其延性和消能能力则接近于延性框架，是一种耐震性能十分良好的抗震构件。

2. 偏心支撑的设计原则是：强柱、强斜杆、弱消能梁段。强烈地震时，通过较弱的消能梁段的屈服和塑性变形，来消耗输入结构的地震能量，并保持支撑斜杆不屈曲，从而具有稳定的滞回性能；即使当消能梁段屈服并进入应变硬化阶段，支撑斜杆、框架柱和横梁其余梁段仍能保持在弹性工作阶段。图 13-23 给出两种偏心支撑框架的塑性变形机构。

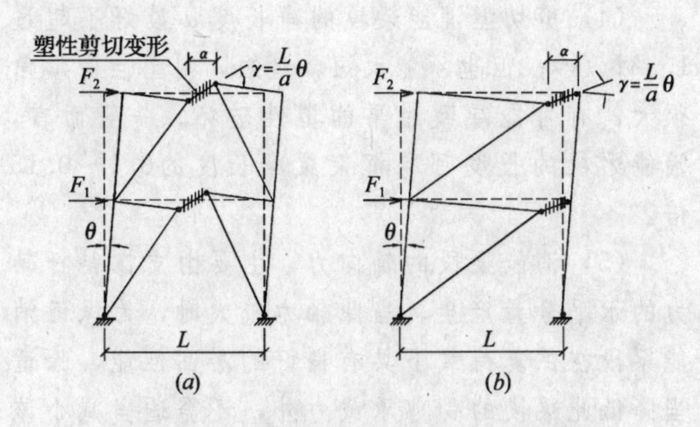

图 13-23 偏心支撑框架的塑性变形机构

3. 偏心支撑框架的抗推刚度，主要取决于消能梁段长度与所在跨框架梁长度的比值。随着消能梁段变短，其刚度将趋近于中心支撑框架；相反，随着消能梁段的加长，偏心支撑框架的抗推刚度逐渐减小，以至接近于纯框架。

二、构造要求

（一）框架梁

1. 为使消能梁段具有良好的延性和耗能能力，偏心支撑框架中含有消能梁段的横梁，应采用 Q235 钢或 Q345 钢，使其屈服强度不高于 345MPa。

2. 与偏心支撑消能梁段同跨的框架梁，同样承受着较大的轴力和弯矩，为了确保这类横梁的稳定，其上、下翼缘均应设置水平的侧向支撑，其间距不应大于 $13b_f\sqrt{235/f_{ay}}$，梁在侧向支承点之间的长细比 λ_y，应符合本章第 [1] 节表 13-2 的规定。

3. 消能梁段及与消能梁段同一跨内的框架梁（非消能梁段），其板件的宽厚比不应大于表 13-16 所规定的限值，以保证消能梁段屈服时的稳定。

（二）支撑斜杆截面

1. 支撑斜杆宜采用轧制宽翼缘 H 型钢或圆形、矩形焊接钢管。

2. 支撑斜杆采用焊接工字形截面时，其翼缘与腹板的拼装连接宜采用全熔透连续焊缝。

3. 支撑斜杆的长细比不应大于 $120\sqrt{235/f_{ay}}$，且不应大于表 13-12 对中心支撑斜杆所规定的长细比限值。

4. 偏心支撑斜杆的板件宽厚比（图 13-13），不应超过表 13-13 对中心支撑斜杆所规定的限值。

偏心支撑框架梁的板件宽厚比限值　表 13-16

简图	板件所在部位		板件宽厚比限值
（工字形截面：b_f、t_f、t_w、h_0、b_1）	翼缘外伸部分（b_1/t_f）		8
	腹板 $\left(\frac{h_0}{t_w}\right)$	当 $\frac{N}{Af}\leqslant 0.14$ 时	$90\left(1-\frac{1.65N}{Af}\right)$
		当 $\frac{N}{Af}>0.14$ 时	$33\left(2.3-\frac{1.65N}{Af}\right)$

注：1. A、N 分别为偏心支撑框架梁的截面面积和轴力设计值，f 为钢材的抗压强度设计值；
2. 表列数值适用于 Q235 钢，当材料为其他钢号时，应乘以 $\sqrt{235/f_{ay}}$，f_{ay} 为钢材的屈服强度。

（三）支撑斜杆的连接

1. 为使支撑斜杆能承受消能梁段的端部弯矩，支撑斜杆与横梁的连接应设计成刚接。

2. 支撑斜杆轴线与框架梁轴线的交点，应位于消能梁段的端点（图 13-24a）；也可位于消能梁段内部（图13-24b），此时将产生与消能梁段端部弯矩方向相反的附加弯矩，从而减小梁段和支撑斜杆的弯矩，对抗震有利。但交点不应位于消能梁段以外，因为它将加大支撑斜杆和消能梁段的弯矩，不利于抗震。

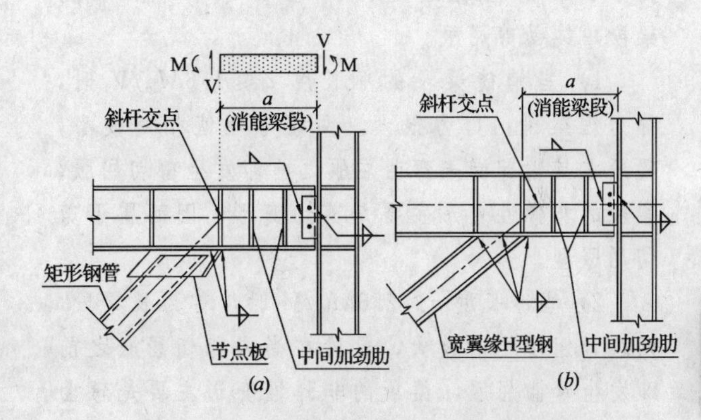

图 13-24 支撑斜杆与框架梁交接点的位置
（a）消能梁段端头；（b）消能梁段内部

3. 支撑斜杆的拼接接头以及斜杆与框架梁的连接节点，均应采用高强度螺栓摩擦型连接。必要时也可采用焊接，但应采用全熔透对接焊缝。

4. 支撑斜杆可采用全熔透坡口焊缝直接与框架梁连接（图 13-24b），也可以通过节点板与框架梁连接（图13-24a）。前一连接构造具有传递弯矩的能力，后一做法适用于矩形钢管斜杆。

5. 当支撑斜杆与框架梁的连接采用节点板时，应注意将连接部位置于消能梁段范围以外，以免节点板的局部加强影响到消能梁段的屈服性能。此外，考虑到消能梁段的剪力很大，节点板靠近梁段的一侧应加焊一块边缘加劲板（图13-24a），以防节点板屈曲。

（四）消能梁段

消能梁段是指：在偏心支撑框架中，斜杆与梁交点至柱面的一段梁，或同一跨内相邻两根斜杆与梁交点之间的一段梁（图13-22）。地震作用下，消能梁段将承受很大的均布剪力、较大的杆端弯矩和较小的轴力（参见图13-29），地震时它首先屈服，确保支撑斜杆、梁的其余区段和支撑框架其他部位仍处于弹性受力状态。

1. 净长度

(1) 梁段屈服类型

消能梁段的消能方式与其长度密切相关，取出图13-24a中的消能梁段$\overline{AB}$作为分离体，它的两端作用有剪力V和弯矩M，则有$M=V\cdot a/2$，反弯点在跨中。如果弯矩M达到全塑性值$M_{lp}=W_p f_{ay}$，同时，剪力V达到其屈服剪力$V_1=0.58A_w f_{ay}$，则相应的消能梁段长度将等于$a=2M_{lp}/V_1$。若a小于此数值，则梁段剪力达到全屈服值V_1时，梁段弯矩将小于全屈服值M_{lp}。实际上，当梁段腹板受剪屈服时，梁段的全塑性弯矩将小于M_{lp}。根据试验资料，当$a\leqslant1.6M_{lp}/V_1$时，梁段单纯受剪屈服。

1）当消能梁段的净长度$a\leqslant1.6M_{lp}/V_1$时，称为短梁段，剪力很大，两端弯矩值相对较小，梁段在其端部尚未弯曲屈服之前即发生剪切屈服，梁段的非弹性变形主要是剪切变形，因而属于剪切屈服型。

2）当净长度$a>2.6M_{lp}/V_1$时，称为长梁段，两端弯矩值相对较大，梁段在尚未剪切屈服之前即发生弯曲屈服，梁段的非弹性变形主要是弯曲变形，因而属于弯曲屈服型。式中，M_{lp}和V_1分别为消能梁段的全截面塑性受弯承载力和屈服受剪承载力。

3）当消能梁段净长度介于上述两种情况之间时，称为中长梁段。剪切变形和弯曲变形在其非弹性变形中各占较大比重，因而属剪弯屈服型，以免在与支撑斜杆相连的柱段产生附加弯矩。

(2) 偏心支撑框架的各个消能梁段宜设计成剪切屈服型；与柱相连的消能梁段则必须设计成剪切屈服型，而不能设计成弯曲屈服型，以免在与支撑斜杆相连的柱段产生附加弯矩。

(3) 试验研究表明，剪切屈服型消能梁段对偏心支撑框架抵抗大震特别有利。一方面它使偏心支撑框架的弹性刚度接近于中心支撑框架；另一方面，它的消能容量和滞回性能又优于弯曲屈服型消能梁段。

(4) 剪切型消能梁段的净长度a最好不超过$1.3M_{lp}/V_1$；但也不能太短，过短，则塑性变形角很大，有可能导致过早的塑性破坏。一般而言，消能梁段的长度可取框架梁净长度的0.1～0.15倍。

(5) 消能梁段的轴向力，主要由支撑斜杆轴力的水平分量产生。当此轴力较大时，为保证消能梁段在往复荷载下具有良好的滞回性能，除适当降低此梁段的受剪承载力外，还需适当减小该梁段的长度。

(6)《抗震规范》第8.5.3条规定：当消能梁段承受的轴力$N>0.16Af$时，消能梁段的净长度a应符合下列规定：

$$\rho=N/V \tag{13-57}$$

当$\rho\ (A_w/A)<0.3$时，

$$a<1.6\frac{M_{lp}}{V_1} \tag{13-58}$$

当$\rho\ (A_w/A)\geqslant0.3$时，

$$a\leqslant1.6\frac{M_{lp}}{V_1}\left(1.15-0.5\rho\frac{A_w}{A}\right) \tag{13-59}$$

式中 N、V——消能梁段承受的轴向力和剪力设计值；

ρ——消能梁段轴力设计值与剪力设计值的比值；

A、A_w——消能梁段的截面面积和腹板截面面积。

2. 截面尺寸

(1) 消能梁段的截面尺寸，宜与同一跨度框架梁的截面尺寸相同。

(2) 消能梁段截面尺寸的选定要适度。为确保偏心支撑地震时不失效，偏心支撑框架的设计要求是：斜杆、梁、柱等杆件的弹性承载力均应大于消能梁段的屈服承载力（含塑性应变硬化）。消能梁段的腹板截面尺寸定得过大，就会导致其他杆件截面一连串地加大，造成不经济。因此，消能梁段的截面尺寸应该根据偏心支撑抗侧力所需的最小腹板受剪面积及相应的可能最大截面高度（有利于实现梁段的剪切屈服）来确定，并使腹板高厚比和翼缘宽厚比符合表13-16的规定。

(3) 试验表明，腹板上加焊的贴板不能同步进入弹塑性变形阶段，所以，不能采取在腹板上贴焊补强板的办法来提高梁段的受剪承载力。

(4) 消能梁段的腹板上不得开洞，因为它会显著降低腹板的弹塑性变形能力。

3. 加劲肋

(1) 端部加劲肋

1) 消能梁段与支撑斜杆的连接处，应在梁腹板的两侧配置横向加劲肋（图 13-25），以传递梁段的剪力，并防止梁段腹板屈曲。

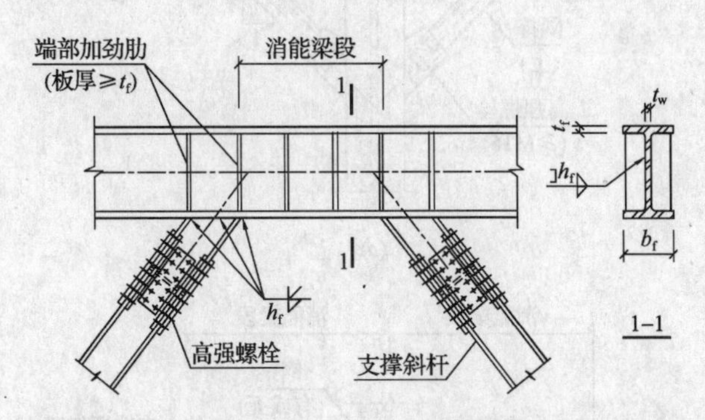

图 13-25 八字形偏心支撑斜杆与框架梁消能梁段的连接

2) 加劲肋的高度等于梁腹板的高度，每侧加劲肋的宽度不应小于（$b_f/2-t_w$）。

3) 加劲肋的厚度不应小于 $0.75t_w$，且不应小于10mm。

(2) 中间加劲肋

1) 消能梁段腹板的中间加劲肋的配置，应按梁段的长度区别对待。对于较短的剪切屈服型梁段，中间加劲肋的间距应该小一些；对于较长的弯曲屈服型梁段，需要在距梁段两端各 1.5 倍翼缘宽度处配置加劲肋；对于中长的剪弯屈服型梁段，中间加肋劲的配置，则需同时满足对剪切屈服型和弯曲屈服型梁段的要求。

2) 腹板屈曲会显著降低梁的非弹性往复抗剪能力。为防止腹板过早地受剪屈曲和反复屈曲变形导致消能梁段刚度退化和强度劣化，使腹板在地震全过程中均能充分发挥其抗剪能力，消能梁段应按表 13-17 的要求配置中间加劲肋（图 13-26）。

消能梁段中间加劲肋的配置要求　表 13-17

情况	消能梁段的净长度 a	加劲肋最大间距	附加要求
(一)	$a\leqslant1.6\frac{M_{lp}}{V_l}$	$30t_w-0.2h$	—
(二)	$1.6\frac{M_{lp}}{V_l}<a\leqslant2.6\frac{M_{lp}}{V_l}$	取情况（一）和（三）的线性插值	距消能梁段两端各 $1.5b_f$ 处配置加劲肋
(三)	$2.6\frac{M_{lp}}{V_l}<a\leqslant5\frac{M_{lp}}{V_l}$	$52t_w-0.2h$	距消能梁段两端各 $1.5b_f$ 处配置加劲肋
(四)	$a>5\frac{M_{lp}}{V_l}$	（可不配置中间加劲肋）	—

注：1. V_l、M_{lp}为消能梁段的受剪承载力和全塑性受弯承载力；
2. b_f、h、t_w 为消能梁段的翼缘宽度、截面高度和腹板厚度。

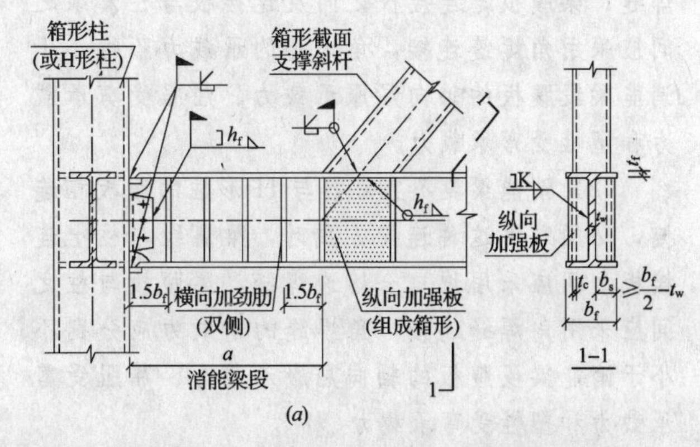

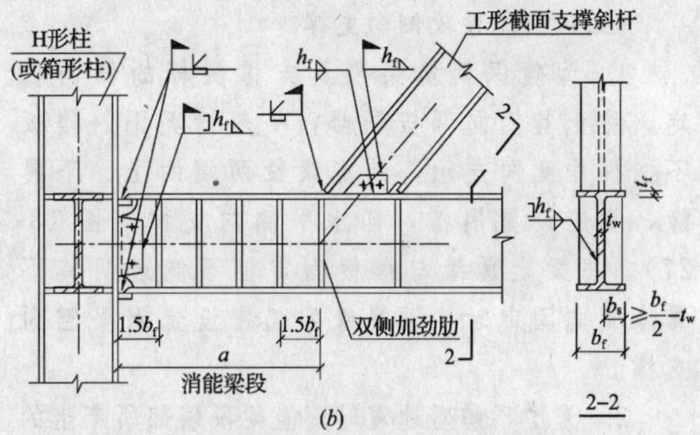

图 13-26 偏心支撑斜杆与框架梁的连接及消能梁段的中间加劲肋

(a) 箱形截面支撑斜杆；(b) H 形截面支撑斜杆

3) 当消能梁段的截面高度 $h\leqslant640$mm时，可仅在腹板一侧配置单侧加劲肋；当 $h>640$mm时，应在腹板两侧配置加劲肋，每侧加劲肋的宽度不应小于（$b_f/2-t_w$）。

4) 中间加劲肋的高度等于消能梁段的腹板高度，厚度不应小于 t_w 和10mm。

(3) 加劲肋的连接

1) 横向（端部、中间）加劲肋与消能梁段上、下翼缘和腹板的连接，应沿其三边采取双面角焊缝进行三边围焊。

2) 加劲肋与腹板连接焊缝的承载力不应低于

$A_{st}f$。

3）加劲肋与翼缘连接焊缝的承载力不应低于 $0.25A_{st}f$。

$$A_{st}=b_{st}t_{st} \tag{13-60}$$

式中 b_{st}、t_{st}——分别为一侧加劲肋的宽度和厚度。

4. 消能梁段与柱的连接

(1) 与柱相连的消能梁段，其净长度 a 不应大于 $1.6M_{lp}/V_l$。

(2) 当消能梁段与柱翼缘连接时（图 13-26），梁翼缘与柱翼缘之间应采用坡口全熔透对接焊缝；梁腹板与连接板之间及连接板与柱翼缘之间应采用角焊缝连接，角焊缝的承载力不得小于消能梁段腹板的轴向屈服承载力、屈服受剪承载力和塑性受弯承载力。

(3) 消能梁段不宜直接与 H 形柱的腹板相连接，必须采用这种连接方式时，梁翼缘与柱上连接板之间应采用坡口全熔透焊缝，梁腹板与柱之间应采用角焊缝连接，角焊缝的承载力应分别不小于消能梁段腹板的轴向屈服承载力、屈服受剪承载力和塑性受弯承载力。

（五）消能梁段侧向支撑

1. 为确保消能梁段及支撑斜杆的侧向稳定，防止其侧向弯扭屈曲，一般情况下，楼板不能视作侧向支承，消能梁段两端的上、下翼缘，均应设置隅撑，即水平侧向支撑（图 13-27）。当梁上翼缘与楼板固定但不能表明其下翼缘侧向固定时，下翼缘处仍需设置水平侧向支撑。

2. 为了不妨碍地震时消能梁段端部所产生的较大竖向位移，侧向支撑（隅撑）宜设置在梁的一侧。

3. 与消能梁段位于同一跨度的框架梁，同样承受着较大轴力和弯矩，为保持其侧向稳定，其上、下翼缘也应设置水平侧向支撑，其间距不应超过 $13b_f\sqrt{235/f_{ay}}$，b_f 为梁的上翼缘或下翼缘的宽度。

4. 偏心支撑横梁的非消能梁段，当其侧向支承点的间距大于 $13b_f\sqrt{235/f_{ay}}$ 时，可利用钢次梁作为框架梁上、下翼缘的侧向支撑。当次梁截面高度小于主梁截面高度一半，即 $h_b<H_B/2$ 时，可采取在次梁竖向平面内设置角撑的做法（图 13-28*a*）；当 $h_b\geqslant H_B/2$ 时，可采取在次梁竖向平面内加宽连接板的做法（图13-28*b*）。

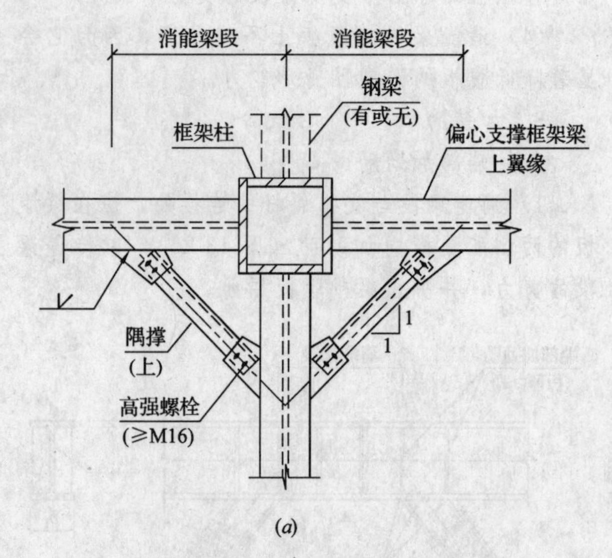

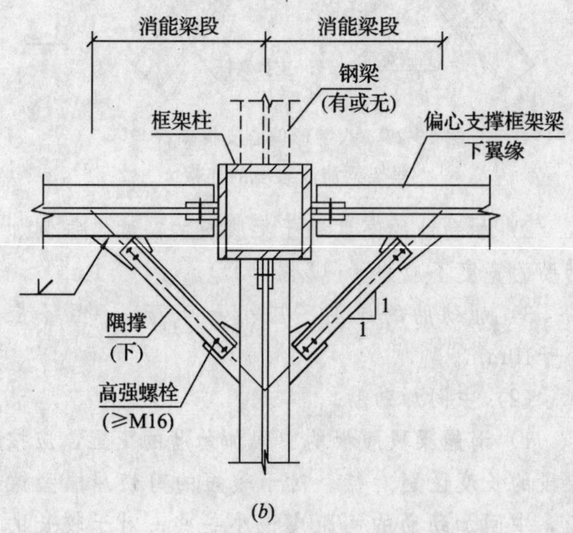

图 13-27 偏心支撑横梁消能梁段端部的侧向支撑

（*a*）上翼缘隅撑；（*b*）下翼缘隅撑

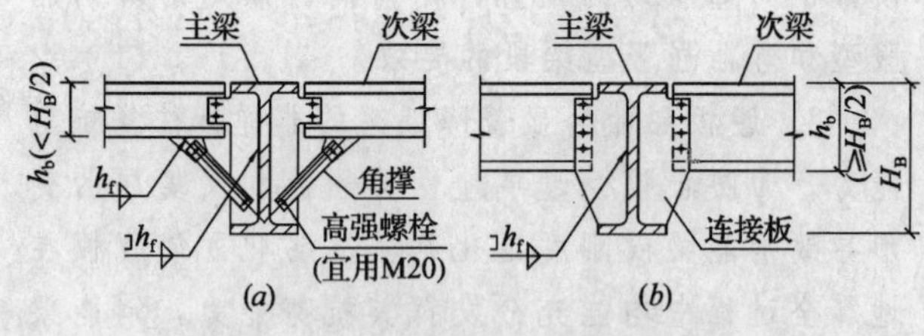

图 13-28 偏心支撑横梁非消能梁段的侧向支撑

（*a*）$h_b<H_B/2$ 时；（*b*）$h_b\geqslant H_B/2$ 时

三、杆件内力

（一）支撑横梁内力分布

图 13-22（*a*）和（*b*）的两种偏心支撑框架，在侧力作用下，横梁的内力分布大致如图 13-29 所示，两者的消能梁段的剪力 V 均很大；对称斜杆支撑中消能梁段的轴力 N 为零（图 13-29*a*），非对称斜杆支撑中消能梁段的轴力 N 一般也不大

(图 13-29b)；横梁的弯矩 M 在斜杆连接点的两侧具有不同数值，表明支撑斜杆的上端也承担弯矩；当采用短消能梁段时，斜杆的弯矩值并不大。

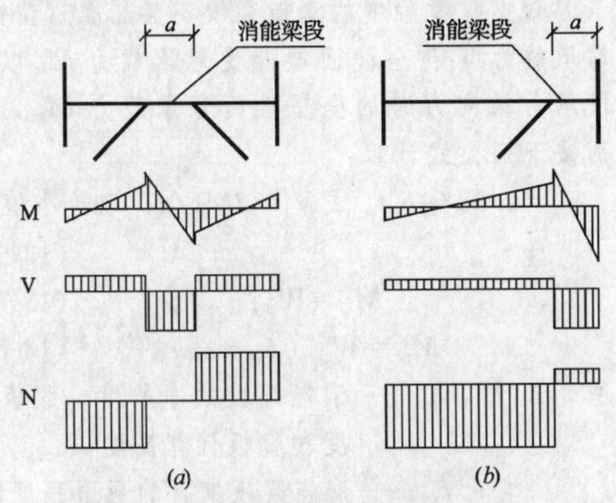

图 13-29 偏心支撑框架横梁的内力分布

(a) 八字形支撑；(b) 单斜杆支撑

(二) 斜杆轴力

1. 为确保偏心支撑斜杆在消能梁段进入非弹性变形时不发生屈曲，斜杆的设计抗轴压能力，应大于消能梁段达到极限承载力时的相应斜杆轴力。

2. 试验表明，消能梁段在设置适当的加劲肋以防止其屈曲后，其极限受剪承载力由于钢材塑性应变硬化有可能达到甚至超过 $0.9f_{ay}h_ot_w$，约为其屈服受剪承载力 ($0.58f_{ay}h_ot_w$) 的 1.6 倍。

3. 考虑到消能梁段有 1.5 的实际有效超强系数，支撑斜杆的轴力设计值应按下列二式计算，并取两者的较小值。

$$N_{br} = \eta\frac{V_l}{V_{lb}}N_{br,com} \tag{13-61}$$

$$N_{br} = \eta\frac{M_{pc}}{M_{lb}}N_{br,com} \tag{13-62}$$

式中 $N_{br,com}$——在跨间梁的竖向荷载和多遇地震作用最不利组合下，支撑斜杆的轴向力设计值；

V_l、M_{pc}——分别为消能梁段的受剪和压弯屈服承载力；

V_{lb}、M_{lb}——分别为在竖向荷载和多遇地震作用最不利组合下，消能梁段的剪力设计值和弯矩设计值。

η——偏心支撑杆件内力增大系数，按表13-16取值。

4. 当偏心支撑采用单斜杆、八字形或 V 形斜杆时，按公式 (13-63) 或式 (13-64) 计算出的内力，不需再按第 [3] 节第二、(二) 款对中心支撑的规定乘以增大系数 1.3 或 1.5。

(三) 内力增大系数

偏心支撑框架的杆件内力设计值，应按下列要求调整：

1. 支撑斜杆——偏心支撑斜杆的轴力设计值，应取与支撑斜杆相连接的消能梁段达到屈服受剪承载力时的支撑斜杆轴力，乘以表 13-18 的增大系数 η。即取斜杆的组合轴力设计值乘以消能梁段的屈服受剪承载力与组合剪力设计值的比值 (V_l/V_{lb})，再乘以考虑钢材实际超强的增大系数 η。

偏心支撑杆件内力增大系数 η 　　表 13-18

杆件名称 \ 烈度	7度	8度	9度
支撑斜杆	1.4	1.4	1.5
支撑横梁	1.5	1.5	1.6
支撑柱	1.5	1.5	1.6

2. 支撑横梁——位于消能梁段同一跨的框架梁内力设计值，应取消能梁段达到屈服受剪承载力时框架梁的内力，乘以表 13-18 的增大系数 η。

3. 支撑柱——偏心支撑框架柱的内力设计值，应取消能梁段达到屈服受剪承载力时的柱内力，乘以表 13-18 的增大系数 η。

(四) 侧向撑杆轴力和刚度

1. 消能梁段两端上、下翼缘处的水平侧向支撑（撑杆）的轴力设计值 N，应分别不小于消能梁段上、下翼缘轴向承载力设计值的 6%，即

$$N \geqslant 0.06b_ft_ff \tag{13-63}$$

式中 b_f、t_f——消能梁段上翼缘或下翼缘的宽度和厚度。

2. 与消能梁段位于同一跨度的框架梁其余区段（非消能梁段）上、下翼缘处的水平侧向支撑，其轴力设计值 N，应分别不小于梁上、下翼缘轴向承载力的 2%，即

$$N \geqslant 0.02b_ft_ff \tag{13-64}$$

式中 b_f、t_f——支撑横梁的非消能梁段的上（或下）翼缘的宽度和厚度。

3. 上述两种情况的侧向支撑，除应具有足够的强度外，还应具有足够的刚度。侧向支撑的轴向刚度 C_n 应满足下式要求：

$$C_n = \frac{A_bE}{l} \geqslant \frac{5b_ft_ff}{l_1} \tag{13-65}$$

式中 A_b、l——侧向支撑的截面面积和杆件长度；

l_1——梁的侧向自由长度，即梁上

（或下）翼缘侧向支撑点之间的距离。

四、强度验算

（一）支撑斜杆承载力

1. 斜杆

偏心支撑斜杆的抗拉、抗压强度（截面承载力）验算和受压稳定性（构件承载力）验算，分别按公式（13-45）和下式进行。

$$\frac{N_{br}}{\varphi A_{br}} \leqslant f/\gamma_{RE} \qquad (13\text{-}66)$$

式中，N_{br}按公式（13-61）或式（13-62）计算，取二者中的较小值；其余符号的说明见公式（13-46）。

2. 斜杆的连接

(1) 设计原则

1）支撑斜杆拼接接头以及斜杆与消能梁段连接的承载力，不应小于支撑的实际承载力。

2）支撑斜杆若需抵抗弯矩，支撑斜杆与框架梁的连接，则应按抗压弯连接设计。

(2) 计算公式

1）斜杆的拼接接头的极限承载力，应满足公式（13-49）要求。

2）斜杆的高强度螺栓摩擦型连接处的强度，应按公式（13-50）及公式（13-51）验算。

（二）消能梁段承载力

为了简化计算并确保消能梁段在全截面剪切屈服时具有足够的抗弯能力，消能梁段的截面设计宜采取“腹板受剪、翼缘承担弯矩和轴力”的计算原则。

1. 翼缘正应力

对于偏心支撑框架梁，消能梁段轴向力产生的梁段翼缘平均正应力σ_N，应分别情况按下列公式计算：

当计算出的σ_N小于$0.15f_{ay}$时，取$\sigma_N=0$。

当消能梁段净长度$a<2.2M_{lp}/V_l$时，

$$\sigma_N = \frac{V_1}{V_{lb}} \cdot \frac{N_{lb}}{2b_f t_f} \qquad (13\text{-}67)$$

当消能梁段净长度$a \geqslant 2.2M_{lp}/V_l$时，

$$\sigma_N = \frac{N_{lb}}{A_{lb}} \qquad (13\text{-}68)$$

式中 V_{lb}、N_{lb}——分别为消能梁段的剪力设计值和轴力设计值；

V_l——消能梁段的屈服受剪承载力，见公式（13-69）；

b_f、t_f、A_{lb}——消能梁段的翼缘宽度、翼缘厚度和梁段截面面积。

2. 塑性承载力

偏心支撑横梁中的消能梁段，其屈服（塑性）受剪承载力V_l、全截面塑性受弯承载力M_{lp}以及梁段承受轴向力时的全塑性压弯承载力M_{pc}，应分别按下列公式计算：

$$V_l=0.58f_{ay}h_o t_w \text{ 或 } V_l=2M_{lp}/a\text{，取较小值} \qquad (13\text{-}69)$$

$$M_{lp}=W_p f_{ay} \qquad (13\text{-}70)$$

$$M_{pc}=W_p\ (f_{ay}-\sigma_N) \qquad (13\text{-}71)$$

式中 a、t_w、h_o——消能梁段的净长度、腹板厚度和腹板计算高度；

f_{ay}——消能梁段钢材的屈服强度；

W_p——消能梁段的塑性截面模量（抵抗矩），其数值等于消能梁段全截面面积对自身中和轴的面积矩；

σ_N——轴力引起的梁段翼缘平均正应力，按公式（13-67）或式（13-68）计算；

系数 0.58——钢材抗剪强度与抗拉强度比值的设计取值。

3. 受剪承载力

(1) 当消能梁段的轴力设计值不超过$0.15Af$时，可忽略轴力影响，消能梁段的受剪承载力不应小于梁段腹板屈服时的剪力，和梁段两端形成塑性铰时的剪力两者中的较小值。

(2) 当消能梁段的轴力设计值超过$0.15Af$时，则需适当降低梁段的受剪承载力，以保证该梁段具有稳定的滞回性能。

(3) 消能梁段的剪力设计值V，应根据轴压比的大小，分别满足下列公式要求：

1）当$N \leqslant 0.15Af$时，不计轴力对受剪承载力的影响

$$V \leqslant \varphi \frac{V_l}{\gamma_{RE}} \qquad (13\text{-}72)$$

$V_l=0.58A_w f_{ay}$或$V_l=\dfrac{2M_{lp}}{a}$，取两者中的较小值

$$A_w = (h-2t_f)t_w,\ M_{lp} = W_p f_{ay} \qquad (13\text{-}73)$$

2）当$N>0.15Af$时，

$$V \leqslant \varphi \frac{V_{lc}}{\gamma_{RE}} \qquad (13\text{-}74)$$

$$V_{lc} = 0.58A_w f_{ay}\sqrt{1-\left(\frac{N}{Af}\right)^2}$$

或 $V_{lc}=\frac{2.4M_{lp}}{a}\left(1-\frac{N}{Af}\right)$，取较小值

下面所列各符号的含义均为消能梁段的内容，不再逐一注明：

φ——修正系数，取0.9；

V、N——剪力设计值和轴力设计值；

V_l、V_{lc}——分别为不考虑和考虑轴力影响的屈服受剪承载力，均采用消能梁段剪切屈服和弯曲屈服两种情况的较小值；

M_{lp}——全塑性受弯承载力；

a、h、t_w、t_f——消能梁段的长度、截面高度、腹板厚度、翼缘厚度；

A、A_w——截面面积和腹板截面面积；

W_p——塑性截面模量；

f、f_{ay}——钢材的抗拉强度设计值和屈服强度；

γ_{RE}——承载力抗震调整系数，取0.85。

4. 腹板强度验算

(1) 为使消能梁段在多遇烈度地震作用效应组合下仍处于弹性状态，腹板承担的剪力设计值，不宜超过其受剪承载力的80%。

(2) 根据GB 50017—2002《钢结构设计规范》，钢梁的受剪承载力 $V=0.58h_ot_wf$。

(3) 净长度 $a<2.2M_{lp}/V_l$ 的消能梁段，腹板不分担梁的轴力，其腹板强度应按下式验算：

$$\frac{V_{lb}}{0.8\times0.58h_0t_w}\leqslant\frac{f}{\gamma_{RE}}\tag{13-75}$$

式中 V_{lb}——多遇烈度地震作用效应与其他荷载效应组合时消能梁段的剪力设计值；

f——钢材的强度设计值，按第11章表11-2的规定取值；

γ_{RE}——承载力抗震调整系数，$\gamma_{RE}=0.85$。

(4) 净长度 $a>2.2M_{lp}/V_l$ 的消能梁段，尽管腹板要分担梁的轴力，腹板的受剪承载力有所降低，但根据JGJ 99—98《高层民用建筑钢结构技术规程》第6.5.5条的规定，腹板强度可仍按公式(13-75)验算。不过，当消能梁段的轴力很大时，应考虑其对非弹性变形的影响，对腹板的受剪承载力予以适当折减。

5. 翼缘强度验算

消能梁段的翼缘强度应分别情况按下列公式验算：

(1) 当消能梁段净长度 $a<2.2M_{lp}/V_l$ 时，腹板完全用于抗剪，轴力和弯矩全部由翼缘承担。

$$\left(\frac{M_{lb}}{h}+\frac{N_{lb}}{2}\right)\frac{1}{b_ft_f}\leqslant\frac{f}{\gamma_{RE}}\tag{13-76}$$

(2) 当消能梁段净长度 $a\geqslant2.2M_{lp}/V_l$ 时，轴力和弯矩由翼缘和腹板共同承担。

$$\frac{M_{lb}}{W}+\frac{N_{lb}}{A}\leqslant\frac{f}{\gamma_{RE}}\tag{13-77}$$

式中 M_{lb}、N_{lb}——多遇烈度地震作用效应组合时消能梁段的弯矩设计值和轴力设计值；

h、A、W——消能梁段的截面高度、截面面积和截面模量（抵抗矩）；

b_f、t_f、f、γ_{RE} 分别见公式(13-68)和式(13-75)。

（三）偏心支撑框架柱

1. 偏心支撑框架柱的承载力，应按本章公式(13-27)进行验算。

2. 偏心支撑框架的设计，仍应符合强柱弱梁的耐震设计准则。考虑到梁钢材的实际屈服强度有可能高于标准值（标定值），为使塑性铰出现在框架梁而不是在框架柱上，有必要适当提高框架柱的内力设计值。

3. 验算柱的承载力时，偏心支撑框架柱的弯矩设计值 M_c 和轴力设计值 N_c，应按下列规定取值。

(1) 框架柱的弯矩设计值 M_c 应按下列公式计算，并取两者中的较小值：

$$M_c=\frac{\eta V_l}{V_{lb}}M_{c,com}\tag{13-78}$$

$$M_c=\frac{\eta M_{pc}}{M_{lb}}M_{c,com}\tag{13-79}$$

(2) 框架柱的轴力设计值 N_c 应按下列公式计算，并取两者中的较小值：

$$N_c=\frac{\eta V_l}{V_{lb}}N_{c,com}\tag{13-80}$$

$$N_c=\frac{\eta M_{pc}}{M_{lb}}N_{c,com}\tag{13-81}$$

式中 $M_{c,com}$、$N_{c,com}$——分别为偏心支撑框架柱在竖向荷载和水平地震作用最不利组合下的弯矩设计值和轴向力设计值；

V_l、M_{pc}——分别为偏心支撑框架梁的消能梁段的受剪屈服承载力和压弯屈服承

载力；

V_{lb}、M_{lb}——分别为偏心支撑框架梁在竖向荷载和水平地震作用最不利组合下，消能梁段的剪力设计值和弯矩设计值；

η——内力增大系数，见表13-16。

防屈曲支撑

（一）防屈曲支撑的开发与应用

框架-支撑体系是地震区高层建筑中应用较多的结构体系，与框架体系相比，它多一道抗震防线，因而抗震可靠度更高；又因为竖向支撑的抗推刚度远大于框架，地震作用下结构的层间侧移更小，得以保护和减轻建筑的围护结构、装修和内部设施的损坏程度，成为一种经济、有效的抗震结构体系。随着工程抗震经验的不断总结，竖向支撑逐步地从传统的轴交支撑（中心支撑）发展为偏交支撑（偏心支撑），更进一步发展为防屈曲支撑。

1. 轴交支撑易屈曲

非地震区的高层建筑，采用框架-支撑体系时，结构体系中的竖向支撑均采用轴交支撑（中心支撑）。地震区的高层建筑采用框架-支撑体系时，其中的竖向支撑，早期均采用轴交支撑；近期，也有采用轴交支撑的，但更多的情况特别是高烈度地震区则采用偏交支撑（偏心支撑）。

传统的轴交支撑，支撑斜杆的轴心线与框架梁、柱的轴心线交汇于一点，构成几何不变的三角形杆系。这种支撑在水平地震作用下所产生的侧移，是由各杆件的轴向拉伸或压缩引起的，由于杆件的轴向抗拉、抗压刚度远大于杆件的抗弯刚度，在结构弹性变形阶段，轴交支撑具有很大的抗推刚度。然而，高层建筑所采用的轴交支撑，其斜腹杆的长细比一般均大于40，受压屈曲时的欧拉临界荷载小于其轴向压缩时的抗力，遭遇强烈地震时，支撑斜腹杆所受压力往往超过欧拉临界荷载，使斜腹杆发生出平面整体失稳而产生侧向挠曲（屈曲）；地震作用反向，斜腹杆由挠曲状态骤然绷直，其动力效应将使杆件所受拉力大增，杆身及其端部连接产生超应力，同时支撑斜杆受压屈曲时的钢板皱折处因出现裂缝而过早断裂。此外，斜腹杆在往复水平地震作用下反复受拉、受压时，其抗压刚度和稳定受压承载力将显著降低，降低的幅度与斜杆的长细比和荷载循环次数成正比。往复水平荷载作用下轴交支撑的滞回曲线示意图如图13-33（*a*）。从中可以看出，滞回曲线是非对称的，而且很瘦小，表明轴交支撑在地震作用下，因为斜腹杆的受压屈曲、刚度退化和强度弱化，吸收和耗散地震能量少，耐震性能差，抗震可靠度低。因此，7度以上地震区的高层建筑已很少继续采用传统的轴交支撑，多改用耐震性能较好的偏交支撑和防屈曲支撑。

2. 偏交支撑耗能少且伤及主结构

偏交支撑（偏心支撑）的结构特征是：支撑斜腹杆的轴心线与框架梁、柱的轴心线不是交汇于一点，而偏离一段距离，仅与梁轴心线相交，使斜腹杆与梁的交点到柱内侧的一段梁形成“消能梁段”，并使斜腹杆受压承载力不小于消能梁段达到受剪屈服强度时斜腹杆受压轴力的1.6倍，确保结构在遭遇强烈地震时，使消能梁段先行屈服，产生足够大的塑性剪切变形，以吸收和耗散输入结构的地震能量，并保持斜腹杆始终处于平直状态，不发生屈曲，也就使偏交支撑在地震期间不再发生刚度退化和强度弱化，从而始终保持足够的抗推刚度和水平承载力。

框架梁是框架-支撑体系中的主要承重构件和抗侧力构件的重要杆件，其消能梁段的较大剪切塑性变形在地震结束后并不能自动复原，需要及时进行强力矫正和补强，这是偏交支撑耐震性能不足之处。此外，构件往复加载试验结果表明，构件剪力塑性变形所能耗散的地震能量小于构件弯曲塑性变形的耗散能量，更小于构件轴向拉、压塑性变形所耗散的能量。所以，偏交支撑还算不上优良的耐震构件，有待于进一步地改善。

3. 防屈曲支撑消能减震

防屈曲支撑（Buckling-restrained brace）是以轴交支撑为基础加以改良而成，为防止强烈地震时支撑斜腹杆因受压而发生屈曲导致刚度和承载力大幅度下降，斜腹杆采用由芯杆（受力单元）、无粘结涂层（滑动单元）和外包套管（侧向约束单元）三部分组成的复合构件，中间的芯杆与框架的梁、柱相连接，承担结构侧力引起的轴向压力或轴向拉力；外包套管的长度比芯杆略短，其两端不与支撑节点板相连接而空开一定距离，让套管不参与承担拉力或压力，而仅利用其抗弯刚度防止芯杆受压时屈曲，使芯杆始终保持平直状态而能充分发挥其最大的拉、压承载力及相应的轴向塑性变形。

防屈曲支撑的结构试验结果表明，多次往复侧力作用下的荷载-位移滞回曲线（图 13-33*b*）非常饱满，而且是反对称的，受拉和受压状况基本相同，不再出现刚度退化和强度弱化，证实防屈曲支撑是一种耐震性能极佳的抗侧力构件。

防屈曲支撑是一种位移型（金属屈服型）阻尼器，属于被动控制类型，不需要外部能源驱动，能通过杆件轴向塑性变形直接消耗地震能量的方式达到减小结构振动幅度的目的，是用于地震区高层建筑的高效的消能减震构件。

日本和美国是开展结构控制体系研究比较早的国家。防屈曲支撑最早于 1980 年出现在日本，目前日本已有 250 幢以上的建筑采用了防屈曲支撑作为抗侧力构件。美国自 1994 年北岭地震以后也开始在工程中采用防屈曲支撑，应用于多项新建工程和抗震加固工程，并在理论分析和结构试验的基础上，于 2001 年编制出《防屈曲支撑框架技术措施》（Recommended Buckling-restrained Braced Frame Provisions）。防屈曲支撑近期在我国也得到了应用，北京银泰中心的 55 层主楼和上海古北财富中心办公楼均采用了防屈曲支撑。

（二）防屈曲支撑的形式

防屈曲支撑（Buckling-restrained Brace）的腹杆在钢框架中的布置形式一般采用单斜式、人字形或 V 字形（图 13-30*a*、*b*、*c*）；而不采用 X 形，因为 X 形支撑的中央节点阻碍支撑斜腹杆中间芯杆的自由伸缩。若需要采用 X 形支撑时，一般是采取由上一层的 V 形支撑和下一层的人字形支撑组合而成，即形成跨越两个楼层的 X 形支撑（图 13-30*d*）。

支撑斜腹杆的倾角宜为 30°～60°之间，倾角小于 30 度和大小 60 度的支撑，抗侧力效率低下，不经济。

（三）支撑斜腹杆的构成

防屈曲支撑的斜腹杆是由中间的芯杆和外包的套管两个基本部件组成，芯杆采用截面为十字形、H 形或方管的整根钢杆，套管采用圆形或方形钢管，芯杆与套管之间充填砂浆或素混凝土（图 13-31）；另一种做法是，套管与芯杆紧密接触，直接箍住芯杆，芯杆与套管之间不再填灌砂浆或混凝土（图 13-32）。芯杆与套管之间由无粘结涂层和间隙隔开，防止套管参与承受轴向荷载。

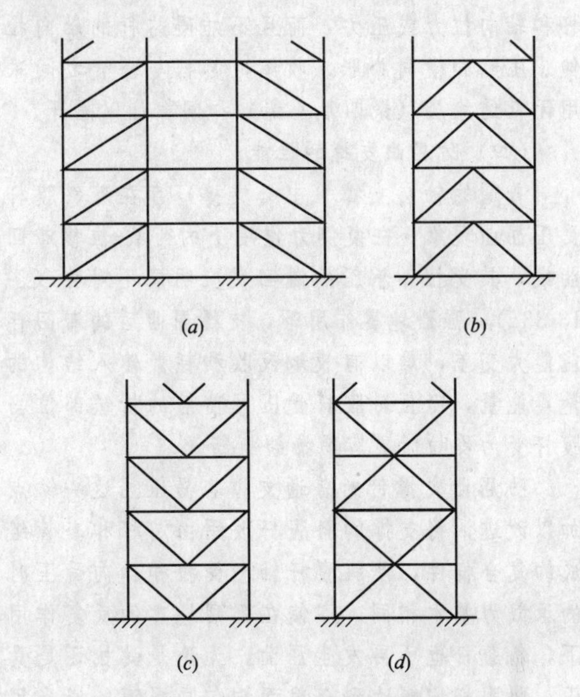

图 13-30　防屈曲支撑的形式

(*a*) 单斜式；(*b*) 人字形；(*c*) V 字形；(*d*) 跨层 X 形

图 13-31　支撑斜腹杆的横截面构造（一）

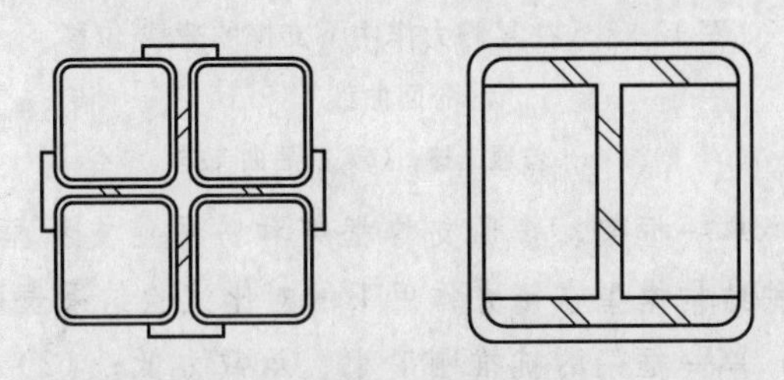

图 13-32　支撑斜腹杆的横截面构造（二）

芯杆两端采用高强度螺栓与框架梁、柱上的节点板连接，以承担因往复水平地震作用对支撑斜杆产生的全部压力或拉力。外包套管只是用来加大芯杆的横截面等效回转半径，减小支撑斜杆的长细比，确保芯杆受压时不再屈曲，从而达到无论芯杆受拉还是受压均能实现全截面屈服、全截面产生等值塑性轴向变形，以充分吸收和耗散输入结构的地震能量。为了不让套管参与承担斜杆和轴向拉力或压力，而且不妨碍芯杆的轴向拉伸、压缩和横向膨胀、收缩，芯杆与套管之间采用无粘结涂层（聚四氟乙烯）和间隙加以隔开。

（四）防屈曲支撑的性能

普通的轴交支撑（中心支撑）存在着斜腹杆受压屈曲现象，往复侧力作用下的荷载-位移滞回曲线，其受拉、承压的滞回反应明显不对称（图13-33*a*），强烈地震作用下，支撑屈曲后的滞回耗能能力变差，难以有效地吸收和耗散输入结构的地震能量，而且斜腹杆受压屈曲后的折皱部位当腹杆变为受拉时更容易撕裂折断。

防屈曲支撑针对普通支撑容易压屈这一缺点加以改进，将支撑的斜腹杆改用由芯杆和套管组成的复合杆件，使斜腹杆轴向受拉和轴向受压时的承载力基本相同，即使在强烈地震的反复作用下，斜腹杆也不再发生屈曲，无论是受拉还是受压，斜腹杆均能达到全截面均匀屈服而能产生足够大的轴向拉、压塑性变形，从而充分吸收和耗散输入结构的地震能量。结构试验结果表明，防屈曲支撑在往复侧力作用下的荷载-位移滞回曲线十分饱满，而且具有良好的对称性（图13-33*b*）。从结构性能方面进一步证实防屈曲支撑是一种具有极佳耐震性能的抗侧力构件。

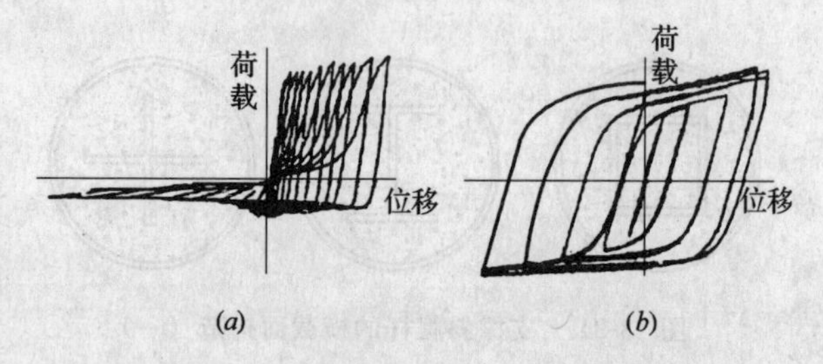

图13-33 往复侧力作用下支撑的荷载-位移滞回曲线
（*a*）普通支撑；（*b*）防屈曲支撑

单一框架、普通支撑框架和防屈曲支撑框架三种结构模型在侧力作用下的对比试验结果表明：(1) 单一框架的抗推刚度小、承载力低；(2) 普通支撑框架的初始抗推刚度大，随着荷载的增加，其中的受压斜腹杆因侧向失稳（屈曲）而退出工作（图13-34*a*），结构的抗推刚度急剧下降，承载力减小；(3) 防屈曲支撑框架不仅初始的抗推刚度大，而且由于受压斜腹杆不再发生屈曲而始终充分发挥其轴向抗压刚度和受压承载力（图13-34*b*），从而具有比普通支撑框架大得多的而且始终不变的抗推刚度和水平承载力，同时防屈曲支撑还进一步增大框架-支撑结构体系的延性。水平荷载作用下纯框架、普通支撑框架和防屈曲支撑框架的荷载-位移曲线分别示于图13-35，从中可以看出三者的显著差别。

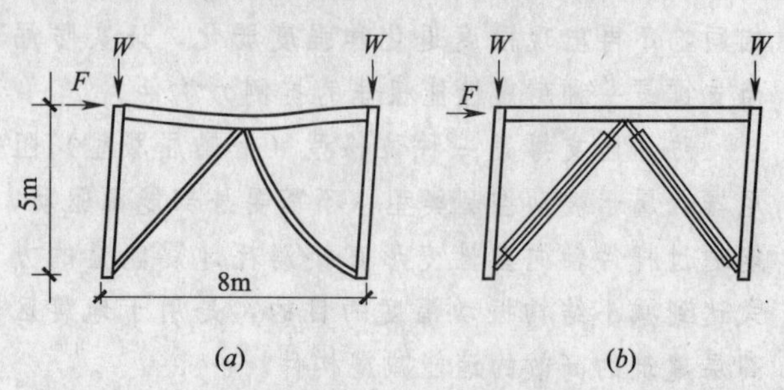

图13-34 水平荷载作用下支撑框架各杆件的变形状态
（*a*）普通支撑框架；（*b*）防屈曲支撑框架

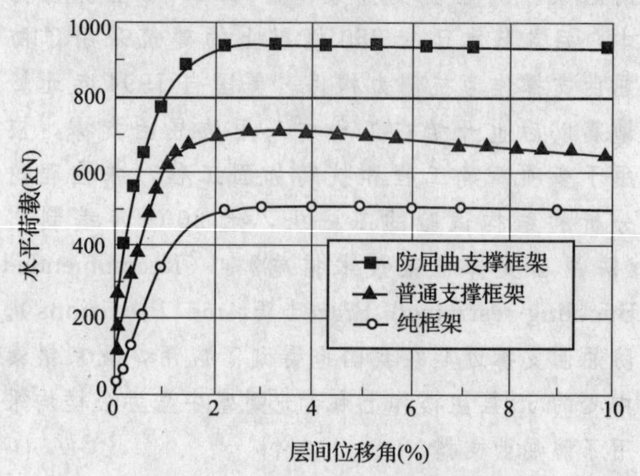

图13-35 侧力作用下纯框架和两种支撑框架的荷载-位移曲线

此外，从图13-34（*a*）中人字形普通支撑的杆件变形状态还可以看出，当水平荷载增大到受压腹杆因屈曲而部分退出工作后，受压斜腹杆的轴向压力减小，受拉斜腹杆的轴向拉力增大，拉、压力的平衡状态被打破，两根腹杆的拉力、压力的竖向分力的差值，变成作用于框架主梁上的附加横向荷载，使框架梁的内力和挠度增大，进一步降低普通支撑框架的抗震可靠度。而图13-34（*b*）所示的防屈曲支撑，由于斜腹杆受压时不再屈曲，而且拉、压腹杆所用钢材的受拉弹性模量和受压弹性模量的数值相同，在整个加载过程中，拉、压腹杆所受的拉力和压力始终处于平衡状态，两者的竖向分力的差值等于零，对框架梁不再产生附加横向力，使框架梁、柱一直处于正常受力状态，整个结构得以正常发挥其抗震承载力。

防屈曲支撑的刚韧和消能特性使它具有双重结构功能：(1) 为框架-支撑体系提供必要和持久

的抗推刚度；(2) 减小结构在强烈地震作用下的振动反应。

(五) 支撑芯杆的设计

防屈曲支撑斜腹杆的芯杆采用低屈服强度和较大延性的钢材制作。芯杆承受轴向荷载，其构件力学模型可采用理想弹塑性杆单元模型，考虑外包套管对芯杆侧向挠曲的约束，防止芯杆受压屈曲。因此。设计芯杆的截面形状和尺寸时应考虑其强度和稳定性问题。

1. 强度计算

芯杆轴向受力时的设计屈服荷载 P_y 按下式计算：

$$P_y = f_y A \tag{13-82}$$

式中 f_y——芯杆钢材的屈服强度设计值；

A——芯杆的截面面积。

2. 稳定性验算

通过屈曲分析求解芯杆受压时的整体失稳荷载。假定支撑斜腹杆在两端轴向压力 P 作用下发生横向半波形弯曲屈曲，芯杆与外包套管之间有横向分布力 q (x) 相互作用，但无纵向相互作用力。取出受力隔离体，分别建立平衡方程。

芯杆单元的平衡方程为

$$E_1 I_1 \frac{d_y^4}{d_x^4} + P \frac{d_y^2}{d_x^2} = -q(x) \tag{13-83}$$

套管单元的平衡方程为

$$E_2 I_2 \frac{d_y^4}{d_x^4} = q(x) \tag{13-84}$$

式中 E_1、I_1——芯杆钢材的弹性模量和截面抗弯惯性矩；

E_2、I_2——套管钢材的弹性模量和截面抗弯惯性矩。

将式 (13-84) 代入式 (13-83) 并整理得：

$$\frac{d_y^4}{d_x^4} = \left(\frac{P}{E_1 I_1 + E_2 I_2}\right)\frac{d_y^2}{d_x^2} = 0 \tag{13-85}$$

近似地假定芯杆单元和套管单元的长度相等，同为 l，引入杆件两端的边界条件对式 (13-85) 进行求解，得支撑整体失稳的极限承载力 P_{cr}

$$P_{cr} = \frac{\pi^2 (E_1 I_1 + E_2 I_2)}{(kl)^2} \tag{13-86}$$

式中 k——考虑杆件两端约束条件的计算长度系数，两端铰接，取 $k=1.0$；两端刚接，取 $k=0.5$；实际情况介于两者之间，即 $k=0.5 \sim 1.0$。

实际工程中应尽量使钢芯杆两端与框架梁、柱的连接在构造上接近于铰接，使杆件受力情况符合计算模型，减轻芯杆两端无套管约束区段和节点板在复杂应力状态下的破损程度和失效概率。

3. 截面尺寸的确定

理想情况下，支撑斜腹杆整体失稳的临界荷载 P_{cr} 大于芯杆所承受的最大轴力，则芯杆单元在斜腹杆屈曲前会达到充分的屈服。此时，芯杆的截面尺寸即可按强度确定；否则，芯杆截面尺寸需按强度和稳定性两种情况分别计算，取其较大值。

4. 钢材的选用

低碳钢是一种性能优良的弹塑性材料，具有极为优良的塑性变形性能，在超过屈服应变几十倍的塑性应变情况下往复加载数百次而不断裂，其往复荷载下的滞回曲线，形状饱满，吸能容量大，耗能效果好。

日本针对防屈曲支撑和钢板剪力墙所用钢材，开发了低屈服点的钢材系列 (LY100，LY225)，延伸率达到 50%以上。低屈服点钢材具有良好的塑性变形能力，大震时可以更多地吸收和耗散地震输入结构的能量，减小结构的振动反应。表 13-19 列出三种软钢的材料性能指标，供工程设计时应用。研究表明，支撑斜腹杆的芯杆采用极低强度软钢的防屈曲支撑，因具有更强的塑性变形能力和更大的滞回耗能容量，成为地震区高层建筑一种实用的构造简单、效能极佳的消能减震器。

软钢的材料性能指标　　表 13-19

钢材品种	屈服应力 σ_y (N/mm²)	最大应变 ε_m (mm)	弹性模量 E_s (N/mm²)	泊松比 μ
软　钢	210	6	2.1×10⁵	0.3
很软钢	150	9	2.1×10⁵	0.3
极软钢	100	12	2.1×10⁵	0.3

(六) 外包套管的设计

支撑斜腹杆的外包钢套管，不与框架梁、柱的节点板连接，不承受任何轴力，不参与支撑刚度，构造上也不妨碍支撑芯杆的纵向伸缩和横向胀缩，套管的惟一功能是利用其足够强的抗弯刚度为芯杆提供侧向约束，确保斜腹杆达到极限承载力之前芯杆不会发生屈曲，因此，外包钢套管的设计应满足下列条件式：

$$P_{cr} > \alpha P_y$$

即 $$P_{cr} = \frac{\pi^2 (E_1 I_1 + E_2 I_2)}{(kl)^2} > \alpha P_y = \alpha f_y A \tag{13-87}$$

整理后得，外包套管的抗弯刚度（E_2I_2）应满足下式要求：

$$E_2I_2 > \frac{\alpha f_y A k^2 l^2}{\pi^2} - E_1 I_1 \quad (13\text{-}88)$$

式中，α 为安全系数。

因为钢材的极限抗拉强度通常为其屈服强度设计值的1.5～2.0倍，而防屈曲支撑正是要利用支撑芯杆在钢材屈服阶段和强化阶段所产生的塑性变形来吸收和耗散输入结构的地震能量以达到减振的目的。因此，工程设计中宜取 $\alpha=2$。

（七）芯杆与套管间隙的设计

支撑斜腹杆的芯杆应在被约束的区段全长涂刷无粘结涂层，在芯杆与外包套管之间填充橡胶、聚乙烯、硅胶、乳胶等材料，以消除芯杆受约束区段与外包套管接触面的纵向剪力。

然而，由于约束机制的作用，约束屈服段可能会在高阶模态时发生微幅屈曲；又为了让芯杆受压时能够自由地横向膨胀，避免芯杆与约束机构接触面产生摩擦力而迫使约束机构承受轴向力，芯杆与填充材料之间需要预留一定的间隙。需要注意，该间隙不能太小，以免斜腹杆受压时芯杆的横向膨胀受到限制，使芯杆因套箍效应而发生屈服滞后，耗能能力减弱，甚至造成约束机制的破坏；该间隙又不能过大，以免降低外围约束单元对内核受力单元的有效约束；间隙太大，约束屈服段的屈曲变形和相关曲率还会超出设计规定值，以致减小屈服段的低周疲劳寿命。

1. 泊松比的影响

确定间隙宽度时，首先考虑芯杆钢材泊松比的影响。假设芯杆主受力单元受拉或受压时的体积不变，则有

$$A_0L_0 = AL \quad (13\text{-}89)$$

式中 L_0、A_0——芯杆主受力单元的初始长度和横截面面积；

L、A——芯杆主受力单元受拉或受压后的实际长度和因钢材泊松比较应产生的实际横截面面积。

设定轴向应变 ε 以受拉为正，芯杆主受力单元的横截面面积变化与轴向应变之间的关系式可由下式推导出：

$$\varepsilon = \frac{\Delta L}{L} = 1 - \frac{L_0}{L} = 1 - \frac{A}{A_0}$$

$$A = A_0(1-\varepsilon) \quad (13\text{-}90)$$

当芯杆受拉和受压时主受力单元的轴向应变绝对值相同时，其受拉与受压时的实际横截面面积比值按下式计算：

$$\frac{A_t}{A_c} = \frac{A_0(1-\varepsilon_u)}{A_0(1+\varepsilon_u)} = \frac{1-\varepsilon_u}{1+\varepsilon_u} \quad (13\text{-}91)$$

式中 A_t、A_c——分别为芯杆主受力单元受拉和受压时的实际横截面面积；

ε_u——芯杆主受力单元轴向应变的最大值。

假设芯杆主受力单元钢材的应力-应变关系曲线当杆件受拉和受压时完全反对称，则所对应的轴压力（P_c）与轴拉力（P_t）差值的百分比关系式如下式所示：

$$\frac{P_c - P_t}{P_t} = \frac{A_c f_y - A_t f_y}{A_t f_y} = \frac{A_c}{A_t} - 1$$

$$= \frac{1+\varepsilon_u}{1-\varepsilon_u} - 1 = \frac{2\varepsilon_u}{1-\varepsilon_u} \quad (13\text{-}92)$$

设芯杆主受力单元轴向拉应变和轴向压应变的最大值为0.01，按照主受力单元受力前后体积不变的原则，芯杆与外包套管的间隙宽度约为1.15mm。受拉时，间隙宽度增大，轴向受拉与轴向受压时的差值约为2%。

2. 层间弹塑性位移的影响

外包套管与芯杆间隙宽度的确定，还需考虑强烈地震作用下结构最大层间弹塑性侧移的影响（图13-36）。一般情况下，支撑斜腹杆的倾角 θ 在30°～60°之间，则芯杆在结构发生层间侧移时的轴向拉、压应变 ε_L 按下式计算：

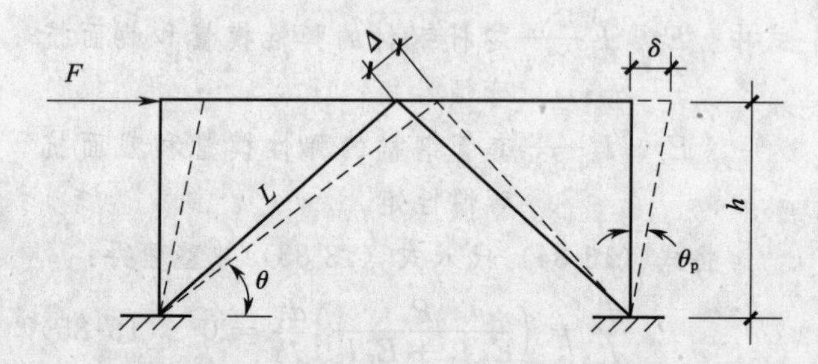

图13-36　防屈曲支撑的层间弹塑性位移简图

$$\varepsilon_L = \left|\frac{\Delta}{L}\right| = \left|\frac{\delta\cos\theta}{L}\right| = \left|\frac{h\cdot\theta_p\cdot\cos\theta}{h/\sin\theta}\right|$$

$$= \left|\frac{1}{2}\theta_p\sin2\theta\right| \leqslant \frac{1}{2}\theta_p \quad (13\text{-}93)$$

芯杆的横向线应变 ε' 与轴向线应变 ε_L 之比的绝对值为常数 μ，即

$$\mu = \left|\frac{\varepsilon'}{\varepsilon_L}\right| \quad (13\text{-}94)$$

$$\varepsilon' = \mu\varepsilon_L = \frac{1}{2}\mu\theta \quad (13\text{-}95)$$

根据《抗震规范》第5.5.5条的规定，罕遇地震作用下高层钢结构的弹塑性层间位移角$\theta_p=\delta/h=1/50$；钢材的泊松比μ按表11-1的规定取0.3，计算得芯杆在截面两个方向的胀、缩量约为该方向截面边长的4‰，以此值为依据，间隙的宽度应为0.3mm。

3. 间隙宽度取值

比较泊松比和层间位移的影响，取两者的较大值，作为间隙宽度的设计值，同时应以结构对应于1.5倍设计最大层间弹塑性位移时受压斜腹杆的芯杆与套管的间隙宽度接近于零为准则。根据以上的计算数据，间隙宽度可取1.2mm。

4. 限位卡的设置

间隙的设置并不意味支撑芯杆与外包套管可以相互任意错动，芯杆板件应在中间部位设置限位卡与套管可靠接触，防止支撑腹杆倾斜布置时及受力变形时外围约束单元的滑脱，保持对内核主受力单元的有效约束。

（八）支撑节点设计与安装

1. 节点设计

防屈曲支撑与主体框架的连接节点，其构造设计应符合“强节点、弱杆件”的耐震设计准则，具体应满足下面两个条件：(1) 节点连接板的设计极限承载力大于1.5倍斜腹杆承载力；(2) 高强度螺栓连接的设计极限承载力大于1.5倍斜腹杆承载力。

2. 支撑安装

支撑主要用于承担结构的侧向荷载，为了防止支撑参与承担竖向荷载以及框架钢柱弹性压缩的影响，支撑斜腹杆的安装应等待主框架结构封顶后再作最终固定。

对于层数很多的高层建筑，框架钢柱在各楼层重力荷载作用下所产生的弹性压缩量很大，支撑斜腹杆宜根据结构封顶后的实际尺寸下料。

钢板剪力墙

一、构造要求

（一）构成和材料

1. 钢板剪力墙是采用厚钢板制成，或采用带加劲肋的较厚钢板制成。

2. 钢板剪力墙嵌置于钢框架的梁、柱框格内。

3. 钢板剪力墙与钢框架的连接构造，应能保证钢板剪力墙仅参与承担水平剪力，而不参与承受重力荷载及柱压缩变形引起的压力。

4. 在框架-墙板结构体系中，钢墙板的平面内侧向刚度远大于钢框架，整个结构体系的侧向变形性质和量值更多地取决于钢墙板。对于抗震设防结构，为了使钢墙板提前进入塑性变形阶段，以提高框架与墙板的同步工作程序，加大整个结构体系的塑性变形能力和延性，更多地吸收和耗散输入结构的地震能量，确保主体结构的安全，有必要使墙板的钢材屈服强度远低于框架的钢材屈服强度。

近来日本和我国台湾均已开发出用于吸震墙板的、具有极低屈服强度和极大塑性变形能力的LYP100钢（$f_{ay}\leqslant100$MPa，强屈比>3，伸长率$\delta\geqslant50\%$），并实际应用于新竹国宾大楼。100MPa已接近钢材的本质强度（Intrinsic strength）60MPa，因此需要利用极低碳钢的吹炼技术，去除所有可能造成钢材强度提高的强化因子，以得到近乎纯铁的成分。

（二）加劲肋

1. 非抗震设防或按6度抗震设防的高层建筑钢结构，可采用带加劲肋或不带加劲肋的钢板剪力墙。

2. 按7度及7度以上抗震设防的高层建筑钢结构，宜采用带纵向和横向加劲肋的钢板剪力墙，而且加劲肋宜双面设置。纵、横加劲肋可分别设置于钢板的两面（图13-37*a*）；必要时，钢板的双面均设置纵、横加劲肋（图13-37*b*）。

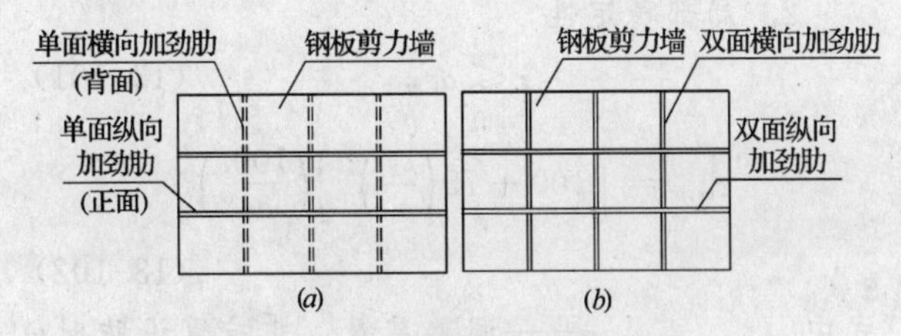

图13-37　钢板剪力墙的加劲肋

(*a*) 单面纵向或横向加劲肋；(*b*) 双面纵、横向加劲肋

二、强度验算

（一）无肋钢板剪力墙

1. 未设置加劲肋的钢板剪力墙，可按下列公式验算其抗剪强度及稳定性。

(1) 抗剪强度

非抗震设计　$\tau\leqslant f_v/\gamma_0$　(13-96)

抗震设计　$\tau\leqslant f_v/\gamma_{RE}$　(13-97)

(2) 受剪稳定性

$$\tau \leqslant \tau_{cr} = \left[123 + \frac{93}{(l_1/l_2)^2}\right]\left(\frac{100t}{l_2}\right)^2 \quad (13\text{-}98)$$

式中 τ、τ_{cr}——钢板剪力墙的剪应力和临界剪应力；

f_v——钢材的抗剪强度设计值；

γ_o——结构重要性系数，结构安全等级为一、二级时，分别取 1.1 和 1.0；

γ_{RE}——承载力抗震调整系数，$\gamma_{RE}=0.75$；

l_1、l_2——所验算的钢板剪力墙所在楼层梁和柱所包围区格的长边和短边尺寸；

t——钢板剪力墙的钢板厚度。

2. 屈曲后强度

(1) 非抗震设防的高层建筑钢结构所采用的钢板剪力墙，当有充分根据时，可利用其屈曲后强度。

(2) 当利用钢板剪力墙的钢板“屈曲后强度”时，钢板屈曲后的张力应能传递至框架梁和柱，且设计梁和柱的截面时，应计入张力场效应。

(二) 有肋钢板剪力墙

设有纵向和横向加劲肋的钢板剪力墙，应按下列公式验算其强度和稳定性：

1. 抗剪强度

非抗震设计 $\tau \leqslant \alpha f_v/\gamma_o$ (13-99)

抗震设计 $\tau \leqslant \alpha f_v/\gamma_{RE}$ (13-100)

2. 局部稳定性

$$\tau \leqslant \alpha\tau_{cr,p} \quad (13\text{-}101)$$

$$\tau_{cr,p} = \left[100 + 75\left(\frac{c_2}{c_1}\right)^2\right]\left(\frac{100t}{c_2}\right)^2 \quad (13\text{-}102)$$

式中 α——调整系数，非抗震设防时，取 1.0；抗震设防时，取 0.9；

$\tau_{cr,p}$——由纵向和横向加劲肋分隔成的区格内钢板的临界应力；

c_1、c_2——纵、横加劲肋所形成区格的长边和短边尺寸；

τ、f_v、t、γ_o、γ_{RE}——见公式 (13-98) 的说明。

3. 整体稳定性

对于高度 h 小于宽度 b（图 13-38）的有肋钢板剪力墙，其整体稳定性应按下式验算：

$$\tau_{cr,t} = \frac{3.5\pi^2}{h^2 t}(D_1)^{\frac{1}{4}} \cdot (D_2)^{\frac{3}{4}} \geqslant \tau_{cr,p} \quad (13\text{-}103)$$

$$D_1 = \frac{EI_1}{c_1}, D_2 = \frac{EI_2}{c_2} \quad (13\text{-}104)$$

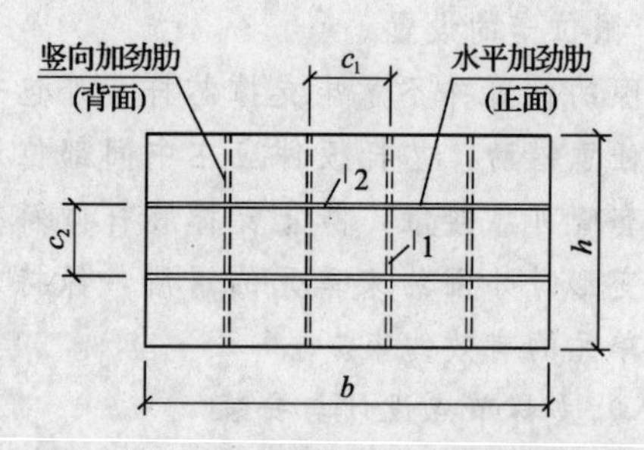

图 13-38 带纵、横加劲肋的钢板剪力墙

式中 $\tau_{cr,t}$——有肋钢板剪力墙的整体临界应力；

D_1、D_2——分别为两个方向加劲肋提供的单位宽度弯曲刚度，两者之中，数值大者为 D_1，数值小者为 D_2。

(三) 楼层倾斜率

采用钢板剪力墙的钢框架结构，楼层的倾斜率 γ 可按下式计算：

$$\gamma = \frac{\tau}{G} + \frac{e_c}{b} \quad (13\text{-}105)$$

式中 τ——钢板剪力墙的剪应力；

G——钢板剪力墙的钢材剪变模量；

e_c——剪力墙两边框架柱在水平力作用下轴向伸长和压缩之和；

b——设置钢板剪力墙的开间宽度。

14 钢构件的节点

基本要求

一、设计原则

（一）受力阶段

1. 非抗震设计时，高层建筑钢结构的节点连接，应按结构处于弹性受力状态设计。

2. 抗震设防的高层建筑钢结构，其节点连接应按强烈地震作用下结构进入弹塑性阶段设计。

（二）抗震设计要点

1. 需进行抗震设防的高层建筑钢结构，其节点设计应符合下列要求：

(1) 构件节点和杆件连接的极限承载力，均应高于被连接杆件（梁、柱或支撑斜杆等）自身的全塑性受弯、受剪和轴向拉压承载力，并考虑杆件钢材的实际屈服强度可能高于屈服强度标准值，确保地震作用下杆件出现塑性铰时，节点和连接不破坏，结构仍能保持整体性，继续发挥其整体承载能力。

(2) 节点设计应保证整个结构具有足够的刚度和延性。

(3) 节点构造应使结构受力简单明确，减小应力集中，且便于制作和安装。

(4) 当风荷载对结构承载力和侧移起控制作用时，结构设计仍应满足抗震设防各项构造要求。

2. 节点区段验算项目

抗震设防的高层建筑钢结构框架，对于柱贯通型梁-柱节点，从梁端算起的1/10跨长或两倍梁截面高度范围内，而对梁贯通型梁-柱节点，从柱端算起的1/10柱高或两倍柱截面高度范围内，节点区段设计应验算下列四项内容：

(1) 节点连接的最大承载力；

(2) 构件塑性区段的板件宽厚比；

(3) 受弯杆件（钢梁）塑性区段侧向支承点间的距离；

(4) 梁-柱节点域柱腹板的宽厚比和受剪承载力。

二、杆件连接

（一）连接方式

1. 三种连接

高层建筑钢结构的构件节点和杆件接头处的杆件连接，可采用：①全焊连接；②高强度螺栓连接；③焊缝和高强度螺栓混合连接。

2. 性能比较

(1) 全焊连接，传力最充分，不会滑移。良好的焊接构造和焊接质量，可以为结构提供足够的延性。缺点是焊接部位常留有一定的残余应力。

(2) 高强度螺栓连接，施工较方便。但是，杆件的接头若全部采用高强度螺栓时，接头尺寸较大，钢板用量较多，费用较高；而且强烈地震时，接头可能产生滑移。

(3) 栓焊混合连接，应用比较普遍。先用螺栓安装定位，然后施焊，操作方便。试验表明，此类连接的滞回曲线，与完全焊接时相近；但翼缘焊接将使螺栓预拉力平均降低10%左右。因此，连接腹板的高强度螺栓实际应力要留有一定富裕。

3. 工程实践

在已建的高层钢结构工程中，柱的工地接头多采用全焊连接；梁的工地接头以及支撑斜杆的工地接头和节点，多采用全栓连接；梁与柱的连接多采用栓焊混合连接。

（二）焊缝连接

1. 拼接形式

(1) 选定构件节点和杆件接头的连接形式时，应尽可能避免采用约束性强、容易产生板件层状撕裂的连接构造。

(2) 构件实验和工程实践经验表明，层状撕裂主要发生在T形连接、十字形连接和角部连接等拼接形式处。这些部位的较强约束程度使焊缝收缩引起母材厚度方向的应变，而且由于延性有限，无法得到调整，导致钢板件层状撕裂。

2. 对接焊缝

(1) 构件节点、杆件接头和板件拼装，依其受力条件，可采用全熔透焊缝或部分熔透焊缝。

(2) 遇下列情况之一时，应采用全熔透焊缝。

1) 要求与母材等强度的焊缝连接；

2) 框架节点梁端、柱端塑性区段内的焊缝连接。

3. 焊缝坡口和尺寸

(1) 对接焊缝的坡口形式和尺寸，应符合下列现行国家标准的规定：

1) GB 985《手工电弧焊焊缝坡口的基本形式和尺寸》；

2) GB 986《埋弧焊焊缝坡口的基本形式和尺寸》。

(2) 钢构件的板件连接构造详图中，各种形式焊缝的标注符号参见《高楼钢结构设计》（中国建筑工业出版社，2003年）第八章第二节表8-10至表8-13。

4. 焊接材料

(1) 焊缝熔敷金属应与母材强度相匹配。

(2) 不同强度的钢材相互焊接时，焊接材料应按强度较低的钢材选用。

(3) 一般情况下，焊缝的屈服强度要比母材高出较多。为使焊缝具有较好的延性，在满足承载力要求的前提下，宜尽量选用屈服强度较低的焊条。

(4) 厚板焊接时，特别是板厚大于 25mm 的低合金结构钢，应采用碱性（低氢）焊条；不能采用酸性焊条，以免因焊缝金属大量吸收氢而导致焊缝开裂。

(三) 螺栓连接

1. 连接类型

高层建筑钢结构要承受风荷载的反复作用或地震的往复作用，承重构件或承力构件（支撑）的杆件连接采用高强度螺栓时，应采取摩擦型连接，不得采用承压型（剪压型）连接。以免在设计荷载下连接部位产生滑移，加大节点变形。

2. 螺栓受剪承载力

(1) 强烈地震作用下，高强度螺栓摩擦型连接的板件之间的摩阻力有可能被克服，此时，高强度螺栓连接的最大受剪承载力将取决于螺栓的极限抗剪能力。

(2) 实验研究成果指出，螺栓连接的最终受剪破坏时，不是全部发生在螺纹处的净截面，其中部分螺栓的破坏是发生在螺杆上，从而使螺栓连接的最大受剪承载力在总体上有所提高。

(3) 高强度螺栓连接的受剪承载力，应按下式计算：

$$N_{vy}^{b} = 0.75 n_v A_e^b f_y^b \quad (14\text{-}1a)$$

$$N_{vu}^{b} = 0.58 n_v A_e^b f_u^b \quad (14\text{-}1b)$$

式中 N_{vy}^{b}、N_{vu}^{b}——一个高强度螺栓的屈服受剪承载力和极限受剪承载力；

n_v——连接部位一个螺栓的受剪面数目；

A_e^b——螺栓螺纹处的有效截面面积，见第 1 章表 1-6；

f_y^b、f_u^b——螺栓钢材的屈服强度和极限抗拉强度最小值。

三、吊装件

钢结构安装单元的划分，应根据吊装件尺寸、自重、运输和吊装设备等条件确定。

1. 当框架的梁-柱节点采用"柱贯通型"节点时，柱的安装单元宜采用三层为一根，梁的安装单元为每跨一根。

2. 为便于工人现场操作，柱的工地接头位置，一般设在主梁顶面以上 1.0～1.3m 处。

3. 当采用带悬臂梁段的柱单元（树形柱）时，悬臂梁段长度的确定，应使梁接头的内力较小，并能满足支撑连接设置要求及运输方便，一般情况，悬臂梁段自柱轴线算起的外伸长度取 0.9～1.6m。

4. 框筒结构采用带悬臂梁端的柱安装单元时，梁的接头可设置在跨中。

梁-柱节点

一、节点类型

(一) 柱贯通型

1. 框架的楼层梁-柱节点处，下层柱整根通过节点，伸至上层柱底部的接头处；节点四边的梁分别与柱相连接，称之为"柱贯通型"梁-柱节点（图 14-1*a*）。

2. 一般情况下，为简化构造和方便施工，框架的梁-柱节点宜采用柱贯通型。

(二) 梁贯通型

1. 框架的楼层梁-柱节点处，主梁整根通过节点，上层柱的底端和下层柱的顶端分别与主梁的上翼缘和下翼缘相连接；另一方向的节点两侧钢梁，分别与该主梁的两侧边相连接，称之为"梁贯通型"梁-柱节点（图 14-1*b*）。

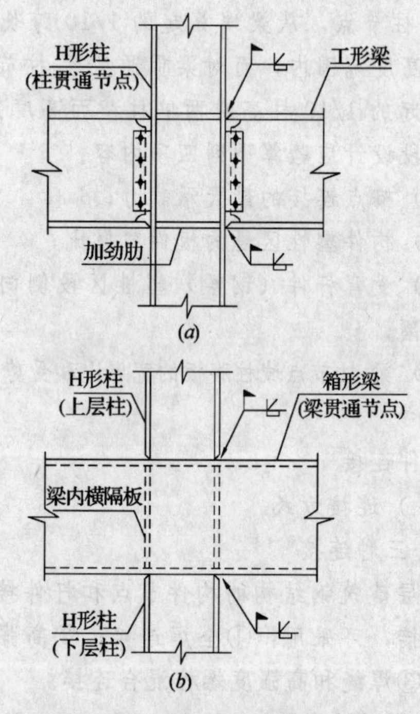

图 14-1　框架的梁-柱节点类型

(*a*) 柱贯通型；(*b*) 梁贯通型

2. 当主梁采用箱形截面时，梁-柱节点宜采用梁贯通型。其他情况，有必要时，也可以采用梁贯通型节点。

二、梁端、柱端承载力

(一) 强柱弱梁节点

1. 为使框架在水平地震作用下进入弹塑性阶段时，避免发生楼层屈服机制，实现总体屈服机制，以增大框架的消能容量，要求框架节点符合“强柱弱梁”耐震设计准则。

2. 地震作用下，要求框架的塑性铰首先出现在梁端而不是柱端，位于同一竖向平面、交汇于某一节点的梁和柱，各柱端塑性铰弯矩之和应大于各梁端塑性铰弯矩之和。

(二) 验算公式

1. 抗震设防烈度为7度及以上时，为确保“强柱弱梁”耐震设计准则的实现，框架节点上、下柱端与左、右梁端的全塑性受弯承载力，应符合下式要求：

$$\sum M_{pc} \geqslant \eta \sum M_{pb} \tag{14-2}$$

式中 M_{pc}——节点上或下的柱端考虑轴力的全塑性受弯承载力；

M_{pb}——节点左或右的梁端全塑性受弯承载力。

2. 当 $N/A_c f_{yc} > 0.13$ 时，式 (14-2) 将转化为式 (14-3)，交汇于框架某节点的各柱端、梁端的全塑性受弯承载力，应满足下式要求：

$$\sum W_{pc}\left(f_{yc}-\frac{N}{A_c}\right) \geqslant \eta \sum W_{pb} f_{yb} \tag{14-3}$$

式中 W_{pc}——节点上或节点下的柱端截面的塑性截面模量；

W_{pb}——节点左或节点右的梁端截面的塑性截面模量；

η——强柱系数，三级，取 $\eta=1.05$；二级，$\eta=1.1$；一级，$\eta=1.15$；

N——按多遇地震作用效应组合计算出的柱轴向压力设计值；

A_c——框架柱的截面面积；

f_{yc}、f_{yb}——分别为柱和梁的钢材屈服强度（钢材强度标准值），见第1章表1-2。

3. 符合下列条件之一时，不需再按式 (14-3) 来检验框架的强柱弱梁条件：

(1) 柱的轴向压力设计值 $N \leqslant 0.4A_c f$；

(2) 柱的轴压力 $N > 0.4A_c f$，但 $N_1 < \varphi A_c f$；

(3) 柱所在楼层的受剪承载力比上一楼层的受剪承载力高出25%以上。

式中 f——钢材的抗压强度设计值；

N_1——地震作用加大一倍时柱的地震组合轴向压力；

φ——轴心受压构件稳定系数。

三、节点域强度验算

(一) 柱腹板剪力

1. 重力荷载作用下，节点两侧的梁端弯矩同为负弯矩，大体上能相互平衡，对节点域柱腹板基本上不产生水平剪力（图14-2a）。

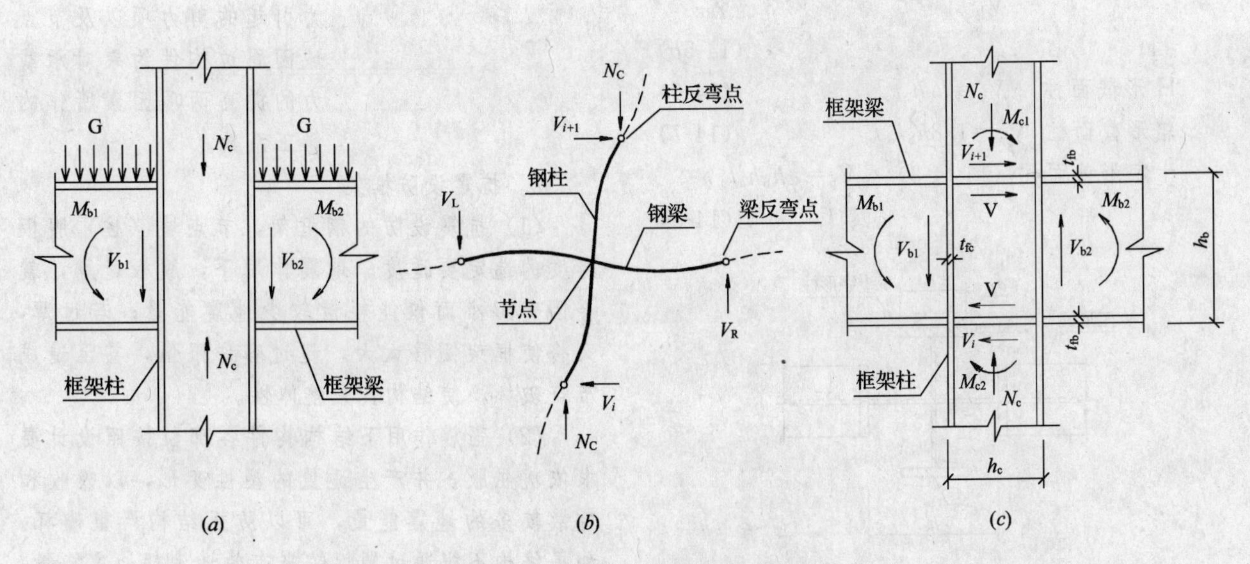

图14-2 梁-柱节点域的柱腹板剪力

(a) 重力下节点内力；(b) 侧力下梁、柱反弯点内力；(c) 侧力下节点域剪力

2. 侧力（风、地震）作用下的框架（图14-2*b*），为平衡柱端顺时针方向弯矩，梁-柱节点两侧的梁端弯矩同为逆时针方向（图14-2*c*），左、右梁端的较大同方向不平衡弯矩，将使节点域的柱腹板承受较大的水平剪力。

3. 对H形柱和箱形柱（方形或矩形钢管）的柱贯通型梁-柱节点，梁与柱连接处，无论节点内有无水平加劲肋（图14-2*a*、*c*），节点域的柱腹板均应按下列规定验算其受剪时的强度和稳定性。

（二）节点域的稳定性

1. 为防止节点域的柱腹板受剪时发生局部失稳和屈曲，H形或箱形截面柱的节点域内柱腹板厚度 t_{wc}（对于箱形柱，仍取一块腹板的厚度），应符合下列条件式：

$$t_{wc} \geqslant \frac{1}{90}(h_{0b} + h_{0c}) \tag{14-4}$$

式中 h_{0b}、h_{0c}——分别为梁腹板截面高度和柱腹板截面高度。

2. 当节点域柱腹板厚度不小于梁、柱截面高度之和的1/70时，可不验算节点域的稳定性。

（三）节点域抗剪强度

由柱翼缘与水平加劲肋包围的柱腹板节点域，应按下列公式验算其抗剪强度。

1. 略去节点上、下柱端水平剪力的影响，节点域在左、右两侧梁端不平衡弯矩作用下（图14-2）所产生的剪应力 τ，应符合下式要求：

非抗震设计 $$\tau = \frac{1}{V_p}(M_{b1} + M_{b2}) \leqslant \frac{4}{3} \cdot \frac{f_v}{\gamma_o} \tag{14-5a}$$

抗震设计 $$\tau = \frac{1}{V_p}(M_{b1} + M_{b2}) \leqslant \frac{4}{3} \cdot \frac{f_v}{\gamma_{RE}} \tag{14-5b}$$

H形截面柱 $$V_p = h_b h_c t_p \tag{14-6}$$

箱形截面柱 $$V_p = 1.8 h_b h_c t_p \tag{14-7}$$

十字形截面柱（图14-3） $$V_p = \varphi h_b h_c t_p \tag{14-8}$$

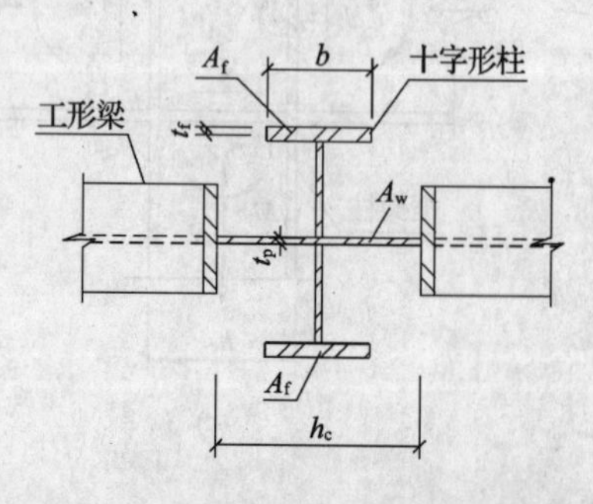

图14-3 十字形截面柱的节点域体积

$$\varphi = \frac{\alpha^2 + 2.6(1 + 2\beta)}{\alpha^2 + 2.6}$$

$$\alpha = \frac{h_b}{b}, \beta = \frac{A_f}{A_w} = \frac{bt_f}{h_c t_p}$$

式中 M_{b1}、M_{b2}——分别为节点两侧的梁端弯矩设计值，弯矩绕节点，顺时针为正，逆时针为负；

V_p——节点域腹板的体积；

系数（4/3）——考虑到柱轴力、剪力以及节点域周边板件对节点域抗剪屈服强度的影响，根据结构试验确定的抗剪强度提高系数；

h_b、h_c——分别为梁腹板的截面高度和柱腹板的截面宽度；

t_p——节点域范围内柱腹板的厚度，对于箱形柱，则为一片腹板的厚度，系数1.8是腹板受力不均匀系数0.9乘以2；

b、t_f——十字形截面柱的翼缘宽度和厚度；

f_v——钢材的抗剪强度设计值；

γ_o——结构重要性系数，安全等级为一级、二级时，分别取1.1和1.0；

γ_{RE}——节点域承载力抗震调整系数，取 $\gamma_{RE} = 0.75$；

系数（4/3）——是考虑公式左侧略去了剪力引起的剪力项以及节点域因周边构件约束对承载力的提高两项因素所作的修正系数。

2. 抗震设防框架

（1）抗震设防的钢框架，节点域（柱）腹板厚度的选定要适度。地震作用下，腹板过厚，就会因变形小而仅能耗散较少地震能量；若过薄，又将使框架侧移太大，超过容许限值，甚至造成节点破坏，使结构丧失整体性。

（2）强震作用下结构构件各部位按照设计要求依次屈服，并产生适量的塑性变形，以吸收和耗散较多的地震能量，可以防止结构严重破坏。如果结构不能通过塑性铰来有效地消耗地震能量，结构所受到的等效地震力就会增大，反而对结构不利。

(3) 研究成果表明，为使地震作用下的钢框架，节点域首先屈服，以消耗一部分地震能量，然后是梁端出现塑性铰，进一步消耗一部分地震能量，最后才是柱端屈服，令节点域的屈服承载力等于该节点两侧梁端总屈服承载力的0.7倍是恰当的。

(4) 根据上述结论，要求当节点两侧梁端弯矩达到全塑性弯矩的0.6～0.7倍、节点域即将进入塑性状态时，节点域的剪应力不应超过钢材的抗剪强度设计值。

(5) 抗震设防框架，节点域的剪应力除应符合（14-5*b*）式外，节点域的屈服承载力还应满足下式要求：

$$\frac{\psi}{V_{\mathrm{p}}}(M_{\mathrm{pb1}}+M_{\mathrm{pb2}})\leqslant\frac{4}{3}f_{\mathrm{v}} \quad (14\text{-}9)$$

$$M_{\mathrm{pb1}}=W_{\mathrm{pb1}}f_{\mathrm{ay}},M_{\mathrm{pb2}}=W_{\mathrm{pb2}}f_{\mathrm{ay}} \quad (14\text{-}10)$$

式中 ψ——折减系数，三、四级，取ψ=0.6；一、二级，取ψ=0.7；

M_{pb1}、M_{pb2}——分别为节点域两侧梁端截面的全塑性受弯承载力；

W_{pb1}、W_{pb2}——分别为节点域两侧梁端截面的塑性截面模量（抵抗矩）；

f_{ay}——钢梁钢材的屈服强度。

(四) 当节点域柱腹板不满足公式（14-5）和（14-9）的强度要求时，可采用下列方法对节点域腹板进行加厚或补强：

1. 对焊接H形拼合柱，宜将柱腹板在节点域范围内更换为较厚板件。加厚板件应伸出柱上、下水平加劲肋（即梁上、下翼缘高度处）之外各150mm，并采用对接焊缝将其与上、下柱腹板拼接（图14-4）。

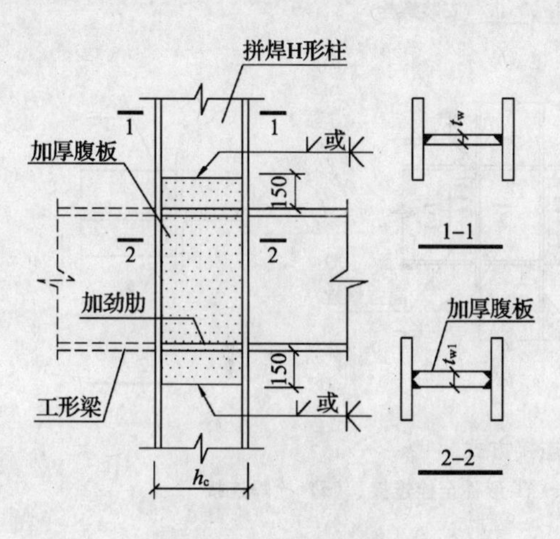

图14-4 节点域腹板的加厚

2. 对轧制H型钢柱，可采用配置斜向加劲肋或贴焊补强板等方式补强。当节点域板厚不足部分小于腹板厚度时，可采用单面补强板；若大于腹板厚度时，则应采用双面补强板。

3. 当采用贴板方式加强节点域时，补强板的上、下边缘，宜分别伸出柱上、下水平加劲肋之外各150mm，并采用不小于5mm的连续角焊缝将其上、下边与柱腹板焊接；其侧边则应采用填充对接焊缝（或角焊缝）与柱翼缘相连接。

当在节点域腹板的垂直方向有竖向连接板时，补强板的板面尚应采用塞焊与柱腹板连成整体（图14-5*a*），塞焊孔径应不小于16mm，塞焊点之间的水平和竖向距离，均不应大于相连板件中较薄板件厚度的$21\sqrt{235/f_{\mathrm{ay}}}$倍，也不应大于200mm。

4. 当补强板限制在框架节点域范围内即不伸过水平加劲肋时，补强板的周边与柱翼缘和水平加劲肋之间应采用填充对接焊缝或角焊缝，实现围焊连接（图14-5*b*）。

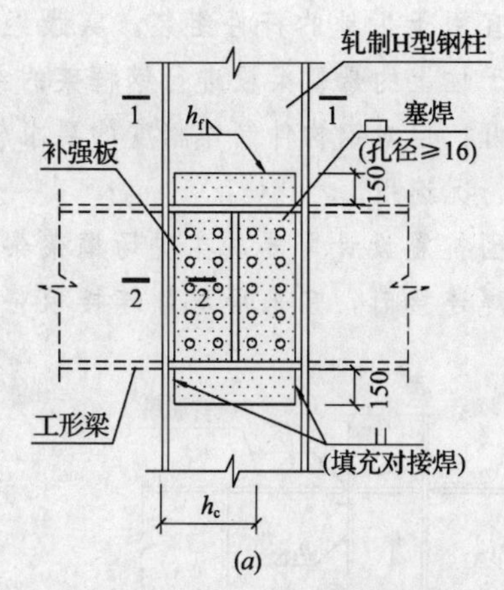

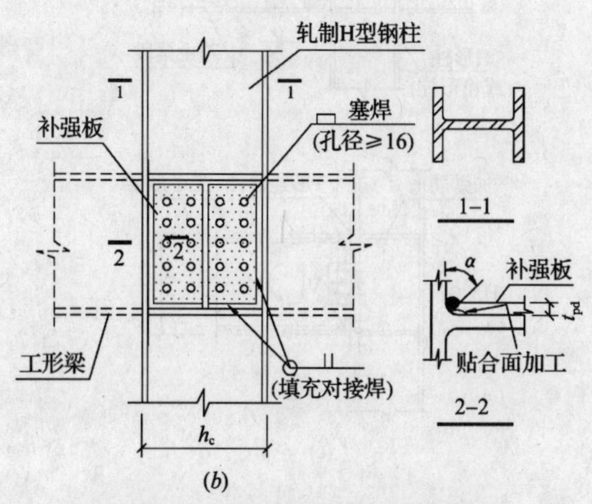

图14-5 节点域腹板贴焊补强板

(*a*) 伸过水平加劲肋；(*b*) 节点域范围内

5. 当补强板伸出水平加劲肋之外时，加劲肋仅需与补强板焊接，此焊缝应能将加劲肋传来的力传递给补强板，补强板的厚度及其焊缝，应按传递该力的要求设计。

6. 当补强板不伸出水平加劲肋时，加劲肋应与柱腹板焊接；补强板与加劲肋之间的角焊缝，应能传递补强板所分担的剪力，且厚度不应小于5mm。

7. 当采用斜向加劲肋来提高节点域的受剪承载力时，斜向加劲肋及其连接，应能传递柱腹板所能承担剪力之外的剪力。

梁与柱的连接

一、刚性连接构造要求

（一）连接方式

框架梁与柱的刚性连接宜采用柱贯通型，根据受力与安装条件，可选用下列连接方式。

1. 全焊连接

(1) 钢梁的翼缘和腹板与钢柱的连接全部采用焊缝连接（图 14-6*a*）。它通常用于框架节点处悬臂梁段与柱的连接；全焊连接适用于工厂的杆件组装，不宜用于工地的杆件组装。实践经验表明，利用焊于柱上的悬臂梁段进行钢框架的组装，抗震性能较好，但对钢构件制作精度的要求较高，应根据具体情况选用。

(2) 若因抗震设计需要，在现场框架梁直接与柱进行全焊连接时，宜采用双片连接板将梁腹板与柱焊接（图 14-6*b*）。

2. 全栓连接

(1) 钢梁通过端板与钢柱进行高强度螺栓摩擦型连接，或利用 T 形连接件与钢柱连接（图 14-6*c*）。

(2) 全栓连接的费用较高，仅在必要时用之。

3. 栓焊连接

(1) 钢梁翼缘与柱翼缘或水平加劲肋之间，采用焊缝连接；梁腹板与焊于柱翼缘或腹板上的竖向连接板之间，采用高强度螺栓摩擦型连接（图 14-6*d*）。此型梁-柱节点是由翼缘焊缝抗弯、腹板螺栓连接抗剪。

(2) 施工顺序一般应采取：先用螺栓将腹板安装定位，然后对翼缘施焊。试验表明，翼缘焊接将使腹板螺栓预拉力平均降低 10%左右。

(3) 我国钢结构工程中，梁与柱的现场连接多采用此种连接方式。

美国北岭地震和日本阪神地震经验表明，梁与柱全焊连接的受弯承载力和塑性变形能力均优于栓焊连接。采用坡口全溶透焊缝将梁腹板直接焊在柱翼缘上，或通过较厚连接板焊接，使腹板参与抗弯，从而减小梁翼缘焊缝的应力。因此，对高烈度地震区的钢框架，已出现优先考虑全焊连接的趋向。

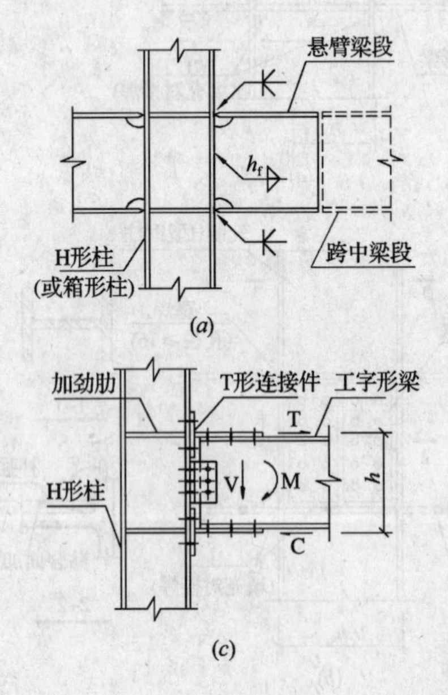

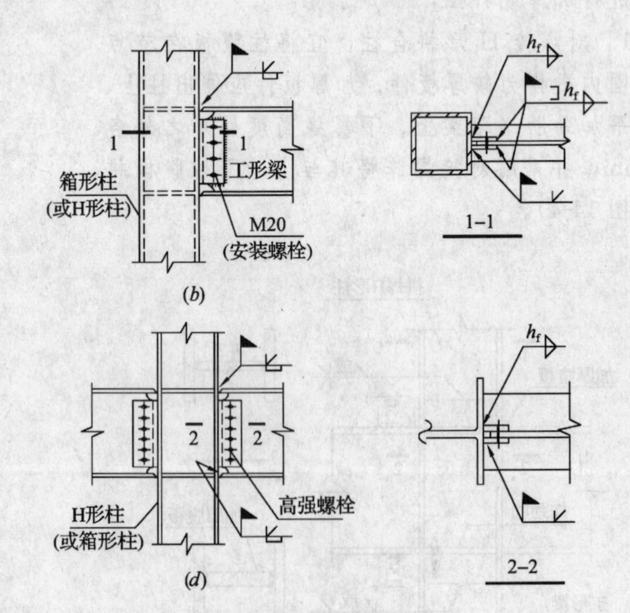

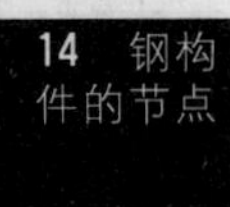

图 14-6　梁与柱刚性连接方式

(*a*) 全焊连接（工厂）；(*b*) 全焊连接（现场）；(*c*) T形件全栓连接；(*d*) 栓焊连接

注：各种连接焊缝的标注符号及其含义，见《高楼钢结构设计》（中国建筑工业出版社，2003 年）第八章表 8-10～表 8-12。图 14-6 中，加注"三角旗"符号的焊缝为现场（工地）焊缝，无"三角旗"符号的焊缝为工厂焊缝。

(二) 基本要求

1. 柱在两个互相垂直的方向均与梁刚接时，宜采用箱形截面（方形或矩形钢管）。当仅在一个方向刚接时，宜采用H形截面，并将柱腹板置于刚接框架平面内。

2. 对于焊接H形柱和箱形柱，当梁与柱刚性连接时，柱在梁上、下翼缘以上和以下各500mm的节点范围内，H形柱翼缘与腹板间或箱形柱壁板间的拼装焊缝，应采用坡口全熔透焊缝。箱形柱节点范围内的拼装焊缝示于图14-7。

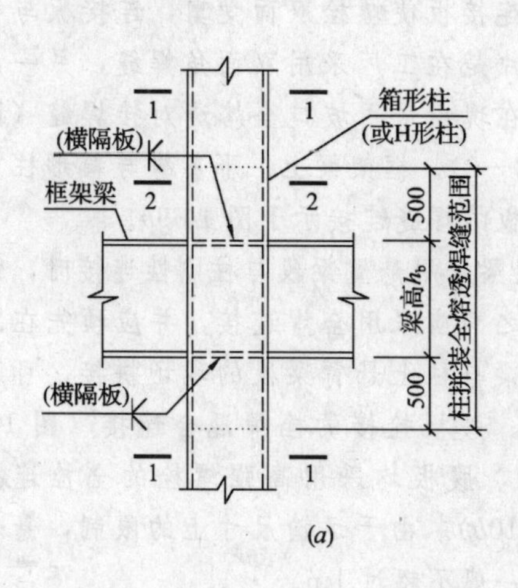

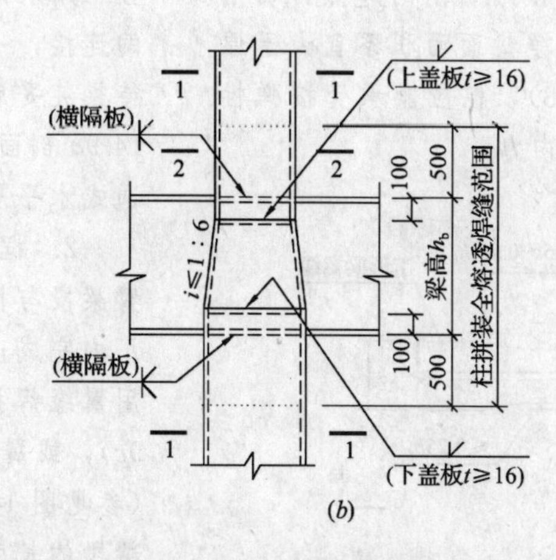

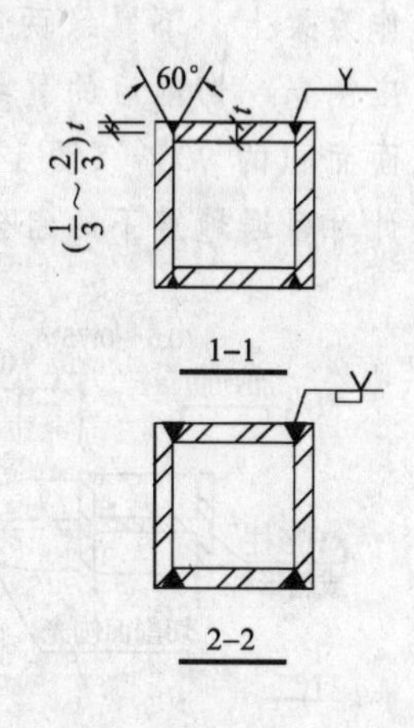

图14-7 梁-柱节点区段内箱形柱的壁板拼装焊缝

(a) 等截面柱；(b) 变截面柱

3. 箱形柱或H形柱（强轴方向）与梁刚接时，应符合下列要求：

(1) 梁翼缘与柱翼缘间应采用坡口全熔透焊缝；

(2) 柱在梁上、下翼缘对应位置设置横向（水平）隔板或加劲肋，且其厚度不应小于梁翼缘厚度，非抗震设防或按6度设防时，加劲肋厚度可适度减小，但应通过承载力计算确定，且不得小于梁翼缘厚度的一半；

(3) 梁腹板宜采用高强度螺栓与柱上连接板进行摩擦型连接。

(三) 抗震要求

1. 焊缝金属冲击韧性

(1) 1994年美国北岭地震时，钢框架的梁与柱连接，由于焊缝金属的冲击韧性低（恰帕冲击韧性为10～15J)，发生脆性破坏，导致节点失效。

(2)《抗震规范》第8.3.4条规定：8度乙类建筑和9度时，对梁翼缘与柱翼缘间的坡口全熔透焊缝，应检验其V形切口的冲击韧性，其恰帕冲击韧性（CVN）在−20℃时不低于27J。

2. 腹板连接螺栓

(1) 常用的工形截面梁、当处于弹性阶段时，翼缘和腹板分别承担全截面受弯承载力的85%和15%，如果再考虑现场焊缝强度的折减系数0.9，翼缘焊缝连接的受弯承载力仅是梁全截面受弯承载力的77%。此一情况说明：①对于梁与柱的栓焊连接，通常采用的“翼缘焊缝抗弯、腹板螺栓抗剪”设计假定不适用于抗震结构；②腹板螺栓除承受竖向剪力外，还要承受腹板部分弯矩引起的水平剪力，当螺栓不足以承受合成剪力而产生较大变形时，就会使翼缘焊缝中点附近产生超应力而开裂，美国框架震害也证实了这一点。

(2) 抗震规范规定：对梁与柱的栓焊连接，腹板的连接螺栓除应能承受梁端受弯屈服时的竖向剪力外，当梁翼缘的塑性截面模量小于梁全截面塑性截面模量的70%时，应考虑腹板参与受弯，梁腹板与柱上连接板的连接螺栓不得少于二列；当计算仅需一列时，仍应布置二列，且此时螺栓总数不得少于计算值的1.5倍。美国另一种做法是，除螺栓连接外，还在连接板的角部用角焊缝与梁腹板连接，以承受腹板分担的弯矩。

3. 梁端塑性铰

(1) 美国北岭地震时，约150幢钢框架房屋的梁柱节点产生不同程度的破坏，然而，其破坏状况并未像结构抗震设计所预期的那样，在梁端的柱面处产生塑性铰，而是出现了裂缝。此种由三轴应力引起的切口处的破坏，属于脆性破坏，其节点转动能力仅为0.005rad，是美国规范对梁与柱连接塑性转角θ_p规定值0.03rad的1/6。另一方面，梁端塑性铰若安排在柱面处，将使柱翼缘板在厚度方向产生很大拉应力，也不利于节点塑性变形的发展。

(2)《抗震规范》第8.3.4条规定：抗震等级为一级和二级时，梁与柱的连接宜采用能将塑性铰自梁端外移的端部扩大形连接、梁端加盖板或骨形连接。

骨形连接的具体构造是：以距柱面150mm处作为梁上、下翼缘两侧弧形切削的起点，切削面应刨光，切削后的翼缘净截面面积不宜大于原截面面积的90%（图14-8），但应能承受按弹性设计时多遇地震下的组合内力。

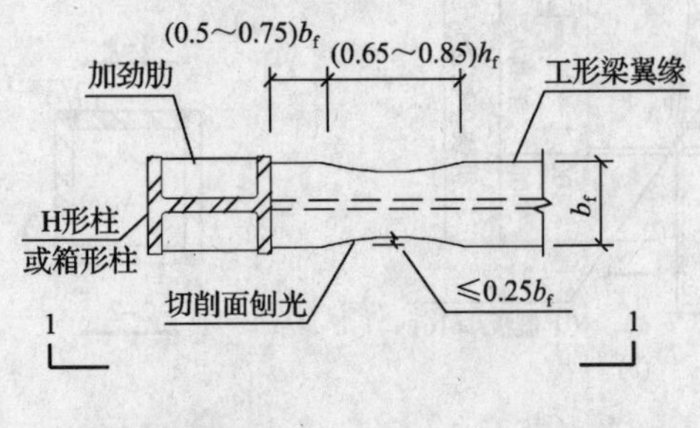

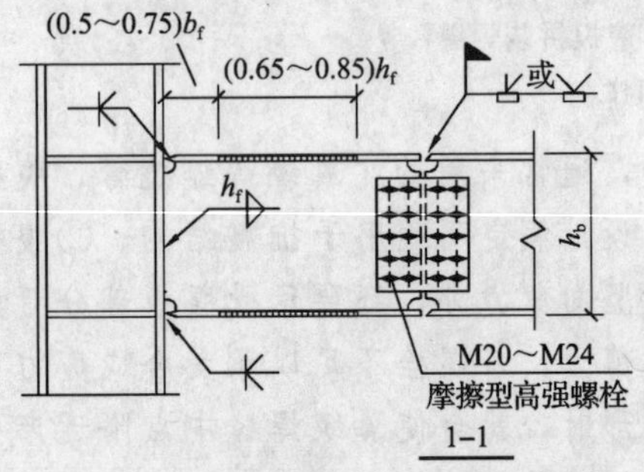

图14-8 梁端塑性铰外移的骨形连接

（四）梁垂直于柱翼缘

1. 当梁垂直于H形柱或箱形柱（方形或矩形钢管）翼缘，且梁与柱直接相连时，通常是采用栓焊混合连接（图14-9*a*）。非地震区钢框架，腹板的连接可采用单片连接板和单列高强螺栓（图14-9*a* 剖面1—1）。对抗震设防框架，因螺栓也要承担梁端弯矩，高强螺栓不得少于两列，且宜采用双片连接板使螺栓双面受剪，连接板与柱的连接，一片是在工厂采用双面角焊缝，另一片待梁装妥后在现场采用坡口全熔透对接焊缝（图14-9*a* 剖面2—2）。框架梁上、下翼缘与箱形柱贯通式水平隔板的焊缝连接示于图14-9*b*。

2. 框架梁采用悬臂梁段与柱刚性连接时，悬臂梁段与柱之间应采用全焊连接，并应预先在工厂内完成；梁与柱上悬臂梁段的现场拼接，可采用翼缘焊接、腹板栓接的栓焊混合连接（图14-9*c*），或翼缘、腹板均采用高强螺栓的全栓连接（参见图14-10*b*）。由于运输尺寸上的限制，悬臂梁段的长度一般不超过1m。

3. 对于高烈度区的抗震设防钢框架，日本地震经验值得借鉴。1995年日本阪神地震时的多、高层钢结构房屋，凡是采用带有与柱全焊连接悬臂梁段的框架节点，其震害率和破坏程度均远低于梁与柱栓焊连接的框架节点，梁与柱连接焊缝虽然也出现裂缝，但紧挨焊缝的梁截面却产生了显著的塑性变形，表明梁与柱全焊连接的抗弯能力基本上等于或略低于梁自身全截面抗弯能力。

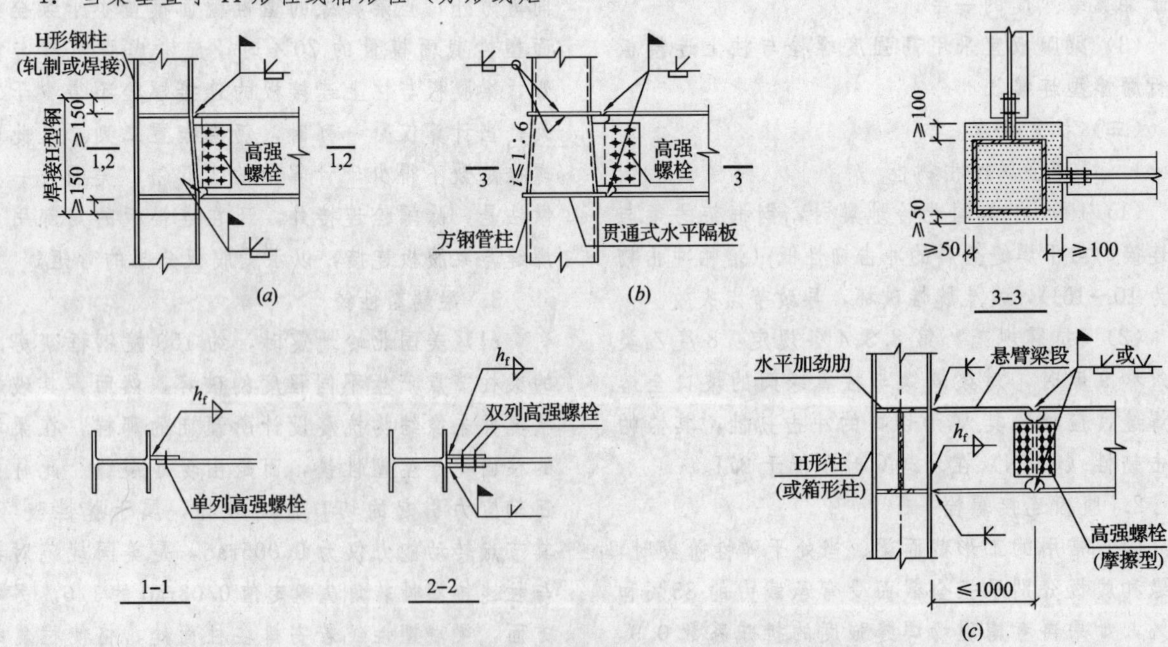

图14-9 框架梁与H形柱（或箱形柱）翼缘的刚性连接

(*a*)柱与梁栓焊连接；(*b*)梁与箱形柱横隔板的连接；(*c*)柱悬臂梁段与梁栓焊连接

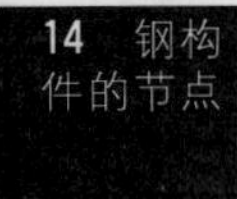

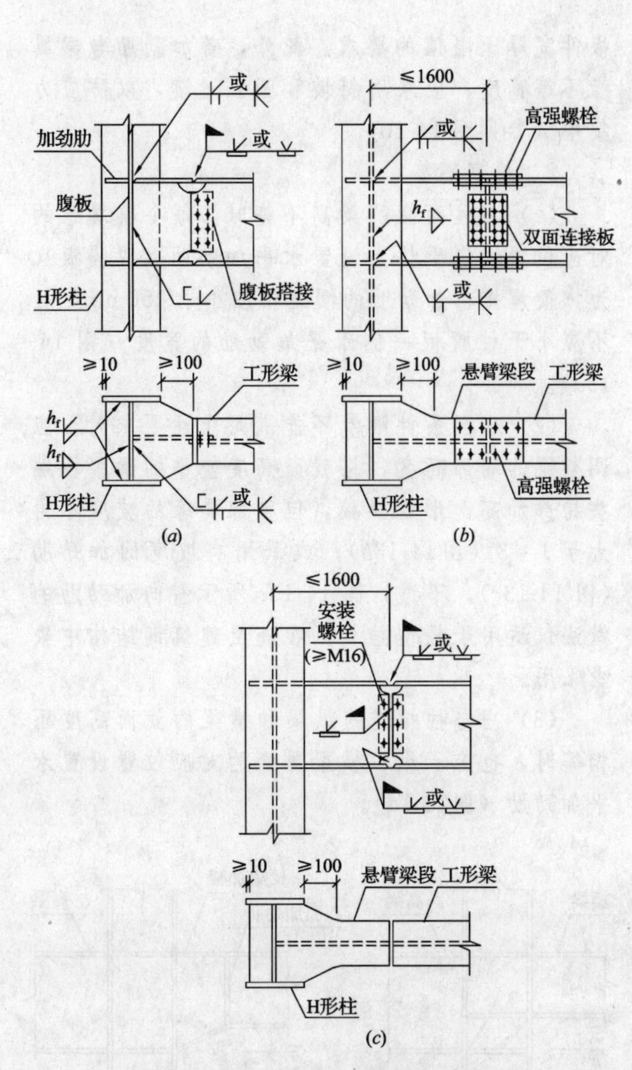

图 14-10 梁垂直于柱腹板的刚性连接

(a) 梁直接与柱连接；(b) 梁与悬臂梁段全栓连接；(c) 梁与悬臂段梁全焊连接

4. 横向加劲肋与柱翼缘的连接应采用全熔透对接焊缝，与腹板的连接可采用角焊缝。图 14-9 及以后的各个节点详图中，板件连接的各种形式焊缝的标注符号的含义，分别参见《高楼钢结构设计》（中国建筑工业出版社，2003 年）第八章第二节的表 8-10～表 8-13。

（五）梁垂直于 H 形柱腹板

当梁轴线垂直于 H 形柱的腹板而与柱刚性连接，即 H 形柱在弱轴方向与梁刚接时，其构造应符合下列要求。

1. 梁与柱直接相连

(1) 在梁上、下翼缘的对应位置，在 H 形柱上设置水平加劲肋。据研究，柱的水平加劲肋宜伸出柱外约 100mm（图 14-10a），以免加劲肋在与柱翼缘的连接处因板件宽度突变而破裂。

(2) 水平加劲肋与 H 形柱腹板的连接，应采用全熔透对接焊缝。

(3) 在梁高范围内，于梁腹板对应位置在柱腹板上设置竖向连接板。

(4) 梁与柱的现场连接宜采取如下方法：

1) 梁翼缘与水平加劲肋之间，采用全熔透焊缝连接，以免地震作用下梁端弯矩反复变号时发生破坏。

2) 梁腹板与柱上竖向连接板相互搭接，并采用高强度螺栓摩擦型连接（图 14-10a）。

2. 设悬臂梁段

(1) 悬臂梁段的翼缘和腹板，应全部采用全熔透焊缝与柱相连。此种连接一般是在工厂完成。

(2) 柱上悬臂梁段与钢梁的现场拼接接头，可采用高强度螺栓摩擦型连接的全栓连接（图 14-10b）或全焊连接（图 14-10c），也可采用翼缘焊接、腹板栓接的栓焊混合连接（参见图 14-9c）。

（六）梁翼缘连接的细部构造

当梁与柱为刚性连接，并采取栓焊混合连接节点时，主梁翼缘与柱的连接焊缝的细部构造，应符合下列要求：

1. 梁翼缘与柱的连接焊缝应采用坡口全熔透焊缝，按照规定设置较大间隙（$G \geqslant 6$mm）及焊接衬板（厚度≥5mm），并在梁翼缘坡口的两端设置引弧板和引出板（图 14-11）。因为焊接时引弧和灭弧处通常均有缺陷，焊接完毕，用气刨切除引弧板和引出板后还需打磨，才能消除潜在裂缝。

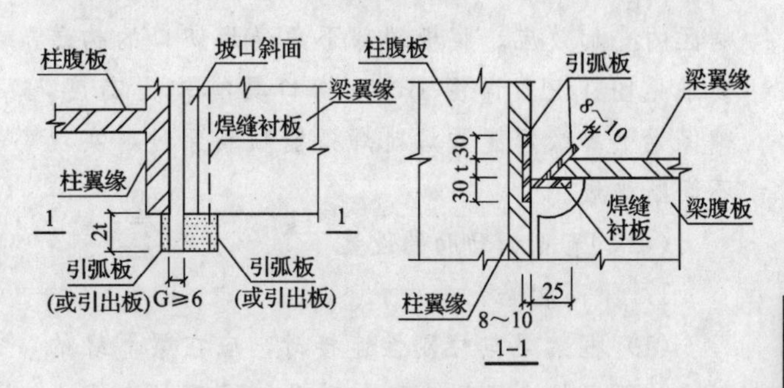

图 14-11 对接焊缝的引弧板和衬板

2. 美国北岭地震调查指出，梁下翼缘焊接衬板和引弧板底面与柱翼缘相连接处的缝隙，易引发应力集中等缺口效应，此人工缝在梁翼缘拉力作用下会向内部扩张，引发脆性破坏。因此，对抗震设防框架，下翼缘焊接衬板的底面与柱翼缘相接处，应沿衬板全长用角焊缝补焊封闭，因仰焊施工不便，焊脚尺寸可取 6mm（图 14-12 详图 B）。此外，也可将梁下翼缘的焊接衬板和引弧板用气刨割除，并清根后，再用角焊缝补强；但费用较高，且易伤及母材。

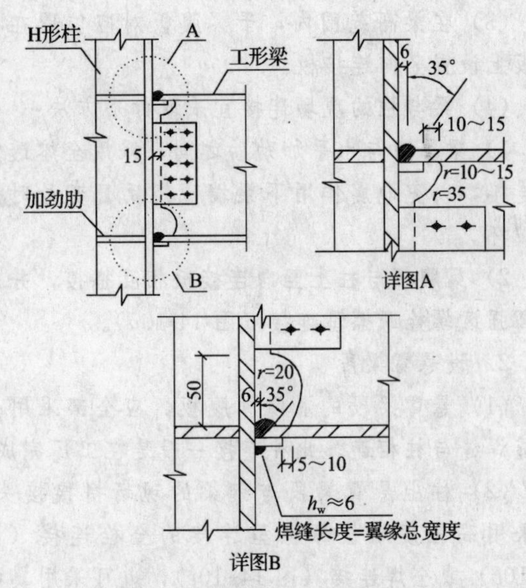

图 14-12 框架梁与柱现场连接的细部构造

3. 1994年和1995年的美、日地震中，钢框架节点处梁上翼缘的震害较少，是因为上翼缘有楼板加强，施焊条件较好，缺口效应不严重。所以，上翼缘焊接衬板的底面可以不补焊。不过，美国现时的做法是：保留上翼缘焊接衬板，并用角焊缝将衬板边缘封闭。

4. 为设置焊接衬板和方便焊接，应在梁腹板端头上角作扇形切口，其半径 r 宜取 35mm（图 14-12 详图 A）；扇形切口与梁翼缘交接处，应作成半径为 10～15mm 的圆弧，圆弧起点与衬板外侧之间保持 10～15mm 的间隔，以减小焊接热影响区的叠加效应。腹板端部下角扇形切口的构造要求见图 14-12 详图 B，使切口具有较大高度，确保梁下翼缘焊缝施焊时焊条能顺利穿过，实现不间断施焊。

（七）节点加劲肋的设置

1. 梁高相等

(1) 框架梁与柱刚性连接时，应在梁翼缘的对应位置于柱上设置水平加劲肋（H形柱）或水平加劲隔板（箱形柱），水平加劲肋（或隔板）的中心线应与梁翼缘的中心线对准，并采用全熔透对接焊缝与柱的翼缘和腹板连接。

(2) 对于抗震设防的结构，水平加劲肋（或隔板）的厚度应与梁翼缘厚度相等。

(3) 对于非抗震设防的结构，水平加劲肋（或隔板）应能传递梁翼缘的集中力，其厚度不应小于梁翼缘厚度的1/2，并应符合板件宽厚比的限值。

(4) 水平加劲肋的宽度应符合传力、构造和板件宽厚比限值的要求。此外，若加劲肋与梁翼缘不等宽度，应采用斜坡和圆弧过渡，以防应力集中（参见图 14-10）。

2. 梁高不等

(1) 当柱两侧的梁高不等时，每个梁翼缘的对应位置均应于柱上设置水平加劲肋（或隔板）。为方便焊接，加劲肋的间距不应小于 150mm，且不应小于柱腹板一侧水平加劲肋的宽度（图 14-13a）。

(2) 当因条件限制不能满足上述要求时，应调整梁的端部高度，将截面高度较小的梁腹板端头局部加高，形成梁腋，但腋部翼缘的坡度不得大于 1∶3（图 14-13b）；或采用有坡度的加劲肋（图 14-13c）。不过，图 14-13c 所示斜向加劲肋的做法仅适用于轻型结构，在高层建筑钢结构中较少采用。

(3) 当与柱相连的纵梁和横梁的截面高度不相等时，也应于纵、横梁翼缘的对应位置设置水平加劲肋（图14-14）。

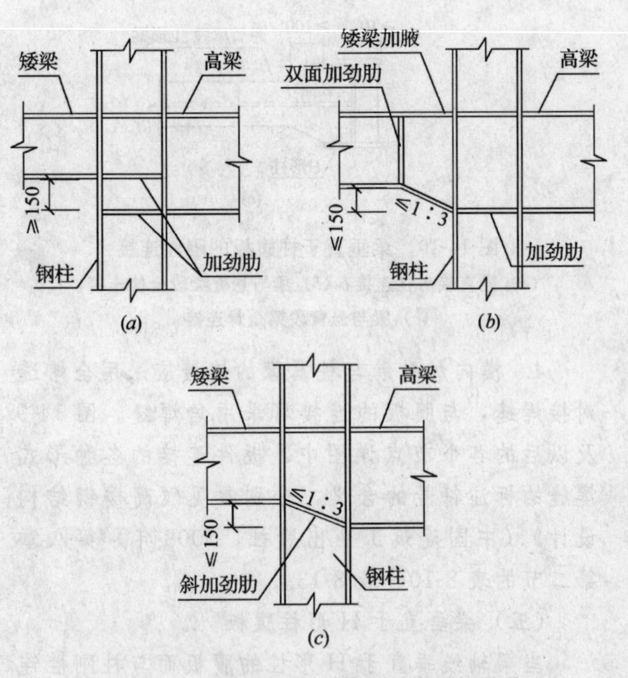

图 14-13 柱两侧梁高不等时的水平加劲肋

(a) 两道加劲肋；(b) 梁端加高；(c) 斜向加劲肋

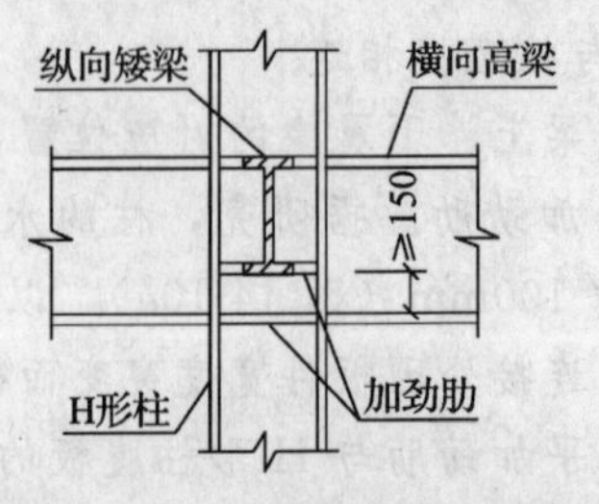

图 14-14 纵、横梁高不等时的加劲肋

(4) 柱水平加劲肋的宽度、厚度及与柱的连接，均应符合上面第1款的要求。

3. 不设加劲肋

非抗震设防框架，当工字形梁翼缘采用全熔透对接焊缝与H形柱的翼缘相连、梁腹板用高强度螺栓摩擦型连接或焊缝与H形柱的翼缘相连，且满足下列要求时，节点处柱的腹板可以不设置水平（横向）加劲肋。

(1) 在梁的受压翼缘处，柱的腹板厚度 t_w 应同时满足下列两个条件式：

$$t_w \geqslant \frac{A_{fc} f_b}{l_z f_c} \tag{14-11}$$

$$t_w \geqslant \frac{h_c}{30}\sqrt{\frac{f_{yc}}{235}} \tag{14-12}$$

$$l_z = t_f + 5h_y, h_y = t_{fc} + R \tag{14-13}$$

(2) 在梁的受拉翼缘处，柱的翼缘板厚度 t_c 应满足下列条件式：

$$t_c \geqslant 0.4\sqrt{\frac{A_{ft} f_b}{f_c}} \tag{14-14}$$

式中 A_{fc}、A_{ft}——梁受压、受拉翼缘的截面面积；

t_f——梁受压翼缘的厚度；

l_z——柱腹板计算高度边缘压力的假定分布长度；

h_y——与梁翼缘相连一侧柱翼缘外表面至柱腹板计算高度边缘的距离；

t_{fc}——柱翼缘的厚度；

R——柱翼缘内表面至腹板弧根的距离，或腹板角焊缝的厚度（参见图14-20）；

h_c——柱腹板的截面宽度；

f_b——梁钢材的抗拉、抗压强度设计值，见表1-2；

f_{yc}、f_c——柱钢材的屈服强度和抗压强度设计值，见表1-2。

(八) 水平加劲肋的连接

1. H形柱

(1) 梁垂直于H形柱翼缘时，梁翼缘对应位置设置的横向（水平）加劲肋，与柱翼缘的连接，抗震设计时，宜采用坡口全熔透对接焊缝；非抗震设计时，可采用部分熔透焊缝或角焊缝。水平加劲肋与柱腹板的连接，两种情况均可采用角焊缝。

(2) 当梁轴线垂直于H形柱的腹板平面时，水平加劲肋与柱腹板的连接，则应采用坡口全熔透对接焊缝。

2. 箱形柱

(1) 箱形截面柱（方形或矩形钢管）在梁翼缘的对应位置，必须在柱内设置水平（横）隔板（图14-15a），其板厚不应小于梁翼缘的厚度；水平隔板与柱的焊接，应采用坡口全熔透对接焊缝。

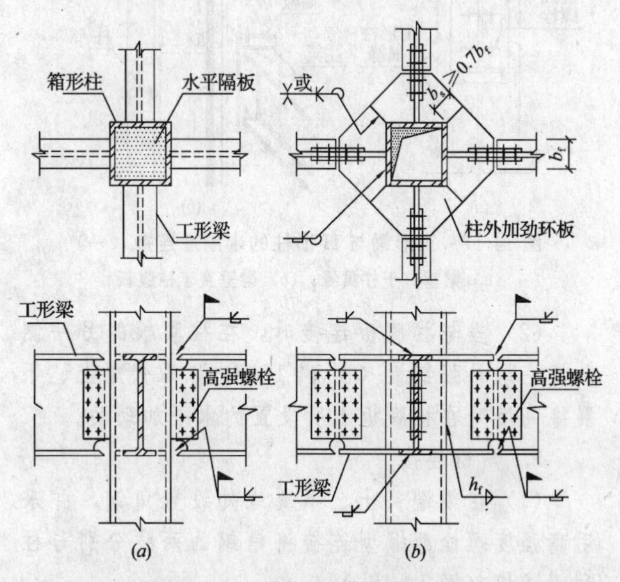

图14-15 箱形柱与主梁的连接

(a) 柱内横隔板；(b) 柱外加劲环板

当箱形柱截面较小时，为了方便加工，也可在梁翼缘的对应位置，沿箱形柱外圈设置水平加劲环板，并直接与梁翼缘焊接（图14-15b）。

(2) 对于无法进行手工焊接的焊缝，应采用熔化嘴电渣焊（图14-16）。由于这种焊接方法产生的热量较大，为减少焊接变形，电渣焊缝的位置应对称布置，且应同时施焊。

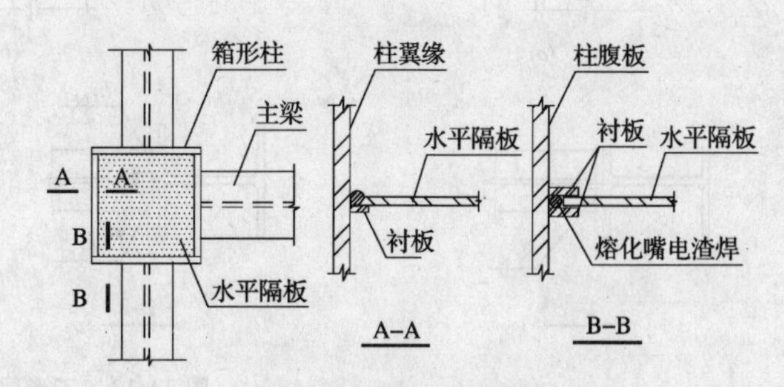

图14-16 箱形柱水平隔板的焊接

二、半刚接、铰接构造要求

(一) 半刚性连接

非地震区的高层建筑钢框架，当主梁与柱为半刚性连接时，可采取下述构造：

1. 端板连接

(1) 主梁通过梁头端板与柱翼缘（图 14-17*a*）或柱腹板（图 14-17*b*）采用高强度螺栓摩擦型连接。

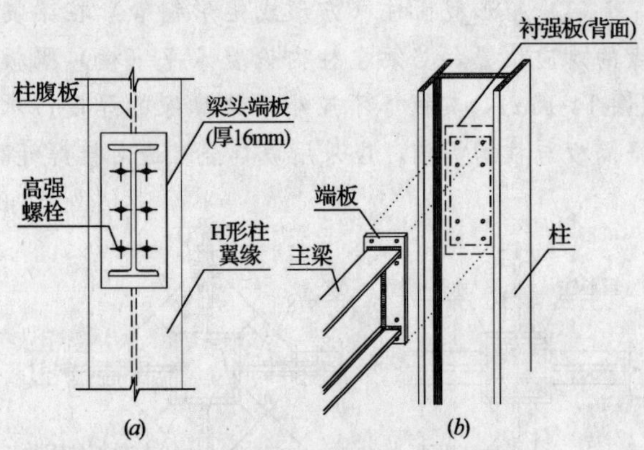

图 14-17 工形梁与 H 形柱的半刚性连接（一）
（*a*）梁垂直于柱翼缘；（*b*）梁垂直于柱腹板

(2) 当与柱腹板连接时，在柱腹板的另一侧加焊一块补强钢板（图 14-17*b*），以取代梁上、下翼缘高度处在柱腹板上所设置的水平加劲肋。

2. 角钢连接

(1) 在梁端头上、下翼缘处设置角钢，并采用高强度螺栓摩擦型连接将角钢的两肢分别与柱和梁连接（图 14-18*a*）。

(2) 此类型梁-柱节点在侧力引起的较大不平衡弯矩作用下，角钢发生弯曲变形，使节点产生一定量级的角变（图 14-18*b*），因此，它不属于刚性节点。

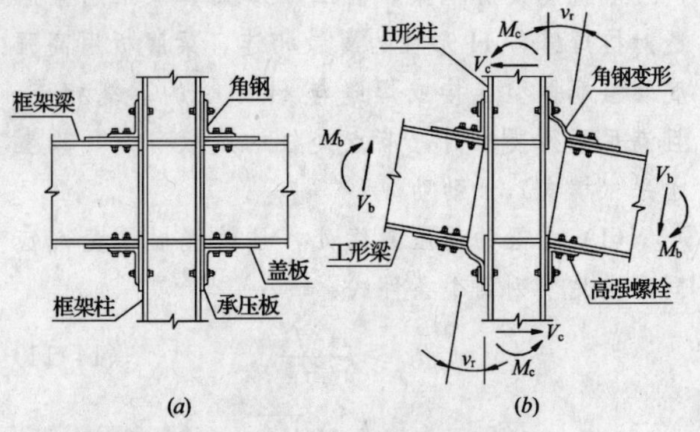

图 14-18 工形梁与 H 形柱的半刚性节点（二）
（*a*）节点构造；（*b*）顺时针弯矩作用下的节点角变

（二）梁与柱铰接

1994 年美国加州北岭地震，梁-柱铰接节点的破坏率较大。因此，对于抗震设防框架，当梁与柱采取铰接时，构造上应适当加强。

1. 梁垂直于柱翼缘

(1) 采用高强度螺栓（摩擦型或承压型连接）将工字形梁的腹板与焊于柱翼缘上的竖向连接板相连（图 14-19*a*）。

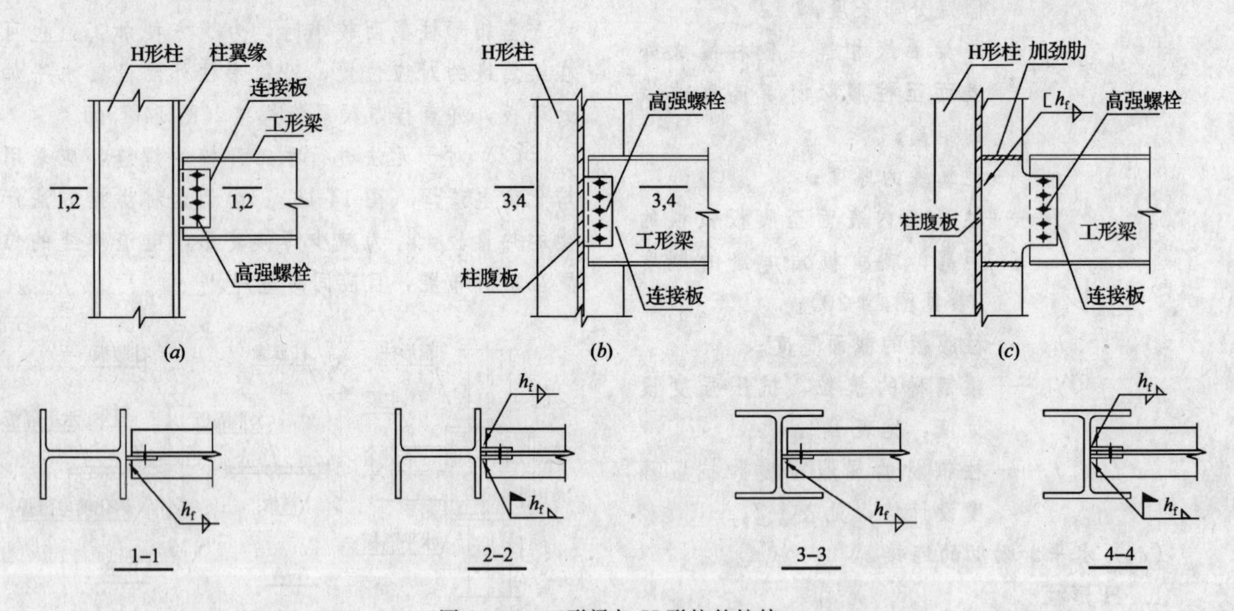

图 14-19 工形梁与 H 形柱的铰接
（*a*）梁垂直于柱翼缘；（*b*）梁垂直于柱腹板；（*c*）外伸连接板

(2) 竖向连接板的厚度不应小于梁腹板的厚度。

(3) 连接螺栓不得少于 3 个。

2. 梁垂直于柱腹板

(1) 工形梁腹板与焊于 H 形柱腹板上的竖向连接板之间，采用高强度螺栓摩擦型或承压型连接（图14-19*b*）。

(2) 竖向连接板的厚度不应小于梁腹板的厚度，连接螺栓不应少于 3 个。

(3) 对于加宽的外伸连接板，应在柱上连接板的上端和下端，设置水平加劲肋，加劲肋与 H 形柱腹板及翼缘之间可采用角焊缝连接（图 14-19*c*）。

三、强度验算

（一）验算项目

钢梁与钢柱的连接部位，一般应验算下列各项的承载力：

(1) 柱腹板的受压承载力和受剪承载力；

(2) 柱翼缘的受拉承载力；

(3) 梁与柱连接（焊缝或高强度螺栓）的承载力。

(4) 抗震设防框架，梁与柱连接部位应按多遇地震组合内力进行弹性设计，并应考虑强烈地震作用下框架梁出现塑性铰时，对梁与柱连接部位进行极限承载力验算。其合格尺度是：

1) 多遇地震作用下结构处于弹性阶段时，高强度螺栓摩擦型连接的摩擦面不出现滑动，焊缝连接的应力不大于强度设计值；

2) 强烈地震作用下结构进入塑性状态时，螺栓不被剪断，焊缝不发生断裂。

（二）全焊连接

梁与柱的全焊连接部位，应按下列规定进行节点的各项强度验算。

1. 柱腹板的抗压强度

(1) 当框架柱在节点处未设置水平加劲肋时（图 14-2*a*），柱腹板的抗压强度应按下列二式验算：

$$F \leqslant f t_{wc} l_{zc}\left(1.25-0.5\frac{|\sigma|}{f}\right) \quad (14\text{-}15a)$$

及

$$F \leqslant f t_{wc} l_{zc} \quad (14\text{-}15b)$$

式中 F——梁翼缘的压力；

t_{wc}——柱腹板的厚度，对于箱形柱，应为两块腹板厚度之和；

l_{zc}——水平集中力在柱腹板上的分布长度（图14-20），$l_{zc}=t_{fb}+5\ (t_{fc}+R)$；

t_{fb}、t_{fc}——分别为梁翼缘和柱翼缘的厚度；

R——柱翼缘内表面至腹板弧根的距离，或腹板角焊缝的厚度；

$|\sigma|$——柱腹板中的最大轴向应力（绝对值）；

f——钢材的抗压、抗拉强度设计值；抗震设计时，应再除以抗震调整系数 0.9。

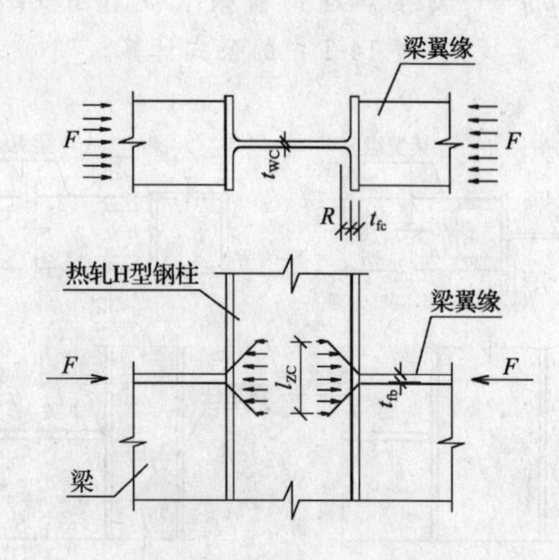

图 14-20 全焊节点的柱腹板抗压强度验算

(2) 当按公式（14-15）验算不能满足要求时，柱腹板应在梁的上、下翼缘标高处设置水平加劲肋。加劲肋的截面面积应能承担超出部分的压力。

2. 柱翼缘的抗拉强度

(1) 当框架柱在节点处未设置水平加劲肋时，柱翼缘应具有足够的抗弯刚度，以免受拉挠曲，腹板附近焊缝因应力集中而破坏。

(2) 柱翼缘的厚度 t_{fc} 及其抗弯强度应满足下列公式要求：

$$t_{fc} \geqslant 0.4\sqrt{A_{fb} f_b / f_c} \quad (14\text{-}16a)$$

$$F \leqslant 6.25 t_{fc}^2 f_c \quad (14\text{-}16b)$$

式中 f_b、f_c——分别为梁钢材、柱钢材的抗拉强度设计值；

A_{fb}、F——梁受拉翼缘的截面面积和承受的拉力。

(3) 当按公式（14-16）验算不能满足要求时，柱腹板应在梁的上、下翼缘标高处设置水平加劲肋。加劲肋的截面面积应能承担超出部分的拉力。

3. 梁翼缘与柱的连接焊缝

(1) 主梁翼缘与柱的连接焊缝，应采用坡口全熔透焊缝。

(2) 当柱在节点处未设置水平加劲肋时，梁翼缘与柱的连接焊缝应按下式进行强度验算：

$$F \leqslant f_t^w t_{fb} b_{eff} \quad (14\text{-}17)$$

式中 F——梁翼缘的拉力；

f_t^w——对接焊缝的抗拉强度设计值，非抗震设计时，按表 1-5 的规定取值；抗震设计时，应除以抗震调整系数 γ_{RE}，此处，$\gamma_{RE}=1.0$；

b_{eff}——对接焊缝的有效长度（图 14-21），按表 14-1 中的公式计算。

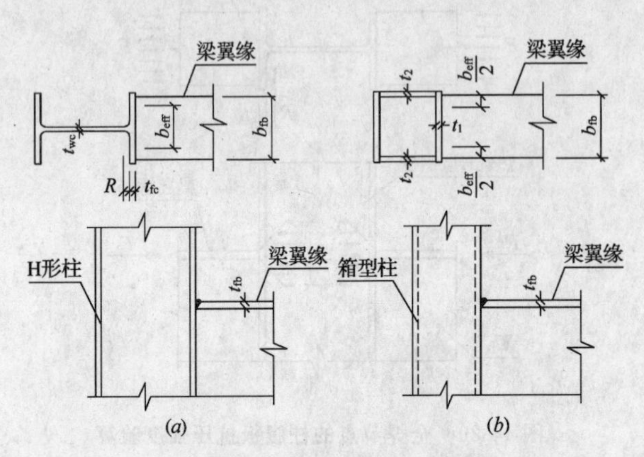

图 14-21 全焊节点的梁柱连接焊缝强度验算
(a) H 形柱的 b_{eff}；(b) 箱形柱的 b_{eff}

对接焊缝的有效长度 b_{eff} 表 14-1

钢号 / 柱截面形状	Q235	Q345
H 形柱（图 14-21a）	$2t_{wc}+7t_{fc}$	$2t_{wc}+5t_{fc}$
箱形柱（图 14-21b）	$2t_2+5t_1$	$2t_2+4t_1$

(3) 对接焊缝的有效长度 b_{eff} 不应小于梁翼缘实际宽度 b_{fb} 的 0.7 倍；否则，柱应在梁翼缘标高处设置水平加劲肋（H 形柱）或隔板（箱形柱）。

4. 梁腹板与柱的连接焊缝

(1) 可采用贴角焊缝或坡口对接焊缝。

(2) 梁腹板角焊缝的抗剪强度应满足下式要求：

$$\tau=\frac{V}{2h_e l_w}\leqslant f_f^w \tag{14-18}$$

式中 V——梁端的竖向剪力设计值；

h_e、l_w——角焊缝的有效厚度和计算长度；

f_f^w——角焊缝的抗剪强度计值，见第 1 章的表1-4。

（三）螺栓连接

梁与柱的高强度螺栓连接部位，应按下列规定验算其各项强度。

1. 柱腹板的抗压强度

(1) 当柱在节点处未设置水平加劲肋时（图 14-22），柱腹板的抗压强度，应按公式（14-15a）和（14-15b）验算，但 l_{zc} 应按下式确定：

$$l_{zc}=t_{fb}+2t_d+5(t_{fc}+R) \tag{14-19}$$

式中，t_d 为端板的厚度，其余符号的含义见式（14-15）。

(2) 当按公式（14-15）验算不能满足要求时，柱腹板应在梁翼缘标高处设置水平加劲肋。加劲肋的截面面积应能承担超出部分的压力。

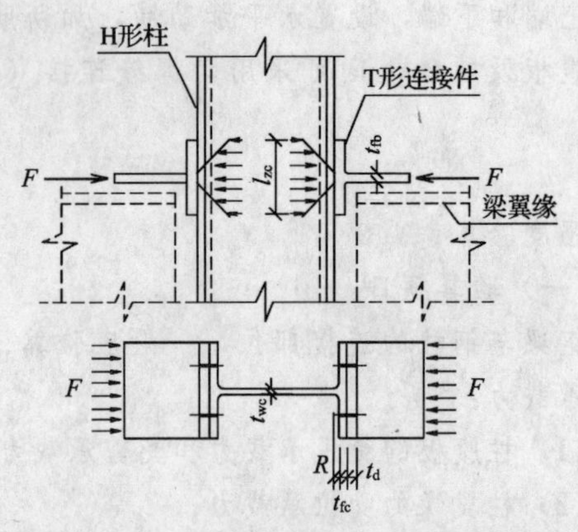

图 14-22 螺栓连接节点的柱腹板抗压强度验算

2. 柱翼缘和端板的强度

(1) 当柱在节点处未设置水平加劲肋时，可按有效宽度为 b_{eff} 的等效 T 形截面进行验算（图 14-23）。

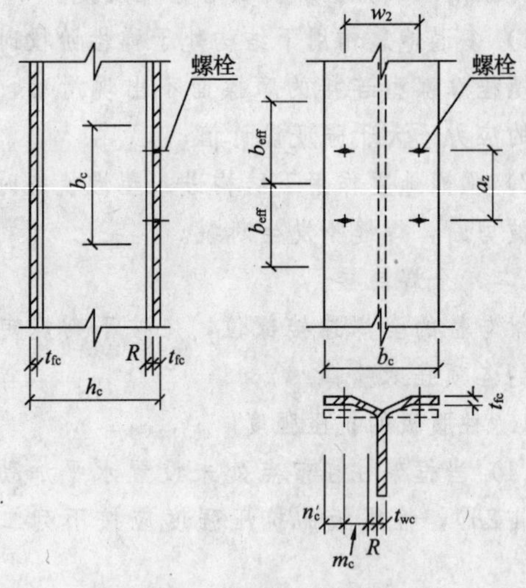

图 14-23 柱翼缘的有效宽度

受拉区螺栓所受的力，除作用拉力 F 外，尚应考虑附加撬力 Q 的作用（图 14-24）。撬力 Q 可取为：

$$Q\geqslant\frac{1}{20}F \tag{14-20}$$

作用在等效 T 形截面有效宽度内截面 1 处和截面 2 处的弯矩 M，不应超过该截面的塑性弯矩值 M_p。

$$M_p=\frac{1}{4}b_{eff}t_f^2 f_{ay} \tag{14-21}$$

与一排螺栓相当的有效宽度 b_{eff}，应取下列三项中的最小值。

$b_{eff}=a_z$

$b_{eff}=0.5a_z+2m_c+0.6n'_c$

$b_{eff}=4m_c+1.2n'_c$

式中 t_f——梁端板或柱翼缘的厚度；

f_{ay}——钢材的屈服强度；

a_z——高强度螺栓的间距；

m_c——见图（14-23）；

n'_c——见图（14-23）或 $n'_c=1.25m_c$，取两者的较小值。

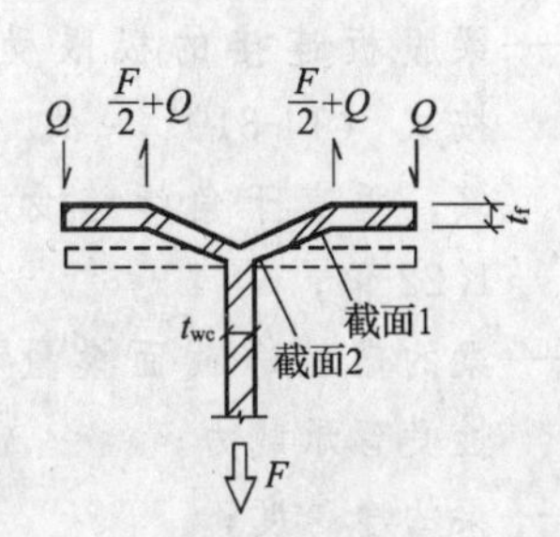

图 14-24 受拉区螺栓所受的附加撬力

（2）当按式（14-16）验算，柱翼缘的强度不能满足要求时，应于梁翼缘标高处在柱上设置水平加劲肋。加劲肋的截面面积应能承担超出部分的拉力。

3. 柱腹板的抗拉强度

（1）当柱在节点处未设置水平加劲肋时，柱腹板的抗拉强度可按下式验算：

$$F \leqslant t_{wc} b_{eff} f \tag{14-22}$$

式中 F——作用于有效宽度为 b_{eff} 的等效 T 形截面上的拉力；

b_{eff}——按公式（14-21）确定，取三者中的最小值。

（2）当按公式（14-22）验算不能满足要求时，应于节点处在柱上设置水平加劲肋，加劲肋的截面面积应能承担超出部分的拉力。

（四）栓焊连接

梁与柱的栓焊混合连接节点，当节点处未设置水平加劲肋时（图 14-25），应按下列规定验算其强度：

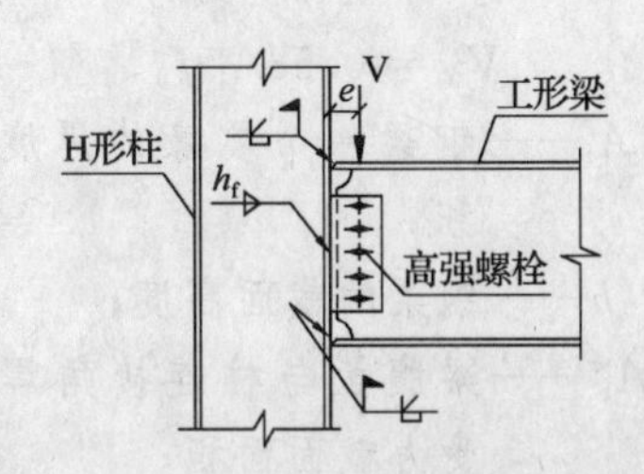

图 14-25 梁与柱的栓焊混合连接强度验算

1. 柱腹板的抗压强度，按本节第三、（二）、1 款的规定和式（14-15a）、式（14-15b）进行验算。

2. 柱翼缘的抗拉强度，按本节第三、（二）2 款的规定和式（14-16）进行验算。

3. 梁与柱连接焊缝的承载力，按本节第三、（二）、3 款的规定及式（14-17）进行验算。

4. 梁腹板与柱上连接板的高强度螺栓摩擦型连接，其螺栓的抗剪强度应根据梁端竖向剪力 V 按下式验算：

$$N_V = \frac{V}{n} \leqslant 0.9[N_v^b] \tag{14-23}$$

式中 n——梁腹板与柱上连接板相连接的高强度螺栓的数目；

$[N_v^b]$——一个高强度螺栓的受剪承载力设计值；

系数 0.9——考虑焊接热影响的高强度螺栓预拉力损失系数。

5. 柱上连接板与柱面的角焊缝，应按梁端竖向剪力 V 和偏心力矩 $M=V \cdot e$ 进行验算。式中，e 为连接板的螺栓中心至角焊缝的距离（图 14-25）。

（五）抗震设防框架

1. 计算原则

（1）钢结构构件的杆件连接应按地震组合内力进行弹性设计，并应进行极限承载力验算。

（2）考虑到杆件钢材的实际屈服强度有可能达到其标准值的 1.3 倍，为了实现"强连接、弱杆件"的要求，使强地震作用下框架梁端出现塑性铰时，梁与柱的连接仍能保持完整，梁与柱连接部位的受弯、受剪承载力，应高于梁自身的全塑性受弯承载力及相应的梁端剪力。

（3）据研究，梁与柱连接部位承载力验算公式中的强连接系数，受弯时，宜取 1.2；受剪时，为考虑跨中荷载影响及高截面梁的腹板参与承担弯矩等因素，宜取 1.3。

（4）对接焊缝材料的极限抗拉强度通常是高于被连接钢板件（母材）的极限抗拉强度，计算时则将它取等于母材的极限抗拉强度最小值。角焊缝材料的极限抗剪强度也高于母材的极限抗剪强度，计算梁腹板连接的角焊缝极限受剪承载力时，也是将它取等于母材的极限抗剪强度乘以角焊缝的有效受剪面积。

2. 连接材料承载力

（1）焊缝的极限受拉承载力 N_u 和极限受剪承载力 V_u，应按下列公式计算：

对接焊缝受拉、受压 $N_u = A_f^w f_u$ (14-24)

角焊缝受剪 $V_u = 0.58 A_f^w f_u$ (14-25)

式中 A_f^w——焊缝的有效受力截面面积；

f_u——根据被连接钢板（母材）极限抗拉强度最小值确定的对接焊缝极限抗拉强度，按第1章表1-5规定取值；

系数0.58——根据焊件试验结果采用统计方法得出的角焊缝受剪强度修正系数（$1/\sqrt{3}$）的约数。

（2）高强螺栓连接的极限受剪承载力，应取按下列二式计算的较小值：

螺栓受剪 $N_{vu}^b = 0.58 n_f A_e^b f_u^b$ (14-26)

钢板承压 $N_{cu}^b = d\ (\sum t)\ f_{cu}^b$，$f_{cu}^b = 1.5 f_u$ (14-27)

式中 N_{vu}^b——一个高强螺栓的极限受剪承载力；

N_{cu}^b——与一个高强螺栓相对应的板件极限承压力；

n_f——螺栓连接的剪切面数量；

d、A_e^b——分别为螺栓杆的直径和螺栓螺纹处的有效截面面积，见第1章表1-6；

$\sum t$——被连接钢板同一受力方向的钢板厚度之和；

f_u^b——螺栓钢材的极限抗拉强度最小值；

f_{cu}^b——被连接钢板在螺栓处的极限承压强度，取$1.5f_u$；

f_u——被连接钢板的钢材极限抗拉强度最小值，见第1章的表1-2；

系数0.58——根据原哈尔滨建筑工程学院的试验结果，螺栓剪切破坏强度与极限抗拉强度的比值不小于0.59，规范偏于安全地取0.58。

3. 柱贯通型节点

（1）抗震设防钢框架，当采用柱贯通型节点时，为了确保"强连接、弱杆件"耐震设计准则的实现，梁与柱连接进行多遇地震作用下的弹性设计时，梁上、下翼缘的端截面应满足连接的弹性设计要求，梁腹板应计入剪力和弯矩。强地震时钢框架将进入塑性阶段，梁与柱连接需要按承受杆件全截面屈服时的内力设计。梁与柱刚性连接部位的极限受弯、受剪承载力，应符合下列公式要求：

$$M_u^j \geqslant \alpha M_p,\quad M_p = W_p \cdot f_{ay} \quad (14\text{-}28)$$

$$V_u^j \geqslant 1.2\left(\frac{2M_p}{l_n}\right) + V_{Gb}，且\ V_u \geqslant 0.58 h_w t_w f_{ay} \quad (14\text{-}29)$$

式中 M_u^j——梁上、下翼缘坡口全熔透焊缝的极限受弯承载力，按公式（14-30）计算；

V_{Gb}——重力荷载代表值（9度时尚应包括竖向地震作用标准值）作用下，按简支梁分析的梁端截面剪力设计值；

V_u^j——梁腹板连接的极限受剪承载力，按式（14-31）～式（14-33）计算；垂直于角焊缝受剪时可提高1.22倍；

W_p、M_p——梁的塑性净截面模量和全截面塑性受弯承载力；

l_n——梁的净跨度；

h_w、t_w——梁腹板的截面高度和厚度；

f_{ay}——钢材的屈服强度；

α——梁与柱连接时的连接系数，《抗震规范》第8.2.9条规定按表14-2取值。

钢结构抗震设计的连接系数α　　表14-2

母材牌号	焊接	螺栓连接
Q235	1.40	1.45
Q345	1.30	1.35
Q345GJ	1.25	1.30

公式（14-28）不等号右侧的系数1.2，是考虑钢材的实际屈服强度有可能高于规定的标准值。公式（14-29）的系数1.3，除考虑钢材实际屈服强度对其标准值的提高之外，还考虑了该跨内荷载的剪力效应以及梁腹板受剪的同时也参与受弯。

（2）梁与柱连接部位承载力的计算

1）全焊连接——梁与柱连接焊缝的极限受弯承载力M_u和极限受剪承载力V_u，应按下列公式计算：

$$M_u^j = A_f(h - t_f) f_u \quad (14\text{-}30)$$

$$V_u^j = 0.58 A_f^w f_u \quad (14\text{-}31)$$

式中 t_f、A_f——钢梁一个翼缘的厚度和截面面积；

h——钢梁的截面高度；

A_f^w——梁腹板与柱连接角焊缝的有效受力截面面积；

f_u——见式（14-24）和式（14-25）。

2）栓焊连接——梁上、下翼缘与柱对接焊缝的极限受弯承载力M_u，以及竖向连接板与柱面之间连接角焊缝的极限受剪承载力V_u，分别按上面二式计算；梁腹板与柱面连接板之间高强螺栓连接的极限受剪承载力V_u，取按下列二式计算的较小值：

螺栓受剪 $V_u = 0.58 n m_f A_e^b f_u^b$ (14-32)

钢板承压 $V_u = nd(\sum t) f_{cu}^b$ (14-33)

式中 n、n_f——分别为接头一侧的螺栓数量和一个螺栓的受剪面数量；

f_u^b——螺栓钢材的极限抗拉强度最小值。

考虑到钢梁腹板与柱面连接板的现场连接，虽然是采用高强度螺栓摩擦型连接，但强烈地震时摩擦力可能被克服，从而蜕变为螺栓承压型连接，螺杆受剪。此时，宜取其钢材极限抗拉强度最小值的0.58倍，作为螺栓的抗剪强度设计值。

(3) 在柱贯通型节点中，当梁翼缘与柱的连接，采用坡口全熔透焊缝并利用引弧板和引出板时，公式（14-28）将自动满足，不必再验算连接部位的受弯承载力。

4. 梁贯通型节点

(1) 钢框架的主梁为箱形截面而采用梁贯通型梁-柱节点时，节点上、下柱端与箱形钢梁的连接部位的承载力验算，需要考虑轴向压力的影响。

(2) 柱与梁连接部位的承载力，应按第5章第［2］节第二、(三)、2款的柱与梁连接的有关规定及式（5-9）～式（5-14）验算。

（六）梁与柱铰接

1. 梁与柱铰接时（图14-26），连接梁腹板用的高强度螺栓，除应承受梁端剪力外，尚应承受支承点反力对连接螺栓所产生的偏心弯矩的作用。

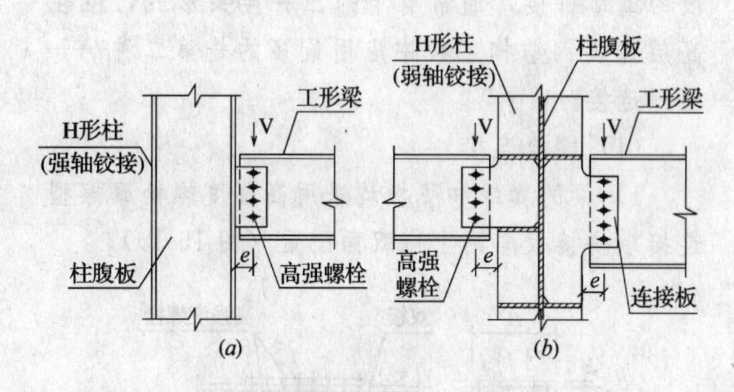

图14-26 梁与柱铰接的承载力验算

(a) 顺H形柱强轴方向；(b) 顺H形柱弱轴方向

2. 偏心弯矩 M 应按下式计算：

$$M = V \cdot e \tag{14-34}$$

式中 V——作用于梁端的竖向剪力；

e——支承点到连接螺栓合力作用线的距离。

15 钢杆件的连接

梁与梁的连接

一、构造要求

（一）主梁的接头

1. 主梁的接头，主要用于主梁与柱上悬臂梁段的工地拼接，通常有下列三种接头形式，但在高层建筑钢结构工程中应用最多的是第二种——栓焊连接。

（1）螺栓连接

1）梁的翼缘和腹板均采用高强度螺栓摩擦型连接。拼接板原则上应双面配置（图 15-1*a*）。

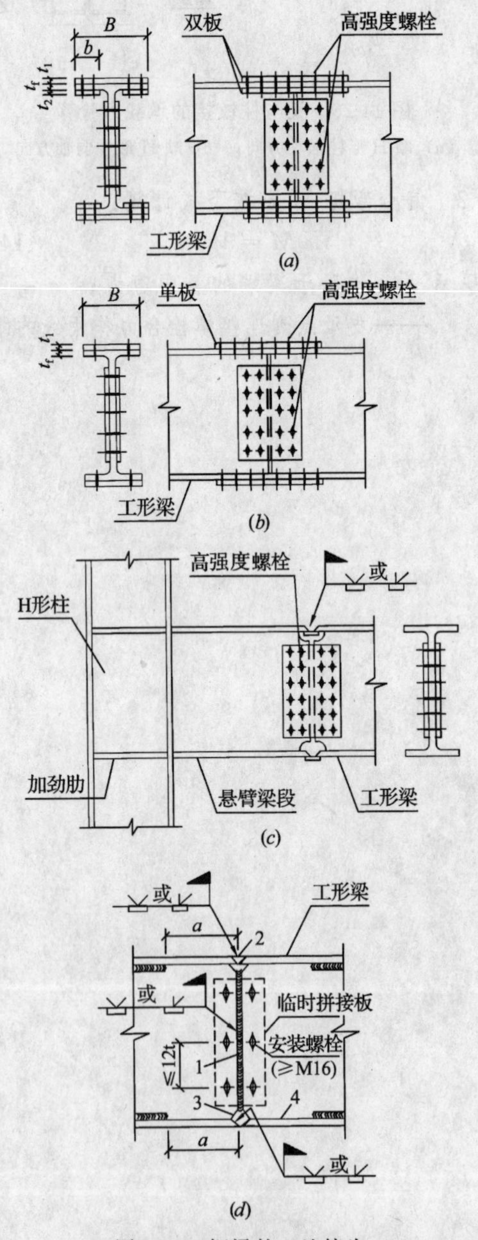

图 15-1 钢梁的工地接头

（*a*）双板螺栓连接；（*b*）单板螺栓连接；（*c*）栓焊连接；（*d*）全焊连接

2）梁翼缘采取双面拼接时，上、下翼缘的外侧拼接板厚度 $t_1 \geqslant t_f/2$，内侧拼接板厚度 $t_2 \geqslant t_f B/4b$。式中，t_f和 B 为翼缘的厚度和宽度，b 为拼接板的宽度。

3）当梁翼缘宽度较小，内侧配置拼接板有困难时，也可仅在梁上、下翼缘的外侧配置拼接板（图 15-1*b*）。拼接材料的承载能力应不低于所拼接板件的承载力。

4）梁腹板双面配置拼接板时，拼接板厚度 $t \geqslant t_w H/2b$，且不应小于 6mm。式中，t_w为梁的腹板厚度，H 为梁的截面高度，b 为拼接板的宽度。

（2）栓焊连接——梁的翼缘采用全熔透焊缝连接，腹板采用高强度螺栓摩擦型连接（图 15-1*c*）。

（3）全焊连接——梁的翼缘和腹板均采用全熔透焊缝连接（图 15-1*d*），图中，数字 1、2、3 表示焊接次序，注明“*a*”的一段，最后施焊，以减小焊缝的约束。

2. 其他钢梁的工地接头，一般情况下是按等强度设计，拼接板的厚度不得小于 6mm。

（二）次梁与主梁的连接

1. 简支

（1）次梁与主梁的连接，通常是采取简支方式，采用高强度螺栓（摩擦型或承压型）或普通螺栓将次梁的腹板与主梁相连接。一是，与主梁上的横向加劲肋相连接（图 15-2*a*～*c*）；另一是，

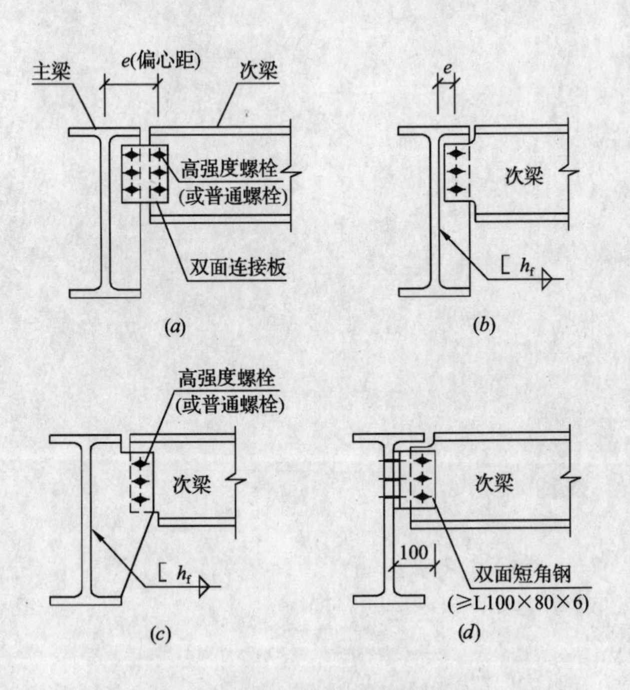

图 15-2 次梁与主梁的简支连接

（*a*）附加连接板；（*b*）次梁腹板伸长；（*c*）增宽加劲肋；（*d*）附加短角钢

通过短角钢与主梁腹板相连接（图 15-2*d*）。当连接板为单板时（图 15-2*b*、*c*），其板厚不应小于梁腹板的厚度；当连接板为双板时（图 15-2*a*、*d*），其板厚宜取梁腹板厚度的 0.7 倍。图 15-2*c* 主要用于当利用次梁作为框架梁上、下翼缘的侧向支撑时。

(2) 为阻止主梁受压翼缘的侧向挠曲，当次梁高度小于主梁高度的一半时，可于主梁下翼缘受压区段处设置角撑，与次梁端部连接（图 15-3*a*）；当次梁高度大于主梁高度的一半时，可将主梁的横向加劲肋加宽，做成倒梯形，与次梁腹板相连接（图 15-3*b*）。

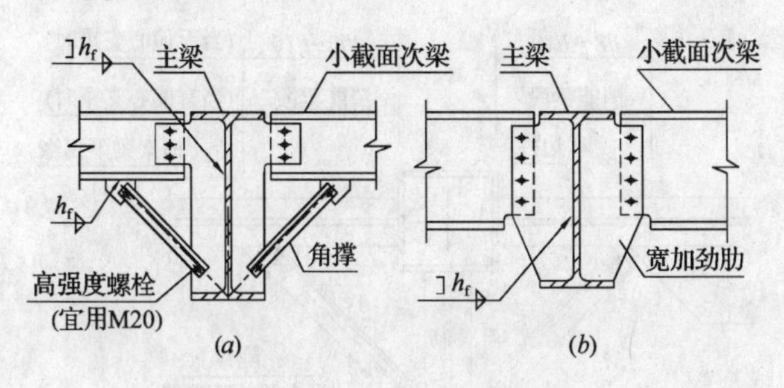

图 15-3 较小次梁用作主梁上、下翼缘侧向支承的构造
(*a*) 加角撑；(*b*) 加宽横向加劲肋

(3) 次梁与主梁的简支连接，按次梁的剪力设计，并考虑因连接偏心所产生的附加弯矩。

2. 刚接

(1) 当次梁跨度较大、跨数较多，或者荷载较大时，为了减小梁的挠度，次梁与主梁的连接，可采用刚性连接，形成多跨连续梁。此外，带有外伸悬臂梁段的次梁，其根部与主梁也应采取刚性连接。

(2) 采用刚性连接时，支座压力仍传给主梁，支座弯矩则在两相邻跨的次梁之间传递。

(3) 刚性连接的构造比较复杂，焊接连接时，主梁翼缘存在双向应力状态，且容易导致主梁受扭。所以，除非十分必要时，一般不宜采用。

(4) 次梁与主梁的刚接，有以下两种连接方式：

1) 螺栓连接——次梁的翼缘和腹板，均采用高强度螺栓与主梁相连接，次梁上翼缘借助拼接板跨过主梁相互连接（图 15-4）。使支座弯矩在两相邻跨次梁之间直接传递。下翼缘因碍于主梁腹板阻隔，拼接板需要断开并分别与主梁相焊（图 15-4*a*），或采用角钢替代钢板（图 15-4*b*）。次梁与主梁等高时次梁的连续性连接示于图 15-4*c*。

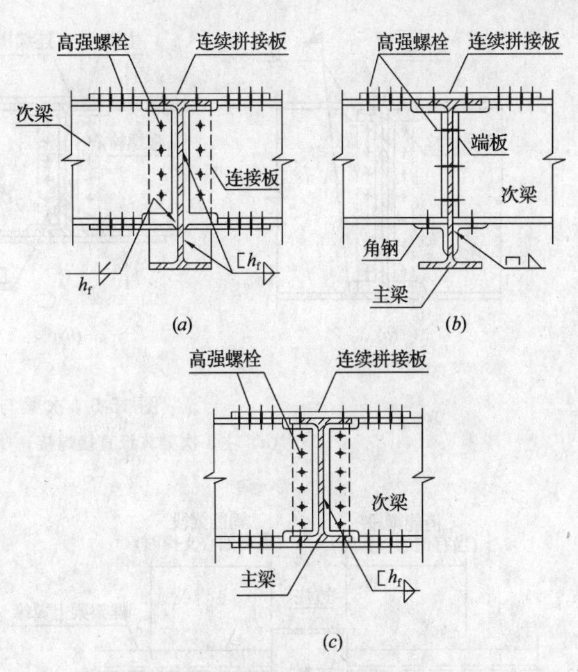

图 15-4 次梁与主梁的全螺栓刚性连接
(*a*) 拼接板；(*b*) 端板及角钢；(*c*) 主、次梁等高

2) 栓焊连接——主、次梁等高时，次梁的上、下翼缘分别与主梁的上、下翼缘垂直相交焊接（图 15-5*a*）；此种连接的缺点是：①主、次梁翼缘之间的连接采用坡口全熔透焊缝，要求次梁长度精确，以保证焊缝坡口根部间隙不致过大或过小；②主梁翼缘在连接范围内双向受力。另一方法是，次梁上、下各增设一块连续盖板，用角焊缝将它分别与次梁的上、下翼缘焊接（图 15-5*b*）。主、次梁不等高时，次梁下翼缘盖板的端头还应直接与主梁腹板垂直相交焊接（图 15-5*c*）。

次梁的腹板，不论主、次梁等高与否，都是采用高强度螺栓与主梁横向加劲肋相连接。

(三) 梁的隅撑

1. 抗震设防框架，在出现塑性铰的部位，为防止框架梁的侧向屈曲，应在梁的一侧设置水平隅撑：一般框架，隅撑仅需在互相垂直的主梁下翼缘处设置（图15-6*b*、*d*）；偏心支撑框架，主梁的上、下翼缘均需设置隅撑（图 15-6*a*～*d*），但仅能设置在梁的一侧，以免妨碍消能梁段竖向塑性变形的发展。

2. 梁上、下翼缘隅撑与梁轴线的交点，应设置在消能梁段端部（偏心支撑框架）或距离柱轴线 1/8～1/10 梁跨处（一般框架）。

3. 隅撑斜杆的长细比 λ 应符合下列要求：①对于 Q235 号钢，$\lambda \leqslant 130$；②对于其他钢号，$\lambda \leqslant 130\sqrt{235/f_{ay}}$。

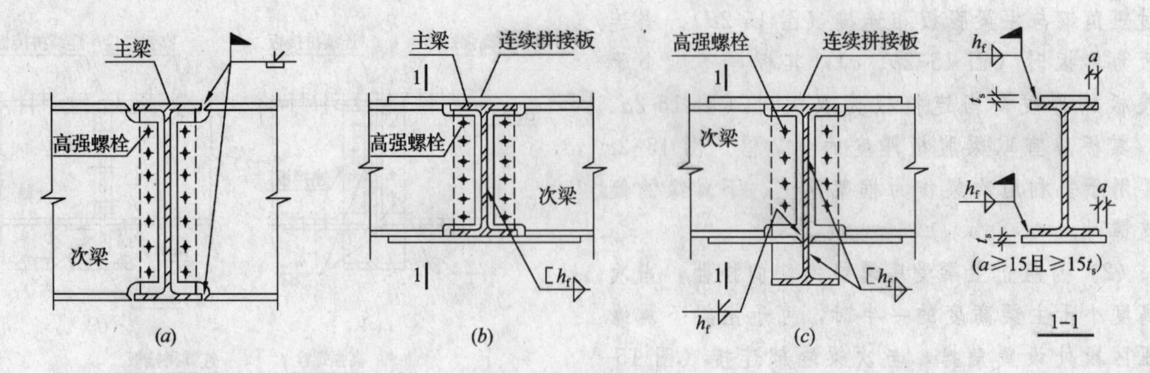

图 15-5 次梁与主梁的栓焊刚性连接

(a) 主、次梁翼缘直接焊接；(b) 加盖板焊接；(c) 主、次梁不等高

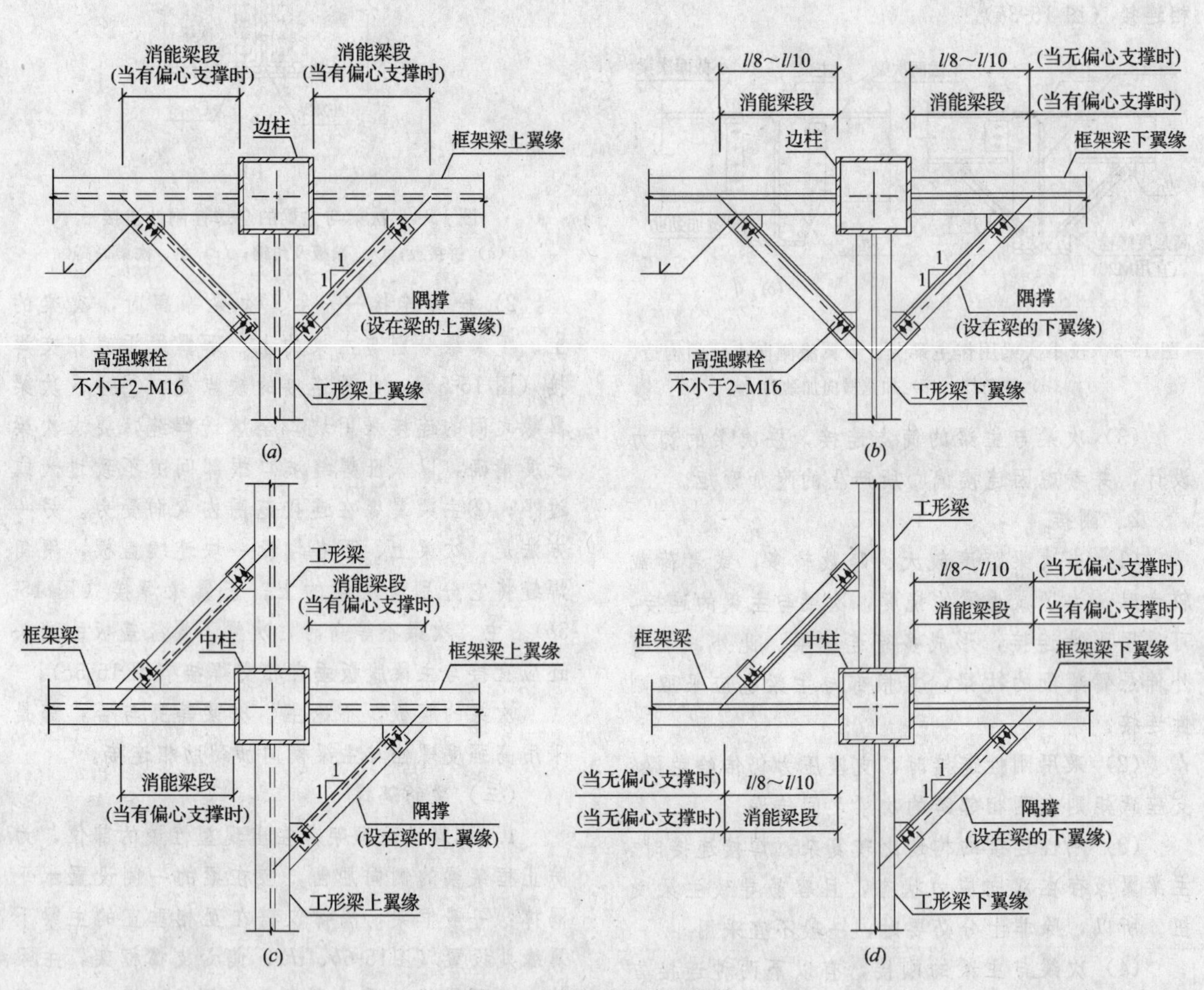

图 15-6 框架梁的水平隅撑

(a) 边柱的梁上翼缘隅撑；(b) 边柱的梁下翼缘隅撑；(c) 中柱的梁上翼缘隅撑；(d) 中柱的梁下翼缘隅撑

4. 隅撑斜杆的轴力设计值取 $N\geqslant 0.06b_f t_f f/\sin\alpha$（偏心支撑框架）或 $N=(b_f t_f f/85\sin\alpha)\sqrt{f_{ay}/235}$（一般框架）。式中 b_f、t_f分别为梁上翼缘或下翼缘的截面宽度和厚度；f、f_{ay}分别为梁翼缘钢材的抗压强度设计值和屈服强度。

(四) 梁腹板开孔

1. 梁腹板上的开孔位置，宜设在梁跨度中段1/2跨度范围内；应尽量避免在距离梁端1/10跨度或等于梁高的范围内开孔。抗震设防的结构，不应在设置隅撑范围内开孔。

2. 钢梁腹板的孔口高度（或直径）不得大于梁截面高度的1/2，矩形孔口的长度还不得大于750mm。相邻孔口边缘之间的距离不得小于梁高，也不得小于较大孔口的长边，孔口边缘至梁翼缘外皮的距离不得小于1/4梁高。

3. 当梁腹板上圆孔的直径小于或等于1/3梁高时，且沿竖向，孔口边缘至梁翼缘外皮的距离不小于1/4梁高时（图15-7*a*），可以不予补强。

4. 腹板上的圆孔直径大于1/3梁高时，可采取下列方法进行补强：

(1) 环形加劲肋补强：加劲肋的截面不宜小于100mm×10mm，加劲肋边缘至孔口边缘的距离不宜大于12mm（图15-7*b*）。

(2) 套管补强（图15-7*c*）

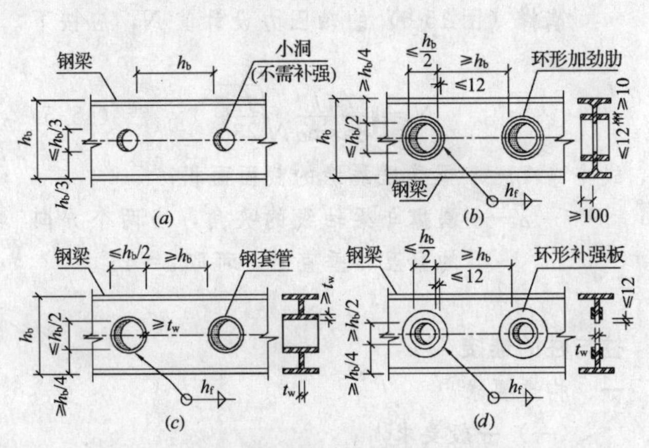

图15-7 钢梁腹板上圆形孔口的补强

(*a*) 不需补强；(*b*) 环形加劲肋；

(*c*) 套管补强；(*d*) 环形补强板

1) 构造要求：①补强钢套管的长度等于或稍短于钢梁翼缘宽度；②管壁厚度宜比梁腹板厚度大一级；③套管与梁腹板之间采用角焊缝连接，焊脚尺寸取$h_f=0.7t_w$，t_w为梁腹板厚度。

2) 承载力计算原则：①可分别验算套管补强开孔梁受弯和受剪时的承载力；②弯矩仅由钢梁翼缘承受；③剪力由套管和梁腹板共同承担。

(3) 环形板补强：在腹板两侧的圆孔周围各焊上一个环形补强板（图15-7*d*），补强板厚度可稍小于腹板厚度，环形板的宽度可取75～125mm。

5. 腹板上矩形孔的补强

(1) 矩形孔口四周应采用纵向和横向加劲肋补强。孔口上、下边缘的纵向加劲肋，应伸至孔口边缘以外300mm（图15-8）。沿梁长度方向，矩形孔口的净间距应不小于梁的截面高度h_b，也不小于较大矩形孔口的边长B_0。

(2) 当矩形孔口长度大于500mm时，应在腹板两侧设置加劲肋。

(3) 当矩形孔口长度大于梁高时，其横向加劲肋应沿梁腹板全高设置（图15-8）。

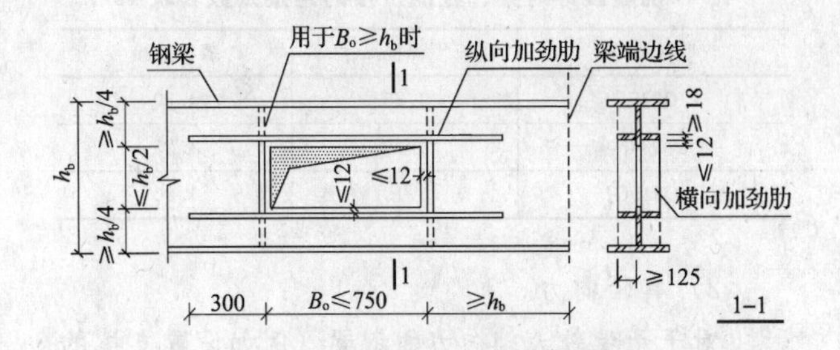

图15-8 钢梁腹板矩形孔口的补强

(4) 矩形孔口纵、横加劲肋的截面尺寸不宜小于125mm×18mm。沿梁长度方向两个矩形洞口之间的净距离不应小于较大洞口的长边，也不应小于梁的截面高度。

二、强度验算

(一) 梁的接头

1. 非抗震设防

(1) 梁的接头应按所在截面处的梁内力进行设计。此时，梁翼缘的连接，按其所分配的弯矩进行验算；梁腹板的连接，则应按所在截面全部剪力、剪力偏心弯矩及所分配弯矩的共同作用下进行验算。

(2) 梁的接头位置应尽量靠近梁的反弯点处，当接头处的内力较小时，接头的承载力不应小于梁截面承载力的50%。

2. 抗震设防结构

(1) 为使抗震设防结构符合"强连接、弱杆件"设计原则，梁接头的承载力应高于母材的承载力。梁的接头应按地震组合内力进行弹性设计，并应进行极限承载力验算。梁接头按弹性设计时，腹板应计入弯矩。

(2) 工厂预制件因受到运输条件的限制，框架梁的工地接头通常位于离梁-柱节点不远处，强震时也将进入塑性阶段，因此，对其连接的承载力要求应该与梁与柱连接的要求类似，也应按承受梁全截面屈服时的内力设计。

1) 无轴向力

未承受轴力或承受较小轴力（$N \leqslant 0.13N_y$）的钢梁，其拼接接头的极限受弯承载力$M^j_{ub,sp}$和极限受剪承载力V_u，应满足公式（15-1）的要求。

$$M^j_{ub,sp} \geqslant \alpha M_p,\quad V_u \geqslant 0.58h_w t_w f_{ay} \quad (15\text{-}1)$$

式中 α——梁的拼接的连接系数，《抗震规范》第8.2.9条规定，按表15-1采用。

抗震设计时梁、柱的拼接的连接系数 α 表 15-1

母材牌号	焊接	螺栓连接
Q235	1.25	1.30
≥Q345	1.20	1.25
≥Q345GJ	1.15	1.20

2）有轴向力

对于承受较大轴向力的钢梁（例如设置支撑的框架梁），即当钢梁承受的轴力 $N>0.13N_y$ 时，对于工字形截面（绕强轴）和箱形截面梁，其拼接接头的极限受弯和受剪承载力，应满足下列公式要求：

$$M_u \geqslant 1.2M_{pc}, V_u \geqslant 0.58h_w t_w f_{ay} \quad (15\text{-}2a)$$

$$M_{pc}=1.15\left(1-\frac{N}{N_y}\right)M_p, N_y=A_n f_{ay} \quad (15\text{-}2b)$$

式中　M_u、V_u——按母材极限抗拉强度最小值计算的梁接头极限受弯承载力和极限受剪承载力，按第14章公式（14-30）～式（14-33）计算；

M_p、M_{pc}——分别为无轴力和有轴力时梁杆件的全截面塑性受弯承载力；

A_n、t_w、h_w——梁的净截面面积、腹板厚度和腹板截面高度；

N、N_y——分别为梁的轴向力设计值和轴向屈服承载力；

f_{ay}——梁钢材的屈服强度。

3）钢梁的拼接接头采用全栓连接时，接头的极限承载力尚应符合下列要求：

翼缘　$nN_{cu}^b \geqslant 1.2A_f f_{ay}$ 且 $nN_{vu}^b \geqslant 1.2A_f f_{ay}$　(15-3a)

腹板　$N_{cu}^b \geqslant \sqrt{\left(\frac{V_u}{n}\right)^2+(N_M^b)^2}$

且 $N_{vu}^b \geqslant \sqrt{\left(\frac{V_u}{n}\right)^2+(N_M^b)^2}$　(15-3b)

式中　N_{vu}^b、N_{cu}^b——一个高强螺栓的极限受剪承载力和对应的板件极限承压力；

A_f——梁翼缘的有效截面面积；

N_M^b——梁腹板拼接中弯矩引起的一个螺栓的最大剪力；

n——梁翼缘拼接或腹板拼接一侧的螺栓数。

(3) 强震作用下，梁接头的高强度螺栓摩擦型连接有可能产生滑移，蜕变为承压型（剪压型）连接。为了确保连接不破坏，并利用接头各板件接触面的往复滑移及螺栓杆对钢板的挤压，继续消耗能量，以减轻结构主体的损坏，梁接头螺栓连接的设计，应使按承压型连接计算的承载力大于按摩擦型连接计算的承载力，即应符合下式要求：

$$N_c^b \geqslant nN_v^b \quad (15\text{-}4)$$

式中　N_c^b、N_v^b——分别为一个高强度螺栓承压型连接或摩擦型连接的受剪承载力设计值；

n——安全储备系数，可取 $n=1.2$。

（二）梁的隅撑

隅撑（图 15-6）的轴压力设计值 N，应按下式计算：

$$N=\frac{A_f f}{85\sin\alpha}\sqrt{\frac{f_{ay}}{235}} \quad (15\text{-}5)$$

式中　A_f——梁受压翼缘的截面面积；

α——隅撑与梁轴线的夹角，当两个方向的梁互相垂直时，可取 $\alpha=45°$。

柱与柱的连接

一、构造要求

（一）一般要求

1. 钢柱的工地接头，宜位于主梁顶面以上1.3m附近，或柱净高的一半，取二者的较小值。

2. 钢柱的工地接头，应采取预先焊在柱上的安装耳板作临时固定和定位校正。耳板的厚度，应根据阵风及其他施工荷载确定，但不得小于10mm。耳板应设于柱翼缘的两侧（图 15-9a）；对于箱形柱，为方便工地施焊，耳板宜仅在柱的一个方向的两侧设置（图 15-9b 中实线所示），对于大截面柱，有时也在相邻的相互垂直的柱面上安装耳板（图 15-9b 中虚线所示）。待柱焊接好后，用火焰将耳板切除。

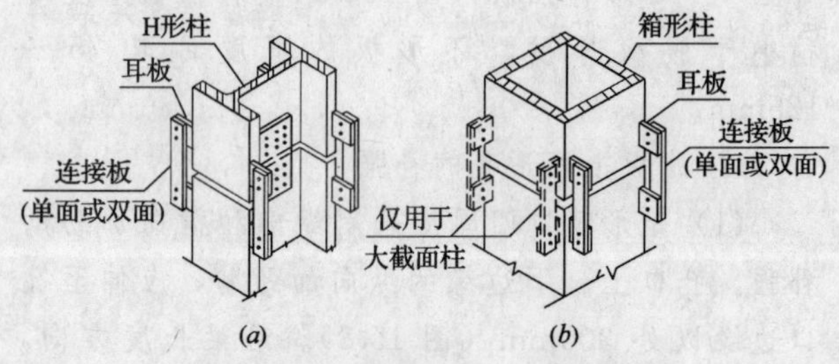

图 15-9　钢柱工地接头的安装耳板
（a）H 形柱；（b）箱形柱

（二）H 形柱的接头

1. H 形柱的工地拼接，通常采取栓焊混合连接，柱的翼缘，采用坡口全熔透或部分熔透对接焊缝；柱的腹板，可采用高强度螺栓连接（图

15-10a)。抗震设防框架，上、下柱的对接接头应采用全熔透焊缝。

2. 当柱的接头全部采用焊接时，上柱翼缘应开V形坡口；腹板应开K形坡口（双面单边V形坡口）或带钝边单边V形坡口。图15-10b用于轧制H型钢柱，图15-10c用于拼焊H形截面钢柱。

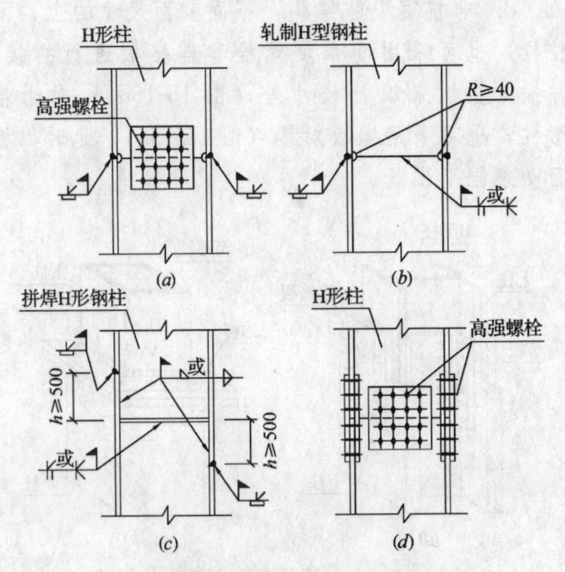

图15-10　H形柱的工地接头

(a) 栓焊连接；(b) 轧制型钢柱的全焊连接；(c) 拼焊截面钢柱的全焊连接；(d) 螺栓连接

3. 对于拼焊的H形截面钢柱，柱的拼接接头上、下方各100mm范围内，柱翼缘与腹板间的焊缝，应采用全熔透焊缝。

4. 若为了减少工地焊接工作量，某些情况下，柱的翼缘和腹板也可全部采用高强度螺栓连接（图15-10d）。

（三）箱形柱的接头

1. 箱形柱的工地接头应全部采用焊接，抗震设防框架，上、下柱的对接接头应采用全熔透焊缝。为确保全熔透焊缝的质量，其坡口应采取图15-11所示的形式。

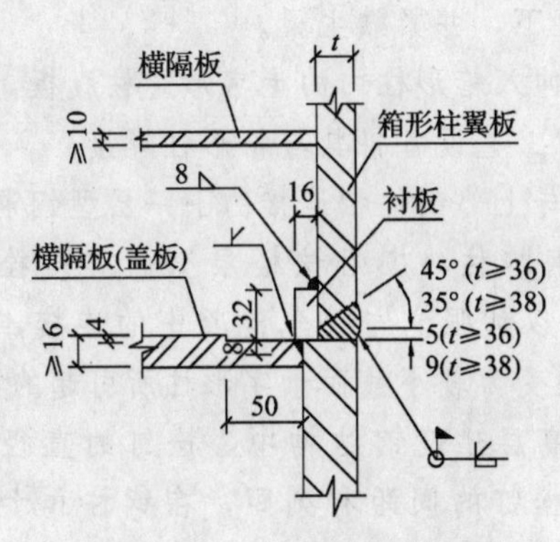

图15-11　箱形柱的工地焊接

2. 横隔板

(1) 箱形柱接头处的上节柱和下节柱均应设置横隔板。

(2) 下节柱上端的横隔板（盖板）应与柱口齐平，厚度不宜小于16mm，其边缘应与下节柱的上口截面一起刨平，以便与上柱的焊接衬板有良好的接触面。

(3) 下柱上端横隔板应与柱壁板焊接一定深度，以便周边铣平后不致将焊根露出。

(4) 于上节柱下端附近设置的横隔板，其厚度不应小于10mm（图15-11）。

3. 在柱的拼接接头上、下方各100mm范围内，箱形柱壁板相互间的组装焊缝，应采用坡口全熔透焊缝。

（四）非抗震设防时柱的接头

1. 非抗震设防的高层建筑钢结构，H形柱和箱形柱的接头处，弯矩较小且柱翼缘不出现拉力时，柱的对接接头处，柱翼缘可采用带钝边单边V形坡口“部分熔透”对接焊缝。

2. 此类接头可通过上、下柱的接触面，直接传递25%的压力和25%的弯矩。

3. 此类接头处，柱的上、下端应磨平顶紧，并应使端面做到与柱轴线垂直。

4. 坡口焊缝的有效深度t_e不宜小于壁厚t_f的1/2（图15-12）。

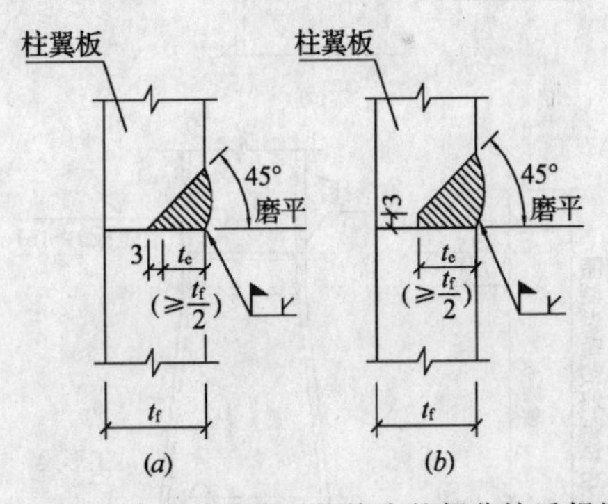

图15-12　非抗震设防时柱接头的部分熔透焊缝

（五）变截面柱的接头

1. 当柱需要改变截面尺寸时，宜采取改变柱的翼缘厚度而保持柱的截面高度不变。

2. 当柱需要改变截面边长时，应将变截面区段限制在框架梁-柱节点范围内，使柱在层间保持等截面。

3. 根据设计要求，必须改变柱的截面高度时，变截面区段的坡度不应大于1∶4，最好不大于1∶6。上海锦江分馆的钢柱变截面区段的坡度就是采用1∶6。对于边柱和中柱的接头，宜采取

图 15-13 或图 15-14 所示的做法。

4. 箱形柱变截面区段加工件的上端和下端，均应另行设置水平盖板，板厚不小于 16mm（图 15-14）。接头处柱的端面应铣平，并采用全熔透焊缝。图 15-14*a* 表示柱变截面区段长度比梁截面高度小 200mm 的接头构造；图 15-14*b* 表示柱变截面区段长度等于梁截面高度的接头构造。

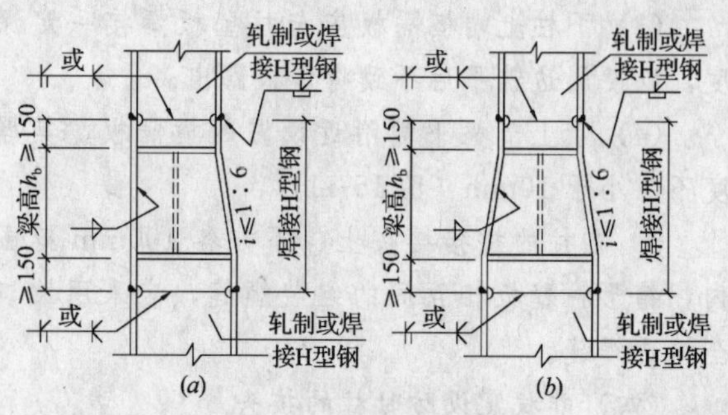

图 15-13 H 形柱的变截面接头

(*a*) 边柱；(*b*) 中柱

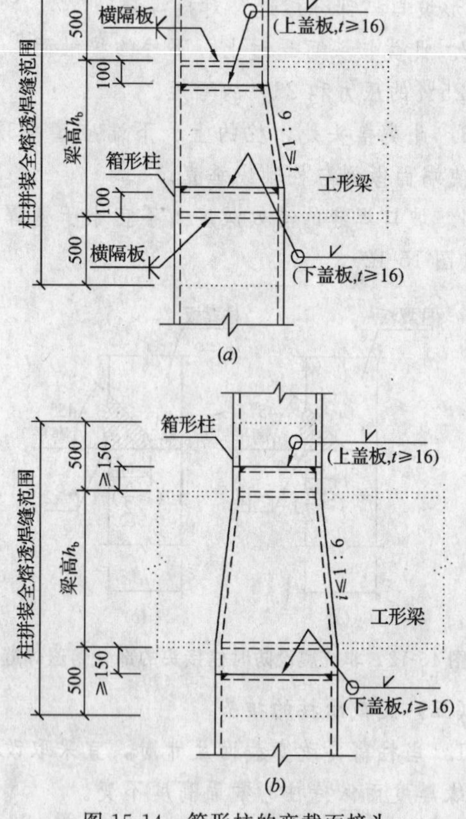

图 15-14 箱形柱的变截面接头

(*a*) 边柱；(*b*) 中柱

5. 为方便贴挂外墙板，对于边柱，变截面区段应该外平（图 15-13*a*、图 15-14*a*），但计算时需考虑上下柱偏心 *e* 所产生的附加弯矩。

6. 当柱的变截面段的上、下界面位于梁与柱连接处时，可采取图 15-13 和图 15-14*b* 所示的做法，柱的变截面区段加工件的上端和下端与上、下层柱的接头位置，应分别设在距离梁的上、下翼缘连接焊缝不少于 150mm 的高度处，以避免焊缝影响区相互重叠。

7. 为确保施工质量，柱的变截面区段宜带有悬臂梁段，使不规则的连接在工厂制作。

8. 非抗震设防结构，不同截面尺寸的上、下柱段，也可采用高强度螺栓和连接板进行拼接，并插入垫板来填补尺寸差（图 15-15*a*）；对于箱形柱，也可采用端板对接（图 15-15*b*），此时，板面必须刨平顶紧。

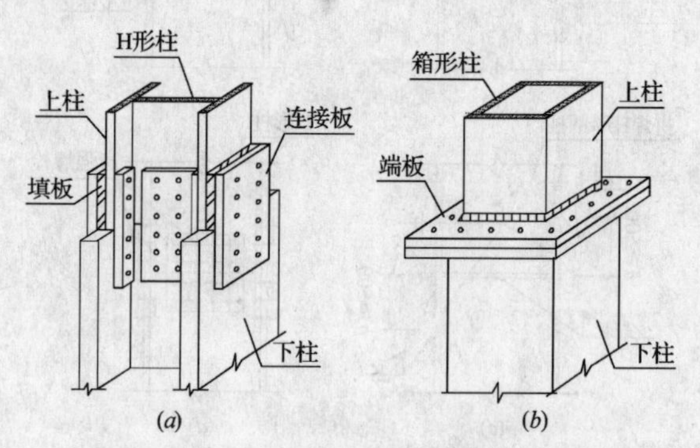

图 15-15 上、下柱截面不等时的拼接

(*a*) H 形柱；(*b*) 箱形柱

（六）钢柱与型钢混凝土柱的连接

1. 高层建筑钢结构的底部常设置型钢混凝土（SRC）结构过渡层，H 形截面钢柱向下延伸至型钢混凝土结构内仍为 H 形截面；而箱形柱延伸至型钢混凝土柱内后，应改用十字形截面，以便与混凝土更好地结合为整体。

2. 上层箱形钢柱与下层型钢混凝土柱中十字形型钢芯柱的连接处，应设置两种截面共存的过渡段，十字形芯柱的腹板伸入箱形柱内的长度 l，不应小于箱形柱截面高度 h_c 加 200mm，即 $l\geq h_c+200$mm（图 15-16）。

3. 十字形柱与箱形柱连接处的过渡段，应位于主梁之下，并紧靠主梁。

4. 伸入箱形柱内的十字形芯柱腹板，采用专用的长臂工艺设备将其与箱形柱焊接。

5. 与上部钢柱相连接的下一层型钢混凝土柱中的型钢芯柱，应沿该楼层全高焊接栓钉（图 15-16），以加强它与外包混凝土的连接，并传递因箱形柱变为较小截面十字形柱所引起的内力差。

6. 高层建筑钢结构中，栓钉的直径多采用 19mm。栓钉的间距和列距，在钢柱和十字形柱腹板共存的过渡段，宜采用 150mm，过渡段以外，不大于 300mm。

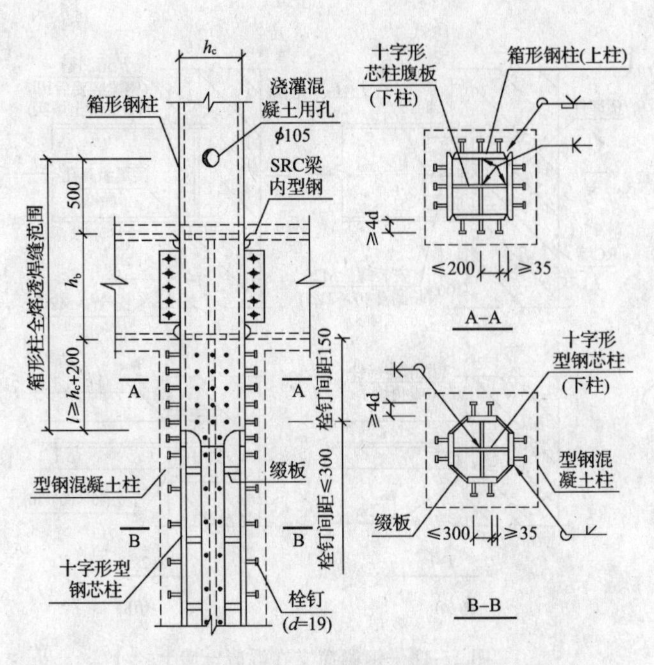

图 15-16　箱形柱与十字形柱的连接

7. 十字形钢柱的工地拼接，可采用栓焊混合连接（图 15-17），翼缘采用部分熔透或全熔透的坡口对接焊缝连接，腹板采用高强度螺栓摩擦型连接。要求抗震设防的结构，十字形截面芯柱的接头应采用焊接，而且应全部采用全熔透的坡口对接焊缝。

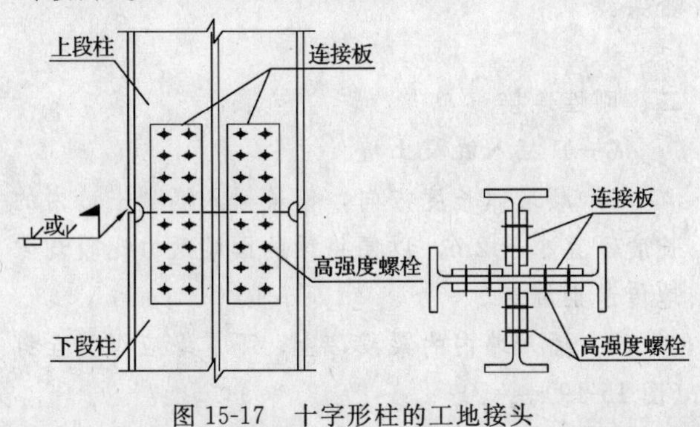

图 15-17　十字形柱的工地接头

二、强度验算

（一）计算原则

1. 柱的工地接头应按等强度原则设计。

2. 非抗震设防结构，当柱拼接处的内力很小时，柱翼缘的拼接，应按等强度设计；柱腹板的拼接，可按不低于强度一半的内力设计。腹板内力包括剪应力和由弯矩和轴力引起的正应力。

3. 采用全熔透坡口焊缝的拼接接头，焊缝质量为一、二级者，具有与母材截面相等的强度，没有必要再进行强度验算。

（二）非抗震设防结构

按构件内力进行柱的拼接设计时，H 形柱的工地接头处，弯矩应由柱的翼缘和腹板承受，剪力由腹板承受，轴力则由翼缘和腹板按各自截面面积分担。

（三）抗震设防结构

为使抗震设防结构符合“强连接、弱杆件”设计原则，柱连接的承载力应高于母材的承载力。柱的接头及柱与梁的连接应按地震组合内力进行弹性设计，并应进行极限承载力验算。此外，对接头或连接进行弹性设计时，腹板应计入弯矩，且受剪承载力不应小于构件截面受剪承载力的 50%。

1. 柱的接头

(1) 柱的拼接接头，其受弯和受剪极限承载力应满足下列公式要求：

$$M_{uc,sp}^{j} \geqslant \alpha M_{pc}, \quad V_u \geqslant 0.58 h_w t_w f_{ay} \tag{15-6}$$

式中　α——柱的拼接的连接系数，《抗震规范》第 8.2.9 条规定按表 16-1 采用。

(2) H 形钢柱的拼接接头采用螺栓连接时，尚应符合下列要求：

$$\text{翼缘}\quad nN_{cu}^{b} \geqslant 1.2A_f f_{ay} \text{ 且 } nN_{vu}^{b} \geqslant 1.2A_f f_{ay} \tag{15-7}$$

$$\text{腹板}\quad N_{cu}^{b} \geqslant \sqrt{\left(\frac{V_u}{n}\right)^2 + (N_M^b)^2}$$

$$\text{且 } N_{vu}^{b} \geqslant \sqrt{\left(\frac{V_u}{n}\right)^2 + (N_M^b)^2} \tag{15-8}$$

2. 柱与梁的连接

当框架采用梁贯通型节点时，上、下柱与箱形梁连接部位的极限受弯和受剪承载力，应满足下列公式要求。

$$M_u \geqslant 1.2M_{pc}, V_u \geqslant 1.3\left(\frac{2M_{pc}}{l_n}\right) \text{且 } V_u \geqslant 0.58 h_w t_w f_{ay} \tag{15-9}$$

式中　M_u、V_u——按极限抗拉强度最小值计算的连接部位的柱翼缘连接受弯承载力和柱腹板连接受剪承载力，按公式（14-30）至式（14-33）计算；

M_{pc}——考虑轴力时柱的全截面塑性受弯承载力；

l_n——柱的楼层净高度；

h、t_f、A_f——柱的截面高度、翼缘厚度和一个翼缘的截面面积；

h_w、t_w——拼接构件截面腹板的高度和厚度；

f_{ay}——被拼接构件的钢材屈服强度；

N_{vu}^{b}、N_{cu}^{b}——一个螺栓的极限受剪承载力和

对应的板件极限承压力；

N_M^b——柱腹板拼接接头中弯矩引起的一个螺栓的最大剪力；

n——柱翼缘拼接接头或腹板拼接接头一侧的螺栓数。

3. M_{pc}的计算

(1) 对H形截面（绕强轴）和箱形截面钢柱

当$\frac{N}{N_y}\leqslant 0.13$时，$M_{pc}=M_p$ (15-10)

当$\frac{N}{N_y}>0.13$时，$N_{pc}=1.15\left(1-\frac{N}{N_y}\right)M_p$ (15-11)

$$N_y=A_n f_{ay} \tag{15-12}$$

(2) 对H形截面（绕弱轴）钢柱

当$\frac{N}{N_y}\leqslant\frac{A_w}{A}$时　$M_{pc}=M_p$ (15-13)

当$\frac{N}{N_y}>\frac{A_w}{A}$时　$M_{pc}=\left[1-\left(\frac{N-A_w f_{ay}}{N_y-A_w f_{ay}}\right)^2\right]M_p$ (15-14)

式中　M_p——无轴力钢构件的全塑性受弯承载力，按公式（14-28）计算；

N——柱所承受的轴向压力，N不应大于$0.6A_n f$；

N_y——柱的轴向屈服承载力；

A、A_n——柱的截面面积和净截面面积；

A_w——柱腹板的截面面积；

f_{ay}、f——分别为钢材的屈服强度和抗压强度设计值。

钢梁与混凝土构件的连接

一、简支连接

（一）搁于墙面

1. 钢梁与混凝土墙、地下室墙的连接多采用简支连接。

2. 埋入混凝土墙的预埋件，其背面应焊接栓钉，以承受梁端剪力以及支承偏心引起的拉力。

3. 安装钢梁前，先将抗剪连接件（角钢、T型钢等）按正确位置焊于混凝土墙的预埋件上，再利用高强度螺栓与钢梁相连，或利用M20安装螺栓临时固定后，用角焊缝将T型钢连接件与钢梁腹板连接（图15-18a）。

（二）嵌入墙内

1. 对于梁端反力较大的钢梁，可采取在混凝土墙面预留梁窝的构造（图15-18b）。

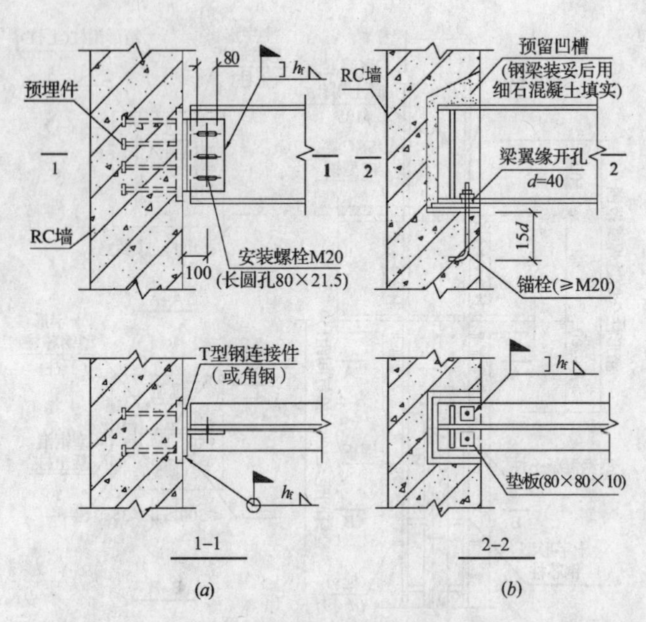

图15-18　钢梁简支在混凝土墙上
（a）与墙面预埋件相连；（b）搁在墙体留洞内

2. 于墙内在钢梁支座处预埋钢垫板和连接螺栓；

3. 钢梁端部设长圆孔，以调整支座处的水平方向偏差；

4. 钢梁安装完毕后，用混凝土将预留洞填灌密实。

二、刚性连接

（一）插入混凝土墙

1. 顺墙体长度方向，钢梁插入混凝土墙内的长度不宜小于2m，以便将梁的固端反力比较均匀地传递至墙身。

2. 插入墙内的梁段，上、下翼缘应焊接栓钉（图15-19）。

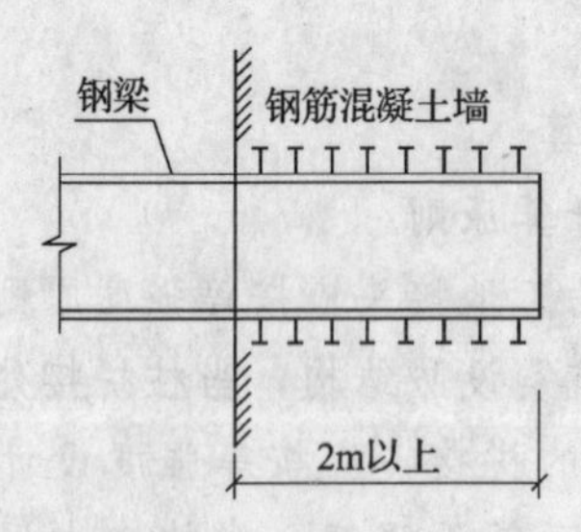

图15-19　钢梁与混凝土墙的刚性连接

（二）与混凝土梁连接

1. 钢梁插入混凝土梁内应有足够的搭接长度，以保证弯矩的充分传递。

2. 钢梁与混凝土梁搭接范围内，钢梁上、下翼缘应焊接栓钉，混凝土梁应加密箍筋（图15-20）。

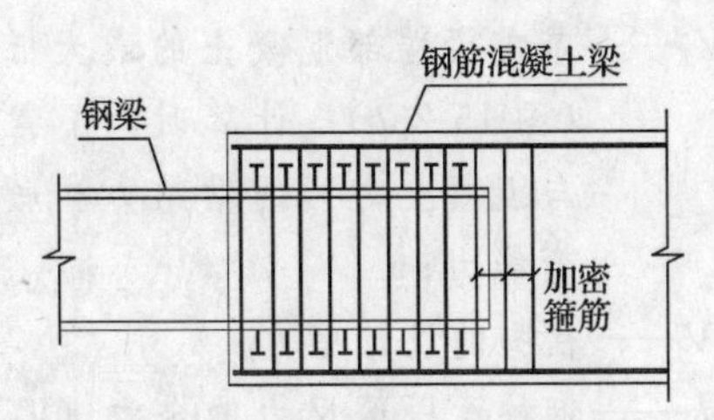

图 15-20　钢梁与混凝土梁的刚性连接

钢柱柱脚

一、柱脚的形式

（一）连接方式

1. 钢柱脚的连接方式有三种：①埋入式；②外包式；③外露式。

2. 前两种属刚性连接，第三种属于铰接。

（二）适用范围

1. 高层钢结构框架柱的刚接柱脚，反力很大，宜采用埋入式或外包式柱脚。

2. 1995 年日本阪神地震，外包式柱脚表现欠佳，故不宜用于 8 度或 9 度抗震设防结构。《抗震规范》第 8.3.8 条规定：超过 12 层钢结构的刚接柱脚宜采用埋入式，6、7 度时也可采用外包式。

3. 仅需传递竖向荷载的铰接柱脚，例如伸至多层地下室底部的钢柱柱脚，可采用外露式柱脚。

4. 除上述三种柱脚以外，还有一种插入式柱脚，即将钢柱脚插入混凝土基础杯口内，采用二次浇灌混凝土固定，构造简单，节约钢材，安全可靠。

插入式柱脚一般仅用于单层钢结构厂房，不适合高层建筑钢结构。

二、埋入式柱脚

（一）柱脚受力特点

1. 埋入式柱脚是将钢柱底端直接埋入混凝土基础梁或地下室墙体内的一种柱脚。

2. 根据研究，在这种形式的柱脚中，栓钉的作用不大，内力的传递，主要是依靠混凝土对钢柱翼缘的侧向承压力所产生的抵抗矩承担的。

3. 柱的轴向压力，由柱脚底板传给混凝土；柱的轴向拉力，则是通过柱脚底板悬出部分将其上混凝土的反向压力传给混凝土基础，或经由锚栓（底脚螺栓）直接传给基础。

（二）构造要求

1. 埋深

（1）埋入式柱脚的埋深 h_f，对于轻型工字形柱，不得小于钢柱截面高度 h_c 的二倍，对于大截面的宽翼缘 H 型钢柱和箱形截面钢柱，不得小于钢柱截面高度 h_c 的三倍（图 15-21）。

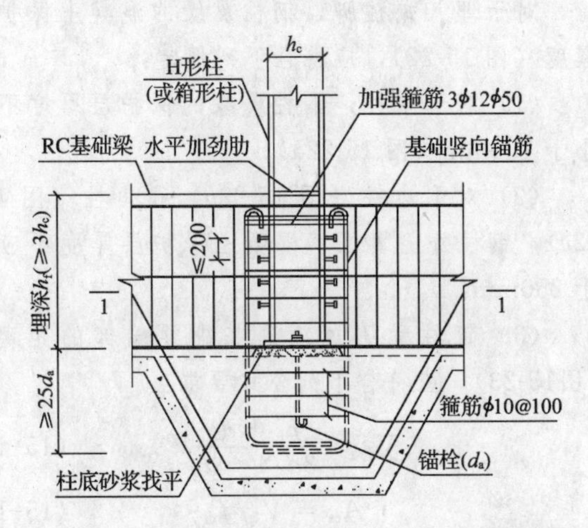

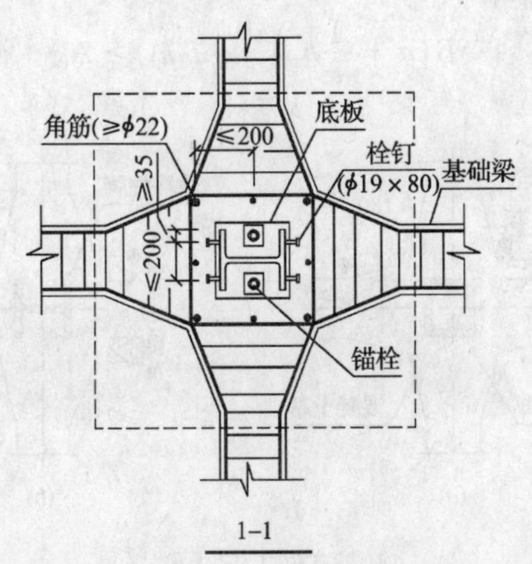

图 15-21　埋入式柱脚的埋深及构造

（2）埋入式柱脚，在钢柱埋入部分的顶部，应设置水平加劲肋或横隔板；对于 H 形截面柱，其水平加劲肋外伸宽度的宽厚比应不大于 $9\sqrt{235/f_{ay}}$，对于箱形截面柱，其内部横隔板的宽厚比应不大于 $30\sqrt{235/f_{ay}}$。

（3）埋入式柱脚在钢柱的埋入部分，应设置圆柱头栓钉，栓钉的数量和布置，按计算确定；但栓钉的直径不应小于 16mm（通常采用 ϕ19），其水平和竖向中心距均不应大于 200mm，栓钉长度宜取 4 倍栓钉直径。

（4）钢柱柱脚埋入部分的外围混凝土内应配置竖向钢筋，其配筋率应不小于 0.2%，沿周边的间距应不大于 200，4 根角筋的直径应不小于 ϕ22，每边中间的附加钢筋不小于 ϕ16；箍筋为 ϕ10@100，靠近混凝土顶面处应增设三道 ϕ12 加强箍筋，间距减小为 50mm。竖向钢筋（d）自钢柱柱脚底板面以下的锚固长度应不少于 $35d$。

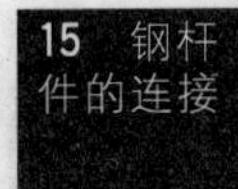

(5) 钢柱柱脚底板需用锚栓固定，锚栓的锚固深度应不小于25倍锚栓直径（d_a）。

2. 保护层厚度

对于埋入式柱脚，钢柱翼缘的混凝土保护层厚度（图15-22），应符合下列规定：

(1) 对于中柱，钢柱翼缘的保护层厚度不应小于180mm（图15-22*a*）；

(2) 对于边柱（图15-22*b*）和角柱（图15-22*c*），钢柱外侧翼缘的混凝土保护层厚度不应小于250mm；

(3) 钢柱受压翼缘到基础梁端部的距离 a（图15-23），应符合下列公式要求：

$$V_1=\frac{h_0+d_c}{3d/4-d_c}V \qquad (15\text{-}15)$$

$$A_{cs}=V_1/f_{ct} \qquad (15\text{-}16)$$

$$B\left(a+\frac{1}{2}h_c\right)-\frac{1}{2}b_f h_c\geqslant A_{cs} \qquad (15\text{-}17)$$

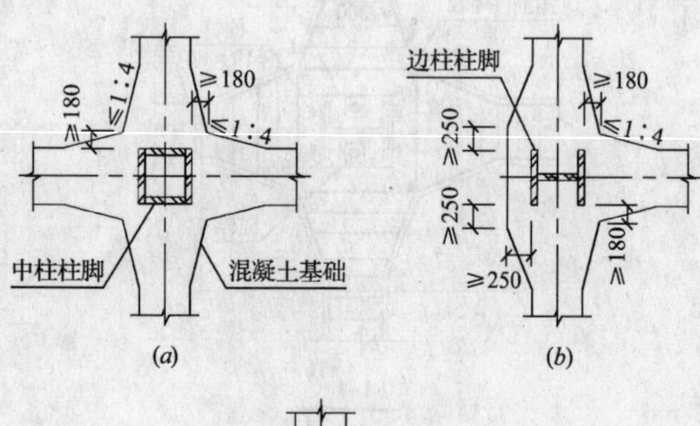

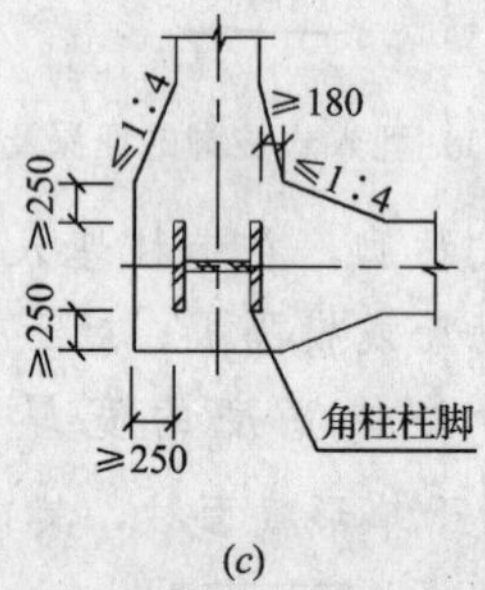

图15-22 埋入式柱脚的保护层厚度

(*a*) 中柱；(*b*) 边柱；(*c*) 角柱

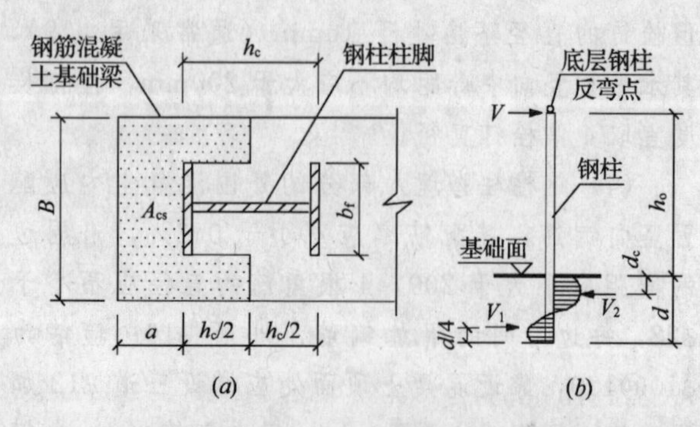

图15-23 埋入式柱脚的基础梁尺寸

(*a*) 基础梁端部尺寸；(*b*) 计算简图

式中 V_1——基础梁端部混凝土的最大抵抗剪力（图15-23*b*）；计算时，不考虑钢柱与混凝土之间的粘结力和底板的抗弯能力；

V——柱脚的设计剪力；

d_c——钢柱承压区反力的合力（V_2）作用点至基础梁混凝土顶面的距离；

h_c、b_f——钢柱的截面高度和受压翼缘宽度；

B——基础梁的宽度，等于钢柱受压翼缘宽度 b_f 加其两侧的保护层厚度；

a——自钢柱翼缘外表面算起的基础梁端部长度；

f_{ct}——混凝土的抗剪强度设计值，根据国外经验，此处的 f_{ct} 宜取混凝土的抗拉强度设计值；

h_0、d——分别为底层钢柱反弯点到基础顶面的距离和柱脚的埋深（图15-23*b*）。

［说明］ 计算柱下端的剪力 V_1 时，不考虑钢柱与混凝土之间的粘结力和底板的抗弯能力。如图15-23*b* 所示，以上部反力合力 V_2 处为支点，它距基础梁顶面的距离为 d_c，下部反力的合力为 V_1，根据 $V_2>V_1$ 的条件，取 V_1 距钢柱底端的距离为 $d/4$，是偏于安全的，它大于柱脚的设计剪力 V。

（三）强度验算

1. 混凝土压应力

(1) 埋入式柱脚是通过混凝土对钢柱翼缘的承压力来传递弯矩，其受力状态如图15-24所示。

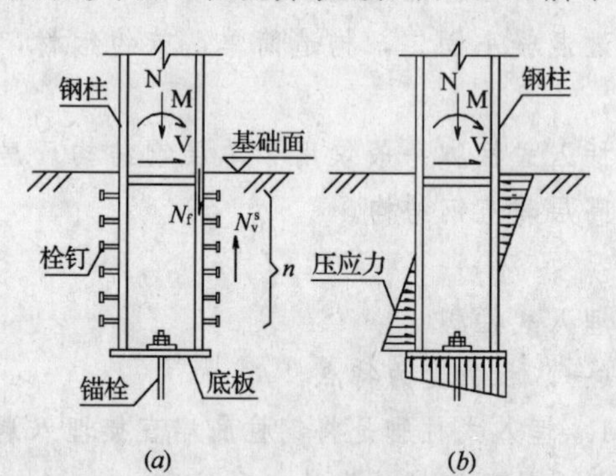

图15-24 埋入式柱脚的受力状态

(*a*) 柱脚栓钉；(*b*) 混凝土压应力分布

(2) 埋入式柱脚处的混凝土承压应力 σ（图15-25），应小于混凝土的轴心抗压强度设计值，可按下式验算：

$$\sigma=\left(\frac{2h_0}{d}+1\right)\left[1+\sqrt{1+\frac{1}{\left(\frac{2h_0}{d}+1\right)^2}}\right]\frac{V}{b_f d}\leqslant f_{cc} \qquad (15\text{-}18)$$

式中 V——柱脚的水平剪力；

h_0——底层钢柱反弯点到基础顶面的距离

（图15-25a）；

b_f——钢柱柱脚承压翼缘的宽度（图15-25b）；

d——柱脚的埋深；

f_{cc}——混凝土的抗压强度设计值。

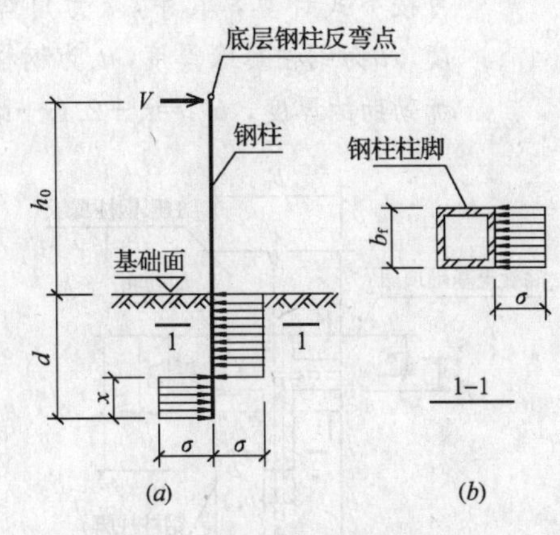

图 15-25 埋入式柱脚的计算简图

(a) 竖向简图；(b) 水平截面

2. 外围钢筋

埋入式柱脚的钢柱四周，应按下列要求设置竖向钢筋和箍筋：

(1) 柱脚一侧的竖向钢筋（主筋）的截面面积 A_s，应按下列公式验算：

$$A_s = \frac{M}{d_0 f_{sy}} \tag{15-19}$$

$$M = M_0 + Vd \tag{15-20}$$

式中 M——作用于钢柱柱脚底部的弯矩；

M_0——作用于钢柱埋入处顶部的弯矩设计值；

V——作用于钢柱埋入处顶部的水平剪力设计值。

d——钢柱的埋深；

d_0——受拉侧与受压侧竖向钢筋合力点间的距离；

f_{sy}——钢筋的抗拉强度设计值。

(2) 柱脚一侧竖向钢筋的最小配筋率为0.2%，其配筋量不宜小于4ϕ22。

(3) 竖向钢筋的上端应设置弯钩；竖向钢筋的锚固长度不应小于35d，d为钢筋直径。

(4) 竖向钢筋的中心距不应大于200mm，否则，应设置附加的ϕ16架立筋。

(5) 箍筋宜为ϕ10，间距100mm；在埋入部分的预部，应配置不少于3ϕ12、间距50mm的加强箍筋。

3. 柱脚栓钉

(1) 为保证传递柱脚处轴力和弯矩，钢柱翼缘上栓钉的抗剪强度应按下式验算：

$$N_f \leqslant N_s \tag{15-21}$$

$$N_f = \frac{2}{3}\left(N \cdot \frac{A_f}{A} + \frac{M}{h_0}\right) \tag{15-22}$$

$$\left.\begin{aligned} N_s &= 0.43nA_s\sqrt{E_cF_c} \\ N_s &= 0.7nA_sf_s \end{aligned}\right\}\text{取较小值} \tag{15-23}$$

式中 N_f——通过钢柱一侧翼缘的栓钉传递给混凝土的竖向力；

N_s——钢柱一侧翼缘的栓钉的总受剪承载力；

N、M——柱脚处（基础面）的轴力和弯矩；

h_c——钢柱的截面高度；

A——钢柱的全截面面积；

A_f——钢柱一侧翼缘的截面面积；

A_s——一个栓钉钉杆的截面面积；

E_c——基础混凝土的弹性模量；

f_c——基础混凝土的轴心抗压强度设计值；

f_s——栓钉的抗拉强度设计值；

n——埋入基础内的钢柱一侧翼缘上的栓钉个数。

(2) 柱脚栓钉通常采用ϕ19mm；栓钉的竖向间距不宜小于6d，横向间距不宜小于4d，d为栓钉直径；圆柱头栓钉钉杆的外表面至钢柱翼缘侧边的距离不应小于20mm。

（四）抗震设计

1. 钢柱脚连接部位的承载力，应大于钢柱底端的承载力。

2. 抗震设防钢框架，其钢柱柱脚与基础的连接部位的最大受弯承载力 $M^j_{u,base}$，应满足下式要求：

$$M^j_{u,base} \geqslant \alpha M_{pc} \tag{15-24}$$

式中 M_{pc}——考虑轴力影响时钢柱柱身的全塑性受弯承载力；

α——钢柱柱脚的连接系数，《抗震规范》第8.2.9条规定，按表15-2采用。

钢柱柱脚的连接系数 α 表 15-2

柱脚类型	α
埋入式柱脚	1.2
外包式柱脚	1.2
外露式柱脚	1.1

注：外露式柱脚是指刚接柱脚，仅适用于房屋高度为50m以下。

3. 柱脚与基础连接的最大受弯承载力 M_{uf} 的计算，应考虑柱脚各个部位的不同受弯承载力 M_v^s、M_c、M_v^c 和 M_b，分别按下列公式计算，并取其中的最小值。

(1) M_v^s 的计算

M_v^s 是由钢柱屈服剪力决定的抵抗弯矩，它是考虑钢柱腹板全部屈服时所发挥的抵抗剪力，并以钢柱埋深为力臂所能产生的抵抗弯矩，可按下式计算：

$$M_v^s = \frac{1}{\sqrt{3}} h_c t_w d f_{ay} \quad (15\text{-}25)$$

式中 h_c——钢柱的截面高度；

t_w——钢柱的腹板厚度；

d——钢柱柱脚的埋深；

f_{ay}——钢柱所用钢材的屈服强度。

(2) M_c的计算

M_c是由混凝土最大承压力决定的抵抗弯矩。在计算混凝土的最大承压力时，要考虑混凝土的有效承压面积、承压力合力作用点"A"的位置以及混凝土局部受压时抗压强度的提高。M_c可按下式计算：

$$M_c = V h_0$$

$$= \sigma_m h_0 \left(B\, b_{e,s} + \frac{1}{2} b_{e,w} d - b_{e,s} b_{e,w} \right) \frac{0.75d - d_c}{0.75d + h_0} \quad (15\text{-}26)$$

$$\sigma_m = 2 f_{cc} \sqrt{A_o / A} (\leqslant 24 f_{cc}) \quad (15\text{-}27)$$

混凝土对钢柱的压力，通过位于柱脚上部的加劲肋和柱腹板传递，钢柱承压区的承压力合力点"A"至混凝土基础顶面的距离 d_c（图 15-26），应按下式计算确定：

$$d_c = \frac{b_f b_{e,s} d_s + 0.125 d^2 b_{e,w} - b_{e,s} b_{e,w} d_s}{b_f b_{e,s} + 0.5 d b_{e,w} - b_{e,s} b_{e,w}} \quad (15\text{-}28)$$

式中 V——作用于底层钢柱反弯点处的水平剪力（图 15-25）；

h_o——底层钢柱反弯点至混凝土基础梁项面的距离；

σ_m——部分面积承压情况下的混凝土承压强度；

f_{cc}——混凝土的轴心抗压强度设计值；

A_0——混凝土承压范围的总面积，按高度取 $2d_s$ 计算，$A_0 = 2B_c d_s$；

A——在 $2d_s$ 高度范围内的有效承压面积，$A = Bb_{e,s} + 2d_s b_{e,w} - b_{e,s} b_{e,w}$

B、B_c——分别为钢柱翼缘和基础梁的宽度；

b_f——钢柱柱脚承压翼缘的宽度（图 15-25b）；

$b_{e,s}$——水平加劲肋的有效承压宽度（图 15-26b），等于沿角焊缝端部按 45 度线扩大至钢柱与混凝土界面所包括的宽度，可按下式计算，其中，s 为角焊缝厚度，t_f为钢柱翼缘厚度，t_s为钢柱水平加劲肋的厚度，$b_{e,s} = t_s + 2\ (s + t_f)$

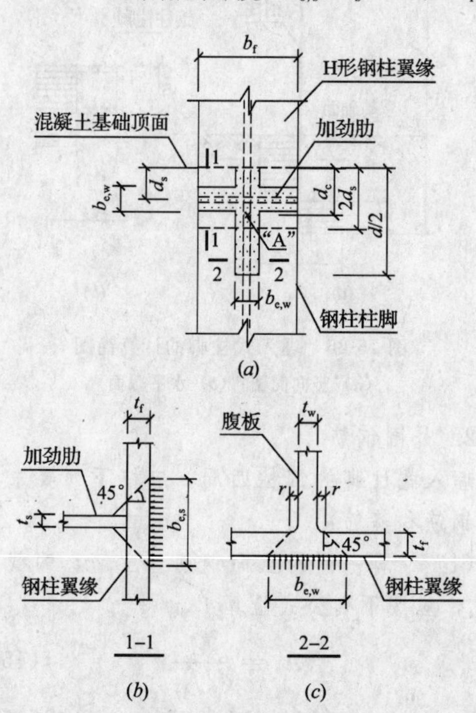

图 15-26 钢柱脚处混凝土的有效承压面积

$b_{e,w}$——钢柱腹板的有效承压宽度（图 15-26c），可按下式计算，其中，t_w 为钢柱腹板的厚度，r 为钢柱腹板和翼缘连接处的圆弧半径，$b_{e,w} = t_w + 2\ (r + t_f)$

d_s、d_c——分别为钢柱水平加劲肋中心和有效承压面积重心至混凝土基础梁上边缘的距离（图 15-26）。

(3) M_v^c 的计算

M_v^c 是由基础梁端部混凝土最大抵抗剪力决定的抵抗弯矩，可按下式计算：

$$M_v^c = V h_o = V_1 h_0 \frac{0.75d - d_c}{h_o + d_c} \quad (15\text{-}29)$$

$$V_1 = f_{ct} A_{cs} = 0.21 (2 f_{cc})^{0.73} \left[B\left(a + \frac{h_c}{2}\right) - \frac{1}{2} b_f h_c \right] \quad (15\text{-}30)$$

式中 V_1——钢柱柱脚下部的承压反力（图 15-23b）；

f_{ct}——混凝土的抗拉强度设计值，用以代替混凝土的抗剪强度；

f_{cc}——混凝土的轴心抗压强度设计值；

A_{cs}——基础梁端部在 V_1 作用下的受剪面积，即图 15-23（a）中用阴影点表示的面积；

h_o、B、b_f——见式（15-26）和图 15-25；

d_c——见式（15-28）和图 15-26。

（4）M_b的计算

M_b是由基础梁上部主筋屈服时所决定的抵抗弯矩。基础梁上部主筋的内力，可按图 15-27 所示的整个基础梁的力的平衡条件求得。计算时，不计基础梁和钢柱的重量。据此，M_b的数值可按下式计算确定。

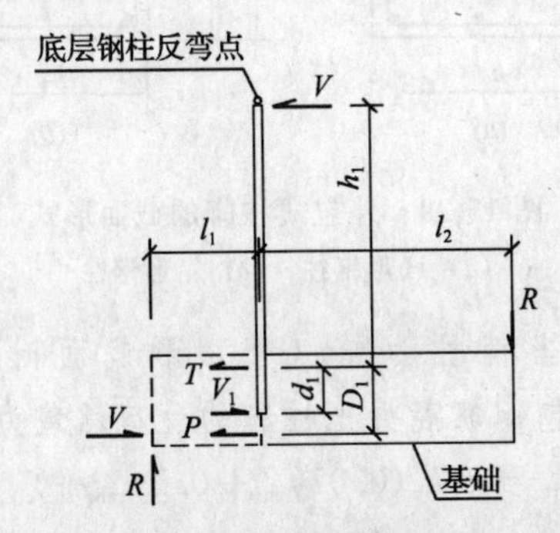

图 15-27　钢柱柱脚与基础梁的力的平衡

$$M_b = Vh_o = \frac{A_s f_y h_0}{\frac{D_1 l_2 - h_1 l_1}{D_1(l_1 + l_2)} + \frac{h_1}{d_1}} \quad (15\text{-}31)$$

式中　A_s——基础梁上部纵向主筋的总截面面积；

f_y——纵向主筋的屈服强度；

D_1——基础梁上部主筋质心至下部主筋质心间的距离；

l_1、l_2——分别为钢柱至左侧和右侧基础梁支座的距离；

h_1——底层钢柱反弯点至基础梁上部纵向主筋质心的距离；

d_1——基础梁上部主筋质心至钢柱柱脚底端一侧混凝土压力合力的距离。

三、外包式柱脚

（一）受力特点

1. 外包式柱脚是将钢柱柱脚底板搁置在混凝土基础顶面，再由基础伸出钢筋混凝土短柱将钢柱柱脚包住（图 15-28）。

2. 当钢柱与基础铰接时，钢柱的轴向压力通过钢柱底板直接传给基础，轴向拉力通过底板的外伸边缘和锚栓传给基础。

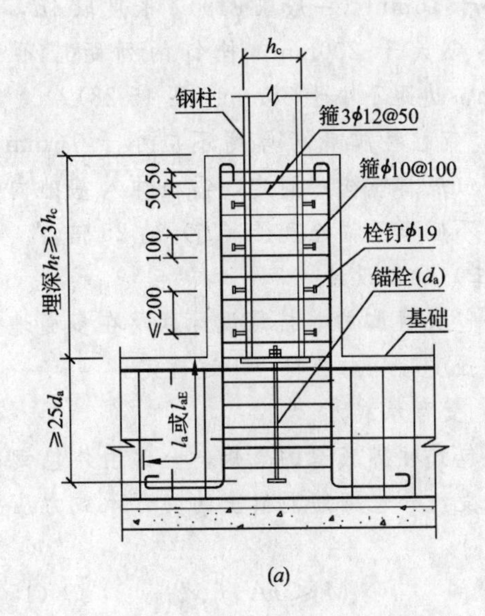

(a)

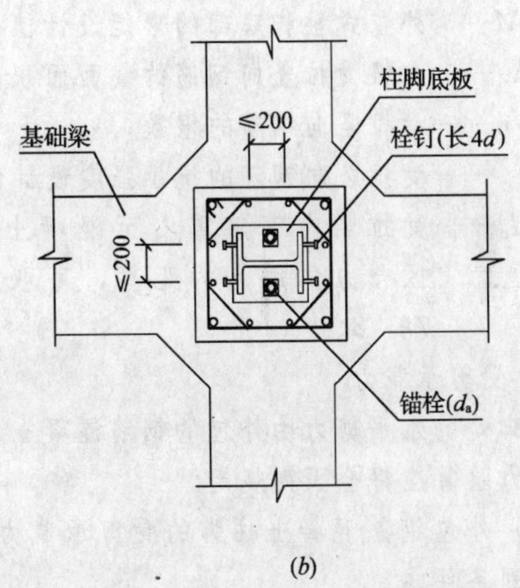

(b)

图 15-28　钢柱的外包式柱脚

3. 钢柱柱底的弯矩和剪力，则全部由外包钢筋混凝土短柱承担，再传至基础。

4. 在外包式柱脚中，栓钉起着重要的传力作用。

（二）构造要求

1. 钢柱柱脚的外包钢筋混凝土短柱的高度 h_f，与埋入式柱脚埋入混凝土基础内的深度要求相同，即不小于柱截面高度 h_c 的 2 倍（轻型工字形钢柱）或 3 倍（H 形或箱形钢柱）。

2. 钢柱柱脚翼缘外侧的混凝土保护层厚度不应小于 180mm。

3. 外包混凝土内的竖向钢筋按计算确定，间距应不大于 200mm，锚入基础内的长度 l，不应小于对受拉钢筋锚固长度的规定，即 $l>l_a$ 或 l_{aE}。

4. 外包钢筋混凝土短柱的顶部应集中配置多道加强型箍筋，其竖向间距宜为 50mm。

5. 钢柱柱脚的翼缘应设置圆柱头栓钉，直径不应小于16mm（一般取ϕ19），长度取4d，竖向间距不应大于200mm，栓钉的列距应不大于200mm，边距不小于35mm（图15-28）。

6. 钢柱柱脚底板厚度不应小于16mm，并用锚栓（底脚螺栓）固定，锚栓伸入基础内的锚固长度不应小于锚栓直径（d_a）的25倍。

（三）弹性设计

外包式柱脚的非抗震设计以及在多遇地震作用下的强度验算，应符合下述规定。

1. 受弯承载力

外包式柱脚底部的弯矩，全部由外包钢筋混凝土承受，外包钢筋混凝土的受弯承载力应按下式计算：

$$M \leqslant nA_{si}f_{sy}d_0 \quad (15\text{-}32)$$

式中 M——外包式柱脚底部的弯矩设计值；

A_{si}——一根受拉竖向钢筋的截面面积；

n——受拉竖向钢筋的根数；

f_{sy}——受拉竖向钢筋的抗拉强度设计值；

d_o——受拉竖向钢筋重心至混凝土受压区合力作用点的距离，可取$d_0 = 7h_0/8$。

2. 受剪承载力

柱脚处的水平剪力由外包的钢筋混凝土承受，其承载力验算应符合下列规定。

(1) 外包钢筋混凝土柱脚的受剪承载力，应满足下列条件式：

$$V - 0.4N \leqslant V_{rc} \quad (15\text{-}33)$$

式中 V——钢柱脚的剪力设计值；

N——钢柱的轴向力设计值；

V_{rc}——外包钢筋混凝土柱脚的受剪承载力，根据钢柱截面形状按下述公式计算，并应分别计算混凝土粘结破坏和剪切破坏时的受剪承载力，选取其中的较小值。

(2) 当钢柱为H形截面时（图15-29a），外包钢筋混凝土柱脚的受剪承载力V_{rc}，宜按式(15-34)和式(15-35)计算，并取两者中的较小值。

$$V_{rc} = b_{rc}h_0(0.07f_{cc} + 0.5f_{ysh}\rho_{sh}) \quad (15\text{-}34)$$

$$V_{rc} = b_{rc}h_o(0.14f_{cc}b_e/b_{rc} + f_{ysh}\rho_{sh}) \quad (15\text{-}35)$$

式中 b_{rc}——外包钢筋混凝土柱脚的总宽度；

h_0——混凝土受压区边缘至受拉钢筋重心的距离；

b_e——外包钢筋混凝土柱脚的有效宽度（图15-29），$b_e = b_{e1} + b_{e2}$；

f_{cc}——混凝土的轴心抗压强度设计值；

f_{ysh}——水平箍筋的抗拉强度设计值；

ρ_{sh}——水平箍筋的配筋率，当$\rho_{sh} > 0.6\%$时，取0.6%，$\rho_{sh} = A_{sh}/b_{rc}S$；

A_{sh}——一根水平箍筋各肢截面面积之和；

S——箍筋的竖向间距。

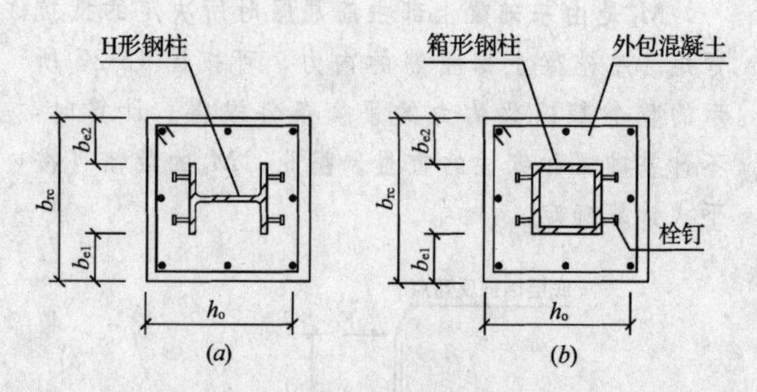

图15-29 外包式柱脚的截面形式

(a) H形钢柱；(b) 箱形钢柱

(3) 当钢柱为箱（管）形截面时（图15-29b），外包钢筋混凝土柱脚的受剪承载力为：

$$V_{rc} = b_eh_o(0.07f_{cc} + 0.5f_{ysh}\rho_{sh}) \quad (15\text{-}36)$$

式中 b_e——钢柱两侧混凝土截面有效宽度之和，每侧不得小于180mm；

ρ_{sh}——水平箍筋的配筋率，当$\rho_{sh} > 1.2\%$时，取1.2%，$\rho_{sh} = A_{sh}/b_eS$。

3. 柱脚栓钉的数量

钢柱底端在弯矩作用下，柱截面正应力使柱的翼缘产生轴向力，此轴向力需通过翼缘栓钉的抗剪强度传给外包混凝土。

当钢柱的轴向力通过柱脚底板直接传递给基础时，翼缘栓钉仅考虑钢柱弯矩的作用，此时，钢柱脚一侧翼缘所需要的圆柱头栓钉数量n，可按下式计算：

$$n \geqslant \frac{N_f}{N_v^s} \quad (15\text{-}37)$$

$$N_f = \frac{M}{h_c - t_f} \quad (15\text{-}38)$$

$$N_v^s = 0.43A_{st}\sqrt{E_cf_{cc}}，且\ N_v^s \leqslant 0.7A_{st}f_{st} \quad (15\text{-}39)$$

式中 N_f——钢柱底端一侧抗剪栓钉传递的翼缘轴力；

M——外包混凝土顶部箍筋处的钢柱弯矩设计值；

h_c——钢柱的截面高度；

15 钢杆件的连接

t_f——钢柱的翼缘厚度；

N_v^s——一个圆柱头栓钉的受剪承载力设计值；

A_{st}——一个栓钉钉杆的截面面积；

f_{st}——栓钉钢材的抗拉强度设计值；

E_c、f_{cc}——分别为混凝土的弹性模量和抗压强度设计值。

（四）抗震设计

1. 受弯承载力

抗震设防的高层钢结构框架，钢柱外包式柱脚的最大受弯承载力 M_{uf}，还应满足下式要求：

$$M_{uf} \geqslant 1.2M_{pc} \tag{15-40}$$

$$M_{uf} = M_u^s + M_u^{rc} \tag{15-41}$$

式中 M_u^s——钢柱底端的最大受弯承载力，根据钢柱底板尺寸、螺栓直径和位置，并按锚栓应力达到屈服强度和混凝土应力达到二倍抗压强度设计值时计算；若是为了方便外包柱脚钢筋的布置，钢柱底端减小，承受弯矩能力很小，也可不考虑钢柱脚承受弯矩；

M_u^{rc}——外包混凝土的最大受弯承载力，应分别计算主筋或箍筋屈服时的最大受弯承载力 M_{u1}^{rc} 和 M_{u2}^{rc}，并取其中的较小值。

(1) M_{u1}^{rc} 的计算

M_{u1}^{rc} 是外包混凝土受拉主筋屈服时的受弯承载力，按下式计算：

$$M_{u1}^{rc} = A_s d_0 f_y \tag{15-42}$$

式中 A_s——外包混凝土一侧受拉主筋的总截面面积；

d_0——外包混凝土受拉竖向钢筋重心至受压竖向钢筋重心的距离，即外包混凝土相对两侧主筋之间的距离；

f_y——受拉竖向钢筋的屈服强度。

(2) M_{u2}^{rc} 的计算

M_{u2}^{rc} 是外包混凝土箍筋屈服时的受弯承载力，按下式计算：

$$M_{u2}^{rc} = \sum A_{shi} S_i f_{ysh} \tag{15-43}$$

式中 A_{shi}——外包混凝土第 i 道水平箍筋的截面面积；

f_{ysh}——箍筋的受拉屈服强度；

S_i——第 i 道箍筋到外包混凝土底面的距离，见图 15-30；图中 q_i、$\bar{q}_i$ 及 l 意义如下：

l——底层钢柱反弯点至柱脚底板底面的距离；

q_i——柱反弯点处与第 i 道箍筋相对应的那部分水平力；

$\bar{q}_i$——第 i 道箍筋的拉力的合力，$\bar{q}_i = l \cdot q_i / S_i$；

f_{ysh}——箍筋的受拉屈服强度。

2. 受剪承载力

为防止外包混凝土发生较重破坏，其抗剪能力应满足下列条件式：

$$\frac{V_{cmy}}{2A_{ce}f_{cc}} \leqslant 0.2 \tag{15-44}$$

$$V_{cmy} = \frac{nM_y}{\sum S_i} - \frac{M_y}{l} \tag{15-45}$$

$$M_y = q_o \sum S_i \tag{15-46}$$

式中 A_{ce}——外包混凝土的有效受剪面积（图 15-31）；

f_{cc}——混凝土的抗压强度设计值；

S_i、l——见式（15-43）和图 15-30；

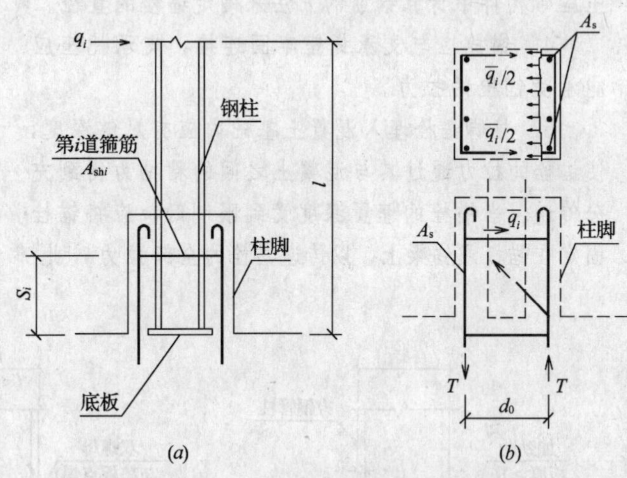

图 15-30 外包混凝土柱脚的受剪机制

(a) 外包式柱脚简图；(b) 外包混凝土箍筋受力状态

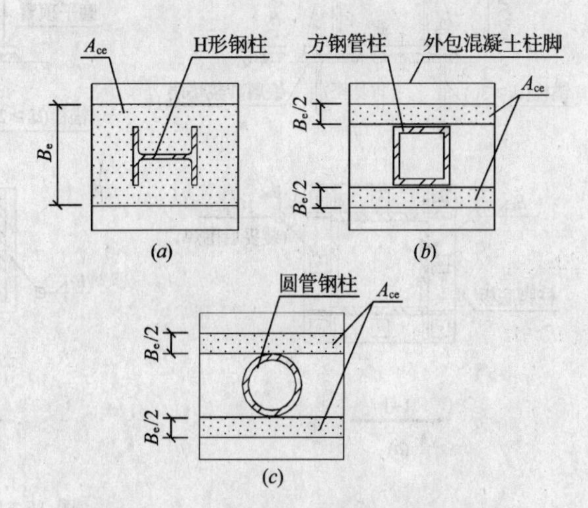

图 15-31 外包混凝土柱脚的有效受剪面积

(a) H 形钢柱；(b) 方管钢柱；(c) 圆管钢柱

n——外包混凝土水平箍筋的总道数；

q_o——一道水平箍筋屈服时的拉力；

M_y——外包混凝土各道水平箍筋均达到塑性状态时，箍筋水平拉力对外包混凝土底面形成的力矩。

四、外露式柱脚

（一）强度验算

由柱脚锚栓固定的外露式柱脚（图 15-32），其强度验算应符合下列规定：

1. 柱脚处的轴力和弯矩由钢柱底板直接传递到基础，此时，应验算基础混凝土的承压强度及锚栓的抗拉强度。

2. 钢柱底板的尺寸，根据基础混凝土的抗压强度设计值来确定。

3. 当底板压应力出现负值时，应由锚栓来承受拉力。当锚栓直径大于 60mm 时，可按钢筋混凝土压弯构件中计算钢筋的方法来确定锚栓的直径。

4. 锚栓应与支承托座牢固连接，支承托座应能承受锚栓的拉力。

5. 柱脚锚栓埋入混凝土基础内应有足够深度，使锚栓的拉力通过其与混凝土之间的粘结力得到充分传递。当锚栓的埋置深度受到限制时，应将锚栓固定在锚板或锚梁上，以传递锚栓的全部拉力，此时，锚栓与混凝土之间的粘结力可不再考虑。

6. 柱脚锚栓不宜用来承受柱脚底部的水平剪力。柱脚底板的水平剪力，应由底板与混凝土基础间的摩擦力传递，摩擦系数可取 0.4。当水平剪力超过摩擦力时，应在底板下加焊抗剪挡板（抗剪键）或改用外包式柱脚。

（二）构造要求

1. 柱脚底板厚度 t_d 应不小钢柱翼缘板厚度 t_c，且不小于 20mm（铰接）或 30mm（刚接）；钢柱底面应刨平，与底板顶紧后，采用角焊缝进行围焊。柱脚底板底面与基座顶面之间的砂浆垫层，应采用不低于 C40 无收缩细石混凝土或铁屑砂浆进行二次压灌密实，砂浆厚度可取 50mm。

2. 锚栓的材料宜采用 Q235 号钢。采用屈服强度较低的材料作锚栓，可使锚栓在柱脚转动时具有足够的变形能力。锚栓直径应不小于 20mm（铰接）或 30mm（刚接）。

3. 锚栓伸入基座内的锚固长度不应小于 25d（铰接）或 40d（刚接），d 为锚栓的直径。锚栓上端设双螺帽；锚栓下端应作弯钩或加焊锚板。安装锚栓时应采用刚强的固定架定位。

4. 箱（管）形截面钢柱的外露式刚性柱脚构造如图 15-32（a）所示；H 形截面钢柱的外露式铰接柱脚构造示于图 15-32（b）和（c）。

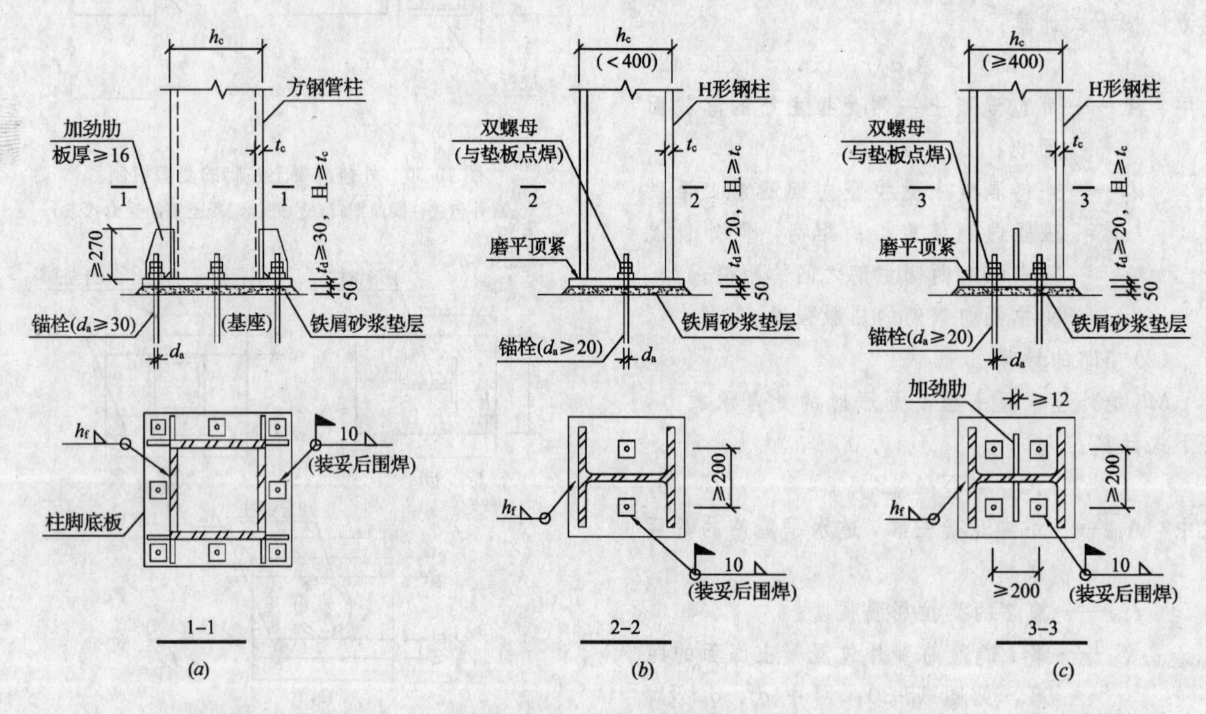

图 15-32　外露式柱脚

（a）箱形柱刚性柱脚；（b）H 形柱铰接柱脚（一）；

（c）H 形柱铰接柱脚（二）

16 型钢混凝土构件的计算和构造

基本要求

一、结构性能

（一）构件组成

1. 型钢混凝土结构又称钢骨混凝土结构，简称SRC结构。型钢混凝土结构的构件，是以轧制型钢或焊接型钢为钢骨，外包钢筋混凝土所构成的组合构件。

2. 型钢混凝土梁、柱内的钢骨，可以是实腹式（图16-1）或空腹式（图16-2）。高层建筑框架柱内的钢骨，抗震设防时宜采用实腹式型钢，非抗震设防时也可采用带斜腹杆的格构式焊接型钢。

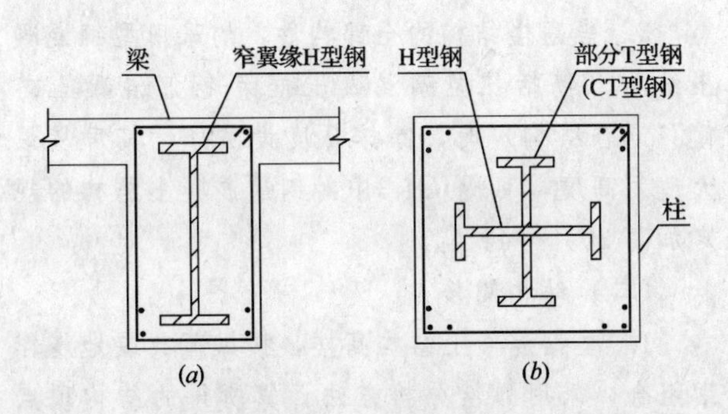

图16-1 实腹式钢骨

（a）梁；（b）柱

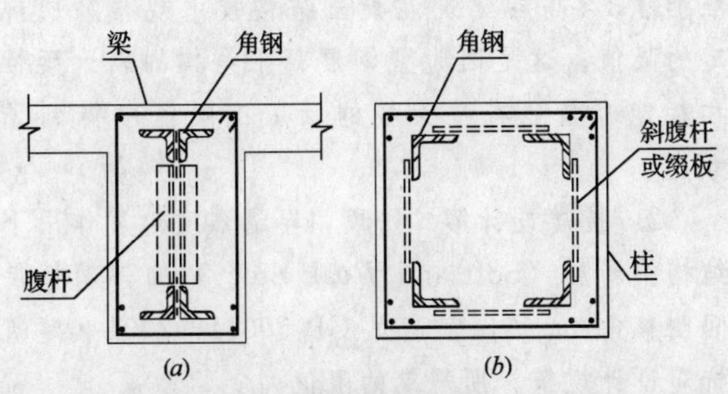

图16-2 空腹式钢骨

（a）梁；（b）柱

3. 实腹式钢骨多采用轧制H型钢、矩形钢管、圆形钢管，或采用钢板、角钢、槽钢等拼制焊接而成。实腹式钢骨，制作简便，加工费用低，承载能力大。

4. 空腹式钢骨一般是采用缀板或斜腹杆将角钢或槽钢连接而成。空腹式钢骨，节约钢材，但加工量大，制作费用较高，而且承载能力较小。

5. 对于梁，实腹式钢骨又可分为充满型和非充满型：① 充满型钢骨是指构件截面的受压区和受拉区均配置型钢（图16-3*a*），② 非充满型钢骨是指实腹式型钢仅配置于构件的受拉区（图16-3*c*），或进入部分受压区（图16-3*b*）。抗震设防结构的框架梁应采用充满型实腹式钢骨。

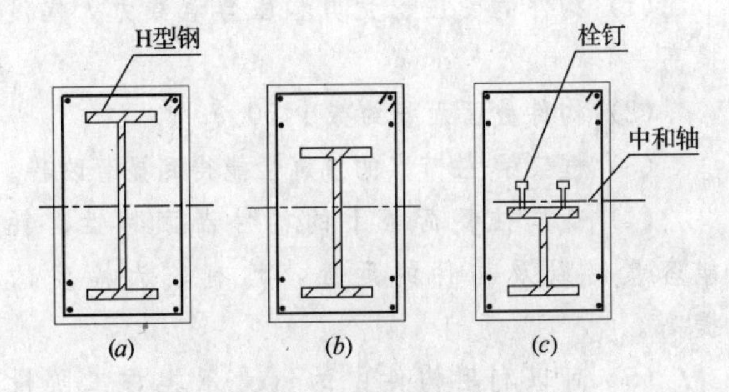

图16-3 钢骨混凝土梁的钢骨类型

（a）充满型钢骨；（b）、（c）非充满型钢骨

6. 对于截面高度很大的梁，其钢骨宜采用型钢桁架（参见图16-21）。

7. 实际工程中的型钢混凝土结构又分为：① 全型钢混凝土框架，即柱和梁均采用型钢混凝土构件；② 半型钢混凝土框架，即柱采用型钢混凝土构件，而框架梁则采用钢梁或钢筋混凝土梁。

8. 型钢混凝土剪力墙和型钢混凝土筒体，宜在墙体的端部或边缘构件内配置实腹型钢；与各层楼板高度处墙体内的型钢暗梁连接，形成暗框架。当抗震设防烈度较高时，宜在型钢暗框架之间增加型钢斜杆，从而在墙体内形成竖向型钢暗支撑。

9. 在高层建筑的各种结构体系中，均可以将型钢混凝土构件与钢构件或钢筋混凝土构件一并使用，他们能够协调一致地共同工作。但在结构设计中应该注意沿高度改变结构类型引起楼层侧向刚度和水平承载力突变所带来的不利影响，并处理好过渡层的构造以及不同材料构件的连接节点。

（二）实用性

1. 与钢结构相比较，型钢混凝土结构具有下列优点：

（1）型钢混凝土构件的外包混凝土，可以阻止其中型钢的局部屈曲，并能显著改善型钢的出平面扭转屈曲性能，使钢骨的钢材强度得以充分发挥。

（2）节约钢材50%以上。

（3）具有更大的刚度和阻尼比（约为0.04），有利于控制风或地震作用下高楼结构的变形和风振加速度。

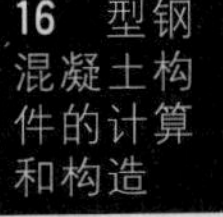

(4) 外包钢筋混凝土提高了结构的耐久性和耐火性。

2. 与钢筋混凝土结构相比较，型钢混凝土结构具有下列优点：

(1) 构件的受压、受剪和压弯承载力大幅度提高。

(2) 构件截面面积约减少50%。

(3) 框架梁-柱节点的抗震性能得到显著改善。

(4) 低周往复荷载下的构件滞回特性、耗能容量，以及构件的延性，均有较大幅度的提高。

(5) 可以利用构件中的钢骨承担施工阶段荷载，并可将构件模板悬挂在钢骨上，实现几个楼层同时进行浇灌混凝土等作业，加快施工进度。

(6) 有利于地下室结构的逆作业法施工，从而加快整个高楼结构的施工速度。

缺点是：型钢混凝土构件既要求进行钢构件的制作和安装，又要求支模板、绑扎钢筋和浇筑混凝土，施工工序增多。

(三) 构件工作特性

1. 试验表明，当钢骨翼缘位于截面受压区，且配置一定数量的钢筋和箍筋，钢骨与外包混凝土能够较好地共同工作，截面应变分布基本上符合平截面假定。

2. 试验还表明，除了需要设置足够箍筋，以约束混凝土，增强钢骨与混凝土之间的粘结力外，在柱脚、结构类型转换层等传递较大内力的部位，还应在钢骨翼缘外侧设置栓钉，以防止钢骨与混凝土之间产生相对滑移。

3. 型钢混凝土结构的结构性能更接近于钢筋混凝土结构，因此计算型钢混凝土结构楼房的风振响应或地震反应时，结构的阻尼比可取0.04。

(四) 抗震性能

1. 日本1923年东京大地震，大量钢筋混凝土建筑严重破坏和倒塌；而高约30m的日本兴业银行，由于采用了型钢混凝土结构，几乎没有任何损坏。

2. 日本1995年阪神7.2级地震，采用实腹式钢骨的型钢混凝土结构，表现出良好的抗震性能；但是，采用由4根角钢和缀板组成的格构式钢骨，其构件的破坏程度远比采用实腹式钢骨的构件破坏程度严重得多。

3. 日本阪神地震时，楼房下部采用型钢混凝土、上部采用钢筋混凝土的框架柱，在其刚度和强度突变处，常发生较严重的破坏。因此，《型钢混凝土组合结构技术规程》第4.1.1条规定：对各类结构体系的框架柱，当房屋的抗震设防烈度为9度且构件抗震等级为一级时，应全部采用型钢混凝土结构。

二、高度和侧移

(一) 房屋高度

1. 采用型钢混凝土组合结构时，房屋的最大适用高度，可比行业标准JGJ 3《高层建筑混凝土结构技术规程》所规定的房屋最大适用高度，适当增高。

2. 当高楼结构的全部构件，均采用型钢混凝土结构（包括“型钢混凝土框架-钢筋混凝土芯筒”混合结构）时，除按9度设防外，其房屋最大适用高度，可比JGJ 3中对钢筋混凝土结构的规定加高30%～40%。

(二) 结构侧移

1. 型钢混凝土结构高楼，按风荷载或地震作用组合，采用弹性分析方法计算所得的结构顶点侧移角u/H和层间侧移角$\Delta u/h$，宜满足行业标准JGJ 3《高层建筑混凝土结构技术规程》所规定的限值。这是因为型钢混凝土结构的较大延性和耗能容量已在框架柱的轴压比限值中得到了考虑。

2. 抗震设计第二阶段，罕遇烈度地震作用下结构柔弱层（Soft and Weak Story）的弹塑性层间侧移角$\Delta u_p/h$，宜满足GB 50011—2001《建筑抗震设计规范》所规定的限值。

3. 考虑到型钢混凝土结构的变形性能优于钢筋混凝土结构，其侧移角限值，可比上述规程和规范对钢筋混凝土结构所规定的限值适当放松。

(三) 构件抗震等级

1. 需要进行抗震设防的型钢混凝土结构高楼，应根据其设防烈度、结构体系和房屋高度，确定其各类构件的抗震等级，采取相应的计算和构造措施。

2. 行业标准JGJ 138—2001《型钢混凝土组合结构技术规程》第4.2.6条规定：型钢混凝土结构不同情况下的构件抗震等级，应符合表16-1的规定。

型钢混凝土组合结构的构件抗震等级　　表 16-1

<table>
<tr><th colspan="2">设防烈度
结构体系</th><th colspan="2">6 度</th><th colspan="2">7 度</th><th colspan="3">8 度</th><th colspan="2">9 度</th></tr>
<tr><td rowspan="2">框架体系</td><td>房屋高度（m）</td><td>≤25</td><td>>25</td><td>≤35</td><td>>35</td><td>≤35</td><td colspan="2">>35</td><td colspan="2">≤25</td></tr>
<tr><td>框架</td><td>四</td><td>三</td><td>三</td><td>二</td><td>二</td><td colspan="2">一</td><td colspan="2">一</td></tr>
<tr><td rowspan="3">框-墙体系</td><td>房屋高度（m）</td><td>≤50</td><td>>50</td><td>≤60</td><td>>60</td><td><50</td><td>50～80</td><td>>80</td><td>≤25</td><td>>25</td></tr>
<tr><td>框架</td><td>四</td><td>三</td><td>三</td><td>二</td><td>三</td><td>二</td><td>一</td><td>二</td><td>一</td></tr>
<tr><td>剪力墙</td><td>三</td><td>三</td><td>二</td><td>二</td><td>二</td><td>一</td><td>一</td><td>一</td><td>一</td></tr>
<tr><td rowspan="4">剪力墙体系</td><td>房屋高度（m）</td><td>≤60</td><td>>60</td><td>≤80</td><td>>80</td><td><35</td><td>35～80</td><td>>80</td><td>≤25</td><td>>25</td></tr>
<tr><td>一般剪力墙</td><td>四</td><td>三</td><td>三</td><td>二</td><td>三</td><td>二</td><td>一</td><td>二</td><td>一</td></tr>
<tr><td>框支层落地剪力墙底部加强区段</td><td>三</td><td>二</td><td>二</td><td>二</td><td>二</td><td>一</td><td>一</td><td colspan="2" rowspan="2">不应采用</td></tr>
<tr><td>框支层框架</td><td>三</td><td>二</td><td>二</td><td>一</td><td>一</td><td>一</td><td>一</td></tr>
<tr><td rowspan="2">芯筒-框架体系</td><td>框架</td><td colspan="2">三</td><td colspan="2">二</td><td colspan="3">一</td><td colspan="2">一</td></tr>
<tr><td>芯筒</td><td colspan="2">二</td><td colspan="2">二</td><td colspan="3">一</td><td colspan="2">一</td></tr>
<tr><td rowspan="2">筒中筒体系</td><td>外框筒</td><td colspan="2">三</td><td colspan="2">二</td><td colspan="3">一</td><td colspan="2">一</td></tr>
<tr><td>内墙筒</td><td colspan="2">三</td><td colspan="2">二</td><td colspan="3">一</td><td colspan="2">一</td></tr>
</table>

注：1. 框架-剪力墙结构中，当剪力墙部分承受的地震倾覆力矩不大于结构总地震倾覆力矩的50%时，其框架部分应按框架结构的抗震等级采用；

2. 部分框支剪力墙结构当采用型钢混凝土结构时，对8度设防烈度，其房屋高度不应超过100m；

3. 有框支层的剪力墙结构，除落地剪力墙底部加强部位外，均按一般剪力墙结构的抗震等级取用；

三、一般构造要求

（一）钢骨（轧制型钢或焊接型钢）

1. 含钢率

（1）含钢率是指型钢混凝土杆件内的钢骨截面面积与杆件全截面面积的比值。型钢宜采用Q235或Q345号钢。

（2）最小含钢率为3%。因为小于此值时，可以采用钢筋混凝土构件，而不必采用型钢混凝土构件。

（3）最大含钢率为15%。因为型钢与混凝土的粘结强度较低，若含钢率过大，型钢与混凝土之间的粘结破坏特征将更为显著，型钢与混凝土不能有效地共同工作，构件的极限承载力反而下降。此外，含钢率过高，也会造成混凝土浇筑困难。

（4）外国对最大含钢率的规定是：日本规范，13.3%；美国规范，20%；欧洲统一规范，13.3%（C20）～35.3%（C60）。

（5）一般而言，比较合适的含钢率为5%～8%。

2. 板件宽厚比

（1）型钢混凝土梁、柱等杆件内的钢骨板件（钢板）厚度不宜小于6mm。

（2）型钢混凝土梁、柱内钢骨的板件宽厚比（图16-4），不应大于表16-2的限值。满足此要求时，可不进行钢骨的局部稳定性验算。

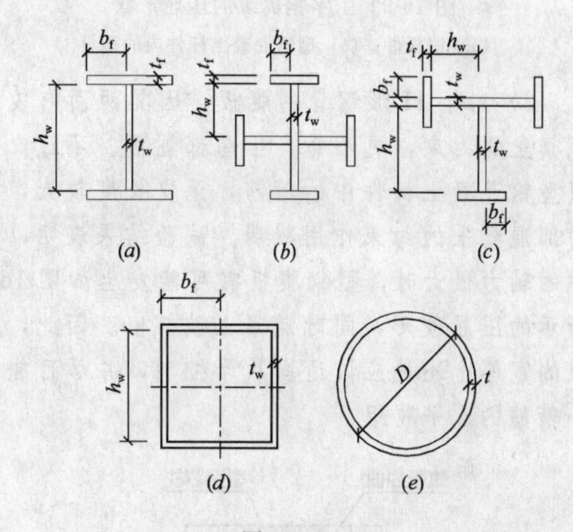

图 16-4

（a）H形或工字形；（b）十字形；（c）丁字形；（d）方管；（e）圆管

钢骨板件宽厚比的限值　　表 16-2

钢号	$\frac{b_f}{t_f}$	h_w/t_w 梁	h_w/t_w 柱（含方钢管）	D/t（柱内圆钢管）
Q235	23	107	96	150
Q345	19	91	81	109

（3）型钢混凝土杆件内的型钢，由于受到外包混凝土和箍筋的约束，其板件不易发生局部压屈，因此，其板件的宽厚比限值，可以比钢杆件的板件宽厚比限值适当放大。日本试验数据表明，放大的幅度为1.5～1.7倍。与钢杆件的规定相比较，表16-2中的限值，对于H形钢骨的翼缘，约放大1.5倍；对于H形钢骨的腹板，约放大

2 倍。

(4) 型钢混凝土杆件的实验结果还表明：

1) 箍筋若能充分地约束内部的混凝土，型钢翼缘的板件宽厚比即使达到 40 以上，也能确保钢骨塑性变形的充分发展，延性系数达到 6～7 时，杆件的承载力也没有下降。

2) 纯钢杆件的翼缘，压屈后呈铰接波形（图 16-5*a*）；而型钢混凝土杆件，即使外包混凝土局部剥落，其中钢骨翼缘的局部屈曲形状也是呈固接波形（图 16-5*b*）。

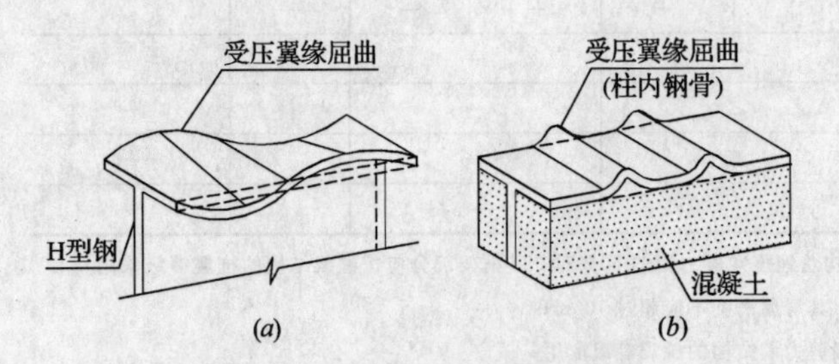

图 16-5　工字钢翼缘的压屈形状

(*a*) 钢杆件；(*b*) 型钢混凝土杆件内的钢骨

3) 对于 H 形钢骨的腹板，因其两面有较厚混凝土的约束，更不易产生局部屈面。不过，一般型钢混凝土杆件中的箍筋，无支长度较大，对内部混凝土的约束作用减弱。试验结果表明，当柱的轴力很大时，型钢腹板有可能发生如图 16-6 所示的压屈波形，同时混凝土被挤出。因此，腹板的宽厚比还是应该适当从严控制，并尽可能减小箍筋的水平肢距。

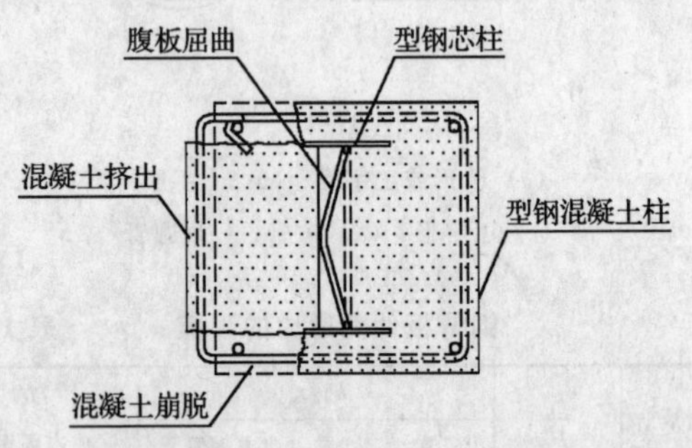

图 16-6　型钢混凝土杆件内 H 形钢骨腹板的局部屈曲

3. 焊缝连接

(1) 钢骨的焊接材料应符合第 1 章第 [2] 节第一款的各项规定。

(2) 钢骨的连接焊缝的计算与构造，应符合《钢结构设计规范》和《建筑钢结构焊接技术规程》的要求。

4. 栓钉

(1) 钢骨（型钢）上设置的抗剪连接件，宜采用栓钉，不得采用短钢筋代替栓钉。

(2) 型钢混凝土杆件中需要设置栓钉的部位，可按弹性方法，计算钢骨翼缘外表面处的剪应力，相应于该剪应力的剪力，全部由栓钉承担。

(3) 栓钉应符合现行国家标准 GB 10433《圆柱头焊钉》的规定。

(4) 钢骨上设置的抗剪栓钉的直径规格，宜选用 19mm 或 22mm，其长度不宜小于 4 倍栓钉直径。

(5) 栓钉的间距不宜小于 6 倍栓钉直径。

(6) 栓钉的力学性能，可采用制作栓钉的材质力学性能，但应满足表 16-3 的要求。

栓钉的力学性能　表 16-3

钢号	极限抗拉强度最小值 f_u^s (N/mm²)	屈服强度 f_y^s (N/mm²)	伸长率 δ_s (%)
Q235	≥400	≥240	≥14

5. 钢骨保护层

(1) 钢骨（型钢）的混凝土保护层厚度是根据以下因素确定的：① 耐火性；② 耐久性；③ 确保钢骨与混凝土粘结强度的充分发挥；④ 防止钢骨板件发生局部压屈；⑤ 钢骨与钢筋有足够间隙，方便混凝土浇筑。

(2) 构件耐火实验结果表明，对于型钢混凝土梁和柱，钢骨的混凝土保护层厚度为 50mm 或 60mm 时，耐火时间分别为 2 小时或 3 小时。

(3) 型钢混凝土杆件内，钢骨的混凝土保护层最小厚度为 50mm。为保证杆件内钢骨与混凝土良好粘结而整体工作，并提高钢骨抵抗局部压屈变形的能力；钢骨的混凝土保护层，对于梁，宜不小于 100mm；对于柱，宜不小于 120mm（图 16-7）。

(4) 梁内钢骨翼缘侧边距离梁腹截面侧面宜不小于梁腹截面宽度 b 的 1/6（图 16-7*a*）。

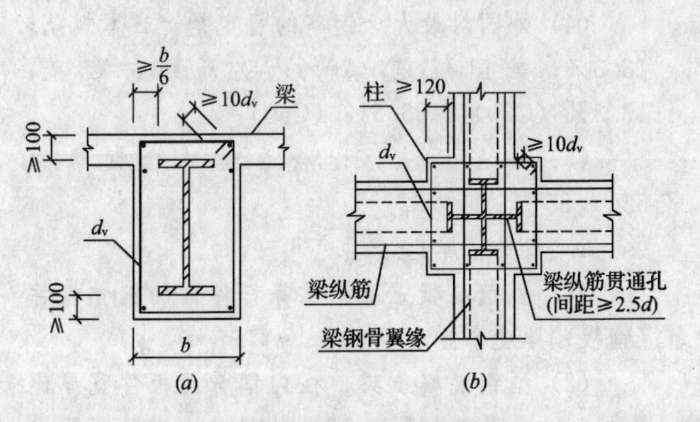

图 16-7　钢骨的混凝土保护层厚度

(*a*) 梁；(*b*) 柱

（二）纵向钢筋

1. 型钢混凝土构件的纵向钢筋宜采用HRB335或HRB400普通热轧钢筋。

2. 纵向钢筋的直径不应小于16mm。

3. 纵向钢筋的净间距，不应小于钢筋直径的1.5倍，且不小于粗骨料最大粒径的1.5倍；对于梁和柱，还应分别不小于25mm和50mm。

4. 纵向钢筋与钢骨的净间距不应小于30mm，且不小于粗骨粒最大粒径的1.5倍。若粗骨粒最大粒径为25mm时，则净间距不应小于40mm。

5. 框架柱的钢骨（型钢芯柱）腹板上，梁纵向钢筋贯穿孔的间距不应小于2.5倍纵筋直径（图16-7*b*）。

（三）箍筋

1. 型钢混凝土构件内的箍筋，起着十分重要的作用，应该得到合理配置。

2. 箍筋所起到的作用有：① 增强构件的受剪承载力；② 防止构件发生脆性剪切破坏；③ 约束混凝土，增强构件塑性铰区段的变形能力和耗能容量；④ 确保型钢与外包钢筋混凝土整体工作；⑤ 避免构件因型钢表面与混凝土粘结强度较小，而过早出现纵向劈裂和混凝土保护层剥落。

3. 有抗震要求的梁、柱、斜撑等杆件，应采用末端带有135度弯钩的封闭式箍筋，弯钩端部直线段的长度不应小于10倍箍筋直径。当采用拉结箍筋时，至少应有一端带135度弯钩。

（四）混凝土

1. 型钢混凝土构件的混凝土强度等级不应低于C30。

2. 混凝土粗骨料的最大粒径不应大于25mm，且不大于构件内型钢外侧保护层厚度的1/3。

3. 一般情况下，型钢混凝土构件应采用强度等级较高的混凝土。但是，混凝土的脆性随着强度等级的提高而增大，为了确保抗震结构具有足够的延性，对于钢筋混凝土构件，《抗震规范》第3.9.3条规定：混凝土结构的混凝土强度等级，9度时不宜超过C60，8度时不宜超过C70。对于型钢混凝土构件，考虑到其内部型钢和箍筋对混凝土的约束作用并不比钢筋混凝土构件更强，所以，也应遵守上述规定，即型钢混凝土构件的混凝土强度等级不宜超过C80（6、7度）、C70（8度）或C60（9度）。

此外，当构件采用高强混凝土时，还应对框架梁的受压区高度和箍筋配置、框架柱的轴压比限值及纵筋和箍筋的最小配筋率等，作出更严格的要求。

4. 水平地震作用下，型钢高强混凝土框架柱的极限变形能力，至少应满足下列要求：① 层间极限水平位移u_u与屈服位移u_y的比值，即位移延性比μ，不小于3；② 层间极限水平位移u_u与层高H_i的比值γ_u，不小于1/50。

5. u_u和u_y，可从往复水平荷载作用下柱试件水平位移滞回曲线的骨架线上量得。u_u可定义为：抗力下降到最大值的85%时的位移；u_y则按能量相等原则，将抗力的上升段曲线简化为理想弹塑性折线后确定之。

四、计算原则

（一）计算理论

目前，世界各国对型钢混凝土构件正截面受弯承载力的计算，可以归纳为如下三种方法：

1. 第一种方法——考虑外包混凝土对钢骨刚度的提高作用，按钢结构稳定理论计算。它适用于含钢率（型钢配置率）较大的情况。采用此一方法的，有英国规范和欧州规范。

2. 第二种方法——假定构件内的钢骨与外包混凝土形成一个整体，变形一致，从而套用钢筋混凝土的有关计算理论。采用此一方法的，有美国ACI规范和前苏联《劲性钢筋混凝土结构设计指南CN3-78》。

试验结果表明，按此一方法计算，少数情况偏于不安全。

3. 第三种方法——日本的“强度叠加法”它不要求钢骨与外包混凝土完全实现整体工作，认为，型钢混凝土构件的抗弯能力，等于其中钢骨的抗弯能力与外包钢筋混凝土抗弯能力之和。

强度叠加法是一种比较实用的方法，但计算结果编于保守。

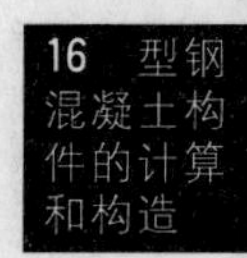

（二）正截面受弯承载力计算

1. 理论计算方法

(1) 基本假定

1) 正截面应变分布符合平截面假定，且钢骨与外包混凝土的应变一致；

2) 混凝土受压的“应力-应变”关系曲线具有下列特征：① 压应变$\varepsilon_c<0.002$时，为抛物线；② 压应变$\varepsilon_c>0.002$时，取为水平线；③ 极限压

应变 $\varepsilon_{cu}=0.003$（≤C50）或 $\varepsilon_{cu}=0.003$（>C50）；④ 最大压应力取轴心抗压强度 f_c。

3）型钢和钢筋的应力-应变关系为理想弹塑性曲线。

4）不考虑混凝土的抗拉强度。

5）不考虑钢骨板件的局部屈曲。

6）钢筋应力，取钢筋应变与弹性模量的乘积，但不得大于强度设计值。受拉钢筋的极限应变 ε_{tu} 取 0.01。

（2）计算步骤

根据截面变形及内力平衡条件，采用截面条带有限元法，对任意给定截面，由程序计算，可以求出某个轴力作用下所对应的极限受弯承载力，从而得到型钢混凝土梁、柱的 *N-M* 理论相关曲线。

（3）计算结果

1）与构件试验结果相比较，上述理论解是一种比较准确的计算方法。

2）计算过程复杂，工程设计中较少使用。

2. 一般叠加法

（1）基本公式

对于型钢混凝土受弯构件和压弯构件的承载力计算，一般叠加法所采用的基本公式为：

$$N \leqslant N_y^{ss} + N_u^{rc} \tag{16-1}$$

$$M \leqslant M_y^{ss} + M_u^{rc} \tag{16-2}$$

式中 N、M——作用于构件上的轴力和弯矩设计值；

N_y^{ss}、M_y^{ss}——构件内钢骨（型钢）部分所分担的轴力和相应的受弯承载力；

N_u^{rc}、M_u^{rc}——外包钢筋混凝土部分所分担的轴力和相应的受弯承载力；

（2）计算步骤

根据塑性理论下限定理，一般叠加法的计算步骤为：

1）对于给定的轴力 N 值，根据轴力平衡方程式（16-1），利用试算法，初步估算构件的钢骨部分和钢筋混凝土部分所分担的轴力 N_y^{ss} 和 N_u^{rc}，并分别求得该两部分的相应受弯承载力 M_y^{ss} 和 M_u^{rc}。

2）经过多次试算，求得在各种不同的轴力分配比例情况下，两部分受弯承载力之和的最大值，即为型钢混凝土构件在给定轴力 N 作用下的受弯承载力。

3. 简单叠加法

简单叠加法是 1987 年日本建筑学会《钢骨钢筋混凝土结构计算规范及其说明》中所提出的方法。

（1）应用条件

1）用于内部钢骨为对称配置截面的型钢混凝土梁和柱。

2）进行杆件截面设计时，需先确定其中钢骨（型钢）的截面尺寸。

（2）纯弯构件

1）对于型钢混凝土简支梁、连续梁和框架梁，均按纯弯构件计算。

2）将梁内钢骨的受弯承载力与外包钢筋混凝土部分的受弯承载力相加，即得整个梁的受弯承载力。

（3）压弯构件

1）对于框架柱之类的型钢混凝土压弯构件，通常需要先确定钢骨（型钢芯柱）的截面尺寸，然后再计算出外包钢筋混凝土部分的受弯钢筋截面面积。

2）分别假定柱的轴向压力主要由柱内钢骨承担（情况一）或外包钢筋混凝土部分承担（情况二），作为确定构件配筋的两种计算情况。

3）分别按上述两种情况计算后，选取两者中的较小钢筋截面面积，作为柱截面设计用的配筋量。

（4）拉弯构件

1）对于型钢混凝土拉弯构件，也是需要先确定内部钢骨的截面尺寸，然后再计算出外包钢筋混凝土部分的受弯钢筋截面面积。

2）分别假定构件的轴向拉力主要由钢骨或外包钢筋混凝土承担，进行构件截面计算，然后取两种情况计算出的钢筋截面面积的较小值，作为构件截面的配筋。

4. 改进简单叠加法

（1）清华大学结构工程研究所近些年来对型钢混凝土构件进行了系列试验研究和大量分析计算，并参考了日本的简单叠加法，通过参数回归，得到一组经验公式，能够比较简单、准确地求得型钢混凝土柱的压弯承载力，在获得更多的试验验证后，可供工程设计使用。

（2）计算步聚是：

1）利用柱轴心受压承载力的线性关系，近似确定柱内钢骨所分担的轴压力 N_c^{ss}；

2）利用 N_c^{ss}-M_{cy}^{ss} 非线性相关曲线表达式

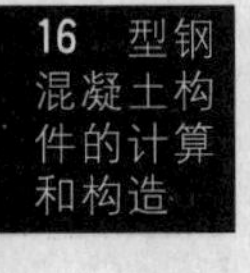

（考虑钢骨腹板部分屈服），求出钢骨的受弯承载力 M_{cy}^{ss}；

3）按普通钢筋混凝土柱的计算方法，计算出柱的外包钢筋混凝土在分担轴压力 N_c^{rc}（$N-N_c^{ss}$）时的相应受弯承载力 M_{cu}^{rc}；

4）（$M_{cy}^{ss}+M_{cu}^{rc}$）即是型钢混凝土柱承受轴力 N 时的受弯承载力。

5. 几种方法计算结果的比较

（1）一般叠加法的计算结果，与理论计算方法吻合较好，但多数情况的计算结果是偏于安全的。上述两种方法的计算过程均比较繁琐。一般叠加法，需要通过多次试算，才能取得正确结果。

（2）简单叠加法与一般叠加法相比较，计算过程简单，但计算结果偏于保守。不过，对于构件内钢骨为双轴对称配置的情况，计算结果相差不大。

（3）改进简单叠加法的计算结果，与一般叠加法接近，比理论方法偏于安全，比简单叠加法经济。

（4）改进简单叠加法的轴力分配，也比简单叠加法准确。对于其他需要轴力的有关计算（例如受剪承载力的计算），可以提供比较准确的计算数据。

五、构件刚度

进行结构整体分析，计算结构的内力和变形时，型钢混凝土构件的刚度，可按下列方法确定。

（一）梁和柱

1. 计算公式

进行结构弹性阶段的内力和位移计算时，对于型钢混凝土梁和柱，杆件载面的弹性换算轴向刚度 EA、抗弯刚度 EI 和抗剪刚度 GA，可采用杆件内钢骨的截面刚度与外包钢筋混凝土部分的截面刚度之和，即

$$EA = E_c A_c + E_{ss} A_{ss} \quad (16\text{-}3)$$

$$EI = E_c I_c + E_{ss} I_{ss} \quad (16\text{-}4)$$

$$GA = G_c A'_c + G_{ss} A'_{ss} \quad (16\text{-}5)$$

式中 A_{ss}、A_c——分别为钢骨部分、钢筋混凝土部分的截面面积；

A'_{ss}、A'_c——分别为钢骨部分、钢筋混凝土部分与受力方向平行的腹板水平截面面积；

I_{ss}、I_c——分别为钢骨部分、钢筋混凝土部分的截面惯性矩；

E_{ss}、E_c——分别为钢骨钢材、混凝土的弹性模量；

G_{ss}、G_c——分别为钢骨钢材、混凝土的剪变模量；G_c 按弹性模量 E_c 规定值的 0.4 倍采用。

2. 楼板参与刚度

当型钢混凝土梁上存在与其整体浇筑的钢筋混凝土楼板时，式（16-4）中混凝土部分的截面惯性矩 I_c，应按现行国家标准 GB 50010—2002《混凝土结构设计规范》的规定，计入有效翼缘的影响；也可按下列简化方法计算：

（1）梁的两侧有楼板时，$I_c=2I_{co}$；

（2）梁的一侧有楼板时，$I_c=1.5I_{co}$；

式中 I_{co}——梁截面的矩形部分的惯性矩。

3. 退化刚度

（1）需要考虑混凝土的开裂及徐变影响时，或者需要考虑内力重分布而允许构件开裂时，以及对于结构受力较大的部位，在进行结构的变形计算时，宜适当降低公式（16-3）～（16-5）中混凝土部分的刚度，降低系数可取 0.6～0.9。

（2）型钢混凝土构件降低后的刚度，不得小于相同截面的钢筋混凝土构件的刚度。

（二）剪力墙

1. 无边框剪力墙

（1）无边框的型钢混凝土剪力墙，可近似地按相同截面的钢筋混凝土剪力墙，计算其截面的轴向刚度，抗弯刚度和抗剪刚度。

（2）因为一般的无边框剪力墙内配置的型钢截面较小，与剪力墙整个截面的面积和惯性矩相比较，钢骨所占比例较小，为了简化计算，可以略去不计。

2. 有边框剪力墙

（1）有边框柱的型钢混凝土剪力墙，可按工形截面的钢筋混凝土墙，计算其轴向刚度和抗弯刚度，此时，边柱内的型钢，折算为等效混凝土截面面积后，计入剪力墙工形截面的翼缘面积。

在有边框的剪力墙中，边框柱内配置的钢骨截面较大，而且位于剪力墙的端部，对剪力墙截面惯性矩的贡献较大，因而不能忽略不计。

（2）计算端部有型钢混凝土边框柱的钢筋混凝土剪力墙的抗剪刚度时，只计入其边框柱中的型钢腹板的折算等效混凝土截面面积。

六、施工阶段验算

（一）型钢混凝土构件在浇注混凝土之前，应对由构件内钢骨（型钢）组成的钢构架，在施工荷载及可能出现的风荷载作用下，进行承载力、稳定性及位移的验算。

（二）根据钢构架在施工荷载下的各项验算结果，确定浇筑混凝土楼板的楼层与安装钢骨架的最高一层之间的间隔层数。

型钢混凝土梁

一、构造要求

型钢混凝土梁，在构造方面除应符合本章第一节第三款的一般构造要求外，尚应满足以下各项具体规定。

（一）截面尺寸

1. 为方便混凝土的浇筑，型钢混凝土梁的截面宽度不应小于300mm。

2. 为确保梁的抗扭和侧向稳定，梁的截面高度不宜大于其截面宽度的4倍，且不宜大于梁净跨的1/4。

（二）钢骨（型钢）

1. 框架梁内的钢骨宜采用对称截面的、充满型、宽翼缘实腹型钢。充满型是指型钢受压翼缘位于梁截面的受压区内。

2. 框架梁的含钢率（型钢配置率）宜大于4%，合理的含钢率为5%～8%。

3. 钢骨可采用轧制的或由钢板焊成的工形钢或H型钢（图16-8*a*）；为了便于剪力墙竖向钢筋或管道的通过，也可采用由双槽钢连接成的钢骨（图16-8*b*）。

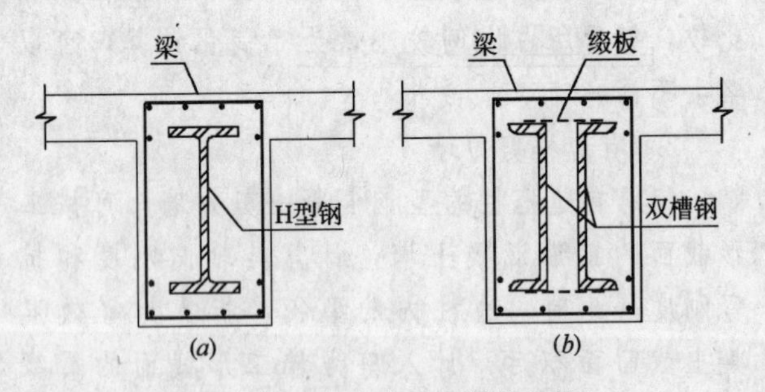

图16-8 实腹式型钢混凝土梁

（*a*）工形钢（或H型钢）；（*b*）双槽钢

4. 截面高度很大的梁，其钢骨也可采用型钢桁架，但其受压杆件的长细比宜小于120，以确保杆件的受压稳定性。

5. 实腹式钢骨的翼缘和腹板的宽厚比不应超过表16-2的限值。

6. 型钢的混凝土保护层厚度宜不小于100mm。

7. 结构转换层的托柱梁和托墙大梁，以及承受很大重力荷载的梁，在梁端1.5倍梁高范围内剪应力较大的区段，其型钢上翼缘的顶面宜增设栓钉，以增大剪压区段型钢上翼缘与混凝土的粘结剪切强度。

8. 框架梁的钢骨与柱的钢骨应采用刚性连接。

9. 若梁端为简支，由于钢骨与混凝土的粘结强度较低，两者之间易发生粘结型破坏，使钢骨与混凝土的共同工作受到影响，梁的承载力下降。为此，悬臂梁的自由端和简支梁的两端，纵向受力钢筋应设置专用的锚固件，同时，梁内钢骨的顶面宜设置栓钉等抗剪连接件。

抗剪连接件的设计，应符合行业标准JGJ 99—98《高层民用建筑钢结构技术规程》第七章第二节中关于钢-混凝土组合梁连接件的要求。具体计算方法，见《型钢、钢管混凝土高楼计算和构造》（中国建筑工业出版社，2003年）第六章第二节。

10. 梁内的实腹式钢骨（工形钢），在支座处以及上翼缘承受较大的固定集中荷载处，应在型钢腹板的两侧设置成对的支承加劲肋。

11. 型钢混凝土悬臂梁自由端的钢骨顶面宜设置栓钉。

（三）纵向钢筋

1. 框架梁纵向受拉钢筋的配筋率宜大于0.3%。

2. 梁的受拉侧和受压侧纵向钢筋的配置均不宜超过两排，且第二排只能在梁的两侧设置钢筋，以免影响梁底部混凝土的浇筑密实性。

3. 钢筋的直径不宜小于ϕ16，间距不应大于200mm，纵筋以及与型钢骨架之间的净距不应小于30mm和1.5d（d为钢筋的最大直径）。

4. 梁的截面高度$h \geqslant 500$mm时，应在梁的两侧面，沿高度每隔200mm设置一根直径不小于10mm的纵向腰筋，且腰筋与型钢之间宜配置拉结钢筋，以增强钢筋骨架对混凝土的约束作用的，并防止因混凝土收缩引起的梁侧面裂缝。

5. 纵向受拉钢筋（包括腰筋）伸入节点的锚固要求、贯通梁全长的纵向钢筋数量，以及受压钢筋与受拉钢筋的截面面积比值等，均应满足《混凝土结构设计规范》（GB 50010—2002）对钢筋混凝土梁所作的规定。

6. 梁内纵向受力钢筋若需要贯穿柱内型钢腹板并以90度弯折锚固在柱截面内时，弯折前的直线段长度不应小于0.4倍钢筋锚固长度 l_a 或 l_{aE}，且不应小于12倍（非抗震设计）或15倍（抗震设计）纵向钢筋直径。

（四）箍筋

1. 框架梁端第一肢箍筋应设置在距柱边不大于50mm处。沿梁全长的箍筋的面积配箍率 ρ_{sv} 应大于表16-4中规定的最小值。

2. 地震作用下，框架梁端可能出现塑性铰，加密箍筋可以提高梁端截面的塑性转动能力。

3. 对抗震设防结构的框架梁，在距梁端1.5～2.0倍梁高的范围内，箍筋间距应加密；当梁的截面高度 h 大于梁净跨 L_0 的1/5时，梁全跨的箍筋均应按加密要求配置。

4. 在梁的箍筋加密区段内，宜配置复合箍筋，其肢距可按国家标准《混凝土结构设计规范》(GB 50010—2002)的规定适当放宽。

5. 为了保证梁的外包混凝土与钢骨能较好地共同工作，防止粘结性破坏，并使梁具有足够的延性，外包混凝土的箍筋直径和间距，应符合表16-4的要求。

型钢混凝土梁的箍筋直径和间距（mm）　表16-4

框架抗震等级	箍筋最小直径(mm)	梁全长最小配箍率 $\rho_{sv}=A_{sv}/b\cdot s$	跨中箍筋最大间距(mm)		框架梁端箍筋	
					加密区长度	最大间距
非抗震	$\phi8$	$0.24f_t/f_{yv}$	250	$h/2$	—	—
四级	$\phi8$	$0.26f_t/f_{yv}$	250	$\frac{1}{2}h$	$1.5h$	150
三级	$\phi10$	$0.26f_t/f_{yv}$	250			150
二级	$\phi10$	$0.28f_t/f_{yv}$	200			100
一级	$\phi12$	$0.3f_t/f_{yv}$	150		$2h$	100

注：1. h 为型钢混凝土梁的截面高度；
2. A_{sv} 为梁某一横截面内各肢箍筋的截面面积，b 和 s 分别为梁的截面宽度和箍筋间距；
3. f_t 和 f_{yv} 分别为混凝土和箍筋的抗拉强度设计值。

（五）梁腹开孔

1. 型钢混凝土梁需设孔洞时，孔洞形状可为圆形或矩形，条件允许时，应优先采用圆孔。

2. 按9度抗震设防的结构，梁上不允许开洞。

3. 梁的孔洞应位于梁腹的中部，且宜设置在梁剪力较小的区段（图16-9）；孔洞中心距应大于孔洞平均直径的三倍（图16-10）。

4. 圆形孔洞的直径 D 或矩形孔洞的高度 h，应符合下列要求：

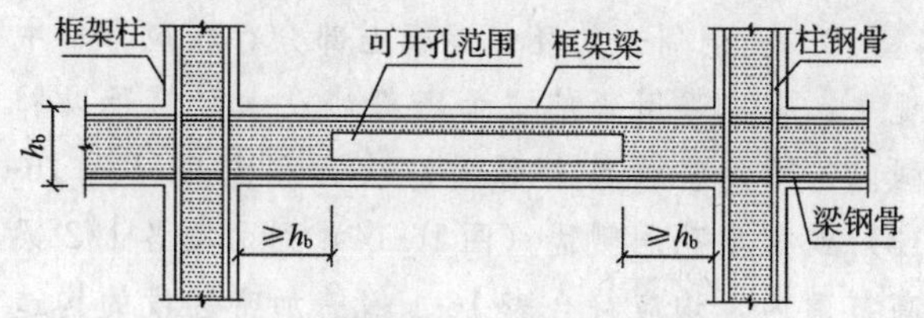

图16-9　型钢混凝土梁的开孔范围

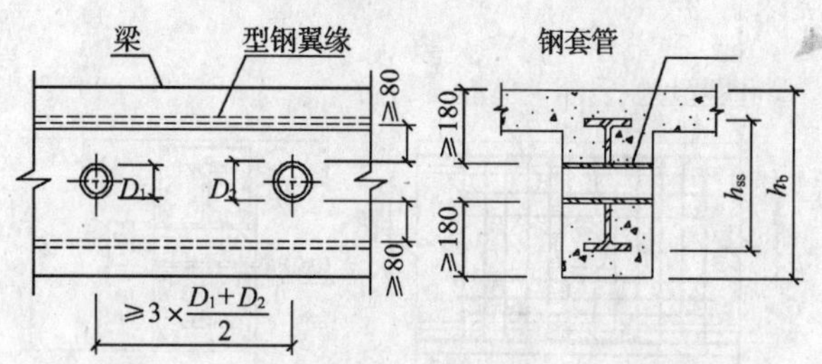

图16-10　型钢混凝土梁的开孔尺寸和间距

(1) 位于靠近支座的1/4跨度区段内，洞高不应大于梁截面高度的0.3倍和型钢截面高度的0.5倍。

(2) 位于离支座1/4跨度以外时，不应大于梁截面高度的0.4倍和型钢截面高度的0.7倍。

(3) 矩形孔洞的长度不宜大于梁截面高度的0.8倍。

5. 圆形孔洞周边宜采用钢套管补强（图16-10）。管壁厚度不宜小于型钢腹板的厚度；套管与型钢腹板连接的角焊缝高度，取0.7倍腹板厚度。

6. 圆形孔洞也可采用带圆洞的方形钢板补强（图16-11），在型钢腹板两侧各焊接一块厚度稍薄于型钢腹板厚度的方形钢板，方形钢板的洞边宽度取75～125mm。

7. 对于矩形孔洞，应沿孔洞周边在型钢腹板两侧设置纵向和横向加劲肋（图16-12）。

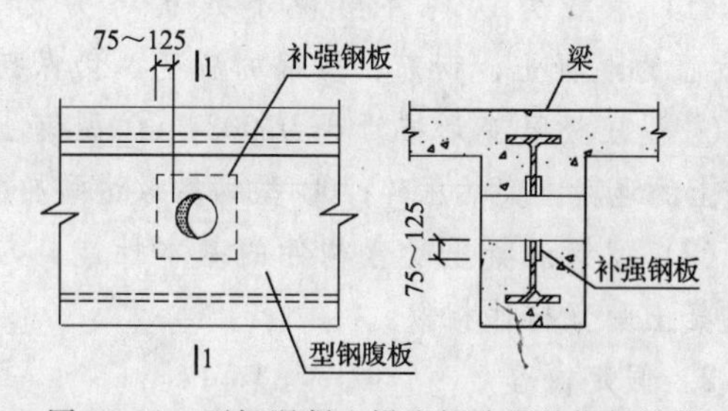

图16-11　型钢混凝土梁腹板孔洞的钢板补强

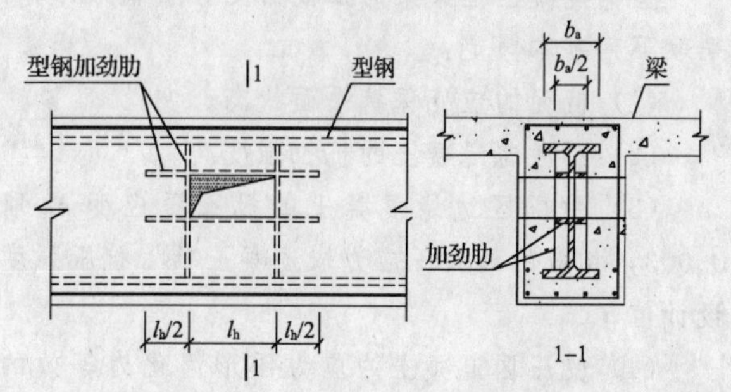

图16-12　矩形洞边的纵、横加劲肋

8. 孔洞周边的外包混凝土部分存在应力集中现象，也应采用弯筋或加密箍筋及水平筋予以补强。采用加密箍筋补强时，从圆孔侧边（图16-13）或矩形孔洞侧边（图16-14）到两侧各1/2梁高范围内，均应符合表16-4箍筋加密区段的构造要求。

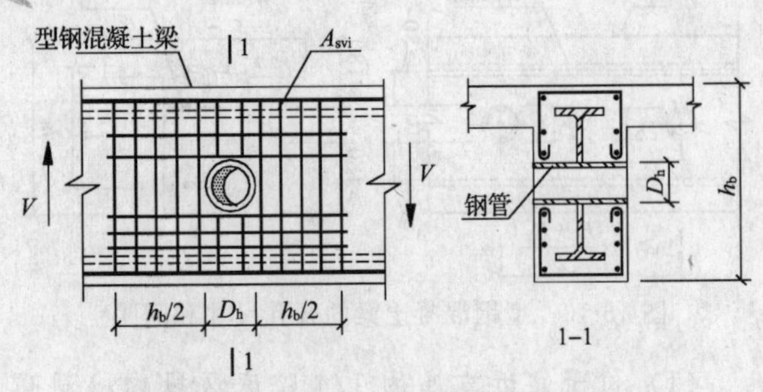

图16-13 圆孔处外包混凝土的加密箍筋

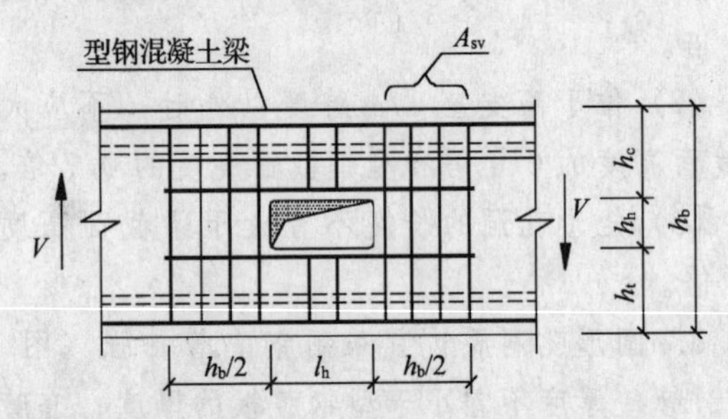

图16-14 矩形孔洞处外包混凝土的加密箍筋

二、受弯承载力

（一）基本假定

1. 试验根据

外荷载作用下型钢混凝土构件的试验结果表明：

（1）承载力以构件出现下列状态为标志：① 截面的混凝土、钢筋、型钢的应变，仍保持平面；② 受压极限变形接近于0.003；③ 型钢上翼缘以上的混凝土突然压碎；④ 型钢翼缘达到屈服。

（2）型钢混凝土受弯构件的基本性能，与钢筋混凝土受弯构件相似。

2. 假定内容

型钢混凝土框架梁的正截面受弯承载力计算，采取下列基本假定：

（1）截面的应变保持平面状态。

（2）不考虑混凝土的抗拉强度。

（3）受压区边缘混凝土的极限压应变 ε_{cu} 取0.003，相应的最大压应力取混凝土轴心抗压强度设计值 f_c。

（4）受压区混凝土的应力图形简化为等效的矩形，其高度取按平截面假定所确定的中和轴高度乘以系数0.8；矩形应力图的应力取为混凝土的轴心抗压强度设计值。

（5）型钢腹板的拉、压应力图形均为梯形，计算时则简化为等效的矩形应力图形。

（6）受拉钢筋和型钢受拉翼缘的极限拉应变 ε_{su} 取0.01。

（7）钢筋应力取等于钢筋应变与其弹性模量的乘积，但不大于其强度设计值。

（二）受弯承载力计算方法（1）

行业标准JGJ 138—2001《型钢混凝土组合结构技术规程》，对采用充满型、实腹型钢的型钢混凝土框架梁，给出如下的正截面受弯承载力验算方法。其计算原则是：把型钢翼缘也作为纵向受力钢筋的一部分，并在平衡式中分别增加了型钢腹板受弯承载力项 M_{aw} 和型钢腹板轴向承载力项 N_{aw}。M_{aw} 和 N_{aw} 的确定，则是通过对型钢腹板应力分布积分，再做一定的简化得出的。

1. 承载力条件式

型钢混凝土框架梁的正截面受弯承载力，应满足下列公式要求：

无地震作用组合 $$\gamma_0 M \leqslant [M] \quad (16\text{-}6)$$

有地震作用组合 $$M \leqslant \frac{1}{\gamma_{RE}}[M] \quad (16\text{-}7)$$

式中 M——框架梁的弯矩设计值；

$[M]$——型钢混凝土梁的正截面受弯承载力，按公式（16-10）或式（16-11）计算；

γ_0——结构重要性系数，对安全等级为一级、二级（或设计使用年限≥100年、=50年）的结构构件，γ_0 分别取1.1、1.0；

γ_{RE}——型钢混凝土梁的正截面承载力抗震调整系数，按表16-5取值，$\gamma_{RE}=0.75$。

型钢混凝土构件的承载力抗震调整系数 γ_{RE}

表16-5

受力状态 \ 构件种类	梁	柱	支撑	剪力墙	框架节点	焊缝、高强螺栓连接
正截面承载力	0.75	0.80	0.85	0.85	—	0.9
斜截面承载力	0.85				0.85	

2. 受弯承载力计算公式

（1）受压区高度

型钢混凝土梁在弯矩设计值 M 的作用下，其截面的混凝土受压区高度 x（图16-15），应符合下列条件式：

$$x \leqslant \xi_b h_0 \text{ 且 } x \geqslant a'_a + t_f \tag{16-8}$$

当混凝土强度等级≤C50 时，

$$\xi_b = \frac{x_b}{h_0} = \frac{\beta_c}{1 + \dfrac{f_y + f_a}{2 \times 0.0033 E_s}} \tag{16-9a}$$

当混凝土强度等级>C50 时，

$$\xi_b = \frac{x_b}{h_0} = \frac{\beta_c}{1 + \dfrac{f_y + f_a}{2 \times 0.003 E_s}} \tag{16-9b}$$

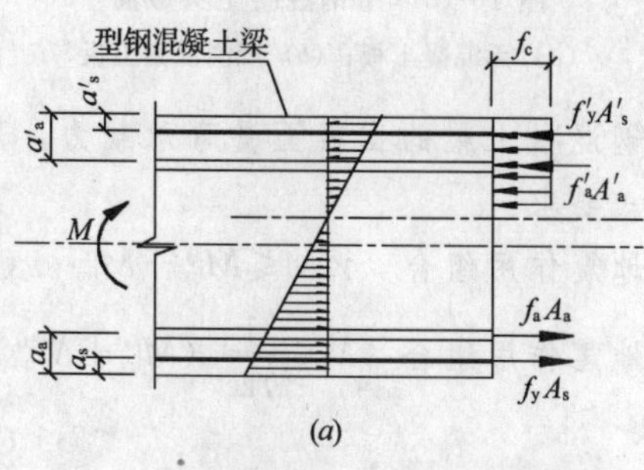

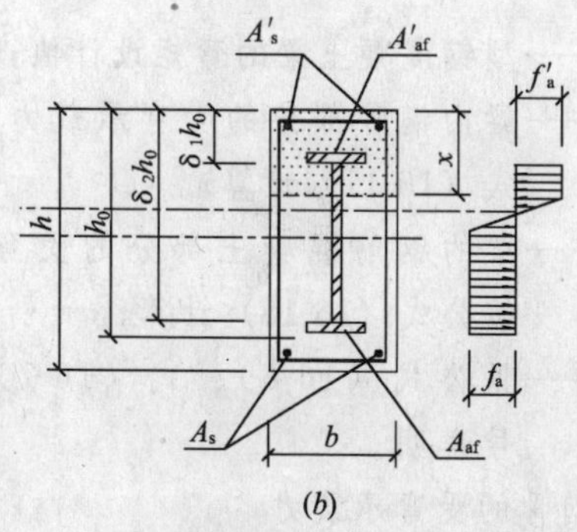

图 16-15 弯矩作用下型钢混凝土梁正截面应力图形

(a) 梁的侧立面；(b) 梁的横截面

(2) 弯矩平衡式

型钢混凝土梁的正截面受弯承载力 $[M]$，等于其受压的混凝土、钢筋、型钢翼缘和型钢腹板（图 16-15）四部分受弯承载力之和，即

$$[M] = f_c bx\left(h_0 - \frac{x}{2}\right) + f'_y A'_s (h_0 - a'_s) + f'_a A'_{af}(h_0 - a'_a) + M_{aw} \tag{16-10}$$

(3) 水平力平衡式

弯矩作用下的型钢混凝土梁，其正截面的水平力平衡式可写为

$$f_c bx + f'_y A'_s + f'_a A'_{af} - f_a A_s - f_y A_{af} + N_{aw} = 0 \tag{16-11}$$

(4) 型钢腹板承载力

型钢混凝土梁内型钢腹板的受弯承载力 M_{aw} 和轴向承载力 N_{aw} 分别按下列公式计算：

当 $\delta_1 h_0 < 1.25x$，$\delta_2 h_0 > 1.25x$ 时，

$$M_{aw} = \left[\frac{1}{2}(\delta_1^2 + \delta_2^2) - (\delta_1 + \delta_2) + 2.5\xi - (1.25\xi)^2\right] t_w h_0^2 f_a \tag{16-12}$$

$$N_{aw} = [2.5\xi - (\delta_1 + \delta_2)]\, t_w h_0 f_a \tag{16-13}$$

$$\xi = x/h_0 \tag{16-14}$$

以上式中 x_b、ξ_b——分别为“适筋梁”（梁受弯时，受拉钢筋和受压区混凝土同时达到强度设计值）的“界限受压区高度”和“相对界限受压区高度”；

β_c——梁截面受压区混凝土等效矩形应力分布图形高度 x 与按平截面假定计算的中和轴高度 x_n 的比值，按表 16-6 的规定取值；

h_0——型钢受拉翼缘和纵向受拉钢筋的合力位置到混凝土受压区上边缘的距离；

ξ——梁截面的混凝土相对受压区高度；

δ_1、δ_2——分别为型钢腹板的上端、下端至混凝土受压区上边缘距离与 h_0 的比值；

N_{aw}——型钢腹板承受的轴向合力；

M_{aw}——型钢腹板轴向合力对 h_0 起点位置（型钢受拉翼缘和纵向受拉钢筋的合力位置）的力矩；

t_w、h_w——型钢腹板的厚度和截面高度；

f_c——混凝土的轴心抗压强度设计值；

f_y、f'_y、E_s——钢筋的抗拉、抗压强度设计值和弹性模量；

f_a、f'_a——型钢的抗拉、抗压强度设计值，见表 11-2；

a_s、a'_s——分别为纵向受拉、受压钢筋合力点至混凝土截面近边的距离；

a_a、a'_a——分别为型钢受拉、受压翼缘截面形心至混凝土截面近边的距离；

A_s、A'_s、A_{af}、A'_{af}——分别为受拉钢筋、受压钢筋、型钢受拉翼缘、型钢受压翼缘的截面面积；

b、h、x——等符号的含义，见图16-15。

梁截面混凝土受压区高度修正系数 β_c 表 16-6

混凝土强度等级	≤C50	C55	C60	C65	C70	C75	C80
β_c 值	0.80	0.78	0.75	0.73	0.70	0.68	0.65

3. 腹板开洞梁

(1) 型钢混凝土梁开洞截面的受弯承载力，也可按公式 (16-10) ~式 (16-13) 计算。

(2) 对于圆形孔洞 (图 16-11)，计算中应扣除孔洞的截面面积；对于矩形孔洞 (图 16-12)，计算中应扣除型钢腹板的作用。

(三) 受弯承载力计算方法 (2)

行业标准《钢骨混凝土结构设计规范》(YB 9082—97)，对于配置对称和非对称截面钢骨的型钢混凝土梁，给出如下的正截面受弯承载力验算公式。

1. 计算符号规定

行业标准《钢骨混凝土结构设计规程》(YB 9082—97)，对主要计算符号及其上、下标，作出如下规定：

(1) 符号主体

f——材料强度，　E——材料弹性模量，

M——弯矩，　N——轴力，

V——剪力，　A——截面面积，

b、h——截面的宽度和高度，

I——截面惯性矩。

(2) 符号上、下标

上标：ss——钢骨 (型钢) 部分，

rc——钢筋混凝土部分。

下标：ss——钢骨，　c——混凝土，

s——钢筋，　b——梁，

c——柱，　w——墙，

y—钢骨部分的承载力，

u——钢筋混凝土部分的承载力。

下标：x 或 y——绕 x 轴或 y 轴的指标，

l 或 r——左端或右端的指标，

t 或 b——上端或下端的指标。

2. 对称截面钢骨

钢骨为双轴对称的充满型实腹型钢，即钢骨截面形心与外包钢筋混凝土截面形心重合时 (图 16-16)，型钢混凝土梁的正截面受弯载力，可按下列方法计算。

(1) 型钢混凝土梁抗弯强度验算

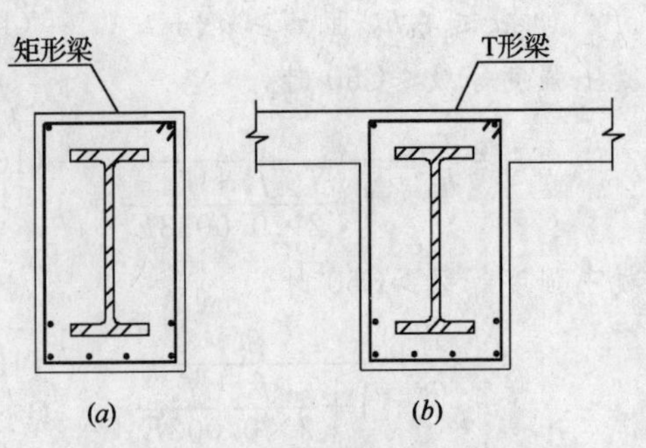

图 16-16 型钢混凝土梁截面

(a) 无混凝土板；(b) 现浇混凝土板

型钢混凝土梁的正截面受弯承载力，应满足下列公式要求：

无地震作用组合 $\gamma_0 M \leqslant M_{by}^{ss} + M_{bu}^{rc}$ (16-15)

有地震作用组合 $M \leqslant \dfrac{1}{\gamma_{RE}}(M_{by}^{ss} + M_{bu}^{rc})$ (16-16)

式中 M——型钢混凝土梁的弯矩设计值；

M_{by}^{ss}——梁内钢骨部分的受弯承载力，按公式 (16-17) 计算；

M_{bu}^{rc}——梁的钢筋混凝土部分的受弯载力，按公式 (16-18) 计算；

γ_0、γ_{RE}——见公式 (16-6)、式 (16-7) 的符号说明。

(2) 钢骨的受弯承载力

型钢混凝土梁内钢骨的受弯承载力 M_{by}^{ss}，按下式计算：

$$M_{by}^{ss} = \gamma_s W_{ss} f_{ss} \qquad (16\text{-}17)$$

式中 W_{ss}——钢骨截面的弹性抵抗矩，当梁的验算截面处钢骨开有孔洞时，应取钢骨净截面的抵抗矩；

γ_s——钢骨的截面塑性发展系数，对工字形截面的钢骨，取 $\gamma_s = 1.05$；

f_{ss}——钢骨材料的强度设计值。

(3) 外包钢筋混凝土部分的受弯承载力

1) 型钢混凝土梁的外包钢筋混凝土部分 (图 16-17)，其受弯承载力按下列公式计算：

$$M_{bu}^{rc} = A_s f_{sy} \gamma \cdot h_{b0} \qquad (16\text{-}18)$$

$$\gamma h_{b0} = h_{b0} - x/2 \qquad (16\text{-}19)$$

$$x = (f_y A_s - f'_y A'_s)/b_{eq} \cdot f_c \qquad (16\text{-}20)$$

2) 梁外包混凝土受压区高度 x，应符合下列要求：

非抗震设计 $x \leqslant \xi_b h_{b0}$，$\xi_b = \dfrac{\beta_c}{1 + \dfrac{f_y}{0.0033 E_s}}$ (16-21)

抗震设计　一级框架梁　$x \leqslant 0.25h_{b0}$ (16-22)

二、三级框架梁　$x \leqslant 0.35h_{b0}$ (16-23)

式中　A_s——受拉钢筋的截面面积；

f_{sy}——受拉钢筋的抗拉强度设计值；

h_{b0}——梁截面的有效高度，即受拉钢筋截面面积形心到梁截面受压区外边缘的距离；

γh_{b0}——受拉钢筋截面面积形心到梁截面混凝土受压区压力合力点的距离（图16-17）；

A'_s——受压区纵向钢筋的截面面积；

f_y、f'_y——钢筋的抗拉、抗压强度设计值；

f_c——混凝土的轴心抗压强度设计值；

β_c——梁截面混凝土受压区高度修正系数，按表16-6取值；

b_{eq}——梁截面混凝土受压区扣除其中钢骨截面面积后的等效宽度。

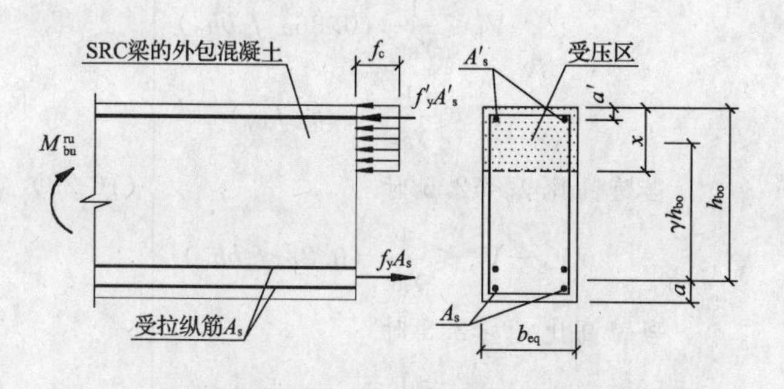

图16-17　受拉钢筋形心到受压区合力点的距离

3. 非对称截面钢骨

对于钢骨为充满型、非对称、实腹型钢的型钢混凝土梁，即梁受压区的钢骨翼缘宽度小于梁受拉区的钢骨翼缘宽度（图16-18），其正截面受弯承载力仍可采用前面第1款关于对称截面钢骨的计算方法。此时，可将受拉翼缘大于受压翼缘的截面面积，作为梁的钢筋混凝土部分的外加受拉钢筋。

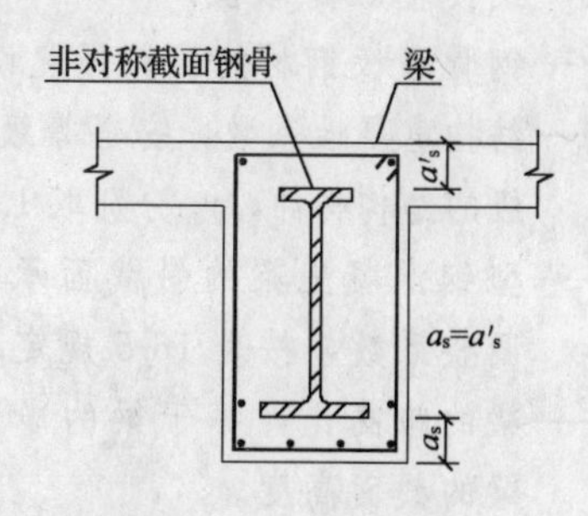

图16-18　非对称截面钢骨

4. 偏置受拉区钢骨

对于钢骨为非充满型的实腹型钢，即钢骨偏置于梁截面受拉区的型钢混凝土梁（图16-19），其正截面受弯承载力的计算，可参照第六章第二节关于钢与混凝土组合梁的设计方法。

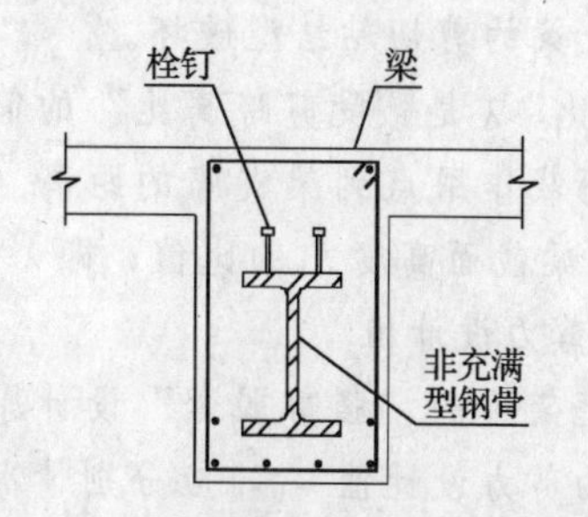

图16-19　钢骨偏置于梁截面的受拉区

5. 桁架式钢骨

当高截面梁采用型钢桁架作为钢骨时，可将其上弦和下弦型钢，分别视作梁面和梁底的纵向钢筋，然后按钢筋混凝土梁的公式验算其受弯承载力。

三、受剪承载力

（一）斜截面破坏形态

采用实腹式钢骨的型钢混凝土梁，其剪切破坏形态，主要有以下三种类型：

1. 斜压破坏（图16-20*a*）——多发生于：①剪跨比 $\lambda<1.0$；②剪跨比 $\lambda=1.0\sim1.5$ 且梁的含钢率（型钢）较大时。防止斜压破坏是靠截面控制条件来保证。

2. 剪压破坏（图16-20*b*）——多发生于剪跨比 $\lambda>1.5$ 且含钢率较小的情况。防止剪压破坏是通过受剪承载力验算来保证。

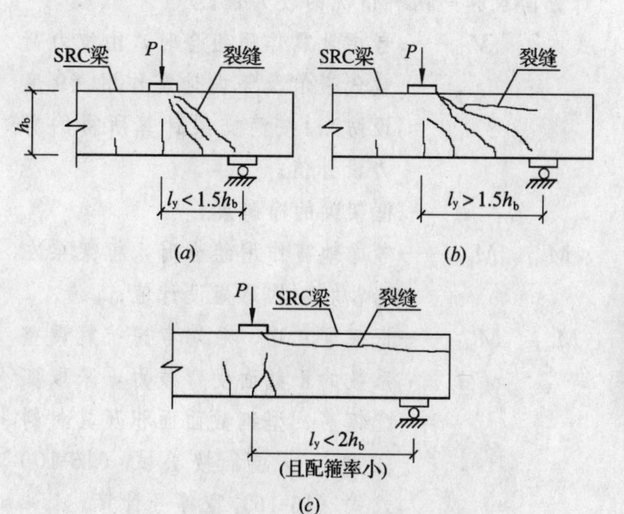

图16-20　型钢混凝土梁的受剪破坏形态
(*a*) 斜压破坏；(*b*) 剪切破坏；(*c*) 剪切粘结破坏

3. 剪切粘结破坏（图16-20c）——箍筋较少且剪跨比较大时，钢骨上、下翼缘附近易产生劈裂裂缝，并沿钢骨翼缘水平方向发展，最终导致混凝土保护层剥落。减小箍筋的间距和肢距，可有效地防止梁的剪切粘结型破坏。

"剪跨比"λ是"受剪跨高比"的简称，是指梁上集中荷载作用点到梁支座的距离（受剪区段长度）l_v与梁截面高度h_b的比值，即$\lambda = l_v/h_b$。

（二）剪力设计值

根据框架梁的"强剪弱弯"设计原则，型钢混凝土梁的剪力设计值V_b，应分别情况按下列方法确定：

1. 非抗震及四级框架梁的各区段剪力设计值V_b，以及抗震等级为一、二、三级框架梁的非加密箍筋区段的剪力设计值V_b，应取有关荷载组合所得的剪力最大值。

2. 抗震等级为一、二、三级的框架梁，其两端塑性铰区段（即箍筋加密区段）的剪力设计值V_b，按下列公式计算：

三级框架梁 $$V_b = V_{Gb} + \frac{M_{b,l} + M_{b,r}}{l_n} \quad (16\text{-}24)$$

二级框架梁 $$V_b = V_{Gb} + 1.05\frac{M_{b,l} + M_{b,r}}{l_n} \quad (16\text{-}25)$$

一级框架梁 $$V_b = V_{Gb} + 1.05\frac{M_{buE}^l + M_{buE}^r}{l_n} \quad (16\text{-}26)$$

公式（16-24）～式（16-26）中的（$M_{b,l} + M_{b,r}$）和（$M_{buE}^l + M_{buE}^r$），均取"按顺时针或逆时针方向求和"两种情况的较大值。

式中 V_{Gb}——考虑地震作用组合时，由重力荷载代表值及竖向地震作用（9度设防），按简支梁计算所得的剪力设计值；

l_n——框架梁的净跨度；

$M_{b,l}$、$M_{b,r}$——考虑地震作用组合时，框架梁左端、右端的弯矩设计值；

M_{buE}^l、M_{buE}^r——框架梁左端、右端考虑抗震调整系数的正截面受弯载力，采取实配钢筋、型钢截面面积及其材料强度标准值，按公式（16-10）或式（16-16）取等号计算。

（三）剪压比

1. 外荷载作用下型钢混凝土梁的斜截面受剪承载力试验表明，为防止梁发生斜压破坏，并控制梁的斜裂缝开展宽度，需要通过合理确定梁的截面尺寸，以控制梁的剪压比。剪压比是指梁所受剪力与梁全截面混凝土轴压承载力的比值。

2. 型钢混凝土梁，由于钢骨的存在，受剪承载力的上限值比钢筋混凝土梁提高较多。试验表明，型钢混凝土梁临近斜压破坏时的受剪承载力上限值为$0.45f_c bh_0$。

3. 型钢混凝土梁的受剪截面，其截面尺寸应同时满足下列两项要求：

1）型钢比

$$f_a t_w h_w / \alpha_c f_c bh_0 \geqslant 0.1 \quad (16\text{-}27)$$

2）剪压比

无地震作用组合
$$\left.\begin{aligned} \gamma_0 V_b &\leqslant 0.45\alpha_c f_c bh_0 \\ \gamma_0 (V_b - V_y^{ss}) &\leqslant 0.25\alpha_c f_c bh_0 \\ V_y^{ss} &= t_w h_w f_{ssv} \end{aligned}\right\} \quad (16\text{-}28)$$

有地震作用组合
$$\left.\begin{aligned} & V_b \leqslant \frac{1}{\gamma_{RE}}(0.36\alpha_c f_c bh_0) \\ & V_y^{ss} \leqslant \frac{1}{\gamma_{RE}}(t_w h_w f_{ssv}) \\ & \text{当跨高比 } \lambda_b < 2.5 \text{ 时} \\ & V_b - V_y^{ss} \leqslant \frac{1}{\gamma_{RE}}(0.2\alpha_c f_c bh_0) \\ & \text{当跨高比 } \lambda_b \geqslant 2.5 \text{ 时} \\ & V_b - V_y^{ss} \leqslant \frac{1}{\gamma_{RE}}(0.15\alpha_c f_c bh_0) \end{aligned}\right\} \quad (16\text{-}29)$$

式中 V_b——型钢混凝土梁的剪力设计值，按本节第三、（二）、1款及公式（16-24）～式（16-26）计算；

V_y^{ss}——梁内型钢钢骨的受剪承载力；

f_a——型钢的抗拉强度设计值；

f_c——混凝土的轴心抗压强度设计值；

α_c——构件受剪截面与混凝土强度等级有关的强度折减系数，$\alpha_c = \sqrt{23.5/f_c}$，或按表16-7取值；

f_{ssv}——钢骨腹板钢材的抗剪强度设计值；

γ_0——结构重要性系数，安全等级为一、二级的结构构件，γ_0分别取1.1、1.0；

γ_{RE}——型钢混凝土梁的斜截面承载力抗震调整系数，按表16-5规定取0.85；

λ_b——梁的跨高比，等于梁的净跨度除以梁的截面高度。

其余符号的含义，见公式（16-30）和图（16-15）。

构件受剪截面的混凝土强度折减系数 α_c

表 16-7

混凝土等级	≤C50	C55	C60	C65	C70	C75	C80
α_c 值	1.0	0.95	0.92	0.88	0.84	0.82	0.80

（四）无洞型钢混凝土梁的受剪承载力

1. 计算方法（一）

行业标准 JGJ 138—2001《型钢混凝土组合结构技术规程》，对采用充满型、实腹型钢的无洞型钢混凝土框架梁，给出如下的斜截面受剪承载力验算公式。

试验结果表明：梁内的型钢，仅其腹板参与受剪，而且可近似地认为型钢腹板处于纯剪状态，即 $\tau_{xy}=(1/\sqrt{3})\ \sigma_a=0.58f_a$。

(1) 均布荷载

无地震作用组合

$$\gamma_0 V_b \leqslant 0.08\alpha_c f_c bh_0 + f_{yv}h_0\frac{A_{sv}}{S} + 0.58f_a t_w h_w \tag{16-30}$$

有地震作用组合

$$V_b \leqslant \frac{1}{\gamma_{RE}}\left[\frac{1}{\lambda+1.5}0.06\alpha_c f_c bh_0 + 0.8f_{yv}h_0\frac{A_{sv}}{S} + 0.58f_a t_w h_w\right] \tag{16-31}$$

(2) 集中荷载

无地震作用组合

$$\gamma_0 V_b \leqslant \frac{0.2}{\lambda+1.5}\alpha_c f_c bh_0 + f_{yv}h_0\frac{A_{sv}}{S} + \frac{0.58}{\lambda}f_a t_w h_w \tag{16-32}$$

$$\lambda = a/h_0 \tag{16-33}$$

有地震作用组合

$$V_b \leqslant \frac{1}{\gamma_{RE}}\left[\frac{0.16}{\lambda+1.5}\alpha_c f_c bh_0 + 0.8f_{yv}h_0\frac{A_{sv}}{S} + \frac{0.58}{\lambda}f_a t_w h_w\right] \tag{16-34}$$

式中 b、h_0——型钢混凝土梁的截面宽度和截面有效高度；

t_w、h_w——型钢腹板的厚度和截面高度；

A_{sv}——配置在同一截面内的箍筋各肢总截面面积；

S——箍筋沿梁长度方向的间距；

a——验算截面（取集中荷载作用点）至支座截面或节点边缘的距离；

λ——梁验算截面的剪跨比，当 $\lambda<1.4$ 时，取 $\lambda=1.4$；当 $\lambda>3$ 时，取 $\lambda=3$；

f_{yv}——箍筋的抗拉强度设计值；

γ_0、γ_{RE}——见公式（16-28）、式（16-29）的符号说明。

2. 计算方法（二）

行业标准 YB 9082—92《钢骨混凝土结构设计规程》，针对无洞口混凝土梁的斜截面受剪，给出如下的强度验算公式。

(1) 型钢混凝土梁抗剪验算

型钢混凝土梁的斜截面受剪，应满足下式要求：

无地震作用组合 $\gamma_0 V_b \leqslant V_y^{ss} + V_{bu}^{rc}$ (16-35)

有地震作用组合 $V_b \leqslant \frac{1}{\gamma_{RE}}\ (V_y^{ss} + V_{bu}^{rc})$ (16-36)

式中 V_b——梁的剪力设计值，按本节第三、（二）、1 款及公式（16-24）～式（16-26）确定；

V_y^{ss}——梁内钢骨的受剪承载力，按式（16-37）或式（16-38）计算；

V_{bu}^{rc}——梁外包钢筋混凝土部分的受剪承载力，按公式（16-39）、式（16-40）或公式（16-40）、式（16-41）计算。

(2) 钢骨受剪承载力 V_y^{ss} 的计算

型钢混凝土梁内钢骨（型钢）的受剪承载力 V_y^{ss}，按下列公式计算。此时，不考虑型钢板件局部压屈影响，按腹板受纯剪情况计算。

$$V_y^{ss} = t_w h_w f_{ssv} \tag{16-37}$$

式中 t_w——钢骨腹板的厚度；

h_w——钢骨腹板的截面高度，当验算截面处有孔洞时，应取其净截面尺寸；

f_{ssv}——钢骨腹板钢材的抗剪强度设计值。

(3) 钢筋混凝土部分的受剪承载力 V_{bu}^{rc} 的计算

型钢混凝土梁的外包钢筋混凝土部分的受剪承载力 V_{bu}^{rc}，应根据荷载情况分别按下列公式计算。

1) 无地震作用组合

(*a*) 均布荷载

矩形、T 形和工字形截面的一般框架梁

$$V_{bu}^{rc} = 0.07\alpha_c f_c b_b h_{b0} + 1.5f_{yv}h_{b0}\frac{A_{sv}}{S} \tag{16-38}$$

(*b*) 集中荷载

各种截面形状的框架梁

$$V_{bu}^{rc} = \frac{0.2}{\lambda+1.5}\alpha_c f_c b_b h_{b0} + 1.25f_{yv}h_{b0}\frac{A_{sv}}{S} \tag{16-39}$$

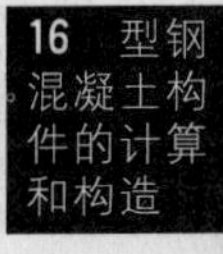

2）有地震作用组合时

(*a*) 均布荷载

矩形、T形和工字形截面的一般框架梁

$$V_{bu}^{rc}=0.056\alpha_c f_c b_b h_{b0}+1.2f_{yv}h_{b0}\frac{A_{sv}}{S} \tag{16-40}$$

(*b*) 集中荷载

各种截面形状的框架梁

$$V_{bu}^{rc}=\frac{0.16}{\lambda+1.5}\alpha_c f_c b_b h_{b0}+f_{yv}h_{b0}\frac{A_{sv}}{S} \tag{16-41}$$

式中 f_{yv}——箍筋的抗拉强度设计值；

A_{sv}——同一截面内各肢箍筋截面面积之和；

λ——验算截面（取集中荷载作用点处的截面）的剪跨比，$\lambda=a/h_{b0}$；当$\lambda<1.4$时，取$\lambda=1.4$；当$\lambda>3$时，取$\lambda=3$；

b_b——框架梁的截面宽度；

h_{b0}——梁截面受拉钢筋形心至截面受压区外边缘的距离；

a——验算截面至支座处截面或节点边缘的距离；

α_c、f_c——见公式（16-29）的符号说明。

（五）有洞型钢混凝土梁的受剪承载力

1. 计算方法（一）

梁腹开有圆形孔洞的型钢混凝土梁，其孔洞截面的受剪承载力，行业标准《型钢混凝土组合结构技术规程》（JGJ 138—2001）给出如下的计算公式：

无地震作用组合

$$\gamma_0 V_b\leqslant 0.08\alpha_c f_c b h_0\left(1-1.6\frac{D_h}{h}\right)+0.58\gamma f_a t_w (h_w-D_h)+\sum f_{yv}A_{sv} \tag{16-42}$$

有地震作用组合

$$V_b=\frac{1}{\gamma_{RE}}\left[0.06\alpha_c f_c b h_0\left(1-1.6\frac{D_h}{h}\right)+0.58\gamma f_a t_w (h_w-D_h)+0.8\sum f_{yv}A_{sv}\right] \tag{16-43}$$

式中 γ——孔边条件系数，孔边设置钢套管时，取$\gamma=1.0$；孔边不设钢套管时，取$\gamma=0.85$；

b、h、h_0——型钢混凝土梁的截面宽度、截面高度和截面有效高度；

D_h——梁腹圆形孔洞的直径；

A_{sv}——配置在洞边同一横截面内箍筋各肢的总截面面积；

f_{yv}——箍筋的抗拉强度设计值；

$\sum f_{yv}A_{sv}$——圆洞一侧加强箍筋的受剪承载力；

α_c、f_c、f_a、γ_0、γ_{RE}——分别见公式（16-28）及公式（16-29）的符号说明。

2. 计算方法（二）

对于梁腹开有圆洞或矩形孔洞的型钢混凝土梁，行业标准《钢骨混凝土结构设计规程》（YB 9082—97）给出如下的受剪承载力验算公式。

（1）有洞型钢混凝土梁的无洞截面和孔洞截面，除应满足公式（16-27）～式（16-29）对剪压比的要求外，孔洞截面的受剪承载力还应满足下列公式要求：

无地震作用组合 $\gamma_0 V_b\leqslant V_{hy}^{ss}+V_{bu}^{rc}$ (16-44)

有地震作用组合 $V_b\leqslant\frac{1}{\gamma_{RE}}(V_{hy}^{ss}+V_{bu}^{rc})$ (16-45)

（2）圆形孔洞受剪承载力

梁的孔洞截面处，梁内实腹钢骨和外包钢筋混凝土的受剪承载力V_{hy}^{ss}和V_{bu}^{rc}，分别按下列公式计算：

$$V_{hy}^{ss}=\gamma_h t_w(h_w-D_h)f_{ssv} \tag{16-46}$$

$$V_{bu}^{rc}=0.07\alpha_c f_c b_b h_{b0}\left(1-1.6\frac{D_h}{h_b}\right)+0.5f_{yv}\sum A_{svi} \tag{16-47}$$

式中 γ_h——孔边条件系数，孔边设置钢套管时，取1.0；孔边不设置钢套管时，取0.85；

D_h——孔洞的直径；

α_c、f_c——见公式（16-29）的符号说明；

h_w——梁内钢骨（型钢）腹板的截面高度；

h_b——型钢混凝土梁的截面高度；

$f_{yv}\sum A_{svi}$——从孔洞边缘到两侧各1/2梁高范围内加强箍筋的受剪承载力（图16-13）。

（3）矩形孔洞

1）孔洞两侧加密箍筋

矩形孔洞两侧边缘以外各1/2梁高范围内配置的加强箍筋，应满足下式要求：

$$A_{sv}\geqslant\frac{1.3V_1-V_{hy}^{ss}}{f_{yv}} \tag{16-48}$$

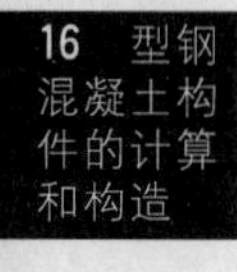

式中 V_1——孔洞两侧边缘截面处所选取的较大的梁剪力设计值，其值按本节第三、(二) 款的规定计算；

V_{hy}^{ss}——孔洞截面处钢骨的受剪承载力，可按公式 (16-46) 计算，此时，D_h为矩形孔洞的高度；

A_{sv}——孔洞边缘以外 1/2 梁高范围内加强箍筋的截面面积（图 16-13）。

2) 孔洞上下弦杆

(*a*) 型钢混凝土梁在矩形孔洞上、下的受压弦杆和受拉弦杆，分别按型钢混凝土受压构件和受拉构件，验算其受弯承载力和受剪承载力。

(*b*) 洞上受压弦杆的内力设计值，按下列公式计算：

$$\left.\begin{aligned}&\text{剪力设计值}\quad V_c=0.9V_h\\&\text{压力设计值}\quad N_c=\frac{M_h}{0.5h_c+h_h+0.55h_t}\\&\text{弯矩设计值}\quad M_c=0.5V_c l_h\end{aligned}\right\}\tag{16-49}$$

(*c*) 洞下受拉弦杆的内力设计值，按下列公式计算：

$$\left.\begin{aligned}&\text{剪力设计值}\quad V_t=0.4V_h\\&\text{拉力设计值}\quad N_t=\frac{M_h}{0.5h_c+h_h+0.55h_t}\\&\text{弯矩设计值}\quad M_t=0.75V_t l_h\end{aligned}\right\}\tag{16-50}$$

式中 M_h、V_h——型钢混凝土梁在矩形孔洞中心截面处的弯矩和剪力设计值；

h_c、h_t——分别为孔洞上、下的受压弦杆和受拉弦杆的截面高度（图 16-14）；

h_h、l_h——矩形孔洞的高度和长度。

(六) 桁架式钢骨

1. 当高截面梁采用型钢桁架作为钢骨，其受弯承载力可按《混凝土结构设计规范》(GB 50010—2002)的有关公式计算，计算中可将上、下弦型钢视为纵向钢筋；计算其受剪承载力时，可把型钢桁架斜腹杆的承载力的竖向分力，作为受剪箍筋考虑。

2. 为使型钢混凝土梁内的型钢桁架具有较高的受剪承载力，型钢桁架不宜采用一半斜杆受拉、一半斜杆受压的华伦式；而应采用其斜腹杆全部受拉的单斜式桁架（图 16-21），使梁腹上可能产生的各条斜裂缝均有斜腹杆穿过。此外，为使型钢桁架各区段的受剪承载力与梁各区段的剪力相匹配，可以通过调整桁架的节间长度，使斜腹杆的坡角由跨中到支座逐渐增大。

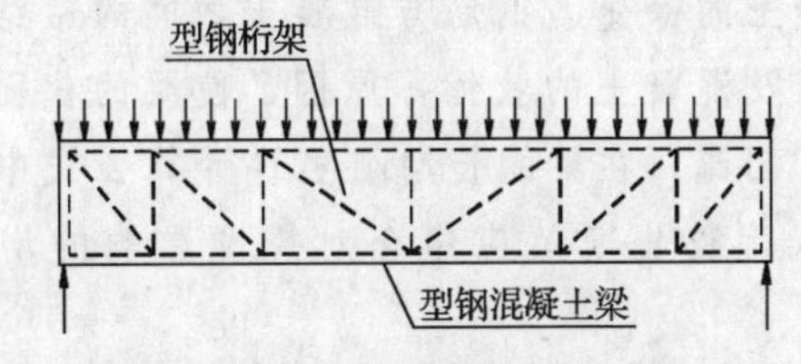

图 16-21 高截面型钢混凝土梁的型钢桁架

四、梁的挠度计算

(一) 计算原则

1. 型钢混凝土梁在正常使用极限状态下的挠度，可根据构件的刚度，采用结构力学的方法计算。

2. 计算等截面梁的挠度时，可假定梁的各同号弯矩区段内的刚度相等，其值取各该区段内最大弯矩截面的刚度。

3. 梁的挠度，应按荷载短期效应组合并考虑荷载长期效应组合影响的长期刚度 B_l 进行计算。

4. 若使用上允许构件在制作时预先起拱，检验梁的挠度时，可将计算所得的挠度值减去施工起拱值。

(二) 挠度容许值

1. 梁的最大挠度计算值，不应超过表 16-8 中规定的容许值。

2. 悬臂梁的最大挠度值，不应超过表 16-8 中规定值的两倍。

型钢混凝土梁的挠度容许值　　表 16-8

挠度控制标准 / 梁的计算跨度 l_0	一般要求	较高要求
$l_0<7\text{m}$	$l_0/200$	$l_0/250$
$7\text{m}\leqslant l_0\leqslant 9\text{m}$	$l_0/250$	$l_0/300$
$l_0>9\text{m}$	$l_0/300$	$l_0/400$

(三) 抗弯刚度

1. 计算方法（一）

(1) 试验结果表明，型钢混凝土梁在加载过程中的平均应变，符合平截面假定，而且型钢和混凝土截面变形的平均曲率相同。因此，梁的截面抗弯刚度 B_s 可以采用钢筋混凝土截面抗弯度 B_{rc} 与型钢截面抗弯刚度 B_a 叠加的原则来计算。型钢在其使用阶段采用其弹性刚度 E_aI_a。

(2) 通过对不同配筋率、混凝土强度等级、

截面尺寸的型钢混凝土梁的抗弯刚度试验结果表明，钢筋混凝土截面的抗弯刚度主要与受拉钢筋配筋率有关。此外，长期荷载作用下，由于受压区混凝土的徐变、钢筋与混凝土之间的粘结滑移徐变以及混凝土的收缩等原因，使梁的截面刚度下降。因此，在梁的长期刚度 B_l 计算公式中，需要引入荷载长期效应组合对挠度影响的增大系数 θ。

(3) 行业标准《型钢混凝土组合结构技术规程》(JGJ 138—2001) 规定，当型钢混凝土梁的纵向受拉钢筋的配筋率为0.3%～1.5%时，其荷载短期效应和长期效应组合作用下的短期刚度 B_s 和长期刚度 B_l，分别按下列公式计算：

$$B_s = B_{rc} + B_a = \left(0.22 + 3.75\frac{E_s}{E_c}\rho_s\right)E_c I_c + E_a I_a \tag{16-51}$$

$$B_l = \frac{M_s}{M_l(\theta - 1) + M_s}B_s \tag{16-52}$$

$$\rho_s = \frac{A_s}{bh_{0s}}, \rho'_s = \frac{A'_s}{bh_{0s}} \tag{16-53}$$

式中 M_s、M_l——分别为按荷载短期、长期效应组合计算的弯矩值；

θ——考虑荷载长期效应组合对挠度影响的增大系数，根据 ρ'_s 数值的大小按表16-9的规定取值；

b、h_0——型钢混凝土梁的截面宽度和截面有效高度；

h_{0s}——纵向受拉钢筋截面形心至混凝土截面受压区外边缘的距离；

A_s、ρ_s——纵向受拉钢筋的截面面积和配筋率；

A'_s、ρ'_s——纵向受压钢筋的截面面积和配筋率；

E_c、I_c——混凝土的弹性模量和梁混凝土截面的惯性矩；

E_a、I_a——型钢的弹性模量和截面惯性矩；

E_s——钢筋的弹性模量。

θ 的取值 表16-9

ρ'_s	0	0～ρ_s 中间值	ρ_s
θ	2.0	按直线内插法取值	1.6

2. 计算方法（二）141-16

对于型钢混凝土梁分别在荷载短期和长期效应组合作用下的短期刚度 B_s 和长期刚度 B_l，行业标准YB 9082—97《钢骨混凝土结构设计规程》给出如下的计算公式。

(1) 短期刚度

对于图16-16所示对称配置钢骨（型钢）的型钢混凝土梁，在短期荷载效应组合下的截面抗弯刚度 B_s，按下列公式计算：

$$B_s = \frac{E_s A_s h_{b0}^2}{1.15\psi + 0.2 + \dfrac{6\alpha_E\rho}{1 + 3.5\gamma'_f}} + E_{ss}I_{ss} \tag{16-54}$$

$$\psi = 1.1\left(1 - \frac{M_c}{M_k^{rc}}\right) \tag{16-55}$$

$$M_c = 0.235bh^2 f_{tk} \tag{16-56}$$

$$M_k^{rc} = \frac{E_s A_s h_{b0}}{E_s A_s h_{b0} + \dfrac{E_{ss}I_{ss}}{h_{s0}}\left(0.2 + \dfrac{6\alpha_E\rho}{1 + 3.5\gamma'_f}\right)}M_k \tag{16-57}$$

式中 ψ——钢筋应变不均匀系数，当 ψ 大于1.0时，取1.0；当 ψ 小于0.4时，取0.4；

α_E——钢筋与混凝土的弹性模量的比值，$\alpha_E = E_s/E_c$；

A_s、ρ——钢筋混凝土部分的纵向受拉钢筋的截面面积和配筋率，$\rho = A_s/bh_{b0}$；

b'_f、h'_f——型钢混凝土梁受压翼缘的截面宽度和高度；

γ'_f——受压翼缘增强系数，$\gamma'_f = \dfrac{(b'_f - b)\ h'_f}{bh_{b0}}$ 当 $h_f > 0.2h_{b0}$ 时，取 $h'_f = 0.2h_{b0}$；

E_s、E_{ss}——分别为钢筋、钢骨（型钢）材料的弹性模量；

I_{ss}——钢骨截面的惯性矩；

b——型钢混凝土梁腹的宽度；

h_{b0}——钢筋混凝土部分受拉钢筋形心至截面受压外边缘的距离；

M_c——混凝土截面的开裂弯矩；

M_k——短期荷载效应组合下，型钢混凝土梁所承担的弯矩；

M_k^{rc}——短期荷载效应组合下，梁的外包钢筋混凝土部分所承担的弯矩；

h_{s0}——钢骨截面形心到外包混凝土截面受压区外边缘的距离；

f_{tk}——混凝土的轴心抗拉强度标准值。

(2) 长期刚度

1) 型钢混凝土梁在长期荷载效应组合作用

下，由于混凝土的徐变和收缩将对梁的刚度产生影响，因此，确定梁的刚度时，应对其混凝土部分的抗弯刚度 B_{rc}，按照《混凝土结构设计规范》(GB 50010—2002) 中的方法予以折减。

2）考虑长期荷载效应影响时，型钢混凝土梁的抗弯刚度按下列公式计算：

$$B_l = \frac{M_k^{rc}}{M_k^{rc} + 0.6M_{lk}^{rc}} \times \frac{E_s A_s h_{bo}^2}{1.15\psi + 0.2 + \frac{6\alpha_E \rho}{1 + 3.5\gamma'_f}} + E_{ss} I_{ss} \quad (16\text{-}58)$$

$$M_{lk}^{rc} = \left(\frac{M_{lk}}{M_k}\right) M_k^{rc} \quad (16\text{-}59)$$

式中 M_{lk}——长期荷载效应组合下，型钢混凝土梁所承担的弯矩；

M_{lk}^{rc}——长期荷载效应组合下，型钢混凝土梁的外包钢筋混凝土部分所承担的弯矩。

五、裂缝宽度验算

(一) 裂缝容许宽度

1. 允许出现裂缝的型钢混凝土梁，其最大裂缝宽度是按荷载的短期效应组合并考虑荷载长期效应组合的影响进行计算。

2. 梁的最大裂缝宽度计算值不应超过表 16-10 所列的容许值。

型钢混凝土梁的最大裂缝宽度容许值 (mm)

表 16-10

构件工作环境	室内正常环境	室内高湿度环境	露天
最大裂缝宽度容许值 (mm)	0.3	0.2	0.2

(二) 裂缝宽度计算公式

1. 方法 (一)

行业标准《型钢混凝土组合结构技术规程》(JGJ 138—2001) 对型钢混凝土梁的裂缝宽度计算作出如下规定。

(1) 型钢混凝土框架梁应验算裂缝宽度，最大裂缝宽度应按荷载的短期效应组合，并考虑长期效应组合的影响进行计算。短期荷载作用下的裂缝宽度计算公式是根据试验结果确定的。对长期荷载作用下的裂缝宽度计算，采用钢筋混凝土梁的长期裂缝宽度取值方法，即在短期荷载作用下的裂缝宽度计算公式的基础上考虑长期影响的扩大系数 1.5。

(2) 在弯矩 M_s 作用下的型钢混凝土梁，考虑裂缝宽度分布的不均匀性和荷载长期效应组合的影响，其最大裂缝宽度 w_{max} (mm) 应按下列公式计算：

$$w_{max} = 2.1\psi \frac{\sigma_{sa}}{E_s}\left(1.9c + 0.08\frac{d_e}{\rho_{te}}\right)(\text{mm}) \quad (16\text{-}60)$$

$$\psi = 1.1\left(1 - \frac{M_c}{M_s}\right), M_c = 0.235bh^2 f_{tk} \quad (16\text{-}61)$$

$$\sigma_{sa} = \frac{M}{0.87(A_s h_{0s} + A_{af} h_{0f} + kA_{aw} h_{0w})} \quad (16\text{-}62)$$

$$d_e = \frac{4(A_s + A_{af} + kA_{aw})}{u}, \rho_{te} = \frac{A_s + A_{af} + kA_{aw}}{0.5bh} \quad (16\text{-}63)$$

$$u = n\pi d_s + 0.7(2b_f + 2t_f + 2kh_{aw}) \quad (16\text{-}64)$$

式中 ψ——考虑型钢翼缘作用的钢筋应变不均匀系数；当 $\psi < 0.4$ 时，取 $\psi = 0.4$；当 $\psi > 1.0$ 时，取 $\psi = 1.0$；

σ_{sa}——考虑型钢受拉翼缘、部分腹板及受拉钢筋共同受力时的钢筋应力值；

c——纵向受拉钢筋的混凝土保护层厚度；

d_e、ρ_{te}——考虑型钢受拉翼缘、部分腹板及受拉钢筋共同受力时的有效直径和有效配筋率；

k——型钢腹板影响系数，其值取梁受拉侧 1/4 梁高 ($h/4$) 范围内腹板高度与整个腹板高度的比值 (图 16-22)；

M、M_s——分别为作用于梁上的弯矩设计值和按荷载短期效应组合计算的弯矩值；

M_c——梁的混凝土截面的抗裂弯矩；

A_s、A_{af}——分别为纵向受拉钢筋、型钢受拉翼缘的截面面积；

A_{aw}、h_{aw}——分别为型钢腹板的截面面积和截面高度；

h_{0s}、h_{0f}、h_{0w}——分别为纵向受拉钢筋、型钢受拉翼缘、kA_{aw}截面重心到混凝土截面受压区外边缘的距离 (图 16-22)；

d_s、n——纵向受拉钢筋的直径和数量；

u——纵向受拉钢筋、型钢受拉翼缘与部分腹板周长之和。

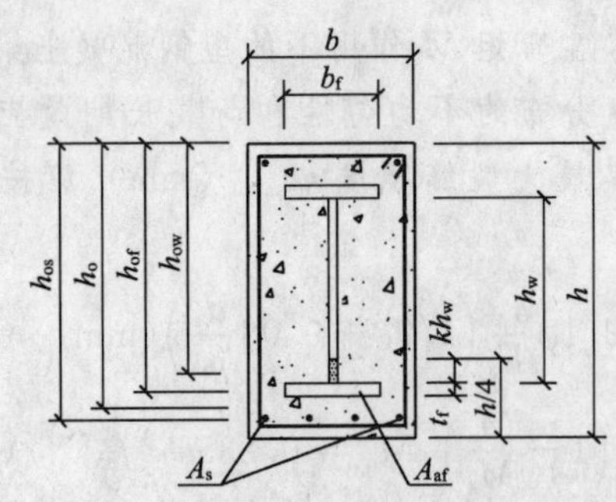

图 16-22 计算梁裂缝宽度的截面特性参数

2. 方法（二）

行业标准《钢骨混凝土结构设计规程》（YB 9082—97），对型钢混凝土梁在弯矩作用下的裂缝开展宽度，给出计算方法和相应的计算公式。

（1）型钢混凝土梁可能发生的最大裂缝宽度，是根据外包钢筋混凝土所承担的弯矩 M_k^{rc}，按钢筋混凝土梁的裂缝宽度公式计算。此时，将钢骨的受拉翼缘作为附加受拉钢筋，以考虑其对裂缝间距的影响。

（2）对于对称配置钢骨的型钢混凝土梁，考虑长期荷载效应组合及裂缝分布的不均匀性，梁的最大裂缝宽度 w_{max}（mm），按下列公式计算：

$$w_{max}=2.1\psi\frac{\sigma_{sk}}{E_s}\left(2.7c+0.1\frac{d_e}{\rho_{te}}\right)v \tag{16-65}$$

$$d_e=\frac{4(A_s+A_{sf})}{S} \tag{16-66}$$

$$\rho_{te}=\frac{A_s+A_{sf}}{0.5bh} \tag{16-67}$$

$$\sigma_{sk}=\frac{M_k^{rc}}{0.87A_sh_{b0}} \tag{16-68}$$

式中 ψ——钢筋应变不均匀系数，按式（16-55）计算；

c——受拉钢筋的保护层厚度；

d_e——折算的受拉钢筋直径；

S——受拉钢筋和钢骨受拉翼缘的截面周长之和；

ρ_{te}——受拉钢筋 A_s 和钢骨受拉翼缘 A_{af} 的有效配筋率；

v——钢筋表面形状系数，光面钢筋，取 1.0；变形钢筋，取 0.7；

σ_{sk}——短期荷载效应组合下受拉钢筋的应力。

型钢混凝土柱

一、构造要求

型钢混凝土柱，在构造方面除应符合本章第[1]节第三款的一般构造要求外，尚应满足以下各项具体规定。

（一）截面尺寸

1. 型钢混凝土柱的计算长度 l_0 与截面宽度 b 之比不应大于 30，即 $l_0/b\leqslant 30$。

2. 设防烈度为 8 度或 9 度的框架柱，宜采用正方形截面。

3. 轴压比

（1）抗震设防的框架柱，其轴压比 n 按下式计算：

$$n=N/(f_cA_c+f_aA_a) \tag{16-69}$$

式中 N——地震作用组合下框架柱承受的轴压力设计值；

A_c、A_a——分别为柱的钢筋混凝土部分和钢骨部分的截面面积；

f_c——混凝土的轴心抗压强度设计值；

f_a——钢骨材料的抗压强度设计值；

（2）型钢混凝土柱的试验表明：

1）当轴压力大于 0.5 倍柱子的轴压承载力时，柱的延性将显著降低；

2）影响型钢混凝土柱延性的主要因素还是混凝土部分所承担的轴压力；

3）在一定轴力下，随着轴向塑性变形的发展以及混凝土的徐变影响，钢筋混凝土部分承担的轴力逐渐向钢骨部分转移；

4）配箍率加大一倍，极限承载力和侧移延性系数分别提高 21% 和 11%；

5）高强混凝土（>C75）与中强混凝土相比较，侧移延性系数约减小 10%；

6）侧移角小于 1/200 时，试件基本处于弹性工作状态；

7）轴压比较小时，试件发生大偏压破坏，延性较好；轴压比较大时，试件发生小偏压破坏，并伴有型钢与混凝土之间的粘结破坏，延性较差；

8）对二级框架柱的轴压比限值定为 0.75（表16-11），此一控制值能保证框架柱的延性系数达到 3.0。

（3）根据短期反复荷载下型钢混凝土框架柱的试验，再考虑长期荷载下混凝土徐变的影响，型钢混凝土柱的轴压力限值为：

$$N_k=0.5(f_{ck}A_c+1.28f_{ay}A_a) \tag{16-70}$$

将上式中的荷载标准值 N_k 和材料强度标准值均换算为设计值，即得

$$N=0.83(f_cA_c+f_aA_a) \tag{16-71}$$

（4）考虑地震作用组合时，型钢混凝土框架柱的轴压比 n，不宜大于表 16-11 中所规定的限值。

(5) 当型钢混凝土柱内的钢骨截面面积趋于零时，表 16-11 中的规定值要比《混凝土结构设计规范》(GB 50010) 所规定的限值稍偏严。这是考虑到型钢混凝土柱内箍筋基本上是按构造要求配置的，而且由于型钢芯柱的阻碍，箍筋的肢距较大。

型钢混凝土框架柱轴压比 n 的限值　表 16-11

结构体系 \ 框架抗震等级		一级	二级	三级
框架	复合箍筋	0.65	0.75	0.85
框架-抗震墙 框架-筒体	复合箍筋	0.7	0.8	0.9
框支层的柱	复合箍筋	0.6	0.7	0.8

注：1. 当配置复合螺旋箍筋，螺旋间距不大于 100mm，且体积配箍率满足表 16-13 的要求时，其轴压比限值可增大 0.05～0.1；
2. 剪跨比不大于 2 的框架柱，其轴压比限值应比表中数值减小 0.05；
3. 采用高强混凝土的柱，其轴压比限值应比表中数值减小 0.05 (C65、C70) 或 0.1 (C75、C80)。

(二) 钢骨

1. 型钢混凝土框架柱的钢骨（型钢芯柱）宜采用实腹式型钢（图 16-23）。带翼缘的十字形截面（图16-23a）常用于中柱，其四个边均易与梁内型钢连接；丁字形截面（图 16-23b）适用于边柱；L 形截面（图 16-23c）适用于角柱；宽翼缘 H 型钢、圆钢管、方钢管（图 16-23d、e、f）通用于各平面位置的框架柱。

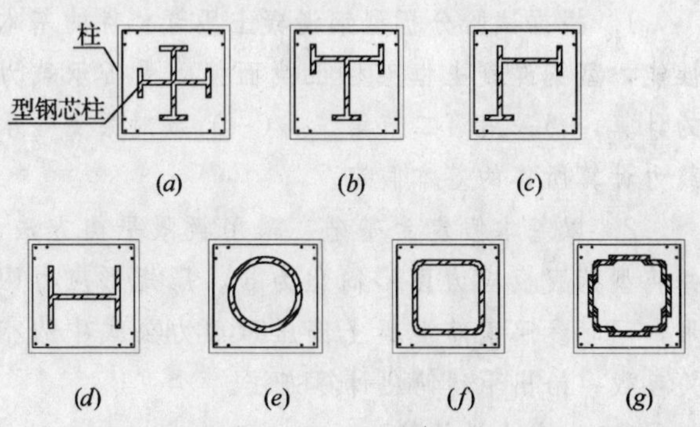

图 16-23　型钢混凝土柱的型钢芯柱截面形状

(a) 十字形；(b) 丁字形；(c) L 形；(d) H 形
(e) 圆钢管；(f) 方钢管；(g) 格构式

2. 非地震区或抗震设防烈度为 6 度的高层建筑，型钢混凝土框架柱内的钢骨，可采用带斜腹杆的焊接格构式型钢芯柱（图 16-23g）。

3. 为防止构件的粘结劈裂破坏，钢骨的混凝土保护层厚度不宜小于 150mm，最小值为 100mm。采取最小值时，应注意减小箍筋的竖向间距和水平肢距。

4. 柱的含钢率（型钢配置率）不宜小于 4%，也不宜大于 10%，比较合适的含钢率为 5%～8%。

5. 钢骨采用实腹式型钢时，其腹板和翼缘的宽厚比，不应大于表 16-2 中规定的限值。

6. 位于底部加强部位、房屋顶层以及型钢混凝土与钢筋混凝土交接层的型钢混凝土柱，宜增设栓钉，箱形截面的型钢芯柱也宜设置栓钉，栓钉的竖向间距和水平间距均不宜大于 250mm。

(三) 竖向钢筋

高层框架柱承受着较大的压力、剪力和弯矩，为确保柱的混凝土及其型钢芯柱能够充分地发挥其强度和塑性性能，其外包混凝土内必须配置足够的竖向钢筋和箍筋，使混凝土得到充分的约束。

1. 柱外包混凝土的竖向钢筋直径不应小于 16mm；

2. 竖向钢筋一般设置于柱的角部，但每个角上不宜多于 5 根。

3. 柱一侧竖向钢筋的配筋率，对于Ⅱ级钢筋，不应小于 0.28% (≤C65) 或 0.33% (≥C70)；对于Ⅲ级钢筋，不应小于 0.24%(≤C65) 或 0.28% (≥C70)。

4. 为使柱内型钢在混凝土、竖向钢筋和箍筋的共同约束下，能充分发挥其强度和塑性性能，柱的竖向钢筋总配筋率，不宜小于 1% (C≤60) 或 1.1% (>C60)；但也不应超过 3%。

5. 柱的竖向钢筋和型钢的总配钢率不宜超过 15%。

6. 竖向受力钢筋的间距不宜大于 300mm；否则，宜增设 ϕ14 以上的竖向辅助钢筋。

7. 竖向钢筋的净间距不宜小于 60mm，竖向钢筋与型钢之间的净间距不应小于 40mm。

(四) 箍筋

1. 抗震设防的型钢混凝土框架柱，下列部位应按加密要求配置箍筋：

1) 一般框架柱，上、下端各 1～1.5 倍截面长边或 1/6 柱净高两者中的较大值；

2) 剪跨比不大于 2 的框架柱、框支柱，一级框架角柱，箍筋应沿柱全高加密；且箍筋间距不大于 100mm。剪跨比的含义参见图 16-30 及其文字说明。

2. 型钢混凝土框架柱的箍筋最小直径、柱身一般区段和柱端加密区段的箍筋间距、肢距，均应符合表 16-12 中的规定。

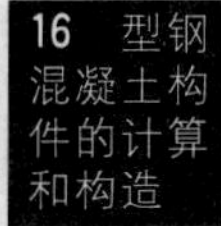

框架柱的箍筋直径、间距和肢距（mm）

表 16-12

框架抗震等级	箍筋混凝土直径		一般区段箍筋		加密区段箍筋	
	<C50	≥C50	最大间距	最大肢距	最大间距	最大肢距
非抗震，四级	ϕ6	ϕ8	200	350	$8d_1$，150	300
三级	ϕ8	ϕ10	200	350	$8d_1$，150	$20d_s$，250
二级	ϕ8	ϕ12	150	300	$8d_1$，100	$20d_s$，250
一级	ϕ10	ϕ12	150	250	$6d_1$，100	200

注：1. d_1、d_s 分别为柱内纵向钢筋、箍筋的直径；

2. 对于二级框架柱，当箍筋最小直径不小于 ϕ10 时，其箍筋的最大间距可取 150mm。

3. 根据行业标准《型钢混凝土组合结构技术规程》（JGJ 138—2001）第 6.2.2 条的规定，考虑地震作用组合的型钢混凝土框架柱，柱箍筋加密区段的最小体积配箍率，宜符合表 16-13 的要求。加密区段以外柱身的体积配箍率，不宜小于表 16-13 要求的 50%。

框架柱箍筋加密区段的最小体积配箍率 ρ_{sv}（%）

表 16-13

框架抗震等级 \ 轴压比		<0.4	0.4～0.5	>0.5
三级	复合箍筋	0.4～0.6	0.6～0.8	0.8～1.0
二级	复合箍筋	0.6～0.8	0.8～1.0	1.0～1.2
一级	复合箍筋	0.8	1.0	1.2

注：1. 混凝土强度等级高于 C50、或需要提高柱变形能力、或Ⅳ类场地上较高的高层建筑，柱的最小体积配箍率，取表中相应项的较大值；

2. 当配置螺旋箍筋时，最小体积配箍率可比表中相应项减小 0.2%，但不小于 0.4%；

3. 对剪跨比不大于 2 的一、二级框架柱，其体积配箍率不宜小于 0.8%；

4. 当箍筋采用Ⅱ级钢筋，表中数值可乘以折减系数 0.85，但不小于 0.4%。

4. 箍筋对柱混凝土约束作用的强弱，既取决于体积配箍率 ρ_{sv}，还取决于箍筋抗拉强度与混凝土抗压强度的比值（f_{yv}/f_c）。《抗震规范》第 6.3.12 条规定：钢筋混凝土框架柱箍筋加密区段的箍筋配置，应同时满足下列两项要求。此规定可供设计型钢混凝土框架柱时参考。

（1）抗震等级为一、二、三、四级的框架柱，其体积配箍率 ρ_{sv} 应分别不小于 0.8%、0.6%、0.4%、0.4%；计算复合箍筋的体积配箍率时，应扣除重叠部分的箍筋体积。

（2）配箍特征值 λ_v 按下式计算，其值不应小于表16-14中规定的最小配箍特征值。

$$\lambda_v = \rho_{sv} f_{yv} / f_c \qquad (16\text{-}72)$$

式中 f_{yv}——箍筋的抗拉强度设计值，$f_{yv}>360\text{N/mm}^2$ 时，取 $f_{yv}=360\text{N/mm}^2$；

柱箍筋加密区段的箍筋最小配箍特征值 λ_v

表 16-14

抗震等级	箍筋形式	柱轴压比 n								
		≤0.3	0.4	0.5	0.6	0.7	0.8	0.9	1.0	1.05
一	普通箍、复合箍	0.10	0.11	0.13	0.15	0.18	0.22	0.28		
	螺旋箍、复合或连续复合矩形螺旋箍	0.08	0.09	0.11	0.13	0.16	0.19	0.24		
二	普通箍、复合箍	0.08	0.09	0.11	0.13	0.15	0.18	0.22	0.28	0.31
	螺旋箍、复合或连续复合矩形螺旋箍	0.06	0.07	0.09	0.11	0.13	0.16	0.19	0.24	0.27
三	普通箍、复合箍	0.06	0.07	0.09	0.11	0.13	0.15	0.18	0.22	0.25
	螺旋箍、复合或连续复合矩形螺旋箍	0.05	0.06	0.07	0.09	0.11	0.13	0.16	0.19	0.22

注：1. 普通箍指单个矩形箍和单个圆形箍，复合箍指由矩形、多边形、圆形箍或拉筋组成的箍筋；复合螺旋箍指由螺旋箍与矩形、多边形、圆形箍或拉筋组成的箍筋；连续复合矩形螺旋箍指全部螺旋箍为同一根钢筋加工而成的箍筋；

2. 框支柱宜采用复合螺旋箍或井字复合箍，其最小配箍特征值应比表内数值增加 0.02，且体积配箍率不应小于 1.5%；

3. 剪跨比不大于 2 的柱宜采用复合螺旋箍或井字复合箍，其体积配箍率不应小于 1.2%，9 度时不应小于 1.5%；

4. 计算复合螺旋箍的体积配箍率时，其非螺旋箍的箍筋体积应乘以换算系数 0.8；

5. 采用高强度混凝土（>C50）的柱，其最小配箍特征值应比表中数值增大 0.02（n≤0.6）或 0.03（n>0.6）。

f_c——混凝土的轴心抗压强度设计值，强度等级低于 C35 时，应按 C35 计算。

二、压弯承载力

（一）基本假定

1. 根据试验分析型钢混凝土压弯构件的基本性能，型钢混凝土框架柱正截面偏心受压承载力的计算，仍采用第二节第二、（一）款对梁受弯承载力计算所作的基本假定。

2. 以基本假定为基础，采用极限平衡方法，并将型钢腹板应力图形简化为拉、压矩形应力图形，同时参照钢筋混凝土偏压承载力公式中的相关参数，给出下述简化计算方法。

（二）内力设计值

1. 计算非抗震设计框架柱的正截面偏压承载力时，柱端内力设计值直接取用外荷载作用下的框架结构分析结果。

2. 考虑地震作用组合、计算框架柱的正截面压弯承载力时，框架各楼层上、下柱端的设计内力：① 轴向压力，取地震作用组合的轴向压力设计值；② 柱端弯矩，分别情况按以下规定计算。

（1）一般楼层上、下柱端的弯矩设计值 M，可先按下列公式计算出框架节点上、下柱端的弯矩之和，再按上、下柱的层刚度比例分配得之。

三级框架 $\sum M_c = \sum M_b$ (16-73)

二级框架 $\sum M_c = 1.1\sum M_b$ (16-74)

一级框架 $\sum M_c = 1.1\sum M_{buE}$ (16-75)

式中 $\sum M_c$——框架节点的上、下柱端的弯矩设计值之和；

$\sum M_b$——同一节点左、右梁端的地震作用组合弯矩设计值，取按逆时针或顺时针方向之和的较大值；

$\sum M_{buE}$——同一节点左、右梁端的正截面受弯承载力值（计入承载力抗震调整系数）按逆时针或顺时针方向之和的较大值，每一梁端的$\sum M_{buE}$，取实配纵向钢筋和型钢的截面面积和强度标准值，按公式(16-10)计算。

(2) 抗震等级为一、二级的框架结构底层柱根的弯矩设计值 M，应分别再乘以增大系数1.5和1.25。

(3) 抗震等级为一级、二级的框支层柱上、下两端截面的弯矩设计值 M，应分别再乘以增大系数1.5和1.25。

（三）单向偏压计算方法（1）

对于配置充满型、实腹型钢的型钢混凝土框架柱，其正截面偏心受压承载力的计算，行业标准JGJ 138—2001《型钢混凝土组合结构技术规程》，给出如下的简化验算方法。

1. 偏心距的计算

(1) 初始偏心距 e_i

框架柱端截面的轴向压力初始偏心距 e_i，按下式计算：

$$e_i = e_0 + e_a \qquad (16\text{-}76)$$

$$e_0 = \frac{M}{N}, e_a = 0.12(0.3h_0 - e_0) \text{ 且 } e_a \geqslant 0 \qquad (16\text{-}77)$$

式中 e_0——轴向力对柱截面重心的偏心矩；

M、N——柱端的弯矩、轴向力设计值；

h_0——轴向压力偏心方向的柱截面有效高度；

e_a——考虑荷载位置不确定性、材料不均匀性和施工偏差等因素引起的附加偏心距。

(2) 计算偏心距 e

柱端截面轴向压力（N）作用点至竖向受拉钢筋与型钢受拉翼缘合力点的距离 e（图16-24），应按下式计算：

$$e = \eta e_i + \frac{h}{2} - a \qquad (16\text{-}78)$$

$$\eta = 1 + \frac{1}{1400\frac{e_0}{h_0}}\left(\frac{l_0}{h}\right)^2 \zeta_1 \zeta_2 \qquad (16\text{-}79)$$

$$\zeta_1 = 0.5\frac{f_c A}{N}, \zeta_2 = 1.15 - 0.01\frac{l_0}{h} \qquad (16\text{-}80)$$

式中 η——偏心受压构件考虑其在弯矩作用平面内挠曲影响的轴力偏心距增大系数，当构件长细比 $l_0/h \leqslant 8$ 或 $l_0/D \leqslant 8$ 时，可取 $\eta = 1.0$；

h (D)、h_0——平行于弯矩作用方向的柱截面高度（直径）和柱截面有效高度；

A、l_0——柱的截面面积和计算长度；

a_s、a_a——分别为竖向受拉钢筋合力点、型钢受拉翼缘合力点至柱截面近边（受拉区外边缘）的距离（图16-24）；

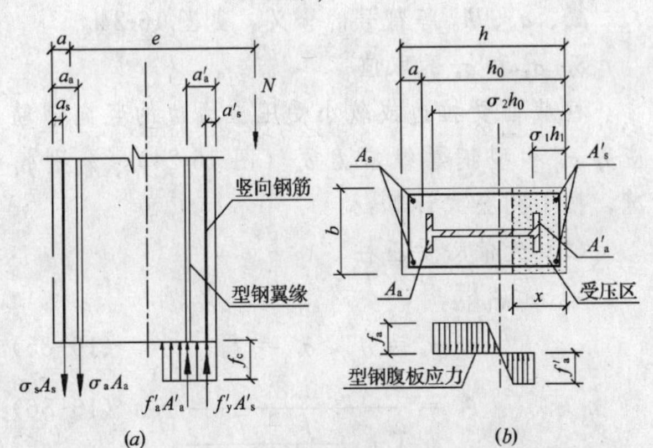

图16-24 偏心受压柱的截面应力图形

(a) 全截面应力；(b) 型钢腹板应力

a——竖向受拉钢筋与型钢受拉翼缘合力点至柱截面近边的距离；

ζ_1——偏心受压构件的截面曲率修正系数，当 $\zeta_1 > 1$ 时，取 $\zeta_1 = 1$；

ζ_2——构件长细比对截面曲率的影响系数，当 $l_0/h < 15$ 时，取 $\zeta_2 = 1$。

2. 承载力验算式

(1) 无地震作用组合

$$\gamma_0 N \leqslant bxf_c + A'_s f'_y + A'_{af} f'_a - A_s \sigma_s - A_{af} \sigma_a + N_{aw} \qquad (16\text{-}81)$$

$$\gamma_0 N \cdot e \leqslant bx\left(h_0 - \frac{x}{2}\right) f_c + A'_s (h_0 - a'_s) f'_y + A'_{af} (h_0 - a'_a) f'_a + M_{aw} \qquad (16\text{-}82)$$

(2) 有地震作用组合

$$N \leqslant \frac{1}{\gamma_{RE}}[bxf_c + A'_s f'_y + A'_{af} f'_a$$

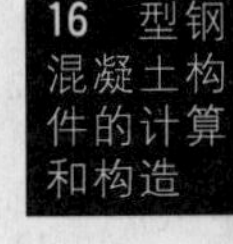

$$-A_s\sigma_s-A_{af}\sigma_a+N_{aw}\Big] \quad (16\text{-}83)$$

$$N\cdot e\leqslant\frac{1}{\gamma_{RE}}\Big[bx\Big(h_0-\frac{x}{2}\Big)f_c+A'_s(h_0-a'_s)f'_y+A'_{af}(h_0-a'_a)f'_a+M_{aw}\Big] \quad (16\text{-}84)$$

式中 γ_0——结构重要性系数，安全等级为一、二级的结构构件，γ_0 分别取 1.1、1.0；

γ_{RE}——型钢混凝土柱的正截面承载力抗震调整系数，按表 16-5 取值，$\gamma_{RE}=0.8$；

b、x——分别为柱截面宽度和柱截面受压区高度；

A'_s、A'_a——分别为竖向受压钢筋、型钢受压翼缘的截面面积；

A_s、A_a——分别为竖向受拉钢筋、型钢受拉翼缘的截面面积；

f_c——混凝土的轴心抗压强度设计值；

f'_y、f'_a——分别为钢筋、型钢的抗压强度设计值；

a'_s、a'_a、h_0 等符号的含义，见图 16-24。

3. σ_s 和 σ_a 的取值

柱截面受拉边或较小受压应力边的竖向钢筋应力 σ_s 和型钢翼缘应力 σ_a（图 16-24），分别情况，按下列公式计算：

(1) 大偏心受压柱

当 $x<\xi_b h_0$ 时，

$$\sigma_s=f_y,\ \sigma_a=f_a \quad (16\text{-}85)$$

$$\xi_b=\frac{0.8}{1+\dfrac{f_y+f_a}{2\times0.0033E_s}} \quad (16\text{-}86)$$

(2) 小偏心受压柱

当 $x\geqslant\xi_b h_0$ 时，

$$\sigma_s=\frac{f_y}{\xi_b-0.8}\Big(\frac{x}{h_0}-0.8\Big)$$
$$\sigma_a=\frac{f_a}{\xi_b-0.8}\Big(\frac{x}{h_0}-0.8\Big) \quad (16\text{-}87)$$

式中 E_s——竖向钢筋的弹性模量；

ξ_b——柱混凝土截面的相对界限受压区高度。

4. N_{aw}和 M_{aw} 的计算

采用极限平衡法，把型钢腹板的应力图形简化为拉、压矩形应力图形（图 16-24b）的情况下，型钢腹板承受的轴向合力 N_{aw}和弯矩 M_{aw}，可按下列公式计算：

(1) 大偏心受压柱

当 $\delta_1 h_0<1.25x$，$\delta_2 h_0>1.25x$ 时，

$$N_{aw}=[2.5\xi-(\delta_1+\delta_2)]t_w h_0 f_a \quad (16\text{-}88)$$

$$N_{aw}=\Big[\frac{1}{2}(\delta_1^2+\delta_2^2)-(\delta_1+\delta_2)+2.5\xi-(1.25\xi)^2\Big]t_w h_0^2 f_a \quad (16\text{-}89)$$

(2) 小偏心受压柱

当 $\delta_1 h_0<1.25x$，$\delta_2 h_0<1.25x$ 时

$$N_{aw}=(\delta_2-\delta_1)t_w h_0 f_a \quad (16\text{-}90)$$

$$N_{aw}=\Big[\frac{1}{2}(\delta_1^2-\delta_2^2)+(\delta_2-\delta_1)\Big]t_w h_0^2 f_a \quad (16\text{-}91)$$

式中 t_w、f_a——型钢的腹板厚度和抗拉强度设计值；

δ_1、δ_2——型钢腹板顶面、底面至柱截面受压区外边缘距离与 h_0 的比值（图 16-24）。

5. ξ 值的计算

对称配筋矩形截面的偏心受压构件，其混凝土截面相对受压区高度 ξ，可按下列近似公式计算：

$$\xi=\frac{x}{h_0}=\xi_b+\frac{N-\xi_b f_c bh_0-N_{aw}}{\dfrac{N\cdot e-0.45f_c bh_0-M_{aw}}{(0.8-\xi_b)(h_0-a'_s)}+f_c bh_0} \quad (16\text{-}92)$$

（四）单向偏压计算方法（2）

对于型钢混凝土框架柱的单向、双向偏压承载力验算，行业标准 YB 9082—97《钢骨混凝土结构设计规程》给出如下的计算方法。

1. 偏心距增大系数

(1) 柱的计算长度 l_0 与截面高度 h_c 的比值 $l_0/h_c>8$ 时，应考虑柱的弯曲变形对其压弯承载力的影响，对柱的偏心距乘以增大系数 η。

(2) 型钢混凝土柱的偏心距增大系数 η，按下列公式计算：

$$\eta=1+1.25\frac{(7-6\alpha)}{e_0/h_c}\zeta\Big(\frac{l_0}{h_c}\Big)^2\times10^{-4} \quad (16\text{-}93)$$

$$\alpha=\frac{N-0.4f_cA_c}{N_{c0}^{rc}+N_{c0}^{ss}-0.4f_cA_c} \quad (16\text{-}94)$$

$$\zeta=1.3-0.026\frac{l_0}{h_c},\text{且 }1.0\geqslant\zeta\geqslant0.7 \quad (16\text{-}95)$$

式中 N、M——型钢混凝土柱承受的轴压力和弯矩设计值；

α——偏心距影响系数；

ζ——长细比影响系数；

e_0——柱轴压力的计算偏心距，$e_0=M/N$；

l_0——柱的计算长度。

2. 一般叠加法

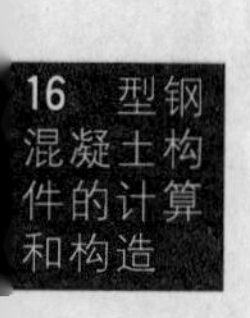

(1) 适用范围

1) 此方法适用于钢骨和钢筋为对称或非对称配置的型钢混凝土柱的正截面受弯承载力验算。

2) 对钢骨或钢筋为非对称配置的型钢混凝土柱，采用此方法进行正截面受弯承载力验算是比较复杂的。一般情况下，可采取图 16-25 所示的几种置换方法，偏于安全地将非对称截面置换为对称截面。

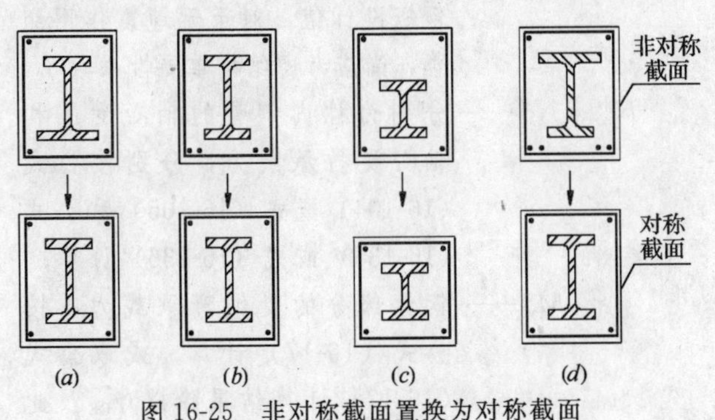

图 16-25　非对称截面置换为对称截面

(a) 钢骨翼缘不等宽；(b) 纵筋不对称；

(c) 钢骨偏置；(d) 钢骨和纵筋均不对称

(2) 轴力、弯矩平衡方程式

型钢混凝土柱承受轴力 N 和单向弯矩 M 时，其正截面压弯承载力应满足下列要求：

无地震作用组合
$$\left.\begin{aligned}\gamma_0 N\leqslant N_{cy}^{ss}+N_{cu}^{rc}\\ \gamma_0 M\leqslant M_{cy}^{ss}+M_{cu}^{rc}\end{aligned}\right\}\quad(16\text{-}96)$$

有地震作用组合
$$\left.\begin{aligned}N\leqslant\frac{1}{\gamma_{RE}}\ (N_{cy}^{ss}+N_{cu}^{rc})\\ M\leqslant\frac{1}{\gamma_{RE}}\ (M_{cy}^{ss}+M_{cu}^{rc})\end{aligned}\right\}\quad(16\text{-}97)$$

式中　N、M——型钢混凝土柱承受的轴力和弯矩设计值；

N_{cy}^{ss}、M_{cy}^{ss}——柱内钢骨承担的轴力及相应的受弯承载力；

N_{cu}^{rc}、M_{cu}^{rc}——柱外包钢筋混凝土部分承担的轴力及相应的受弯承载力；

γ_0、γ_{RE}——见公式（16-81）、公式（16-83）的符号说明。

各计算符号主体和上、下标的规定和涵义，见本章第［2］节第二、(三)、1 款的说明。

(3) 计算步骤

1) 对于给定的轴力设计值 N，根据轴力平衡方程式，任意假定分配给钢骨部分和钢筋混凝土部分所承担的轴力。

2) 采取试分配给钢骨部分和钢筋混凝土部分的轴力 $[N_c^{ss}]$ 和 $[N_c^{rc}]$，分别求出两部分的相应受弯承载力 $[M_{cy}^{ss}]$ 和 $[M_{cu}^{rc}]$。

3) 根据多次试算结果，从中找出两部分受弯承载力之和（$[M_{cy}^{ss}]+[M_{cu}^{rc}]$）的最大值，即为型钢混凝土柱在其轴力 N 作用下的受弯承载力。

(4) 计算公式

1) 对于柱内钢骨，已知轴力 N_c^{ss} 时，可利用轴力与弯矩的相关关系，求得受弯承载力 M_{cy}^{ss}。钢骨（型钢）的轴力-弯矩关系式为：

$$\left|\frac{N_c^{ss}}{A_{ss,n}}\right|+\left|\frac{M_{cy}^{ss}}{\gamma_s W_{ss}}\right|=f_{ss}\quad(16\text{-}98)$$

式中　$A_{ss,n}$、W_{ss}——扣除螺栓孔后的钢骨净截面面积和弹性抵抗矩；

γ_s——截面塑性发展系数；绕强轴弯曲的工形钢骨截面，取 $\gamma_s=1.05$；绕弱轴弯曲的工形钢骨截面，取 $\gamma_s=1.2$；十字形及箱形钢骨截面，$\gamma_s=1.05$；

f_{ss}——钢骨的钢材强度设计值。

2) 对于外包钢筋混凝土部分，在试分配的轴力 N_{cu}^{rc} 作用下，按普通钢筋混凝土压弯构件的计算方法，求得其受弯承载力 M_{cu}^{rc}。此时，确定混凝土部分的截面面积时，需扣除所含钢骨的截面面积。

3. 简单叠加法

(1) 适用范围

1) 此方法仅适用于其中钢骨和钢筋均为双向对称配置的、方形或矩形截面的型钢混凝土柱（图 16-26）。

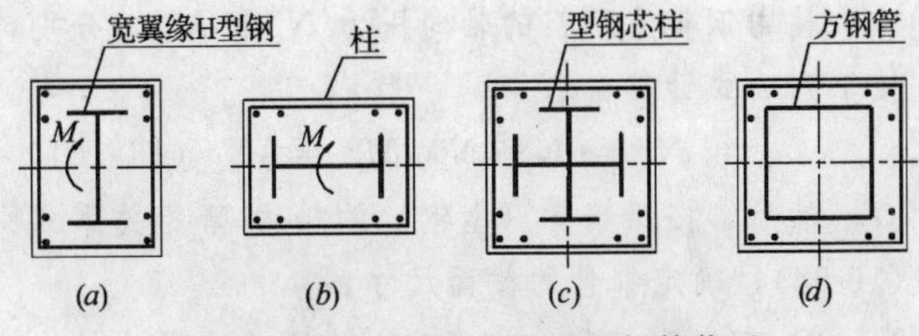

图 16-26　对称配置的钢骨和钢筋截面

(a) 绕强轴弯曲的 H 形钢骨；(b) 绕弱轴弯曲的 H 形钢骨

(c) 十字形钢骨；(d) 管形钢骨

2) 对于钢骨或钢筋为非对称配置的型钢混凝土柱，可采取图 16-25 所示的几种置换方法，偏于安全地将非对称截面置换为对称截面。

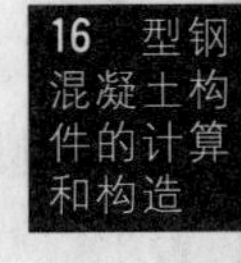

(2) 计算步骤

1) 先设定柱内钢骨（或外包混凝土纵筋）的截面面积，然后按下列两种情况，分别计算出外包钢筋混凝土部分（或钢骨部分）所分担的轴力及弯矩设计值。

2) 分别进行外包钢筋混凝土（或钢骨）截面

设计及承载力计算。然后加以比较，取两种情况所得钢骨和纵筋的较小截面面积，作为设计结果。

3）一般而言，对于采用 H 形截面钢骨的型钢混凝土柱，绕钢骨强轴弯曲时，可按下述情况(1)计算，绕钢骨弱轴弯曲时，可按下述情况(2)计算。

(3) 钢骨、外包钢筋混凝土的轴力和弯矩

下列公式中，轴力 N 均为代数值，压力取"+"号，拉力取"−"号。

1）第一种情况——假定轴向压力主要由外包钢筋混凝土部分承担，采取钢筋混凝土部分的轴心受压承载力 N_{c0}^{rc} 作为判别指标。对于在设计值 N 和 M 作用下的型钢混凝土构件，按其轴力设计值 N 的大小，分为以下两种受力状态：

(a) 当 $N_{t0}^{rc} \leqslant N \leqslant N_{c0}^{rc}$，且 $M \geqslant M_{y0}^{ss}$ 时

先设定柱内钢骨的截面面积，并认为它仅承担弯矩 M_{y0}^{ss}，不承担轴向压力。钢骨的受弯承载力 M_{y0}^{ss}，按纯受弯杆件计算，见公式(16-17)。

外包钢筋混凝土部分应分担的轴力 N_c^{rc} 和弯矩 M_c^{rc}，按下列公式确定后，再按普通钢筋混凝土压弯构件的计算方法，进行截面设计，计算出纵向钢筋截面面积。

$$N_c^{rc} = N \quad M_c^{rc} = M - M_{y0}^{ss} \tag{16-99}$$

(b) 当 $N > N_{c0}^{rc}$ 时

认为：已设定纵筋截面面积的外包钢筋混凝土部分，仅承担轴向压力 N_{c0}^{rc}，不承担弯矩，即

$$N_c^{rc} = N_{c0}^{rc}, M_c^{rc} = 0 \tag{16-100}$$

柱内钢骨应承担的轴向压力 N_c^{ss} 和 M_c^{ss}，分别按下列公式计算：

$$N_c^{ss} = N - N_{c0}^{rc}, M_c^{ss} = M \tag{16-101}$$

然后，按照钢骨（型钢）的轴力-弯矩关系式(16-98)，确定钢骨的截面尺寸。

2）第二种情况——假定轴向压力主要由柱内钢骨承担，采取钢骨部分的轴心受压承载力 N_{c0}^{ss} 作为判别指标。对于在轴力设计值 N 和弯矩设计值 M 作用下的型钢混凝土构件，依其轴力设计值 N 的大小，分为以下两种受力状态。

(a) 当 $N_{c0}^{ss} \leqslant N \leqslant N_{c0}^{ss}$，且 $M \geqslant M_{u0}^{rc}$ 时

认为：已设定了纵向钢筋截面面积的外包钢筋混凝土部分，仅承担弯矩 M_{u0}^{rc}；则钢骨部分所承担的轴力 N_c^{ss} 和弯矩 M_c^{ss}，按下列公式计算。继之，按照公式(16-98)，确定钢骨的截面尺寸。

$$N_c^{ss} = N, M_c^{ss} = M - M_{u0}^{rc} \tag{16-102}$$

(b) 当 $N > N_{c0}^{ss}$ 时

认为：定了截面尺寸的柱内钢骨部分，仅承担轴向压力 N_{c0}^{ss}，则外包钢筋混凝土部分承担的轴力 N_c^{rc} 和弯矩 M_c^{rc}，分别按下列公式计算。继之，按照 GB 50010—2002《混凝土结构设计规范》的方法，确定外包混凝土纵向钢筋的截面面积。

$$N_c^{rc} = N - N_{c0}^{ss}, M_c^{rc} = M \tag{16-103}$$

式中 N、M——型钢混凝土压弯构件的轴压力、弯矩设计值，对于无地震作用组合，尚应考虑结构重要性系数 γ_0；

N_{c0}^{ss}、N_{t0}^{ss}——分别为柱内钢骨的轴心受压和轴心受拉承载力，分别按公式(16-104)或式(16-105)和公式(16-135)或式(16-136)计算；

M_{y0}^{ss}——钢骨部分的受纯弯承载力，按公式(16-17)计算，或取公式(16-17)计算结果除以 γ'_{RE}，此处，取 $\gamma'_{RE}=0.7$；

N_c^{ss}、M_c^{ss}——钢骨部分所承担的轴力和弯矩设计值；按公式(16-106)或式(16-107)计算；

N_{c0}^{rc}、N_{t0}^{rc}——外包钢筋混凝土部分的轴心受压和轴心受拉承载力，分别按公式(16-108)或式(16-109)和公式(16-139)或式(16-140)计算；

M_{u0}^{rc}——钢筋混凝土部分的受纯弯承载力，按公式(16-18)计算；或取按公式(16-18)计算结果除以 γ_{RE}，此处，取 $\gamma_{RE}=0.75$；

N_c^{rc}、M_c^{rc}——钢筋混凝土部分所承担的轴力和弯矩设计值；

γ_0——结构重要性系数，对安全等级为一级、二级的结构构件，分别取 1.1 和 1.0。

(4) 钢骨的承载力计算

1）轴心受压承载力 N_{c0}^{ss}

无地震作用组合 $$N_{c0}^{ss} = f_{ss} A_{ss} \tag{16-104}$$

有地震作用组合 $$N_{c0}^{ss} = \frac{1}{\gamma_{RE}} f_{ss} A_{ss} \tag{16-105}$$

2）压弯承载力

当 N_c^{ss} 为压力时，柱内钢骨的压弯承载力应满足下列公式要求：

无地震作用组合 $$\frac{N_c^{ss}}{A_{ss}} + \frac{M_c^{ss}}{\gamma_s W_{ss}} \leqslant f_{ss} \tag{16-106}$$

有地震作用组合 $$\frac{N_c^{ss}}{A_{ss}} + \frac{M_c^{ss}}{\gamma_s W_{ss}} \leqslant \frac{1}{\gamma_{RE}} f_{ss} \tag{16-107}$$

式中 f_{ss}——钢骨的抗压强度设计值；

γ_{RE}——见公式（16-83）的符号说明；

A_{ss}、W_{ss}——钢骨的截面面积和弹性抵抗矩，当有孔洞时，应扣除孔洞的截面面积；

γ_s——钢骨的截面塑性发展系数：① H形截面，绕强轴弯曲或绕弱轴弯曲时，分别取 $\gamma_s=1.05$ 或 $\gamma_s=1.2$；② 十字形和管形截面，取 $\gamma_s=1.05$。

（5）外包钢筋混凝土部分的承载力计算

1）轴心受压承载力 N_{c0}^{rc}

无地震作用组合

$$N_{c0}^{rc}=f_cA_c+f'_{sy}(A_s+A'_s) \quad (16\text{-}108)$$

有地震作用组合

$$N_{c0}^{rc}=\frac{1}{\gamma_{RE}}[f_cA_c+f'_{sy}(A_s+A'_s)] \quad (16\text{-}109)$$

式中 A_c——型钢混凝土柱外包钢筋混凝土部分的实际截面面积；

A_s、A'_s——柱内纵向受拉钢筋和受压钢筋的截面面积；

f_c、f'_{sy}——分别为混凝土轴心抗压强度和钢筋抗压强度设计值。

2）偏压承载力

钢筋混凝土部分在轴向压力和弯矩作用下的承载力，按《混凝土结构设计规范》（GB 50010—2002）进行计算，但在计算中受压区混凝土的截面面积，应扣除其中钢骨的截面面积。

当有地震作用组合时，尚应计入柱的正截面承载力抗震调整系数 γ_{RE}，按表16-5的规定，取 $\gamma_{RE}=0.8$。

4. 改进简单叠加法

（1）正截面内力平衡方程式

$$N=N_c^{ss}+N_c^{rc} \quad (16\text{-}110)$$

$$M=M_c^{ss}+M_c^{rc} \quad (16\text{-}111)$$

式中 N、M——型钢混凝土柱所承受的轴力、弯矩设计值，对于无地震作用组合，尚应乘以结构重要性系数 γ_0；

N_c^{ss}、M_c^{ss}——柱内钢骨所分担的轴力和弯矩，当有地震作用组合时，尚应考虑承载力抗震调整系数；

N_c^{rc}、M_c^{rc}——外包钢筋混凝土所分担的轴力和弯矩，当有地震作用组合时，尚应考虑承载力抗震调整系数。

（2）先选定柱内钢骨的截面尺寸，然后按下列步骤，计算出外包钢筋混凝土部分的轴力和弯矩，进行截面设计，确定截面配筋。

（3）钢骨的轴力 N_c^{ss}，可按下述线性关系近似地确定：

$$N_c^{ss}=\frac{N-N_b}{N_0-N_0}N_{c0}^{ss} \quad (16\text{-}112)$$

$$N_0=N_{c0}^{ss}+N_{c0}^{rc}=A_{ss}f_{ss}+A_cf_c+A_sf_{sy} \quad (16\text{-}113)$$

$$N_b=0.4bhf_c（矩形截面） \quad (16\text{-}114)$$

一般情况下，N_{c0}^{rc} 可近似地取为 $N_{c0}^{rc}\approx A_cf_c$，故 N_0 可近似地取为：

$$N_0=N_{c0}^{ss}+N_{c0}^{rc}\approx A_{ss}f_{ss}+A_cf_c \quad (16\text{-}115)$$

式中 N_0——型钢混凝土短柱的轴心受压承载力；

N_b——界限破坏时的轴力；

N_{c0}^{ss}、N_{c0}^{rc}——钢骨、外包钢筋混凝土的轴心受压承载力；

A_{ss}、A_c、A_s——分别为钢骨、外包混凝土、纵向钢筋的截面面积；

f_{ss}、f_c、f_{sy}——分别为钢骨、外包混凝土、纵向钢筋的抗压强度设计值；

b、h——型钢混凝土柱的截面宽度、截面高度。

（4）钢骨的弯矩 M_c^{ss}，按下列 $N_c^{ss}-M_c^{ss}$ 相关曲线的表达式确定：

$$\frac{M_c^{ss}}{M_{y0}^{ss}}+\left|\frac{N_c^{ss}}{N_{c0}^{ss}}\right|^m=1 \quad (16\text{-}116)$$

$$\left.\begin{aligned}N_{c0}^{ss}&=A_{ss}f_{ss}\\M_{y0}^{ss}&=\gamma_sW_{ss}f_{ss}\end{aligned}\right\} \quad (16\text{-}117)$$

式中 m——柱内钢骨的轴力与弯矩 $N_c^{ss}-M_c^{ss}$ 相关曲线的形状系数，按表16-15取值；

N_{c0}^{ss}、M_{y0}^{ss}——柱内钢骨的轴心受压承载力和纯弯承载力；

A_{ss}、W_{ss}——钢骨的截面面积和截面抵抗矩；

γ_s——钢构件的截面塑性发展系数。

$N_c^{ss}-M_c^{ss}$ 相关曲线的形状系数 m　表16-15

轴力 \ 钢骨截面形状	H形截面		十字形、箱形截面
	绕强轴弯曲	绕弱轴弯曲	
$N\geqslant N_b$	1.0	1.5	1.3
$N<N_b$	1.3	3.0	2.6

（5）外包钢筋混凝土部分所承担的轴力 N_c^{rc} 和弯矩 M_c^{rc}，按下列公式计算：

$$N_c^{rc}=N-N_c^{ss} \quad (16\text{-}118)$$

$$M_c^{rc}=M-M_c^{ss} \quad (16\text{-}119)$$

(6) 外包钢筋混凝土部分的配筋，按《混凝土结构设计规范》(GB 50010—2002) 的公式计算确定。

(五)“十字形钢骨”柱的简算法

1. 适用条件

正方形的型钢混凝土框架柱，当其型钢芯柱及配筋符合下列条件时，可采用下述简化方法计算其正截面压弯承载力。

(1) 型钢芯柱为双轴对称的带翼缘十字形截面 (图 16-27)，钢材牌号为 Q235；

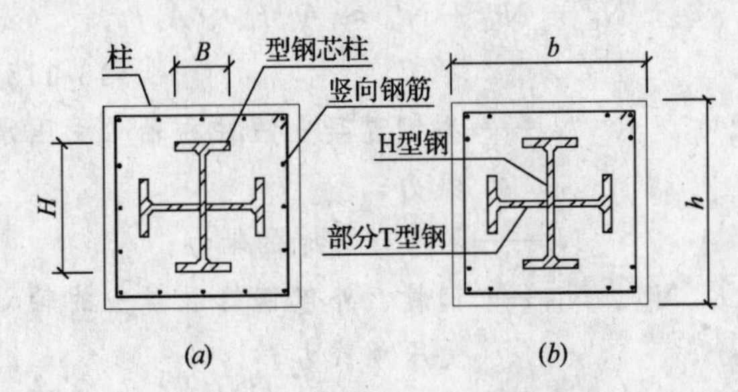

图 16-27 型钢混凝土柱的截面配筋
(a) 周边均匀配置竖筋；(b) 角部配置竖筋

(2) 竖向钢筋沿柱截面周边均匀布置 (图 16-27a) 或布置于柱的四个角部 (图 16-27b)，其品种为Ⅱ级普通热轧钢筋。

2. 计算公式

(1) 大偏心或小偏心受压的型钢混凝土柱，均可按下列公式和表 16-16、表 16-17 进行正截面受弯承载力的验算：

$$\widetilde{M}=\frac{M}{bh_0^2f_c},\widetilde{N}=\frac{N}{bh_0f_c} \qquad (16\text{-}120)$$

$$\widetilde{M}=C+A\widetilde{N}-B\widetilde{N}^2 \qquad (16\text{-}121)$$

$$C=D+E\frac{\rho f_y}{f_c}-F\left(\frac{\rho f_y}{f_c}\right)^2 \qquad (16\text{-}122)$$

式中 M、N——柱的弯矩、轴向压力设计值，计算 M 时应考虑偏心距增大系数；

b、h、h_0——柱的截面宽度、截面高度、截面有效高度；

ρ——柱的型钢和竖向钢筋的总配筋率；

f_c——混凝土的轴心受压强度设计值；

f_y——钢筋的抗拉强度设计值；

A、B、D、E、F——系数，查表 16-16 或表 16-17。

配置十字形型钢、周边均匀布置纵向钢筋的构件 表 16-16

编号	$h\times b$ (mm)	$H\times B\times t_w\times t_a$ (mm)	竖向钢筋	混凝土等级	$\rho f_y/f_c$	A	B	D ($\times10^{-2}$)	E	F ($\times10^{-1}$)
SIZP-1	850×850	600×200×11×17 (GB)	16ϕ30	C40	1.071	0.318	0.250	−0.026	0.321	0.285
				C50	0.843	0.358	0.287	7.927	0.117	1.017
SIZP-2	850×850	616×202×13×25	16ϕ30	C40	1.200	0.330	0.250	−0.376	0.299	0.211
				C50	0.994	0.330	0.263	0.108	0.257	0.212
SIZP-3	850×850	600×200×11×17 (GB)	16ϕ25	C40	0.885	0.320	0.256	−0.530	0.311	0.368
				C50	0.734	0.353	0.285	−1.558	0.336	0.522
SIZP-4	900×900	700×300×12×20 (GB)	16ϕ26	C40	1.081	0.249	0.219	1.144	0.286	0.310
				C50	0.897	0.282	0.248	0.115	0.308	0.428
SIZP-5	900×900	700×300×12×20	16ϕ28	C40	1.111	0.226	0.208	2.698	0.279	0.255
				C50	0.922	0.259	0.236	5.866	0.235	0.151
SIZP-6	900×900	700×300×12×20	16ϕ30	C40	1.144	0.218	0.203	−19.627	0.733	2.471
				C50	0.949	0.222	0.215	−14.149	0.639	2.103
SIZP-7	950×950	700×300×13×24 (GB)	16ϕ28	C40	1.145	0.249	0.216	−2.643	0.416	1.054
				C50	0.950	0.272	0.244	1.143	0.302	3.527
SIZP-8	950×950	700×300×13×24	16ϕ30	C40	1.175	0.242	0.211	2.728	0.279	2.242
				C50	0.975	0.275	0.239	1.372	0.303	0.335
SIZP-9	1000×1000	700×300×13×24	16ϕ32	C40	1.125	0.278	0.288	1.481	0.307	0.290
				C50	0.934	0.311	0.256	0.772	0.322	0.369
SIZP-10	1000×1000	700×300×13×24	16ϕ34	C40	1.157	0.270	0.223	1.297	0.308	0.276
				C50	0.960	0.303	0.251	0.800	0.329	0.380
SIZP-11	1100×1100	800×300×14×26 (GB*)	16ϕ34	C40	1.028	0.240	0.222	2.450	0.325	0.364
				C50	0.853	0.273	0.250	3.095	0.306	0.232
SIZP-12	1200×1200	900×300×16×28 (GB*)	16ϕ34	C40	0.961	0.255	0.237	2.123	0.323	0.349
				C50	0.797	0.288	0.265	3.742	0.304	0.361
SIZP-13	1300×1300	900×300×16×28 (GB*)	16ϕ34	C40	0.846	0.291	0.257	2.518	0.327	3.333
				C50	0.702	0.324	0.285	2.878	0.305	0.097

注：(GB)、(GB*) 指国标规定的型钢截面尺寸。

配置十字形型钢、角部布置纵向钢筋的构件　表 16-17

编号	$h\times b$	$H\times B\times t_w\times t_s$	竖向钢筋	混凝土等级	$\rho f_y/f_c$	A	B	D ($\times10^{-2}$)	E	F ($\times10^{-1}$)
SIZP-1	700×700	396×199×7×11 (GB)	12ϕ20	C40	0.776	0.327	0.255	0.051	0.038	0.694
				C50	0.644	0.363	0.283	−1.006	0.406	0.943
SIZP-2	700×700	406×201×9×16	12ϕ20	C40	0.976	0.284	0.223	−2.309	0.401	0.821
				C50	0.811	0.321	0.254	0.411	0.348	0.571
SIZP-3	800×800	500×200×10×16 (GB)	12ϕ20	C40	0.837	0.347	0.266	0.335	0.322	0.398
				C50	0.695	0.379	0.293	−0.624	0.347	0.563
SIZP-4	800×800	506×201×11×19 (GB)	12ϕ25	C40	0.913	0.319	0.254	0.457	0.311	0.336
				C50	0.758	0.352	0.282	−0.620	0.337	0.488
SIZP-5	850×850	574×204×14×28	12ϕ25	C40	1.241	0.237	0.192	2.238	0.269	0.235
				C50	1.036	0.292	0.220	2.615	0.727	−2.337
SIZP-6	850×850	600×200×11×17	12ϕ28	C40	0.873	0.323	0.262	0.318	0.316	0.352
				C50	0.724	0.542	0.289	0.465	0.332	0.428
SIZP-7	900×900	596×199×10×15	12ϕ30	C40	0.757	0.337	0.275	2.787	0.308	0.339
				C50	0.628	0.364	0.299	0.997	0.326	0.189
SIZP-8	900×900	600×200×11×17	12ϕ32	C40	0.851	0.317	0.260	0.349	0.348	0.415
				C50	0.706	0.350	0.287	−0.507	0.375	0.618
SIZP-9	950×950	600×200×11×17	12ϕ32	C40	0.779	0.326	0.265	1.329	0.337	0.301
				C50	0.647	0.360	0.029	3.285	0.351	0.983
SIZP-10	950×950	600×200×11×17	12ϕ34	C40	0.807	0.317	0.260	0.464	0.377	0.514
				C50	0.669	0.350	0.287	−1.798	0.428	0.769

注：(GB) 指国标 006 规定的型钢截面尺寸。

(2) 在给出的 $\rho f_y/f_c$ 系数的计算，可以在 ($\rho f_y/f_c-0.07$) 到 ($\rho f_y/f_c+0.07$) 的范围内应用，其误差在允许范围之内；但要注意钢筋与型钢配置（截面面积、位置）的相似性。

（六）双向偏压

承受轴向压力及双向弯矩的角柱和纵、横向框架的共有柱，其正截面受弯承载力可按下列方法计算。

1. 一般方法

钢骨和钢筋为对称或非对称配置的、承受轴力及双向弯矩的型钢混凝土柱，其正截面受弯承载力应满足下列条件式：

(1) 无地震作用组合

$$\left.\begin{aligned}\gamma_0 N &\leqslant N_{cy}^{ss}+N_{cu}^{ss}\\ \gamma_0 M_x &\leqslant M_{cy,x}^{ss}+M_{cu,x}^{rc}\\ \gamma_0 M_y &\leqslant M_{cy,y}^{ss}+M_{cu,y}^{rc}\end{aligned}\right\}\qquad(16\text{-}123)$$

(2) 有地震作用组合

$$\left.\begin{aligned}N &\leqslant \frac{1}{\gamma_{RE}}(N_{cy}^{ss}+N_{cu}^{rc})\\ M_x &\leqslant \frac{1}{\gamma_{RE}}(M_{cy,x}^{ss}+M_{cu,x}^{rc})\\ M_y &\leqslant \frac{1}{\gamma_{RE}}(M_{cy,y}^{ss}+M_{cu,y}^{rc})\end{aligned}\right\}\qquad(16\text{-}124)$$

式中　N——型钢混凝土柱承受的轴力设计值；

M_x、M_y——型钢混凝土柱承受的绕 x 轴和绕 y 轴的弯矩设计值；

$M_{cy,x}^{ss}$、$M_{cy,y}^{ss}$——柱内钢骨部分绕 x 轴和绕 y 轴的受弯承载力；

$M_{cu,x}^{rc}$、$M_{cu,y}^{rc}$——柱的钢筋混凝土部分绕 x 轴和绕 y 轴的受弯承载力；

γ_0——结构重要性系数，对安全等级为一级、二级的结构构件，分别取 1.1 和 1.0；

γ_{RE}——型钢混凝土柱的正截面承载力抗震调整系数，按表 16-5 取值，$\gamma_{RE}=0.8$。

2. 简化方法

(1) 适用范围

1) 钢骨和钢筋均为双向对称配置的、方形或矩形截面的型钢混凝土柱（图 16-28）。

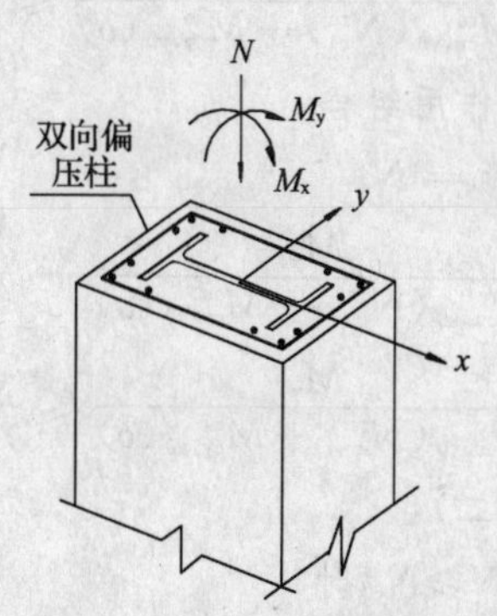

图 16-28　双向偏压型钢混凝土柱

2）对于钢骨或钢筋为非对称配置的型钢混凝土柱，可采取图 16-25 所示的几种置换方法，偏于安全地将非对称截面置换为对称截面。

(2) 计算步骤

1）先设定柱内钢骨及钢筋的截面面积，按照下列两种情况，确定钢骨部分和外包钢筋混凝土部分各自承担的轴力和弯矩设计值，然后分别进行承载力验算。

2）选取两者计算出的钢骨截面尺寸和钢筋截面面积的较小值，作为型钢混凝土柱的截面设计结果。

(3) 计算公式

情况（一）：

1）当 $N \geqslant N_{c0}^{rc}$ 时

(*a*) 外包钢筋混凝土部分仅承受轴力，其轴心受压承载力 N_{c0}^{rc} 按公式（16-108）或式(16-109)计算；

(*b*) 柱内钢骨的承载力，按下列公式验算：

无地震作用组合

$$\left.\begin{aligned} & N_c^{ss} = N - N_{c0}^{rc} \\ & \frac{M_x}{M_{cy,x0}^{ss}(N_c^{ss})} + \frac{M_y}{M_{cy,y0}^{ss}(N_c^{ss})} \leqslant 1 \end{aligned}\right\} \quad (16\text{-}125)$$

有地震作用组合

$$\left.\begin{aligned} & N_c^{ss} = N - N_{c0}^{rc} \\ & \frac{M_x}{M_{cy,x0}^{ss}(N_c^{ss})} + \frac{M_y}{M_{cy,y0}^{ss}(N_c^{ss})} \leqslant \frac{1}{\gamma_{RE}} \end{aligned}\right\} \quad (16\text{-}126)$$

2）当 $N < N_{c0}^{rc}$ 时

(*a*) 柱内钢骨仅承受弯矩。

(*b*) 外包钢筋混凝土部分的承载力，按下列公式验算：

无地震作用组合

$$\left.\begin{aligned} & N_c^{rc} = N \\ & \frac{M_x}{M_{cu,x0}^{rc}(N_c^{rc}) + M_{cy,x0}^{ss}(o)} + \\ & \frac{M_y}{M_{cu,y0}^{rc}(N_c^{rc}) + M_{cy,y0}^{ss}(o)} \leqslant 1 \end{aligned}\right\} (16\text{-}127)$$

有地震作用组合

$$\left.\begin{aligned} & N_c^{rc} = N \\ & \frac{M_x}{M_{cu,x0}^{rc}(N_c^{rc}) + M_{cy,x0}^{ss}(o)} + \\ & \frac{M_y}{M_{cu,y0}^{rc}(N_c^{rc}) + M_{cy,y0}^{ss}(o)} \leqslant \frac{1}{\gamma_{RE}} \end{aligned}\right\} (16\text{-}128)$$

情况（二）：

1）当 $N \geqslant N_{c0}^{ss}$ 时

(*a*) 柱内钢骨仅承受轴力，其轴心受压承载力 N_{c0}^{ss} 按公式（16-104）或式（16-105）计算。

(*b*) 外包钢筋混凝土部分的承载力，按下列公式验算：

无地震作用组合

$$\left.\begin{aligned} & N_c^{rc} = N - N_{c0}^{ss} \\ & \frac{M_x}{M_{cu,x0}^{rc}(N_c^{rc})} + \frac{M_y}{M_{cu,y0}^{rc}(N_c^{rc})} \leqslant 1 \end{aligned}\right\} \quad (16\text{-}129)$$

有地震作用组合

$$\left.\begin{aligned} & N_c^{rc} = N - N_{c0}^{ss} \\ & \frac{M_x}{M_{cu,x0}^{rc}(N_c^{rc})} + \frac{M_y}{M_{cu,y0}^{rc}(N_c^{rc})} \leqslant \frac{1}{\gamma_{RE}} \end{aligned}\right\} \quad (16\text{-}130)$$

2）当 $N < N_{c0}^{ss}$ 时

(*a*) 外包钢筋混凝土部分仅承受弯矩。

(*b*) 柱内钢骨的承载力，按下列公式验算：

无地震作用组合

$$\left.\begin{aligned} & N_c^{ss} = N \\ & \frac{M_x}{M_{cy,x0}^{ss}(N_c^{ss}) + M_{cu,x0}^{rc}(O)} + \\ & \frac{M_y}{M_{cy,y0}^{ss}(N_c^{ss}) + M_{cu,y0}^{rc}(O)} \leqslant 1 \end{aligned}\right\} \quad (16\text{-}131)$$

有地震作用组合

$$\left.\begin{aligned} & N_c^{ss} = N \\ & \frac{M_x}{M_{cy,x0}^{ss}(N_c^{ss}) + M_{cu,x0}^{rc}(O)} + \\ & \frac{M_y}{M_{cy,y0}^{ss}(N_c^{ss}) + M_{cu,y0}^{rc}(O)} \leqslant \frac{1}{\gamma_{RE}} \end{aligned}\right\} \quad (16\text{-}132)$$

式中 N、M_x、M_y——型钢混凝土柱承受的轴向压力、x 向弯矩、y 向弯矩设计值，对于无地震作用组合，尚应考虑结构重要性系数 γ_0；

N_{c0}^{ss}、N_{c0}^{rc}——分别为柱内钢骨、外包钢筋混凝土部分的轴心受压承载力，分别按公式（16-104）或式（16-105）和公式（16-108）或式（16-109）计算；

$M_{cy,x0}^{ss}$ (O)、$M_{cy,y0}^{ss}$ (O)——柱内钢骨，当轴力为零时，分别仅绕 x 轴或仅绕 y 轴的受弯承载力，可按

公式(16-17)计算；

$M^{ss}_{cy,x0}$（N^{ss}_c）、$M^{ss}_{cy,y0}$（N^{ss}_c）——柱内钢骨承担轴力N^{ss}_c时，分别仅绕x轴或仅绕y轴的单向偏压承载力，可按公式（16-98）计算；

$M^{rc}_{cu,x0}$（O）、$M^{rc}_{cu,y0}$（O）——柱的外包钢筋混凝土部分，当轴力为零时，分别仅绕x轴或仅绕y轴的受弯承载力；

$M^{rc}_{cu,x0}$（N^{rc}_c）、$M^{rc}_{cu,y0}$（N^{rc}_c）——柱的外包钢筋混凝土部分，承担轴力N^{rc}_c时，分别仅绕x轴或仅绕y轴的单向偏压承载力；

γ_0、γ_{RE}——见公式（16-124）的符号说明。

三、拉弯承载力

（一）适用范围

1. 柱内钢骨和纵向钢筋均为双向对称配置的方形或矩形截面的型钢混凝土柱（图16-26）。

2. 对于钢骨或钢筋为非对称配置的型钢混凝土柱，可采取图16-25所示的几种置换方法，偏于安全地将非对称截面转换成对称截面。

3. 承受轴向拉力和单向弯矩的型钢混凝土柱的正截面偏拉承载力验算。

（二）计算步骤

1. 先设定型钢混凝土柱的钢骨（或外包混凝土的纵筋）的截面面积。

2. 分别按下列两种情况，确定外包钢筋混凝土部分（或钢骨部分）所承受的轴向拉力及弯矩设计值。

3. 采用两种情况所得的轴力和弯矩设计值，分别进行外包钢筋混凝土（或钢骨）的截面设计及承载力验算。

4. 取两种情况所得纵筋或钢骨截面面积的较小值，作为截面设计的结果。

（三）计算公式

1. 钢骨、外包混凝土的轴力和弯矩

在下列公式中，轴力N均为代数值，轴向压力取"＋"号，轴向拉力取"－"号。

（1）第一种情况

当$N<N^{rc}_{t0}$（即$|N|>|N^{rc}_{t0}|$）时，假设外包钢筋混凝土部分仅承受轴向拉力，柱内钢骨所承担的轴力设计值N^{ss}_c和弯矩设计值M^{ss}_c分别为：

$$\left.\begin{aligned}N^{ss}_c&=N-N^{rc}_{t0}\\M^{ss}_c&=M\end{aligned}\right\}\tag{16-133}$$

（2）第二种情况

当$N<N^{ss}_{t0}$时，假定柱内钢骨仅承受轴向拉力，柱外包钢筋混凝土部分所承担的轴力设计值N^{rc}_c和弯矩设计值M^{rc}_c分别为：

$$\left.\begin{aligned}N^{rc}_c&=N-N^{ss}_{t0}\\M^{rc}_c&=M\end{aligned}\right\}\tag{16-134}$$

式中　N、M——型钢混凝土柱承受的轴向拉力和弯矩设计值，对于无地震作用组合，尚应考虑结构重要性系数γ_0；

γ_0——结构重要性系数，对安全等级为一级、二级的结构构件，分别取1.1、1.0；

N^{ss}_c、M^{ss}_c——柱内钢骨所承担的轴向拉力和弯矩设计值；

N^{rc}_c、M^{rc}_c——外包钢筋混凝土部分所承担的轴向拉力和弯矩设计值；

N^{ss}_{t0}、N^{rc}_{t0}——分别为钢骨或钢筋混凝土部分的轴心受拉承载力，分别按公式（16-135）、公式（16-136）或（16-139）、公式（16-140）计算。

2. 钢骨的承载力计算

（1）柱内钢骨的轴心受拉承载力N^{ss}_{t0}，按下列公式计算：

无地震作用组合　$N^{ss}_{t0}=-A_{ss}f_{ss}$　(16-135)

有地震作用组合　$N^{ss}_{t0}=-\dfrac{1}{\gamma_{RE}}A_{ss}f_{ss}$　(16-136)

（2）柱内钢骨在轴向拉力和弯矩作用下的承载力，应满足下列公式要求：

无地震作用组合
$$\frac{N^{ss}_c}{A_{ss}}-\frac{M^{ss}_c}{\gamma_s W_{ss}}\geqslant -f_{ss}\tag{16-137}$$

有地震作用组合
$$\frac{N^{ss}_c}{A_{ss}}-\frac{M^{ss}_c}{\gamma_s W_{ss}}\geqslant -\frac{1}{\gamma_{RE}}f_{ss}\tag{16-138}$$

式中　A_{ss}、W_{ss}——钢骨的截面面积和弹性抵抗矩，当有孔洞时，应扣除孔洞的截面面积；

f_{ss}——钢骨的抗拉强度设计值；

γ_{RE}——型钢混凝土柱的正截面承载力抗震调整系数，按表16-5取值，$\gamma_{RE}=0.8$；

γ_s——钢骨截面塑性发展系数：① H形截面，绕强轴弯曲或绕弱轴弯曲时，分别取$\gamma_s=1.05$或$\gamma_s=1.2$；② 十字形和管形截面，取$\gamma_s=1.05$。

3. 外包钢筋混凝土部分的承载力计算

(1) 轴心受拉承载力N_{t0}^{rc}

无地震作用组合

$$N_{to}^{rc}=-(A_s+A_s')f_{sy} \quad (16\text{-}139)$$

有地震作用组合

$$N_{to}^{rc}=-\frac{1}{\gamma_{RE}}(A_s+A_s')f_{sy} \quad (16\text{-}140)$$

式中 A_s、A_s'——柱内纵向受拉钢筋、受压钢筋的截面面积；

f_{sy}——钢筋的抗拉强度设计值；

(2) 偏拉承载力

在轴向拉力和弯矩作用下，柱的外包钢筋混凝土部分的拉弯承载力，按《混凝土结构设计规范》(GB 50010—2002)的规定和公式计算。

四、受剪承载力

(一) 剪切破坏形态

1. 型钢混凝土框架柱的剪切破坏形态主要有以下两种：① 剪切斜压破坏；② 剪切粘结破坏。

2. 剪跨比$\lambda<1.5$的框架柱，常发生剪切斜压破坏(图16-29a)，其轴压比应该控制得更小一些。

3. 剪跨比$\lambda=1.5\sim2.5$的框架柱，若箍筋配置量较少时，较易发生剪切粘结破坏(图16-29b)。因此，对于型钢混凝土柱，配置足够的箍筋是必要的。

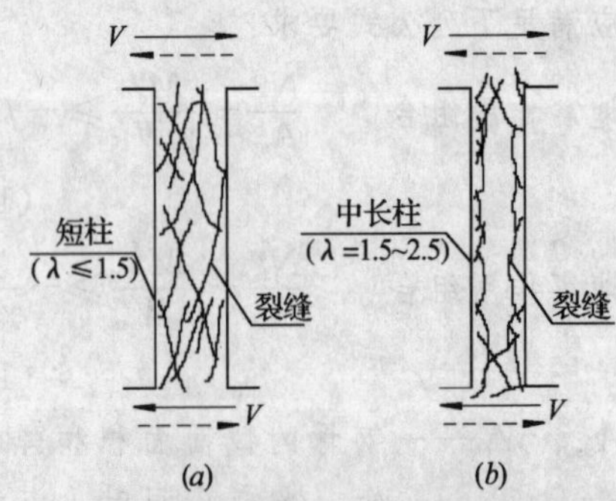

图16-29 型钢混凝土柱的剪切破坏形态

(a) 剪切斜压破坏；(b) 剪切粘结破坏

剪跨比λ的含义参见图16-30及其文字说明。

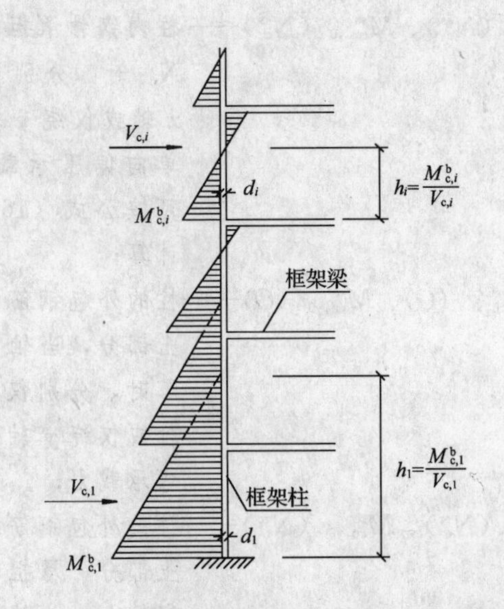

图16-30 框架楼层柱的反弯点高度与柱端弯矩

(二) 计算原则

1. 型钢混凝土柱斜截面受剪承载力的计算原则和方法，与型钢混凝土梁相同。

2. 型钢混凝土柱的斜截面受剪承载力，等于其钢骨(型钢芯柱)受剪承载力与外包钢筋混凝土受剪承载力的简单叠加。

(三) 剪力设计值

1. 非抗震设防结构及设防烈度为6度的四级框架(表16-1)，框架柱的剪力设计值V_c，取有关荷载组合下所得的剪力最大值。

2. 构件抗震等级为一至三级的框架柱和框支柱(表16-1)，按照"强剪弱弯"的设计原则，其剪力设计值V_c应按下列公式计算：

三级框架 $$V_c=\frac{M_{c,t}+M_{c,b}}{H_n} \quad (16\text{-}141)$$

二级框架 $$V_c=1.1\frac{M_{c,t}+M_{c,b}}{H_n} \quad (16\text{-}142)$$

一级框架 $$V_c=1.1\frac{M_{cuE}^t+M_{cuE}^b}{H_n} \quad (16\text{-}143)$$

公式(16-141)～式(16-143)中的$(M_{c,t}+M_{c,b})$和$(M_{cuE}^t+M_{cuE}^b)$，均取框架节点左、右梁端"按顺时针或逆时针方向求和"两种情况计算结果的较大值。

式中 H_n——框架柱的净高度；

$M_{c,t}$、$M_{c,b}$——按公式(16-73)或式(16-74)确定的框架柱上、下端的弯矩设计值，对于二级框架，底层柱根和框支柱两端，尚应乘以弯矩增大系数1.25；

M_{cuE}^{t}、M_{cuE}^{b}——各楼层框架柱上、下端考虑抗震调整系数的正截截面受弯承载力，采取实配钢筋、型钢截面面积及其材料强度标准值，按公式(16-97)取等号计算；或按公式(16-83)和公式(16-84)取等号计算，对于对称配筋截面柱，应以$\left[M_{cuE}+N\left(\frac{h}{2}-a\right)\right]$取代式中的$N \cdot e$；式中，$a$的含义见图16-24和公式(16-78)的符号说明。

3. M_{cuE}的另一种计算方法

公式(16-143)中的柱端受弯承载力M_{cuE}^{t}和M_{cuE}^{b}，行业标准YB 9082—97《钢骨混凝土结构设计规程》给出如下的计算方法。

(1) 强柱弱梁型框架

1) 属于强柱弱梁型的框架，在地震作用下，塑性铰首先发生在梁端，此时，框架节点上、下柱端弯矩之和将等于框架节点左、右梁端屈服弯矩之和。因此，框架柱上、下端截面的受弯承载力M_{cuE}^{t}和M_{cuE}^{b}，应按框架节点左、右梁端受弯承载力M_{buE}^{l}和M_{buE}^{r}计算确定。

2) 框架节点左、右梁端的受弯承载力M_{buE}，应采用梁端截面实际配置的钢骨（型钢）和钢筋的截面面积，并取钢骨材料的屈服强度以及钢筋和混凝土材料强度的标准值，按下式计算：

$$M_{buE}=\frac{1}{\gamma_{RE}}(M_{by}^{ss}+M_{bu}^{rc}) \tag{16-144}$$

式中 M_{by}^{ss}——框架梁端截面处钢骨部分的受弯承载力，按公式(16-17)计算；

M_{bu}^{rc}——框架梁端截面处钢筋混凝土部分的受弯承载力，按公式(16-18)计算。

(2) 非强柱弱梁型框架

1) 受弯承载力的计算

不能确保实现"强柱弱梁"要求的框架，在强震作用下，柱的上、下端有可能形成塑性铰。因此，框架柱上、下端的受弯承载力，应采用柱端截面实际配置的钢骨（型钢）和钢筋的截面面积，并取钢骨材料的屈服强度以及钢筋和混凝土材料强度的标准值，按下式计算：

$$M_{cuE}=\frac{1}{\gamma_{RE}}(M_{cy}^{ss}+M_{u}^{rc}) \tag{16-145}$$

式中 M_{cy}^{ss}——柱端截面处钢骨部分的受弯承载力，按公式(16-106)计算；

M_{cu}^{rc}——柱端截面处钢筋混凝土部分的压弯承载力，按本节第二、(四)、2、(2)、3)、(C)款的规定计算。

2) 轴力取值

计算M_{cy}^{ss}和M_{cu}^{rc}时，相应轴力可根据正截面承载力的计算方法确定，当采用简单叠加法时，可按表16-18取值。

计算柱端受弯承载力时各部分的轴力取值

表16-18

计算方法	轴力范围	钢骨部分的轴力 N_c^{ss}	钢筋混凝土部分的轴力 N_c^{rc}
第一种情况	$N \leqslant N_{c0}^{rc}$	0	N
	$N > N_{c0}^{rc}$	$N-N_{c0}^{rc}$	N_{c0}^{rc}
第二种情况	$N \leqslant N_{c0}^{ss}$	N	0
	$N > N_{c0}^{ss}$	N_{c0}^{ss}	$N-N_{c0}^{ss}$

3) 受弯承载力上限值

(*a*) 顶层——对于框架顶层柱的上端，计算出的柱端截面受弯承载力$M_{cuE}>(M_{bu,l}+M_{bu,r})$时，可取

$$M_{cuE}^{t}=M_{bu,l}+M_{bu,r} \tag{16-146a}$$

(*b*) 其他楼层——除框架顶层柱的上端外，其他各楼层，当任一柱端截面处的计算受弯承载力$M_{cuE}>\frac{1}{2}(M_{bu,l}+M_{bu,r})$时，可取

$$M_{cuE}=\frac{1}{2}(M_{bu,l}+M_{bu,r}) \tag{16-146b}$$

式中 $M_{bu,l}$、$M_{bu,r}$——按公式(16-144)计算出的框架节点左、右梁端的受弯承载力。

（四）剪跨比

1. 框架某楼层柱的剪跨比（受剪跨高比）λ，等于该楼层柱的反弯点高度h_i（图16-30）除以柱沿受力方向的截面高度d，λ可按下式计算：

$$\lambda=\frac{h_i}{d}=\frac{M_{c,i}^{b}}{V_{ci}d} \tag{16-147}$$

2. 对于框架结构体系中的框架柱，中间楼层柱的剪跨比λ，也可近似地取柱净高（H_n）与两倍柱截面高度（d）的比值，即

$$\lambda=H_n/2d \tag{16-148}$$

式中 M_{ci}^{b}——第i楼层某根柱下端的组合弯矩计算值；

V_{ci}——第i楼层某根柱的组合剪力计算值。

（五）剪压比

1. 试验表明，型钢混凝土柱受剪承载力的上

限值，由于型钢芯柱的存在，要比钢筋混凝土柱提高较多。

2. 矩形（含方形）截面的型钢混凝土框架柱，若要避免柱剪切斜压破坏的发生，其受剪截面应满足下列两项要求：

(1) 型钢比

$$f_a t_w h_w / \alpha_c f_c b h_0 \geqslant 0.1 \quad (16\text{-}149)$$

(2) 剪压比

无地震作用组合 $\gamma_0 V_c \leqslant 0.45\alpha_c f_c b h_0$ (16-150)

$$\gamma_0 V_c^{rc} \leqslant 0.25\alpha_c f_c b h_0 \quad (16\text{-}151)$$

有地震作用组合 $V_c \leqslant \frac{1}{\gamma_{RE}}(0.36\alpha_c f_c b h_0)$ (16-152)

当剪跨比 $\lambda > 2$ 时 $V_c^{rc} \leqslant \frac{1}{\gamma_{RE}}(0.2\alpha_c f_c b h_0)$ (16-153)

当剪跨比 $\lambda \leqslant 2$ 时 $V_c^{rc} \leqslant \frac{1}{\gamma_{RE}}(0.15\alpha_c f_c b h_0)$ (16-154)

式中 V_c——柱的剪力设计值，应按本节第四、(三) 款的规定及公式 (16-141) ～式 (16-143) 的计算结果取值；

V_c^{rc}——柱的外包钢筋混凝土部分所分担的剪力，它等于柱的剪力设计值减去其型钢芯柱的受剪承载力；

b、h_0——柱的截面宽度和沿受力方向截面有效高度；

f_c——混凝土的轴心抗压强度设计值；

γ_{RE}——型钢混凝土杆件的斜截面受剪承载力抗震调整系数，按表 16-5 的规定取 $\gamma_{RE}=0.85$；

γ_0——结构重要性系数，对安全等级为一级、二级的结构构件，分别取 1.1、1.0；

α_c——构件受剪时高强混凝土的强度折减系数，按表 16-7 的规定取值。

(六) 受剪承载力验算

1. 试验结果表明，型钢混凝土柱的斜截面受剪承载力，大致等于型钢腹板和外包钢筋混凝土两部分的斜截面受剪承载力之和，并考虑轴力的影响。

2. 计算方法（一）

对于框架柱和框支柱的斜截面受剪，行业标准《型钢混凝土组合结构技术规程》(JGJ 138—2001) 给出如下的受剪承载力验算公式：

非抗震设计

$$\gamma_0 V_c \leqslant \frac{0.2}{\lambda+1.5} b h_0 \alpha_c f_c + \frac{A_{sv}}{S} h_0 f_{yv} + \frac{0.58}{\lambda} t_w h_w f_a + 0.07N \quad (16\text{-}155)$$

抗震设计

$$V_c \leqslant \frac{1}{\gamma_{RE}}\left[\frac{0.16}{\lambda+1.5} b h_0 \alpha_c f_c + 0.8\frac{A_{sv}}{S} h_0 f_{yv} + \frac{0.58}{\lambda} t_w h_w f_a + 0.056N\right] \quad (16\text{-}156)$$

式中 λ——框架柱的计算剪跨比，按前面第（四）款的规定计算，当 $\lambda<1$ 时，取 $\lambda=1$；当 $\lambda>3$ 时，取 $\lambda=3$；

A_{sv}——同一水平截面的箍筋各肢截面面积之和；

S——箍筋的竖向间距；

N——考虑地震作用组合时框架柱的轴向压力设计值，当 $N>0.3f_cA_c$ 时，取 $N=0.3f_cA_c$，式中的 A_c 为柱的混凝土全截面面积；

f_{yv}——箍筋的抗拉强度设计值；

t_w、h_w、f_a——型钢腹板的厚度、截面高度和抗拉强度设计值。

V_c、f_c、α_c、b、h_0、γ_0、γ_{RE} 等符号的含义，见公式 (16-150)。

3. 计算方法（二）

对于型钢混凝土柱的斜截面受剪，行业标准《钢骨混凝土结构设计规程》(YB 9028—97)，给出如下的验算方法和受剪承载力计算公式。

(1) 型钢混凝土柱的斜截面受剪，应满足下列公式要求：

无地震作用组合 $\gamma_0 V \leqslant V_y^{ss} + V_{cu}^{rc}$ (16-157)

有地震作用组合 $V \leqslant \frac{1}{\gamma_{RE}}(V_y^{ss} + V_{cu}^{rc})$ (16-158)

式中 V——柱的剪力设计值，按本节第（二）、1 款的规定计算；

V_y^{ss}——柱内钢骨部分的受剪承载力，按公式 (16-159) 计算；

V_{cu}^{rc}——柱的钢筋混凝土部分的受剪承载力，按公式 (16-160) 或公式 (16-163) 计算。

(2) 柱内钢骨（型钢）的受剪承载力 V_y^{ss}，按下式计算：

$$V_y^{ss} = f_{ssv} \sum t_w h_w \quad (16\text{-}159)$$

式中 $\sum t_{w}h_{w}$——与剪力方向一致的所有钢骨板材的净截面面积之和；

f_{ssv}——钢骨板材的抗剪强度设计值。

(3) 柱外包钢筋混凝土部分的受剪承载力 V_{cu}^{rc}，按下列公式确定：

1) 无地震作用组合

$$V_{cu}^{rc}=\frac{0.2}{\lambda+1.5}\alpha_{c}f_{c}b_{c}h_{c0}+1.25f_{yv}\frac{A_{sv}}{S}h_{c0}+0.07N_{c}^{rc} \tag{16-160}$$

且应满足 $V_{cu}^{rc}\leqslant0.25\alpha_{c}f_{c}b_{c}h_{c0}$　(16-161)

$$N_{c}^{rc}=\frac{A_{c}f_{c}}{A_{c}f_{c}+A_{ss}f_{sy}}N \tag{16-162}$$

2) 有地震作用组合

$$V_{cu}^{rc}=\frac{0.16}{\lambda+1.5}\alpha_{c}f_{c}b_{c}h_{c0}+f_{yv}\frac{A_{sv}}{S}h_{c0}+0.056N_{c}^{rc} \tag{16-163}$$

且应满足 $V_{cu}^{rc}\leqslant0.2\alpha_{c}f_{c}b_{c}h_{c0}$　(16-164)

式中 N_{c}^{rc}——外包钢筋混凝土部分承担的轴力设计值，当 $N_{c}^{rc}\geqslant0.3\alpha_{c}f_{c}A_{c}$ 时，取 $N_{c}^{rc}=0.3\alpha_{c}f_{c}A_{c}$；

λ——框架柱的计算剪跨比，取 $\lambda=H_{n}/2h_{c0}$；当 $\lambda<1$ 时，取 $\lambda=1$；当 $\lambda>3$ 时，取 $\lambda=3$；

b_{c}——框架柱的截面宽度；

h_{c0}——柱截面受拉钢筋形心至截面受压边缘的距离；

A_{c}——柱的外包混凝土的截面面积；

A_{sv}——同一水平截面的箍筋各肢截面面积之和；

S——箍筋的竖向间距；

f_{c}——混凝土的轴心抗压强度设计值；

α_{c}——与混凝土强度等级有关的强度折减系数，按表16-7的规定取值；

f_{yv}——箍筋的强度设计值。

型钢混凝土剪力墙

一、基本要求

(一) 设计原则

1. 应避免和控制剪力墙的平面外弯矩，必要时应采取措施消除平面外弯矩对剪力墙的不利影响。

2. 在抗震结构中，型钢混凝土剪力墙的设计，应符合"强肢弱梁"、"强剪弱弯"、"强压弱拉"和"强锚固"等抗震设计准则，以确保剪力墙具有良好的变形能力和较大的耗能容量。

(二) 计算内容

1. 剪力墙应进行下列各项承载力的计算：① 偏心受压或偏心受拉；② 平面外轴心受压；③ 斜截面受剪。

2. 在集中荷载作用下，还应进行剪力墙的局部受压承载力计算。

二、构造要求

(一) 剪力墙形式

型钢混凝土剪力墙，依其截面形式可分为：

1. 无边框剪力墙

(1) 是指墙体两端未设置明柱的无翼缘或有翼缘的剪力墙（图16-31*a*）。

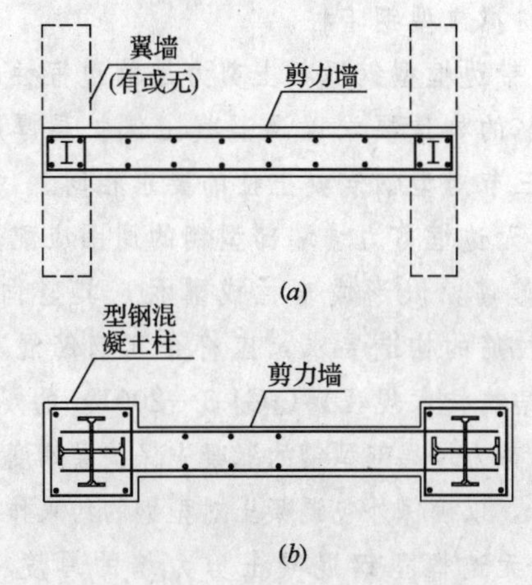

图16-31　型钢混凝土剪力墙

(*a*) 无边框剪力墙；(*b*) 带边框剪力墙

(2) 在"钢-混凝土"混合结构中，为了提高钢筋混凝土核心筒的承载力和变形能力，以及为了与钢梁的连接，在核心筒的转角和洞边设置型钢芯柱，其各片墙肢也可划归无边框剪力墙。

2. 带边框剪力墙

(1) 是指墙体周边设置框架梁和型钢混凝土框架柱、且梁和柱与墙体同时浇筑为整体的剪力墙（图16-31*b*）。

(2) 框架梁可以是型钢混凝土梁或钢筋混凝土梁，无框架梁时，应在相应位置设置钢筋混凝土暗梁，暗梁的高度可取墙体厚度的2倍。

(二) 剪力墙厚度

无边框剪力墙的厚度，或带边框剪力墙的腹板厚度，应符合下列要求：

1. 非抗震及二～四级抗震墙

(1) 钢筋混凝土剪力墙的厚度，不应小于墙净高或净宽二者中较小值的1/25。

(2) 带边框剪力墙的厚度还不应小于160mm。

(3) 无边框剪力墙的厚度还不应小于180mm，

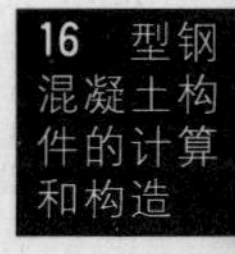

且能保证墙端部的型钢暗柱具有足够的混凝土保护层厚度。

2. 一级抗震墙

(1) 钢筋混凝土剪力墙的厚度，不应小于墙净高和净宽二者中较小值的1/20。

(2) 带边框剪力墙的厚度还不应小于160mm。

(3) 无边框剪力墙的厚度还不应小于200mm，且能保证墙端部型钢暗柱的混凝土保护层厚度不小于50mm。

(三) 墙端钢骨

1. 型钢混凝土墙的两端应配置实腹型钢暗柱。当水平剪力很大时，也可在剪力墙腹板内增设型钢斜撑或型钢暗柱。

2. 带边框型钢混凝土剪力墙的边框柱，其钢骨和钢筋的构造要求以及混凝土保护层厚度，与本章第三节对型钢混凝土柱的要求相同。

3. 无边框剪力墙端部型钢的周围应配置竖向钢筋和箍筋，以形成暗柱或翼柱，其竖向钢筋、箍筋和拉筋的构造要求，应符合《钢筋混凝土高层建筑结构技术规程》(JGJ 3—2001) 的规定。

4. 剪力墙端部型钢的混凝土保护层厚度不应小于50mm，以确保外包混凝土对型钢的约束作用。

5. 无边框型钢混凝土剪力墙的厚度一般较薄，墙端部的钢骨宜采用H型钢或槽钢等截面形式，使混凝土能嵌入型钢，增强它们之间的连接。此外，为了提高剪力墙平面外的稳定性，应将型钢惯性矩较大的形心轴（强轴）与墙面平行。

6. 强烈地震作用时，墙内型钢还可防止剪力墙出平面的错断。

7. 型钢混凝土剪力墙的边框柱（明柱）或暗柱内的钢骨，在基础内均应有可靠的锚固，使能充分传递钢骨所承担的较大压力或拉力。一般情况下，宜采用埋入式柱脚。

(四) 剪力墙腹板配筋

1. 配筋率

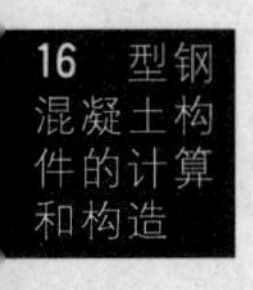

无边框剪力墙、带边框剪力墙的腹板，其水平和竖向分布钢筋应符合下列要求：

(1) 剪力墙，应根据墙厚配置多排钢筋网，各排钢筋网的横向间距不宜大于300mm。

(2) 墙厚不大于400mm时，可采用双排钢筋网；墙厚为450～650mm时，宜采用三排钢筋网；墙厚大于650mm时，钢筋网不宜少于4排。

(3) 根据《抗震规范》第6.4.3条和第6.5.2条、《钢骨混凝土结构设计规程》(YB 9082—97) 第6.4.3条，以及《高强混凝土结构技术规程》(CECS 104：99) 第9.0.10条和第11.0.7条的规定，型钢混凝土剪力墙中，钢筋混凝土腹板的水平、竖向分布钢筋的配置，应符合表16-19的要求。

剪力墙腹板水平、竖向分布钢筋的配置要求

表 16-19

构件抗震等级	最小直径 (mm)		最小面积配筋率（%）				最大间距（mm）		
			一般部位		加强部位		一般部位		底部加强部位
	＜C50	≥C50	＜C50	≥C50	＜C50	≥C50	＜C50	≥C50	水平分布钢筋
一级	$\phi 8$	$\phi 10$	0.25	0.3	0.3	0.35	200	150	100
二级	$\phi 8$	$\phi 10$	0.25	0.3	0.3	0.35	200	200	150
三、四级	$\phi 8$	$\phi 8$	0.25	0.25	0.3	0.3	200	200	150
非抗震	$\phi 8$	$\phi 8$	0.2	0.25	0.2	0.25	300	250	250

注：单肢墙、联肢墙的底部加强部位的高度，取下列两种情况的较大值：1. 墙肢的截面长度；2. 墙肢总高度的1/8，但不大于18m。

(4) 水平和竖向分布钢筋的直径不宜大于墙厚的1/10。

2. 钢筋锚固

(1) 对于无边框或带边框剪力墙，为了确保其整体性，墙体配筋在构造上应能保证剪力墙腹板与端部型钢或边柱的可靠连接。

(2) 腹板内的水平分布钢筋，应绕过或穿过墙端或边柱内的型钢，且满足受拉钢筋的锚固长度要求。若钢筋是隔根穿过型钢时，应另加补强钢筋。

(3) 钢筋的锚固长度，应符合国家标准《混凝土结构设计规范》(GB 50010—2002) 的规定。

三、正截面承载力验算

(一) 基本假定

型钢混凝土剪力墙的正截面承载力验算，采取以下基本假定：

1. 截面变形后仍保持平面状态；

2. 不考虑混凝土的抗拉强度；

3. 对于均匀受压构件，混凝土轴心受压的应力-应变关系曲线为抛物线，其极限压应变ε_{cu}取0.002；相应的最大压应力，取混凝土的轴心抗压强度设计值f_c。

4. 对于非均匀受压构件，当压应变$\varepsilon_c \leqslant 0.002$时，应力-应变关系曲线为抛物线；当压应变$\varepsilon_c > 0.002$时，应力-应变关系曲线呈水平线，其极限压应变$\varepsilon_{cu}$取0.0033（⩽C50）或0.003

(>C50)，相应的最大压应力，取混凝土的抗压强度设计值 f_c。

5. 钢筋应力取等于钢筋应变与其弹性模量的乘积，但不大于其强度设计值。

6. 受拉钢筋的极限拉应变取 0.001。

（二）简化计算假定

1. 受压区混凝土的应力图形简化为等效的矩形应力图形，其高度取“按平截面假定所确定的中和轴高度”乘以系数 0.8。

2. 矩形应力图的应力，取混凝土的抗压强度设计值 f_c。

（三）偏心受压承载力

1. 设计原则

(1) 型钢混凝土剪力墙的截面设计应符合“强剪弱弯”、“强压弱拉”的耐震设计准则。

(2) 剪力墙作为压弯构件，当受拉区的型钢和竖向钢筋先行屈服时，其极限承载力就是剪力墙的受弯承载力。

(3) 试验结果表明，型钢混凝土剪力墙正截面受弯时，墙体端部的型钢和竖向钢筋，发挥着相同的作用。

(4) 试验数据还表明，有、无边框的型钢混凝土剪力墙的正截面偏心受压承载力，可以采用《混凝土结构设计规范》对“沿截面腹部均匀配置竖向钢筋的偏心受压构件”规定的正截面受压承载力公式计算，计算中可将墙体两端配置的型钢作为竖向受力钢筋来考虑。

(5) 抗震设计的双肢剪力墙，墙肢不宜出现小偏心受拉。当任一墙肢为大偏心受拉时，另一墙肢的剪力设计值和弯矩设计值，应乘以增大系数 1.25。

(6) 对于工形、T 形、L 形截面，受压翼缘宽度的计算值，应按《混凝土结构设计规范》(GB 50010) 第 10.5.3 条确定的数值，乘以折减系数 0.95 (C50～C65) 或 0.9 (C70～C80)。

(7) 对抗震等级为一级和二级的高强混凝土 (>C50) 抗震墙，按组合轴压力设计值与组合弯矩设计值求得的截面混凝土相对受压区高度，宜分别不大于 0.35 和 0.45。

2. 计算方法（一）

两端配置型钢暗柱的型钢混凝土剪力墙（图 16-31*a*）包括框架-剪力墙体系中周边设置型钢混凝土柱和钢筋混凝土梁的现浇钢筋混凝土剪力墙（图 16-31*b*），其正截面偏心受压承载力的计算（图 16-32），行业标准《型钢混凝土组合结构技术规程》(JGJ 138—2001) 中，给出如下的计算方法和公式。

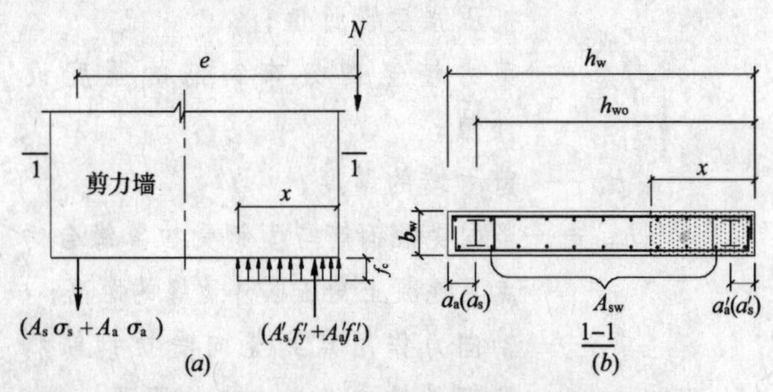

图 16-32 剪力墙正截面偏压承载力的计算

(*a*) 墙体的内力和应力图形；(*b*) 水平截面

(1) 无地震作用组合

$$\gamma_0 N \leqslant \xi b_w h_{w0} f_c + A'_s f'_y + A'_a f'_a - A_s\sigma_s - A_a\sigma_a + N_{sw} \quad (16\text{-}165)$$

$$\gamma_0 N \cdot e \leqslant \xi(1-0.5\xi) b_w h_{w0}^2 f_c + A'_s f'_y (h_{w0} - a'_s) + A'_a f'_a (h_{w0} - a'_a) + M_{sw} \quad (16\text{-}166)$$

(2) 有地震作用组合

$$N \leqslant \frac{1}{\gamma_{RE}}[\xi b_w h_{w0} f_c + A'_s f'_y + A'_a f'_a - A_s\sigma_s - A_a\sigma_a + N_{sw}] \quad (16\text{-}167)$$

$$N \cdot e \leqslant \frac{1}{\gamma_{RE}}[\xi(1-0.5\xi) b_w h_{w0}^2 f_c + A'_s f'_y (h_{w0} - a'_s) + A'_a f'_a (h_{w0} - a'_a) + M_{sw}] \quad (16\text{-}168)$$

$$N_{sw} = \left(1 + \frac{\xi - 0.8}{0.4\omega}\right) A_{sw} f_{yw} \quad (16\text{-}169)$$

$$M_{sw} = \left[0.5 - \left(\frac{\xi - 0.8}{0.8\omega}\right)^2\right] A_{sw} h_{sw} f_{yw} \quad (16\text{-}170)$$

$$\xi = x/h_{w0}, \omega = h_{sw}/h_{w0} \quad (16\text{-}171)$$

当 ξ>0.8 时，取 $N_{sw}=A_{sw}f_{yw}$，$M_{sw}=0.5h_{sw}A_{sw}f_{yw}$

式中 x、ξ——分别为剪力墙水平截面的混凝土受压区高度、混凝土相对受压区高度；

A_a、A'_a——剪力墙受拉端、受压端所配置型钢的截面面积；

A_s、A'_s——分别为剪力墙受拉区、受压区内的竖向分布钢筋总截面面积；

A_{sw}——剪力墙竖向分布钢筋的总截面面积；

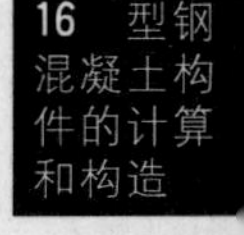

σ_a、σ_s——分别为剪力墙受拉区的型钢、竖向分布钢筋的拉应力；

f_c、f'_a、f'_y——混凝土、型钢、竖向分布钢筋的抗压强度设计值；

f_{yw}——剪力墙竖向分布钢筋的强度设计值；

b_w——剪力墙的厚度；

h_{w0}——竖向受拉钢筋与型钢受拉翼缘合力点至混凝土受压区外边缘的距离；

e——轴向力作用点到竖向受拉钢筋和型钢受拉翼缘合力点的距离；

N_{sw}——剪力墙竖向分布钢筋所承担的轴向力；

M_{sw}——剪力墙竖向分布钢筋的合力对型钢截面重心的力矩；

ω——剪力墙水平截面上，配置竖向分布钢筋的截面高度 h_{sw} 与截面有效高度 h_{w0} 的比值，即 $\omega=h_{sw}/h_{w0}$，此处，宜选取 $h_{sw}=h_{w0}-a'_s$。

3. 计算方法（二）

行业标准《钢骨混凝土结构设计规程》（YB 9082—97）中规定：截面腹部均匀配置竖向钢筋的矩形截面（图16-33）或工形、T 形截面（图16-34）型钢混凝土剪力墙，其正截面偏压承载力，可按《混凝土结构设计规范》（GB 50010）的有关公式计算，也可按下列近似公式计算。

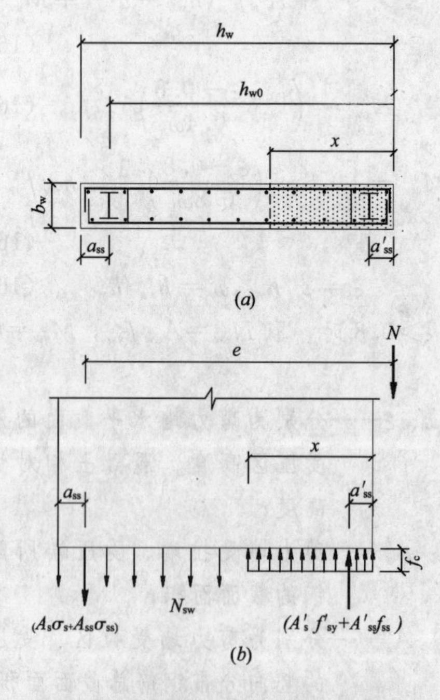

图 16-33 矩形截面型钢混凝土剪力墙
（a）水平截面尺寸；（b）内力和应力

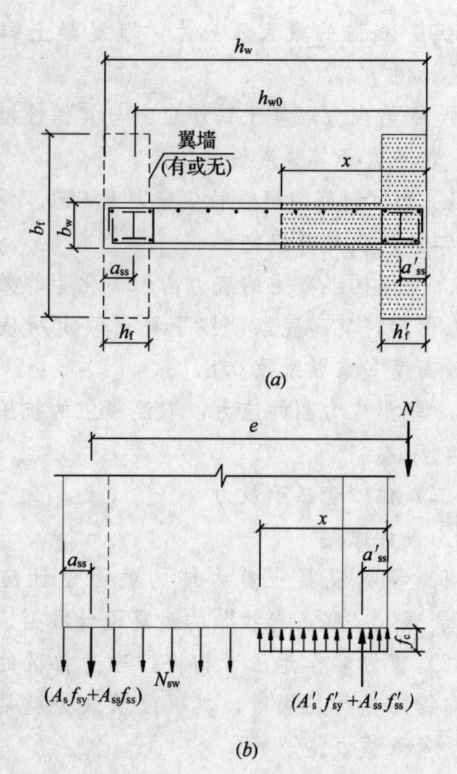

图 16-34 工字形、T 形截面钢混凝土剪力墙
（a）水平截面尺寸；（b）墙体的内力和应力

（1）承载力验算公式

无地震作用组合

$$\gamma_0 N\leqslant(A'_s f'_{sy}+A'_{ss}f'_{ss})-(A_s f_{sy}+A_{ss}f_{ss})+N_c-N_{sw} \tag{16-172}$$

$$\gamma_0 N\cdot e\leqslant(A'_s f'_{sy}+A'_{ss}f'_{ss})(h_{w0}-a'_{ss})+M_c-M_{sw} \tag{16-173}$$

$$e=e_0+h_{w0}-\frac{h_w}{2} \tag{16-174}$$

有地震作用组合

$$N\leqslant\frac{1}{\gamma_{RE}}[(A'_s f'_{sy}-A'_{ss}f_{ss})-(A_s f_{sy}+A_{ss}f_{ss})+N_c-N_{sw}] \tag{16-175}$$

$$N\cdot e\leqslant\frac{1}{\gamma_{RE}}[(A'_s f'_{sy}+A'_{ss}f_{ss})(h_{w0}-a'_{ss})+M_c+M_{sw}] \tag{16-176}$$

$$e=e_0+h_{w0}-\frac{h_w}{2} \tag{16-177}$$

（2）受压区 N_c、M_c 的计算

1）矩形截面剪力墙（图 16-33）

$$N_c=\alpha_c f_c b_w x \tag{16-178}$$

$$M_c=\alpha_c f_c b_w x\left(h_{w0}-\frac{x}{2}\right) \tag{16-179}$$

2）工形、T 形截面剪力墙（图 16-34）

当受压区高度 $x\leqslant h'_f$ 时

$$N_c=\alpha_c f_c b'_f x \tag{16-180}$$

$$M_c=\alpha_c f_c b'_f x\left(h_{w0}-\frac{x}{2}\right) \quad (16\text{-}181)$$

当受压区高度 $x>h'_f$ 时

$$N_c=\alpha_c f_c b_w x+\alpha_c f_c(b'_f-b_w)h'_f \quad (16\text{-}182)$$

$$M_c=\alpha_c f_c b_w x\left(h_{w0}-\frac{x}{2}\right)+\alpha_c f_c h'_f\times(b'_f-b_w)\left(h_{w0}-\frac{h'_f}{2}\right) \quad (16\text{-}183)$$

(3) 受拉区 σ_s、N_{sw}、M_{sw} 的计算

1) 当 $x\leqslant\xi_b h_{w0}$ 时，属大偏心受压构件

$$\sigma_s=f_{sy},\sigma_{ss}=f_{ss} \quad (16\text{-}184)$$

$$N_{sw}=(h_{w0}-1.5x)b_w f_{yw}\rho_w \quad (16\text{-}185)$$

$$M_{sw}=\frac{1}{2}(h_{w0}-1.5x)^2 b_w f_{yw}\rho_w \quad (16\text{-}186)$$

2) 当 $x>\xi_b h_{w0}$ 时，属小偏心受压构件

$$N_{sw}=0,M_{sw}=0 \quad (16\text{-}187)$$

$$\sigma_s=\frac{f_{sy}}{\xi_b-0.8}\left(\frac{x}{h_{w0}}-0.8\right)$$

$$\sigma_{ss}=\frac{f_{ss}}{\xi_b-0.8}\left(\frac{x}{h_{w0}}-0.8\right) \quad (16\text{-}188)$$

$$\xi_b=\frac{\beta_c}{1+\dfrac{f_{sy}+f_{ss}}{2\times0.0033E_{ss}}} \quad (16\text{-}189)$$

式中 N、M——作用于型钢混凝土剪力墙的轴向压力和弯矩设计值；

e——轴向压力作用点至剪力墙受拉区端部受拉钢骨和受拉钢筋合力点之间的距离；

e_0——轴向压力的偏心 $e_0=M/N$；

h_{w0}——剪力墙的截面有效高度，$h_{w0}=h_w-a_{ss}$；

b_w、h_w——剪力墙水平截面的截面宽度和截面高度；

a_{ss}、a'_{ss}——分别为剪力墙受拉区或受压区端部钢骨和钢筋合力点至受拉区或受压区外边缘的距离；

A_{ss}、A_s——分别为剪力墙受拉区端部的钢骨和钢筋的截面面积；

A'_{ss}、A'_s——分别为剪力墙受压区端部的钢骨和钢筋的截面面积；

ρ_w——剪力墙竖向分布钢筋的配筋率；

f'_{sy}、f'_{sy}、f_{yw}——分别为剪力墙端部受拉、受压钢筋和墙体竖向分布钢筋的强度设计值；

f'_{ss}——剪力墙端部钢骨的抗拉、抗压、抗弯强度设计值；

f_c——混凝土的抗压强度设计值；

α_c——高强混凝土（>C50）的强度折减系数，按表 16-7 取值；

β_c——高强混凝土构件截面的受压区高度修正系数，按表 16-6 取值；

E_{ss}——钢骨材料的弹性模量；

x——剪力墙水平截面的混凝土受压区高度；

ξ_b——剪力墙水平截面的相对界限受压区高度，$\xi_b=x_b/h_{w0}$；

x_b——剪力墙水平截面处受拉钢筋和受压区混凝土同时达到其强度设计值时的界限受压区高度；

γ_{RE}——型钢混凝土剪力墙的正截面承载力抗震调整系数，按表 16-5 的规定取为 0.85；

b'_f、b'_f——工形或 T 形截面剪力墙受压区翼缘的宽度和厚度；

b_f、h_f——工形截面剪力墙受拉区翼缘的宽度和厚度。

（四）偏心受拉承载力

偏心受拉矩形截面剪力墙的正截面承载力，可按下列近似公式计算。

1. 无地震作用组合

$$\gamma_0 N\leqslant\frac{1}{\dfrac{1}{N_{ou}}+\dfrac{e_0}{M_{wu}}} \quad (16\text{-}190)$$

2. 有地震作用组合

$$N\leqslant\frac{1}{\gamma_{RE}}\left[\frac{1}{\dfrac{1}{N_{ou}}+\dfrac{e_0}{M_{wu}}}\right] \quad (16\text{-}191)$$

$$N_{ou}=2(A_s f_{sy}+A_{ss}f_{ss})+A_{sw}f_{yw} \quad (16\text{-}192)$$

$$M_{wu}=(A_s f_{sy}+A_{ss}f_{ss})(h_{w0}-a'_{ss})+A_{sw}f_{yw}\frac{h_{w0}-a'_{ss}}{2} \quad (16\text{-}193)$$

式中 A_{sw}——剪力墙腹板内全部竖向分布钢筋的截面面积；

γ_{RE}——钢筋混凝土构件偏心受拉承载力抗震调整系数，取 $\gamma_{RE}=0.85$。

其余符号说明，见公式（16-189）。

四、斜截面承载力计算

（一）剪力设计值

1. 设计原则

为使剪力墙实现"强剪弱弯"，型钢混凝土剪力墙底部，塑性铰区段的受剪承载力，应该大于或等于剪力墙达到极限受弯承载力时的相应剪力值。9度设防时应严格控制此一要求；7、8度设防时，可适当放松。

2. 具体取值

型钢混凝土剪力墙的剪力设计值V_w，分别情况按下列方法确定：

(1) 非抗震及抗震等级为三、四级的型钢混凝土剪力墙所有部位的剪力设计值V_w，以及一、二级型钢混凝土剪力墙"非底部加强区段"（即一般部位）的剪力设计值V_w，按下式计算：

$$V_w = V \tag{16-194}$$

(2) 抗震等级为二级的型钢混凝土剪力墙，其底部加强区段（塑性铰区段）的剪力设计值V_w，按下式计算：

$$V_w = 1.1V \tag{16-195}$$

(3) 抗震等级为一级的型钢混凝土剪力墙，其底部加强区段的剪力设计值V_w，按下式计算：

$$V_w = 1.1\frac{M_{wue}}{M}V \tag{16-196}$$

式中 V、M——分别为剪力墙验算截面按内力组合（对应于无地震或有地震作用组合）所得的剪力设计值和弯矩设计值；

M_{wue}——考虑承载力抗震调整系数的剪力墙正截面极限受弯承载力，按本节第三、（三）款的有关规定计算，此时应采用实配型钢和竖向钢筋的截面面积、型钢的屈服强度及钢筋和混凝土的强度标准值。

（二）剪压比验算

型钢混凝土剪力墙的钢筋混凝土腹板，其受剪截面的荷载效应组合剪力设计值V_w应符合下列要求：

1. 无地震作用组合

$$\gamma_0 V_w \leqslant 0.25 b_w h_{w0} \alpha_c f_c \tag{16-197}$$

2. 有地震作用组合

剪跨比$\lambda>2$
$$V_w \leqslant \frac{1}{\gamma_{RE}}(0.2 b_w h_{w0} \alpha_c f_c) \tag{16-198}$$

剪跨比$\lambda\leqslant 2$
$$V_w \leqslant \frac{1}{\gamma_{RE}}(0.15 b_w h_{w0} \alpha_c f_c) \tag{16-199}$$

$$\lambda = M/(V h_{w0}) \tag{16-200}$$

式中 b_w、h_{w0}——剪力墙腹板的截面宽度和截面有效高度（墙肢长度）；

f_c——混凝土的轴心抗压强度设计值；

α_c——混凝土强度折减系数，按表16-7取值；

γ_0——结构重要性系数，结构安全等级为一、二级时，γ_0分别取1.1、1.0；

γ_{RE}——钢筋混凝土构件受剪承载力抗震调整系数，取$\gamma_{RE}=0.85$；

M、V——剪力墙端部截面的组合弯矩、剪力设计值。

（三）斜截面受剪计算方法（1）

行业标准《型钢混凝土组合结构技术规程》(JGJ 138—2001)，对于有、无边框的型钢混凝土剪力墙，分别给出其斜截面受剪承载力的计算公式。

1. 无边框剪力墙

(1) 试验表明：① 由于剪力墙端部型钢的销键抗剪作用和对墙体的约束作用，型钢混凝土剪力墙的受剪承载力大于钢筋混凝土剪力墙；② 剪力墙的墙肢宽度较大时，端部型钢的暗销和约束作用将减弱；③ 当型钢的销键作用得到充分发挥时，墙体斜裂缝的开展宽度已较大。因此，型钢的销键作用和约束作用仅能适当考虑。

(2) 型钢混凝土剪力墙处于偏心受压状态时，其斜截面受剪承载力，等于墙体的混凝土、水平分布钢筋和型钢销键作用三部分抗剪作用之和。

(3) 无边框型钢混凝土剪力墙（图16-35）偏心受压时的斜截面受剪承载力，应符合下列要求：

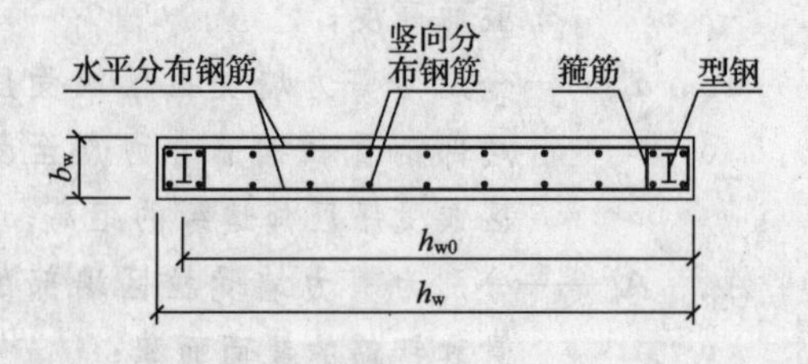

图16-35 无边框型钢混凝土剪力墙的水平截面

无地震作用组合

$$\gamma_0 V_w \leqslant \frac{1}{\lambda-0.5}\left(0.05 b_w h_{w0} \alpha_c f_c + 0.13 N \frac{A_w}{A}\right) + \frac{A_{sh}}{S} h_{w0} f_{yv} + \frac{0.4}{\lambda} A_a f_a \tag{16-201}$$

有地震作用组合

$$V_w \leqslant \frac{1}{\gamma_{RE}}\left[\frac{1}{\lambda-0.5}\left(0.04b_w h_{w0}\alpha_c f_c+0.1N\frac{A_w}{A}\right)+0.8\frac{A_{sh}}{S}h_{w0}f_{yv}+\frac{0.32}{\lambda}A_a f_a\right] \quad (16\text{-}202)$$

式中 λ——偏心受压构件计算截面处的剪跨比，$\lambda=M/(Vh_{w0})$，当 $\lambda<1.5$ 时，取 $\lambda=1.5$；当 $\lambda>2.2$ 时，取 $\lambda=2.2$；

M、V——剪力墙计算截面的弯矩、剪力设计值；

N——考虑地震作用组合时剪力墙的轴向压力设计值，当 $N>0.2b_w h_{w0}f_c$ 时，取 $N=0.2b_w h_{w0}f_c$；

b_w、h_{w0}——剪力墙水平截面的宽度和截面有效高度；

A——剪力墙的水平截面面积，当有翼缘时，翼缘有效宽度取下列四种情况中的最小值：①剪力墙间距的一半；②窗（门）间墙宽度；③剪力墙厚度加两侧各6倍翼缘墙厚度；④剪力墙墙肢总高度的1/20；然后，乘以折减系数0.95（C50～C65）或0.9（C70～C80）；

A_w——工形、T形截面剪力墙的腹板截面面积，对于矩形截面剪力墙，取 $A_w=A$；

A_a——剪力墙端暗柱内的型钢截面面积；

f_a——型钢的抗拉强度设计值；

A_{sh}——配置在同一水平截面内的水平分布钢筋总截面面积；

S、f_{yv}——水平分布钢筋的竖向间距和抗拉强度设计值；

α_c、f_c、γ_0、γ_{RE}——见公式（16-197）的符号说明。

2. 带边框剪力墙

（1）在框架-剪力墙结构中，周边有型钢混凝土柱和型钢混凝土梁（或钢筋混凝土梁）的现浇钢筋混凝土剪力墙，当处于正截面偏心受压时，其斜截面受剪承载力等于剪力墙的混凝土、水平分布钢筋和端柱内型钢腹板三部分受剪承载力之和，其中混凝土项考虑了边框柱对混凝土墙体约束作用的提高系数 β_r。

（2）带边框型钢混凝土剪力墙（图16-36）偏心受压时的斜截面受承载力，应符合下列要求：

无地震作用组合

$$\gamma_0 V_w \leqslant \frac{1}{\gamma-0.5}\left(0.05\beta_r b_w h_{w0}\alpha_c f_c+0.13N\frac{A_w}{A}\right)+h_{w0}f_{yv}\frac{A_{sh}}{S}+\frac{0.4}{\lambda}A_a f_a \quad (16\text{-}203)$$

$$V_w \leqslant \frac{1}{\gamma_{RE}}\left[\frac{1}{\lambda-0.5}\left(0.04\beta_r b_w h_{w0}\alpha_c f_c+0.1N\frac{A_w}{A}\right)+0.8h_{w0}f_{yv}\frac{A_{sh}}{S}+\frac{0.32}{\lambda}A_a f_a\right] \quad (16\text{-}204)$$

式中 β_r——周边柱对混凝土墙体的约束系数，取 $\beta_r=1.2$。

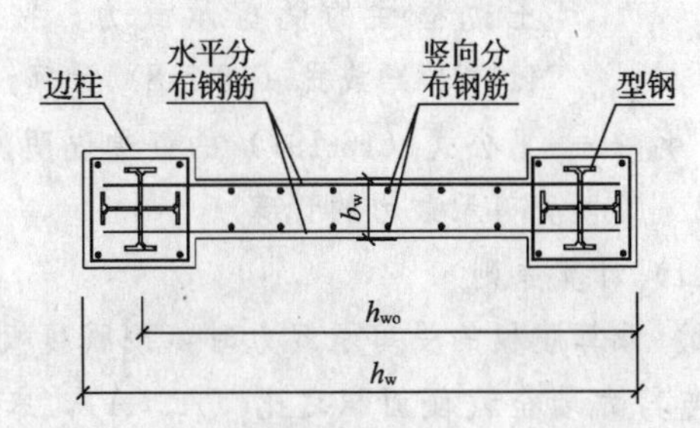

图16-36 带边框型钢混凝土剪力墙的水平截面

（四）斜截面受剪计算方法（2）

对于无边框或带边框剪力墙的斜截面受剪，行业标准YB 9082—97《钢骨混凝土结构设计规程》中，给出如下的计算方法和公式。

1. 计算原则

（1）对于型钢混凝土剪力墙的斜截面抗剪计算，仍采用简单叠加法。即，钢骨混凝土剪力墙的受剪承载力，等于钢骨的受剪承载力与钢筋混凝土腹板的受剪承载力之和。

（2）对于有边框的剪力墙，为安全计，参考日本规范，边框柱的受剪承载力仅计入一半。

2. 受剪承载力验算

型钢混凝土剪力墙的斜截面受剪，应满足下列公式要求。

（1）无边框剪力墙

无地震作用组合

$$\gamma_0 V_w \leqslant V_{wu}^{rc}+V_{wu}^{ss} \quad (16\text{-}205)$$

有地震作用组合

$$V_w \leqslant \frac{1}{\gamma_{RE}}\left(V_{wu}^{rc}+V_{wu}^{ss}\right) \quad (16\text{-}206)$$

（2）带边框剪力墙

无地震作用组合

$$\gamma_0 V_w \leqslant V_{wu}^{rc}+\frac{1}{2}\sum V_{cu} \quad (16\text{-}207)$$

有地震作用组合

$$V_w \leqslant \frac{1}{\gamma_{RE}}\left(V_{wu}^{rc}+\frac{1}{2}\sum V_{cu}\right) \quad (16\text{-}208)$$

式中 V_w——型钢混凝土剪力墙所承受的剪力设计值，按式（16-194）～式（16-196）确定；

V_{wu}^{rc}——剪力墙的钢筋混凝土腹板部分的受剪承载力，按公式（16-209）或式（16-210）计算；

V_{wu}^{ss}——“无边框剪力墙”端部钢骨的受剪承载力，按公式（16-215）或式（16-216）计算；

V_{cu}——“带边框剪力墙”端部的型钢混凝土边框柱的受剪承载力，按公式（16-217）或式（16-218）计算；

γ_0、γ_{RE}——见公式（16-197）的符号说明。

3. 腹板受剪承载力的计算

(1) 计算原则

1) 计算腹板的受剪承载力时，按照腹板截面面积与剪力墙全截面面积之比（A_w/A），来确定分配到腹板上的轴力。

2) 为使剪力墙的腹板不致过早地出现斜裂缝，并避免发生脆性的混凝土剪压破坏，有必要限制腹板混凝土的剪压比。

(2) 偏压剪力墙

偏心受压的型钢混凝土剪力墙，其钢筋混凝土腹板的斜截面受剪承载力 V_{wu}^{rc}，按下列公式计算：

无地震作用组合

$$V_{wu}^{rc}=\frac{1}{\lambda-0.5}\left(0.05d_c f_c b_w h_{w0}+0.13N\frac{A_w}{A}\right)+f_{yh}\frac{A_{sh}}{S}h_{w0} \quad (16\text{-}209)$$

有地震作用组合

$$V_{wu}^{rc}=\frac{1}{\lambda-0.5}\left(0.04\alpha_c f_c b_w h_{w0}+0.1N\frac{A_w}{A}\right)+0.8f_{yh}\frac{A_{sh}}{S}h_{w0} \quad (16\text{-}210)$$

式中 N——剪力墙的轴向压力设计值，抗震设计时，应取地震作用组合的轴向压力设计值；

当 $N>0.2\alpha_c f_c b_w h_{w0}$ 时，取 $N=0.2\alpha_c f_c b_w h_{w0}$；

A——剪力墙验算截面的水平截面全面积；

A_w——T形、L形、工形截面及带边框剪力墙的腹板截面面积，对于无边框剪力墙，取 $A_w=A$；

A_{sh}——剪力墙腹板同一水平截面内各肢水平钢筋的截面面积之和；

S——剪力墙腹板水平分布钢筋的竖向间距；

α_c、f_c——见公式（16-197）的符号说明；

λ——验算截面处的剪跨比，$\lambda=M/(Vh_{w0})$，此处，M 是与 V 相对应的弯矩值；当 $\lambda<1.5$ 时，取 $\lambda=1.5$；当 $\lambda>2.2$ 时，取 $\lambda=2.2$；

γ_{RE}——钢筋混凝土构件受剪承载力抗震调整系数，按表16-5的规定，取 $\gamma_{RE}=0.85$。

(3) 偏拉剪力墙

偏心受拉的型钢混凝土剪力墙，其钢筋混凝土腹板的斜截面受剪承载力 V_{wu}^{rc}，按下列公式计算：

1) 无地震作用组合

$$V_{wu}^{rc}\leqslant\frac{1}{\lambda-0.5}\left(0.05\alpha_c f_c b_w h_{w0}-0.13N\frac{A_w}{A}\right)+f_{yh}\frac{A_{sh}}{S}h_{w0} \quad (16\text{-}211)$$

当公式右边计算值小于 $f_{yh}\frac{A_{sh}}{S}h_{w0}$ 时，取

$$V_w=f_{yh}\frac{A_{sh}}{S}h_{w0}$$

2) 有地震作用组合

$$V_{wu}^{rc}\leqslant\frac{1}{\lambda-0.5}\left(0.04\alpha_c f_c b_w h_{w0}-0.1N\frac{A_w}{A}\right)+0.8f_{yh}\frac{A_{sh}}{S}h_{w0} \quad (16\text{-}212)$$

当公式右边计算值小于 $0.8f_{yh}\frac{A_{sh}}{S}$ 时，取

$$V_w=0.8f_{yh}\frac{A_{sh}}{S}h_{w0}$$

4. 型钢受剪承载力

(1) 作用机理

1) 试验表明，无边框型钢混凝土剪力墙中，型钢的抗剪作用主要表现在销键作用，因此，进行承载力验算时，应该采用型钢的全截面面积。

2) 试验结果还表明，随着剪力墙的剪跨比 λ 的增大，型钢的销键作用逐渐减小；根据试验数据回归所得的型钢受剪承载力的表达式为：

$$V_{wu}^{ss}=(0.247-0.075\log_e\lambda)f_{ss}A_{ss} \quad (16\text{-}213)$$

令 $\lambda=3$ 时，则 $V_{wu}^{ss}=0.15f_{ss}\sum A_{ss}$ (16-214)

3）在低周大变形往复荷载作用下，型钢的受剪承载力将有所下降，折减系数约为0.8。

4）在设置较强型钢的情况下，为了避免在腹板内配置的水平分布钢筋过少，延性降低，有必要限制型钢受剪承载力 V_{wu}^{ss} 的取值不得大于腹板受剪承载力 V_{wu}^{rc} 的25%。

(2) 计算公式

无边框的型钢混凝土剪力墙，其端部型钢的受剪承载力按下列公式计算：

无地震作用组合

$$V_{wu}^{ss}=0.15f_{ss}\sum A_{ss} \tag{16-215}$$

有地震作用组合

$$V_{wu}^{ss}=0.12f_{ss}\sum A_{ss} \tag{16-216}$$

若按公式（16-215）或式（16-216）计算出的 V_{wu}^{ss} 大于 $0.25V_{wu}^{rc}$ 时，则取 $V_{wu}^{ss}=0.25V_{wu}^{rc}$。

式中 A_{ss}——无边框型钢混凝土剪力墙端部钢骨的截面面积；

f_{ss}——型钢的抗拉、抗压、抗弯强度设计值。

5. 边框柱受剪承载力

“带边框剪力墙”端部的型钢混凝土边框柱，其受剪承载力可采用型钢混凝土柱的受剪承载力计算公式，它等于边柱内型钢的受剪承载力与钢筋混凝土部分的受剪承载力之和。一根边框柱的受剪承载力 V_{cu}，可按下列公式计算：

无地震作用组合

$$V_{cu}=0.057\alpha_c f_c b_c h_{c0}+1.25f_{yv}\frac{A_{sv}}{S}h_{c0}+0.07\eta N\frac{A_c}{A}+f_{ssv}t_w h_w \tag{16-217}$$

有地震作用组合

$$V_{cu}=0.046\alpha_c f_c b_c h_{c0}+f_{yv}\frac{A_{sv}}{S}h_{c0}+0.056\eta N\frac{A_c}{A}+0.8f_{ssv}t_w h_w \tag{16-218}$$

$$\eta=\frac{f_c A_c}{f_c A_c+f_{ss}A_{ss}} \tag{16-219}$$

式中 N——剪力墙的轴向压力设计值；抗震设计时，应取地震作用组合的轴向压力设计值；

b_c——边框柱的截面宽度；

h_{c0}——边框柱水平截面内受拉钢筋形心至截面受压区外边缘的距离；

A_{sv}——边框柱同一水平截面内各肢箍筋的截面面积之和；

S——箍筋的间距；

η——边框柱的混凝土部分所承担轴力的比例系数；

A——型钢混凝土剪力墙的全截面面积（包括所有边框柱）；

A_c——一根型钢混凝土边框柱的截面面积；

A_{ss}——一根型钢混凝土边框柱内，与剪力墙受剪方向平行的所有型钢板件水平截面面积之和；当有孔洞时，应扣除孔洞的水平截面面积；

f_c——混凝土的轴心抗压强度设计值；

f_{yv}——箍筋的抗拉强度设计值；

f_{ss}——型钢的抗拉、抗压、抗弯强度设计值；

f_{ssv}——型钢的抗剪强度设计值；

α_c、f_c——见公式（16-197）的符号说明；

t_w、h_w——型钢的厚度和高度。

17 型钢混凝土杆件的连接

钢骨的接头

一、拼接位置

1. 型钢混凝土柱、梁内的钢骨（型钢）接头，应尽量选择杆件内力较小的截面位置。

一般而言，钢骨接头的承载力往往小于钢骨母材的承载力，若接头位于杆件内力较大的部位，接头就有可能在杆件母材产生塑性铰之前先行破坏，以致型钢混凝土结构的良好延性得不到充分发挥。

2. 梁、柱内钢骨接头的位置，应该与纵向钢筋接头的位置错开。

3. 钢骨接头的细部构造应力求简单，并应避开梁、柱内纵向钢筋和箍筋的密集区，以免影响该部位混凝土浇筑的密实性。

二、钢骨变截面接头

1. 型钢混凝土柱内的钢骨（型钢芯柱）需要改变截面面积时，宜保持型钢的截面高度不变，而改变型钢翼缘的宽度、厚度或腹板的厚度。

2. 若需要改变型钢芯柱的截面高度时，宜采用逐步减小腹板截面高度的过渡段，并在变截面段的上端和下端设置水平加劲板。当变截面过渡段位于梁-柱节点处，变截面段的上、下端，距离梁内钢骨顶面、底面不宜小于150mm（图 17-1）。

三、接头承载力最低值

1. 梁、柱内钢骨的接头采用螺栓拼接时，由于螺栓孔使钢骨截面面积减小，需要对接头进行承载力验算，使它不小于该截面处钢骨所承担的内力设计值，并要求在构件产生相当大的塑性变形之前，接头不发生破坏。

2. 钢骨接头一般都设在内力较小的部位，为安全计，接头的承载力也不应小于钢骨母材承载力的一半。

四、接头内力设计值

型钢混凝土梁、柱内的钢骨接头采用螺栓拼接方式时，接头的内力设计值，分别情况按下列方法确定。

1. 非抗震及6、7度设防

对于非抗震结构以及设防烈度为6度和7度的结构，型钢混凝土梁、柱内钢骨螺栓接头所承担的内力设计值，按下列公式计算：

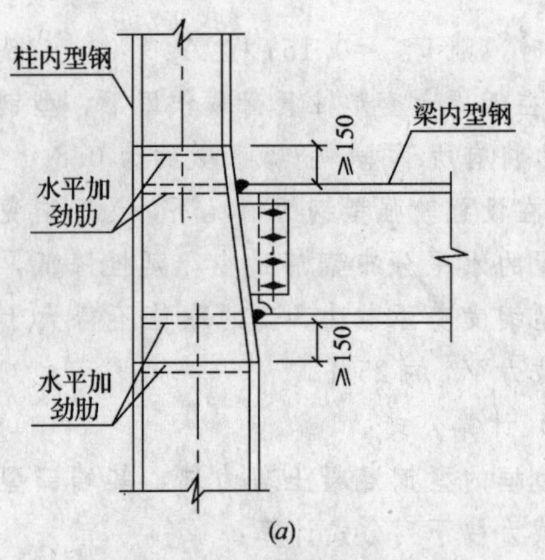

(a)

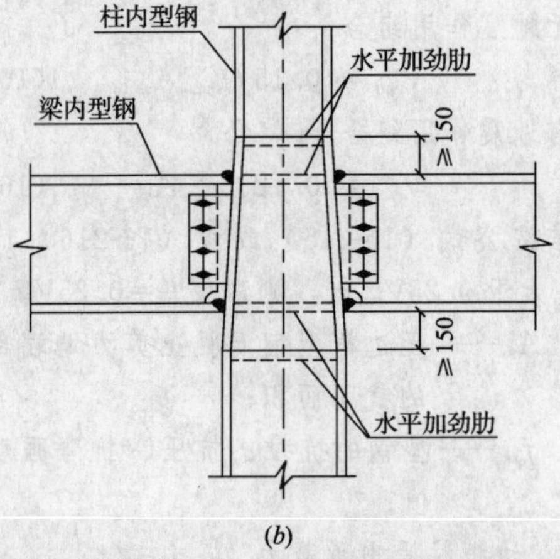

(b)

图 17-1 柱内变截面钢骨的接头

(a) 边柱；(b) 中柱

$$\left.\begin{aligned} N_j^{ss} &= N^{ss} \\ M_j^{ss} &= \frac{M^{ss}}{M}M_j \\ V_j^{ss} &= \frac{M^{ss}}{M}V_j \end{aligned}\right\} \tag{17-1}$$

式中 N_j^{ss}、M_j^{ss}、V_j^{ss}——钢骨接头所承担的轴力、弯矩、剪力设计值；

M_j、V_j——钢骨拼接处构件的弯矩、剪力设计值；

N^{ss}、M^{ss}——邻近拼接处的构件端部截面钢骨部分承担的轴力和弯矩设计值；

M——邻近拼接处的构件端部截面承担的弯矩设计值。

当钢骨接头位于构件中点附近时，M 及 N^{ss}、M^{ss} 可取梁左、右端或柱上、下端的平均值。

2. 按8、9度设防

当结构遭受8度或9度地震时，构件端部可能出现塑性铰，因此，确定钢骨接头的内力设计值时，应该采取梁、柱构件两端钢骨母材发生塑性屈服时的承载力来确定。

(1) 框架梁

对于设防烈度为8度或9度的结构，型钢混凝土框架梁内的钢骨接头所承担的弯矩设计值 M_j^{ss} 和剪力设计值 V_j^{ss}，按下列公式计算：

$$M_j^{ss}=\frac{M_b^{ss}}{M}M_{j0}+1.1\left[M_{by,l}^{ss}-\frac{l_j}{l_n}(M_{by,l}^{ss}+M_{by,r}^{ss})\right] \quad (17\text{-}2)$$

且应符合 $M_j^{ss}\leqslant 1.1M_{by}^{ss}$

$$V_j^{ss}=\frac{M_b^{ss}}{M}V_{j0}+\frac{1.1}{l_n}(M_{by,l}^{ss}+M_{by,r}^{ss}) \quad (17\text{-}3)$$

且应符合 $V_j^{ss}\leqslant 1.1V_y^{ss}$

式中 $M_{by,l}^{ss}$、$M_{by,r}^{ss}$——分别为框架梁左、右两端截面处的钢骨考虑了抗震调整系数后的受弯承载力，并应取分别按顺时针和逆时针方向计算所得的两种“和数”中的较大值；按公式(16-17)计算 $M_{by,l}^{ss}$ 和 $M_{by,r}^{ss}$ 时，应取钢骨的实际截面面积和钢骨材料的屈服强度；

M_{j0}、V_{j0}——在本跨竖向荷载作用下，按简支梁计算所得的钢骨接头处梁的弯矩设计值和剪力设计值；

M_{by}^{ss}、V_y^{ss}——钢骨接头所在位置处钢骨母材（不扣除孔洞）的受弯承载力和受剪承载力；

M_b^{ss}/M——邻近拼接处的框架梁端部截面，钢骨所承担弯矩与梁总弯矩的比值；

l_n、l_j——分别为框架梁的净跨度和钢骨接头中心到邻近梁端的距离。

(2) 框架柱

对于设防烈度为8度或9度的结构，框架柱内的钢骨接头所承担弯矩设计值 M_j^{ss} 和剪力设计值 V_j^{ss}，按下列公式计算：

$$M_j^{ss}=1.1\left[M_{cy,t}^{ss}-\frac{H_j}{H_n}(M_{cy,t}^{ss}+M_{cy,b}^{ss})\right],$$

且应符合 $M_j^{ss}\leqslant 1.1M_{cy}^{ss}$ (17-4)

$$V_j^{ss}=\frac{1.1}{H_n}(M_{cy,t}^{ss}+M_{cy,b}^{ss}),$$

且应符合 $V_j^{ss}\leqslant 1.1V_y^{ss}$ (17-5)

当计算出的框架柱任一端的钢骨受弯承载力，大于该节点左、右梁端平均受弯承载力减去该柱端混凝土部分的受弯承载力时，即

$$M_{cy,t}^{ss} \text{ 或 } M_{cy,b}^{ss}\geqslant\frac{1}{2}(M_{bu,l}+M_{bu,r})-M_{cu}^{rc}$$

可取

$$M_{cy,t}^{ss} \text{ 或 } M_{cy,b}^{ss}=\frac{1}{2}(M_{bu,l}+M_{bu,r})-M_{cu}^{rc}$$

对于顶层柱的上端，上面二式等号右边的(1/2)取消。

式中 $M_{cy,t}^{ss}$、$M_{cy,b}^{ss}$——分别为框架柱上、下端截面处的钢骨计入抗震调整系数后的压弯承载力，并应分别按顺时针和逆时针方向计算，然后取两种“和数”中的较大值；确定 $M_{cy,t}^{ss}$ 和 $M_{cy,b}^{ss}$ 时，应取钢骨的实际截面和钢骨材料的屈服强度，按公式(16-107)和表16-18的规定计算；

$M_{bu,l}$、$M_{bu,r}$——分别为与该柱端框架节点相连的左、右梁端的受弯承载力；

M_{cu}^{rc}——柱端钢筋混凝土部分的受弯承载力，按承受轴向力 $(N-N_c^{ss})$ 来计算；

M_{cy}^{ss}、V_y^{ss}——分别为钢骨接头处钢骨母材（不扣除孔洞）的受弯承载力和受剪承载力；

H_n、H_j——分别为柱的净高和钢骨接头中心到柱上端的距离。

五、钢骨接头承载力

1. 计算和构造

(1) 钢骨螺栓拼接接头的受弯承载力和受剪承载力，应按GB 50017—2002《钢结构设计规范》第7.2节的有关规定和公式计算。

(2) 一般的螺栓拼接头，可以认为翼缘部分承受弯矩，腹板部分承受剪力。

(3) 对于十字形截面钢骨，可仅考虑平行于受力方向的工形截面承受弯矩和剪力，垂直方向的钢骨略去不计。

(4) 钢骨螺栓拼接接头的构造要求，应符合《钢结构设计规范》第8.3节的有关规定。

2. 钢骨受弯承载力不足时

(1) 由于螺栓孔削弱、连接件设置不足或其他构造上原因，钢骨接头的受弯承载力 M_{jy}^{ss} 小于按公式（17-1）至式（17-4）确定的 M_j^{ss} 时，允许把钢骨接头承载力不足部分 $\Delta M_j^{ss}=M_j^{ss}-M_{jy}^{ss}$，通过补强纵筋和附加箍筋的内力传递，将它转移给梁或柱的外包钢筋混凝土部分。

(2) 试验表明，将外包钢筋混凝土部分的设计弯矩增加 $1.2\Delta M_j^{ss}$，并设置足够的补强纵向钢筋，即可避免缺损的钢骨接头的破坏。

(3) 钢骨接头处外包钢筋混凝土部分的设计弯矩 M_j^{rc}，应按下式计算：

$$M_j^{rc}=M_{j0}^{rc}+1.2\Delta M_j^{ss} \qquad (17\text{-}6)$$

式中 M_{j0}^{rc}——未考虑钢骨接头的内力转移，按本节第一（六）款规定计算出的分配给钢骨拼接处钢筋混凝土部分的设计弯矩。

(4) 钢骨接头承载力的不足部分，通过附加箍筋提供的支承力，传递给外包钢筋混凝土部分，附加箍筋的配置应符合下列要求：

1) 支承力分布长度 l_1（即附加箍筋配置范围），应使支承应力小于混凝土的局部承压强度，且应大于补强纵向钢筋锚固长度的要求，因此，l_1应按下式确定：

$$l_1=\max(l_2,l_3) \qquad (17\text{-}7)$$

$$l_3=2\sqrt{\Delta M_j^{ss}/f_B b_{se}} \qquad (17\text{-}8)$$

式中 l_2——补强纵向钢筋的锚固长度的要求；

f_B——混凝土的局部承压强度，按公式（17-61、62）计算；

b_{se}——支承压力的有效宽度，见表 17-1。

2) 支承力分布区域的长度，等于钢骨拼接接头两侧各为 l_1 的范围，若箍筋在此范围内均匀配置，则支承力可视为均布荷载 w_1，其量值按下式计算：

$$w_1=\frac{4\Delta M_j^{ss}}{l_1^2} \qquad (17\text{-}9)$$

3) 钢骨接头附近，钢骨母材和钢筋混凝土部分因均布支承力 w_1 的作用而产生附加剪力，设计剪力将增大 ΔV，因此，应采用增大后的剪力对这两部分进行受剪承载力验算。附加剪力 ΔV 可按下式计算：

$$\Delta V=\frac{1}{2}w_1 l_1 \qquad (17\text{-}10)$$

(5) 若在钢骨拼接接头附近设置栓钉抗剪连接件时，抗剪连接件的配置应符合下列要求：

$$\Delta M_j^{ss}\leqslant nN_{st}h_{ss} \qquad (17\text{-}11)$$

式中 n——连接单侧翼缘上、下面分别设置抗剪连接件的数量；

N_{st}——每个栓钉连接件的受剪承载力；

h_{ss}——钢骨的截面高度。

3. 钢骨受剪承载力不足时

在钢骨受弯承载力满足要求的情况下，若钢骨拼接接头的受剪承载力不足时，可以通过加强外包钢筋混凝土受剪承载力的办法，来承担钢骨拼接接头受剪承载力的不足部分 ΔV_j^{s}。外包钢筋混凝土的剪力设计值 V_j^{rc} 按下式计算：

$$V_j^{rc}=V_{j0}^{rc}+1.2\Delta V_j^{ss} \qquad (17\text{-}12)$$

式中 V_{j0}^{rc}——未考虑内力传递情况下，按本节第一、（六）款确定的拼接位置处外包钢筋混凝土部分的剪力设计值。

六、外包钢筋混凝土承载力

型钢混凝土梁和柱，其钢骨拼接接头处截面的外包钢筋混凝土部分的内力设计值 N_j^{rc}、M_j^{rc}、V_j^{rc}，等于该截面的构件内力设计值 N_j、M_j、V_j，分别减去该截面的钢骨部分的内力设计值 N_j^{ss}、M_j^{ss}、V_j^{ss}，并据此进行外包钢筋混凝土部分的截面配筋设计。

框架的梁-柱节点

一、节点类型

型钢混凝土框架的梁-柱节点，可分为以下三种类型：

1. 钢梁与型钢混凝土柱的连接；
2. 型钢混凝土梁与型钢混凝土柱的连接；
3. 钢筋混凝土梁与型钢混凝土柱的连接。

二、节点构造

1. 基本要求

(1) 梁、柱的钢骨

1) 型钢混凝土柱与各类梁的连接，均宜采用柱钢骨贯通型，柱内型钢芯柱截面形状的选择，应方便梁纵向钢筋贯穿节点区。避免梁纵筋穿过柱内型钢芯柱的翼缘，并尽可能减少梁纵筋穿过型钢腹板的数量，柱型钢腹板因开孔的截面损失率不宜大于25%，超过时，应采取补强措施。

2) 梁内型钢（含钢梁）与柱内型钢在节点内应采用刚性连接。

3) 节点内梁、柱型钢的连接构造（图 17-2），应符合钢结构节点连接的构造要求。

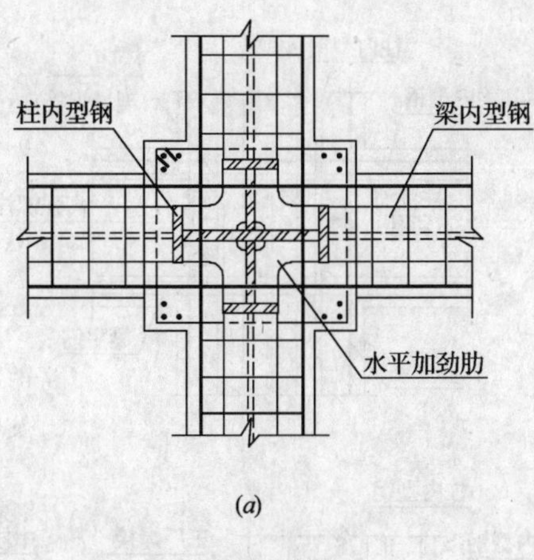

(*a*)

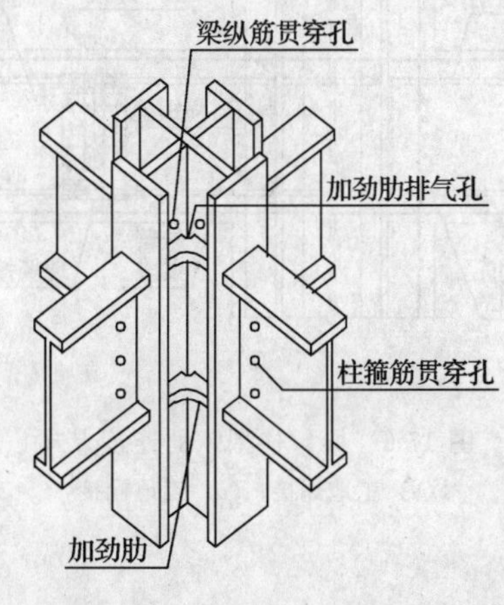

(*b*)

图 17-2 型钢混凝土框架的梁-柱节点

(*a*) 节点平面；(*b*) 梁、柱钢骨的连接

4）节点处，柱的型钢芯柱应在对应于梁钢骨（或钢梁）上、下翼缘位置或钢筋混凝土梁截面上、下边缘位置处设置水平加劲肋，加劲肋厚度应与梁端型钢翼缘相等，且不小于12mm。

5）水平加劲肋的构造应方便混凝土的浇筑。为了避免浇筑混凝土时水平加劲肋的角部因空气不易排出而出现空洞（图 17-3），有必要在各该部位设置排气孔。

6）当柱内钢骨采用圆形或方形钢管时，节点处水平加劲板的中心部位，应设置混凝土浇灌孔（图 17-3*b*）。

（2）纵向钢筋和箍筋

1）节点设计应尽量减少框架梁纵向钢筋穿过柱内型钢的数量。

2）梁的纵向钢筋不应穿过柱的型钢翼缘，也不得与柱内型钢直接焊接。

3）若节点设计无法避免在柱内型钢翼缘上钻孔时，必须将型钢翼缘截面的缺损率控制在10%限度内，且应按柱端最不利组合的M、N验算有孔截面的承载力。

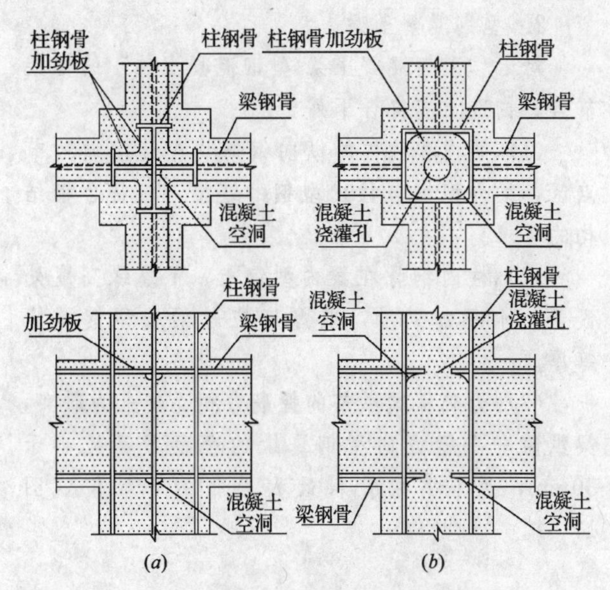

(*a*) (*b*)

图 17-3 梁-柱节点处的混凝土空洞

(*a*) 十字形型钢芯柱；(*b*) 方形钢管芯柱

4）柱的型钢腹板上为了梁纵筋通过设置贯穿孔时，其截面缺损率宜小于型钢腹板截面面积的25%，超过时，应予以补强。

5）柱内型钢腹板上预留的钢筋贯穿孔的孔径，应比钢筋直径大4～6mm，此外，为纵梁、横梁钢筋预留的孔洞在高度上应相互错开（图 17-4）。

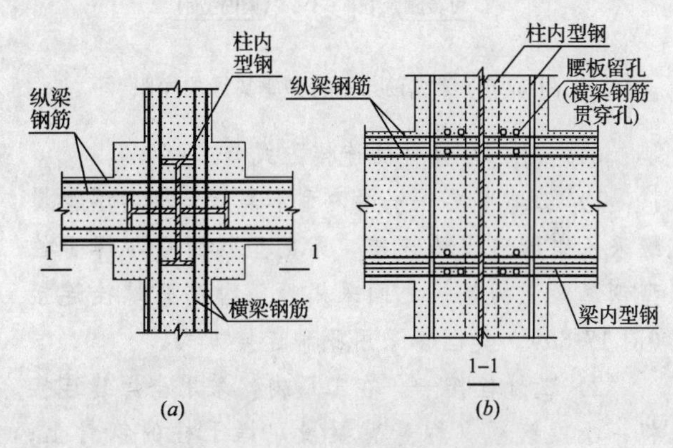

(*a*) (*b*)

图 17-4 柱内钢骨腹板的梁纵筋预留孔

(*a*) 节点平面；(*b*) 节点竖剖面

6）四边有梁约束的型钢混凝土框架节点，其受剪承载力和变形能力均优于钢筋混凝土框架节点，因此，节点体积配箍率的最低限值可相应减小。

7）对抗震等级为一、二、三级的框架，其梁-柱节点的体积配箍率宜分别不小于0.6%、0.5%、0.4%，且水平箍筋的直径和间距，宜符合表 16-12 对柱加密区段箍筋的规定。任何情况下节点内箍筋间距不应大于柱端加密区箍筋间距的1.5倍。

2. 型钢混凝土梁

对于“型钢混凝土梁-型钢混凝土柱”的框架节点，构造上应符合下列要求。

(1) 梁内和柱内的纵向钢筋均应连续通过节点区，梁内型钢与柱内型钢的连接，应符合钢结构的要求。

(2) 柱内钢骨在梁内型钢上、下翼缘高度处设置的水平加劲肋，其厚度应与梁端型钢翼缘等厚。

(3) 为确保梁纵筋的握裹力和混凝土的灌实，梁纵筋与平行方向型钢翼缘的净距 S 不应小于30mm，且不小粗骨料最大粒径的 1.5 倍（图 17-5）。

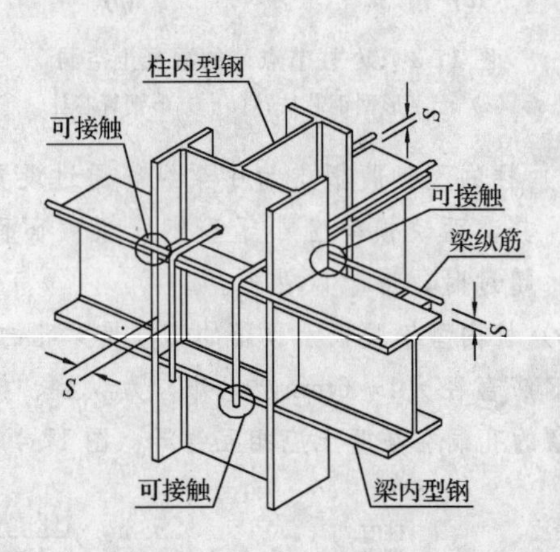

图 17-5　梁纵筋与平行型钢翼缘的净距

(4) 梁、柱钢骨的连接方式有二：

1) 工地焊接——梁内型钢翼缘与柱内型钢翼缘采用全熔透焊缝连接，梁的型钢腹板与焊于柱型钢翼缘上的竖板之间采用摩擦型高强螺栓连接（图 17-6*a*）。美国多采用此种连接方式。

2) 工地栓接——在工厂内，采用全焊缝连接将一小段钢梁（称悬臂梁段）焊于柱的钢骨上；在工地现场，采用高强螺栓将梁的钢骨与悬臂梁段相连接（图 17-6*b*）。此种连接方式多见于日本，其特点是，不需要在工地现场焊接，从而避免了工地焊接可能引起的焊缝品质不稳定。

(5) 型钢混凝土框架节点处的箍筋设置，比钢筋混凝土框架节点更困难，一种可行的方法是，采用四支 L 形箍筋组合而成，相互搭接处的焊缝长度不小于 10 倍箍筋直径。

(6) 当钢梁的腹板采用高强螺栓与型钢芯柱连接时（图 17-6*a*），节点设计应特别注意，钢梁腹板上的螺栓孔与柱箍筋穿过孔不要过于靠近，以免产生如图 17-7 所示的钢梁腹板撕裂现象。

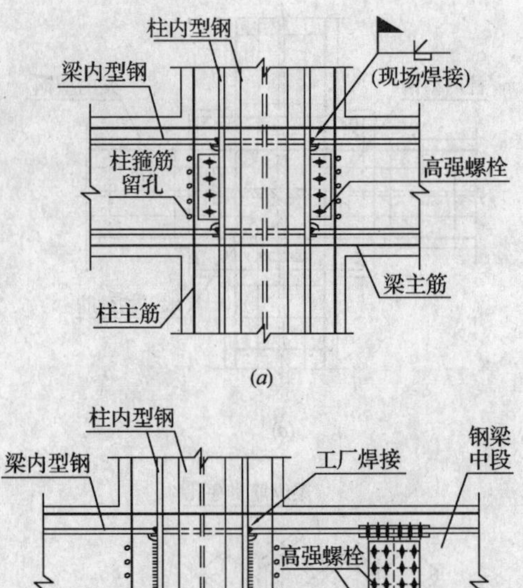

图 17-6　梁、柱型钢的连接方式

(*a*) 工地焊接；(*b*) 工地栓接

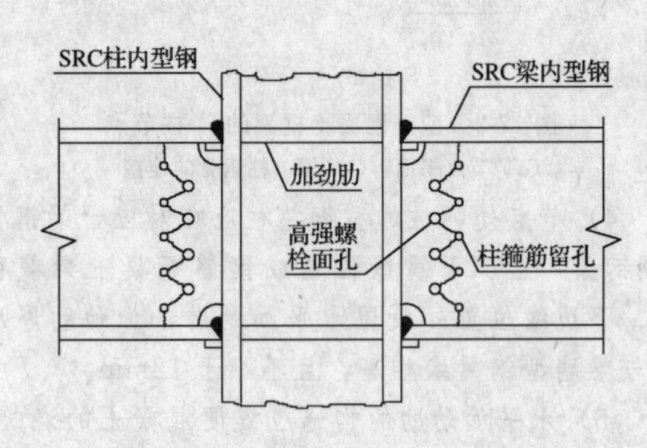

图 17-7　型钢混凝土梁的钢骨腹板预留孔之间的裂缝

(7) 柱的钢骨为十字形截面时，梁内型钢与柱内型钢的连接有以下四种方式：

1) 水平加劲肋（图 17-8*a*）——它是钢骨节点最常用的一种连接形式。优点是，应力传递平顺合理；缺点是，水平加劲肋妨碍混凝土的浇灌。

2) 三角形水平加劲肋（图 17-8*b*）——优点是改善了 (*a*) 形式的混凝土浇灌条件；缺点是应力传递效果较差，而且三角形加劲肋使柱钢骨腹板产生比较大的应力集中，需要进行强度验算。

3) 竖向加劲肋（图 17-8*c*）——优点是，混凝土易于浇灌；缺点是，应力传递不直接，梁翼缘应力要通过柱翼缘和竖向加劲肋进行二次传递。

4) 梁翼缘贯通式（图 17-8*d*）——作法是，

将上层和下层柱的钢骨翼缘切断后，焊到贯通的梁翼缘上。优点是，传力性能良好；缺点是，混凝土浇灌困难。

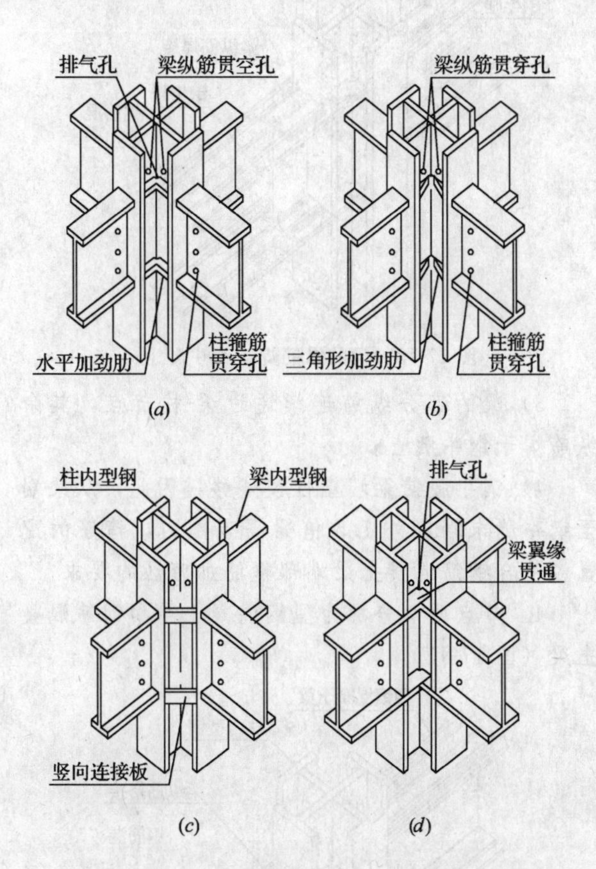

图 17-8 十字形柱钢骨的型钢梁、柱连接方式

(*a*) 水平加劲肋；(*b*) 三角形水平加劲肋

(*c*) 竖向加劲肋；(*d*) 梁翼缘贯通式

(8) 柱内钢骨采用方形或圆形钢管时，梁内型钢与柱内型钢的连接可采取下述四种方式之一。

1) 外隔板（图 17-9*a*）——在梁内型钢的上、下翼缘位置，焊接加宽的水平外隔板，方钢管内部无连接件，因而管内的混凝土浇筑方便，管外混凝土的浇筑则比较困难，设计许可时，最好在水平隔板上开孔。

2) 内隔板（图 17-9*b*）——在梁内型钢的上、下翼缘位置，于方钢管内部焊接开设较大孔洞的水平内隔板。优点是，传力直接，缺点是，管内混凝土浇筑困难。

3) 加劲环（图 17-9*c*）——在梁内型钢的上、下翼缘位置，于圆钢管内部焊接带有较大孔洞的内加劲环；或在圆钢管外部焊接外加劲环，与钢梁上、下翼缘焊接。

4) 贯通式隔板（图 17-9*d*）——在梁内型钢的上、下翼缘位置，于方钢管内部设置贯通式横隔板。

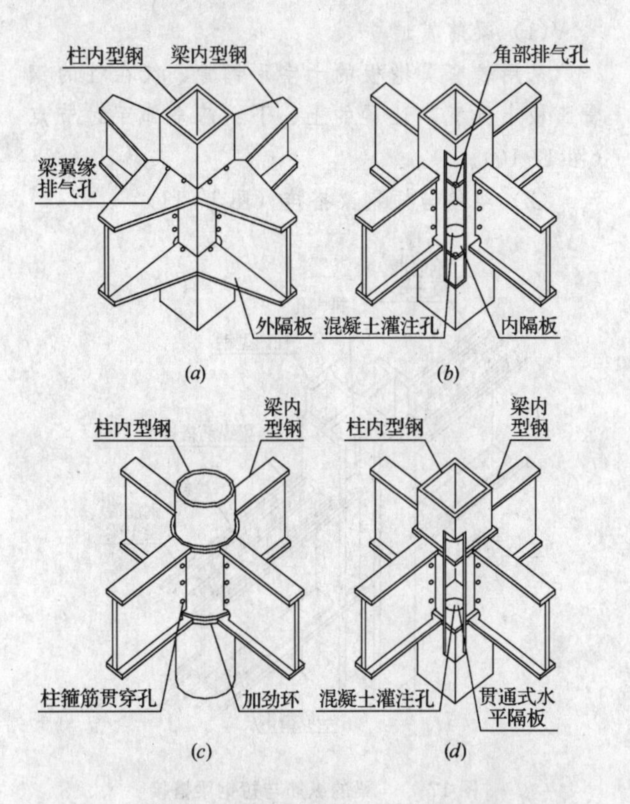

图 17-9 柱钢骨为钢管时的梁、柱型钢连接方式

(*a*) 外隔板；(*b*) 内隔板；(*c*) 加劲环；(*d*) 贯通式隔板

(9) 在跨度较大的框架结构中，当采用型钢混凝土梁和钢筋混凝土柱时，梁内型钢应伸入柱内，且应根据梁端受力状态采取可靠的支承和锚固措施，以确保型钢混凝土梁的端部内力合理地传递到柱内。条件许可时，宜在框架节点内设置一段型钢芯柱，用以与梁内型钢连接。

3. 钢筋混凝土梁

“钢筋混凝土梁-型钢混凝土柱”的框架节点，可采取下列几种连接方式。一般情况下，宜优先采取图 17-10 所示的梁上、下纵筋贯穿节点的连接方式。

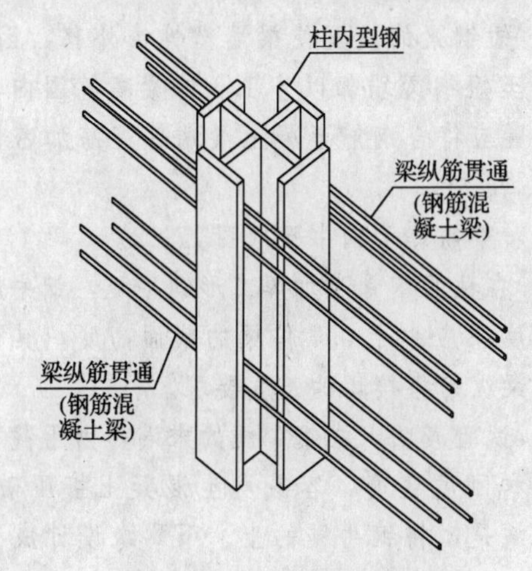

图 17-10 梁主筋穿过节点

(1) 梁筋贯通

采用较窄翼缘板的十字形钢骨，仅在柱的钢骨腹板上开孔，让梁的上、下纵筋全部穿过节点(图 17-10)。

(2) 梁筋与短钢梁搭接（图 17-11)

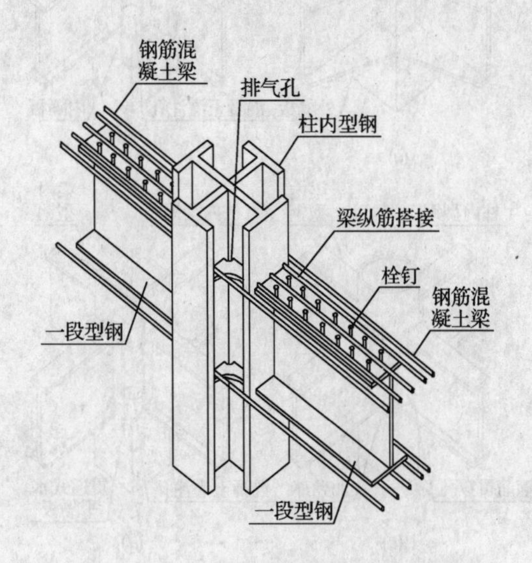

图 17-11 梁的纵筋与短钢梁搭接

1) 在柱的钢骨上加焊一段工形钢梁，并在短钢梁顶面加焊两排栓钉连接件。

2) 短钢梁的截面高度不应小于钢筋混凝土梁截面高度的 0.8 倍；长度不应小于钢筋混凝土梁截面高度的 2 倍，且不应小于梁纵筋搭接长度的要求。

3) 短钢梁上、下翼缘的栓钉，直径不应小于 19mm，间距不应大于 200mm，也不应小于 100mm，栓钉至钢骨板件边缘的距离不应小于 50mm。

4) 连续通过节点区的梁上、下纵筋截面面积，应分别不少于其总截面面积的 1/3，其余纵筋与短钢梁搭接。

5) 短钢梁的设置使梁端塑性铰外移，因此，从梁端至短钢梁端部以外 1.5 倍梁高范围内，箍筋的配置应符合钢筋混凝土梁端部箍筋加密区的要求。

(3) 梁筋焊于钢牛腿（图 17-12)

1) 在柱的钢骨上加焊工形钢牛腿，钢牛腿的截面高度不应小于 0.7 倍梁的截面高度，其长度应满足梁纵筋搭接焊的长度要求。

2) 试验表明，在钢牛腿的末端，由于截面的承载力和刚度突变，容易发生混凝土挤压破坏。改善措施是，将钢牛腿的上、下翼缘设计成变宽度，由根部向末端逐渐变窄。

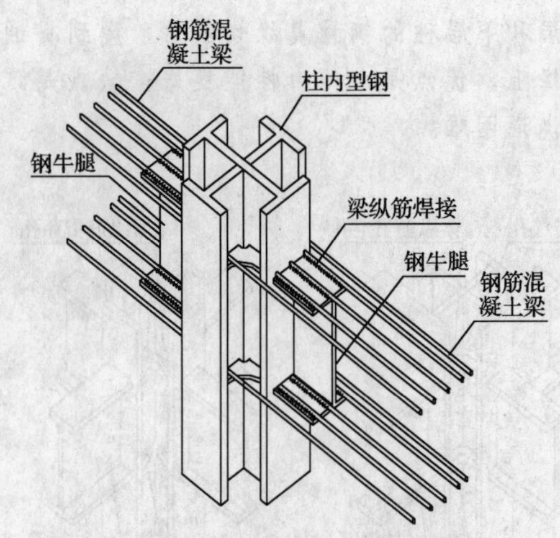

图 17-12 梁的纵筋焊于钢牛腿上

3) 梁的部分纵筋连续通过梁-柱节点，其余纵筋焊于钢牛腿上。

4) 钢牛腿使梁端塑性铰外移，因此，从梁端至钢牛腿末端以外 1.5 倍梁高范围内，箍筋的配置应符合钢筋混凝土梁端部箍筋加密区的要求。

4. 节点两侧分别为型钢混凝土梁和钢筋混凝土梁（图 17-13)

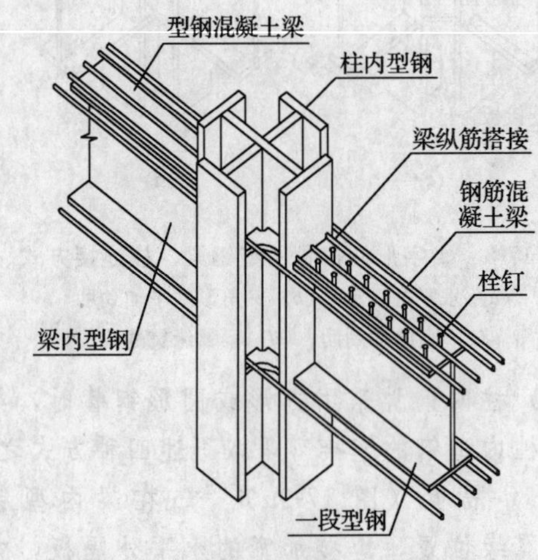

图 17-13 框架节点两侧分别为型钢混凝土梁和钢筋混凝土梁

(1) 构造要求

当柱采用型钢混凝土结构，节点一侧为型钢混凝土梁，另一侧为钢筋混凝土梁时，为了使节点两侧大梁及节点域的内力传递不致变化太大，构造上应符合下列要求：

1) 型钢混凝土梁内的钢骨，伸入邻跨钢筋混凝土梁内的长度不少于梁跨度的 1/4，且不小梁截面高度的2 倍。

2) 伸入钢筋混凝土梁内的一段钢骨，其上翼缘顶面和下翼缘底面应加焊两排栓钉，栓钉的直径不应小于 19mm，间距不大于 200mm；此外，栓钉至钢骨板件边缘的距离不应小于 50mm。

必要时，钢筋混凝土梁端部一段钢骨上的栓钉，也可按下一款的简单方法计算确定，但不得小于上述的构造要求。

3）钢筋混凝土梁的梁端至钢骨截断处以外2倍梁高范围内，箍筋的配置应符合钢筋混凝土梁端部箍筋加密区的要求。

4）此外，钢筋混凝土次梁与型钢混凝土主梁的连接，次梁的顶面、底面纵向钢筋均应穿过或绕过主梁内的型钢，进行锚固。

（2）栓钉计算

根据梁端钢骨达到受弯承载力 M_{yo}^{ss} 时的平衡条件（图17-14），钢骨上、下翼缘栓钉所承受的水平剪力设计值 V_{st} 可按下式计算：

$$V_{st}=\frac{M_{yo}^{ss}}{h_b^{ss}} \tag{17-13}$$

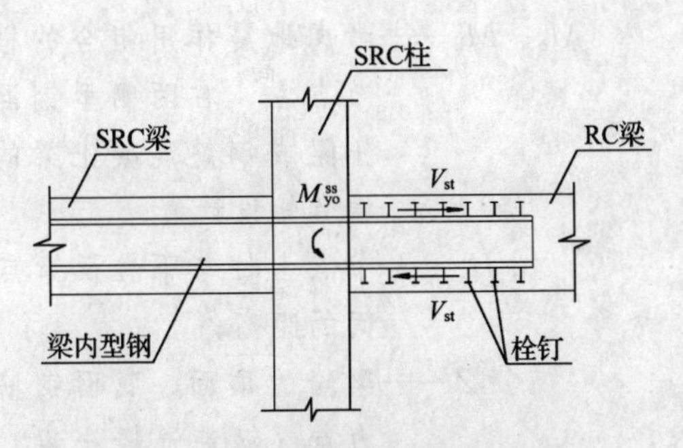

图 17-14　钢筋混凝土梁端部钢骨翼缘栓钉的受力状态

钢骨上翼缘或下翼缘需要设置的栓钉数量 n_{st} 为：

$$n_{st}=\frac{V_{st}}{N_{st}} \tag{17-14}$$

一根栓钉的受剪承载力 N_{st} 应按下式计算：

$$N_{st}=0.43A_{st}\sqrt{E_c f_c}\text{，且应符合 } N_{st}\leqslant 0.7A_{st}f_u^{st} \tag{17-15}$$

式中　h_b^{ss}——钢筋混凝土梁端部钢骨的截面高度；

A_{st}——栓钉钉杆的截面面积；

E_c、f_c——混凝土的弹性模量和轴心抗压强度；

f_u^{st}——栓钉钢材的极限抗拉强度最小值，但不得大于540N/mm²。

三、节点弯矩传递

1. 型钢混凝土框架节点梁与柱的连接，应能确保实现以下功能：

（1）梁端钢骨所承担的弯矩，安全地传递给柱内的钢骨；

（2）梁端钢筋混凝土部分所承担的弯矩，安全地传递给柱的外包钢筋混凝土部分。

2. 梁、柱内力的合理传递

（1）试验表明，由钢梁或型钢混凝土梁与型钢混凝土柱所组成的框架，若柱内型钢截面过小，使柱内型钢与梁内型钢的弯矩分配比值小于40%时，则不能充分发挥柱内型钢的抗弯能力；而且在低周往复荷载作用下，其荷载一位移滞回曲线将出现捏拢现象，耗能容量减小。

（2）由钢筋混凝土梁与型钢混凝土柱组成的框架，若柱的外包混凝土截面尺寸过小，同样会使型钢混凝土柱的外包钢筋混凝土部分的抗弯能力得不到充分发挥。在低周往复荷载作用下，节点的荷载一位移滞回曲线也将出现捏拢现象。

3. 梁端与柱端的承载力比值

由型钢混凝土柱与钢梁、型钢混凝土梁或钢筋混凝土梁组成的框架，梁端、柱端的型钢和外包混凝土的各自受弯承载力之和，应分别符合下列公式要求：

钢梁
$$0.5\leqslant\frac{\sum M_c^a}{\sum M_b^a}\leqslant 2.0 \tag{17-16}$$

型钢混凝土梁
$$0.5\leqslant\frac{\sum M_c^a}{\sum M_b^a}\leqslant 2.0\text{，且}\frac{\sum M_c^{rc}}{\sum M_b^{rc}}\geqslant 0.5 \tag{17-17}$$

钢筋混凝土梁
$$\frac{\sum M_c^{rc}}{\sum M_b^{rc}}\geqslant 0.5 \tag{17-18}$$

式中　$\sum M_c^a$——框架节点上、下柱端截面内部型钢受弯承载力之和；

$\sum M_b^a$——框架节点左、右梁端截面处钢梁或梁内型钢的受弯承载力之和；

$\sum M_c^{rc}$——框架节点上、下柱端的外包钢筋混凝土截面受弯承载力之和；

$\sum M_b^{rc}$——框架节点左、右梁端的钢筋混凝土截面受弯承载力之和。

4. 补救措施

（1）当构件设计不能满足式（17-16）或式（17-17）的要求时，应采取在钢骨上增设栓钉等措施，以改善钢骨的传力状况。

（2）构件设计不能满足式（17-18）的要求时，应该调整构件截面尺寸。

四、节点域抗剪强度验算方法（1）

行业标准JGJ 138—2001《型钢混凝土组合结构技术规程》，对型钢混凝土框架梁-柱节点的抗剪强度验算，作出如下具体规定。

1. 剪力设计值

为保证梁-柱节点域在梁端出现塑性铰时不发生剪切脆性破坏，由型钢混凝土柱与钢梁、型钢混凝土梁或钢筋混凝土梁组成的抗震等级为一、二级的框架，其梁-柱节点域（节点核心区）的剪力设计值 V_j，应按下列公式计算。

(1) 钢梁

1) 一级框架

顶层的中节点 $V_j=1.05\dfrac{M_{au}^{l}+M_{a}^{r}}{Z}$ (17-19)

其他楼层的中节点、边节点

$$V_j=1.05\frac{M_{au}^{l}+M_{au}^{r}}{Z}\left(1-\frac{Z}{H_c-h_a}\right) \quad (17\text{-}20)$$

$$Z=h_a-t_{af}$$

2) 二级框架

顶层的中节点 $V_j=1.05\dfrac{M_{a}^{l}+M_{a}^{r}}{Z}$ (17-21)

其他楼层的中节点、边节点

$$V_j=1.05\frac{M_{a}^{l}+M_{a}^{r}}{Z}\left(1-\frac{Z}{H_c-h_a}\right) \quad (17\text{-}22)$$

式中 M_{au}^{l}、M_{au}^{r}——框架节点左、右两侧钢梁的正截面受弯承载力，按钢梁的实际截面面积和钢材强度标准值计算确定；

M_{a}^{l}、M_{a}^{r}——框架节点左、右两则钢梁的梁端弯矩设计值；

H_c——节点上、下柱反弯点之间的距离；

Z——钢梁上、下翼缘合力点之间的距离；

h_a、t_{af}——钢梁的截面高度、翼缘厚度，当节点左、右两侧钢梁的截面高度不相等时，h_a 应取其平均值。

公式（17-19）～式（17-22）中的（$M_{au}^{l}+M_{au}^{r}$）和（$M_{a}^{l}+M_{a}^{r}$），均取“按顺时针或逆时针方向求和”两种情况的较大值。

(2) 型钢混凝土梁或钢筋混凝土梁

1) 一级框架

顶层的中节点

$$V_j=1.05\frac{M_{buE}^{l}+M_{buE}^{r}}{Z} \quad (17\text{-}23)$$

其他楼层的中节点、边节点

$$V_j=1.05\frac{M_{buE}^{l}+M_{buE}^{r}}{Z}\left(1-\frac{Z}{H_c-h_b}\right) \quad (17\text{-}24)$$

$$Z=h_b-a'_a-a_a\text{（型钢混凝土梁）}$$

$$Z=h_b-a'_s-a_s\text{（钢筋混凝土梁）}$$

2) 二级框架

顶层的中节点 $V_j=1.05\dfrac{M_{b}^{l}+M_{b}^{r}}{Z}$ (17-25)

其他楼层的中节点、边节点

$$V_j=1.05\frac{M_{b}^{l}+M_{b}^{r}}{Z}\left(1-\frac{Z}{H_c-h_b}\right) \quad (17\text{-}26)$$

式中 M_{buE}^{l}、M_{buE}^{r}——框架节点左、右两侧的型钢混凝土梁或钢筋混凝土梁的梁端，考虑承载力抗震调整系数后的正截面受弯承载力；按公式（16-10）和式（16-7）计算，并采用型钢和纵向受拉钢筋的实配截面面积和材料强度标准值；

M_{b}^{l}、M_{b}^{r}——考虑地震作用组合的框架节点左、右两侧型钢混凝土梁或钢筋混凝土梁的梁端弯矩设计值；

H_c——节点上柱与下柱反弯点之间的距离；

Z——梁端的顶面、底面钢筋合力点（钢筋混凝土梁）之间的距离或梁端的顶面钢筋加型钢上翼缘合力点与底面钢筋加型钢下翼缘合力点（型钢混凝土梁）之间的距离；

h_b——梁的截面高度，当节点两侧的梁高不等时，取其平均值。

a_s、a'_s、a_a、a'_a 等符号的含义，分别见公式（16-10）和图 16-15。

公式（17-23）～式（17-26）中的（$M_{buE}^{l}+M_{buE}^{r}$ 和（$M_{b}^{l}+M_{b}^{r}$），应分别按顺时针或逆时针方向计算，并取其较大值。

2. 节点域计算宽度

抗震设防的框架，其梁-柱节点域受剪水平截面的计算宽度 b_j，按下列公式确定。

(1) 梁、柱中心线相交时

当 $b_b\geqslant\frac{1}{2}b_c$ 时，取 $b_j=b_c$

当 $b_b<\frac{1}{2}b_c$ 时，b_j 取 b_c 和（$b_b+0.5h_c$）二者的较小者。

(2) 梁、柱中心线不重合且偏心距 $e_0 \leqslant \frac{1}{4}b_c$ 时，b_j 取 b_c、$(b_b+0.5h_c)$ 和公式（17-27）三者中的最小值。

$$b_j=\frac{1}{2}(b_b+b_c)+0.25h_c-e_0 \quad (17\text{-}27)$$

式中 b_b、b_c、h_c——验算方向的梁截面宽度、柱截面宽度、柱截面高度。

3. 节点域剪压比

(1) 为防止梁-柱节点因截面尺寸过小，节点域混凝土因承受过大斜压应力而破碎，需要控制节点域的剪压比。试验表明，对于低周往复荷载作用下的节点，还应乘以系数 0.8。

(2) 考虑地震作用组合的框架，其梁-柱节点域受剪水平截面的剪力设计值 V_j，应满足下式要求：

$$V_j \leqslant \frac{1}{\gamma_{RE}}(0.4\eta_j b_j h_j \alpha_c f_c) \quad (17\text{-}28)$$

式中 η_j——垂直于验算方向的梁对节点的约束影响系数，对两个正交方向有梁约束的中间节点，当梁宽均大于同方向柱宽的1/2，且垂直于验算方向的梁截面高度不小于验算方向梁截面高度的3/4时，取 $\eta_j=1.5$；其他情况的节点，取 $\eta_j=1.0$；

b_j——节点域受剪水平截面的计算宽度，按上面第2款的规定计算；

h_j——节点域受剪水平截面的截面高度，取等于抗剪验算方向的柱截面高度 h_c；

α_c——高强混凝土的强度折减系数，按表16-7的规定取值；

f_c——混凝土的抗压强度设计值；

γ_{RE}——型钢混凝土框架节点斜截面承载力抗震调整系数，按表16-5的规定，取 $\gamma_{RE}=0.85$。

4. 节点域受剪承载力

(1) 试验表明：① 节点域的受剪承载力，由混凝土、箍筋和型钢三部分提供；② 由于型钢的约束作用，混凝土的受剪承载力增大；③ 承担剪力的节点域"斜压杆"截面面积，随柱端轴压力的增大而加大，但轴压力的有利作用，限制在 $0.5b_c h_c f_c$ 范围内。

(2) 强烈地震时，高层框架柱的轴力可能减小，甚至出现拉力；因此，对于抗震等级为一级的框架，不考虑柱端轴压力 N 对节点域混凝土受剪承载力的有利影响。

(3) 由型钢混凝土柱与不同结构类型的梁所组成的框架节点，其梁端内力向柱端传递的途径各不相同，节点域的受力状况和受剪承载力也有差异。

(4) 由型钢混凝土柱与钢梁、型钢混凝土梁或钢筋混凝土梁所组成的抗震等级为一、二级的框架，其梁-柱节点域的受剪承载力，应按下列公式验算。

1) 钢梁

一级框架

$$V_j \leqslant \frac{1}{\gamma_{RE}}\left[0.25\phi_j\eta_j b_j h_j \alpha_c f_c + \frac{A_{sv}}{S}(h_0-a'_s)f_{yv}+0.58t_w h_w f_a\right] \quad (17\text{-}29)$$

二级框架

$$V_j \leqslant \frac{1}{\gamma_{RE}}\left[\left(0.25+0.05\frac{N}{b_c h_c f_c}\right)\phi_j\eta_j b_j h_j \alpha_c f_c + \frac{A_{sv}}{S}(h_0-a'_s)f_{yv}+0.58t_w h_w f_a\right] \quad (17\text{-}30)$$

2) 型钢混凝土梁

一级框架

$$V_j \leqslant \frac{1}{\gamma_{RE}}\left[0.3\phi_j\eta_j b_j h_j \alpha_c f_c + \frac{A_{sv}}{S}(h_0-a'_s)f_{yv}+0.58t_w h_w f_a\right] \quad (17\text{-}31)$$

二级框架

$$V_j \leqslant \frac{1}{\gamma_{RE}}\left[\left(0.3+0.05\frac{N}{b_c h_c f_c}\right)\phi_j\eta_j b_j h_j \alpha_c f_c + \frac{A_{sv}}{S}(h_0-a'_s)f_{yv}+0.58t_w h_w f_a\right] \quad (17\text{-}32)$$

3) 钢筋混凝土梁

一级框架

$$V_j \leqslant \frac{1}{\gamma_{RE}}\left[0.14\phi_j\eta_j b_j h_j \alpha_c f_c + \frac{A_{sv}}{S}(h_0-a'_s)f_{yv}+0.2t_w h_w f_a\right] \quad (17\text{-}33)$$

二级框架

$$V_j \leqslant \frac{1}{\gamma_{RE}}\left[\left(0.14+0.05\frac{N}{b_c h_c f_c}\right)\phi_j\eta_j b_j h_j \alpha_c f_c + \frac{A_{sv}}{S}(h_0-a'_s)f_{yv}+0.2t_w h_w f_a\right] \quad (17\text{-}34)$$

式中 ϕ_j——节点位置影响系数，中间楼层的中柱节点，取 $\phi_j=1.0$；中间楼层的边柱节点及顶层中节点，取 $\phi_j=0.7$；顶层边节点，取 $\phi_j=0.4$；

N——考虑地震作用组合时框架节点上柱底端的轴向压力设计值，当 $N>0.5b_ch_cf_c$ 时，取 $N=0.5b_ch_cf_c$；

t_w、h_w——柱的型钢芯柱的腹板厚度和腹板截面高度；

A_{sv}——配置在框架节点域计算宽度 b_j 范围内的、同一水平截面内平行于验算方向各肢箍筋的总截面面积；

S、f_{sv}——节点内箍筋的竖向间距、抗拉强度设计值；

f_a——型钢的抗拉强度设计值。

η_j、b_j、h_j、h_o、α_c、f_c、γ_{RE} 等符号的含义，见公式（17-28）说明；a_s'的含义，见图 16-15。

五、节点域抗剪强度验算方法（2）

行业标准 YB 9082—97《钢骨混凝土结构设计规范》，对型钢混凝土框架的梁-柱节点，给出如下的抗剪强度验算方法。

1. 梁、柱节点剪力设计值

（1）计算公式

水平地震作用下的多层多跨框架，假定其梁、柱的反弯点位于各自的跨度中点（图 17-15），根据平衡条件，作用于框架节点核心区的剪力 V_j，可按下式计算：

$$V_j=\frac{M_{b,l}+M_{b,r}}{h_{b0}}-V_c=\frac{M_{b,l}+M_{b,r}}{h_{b0}}-V_b\frac{L}{H}$$

$$=\frac{M_{b,l}+M_{b,r}}{h_{b0}}-\frac{M_{b,l}+M_{b,r}}{L_n}\cdot\frac{L}{H}$$

$$=\frac{M_{b,l}+M_{b,r}}{h_{b0}}\cdot\frac{1}{H}\left(H-h_{b0}\frac{L}{L_n}\right)$$

$$\approx\frac{M_{b,l}+M_{b,r}}{h_{b0}}\cdot\frac{H_n}{H}\qquad(17\text{-}35)$$

（2）设计规定

采用型钢混凝土柱的框架，其梁-柱节点域（核心区）的剪力设计值 V_j，依其框架梁的不同结构类型，分别按下列公式计算：

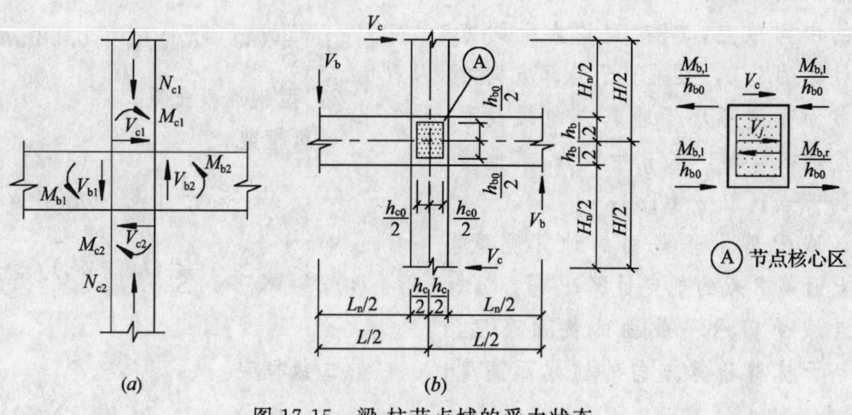

图 17-15　梁-柱节点域的受力状态

(a) 梁端、柱端内力；(b) 框架节点剪力

1）无地震作用组合或 6～8 度抗震设防的有地震作用组合

钢框架梁

$$V_j=\alpha_E\cdot\frac{M_{b,l}+M_{b,r}}{h_b}\cdot\frac{H_n}{H}\qquad(17\text{-}36)$$

型钢混凝土或钢筋混凝土框架梁

$$V_j=\alpha_E\cdot\frac{M_{b,l}+M_{b,r}}{h_b-2a_b}\cdot\frac{H_n}{H}\qquad(17\text{-}37)$$

2）9 度抗震设防的有地震作用组合

钢框架梁

$$V_j=1.1\frac{M_{bu,l}+M_{bu,r}}{h_b}\cdot\frac{H_n}{H}\qquad(17\text{-}38)$$

型钢混凝土或钢筋混凝土框架梁

$$V_j=1.1\frac{M_{bu,l}+M_{bu,r}}{h_b-2a_b}\cdot\frac{H_n}{H}\qquad(17\text{-}39)$$

式中　α_E——抗震系数，无地震作用组合时，取 1.0；7、8 度设防且有地震作用组合时，取 1.1；

H、H_n——分别为层高和框架柱的净高，当框架节点左、右梁端截面高度不等时，柱净高 H_n 应取较小值；

h_b——框架梁的截面高度；

a_b——框架梁受拉纵向钢筋形心至梁截面受拉边缘的距离；

$M_{b,l}$、$M_{b,r}$——分别为框架节点左、右梁端截面的弯矩设计值，按顺时针或逆时针方向分别代入公式（17-36）或式（17-37），并取两者中的较大值；

$M_{bu,l}$、$M_{bu,r}$——分别为框架节点左、右梁端截面

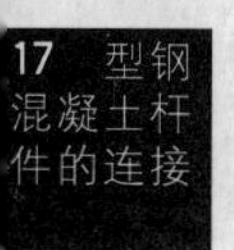

按实配钢骨和钢筋并计入抗震调整系数的极限受弯承载力，按顺时针或逆时针方向分别代入公式（17-38）或式（17-39），并取两种情况计算结果的较大值。

计算 $M_{bu,l}$ 和 $M_{bu,r}$ 时，应采用钢骨的屈服强度及钢筋、混凝土材料强度的标准值，按第16章公式（16-15）或式（16-16）取等号进行计算。

2. 节点域受剪承载力验算

（1）设计原则

根据结构试验，对于型钢混凝土框架节点域的受剪承载力验算，采取以下设计原则和计算数据。

1）在正常使用荷载下，节点域不产生剪切裂缝。

2）在地震作用下，节点域可以产生剪切裂缝，但不发生剪切破坏。

3）节点域的受剪承载力，取钢骨部分与钢筋混凝土部分受剪承载力之和。

4）按节点域产生斜裂缝时，混凝土剪切应变与钢骨腹板剪切应变相等的条件，将钢骨腹板截面面积折算为混凝土截面面积，换算系数取15。

5）计算时，节点域的有效宽度取柱宽，节点域产生斜裂缝时的剪应力 τ，近似地取为 $\tau=f_t\approx 0.1f_c$。

6）钢骨腹板的受剪承载力，近似地按纯剪情况取值。

7）十字形、T形、L形节点，其节点域混凝土的极限剪应力分别为 $0.3f_c$、$0.2f_c$、$0.1f_c$。

（2）计算公式

型钢混凝土框架的梁-柱节点，其受剪承载力应满足下列要求：

无地震作用组合

$$V_j \leqslant 0.1\alpha_c f_c b_c h_j\left(1+\frac{15t_w h_w}{b_c h_j}\right) \quad (17\text{-}40)$$

有地震作用组合

$$V_j \leqslant \frac{1}{\gamma_{RE}}\left(0.1\delta_j\alpha_c f_c b_j h_j+\frac{f_{yv}A_{sv}}{S}h_j+f_{ssv}t_w h_w+0.1N_c^{rc}\right) \quad (17\text{-}41)$$

公式（17-41）的等号右边，第一项为节点域混凝土的抗剪能力；第二项为箍筋的抗剪能力；第三项为柱钢骨腹板的抗剪能力；第四项为轴压力对节点域抗剪能力的提高作用。

式中 b_c、h_c——型钢混凝土框架柱的截面宽度和截面高度；

t_w、h_w——框架柱内平行于受力方向的钢骨腹板的厚度和截面高度，对于柱的十字形钢骨，在公式（17-40）中，$t_w h_w$ 可计入与腹板方向相同的翼缘截面面积，在公式（17-41）中，当节点域的受剪截面宽度 b_j 大于钢骨宽度时，$t_w h_w$ 可计入与腹板方向相同的翼缘截面面积；

b_j——节点域的受剪截面宽度，按下列情况确定：①钢框架梁，$b_j=b_c/2$；②型钢混凝土或钢筋混凝土框架梁，$b_j=(b_b+b_c)/2$；③当框架梁与框架柱轴线存在偏心距 e_o 时，在①和②的计算式中，取 (b_c-2e_o) 代替 b_c；

h_j——节点域的受剪截面高度，$h_j=h_c-2a_c$；

a_c——框架柱受拉竖向钢筋截面形心至受拉边缘的距离；

N_c^{rc}——型钢混凝土柱的钢筋混凝土部分所承担的轴力，当 $N_c^{rc}>0.5f_c b_c h_c$ 时，取 $N_c^{rc}=0.5f_c b_c h_c$；

δ_j——框架节点平面形状系数，十字形节点，$\delta_j=3$；T形节点，$\delta_j=2$；L形节点，$\delta_j=1$；

f_{yv}——节点域箍筋的抗拉强度设计值；

A_{sv}——节点域同一水平截面内箍筋各肢截面面积之和；

S——节点域内箍筋的间距；

α_c——高强混凝土的强度折减系数，按表16-7的规定取值；

f_c——混凝土的轴心抗压强度设计值；

f_{ssv}——柱内钢骨腹板的抗剪强度设计值，按第1章表1-2的规定取值。

六、节点加劲肋强度验算

当柱钢骨与梁钢骨上、下翼缘连接处设置的水平加劲肋，属非贯通式加劲肋（图17-16）或非充满型加劲肋（图17-17），则应按下列方法验算加劲肋和柱钢骨腹板的强度。

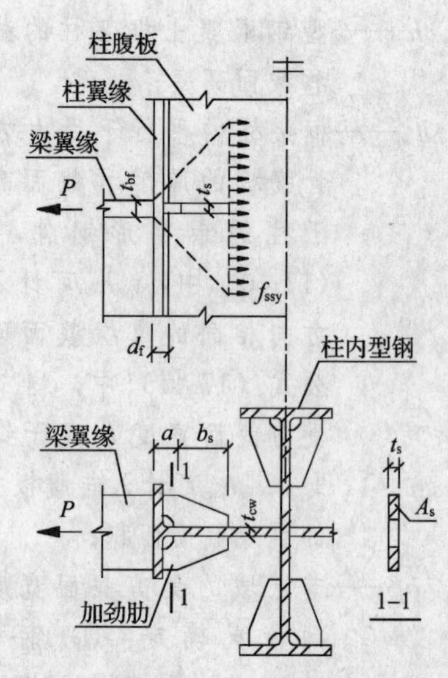

图 17-16　梁-柱节点非贯通式加劲肋

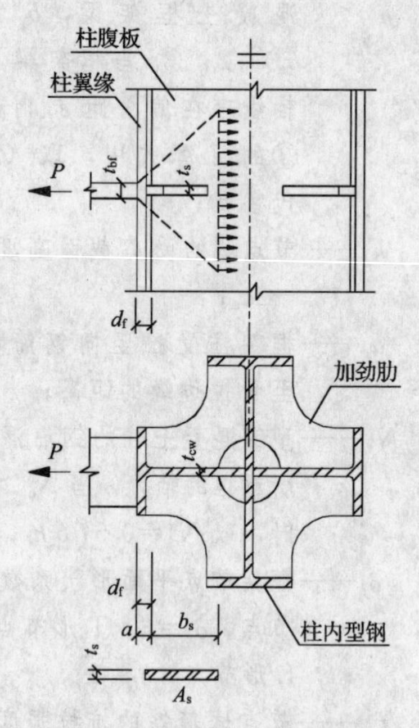

图 17-17　梁-柱节点非充满型加劲肋

1. 加劲肋的截面面积 A_s 应满足下列条件式：

$$P = f_{ss}A_{sf} \tag{17-42}$$

$$A_s \geqslant \frac{1}{f_{ss}}\left[P - f'_{ss}t_{cw}\ (t_{bf} + 5d_f)\right] \tag{17-43}$$

2. 为保证加劲与柱钢骨腹板的连接焊缝具有足够长度，加劲肋的长度 b_s 应按下式计算：

$$b_s = \frac{\sqrt{3}}{2} \cdot \frac{A_s}{t_s} \tag{17-44}$$

3. 为了避免柱钢骨腹板因过度应力集中而发生局部破坏，柱的钢骨腹板厚度 t_{cw} 应满足下列条件式：

$$t_{cw} \geqslant \frac{P}{f_{ss}[t_{bf} + 2(a + b_s)]} \tag{17-45}$$

式中　P——由梁钢骨翼缘作用于柱钢骨翼缘的集中力；

t_{bf}、A_{sf}——梁钢骨翼缘的厚度和截面面积；

t_s——节点水平加劲肋的板厚；

d_f——柱钢骨翼缘外表面至腹板圆弧截止处（图 17-17）或角焊缝前端（图 17-16）的距离，参见图 17-27；

f_{ss}、f'_{ss}——分别为柱钢骨腹板的抗拉强度和腹板前端的抗压强度；

a、b_s 等符号的含义，见图 17-16 和图 17-17。

柱与柱的连接

一、地震经验

震害表明，由结构下部的型钢混凝土柱直接转变为结构上部的钢柱或钢筋混凝土柱的楼层，由于材料和刚度的突变，结构往往产生较严重的破坏。因此，对于这类混合结构，应该设置过渡层。

二、钢筋混凝土柱的过渡层

在各种结构体系中，当结构的下部采用型钢混凝土柱、上部采用钢筋混凝土柱时，两者之间应设置过渡层（图 17-18）。由下部型钢混凝土柱转变为钢筋混凝土柱的第一层称为过渡层，过渡层的设计应符合下列要求：

1. 柱身构造要求

（1）下层型钢混凝土柱内的钢骨（型钢芯柱），应伸至过渡层顶部框架梁的顶面高度处，过渡层柱内的钢骨截面尺寸可适当减小，一般可按构造要求设置。

（2）为保证下层型钢混凝土柱内钢骨的内力，平稳可靠地向上层钢筋混凝土柱传递，过渡层柱的钢骨翼缘上应设置栓钉（图 17-18），栓钉的直径不应小于 19mm，水平和竖向中心距不应大于 200mm，栓钉至钢骨板件边缘的距离，不应大于 100mm，也不宜小于 50mm。必要时，栓钉数量可按下一款方法或其他可靠方法计算确定，但实际配置数量不得少于上述的构造要求。

（3）过渡层柱的竖向钢筋应按钢筋混凝土柱计算，不考虑其中钢骨的作用。

（4）过渡层柱沿柱全高的箍筋配置，应符合 JGJ 3—2002《高层建筑混凝土结构技术规程》关于钢筋混凝土柱端箍筋加密区段的规定。

2. 钢骨栓钉计算

（1）栓钉剪力设计值的计算

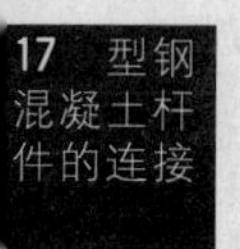

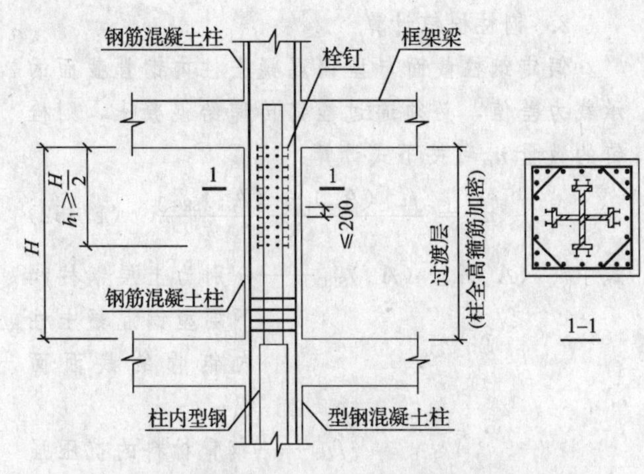

图 17-18 钢筋混凝土柱与型钢混凝土柱的过渡层

1）第一种思路——假定柱底钢骨截面达到屈服弯矩 M_{y0}^{ss}，该弯矩由柱底钢骨剪力产生的抵抗矩和栓钉提供的剪力来平衡（图 17-19）。钢骨侧面支承力的合力取柱底截面钢骨的受剪承载力 V_y^{ss}，其合力作用点到柱底截面的距离为（1/2～2/3）H；根据钢筋混凝土柱内钢骨的平衡条件，可以推导出：

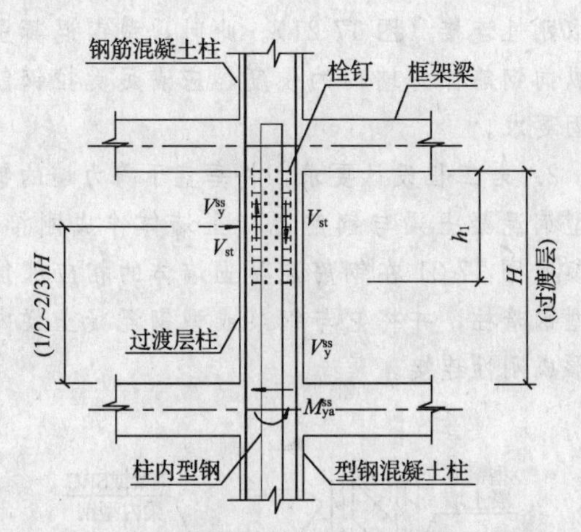

图 17-19 钢筋混凝土柱过渡层的栓钉计算

钢骨一侧翼缘栓钉所承受的剪力设计值 V_{st} 为

$$V_{st}=\frac{M_{y0}^{ss}-\beta V_y^{ss}H}{h_c^{ss}} \tag{17-46}$$

式中 M_{y0}^{ss}——过渡层柱底截面处钢骨的受弯承载力；

V_y^{ss}——过渡层柱底截处钢骨的受剪承载力，按公式（16-159）计算；

β——钢骨侧面支承力合力作用点的位置系数，可取 1/2～2/3；

H、h_c^{ss}——分别为过渡层柱的净高度和柱内钢骨的截面高度。

2）第二种思路——认为柱内钢骨承担的轴力，是通过栓钉传递到混凝土。钢骨承担的轴力按钢骨和钢筋混凝土的承载力比例分配。设型钢混凝土柱上端承受的轴力为 N，则过渡层柱底截面处钢骨所承受的压力 N_c^{ss}，可按下式计算：

$$N_c^{ss}=\frac{f_{ss}A_{ss}}{f_{ss}A_{ss}+f_cA_c}N \tag{17-47}$$

设 n_f 为过渡层柱内钢骨可焊接栓钉的翼缘数量，则钢骨每侧翼缘栓钉所承受的剪力设计值 V_{st} 为

$$V_{st}=\frac{N_c^{ss}}{n_f} \tag{17-48}$$

式中 A_c、A_{ss}——过渡层钢筋混凝土柱的混凝土截面面积和柱内钢骨截面面积；

f_c、f_{ss}——混凝土的轴心抗压强度设计值和钢骨的抗压强度设计值。

（2）栓钉数量

1）栓钉剪力设计值的取值

钢骨每侧翼缘栓钉所承受的剪力设计值 V_{st}，取按公式（17-46）和式（17-48）两者计算结果的较大值。

2）每侧翼缘栓钉数量

过渡层钢筋混凝土柱的内部钢骨，其每侧翼缘上的栓钉数量 n_{st}，可按下式计算：

$$n_{st}=\frac{V_{st}}{N_{st}} \tag{17-49}$$

$$N_{st}=0.43A_{st}\sqrt{E_cf_c}\text{，且应符合 }N_{st}\leqslant 0.7A_{st}f_u^{st} \tag{17-50}$$

式中 A_{st}、N_{st}——单根栓钉的钉杆截面面积和受剪承载力；

E_c、f_c——混凝土的弹性模量和轴心抗压强度设计值；

f_u^{st}——栓钉钢材的极限抗拉强度最小值，但不得大于 540N/mm²，采用 Q235 号钢制作的栓钉，按表 16-3 规定，取 $f_u^{st}=400N/mm^2$。

三、钢柱的过渡层

在各种结构体系中，当结构的上部采用钢柱、下部采用型钢混凝土柱时，两者之间应设置结构过渡层。过渡层的设计应符合下列要求。

1. 柱身构造要求

（1）过渡层的钢柱应按钢结构设计，其截面尺寸应不小于过渡层上一层的钢柱截面尺寸，并应按构造要求外包钢筋混凝土（图 17-20）；但计算过渡层的承载力时，仅按钢柱截面计算，不考虑外包钢筋混凝土截面的作用。

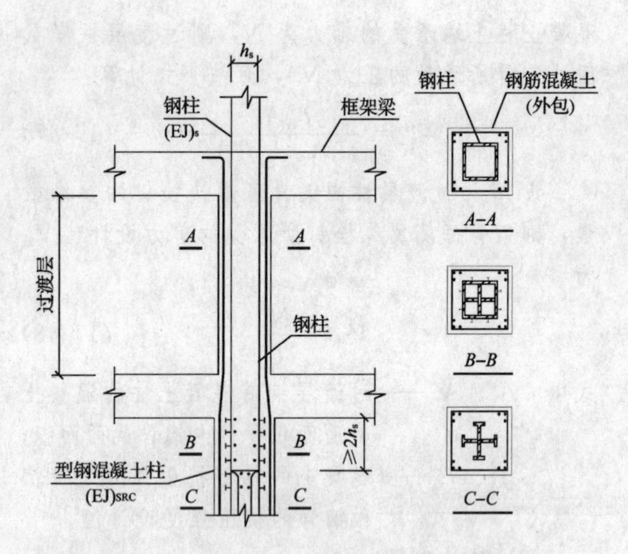

图 17-20　钢柱与型钢混凝土柱的过渡层

(2) 过渡层的钢柱，应向下伸入下一层型钢混凝土柱内，直至下层框架梁底面以下 2 倍钢柱截面高度处，并与该楼层型钢混凝土柱内的钢骨相连接，以便将钢柱的内力传递到过渡层以下的型钢混凝土柱内。

(3) 当楼房上部钢结构采用方（圆）形钢管时，过渡层下一楼层型钢混凝土柱内十字形钢骨的十字形腹板，应伸入钢管内不少于一倍钢柱截面高度，并相互焊接。

(4) 过渡层下一楼层型钢混凝土柱沿全高配置的箍筋，应符合钢筋混凝土柱端部加密箍筋的规定。

(5) 伸入下一层型钢混凝土柱内的一段钢柱，其翼缘上应设置栓钉，栓钉的直径不应小于 19mm，水平和竖向间距不应大于 200mm，栓钉至钢骨板件边缘的距离不应大于 100mm，也不宜小于 50mm。

必要时，栓钉的数量可按下一款方法或其他可靠方法计算，但栓钉的实际设置数量，不得少于上述的构造要求。

(6) 由型钢混凝土柱向上部钢柱过渡时，楼层侧移刚度应逐渐减小，因此，过渡层的钢柱外包钢筋混凝土后，其整体截面刚度$\overline{EJ}$应为下部型钢混凝土柱截面刚度 $(EJ)_{SRC}$ 与上部钢柱截面刚度 $(EJ)_s$ 的中间值。一般取：

$$\overline{EJ}=(0.4\sim0.6)[(EJ)_{SRC}+(EJ)_s] \tag{17-51}$$

(7) 过渡层钢柱的外包混凝土厚度，按刚度要求确定，但不应小于 50mm，外包混凝土的配箍可按构造要求确定。

2. 钢柱栓钉计算

假定钢柱截面与型钢混凝土柱内钢骨截面的承载力差值，必须通过栓钉传递给混凝土，则栓钉的数量 n_{st} 可按下式计算：

$$n_{st}=\frac{f_{ss}[(A_{ss})_s-(A_{ss})_{SRC}]}{N_{st}} \tag{17-52}$$

式中　$(A_{ss})_s$、$(A_{ss})_{SRC}$——分别为上层钢柱和下层型钢混凝土柱内钢骨的截面面积；

f_{ss}——钢骨材料的抗压强度设计值；

N_{st}——一根栓钉的受剪承载力。

梁与墙的连接

一、刚接

1. 在型钢混凝土结构中，钢梁或型钢混凝土梁内钢骨与型钢混凝土墙内型钢暗柱的连接，宜采取刚性连接（图 17-21）。此时，型钢混凝土梁内纵向钢筋伸入墙内的长度，应满足受拉钢筋的锚固要求。

2. 若工程设计要求，将垂直于剪力墙的钢梁或型钢混凝土梁与钢筋混凝土墙体作成刚接时，应参照图 17-21 在钢筋混凝土墙体的相应部位设置型钢暗柱，并将它与钢梁或型钢混凝土梁内钢骨形成刚性连接。

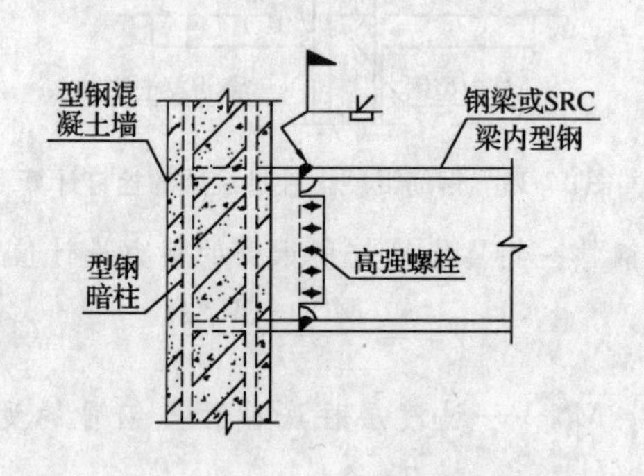

图 17-21　钢梁、型钢混凝土梁与型钢混凝土墙的刚性连接

二、铰接

1. 钢梁或型钢混凝土梁内钢骨与钢筋混凝土墙体的连接，一般情况下宜作成铰接，其节点有以下三种连接方式：

(1) 在钢筋混凝土墙的对应部位安设预埋件，采用高强螺栓，将钢梁或型钢混凝土梁内钢骨的腹板与焊在预埋件上的竖向钢板相连接（图 17-22*a*、*b*）。

(2) 在钢筋混凝土墙内设置预埋件，并在预埋件上加焊钢支托（钢牛腿），以支承钢梁或型钢混凝土梁。

(3) 当钢筋混凝土墙体较厚时，也可采取类似于钢梁在柱顶的支座连接方式，把钢梁或型钢混凝土梁搁置于墙窝内（图 17-22*c*）。

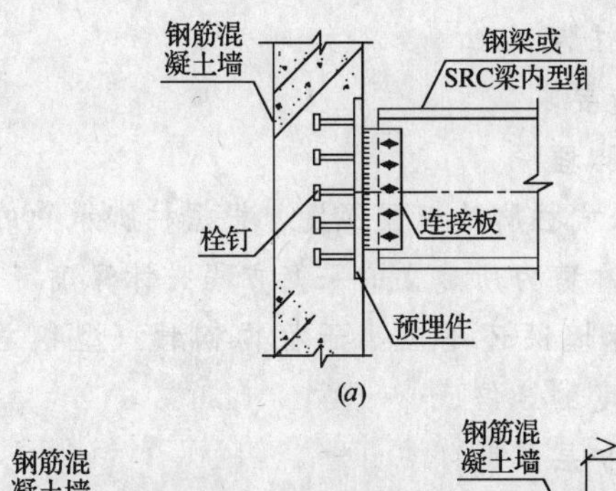

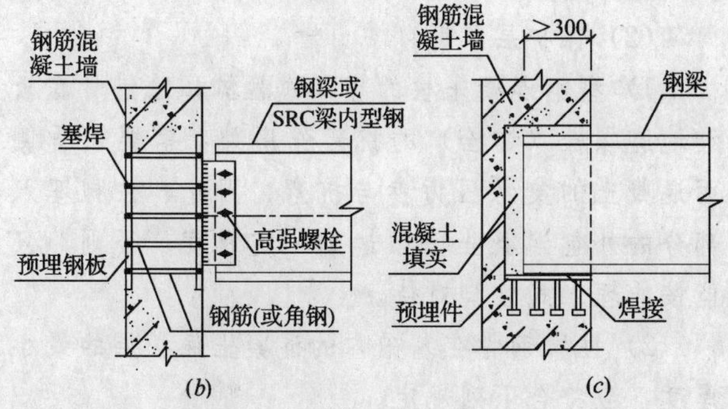

图 17-22 钢梁或型钢混凝土梁与钢筋混凝土墙的铰接构造
(*a*) 栓钉锚件；(*b*) 钢筋加锚板；(*c*) 搁置于墙窝内

2. 构造要求

(1) 不论是刚接还是铰接，型钢混凝土梁外包混凝土内的纵向钢筋均应伸入钢筋混凝土墙体内，其锚固长度以及梁与墙连接处的箍筋配置，均应符合 GB 50010—2002《混凝土结构设计规范》的规定。

(2) 预埋件背面的焊接栓钉，其数量按计算确定。

3. 作用于铰接节点预埋件上的弯矩设计值 M 和剪力设计值 V（图 17-23），按下列方法确定：

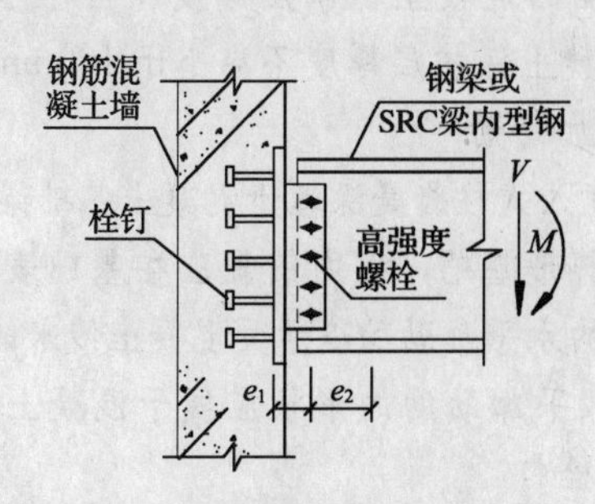

图 17-23 作用于铰接支座处预埋件上的剪力和弯矩

(1) 弯矩设计值

钢梁腹板与墙内预埋件竖向连接板之间采用高强螺栓连接时，预埋件除承受高强螺栓传来的竖向剪力 V 之外，还要承受由高强螺栓中心线相对于预埋件内表面的偏心所引起的附加弯矩，以及螺栓连接的嵌固作用所产生的弯矩。

预埋件承受的总弯矩，即作用于预埋件上的弯矩设计值 M，按下式计算：

$$M = M_1 + M_2 = V(e_1 + e_2) = V \cdot e \tag{17-53}$$

式中 M_1——高强螺栓群形心对预埋件的偏心所产生的主弯矩；

M_2——螺栓群嵌固等因素引起的附加弯矩；

V——预埋件的剪力设计值，即由钢梁或型钢混凝土梁内钢骨传来的竖向剪力；

e_1——高强螺栓中心线到预埋件背面的水平距离；

e_2——折算偏心距，按下一款规定计算；

e——计算偏距，$e=e_1+e_2$。

(2) 折算偏心距的计算

1) 计算公式

折算偏心距 e_2 的数值，主要取决于高强螺栓群的总受剪面积和截面惯性矩，可通过试算法按下列公式计算：

$$V = kA_{sb} \tag{17-54}$$

$$k = \alpha\left(\frac{I_{sb}}{41.62}\right)^{\beta} \tag{17-55}$$

$$\alpha=\frac{0.64e_2-84.8}{1-0.4724e_2} \tag{17-56}$$

$$\beta = 0.296 + 0.0232e_2 - 0.54 \times 10^{-3} e_2^2 - 0.44 \times 10^{-5} e_2^3 \tag{17-57}$$

式中 V——预埋件的剪力设计值，以 10kN 为单位；

k——与螺栓群截面惯性矩及折算偏心距有关的常数；

A_{sb}——高强螺栓群的总受剪截面面积（cm^2）；

I_{sb}——高强螺栓群的截面惯性矩（cm^4）；

e_2——螺栓群嵌固作用等因素的折算偏心距，以 cm 计。

2) 计算步骤

(*a*) 先由式（17-54），计算出 k 值。

(*b*) 联立求解 k、α、β 三个公式，即可求得 e_2。

3）计算图表

（a）上述一组公式不是直接运算公式，计算起来比较麻烦。图 17-24 是根据公式（17-55）～式（17-57）绘制成的 $k-I_{sb}-e_2$ 列线图。

（b）先由公式（17-54）计算出 k 值，再利用 k 值和 I_{sb} 值，查图 17-24，即可得到折算偏心距 e_2。

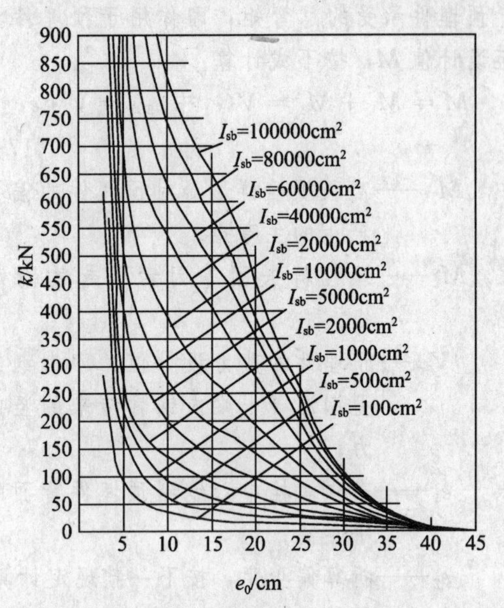

图 17-24　折算偏心距 e_2 列线图

4. 栓钉的受剪承载力可按式（17-50）计算。

柱脚

一、柱脚类型

1. 型钢混凝土柱的柱脚可分为：① 埋入式柱脚（图 17-25）；② 非埋入式柱脚（图 17-26）。一般情况下宜采用埋入式柱脚。

2. 在抗震设防的结构中，当型钢混凝土柱的柱脚设置在刚度较大的地下室顶板以上时，应采用埋入式柱脚。

3. 若型钢混凝土柱的柱脚设置在刚度很大的地下室范围内，并采用可靠措施时，也可采用非埋入式柱脚。

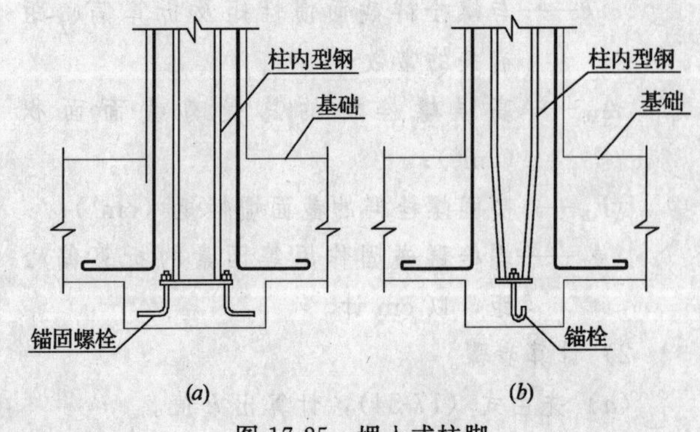

图 17-25　埋入式柱脚

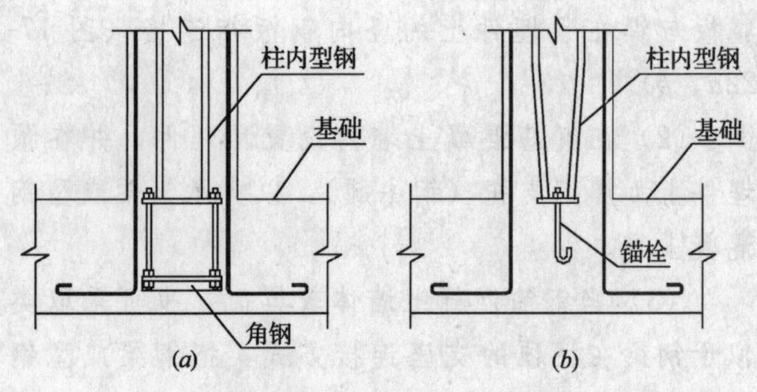

图 17-26　非埋入式柱脚

二、埋入式柱脚

1. 构造要求

（1）柱脚埋深

1）埋入式柱脚的埋置深度，根据柱脚承受的轴力、弯矩和剪力所建立的平衡方程式计算确定。

2）实际埋深还不应小于柱内钢骨（型钢芯柱）截面高度的 3 倍。

（2）保护层厚度

1）型钢混凝土柱的埋入式柱脚，除钢骨底板和地脚螺栓（锚栓）的抗弯作用外，需要钢骨侧面混凝土的支承压力参与抗弯，因此，柱脚埋入部分的外包混凝土必须达到一定厚度；否则，只能按非埋入式柱脚对待。

2）柱脚钢骨在基础内的混凝土保护层的最小厚度，应符合下列规定。

（a）对于中柱（图 17-27a），混凝土保护层厚度不应小于 180mm；

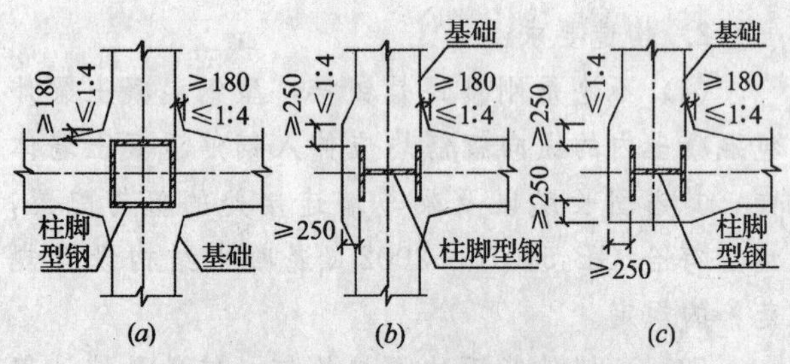

图 17-27　埋入式柱脚的混凝土保护层厚度

（a）中柱；（b）边柱；（c）角柱

（b）对于边柱（图 17-27b）和角柱（图 17-27c），外侧的混凝土保护层厚度不应小于 250mm，内侧的混凝土保护层厚度不应小于 180mm。

（3）加劲肋

1）埋入式柱脚是深埋于混凝土基础梁内，其基础类似于杯形基础，柱内钢骨应在基础表面位置处设置较强的水平加劲肋以承受混凝土传来的压力。

2）水平加劲肋的形状应便于混凝土的浇灌。

（4）栓钉

1）型钢混凝土柱的柱脚部位以及上一楼层范

围内的钢骨（型钢芯柱）翼缘外侧，应设置栓钉，以确保型钢与混凝土整体工作。

2）栓钉的直径不应小于19mm，水平及竖向中心距不应大于200mm。

3）栓钉至钢骨板件边缘的距离不应小于50mm，且不大于100mm。

4）当有可靠依据时，栓钉的数量可按计算确定，但不应少于上述构造要求。

2. 柱脚受力特点

(1) 柱脚锚栓一般不用来承受柱脚底部的水平反力。

(2) 埋深较浅的柱脚（$h_B \leqslant h_v$，图17-28*b*），是通过钢骨底板的摩擦力或抗剪键来抗剪；

(3) 埋深较大的柱脚（$h_B > h_v$，图17-28*a*），除底板摩擦力抗剪外，还可发挥钢骨埋入部分的抗剪作用，因而受剪承载力较大。

3. 柱脚钢骨底板底面的内力

(1) 计算公式

对于钢骨混凝土柱的埋入式柱脚，柱脚钢骨底板下的弯矩设计值 M_B、轴力设计值 N_B、剪力设计值 V_B（图17-28），根据柱脚钢骨的埋深 h_B，分别按下列公式计算：

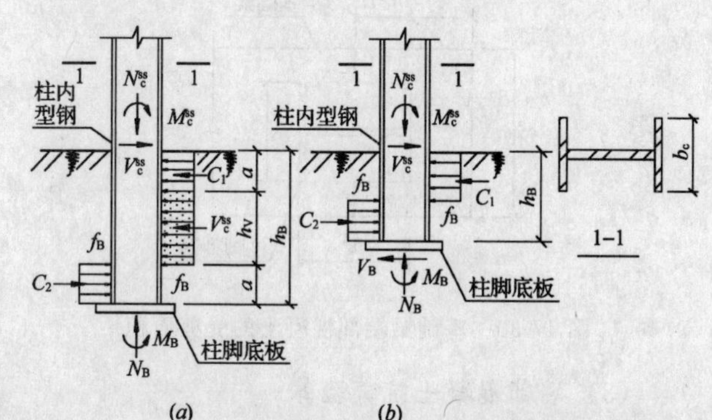

图17-28 埋入式柱脚的内力传递

(*a*) 钢骨埋置较深时；(*b*) 钢骨埋置较浅时

1）$h_B > h_v$ 时（图17-28*a*）

$$\left.\begin{aligned}N_B&=N_c^{ss}\\V_B&=0\\M_B&=M_c^{ss}+\frac{V_c^{ss}h_B}{2}-\frac{b_{se}f_B}{4}\left[h_B^2-\left(\frac{V_c^{ss}}{b_{se}f_B}\right)^2\right]\end{aligned}\right\} \tag{17-58}$$

2）当 $h_B \leqslant h_v$ 时（图17-28*b*）

$$\left.\begin{aligned}N_B&=N_c^{ss}\\V_B&=V_c^{ss}\\M_B&=M_c^{ss}+V_c^{ss}h_B-\frac{b_{se}f_B}{4}h_B^2\end{aligned}\right\} \tag{17-59}$$

3）h_v 和 f_B 的计算

(*a*) 柱脚钢骨受剪时，其埋入基础部分的侧面承压高度 h_v（图17-28*a*），按下式计算：

$$h_v=\frac{V_c^{ss}}{b_{se}f_B} \tag{17-60}$$

(*b*) 柱脚钢骨侧面的混凝土承压强度设计值 f_B，取混凝土的局部抗压强度、试验得出的混凝土承压强度最大值和箍筋受拉屈服时所提供的承压应力三者中的最小值：

对于中柱，$f_B=\min\left\{f_c\sqrt{\frac{b_c}{b_{se}}},\ 10f_c\right\}$ (17-61)

对于边柱和角柱，

$$f_B=\min\left\{f_c\sqrt{\frac{b_c}{b_{se}}},\ 10f_c,\ \frac{A_{sv}f_{yv}}{b_{se}S}\right\} \tag{17-62}$$

式中 N_c^{ss}、V_c^{ss}、M_c^{ss}——钢骨混凝土柱柱脚钢骨（型钢芯柱）在基础顶面处所承受的轴力、剪力、弯矩设计值（图17-28），一般情况下，取 $V_c^{ss}=2M_{y0}^{ss}/H_n$，$M_c^{ss}=M_{y0}^{ss}$；

M_{y0}^{ss}——柱脚钢骨的受纯弯承载力，按公式（16-17）计算；

b_c——柱脚钢骨的截面宽度；

f_c——混凝土的抗压强度设计值；

A_{sv}、f_{yv}——钢骨混凝土柱埋入基础部分同一水平截面内的箍筋截面面积和箍筋抗拉强度设计值；

S——型钢混凝土柱埋入基础部分的箍筋竖向间距；

b_{se}——型钢混凝土柱的钢骨埋入基础部分的有效承压宽度，按图17-29和表17-1的规定采用。

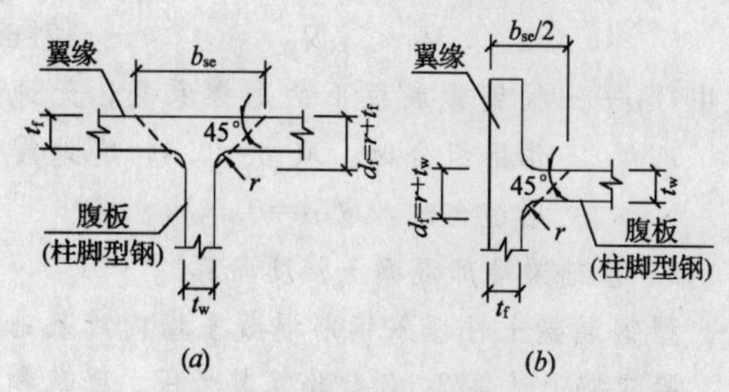

图17-29 埋入式柱脚的钢骨有效承压宽度

(*a*) 钢骨翼缘表面；(*b*) 钢骨腹板面加翼缘侧面

钢骨埋入基础部分的有效承压宽度　表 17-1

钢骨截面型式及承压方向			
b_{se}	t_w+2d_f	$2t_w+2d_f$	$3t_w+4d_f$

(2) 公式推导

1) 当 $h_B>h_v$ 时

按照图 17-28 (a)，根据水平力平衡条件和弯矩平衡条件，分别得以下两个方程：

$$V_c^{ss}-b_{se}h_vf_B=0 \quad (17\text{-}63)$$

$$M_c^{ss}-M_B+\frac{1}{2}V_c^{ss}h_B-\frac{1}{2}(h_B-h_v)b_{se}f_B\left[h_B-\frac{1}{2}(h_B-h_v)\right]=0 \quad (17\text{-}64)$$

按式 (17-63) 求得的 h_v 代入式 (17-64) 中，整理后，即得公式 (17-58)。

2) 当 $h_B\leqslant h_v$ 时

按照图 17-28 (b)，根据水平力平衡条件和弯矩平衡条件，即可求得公式 (17-59)。

4. 底板下混凝土强度验算

(1) 受压、受弯承载力

埋入式柱脚钢骨底板下的混凝土部分，在按公式 (17-58) 或式 (17-59) 确定的轴力 N_B 和弯矩 M_B 的作用下，应满足下列公式要求：

$$\left.\begin{aligned}N_B&=N_{Bu}\\M_B&\leqslant M_{Bu}\end{aligned}\right\} \quad (17\text{-}65)$$

式中　N_{Bu}、M_{Bu}——钢骨底板下混凝土部分的承载力设计值。计算时取钢骨底板的混凝土截面，将钢骨底板的锚栓作为受拉钢筋，按钢筋混凝土截面计算其承载力。

(2) 受剪承载力

对于钢骨埋置深度较浅 ($h_B\leqslant h_v$) 的埋入式柱脚 (图 17-28b)，其钢骨底板底面在水平剪力 V_B 作用下，应满足下式要求：

$$V_B\leqslant \mu N_B \quad (17\text{-}66)$$

式中　μ——柱钢骨底板下的摩擦系数，无地震作用组合时，取 $\mu=0.4$，有地震作用组合时，取 $\mu=0.3$。

5. 基础梁端部混凝土强度验算

型钢混凝土柱埋入钢筋混凝土墙内或基础内时，除应按上述第 2、3 款验算其受压、受剪和受弯承载力外，还应按下列方法验算墙或基础梁端部混凝土的抗剪。

(1) 剪力设计值

根据图 17-28 所示的钢骨埋入部分对混凝土的侧压力分布，柱脚钢骨作用于基础梁（墙）端部混凝土的剪力设计值 V_{Bt}，可按下列方法计算。

1) 当 $h_B>h_v$ 时 (图 17-28a)

$$V_{Bt}=0.5f_Bb_{se}(h_B+h_v) \quad (17\text{-}67)$$

2) 当 $h_B\leqslant h_v$ 时 (图 17-28b)

$$V_{Bt}=0.5f_Bb_{se}h_B \quad (17\text{-}68)$$

式中，各符号的含义见公式 (17-59) 的说明。

(2) 混凝土受剪面积

型钢混凝土边柱所埋入的基础梁（墙），其端部混凝土的受剪面积 A_{cs} (图 17-30)，可按下式计算：

$$A_{cs}=B_c\left(a+\frac{1}{2}h_c^{ss}\right)-\frac{1}{2}b_{sf}h_c^{ss} \quad (17\text{-}69)$$

式中　h_c^{ss}、b_{sf}——型钢混凝土柱内钢骨的截面高度和翼缘宽度；

B_c——基础梁（墙）的宽度；

a——钢骨表面至基础梁（墙）端部的距离。

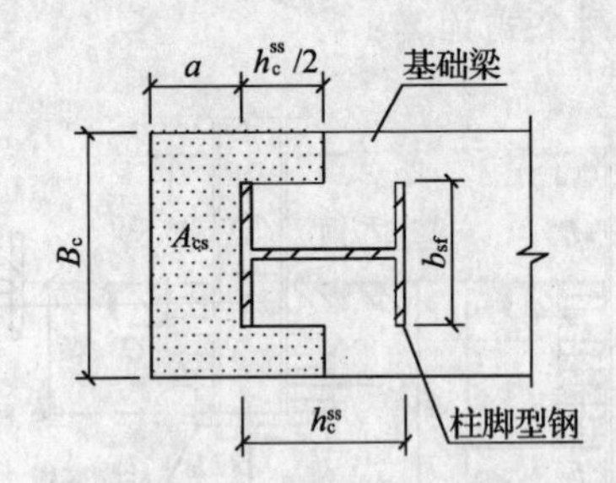

图 17-30　基础梁端部混凝土的受剪面积

(3) 端部混凝土抗剪验算

当型钢混凝土边柱埋入基础梁（墙）的端部时，为防止基础梁（墙）端部混凝土在钢骨埋入部分的侧压力作用下发生剪切破坏，基础梁（墙）端部混凝土的抗剪，应满足下式要求：

$$V_{Bt}\leqslant f_tA_{cs} \quad (17\text{-}70)$$

式中　V_{Bt}——型钢混凝土边柱埋入部分的钢骨，作用于基础梁（墙）端部混凝土的剪力设计值，按公式 (17-67) 或式 (17-68) 计算；

A_{cs}——基础梁（墙）端部的混凝土受剪面积，按公式 (17-69) 计算；

f_t——基础梁（墙）端部混凝土的抗拉强度设计值。

6. 柱脚最大埋深

(1) 计算公式

设结构底层柱的净高为 H_n，并设反弯点位于柱高中点；取柱底截面处钢骨的弯矩 $M_c^{ss}=M_{cy}^{ss}$，则钢骨的剪力 $V_c^{ss}=2M_{cy}^{ss}/H_n$；再由公式 (17-60) 得 $h_v=V_c^{ss}/b_{se}f_b$，并令 $M_B=0$（图 17-28），一并代入式 (17-64)，可求得柱脚的最大埋深：

$$h_{B,\max}=\frac{V_c^{ss}}{b_{se}f_B}+\sqrt{2\left(\frac{V_c^{ss}}{b_{se}f_B}\right)^2+\frac{4M_c^{ss}}{b_{se}f_B}}$$

$$=\frac{2M_{cy}^{ss}}{b_{se}f_BH_n}+\sqrt{2\left(\frac{2M_{cy}^{ss}}{b_{se}f_BH_n}\right)^2+\frac{4M_{cy}^{ss}}{b_{se}f_B}} \tag{17-71}$$

(2) 设计要求

1) 当柱脚钢骨的埋入深度大于 $h_{B,\max}$ 时，① 柱脚的设计可不进行强度验算；② 基础底板和地脚螺栓（锚栓）可按构造要求设置。

2) 当 $h_B>h_v$ 时，上面的最大埋深计算式 (17-71) 不再适用。

三、非埋入式柱脚

1. 构造要求

(1) 柱底锚固

1) 型钢混凝土柱的钢骨底端，应采用底板和锚栓与基础连接（图 17-31）。

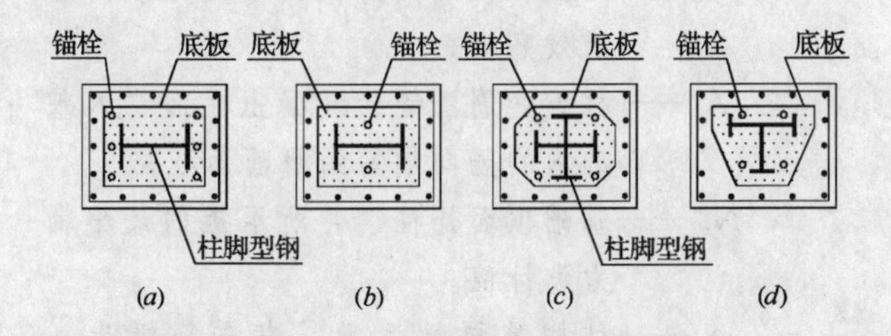

图 17-31 非埋入式柱脚的锚固

2) 型钢混凝土柱的外包钢筋混凝土部分，其竖向钢筋伸入基础内的长度，应符合受拉钢筋的锚固要求。

(2) 栓钉

1) 非埋入式柱脚上面第一层，为将钢骨所承受的内力传给混凝土直至基础，应沿楼层全高，于型钢混凝土柱的钢骨翼缘上设置栓钉（图 17-32）。

2) 栓钉的直径不应小于 19mm，水平和竖向中心距不大于 200mm。

3) 栓钉至钢骨板件边缘的距离不应大于 100mm。

4) 当有可靠依据时，栓钉数量也可按计算确定。

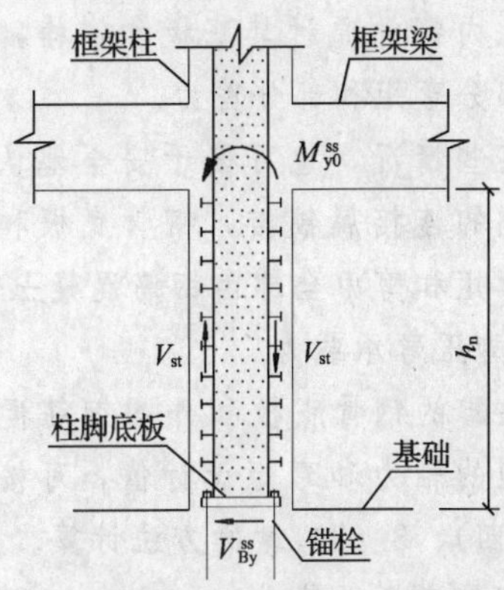

图 17-32 非埋入式柱脚的栓钉布置和受力状态

2. 钢骨翼缘栓钉的计算

(1) 假定钢骨底板与基础为铰接，水平剪力为 V_{By}^{ss}；在非埋入式柱脚底板上面第一层（图 17-32），柱内钢骨在楼层柱顶截面处达到屈服弯矩 M_{y0}^{ss}。

(2) 根据钢骨的平衡条件，钢骨一侧翼缘上的栓钉应承受的剪力设计值 V_{st}，以及钢骨一侧翼缘上的栓钉数量 n_{st}，可按下列公式计算：

$$V_{st}=\frac{M_{so}^{ss}-V_{By}^{ss}H_n}{h_c^{ss}} \tag{17-72}$$

$$n_{st}=\frac{V_{st}}{N_{st}} \tag{17-73}$$

式中 M_{so}^{ss}——钢骨柱脚底板上面第一层柱顶截面处钢骨的受弯承载力；

V_{By}^{ss}——钢骨底板底面的剪承载力，按公式 (17-64) 取等号计算；

H_n——非埋入式柱脚上部第一层柱的净高度；

h_c^{ss}——柱内钢骨的截面高度；

N_{st}——一根栓钉的受剪承载力，按公式 (17-50) 计算。

按公式 (17-73) 计算出的栓钉数量少于前面第 1 之 (2) 款构造要求时，则应按构造要求设置栓钉。

3. 柱脚计算原则

(1) 型钢混凝土柱非埋入式柱脚的承载力，可视为柱内钢骨底板与基础连接的承载力与外圈钢筋混凝土矩形管状截面的承载力之和（图 17-33）。

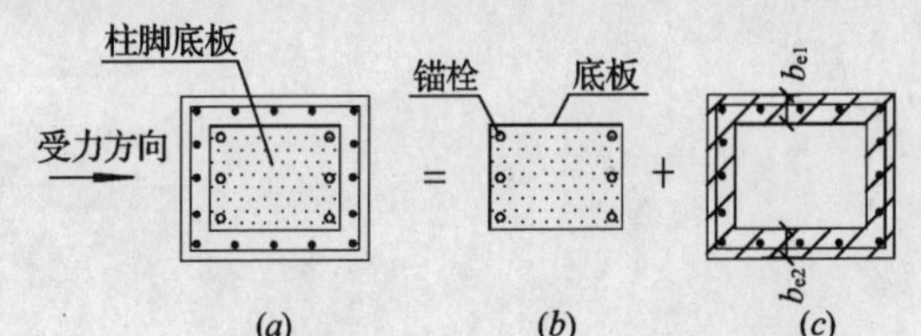

图 17-33 非埋入式柱脚承载力叠加示意图
(a) 柱脚；(b) 钢骨底板；(c) 外圈钢筋混凝土

(2) 柱内钢骨通过其底板和锚栓，可传递全部轴力、部分弯矩和部分剪力。

(3) 某些情况，也可偏于安全地认为，柱内钢骨与基础的连接属铰接，钢骨底板和锚栓仅传递轴力，弯矩和剪力全部由钢筋混凝土部分承担。

4. 柱脚压弯承载力

(1) 柱脚的钢骨底板和外圈钢筋混凝土两部分各自承担的轴力和弯矩设计值，可按本章第三节第二、(四)、3 (3) 款的方法计算。

(2) 钢骨底板承载力

1) 验算钢骨底板的承载力时，按图 17-33 (*b*) 所示的矩形钢筋混凝土截面图形计算，锚栓仅作为受拉钢筋。

2) 预先确定钢骨底板的厚度和锚栓的数量和直径，则钢骨底板和锚栓所能发挥的受弯承载力，可按钢结构柱脚的设计方法计算，并采取措施确保锚栓拉力和底板下面混凝土承压的可靠性。

3) 当验算由钢骨底板下混凝土和柱脚锚栓所组成的钢筋混凝土截面的承载力时，应注意地脚螺栓对受压无效，不考虑其抗压强度。

(3) 外圈钢筋混凝土承载力

验算柱脚第二部分的受弯承载力时，采取图 17-33 (*c*) 所示的矩形管状截面，按钢筋混凝土压弯构件的方法计算。

5. 柱脚受剪承载力

(1) 计算原则

1) 对于型钢混凝土柱的非埋入式柱脚，应验算其受剪承载力；必要时，可在钢骨底板下面增设抗剪键。

2) 非埋入式柱脚的受剪承载力，可由柱内钢骨底板和外包管状截面钢筋混凝土两部分（图 17-33*b*、*c*）的受剪承载力相加而得。

3) 为简化计算，钢骨底板下的受剪承载力，仅考虑作用于钢骨底板上的压力所产生的摩擦力，摩擦系数取 0.4。有地震作用组合时，则取摩擦系数为零。

4) 外圈管状混凝土截面的受剪承载力，由混凝土和锚入基础内的竖向钢筋（用于抗剪的附加竖筋）两部分所组成。

(2) 计算公式

非埋入式柱脚的受剪承载力，应满足下式要求：

无地震作用组合

$$\gamma_0 V_B \leqslant V_{By}^{ss} + V_{Bu}^{rc} \tag{17-74}$$

有地震作用组合

$$V_B \leqslant \frac{1}{\gamma_{RE}} (V_{By}^{ss} + V_{Bu}^{rc}) \tag{17-75}$$

$$V_{By}^{ss} = \mu N_c^{ss} \tag{17-76}$$

$$V_{Bu}^{ss} = 0.07 f_c b_e h_o + 0.5 f_{sy} A_s \tag{17-77}$$

式中 V_B——柱钢骨底板下的水平剪力设计值（图17-27*b*）

V_{By}^{ss}——柱钢骨底板下的受剪承载力；

V_{Bu}^{rc}——周围管状截面钢筋混凝土部分的受剪承载力；

μ——柱钢骨底板下的摩擦系数，无地震作用组合时，取 $\mu=0.4$，有地震作用组合时，取 $\mu=0$；

b_e——周围管状混凝土截面的有效受剪宽度（图 17-33*c*），$b_e=b_{e1}+b_{e2}$；

h_o——周围管状混凝土截面沿受力方向的有效高度；

A_s——柱脚处周围管状混凝土截面锚入基础内的竖向钢筋的截面面积；

N_c^{ss}——基础顶面处柱钢骨所承担的最小轴力设计值。

γ_0——结构重要性系数，安全等级为一级、二级的结构构件，分别取 $\gamma_0=1.1$ 和 1.0；

γ_{RE}——柱脚连接的承载力抗震调整系数，按表16-5的规定，取 $\gamma_{RE}=0.9$。

18 钢管混凝土构件的计算和构造

结构特性和构造要求

一、结构材料

（一）钢管混凝土杆件

1. 钢管混凝土（CFT）杆件，是指在钢管内灌填混凝土所形成的组合杆件（图 18-1）。早期的钢管混凝土杆件是采用圆钢管（图 18-1*a*），它是借鉴钢筋混凝土圆柱中螺旋箍筋对核心混凝土的约束作用，结合型钢混凝土组合杆件特征，融合、演变而成。其基本原理是：①借助内填混凝土来增强钢管壁的稳定性；②借助钢管对核心混凝土的约束作用，使管内混凝土处于三向受压状态，从而提高其抗压强度和变形能力。

2. 随着钢管混凝土柱在高层建筑中的应用日益广泛，而高层建筑的平面、体形和使用功能又日趋多样化，单一的圆形钢管混凝土柱已不能满足要求，方形、矩形以至 T 形、L 形截面（图 18-1*b*、*c*、*h*）等异形钢管混凝土柱，也已在高层建筑中得到应用。

3. 对于特大荷载的大截面圆钢管混凝土柱，为了避免钢管壁过厚，也可考虑在柱截面内部增设一个较小直径钢管，即二重钢管混凝土柱（图 18-1*d*），内钢管的直径一般取外钢管直径的 3/4。

4. 对于大截面方形、矩形、T 形、L 形钢管混凝土柱，为强化钢管对内部混凝土的约束作用，并延缓管壁钢板的局部屈曲，宜加焊纵、横向加劲肋（图 18-1*e*、*f*），或按一定间距设置水平拉杆（图 18-1*g*、*h*）。此外，为了加强钢管内壁与混凝土的粘结，在内壁加焊一定数量的栓钉。

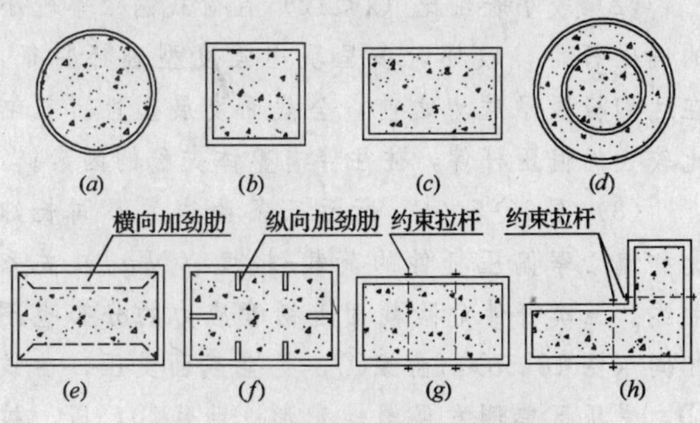

图 18-1 钢管混凝土柱的截面形状

（*a*）圆钢管；（*b*）方形钢管；（*c*）矩形钢管
（*d*）二重钢管；（*e*）横向加劲肋；（*f*）纵向加劲肋；
（*g*）带约束拉杆；（*h*）异形钢管

（二）钢管

1. 圆、方钢管可采用螺旋缝焊接钢管、直缝焊接钢管或热轧无缝钢管。国内生产高频焊接直缝矩形管比较多，但也有一些钢厂生产螺旋焊缝“圆变方”矩形钢管。

（1）一般情况宜采用螺旋缝焊接钢管，因为螺旋焊接管容易达到焊缝与母材等强度的要求。

（2）当螺旋焊接管的常用规格不能满足要求，或管壁较厚时，可采用钢板卷成的或多块钢板拼装的直缝焊接圆、方钢管，且应采用对接坡口焊缝，不允许采用钢板搭接的角焊缝。

（3）无缝钢管的价格较高，且管壁相对较厚，仅当必要时方可采用。

2. 焊接钢管必须采用双面或单面 V 形坡口全熔透对接焊缝，并达到与母材等强度的要求；直缝、环缝和螺旋形缝的焊缝质量均应符合 GB 50205—2001《钢结构工程施工质量验收规范》一级焊缝的标准；现场安装分段接头处的受压环焊缝，应符合二级焊缝的标准。

3. 钢管的钢材应采用“强屈比”$f_u/f_y \geqslant 1.2$ 且伸长率大于 20% 的 Q235 或 Q345 号钢。钢管壁厚不宜大于 25mm，以确保沿厚度方向的良好性能。用于加工制作钢管的钢板板材，尚应具有冷弯 180°的合格保证。

（三）混凝土

1. 钢管内的混凝土强度等级，根据承载力的要求及与钢管钢号的匹配，可采用 C30～C80。一般情况下，Q235 钢，配 C30、C40 或 C50 级混凝土；Q345 钢，配 C40、C50 或 C60 级混凝土；Q390 和 Q420 钢，配 C50～C80 级混凝土。

2. 由于钢管是封闭的，混凝土中的多余水分不能排出，混凝土的水灰比不宜过大。

为了减少钢管内混凝土的游离水分，采用振捣浇灌工艺时所使用的塑性混凝土，其水灰比不宜大于 0.4；采用泵送混凝土或抛落无振捣浇灌工艺时所使用的流动性混凝土，其水灰比不宜大于 0.45。

3. 为了确保混凝土易于振捣密实，可以掺入引气量小的减水剂。

4. 粗骨料的粒径宜不大于 25mm，压碎指标宜不大于 5%。

5. 对于直径大于 500mm 的钢管混凝土柱，管内混凝土宜选用自补偿或微膨胀混凝土。

二、钢管混凝土杆件的结构性能

（一）静力性能

1. 轴压杆件

（1）钢管混凝土杆件的钢管和混凝土起着相

互约束作用。在轴压荷载作用下，内填混凝土受到钢管的紧箍效应，处于三向受压状态，延缓了混凝土受压时的纵向开裂；薄壁钢管则借助于内填混凝土的侧向支承，推迟了管壁受压屈曲的发生，增强了受压稳定性。

(2) 圆钢管混凝土杆件的受压承载力，可达钢管与混凝土柱体单独承载力之和的1.7～2.0倍。方（含矩形）钢管混凝土杆件，由于钢管与混凝土的相互约束作用较弱，其受压承载力的提高幅度也较小。

(3) 图 18-2 为方钢管混凝土杆件、空钢管、素混凝土柱体单独进行轴压试验所得结果的对比情况，可以看出，方钢管混凝土的承载力和变形能力，都大大高于空钢管与内填混凝土的单独承载力之和。

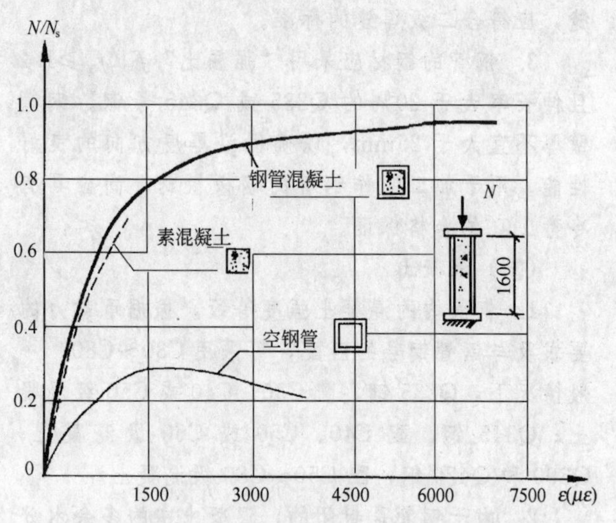

图 18-2 方钢管混凝土轴压杆件的轴力-应变曲线

(4) 试验结果表明，钢管混凝土短柱轴心受压破坏时，往往可以被压缩到原长度的 2/3，仍没有脆性破坏特征，表明它具有很大的塑性变形性能。

(5) 钢管混凝土柱与空钢管柱的破坏形态有着较大差别，空钢管柱是首先在中段截面处发生局部屈曲，最终形成塑性铰而破坏（图 18-3*a*）；而钢管混凝土柱则表现出较好的塑性和稳定性，外钢管没有发生明显的局部屈曲（图 18-3*b*）。

(6) 钢筋混凝土柱的破坏是以混凝土的劈裂、崩落为标志；钢管混凝土柱的破坏则是以钢管的胀裂为标志。

2. 受弯杆件

(1) 试验结果表明，受弯的钢管混凝土杆件，当跨中截面处挠度达到跨度的1/20时，外荷载仍能有所增加，表明杆件即使在挠度很大的情况下仍具有承受外弯矩的能力。

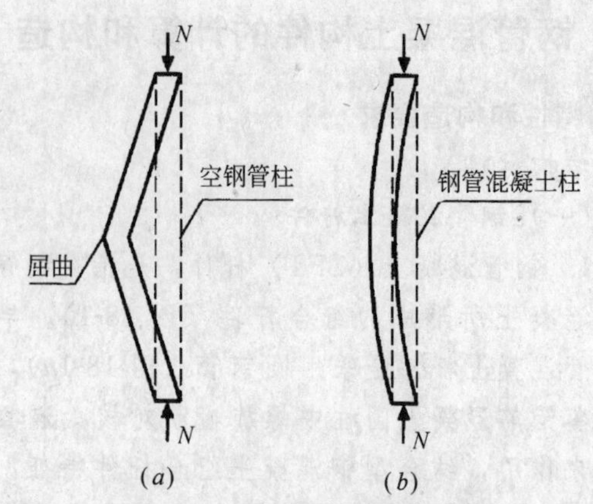

图 18-3 受压杆件的屈曲模态

(*a*) 空钢管柱；(*b*) 钢管混凝土柱

(2) 方钢管混凝土和圆钢管混凝土受弯杆件的弯矩-曲率（M-φ）关系曲线非常相似。

3. 压弯杆件

(1) 偏心受压杆件（图 18-4），一开始就发生挠曲，且截面上的应力分布不均匀。

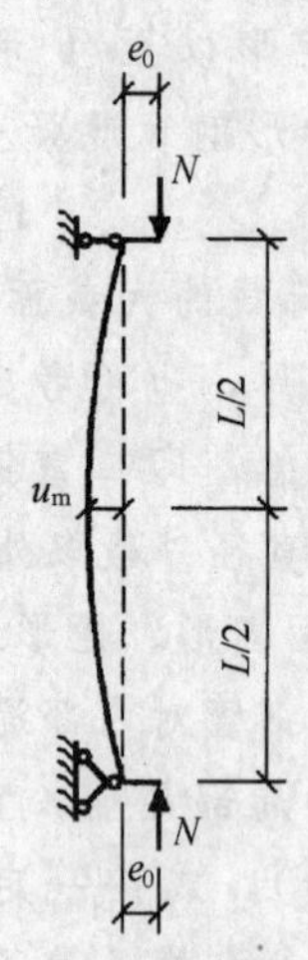

图 18-4 偏心受压杆件示意图

(2) 较小长细比（$\lambda<12$）且荷载偏心率较小的偏压杆件，破坏时多呈现出强度型破坏特征，在达到极限承载力之前，全截面发展塑性。长细比较大的偏压杆件，往往伴有整体失稳的因素。

(3) 图 18-5（*a*）所示三条曲线为不同长细比和偏心率偏压杆件的荷载-挠度（N-u_m）关系曲线。三类杆件危险截面上钢管应力的分布也不相同（图 18-5*b*）：曲线①，是全截面受压；曲线②，受压区单侧发展塑性变形；曲线③，压、拉两侧都发展塑性变形。

(4) 管内混凝土受到钢管的有效约束，不致过早地被压碎；内填混凝土又反过来阻止或延缓钢管的局部屈曲，从而保证两者的材料得以超常发挥，承载力增大，且使杆件的压弯破坏过程具有较大的塑性。

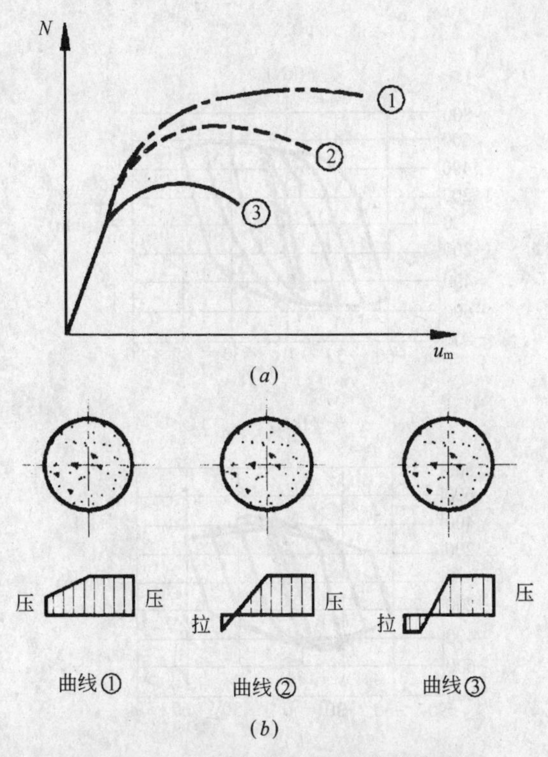

图 18-5 压弯杆件的荷载-变形曲线

4. 受剪杆件

(1) 与钢筋混凝土杆件受剪脆性破坏不同，钢管混凝土杆件受剪时，由于钢管与内填混凝土的相互约束，其破坏形态也呈塑性。

(2) 剪力作用下的钢管混凝土杆件，其受剪承载力的计算，可适当考虑截面剪切变形的塑性发展，取钢管最大纤维应变接近剪切屈服、混凝土开始微裂时（图 18-6 曲线的 A_0 点）的受剪承载力，作为截面抗剪强度极限。

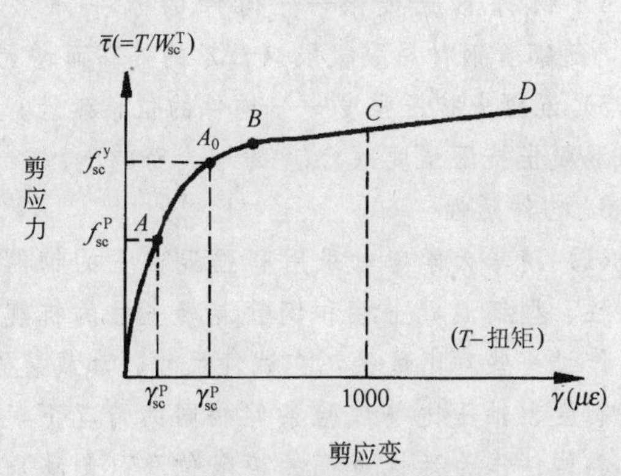

图 18-6 钢管混凝土杆件的剪应力-剪应变曲线

(3) 钢管混凝土杆件受剪时，经历弹性阶段（图 18-6 曲线的 OA 段）、弹塑性阶段（AB 段）和塑性强化阶段（BD 段）。钢管屈服后，混凝土虽已微裂，但仍能有效地阻止钢管局部失稳，受剪承载力得以继续增长，既表现出良好的塑性性能，而且受剪承载力有着较大幅度的提高。

（二）动力性能

上一款的论述表明，在静力荷载作用下，钢管混凝土结构具有十分良好的塑性。当钢管混凝土结构用于地震区高层建筑时，需要探明其动力性能，以便进行结构的弹塑性地震反应分析，采取恰当的抗震措施。

1. 压弯杆件弯矩-曲率滞回特性

(1) 由于钢管与混凝土相互约束，共同工作，阻止钢管的局部屈曲，管内混凝土由脆性转变为塑性，压弯杆件的弯矩-曲率（M-φ）滞回曲线表现出良好的稳定性，基本上没有刚度退化和强度劣化，曲线图形饱满，呈纺锤形，无捏拢现象，吸能性能良好。

(2) 典型的圆、方钢管混凝土压弯杆件的弯矩-曲率滞回曲线示于图 18-7。两条曲线大致均可分为以下 6 个阶段：

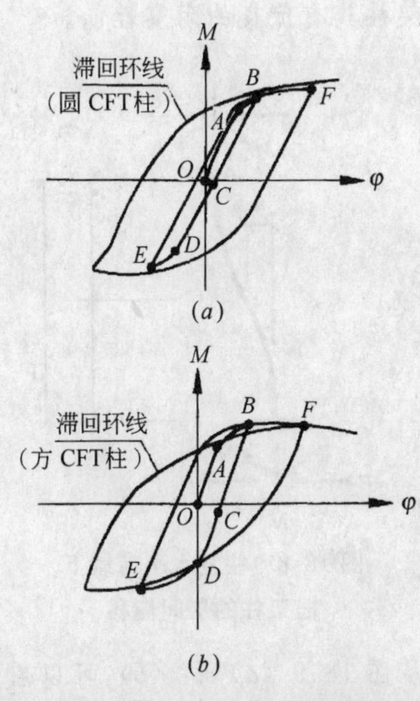

图 18-7 压弯杆件弯矩-曲率滞回曲线

(a) 圆钢管混凝土；(b) 方钢管混凝土

1) OA 段——呈直线，钢管处于弹性受力状态。在 A 点，受压区钢管最外纤维开始屈服，卸载区开始出现拉应力。

2) AB 段——呈曲线，截面总体处于弹塑性状态；随着外加弯矩的增加，钢管受压区的屈服面积不断增加，刚度不断下降。

3) BC 段——呈直线，从 B 点开始卸载，卸载刚度与 OA 段基本相同；在 C 点，弯矩为零，但截面上有残余正向曲率。

4) CD 段——反向加载，弯矩-曲率关系基本上呈直线，钢管处于弹性状态。在 D 点，受压区钢管最外纤维开始屈服，截面部分混凝土开始

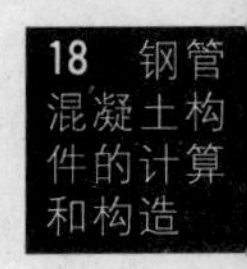

出现拉应力。

5）DE 段——截面处于弹塑性阶段，随受压区钢管屈服面积的不断增加，截面刚度开始逐渐降低。

6）EF 段——工作状态类似于 BE 段，由于钢材进入强化阶段，压区混凝土受到钢管的约束，整个截面仍具有一定刚度。

以上情况表明，钢管混凝土压弯杆件弯矩-曲率骨架曲线的特点是：①无显著的下降段；②转角延性好。曲线的形状与不发生局部失稳的钢杆件相类似。

2. 压弯杆件侧力-侧移滞回曲线

（1）钢管混凝土框架柱在往复水平荷载作用下（图 18-8）的侧力-侧移（F-u）滞回曲线示于图 18-9。从中可以看出，曲线形状饱满，基本上无捏拢现象，表明吸能性能良好，从而说明钢管混凝土框架柱具有优良的耐震性能。

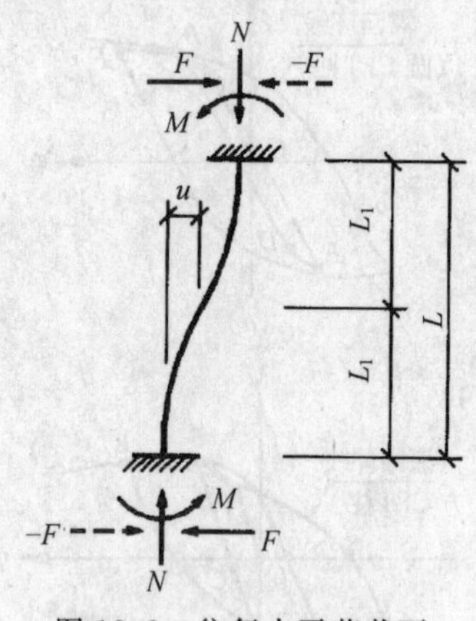

图 18-8　往复水平荷载下框架柱的层间侧移

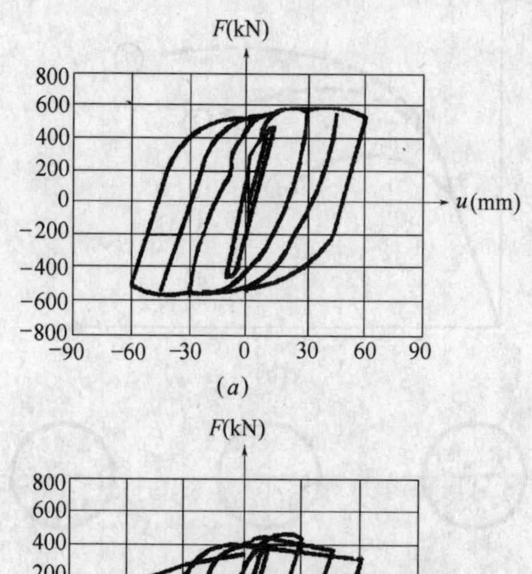

(a)

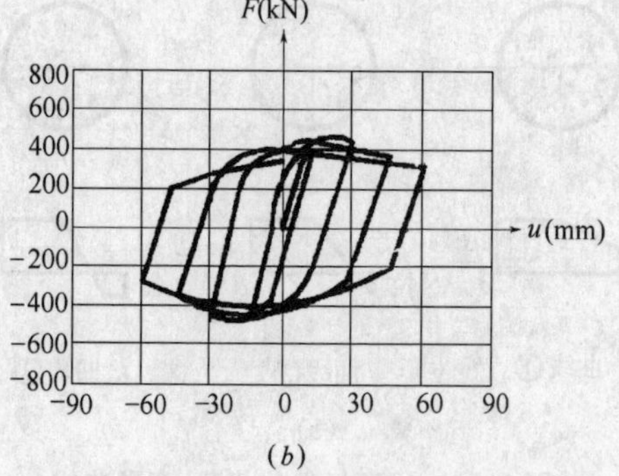

(b)

图 18-9　钢管混凝土框架柱的 F-u 滞回曲线

（a）圆钢管混凝土柱；（b）方钢管混凝土柱

（2）从图 18-9（a）和（b）可以看出，圆钢管混凝土柱 F-u 滞回曲线的骨架线无下降段，而方钢管混凝土柱则具有较平缓的下降段。说明方钢管混凝土柱的耐震性能稍差。

（3）试验分析结果表明，下列几种参数将对 F-u 滞回曲线的骨架曲线（各次循环加载时滞回曲线峰值点的连线）的形状产生影响：

1）轴压比——轴压比（n）越大，水平承载力和强化段刚度越小。当 n 达到一定数值时，曲线将出现下降段，下降段的倾斜度随 n 的增加而变陡，柱的延性也越来越小。

2）长细比——柱长细比（λ）的影响与 n 的影响类似。

3）含钢率——构件弹性阶段刚度和水平承载力（F），随柱含钢率（ρ_s）的增大而提高，曲线下降段的下降幅度也略有减小。

4）钢材屈服极限——构件的水平承载力（F），随钢管钢材屈服极限（f_y）的提高而增大。

5）混凝土抗压强度——构件的位移延性，随管内混凝土抗压强度（f_{ck}）的增大而减小。

3. 构件延性

（1）清华大学曾对采用高强混凝土的钢筋混凝土柱、型钢混凝土柱和钢管混凝土柱的抗震延性，作过一些对比试验，在试件尺寸、加载装置、加载制度、轴压比等试验条件相同的情况下，得出三类构件作为延性表征的极限位移（侧移）角 R_u，列于表 18-1。

往复水平荷载下三类构件的极限位移角 R_u　　表 18-1

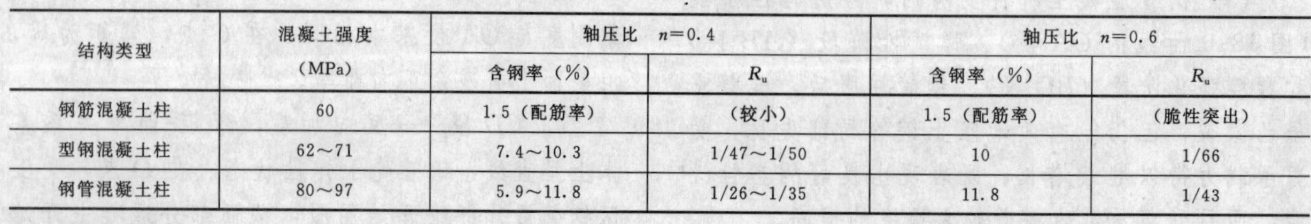

结构类型	混凝土强度（MPa）	轴压比　n=0.4		轴压比　n=0.6	
		含钢率（%）	R_u	含钢率（%）	R_u
钢筋混凝土柱	60	1.5（配筋率）	（较小）	1.5（配筋率）	（脆性突出）
型钢混凝土柱	62～71	7.4～10.3	1/47～1/50	10	1/66
钢管混凝土柱	80～97	5.9～11.8	1/26～1/35	11.8	1/43

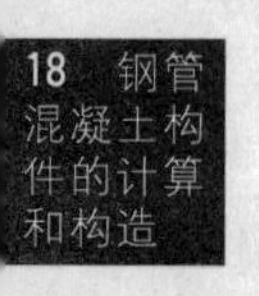

(2) 从表中数字可以看出，钢管混凝土柱的延性约比型钢混凝土柱高出50%。而强度仅为60MPa、轴压比为0.4时的钢筋混凝土柱试件，在进入屈服阶段后，很难在每级水平位移下经历3次循环时，还能使抗力下降段的幅值维持在最大抗力值的80%以上；此外，即使在每级水平位移下仅往复循环一次，其极限位移角也比较小。

(3) 抗震设防的框架柱，当采用高强混凝土时，应优先采用具有良好延性的钢管混凝土结构，其次是型钢混凝土结构。

4. 位移延性系数

(1) 位移（侧移）延性系数μ的定义为

$$\mu = u_u/u_y \tag{18-1}$$

式中 u_y——屈服位移，取F-u骨架曲线的弹性段延线与峰值（峰点）处切线的交点处位移；

u_u——极限位移，取水平承载力下降到峰值承载力85%时的位移。

(2) 钢管混凝土框架柱的位移延性系数μ，随其轴压比、长细比的增大而逐渐减小。

(3) 位移延性系数有随含钢率的增大而逐渐增大的趋势。

(4) 位移延性系数还随钢材屈服极限、混凝土强度的增大而呈现逐渐减小的趋势。

5. 耗能比

(1) 钢管混凝土柱的典型F-u滞回环曲线示于图18-10，其耗能比ψ可表示为

$$\psi = S_1/S_2, \qquad S_1 + S_2 = S \tag{18-2}$$

式中 S_1——杆件在一个周期内所吸收的能量，又称耗能容量，它是衡量构件在地震作用下吸收能量的重要参数；

S_2——杆件在一个周期的卸载过程中所释放的能量；

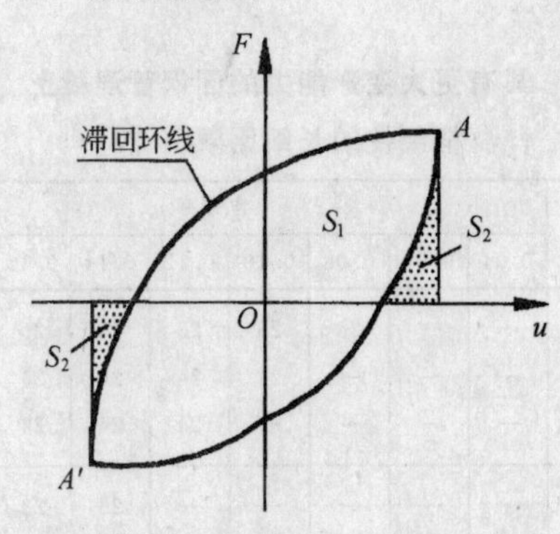

图18-10 钢管混凝土框架柱的侧力-侧移滞回环曲线

S——水平荷载所做的功。

(2) 钢管混凝土框架柱的耗能容量S_1：①随其轴压比、长细比的增大而减小；②随柱的含钢率、钢材屈服极限的增大而呈现增大趋势。

三、圆钢管混凝土杆件

(一) 含钢率

1. 钢管混凝土杆件的含钢率ρ_s，是指钢管截面面积A_s与内填混凝土截面面积A_c的比值（图18-11），即

$$\rho_s = A_s/A_c \approx 4t/D \tag{18-3}$$

式中 D、t——分别为钢管的外直径和壁厚。

2. 为了确保空钢管的局部稳定，含钢率ρ_s不应小于4%，它相当于径厚比$D/t=100$。

3. 对于Q235钢，宜取$\rho_s=4\%\sim16\%$，对于Q345钢，宜取$\rho_s=4\%\sim12\%$。

4. 一般情况下，比较合适的含钢率为$\rho_s=6\%\sim10\%$。

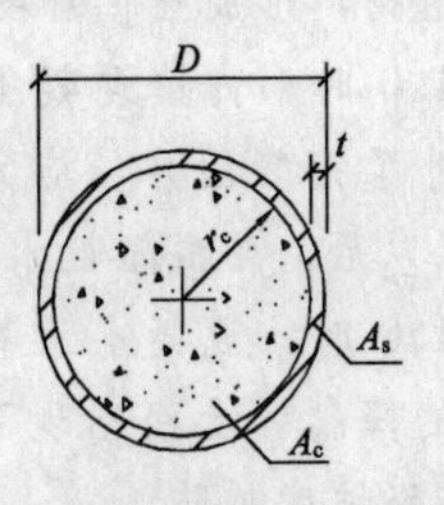

图18-11 钢管混凝土杆件截面形式

(二) 套箍指标

1. 钢管混凝土杆件的套箍指标θ，是指其钢管受压承载力设计值$A_s f_s$与其内填混凝土受压承载力设计值$A_c f_c$的比值，即

$$\theta = A_s f_s/A_c f_c = \rho_s f_s/f_c \tag{18-4}$$

式中 f_s——钢管的抗压强度设计值；

f_c——内填混凝土的抗压强度设计值。

2. 非抗震设防结构，套箍指标θ值不应小于0.5；抗震设防结构，θ值不应小于0.9，且宜取$\theta\geqslant1.0$，它大致相当于钢管的径厚比$D/t\leqslant40$。

3. 套箍指标与杆件延性

(1) 为消除整体失稳因素的影响，采取长径比$L/D=3\sim3.5$的短试件，进行轴心受压试验。

(2) 在轴向压力N作用下，视钢管混凝土组合杆件为统一体，其总截面面积A_{sc}及其截面平均压应力$\bar{\sigma}$分别为

$$A_{sc} = \frac{\pi}{4}D^2, \bar{\sigma} = N/A_{sc} \tag{18-5}$$

(3) 不同含钢率ρ_s，即具有不同套箍指标θ

的各种试件，在轴向荷载 N 作用下，其截面平均压应力 $\bar{\sigma}$（$=N/A_{sc}$），与其纵向压应变 ε 的典型关系曲线示于图 18-12。图中，a 点为组合弹性比例极限 f_{sc}^{E}，由弹塑性阶段转入屈服或强化阶段的 b 点（$\varepsilon \approx 3000\mu$m），称为组合轴压强度标准值 f_{sc}^{y}。从图 18-12 可以看出，b 点以后，杆件承载力与 θ 存在如下关系。

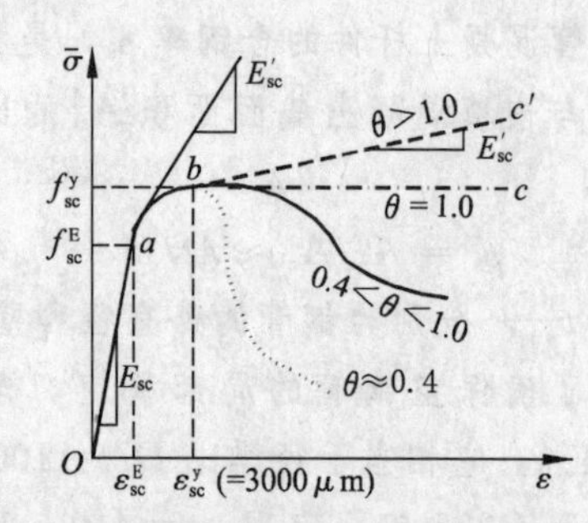

图 18-12　钢管混凝土杆件的应力-应变曲线

a. 当 $\theta>1.0$ 时，内填混凝土受压承载力的提高大于钢管进入塑性阶段后承载力的降低，b 点以后，曲线上扬，形成强化阶段 bc'。

b. 当 $\theta=1.0$ 时，内填混凝土受压承载力的提高，恰好弥补了钢管因异号应力场而出现的承载力降低。b 点以后，形成塑性水平段 bc。

c. 当 $\theta<1.0$ 时，混凝土承载力的提高，小于钢管承载力的降低，曲线出现了下降段。而且 θ 越小，曲线下降坡度越陡。

d. 当 $\theta \approx 0.4$ 时，曲线陡然下降，无塑性段，呈脆性破坏。

e. 对于 $\theta>0.5$ 的杆件，可以取 b 点作为承载力极限状态。

（三）长细比

1. 定义

钢管混凝土杆件（单肢）的长径比 ψ 和长细比 λ，分别按下列公式计算：

$$\psi = l_c/D \tag{18-6}$$

$$\lambda = l_c/i = 4l_c/D \tag{18-7}$$

式中　l_c——杆件的计算长度；

D、i——钢管混凝土杆件的外直径和截面回转半径。

2. 非抗震设计

对于非抗震设计的结构，其钢管混凝土受压杆件的长径比或长细比不宜超过表 18-2 的限值。

3. 抗震设计

(1) 试验结果表明，在往复水平荷载作用下，当圆钢管混凝土柱的长细比小于表 18-3 的限值时，其侧移延性系数将不小于5，满足抗震要求。

圆钢管混凝土受压杆件的长径比 ψ 和长细比 λ 的限值　　表 18-2

项次	构件名称	l_c/D	λ
1	轴心受压柱，偏心受压柱	20	80
2	桁架受压杆件	30	120
3	其他受压杆件	35	140

抗震设防框架结构中圆钢管混凝土柱的长细比限值 [λ]　　表 18-3

钢管钢材	管内混凝土	含钢率 ρ_s 0.04	0.06	0.08	0.10	0.12	0.14	0.16	0.18	0.20
Q235	C30	—	—	44	44	43	43	43	43	43
	C40	—	—	—	42	42	42	42	42	42
	C50	—	—	—	—	41	41	41	41	41
	C60	—	—	—	—	—	40	40	40	40
	C70	—	—	—	—	—	—	—	39	40
	C80	—	—	—	—	—	—	—	—	39
Q345	C30	41	40	39	39	38	38	37	37	37
	C40	—	39	38	38	37	37	37	37	37
	C50	—	—	37	37	37	36	36	36	36
	C60	—	—	—	36	36	36	36	35	35
	C70	—	—	—	—	35	35	35	35	35
	C80	—	—	—	—	—	34	34	34	34
Q390	C30	40	39	38	37	37	36	36	36	35
	C40	38	37	37	36	36	36	35	35	35
	C50	—	37	36	35	35	35	35	35	34
	C60	—	—	35	34	34	34	34	34	34
	C70				34	34	34	34	34	34
	C80					33	33	33	33	33

注：ρ_s——钢管混凝土杆件的含钢率，见式（18-3）。

(2) 对于抗震设防结构，其钢管混凝土框架柱的长细比 λ 不应超过表 18-3 中的限值 [λ]。

(3) 对于某些特殊的抗震设防结构（例如框支剪力墙结构中框支层的框架柱），需要具有更大的侧移延性系数和变形能力时，其钢管混凝土框架柱的长细比 λ 宜不超过表 18-4 中的限值 [λ]。

具有更大变形能力的圆钢管混凝土框架柱的长细比限值 [λ]　　表 18-4

钢管钢材	管内混凝土	含钢率 ρ_s 0.04	0.06	0.08	0.10	0.12	0.14	0.16	0.18	0.20
Q235	C30	—	—	25	25	25	25	25	25	25
	C40	—	—	—	24	24	24	24	24	24
	C50	—	—	—	—	24	24	24	24	24
	C60	—	—	—	—	—	23	23	23	23
	C70	—	—	—	—	—	—	22	23	23
	C80	—	—	—	—	—	—	—	—	22

续表

钢管钢材	管内混凝土	含钢率 ρ_s								
		0.04	0.06	0.08	0.10	0.12	0.14	0.16	0.18	0.20
Q345	C30	24	23	23	22	22	22	22	22	21
	C40	—	22	22	22	22	21	21	21	21
	C50	—	—	21	21	21	21	21	21	21
	C60	—	—	—	21	21	21	21	21	21
	C70	—	—	—	—	20	20	20	20	20
	C80	—	—	—	—	—	20	20	20	20
Q390	C30	23	23	22	22	21	21	21	21	20
	C40	22	22	21	21	21	21	21	20	20
	C50	—	21	21	21	20	20	20	20	20
	C60	—	—	20	20	20	20	20	19	19
	C70	—	—	—	19	19	19	19	19	19
	C80	—	—	—	—	19	19	19	19	19

（四）径厚比

1. 钢管的径厚比 D/t 是指钢管外径 D 与壁厚 t 的比值。钢管的壁厚不应小于 8mm。

2. 为防止钢管壁的局部失稳，钢管混凝土受压杆件的径厚比，不宜超出表 18-5 的限值。

圆钢管混凝土受压杆件的钢管径厚比限值　　表 18-5

钢　号	Q235	Q345	Q390
径厚比 D/t	20～90	20～61	20～54

3. 北京世界金融中心大厦、北京国际贸易中心塔楼、广州新中国大厦、深圳赛格广场大厦所采用的钢管混凝土柱，分别为 $\phi1400\times25$、$\phi1400\times30$、$\phi1250\times25$、$\phi1600\times28$，钢管的径厚比分别为 56、47、50 和 57。

（五）轴压比

1. 轴压比与延性

往复侧力（水平荷载）作用下的圆钢管混凝土压弯杆件，其 P-Δ 骨架曲线的走向主要取决于轴压比 n_0 和长细比 λ。若要求其骨架曲线不出现下降段，即要求压弯杆件具有极大的延性，则杆件的轴压比和长细比应满足下列条件式：

$$n_0\lambda^2 \leqslant A \tag{18-8}$$

$$n_0 = nf_{sc}/f_{sc}^y, \lambda = 4(l_c/D) \tag{18-9}$$

$$n = \frac{N}{A_{sc}f_{sc}}$$

$$A = 11.04(0.018 + 0.026n_0 - 0.012n_0^2)\frac{E_s-(E_s-E_c)(1-\rho_s)^2}{f_{ck}(1-\rho_s)+\rho_s f_y}$$

式中　N——作用于钢管混凝土杆件的轴向压力；

n_0、n——分别为杆件的轴压比理论值（标准值）和轴压比设计值；

E_s、E_c——分别为钢材和混凝土的弹性模量；

f_y、f_{ck}——分别为钢材的屈服强度和混凝土的抗压强度标准值；

f_{sc}、f_{sc}^y——分别为钢管混凝土的综合（平均）抗压强度设计值和标准值。

2. 不限制轴压比时的杆件长细比

将公式（18-9）代入条件式（18-8），并将它转换为等式，再令 $n=1$，即可求得当轴压比设计值 $n=1$ 而 P-Δ 骨架曲线无下降段（即杆件具有极大的延性）时，圆钢管混凝土杆件的容许最大长细比［λ］值，列于表 18-6。

轴压比 $n=1$ 且具有极大延性系数时圆钢管混凝土的容许最大长细比［λ］值

表 18-6

钢管钢材	混凝土	含钢率 ρ_s								
		0.04	0.05	0.08	0.10	0.12	0.14	0.16	0.18	0.20
Q235	C30	26	26	25	25	25	25	25	25	25
	C40	24	24	24	24	24	24	24	24	24
	C50	23	23	23	24	24	24	24	24	24
	C60	22	22	22	23	23	23	23	23	23
	C70	21	22	22	22	22	22	22	23	23
	C80	20	20	21	21	21	22	22	22	22
Q345	C30	24	23	23	22	22	22	22	22	21
	C40	23	22	22	22	22	21	21	21	21
	C50	22	22	21	21	21	21	21	21	21
	C60	21	21	21	21	21	21	21	21	21
	C70	20	20	20	20	20	20	20	20	20
	C80	19	19	19	20	20	20	20	20	20
Q390	C30	23	23	22	22	22	21	21	21	20
	C40	22	22	21	21	21	21	21	20	20
	C50	21	21	21	21	20	20	20	20	20
	C60	20	20	20	20	20	20	20	19	19
	C70	20	20	19	19	19	19	19	19	19
	C80	19	19	19	19	19	19	19	19	19

3. 延性系数 $\mu=5$ 时的杆件长细比

高层建筑中，顶层以及门厅的某些柱子的长细比，有时不能满足表 18-6 的要求。此时，若仍不限制轴压比，即允许 $n=1$ 时，为了保证钢管混凝土柱在往复侧力作用下仍具有足够的延性，即 $\mu\geqslant5$，在符合套箍系数 $\theta\geqslant0.9$ 的前提下，钢管混凝土柱的长细比不应超过表 18-7 的数值。

（六）杆件受力特点

1. 承载力高

(1) 圆钢管混凝土受压（或压弯）杆件，由于钢管对内填混凝土的约束作用，使混凝土处于三向受压状态，抗压强度提高一倍以上。

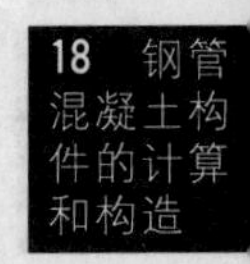

轴压比 $n=1$ 且延性系数 $\mu=5$ 时

圆钢管混凝土柱的容许最大长细比 [λ] 值

表 18-7

钢管钢材	混凝土	含钢率 ρ_s								
		0.04	0.05	0.08	0.10	0.12	0.14	0.16	0.18	0.20
Q235	C30	44	44	44	44	43	43	43	43	43
	C40	42	42	42	42	42	42	42	42	42
	C50	40	40	41	41	41	41	41	41	41
	C60	38	38	39	39	39	40	40	40	40
	C70	38	38	38	38	38	38	39	39	40
	C80	36	36	37	37	37	37	37	38	38
Q345	C30	41	40	39	39	38	38	37	37	37
	C40	39	39	38	38	37	37	37	37	37
	C50	38	37	37	37	37	36	36	36	36
	C60	36	36	36	36	36	36	36	35	35
	C70	35	35	35	35	35	35	35	35	35
	C80	34	34	34	34	34	34	34	35	35
Q390	C30	40	39	38	37	37	36	36	36	35
	C40	38	37	37	36	36	36	35	35	35
	C50	37	37	36	35	35	35	35	35	34
	C60	35	35	35	34	34	34	34	34	34
	C70	34	34	34	34	34	34	34	34	34
	C80	34	34	34	33	33	33	33	33	33

(2) 内填混凝土反过来又阻止薄壁钢管受压时的局部屈曲，使钢管的抗压强度得以充分发挥。

(3) 试验结果指出，与钢筋混凝土杆件相比较，圆钢管混凝土杆件的抗剪强度和抗扭承载力也几乎提高一倍。

2. 取得高强混凝土效果

(1) 试验结果给出，对于 Q235 钢管，内填 C30 和 C40 混凝土的标准抗压强度，由 $20N/mm^2$ 和 $27N/mm^2$ 分别提高到 $49N/mm^2$ 和 $58N/mm^2$；对于 Q345 钢管，内填 C40 混凝土的标准抗压强度，由 $27N/mm^2$ 提高到 $70N/mm^2$。

(2) 圆钢管混凝土受压构件，管内 C30～C60 混凝土发挥了 C60～C120 的作用，即取得了高强混凝土的效果。

(3) 避免了高强混凝土（>C60）的不易配制、高配箍率（达 20%）、延性系数小及脆性破坏性态等缺点。

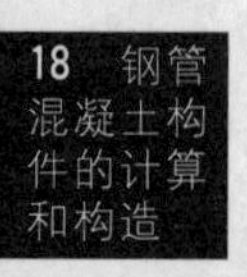

3. 不限制轴压比

试验研究结果表明，套箍指标 $\theta \geqslant 0.9$ 的圆钢管混凝土杆件，即使用于抗震设防结构，也不必限制轴压比，即可取 $n=1$。这是因为：

(1) $\theta \geqslant 0.9$ 的受压钢管混凝土杆件，其应力-应变曲线没有出现下降段，参见图 18-12。

(2) 钢管混凝土杆件的综合轴压强度标准值（组合屈服点）f_{sc}^{y}，是取对应于纵向压应变 $\varepsilon_{sc}=3000\mu m$ 时的平均应力值，大于 f_{sc}^{y} 以后，仍具有不少于 10% 的应变能力。

(3) 钢管混凝土压弯杆件，取轴压比 $n=1$ 时，仍具有一定的抗弯能力。

因为钢管混凝土杆件不必控制轴压比，其效果相当于又进一步提高了其受压承载力。

4. 截面尺寸小

(1) 与钢筋混凝土柱相比较，由于圆钢管混凝土柱的受压承载力高，且不必限制轴压比，柱的截面尺寸可减小 50% 以上。

例如，北京国际贸易中心塔楼的 8 根框架柱，若采用钢筋混凝土柱时，截面尺寸为 2.2m×2.2m，$A_c=4.8m^2$，后采用 $\phi1400\times30$ 钢管混凝土柱，$A_{sc}=1.5m^2$；截面面积减少了 2/3。

又如深圳市赛格广场大厦，受力最大柱所承受的压力为 $N=90000kN$，若采用钢筋混凝土柱，截面尺寸将为 2.2m×2.4m，设计最后采用了 $\phi1600\times28$ 钢管混凝土柱，截面面积减小了 $3.3m^2$，即减小了 63%。

(2) 与型钢混凝土柱相比较，截面面积也可减小很多，因为型钢混凝土柱的受压承载力大致等于柱内型钢承载力与外包钢筋混凝土承载力之和；而圆钢管混凝土柱的受压承载力几乎是钢管及内填混凝土单独承载力之和的二倍。

5. 延性好

(1) 钢管内的混凝土，由于钢管的套箍作用，受压时的脆性破坏转变为延性破坏；

(2) 套箍指标 $\theta \geqslant 0.9$ 的钢管混凝土受压构件，在往复水平荷载作用下，具有极好的延性，延性系数具有很大的数值。

6. 避免使用厚钢板

(1) 钢结构高层建筑中，钢构件的钢板厚度往往达到 80～130mm，甚至更厚。厚度大于 50mm 的钢板，其加工制作和对接焊接，对钢材质量的要求更高，对钢材硫、磷含量的控制更严，需要具有良好的 Z 向性能，以防层状撕裂。

(2) 高层建筑的钢管混凝土构件，用以制作钢管的钢板厚度一般不超过 40mm，从而避免了使用有 Z 向性能要求的厚钢板。

7. 耐火性能好

(1) 钢管混凝土柱因钢管内填满混凝土，能吸收大量热能；遭受火灾时，能延长柱的耐火时间。

(2) 试验数据指出，同样满足一级耐火3小时的要求，与钢柱相比较，钢管混凝土柱可以节省防火涂料一半以上。

8. 竖向压缩变形大

由于钢管混凝土柱的工作压应力较大，引起的柱子竖向压缩变形，要比一般钢筋混凝土柱的压缩变形大，在高层建筑设计中，应考虑其不利影响。

(七) 温度效应

1. 当钢管混凝土构件的环境温度高于100℃时，应对构件采取隔热措施。

2. 当环境温度为60～100℃时，若未采取隔热措施，构件的承载力应乘以温度影响系数 K_t；K_t 按表18-8的规定取值。

钢管混凝土构件承载力的温度影响系数 K_t

表 18-8

环境温度(℃)	温度影响系数 K_t
60～70	0.91
71～80	0.87
81～100	0.82

(八) 施工阶段验算

1. 在高层建筑施工过程中，钢管内混凝土的浇灌，往往滞后于楼板混凝土的浇筑，因此，应根据施工阶段的荷载验算空钢管的强度和稳定性。

2. 在浇灌钢管内的混凝土时，由施工荷载引起的钢管初始最大压应力值，不宜超过 $0.6f_s$，f_s 为钢材的抗压强度的设计值。

3. 试验表明：空钢管的初始压应力，虽然不影响钢管混凝土柱的最终强度承载力，但使组合性能的弹塑性阶段提前出现，改变了弹塑性阶段的组合切线模量，从而降低了杆件的稳定承载力。所以，钢管的初始压应力需要加以控制。

四、矩形钢管混凝土杆件

协会标准CECS159：2004《矩形钢管混凝土结构技术规程》对矩形钢管混凝土柱的构造要求作出如下规定：

(一) 截面尺寸

1. 截面的高宽比 h/b 不宜大于2。

2. 当矩形钢管混凝土杆件截面的最大边长不小于800时，为确保钢管与混凝土共同工作，宜采取在钢管内壁上焊接栓钉、纵向加劲肋等构造措施。

(二) 长细比

矩形钢管混凝土框架柱的计算长度和长细比容许值，应按现行国家标准GB 50017—2003《钢结构设计规范》的规定采用。

(三) 板件宽厚比

1. 为防止钢管管壁在其压应力远低于钢材强度设计值前发生局部屈曲，确保钢管全截面有效，在考虑了矩形钢管填充混凝土后钢管板件局部屈曲稳定性能比空钢管大1.5倍的试验结果，矩形钢管混凝土构件的钢管管壁板件的宽厚比 b/t 和 h/t（图18-13），应不大表18-9的规定。

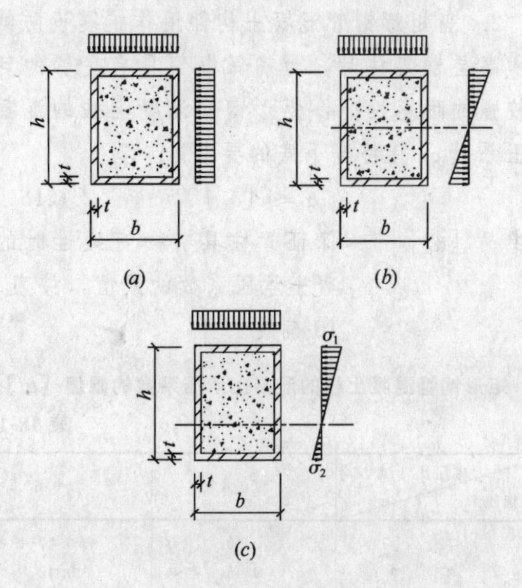

图 18-13　矩形钢管混凝土构件截面的板件应力

(a) 轴压构件；(b) 弯曲构件；(c) 压弯构件

矩形钢管混凝土构件的钢管管壁板件宽厚比的限值　表 18-9

构件类型	b/t	h/t
轴压（图18-13a）	60η	60η
弯曲（图18-13b）	60η	150η
压弯（图18-13c）	60η	当 $1\geqslant\psi>0$ 时，$30(0.9\psi^2-1.7\psi+2.8)\eta$ 当 $0\geqslant\psi\geqslant-1$ 时，$30(0.74\psi^2-1.44\psi+2.8)\eta$

注：1. $\eta=\sqrt{235/f_y}$，f_y 为钢材的屈服强度，见表1-1；

2. $\psi=\sigma_2/\sigma_1$，σ_1、σ_2 分别为板件最外边缘的最大、最小应力（N/mm²），压应力为正，拉应力为负。

2. 矩形钢管混凝土构件尚应按空矩形钢管进行施工阶段的强度、稳定性和变形验算。此时，为了扣除管内混凝土对管壁局部屈曲稳定性的增强效应，表18-9中规定的管壁板件宽厚比的限值应除以1.5，但 $\eta=\sqrt{235/1.1\sigma_0}$，$\sigma_0$ 取施工阶段荷载（湿混凝土的重力和实际可能作用的施工荷载）作用下的板件实际应力设计值；压弯时 σ_0 取 σ_1（图18-13c）。还应注意，空矩形钢管柱在施工阶段的轴向压应力，不应大于其抗压强度设计值

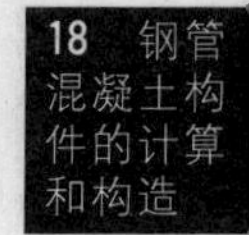

的60%。

（四）混凝土承压系数

1. 矩形钢管混凝土受压构件中混凝土的承压系数α_c，应控制在0.3～0.7之间。α_c按下式计算：

$$\alpha_c = \frac{f_c A_c}{f_s A_s + f_c A_c} \quad (18\text{-}10)$$

式中 f_s、f_c——钢材、混凝土的抗压强度设计值；

A_s、A_c——钢管、管内混凝土的截面面积。

2. 当矩形钢管混凝土构件用作抗震设防的多层和高层框架柱时，为确保框架具有足够的延性和较强的耐震性能，矩形钢管混凝土柱的混凝土承压系数α_c宜符合下式的要求：

$$\alpha_c \leqslant [\alpha_c] \quad (18\text{-}11)$$

式中 $[\alpha_c]$——保证管柱具有一定延性时的混凝土承压系数的限值，按表18-10确定。

矩形钢管混凝土柱的混凝土承压系数的限值$[\alpha_c]$

表18-10

长细比l \ 轴压比$[N/N_u]$	≤0.6	>0.6
≤20	0.50	0.47
30	0.45	0.42
40	0.40	0.37

注：1. N为轴心压力设计值，N_u为轴心受压时截面受压承载力设计值。

2. 当l值在20～30或30～40之间时，$[\alpha_c]$可按线性插入取值。

（五）管壁开孔

在每层钢管混凝土柱下端的钢管壁上，应对称地开设两个排气孔，孔径为20mm。为的是，浇筑混凝土时排气、清除施工缝处的浮浆、溢水等，确保混凝土密实。此外，发生火灾时，钢管内混凝土会有水蒸气产生，可通过此孔排出，防止钢管爆裂。

五、构件抗震等级

（一）抗震设防时，由钢管混凝土柱与钢筋混凝土梁组成的框架，其地震作用计算参数以及构件的抗震等级划分，均可参照钢筋混凝土结构的相应规定取值。

（二）钢管混凝土柱与型钢混凝土梁组成的框架，其抗震等级也可参照第16章表16-1的规定确定。

钢管混凝土轴心受压杆件组合强度

根据钢管混凝土的受力特点，为了更充分地发挥其钢管和混凝土的性能，可参照下列材料组合：Q235钢，配C30或C40级混凝土；Q345钢，配C40～60级混凝土；Q390和Q420钢，配C50～C90级混凝土。一般情况下，钢管混凝土的约束效应系数标准值ξ不宜大于4，也不宜小于0.3。

当钢管混凝土用作地震区高层建筑的框架柱、桁架或竖向支撑的腹杆时，为了保证钢管混凝土构件具有良好的延性，对于圆钢管混凝土杆件，其约束效应系数标准值ξ不应小于0.6；对于方、矩形钢管混凝土杆件，ξ值不应小于0.9。

根据规程DBJ 13—15—2003（2003）的规定，钢管混凝土轴心受压杆件的组合强度设计值f_{sc}的计算公式如下：

1）对于圆钢管混凝土：

$$f_{sc} = (1.14 + 1.02\xi_0) f_c \quad (18\text{-}12a)$$

2）对于方、矩形钢管混凝土：

$$f_{sc} = (1.18 + 0.85\xi'_0) f_c \quad (18\text{-}12b)$$

式中 f_c——混凝土的轴心抗压强度设计值；

f——钢材的抗拉，抗压和抗弯强度设计值；

ξ_0——构件截面的约束效应系数设计值$(=\alpha \cdot f/f_c)$；

α——钢管混凝土截面含钢率，$\alpha = A_s/A_c$；

A_s，A_c——分别为钢管和混凝土的横截面面积；对于圆钢管混凝土，$A_s = \pi \cdot (r_s^2 - r_c^2)$，$A_c = \pi \cdot r_c^2$，$r_s$（$=D/2$）为钢管外半径，$r_c$（$=r_s - t$）为核心混凝土半径，$D$为圆钢管截面外直径，$t$为钢管壁厚；对于方钢管混凝土，$A_s = 4t \cdot (B - t)$，$A_c = (B - 2t)^2$，其中，$B$为方钢管横截面外边长，$t$为钢管壁厚；对于矩形钢管混凝土，$A_s = 2t \cdot (D + B - 2t)$，$A_c = (D - 2t) \cdot (B - 2t)$，其中，$D$和$B$分别为矩形钢管横截面长边和短边外边长，$t$为钢管壁厚。

采用第一组钢材的f_{sc}值由式（18-12）计算。采用第二、三组钢材的f_{sc}值应按式（18-12）的计算值乘换算系数k_1后确定。对Q235和Q345钢，$k_1 = 0.96$；对Q390和Q420钢，$k_1 = 0.94$。钢材按厚度分组的规定，见第一章的表1-2。

采用第一组钢材时f_{sc}值也可按表18-11或表18-12查得。

圆钢管混凝土（第一组钢材）的组合强度设计值 f_{sc}（N/mm²）　　表 18-11

钢材牌号		Q235						
混凝土强度等级		C30	C40	C50	C60	C70	C80	C90
α	0.04	25.1	30.5	35.1	40.1	45.0	49.7	54.4
	0.05	27.3	32.7	37.3	42.3	47.2	51.9	56.6
	0.06	29.5	34.9	39.5	44.5	49.4	54.1	58.8
	0.07	31.7	37.1	41.7	46.7	51.6	56.3	61.0
	0.08	33.8	39.3	43.9	48.9	53.8	58.5	63.1
	0.09	36.0	41.5	46.1	51.1	56.0	60.7	65.3
	0.10	38.2	43.7	48.3	53.3	58.2	62.9	67.5
	0.11	40.4	45.9	50.5	55.5	60.4	65.0	69.7
	0.12	42.6	48.1	52.6	57.7	62.6	67.2	71.9
	0.13	44.8	50.3	54.8	59.9	64.8	69.4	74.1
	0.14	47.0	52.5	57.0	62.1	67.0	71.6	76.3
	0.15	49.2	54.7	59.2	64.2	69.1	73.8	78.5
	0.16	51.4	56.9	61.4	66.4	71.3	76.0	80.7
	0.17	53.6	59.1	63.6	68.6	73.5	78.2	82.9
	0.18	55.8	61.2	65.8	70.8	75.7	80.4	85.1
	0.19	58.0	63.4	68.0	73.0	77.9	82.6	87.3
	0.20	60.2	65.6	70.2	75.2	80.1	84.8	89.5

钢材牌号		Q345						
混凝土强度等级		C30	C40	C50	C60	C70	C80	C90
α	0.04	28.9	34.4	39.0	44.0	48.9	53.6	58.2
	0.05	32.1	37.6	42.1	47.2	52.1	56.7	61.4
	0.06	35.3	40.7	45.3	50.3	55.2	59.9	64.6
	0.07	38.4	43.9	48.5	53.5	58.4	63.1	67.7
	0.08	41.6	47.1	51.6	56.6	61.5	66.2	70.9
	0.09	44.8	50.2	54.8	59.8	64.7	69.4	74.1
	0.10	47.9	53.4	58.0	63.0	67.9	72.5	77.2
	0.11	51.1	56.6	61.1	66.1	71.0	75.7	80.4
	0.12	54.2	59.7	64.3	69.3	74.2	78.9	83.5
	0.13	57.4	62.9	67.4	72.5	77.4	82.0	86.7
	0.14	60.6	66.0	70.6	75.6	80.5	85.2	89.9
	0.15	63.7	69.2	73.8	78.8	83.7	88.4	93.0
	0.16	66.9	72.4	76.9	81.9	86.8	91.5	96.2
	0.17	70.1	75.5	80.1	85.1	90.0	94.7	99.4
	0.18	73.2	78.7	83.3	88.3	93.2	97.8	102.5
	0.19	76.4	81.9	86.4	91.4	96.3	101.0	105.7
	0.20	79.5	85.0	89.6	94.6	99.5	104.2	108.8

钢材牌号		Q390						
混凝土强度等级		C30	C40	C50	C60	C70	C80	C90
α	0.04	30.6	36.1	40.6	45.6	50.5	55.2	59.9
	0.05	34.2	39.6	44.2	49.2	54.1	58.8	63.5
	0.06	37.7	43.2	47.8	52.8	57.7	62.3	67.0
	0.07	41.3	46.8	51.3	56.3	61.2	65.9	70.6
	0.08	44.9	50.3	54.9	59.9	64.8	69.5	74.2
	0.09	48.4	53.9	58.5	63.5	68.4	73.1	77.7
	0.10	52.0	57.5	62.0	67.0	72.0	76.6	81.3
	0.11	55.6	61.0	65.6	70.6	75.5	80.2	84.9
	0.12	59.1	64.6	69.2	74.2	79.1	83.8	88.4

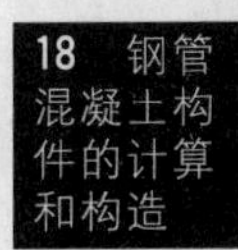

续表

钢材牌号		Q390						
混凝土强度等级		C30	C40	C50	C60	C70	C80	C90
α	0.13	62.7	68.2	72.7	77.8	82.7	87.3	92.0
	0.14	66.3	71.8	76.3	81.3	86.2	90.9	95.6
	0.15	69.9	75.3	79.9	84.9	89.8	94.5	99.2
	0.16	73.4	78.9	83.5	88.5	93.4	98.0	102.7
	0.17	77.0	82.5	87.0	92.0	96.9	101.6	106.3
	0.18	80.6	86.0	90.6	95.6	100.5	105.2	109.9
	0.19	84.1	89.6	94.2	99.2	104.1	108.8	113.4
	0.20	87.7	93.2	97.7	102.8	107.7	112.3	117.0
钢材牌号		Q420						
混凝土强度等级		C30	C40	C50	C60	C70	C80	C90
α	0.04	31.8	37.3	41.8	46.9	51.8	56.4	61.1
	0.05	35.7	41.2	45.7	50.7	55.6	60.3	65.0
	0.06	39.6	45.0	49.6	54.6	59.5	64.2	68.9
	0.07	43.4	48.9	53.5	58.5	63.4	68.1	72.7
	0.08	47.3	52.8	57.3	62.4	67.3	71.9	76.6
	0.09	51.2	56.7	61.2	66.2	71.1	75.8	80.5
	0.10	55.1	60.5	65.1	70.1	75.0	79.7	84.4
	0.11	58.9	64.4	69.0	74.0	78.9	83.6	88.2
	0.12	62.8	68.3	72.8	77.9	82.8	87.4	92.1
	0.13	66.7	72.2	76.7	81.7	86.6	91.3	96.0
	0.14	70.6	76.0	80.6	85.6	90.5	95.2	99.9
	0.15	74.4	79.9	84.5	89.5	94.4	99.1	103.7
	0.16	78.3	83.8	88.3	93.4	98.3	102.9	107.6
	0.17	82.2	87.7	92.2	97.2	102.1	106.8	111.5
	0.18	86.1	91.5	96.1	101.1	106.0	110.7	115.4
	0.19	89.9	95.4	100.0	105.0	109.9	114.6	119.2
	0.20	93.8	99.3	103.9	108.9	113.8	118.4	123.1

注：表内中间值可采用插值法求得。

方、矩形钢管混凝土（第一组钢材）的组合强度设计值 f_{sc}（N/mm^2） 表 18-12

钢材牌号		Q235						
混凝土强度等级		C30	C40	C50	C60	C70	C80	C90
α	0.04	24.2	29.8	34.6	39.8	44.8	49.7	54.5
	0.05	26.0	31.7	36.4	41.6	46.7	51.5	56.3
	0.06	27.8	33.5	38.2	43.4	48.5	53.3	58.2
	0.07	29.7	35.3	40.1	45.2	50.3	55.2	60.0
	0.08	31.5	37.2	41.9	47.1	52.1	57.0	61.8
	0.09	33.3	39.0	43.7	48.9	54.0	58.8	63.6
	0.10	35.1	40.8	45.5	50.7	55.8	60.6	65.5
	0.11	37.0	42.6	47.4	52.6	57.6	62.5	67.3
	0.12	38.8	44.5	49.2	54.4	59.5	64.3	69.1
	0.13	40.6	46.3	51.0	56.2	61.3	66.1	71.0
	0.14	42.5	48.1	52.8	58.0	63.1	67.9	72.8
	0.15	44.3	50.0	54.7	59.9	64.9	69.8	74.6
	0.16	46.1	51.8	56.5	61.7	66.8	71.6	76.4
	0.17	47.9	53.6	58.3	63.5	68.6	73.4	78.3
	0.18	49.8	55.4	60.2	65.3	70.4	75.3	80.1
	0.19	51.6	57.3	62.0	67.2	72.2	77.1	81.9
	0.20	53.4	59.1	63.8	69.0	74.1	78.9	83.8

钢管混凝土轴心受压杆件组合强度[13]

续表

钢材牌号		Q345						
混凝土强度等级		C30	C40	C50	C60	C70	C80	C90
α	0.04	27.4	33.1	37.8	43.0	48.1	52.9	57.7
	0.05	30.0	35.7	40.4	45.6	50.7	55.5	60.4
	0.06	32.7	38.3	43.1	48.3	53.3	58.2	63.0
	0.07	35.3	41.0	45.7	50.9	56.0	60.8	65.6
	0.08	38.0	43.6	48.3	53.5	58.6	63.4	68.3
	0.09	40.6	46.3	51.0	56.2	61.2	66.1	70.9
	0.10	43.2	48.9	53.6	58.8	63.9	68.7	73.5
	0.11	45.9	51.5	56.2	61.4	66.5	71.3	76.2
	0.12	48.5	54.2	58.9	64.1	69.1	74.0	78.8
	0.13	51.1	56.8	61.5	66.7	71.8	76.6	81.5
	0.14	53.8	59.4	64.1	69.3	74.4	79.3	84.1
	0.15	56.4	62.1	66.8	72.0	77.0	81.9	86.7
	0.16	59.0	64.7	69.4	74.6	79.7	84.5	89.4
	0.17	61.7	67.3	72.1	77.2	82.3	87.2	92.0
	0.18	64.3	70.0	74.7	79.9	85.0	89.8	94.6
	0.19	66.9	72.6	77.3	82.5	87.6	92.4	97.3
	0.20	69.6	75.2	80.0	85.2	90.2	95.1	99.9
钢材牌号		Q390						
混凝土强度等级		C30	C40	C50	C60	C70	C80	C90
α	0.04	28.8	34.4	39.2	44.4	49.4	54.3	59.1
	0.05	31.7	37.4	42.1	47.3	52.4	57.2	62.1
	0.06	34.7	40.4	45.1	50.3	55.4	60.2	65.0
	0.07	37.7	43.4	48.1	53.3	58.3	63.2	68.0
	0.08	40.7	46.3	51.1	56.2	61.3	66.2	71.0
	0.09	43.6	49.3	54.0	59.2	64.3	69.1	74.0
	0.10	46.6	52.3	57.0	62.2	67.3	72.1	77.0
	0.11	49.6	55.3	60.0	65.2	70.2	75.1	79.9
	0.12	52.6	58.2	63.0	68.1	73.2	78.1	82.9
	0.13	55.5	61.2	65.9	71.1	76.2	81.0	85.9
	0.14	58.5	64.2	68.9	74.1	79.2	84.0	88.8
	0.15	61.5	67.2	71.9	77.1	82.1	87.0	91.8
	0.16	64.5	70.1	74.9	80.1	85.1	90.0	94.8
	0.17	67.4	73.1	77.8	83.0	88.1	92.9	97.8
	0.18	70.4	76.1	80.8	86.0	91.1	95.9	100.8
	0.19	73.4	79.1	83.8	89.0	94.0	98.9	103.7
	0.20	76.4	82.0	86.8	92.0	97.0	101.9	106.7
钢材牌号		Q420						
混凝土强度等级		C30	C40	C50	C60	C70	C80	C90
α	0.04	29.8	35.5	40.2	45.4	50.4	55.3	60.1
	0.05	33.0	38.7	43.4	48.6	53.7	58.5	63.4
	0.06	36.3	41.9	46.6	51.8	56.9	61.7	66.6
	0.07	39.5	45.1	49.9	55.1	60.1	65.0	69.8
	0.08	42.7	48.4	53.1	58.3	63.4	68.2	73.0
	0.09	45.9	51.6	56.3	61.5	66.6	71.4	76.3
	0.10	49.2	54.8	59.6	64.8	69.8	74.7	79.5
	0.11	52.4	58.1	62.8	68.0	73.1	77.9	82.7
	0.12	55.6	61.3	66.0	71.2	76.3	81.1	86.0

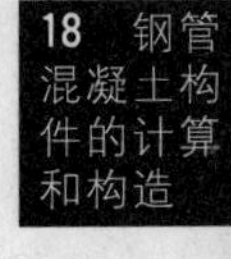

续表

钢材牌号		Q420						
混凝土强度等级		C30	C40	C50	C60	C70	C80	C90
α	0.13	58.9	64.5	69.2	74.4	79.5	84.4	89.2
	0.14	62.1	67.8	72.5	77.7	82.7	87.6	92.4
	0.15	65.3	71.0	75.7	80.9	86.0	90.8	95.7
	0.16	68.6	74.2	78.9	84.1	89.2	94.0	98.9
	0.17	71.8	77.4	82.2	87.4	92.4	97.3	102.1
	0.18	75.0	80.7	85.4	90.6	95.7	100.5	105.3
	0.19	78.2	83.9	88.6	93.8	98.9	103.7	108.6
	0.20	81.5	87.1	91.9	97.1	102.1	107.0	111.8

注：表内中间值可采用插值法求得。

当钢管混凝土长期处在高温的工作环境时，应适当考虑温度对其强度的影响。根据钟善桐（1994，2003）的研究成果，温度对钢管混凝土构件承载力影响的折减系数 k_t 按以下规定取值：80℃时，$k_t=0.97$；100℃时，$k_t=0.92$；150℃时，$k_t=0.85$；中间值可采用插值法求得。当温度超过150℃时，应采取隔热防护措施。

研究结果表明，对于长细比较大（例如 $\lambda>100$ 的情况）的钢管混凝土构件，由于混凝土的存在，使钢管混凝土构件的“屈曲模态”和空钢管相比具有较大的不同，从而使钢管混凝土构件的极限承载力和同等长度的空钢管相比具有较大的提高。核心混凝土的“贡献”主要是延缓钢管过早地发生局部屈曲，从而使构件的承载力和塑性能力得到提高，这时，混凝土材料本身的性质，例如强度等的变化，对钢管混凝土构件性能的变化影响则不明显，此时不宜采用高强度混凝土。

圆钢管混凝土柱承载力计算

一、套箍指标设计法

（一）轴心受压柱

1. 承载力计算

轴心受压圆钢管混凝土柱的轴向压力设计值 N，应满足下式要求：

$$N \leqslant \varphi_0 N_0 \tag{18-13}$$

$$N_0 = (1+\sqrt{\theta}+\theta)A_c f_c \tag{18-14}$$

当管内混凝土≥C50，且套箍指标 $\theta \leqslant \xi$ 时，N_0 应按下式计算：

$$N_0 = (1+a\theta)A_c f_c \tag{18-15}$$

$$\theta = A_s f_s / A_c f_c = \rho_s f_s / f_c, \xi = 1/(a-1)^2 \tag{18-16}$$

式中　N_0——钢管混凝土短柱的轴心受压承载力设计值；

θ、ρ_s——分别为钢管混凝土杆件的套箍指标和含钢率；

a、ξ——与混凝土强度等级有关的系数，按表 18-13 的规定取值；

A_s、A_c——分别为钢管和内填混凝土的横截面面积；

f_s、f_c——分别为钢管和混凝土的抗压强度设计值，分别见第 11 章的表 11-2 和《混凝土规范》；

φ_0——轴心受压柱考虑杆件长细比影响的受压承载力折减系数。

系数 a、ξ 的值　　表 18-13

混凝土等级	≤C50	C55	C60	C65	C70	C75	C80
a	2.00	1.95	1.90	1.85	1.80	1.75	1.70
ξ	1.00	1.11	1.23	1.38	1.56	1.78	2.04

2. φ_0 的计算

轴心受压圆钢管混凝土柱考虑长细比影响的受压承载力折减系数 φ_0，应按下列公式计算：

（1）当长径比 $l_c/D \leqslant 4$ 时

$$\varphi_0 = 1.0 \tag{18-17}$$

（2）当长径比 $l_c/D > 4$ 时

$$\varphi_o = 1 - 0.115\sqrt{l_c/D-4} \tag{18-18}$$

$$l_c = \mu l \tag{18-19}$$

式中　l_c、l——分别为柱的计算长度和自然（实际）长度；

D——钢管的外直径；

μ——考虑柱端约束条件的计算长度系数，按下一款方法及表 18-14 或表 18-15 取值。

无侧移框架柱的计算长度系数 μ　表 18-14

K_1 / K_2	≥20	10	5	2	1	0.5	0.25	0.10	0.05	0
≥20	0.500	0.524	0.546	0.590	0.626	0.656	0.675	0.689	0.694	0.700
10	0.524	0.549	0.570	0.615	0.654	0.685	0.706	0.721	0.726	0.732
5	0.546	0.570	0.592	0.638	0.677	0.710	0.732	0.748	0.754	0.760
2	0.590	0.615	0.638	0.686	0.729	0.765	0.789	0.807	0.814	0.821
1	0.626	0.654	0.677	0.729	0.774	0.813	0.840	0.860	0.867	0.875
0.5	0.656	0.685	0.710	0.765	0.813	0.855	0.885	0.906	0.914	0.922
0.25	0.675	0.706	0.732	0.789	0.840	0.885	0.916	0.939	0.947	0.956
0.10	0.689	0.721	0.748	0.807	0.860	0.906	0.939	0.963	0.971	0.981
0.05	0.694	0.726	0.754	0.814	0.867	0.914	0.947	0.971	0.981	0.990
0.00	0.700	0.732	0.760	0.821	0.875	0.922	0.956	0.981	0.990	1.000

注：1. K_1——相交于柱上端节点的横梁线刚度之和与柱线刚度之和的比值；

K_2——相交于柱下端节点的横梁线刚度之和与柱线刚度之和的比值；

2. 当横梁与柱铰接时，取横梁线刚度为零；

3. 对于底层框架柱，当柱与基础铰接时，取 $K_2=0$；当柱与基础刚接时，取 $K_2=\infty$

有侧移框架柱的计算长度系数 μ　表 18-15

K_1 / K_2	≥20	10	5	2	1	0.5	0.25	0.10	0.05	0
≥20	1.00	1.02	1.03	1.08	1.16	1.28	1.45	1.67	1.80	2.00
10	1.02	1.03	1.05	1.10	1.17	1.30	1.46	1.70	1.83	2.03
5	1.03	1.05	1.07	1.11	1.19	1.31	1.48	1.72	1.86	2.07
2	1.08	1.10	1.11	1.16	1.24	1.37	1.54	1.79	1.94	2.17
1	1.16	1.17	1.19	1.24	1.32	1.45	1.63	1.90	2.70	2.33
0.5	1.28	1.30	1.31	1.37	1.45	1.59	1.79	2.11	2.31	2.64
0.25	1.45	1.46	1.48	1.54	1.63	1.79	2.04	2.43	2.70	3.18
0.10	1.67	1.70	1.72	1.79	1.90	2.11	2.43	3.01	3.47	4.45
0.05	1.80	1.83	1.86	1.94	2.07	2.31	2.70	3.47	4.16	6.02
0.00	2.00	2.03	2.07	2.17	2.33	2.63	3.18	4.45	6.02	∞

注：同表 18-14 的注（1）～注（3）。

3. μ 的取值

当柱在上、下两端支承点之间无侧向荷载作用时，柱的计算长度系数 μ 可按下列规定取值。

（1）无侧移框架

a. 无侧移框架柱的计算长度系数 μ，根据梁与柱的刚度比值 K_1 和 K_2，按表 18-14 取值。

b. 无侧移框架是指框架结构中设有竖向支撑、剪力墙、电梯井筒等侧向支撑的结构，且侧向支撑结构的抗侧移刚度等于或大于框架抗侧移刚度的 5 倍。

（2）有侧移框架

a. 有侧移框架的计算长度系数 μ，根据梁、柱刚度的比值 K_1 和 K_2，按表 18-15 取值。

b. 有侧移框架是指框架结构中未设置上述侧向支撑的结构，或侧向支撑的抗侧移（抗推）刚度小于框架抗侧移刚度的 5 倍。

（二）偏心受压柱

1. 承载力计算

偏心受压圆钢管混凝土柱的轴向压力设计值 N 应满足下式要求：

$$N \leqslant \varphi_l \varphi_e N_0 \qquad (18\text{-}20)$$

式中　N_0——钢管混凝土短柱的轴心受压承载力设计值，按公式（18-14）～式（18-16）计算。

上式中的 φ_l 和 φ_e 在任何情况下均应满足下列条件：

$$\varphi_l \varphi_e \leqslant \varphi_0 \qquad (18\text{-}21)$$

式中　φ_e——考虑偏心率影响的承载力折减系数，按下一款的方法计算；

φ_l——考虑长细比影响的承载力折减系数，按下一款的方法计算；

φ_0——轴心受压长柱和中长柱的承载力折减系数，按公式（18-17）或式（18-18）计算。

2. φ_e 的计算

圆钢管混凝土柱考虑偏心率影响的承载力折减系数 φ_e，分别情况按下列公式计算：

（1）当 $e_0/r_c \leqslant 1.55$ 时

$$\varphi_e = \frac{1}{1+1.85\dfrac{e_0}{r_c}}, e_0 = \frac{M_2}{N} \qquad (18\text{-}22)$$

（2）当 $e_0/r_c > 1.55$ 时

$$\varphi_e = \frac{0.4r_c}{e_0}, e_0 = \frac{M_2}{N} \qquad (18\text{-}23)$$

式中　e_0——柱上、下端较大弯矩一端轴向压力对柱截面形心的偏心距；

r_c——钢管的内半径；

M_2——柱上、下端弯矩设计值两者中的较大值；

N——对应于 M_2 的轴向压力设计值。

3. φ_l 的计算

偏心受压圆钢管混凝土柱考虑长细比影响的承载力折减系数 φ_l，应按下列公式计算：

（1）当 $l_e/D \leqslant 4$ 时

$$\varphi_l = 1 \qquad (18\text{-}24)$$

（2）当 $l_e/D > 4$ 时

$$\varphi_l = 1 - 0.115\sqrt{l_e/D - 4} \qquad (18\text{-}25)$$

$$l_e = kl_c = k\mu l \qquad (18\text{-}26)$$

式中 l_e——柱的等效计算长度，即等效的上、下端铰接独立柱的计算长度；

k——考虑柱身弯矩分布梯度影响的等效长度系数，按下一款方法计算；

l_c、l、D和μ的说明，见公式（18-17）～式（18-19）。

4. k的计算

当柱在上、下两端支承点之间无侧向荷载作用时，柱的等效长度系数k按下列公式计算。

（1）无侧移框架柱

$$k=0.5+0.3b+0.2b^2 \quad (18\text{-}27)$$

$$b=\frac{M_1}{M_2}, \mid M_1 \mid \leqslant \mid M_2 \mid \quad (18\text{-}28)$$

式中 b——柱上、下两端弯矩设计值中较小者（M_1）与较大者（M_2）的比值，单曲压弯柱（图18-14a），b取正值；双曲压弯柱（图18-14b），b取负值。

（2）有侧移框架柱（图18-15）

a. 当$e_0/r_c \geqslant 0.8$时

$$k=0.5 \quad (18\text{-}29)$$

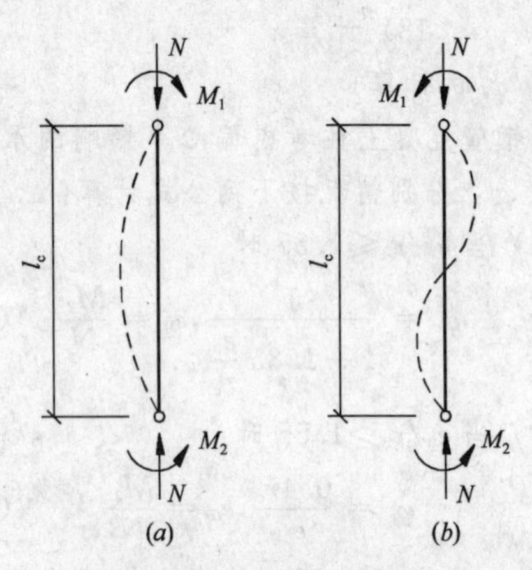

图18-14 无侧移框架柱

（a）单曲压弯；（b）双曲压弯

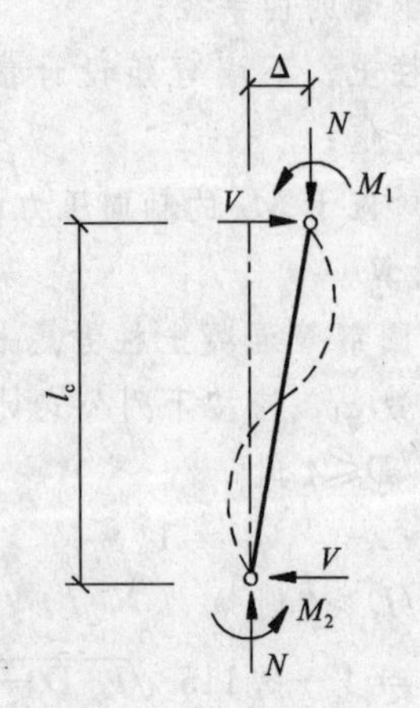

图18-15 有侧移框架柱

b. 当$e_0/r_c<0.8$时

$$k=1-0.625\frac{e_0}{r_c} \quad (18\text{-}30)$$

二、强度增值设计法

（一）轴心受拉杆件

1. 钢管混凝土轴心受拉杆件，不考虑混凝土的抗拉强度。

2. 钢管混凝土柱的轴心受拉承载力设计值N_t按下式计算：

$$N_t=A_s f_s \quad (18\text{-}31)$$

式中 A_s、f_s——钢管的截面面积和钢材的抗拉、抗压强度设计值。

（二）轴心受压杆件

1. 圆钢管混凝土杆件的轴心受压承载力，等于钢管受压承载力与内填混凝土强度增值后的受压承载力之和。

2. 圆钢管混凝土柱的轴心受压承载力设计值N按下式计算：

$$N=\varphi(A_s f_s+k_1 A_c f_c) \quad (18\text{-}32)$$

式中 A_c、f_c——管内混凝土的截面面积和轴心抗压强度设计值；

k_1——由钢管约束作用引起的混凝土抗压强度提高系数，根据钢管混凝土柱的含钢率ρ_s查表18-16；

φ——圆钢管混凝土轴心受压杆件的稳定系数，根据杆件的长细比λ（$=4L/D$）查表18-17或表18-18。

圆钢管内填混凝土的抗压强度提高系数k_1

表18-16

钢号		Q235			Q345		
混凝土		C30	C40	C50	C30	C40	C50
含钢率ρ_s	0.04	1.43	1.32	1.27	1.62	1.43	1.39
	0.05	1.52	1.39	1.33	1.76	1.56	1.48
	0.06	1.61	1.45	1.38	1.89	1.66	1.56
	0.07	1.69	1.51	1.43	2.01	1.75	1.63
	0.08	1.77	1.57	1.48	2.12	1.83	1.70
	0.09	1.83	1.62	1.52	2.21	1.90	1.76
	0.10	1.89	1.66	1.55	2.29	1.96	1.81
	0.11	1.93	1.69	1.58	2.35	2.01	1.85
	0.12	1.97	1.72	1.60	2.36	2.01	1.85
	0.13	1.99	1.73	1.62	2.36	2.01	1.85
	0.14	2.00	1.74	1.62	2.36	2.01	1.85
	0.15	2.00	1.74	1.62	2.36	2.01	1.85
	0.16	2.00	1.74	1.62	2.36	2.01	1.85

Q235 圆钢管混凝土轴心受压杆件的稳定系数 φ

表 18-17

	λ \ ρ_s	0.04	0.06	0.08	0.10	0.12	0.14	0.16
C30混凝土	10	1.00	1.00	1.00	1.00	1.00	1.00	1.00
	20	1.00	1.00	1.00	1.00	1.00	1.00	1.00
	30	0.99	0.99	0.99	0.99	0.99	0.99	0.99
	40	0.97	0.97	0.96	0.96	0.96	0.96	0.96
	50	0.93	0.92	0.92	0.91	0.91	0.91	0.92
	60	0.88	0.86	0.85	0.85	0.85	0.85	0.86
	70	0.81	0.79	0.78	0.77	0.77	0.77	0.78
	80	0.74	0.72	0.71	0.70	0.70	0.70	0.71
C40混凝土	10	1.00	1.00	1.00	1.00	1.00	1.00	1.00
	20	1.00	1.00	1.00	1.00	1.00	1.00	1.00
	30	0.99	0.99	0.99	0.99	0.99	0.99	0.99
	40	0.96	0.96	0.96	0.96	0.96	0.96	0.96
	50	0.92	0.91	0.91	0.91	0.91	0.91	0.91
	60	0.86	0.85	0.84	0.84	0.84	0.84	0.85
	70	0.78	0.77	0.76	0.76	0.76	0.76	0.77
	80	0.71	0.70	0.69	0.69	0.69	0.69	0.70
C50混凝土	10	1.00	1.00	1.00	1.00	1.00	1.00	1.00
	20	1.00	1.00	1.00	1.00	1.00	1.00	1.00
	30	0.99	0.99	0.99	0.99	0.99	0.99	0.99
	40	0.96	0.96	0.96	0.96	0.96	0.96	0.96
	50	0.91	0.91	0.90	0.90	0.90	0.90	0.91
	60	0.85	0.84	0.83	0.83	0.83	0.83	0.84
	70	0.77	0.76	0.75	0.75	0.75	0.75	0.76
	80	0.70	0.68	0.68	0.68	0.68	0.68	0.69

Q345 圆钢管混凝土轴心受压杆件的稳定系数 φ

表 18-18

	λ \ ρ_s	0.04	0.06	0.08	0.10	0.12	0.14	0.16
C30混凝土	10	1.00	1.00	1.00	1.00	1.00	1.00	1.00
	20	1.00	1.00	1.00	1.00	1.00	1.00	1.00
	30	0.99	0.98	0.98	0.98	0.98	0.98	0.98
	40	0.96	0.95	0.94	0.94	0.94	0.94	0.94
	50	0.90	0.89	0.87	0.87	0.87	0.87	0.87
	60	0.83	0.81	0.79	0.78	0.78	0.79	0.79
	70	0.76	0.73	0.71	0.70	0.70	0.70	0.71
	80	0.68	0.65	0.64	0.63	0.63	0.64	0.65
C40混凝土	10	1.00	1.00	1.00	1.00	1.00	1.00	1.00
	20	1.00	1.00	1.00	1.00	1.00	1.00	1.00
	30	0.98	0.98	0.98	0.98	0.98	0.98	0.98
	40	0.95	0.94	0.94	0.93	0.93	0.94	0.94
	50	0.89	0.88	0.87	0.86	0.86	0.86	0.87
	60	0.82	0.80	0.78	0.77	0.73	0.78	0.78
	70	0.74	0.71	0.70	0.69	0.69	0.70	0.70
	80	0.67	0.64	0.63	0.62	0.62	0.63	0.64
C50混凝土	10	1.00	1.00	1.00	1.00	1.00	1.00	1.00
	20	1.00	1.00	1.00	1.00	1.00	1.00	1.00
	30	0.98	0.98	0.98	0.98	0.98	0.98	0.98
	40	0.95	0.94	0.93	0.93	0.93	0.93	0.94
	50	0.89	0.87	0.86	0.86	0.86	0.86	0.87
	60	0.81	0.79	0.78	0.77	0.77	0.77	0.78
	70	0.73	0.71	0.69	0.68	0.69	0.69	0.70
	80	0.65	0.63	0.62	0.62	0.62	0.63	0.64

（三）偏心受拉杆件

1. 钢管混凝土偏心受拉杆件，可以不考虑内填混凝土的作用，按钢构件设计方法验算其强度。

2. 钢管混凝土偏心受拉杆件的强度应满足下式要求：

$$\frac{N}{A_{sn}}+\frac{M}{1.2W_{sn}}\leqslant f_s \qquad (18\text{-}33)$$

式中 N、M——杆件所承受的拉力设计值和弯矩设计值；

A_{sn}、W_{sn}——钢管的净截面面积和净截面抵抗矩；

f_s——钢管钢材的抗拉强度设计值。

（四）偏心受压杆件

1. 钢管混凝土偏心受压杆件的轴向压力设计值 N_e 应满足下式要求：

$$N_e\leqslant[N_e] \qquad (18\text{-}34)$$

2. 圆钢管混凝土偏心受压杆件的受压承载力设计值 $[N_e]$ 按下式计算：

$$[N_e]=\gamma\varphi_e(A_s f_s+k_1 A_c f_c) \qquad (18\text{-}35)$$

$$\gamma=1.124-\frac{2t}{D}-0.0003f_s \qquad (18\text{-}36)$$

$$e_0=\frac{M}{N_e} \qquad (18\text{-}37)$$

式中 φ_e——圆钢管混凝土偏心受压杆件承载力折减系数，根据偏心率 e_0/D 和长细比 λ 按表 18-19 采用；

γ——φ_e 的修正系数；

M、N_e——外荷载作用下在杆件内产生的最大弯矩设计值及其相应的轴向压力设计值；

t、D——钢管的厚度和外直径。

其余符号的说明见公式（18-31）和式（18-32）。

偏心受压杆件设计承载力折减系数 φ_e

表 18-19

λ \ e_0/D	0.00	0.03	0.05	0.10	0.15	0.20	0.25	0.30	0.35	0.40	0.45
10	1.00	0.89	0.79	0.70	0.63	0.57	0.51	0.47	0.43	0.39	0.36
20	1.00	0.89	0.79	0.70	0.63	0.57	0.51	0.47	0.43	0.39	0.36
30	0.98	0.74	0.62	0.54	0.47	0.43	0.39	0.36	0.33	0.30	0.28
40	0.95	0.73	0.61	0.53	0.47	0.42	0.39	0.35	0.32	0.30	0.28
50	0.89	0.71	0.60	0.52	0.46	0.42	0.38	0.35	0.32	0.29	0.27
60	0.81	0.68	0.57	0.50	0.45	0.40	0.37	0.34	0.31	0.29	0.27
70	0.73	0.64	0.55	0.48	0.43	0.39	0.36	0.33	0.30	0.28	0.26
80	0.66	0.60	0.52	0.46	0.41	0.37	0.34	0.32	0.29	0.27	0.25

续表

e_0/D / λ	0.50	0.55	0.60	0.65	0.70	0.75	0.80	0.85	0.90	0.95	1.00
10	0.33	0.31	0.28	0.27	0.25	0.23	0.22	0.21	0.20	0.19	0.18
20	0.33	0.31	0.28	0.27	0.25	0.23	0.22	0.21	0.20	0.19	0.18
30	0.26	0.24	0.23	0.21	0.20	0.19	0.18	0.17	0.17	0.16	0.15
40	0.26	0.24	0.23	0.21	0.20	0.19	0.18	0.17	0.16	0.16	0.15
50	0.25	0.24	0.22	0.21	0.20	0.19	0.18	0.17	0.16	0.16	0.15
60	0.25	0.23	0.22	0.21	0.20	0.19	0.18	0.17	0.16	0.15	0.15
70	0.24	0.23	0.21	0.20	0.19	0.18	0.17	0.17	0.16	0.15	0.15
80	0.23	0.22	0.21	0.20	0.19	0.18	0.17	0.16	0.16	0.15	0.14

e_0/D / λ	1.05	1.10	1.15	1.20	1.25	1.30	1.35	1.40	1.45	1.50
10	0.17	0.16	0.16	0.15	0.14	0.14	0.13	0.13	0.12	0.12
20	0.17	0.16	0.16	0.15	0.14	0.14	0.13	0.13	0.12	0.12
30	0.15	0.14	0.13	0.13	0.13	0.12	0.12	0.11	0.11	0.11
40	0.14	0.14	0.13	0.13	0.12	0.12	0.12	0.11	0.11	0.11
50	0.14	0.14	0.13	0.13	0.12	0.12	0.12	0.11	0.11	0.11
60	0.14	0.14	0.13	0.13	0.12	0.12	0.11	0.11	0.11	0.10
70	0.14	0.13	0.13	0.13	0.12	0.12	0.11	0.11	0.11	0.10
80	0.14	0.13	0.13	0.12	0.12	0.12	0.11	0.11	0.10	0.10

三、组合强度设计法

（一）思路和方法

1. 把钢管混凝土杆件视为由一种统一的组合材料制成，采用杆件的全截面面积和抵抗矩等整体几何特性及其组合性能指标，来计算杆件的各项承载力，不再区分钢管和混凝土。

2. 考虑钢管和内填混凝土相互作用的紧箍力效应，得到组合材料杆件在各种应力状态下的荷载-变形曲线，从而确定钢管混凝土杆件各项组合性能的设计指标。

（二）组合强度设计指标

1. 组合轴压强度

(1) 标准值

a. 根据图 18-12 所示轴心受压圆钢管混凝土杆件平均应力 σ 与纵向应变 ε 的关系曲线，取对应于 $\varepsilon=3000$ 的平均应力作为组合轴压强度标准值 f_{sc}^y，或称钢管混凝土杆件的组合屈服强度。

b. 通过大量计算，圆钢管混凝土杆件截面的套箍系数标准值 ξ_0 与 (f_{sc}^y/f_{ck}) 之间，存在如下关系式：

$$f_{sc}^y=(1.212+B\xi_0+C\xi_0^2)f_{ck} \quad (18\text{-}38)$$

$$\xi_0=A_s f_y/A_c f_{ck}$$

$$B=0.176(f_y/235)+0.974$$

$$C=-0.104(f_{ck}/20)+0.031$$

式中 f_y——钢管钢材的屈服强度；

f_{ck}——混凝土的轴心抗压强度标准值。

c. 组合轴压强度标准值 f_{sc}^y，位于图 18-12 曲线上的 *b* 点附近。

d. 在收集、整理近千个试件的试验结果，按不同钢号、混凝土强度等级、含钢率、荷载比等情况进行分析后表明，按此指标进行设计，完全满足《建筑结构设计统一标准》中对延性破坏构件的可靠性要求，可靠度指标均在 3.2 以上。

(2) 组合轴压强度设计值

a. 基本值

(*a*) 在公式 (18-38) 中，引入钢材和混凝土的材料分项系数后，得圆钢管混凝土杆件的组合轴压强度设计值 f_{sc}。

$$f_{sc}=(1.212+B\xi+C\xi^2)f_c \quad (18\text{-}39)$$

$$\xi=A_s f_s/A_c f_c=\rho_s f_s/f_c$$

式中 f_s、f——分别为钢管钢材和混凝土的抗压强度设计值；

ξ——钢管混凝土杆件截面的套箍系数设计值；

A_s、A_c——分别为钢管和管内混凝土的截面面积。

(*b*) 按钢管厚度，属于第一组钢材时，钢管混凝土杆件的组合轴压强度设计值 f_{sc} 列于表 18-20。钢材按厚度分组的规定，见第 1 章的表 1-2。

（第一组钢材）**组合轴压强度设计值 f_{sc}**（N/mm²） **表 18-20**

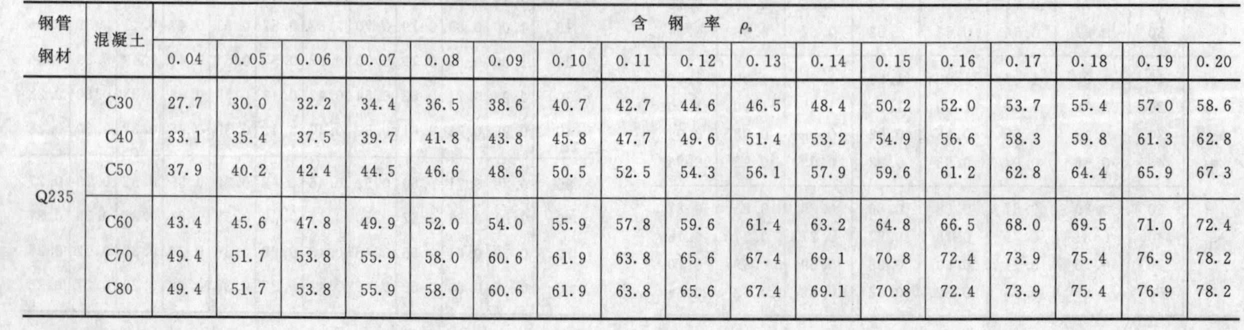

钢管钢材	混凝土	含钢率 ρ_s 0.04	0.05	0.06	0.07	0.08	0.09	0.10	0.11	0.12	0.13	0.14	0.15	0.16	0.17	0.18	0.19	0.20
Q235	C30	27.7	30.0	32.2	34.4	36.5	38.6	40.7	42.7	44.6	46.5	48.4	50.2	52.0	53.7	55.4	57.0	58.6
	C40	33.1	35.4	37.5	39.7	41.8	43.8	45.8	47.7	49.6	51.4	53.2	54.9	56.6	58.3	59.8	61.3	62.8
	C50	37.9	40.2	42.4	44.5	46.6	48.6	50.5	52.5	54.3	56.1	57.9	59.6	61.2	62.8	64.4	65.9	67.3
	C60	43.4	45.6	47.8	49.9	52.0	54.0	55.9	57.8	59.6	61.4	63.2	64.8	66.5	68.0	69.5	71.0	72.4
	C70	49.4	51.7	53.8	55.9	58.0	60.6	61.9	63.8	65.6	67.4	69.1	70.8	72.4	73.9	75.4	76.9	78.2
	C80	49.4	51.7	53.8	55.9	58.0	60.6	61.9	63.8	65.6	67.4	69.1	70.8	72.4	73.9	75.4	76.9	78.2

续表

钢管钢材	混凝土	含钢率 ρ_s																
		0.04	0.05	0.06	0.07	0.08	0.09	0.10	0.11	0.12	0.13	0.14	0.15	0.16	0.17	0.18	0.19	0.20
Q345	C30	32.9	36.4	39.7	43.0	46.1	49.2	52.2	55.0	57.8	60.5	63.1	65.6	67.9	70.2	72.4	74.5	76.5
	C40	38.3	41.7	44.9	48.1	51.2	54.1	56.9	59.7	62.3	64.8	67.2	69.5	71.6	73.7	75.7	77.5	79.2
	C50	43.1	46.5	49.7	52.9	55.9	58.8	61.6	64.3	66.8	69.3	71.6	73.9	76.0	78.0	79.9	81.6	83.3
	C60	48.5	51.9	55.1	58.2	61.2	64.1	66.9	69.5	72.0	74.4	76.7	78.9	81.0	82.9	84.7	86.4	88.0
	C70	54.6	57.9	61.1	64.2	67.2	70.1	72.8	75.4	77.9	80.3	82.5	84.7	86.7	88.6	90.4	92.0	93.6
	C80	60.0	63.3	66.5	69.6	72.6	75.4	78.1	80.7	83.2	85.6	87.8	89.9	91.9	93.8	95.5	97.1	98.6
Q390	C30	35.0	38.8	42.6	46.3	49.8	53.2	56.5	59.7	62.8	65.7	68.5	71.2	73.8	76.3	78.6	80.9	83.0
	C40	40.3	44.1	47.8	51.3	54.7	58.0	61.1	64.1	67.0	69.7	72.3	74.8	77.1	79.3	81.4	83.3	85.1
	C50	45.1	48.9	52.5	56.0	59.4	62.7	65.7	68.7	71.5	74.2	76.7	79.1	81.3	83.4	85.4	87.2	88.9
	C60	50.5	54.3	57.9	61.4	64.7	67.9	71.0	73.9	76.6	79.2	81.7	84.0	86.2	88.2	90.1	91.9	93.4
	C70	56.5	60.3	63.9	67.4	70.7	73.9	76.9	79.7	82.5	85.0	87.5	89.7	91.9	93.8	96.7	97.4	98.9
	C80	62.0	65.7	69.3	72.8	76.1	79.2	82.2	85.0	87.7	90.3	92.7	94.9	97.0	98.9	100.7	102.4	103.9

(c) 钢管板材属第二组或第三组钢材时，其组合轴压强度设计值 f_{sc}，应取表 18-20 中的数值乘以换算系数 k：

① 对于 Q235 和 Q345 号钢，$k=0.96$；

② 对于 Q390 号钢，$k=0.94$。

b. 混凝土徐变影响

对于轴压和小偏压（$e/r\leqslant0.3$）钢管混凝土杆件，当永久荷载产生的轴压力占全部轴压力 30%及以上时，其组合轴压强度设计值 f_{sc} 还应乘以混凝土徐变影响折减系数 K_c（见表 18-21）。式中，e 为计算偏心距，r 为钢管的外半径。

混凝土徐变影响折减系数 K_c　　表 18-21

永久荷载轴压力/全部荷载轴压力 \ 杆件长细比 λ	30%	50%	≥70%
50～70	0.90	0.85	0.80
71～120	0.85	0.80	0.75

c. 混凝土收缩影响

通过试验和分析，并结合实际施工情况，采取：在浇灌管内混凝土后，敞开管口，自然养生三天左右，用同强度的水泥砂浆填平管端混凝土的收缩部分，最后再封闭钢管。设计中可不再考虑混凝土收缩的影响。

2. 组合抗剪强度

(1) 钢管混凝土杆件受纯剪切作用时，采用数值分析法计算出的截面最大组合剪应力 $\bar{\tau}_{sc}$ 与最大剪应变 γ 之间的全过程关系曲线，示于图 18-16。从中可以得到：①弹性阶段的组合剪变弹性模量 G_{sc}；②弹塑性阶段的组合剪变"切线模量" G_{sct}；③强化阶段的组合剪变"强化模量" G_{sch}。据此，由弹塑性阶段转入强化阶段的 b 点（$\gamma_{sc}^{y}\approx3500\mu m$），定义为组合抗剪强度标准值 f_{sc}^{yv}。

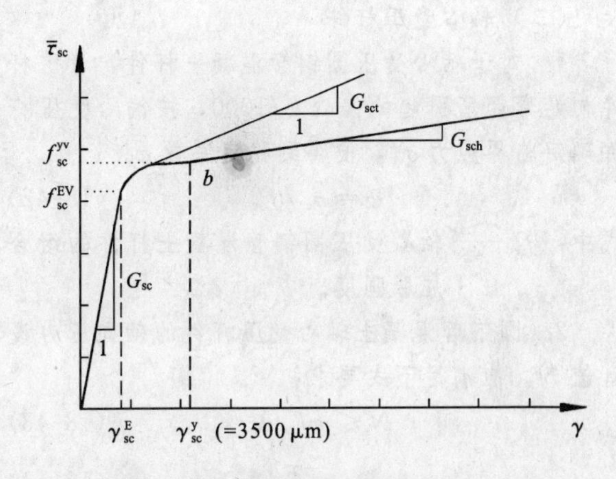

图 18-16　纯剪钢管混凝土杆件的 $\bar{\tau}_{sc}$-γ 关系曲线

(2) 经大量计算分析，圆钢管混凝土杆件的组合抗剪强度标准值 f_{sc}^{yv}，为：

$$f_{sc}^{yv}=(0.385+0.25\rho_s^{1.5})\xi_0^{0.125}f_{sc}^{y}\qquad(18\text{-}40)$$

(3) 在公式 (18-40) 中，引入材料分项系数后，得圆钢管混凝土杆件的组合抗剪强度设计值 f_{sc}^{v} 为：

$$f_{sc}^{v}=(0.385+0.25\rho_s^{1.5})\xi^{0.125}f_{sc}\qquad(18\text{-}41)$$

(4) 当钢管采用第一组钢材时，钢管混凝土杆件的组合抗剪强度设计值 f_{sc}^{v}，列于表 18-22。

(5) 当钢管采用第二组或第三组钢材时，其组合抗剪强度设计值 f_{sc}^{v}，应取表 18-22 中的数值乘以换算系数 k。

a. 对于 Q235 和 Q345 号钢，$k=0.96$；

b. 对于 Q390 号钢，$k=0.94$。

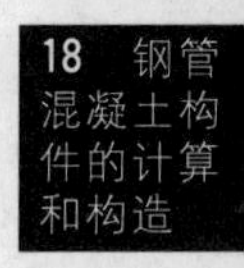

（第一组钢材）组合抗剪强度设计值 f^{v}_{sc}（N/mm²） 表 18-22

钢管钢材	混凝土	含钢率 ρ_s																
		0.04	0.05	0.06	0.07	0.08	0.09	0.10	0.11	0.12	0.13	0.14	0.15	0.16	0.17	0.18	0.19	0.20
Q235	C30	10.0	11.2	12.3	13.4	14.5	15.6	16.7	17.8	18.9	19.9	21.0	22.1	23.1	24.2	25.2	26.2	27.2
	C40	11.6	12.7	13.9	15.0	16.1	17.1	18.2	19.3	20.3	21.3	22.4	23.4	24.4	25.4	26.3	27.3	28.2
	C50	13.0	14.1	15.3	16.4	17.5	18.6	19.6	20.7	21.7	22.8	23.8	24.8	25.8	26.7	27.7	28.6	29.6
	C60	14.5	15.7	16.9	18.0	19.1	20.2	21.3	22.3	23.3	24.4	25.4	26.4	27.3	28.3	29.3	30.2	31.1
	C70	16.2	17.4	18.6	19.7	20.9	22.2	23.1	24.1	25.2	26.2	27.2	28.2	29.2	30.1	30.5	32.0	32.9
	C80	17.7	18.9	20.2	21.3	22.5	23.6	24.7	25.7	26.8	27.8	28.9	29.8	30.8	31.8	32.7	32.7	34.6
Q345	C30	12.5	14.2	15.9	17.6	19.2	20.9	22.5	24.1	25.7	27.2	28.7	30.2	31.7	33.1	34.6	35.9	37.3
	C40	14.0	15.7	17.4	19.0	20.6	22.2	23.8	25.3	26.8	28.2	29.6	31.0	32.4	33.7	34.9	36.2	37.4
	C50	15.4	17.1	18.8	20.4	22.0	23.6	25.1	26.6	28.0	29.5	30.9	32.2	33.5	34.8	36.0	37.2	38.4
	C60	17.0	18.7	20.4	22.0	23.6	25.1	26.7	28.1	29.6	31.0	32.3	33.7	34.9	36.2	37.4	38.5	39.7
	C70	18.7	20.5	22.2	23.8	25.4	26.9	28.4	29.8	31.3	32.7	34.1	35.4	36.7	37.9	39.1	40.2	41.3
	C80	20.3	22.0	23.7	25.4	27.0	28.5	30.0	31.5	32.9	34.3	35.7	37.0	38.2	39.5	40.6	41.8	42.9
Q390	C30	13.4	15.4	17.3	19.2	21.0	22.9	24.7	26.5	28.2	30.0	31.6	33.3	34.9	36.5	38.0	39.5	41.0
	C40	15.0	16.9	18.7	20.6	22.4	24.1	25.8	27.5	29.2	30.8	32.3	33.8	35.3	36.7	38.1	39.4	40.7
	C50	16.4	18.3	20.1	22.0	23.7	25.5	27.1	28.8	30.4	32.0	33.5	34.9	36.3	37.7	39.0	40.3	41.5
	C60	17.9	19.8	21.7	23.5	25.3	27.0	28.7	30.3	31.9	33.4	34.9	36.4	37.7	39.0	40.3	41.5	42.7
	C70	19.6	21.6	23.5	25.3	27.1	28.8	30.4	31.9	33.6	35.1	36.6	38.0	39.4	40.6	41.9	43.1	44.3
	C80	21.2	23.2	25.1	26.9	28.7	30.4	32.0	33.6	35.2	36.7	38.2	39.5	40.9	42.2	43.4	44.6	45.9

（三）轴心受压杆件

1. 对于轴心受压圆钢管混凝土杆件，考虑杆件初始弯曲所引起的偏心 $l_c/1000$，按偏心受压杆件确定临界应力 $\bar{\sigma}_{cr}$，便得到稳定系数 φ。

$$\varphi=\bar{\sigma}_{cr}/f^{y}_{sc} \tag{18-42}$$

式中 f^{y}_{sc}——轴心受压圆钢管混凝土杆件的组合屈服强度。

2. 圆钢管混凝土轴心受压杆件的轴向压力设计值 N，应满足下式要求：

$$N\leqslant\varphi f_{sc}A_{sc} \tag{18-43}$$

$$A_{sc}=\frac{\pi}{4}D^2 \tag{18-44}$$

式中 φ——钢管混凝土轴心受压杆件的稳定系数，根据杆件长细比 λ（$=4l_c/D$）和钢管钢材的牌号，查表 18-23；

圆钢管混凝土轴心受压杆件的稳定系数 φ

表 18-23

长细比 $\lambda=4l_c/D$	长径比 $\psi=l_c/D$	钢管钢材牌号		
		Q235	Q345	Q390
10	2.5	1.00	1.00	1.00
20	5	1.00	1.00	1.00
30	7.5	0.99	0.99	0.99
40	10	0.97	0.97	0.97
50	12.5	0.95	0.94	0.93
60	15	0.91	0.90	0.89
70	17.5	0.86	0.84	0.84
80	20	0.82	0.78	0.78

注：中间值可采用插入法求得。

l_c、D——分别为杆件的计算长度和钢管的外直径；

f_{sc}——钢管混凝土杆件的组合抗压强度设计值，见表 18-20；

A_{sc}——钢管混凝土杆件的全截面面积。

（四）轴心受拉杆件

1. 钢管混凝土杆件在纵向拉力作用下，横向要产生收缩；然而，管内混凝土阻碍了钢管的径向收缩，使钢管处于纵向、环向受拉和径向受压的三向应力状态，钢管的受拉屈服点得到一定程度的提高。

2. 轴心受拉钢管混凝土杆件，可仅按钢管受拉计算。

3. 钢管混凝土轴心受拉杆件的轴心拉力设计值 N_t，应满足下式要求：

$$N_t\leqslant 1.1A_s f_s \tag{18-45}$$

式中 A_s、f_s——分别为钢管的截面面积和钢材抗拉强度设计值。

（五）受剪杆件

1. 钢管混凝土杆件在剪力作用下，计算其受剪承载力时，应考虑截面剪切变形的塑性发展影响。

2. 圆钢管混凝土杆件的受剪承载力设计值为

$$V_0=\gamma_v f^{v}_{sc}A_{sc} \tag{18-46}$$

$$\gamma_v=-0.3\xi+1.3\sqrt{\xi} \tag{18-47}$$

式中 A_{sc}——钢管混凝土杆件的全截面面积，按公式（18-5）计算；

f_{sc}^{v}——钢管混凝土杆件的组合抗剪强度设计值，根据杆件的含钢率 ρ_s 和混凝土强度等级查表 18-22；

γ_v——截面剪切变形塑性发展系数。

（六）拉弯杆件

钢管混凝土杆件在轴向拉力 N 和弯矩 M 的作用下，其承载力应满足下式要求：

$$\frac{N}{1.1A_s f_s}+\frac{M}{\gamma_m W_{sc} f_{sc}}\leqslant 1 \tag{18-48}$$

$$\gamma_m=-0.445\xi+1.85\sqrt{\xi} \tag{18-49}$$

$$W_{sc}=\frac{1}{32}\pi D^3 \tag{18-50}$$

式中 γ_m——杆件截面抗弯塑性发展系数；

ξ——钢管混凝土杆杆截面的套箍系数，见公式（18-39）；

A_s、W_{sc}——分别为钢管的截面面积和钢管混凝土杆件的全截面抗弯抵抗矩；

f_s、f_{sc}——分别为钢管钢材的抗拉强度设计值和钢管混凝土杆件的组合轴压强度设计值，分别见表 1-2 和表 18-20。

（七）压弯杆件

圆钢管混凝土杆件在轴向压力 N 和弯矩 M 的作用下，其承载力应满足下列公式要求：

1. 当 $N/A_{sc}<0.2\varphi f_{sc}$ 时：

$$\frac{N}{1.4\varphi A_{sc} f_{sc}}+\frac{\beta_m M}{\gamma_m W_{sc} f_{sc}(1-0.4N/N_E)}\leqslant 1 \tag{18-51}$$

2. 当 $N/A_{sc}\geqslant 0.2\varphi f_{sc}$ 时

$$\frac{N}{\varphi A_{sc} f_{sc}}+\frac{\beta_m M}{1.07\gamma_m W_{sc} f_{sc}(1-0.4N/N_E)}\leqslant 1 \tag{18-52}$$

$$N_E=E_{sc}^{M}A_{sc}\left(\frac{\pi}{\lambda}\right)^2 \tag{18-53}$$

$$E_{sc}^{M}=k_2 E_{sc} \tag{18-54}$$

式中 β_m——弯矩沿杆件长度有变化时的等效弯矩系数，按下述情况确定：

①有侧移框架柱，$\beta_m=1.0$；

②无侧移框架柱，且无横向荷载作用时：

$$\beta_m=0.65+0.35\frac{M_2}{M_1}\geqslant 0.4,\ |M_1|\geqslant|M_2|$$

M_1 和 M_2 为端弯矩，使杆件产生同向曲率（无反弯点）时，取同号；使杆件产生反向曲率（有反弯点）时，取异号；

N_E——钢管混凝土受压杆件的欧拉临界力；

E_{sc}^{M}——钢管混凝土杆件的组合抗弯弹性模量；

E_{sc}——钢管混凝土杆件的组合抗压弹性模量，第一组钢材，根据钢号、混凝土等级和含钢率 ρ_s，查表 18-24；第二、三组钢材，取表中数值分别乘以 0.96 和 0.94；

k_2——换算系数，根据含钢率 ρ_s 和混凝土强度等级，查表 18-25。

其余符号含义分别见公式（18-43）和式（18-48）。

（第一组钢材）组合轴压弹性模量 E_{sc} 值（$\times10^2\text{N/mm}^2$） **表 18-24**

钢管钢材	混凝土	含钢率 ρ_s																
		0.04	0.05	0.06	0.07	0.08	0.09	0.10	0.11	0.12	0.13	0.14	0.15	0.16	0.17	0.18	0.19	0.20
Q235	C30	309	331	353	375	397	418	438	458	478	498	517	536	554	573	590	608	625
	C40	382	404	426	448	469	489	510	529	549	568	587	605	623	640	657	674	690
	C50	438	460	482	503	524	545	565	584	604	623	641	659	677	694	711	727	743
	C60	503	525	546	568	588	609	629	648	667	686	704	722	739	756	773	789	805
	C70	572	594	616	637	658	679	698	718	737	755	773	791	808	825	841	857	872
	C80	637	659	581	701	722	742	762	781	800	819	837	855	872	888	904	920	935
Q345	C30	278	305	331	356	381	405	428	451	473	495	516	537	557	576	595	613	631
	C40	334	360	386	411	435	459	482	504	525	546	567	586	605	623	641	658	674
	C50	377	403	429	453	477	501	523	545	566	587	607	626	644	662	679	696	711
	C60	427	453	478	502	526	550	572	594	615	635	654	673	691	709	725	741	756
	C70	481	507	531	556	580	603	655	646	667	687	706	725	743	760	776	792	807
	C80	530	556	581	605	629	652	674	696	716	736	755	773	791	808	824	839	854

续表

钢管钢材	混凝土	含钢率 ρ_s																
		0.04	0.05	0.06	0.07	0.08	0.09	0.10	0.11	0.12	0.13	0.14	0.15	0.16	0.17	0.18	0.19	0.20
Q390	C30	274	302	330	367	383	408	433	457	480	503	525	546	566	586	605	623	641
	C40	326	354	381	407	433	458	481	505	527	549	570	590	609	627	645	662	679
	C50	366	393	420	446	472	496	520	543	565	586	606	626	644	662	679	696	711
	C60	412	439	466	492	517	541	565	587	609	629	650	669	687	704	721	737	751
	C70	462	489	516	541	566	590	613	636	657	678	697	717	734	751	767	783	797
	C80	507	535	560	587	612	636	660	681	702	722	742	761	778	795	811	826	840

注：1. 表内中间值可采用插入法求得；2. 对于第二、三组钢材，取表中数值分别乘以 0.96 和 0.94。

换算系数 k_2（$=E_{sc}^M/E_{sc}$）的数值 表 18-25

ρ_s \ 混凝土	C30	C40	C50	C60	C70	C80
0.04	1.19	1.17	1.16	1.16	1.15	1.14
0.05	1.22	1.21	1.20	1.19	1.18	1.17
0.06	1.26	1.24	1.23	1.22	1.21	1.20
0.07	1.29	1.27	1.25	1.24	1.23	1.23
0.08	1.31	1.29	1.28	1.27	1.26	1.25
0.09	1.34	1.32	1.30	1.29	1.28	1.27
0.10	1.36	1.34	1.32	1.31	1.30	1.29
0.11	1.38	1.36	1.34	1.33	1.32	1.31
0.12	1.40	1.38	1.36	1.35	1.34	1.33
0.13	1.42	1.40	1.38	1.37	1.35	1.34
0.14	1.44	1.41	1.39	1.38	1.37	1.36
0.15	1.45	1.43	1.41	1.40	1.39	1.37
0.16	1.47	1.44	1.42	1.41	1.40	1.39
0.17	1.48	1.46	1.44	1.42	1.41	1.40
0.18	1.49	1.47	1.45	1.44	1.42	1.41
0.19	1.50	1.48	1.46	1.45	1.44	1.42
0.20	1.51	1.49	1.47	1.46	1.45	1.43

注：中间值可采用插值法求得。

（八）压、弯、剪杆件

圆钢管混凝土杆件在轴向压力 N、弯矩 M 和剪力 V 的共同作用下，其承载力应满足下列公式要求。

1. 杆件的强度承载力应按下列公式验算：

（1）小轴压比

当 $N/A_{sc}<0.2f_{sc}\sqrt{1-(V/V_0)^2}$ 时

$$\left[\frac{N}{1.4A_{sc}f_{sc}}+\frac{M}{\gamma_m W_{sc}f_{sc}}\right]^{1.4}+\left[\frac{V}{V_0}\right]^2\leqslant 1 \quad (18\text{-}55)$$

$$V_0=\gamma_v A_{sc}f_{sc}^v$$

（2）大轴压比

当 $N/A_{sc}\geqslant 0.2f_{sc}\sqrt{1-(V/V_0)^2}$ 时

$$\left[\frac{N}{A_{sc}f_{sc}}+\frac{M}{1.07\gamma_m W_{sc}f_{sc}}\right]^{1.4}+\left[\frac{V}{V_0}\right]^2\leqslant 1 \quad (18\text{-}56)$$

式中 W_{sc}——杆件的截面抵抗矩；

γ_m——杆件的截面抗弯塑性发展系数，当 $\xi<0.85$ 时，$\gamma_m=1.2$；当 $\xi\geqslant 0.8$ 时，$\gamma_m=1.4$；

γ_V——杆件的截面抗剪塑性发展系数，当 $\xi<0.85$ 时，$\gamma_V=1.0$；当 $\xi\geqslant 0.85$ 时，$\gamma_V=0.85$；

2. 杆件的稳定承载力应按下列公式验算：

（1）小轴压比

当 $N/A_{sc}<0.2\varphi f_{sc}\sqrt{1-(V/V_0)^2}$ 时

$$\left[\frac{N}{1.4\varphi A_{sc}f_{sc}}+\frac{\beta_m M}{\gamma_m W_{sc}f_{sc}(1-0.4N/N_E)}\right]^{1.4}+\left[\frac{V}{V_0}\right]^2\leqslant 1 \quad (18\text{-}57)$$

（2）大轴压比

当 $N/A_{sc}\geqslant 0.2\varphi f_{sc}\sqrt{1-(V/V_0)^2}$ 时

$$\left[\frac{N}{\varphi A_{sc}f_{sc}}+\frac{\beta_m M}{1.07\gamma_m W_{sc}f_{sc}(1-0.4N/N_E)}\right]^{1.4}+\left[\frac{V}{V_0}\right]^2\leqslant 1 \quad (18\text{-}58)$$

式中 N_E——杆件的受压欧拉临界力，见公式（18-53）；

λ——杆件的换算长细比；

β_m——弯矩沿杆件长度有变化时的等效弯矩系数，按公式（18-51）的规定取值。

其余符号的说明，见公式（18-51）。

方钢管混凝土柱承载力计算

一、方（矩形）管柱的特点

（一）承载能力

1. 与圆钢管混凝土柱相比较，方（矩形）钢管混凝土柱的“套箍作用”显然弱得多，受压承载力的提高幅度相对较小。试验结果表明，方钢管混凝土短柱的极限承载力 N_{ult}，仍比单独空钢管柱与混凝土柱承载力之和大10%～50%，即强

度提高系数 a 约为 1.1～1.5。a 值随钢管板件宽厚比的增大而减小。

$$N_{ult}=a(f_{sy}A_s+f_{cu}A_c) \quad (18\text{-}59)$$

式中 f_{sy}、f_{cu}——分别为钢材的屈服强度和混凝土的轴心抗压强度；

A_s、A_c——分别为钢管和内填混凝土的截面面积。

2. 方钢管混凝土柱受压承载力的提高，源于以下两个方面：

(1) 管内混凝土改变了钢管的局部屈曲模式，并抑制管壁局部屈曲变形的发展，钢管材料局部进入强化，从而提高钢管的局部稳定承载力。试验表明，约增大 1.5 倍。

(2) 方钢管的角部对管内混凝土具有较强的约束作用，从而提高了管内混凝土的轴向抗压强度。这种约束作用在轴压柱和压弯柱中均存在，而且随着钢管板件宽厚比的减小而增强。

3. 与圆钢管混凝土构件相比较，方钢管混凝土构件具有较强的抗弯能力。

4. 与空钢管柱相比，方钢管混凝土柱由于在管内填入了混凝土，截面惯性矩加大很多，整体稳定性增强；同时使整个结构的抗推刚度增大。

（二）变形能力

1. 管内混凝土不仅提高了钢管管壁的局部临界应力，在一定程度上抑制了管壁局部屈曲变形的发展；与此同时，由于钢管的约束作用，使管内混凝土由脆性破坏转变为塑性破坏，构件整体的延性性能得到显著改善。

2. 方钢管混凝土短柱的“轴向荷载-压缩变形”曲线属下降型，但曲线的下降段具有较长的水平段（图18-17），其延性显然比空钢管短柱有着较大幅度的提高。

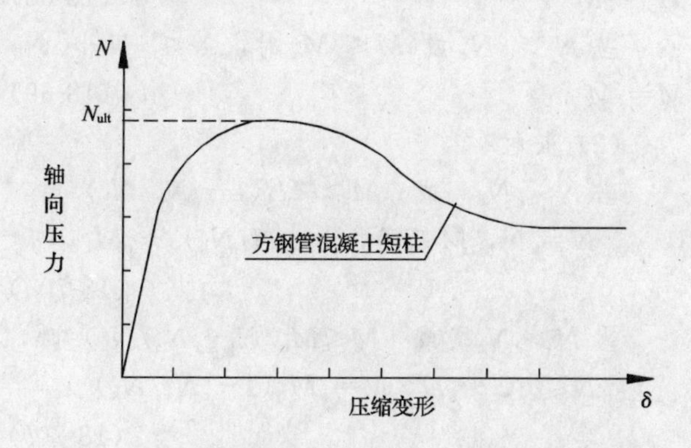

图 18-17 方钢管混凝土短柱的“荷载-压缩”曲线

3. 在往复荷载作用下，方钢管混凝土柱也具有较好的延性，而且其延性系数随钢管板件宽厚比的减小而增大，随内填混凝土强度等级的提高而降低。

（三）截面尺寸

1. 为了防止方钢管混凝土柱的管壁局部失稳，方钢管的管壁宽厚比宜不大于 60（Q235钢）、50（Q345 钢）或 46（Q390 钢）。不能满足时，应在钢管内增设横向、纵向加劲肋或横向约束拉杆（参见图 18-1）。

2. 试验表明，钢管管壁的宽厚比（B/t）和轴压比（$n=N/N_u$）是影响方钢管混凝土构件延性的最主要因素。为使构件当轴压比 $n=0.4$ 和 $n=0.8$时，位移延性系数分别不小于 4 和 2，钢管的管壁宽厚比应不大于$60\sqrt{235/f_y}$。轴压比很大或延性要求很高的情况下，管壁宽厚比宜不大于 $40\sqrt{235/f_y}$。构件的延性是指构件截面受压屈服后、强度没有很大下降的情况下仍具有较大的变形能力。

3. 方钢管混凝土柱的计算长度与截面最小边长之比，不应超过 65。

4. 为使方钢管混凝土柱的钢管截面和混凝土截面配置合理，两种材料强度匹配，管内混凝土的承压系数 α_c 应位于 0.3～0.7 区间内。α_c 按下式计算：

$$\alpha_c=\frac{A_c f_c}{A_s f_s+A_c f_c} \quad (18\text{-}60)$$

式中 A_s、A_c——分别为钢管和内填混凝土的截面面积；

f_s、f_c——分别为钢材和混凝土的抗压强度设计值。

5. 研究成果表明，轴压比（n）和管壁宽厚比（B/t）是影响矩形钢管混凝土柱延性的最主要因素，为了确保管柱具有足够的延性，管内混凝土的承压系数 α_c 不宜大于表 18-26 中的数值。

矩形钢管混凝土柱的混凝土承压系数 α_c

表 18-26

长细比 λ \ 轴压比 n	≤0.6	0.7	0.8	0.9
20	0.50	0.48	0.47	0.47
30	0.45	0.43	0.42	0.42
40	0.40	0.38	0.37	0.37

（四）适用性

与圆钢管混凝土柱相比较，高层建筑中采用方钢管混凝土柱，可以取得以下好处：

1. 在公寓、旅馆、办公楼等高层建筑中，采用方形或矩形柱，有利于建筑平面的布置和房间的使用。

2. 具有较大的杆件截面惯性矩和较大的结构抗推刚度。

3. 方钢管柱与钢梁的刚性连接节点构造，相对简单一些。

4. 便于平板形防火贴面材料的粘贴。

二、国外计算方法

（一）轴压构件

1. 美国 LRFD（1994）规程

方法是，考虑构件的整体稳定，将混凝土的强度折算到钢材中，得到钢材名义抗压强度 F_{cr}，然后计算出方钢管混凝土轴压构件的承载力 N_{cr}：

$$N_{cr} = A_s F_{cr} \tag{18-61}$$

当 $\lambda_c \leqslant 1.5$ 时， $F_{cr} = (0.658/\lambda_c^2)\ F_{my}$

当 $\lambda_c > 1.5$ 时， $F_{cr} = (0.877/\lambda_c^2)\ F_{my}$

$$F_{my} = f_y + 0.85 f_c'(A_c/A_s)$$

式中 λ_c——构件的换算长细比；

A_s、A_c——分别为钢管和内填混凝土的横截面面积；

f_y、f_c'——分别为钢材屈服极限和混凝土圆柱体抗压强度。

2. 日本 AIJ（1997）规程

采用简单叠加方法，取钢管承载力与管内混凝土承载力二者之和，作为方钢管混凝土轴压构件的承载力 N_u：

当 $L/b \leqslant 12$（短柱）$N_u = 0.85 A_c f_c' + A_s f_y$ (18-62)

式中 L、b——分别为构件的有效计算长度和横截面的最小边长。

对于 $L/b > 12$ 的长柱，初偏心取构件截面边长的 5%，按构件的换算长细比 λ_c，分别计算出钢管和混凝土的各自承载力，然后进行叠加，即得轴压长柱的稳定承载力。具体计算公式与后面的压弯构件计算公式相同。

3. 欧洲 EC4（1996）规程

方钢管混凝土轴压构件的承载力 N_{cr} 按下式计算：

$$N_{cr} = \varphi(\text{矩形}) N_{plRd} \tag{18-63}$$

$$N_{plRd} = A_s f_y + A_c f_{ck}$$

式中 φ——轴压稳定系数，与换算长细比 λ_c 及截面有效弹性刚度 $(EI)_e$ 有关；

f_{ck}——混凝土的轴心抗压强度标准值。

（二）纯弯构件

1. 美国 LRFD（1994）和日本 AIJ（1997）规程

计算方钢管混凝土纯弯构件的承载力 M_u 时，忽略管内混凝土对构件抗震能力的贡献，仅考虑钢管的作用。

$$M_u = Z f_y \tag{18-64}$$

式中 Z——钢管截面的塑性抵抗矩。

2. 欧洲 EC4（1996）规程

$$M_u = f_y[A_s(B-2t-d_c)/2 + Bt(t+d_c)] \tag{18-65}$$

$$d_c = \frac{A_s - 2Bt}{(B-2t)\rho + 4t}, \quad \rho = 0.6 f_{ck}/f_y$$

式中 B——方钢管混凝土构件截面的外边长；

d_c——方钢管混凝土构件截面中和轴到受压区外边缘的距离。

（三）压弯构件

1. 美国 LRFD（1994）规程

采用两段直线形式的相关方程，来验算方钢管混凝土压弯构件的承载力：

当 $N/N_{cr} < 0.2$ 时，$N/(2N_{cr}) + M/M_u \leqslant 1$ (18-66)

当 $N/N_{cr} \geqslant 0.2$ 时，$N/N_{cr} + 8M/(9M_u) \leqslant 1$ (18-67)

式中 N、M——作用于方钢管混凝土构件上的压力和弯矩；

N_{cr} 和 M_u 分别按式（18-61）和式（18-64）确定。

2. 日本 AIJ（1997）规程

采用钢管和管内混凝土承载力简单叠加的方法，来验算方钢管混凝土压弯构件的承载力。

（1）短柱

当 $N \leqslant {}_cN_c$ 或 $M \geqslant M_u$ 时，$N = {}_cN$，$M \leqslant M_u + {}_cM$ (18-68)

当 $N > {}_cN_c$ 或 $M \leqslant M_u$ 时，$N \leqslant {}_cN + {}_sN$，$M = {}_sM$ (18-69)

（2）长柱

当 $N \leqslant {}_cN_c$ 或 $M \geqslant M_u(1 - {}_cN_c/N_k)$ 时，

$N = {}_cN$，$M \leqslant M_u(1 - {}_cN/N_k) + {}_cM$ (18-70a)

当 $N > {}_cN_c$ 或 $M \leqslant M_u(1 - {}_cN_c/N_k)$ 时，

$N \leqslant {}_cN_c + {}_sN$，$M = {}_sM(1 - {}_cN_c/N_k)$ (18-70b)

式中 ${}_cN_c$——管内混凝土的受压承载力；

${}_sN$、${}_cN$——分别为钢管和管内混凝土承担的轴压力；

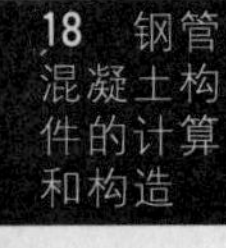

${}_{s}M$、${}_{c}M$——分别为钢管和管内混凝土承担的弯矩；

N_k——等效欧拉临界力；

M_u——钢管的极限受弯承载力，按式(18-64)计算。

3. 欧洲 EC4 (1996) 规程

验算方钢管混凝土压弯构件的承载力时，采用曲线形式的相关方程，其表达式为：

$$N = N_{cr}[k_1 - (k_1 - k_2 - 4k_3)M/M_u - 4k_3(M/M_u)^2] \tag{18-71}$$

式中 k_1、k_2、k_3——计算系数；

N_{cr}、M_u——分别按式(18-63)和式(18-64)确定。

三、GJB (2000) 规程计算方法

国家军用标准《战时军港抢修早强型组合结构技术规程》(GJB 4142—2000) 对不同受力状态下的方钢管混凝土构件，分别给出系列的承载力计算公式。各项计算结果与试验结果均吻合较好，且偏于安全。运用一次二阶矩法进行可靠度分析结果表明，构件的可靠度指标 b 一般都大于3.2，且基本上满足《建筑结构设计统一标准》对延性破坏构件规定的可靠度指标。

(一) 轴压构件

1. 承载力计算公式

轴心受压方钢管混凝土构件的承载力按下式验算：

$$N \leqslant \varphi A_{sc} f_{sc} \tag{18-72}$$

式中 N——方钢管混凝土构件承受的轴向压力；

φ——轴心受压稳定系数，其值与构件长细比、截面含钢率、钢材和混凝土强度等因素有关，φ 值的简化计算公式见下面第3款；

A_{sc}——方钢管混凝土构件的截面面积；

f_{sc}——方钢管混凝土构件轴心受压组合强度设计值。

2. f_{sc} 的计算式

$$f_{sc} = k_1(1.212 + B_1\xi_0 + C_1\xi_0^2)f_c \tag{18-73}$$

$$B_1 = 0.138 f_s/215 + 0.765$$

$$C_1 = -0.0727 f_c/15 + 0.0216$$

$$\xi_0 = r_s f_s/f_c = A_s f_s/A_c f_c$$

式中 k_1——钢材厚度组别的换算系数，对于第一、二、三组钢材，k_1 值分别取1.0、0.96和0.93；

ρ_s、ξ_0——分别为方钢管混凝土轴压构件的截面含钢率和约束效应系数设计值；

A_s、A_c——分别为钢管和管内混凝土的截面面积；

f_s、f_c——分别为钢管钢材的强度设计值和管内混凝土的抗压强度设计值。

3. φ 的简化计算方法

(1) 构件长细比

方钢管混凝土构件的长细比 λ 按下式计算：

$$\lambda = L/i = 2\sqrt{3}L/B \tag{18-74}$$

式中 L——方钢管混凝土构件的计算长度；

B、i——方钢管混凝土构件的截面边长和截面回转半径。

方钢管混凝土轴心受压构件发生弹性失稳和弹塑性失稳的界限长细比 λ_p 和 λ_0，分别按下列公式计算，或按表18-27取值。

$$\lambda_p = \pi\sqrt{E_{sc}/f_{scp}} \tag{18-75}$$

$$\lambda_0 = \pi\sqrt{E_{sch}/f_{scy}} \tag{18-76}$$

$$E_{sc} = f_{scp}/\varepsilon_{scp}, E_{sch} = 220\xi + 450(\mathrm{N/mm^2})$$

$$f_{scp} = [0.263(f_y/235) + 0.365(20/f_{ck}) + 0.104]f_{scy}$$

$$\varepsilon_{scp} = 3.01 \times 10^{-6} f_y$$

$$f_{scy} = (1.212 + B\xi + C\xi^2)f_{ck}$$

$$B = 0.138(f_y/235) + 0.765,$$

$$C = -0.0727(f_{ck}/20) + 0.0216$$

$$\xi = \rho_s f_y/f_{ck} = A_s f_y/A_c f_{ck}$$

式中 E_{sc}、E_{sch}——钢管混凝土构件的轴压弹性模量和轴压强化模量；

f_{scp}、ε_{scp}——钢管混凝土构件的轴压比例极限及其对应的应变；

f_{scy}——钢管混凝土构件的抗压屈服极限；

ξ——方钢管混凝土轴压构件的截面约束效应系数；

f_y、f_{ck}——分别为钢管钢材的屈服极限和混凝土的抗压强度标准值。

(2) φ 的计算式

$$\left.\begin{array}{ll} \text{当}\ \lambda \leqslant \lambda_0\ \text{时}, & \varphi = 1.0 \\ \lambda_0 < \lambda \leqslant \lambda_P & \varphi = a\lambda^2 + b\lambda + c \\ \lambda < \lambda_P & \varphi = d/(\lambda + 35)^2 \end{array}\right\} \tag{18-77}$$

式中 $a = \dfrac{1 + (25 + 2\lambda_p)e}{(\lambda_p - \lambda_0)^2}$，$e = -\dfrac{d}{(\lambda_p + 35)^3}$

$b = e - 2a\lambda_p$， $c = 1 - a\lambda_0^2 - b\lambda_0$

$$d = \left(6300 + 7200\frac{235}{f_y}\right)\left(\frac{25}{f_{ck} + 5}\right)^{0.3}\left(\frac{\rho_s}{0.1}\right)^{0.1}$$

方钢管混凝土轴心受压构件弹性失稳界限长细比 λ_p 和弹塑性失稳界限长细比 λ_0

表 18-27

钢材 \ 混凝土 \ 含钢率		0.05		0.10		0.15		0.20	
		λ_0	λ_P	λ_0	λ_P	λ_0	λ_P	λ_0	λ_P
Q235	C30	13	118	13	118	13	118	13	118
	C40	11	118	11	118	11	118	11	118
	C50	10	118	10	118	10	118	10	118
	C60	10	118	10	118	10	118	10	118
	C70	9	118	9	118	9	118	9	118
	C80	9	118	9	118	9	118	9	118
Q345	C30	13	98	12	98	12	98	12	98
	C40	11	98	11	98	11	98	11	98
	C50	10	98	10	98	10	98	10	98
	C60	10	98	9	98	9	98	9	98
	C70	9	98	9	98	9	98	9	98
	C80	9	98	8	98	8	98	8	98
Q390	C30	12	92	12	92	12	92	12	92
	C40	11	92	11	92	11	92	11	92
	C50	10	92	10	92	10	92	10	92
	C60	10	92	9	92	9	92	9	92
	C70	9	92	9	92	9	92	9	92
	C80	8	92	8	92	8	92	8	92

（二）受弯构件

受弯方钢管混凝土构件的承载力可按下式验算：

$$M \leqslant \gamma_m W_{scm} f_{sc} \tag{18-78}$$

$$\gamma_m = -0.243\xi + 1.41\sqrt{\xi}, W_{scm} = \frac{1}{6}BD^2$$

式中 M——受弯构件所验算区段内的最大弯矩；

B、D、W_{scm}、γ_m——构件截面的宽度、高度抵抗矩（抗弯模量）和抗弯塑性发展系数；

f_{sc}、ξ——分别见公式（18-73）和式（18-76）。

（三）单向压弯构件

方钢管混凝土构件承受轴向压力 N 和单向弯矩 M 时，应分别情况按下列公式进行构件的强度验算和稳定性验算。

1. 构件强度承载力

令 $[K] = 0.402\left(\frac{f_c}{15}\right)^{0.65}\left(\frac{215}{f_s}\right)^{0.38}\left(\frac{0.1}{\rho_s}\right)^{0.45}$ (18-79)

当 $N/A_{sc} \geqslant [K]\ f_{sc}$ 时，

$$\frac{N}{A_{sc} f_{sc}} + \frac{M(1-[K])}{\gamma_m W_{scm} f_{sc}} \leqslant 1 \tag{18-80}$$

当 $N/A_{sc} < [K]\ f_{sc}$ 时，

$$\frac{2.797\left(\frac{f_c}{15}\right)^{0.16} N^2}{\left(\frac{f_s}{215}\right)^{0.89}\left(\frac{\rho_s}{0.1}\right)^{0.5} A_{sc}^2 f_{sc}^2} - \frac{1.124\left(\frac{f_c}{15}\right)^{0.81} N}{\left(\frac{f_s}{215}\right)^{1.27}\left(\frac{\rho_s}{0.1}\right)^{0.95} A_{sc} f_{sc}} + \frac{M}{\gamma_m W_{scm} f_{sc}} \leqslant 1 \tag{18-81}$$

2. 构件稳定承载力

当 $N/A_{sc} \geqslant \varphi^3\ [K]\ f_{sc}$ 时，

$$\frac{N}{\varphi A_{sc} f_{sc}} + \frac{\beta_m M(1-\varphi^2[K])}{\gamma_m W_{scm}\left(1-0.25\frac{N}{N_E}\right) f_{sc}} \leqslant 1 \tag{18-82}$$

当 $N/A_{sc} < f^3\ [K]\ f_{sc}$ 时，

$$\frac{2.797\left(\frac{f_c}{15}\right)^{0.16} N^2}{\varphi^3\left(\frac{f_s}{215}\right)^{0.89}\left(\frac{\rho_s}{0.1}\right)^{0.5} A_{sc}^2 f_{sc}^2} - \frac{1.124\left(\frac{f_c}{15}\right)^{0.81} N}{\left(\frac{f_s}{215}\right)^{1.27}\left(\frac{\rho_s}{0.1}\right)^{0.95} A_{sc}} + \frac{\beta_m M}{\gamma_m W_{scm}\left(1-0.25\frac{N}{N_E}\right) f_{sc}} \leqslant 1 \tag{18-83}$$

$$N_E = \pi^2 E_{scm} I_{scm} \frac{1}{L^2}, E_{scm} = \frac{E_s I_s + E_c I_c}{I_s + I_c}$$

式中 N_E——方钢管混凝土压弯构件的欧拉临界力；

E_{scm}、I_{scm}——方钢管混凝土构件的组合抗弯弹性模量和组合截面抵抗惯性矩；

I_s、I_c——分别为钢管截面和管内混凝土截面的抗弯惯性矩；

E_s、E_c——分别为钢管钢材和管内混凝土的弹性模量；

L——方钢管混凝土压弯构件的计算长度；

β_m——等效弯矩系数，按《钢结构设计规范》的有关规定取值，或按公式（18-51）计算；

φ——轴心受压稳定系数，按式（18-77）确定。

（四）双向压弯构件

方钢管混凝土构件同时承受轴向压力 N、x 方向弯矩 M_x 和 y 方向弯矩 M_y 时，应按下式验算构件的承载力：

当 $N/A_{sc} \geqslant \varphi^3\ [K]\ f_{sc}$ 时，

$$\frac{N}{\varphi A_{sc} f_{sc}}+\frac{\beta_m \sqrt[1.8]{M_x^{1.8}+M_y^{1.8}}(1-\varphi^2[K])}{\gamma_m W_{scm}\left(1-0.25\frac{N}{N_E}\right)f_{sc}}\leqslant 1 \tag{18-84}$$

当 $N/A_{sc}<\varphi^3[K]f_{sc}$ 时，

$$\frac{2.797\left(\frac{f_c}{15}\right)^{0.16}N^2}{\varphi^3\left(\frac{f_s}{215}\right)^{0.89}\left(\frac{\rho_s}{0.1}\right)^{0.5}A_{sc}^2 f_{sc}^2}-\frac{1.124\left(\frac{f_c}{15}\right)^{0.81}N}{\left(\frac{f_s}{215}\right)^{1.27}\left(\frac{\rho_s}{0.1}\right)^{0.95}A_{sc}f_{sc}}+\frac{\beta_m \sqrt[1.8]{M_x^{1.8}+M_y^{1.8}}}{\gamma_m W_{scm}\left(1-0.25\frac{N}{N_E}\right)f_{sc}}\leqslant 1 \tag{18-85}$$

四、简单叠加法

（一）设计概念

1. 轴心受压方钢管混凝土构件，钢管和混凝土的强度因相互约束而得到增强，其承载力可用下式表达：

$$N_{ult}=a(A_s f_y+A_c f_{cu}) \tag{18-86}$$

式中 a——强度提高系数；

f_y、f_{cu}——分别为钢材的屈服强度和混凝的轴心抗压强度。

2. 试验结果表明，方钢管混凝土受压构件的 a 值为1.1～1.5，随着钢管管壁宽厚比的增大而减小；但考虑到长期荷载作用下混凝土徐变的影响，还应引入折减系数 h，其值在0.85～1.0之间，借鉴日本等国采用的"简单叠加法"的概念，既不考虑强度提高系数 a，也不引入折减系数 h，采用如下的表达式：

$$N_{ult}=A_s f_y+A_c f_{cu} \tag{18-87}$$

（二）轴心受压方钢管混凝土柱

1. 承载力验算

方钢管混凝土柱承受的轴压力设计值 N（图18-18），应满足下式要求：

$$N\leqslant\varphi[N] \tag{18-88}$$

$$[N]=A_s f_s+A_c f_c \tag{18-89}$$

式中 $[N]$——方钢管混凝土短柱轴心受压时的承载力设计值；

A_s、A_c——分别为钢管和内填混凝土的截面面积；

f_s、f_c——钢管钢材和混凝土的抗压强度设计值；

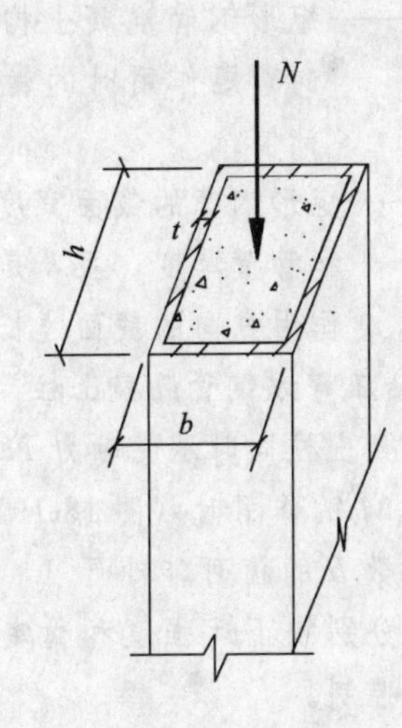

图18-18 轴心受压方钢管混凝土柱

φ——轴心受压杆件的稳定系数，按下一款公式确定。

2. φ 值的确定

（1）方钢管混凝土柱的轴心受压稳定系数 φ，根据杆件长细比 λ，按下列公式计算：

当 $\bar{\lambda}\leqslant 0.215$ 时，$\varphi=1-0.65\bar{\lambda}^2$ (18-90)

当 $\bar{\lambda}>0.215$ 时，

$$\varphi=\frac{1}{2\bar{\lambda}^2}\left[(0.965+0.3\bar{\lambda}+\bar{\lambda}^2)-\sqrt{(0.965+0.3\bar{\lambda}+\bar{\lambda}^2)^2-4\bar{\lambda}^2}\right] \tag{18-91}$$

（2）方钢管混凝土受压杆件的长细比 λ 和截面回转半径 r，分别按下列公式计算：

$$\lambda=\frac{l_c}{r},\bar{\lambda}=\lambda\sqrt{\frac{f_y}{\pi^2 E_s}} \tag{18-92}$$

$$r=\sqrt{\frac{I_s+I_c\frac{E_c}{E_s}}{A_s+A_c\frac{f_c}{f_s}}} \tag{18-93}$$

式中 l_c——方钢管混凝土轴心受压构件的计算长度；

I_s、I_c——分别为钢管截面和管内混凝土截面对形心轴的惯性矩；

E_s、E_c——钢管钢材和管内混凝土的弹性模量。

（三）矩形钢管混凝土纯弯构件

矩形钢管混凝土构件仅单轴方向承受弯矩 M 作用时，应按下式验算其承载力：

$$M\leqslant[M] \tag{18-94}$$

$$[M]=[0.5A_s(h-2t-d_n)+Bt(t+d_n)]f_s \tag{18-95}$$

$$d_n=\frac{A_s-2Bt}{(B-2t)\frac{f_c}{f_s}+4t}$$

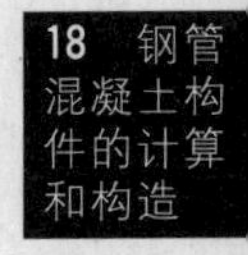

式中 $[M]$——矩形钢管混凝土构件仅承受单向弯矩作用时的受弯承载力设计值；

B、h、t——矩形钢管的截面宽度、截面高度和管壁厚度，且 h 是平行于弯矩作用方向的截面边长。

（四）单轴压弯方钢管混凝土柱

方钢管混凝土柱同时承受轴力 N 和绕截面一个主轴的弯矩 M 的作用时（图 18-19），考虑到柱的弯矩等效系数 b 的值可能小于 1，构件能否安全承载，需要分别按下述强度和稳定性两种情况验算，进行双控制。

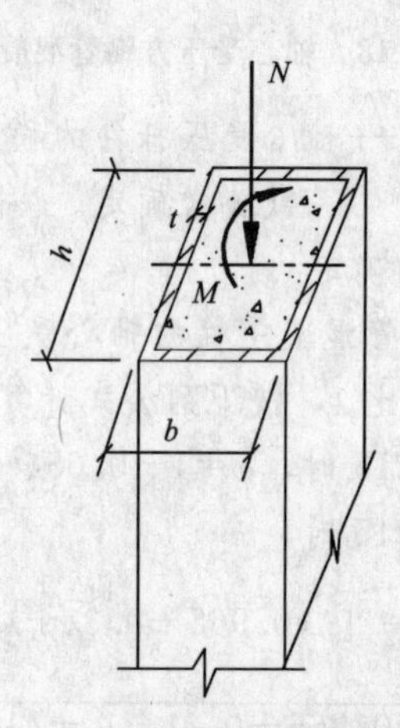

图 18-19 单向偏压方钢管混凝土柱

1. 强度验算

在轴力 N 和弯矩 M 同时作用下，方钢管混凝土柱的截面强度应满足下式要求：

$$\frac{N}{[N]}+(1-\alpha_c)\frac{M}{[M]}\leqslant 1, 且\frac{M}{[M]}\leqslant 1 \tag{18-96}$$

式中 $[N]$——方钢管混凝土柱仅有压力作用时的轴压承载力设计值，按公式（18-89）计算；

$[M]$——方钢管混凝土柱仅有弯矩作用时的受弯承载力设计值，按公式（18-95）计算；

α_c——管内混凝土的承压系数，按公式（18-60）计算。

2. 稳定性验算

在轴力 N 和弯矩 M 同时作用下，方钢管混凝土柱在弯矩作用平面内的稳定性，应满足下式要求：

$$\frac{N}{f[N]}+(1-\alpha_c)\frac{\beta M}{\left(1-0.8\dfrac{N}{N_E}\right)[M]}\leqslant 1,$$

且

$$\frac{\beta M}{\left(1-0.8\dfrac{N}{N_E}\right)[M]}\leqslant 1 \tag{18-97}$$

$$N_E=[N]\frac{\pi^2 E_s}{\lambda^2 f_s} \tag{18-98}$$

式中 φ——受压杆件稳定系数，按公式（18-90）或式（18-91）计算；

λ——方钢管混凝土柱的长细比，见公式（18-92）；

N_E——受压方钢管混凝土构件的欧拉临界力；

β——等效弯矩系数，按下述规定取值：

（1）在弯矩作用平面内有侧移的框架柱，$\beta=1.0$；

（2）无侧移框架柱和两端支承的构件：

① 无横向荷载作用，$\beta=0.65+0.35\dfrac{M_2}{M_1}$，但不小于 0.4，$M_1$ 和 M_2 为端弯矩，使杆件产生同向曲率（无反弯点）时，取同号；使杆件产生反向曲率（有反弯点）时，取异号，$|M_1|\geqslant|M_2|$；

② 有端弯矩和横向荷载同时作用，使杆件产生同向曲率时，$\beta=1.0$；使杆件产生反向曲率时，$\beta=0.85$；

③ 无端弯矩但有横向荷载作用，当跨度中点有一个横向集中荷载作用时，$\beta=1-0.2N/N_E$；其他荷载情况时，$\beta=1.0$。

（五）双轴压弯方钢管混凝土柱

方钢管混凝土柱同时承受轴力 N 及双向弯矩 M_x 和 M_y 时（图 18-20），应按公式（18-96）和式（18-97）分别进行截面强度和杆件稳定性验算。

$$\frac{N}{[N]}+(1-\alpha_c)\frac{M_x}{[M_x]}+(1-\alpha_c)\frac{M_y}{[M_y]}\leqslant 1,$$

$$且\frac{M_x}{[M_x]}+\frac{M_y}{[M_y]}\leqslant 1 \tag{18-99}$$

$$\frac{N}{\varphi[N]}+(1-\alpha_c)\frac{\beta_x M_y}{\left(1-0.8\dfrac{N}{N_{Ex}}\right)[M_x]}+(1-\alpha_c)\frac{\beta_y M_y}{\left(1-0.8\dfrac{N}{N_{Ey}}\right)[M_y]}\leqslant 1 \tag{18-100}$$

且 $\frac{\beta_x M_x}{\left(1-0.8\frac{N}{N_{Ex}}\right)[M_x]}+\frac{\beta_y M_y}{\left(1-0.8\frac{N}{N_{Ey}}\right)[M_y]}\leqslant 1$

$$N_{Ex}=[N]\frac{\pi^2 E_s}{\lambda_x^2 f_s},N_{Ey}=[N]\frac{\pi^2 E_s}{\lambda_y^2 f_s} \quad (18\text{-}101)$$

式中 $[N]$——方钢管混凝土柱仅有压力作用时的轴压承载力设计值，按公式（18-89）计算；

$[M_x]$、$[M_y]$——分别为方钢管混凝土柱绕 x 轴和绕 y 轴仅有弯矩作用时的受弯承载力设计值，按公式（18-95）计算；

b_x、b_y——分别为顺 M_x、M_y 作用方向的等效弯矩系数，按公式（18-98）符号说明中的规定取值；

N_{Ex}、N_{Ey}——分别为受压方钢管混凝土柱绕 x 轴和绕 y 轴的欧拉临界力；

λ_x、λ_y——方钢管混凝土柱绕 x、y 轴的长细比，按公式（18-92）计算；

φ——根据杆件两个主轴 x 和 y 方向长细比较大值确定的稳定系数，按公式（18-90）或式（18-91）计算。

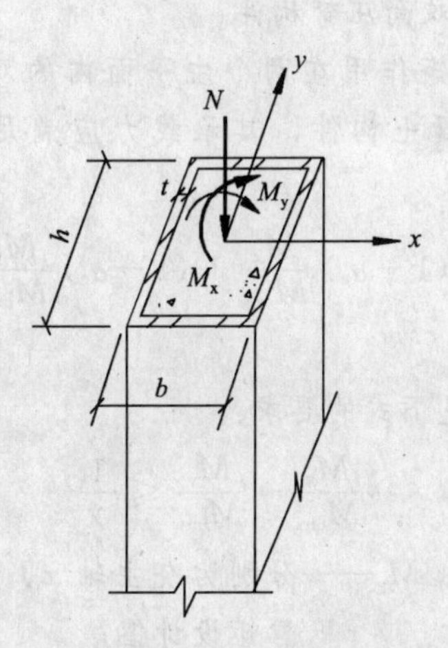

图 18-20 双向偏压方钢管混凝土柱

五、CECS 159：2004《规程》计算方法

协会标准 CECS 159：2004《矩形钢管混凝土结构技术规程》规定：

（一）轴压构件

1. 矩形钢管混凝土轴心受压构件的承载力应满足下式的要求：

$$N\leqslant\frac{1}{\gamma}N_u \quad (18\text{-}102)$$

$$N_u=f_sA_s+f_cA_c \quad (18\text{-}103)$$

式中 N——轴心压力设计值；

N_u——轴心受压时截面受压承载力设计值；

γ——系数，无地震作用组合时，$\gamma=\gamma_0$；有地震作用组合时，$\gamma=\gamma_{RE}$；对安全等级为一级、二级的结构构件，γ_0分别取1.1和1.0。

当钢管截面有削弱时，其净截面承载力应满足下式的要求：

$$N\leqslant\frac{1}{\gamma}N_{un} \quad (18\text{-}104)$$

$$N_{un}=f_sA_{sn}+f_cA_c \quad (18\text{-}105)$$

式中 N_{un}——轴心受压时净截面受压承载力设计值；

A_{sn}——钢管的净截面面积。

2. 轴心受压构件的稳定性应满足下式的要求：

$$N\leqslant\frac{1}{\gamma}\varphi N_u \quad (18\text{-}106)$$

当 $\lambda_0\leqslant0.215$ 时，$\varphi=1-0.65\lambda_0^2$ (18-107)

当 $\lambda_0>0.215$ 时，

$$\varphi=\frac{1}{2\lambda_0^2}\left[(0.965+0.3\lambda_0+\lambda_0^2)-\sqrt{(0.965+0.3\lambda_0+\lambda_0^2)^2-4\lambda_0^2}\right] \quad (18\text{-}108)$$

式中 φ——轴心受压构件的稳定系数，其值查 GB 50017—2003《钢结构设计规范》附录 C 表 C-2；

λ_0——相对长细比，按公式（18-109）计算。

3. 轴心受压构件的相对长细比 l_0应按下式计算：

$$\lambda_0=\frac{\lambda}{\pi}\sqrt{\frac{f_y}{E_s}} \quad (18\text{-}109)$$

$$\lambda=\frac{l_0}{i_0} \quad (18\text{-}110)$$

$$i_0=\sqrt{\frac{I_s+I_cE_c/E_s}{A_s+A_cf_c/f_s}} \quad (18\text{-}111)$$

式中 f_y——钢材的屈服强度，其值按表 1-1 取用；

λ——矩形钢管混凝土轴心受压构件的长细比；

l_0——轴心受压构件的计算长度；

i_0——矩形钢管混凝土轴心受压构件截面的当量回转半径。

（二）单向压弯构件

1. 弯矩作用在一个主平面内的矩形钢管混凝土压弯构件，其承载力应满足下式要求：

$$\frac{N}{N_{un}}+(1-\alpha_c)\frac{M}{M_{un}}\leqslant\frac{1}{\gamma} \quad (18\text{-}112)$$

同时应满足下式的要求：

$$\frac{M}{M_{un}}\leqslant\frac{1}{\gamma} \quad (18\text{-}113)$$

$$M_{un}=[0.5A_{sn}(h-2t-d_n)+bt(t+d_n)]f_s \quad (18\text{-}114)$$

$$d_n=\frac{A_s-2bt}{(b-2t)\dfrac{f_c}{f_s}+4t} \quad (18\text{-}115)$$

式中 N——轴心压力设计值；

M——弯矩设计值；

α_c——混凝土工作承担系数，按式（18-10）计算；

M_{un}——仅有弯矩作用时净截面的受弯承载力设计值；

f_s——钢材抗弯强度设计值；

b、h——分别为矩形钢管截面平行、垂直于弯曲轴的边长；

t——钢管壁厚；

d_n——管内混凝土受压区高度。

2. 弯矩作用在一个主平面内（绕 x 轴）的矩形钢管混凝土压弯构件，其弯矩作用平面内的稳定性应满足下式的要求：

$$\frac{N}{\varphi_x N_u}+(1-\alpha_c)\frac{\beta M_x}{\left(1-0.8\dfrac{N}{N'_{Ex}}\right)M_{ux}}\leqslant\frac{1}{\gamma} \quad (18\text{-}116)$$

$$M_{ux}=[0.5A_s(h-2t-d_n)+bt(t+d_n)]f_s \quad (18\text{-}117)$$

$$N'_{Ex}=\frac{N_{Ex}}{1.1} \quad (18\text{-}118)$$

$$N_{Ex}=N_u\frac{\pi^2E_s}{\lambda_x^2f_s} \quad (18\text{-}119)$$

并应满足下式的要求：

$$\frac{\beta M_x}{\left(1-0.8\dfrac{N}{N'_{Ex}}\right)M_{ux}}\leqslant\frac{1}{\gamma} \quad (18\text{-}120)$$

同时，弯矩作用平面外的稳定性应满足下式的要求：

$$\frac{N}{\varphi_y N_u}+\frac{\beta M_x}{1.4M_{ux}}\leqslant\frac{1}{\gamma} \quad (18\text{-}121)$$

式中 φ_x、φ_y——分别为弯矩作用平面内、弯矩作用平面外的轴心受压稳定系数，按式（18-107）或式（18-108）计算，或从 GB 50017《钢结构设计规范》附录 C 表 C-2 查得；

N_{Ex}——欧拉临界力；

M_{ux}——只有弯矩 M_x 作用时截面的受弯承载力设计值；

β——等效弯矩系数。

3. 等效弯矩系数应根据稳定性的计算方向按下列规定采用：

(1) 在计算方向内有侧移的框架柱和悬臂构件，$\beta=1.0$；

(2) 在计算方向内无侧移的框架柱和两端支承的构件：

1）无横向荷载作用时：$\beta=0.65+0.35\dfrac{M_2}{M_1}$，$M_1$ 和 M_2 为端弯矩，使构件产生相同曲率时取同号，使构件产生反向曲率时取异号，$|M_1|\geqslant|M_2|$；

2）有端弯矩和横向荷载作用时：
使构件产生同向曲率时，$\beta=1.0$；
使构件产生反向曲率时，$\beta=0.85$。

3）无端弯矩但有横向荷载作用时，$\beta=1.0$。

（三）双向压弯构件

1. 弯矩作用在两个主平面内的双轴压弯矩形钢管混凝土构件，其承载力应满足下式的要求：

$$\frac{N}{N_{un}}+(1-\alpha_c)\frac{M_x}{M_{unx}}+(1-\alpha_c)\frac{M_y}{M_{uny}}\leqslant\frac{1}{\gamma} \quad (18\text{-}122)$$

同时应满足下式的要求：

$$\frac{M_x}{M_{unx}}+\frac{M_y}{M_{uny}}\leqslant\frac{1}{\gamma} \quad (18\text{-}123)$$

式中 M_x、M_y——分别为绕主轴 x、y 轴作用的弯矩设计值；

M_{unx}、M_{uny}——分别为绕 x、y 轴的净截面受弯承载力设计值，按式（18-114）计算。

2. 双轴压弯矩形钢管混凝土构件绕主轴 x 轴的稳定性，应满足下式的要求：

$$\frac{N}{\varphi_x N_u}+(1-\alpha_c)\frac{\beta_x M_x}{\left(1-0.8\dfrac{N}{N'_{Ex}}\right)M_{ux}}+\frac{\beta_y M_y}{1.4M_{uy}}\leqslant\frac{1}{\gamma} \quad (18\text{-}124)$$

同时应满足下式的要求：

$$\frac{\beta_x m_x}{\left(1-0.8\dfrac{N}{N'_{Ex}}\right)M_{ux}}+\frac{\beta_y M_y}{1.4M_{uy}}\leqslant\frac{1}{\gamma}\tag{18-125}$$

绕主轴 y 轴的稳定性，应满足下式的要求：

$$\frac{N}{\varphi_y N_u}+\frac{\beta_x M_x}{1.4M_{ux}}+(1-\alpha_c)\frac{\beta_y M_y}{\left(1-0.8\dfrac{N}{N'_{Ey}}\right)M_{uy}}\leqslant\frac{1}{\gamma}\tag{18-126}$$

同时应满足下式的要求：

$$\frac{\beta_x M_x}{1.4M_{ux}}+\frac{\beta_y M_y}{\left(1-0.8\dfrac{N}{N'_{Ey}}\right)M_{uy}}\leqslant\frac{1}{\gamma}\tag{18-127}$$

式中　φ_x、φ_y——分别为绕主轴 x 轴、绕主轴 y 轴的轴心受压稳定系数，可按式（18-107）或式（18-108）计算，或从 GB 50017—2003《钢结构设计规范》附录 C 表 C-2 查得；

β_x、β_y——分别为在验算稳定的方向对 M_x、M_y 的弯矩等效系数，其值按上面第（二）3 款的规定计算；

M_{ux}、M_{uy}——分别为绕 x、y 轴的受弯承载力设计值，按式（18-117）计算。

（四）受剪承载力

1. 矩形钢管混凝土柱的剪力将加速柱的塑性铰的形成。按照 GB 50017—2003《钢结构设计规范》的规定，把最大剪力的界限规定为与剪力同向的钢管管壁截面的剪切屈服承载力。

钢管内部混凝土对约束钢管剪切变形也起到一定的作用，但因素复杂，故不考虑管内混凝土的抗剪作用。

2. 矩形钢管混凝土柱的剪力可假定由钢管管壁承受，其剪切强度应同时满足下式要求：

$$V_x\leqslant 2t(b-2t)f_v\tag{18-128}$$

$$V_y\leqslant 2t(h-2t)f_v\tag{18-129}$$

式中　V_x、V_y——矩形钢管混凝土柱中沿主轴 x 轴、主轴 y 的最大剪力设计值；

b——矩形钢管沿主轴 x 轴方向的边长；

h——矩形钢管沿主轴 y 轴方向的边长；

f_v——钢材的抗剪强度设计值。

钢管混凝土杆件刚度

一、圆钢管混凝土杆件

1. 轴压刚度

（1）轴压模量

圆钢管混凝土杆件的组合轴压弹性模量 E_{sc}，等于轴心受压的组合比例极限应力 f_{sc}^E 除以组合比例极限应变 ε_{sc}^E，即

$$E_{sc}=f_{sc}^E/\varepsilon_{sc}^E\tag{18-130}$$

比例极限　$f_{sc}^E=(0.192f_y/235+0.488)\ f_{sc}^E$

比例极限应变　$\varepsilon_{sc}^E=0.67f_y/E_s$

式中　f_y、E_s——钢管钢材的屈服强度和弹性模量。

对于不同钢号、不同混凝土强度等级和不同含钢率的钢管混凝土杆件，其组合轴压弹性模量 E_{sc} 值列于表 18-24。

（2）轴压刚度

圆钢管混凝土杆件在正常使用状态下的轴压刚度（压缩刚度）可按下列规定取值：

1）当采用组合强度设计法，轴压刚度取 $E_{sc}A_{sc}$；A_{sc} 可按公式（18-44）计算。

2）当采用套箍指标设计法或强度增值设计法时，轴压刚度 EA 按下式计算：

$$EA=E_sA_s+E_cA_c\tag{18-131}$$

式中　A_s、A_c——分别为钢管和内填混凝土的横截面面积；

E_s、E_c——钢管钢材和内填混凝土的弹性模量。

2. 抗剪刚度

（1）采用套箍指标设计法或强度增值设计法时，圆钢管混凝土杆件的抗剪刚度 GA 按下式计算：

$$GA=G_sA_s+G_cA_c\tag{18-132}$$

式中　G_s、G_c——钢管钢材和内填混凝土的剪切模量。

（2）采用组合强度设计法时

1）组合剪切模量

圆钢管混凝土杆件弹性阶段的组合剪切变形模量 G_{sc} 可按下式计算：

$$G_{sc}=k_3E_{sc}\tag{18-133}$$

式中　E_{sc}——钢管混凝土杆件的组合轴压弹性模量，见表 18-24；

k_3——比例系数，即组合剪切变形模量与组合轴压弹性模量的比值，见表 18-28。

比例系数 k_3（$=G_{sc}/E_{sc}$）值 **表 18-28**

钢管钢材	混凝土	含钢率 ρ_s																
		0.04	0.05	0.06	0.07	0.08	0.09	0.10	0.11	0.12	0.13	0.14	0.15	0.16	0.17	0.18	0.19	0.20
Q235	C30	0.275	0.283	0.290	0.297	0.302	0.308	0.313	0.317	0.322	0.326	0.330	0.344	0.338	0.342	0.346	0.350	0.354
	C40	0.261	0.269	0.276	0.282	0.288	0.293	0.298	0.302	0.306	0.311	0.315	0.318	0.322	0.326	0.329	0.333	0.337
	C50	0.254	0.261	0.268	0.274	0.279	0.284	0.289	0.293	0.297	0.301	0.305	0.309	0.312	0.316	0.320	0.323	0.326
	C60	0.246	0.254	0.260	0.266	0.271	0.276	0.280	0.284	0.288	0.292	0.296	0.300	0.303	0.307	0.310	0.313	0.317
	C70	0.239	0.246	0.252	0.258	0.264	0.268	0.272	0.277	0.280	0.284	0.288	0.291	0.295	0.298	0.302	0.305	0.308
	C80	0.234	0.241	0.247	0.252	0.258	0.262	0.266	0.270	0.274	0.278	0.281	0.285	0.288	0.292	0.295	0.298	0.301
Q345	C30	0.288	0.296	0.303	0.309	0.314	0.318	0.322	0.326	0.330	0.334	0.337	0.340	0.343	0.346	0.349	0.351	0.354
	C40	0.275	0.282	0.289	0.294	0.299	0.303	0.307	0.311	0.315	0.318	0.321	0.324	0.327	0.330	0.332	0.335	0.337
	C50	0.267	0.274	0.280	0.285	0.290	0.294	0.298	0.302	0.305	0.309	0.312	0.314	0.317	0.320	0.323	0.325	0.328
	C60	0.259	0.266	0.272	0.277	0.282	0.286	0.290	0.293	0.297	0.300	0.303	0.305	0.308	0.311	0.313	0.316	0.318
	C70	0.252	0.259	0.265	0.270	0.274	0.278	0.282	0.286	0.289	0.292	0.295	0.297	0.300	0.303	0.305	0.307	0.310
	C80	0.247	0.254	0.258	0.263	0.268	0.272	0.276	0.279	0.282	0.285	0.288	0.291	0.294	0.296	0.298	0.301	0.303
Q390	C30	0.290	0.297	0.303	0.307	0.311	0.315	0.318	0.321	0.323	0.326	0.328	0.330	0.332	0.333	0.335	0.336	0.338
	C40	0.277	0.283	0.289	0.293	0.297	0.300	0.303	0.306	0.308	0.310	0.312	0.314	0.316	0.318	0.319	0.321	0.322
	C50	0.269	0.275	0.280	0.285	0.288	0.292	0.294	0.297	0.299	0.301	0.303	0.305	0.307	0.308	0.310	0.311	0.313
	C60	0.261	0.267	0.272	0.276	0.280	0.283	0.286	0.289	0.291	0.293	0.295	0.297	0.298	0.300	0.301	0.302	0.304
	C70	0.254	0.260	0.265	0.269	0.273	0.276	0.279	0.281	0.283	0.285	0.287	0.289	0.290	0.292	0.293	0.295	0.296
	C80	0.249	0.255	0.259	0.263	0.267	0.270	0.273	0.275	0.277	0.279	0.281	0.283	0.284	0.286	0.287	0.288	0.289

注：表内中间值可采用插入法求得。

2）抗剪刚度取值

圆钢管混凝土杆件在正常使用状态下的抗剪刚度可取为 $G_{sc}A_{sc}$。

3. 抗弯刚度

（1）采用套箍指标设计法和强度增值设计法，钢管混凝土杆件在正常使用状态下的抗弯刚度 EI 按下式计算：

$$EI = E_s I_s + 0.6 E_c I_c \qquad (18\text{-}134)$$

式中 I_s、I_c——分别为钢管和内填混凝土横截面面积对各自重心轴的惯性矩。

系数 0.6——考虑管内混凝土受拉区开裂的弯曲刚度折减系数。

（2）采用组合强度设计法时

1）考虑到钢管混凝土杆件受弯时，管内受拉区混凝土开裂，从而使整体抗弯刚度减小；含钢率 r_s 越小，或者混凝土强度越高，刚度减小就越多。

2）采用杆件有效惯性矩 I_{sc}^0 来反映上述情况，则有：

$$I_{sc}^0 = (0.66 + 0.94\rho_s) I_{sc} \qquad (18\text{-}135)$$

$$I_{sc} = \frac{1}{64}\pi D^4$$

式中 I_{sc}、I_{sc}^0——钢管混凝土杆件的全截面惯性矩（见［17］329 页）和截面有效惯性矩；

ρ_s、D——钢管混凝土杆件的含钢率和外直径。

（3）钢管混凝土杆件的抗弯刚度 $E_{sc}^M I_{sc}^0$ 按下式计算：

$$E_{sc}^M I_{sc}^0 = (0.66 + 0.94\rho_s) E_{sc}^M I_{sc} \qquad (18\text{-}136)$$

式中 E_{sc}^M——钢管混凝土杆件的组合抗弯弹性模量，按公式（18-54）计算。

4. 抗推刚度

进行风或地震作用下的框架作用效应分析时，钢管混凝土框架柱的抗推刚度（侧向刚度）B，可按下式计算。

$$B = \gamma E_{sc}^M I_{sc}^0 \qquad (18\text{-}137)$$

式中 γ——柱刚度折减系数，对于单肢钢管混凝土柱，取 $\gamma = 1.0$；其余符号的说明，分别见公式（18-135）和式（18-136）。

二、方钢管混凝土杆件

协会标准《矩形钢管混凝土结构技术规程》

CECS 159：2004 第 5.2.2 条规定：矩形钢管混凝土杆件的刚度，可按下列规定取值。

1. 轴向刚度

$$EA = E_s A_s + E_c A_c \tag{18-138}$$

式中 E_s、E_c——分别为钢材、混凝土的弹性模量；

A_s、A_c——分别为钢管、管内混凝土的截面面积。

2. 弯曲刚度

$$EI = E_s I_s + 0.8 E_c I_c \tag{18-139}$$

式中 I_s——钢管截面在所计算方向对其形心轴的惯性矩；

I_c——管内混凝土截面在所计算方向对其形心轴的惯性矩。

19 钢管混凝土杆件的连接

基本要求

钢管混凝土构件的接头和节点设计，应满足下列要求：

1. 在强度、刚度、稳定性以及抗震性能等方面，应满足设计需要，并应按与杆件等强度的原则设计；

2. 保证力的传递，使钢管和管内混凝土能很好地共同工作；

3. 钢管管壁受力均匀，避免出现局部应力集中；

4. 便于制作和安装，并便于管内混凝土的浇灌。

钢管接头

（一）钢管接长

1. 钢管混凝土结构中，圆形、方形、矩形钢管的接长和拼装接头，其管壁一般宜采用等强度的对接坡口全熔透焊缝。

2. 在钢管的对接焊缝接头处，两管壁厚的差值不宜大于4mm。

3. 等直径钢管接头

（1）等直径钢管的接头可采用以下几种连接方式：①对接焊缝（图19-1a）；②管内加短衬管（图19-1b）；③管端加横隔板（图19-1c）；④法兰盘螺栓连接（图19-1d）。

（2）钢管接头处的附加衬管，长度为200mm，厚度为3mm，与管内壁保持0.5mm的膨胀间隙，以确保焊缝根部的质量。

（3）接头处的横隔板或法兰盘应开设便于浇灌混凝土的洞口。

（4）对于焊接钢管，接头处上、下钢管的竖焊缝（或斜焊缝）应错开不少于300mm（图19-1a）。

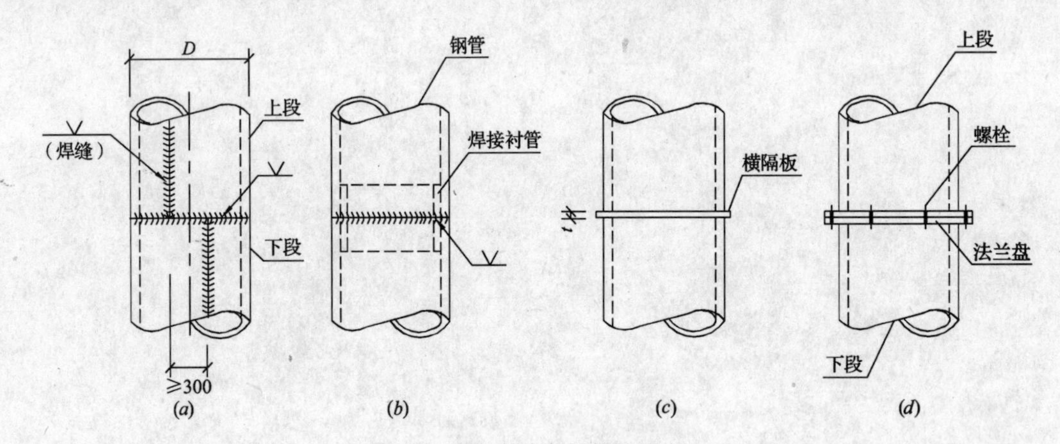

图19-1 等直径钢管的接头

（a）对接；（b）加衬管；（c）横隔板；（d）螺栓连接

4. 变直径钢管接头

（1）不等直径钢管的接头，可以采用以下三种连接方式：①加锥形管过渡段（图19-2a）；②法兰盘和螺栓连接（图19-2b）；③十字板接头（图19-3）。

（2）当上、下钢管直径相差在100mm以内时，可采用变截面的锥形管过渡段（图19-2a）。锥形管过渡段宜与下钢管连成一体，以便锥形过渡段的上端在现场与上钢管焊接。

（3）当上、下钢管的直径差大于100mm时，宜采用十字板接头（图19-3）。

（二）柱的现场接头

1. 一般要求

（1）按照运输以及构造方面的要求，框架柱的钢管宜按三个楼层分段，其长度宜为12m左右。圆形、方形和矩形钢管的现场接头均宜采用焊接，并应采用与钢管壁等强的对接坡口全熔透焊缝。

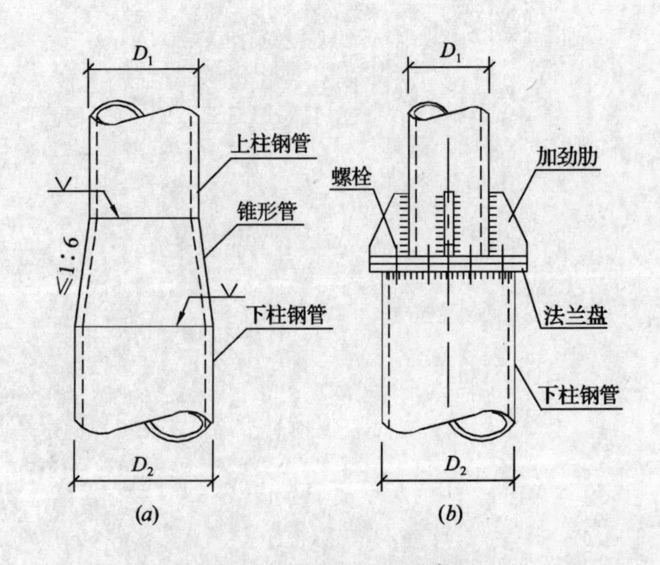

图19-2 不等直径钢管的接头

（a）锥形管；（b）法兰盘螺栓连接

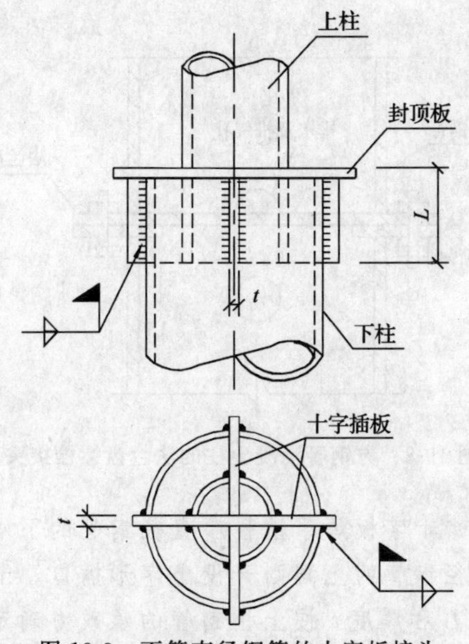

图 19-3　不等直径钢管的十字板接头

(2) 框架柱的分段接头位置应避开柱的最大弯矩截面；为便于现场施焊，接头位置也不宜高出楼面 1.0m 以上。钢管的连接一般是在混凝土浇灌之前完成。

(3) 为增强钢管与内填混凝土的共同受力，每段柱子的接头处，宜在下段柱的上端设置一块圆形或方形环状封顶板（图 19-4）。对于方形钢管，环形封顶板的中央孔洞宜呈圆形。

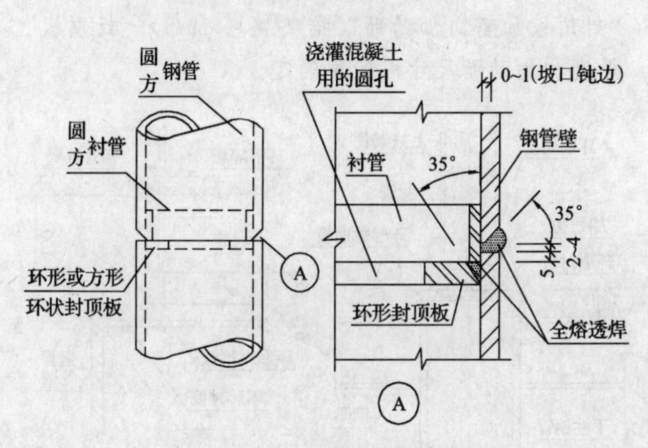

图 19-4　柱分段接头的封顶板

封顶板的厚度：当钢管壁厚 $t \leqslant 30$mm 时，取 12mm；当 $t>30$mm，取 16mm。

(4) 钢管现场安装分段接头处的受压环形对接焊缝，应符合 GB 50205—95《钢结构工程施工及验收规范》关于二级焊缝的标准。

2. 接头定位

(1) 对于非地震区的多层框架柱，工地高空的安装对接接头，可采用内衬管定位（图 19-5）。为确保对接焊缝的质量，坡口根的尺寸应严格控制在 0～1mm。

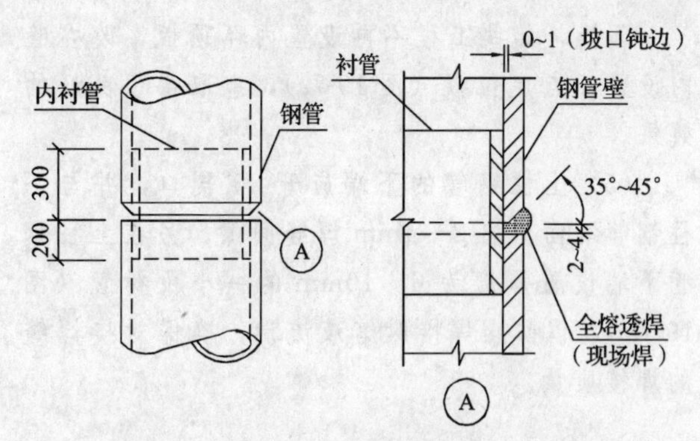

图 19-5　非地震区框架柱的现场对接接头

(2) 对于地震区的多层框架柱，工地高空的安装对接接头宜采用安装定位板，待上、下钢管对接焊缝焊妥后，再将定位板切除（图 19-6）。

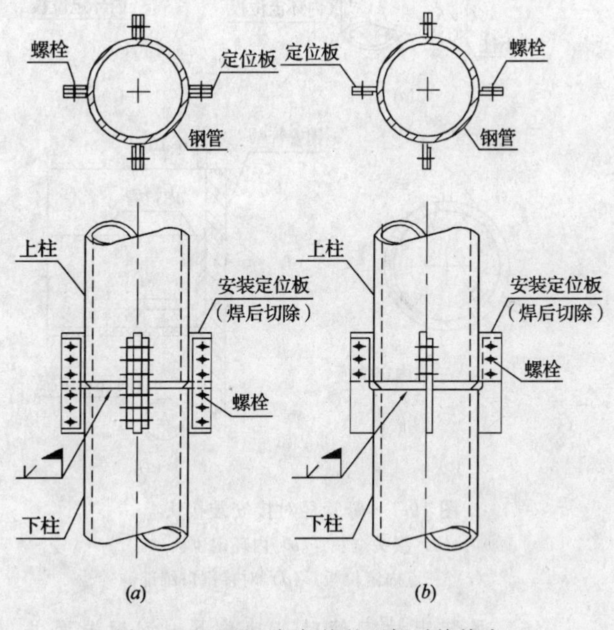

图 19-6　地震区框架柱的现场对接接头

3. 等管径对接接头

(1) 关于现场对接接头构造的要求是：①确保上、下柱在竖直方向的正确位置；②保证现场焊接的质量。

(2) 钢管混凝土柱的常用的现场对接接头形式示于图 19-7。

(3) 为了方便接头处内衬管的设置，以及保持下柱钢管的正确形状，在距下柱钢管的上端 5mm 处设置内环定位板（图 19-7*b*）。

(4) 下柱钢管上端内环板的设置，虽能提高对接接头的质量，但若钢管制作质量稍差，就会增加施工时现场校正工作的困难。这是因为下柱设置了内环板后，管端的水平刚度很大，难以调整。

因此，某些工程不再设置内环顶板，改在管内设置三点定位板（图 19-7*c*），也取得了良好的效果。

(5) 上柱钢管的下端应开 35°剖口，并与下柱钢管端面留出 2～4mm 焊缝间隙；另在上柱钢管下端设置厚度为 6～10mm 的一小段衬管（图 19-7*d*），以防止焊接时熔液流淌，确保对接焊缝的焊接质量。

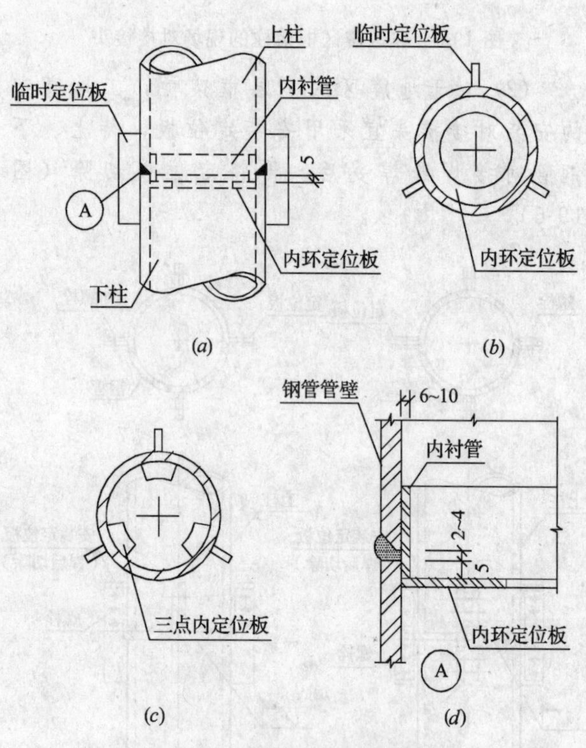

图 19-7　等管径对接安装接头

(*a*) 接头全貌；(*b*) 内环定位板

(*c*) 三点内定位板；(*d*) 对接剖口细部

(6) 吊装上柱钢管时，对准下柱钢管端面并调整柱轴线后，在管外加设三块或四块临时竖直定位板，分别与上、下柱焊接；然后施焊柱端的对接焊缝；最后切去临时竖直定位板，即完成了柱子的对接工序。

4. 方钢管的螺栓接头

(1) 分别在上段柱钢管的下端和下段柱钢管的上端各焊接一块法兰盘，然后在工地现场采用高强螺栓将上、下法兰盘连接（图 19-8）。法兰盘接头宜按与杆件等强的原则设计。

(2) 柱的接头应设置在框架梁的顶面或底面标高处。

5. 十字板接头

(1) 当上、下柱钢管的直径差超过 100mm 时，宜采用十字板接头（图 19-3）。为便于操作，接头位置宜设置在楼层的楼板面以上。

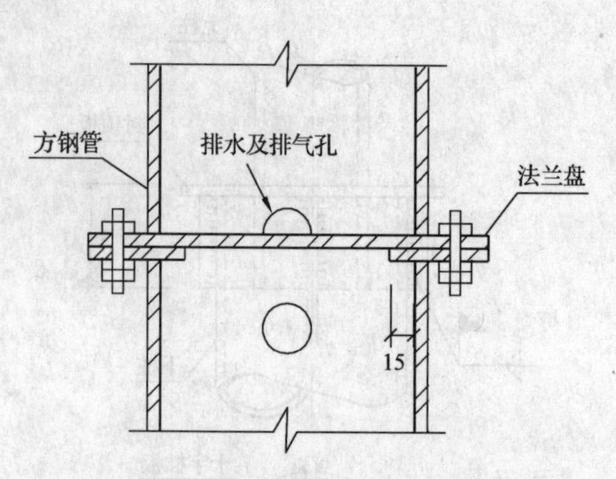

图 19-8　方钢管混凝土柱的法兰盘螺栓接头

(2) 十字板焊于上柱小直径钢管的下端，下柱大直径钢管的上端则开设十字形插口。十字板的长度 L 和厚度 t 按上柱钢管的承载力确定，十字板与上柱钢管和下柱钢管的焊缝均按等强度设计。

(3) 接头施工程序是：①当下柱的混凝土浇灌到钢管插口下端以下 100mm 处时，将上柱十字板插入下柱钢管插口内，并施焊；②盖上环形封顶板，并将它与上、下柱钢管焊接；③下柱上端空余部分待浇灌上柱混凝土时一并填实。

6. 封顶板加加劲肋接头

(1) 当上、下柱钢管直径不同时，也可采用“封顶板加竖向加劲肋”接头（图 19-9）。封顶板厚度和加劲肋尺寸按计算确定。

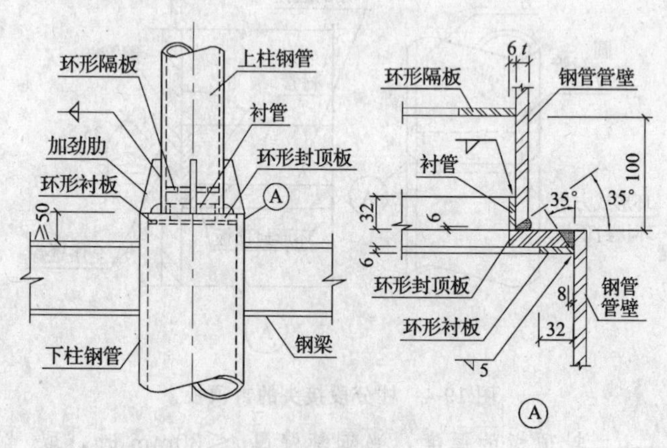

图 19-9　不同直径钢管的现场接头

(2) 在下柱钢管的顶端，采取坡口全熔透焊缝焊接环形封顶板，为防止焊缝溶液流漏，应先在封顶板之下加焊 6mm 厚、32mm 宽的环形垫板。

(3) 采取坡口全熔透焊缝将上柱钢管底端与下柱钢管封顶板相焊接，为防止焊液流漏，应先在上柱钢管底端加焊 6mm 厚、32mm 高的内衬管。为保持上柱钢管的正确形状，在距上柱钢管底端100mm高度处设置环形隔板。

(4) 在上柱钢管底部的四方设置四片竖向加劲肋，以加强上柱钢管与下柱钢管的连接。

钢梁-管柱刚接节点

(一) 节点设计原则

1. 柱的钢管连续贯穿梁-柱节点，楼盖结构的纵、横梁均从柱的侧面与柱相连；

2. 梁-柱刚接节点在构造上应能保证：在梁、柱最大内力作用下，梁轴线与柱轴线的夹角保持不变，不产生相对角变。

3. 梁端的弯矩、轴力和剪力，通过连接件能够可靠地传递给钢管混凝土柱的柱身。

4. 在高层建筑中，钢管混凝土柱与楼盖梁的刚接节点，根据设计和施工要求，可采取环板式、锚板式或穿心牛腿式等节点类型。

5. 梁端的弯矩和轴力是通过梁翼缘拉力(或压力)的方式传给管柱。为防止钢梁翼缘拉力引起钢管壁局部撕裂，并避免多方向梁的拉力减弱钢管对内填混凝土的紧箍作用，应该于梁的上、下翼缘位置，在钢管上设置加强环板(图19-10)。

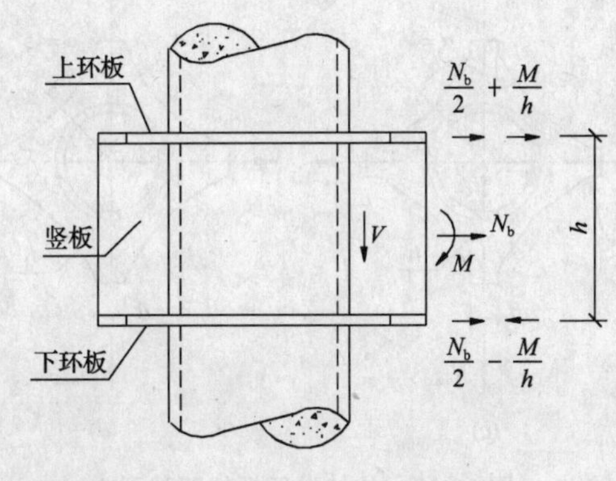

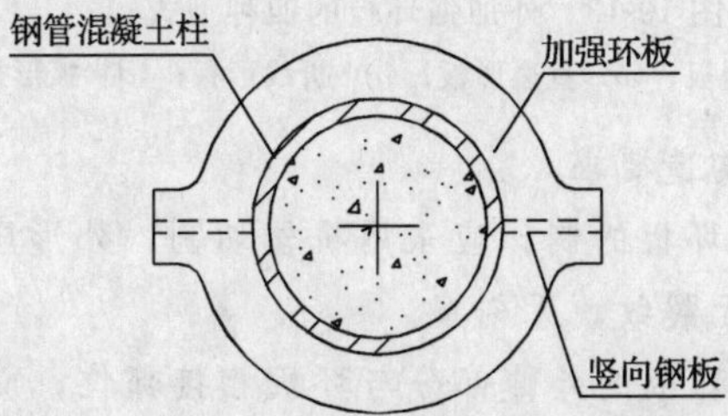

图 19-10　梁-柱刚接节点构造

6. 对于梁-柱节点，加强环板起着重要作用。它不仅实现梁端弯矩的外部传递，还由于加强环板限制钢管混凝土柱身受压后向外膨胀而形成“葫芦节”，使梁端剪力可借助“葫芦节”部分地直接传递给核心混凝土。

7. 一般情况下，加强环板宜采用外加强环板(图19-10)。仅当钢管直径大于1m时，方可考虑在钢管内部设置内加强环板。因为，钢管直径小于1m时，在钢管内部施焊困难，而且因为内环板中心的开洞较小，有碍管内混凝土的浇灌。

8. 图19-11所示将梁翼缘直接焊于钢管上的做法，仅适用于梁端受压翼缘向钢管柱传递不很大压力的情况。

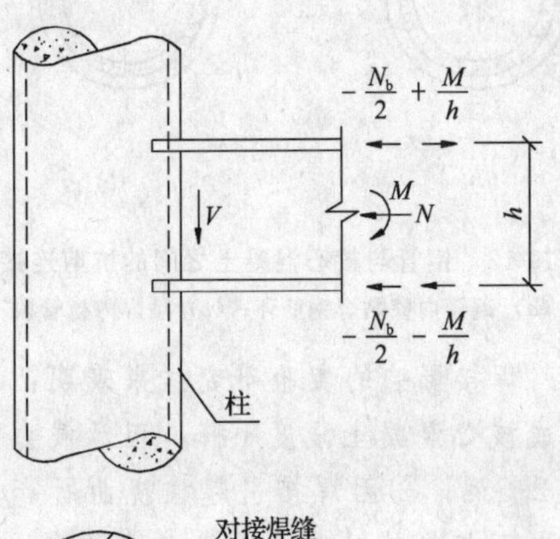

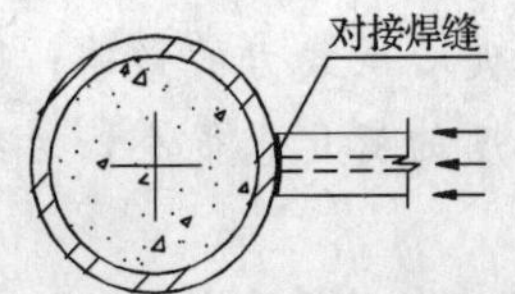

图 19-11　钢梁与钢管柱的受压连接

此型节点不能用于梁端翼缘向钢管混凝土柱传递拉力的情况，因为梁端翼缘拉力将使钢管因局部受力过大而产生塑性变形，梁柱夹角发生相对角变，从而使原来的刚接节点蜕变为半刚接节点。当梁端弯矩很大时，很大的梁翼缘拉力还会使钢管局部破裂，造成节点失效。

9. 实验表明，梁端剪力可以通过焊于钢管外壁上的牛腿腹板等竖向钢板安全地传递给钢管，再通过钢管与核心混凝土界面的粘结力和抗剪连接件的局部承压力传递给核心混凝土。钢管与核心混凝土界面的抗剪粘结强度 τ_0 可按表19-1的规定取值。

钢管与核心混凝土界面的抗剪粘结强度 τ_0 (N/mm^2)　表 19-1

混凝土强度等级	C50	C60	C70	C80
τ_0值	0.45	0.50	0.55	0.60

10. 穿心钢牛腿、内加强环板及设置于钢管分段处的环形隔板，均兼有抗剪连接件的功能。此外，焊接于钢管内壁的钢筋环或内衬管段(图19-12)，也可作抗剪连接件。

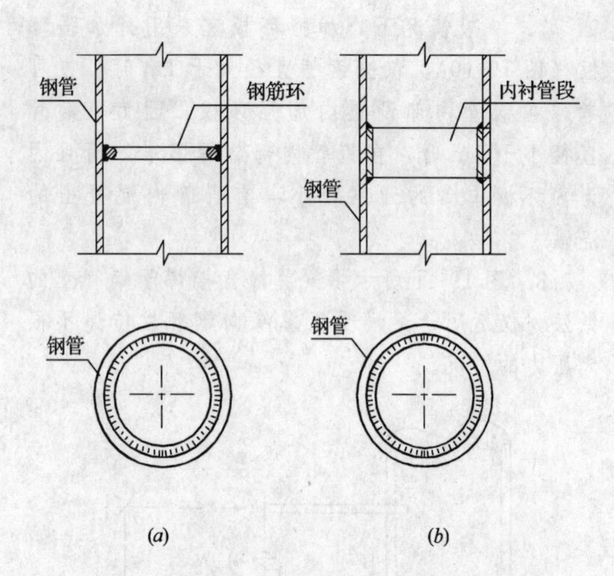

图 19-12　钢管与核心混凝土之间的抗剪连接件

(a) 钢管内壁贴焊钢筋环；(b) 贴焊内衬管段

11. 焊接影响的实验研究结果表明：①后施焊会造成核心混凝土强度下降，但承载力的降低不超过2.5%；②因焊接引起柱挠曲所产生的偏心很小，可忽略其对偏心承载力的影响；③在设计荷载下施焊，柱刚度的变化也很小，对结构的工作性能无明显影响。

(二) 外环板式节点的构造和计算

1. 工作特点

加强环式刚接节点是最成熟、应用面较广的一种节点型式。试验研究和工程实践表明，加强环式节点具有以下优点：

(1) 框架梁的内力（弯矩和剪力）能可靠地传给管柱，节点安全有效；

(2) 钢管壁受力均匀，并能保持钢管的圆形不变；

(3) 加强环板能与管柱共同工作，增强了节点的抗侧移刚度；

(4) 便于管内混凝土的浇灌。

2. 抗震性能

(1) 试验表明，与钢筋混凝土框架节点相比较，采用钢管混凝土柱与钢梁（或钢筋混凝土梁）的外环板式节点，在低周往复荷载作用下，滞回曲线更饱满，延性系数和强度储备更高，而且节点核心区不破坏。

(2) 由钢管混凝土柱与钢梁（或钢筋混凝土梁）组成的框架，更易实现"强柱弱梁、节点更强"以及"强剪弱弯"的耐震设计准则。

3. 外加强环板

(1) 环板类型

a. 板型Ⅰ——同心圆板（图 19-13*a*）。环板的内力分布较均匀，应力集中现象较小。是一种使用比较多的板型；缺点是，加工比较困难。

b. 板型Ⅱ——直边形板（图 19-13*b*）。此种环板加工最方便；但应力集中现象严重。

c. 板型Ⅲ——折线形板（图 19-13*c*）。此环板是直边形板的改进型，应力集中现象得到改善。

d. 板型Ⅳ——弧形板（图 19-13*d*）。此环板是板型Ⅰ（同心圆板）的改进型，工程应用比较普遍。

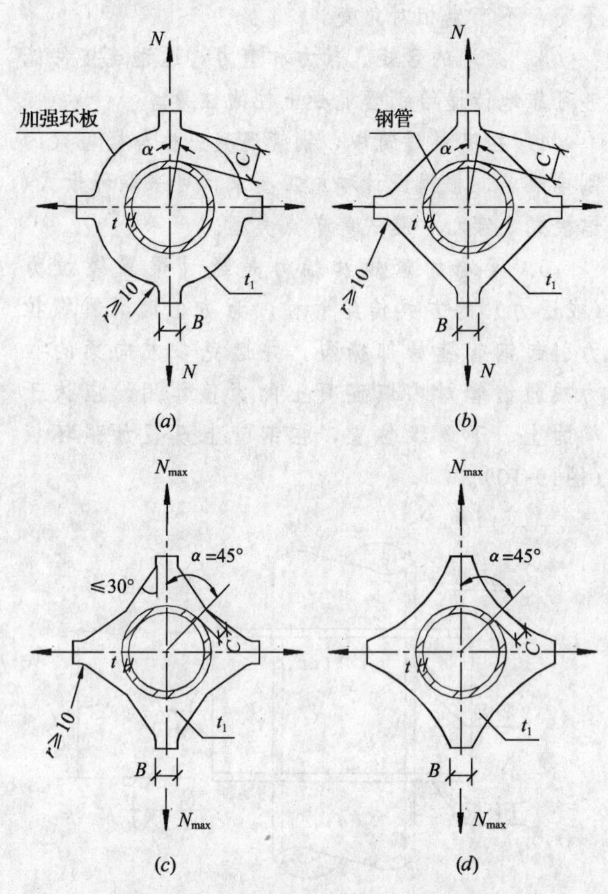

图 19-13　外加强环板的四种型式

(a) 同心圆板；(b) 直边形板；(c) 折线形板；(d) 弧形板

(2) 构造要求

a. 外环板的制作应采用机器切割，外形应平整光滑，无裂纹，无刻痕。

b. 外环板的外伸部分与环板相接部位，必须做成半径 $r \geqslant 10$mm 的圆弧过渡，以减小应力集中。

c. 对于抗震设防的框架，为保证结构具有较好的延性，外环板与钢梁翼缘的焊接位置，应避开梁端弯矩的峰值区，设置在离开柱边至少一倍梁截面高度处。

d. 外环板外伸部分的宽度

(a) 与梁翼缘相连接的外环板的外伸部分的宽度 B 和厚度 t_1（图 19-13），根据与钢梁翼缘板或混凝土梁纵向钢筋等强的原则确定。

(b) 外环板外伸部分的宽度 B（图 19-13），还应符合下列公式要求：

$$0.25 \leqslant B/D \leqslant 0.75 \tag{19-1}$$

式中 D——钢管的外直径。

(c) 为使外环板与框架梁的连接，方便、合理，上、下外环板外伸部分的端头宽度 B，还应符合下列要求：

对于钢梁或现浇钢筋混凝土梁，宜与钢梁翼缘或混凝土梁腹等宽。

当为预制钢筋混凝土梁，上环板和下环板，宜分别比梁宽小 20～40mm 和大20～40mm，以便与预制梁端部顶面和底面的预埋钢板相焊接。

e. 外环板控制截面宽度

外环板的控制截面处的计算宽度 C（图 19-13），是根据外环板最薄弱部位与梁轴线呈 45°角，不考虑钢管的参与，由等强度静力平衡条件确定的。

控制截面计算宽度 C 应符合下列公式要求：

$$C \geqslant 0.7B \tag{19-2}$$

$$C/t_1 \leqslant 10，0.1 \leqslant C/D \leqslant 0.35 \tag{19-3}$$

式中 D、t_1——钢管的外直径和壁厚。

f. 长度为 L_j 的节点柱段，其钢管壁厚 t 应符合下列要求：

$$25 \leqslant D/t \leqslant 50 \tag{19-4}$$

节点柱段的长度 L_j 是指由上、下加强环板算起分别向上和向下各不小于钢管直径 D 之间的一段管柱，即：

$$L_j = h + 2D \tag{19-5}$$

式中 h——上、下加强环板之间的距离（图 19-10）。

g. 为便于制作和安装，外加强环板也可以由两个半环拼接而成。

(3) 外环板拉力

a. 总拉力

上、下加强环板所承受的水平拉力有：①由梁端弯矩 M 转化来的水平拉力；②框架纵、横梁的轴向拉力 N_b（若为压力，则不予考虑）。

外加强环板所承受的总拉力 N_t（图 19-10）按下式计算：

$$N_t = \frac{M}{h} + \frac{N_b}{2} \tag{19-6}$$

$$M = M_Z - \frac{1}{3}VD，且 M \geqslant 0.7M_Z \tag{19-7}$$

式中 N_t——外环板承受的拉力，仅考虑框架梁对外环板所产生的拉力作用，若框架梁内力对外环板产生压力，则不予考虑；

N_b——框架梁所承受的轴向拉力；

h——框架梁的端部截面高度；

M——框架梁端弯矩设计值；

M_Z、V——进行框架内力分析时，柱轴线处的梁端弯矩设计值和相应的剪力设计值；

D——钢管混凝土柱的外直径。

b. 拉应力

(a) 外环板的承载力受最大拉应力截面控制。不同板型，控制截面的位置不同。

(b) 实验表明，Ⅰ、Ⅱ型环板，不论是单向还是双向受拉，最大拉应力均出现在角隅的外边缘处。

(c) Ⅲ、Ⅳ型环板，单向受拉时，最大拉应力是与拉力成 30°角环板外缘的环向应力；双向受拉时，由于应力的叠加，在与力的方向成 45°截面最小处的外缘环向拉应力最大，首先屈服。

(4) 外环板宽度的计算

外加强环板的控制截面的计算宽度 C（图 19-13），依其板型分别按下列公式计算，且应符合公式（19-2）、式（19-3）的要求：

(a) Ⅰ、Ⅱ型外环板

$$C \geqslant F_1(\alpha)\frac{N_t}{t_1 f_1} - F_2(\alpha) b_e \frac{tf_s}{t_1 f_1} \tag{19-8}$$

$$b_e = \left(0.063 + 0.88\frac{B}{D}\right)\sqrt{D \cdot t} + t_1 \tag{19-9}$$

$$F_1(\alpha) = \frac{0.93}{\sqrt{2\sin^2\alpha + 1}}, F_2(\alpha) = \frac{1.74\sin\alpha}{\sqrt{2\sin^2\alpha + 1}} \tag{19-10}$$

式中 α——拉力 N_t 作用方向与外环板验算截面的夹角；

b_e——参与加强环板工作的钢管管壁有效截面高度（图 19-14）；

D、t——钢管的外直径和厚度；

f_1、f_s——加强环板和钢管的钢材强度设计值。

(b) Ⅲ、Ⅳ型外环板

$$C \geqslant (1.44 + \beta)\frac{0.39N_{x,max}}{t_1 f_1} - 0.86 b_e \frac{tf_s}{t_1 f_1} \tag{19-11}$$

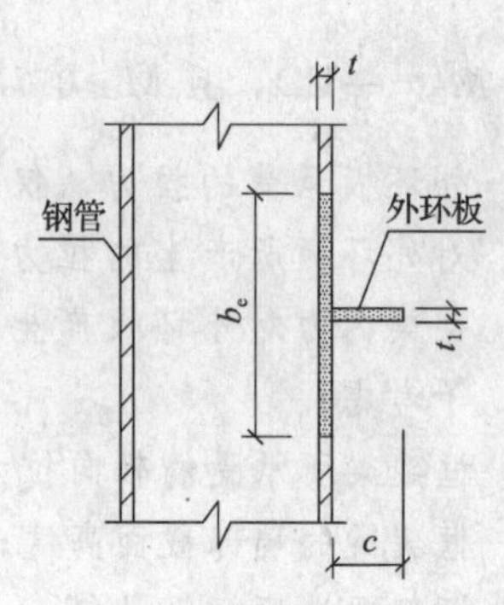

图 19-14　外环板的计算截面

$$\beta=\frac{N_y}{N_{x,max}}\leqslant 1 \qquad (19\text{-}12)$$

式中　$N_{x,max}$——x 方向由最不利效应组合产生的最大拉力；

N_y——y 方向与 $N_{x,max}$ 同时作用的拉力；

β——外环板同时承受的相互垂直的双向（x 向和 y 向）拉力的比值，当单向受拉时，$b=0$。

(5) 外环板厚度的计算

外加强环板外伸部分的宽度 B 和厚度 t_1（图 19-13、图 19-14），应符合下列要求：

a. 对于钢梁和预制钢筋混凝土梁

$$t_1\geqslant\frac{N_t}{Bf_1} \qquad (19\text{-}13)$$

b. 对于现浇钢筋混凝土梁，

$$t_1\geqslant\frac{A_{sr}f_{sr}}{Bf_1} \qquad (19\text{-}14)$$

式中　f_1、f_{sr}——分别为环板钢材和梁内纵向受拉钢筋的抗拉强度设计值；

A_{sr}——梁面或梁底纵向受拉钢筋的总截面面积。

4. 竖向抗剪钢板

(1) 上环板与下环板之间的竖向钢板（图 19-10），用于将梁端剪力传递给钢管。竖向钢板应与下环板焊接，以确保竖向钢板的侧向稳定性。

(2) 梁-柱刚接节点试验表明，当梁端竖向剪力增至临界值时，梁端约一倍钢管外径范围内的管壁可能发生局部鼓曲，致使节点刚度减小。因此，应该控制此范围内的剪应力值。

(3) 竖向钢板焊缝处钢管管壁的抗剪强度应按下式验算：

$$\tau=\frac{0.6V_{max}}{h_f\cdot t}\lg\frac{2r_{co}}{b_j}\leqslant f_v \qquad (19\text{-}15)$$

$$b_j=t_1+1.4h_f \qquad (19\text{-}16)$$

式中　τ——竖向钢板两侧焊缝处钢管管壁的剪应力；

f_v——钢管的钢材抗剪强度设计值；

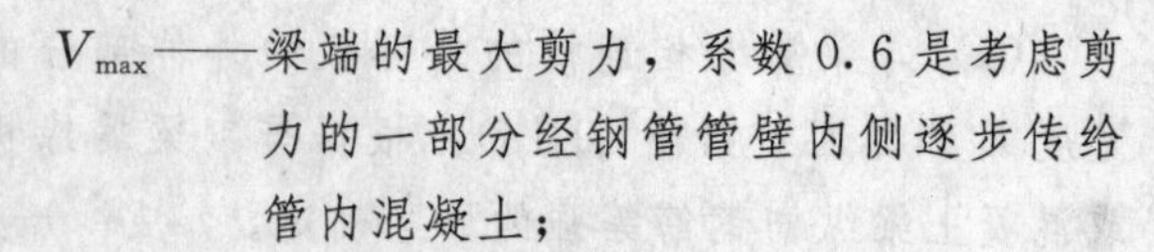
V_{max}——梁端的最大剪力，系数 0.6 是考虑剪力的一部分经钢管管壁内侧逐步传给管内混凝土；

h_1、t_1——竖向钢板的高度和厚度（图 19-15）；

t——钢管的管壁厚度；

h_f——角焊缝的焊脚尺寸；

b_j——竖向钢板及两侧角焊缝的总有效宽度（图19-15）；

r_{co}——钢管的内半径，系数 $\lg\frac{2r_{co}}{t_1+1.4h_f}$ 是考虑剪力分布的不均匀系数。

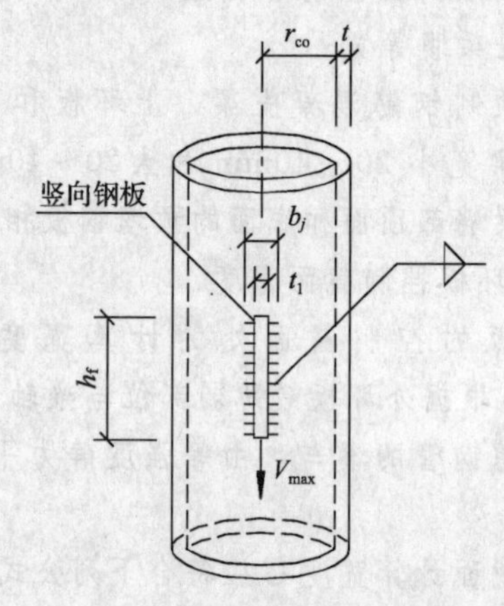

图 19-15　竖向钢板处管壁抗剪强度验算

(4) 竖向钢板与钢管的角焊缝，应按下式验算强度：

$$\tau_f=\frac{1.5V_{max}}{0.7h_f\sum l_w}\leqslant f_f^w \qquad (19\text{-}17)$$

$$\sum l_w=2\ (h_f-10)\ \mathrm{mm} \qquad (19\text{-}18)$$

式中　$\sum l_w$——角焊缝的总计算长度；

f_f^w——角焊缝的抗剪强度设计值。

（三）钢梁与外环板的连接

1. 腹板搭接（图 19-16）

(1) 上、下外加强环板均带有一段钢梁翼缘，梁翼缘与环板相接处，必须做成圆弧形过渡段，以避免应力集中。

(2) 上、下外环板之间的竖向钢板（即腹板）：一端采用对接焊缝与钢管焊接；另一端比上、下环板长出稍许，上钻一列或两列螺栓孔。

(3) 钢梁上、下翼缘与上、下环板，应采取对接焊缝连接；钢梁腹板与上、下环板间的竖向钢板相互搭接，并采用高强螺栓连接。

(4) 工厂加工的钢梁，腹板端头也钻好螺栓孔。安装时，先将钢梁腹板与钢管上竖向钢板的螺栓孔对准，用高强螺栓连接；再施焊上、下翼缘的对接焊缝。

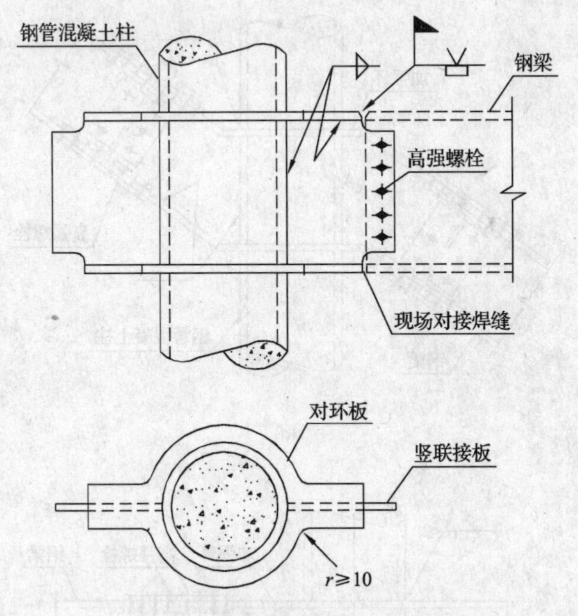

图 19-16　外环板式节点钢梁腹板的搭接

(5) 腹板搭接的节点构造，简化了现场安装工作，加快了施工进度。

(6) 腹板搭接节点，高强螺栓为单剪传力，因此，此型节点仅适用于梁端剪力不太大的情况。

2. 腹板对接

(1) 节点构造与图 19-16 所示的腹板搭接方案基本相同，仅把钢梁腹板的搭接连接换成夹板连接，以提高接头的受剪承载力。

(2) 焊于钢管上的竖向钢板的外端，与上、下环板外伸部分的端头齐平。安装时，与钢梁腹板对齐，前、后设两块连接板，用高强螺栓连接（图 19-17)。

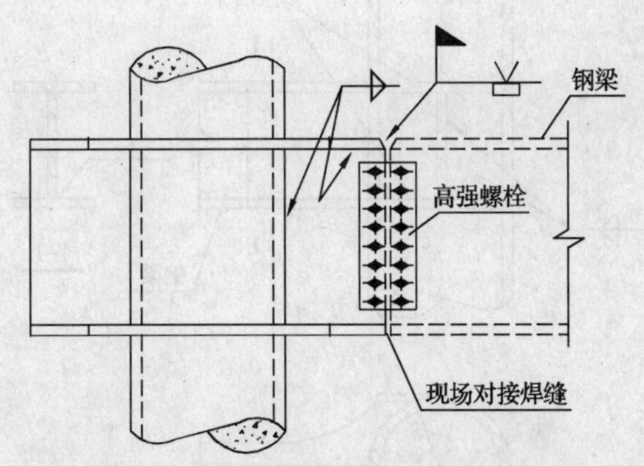

图 19-17　外环板式节点钢梁腹板的对接

(3) 为了进一步提高钢梁与外环板连接部位的剪弯承载力和可靠度，协会标准 CECS 104：99《高强混凝土结构技术规程》建议，钢梁上、下翼缘接头位置与腹板对接截面相互错开（图 19-18)。因为钢梁接头处的高强螺栓是双剪传力，故适宜用于梁端剪力很大的情况。

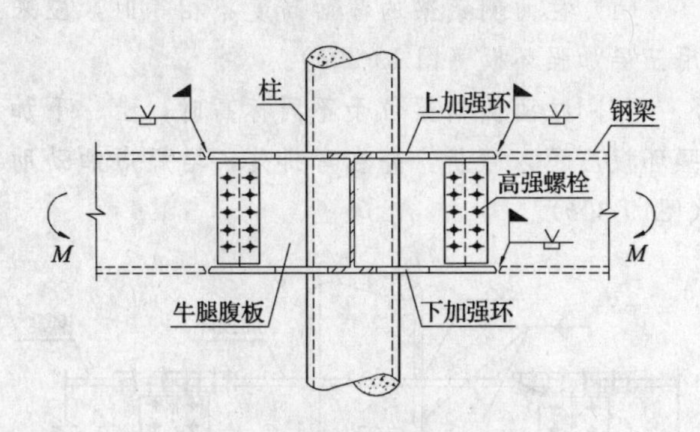

图 19-18　钢梁翼缘接头与腹板接头相互错开的外环板式节点

3. 全栓连接

(1) 钢梁翼缘和腹板与钢管混凝土柱节点处的上、下加强环板和竖向钢板的接头，均采用高强螺栓连接（图 19-19)。

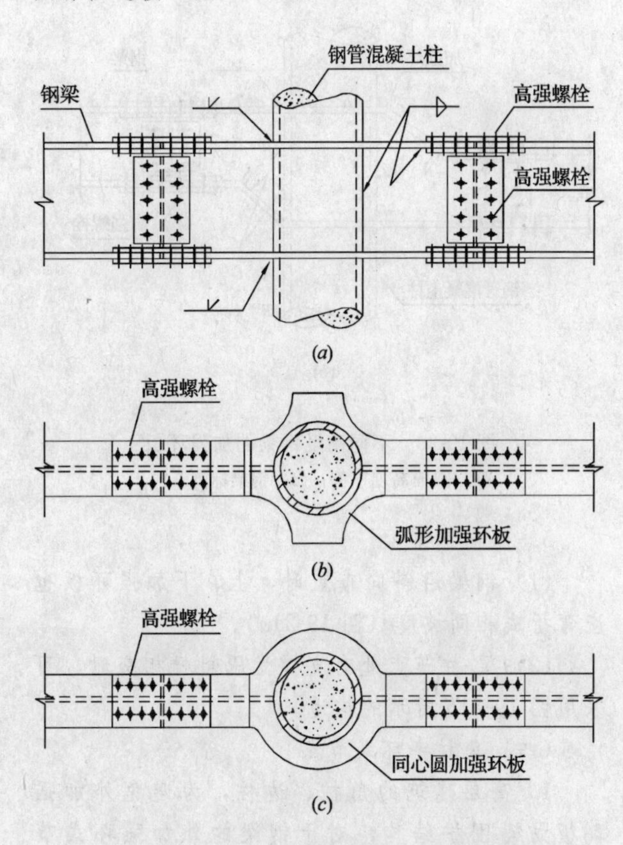

图 19-19　钢梁与加强环板的高强螺栓连接

(a) 立面；(b) 四面有梁；(c) 单向有梁

(2) 与钢梁连接处的上、下加强环板，应伸出较长的梁段。

(3) 柱的四面有梁时，上、下加强环板宜采用弧形板（图 19-19b)。

(4) 柱节点处仅单向有梁时，上、下加强环板可采用同心圆板（图 19-19c)。

4. 高低钢梁

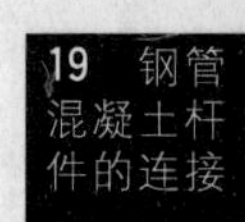

(1) 柱两侧钢梁的截面高度不相等时，应采用三层加强环板（图 19-20a）。

(2) 柱两侧钢梁位于不同标高时，上、下加强环板应予以弯折，并在弯折处，增焊短加劲肋（图19-20b）。

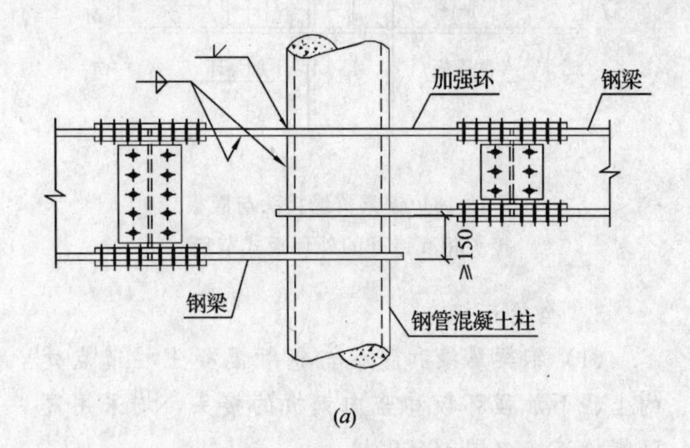

(a)

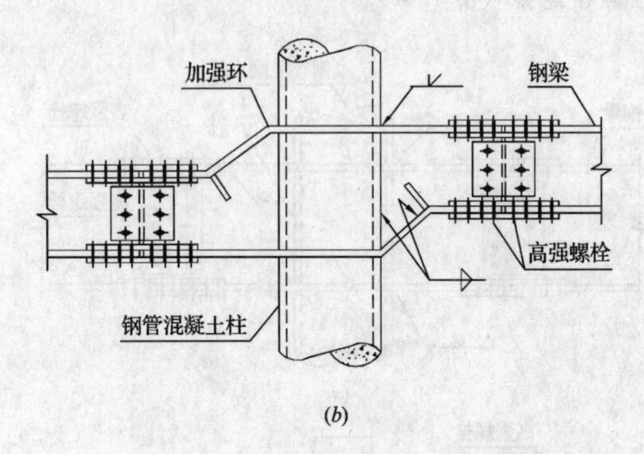

(b)

图 19-20 不同高度钢梁的加强环板

(a) 截面高度不等；(b) 钢梁标高不同

5. 斜向钢梁

(1) 钢梁沿斜向布置时，上、下加强环板也应弯折成相同坡度（图 19-21a）。

(2) 梁-柱节点处有支撑受压斜杆相交时，可采用图 19-21b 所示的构造。

（四）角柱半环式节点

1. 高层建筑的角柱、边柱，为避免外加强环板妨碍围护结构，对于钢梁的外加强环式节点，可不采用整环，而采用半环板形式（图 19-22），但外环板必须超过半圆，其包络角 θ 应大于200°。

2. 往复加载试验结果表明：①半环式节点的刚度和承载力虽不及整环式节点，但也满足工程设计要求；②整环式节点的安全系数为1.8～1.9，半环式节点的安全系数为1.6～1.7；③半环式节点，当加荷到破坏荷载时，环板端部把钢管拉裂。

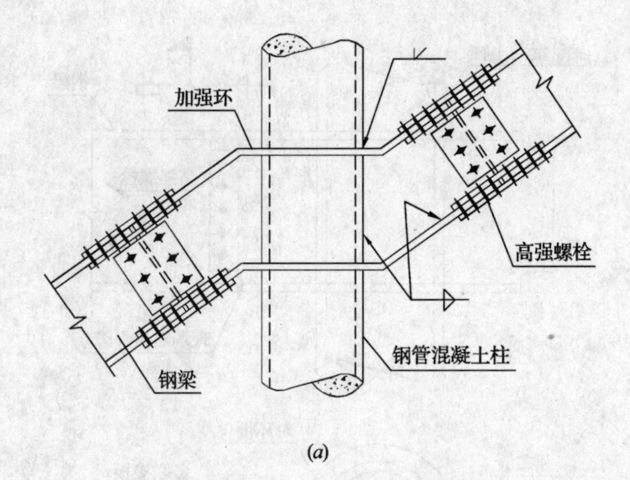

(a)

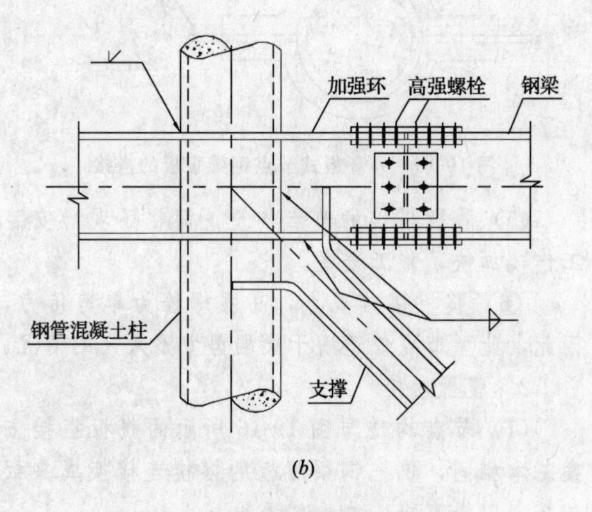

(b)

图 19-21 斜梁或支撑与柱的连接

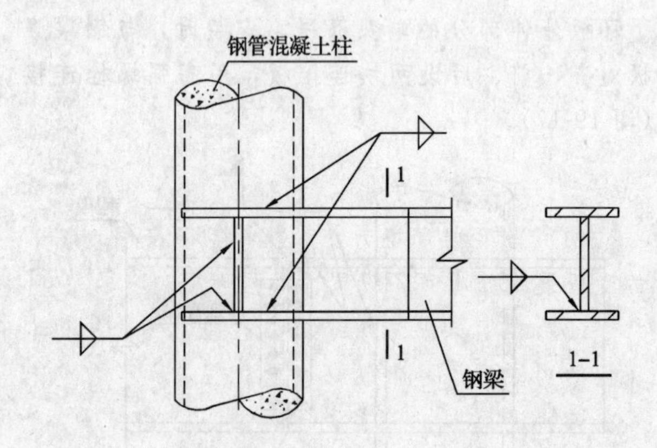

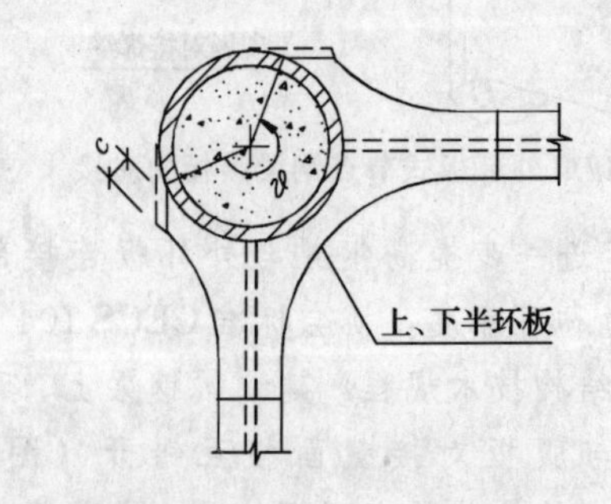

图 19-22 角柱的半环式节点

3. 根据半环式节点试件的破坏情况，上、下半环板应比图 19-22 中实线所示形状适当加强，延伸至图中虚线所示位置，即上、下半环板的包络角取 270°。

（五）内环板式钢梁节点

1. 构造要求

(1) 当钢管混凝土柱的直径大于 1m 且框架梁为钢梁时，也可采用"内加强环"式节点（图 19-23）。

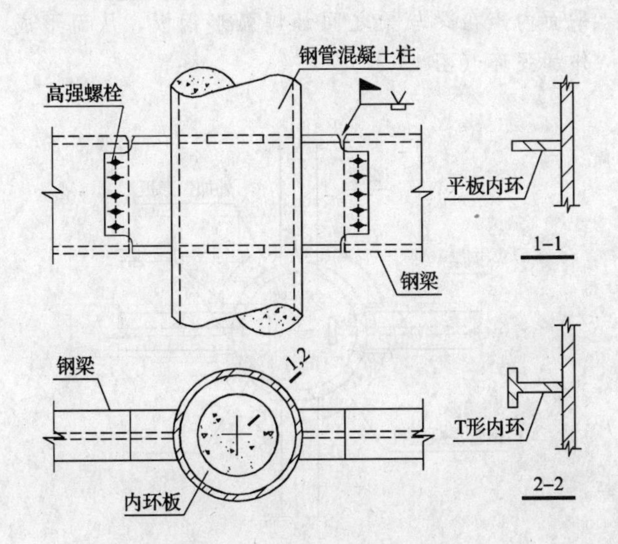

图 19-23 内环板式钢梁节点

(2) 根据钢梁翼缘受力大小，可采用"平板内环"（图 19-23 中的剖面 1-1）或"T 形内环"（图 19-23 中的剖面 2-2）。

(3) 在钢管内部，于钢梁的上、下翼缘位置各焊接一块内环板，钢梁的翼缘板和腹板则直接焊在钢管外壁上。由于内环板与梁翼缘位于同一平面内，所以节点仍能满足刚接节点的要求。

(4) 当梁端弯矩为负弯矩，且不变号时，梁的受压翼缘处也可不设置内加强环板。

(5) 在钢梁翼缘水平拉力的局部作用下，内环板的内缘受压，钢管壁环向受拉，此拉力与钢管在内填混凝土挤压下的环向拉力相重合，增加了钢管壁的负担。

(6) 内环板比外环板简洁，节省钢材；但管内焊接困难，且有碍管内混凝土的浇灌。

(7) 为方便浇灌混凝土导管和振捣棒的插入，内环板中心圆孔的直径应不小于 200mm，一般情况下宜不小于 300mm。

2. 强度验算

(1) 内环板节点的计算截面，如图 19-24 所示。

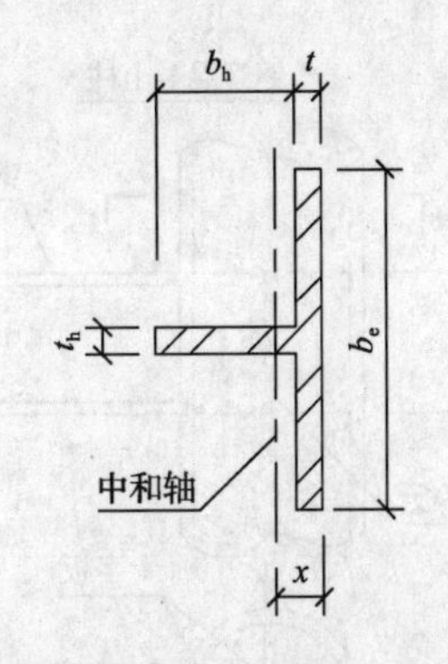

图 19-24 内环板节点的计算截面

图中 b_h、t_h——内加强环板的截面宽度和厚度；

b_e、t——钢管参与内环受力的有效高度和钢管壁厚。

(2) 内环板节点（内环板及部分管壁）有效截面的惯性矩 I 和重心线位置 x 分别按下列公式计算：

$$x=\frac{1}{b_e\cdot t+b_h\cdot t_h}\left[\frac{1}{2}b_et^2+b_ht_h\left(t+\frac{b_h}{2}\right)\right] \tag{19-19}$$

$$I=b_et\left(x-\frac{t}{2}\right)^2+\frac{1}{12}t_hb_h^3+t_hb_h\left(x-t-\frac{1}{2}b_h\right)^2 \tag{19-20}$$

$$b_e=5.5\sqrt[4]{Rt^3}+t_h \tag{19-21}$$

式中 R——钢管的外半径。

(3) 内环板节点的容许拉力 $[P]$ 应满足下列条件式：

$$[P]\geqslant T \tag{19-22}$$

$$T=A_L\cdot f \tag{19-23}$$

式中 A_L、T——钢梁上（下）翼缘的截面面积和所能承受的最大拉力；

f——钢梁钢材的抗拉强度设计值。

(4) 内环板节点的容许位移 $[\Delta]$ 和容许拉力 $[P]$，分别按下列公式计算：

$$[\Delta]=0.006R \tag{19-24}$$

$$[P]=B\cdot[\Delta] \tag{19-25}$$

$$B=1\div\left[\frac{1}{9\dfrac{\pi EI}{R^3}+k\pi R}+\frac{1}{64\dfrac{\pi EI}{R^3}+k\pi R}\right] \tag{19-26}$$

$$k=\frac{E_s\rho_s}{2R}+\frac{E_c}{R} \tag{19-27}$$

式中 k——与钢管及混凝土变形有关的系数；

ρ_s——钢管混凝土柱的含钢率，$\rho_s=4t/D$；

D——钢管外直径。

（六）十字板节点

1. 在钢管内部，于梁上、下翼缘位置之间，顺梁腹板方向加焊十字板（图 19-25）。

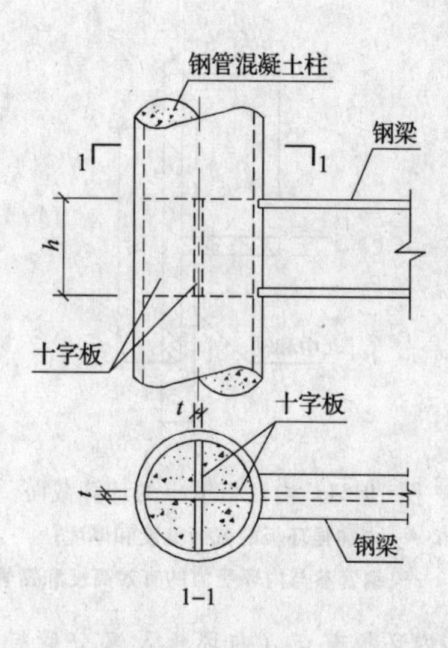

图 19-25　十字板节点

2. 此型节点的刚度很大，仅稍小于内加强环板式节点；但钢材用量较多，且管内施焊困难。

（七）锚板式节点

1. 锚固件类型

(1) 竖板锚固件

a. 对于采用钢梁的刚接框架节点，也可采取锚板式节点（图 19-26）。即，正对钢梁的上、下翼缘处，在钢管内壁各焊接一个T形锚板。由于它埋置于混凝土内，能够承受梁翼缘传来的水平拉力。

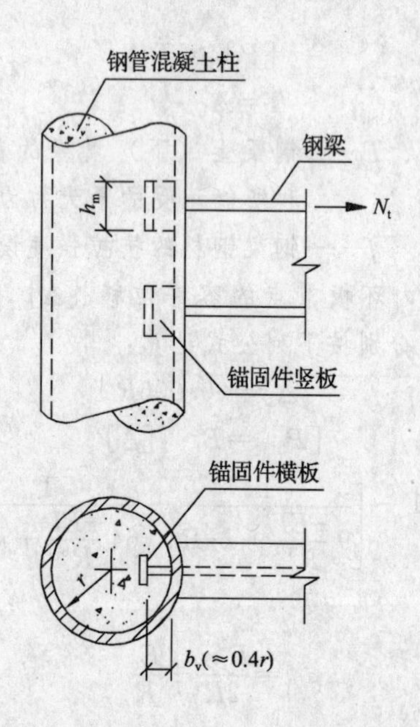

图 19-26　锚板式节点（竖板锚固件）

b. T形锚板是由垂直于梁翼缘的竖向钢板和起锚固作用的横向钢板所组成。梁翼缘拉力经焊缝传给钢管，再经剖口焊缝传给锚固件的竖板和横板。

c. 竖向钢板的宽度 b_v，可取混凝土粗骨料直径的4～5倍，但不宜超过钢管半径的一半。

d. 锚板式节点构造简单，节省钢材，但节点刚度小于加强环板式节点。

e. 此型节点仅适用于梁端弯矩和轴力较小、且钢管直径较大，便于在管内焊接的情况。

(2) 锚板加弧形板

a. 如图 19-26 所示，在钢管内部于钢梁所在位置设置T形竖板锚固件，此外，在梁的翼缘水平面内，在梁与梁之间加焊弧形钢板，从而形成外加强环（图 19-27）。

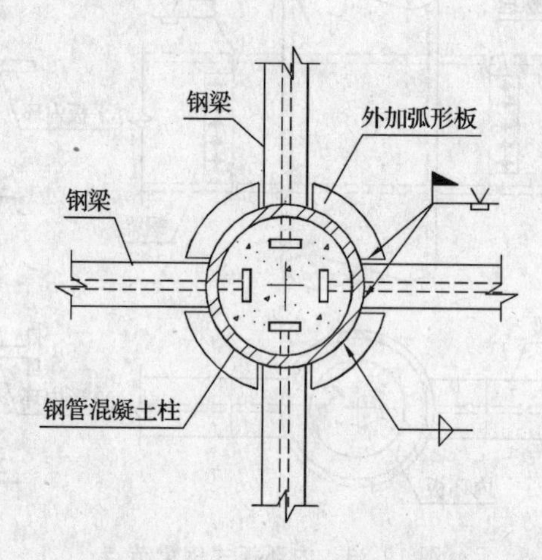

图 19-27　锚板加弧形板式节点

b. 增加弧形板后，节点的承载力和整体刚度均提高很多。

(3) 水平锚固件

a. 对于钢梁，也可采用T形水平锚固件。即，在钢梁上、下翼缘所在位置，在钢管内壁加焊T形水平锚固件（图 19-28）。

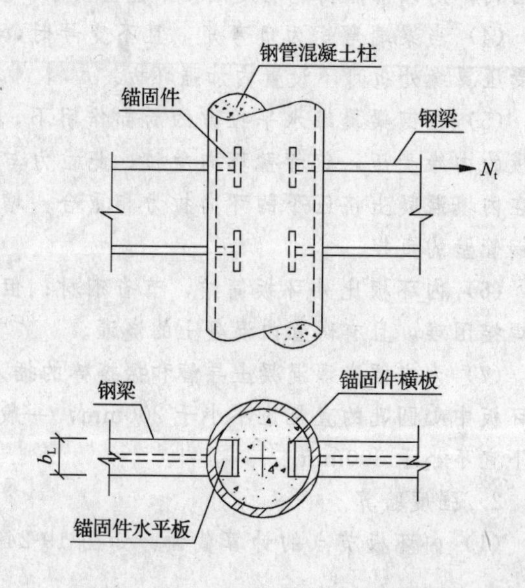

图 19-28　T形水平锚固件式节点

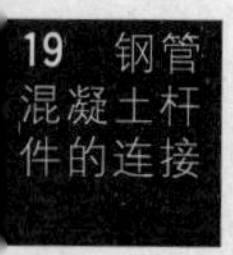

b. T形水平锚固件是由平行于梁翼缘的水平钢板和起锚固作用的横向钢板所组成。

c. 此型锚件的缺点是，水平钢板有碍管内混凝土的浇灌。

2. 竖板锚固件破坏面

(1) 锚固件在钢梁翼缘拉力 N_t 的作用下（图19-28），混凝土冲切破坏锥体的尺寸取决于钢梁的翼缘宽度 b_L，由梁翼缘两端到锚固件横板两端的连线，就是混凝土冲切破坏面，两个破坏面形成一个冲切破坏锥体（图19-29a），其所对应的圆心角为 2φ。

(2) 试验表明，钢管剪拉破坏面与混凝土破坏面一致，且破坏面高度等于锚固件竖板的高度 h_m（图19-29b）。

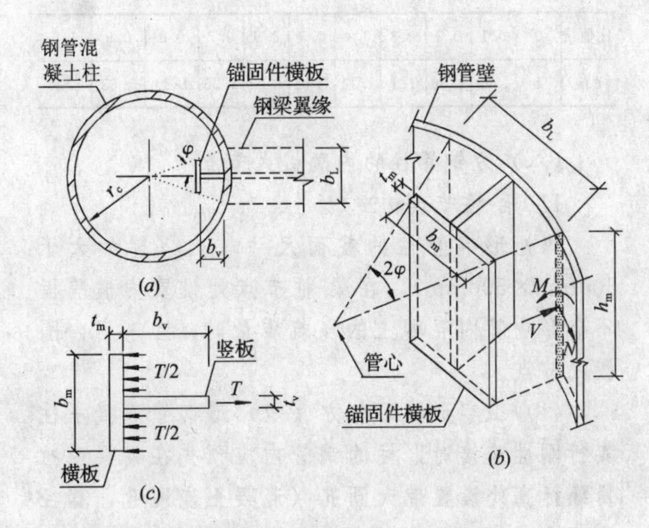

图 19-29 竖板锚固件的冲切破坏锥体

(a) 钢管及锚固件平面；(b) 破坏锥体透视

(c) 锚固件作用力

(3) 作用于钢管竖向破坏面上的力有：①环向拉力 N；②弯矩 M；③横向水平剪力 V；④钢管原有的竖向压应力 σ_3（图 19-29b）。

3. 竖板锚固件设计

(1) 承载力验算

a. 竖板锚固件的受拉承载力 P 应大于或等于钢梁受拉翼缘的受拉承载力 T，即

$$P \geqslant T \tag{19-28}$$

b. 竖板锚固件的受拉承载力 P 按下式计算：

$$P=\frac{1}{2(A_2^2+3A_3^2)}\left[\sigma_3 A_2 \pm \sqrt{\sigma_3^2 A_2^2-4(A_2^2+3A_3^2)(\sigma_3^2-f^2)}\right] \tag{19-29}$$

$$A_1=\frac{1}{b_L}\left(0.296\sin\varphi+\frac{0.105\sin2\varphi}{M'_1+1}+\frac{0.033\sin3\varphi}{7.1M'_1+1}\right) \tag{19-30}$$

$$M'_1=\frac{1}{M_1}(9.66\times10^3\rho_s^4 h_m) \tag{19-31}$$

$$M_1=0.25E_s\rho_s^2+0.5E_c\rho_s \tag{19-32}$$

$$A_2=\frac{2A_1}{\rho_s h_m}(0.93\sin\varphi+0.32\cos\varphi) \tag{19-33}$$

$$A_3=\frac{3A_1}{\rho_s h_m}(0.93\cos\varphi+0.32\sin\varphi) \tag{19-34}$$

式中 φ——钢梁翼缘宽度 b_L 所对应的圆心角之半，$\varphi=\arcsin\dfrac{b_L}{D}$；

t、D——钢管的厚度和外直径；

ρ_s——钢管混凝土柱的含钢率，$\rho_s=4t/D$；

M_1——系数，根据含钢率 ρ_s 和混凝土强度等级查表 19-2。

系数 M_1 值 表 19-2

混凝土 \ ρ_s	0.04	0.05	0.06	0.07	0.08	0.09	0.10	0.11	0.12	0.13	0.14	0.15	0.16	0.17	0.18	0.19	0.20
C30	680	880	1090	1300	1530	1770	2010	2270	2540	2820	3110	3410	3720	4040	4370	4710	5100
C40	730	940	1160	1390	1630	1880	2140	2410	2690	2980	3280	3600	3920	4250	4590	4950	5310
C50	770	990	1220	1460	1710	1970	2240	2520	2810	3110	3420	3750	4080	4420	4770	5140	5510
C60	800	1030	1270	1510	1770	2040	2310	2600	2900	3210	3530	3860	4200	4550	4910	5280	5660

(2) 竖向锚板强度验算

竖向锚板按照与梁翼缘等强度的原则设计。

钢梁上（或下）翼缘所能承受和传递的最大水平拉力为：

$$T=b_L t_L f \tag{19-35}$$

锚固件竖向钢板的截面尺寸应按下式确定：

$$h_m t_v=\frac{T}{f_e}=\frac{b_L t_L f}{f_e} \tag{19-36}$$

式中 b_L、t_L——钢梁的上翼缘（或下翼缘）的截面宽度和厚度；

h_m、t_v——竖向钢板的高度和厚度；

f、f_e——分别为钢梁翼缘和竖向锚板的

钢材抗拉强度设计值。

(3) 横向锚板强度验算

取横向锚板的半边按悬臂板（图 19-29c）进行强度验算，半边横向锚板承受由 $T/2$ 引起的均布水平力，故有

a. 横板抗弯强度验算

$$\sigma=\left(\frac{T}{2}\times\frac{b_m}{4}\right)\div\left(\frac{1}{6}h_m t_m^2\right)\leqslant f_e$$

即
$$t_m=\sqrt{\frac{3Tb_m}{4h_m f_e}} \tag{19-37}$$

式中 b_m、h_m、t_m——横向锚板的宽度、竖向高度和厚度，b_m 取决于圆心角 2φ 和竖向锚板的截面宽度 b_v；

f_e——横向锚板的钢材抗弯强度设计值。

b. 横板处混凝土局部挤压强度验算

横向锚板处的混凝土挤压应力为：

$$\sigma_c=\left(\frac{T}{2}\right)\div\left(\frac{1}{2}b_m h_m\right)\leqslant 1.5f_c \tag{19-38}$$

即
$$T\leqslant 1.5b_m h_m f_c \tag{19-39}$$

式中 f_c——钢管内填混凝土的抗压强度设计值。

4. 左、右钢梁的竖板锚固件

当钢管混凝土柱的左和右均有钢梁，若采用锚板式节点（图 19-30），其竖板锚固件的高度 h'_m 应比按公式（19-36）计算出的 h_m 值增大，其增大的幅度 ζ 随左、右钢梁翼缘拉力比值 g $(=P'/P)$（图 19-31）的增长而提高。

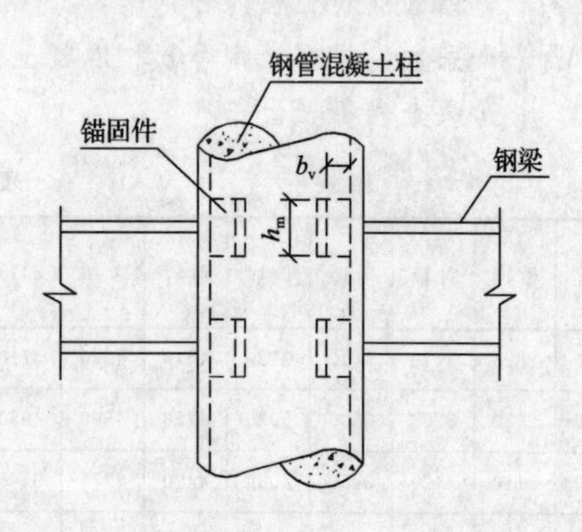

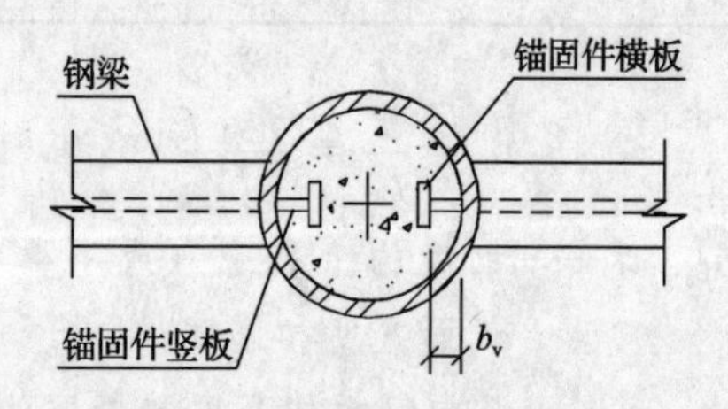

图 19-30 左、右钢梁的竖板锚固件

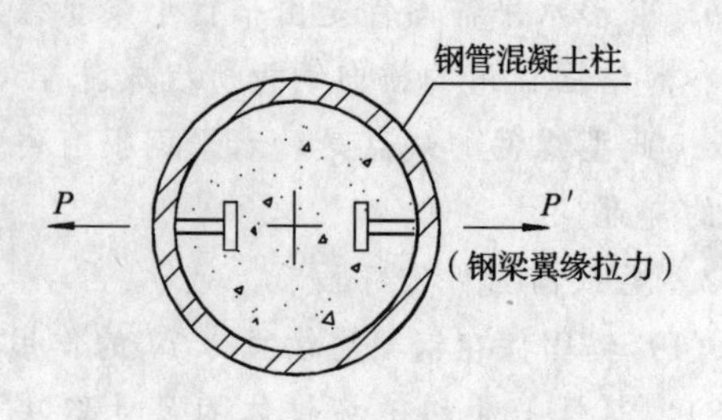

图 19-31 柱左、右钢梁的拉力

钢管混凝土柱的左、右均有钢梁时，竖板锚固件的高度 h'_m 按下式计算：

$$h'_m=\zeta h_m \tag{19-40}$$

式中 ζ——竖板锚固件高度的增大系数，按左、右钢梁翼缘拉力的比值 g 查表 19-3。

竖板锚固件高度增大系数 ζ 值　　表 19-3

比值 g	0	0.1	0.2	0.3	0.4	0.5	0.6	0.7	0.8	0.9	1.0
ζ 值	1	1.02	1.06	1.1	1.14	1.18	1.22	1.25	1.29	1.33	1.36

(八) 方钢管柱的内隔板式节点

1. 梁-柱节点构造

当矩形钢管柱的截面尺寸较大（譬如大于 500mm×500mm），在梁-柱节点处设置内横隔板不会影响管内混凝土的浇筑质量时，宜采用内隔板式节点。

(1) 工字形钢梁与方（矩）形钢管混凝土柱实行刚性连接时，柱的钢管内应预先在钢梁受拉翼缘标高处设置带大圆孔（混凝土浇灌孔，直径应不小于200mm，一般情况下宜不小于300mm）的横隔板，其厚度不宜小于梁翼缘的厚度。横隔板四角应开设排气孔，孔径宜为25mm。

(2) 梁端可能反复出现正弯矩和负弯矩时，柱钢管在工字形钢梁的上、下翼缘标高处均应设置横隔板（图 19-32）。

(3) 在结构受力全过程，梁端不可能出现反向弯矩时，在工字形钢梁受压翼缘标高处，钢管内可以不设置横隔板（图 19-33）。

(4) 钢梁受拉翼缘、管内横隔板与方（矩）形钢管的连接，均应采用坡口全熔透焊缝。翼缘厚度与管壁厚度之比不应大于2。

(5) 工字形钢梁腹板与焊于钢管上的竖向连接板之间的连接，应采用高强螺栓摩擦型连接。

(6) 当为8度设防Ⅲ、Ⅳ类场地和9度设防时，柱与钢梁的刚性连接，宜采用能将塑性铰外移的骨形连接。具体做法参见第4章第［3］、一、(三)、3款和图 4-8。

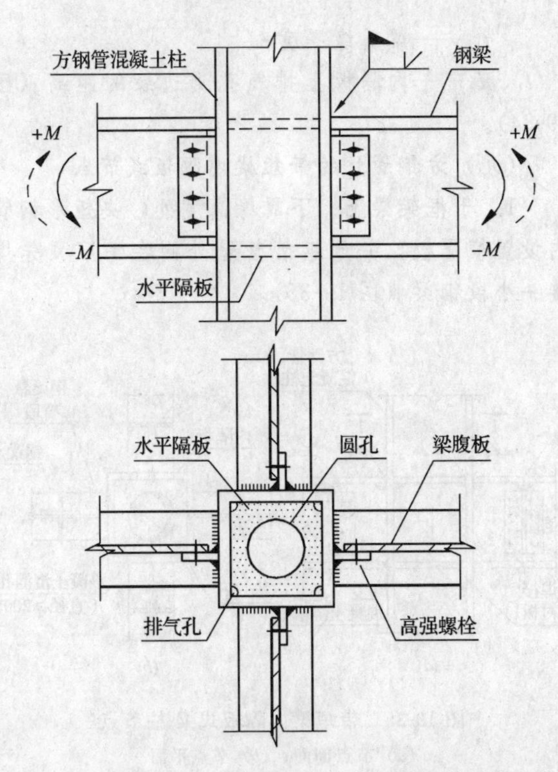

图 19-32　承受正、负弯矩钢梁与方钢管柱的刚性连接

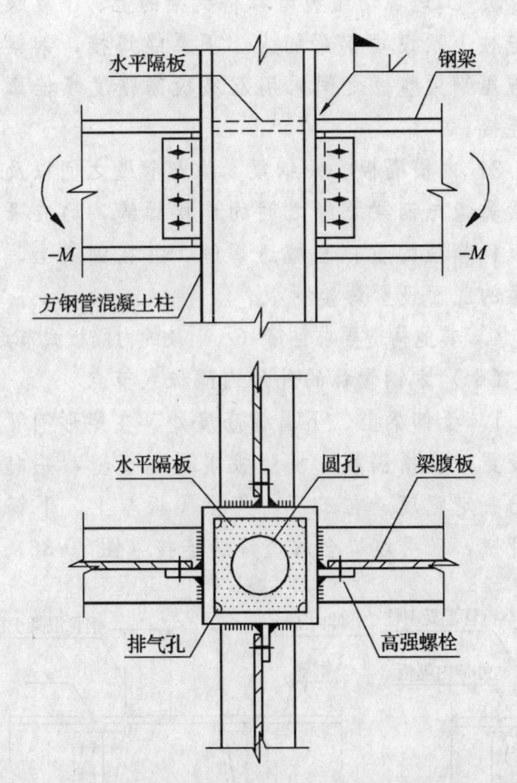

图 19-33　仅承受负弯矩钢梁与方钢管柱的刚性连接

(7) 钢梁与钢管的连接应采用“先栓后焊”的施工顺序，即先拧紧梁腹板上的螺栓，再焊接梁的上、下翼缘。

2. 节点强度验算

协会标准《矩形钢管混凝土结构技术规程》CECS 159：2004 第 7.1.4 和第 7.1.5 条规定：

(1) 抗震设计时，为了确保“强连接、弱杆件”耐震设计准则的实现，钢梁与管柱的连接，除应按地震组合内力进行强度验算外，尚应符合 GB 50011《建筑抗震设计规范》第 8.2.8 条第 1 款的要求。具体计算方法和公式参见第 4 章第 [3]、三、(五)、3 款和公式 (4-28)、式 (4-29)。

钢梁与矩形钢管混凝土柱连接节点极限承载力的验算公式，参见 JGJ 99—98《高层民用建筑钢结构技术规程》第 8.1.3.条。但在梁的受剪承载力计算时，应叠加由重力荷载代表值作用下按简支梁分析所得的梁端截面剪力标准值。

(2) 带内隔板的矩形钢管混凝土柱与钢梁的刚性焊接节点，除应验算连接焊缝和高强度螺栓的强度外，尚应按下列规定验算节点的强度（图 19-34）。

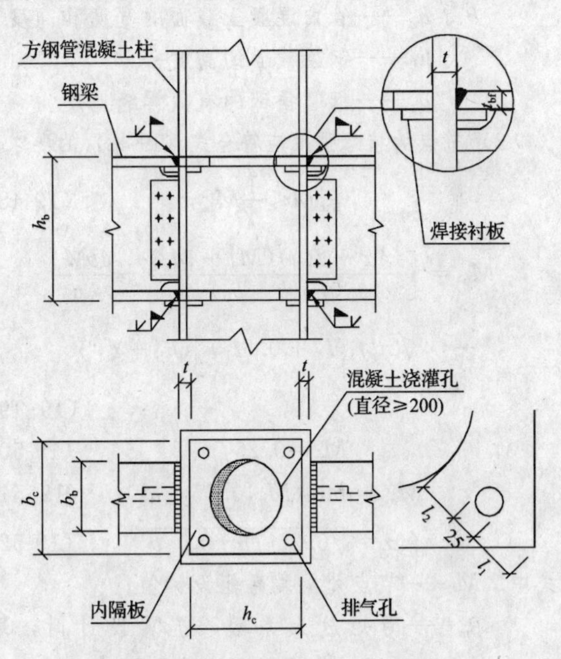

图 19-34　矩形钢管混凝土柱的内隔板节点尺寸

1) 节点抗剪承载力应符合式 (19-41) 的要求：

$$\beta_v V \leqslant \frac{1}{\gamma} V_u^j \tag{19-41}$$

$$V_u^j = \frac{2N_y h_c + 4M_{uw} + 4M_{uj} + 0.5N_{cv} h_c}{h_b} \tag{19-42}$$

$$N_y = \min\left(\frac{a_c h_b f_w}{\sqrt{3}}, \frac{t h_b f}{\sqrt{3}}\right) \tag{19-43}$$

$$M_{uw} = \frac{h_b^2 t \left[1 - \cos\left(\sqrt{3} h_c / h_b\right)\right] f}{6} \tag{19-44}$$

$$M_{uj} = \frac{1}{4} b_c t_j^2 f_j \tag{19-45}$$

$$N_{cv} = \frac{2 b_c h_c f_c}{4 + \left(\frac{h_c}{h_b}\right)^2} \tag{19-46}$$

$$V=\frac{2M_c-V_bh_c}{h_b} \tag{19-47}$$

式中 V——节点所承受的剪力设计值；

β_v——剪力放大系数，抗震设计时取1.3，非抗震设计时取1.0；

V_u^j——节点受剪承载力设计值；

M_c——节点上、下柱端弯矩设计值的平均值，弯矩对节点顺时针作用时为正；

V_b——节点左、右梁端剪力设计值的平均值，剪力对节点中心逆时针作用时为正；

t、t_j——柱钢管壁、内隔板厚度；

f_w、f、f_j——焊缝、钢柱管壁、内隔板钢材的抗拉强度设计值；

b_c、h_c——管内混凝土截面的宽度和高度；

h_b——钢梁截面的高度；

a_c——钢管角部的有效焊缝厚度。

2）节点的抗弯强度应符合式（19-48）的要求：

$$\beta_m M\leqslant\frac{1}{\gamma}M_u^j \tag{19-48}$$

$$M_u^j=\left[\frac{(4x+2t_{bf})(M_u+M_n)}{0.5(b-b_b)}+\frac{4bM_u}{x}+\sqrt{2}t_jf_j(l_2+0.5l_1)\right](h_b-t_{bf}) \tag{19-49}$$

$$M_u=0.25ft^2 \tag{19-50}$$

$$M_n=\min(M_u,0.25f_wa_c^2) \tag{19-51}$$

$$x=\sqrt{0.25\ (b-b_b)\ b} \tag{19-52}$$

式中 M——节点处梁端弯矩设计值；

β_m——弯矩放大系数，抗震设计时，取1.2；非抗震设计时，取1.0；

M_u^j——节点的受弯承载力设计值；

x——由 $\partial M_u^j/\partial x=0$ 确定的值；

b、b_b——柱宽、梁宽；

t_{bf}——梁翼缘厚度；

l_1、l_2——内隔板上排气孔到边缘的距离（图19-34）。

（九）方钢管柱的带短梁内隔板式节点

1. 于框架梁上、下翼缘高度处，央矩形钢管内设置横隔板，并于钢管管壁外侧在工厂预先焊接一小段钢梁（图19-35）。

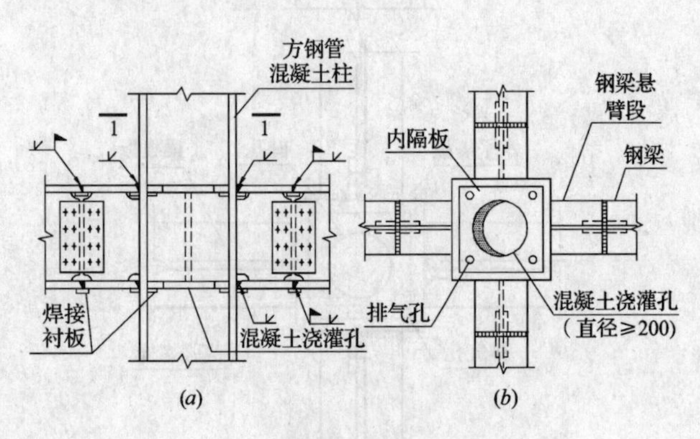

图19-35 带短梁内隔板式梁-柱节点
（a）节点剖面；（b）节点平面

2. 工地现场组装时，将钢梁的上、下翼缘分别与柱上预设短钢梁的上、下翼缘焊接，钢梁腹板与短钢梁腹板之间采用双夹板高强度螺栓摩擦型连接。

3. 内横隔板、短钢梁翼缘与管壁之间以及短钢梁翼缘与钢梁翼缘之间的连接焊缝，均应采用与板件等强的坡口全熔透焊缝，并在钢梁上、下翼缘的底面设置焊接衬板。

4. 其他构造要求见第（八）款的内隔板式节点。

（十）方钢管柱的外伸内隔板式节点

1. 于钢梁上、下翼缘高度处，在矩形钢管内各设置一块横隔板，横隔板贯通钢管壁，并向外伸出一定宽度。在工厂，将横隔板与上、下钢管的管壁，采用坡口全熔透焊缝连接（图19-36）。

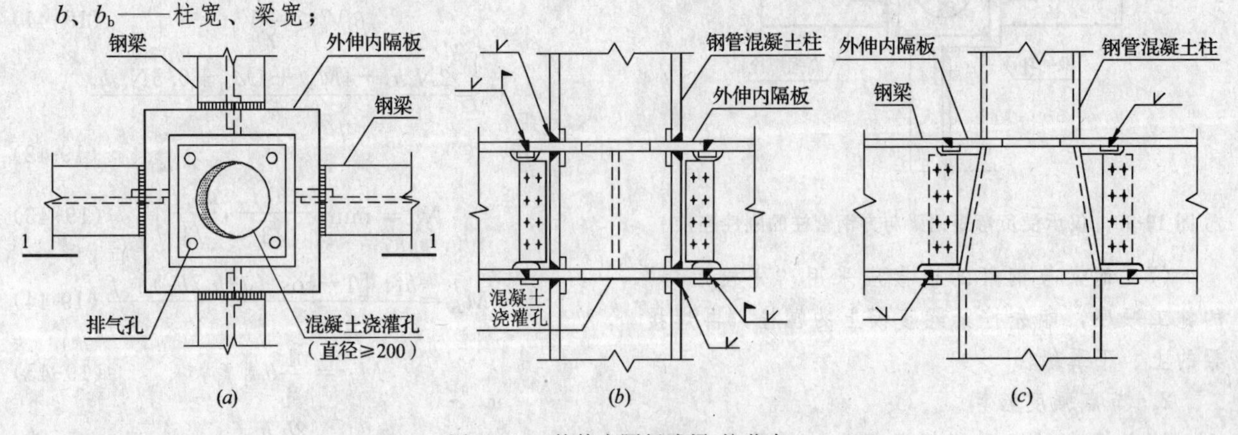

图19-36 外伸内隔板式梁-柱节点
（a）节点平面；（b）节点剖面（等管径）；（c）节点剖面（不等管径）

2. 横隔板中心应开设直径不小于200mm的混凝土浇灌孔，板的四角开设直径为25mm的排气孔。

3. 工地现场组装时，钢梁上、下翼缘分别与上、下横隔板采用坡口全熔透焊缝连接；钢梁腹板与焊于管壁上的连接板采用高强度螺栓摩擦型连接。

（十一）方钢管柱的外环板式节点

1. 对于边长小于500mm的矩形钢管混凝土柱，宜采用外环板式梁-柱节点，于钢梁的上、下翼缘高度处，在钢管外侧各焊接一块方形环状钢板，用以与钢梁上、下翼缘焊接（图19-37）。

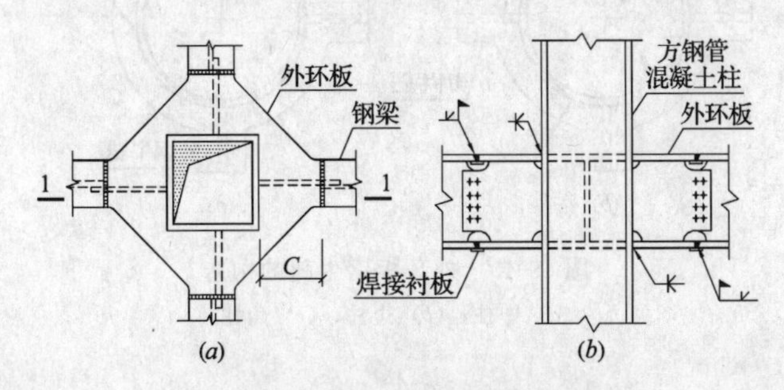

图19-37　外环板式梁-柱节点

(a) 节点平面；(b) 节点剖面

2. 钢梁腹板与在工厂焊于管壁上的竖向连接板之间，采用高强度螺栓摩擦型连接。

3. 外环板的厚度应与钢梁翼缘厚度相等，两者之间的连接焊缝应采用坡口全熔透焊缝。

4. 外环板的挑出宽度 C 应满足下式要求：

$$100\text{mm} \leqslant C \leqslant 15t_j\sqrt{235/f_y} \quad (19\text{-}53)$$

（十二）方钢管柱的梁-柱节点抗震构造要求

协会标准CECS 159：2004《矩形钢管混凝土结构技术规程》第7.1.12条规定：

1. 当钢梁与矩形钢管混凝土柱刚接，且钢管为四块钢板拼装焊接而成，钢管角部的拼接焊缝，在框架梁面以上600mm至梁底以下600mm的一段范围内，应采用全熔透焊缝，其余部位可采用部分熔透焊缝。

2. 对采用与柱面直接焊接的刚接节点（图19-32），钢梁下翼缘焊接用的衬板，在翼缘施焊完毕后，应在衬板底面与柱面之间采用角焊缝沿衬板全长焊接，或将衬板割除再补焊焊根。

3. 当钢管混凝土柱的管壁较薄时，在节点处应予以加强，以利于与钢梁焊接。

混凝土梁-管柱刚接节点

（一）设计原则

1. 框架节点处钢筋混凝土梁端的竖向剪力 V，应通过钢牛腿传递给钢管，不考虑外围混凝土与钢管外表面之间的粘结力，钢牛腿的腹板承担全部剪力。因剪力偏心引起的弯矩 $M=V\cdot e$，由牛腿的上、下翼缘板来平衡。

2. 为防止牛腿翼缘板拉力引起钢管壁局部撕裂和减弱钢管对管内混凝土的紧箍作用，应在构造上采取下列措施：

(1) 将钢牛腿穿入管心，并将其腹板焊牢于对面的钢管壁上。为方便管内混凝土的浇灌，牛腿翼缘板可在进入钢管内不少于50mm后逐渐改窄（图19-38a）。穿心钢牛腿与钢管壁的连接必须采用对接焊缝，焊缝强度应不低于管材的强度，焊缝质量应符合GB 50205—95《钢结构工程施工及验收规范》关于一级焊缝的标准。

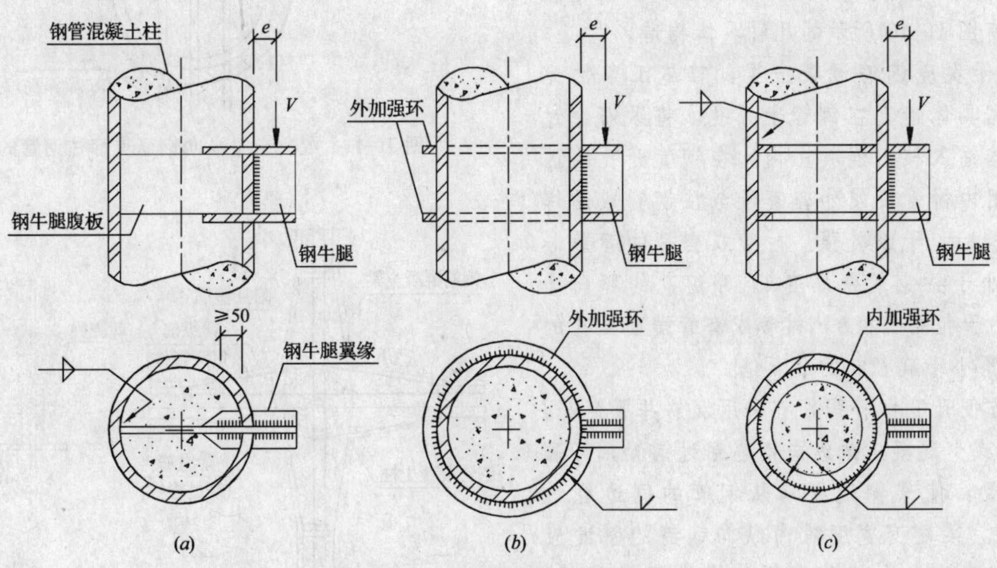

图19-38　梁-柱节点处的钢牛腿

(a) 穿心牛腿；(b) 外环板式牛腿；(c) 内环板式牛腿

（2）当钢牛腿不穿入管内时，应将其上、下翼缘扩展成加强环板。此环板视工程具体情况可做成外环板，即环形牛腿（图 19-38*b*）或内环板（图 19-38*c*）。加强环板与钢管壁之间的连接必须采用坡口满焊。此外，在计算加强环板的强度时，应将它视为独立环带，不考虑相邻管壁参与工作，以免削弱钢管对内填混凝土的紧箍作用。

加强环板的外形，视工程具体条件可作成圆形或方形，上、下加强环板的尺寸也可以有差异。

3. 穿心钢牛腿依钢管混凝土柱的所在位置和各方向主梁的连接情况，有图 19-39 所示的几种构造。

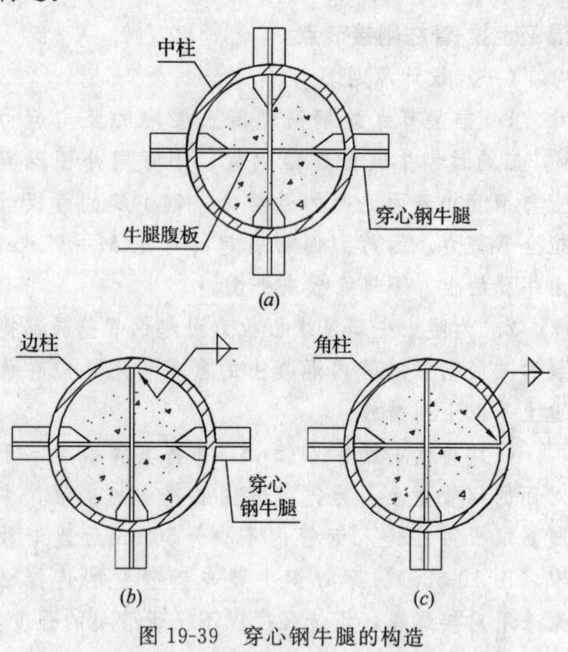

图 19-39 穿心钢牛腿的构造

（*a*）中柱；（*b*）边柱；（*c*）角柱

4. 外环板式钢牛腿，依柱的位置和梁的连接方向，也有图 19-40 所示的几种具体构造。

5. 对于现浇钢筋混凝土梁，若施工条件允许，可根据具体情况在钢管上开孔，将纵筋穿过钢管或直接锚入核心混凝土内。在钢管开孔的区段，应采用内衬管段或外套管段与柱钢管紧贴焊牢（图 19-41），予以补强。衬管或套管的管壁厚度 t_1 应不小于柱钢管壁厚度 t。穿筋孔的环向净距 s 应不小于孔的长径 b，衬管或套管端面至孔的净距 w 应不小于孔径 b 的 2.5 倍。

为了方便开孔和补强，宜采用双筋并股穿孔。

6. 为减少混凝土梁纵向钢筋穿过钢管，可采用变宽度梁，使梁侧边纵筋从钢管的侧边绕过（图 19-42）。梁端变宽度段内纵向钢筋的斜度应不大于 1/6，并应在钢筋弯折处增设附加箍筋，以平衡纵筋的向外水平分力。

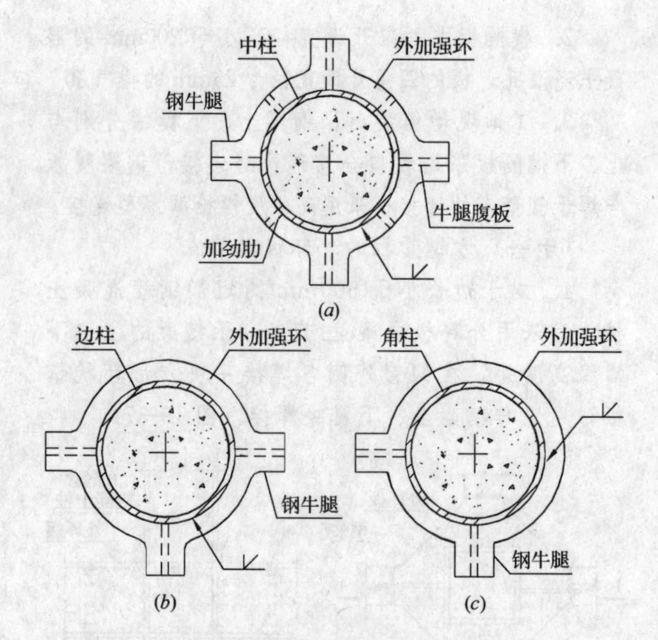

图 19-40 外环板钢牛腿的构造

（*a*）中柱；（*b*）边柱；（*c*）角柱

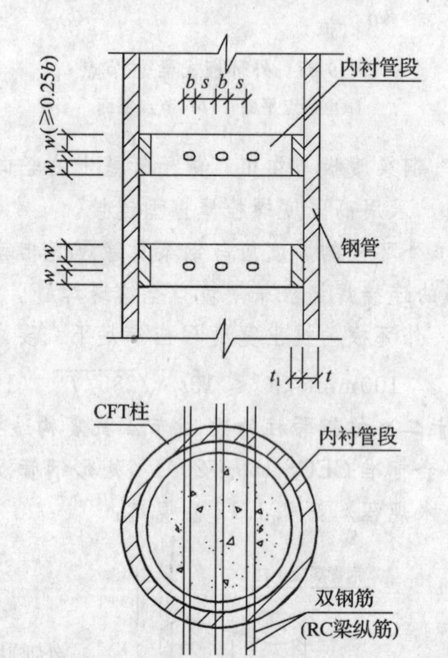

图 19-41 混凝土梁纵向钢筋贯穿柱钢管的构造

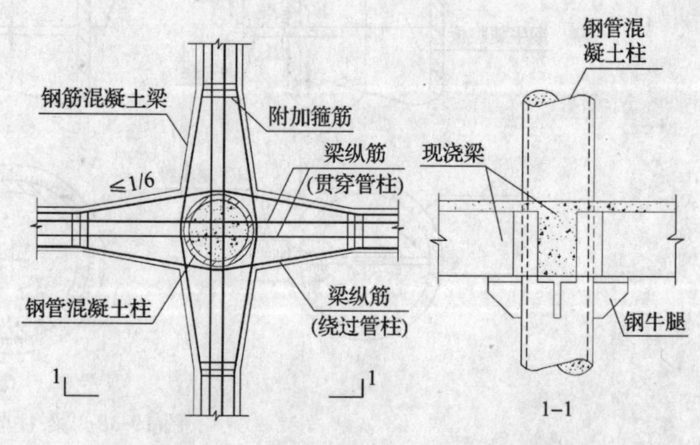

图 19-42 梁筋绕过钢管柱的连接方式

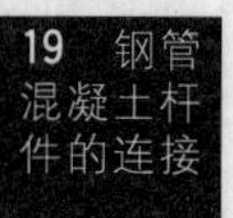

7. 为了避免混凝土梁的纵筋穿过钢管，根据结构受力条件也可采用双梁构造，使钢筋从柱钢管的侧面通过（图19-43）。

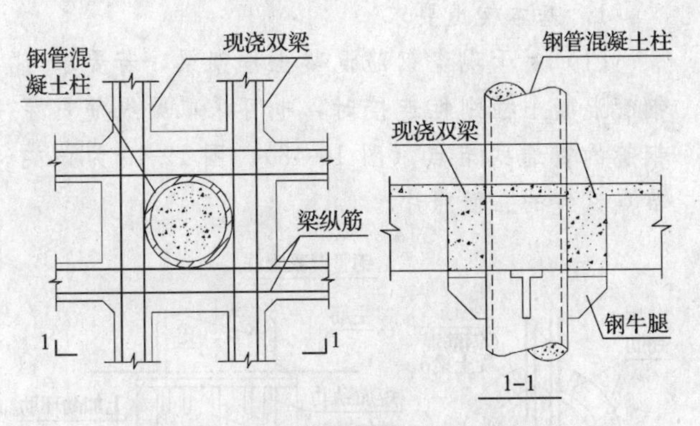

图19-43　钢管混凝土柱的双梁节点

8. 当现浇钢筋混凝土梁与钢管混凝土柱连接时，梁的纵向钢筋锚固和箍筋加密区等构造要求，应符合国家标准GB 50010《混凝土结构设计规范》和GB 50011《建筑抗震设计规范》的规定。

（二）混凝土梁的外环板式节点

1. 现浇混凝土单梁

(1) 在钢管混凝土柱上，于梁的顶面和底面纵筋位置，设置上、下外加强环板（图19-44），加强环板的连接宽度B和板厚，根据与之焊接的梁纵向钢筋相等强的原则确定。上、下环板外伸部分的宽度B，应与现浇钢筋混凝土梁的宽度基本相同，但稍窄，以便分别与梁的顶面和底面纵向钢筋进行搭接焊。

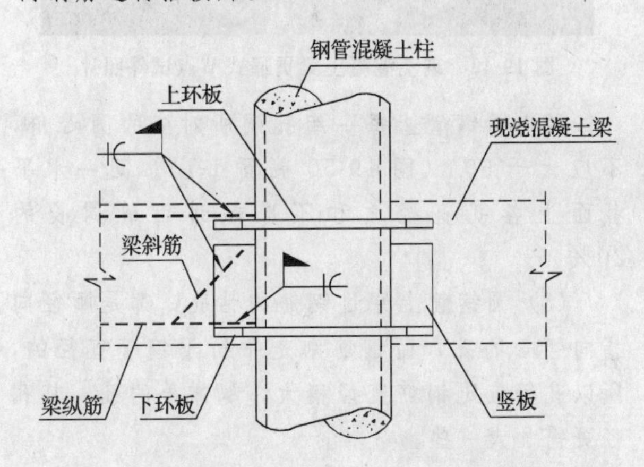

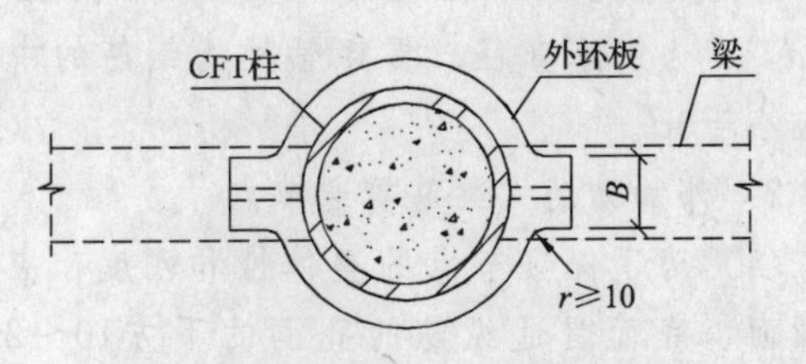

图19-44　现浇混凝土单梁外环板式节点

(2) 上、下环板之间的竖向钢板，用来搭焊梁内斜筋，以传递梁端竖向剪力。竖向钢板应与下加强环板焊接；但需离开上环板一段距离，其缝宽视钢筋混凝土梁内抗剪斜筋搭接焊缝的需要而定。

2. 现浇混凝土双梁

(1) 于混凝土梁的顶面纵筋和底面纵筋相应位置，在柱的钢管壁外分别加焊上、下钢环板，并于其间均匀布置径向竖加劲肋，各竖肋均与钢管壁及上、下环板焊接，用以传递梁端剪力；梁端弯矩通过梁纵向钢筋与上、下环板焊接来平衡和传递。图19-45所示节点是福建南安邮电大楼工程实际采用的。

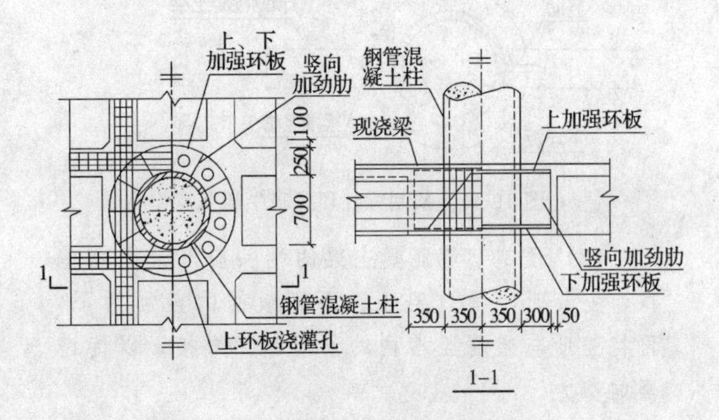

图19-45　混凝土双梁的外环板式节点

(2) 规程规定，上、下环板的板厚t及连接宽度B，根据与梁纵筋等强的原则确定。考虑到梁端剪力是经过钢管壁间接传递到管内核心混凝土，节点区段钢管壁的应力较复杂，因此，规程规定，梁高上、下各一倍钢管直径D的高度范围内，管壁厚度t应不小于$D/50$～$D/25$。

(3) 此型节点适用于小直径钢管混凝土柱，尤其适用于管内混凝土的泵送顶升灌筑。当柱径较大时，用钢量比穿心钢牛腿还大，加工比较复杂。此外，梁端纵筋与钢板加强环之间的现场焊接工作量也大。

3. 预制混凝土梁

(1) 于梁面和梁底高度处，在钢管上分别焊接上、下加强环板，以传递梁端弯矩；在上、下环板之间焊一钢板竖肋，以传递梁端剪力（图19-46）。

(2) 加强环板的连接部位的宽度B和板厚，根据与之连接的梁纵向钢筋相等强的原则确定。上加强环板的外伸部分的宽度B宜比梁的宽度窄20～40mm；下加强环板处，则宜比梁的宽度大20～40mm，以便与梁的预埋钢板相焊接。

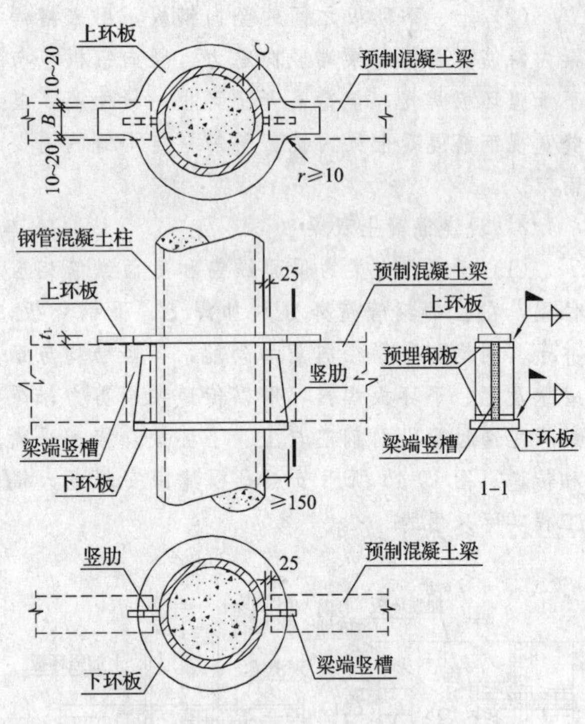

图 19-46 预制梁外环式暗牛腿节点

(3) 预制钢筋混凝土梁的端头应开设竖向槽口，安装时，槽口沿上、下环板间的竖肋插下，再将竖肋与梁端竖槽内的预埋钢件焊接，以传递竖向剪力。

(4) 预制梁端头的顶面和底面均预埋钢板，待预制梁就位后，与上、下外环板焊接。

(5) 若梁下允许设置明牛腿，则可将钢板竖肋焊在下加强环板的下面（图 19-47）；这样，可使预制钢筋混凝土梁端构造简单一些。

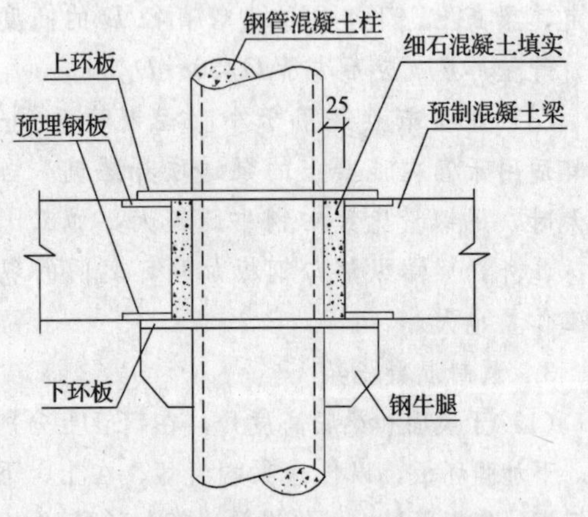

图 19-47 预制梁外环式明牛腿节点

(6) 待预制梁装妥后，用高一级的细石混凝土将钢管与梁端的缝隙填灌密实。

(7) 上、下环板一般均是在工厂内与钢管焊好，以确保质量，但现场安装预制梁比较困难。上环板也可分成两个半圆环，待预制梁装妥后，再安装此两个半圆环，并与钢管及预制梁端顶面钢板焊接。

（三）梁纵筋贯通式节点

1. 基本构造要求

(1) 对于现浇钢筋混凝土框架梁，若要求与钢管混凝土柱刚性连接时，也可采取梁纵筋贯穿钢管的贯通式节点（图 19-48）。图 19-49 为该类节点试件的立面照片。

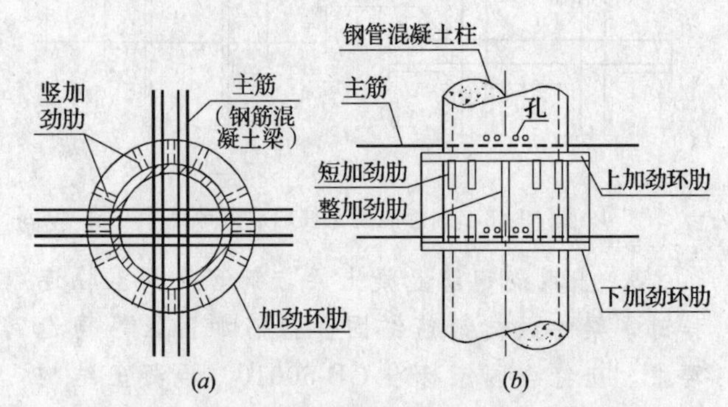

图 19-48 现浇混凝土梁的纵筋贯通式节点
(*a*) 节点平面；(*b*) 节点立面

图 19-49 现浇混凝土梁贯通式节点试件照片

(2) 圆钢管上每一组孔洞所对应的圆心角，不应大于 60°（图 19-50 截面 1-1）。同一水平截面上各孔直径之和不应超过钢管周长的 20%。

(3) 圆钢管上穿过钢筋的钻孔，都是顺径向指向管心的孔，而钢筋则是平行于钢管直径的，所以孔径应比钢筋直径稍大，越靠外的孔，其孔径更需加大一些。

一般情况下，孔径取 $1.2d$，外侧孔径取 $1.5d$，d 为钢筋直径。贯穿管柱的钢筋的中心距不应小于$3d$。

2. 外加劲肋式梁筋贯通节点

(1) 为了保证节点的整体性和刚度，应在梁的顶面、底面贯通纵筋的孔洞的下方10～20mm处，设置上、下外环加劲肋（图 19-49），并采用剖口焊与钢管焊接。环肋又可用来托置钢筋，以方便施工。

环状加劲肋的宽度 b_1 和厚度 t_1 可取为：$b_1 \geqslant 0.15D$，$t_1 \geqslant 0.5t$，且应满足 $b_1t_1 \geqslant d_0t$；D 和 t 分别为钢管的外直径和壁厚，d_0 为孔洞直径。

(2) 钢管钻孔后，截面受到削弱，应在孔群的中心和两侧，在环加劲肋的上方和下方，各设置一块竖向短加劲肋（图 19-48 和图 19-49）；加劲肋与钢管之间采用剖口焊缝连接。若下加劲环肋的下方不允许设置短加劲肋时，也可不设置（图 19-50）。

短加劲肋的高度应超过孔洞上缘 20mm；加劲肋的宽度 b_2 和厚度 t_2 分别取：$b_2=b_1$，$t_2 \geqslant b_2/15$，且应满足 $12t_2b_2 \approx \sum d_0t$。

(3) 每一组孔群中心处，应在上、下环状加劲肋之间设置整块竖加劲肋（图 19-50）。

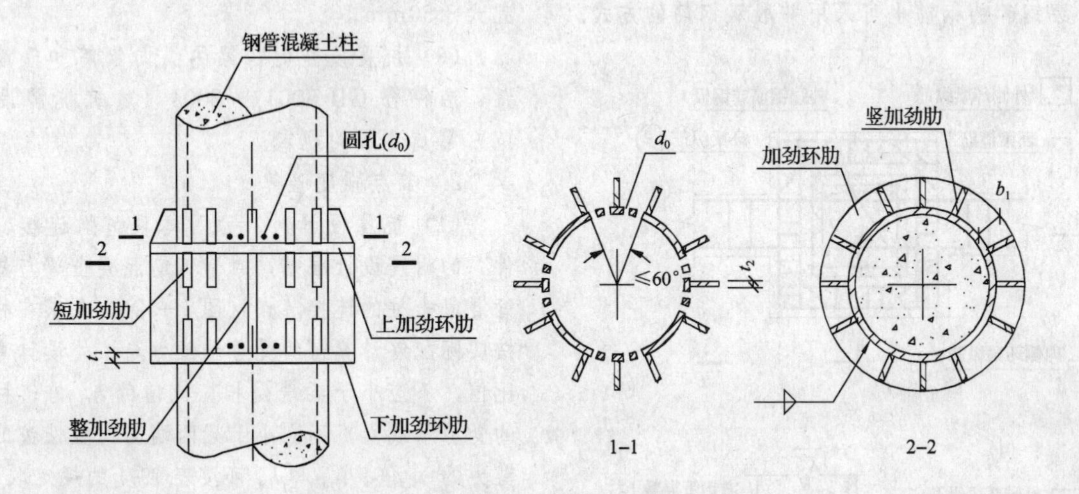

图 19-50　混凝土梁纵筋贯通式节点的环状加劲肋

(4) 上、下环肋之间位于梁轴线处的加劲肋，可与传递梁端剪力的竖加劲肋相结合，不另设加劲肋。

(5) 补强的短加劲肋的截面面积，应等于钢管壁被孔洞削弱的截面面积。对于短加劲肋，可采用贴角焊缝分别与加劲环肋和钢管连接，并按悬臂梁受力进行计算。其所受偏心力等于钢管孔洞削弱部分所应承担的内力。

(6) 由于钢管上的孔洞直径大于钢筋直径，为了固定钢筋的正确位置，及减小钢管的削弱程度，应在钢筋上再套上一块带孔垫板，与钢管焊连，垫板上的孔径应比钢筋直径大1～2mm。

(7) 此型节点，由于双向双层钢筋穿过管柱，影响管内混凝土的浇灌；此外，构造繁杂，施工比较困难。

3. 暗牛腿式梁筋贯通节点

(1) 在钢管壁上开孔，将纵、横向框架梁的顶面和底面纵向钢筋贯穿钢管柱，以传递梁端正、负弯矩。

(2) 于梁截面下半部标高处在钢管壁上焊接工字形截面钢牛腿，以传递梁端剪力（图 19-51）。

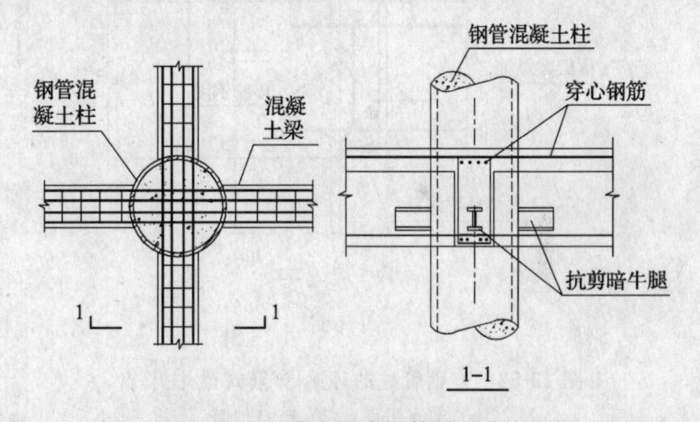

图 19-51　暗牛腿式梁筋贯通节点

(3) 参照图 19-41，在钢管开孔区段，采用内衬管段或外套管段与柱钢管紧贴、焊牢，予以补强。衬管或套管的壁厚 t_1 应不小于柱钢管壁厚 t，穿筋孔的环向净距 s 应不小于孔的长径 b；衬管或套管端面至孔的净距 w 应不小于孔长径 b 的 2.5 倍。管内加焊衬管还有利于梁端剪力通过衬管端面传递至核心混凝土。

(4) 钢管内有上、下双向双层密集钢筋穿过，施工比较复杂，且妨碍管内混凝土的浇灌。

(四) 方钢管柱的环梁-穿筋式节点

协会标准 CECS 159：2004《矩形钢管混凝土结构技术规程》第 7.1.3 条～7.1.11 条规定：

1. 构造要求

(1) 矩形钢管混凝土柱与现浇钢筋混凝土梁的连接，可采用环梁-穿筋式节点（图19-52)。在管柱外侧设置矩形钢筋混凝土环梁，在钢管管壁外面加焊水平环肋钢筋（或环肋钢板)，通过环梁和环肋钢筋传递梁端剪力，框架梁纵向钢筋通过管壁预留孔洞穿越钢管以传递弯矩，但矩形环梁对柱边受弯承载力也有一定贡献。为减轻施工难度，贯穿钢管的钢筋也可采用并股双钢筋的方式。

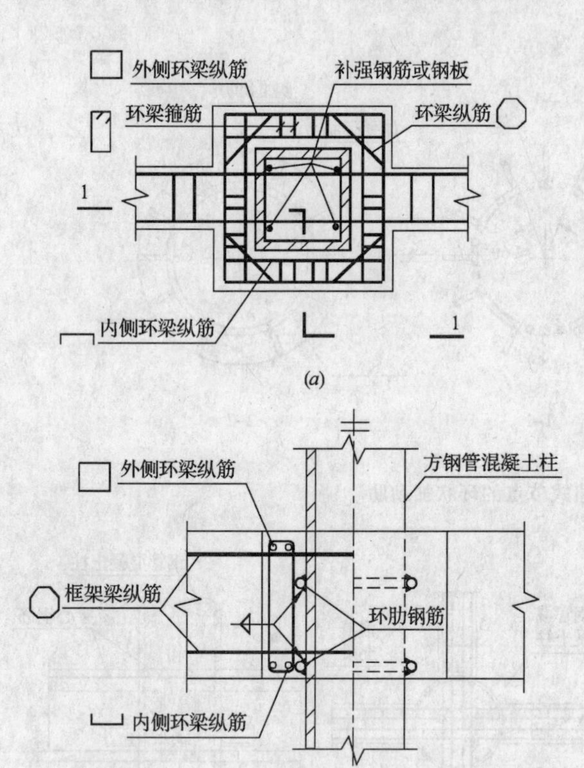

图19-52　方钢管柱的环梁-穿筋式梁-柱节点
(a) 节点平面；(b) 节点剖面

(2) 管壁留孔的孔径宜取1.2倍纵筋直径(d)，最大不应超过$2d$。管壁孔洞不得在现场采用气割扩孔，以免造成刻槽，引起应力集中。钢管开孔后，应在钢管内壁采取相应补强措施（加焊短钢筋或窄钢板)；贯穿钢管的钢筋之间净距，不应小于1.5倍柱中混凝土粗骨料的最大粒径及40mm。

(3) 当采用在钢管外侧焊接环肋钢筋（或钢板）来传递结合面剪力时，环肋钢筋的直径（或环肋钢板的挑出宽度）应由式(19-60)或式(19-61)确定，且应与环梁混凝土粗骨料的最大粒径相当，可取20～30mm。一般情况下最少应设置中部和下部两道环肋钢筋；抗震设计时，至少应设置上、中、下三道环肋钢筋。

(4) 设计时要求实现“强环梁、弱框梁”，使框架梁端受弯屈服先于柱边截面，保证矩形环梁始终具有有效的环向约束，从而确保柱边结合面的剪力传递能力。计算柱边截面的抗弯强度时可计入矩形环梁的抗弯作用。

(5) 当环梁与管柱结合的剪力较大，环肋钢筋处混凝土的局部承压不能满足抗剪要求时，可将下部环肋钢筋换成角钢，但角钢的挑出宽度不宜大于50mm。

(6) 抗震设防时，梁的纵向钢筋和箍筋的配置，应符合GB 50011—2001《建筑抗震设计规范》第6.3节的规定。

2. 节点强度验算

(1) 抗震设计时，为了体现“强连接、弱杆件”的耐震设计准则，对于钢筋混凝土梁与矩形钢管混凝土柱的连接节点（图19-52)，要求在柱边处按实际配筋计算得的受弯承载力与该处设计弯矩的比值，不应小于梁端处相应比值的h_m倍；柱边处的受剪承载力，不应小于梁两端出现塑性铰时梁中剪力的h_v倍。h_m和h_v可按表19-4的规定取值。

h_m和h_v的值　　表19-4

框架抗震等级	一级	二级	三级、四级
h_m	1.30	1.20	1.1
h_v	1.35	1.20	1.1

(2) 环梁的抗剪强度（图19-53）应符合下式要求：

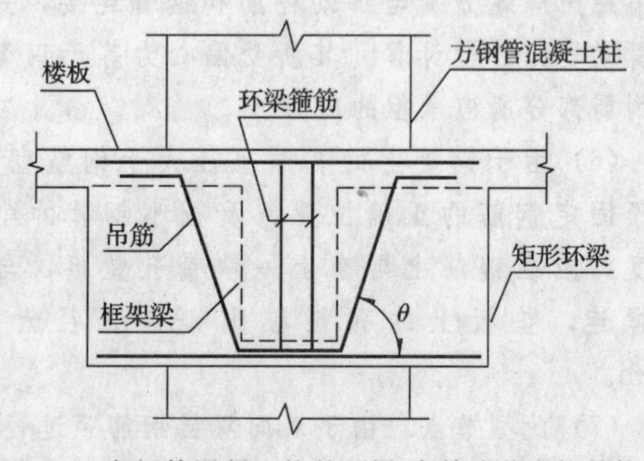

图19-53　方钢管混凝土柱的环梁-穿筋式节点抗剪构造

无地震作用组合时　$\gamma_o h_v V \leqslant V_{su}$　(19-54)

有地震作用组合时　$h_v V \leqslant V_{su}/\gamma_{RE}$　(19-55)

$$V_{su} = 2 f_b A_{sb} \sin\theta + f_s A_{sv} \quad (19\text{-}56)$$

式中　V——梁端剪力设计值；

V_{su}——矩形环梁的受剪承载力设计值；

h_v——剪力放大系数，非抗震设计时，取1.0；抗震设计时，按表19-4的规定取值；

γ_o——结构重要性系数，安全等级为一、二级的结构构件，g_o 分别取 1.1、1.0；

γ_{RE}——承载力抗震调整系数，按表 16-5 规定取 $\rho_{RE}=0.85$；

A_{sb}、f_b——吊筋（置于环梁外侧）的截面面积和抗拉强度设计值；

A_{sv}、f_s——柱宽或 3 倍框架梁宽两者较小值的范围内的箍筋截面面积及其抗拉强度设计值；

θ——吊筋与水平面的夹角。

(3) 钢管与矩形钢筋混凝土环梁之间结合面的承载力验算，应包括以下三方面内容：

1) 验算环肋钢筋焊缝强度时，焊缝在剪力作用下按纯剪切考虑，可按 GB 50017—2003《钢结构设计规范》的规定计算。

2) 验算结合面混凝土直剪承载力时，混凝土直剪强度设计值可取 $1.5f_t$，结合面直剪承载力可按下式验算：

无地震作用组合时 $\gamma_o h_v V_j \leqslant V_{js}$ (19-57)

有地震作用组合时 $h_v V_j \leqslant V_{js}/g_{RE}$ (19-58)

$$V_{js}=1.5f_t A_{cs} \quad (19\text{-}59)$$

式中 V_j——环梁与柱结合面上的剪力设计值；

V_{js}——环梁与柱结合面的直剪承载力设计值；

A_{cs}——结合面混凝土的直剪面积；

f_t——混凝土的抗拉强度设计值。

当按公式计算的直剪承载力不能满足要求时，应加大钢筋混凝土环梁的截面高度。

3) 验算结合面环肋钢筋上面混凝土的局部受压承载力时，局部承压混凝土的垂直抗压强度可取 $1.5f_c$，局压承载力可按下式验算：

无地震作用组合时 $\gamma_o h_v V_j \leqslant V_{jb}$ (19-60)

有地震作用组合时 $h_v V_j \leqslant V_{jb}/g_{RE}$ (19-61)

$$V_{jb}=1.5f_c ld \quad (19\text{-}62)$$

式中 V_{jb}——环梁与柱结合面处环肋钢筋上面混凝土的局部承压力设计值；

l、d——环肋钢筋（或钢板）的长度和挑出宽度。

（五）穿心弯剪牛腿式节点

1. 在钢管壁上开竖向槽口，将两个方向的工字钢牛腿插入管内，并相互焊接，形成十字形穿心牛腿（图19-54），管壁槽口与穿心牛腿腹板之间采用双面贴角焊缝封固。

2. 两个方向钢筋混凝土梁的顶面、底面纵向钢筋，分别与穿心牛腿外悬部分的上、下翼缘焊接，以传递梁端弯矩产生的水平拉力。

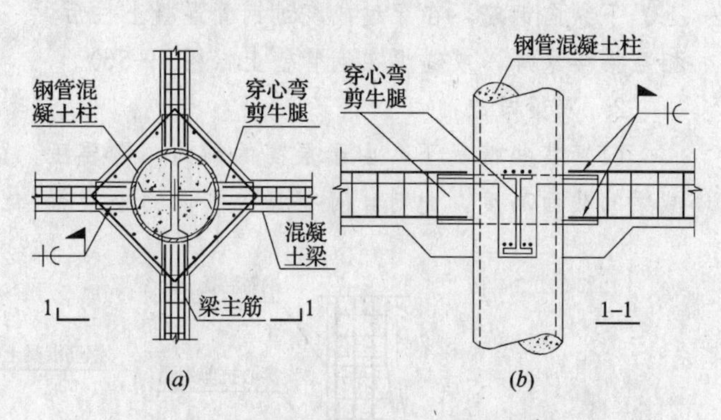

图 19-54 混凝土梁的穿心弯剪牛腿式节点
(a) 平面；(b) 剖面

3. 穿心牛腿上、下翼缘变窄后的截面面积，应分别大于梁顶面、底面纵向钢筋截面面积之和，焊缝应力应小于钢筋应力。

4. 穿心牛腿腹板的受剪承载力应大于梁端剪力。

5. 钢管直径小于 1m 时，在管内焊接比较困难，不宜采用此种型式节点。

（六）穿心抗剪牛腿式节点

1. 单梁节点

(1) 在钢管混凝土柱上，顺梁轴线方向设置用以承担剪力的十字形穿心钢牛腿，将各方向梁端剪力传至钢管及其核心混凝土。钢牛腿的截面形状：钢管壁以外呈工字形，伸入钢管壁以内一段距离后，上、下翼缘逐渐变窄，直至仅剩下腹板（图 19-55）。钢牛腿截面高度约为混凝土梁截面高度的一半，翼缘尺寸根据混凝土局部承压强度验算确定；腹板尺寸根据剪力引起的钢牛腿自身弯矩计算确定。钢牛腿一般设置在混凝土梁截面的中部偏下。

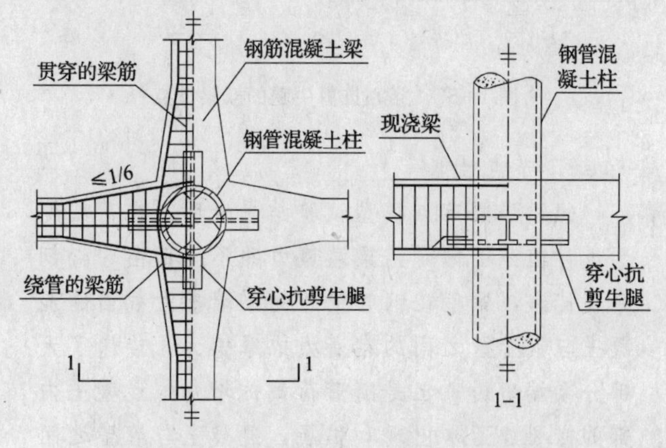

图 19-55 混凝土梁的穿心抗剪牛腿式节点

(2) 梁端弯矩转化为一对力偶，拉力由穿过和绕过钢管的纵向钢筋传递，压力则由混凝土梁截面与钢管壁的接触面直接传递给钢管柱。

(3) 边柱或角柱的梁-柱节点，混凝土梁的上、下纵向钢筋，在穿过或绕过钢管混凝土柱后，相互搭接施焊，或锚焊在钢管壁上（图 19-56）。

2. 双梁节点

(1) 某些情况下，由于层高的制约，需要压减梁的截面高度，此时，可将每个方向的框架梁都一分为二，分置于钢管混凝土柱的两侧，梁端剪力仍靠穿心钢牛腿来传递（图 19-57）。

(2) 与单梁节点相比较，其优点是，梁的纵向钢筋不用弯折，施工比较方便，但节点刚度减小，蜕变为半刚性梁-柱节点。

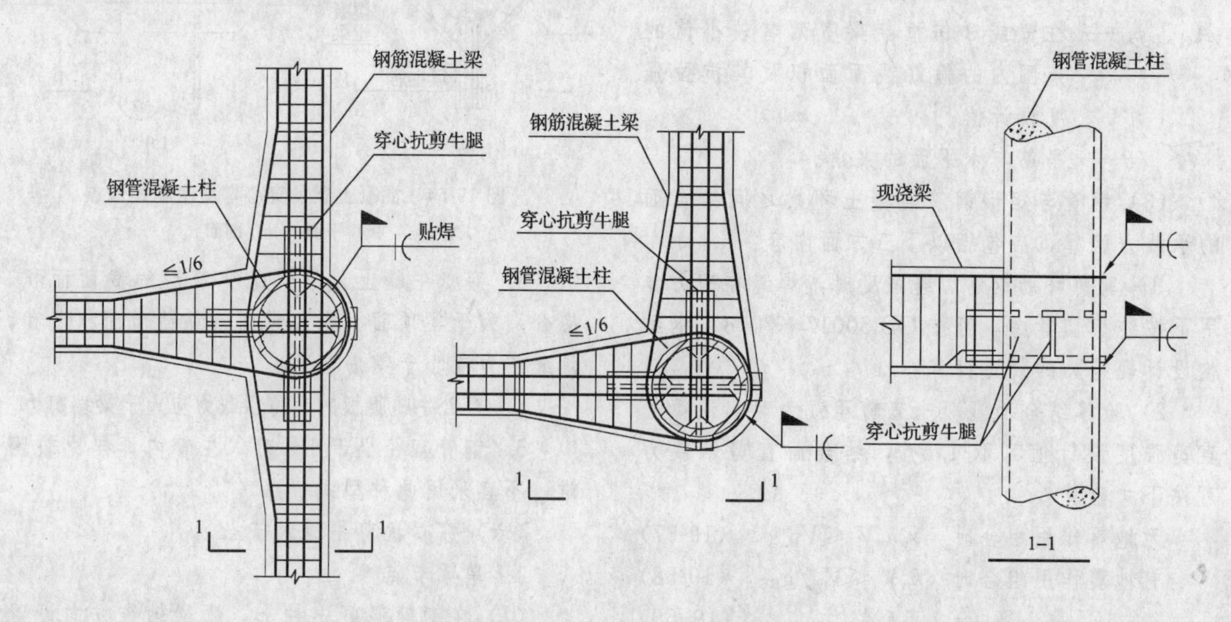

图 19-56 边柱和角柱的穿心抗剪牛腿

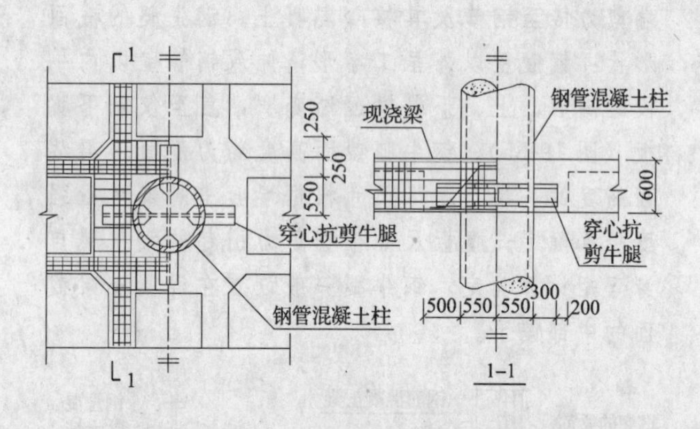

图 19-57 穿心抗剪牛腿的双梁节点

3. 节点性能

(1) 单梁节点模型试验结果表明，当荷载处于设计值范围内时，梁端剪力并不全部由穿心钢牛腿传递，紧箍在钢管壁外的梁端扩大截面的混凝土与钢管壁之间的粘着力或摩擦力，传递了大部分梁端剪力；但是随着荷载的增加，混凝土内部的微裂缝逐步出现和扩展，混凝土与管壁之间也出现裂隙，梁端剪力也就逐渐转移到钢牛腿上。因此，进行节点设计时，应考虑梁端剪力全部由钢牛腿承担。

(2) 此型节点的优点在于：传力途径明确、可靠，现场焊接量少；缺点是，节点加工复杂，焊接质量要求高，耗钢量大，而且因有穿心板件，影响管内混凝土的浇筑。

（七）钢套环节点

1. 节点性能

西安建筑科技大学“钢管混凝土”专题组，1999 年度对六种不同构造的钢管混凝土柱与钢筋混凝土梁的梁-柱节点，进行了系列试验，结果表明：①钢套环节点在强度、刚性等方面均满足刚接节点的要求；②梁端内力能充分地传递给钢管混凝土柱；③滞回曲线丰满，具有良好的抗震性能。

2. 螺帽固定梁纵筋

钢套环节点试件的构造如图 19-58 所示，其特点为：①在节点区内圈，于梁端上部纵筋、下部纵筋高度处各设置一个钢套环，钢套环距钢管外表面 50mm；②上、下钢套环于梁端纵筋通过处开孔；③节点区的外圈，设置两圈共 12 根方形环状钢筋，节点区周圈均采用四肢箍，并套住内圈的钢套环；④节点区采用 C45 级混凝土；⑤钢套环与钢管柱之间焊接八块竖向钢板，以传递剪力；⑥梁上、下纵筋的端头墩粗、套丝扣，并用前、后螺帽将梁纵筋固定在钢套环上。

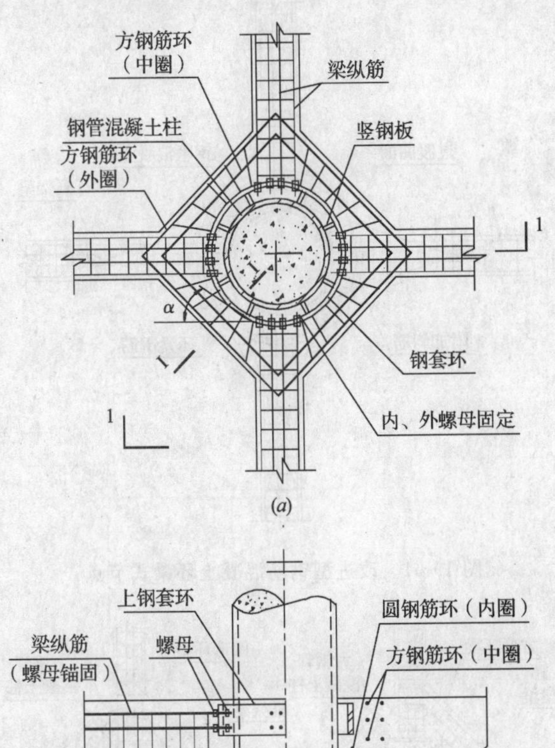

图 19-58 梁纵筋用螺帽固定在钢套环上
(a) 梁-柱节点平面；(b) 节点立面

3. 构造要求

(1) 钢套环的加工应采用自动切割，外形应光滑、无裂纹、无刻痕。

(2) 钢套环上开孔的边距、中心距应符合《钢结构设计规范》的规定，并应满足安装螺帽的工作空间。

(3) 钢套环上开孔处宜焊接加强钢条，以补足其原有强度。

(4) 加密梁端箍筋，以增强对混凝土的约束，并防止梁纵筋受压屈曲。

4. 钢套环计算

钢套环取截面Ⅰ-Ⅰ按下式进行强度验算：

$$\frac{T}{b \cdot t} \leqslant f_y \tag{19-63}$$

$$T=\left(A_{sb} f_{ybk}-l_a \tau \sum_{i=1}^{n} \pi d_i\right) \sin \frac{\alpha}{2}, \tau=0.07 f_{cj}$$

式中 T——钢套环验算处的拉力设计值；

t、b——钢套环的厚度和计算宽度，$b \geqslant 6r_0$，r_0 为螺栓孔径；

n、A_{sb}——梁端上部或底部纵向钢筋的根数和总截面面积；

f_{ybk}——梁纵向钢筋抗拉强度标准值；

l_a——梁纵向钢筋在节点区内的锚固长度；

τ——平均粘结强度；

d_i——梁端第 i 根纵向钢筋的直径。

5. 梁纵筋弯折锚固

与图 19-58 所示节点相比较，其构造特点与第 2 款中所述的①～⑤点完全相同，但梁端纵筋则是弯折 90°后锚于钢套环内部的混凝土中（图 19-59）。根据类似节点的试验结果与分析，可以预计：①此型节点同样能满足各项设计要求；②抗震性能稍差。

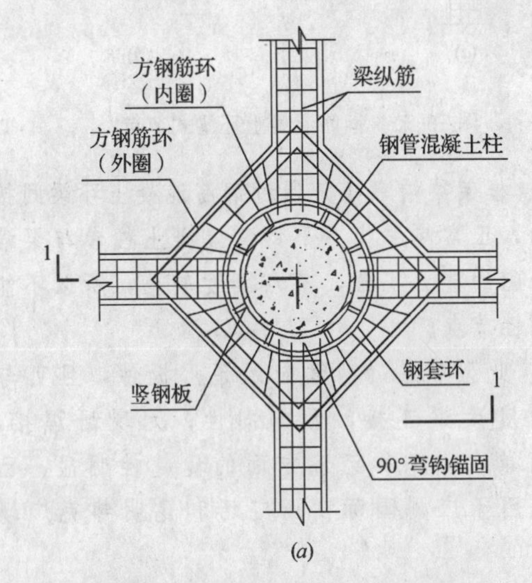

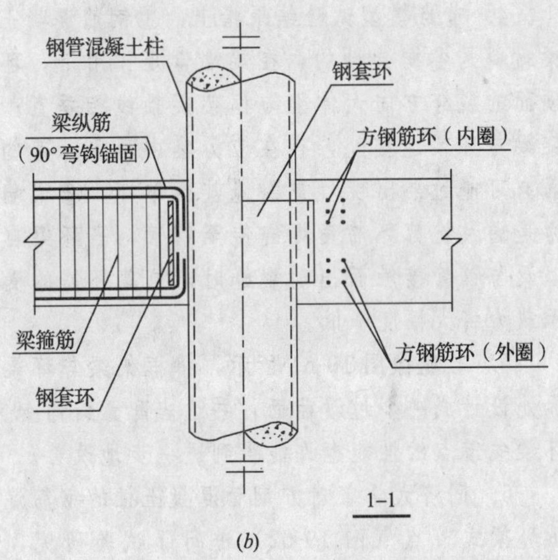

图 19-59 梁纵筋弯折 90°锚于混凝土内
(a) 梁-柱节点平面；(b) 节点立面

混凝土梁-管柱半刚接节点

（一）环梁式节点

1. 钢筋混凝土环梁式节点是由钢板外环式节点演化而成。其构造特点是：①在梁截面高度处围绕钢管设置一圈钢筋混凝土环梁，用以平衡和传递梁端弯矩；②在环梁的中、下部，于钢管的外表面贴焊一圈或两圈环形钢筋，用以传递剪力；③框架梁的顶面、底面纵向钢筋弯折锚固于环梁内（图 19-60）。

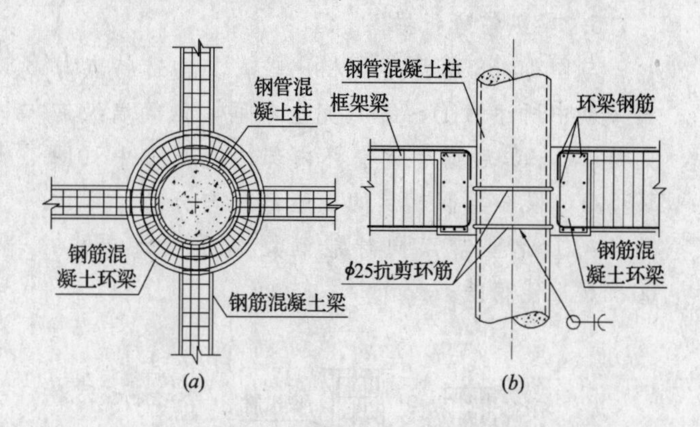

图 19-60　钢筋混凝土环梁式节点

2. 框架梁端弯矩是通过钢筋混凝土环梁间接传递的，正常使用状态下钢管混凝土柱参与梁端弯矩分配的能力不强，节点刚度较差，所以不能视作刚性节点。

3. 此型节点，钢管内无穿心板件，且可与任意角度大梁连接，无方向性；无现场焊接，制作简单，施工和经济方面的优越性明显，已成功应用于广州国际商场广场和昆明邦克广场工程。

4. 节点模型试验结果指出：①钢筋混凝土环梁材料是各向异性的，在梁端弯矩作用下，环梁顶面的裂缝方向大体上与框架梁轴线相垂直；框架梁与环梁连接处，存在应力集中现象。某些截面有可能过早出现严重裂缝甚至破坏。②梁端剪力是通过抗剪环筋角焊缝传至钢管，当环梁自身以及与钢管接触面出现裂缝时，抗剪环筋的受剪承载力将大幅度降低。

5. 若能像图 19-61 所示，将框架梁与环梁交界处设计成一个过渡曲面，并适当配置斜向钢筋，环梁式节点的性能也许能得到进一步地改善。

6. 同济大学曾对方钢管混凝土柱的钢筋混凝土环梁式节点（图 19-62）进行了试验研究，试验结果指出，节点的耗能性能较好，但初始刚度较低。

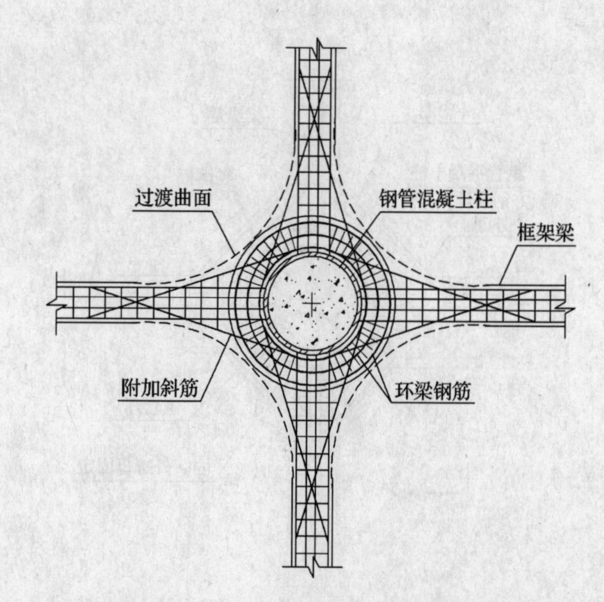

图 19-61　改进型钢筋混凝土环梁式节点

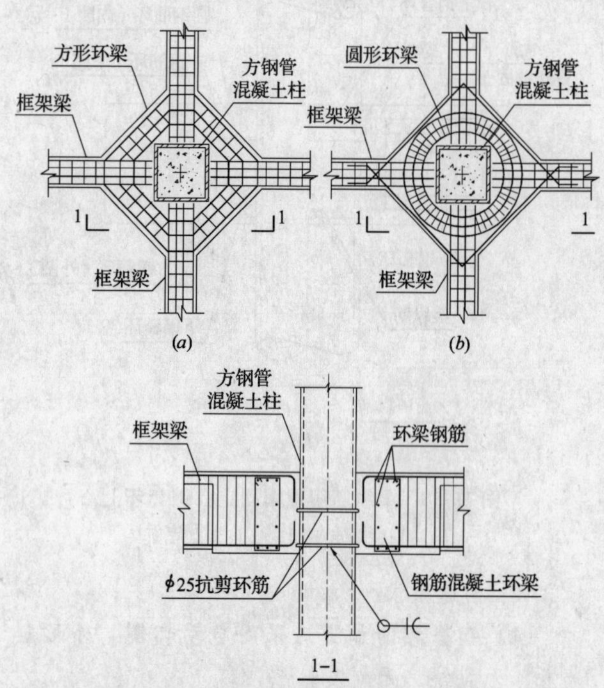

图 19-62　方钢管混凝土柱的环梁式节点

（二）半穿心销式节点

1. 单梁节点

(1) 图 19-54、图 19-55 所示的穿心牛腿节点，要求在钢管内施焊，且穿心牛腿阻碍混凝土的浇筑，施工难度较大。

(2) 半穿心销式节点（图 19-63），克服了穿心牛腿式节点的上述缺点。半穿心钢板销仅伸入钢管内 $D/4$（D 为钢管外直径），且在管内不施焊。

(3) 在钢管外圈设置钢筋混凝土环梁，以加强节点的整体性。梁上、下纵筋在钢管外侧分别向下、向上弯折，锚入环梁内。

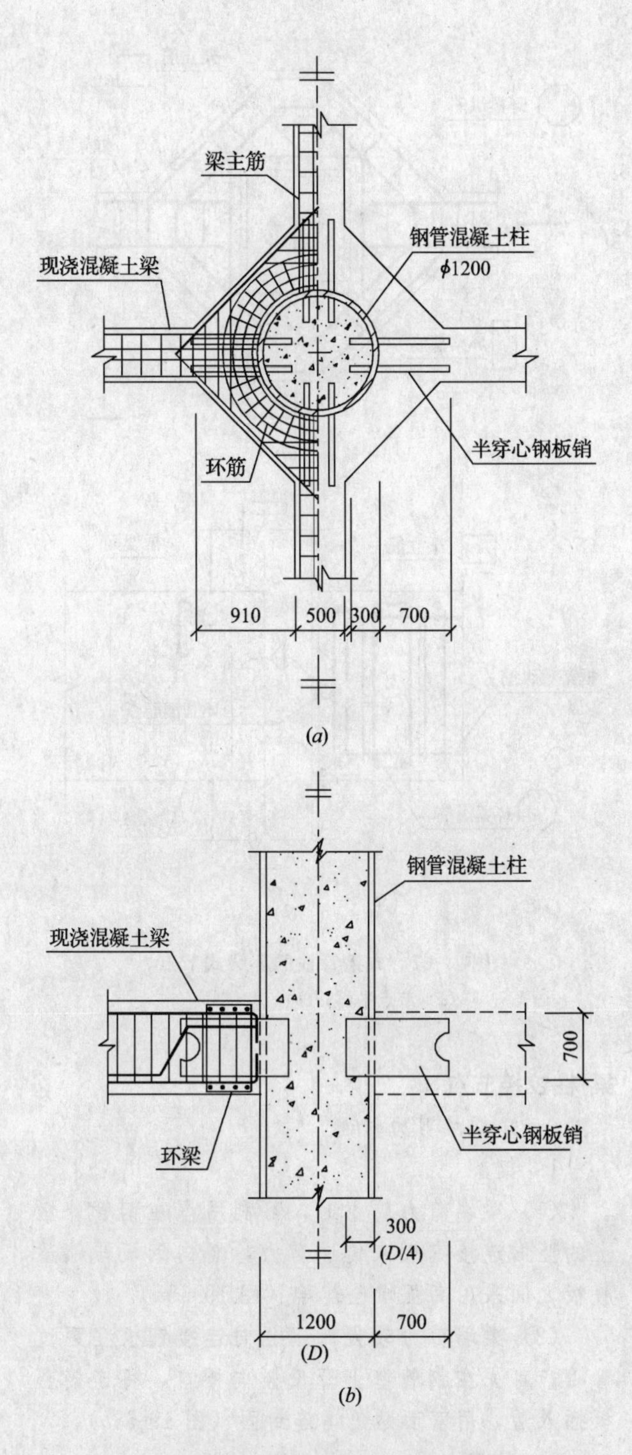

图 19-63　混凝土单梁半穿心销式节点

(a) 框架梁及环梁配筋平面；(b) 节点剖面

(4) 试验表明：①半穿心钢板销能较好地承担梁的弯矩和剪力；②钢板销的下翼缘低于梁中线，离梁底愈近，节点的受剪承载力愈高；③钢板销上的翼缘愈接近梁面，抵抗负弯矩的作用就愈明显。

因此，在不阻碍混凝土梁纵梁及节点环筋通过的前提下，应尽量加大钢板销的截面高度。

(5) 试验结果还指出：①部分剪力通过节点区混凝土粘结力直接传递给钢管；②钢板销内伸段参与梁端内力的传递；③钢管与钢板销相接处的撕裂应力较大；④混凝土梁端内力能逐步地过渡到由钢板销承担；⑤环形梁上层钢筋受力最大，下层腰筋受力逐渐减弱；⑥节点附近楼板配筋应加密，以减少节点区板面裂缝。

2. 双梁节点

(1) 顺纵、横框架梁的轴线方向，除在钢管的节点区段内焊接 4 块半穿心钢板销之外，另在节点角部沿 45°方向加焊 4 个半穿心钢牛腿，抗剪钢板销和抗弯钢牛腿均伸入钢管内 $D/4$，以满足锚固要求（图 19-64）。

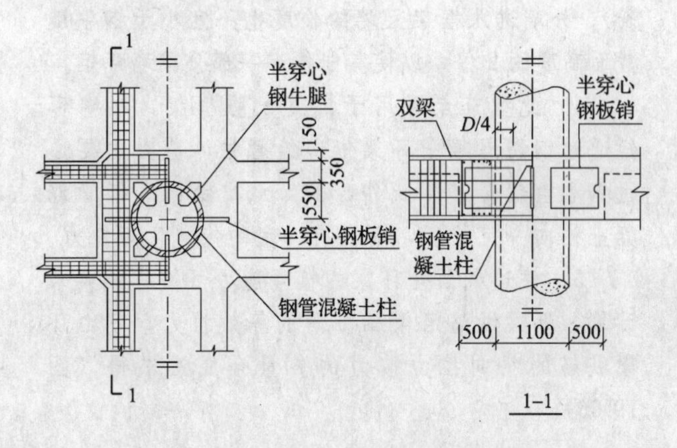

图 19-64　混凝土双梁半穿心销式节点

(2) 纵、横双梁的上、下纵向钢筋全部直接由钢管混凝土柱的侧边通过，但在节点区内的箍筋全都按加密要求设置，不再像单梁节点那样设置环梁钢筋。

(3) 试验结果表明：四角的抗弯钢牛腿能有效地提高整个节点区的刚度，避免节点区混凝土与钢管接触面的过早脱离，从而提高整个节点的承载能力。

(三) 方钢管柱的环梁-半穿心销式节点

协会标准《矩形钢管混凝土结构技术规程》(CECS 159：2004) 第 7.1.3 条和第 7.1.6 条规定：

1. 矩形钢管混凝土柱与现浇钢筋混凝土梁的连接，可采用环梁-半穿心销式节点。在钢管外壁焊接半穿心承重销，管柱外设置棱形钢筋混凝土环梁；梁端上、下纵向钢筋均锚入钢筋混凝土环梁内，以传递弯矩（图19-65）。承重销可采用工字钢或双槽钢。

2. 当采用环梁-半穿心销式节点时，垂直于梁轴的管柱截面宽度 (b) 不宜小于框架梁截面宽度的 1.8 倍。

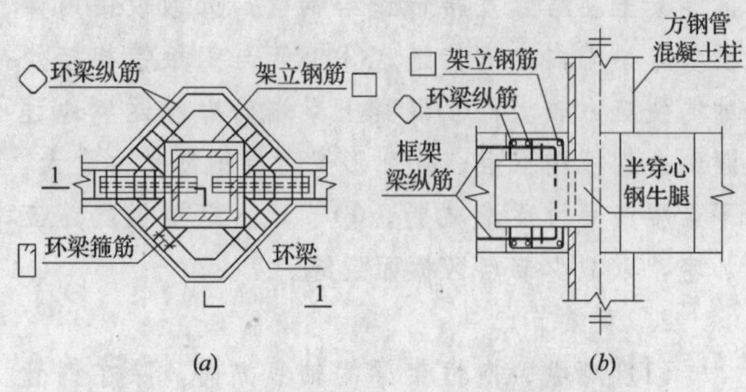

图 19-65　方钢管柱的环梁-半穿心销式节点

(a) 节点平面；(b) 节点剖面

3. 半穿心销（钢牛腿）的里端进入钢管内的长度，不应小于 $h/4$（h 为平行于梁轴线的管柱边长）；外端进入框架梁端的长度也不宜小于钢牛腿截面高度的 2 倍，以使其能传递一部分梁端弯矩。

4. 此型节点可用于抗震设防框架。梁端弯矩通过钢筋混凝土环梁传递给管柱，剪力主要通过钢承重销传递。此外，因为承重销锚入钢管混凝土柱内一定长度，而具有一定的传递弯矩能力。

5. 柱边截面处环梁的抗弯能力可按等效梁来计算，环梁纵筋沿梁轴方向的等效拉力，可由环梁纵筋的斜向拉力按力的矢量合成法求得（图 19-66）。

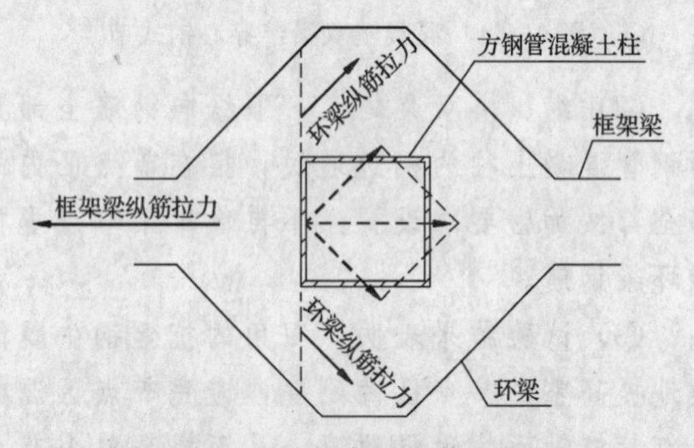

图 19-66　环梁抗弯时的传力机制

(四) 方钢管柱的环梁式节点

1. 此型节点不设置型钢穿心销。沿矩形钢管混凝土柱的周边设置棱形钢筋混凝土环梁（图 19-67），通过环梁钢筋受拉、混凝土受压（作用于钢管柱）形成力偶，来传递梁端弯矩。

2. 框架梁端纵向钢筋弯折锚入环梁内侧。

3. 沿钢管外侧周边焊接两道或三道环肋钢筋，抵抗冲切，以传递梁端剪力。

4. 环梁式节点的缺点是正常使用状态下节点刚度偏小。

在广州，此型节点已在钢管混凝土高层建筑得到应用，取得了一定的经验。不过，目前尚不宜用于高烈度区。

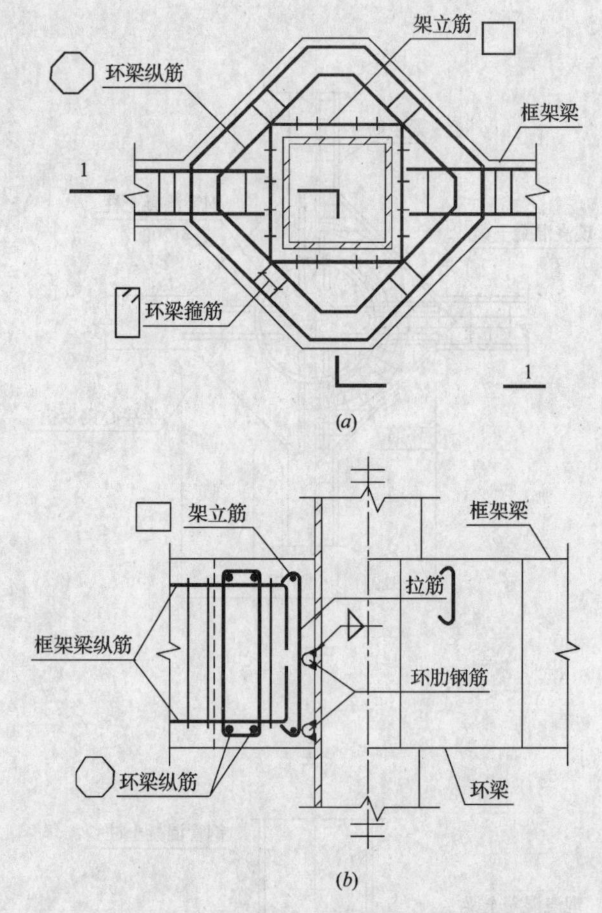

图 19-67　方钢管柱的环梁式节点

(a) 节点平面；(b) 节点剖面

梁-柱铰接节点

(一) 梁端剪力传递

1. 钢梁

(1) 梁端剪力较小时，可利用焊在钢管外壁上的竖向连接钢板来传递剪力，竖向钢板与钢梁腹板之间采用高强螺栓连接（图 19-68*a*）。

(2) 梁端剪力较大时，竖向连接钢板宜穿过管心；可先在钢管壁上开设竖向槽口，将连接竖板插入后，用双面贴角焊缝封固（图 19-68*b*）。

2. 混凝土梁

(1) 梁端剪力较小时，可采用焊接于柱钢管上的钢牛腿来传递剪力，根据使用要求，钢牛腿可以设计成暗牛腿（图 19-69*a*）或明牛腿（图 19-69*b*）。

(2) 当梁端剪力较大时，钢牛腿的腹板宜穿过管心。做法是，先在钢管壁上开设竖槽，将腹板插入后，用双面贴角焊缝封固。

根据使用要求，穿心钢牛腿又可设计成暗牛腿（图 19-70*a*）或明牛腿（图 19-70*b*）。

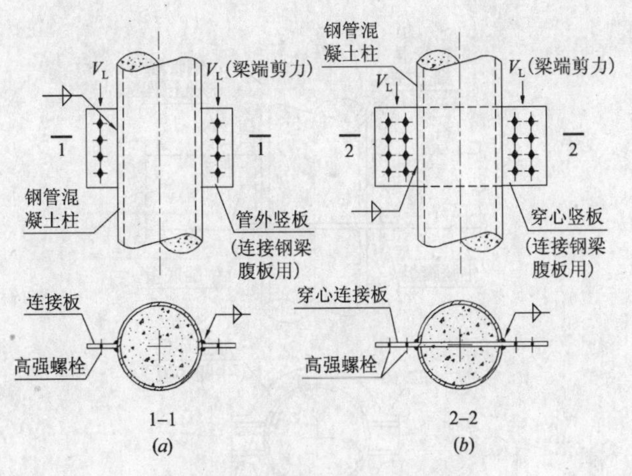

(a) (b)

图 19-68 钢梁端部剪力的传递

(a) 管外竖板；(b) 穿心竖板

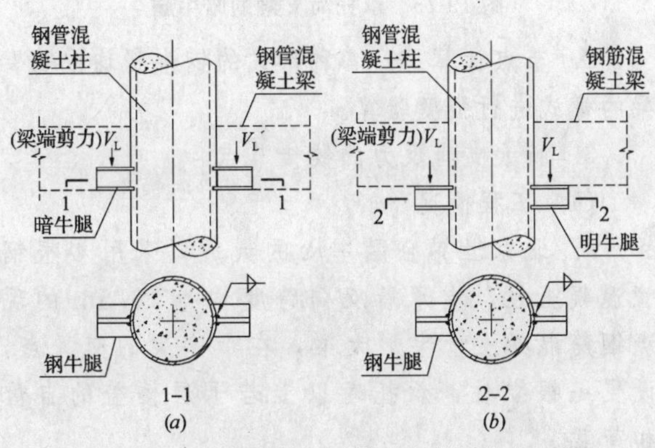

(a) (b)

图 19-69 传递混凝土梁端剪力的管外钢牛腿

(a) 暗牛腿；(b) 明牛腿

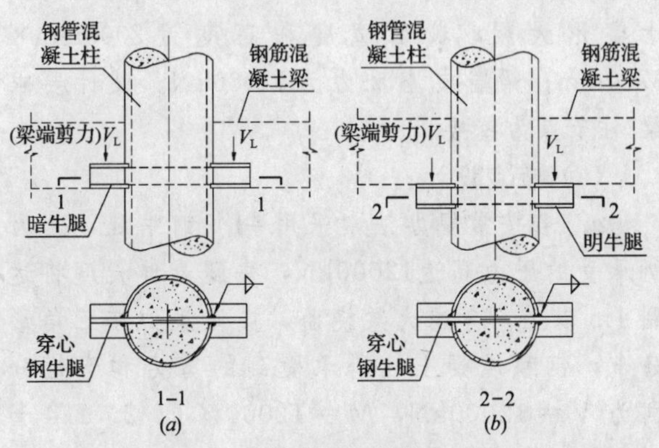

(a) (b)

图 19-70 承托混凝土梁的穿心钢牛腿

(a) 暗牛腿；(b) 明牛腿

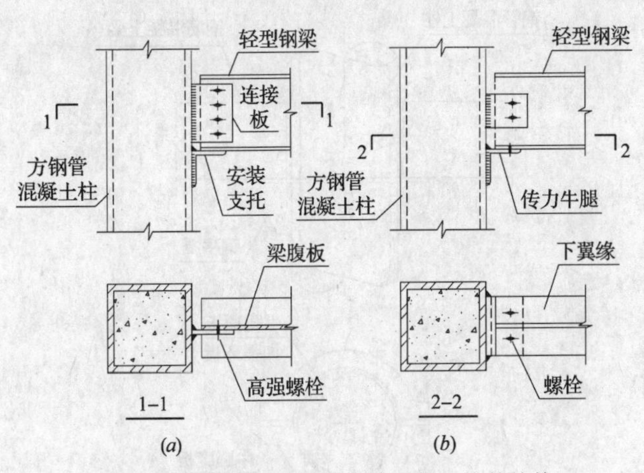

(a) (b)

图 19-71 轻型钢梁与方钢管混凝土柱的铰接

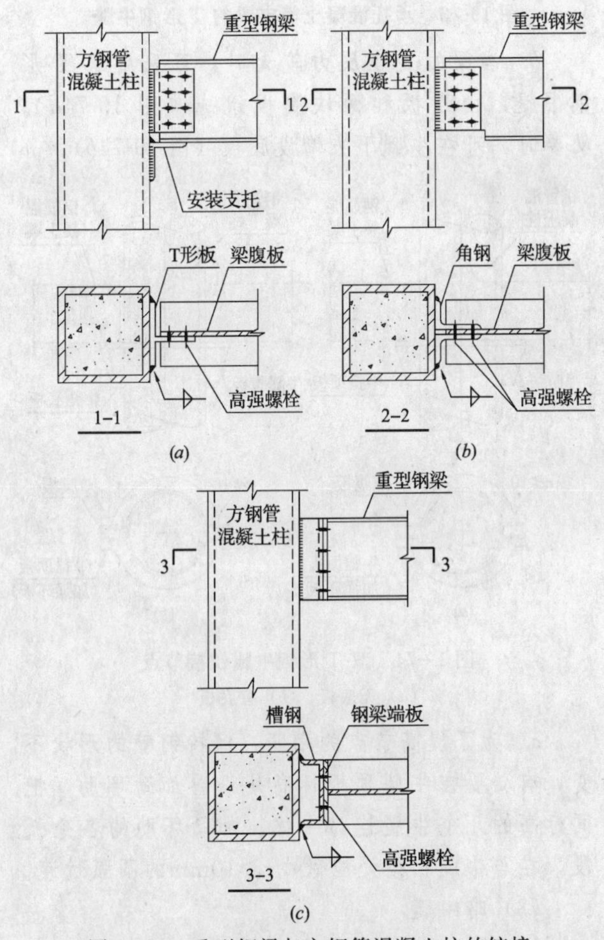

(a) (b) (c)

图 19-72 重型钢梁与方钢管混凝土柱的铰接

（二）钢梁铰接节点

1. 钢梁与钢管混凝土柱铰接时，仅需将梁腹板与柱上竖向连接板之间采用高强度螺栓摩擦型连接，钢梁上、下翼缘与柱钢管不连接。

2. 梁端剪力较小时，钢梁与方（矩）形钢管混凝土柱的铰接连接，可采用图 19-71 所示的构造。

3. 梁端剪力较大时，钢梁与方（矩）形钢管混凝土柱的铰接连接，可采用图 19-72 所示的构造。

（三）混凝土简支梁的铰接节点

1. 节点构造

(1) 为了承托简支的钢筋混凝土梁，可以在钢管上焊接一个钢牛腿。根据使用要求，钢牛腿又可设计成明牛腿和暗牛腿。

(2) 明牛腿

a. 当梁的支座反力较小时，可采用简单的T形钢牛腿，由顶板和腹板组成，用剖口焊与管壁焊接（图19-73）。

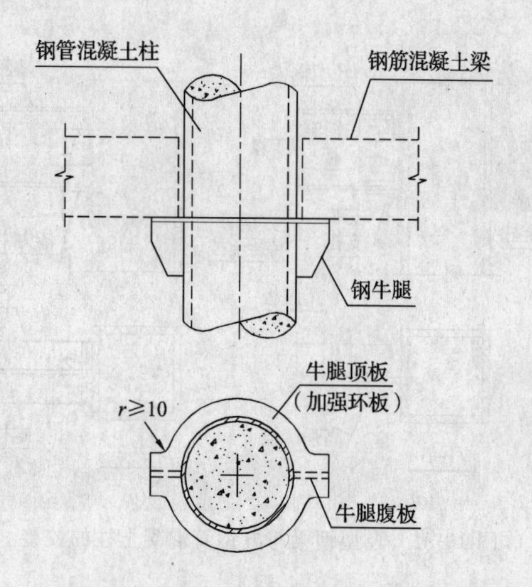

图 19-73　承托混凝土简支梁的T形钢牛腿

b. 当梁的支座反力较大时，可采用双T形钢牛腿，由顶板和两块腹板组成（图 19-74*a*）；必要时，可在牛腿下方增设底板（图 19-74*b*）。

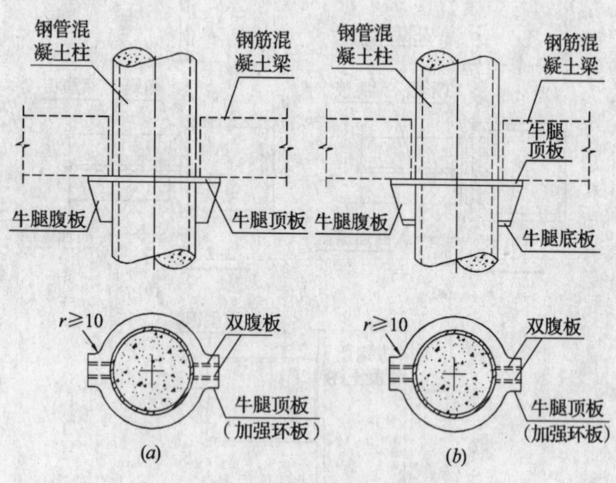

图 19-74　双T形钢牛腿铰接节点

(*a*) 无底板；(*b*) 有底板

c. 为了提高节点的刚度，保持钢管的形状不变，有必要在牛腿顶板标高处设置加劲环肋，把同标高的几个牛腿连为一体。加劲环肋的各个弧段，在与牛腿相接处应做成$r \geqslant 10$mm的圆弧过渡。

(3) 暗牛腿

a. 若因建筑使用上的要求，不允许牛腿凸出于梁的底面，此时，可采取倒牛腿的做法。由两块朝上的腹板和底板构成一个向上的凹槽，把简支梁搁置于槽口内（图 19-75）。

b. 此类暗牛腿，也需在牛腿底板标高处设置加强环。

(4) 早期采用钢管混凝土柱的工程中，牛腿腹板贯穿管柱，把左右两侧牛腿连在一起。此种做法虽提高了节点的刚度，但其效果比不上加强环板，且有碍管内混凝土的浇灌。

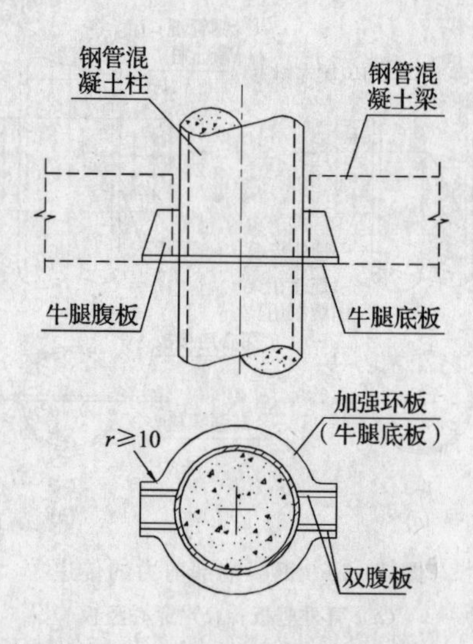

图 19-75　承托简支梁的暗牛腿

2. 节点计算——各种形式的钢牛腿均按悬臂梁的模式进行强度验算。

3. 特大支座反力的铰接节点

(1) 工程概况

a. 北京世界金融中心的大厅，采用4根钢管混凝土柱，支承着双向跨度均为16.5m的现浇钢筋混凝土十字形大梁，在十字梁的交叉点，设置一根立柱，承托着以上若干层楼盖的自重和荷载。

b. 钢管混凝土柱采用Q345钢管，规格为$\phi1400\times20$；内填C50混凝土。现浇钢筋混凝土十字形大梁，截面宽度和高度为2000mm×3750mm；梁端支座反力为12000kN。设计要求梁-柱节点为铰接。

(2) 节点设计

a. 若按常规办法，采用一个钢牛腿，因为所承受的压力高达12000kN，牛腿悬伸长度将达到1m以上，考虑大梁挠曲，支座反力按三角形分布，钢管混凝土柱所承受到的剪力和弯矩分别为$V=12000$kN，$M=12000\times(1/2\times1.4+0.67)=16400$kN·m；不但钢牛腿难以承受，更重要的是钢管混凝土柱无法承担这样大的局部弯矩。

b. 为了减轻牛腿负担，把大梁的端部分成两支，分别搁置在钢管两侧的钢牛腿上，大梁端部每一分支的截面尺寸为600mm×3750mm，并绕过钢管混凝土柱连为一体（图 19-76）。

c. 为了避免牛腿和管柱因荷载偏心而受扭，将梁端底面上收20mm，使三角形分布的支座反力的合力R正好作用于牛腿的中线（图 19-77*a*）。

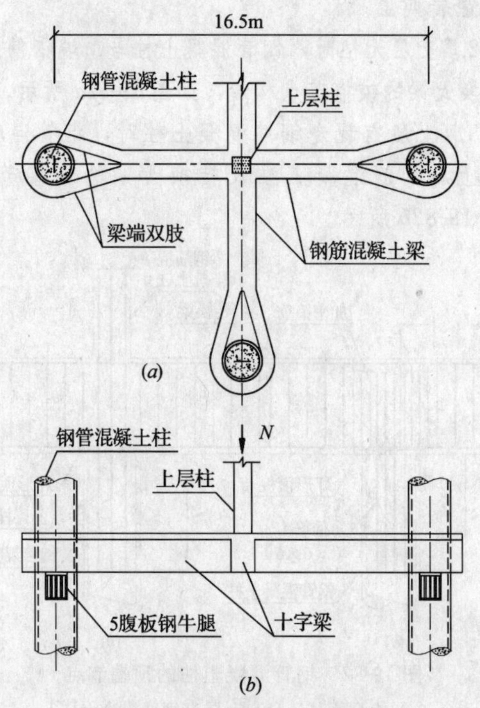

图 19-76 大跨度梁的铰接节点

(*a*) 平面；(*b*) 剖面

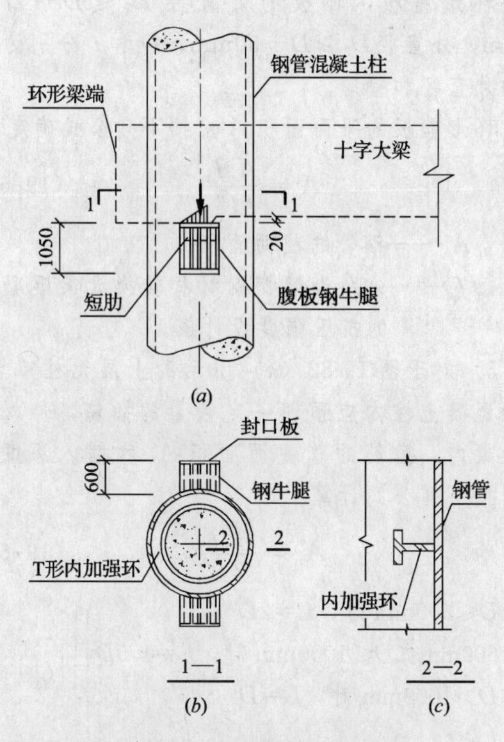

图 19-77 5 腹板钢牛腿的构造

(*a*) 立面；(*b*) 平面；(*c*) T 形内加强环

d. 钢牛腿采用由 5 块腹板、顶板、底板和封口板组成的箱形牛腿，截面高度为1050mm，悬挑长度为600mm；并于牛腿顶面高度处在钢管内设置T形截面内加强环（图 19-77 中的剖面2-2）。图 19-78 为工程建成后十字梁和钢牛腿的实景。

图 19-78 十字梁和钢牛腿的实景照片

（四）混凝土连续梁的铰接节点

1. 梁筋绕柱式节点

（1）当钢筋混凝土梁的宽度与钢管混凝土柱的直径相差不大时，可采取梁纵筋绕柱的连接方案，将梁端局部加宽，使梁顶面和底面的纵向钢筋靠近柱边连续通过（图 19-79）。

（2）梁端加宽的斜度应小于 1∶6；在梁加宽的起点处，于钢筋转折点前后设置附加箍筋，以承受纵筋的侧向分力。

（3）在钢管混凝土柱的四边，于梁的底面设置钢牛腿（图 19-79*b*）。按照建筑使用要求，钢牛腿可以设计成明牛腿或暗牛腿。

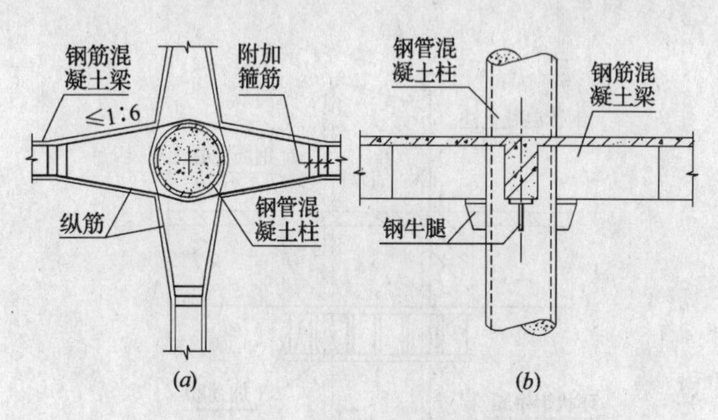

图 19-79 梁筋绕柱式铰接节点

(*a*) 平面；(*b*) 剖面

（4）为增加节点刚度，保持钢管圆形不变，可于各个牛腿顶板之间，加焊弧形板，形成外加强环；或者于牛腿顶板位置，在钢管内部设置内加强环。

（5）此种形式节点的构造，不能可靠地把梁端弯矩传递给钢管混凝土柱，也不能保持节点处梁、柱轴线的夹角不变；所以，此类节点属于铰接节点或半刚接节点。

2. 双梁式节点

(1) 当现浇钢筋混凝土梁的内力很大，或钢管混凝土柱直径较大而梁宽相对较小时，宜采用双梁式梁-柱铰接节点（图 19-80）。

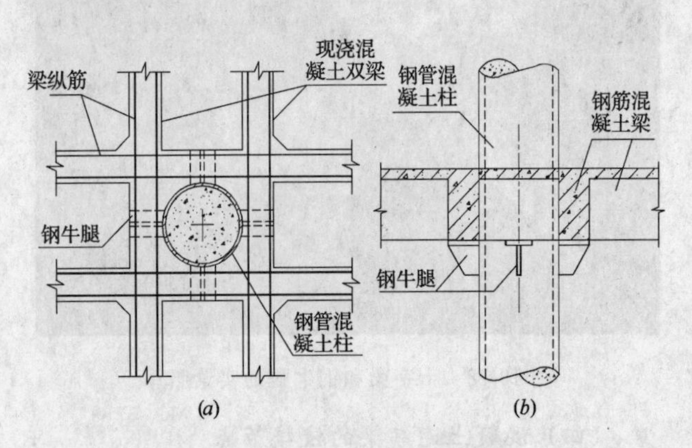

图 19-80　双梁式梁-柱铰接节点

(a) 平面；(b) 剖面

(2) 在钢管混凝土柱的四面，于梁底标高处在钢管上各焊接一个钢牛腿（明牛腿或暗牛腿）；若梁端剪力很大时，可在梁顶面纵向钢筋下方增加一个钢牛腿。

(3) 为使节点具有足够刚度，保持钢管圆形不变，宜在牛腿顶板标高处设置内加强环板或 T 形内加强环（图 19-77*b*）；或者于牛腿顶板平面在四个钢牛腿之间各焊接一块弧形板，从而形成外加强环（图 19-27）；或者按图 19-81 所示，设置环状钢牛腿。

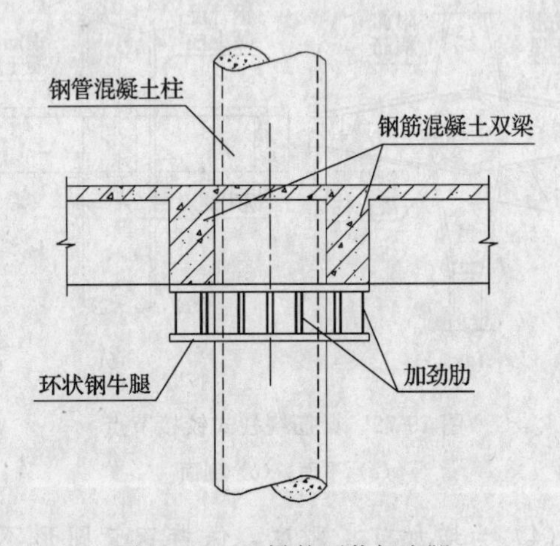

图 19-81　双梁的环状钢牛腿

(4) 钢牛腿悬伸长度应达到梁的全宽，以免混凝土受扭。

柱顶、柱脚节点

（一）柱顶节点

1. 对于底部采用钢管混凝土结构、上部为钢筋混凝土结构的高层商住楼，应在结构类型变化处设置转换层。

2. 上层无柱时，钢管混凝土柱与顶端钢筋混凝土转换大梁的铰接节点构造，如图 19-82*a* 所示。

3. 上层有现浇钢筋混凝土柱时，钢管混凝土柱与上层钢筋混凝土柱及转换大梁的连接节点，如图 19-82*b* 所示。

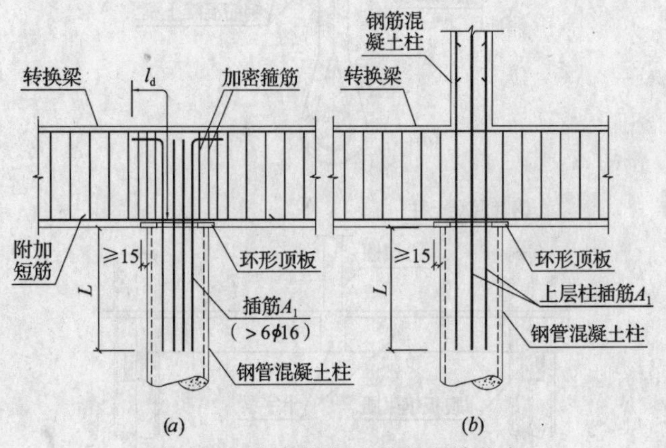

图 19-82　钢管混凝土柱的顶端节点

(a) 上层无柱；(b) 上层有钢筋混凝土柱

4. 钢管混凝土柱的顶端，应在钢管顶面焊接一块环形盖板，环板的内直径 $D_1 \leqslant D-2t-20\text{mm}$，外直径 $D_2 \geqslant D+30\text{mm}$，$D$ 和 t 分别为钢管的外直径和壁厚。

环形盖板的平面面积 A 应按下列公式确定：

$$A=\frac{A_s f_s}{f_c} \tag{19-64}$$

式中　A_s——钢管的截面面积；

f_s、f_c——分别为钢管钢材和转换大梁混凝土的抗压强度设计值。

5. 对于图 19-82 (*a*) 所示的上层无柱节点，钢管混凝土柱内应预埋一定数量的插筋，伸入转换大梁内。插筋的总截面面积 A_1 和插入深度 L 分别按下列公式计算：

$$A_1=\frac{A_s f_s}{2f_1} \tag{19-65}$$

$$\left.\begin{array}{l}\text{当}\ D\leqslant 600\text{mm 时},\ L=2D\\ 600\text{mm}<D\leqslant 1000\text{mm 时},\ L=1.5D\\ D>1000\text{mm 时},\ L=D\\ \text{且}\ L\geqslant l_a\end{array}\right\} \tag{19-66}$$

式中　f_1——插筋的抗压强度设计值；

l_a——混凝土规范规定的受拉钢筋锚固长度。

6. 对于图 19-82 (*b*) 所示的上层有混凝土柱的节点，插筋的根数和截面面积应与上层柱的竖向主筋相同，且不应小于按公式 (19-65) 计算出的 A_1；插筋在钢管混凝土柱内的插入深度 L 应符合公式（19-66）的规定，伸出转换大梁顶面的长度，应符合混凝土规范关于框架柱主筋连接位置以及分批连接的规定。

（二）柱脚节点

1. 基本要求

（1）验算基础结构与钢管混凝土柱连接处的局部受压强度。

（2）位于地震区的高层建筑，钢管混凝土柱脚还应按抗拔力不小于钢管极限抗拉承载力的原则，设置柱脚锚固螺栓（图 19-83*a*），或将钢管混凝土柱脚插入基础结构内适当深度，并采取构造措施将钢管柱脚进行可靠锚固（图 19-83*b*）。

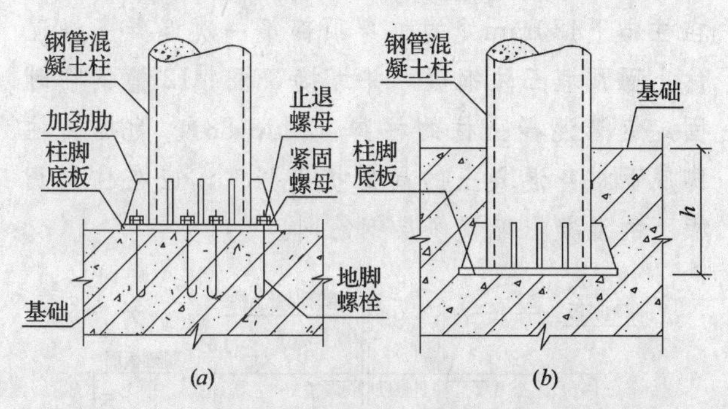

图 19-83　地震区高层建筑的钢管混凝土柱脚构造

(*a*) 端承式；(*b*) 插入式

2. 外包式柱脚

《矩形钢管混凝土结构技术规程》CECS159：2004 第 7.3.1 条规定，当高层建筑设置地下室时，钢管混凝土柱可采用外包混凝土式柱脚。

（1）当仅有一层地下室时，柱底板可位于基础顶面（图 19-84*a*）。

（2）当有多层地下室时，钢管混凝土柱至少应向地下室延伸一层，柱底板可位于地下一层楼板大梁的顶面（图 19-84*b*）。

（3）钢管混凝土柱的底板采用预埋锚栓连接。

（4）钢管混凝土柱应在混凝土外包部分的钢管外表面设置栓钉，以确保外包混凝土与管柱共同工作。

（5）柱脚部位的轴向拉力应由预埋锚栓承受；弯矩应由混凝土承压部分和锚栓共同承受。

3. 埋入式柱脚

（1）埋入式柱脚底板埋入基础的深度，宜为柱截面高度的 2 倍（小截面柱）至 3 倍（大截面柱）。埋入式柱脚的埋入深度若不足，可能会因柱脚弯矩引起周边混凝土局部压碎，使得转动约束减小；对于有抗震要求的结构，更难以保证柱端抗弯约束大于管柱受弯承载力。

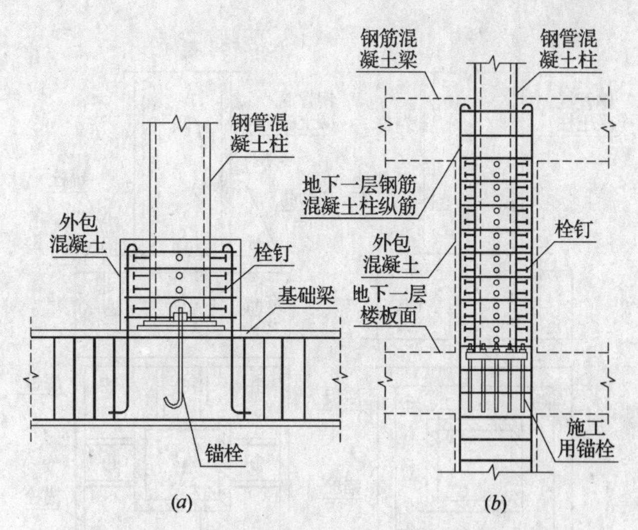

图 19-84　钢管混凝土柱的外包式柱脚

(*a*) 位于基础顶面；(*b*) 位于地下一层楼板面

（2）柱脚底板应采用预埋锚栓连接，必要时可在钢管混凝土柱埋入部分的柱身上设置抗剪键（栓钉）传递柱子承受的拉力（图 19-85）。

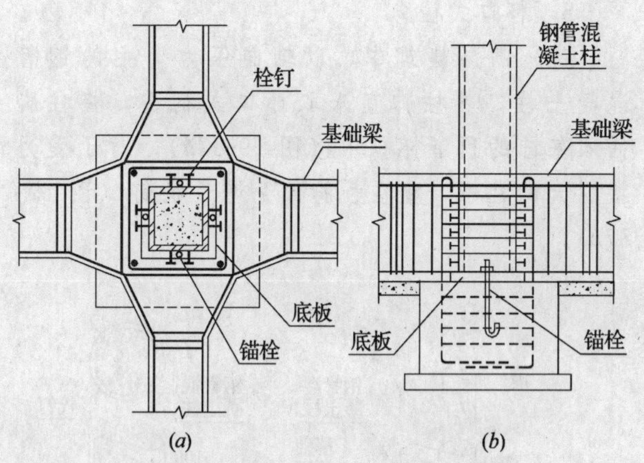

图 19-85　钢管混凝土柱的埋入式柱脚

(*a*) 节点平面；(*b*) 节点剖面

（3）灌入的混凝土应采用微膨胀细石混凝土，其强度等级应高于基础混凝土。

4. 外露式柱脚（图 19-86）

（1）柱脚底板锚栓应有足够的锚固长度，防止柱脚在轴拉力或弯矩作用下将锚栓从基础中拔出，锚栓应采用双重螺帽拧紧或采取其他措施防止螺帽松动。日本地震时曾发生外露式柱脚锚栓从基础中拔出的震害。

（2）底板应与基础底面紧密接触，底板除应满足强度要求外，尚应具有足够的平面外刚度。

（3）柱底剪力可由底板与混凝土间的摩擦力传递，摩擦系数可取 0.4。当基础顶面预埋钢板时，管柱底板与预埋钢板之间应采取剪力传递措施。当柱脚剪力大于摩擦力时，或柱脚受拉时，宜采用抗剪键传递剪力。

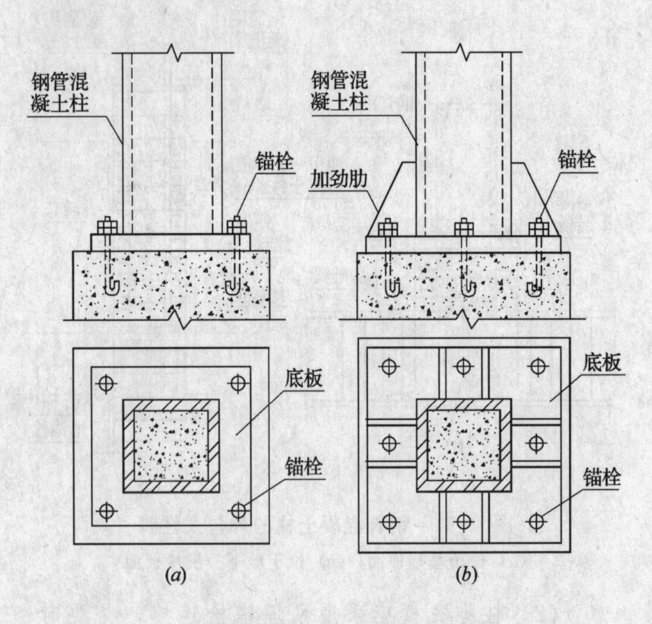

图 19-86　钢管混凝土柱的外露式柱脚

(a) 小截面柱；(b) 大截面柱

5. 杯口式柱脚

(1) 高层建筑中，以轴向压力为主的钢管混凝土柱，其柱脚宜采取杯口式构造，将柱脚插入基础的预留杯口中（图 19-87*a*）；对于受力特别大的柱子，宜在柱脚部分增设栓钉（图 19-87*b*）。

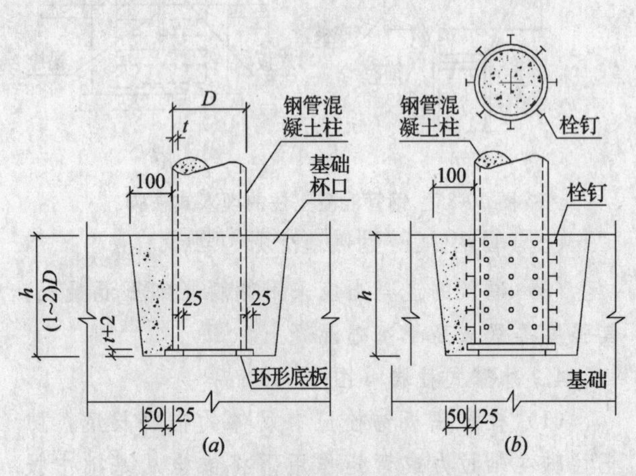

图 19-87　钢管混凝土柱的柱脚构造

(a) 一般管柱；(b) 受力特大的管柱

(2) 钢管底端应焊接一块环形底板，其构造与端承式空心钢管柱的柱脚底板相同。底板厚度等于钢管壁厚加 2mm；环形底板的外直径应比钢管外直径 D 大 50mm；其内直径应比钢管内直径小 50mm，以便让管内混凝土与基础混凝土接触，将柱子压力的大部分直接传给基础。

(3) 钢管插入基础杯口内的深度 h 宜符合下列要求：

$$\left.\begin{array}{ll}\text{当 } D\leqslant 400\text{mm 时} & h=2.5D\\ \text{当 } 400\text{mm}<D<1000\text{mm 时} & h=2D\\ \text{当 } D\geqslant 1000\text{mm 时} & h=1.5D\end{array}\right\} \qquad (19\text{-}67)$$

(4) 基础杯口壁应考虑钢管混凝土柱柱脚弯矩引起的侧压力，适当增加局部配筋。

(5) 基础底板应按混凝土规范的规定进行冲切和受弯强度验算。

6. 埋入挖孔桩式柱脚

(1) 广州好世界广场大厦，钢管混凝土柱下采用单桩基础，钢管柱脚埋入大直径人工挖孔桩内1.5m，由基础底板面算起的埋置深度为2.5m。在柱脚下450mm处的桩身顶部第一次混凝土浇灌休止面预埋三块钢板，并焊接 3 根［12 槽钢临时固定钢管混凝土柱的柱脚（图19-88）。为提高柱脚底面桩身混凝土的局部抗压强度，应在柱脚底板下的混凝土配置多层钢筋网。

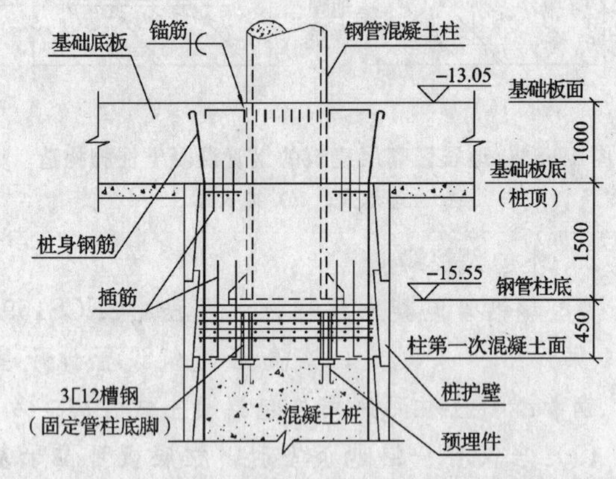

图 19-88　钢管混凝土柱的埋入挖孔桩式柱脚

(2) 此埋入式柱脚属于刚接型，适用于柱下单桩及多层地下室结构的逆作业法施工的情况。

7. 埋入基础梁式柱脚

(1) 在厦门金源大厦工程中，钢管混凝土柱的柱脚是先固定在位于柱底之下一根桩的小桩帽上，用以建立地下室结构逆作业法施工的支承体系，待最后浇筑地下室底板时，埋置于基础梁内，形成整体，从而将柱底荷载扩散到其他基桩上去（图 19-89）。

(2) 为了将钢管混凝土柱所承担的荷载直接传递至纵、横基础梁，在柱的底段、基础梁截面的上半部，加焊十字形穿心承重销，并于基础梁内柱段的四周加焊 8 列栓钉。为了不过多影响钢管内混凝土的浇筑质量，工字形截面钢承重销在管内的翼缘适当改窄。

(3) 此型柱脚属于刚接节点，适用于群桩基础和多层地下室结构采用逆作业法施工的情况。

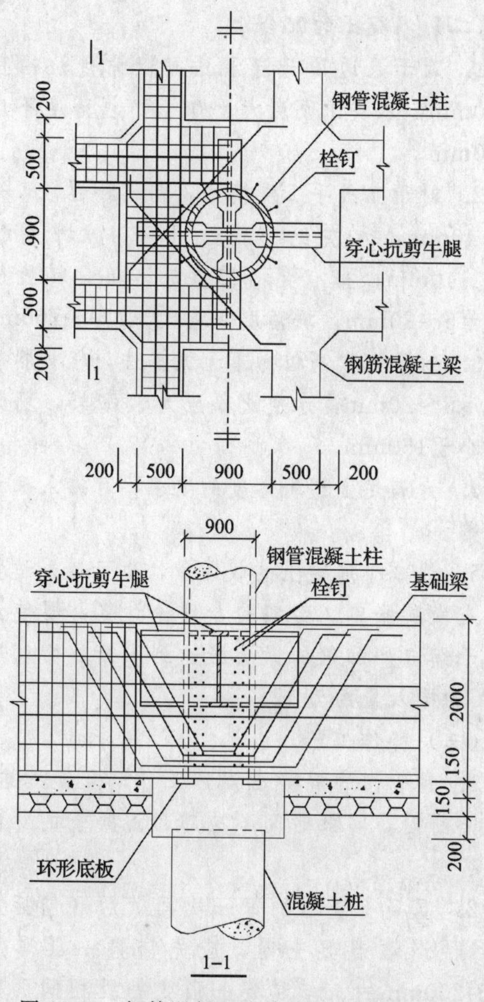

图 19-89　钢管混凝土柱的埋入基础梁式柱脚

8. 锚置承台式柱脚

(1) 福州环球广场工程，钢管混凝土柱脚是直接锚固在桩基础的钢筋混凝土承台上，采用管内插筋和管外锚筋的办法，确保柱脚与承台的可靠连接（图 19-90）。

(2) 管内的 8ϕ32 插筋，长 3m，锚入桩基承台内及伸入钢管混凝土柱内的长度各为1.5m。管外的 16ϕ32 锚筋，下端锚入桩基承台内的深度为 1.5m，上端加热弯折后贴焊于钢管壁上，双面焊的焊缝长度为10d。

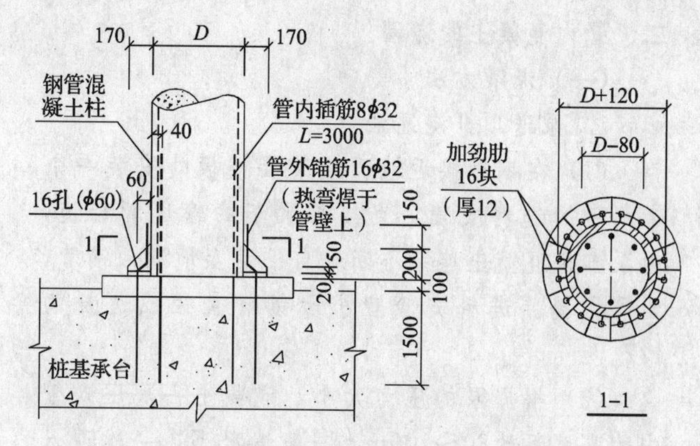

图 19-90　直接锚固在桩基承台上的柱脚

(3) 此型柱脚构造简单，但基本上属于铰接节点，适用于轴压柱和小偏压柱，以及不考虑逆作业法施工的情况。

钢管混凝土构件的施工

一、钢管制作

(一) 卷管

1. 钢管混凝土杆件的圆钢管，可以采用钢板卷制的焊接管，焊缝可以是长直焊缝或螺旋焊缝。矩形钢管多采用直焊缝，但也有一些钢厂生产螺旋焊缝“圆变方”矩形钢管。

2. 卷管方向应与钢板压延方向一致。

3. 卷管的内径，对于 Q235 钢，不应小于钢板厚度的 35 倍；对于 Q345 钢，不应小于钢板厚度的 40 倍。

4. 不论是直缝焊接管还是螺旋缝焊接管，在卷制钢管前，应根据焊接要求将板端开好坡口。

(二) 焊接

1. 钢管混凝土杆件的钢管对内填混凝土要起到套箍作用，所以，钢管的焊缝应达到与母材等强。

2. 根据钢板的不同厚度，板端焊接坡口的具体要求见表 19-5。

3. 焊缝质量应满足 GB 50205—2001《钢结构工程施工质量验收规范》一级焊缝的要求。

焊接钢管板端焊缝坡口尺寸　　表 19-5

坡口名称	焊接方法	厚度 δ	钝边 a	衬板厚度 b	内侧间隙 c	外侧间隙 d	坡口高度 e	坡口半径 R	坡口角度 α	坡口形式	附注
齐边Ⅰ型	自动焊	≤14			0+2						
V型坡口	手工焊	6～8	1±1		1±1				70°±5°		
		10～26	2±1		2±1				60°±5°		
	自动焊	16～22	7±1		0+1				60°±5°		
U型坡口	自动焊	＜30	2±1	6	2±1	7±1		3.5±1			
		＞30	2±1	6	4.8±1	13±1		6.5±1			
		≥25	2±1		0±1	13±1	3±1	6.5±1	90°±5°		大管径

说明：1. 焊接衬板的材质与钢管的材质可不相同，宜采用 Q235 钢或 20 号钢；

2. 焊工可进入大管径的钢管内壁进行施焊。

二、管内混凝土的浇灌

(一) 浇灌方法

1. 泵送顶升浇灌法

(1) 在钢管接近地面或某层楼板处安装一个带闸门的进料支管，直接与泵车的输送管相连，由泵车将混凝土连续不断地自下而上地灌入钢管，无需振捣。进料支管宜小于钢管直径或边长的1/2。

(2) 根据泵的压力大小，混凝土一次压入管内的高度可达80～100m。一般情况下，一次灌入的高度为三个楼层。

(3) 钢管直径宜大于或等于泵径的两倍。

2. 立式手工浇捣法

(1) 混凝土自钢管上口灌入，一次浇灌高度不宜大于2m。

(2) 管径大于350mm时，可采用内部振捣器，每次振捣时间不宜少于30s。

3. 立式高位抛落无振捣法

(1) 利用混凝土从高位顺钢管下落时产生的动能达到振实混凝土的目的，抛落高度不应小于4m；抛落高度不足4m的区段，仍须采用内部振捣器振实。

(2) 一次抛落的混凝土量宜在0.7m^3左右。

(3) 下料斗的下口尺寸应比钢管内径小100～200mm，以便下料时管内空气的排出。

4. 导管浇筑法

(1) 在钢管内插入上端装有混凝土料斗的钢制导管，自下而上地边上提、边完成管内混凝土的浇筑。浇筑前，导管下口距离钢管底部的高度不宜小于300mm。

(2) 导管与柱内水平隔板浇灌孔的间隙不宜小于50mm，以便于插入振捣棒。对于直径或边长小于400mm的钢管柱，宜采用外壁附着式振捣器进行振捣。

(二) 混凝土的配合比

1. 对于泵送顶升浇灌法，粗骨料粒径宜为5～30mm，水灰比不应大于0.45，坍落度不应小于150mm。

2. 对于立式手工浇捣法，粗骨料粒径可采用10～40mm，水灰比不应大于0.4，坍落度为120～140mm；当有穿心部件时，粗骨料粒径宜减小为5～20mm，坍落度宜增大为140～160mm。

3. 对于立式高位抛落无振捣法，粗骨料粒径宜采用5～20mm，水灰比不应大于0.45，坍落度宜不小于150mm。

4. 为满足上述坍落度的要求，可掺入适量的减水剂。

5. 为减小混凝土的收缩量，也可掺入适量的混凝土微膨胀剂。经实验与理论计算，要使混凝土的干缩与外加剂的微膨胀达到平衡，微膨胀剂UEA的掺入量约为12%。

(三) 操作工艺

1. 钢管内的混凝土浇灌工作，宜连续进行。必须间断时，间歇时间不应超过混凝土的终凝时间。

2. 混凝土浇灌的每一次间歇后（包括施工缝），再浇灌混凝土时，应先铺垫一层厚度为100～200mm的、与混凝土强度等级相同的水泥砂浆，以免自由下落的混凝土骨料发生弹跳现象。

3. 当混凝土浇灌到钢管顶端时，可以让混凝土稍微溢出，再将带有排气孔的层间横隔板或封顶板紧压在管端，随即进行点焊；待混凝土达到50%设计强度时，再将横隔板或封顶板按设计要求补焊。

4. 当混凝土浇灌到钢管顶部时，也可使混凝土稍低于钢管顶端，待混凝土达到50%设计强度后，再用相同强度等级的水泥砂浆补填至管口，再将层间横隔板或封顶板按设计要求一次封焊到位。

参 考 文 献

[1] 钢结构设计规范（GB 50017—2003）. 北京：中国建筑工业出版社，2003

[2] 高层民用建筑钢结构技术规程（JGJ 99—98）. 北京：中国建筑工业出版社，1998

[3] 建筑抗震设计规范（GB 50011—2001）. 北京：中国建筑工业出版社，2002

[4] 钢骨混凝土结构设计规程（YB 9082—97）. 北京：冶金工业出版社，1998

[5] 型钢混凝土组合结构技术规程（JGJ 138—2001）. 北京：中国建筑工业出版社，2002

[6] 钢管混凝土结构设计与施工规程（CECS 28：90）. 北京：中国计划出版社，1992

[7] 建材行业标准. 钢管混凝土结构设计与规程（JGJ 01—89）. 上海：同济大学出版社，1990

[8] 矩形钢管混凝土结构技术规程（CECS 159：2004）. 北京：中国计划出版社，2004

[9] 钢-混凝土组合楼盖结构设计与施工规程（YB 9238—92）. 北京：冶金工业出版社，1992

[10] 电力行业标准. 钢-混凝土组合结构设计规程（DL/T 5085—1999）. 北京：中国电力出版社，1999

[11] 高强混凝土结构技术规程（CECS 104：99）. 北京：中国工程建设标准化协会，1999

[12] 韩林海. 钢管混凝土结构. 北京：科学出版社，2000

[13] 钟善桐. 高层钢管混凝土结构. 哈尔滨：黑龙江科学技术出版社，1999

[14] 钟善桐. 钢管混凝土结构讲座，建筑结构，1998年第10期至1999年第6期

[15] 方鄂华、叶列平等. 钢骨混凝土结构设计规程（YB 9082—97）讲座，建筑结构，1999年第7期至2000年第2期

[16] 刘大海、杨翠如. 高楼钢结构设计. 北京：中国建筑工业出版社，2003

[17] 刘大海、杨翠如. 型钢、钢管混凝土高楼计算和构造. 北京：中国建筑工业出版社，2003

[18] 蔡克铨、赖俊维. 挫屈束制支撑之原理及应用. 北京：科学出版社，2005

[19] 郭彦林、刘建彬、蔡益燕等. 结构的耗能减震与防屈曲支撑，建筑结构，2005年第8期

[20] 刘大海、杨翠如、陶晞暝. 建筑抗震构造手册（第二版）. 北京：中国建筑工业出版社，2006